电力电缆敷设工程图集（第二版）

设计·加工·安装

司 策 程紫玉 编

内 容 提 要

本图集主要介绍了10～220kV电力电缆的直埋敷设、电缆排管敷设、电缆隧道敷设、电缆沟敷设的施工工艺和方法，以及配合隧道、排管敷设所需的直通型工作井、三通型工作井、四通型工作井、电缆沟等设施的施工图；还有角钢电缆支架、玻璃钢电缆支架、预埋件的制作及安装；电力电缆防火、防水、通风、金属护层接地及交叉互联接地施工图等。

本图集列出10～220kV电力电缆的设计、加工、安装各部分内容，阅读直观，使用方便，可结合工程情况直接选用，是10～220kV电力电缆设计、加工、安装和概预算等工程工人、技术人员的必备工具书。

图书在版编目（CIP）数据

电力电缆敷设工程图集：设计・加工・安装/司策，程紫玉编．—2版．—北京：中国电力出版社，2019.2

ISBN 978-7-5198-2490-7

Ⅰ.①电… Ⅱ.①司…②程… Ⅲ.①电力电缆－电缆敷设－电力工程－图集 Ⅳ.①TM757-64

中国版本图书馆CIP数据核字（2018）第233804号

出版发行：中国电力出版社
地　　址：北京市东城区北京站西街19号
邮政编码：100005
网　　址：http://www.cepp.sgcc.com.cn
责任编辑：安小丹（010-63412367）
责任校对：郝军燕
装贴设计：赵姗姗
责任印制：吴　迪

印　　刷：三河市百盛印装有限公司印刷
版　　次：2011年10月第一版　2019年2月第二版
印　　次：2019年2月北京第四次印刷
开　　本：880毫米×1230毫米　横16开本
印　　张：29
字　　数：798千字
印　　数：0001—1500册
定　　价：160.00元

前言

为配合电力电缆在电网改造与建设工程中的广泛使用，结合新技术、新工艺的发展，在总结过去设计及运行经验的基础上，更好地方便设计，服务于电缆施工和运行维护，编写了《电力电缆敷设工程图集》，分10kV、35kV、110kV、220kV四种电压等级介绍电力电缆敷设工程图集，内容包括电力电缆直埋敷设、电缆排管敷设、电缆隧道敷设、电缆沟敷设、电力设施穿越构筑物施工、部件制作及施工、电缆防火防水及通风、电缆接地及交叉互联八大部分。

本图集于2011年10月出版以来，在电力电缆敷设的设计与施工的工程实践中得到广大读者的欢迎和支持，根据读者建议和工程需求，本次进行了修改和补充，增加了MPP塑钢复合导管的排管敷设、单侧安装电缆支架的小型电缆隧道及砖砌工作井施工图。另外根据运行单位的需求把固定爬梯补充到各型工作井施工图中。

电缆支架除常用的角钢支架外，还配有组合悬挂式玻璃钢支架、承插式玻璃钢支架、平板型玻璃钢支架。山东省呈祥电工电气有限公司为图集提供了优质的树脂玻璃钢电缆导管、玻璃钢电缆支架及新研制的MPP塑钢复合电缆导管等产品，配置在图集的电缆排管、电缆隧道和电缆沟施工图中。在电缆隧道和电缆沟内还配置了与同沟敷设的通信电缆支架和吊钩，以及方便施工和维护所需的各种工作井和电缆沟等施工图。

本图集中还介绍了电力电缆防火、防水、通风、金属护层接地及交叉互联接地的施工工艺和方法。

本图集严格遵照国家颁布的各种结构设计规范、混凝土设计规范、电力电缆设计规范认真编制，并参照有关厂家生产的先进设备及部件精心选用，绘制各种安装图。

本图集在编写及审查、校对过程中曾得到山西省电力公司电力建设工程部白永前等领导及专家的指导和审定，同时还得到太原供电设计研究院刘江、王淑丽、续君兰、游耀丽、王润元、刘春霖、王国勤、罗江、张晓红、张晓镭、白桦、陈涛、秦杰、任芳等高级工程师及专家的修改和帮助，在此一并表示衷心感谢！

本图集在编写过程中难免还有这样那样的错误和遗漏，敬请广大读者批评指正。

编　者

2018年9月

第一版前言

为配合电力电缆在电网改造与建设工程中的广泛使用，结合新技术、新工艺的发展，在总结过去设计及运行经验的基础上，更好地方便设计，服务于电缆施工和运行维护，编写了《电力电缆敷设工程图集》，分10kV、35kV、110kV、220kV四种电压等级介绍电力电缆敷设工程图集，内容包括电缆直埋敷设、排管敷设、电缆隧道敷设、电缆沟敷设、部件制作及施工、电缆防火防水及通风、电缆接地及交叉互联七大部分。

电缆支架除常用的角钢支架外，还配有组合悬挂式玻璃钢支架、承插式玻璃钢支架、平板型玻璃钢支架。山东省呈祥电工电气有限公司为图集提供了优质的树脂玻璃钢电缆导管及玻璃钢电缆支架等产品，配置在图集的电缆隧道和电缆沟施工图中。在电缆隧道和电缆沟内还配置了与同沟敷设的通信电缆支架和吊钩，以及方便施工和维护所需的各种工作井和电缆裕沟等施工图。

本图集中还介绍了电力电缆防火、防水、通风、金属护层接地及交叉互联接地的施工工艺和方法。

本图集严格遵照国家颁布的各种结构设计规范、混凝土设计规范、电力电缆设计规范认真编制，并参照有关厂家生产的先进设备及部件精心选用，绘制各种安装图。

本图集在编写及审查、校对过程中曾得到山西省电力公司电力建设工程部白永前等领导及专家的指导和审定，同时还得到太原供电设计研究院刘江、王淑丽、续君兰、游耀丽、王润元、刘春霖、王国勤、罗江、张晓红、张晓镭、白桦、陈涛、秦杰、任芳、王钊等高级工程师及专家的修改和帮助，在此一并表示衷心感谢！

本图集在编写过程中难免还有这样那样的错误和遗漏，敬请广大读者批评指正。

编　者

2011年5月

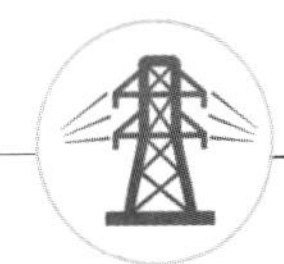

总说明

目前随着电力事业的发展，电力电缆在输配电线路工程中大量采用，为了适应电力电缆工程多快好省的需求，简化设计程序、节约投资、提高工程质量，编制了《电力电缆敷设工程图集》。

一、编制目的

为了使电力电缆敷设工程，在尽可能采用新技术、新工艺、新设备的基础上，加快设计进度，方便运行维护，提高工作效率、降低工程投资，发挥图集优势，提高整体效益。

二、图集内容

结合电力电缆工程的需求，本图集按照电力电缆直埋敷设，电力电缆排管敷设、电缆隧道敷设、电缆沟敷设、电力设施穿越构筑物施工、部件制作及施工、电缆防火防水及通风、电力电缆接地及交叉互联八章内容进行全面介绍。

第一章　电力电缆直埋敷设，包括 10、35、110kV 和 220kV 各电压等级的电力电缆直埋敷设及电力电缆与其他构筑物平行敷设和交叉敷设的具体要求及施工图。

第二章　电力电缆排管敷设，包括 3 孔、4 孔、6 孔、8 孔、9 孔、12 孔、15 孔、16 孔、20 孔、24 孔、28 孔、30 孔、32 孔、35 孔、36 孔 15 种排管形式，电缆保护管包括 ϕ175mm、ϕ200mm 两种管径的树脂玻璃钢电缆导管及 ϕ210mm、ϕ240mm 两种管径的 MPP 塑钢复合电缆导管，以上四种管材均为《山东省呈祥电工电气有限公司》生产。

第三章　电力电缆隧道敷设，分单侧支架的三种：1.4m×1.9m、1.5m×1.9m、1.6m×1.9m。双侧支架的 4 种：1.8m×2.0m、2.0m×2.2m、2.2m×2.5m、2.5m×3.0m，共 7 种规格的钢筋混凝土电缆隧道。其中备有角钢电缆支架及玻璃钢电缆支架的制作与安装。为了方便施工和检修，还绘制有直通型工作井、三通型工作井、四通型工作井及电缆裕沟等基本设施的施工图，为了适应工程需求，本次修编又增加了砖砌直通型人工作井、三通型工作井、四通型工作井施工图。

第四章　电力电缆沟敷设，包括 0.8m×1.0m、1.0m×1.0m、1.1m×1.0m、1.2m×1.0m、1.2m×1.3m、1.2m×1.5m、1.2m×1.6m、1.3m×1.3m、1.3m×1.4m、1.3m×1.5m、1.5m×1.0m、1.5m×1.3m、1.6m×1.2m、1.6m×1.5m 共 14 种电缆沟施工图。其中，分角钢电缆支架电缆沟、组合悬挂式玻璃钢支架电缆沟、承插式玻璃钢支架电缆沟及平板型玻璃钢支架电缆沟四种形式。

第五章　电力设施穿越构筑物施工图，包括电缆排管及隧道穿越道路、热力管道、雨水箱涵，电缆排管及隧道在不同高度的交叉施工，电缆拖管穿越道路、铁路、河流，电力电缆沿桥面敷设的技术要求及施工图。

第六章　部件制作及施工，包括角钢支架、玻璃钢支架、电缆吊钩、电缆沟盖板、爬梯、预埋件、钢筋篦子等制作及安装。

第七章　电力电缆防火、防水及通风，包括电缆沟道的阻火墙制作、电缆隧道及电缆沟防水卷材的施工方法及电缆隧道通风管施工等。

第八章　电力电缆接地及交叉互联，包括电力电缆金属护层的直接接地、保护接地、交叉互联接地的设计原则及其施工图、电缆隧道接地装置施工图和电缆排管接地装置施工图等。

三、设计依据

《建筑抗震设计规范》	(GB 50011—2010)
《混凝土结构设计规范》	(GB 50010—2010)
《建筑地基基础设计规范》	(GB 50007—2002)
《混凝土外加剂应用技术规范》	(GB 50119—2003)
《地下工程防水技术规范》	(GB 50108—2001)
《建筑结构荷载规范》	(GB 50009—2001)
《05 系列建筑标准设计图集》	(DBJT 04-19—2005)
《电力工程电缆设计规范》	(GB 50217—2007)
《城市电力电缆线路设计技术规范》	(DL/T 5221—2005)
《城市中低压电网电缆化设计规范》	(Q/5D0 1004—2008)

四、图集使用条件

(1) 电缆隧道及电缆沟对于地震区的可液化土地基，应按有关规范的要求对地基进行处理。

(2) 覆土条件：电缆隧道及电缆沟的顶部及沟壁外部均考虑覆土，电缆隧道顶部覆土计算厚度分为 500mm、1000mm 和 2000mm 三种。

(3) 地下水位：对于覆土厚度≤500mm 的情况，地下水位要求低于自然地面下 1000mm；对于覆土厚度为 1000mm 和 2000mm 的情况，地下水位要求低于自然地面下 800mm。

(4) 地基承载力 f_a（经过修正后的持力层地基承载力特征值）：沟顶覆土厚 500mm，$f_a \geqslant 80$kPa；沟顶覆土厚 1000mm，$f_a \geqslant 100$kPa；沟顶覆土厚 2000mm，$f_a \geqslant 130$kPa。

(5) 电缆隧道不适用于湿陷性黄土，多年冻土、膨胀土、淤泥和淤泥质土、冲填土、杂填土、岩基或其他特殊土层构成的地基。如需在以上地基使用，必须按有关规范对地基进行处理。

五、结构设计条件

(1) 沟道顶部活荷载标准值取过重车荷载 20t，沟壁活荷载标准值取 10kN/m^2。

(2) 土壤条件：抗浮验算时沟顶覆土重度取 16kN/m^3；强度计算时沟顶覆土重度取 20kN/m^3；沟壁侧向土压力计算时，地下水以上土的重度取 18kN/m^3，地下水以下土的重度取 20kN/m^3；土的折算内摩擦角取 $\varphi=20°$。

(3) 混凝土重度：抗浮验算混凝土重度取 24kN/m^3；强度计算混凝土重度取 25kN/m^3。

(4) 结构安全等级为二级，结构重要性系数取 1.0，限制裂缝宽度 $W_{max} \leqslant 0.2$mm。

(5) 抗震设防类别为乙类，混凝土构件抗震等级为三级。

(6) 地基基础设计等级为甲级。

六、结构设计用料

(1) 电缆隧道及电缆沟垫层强度等级为 C20。

(2) 电缆隧道混凝土强度等级为 C30，抗渗等级为 P8。

(3) 混凝土最大氯离子含量应小于 0.2%，最大间含量应小于 3.0kg/m^3。

(4) 当混凝土有抗冻要求时，则应符合现行有关国家标准的要求。

(5) 电缆沟采用 MU7.5 机制砖砌成，水泥砂浆标号不低于 M7.5。

(6) 角钢电缆支架采用 Q235A 钢。

(7) 钢筋：直径 $d \leqslant 8$mm 为 HPB235 钢，直径 $d \geqslant 10$mm 为 HRB335 钢，爬梯、预埋件采用 Q235B 钢。

七、电力电缆敷设

1. 电缆型号选择

(1) 35kV 及以下三芯电缆可选用铜芯或铝芯电缆，35～220kV 单芯电力电缆应优先采用铜芯电缆。

(2) 电缆型号及其适用范围。常用的电缆型号、名称及其适用范围，见表 0-1。

表 0-1　　电缆型号及其适用范围

型号		名称	适用范围
铜芯	铝芯		
YJV	YJLV	交联聚乙烯绝缘聚氯乙烯护套电力电缆	敷设在室内外，隧道内需固定在托架上，排管中或电缆沟中以及松散土中直埋，不能承受拉力与压力
YJY	YJLY	交联聚乙烯绝缘聚乙烯护套电力电缆	同 YJV、YJLV 型
YJV22	YJLV22	交联聚乙烯绝缘钢带铠装聚氯乙烯护套电力电缆	可用于土壤直埋敷设，能承受机械外力作用，但不能承受大的拉力
YJV23	YJLV23	交联聚乙烯绝缘钢带铠装聚乙烯护套电力电缆	同 YJV22、YJLV22 型
YJV32	YJLV32	交联聚乙烯绝缘细钢丝铠装聚氯乙烯护套电力电缆	敷设于水中或高落土壤中，电缆能承受相当的拉力
YJV33	YJLV33	交联聚乙烯绝缘细钢丝铠装聚乙烯护套电力电缆	同 YJV23、YJLV23 型
YJV42	YJLV42	交联聚乙烯绝缘粗钢丝铠装聚氯乙烯护套电力电缆	敷设于水中或高落差较大的隧道或竖井中，电缆能承受较大的拉力
YJV43	YJLV43	交联聚乙烯绝缘粗钢丝铠装聚乙烯护套电力电缆	同 YJV42、YJLV42 型
YJLW02	YJLLW02	交联聚乙烯绝缘皱纹铝护套聚氯乙烯外护套电力电缆	可在潮湿环境及地下水位较高的地方使用，并能承受一定的压力
YJLW03	YJLLW03	交联聚乙烯绝缘皱纹铝护套聚乙烯外护套电力电缆	同 YJLW02、YJLLW02 型

2. 电缆截面选择

(1) 最大工作电流作用下的缆芯温度，不得超过按电缆使用寿命确定的允许值，持续工作回路的缆芯工作温度，应符合表 0-2 的要求。

表 0-2　　导体最高允许温度

电缆类型	最高允许温度（℃）	
	额定负荷时	短路时
聚氯乙烯绝缘	70	160
交联聚乙烯绝缘	90	250

(2) 电缆导体最小截面的选择，应同时满足规划载流量和通过系统最大短路电流时热稳定的要求。

(3) 连接回路在最大工作电流作用下的电压降，不得超过该回路允许值。

(4) 对于 35kV 及以上电缆按短路热稳定条件计算电缆最小截面，对于 10kV 及以下电缆可根据制造厂提供的载流量，并结合考虑不同温度时的载流量校正系数、不同土壤热阻系数时的载流量校正系数、直埋多根并行敷设时的载流量校正系数来综合计算。

3. 电力电缆弯曲半径要求

电力电缆最小弯曲半径应符合表 0-3 的要求。

表 0-3　　电缆最小弯曲半径

电缆类别		3 芯	单芯
交联聚乙烯绝缘电力电缆	≥66kV	15D	20D
	≤35kV	10D	12D
聚氯乙烯绝缘电力电缆	0.4kV	10D	10D

注　D 为电缆外径。

4. 其他要求

(1) 电力电缆直埋敷在壕沟里，必须按施工图要求上下铺砂，并沿电缆路径全线覆盖混凝土盖板，电缆路径上面在转角处及直线部分每 50m 铺设电缆标志砖或埋设电缆标志桩。

（2）电力电缆直埋敷设的回填土应无杂质，并对电缆无腐蚀性。

（3）直埋敷设的电力电缆与公路交叉时，应穿入保护管内，保护范围应超出路基 2.5m 以上。

（4）直埋敷设的电力电缆与铁路交叉时，应穿入保护管内，保护范围应超出路基，并超出铁路两侧的排水沟 0.5m 以上。

（5）电力电缆保护管内壁应光滑无毛刺，保护管内径不小于电缆外径的 1.5 倍。

（6）电力电缆的金属层必须接地，三芯电缆的金属护层，应在电缆线路两终端和接头处实施接地。

（7）单芯电力电缆的金属护层上任一点非直接接地处的正常感应电压不得大于 50V，线路较短时，电缆金属护层可一端直接接地，另一端经保护接地；线路较长时，电缆中间部位的金属护层可直接接地，两端的金属护层采用保护接地；若线路很长，可将线路分成多个单元，金属护层采用交叉互联接地，且应满足每个单元任一点非直接接地的感应电压不得大于 50V 的要求。

（8）电力电缆接地装置的工频接地电阻，不得大于 4Ω。否则应延长接地极，或采取其他降阻措施，以达到要求为止。

（9）电缆隧道及电缆沟内的电缆支架，设计有角钢支架、组合悬挂式玻璃钢支架、承插式玻璃钢支架、平板型玻璃钢支架四种形式。各种支架所需的预埋件不同，要根据支架形式，选定所需的预埋件施工图，在沟道施工时把预埋件埋置在沟壁内。

（10）缆隧道及电缆沟内采用玻璃钢支架时，考虑电缆的接地需求，每隔 50m 可采用一组角钢支架，并与接地扁铁及接地装置焊接。

（11）电力电缆敷设在隧道中应考虑防火，对易受外部影响波及火灾的电缆密集场所，应设置阻火隔墙或刷防火涂料，最好采用阻燃电缆。

（12）35kV 及以上的单芯电力电缆在隧道的支架上敷设时，应用电缆夹具固定。10kV 及以下电缆可不固定。

八、施工说明

（1）电缆隧道及电缆沟为防止地下水渗入，沟底及外壁周围用高分子防水卷材包封，做法详见《05 系列建筑标准设计图集》05J2 卷材防水做法（一）B4 页。

（2）电缆隧道底板、顶板及沟壁均为两层钢筋，钢筋之间采用 ϕ8m×500mm（梅花形布置）扎接。

（3）电缆隧道每隔 25m 设置伸缩缝，缝宽为 20mm，中间用弹性防水材料封堵。

（4）电缆隧道内部净高不宜小于 1.9m，工作通道宽度，单侧支架时不宜小于 0.9m，双侧支架时不宜小于 1.0m。

（5）电缆沟内部净高 1.0m 及 1.0m 以下时，工作通道宽度，单侧支架时不宜小于 0.45m，双侧支架时不宜小于 0.5m。内部净高超过 1.0m 时，工作通道宽度，单侧支架时不宜小于 0.6m，双侧支架时不宜小于 0.7m。

（6）电缆隧道内工作通道，设计有人行步道，步道宽 0.5m，高 0.1m，用 C20 素混凝土浇制。

（7）组合悬挂式玻璃钢支架及承插式玻璃钢支架，由厂家直接供给，并含支架所需的预埋件。平板型玻璃钢支架，其支架的制作由厂家照设计图纸加工，预埋件也按设计要求由厂家加工并供给。

（8）电缆隧道每 50～60m 做一个直通型工作井，T 形隧道接口处做三通型工作井，十字形隧道接口处做四通型工作井。

（9）电缆隧道的角钢电缆支架上下各用一根－50mm 扁铁焊接联通，并从隧道上部引出与接地装置焊接。

（10）电缆排管在浇制混凝土时预埋两根－50mm 扁铁，从端头引出与接地装置焊接。

（11）电缆排管直线段每 60m 做一个直通型工作井，所有转弯处必须做工作井，T 形排管接口处做三通型工作井，十字形排管接口处做四通型工作井。

（12）在电缆隧道及电缆排管的工作井内，必须将隧道、排管各端的接地扁铁连通。

（13）电力电缆敷设时应考虑一定数量的裕长，图中备有《电缆裕沟施工图》，在电缆路径的两端应设置电缆裕沟。路径较长时，根据需要在路径的中部也应设置一个或几个电缆裕沟。

（14）工作井内的爬梯，施工图中设计为活动的悬挂式角钢爬梯，还备有可固定的圆管爬梯，可随意选用。若使用固定的圆管爬梯，可在井口壁及底部浇制预埋件，并与爬梯焊接。

（15）电缆隧道浇灌或电缆沟砌制时，应将支架所需预埋件按尺寸要求埋入沟壁内，以备焊接或安装电缆支架使用。

（16）电缆隧道混凝土护层：墙、顶板为 30mm；底板为 40mm。

（17）电缆隧道内考虑了低压照明，设计可根据工程规模选用一定数量的防爆灯。不具备低压供电的情况下，也可采用应急灯照明。

目　录

前言

第一版前言

总说明

第一章　电力电缆直埋敷设

第一节　电力电缆直埋敷设 …… 2

图 1-1　单根电力电缆直埋敷设施工图　（10、35kV 三芯电缆）　ZM-01 …… 3

图 1-2　两根电力电缆直埋敷设施工图　（10、35kV 三芯电缆）　ZM-02 …… 3

图 1-3　三根电力电缆直埋敷设施工图（1）　（10、35kV 三芯电缆）　ZM-03 …… 4

图 1-4　三根电力电缆直埋敷设施工图（2）　（35kV 及以上单芯电缆）　ZM-04 …… 4

第二节　电力电缆与电缆或其他构筑物平行敷设 …… 5

图 1-5　35kV 及以上电力电缆与中压电缆平行敷设施工图　（35kV 及以上电力电缆）　ZM-05 …… 6

图 1-6　10kV 电力电缆与低压电缆平行敷设施工图　（10kV 及以下电力电缆）　ZM-06 …… 6

图 1-7　电力电缆与通信电缆平行敷设施工图　（各型电力电缆）　ZM-07 …… 7

图 1-8　电力电缆与输水管道平行敷设施工图　（各型电力电缆）　ZM-08 …… 7

图 1-9　电力电缆穿管与输水管道平行敷设施工图　（各型电力电缆）　ZM-09 …… 8

图 1-10　电力电缆与热力管道平行敷设施工图　（各型电力电缆）　ZM-10 …… 8

图 1-11　电力电缆与热力沟平行敷设施工图　（各型电力电缆）　ZM-11 …… 9

图 1-12　电力电缆与输油管道平行敷设施工图　（各型电力电缆）　ZM-12 …… 9

图 1-13　电力电缆与易燃气管道平行敷设施工图　（各型电力电缆）　ZM-13 …… 10

图 1-14　电力电缆与铁路平行敷设施工图　（各型电力电缆）　ZM-14 …… 10

图 1-15 电力电缆与公路平行敷设施工图 （各型电力电缆） ZM-15 …… 11
图 1-16 电力电缆与建筑物平行敷设施工图 （各型电力电缆） ZM-16 …… 11
图 1-17 电力电缆与树木平行接近施工图 （各型电力电缆） ZM-17 …… 12
图 1-18 电力电缆与电力杆塔平行接近施工图 （各型电力电缆） ZM-18 …… 12
第三节 电力电缆与电缆或其他构筑物交叉敷设 …… 13
图 1-19 电力电缆与通信电缆交叉敷设施工图 （各型电力电缆） ZM-19 …… 14
图 1-20 电力电缆穿管与通信电缆交叉敷设施工图 （各型电力电缆） ZM-20 …… 14
图 1-21 电力电缆与电力电缆交叉敷设施工图 （各型电力电缆） ZM-21 …… 15
图 1-22 电力电缆穿管与电力电缆交叉敷设施工图 （各型电力电缆） ZM-22 …… 15
图 1-23 电力电缆与管道交叉敷设施工图 （各型电力电缆） ZM-23 …… 16
图 1-24 电力电缆穿管与管道交叉敷设施工图 （各型电力电缆） ZM-24 …… 16
图 1-25 电力电缆与热力管道交叉敷设施工图（1） （各型电力电缆） ZM-25 …… 17
图 1-26 电力电缆与热力管道交叉敷设施工图（2） （各型电力电缆） ZM-26 …… 17
图 1-27 电力电缆与热力沟交叉敷设施工图（1） （各型电力电缆） ZM-27 …… 18
图 1-28 电力电缆与热力沟交叉敷设施工图（2） （各型电力电缆） ZM-28 …… 18
图 1-29 电力电缆与铁路交叉敷设施工图 （各型电力电缆） ZM-29 …… 19
图 1-30 电力电缆与公路交叉敷设施工图 （各型电力电缆） ZM-30 …… 19
第四节 部件制作及施工 …… 20
图 1-31 电缆标示桩施工图 （非人行道电力电缆直埋敷设） ZM-31 …… 21
图 1-32 电缆标示砖施工图 （人行道电力电缆直埋敷设） ZM-32 …… 21
图 1-33 电缆直埋盖板施工图（1） （电力电缆直埋敷设） ZM-33 …… 22
图 1-34 电缆直埋盖板施工图（2） （电力电缆直埋敷设） ZM-34 …… 22

第二章 | 电力电缆排管敷设

第一节 ϕ175mm×8mm 树脂玻璃钢电缆导管 …… 24
图 2-1 3孔电缆排管敷设施工图 （ϕ175mm×8mm 电缆导管） PG-01 …… 25
图 2-2 4孔电缆排管敷设施工图 （ϕ175mm×8mm 电缆导管） PG-02 …… 26

图 2-3　6 孔电缆排管敷设施工图　（ϕ175mm×8mm 电缆导管）　PG-03 …… 27
图 2-4　8 孔电缆排管敷设施工图　（ϕ175mm×8mm 电缆导管）　PG-04 …… 28
图 2-5　9 孔电缆排管敷设施工图　（ϕ175mm×8mm 电缆导管）　PG-05 …… 29
图 2-6　12 孔电缆排管敷设施工图　（ϕ175mm×8mm 电缆导管）　PG-06 …… 30
图 2-7　15 孔电缆排管敷设施工图　（ϕ175mm×8mm 电缆导管）　PG-07 …… 31
图 2-8　16 孔电缆排管敷设施工图　（ϕ175mm×8mm 电缆导管）　PG-08 …… 32
图 2-9　20 孔电缆排管敷设施工图　（ϕ175mm×8mm 电缆导管）　PG-09 …… 33
图 2-10　24 孔电缆排管敷设施工图　（ϕ175mm×8mm 电缆导管）　PG-10 …… 34
图 2-11　28 孔电缆排管敷设施工图　（ϕ175mm×8mm 电缆导管）　PG-11 …… 35
图 2-12　30 孔电缆排管敷设施工图　（ϕ175mm×8mm 电缆导管）　PG-12 …… 36
图 2-13　32 孔电缆排管敷设施工图　（ϕ175mm×8mm 电缆导管）　PG-13 …… 37
图 2-14　35 孔电缆排管敷设施工图　（ϕ175mm×8mm 电缆导管）　PG-14 …… 38
图 2-15　36 孔电缆排管敷设施工图　（ϕ175mm×8mm 电缆导管）　PG-15 …… 39
第二节　ϕ200mm×8mm 树脂玻璃钢电缆导管 …… 40
图 2-16　3 孔电缆排管敷设施工图　（ϕ200mm×8mm 电缆导管）　PG-16 …… 41
图 2-17　4 孔电缆排管敷设施工图　（ϕ200mm×8mm 电缆导管）　PG-17 …… 42
图 2-18　6 孔电缆排管敷设施工图　（ϕ200mm×8mm 电缆导管）　PG-18 …… 43
图 2-19　8 孔电缆排管敷设施工图　（ϕ200mm×8mm 电缆导管）　PG-19 …… 44
图 2-20　9 孔电缆排管敷设施工图　（ϕ200mm×8mm 电缆导管）　PG-20 …… 45
图 2-21　12 孔电缆排管敷设施工图　（ϕ200mm×8mm 电缆导管）　PG-21 …… 46
图 2-22　15 孔电缆排管敷设施工图　（ϕ200mm×8mm 电缆导管）　PG-22 …… 47
图 2-23　16 孔电缆排管敷设施工图　（ϕ200mm×8mm 电缆导管）　PG-23 …… 48
图 2-24　20 孔电缆排管敷设施工图　（ϕ200mm×8mm 电缆导管）　PG-24 …… 49
图 2-25　24 孔电缆排管敷设施工图　（ϕ200mm×8mm 电缆导管）　PG-25 …… 50
图 2-26　28 孔电缆排管敷设施工图　（ϕ200mm×8mm 电缆导管）　PG-26 …… 51
图 2-27　30 孔电缆排管敷设施工图　（ϕ200mm×8mm 电缆导管）　PG-27 …… 52

图 2 - 28　32 孔电缆排管敷设施工图　（ϕ200mm×8mm 电缆导管）　PG - 28 …… 53
图 2 - 29　35 孔电缆排管敷设施工图　（ϕ200mm×8mm 电缆导管）　PG - 29 …… 54
图 2 - 30　36 孔电缆排管敷设施工图　（ϕ200mm×8mm 电缆导管）　PG - 30 …… 55
第三节　ϕ210mm×10mmMPP 塑钢复合电缆导管 …… 56
图 2 - 31　3 孔电缆排管敷设施工图　（ϕ210mm×10mm 电缆导管）　PG - 31 …… 57
图 2 - 32　4 孔电缆排管敷设施工图　（ϕ210mm×10mm 电缆导管）　PG - 32 …… 58
图 2 - 33　6 孔电缆排管敷设施工图　（ϕ210mm×10mm 电缆导管）　PG - 33 …… 59
图 2 - 34　8 孔电缆排管敷设施工图　（ϕ210mm×10mm 电缆导管）　PG - 34 …… 60
图 2 - 35　9 孔电缆排管敷设施工图　（ϕ210mm×10mm 电缆导管）　PG - 35 …… 61
图 2 - 36　12 孔电缆排管敷设施工图　（ϕ210mm×10mm 电缆导管）　PG - 36 …… 62
图 2 - 37　15 孔电缆排管敷设施工图　（ϕ210mm×10mm 电缆导管）　PG - 37 …… 63
图 2 - 38　16 孔电缆排管敷设施工图　（ϕ210mm×10mm 电缆导管）　PG - 38 …… 64
图 2 - 39　20 孔电缆排管敷设施工图　（ϕ210mm×10mm 电缆导管）　PG - 39 …… 65
图 2 - 40　24 孔电缆排管敷设施工图　（ϕ210mm×10mm 电缆导管）　PG - 40 …… 66
图 2 - 41　28 孔电缆排管敷设施工图　（ϕ210mm×10mm 电缆导管）　PG - 41 …… 67
图 2 - 42　30 孔电缆排管敷设施工图　（ϕ210mm×10mm 电缆导管）　PG - 42 …… 68
图 2 - 43　32 孔电缆排管敷设施工图　（ϕ210mm×10mm 电缆导管）　PG - 43 …… 69
图 2 - 44　35 孔电缆排管敷设施工图　（ϕ210mm×10mm 电缆导管）　PG - 44 …… 70
图 2 - 45　36 孔电缆排管敷设施工图　（ϕ210mm×10mm 电缆导管）　PG - 45 …… 71
第四节　ϕ240mm×12mmMPP 塑钢复合电缆导管 …… 72
图 2 - 46　3 孔电缆排管敷设施工图　（ϕ240mm×12mm 电缆导管）　PG - 46 …… 73
图 2 - 47　4 孔电缆排管敷设施工图　（ϕ240mm×12mm 电缆导管）　PG - 47 …… 74
图 2 - 48　6 孔电缆排管敷设施工图　（ϕ240mm×12mm 电缆导管）　PG - 48 …… 75
图 2 - 49　8 孔电缆排管敷设施工图　（ϕ240mm×12mm 电缆导管）　PG - 49 …… 76
图 2 - 50　9 孔电缆排管敷设施工图　（ϕ240mm×12mm 电缆导管）　PG - 50 …… 77
图 2 - 51　12 孔电缆排管敷设施工图　（ϕ240mm×12mm 电缆导管）　PG - 51 …… 78

图 2-52　15 孔电缆排管敷设施工图　（ϕ240mm×12mm 电缆导管）　PG-52 …… 79
图 2-53　16 孔电缆排管敷设施工图　（ϕ240mm×12mm 电缆导管）　PG-53 …… 80
图 2-54　20 孔电缆排管敷设施工图　（ϕ240mm×12mm 电缆导管）　PG-54 …… 81
图 2-55　24 孔电缆排管敷设施工图　（ϕ240mm×12mm 电缆导管）　PG-55 …… 82
图 2-56　28 孔电缆排管敷设施工图　（ϕ240mm×12mm 电缆导管）　PG-56 …… 83
图 2-57　30 孔电缆排管敷设施工图　（ϕ240mm×12mm 电缆导管）　PG-57 …… 84
图 2-58　32 孔电缆排管敷设施工图　（ϕ240mm×12mm 电缆导管）　PG-58 …… 85
图 2-59　35 孔电缆排管敷设施工图　（ϕ240mm×12mm 电缆导管）　PG-59 …… 86
图 2-60　36 孔电缆排管敷设施工图　（ϕ240mm×12mm 电缆导管）　PG-60 …… 87

第三章 | 电力电缆隧道敷设

第一节　1.4m×1.9m 电缆隧道 …… 89
图 3-1　1.4m×1.9m 电缆隧道配筋施工图　（沟顶覆土 0.5～2.0m）　SD-01 …… 90
图 3-2　1.4m×1.9m 电缆隧道支架安装图（1）（角钢支架，10kV 电缆 6 根，110kV 电缆 2 回路）　SD-02 …… 91
图 3-3　1.4m×1.9m 电缆隧道支架安装图（2）（角钢支架，10kV 电缆 6 根，220kV 电缆 2 回路）　SD-03 …… 91
图 3-4　1.4m×1.9m 电缆隧道支架安装图（3）（角钢支架，10kV 电缆 9 根，110kV 电缆 2 回路）　SD-04 …… 92
图 3-5　1.4m×1.9m 电缆隧道支架安装图（4）（角钢支架，10kV 电缆 18 根）　SD-05 …… 92
第二节　1.5m×1.9m 电缆隧道 …… 93
图 3-6　1.5m×1.9m 电缆隧道配筋施工图　（沟顶覆土 0.5～2.0m）　SD-06 …… 94
图 3-7　1.5m×1.9m 电缆隧道支架安装图（1）（角钢支架，10kV 电缆 8 根，110kV 电缆 2 回路）　SD-07 …… 95
图 3-8　1.5m×1.9m 电缆隧道支架安装图（2）（角钢支架，10kV 电缆 8 根，220kV 电缆 2 回路）　SD-08 …… 95
图 3-9　1.5m×1.9m 电缆隧道支架安装图（3）（角钢支架，10kV 电缆 12 根，110kV 电缆 2 回路）　SD-09 …… 96
图 3-10　1.5m×1.9m 电缆隧道支架安装图（4）（角钢支架，10kV 电缆 8 根，220kV 电缆 2 回路）　SD-10 …… 96
图 3-11　1.5m×1.9m 电缆隧道支架安装图（5）（角钢支架，10kV 电缆 24 根）　SD-11 …… 97
图 3-12　1.5m×1.9m 电缆隧道支架安装图（6）（角钢支架，10kV 电缆 20 根）　SD-12 …… 97
第三节　1.6m×1.9m 电缆隧道 …… 98
图 3-13　1.6m×1.9m 电缆隧道配筋施工图　（沟顶覆土 0.5～2.0m）　SD-13 …… 99

图 3-14　1.6m×1.9m 电缆隧道支架安装图（1）（角钢支架，10kV 电缆 5 根，35kV 电缆 2 回路，110kV 电缆 2 回路）　SD-14 …… 100
图 3-15　1.6m×1.9m 电缆隧道支架安装图（2）（角钢支架，10kV 电缆 15 根，110kV 电缆 2 回路）　SD-15 …… 100
图 3-16　1.6m×1.9m 电缆隧道支架安装图（3）（角钢支架，110kV 电缆 2 回路，220kV 电缆 2 回路）　SD-16 …… 101
图 3-17　1.6m×1.9m 电缆隧道支架安装图（4）（角钢支架，10kV 电缆 30 根）　SD-17 …… 101
第四节　1.8m×2.0m 电缆隧道 …… 102
图 3-18　1.8m×2.0m 电缆隧道配筋施工图（1）（沟顶覆土 0.5～1.0m）　SD-18 …… 103
图 3-19　1.8m×2.0m 电缆隧道配筋施工图（2）（沟顶覆土 1.0～2.0m）　SD-19 …… 104
图 3-20　1.8m×2.0m 电缆隧道支架安装图（1）（角钢支架，10kV 电缆 6 根，110kV 电缆 6 回路）　SD-20 …… 105
图 3-21　1.8m×2.0m 电缆隧道支架安装图（2）（角钢支架，10kV 电缆 15 根，110kV 电缆 4 回路）　SD-21 …… 105
图 3-22　1.8m×2.0m 电缆隧道支架安装图（3）（角钢支架，10kV 电缆 10 根，35kV 电缆 2 回路，220kV 电缆 2 回路）　SD-22 …… 106
图 3-23　1.8m×2.0m 电缆隧道支架安装图（4）（角钢支架，10kV 电缆 12 根，35kV 电缆 2 回路，110kV 电缆 2 回路）　SD-23 …… 106
图 3-24　1.8m×2.0m 电缆隧道支架安装图（5）（角钢支架，10kV 电缆 27 根，110kV 电缆 2 回路）　SD-24 …… 107
图 3-25　1.8m×2.0m 电缆隧道支架安装图（6）（角钢支架，10kV 电缆 15 根，110kV 电缆 2 回路）　SD-25 …… 107
图 3-26　1.8m×2.0m 电缆隧道支架安装图（7）（组合悬挂式玻璃钢支架，10kV 电缆 13 根，110kV 电缆 4 回路）　SD-26 …… 108
图 3-27　1.8m×2.0m 电缆隧道支架安装图（8）（组合悬挂式玻璃钢支架，10kV 电缆 10 根，110kV 电缆 2 回路，220kV 电缆 2 回路）　SD-27 …… 108
图 3-28　1.8m×2.0m 电缆隧道支架安装图（9）（组合悬挂式玻璃钢支架，10kV 电缆 28 根）　SD-28 …… 109
图 3-29　1.8m×2.0m 电缆隧道支架安装图（10）（组合悬挂式、承插式玻璃钢支架，10kV 电缆 28 根）　SD-29 …… 109
图 3-30　1.8m×2.0m 电缆隧道支架安装图（11）（承插式玻璃钢支架，10kV 电缆 28 根）　SD-30 …… 110
图 3-31　1.8m×2.0m 电缆隧道支架安装图（12）（承插式、平板型玻璃钢支架，10kV 电缆 14 根，110kV 电缆 2 回路）　SD-31 …… 110
第五节　2.0m×2.2m 电缆隧道 …… 111
图 3-32　2.0m×2.2m 电缆隧道配筋施工图（1）（沟顶覆土 0.5～1.0m）　SD-32 …… 112
图 3-33　2.0m×2.2m 电缆隧道配筋施工图（2）（沟顶覆土 1.0～2.0m）　SD-33 …… 113
图 3-34　2.0m×2.2m 电缆隧道支架安装图（1）（角钢支架，10kV 电缆 9 根，110kV 电缆 3 回路，220kV 电缆 3 回路）　SD-34 …… 114
图 3-35　2.0m×2.2m 电缆隧道支架安装图（2）（角钢支架，10kV 电缆 27 根，220kV 电缆 2 回路）　SD-35 …… 114
图 3-36　2.0m×2.2m 电缆隧道支架安装图（3）（角钢支架，10kV 电缆 21 根，110kV 电缆 2 回路）　SD-36 …… 115
图 3-37　2.0m×2.2m 电缆隧道支架安装图（4）（角钢支架，10kV 电缆 6 根，110kV 电缆 4 回路）　SD-37 …… 115

图 3-38　2.0m×2.2m 电缆隧道支架安装图（5）（角钢支架，10kV 电缆 9 根，35kV 电缆 2 回路，110kV 电缆 2 回路）　SD-38 …………………… 116
图 3-39　2.0m×2.2m 电缆隧道支架安装图（6）（角钢支架，10kV 电缆 3 根，110kV 电缆 2 回路，220kV 电缆 2 回路）　SD-39 …………………… 116
图 3-40　2.0m×2.2m 电缆隧道支架安装图（7）（角钢支架，10kV 电缆 24 根，110kV 电缆 2 回路）　SD-40 …………………… 117
图 3-41　2.0m×2.2m 电缆隧道支架安装图（8）（角钢支架，10kV 电缆 39 根）　SD-41 …………………… 117
图 3-42　2.0m×2.2m 电缆隧道支架安装图（9）（角钢、组合悬挂式玻璃钢支架，10kV 电缆 24 根，110kV 电缆 2 回路）　SD-42 …………………… 118
图 3-43　2.0m×2.2m 电缆隧道支架安装图（10）（承插式玻璃钢支架，10kV 电缆 39 根）　SD-43 …………………… 118
图 3-44　2.0m×2.2m 电缆隧道支架安装图（11）（组合悬挂式玻璃钢支架，10kV 电缆 3 根，110kV 电缆 4 回路，220kV 电缆 4 回路）　SD-44 …………………… 119
图 3-45　2.0m×2.2m 电缆隧道支架安装图（12）（组合悬挂式玻璃钢支架，10kV 电缆 21 根，110kV 电缆 2 回路，220kV 电缆 2 回路）　SD-45 …………………… 119
第六节　2.2m×2.5m 电缆隧道 …………………… 120
图 3-46　2.2m×2.5m 电缆隧道配筋施工图（1）（沟顶覆土 0.5～1.0m）　SD-46 …………………… 121
图 3-47　2.2m×2.5m 电缆隧道配筋施工图（2）（沟顶覆土 1.0～2.0m）　SD-47 …………………… 122
图 3-48　2.2m×2.5m 电缆隧道支架安装图（1）（角钢支架，10kV 电缆 4 根，110kV 电缆 4 回路，220kV 电缆 4 回路）　SD-48 …………………… 123
图 3-49　2.2m×2.5m 电缆隧道支架安装图（2）（角钢支架，10kV 电缆 20 根，110kV 电缆 4 回路，220kV 电缆 2 回路）　SD-49 …………………… 123
图 3-50　2.2m×2.5m 电缆隧道支架安装图（3）（角钢支架，10kV 电缆 4 根，110kV 电缆 2 回路，220kV 电缆 6 回路）　SD-50 …………………… 124
图 3-51　2.2m×2.5m 电缆隧道支架安装图（4）（角钢支架，10kV 电缆 12 根，110kV 电缆 8 回路）　SD-51 …………………… 124
图 3-52　2.2m×2.5m 电缆隧道支架安装图（5）（角钢支架，10kV 电缆 8 根，110kV 电缆 5 回路，220kV 电缆 3 回路）　SD-52 …………………… 125
图 3-53　2.2m×2.5m 电缆隧道支架安装图（6）（角钢支架，10kV 电缆 44 根，220kV 电缆 2 回路）　SD-53 …………………… 125
图 3-54　2.2m×2.5m 电缆隧道支架安装图（7）（角钢支架，10kV 电缆 36 根，110kV 电缆 2 回路）　SD-54 …………………… 126
图 3-55　2.2m×2.5m 电缆隧道支架安装图（8）（角钢支架，10kV 电缆 26 根，110kV 电缆 4 回路）　SD-55 …………………… 126
图 3-56　2.2m×2.5m 电缆隧道支架安装图（9）（角钢支架，10kV 电缆 20 根，35kV 电缆 2 回路，110kV 电缆 2 回路）　SD-56 …………………… 127
图 3-57　2.2m×2.5m 电缆隧道支架安装图（10）（角钢支架，10kV 电缆 12 根，110kV 电缆 2 回路，220kV 电缆 2 回路）　SD-57 …………………… 127
图 3-58　2.2m×2.5m 电缆隧道支架安装图（11）（组合悬挂式玻璃钢支架，10kV 电缆 53 根）　SD-58 …………………… 128
图 3-59　2.2m×2.5m 电缆隧道支架安装图（12）（平板型玻璃钢支架，10kV 电缆 18 根，110kV 电缆 4 回路）　SD-59 …………………… 128
图 3-60　2.2m×2.5m 电缆隧道支架安装图（13）（组合悬挂式平板型玻璃钢支架，10kV 电缆 25 根，110kV 电缆 6 回路）　SD-60 …………………… 129
图 3-61　2.2m×2.5m 电缆隧道支架安装图（14）（组合悬挂式、平板型玻璃钢支架，10kV 电缆 25 根，110kV 电缆 6 回路）　SD-61 …………………… 129

第七节 2.5m×3.0m 电缆隧道…… 130
图 3-62 2.5m×3.0m 电缆隧道配筋施工图 (沟顶覆土 0.5～2.0m) SD-62 …… 131
图 3-63 2.5m×3.0m 电缆隧道支加安装图（1）（角钢支架，10kV 电缆 35 根，110kV 电缆 4 回路） SD-63 …… 132
图 3-64 2.5m×3.0m 电缆隧道支架安装图（2）（角钢支架，10kV 电缆 35 根，110kV 电缆 2 回路，220kV 电缆 2 回路） SD-64 …… 132
图 3-65 2.5m×3.0m 电缆隧道支架安装图（3）（角钢支架，10kV 电缆 35 根，110kV 电缆 4 回路，220kV 电缆 2 回路） SD-65 …… 133
图 3-66 2.5m×3.0m 电缆隧道支架安装图（4）（角钢支架，10kV 电缆 15 根，110kV 电缆 2 回路，220kV 电缆 4 回路） SD-66 …… 133
图 3-67 2.5m×3.0m 电缆隧道支架安装图（5）（角钢支架，10kV 电缆 35 根，110kV 电缆 4 回路，220kV 电缆 4 回路） SD-67 …… 134
图 3-68 2.5m×3.0m 电缆隧道支架安装图（6）（组合悬挂式玻璃钢支架，10kV 电缆 35 根，110kV 电缆 4 回路，220kV 电缆 4 回路） SD-68 …… 134
图 3-69 2.5m×3.0m 电缆隧道支架安装图（7）（角钢支架，10kV 电缆 35 根，110kV 电缆 6 回路，220kV 电缆 2 回路） SD-69 …… 135
图 3-70 2.5m×3.0m 电缆隧道支架安装图（8）（组合悬挂式玻璃钢支架，10kV 电缆 35 根，110kV 电缆 6 回路，220kV 电缆 2 回路） SD-70 …… 135
图 3-71 2.5m×3.0m 电缆隧道支架安装图（9）（角钢支架，10kV 电缆 45 根，220kV 电缆 6 回路） SD-71 …… 136
图 3-72 2.5m×3.0m 电缆隧道支架安装图（10）（组合悬挂式玻璃钢支架，10kV 电缆 45 根，220kV 电缆 6 回路） SD-72 …… 136
图 3-73 2.5m×3.0m 电缆隧道支架安装图（11）（角钢支架，10kV 电缆 15 根，110kV 电缆 4 回路，220kV 电缆 6 回路） SD-73 …… 137
图 3-74 2.5m×3.0m 电缆隧道支架安装图（12）（组合悬挂式玻璃钢支架，10kV 电缆 15 根，110kV 电缆 4 回路，220kV 电缆 6 回路） SD-74 …… 137
图 3-75 2.5m×3.0m 电缆隧道支架安装图（13）（平板型玻璃钢支架，10kV 电缆 25 根，110kV 电缆 6 回路，220kV 电缆 4 回路） SD-75 …… 138
图 3-76 2.5m×3.0m 电缆隧道支架安装图（14）（平板型玻璃钢支架，10kV 电缆 25 根，110kV 电缆 10 回路） SD-76 …… 138
图 3-77 2.5m×3.0m 电缆隧道支架安装图（15）（平板型玻璃钢支架，10kV 电缆 15 根，110kV 电缆 8 回路，220kV 电缆 4 回路） SD-77 …… 139
图 3-78 2.5m×3.0m 电缆隧道支架安装图（16）（平板型玻璃钢支架，10kV 电缆 25 根，110kV 电缆 4 回路，220kV 电缆 6 回路） SD-78 …… 139
第八节 混凝土浇制工作井 …… 140
一、活动爬梯
图 3-79 直通型工作井施工图（1）（二端隧道，角钢活动爬梯） GJ-01 …… 142

图 3-80　直通型工作井施工图（2）（一端隧道，一端排管，角钢活动爬梯）　GJ-02 ………………………… 143
图 3-81　直通型工作井施工图（3）（二端排管，角钢活动爬梯）　GJ-03 ………………………… 144
图 3-82　直通型工作井施工图（4）（20m 工作井，二端排管，角钢活动爬梯）　GJ-04 ………………………… 145
图 3-83　三通型工作井施工图（1）（三端隧道，角钢活动爬梯）　GJ-05 ………………………… 146
图 3-84　三通型工作井施工图（2）（二对端隧道，一侧排管，角钢活动爬梯）　GJ-06 ………………………… 148
图 3-85　三通型工作井施工图（3）（二对端排管，一侧隧道，角钢活动爬梯）　GJ-07 ………………………… 150
图 3-86　三通型工作井施工图（4）（三端排管，角钢活动爬梯）　GJ-08 ………………………… 152
图 3-87　四通型工作井施工图（1）（四端隧道，角钢活动爬梯）　GJ-09 ………………………… 154
图 3-88　四通型工作井施工图（2）（三端隧道，一侧排管，角钢活动爬梯）　GJ-10 ………………………… 156
图 3-89　四通型工作井施工图（3）（二对端隧道，二侧排管，角钢活动爬梯）　GJ-11 ………………………… 158
图 3-90　四通型工作井施工图（4）（一端隧道，三侧排管，角钢活动爬梯）　GJ-12 ………………………… 160
图 3-91　四通型工作井施工图（5）（四端排管，角钢活动爬梯）　GJ-13 ………………………… 162
二、圆管固定爬梯
图 3-92　直通型工作井施工图（1）（二端隧道，圆管固定爬梯）　GJ-14 ………………………… 164
图 3-93　直通型工作井施工图（2）（一端隧道，一端排管，圆管固定爬梯）　GJ-15 ………………………… 165
图 3-94　直通型工作井施工图（3）（二端排管，圆管固定爬梯）　GJ-16 ………………………… 166
图 3-95　直通型工作井施工图（4）（20m 工作井，二端排管，圆管固定爬梯）　GJ-17 ………………………… 167
图 3-96　三通型工作井施工图（1）（三端隧道，圆管固定爬梯）　GJ-18 ………………………… 168
图 3-97　三通型工作井施工图（2）（二对端隧道，一侧排管，圆管固定爬梯）　GJ-19 ………………………… 170
图 3-98　三通型工作井施工图（3）（二对端排管，一侧隧道，圆管固定爬梯）　GJ-20 ………………………… 172
图 3-99　三通型工作井施工图（4）（三端排管，圆管固定爬梯）　GJ-21 ………………………… 174
图 3-100　四通型工作井施工图（1）（四端隧道，圆管固定爬梯）　GJ-22 ………………………… 176
图 3-101　四通型工作井施工图（2）（三端隧道，一侧排管，圆管固定爬梯）　GJ-23 ………………………… 178
图 3-102　四通型工作井施工图（3）（二对端隧道，二侧排管，圆管固定爬梯）　GJ-24 ………………………… 180
图 3-103　四通型工作井施工图（4）（一端隧道，三侧排管，圆管固定爬梯）　GJ-25 ………………………… 182
图 3-104　四通型工作井施工图（5）（四端排管，圆管固定爬梯）　GJ-26 ………………………… 184
三、角钢固定爬梯
图 3-105　直通型工作井施工图（1）（二端隧道，角钢固定爬梯）　GJ-27 ………………………… 186

图 3-106　直通型工作井施工图（2）（一端隧道，一端排管，角钢固定爬梯）　GJ-28 …… 187
图 3-107　直通型工作井施工图（3）（两端排管，角钢固定爬梯）　GJ-29 …… 188
图 3-108　直通型工作井施工图（4）（20m 工作井，两端排管，角钢固定爬梯）　GJ-30 …… 189
图 3-109　三通型工作井施工图（1）（三端隧道，角钢固定爬梯）　GJ-31 …… 190
图 3-110　三通型工作井施工图（2）（二对端隧道，一侧排管，角钢固定爬梯）　GJ-32 …… 192
图 3-111　三通型工作井施工图（3）（二对端排管，一侧隧道，角钢固定爬梯）　GJ-33 …… 194
图 3-112　三通型工作井施工图（4）（三端排管，角钢固定爬梯）　GJ-34 …… 196
图 3-113　四通型工作井施工图（1）（四端隧道，角钢固定爬梯）　GJ-35 …… 198
图 3-114　四通型工作井施工图（2）（三端隧道，一侧排管，角钢固定爬梯）　GJ-36 …… 200
图 3-115　四通型工作井施工图（3）（二对端隧道，二侧排管，角钢固定爬梯）　GJ-37 …… 202
图 3-116　四通型工作井施工图（4）（一端隧道，三侧排管，角钢固定爬梯）　GJ-38 …… 204
图 3-117　四通型工作井施工图（5）（四端排管，角钢固定爬梯）　GJ-39 …… 206
第九节　砖砌工作井 …… 208
图 3-118　砖砌直通型工作井施工图（1）（二端排管，井内壁长 3m，圆管固定爬梯）　GJ-40 …… 209
图 3-119　砖砌直通型工作井施工图（2）（二端排管，井内壁长 5m，圆管固定爬梯）　GJ-41 …… 210
图 3-120　砖砌直通型工作井施工图（3）（二端排管，井内壁长 10m，圆管固定爬梯）　GJ-42 …… 211
图 3-121　砖砌直通型工作井施工图（4）（二端排管，井内壁长 20m，圆管固定爬梯）　GJ-43 …… 212
图 3-122　砖砌三通型工作井施工图　（三端排管，井内壁长 7m，圆管固定爬梯）　GJ-44 …… 213
图 3-123　砖砌四通型工作井施工图　（四端排管，井内壁长 7m，圆管固定爬梯）　GJ-45 …… 214
图 3-124　砖砌转角型工作井施工图　（二侧排管，井内壁长 4.5m，圆管固定爬梯）　GJ-46 …… 215
第十节　电缆裕沟 …… 216
图 3-125　电缆裕沟施工图（1）　（沟深不大于 2m，角钢活动爬梯）　YG-01 …… 217
图 3-126　电缆裕沟施工图（2）　（沟深不大于 3m，角钢活动爬梯）　YG-02 …… 219
图 3-127　电缆裕沟施工图（3）　（沟深不大于 2m，圆管固定爬梯）　YG-03 …… 221
图 3-128　电缆裕沟施工图（4）　（沟深不大于 3m，圆管固定爬梯）　YG-04 …… 223

第四章 | 电力电缆沟敷设

第一节 角钢支架电缆沟 …… 226

图 4-1 0.8m×1.0m 电缆沟施工图 (6 根三芯电缆) LG-01 …… 227

图 4-2 1.0m×1.0m 电缆沟施工图 (9 根三芯电缆) LG-02 …… 228

图 4-3 1.2m×1.3m 电缆沟施工图 (1) (12 根三芯电缆) LG-03 …… 229

图 4-4 1.2m×1.3m 电缆沟施工图 (2) (110kV 电缆 3 回路) LG-04 …… 230

图 4-5 1.2m×1.5m 电缆沟施工图 (1) (110kV 电缆 2 回路) LG-05 …… 231

图 4-6 1.2m×1.5m 电缆沟施工图 (2) (10kV 电缆 6 根，110kV 电缆 2 回路) LG-06 …… 232

图 4-7 1.2m×1.6m 电缆沟施工图 (1) (15 根三芯电缆) LG-07 …… 233

图 4-8 1.2m×1.6m 电缆沟施工图 (2) (10kV 电缆 3 根，110kV 电缆 3 回路) LG-08 …… 234

图 4-9 1.6m×1.2m 电缆沟施工图 (1) (18 根三芯电缆) LG-09 …… 235

图 4-10 1.6m×1.2m 电缆沟施工图 (2) (10kV 电缆 12 根，110kV 电缆 2 回路) LG-10 …… 236

图 4-11 1.6m×1.2m 电缆沟施工图 (3) (18 根三芯电缆) LG-11 …… 237

图 4-12 1.6m×1.5m 电缆沟施工图 (1) (24 根三芯电缆) LG-12 …… 238

图 4-13 1.6m×1.5m 电缆沟施工图 (2) (110kV 电缆 18 根，110kV 电缆 2 回路) LG-13 …… 239

图 4-14 1.6m×1.5m 电缆沟施工图 (3) (10kV 电缆 12 根，35kV 电缆 2 回路，110kV 电缆 2 回路) LG-14 …… 240

图 4-15 1.6m×1.5m 电缆沟施工图 (4) (24 根三芯电缆) LG-15 …… 241

第二节 组合悬挂式玻璃钢支架电缆沟 …… 242

图 4-16 0.8m×1.0m 电缆沟施工图 (6 根三芯电缆) LG-16 …… 243

图 4-17 1.0m×1.0m 电缆沟施工图 (1) (110kV 电缆 2 回路) LG-17 …… 244

图 4-18 1.0m×1.0m 电缆沟施工图 (2) (9 根三芯电缆) LG-18 …… 245

图 4-19 1.1m×1.0m 电缆沟施工图 (10kV 电缆 10 根) LG-19 …… 246

图 4-20 1.2m×1.0m 电缆沟施工图 (12 根三芯电缆) LG-20 …… 247

图 4-21 1.2m×1.3m 电缆沟施工图 (1) (110kV 电缆 3 回路) LG-21 …… 248

图 4-22 1.2m×1.3m 电缆沟施工图 (2) (12 根三芯电缆) LG-22 …… 249

图 4-23 1.3m×1.3m 电缆沟施工图 (10kV 电缆 14 根) LG-23 …… 250

图 4-24 1.5m×1.0m 电缆沟施工图 (10kV 电缆 15 根) LG-24 …… 251

图 4-25 1.5m×1.3m 电缆沟施工图 （10kV 电缆 18 根） LG-25 …… 252
第三节 承插式玻璃钢支架电缆沟 …… 253
图 4-26 0.8m×1.0m 电缆沟施工图 （6 根三芯电缆） LG-26 …… 254
图 4-27 1.0m×1.0m 电缆沟施工图 （9 根三芯电缆） LG-27 …… 255
图 4-28 1.2m×1.3m 电缆沟施工图 （12 根三芯电缆） LG-28 …… 256
图 4-29 1.5m×1.3m 电缆沟施工图 （10kV 电缆 18 根） LG-29 …… 257
第四节 平板型玻璃钢支架电缆沟 …… 258
图 4-30 1.2m×1.5m 电缆沟施工图（1） （10kV 电缆 6 根，110kV 电缆 2 回路） LG-30 …… 259
图 4-31 1.2m×1.5m 电缆沟施工图（2） （10kV 电缆 6 根，110kV 电缆 2 回路） LG-31 …… 260
图 4-32 1.2m×1.5m 电缆沟施工图（3） （110kV 电缆 2 回路） LG-32 …… 261
图 4-33 1.3m×1.4m 电缆沟施工图 （10kV 电缆 6 根，35kV 电缆 2 回路） LG-33 …… 262
图 4-34 1.3m×1.5m 电缆沟施工图 （35kV 电缆 4 回路） LG-34 …… 263

第五章 | 电力设施穿越构筑物施工图

图 5-1 电缆排管穿越雨水箱涵施工图 （各型电力电缆） CY-01 …… 266
图 5-2 电缆排管穿越热力管道施工图 （各型电力电缆） CY-02 …… 267
图 5-3 电缆排管穿越道路施工图 （各型电力电缆） CY-03 …… 268
图 5-4 电缆隧道穿越雨水箱涵施工图 （各型电力电缆） CY-04 …… 269
图 5-5 电缆隧道穿越热力管道施工图 （各型电力电缆） CY-05 …… 270
图 5-6 电缆隧道与电缆排管不同高度交叉施工图（1） （各型电力电缆） CY-06 …… 271
图 5-7 电缆隧道与电缆排管不同高度交叉施工图（2） （各型电力电缆） CY-07 …… 272
图 5-8 电缆排管与电缆排管不同高度交叉施工图（1） （各型电力电缆） CY-08 …… 273
图 5-9 电缆排管与电缆排管不同高度交叉施工图（2） （各型电力电缆） CY-09 …… 274
图 5-10 电缆拖管穿越铁路施工图 （各型电力电缆） CY-10 …… 275
图 5-11 电缆拖管穿越道路施工图 （各型电力电缆） CY-11 …… 276
图 5-12 电缆拖管穿越河道施工图 （各型电力电缆） CY-12 …… 277
图 5-13 电力电缆沿桥面敷设施工图（1） （电缆隧道接桥面排管） CY-13 …… 278
图 5-14 电力电缆沿桥面敷设施工图（2） （电缆排管接桥面排管） CY-14 …… 279

第六章 | 部件制作及施工

第一节　角钢支架 …… 281

图 6-1　1号角钢支架制造图（1.4m×1.9m电缆隧道）　ZJ-01 …… 284

图 6-2　2号角钢支架制造图（1.4m×1.9m电缆隧道）　ZJ-02 …… 285

图 6-3　3号角钢支架制造图（1.4m×1.9m电缆隧道）　ZJ-03 …… 286

图 6-4　4号角钢支架制造图（1.4m×1.9m电缆隧道）　ZJ-04 …… 287

图 6-5　5号角钢支架制造图（1.5m×1.9m电缆隧道）　ZJ-05 …… 288

图 6-6　6号角钢支架制造图（1.5m×1.9m电缆隧道）　ZJ-06 …… 289

图 6-7　7号角钢支架制造图（1.5m×1.9m电缆隧道）　ZJ-07 …… 290

图 6-8　8号角钢支架制造图（1.5m×1.9m电缆隧道）　ZJ-08 …… 291

图 6-9　9号角钢支架制造图（1.5m×1.9m电缆隧道）　ZJ-09 …… 292

图 6-10　10号角钢支架制造图（1.5m×1.9m电缆隧道）　ZJ-10 …… 293

图 6-11　11号角钢支架制造图（1.6m×1.9m电缆隧道）　ZJ-11 …… 294

图 6-12　12号角钢支架制造图（1.6m×1.9m电缆隧道）　ZJ-12 …… 295

图 6-13　13号角钢支架制造图（1.6m×1.9m电缆隧道）　ZJ-13 …… 296

图 6-14　14号角钢支架制造图（1.6m×1.9m电缆隧道）　ZJ-14 …… 297

图 6-15　15号角钢支架制造图（1.8m×2.0m电缆隧道）　ZJ-15 …… 298

图 6-16　16号角钢支架制造图（1.8m×2.0m电缆隧道）　ZJ-16 …… 299

图 6-17　17号角钢支架制造图（1.8m×2.0m电缆隧道）　ZJ-17 …… 300

图 6-18　18号角钢支架制造图（1.8m×2.0m电缆隧道）　ZJ-18 …… 301

图 6-19　19号角钢支架制造图（1.8m×2.0m电缆隧道）　ZJ-19 …… 302

图 6-20　20号角钢支架制造图（1.8m×2.0m电缆隧道）　ZJ-20 …… 303

图 6-21　21号角钢支架制造图（1.8m×2.0m电缆隧道）　ZJ-21 …… 304

图 6-22　22号角钢支架制造图（1.8m×2.0m电缆隧道）　ZJ-22 …… 305

图 6-23　23号角钢支架制造图（1.8m×2.0m电缆隧道）　ZJ-23 …… 306

图 6-24　24号角钢支架制造图（2.0m×2.2m电缆隧道）　ZJ-24 …… 307

图 6-25　25 号角钢支架制造图（2.0m×2.2m 电缆隧道）　ZJ-25 …… 308
图 6-26　26 号角钢支架制造图（2.0m×2.2m 电缆隧道）　ZJ-26 …… 309
图 6-27　27 号角钢支架制造图（2.0m×2.2m 电缆隧道）　ZJ-27 …… 310
图 6-28　28 号角钢支架制造图（2.0m×2.2m 电缆隧道）　ZJ-28 …… 311
图 6-29　29 号角钢支架制造图（2.0m×2.2m 电缆隧道）　ZJ-29 …… 312
图 6-30　30 号角钢支架制造图（2.0m×2.2m 电缆隧道）　ZJ-30 …… 313
图 6-31　31 号角钢支架制造图（2.0m×2.2m 电缆隧道）　ZJ-31 …… 314
图 6-32　32 号角钢支架制造图（2.0m×2.2m 电缆隧道）　ZJ-32 …… 315
图 6-33　33 号角钢支架制造图（2.2m×2.5m 电缆隧道）　ZJ-33 …… 316
图 6-34　34 号角钢支架制造图（2.2m×2.5m 电缆隧道）　ZJ-34 …… 317
图 6-35　35 号角钢支架制造图（2.2m×2.5m 电缆隧道）　ZJ-35 …… 318
图 6-36　36 号角钢支架制造图（2.2m×2.5m 电缆隧道）　ZJ-36 …… 319
图 6-37　37 号角钢支架制造图（2.2m×2.5m 电缆隧道）　ZJ-37 …… 320
图 6-38　38 号角钢支架制造图（2.2m×2.5m 电缆隧道）　ZJ-38 …… 321
图 6-39　39 号角钢支架制造图（2.2m×2.5m 电缆隧道）　ZJ-39 …… 322
图 6-40　40 号角钢支架制造图（2.2m×2.5m 电缆隧道）　ZJ-40 …… 323
图 6-41　41 号角钢支架制造图（2.2m×2.5m 电缆隧道）　ZJ-41 …… 324
图 6-42　42 号角钢支架制造图（2.2m×2.5m 电缆隧道）　ZJ-42 …… 325
图 6-43　43 号角钢支架制造图（2.5m×3.0m 电缆隧道）　ZJ-43 …… 326
图 6-44　44 号角钢支架制造图（2.5m×3.0m 电缆隧道）　ZJ-44 …… 327
图 6-45　45 号角钢支架制造图（2.5m×3.0m 电缆隧道）　ZJ-45 …… 328
图 6-46　46 号角钢支架制造图（2.5m×3.0m 电缆隧道）　ZJ-46 …… 329
图 6-47　47 号角钢支架制造图（2.5m×3.0m 电缆隧道）　ZJ-47 …… 330
图 6-48　48 号角钢支架制造图（2.5m×3.0m 电缆隧道）　ZJ-48 …… 331
图 6-49　49 号角钢支架制造图（2.5m×3.0m 电缆隧道）　ZJ-49 …… 332
图 6-50　50 号角钢支架制造图（2.5m×3.0m 电缆隧道）　ZJ-50 …… 333
图 6-51　51 号角钢支架制造图（0.8m×1.0m 电缆沟）　ZJ-51 …… 334

图 6 - 52　52 号角钢支架制造图（1.0m×1.0m 电缆沟）　ZJ - 52 …… 335
图 6 - 53　53 号角钢支架制造图（1.2m×1.3m 电缆沟）　ZJ - 53 …… 336
图 6 - 54　54 号角钢支架制造图（1.2m×1.3m 电缆沟）　ZJ - 54 …… 337
图 6 - 55　55 号角钢支架制造图（1.2m×1.5m 电缆沟）　ZJ - 55 …… 338
图 6 - 56　56 号角钢支架制造图（1.2m×1.5m 电缆沟）　ZJ - 56 …… 339
图 6 - 57　57 号角钢支架制造图（1.2m×1.6m 电缆沟）　ZJ - 57 …… 340
图 6 - 58　58 号角钢支架制造图（1.2m×1.6m 电缆沟）　ZJ - 58 …… 341
图 6 - 59　59 号角钢支架制造图（1.6m×1.2m 电缆沟）　ZJ - 59 …… 342
图 6 - 60　60 号角钢支架制造图（1.6m×1.2m 电缆沟）　ZJ - 60 …… 343
图 6 - 61　61 号角钢支架制造图（1.6m×1.2m 电缆沟）　ZJ - 61 …… 344
图 6 - 62　62 号角钢支架制造图（1.6m×1.5m 电缆沟）　ZJ - 62 …… 345
图 6 - 63　63 号角钢支架制造图（1.6m×1.5m 电缆沟）　ZJ - 63 …… 346
图 6 - 64　64 号角钢支架制造图（1.6m×1.5m 电缆沟）　ZJ - 64 …… 347
图 6 - 65　65 号角钢支架制造图（1.6m×1.5m 电缆沟）　ZJ - 65 …… 348
图 6 - 66　66 号角钢支架制造图（1.6m×1.5m 电缆沟）　ZJ - 66 …… 349
图 6 - 67　67 号角钢支架制造图（工作井或电缆裕沟）　ZJ - 67 …… 350
图 6 - 68　68 号角钢支架制造图（工作井或电缆裕沟）　ZJ - 68 …… 351
图 6 - 69　69 号角钢支架制造图（工作井或电缆裕沟）　ZJ - 69 …… 352
图 6 - 70　70 号角钢支架制造图（工作井或电缆裕沟）　ZJ - 70 …… 353
图 6 - 71　71 号角钢支架制造图（工作井或电缆裕沟）　ZJ - 71 …… 354
第二节　平板型玻璃钢支架 …… 355
图 6 - 72　平板型玻璃钢支架制造图（1）（1.8m×2.0m 电缆隧道）　PZJ - 01 …… 356
图 6 - 73　平板型玻璃钢支架制造图（2）（2.2m×2.5m 电缆隧道）　PZJ - 02 …… 357
图 6 - 74　平板型玻璃钢支架制造图（3）（2.2m×2.5m 电缆隧道）　PZJ - 03 …… 358
图 6 - 75　平板型玻璃钢支架制造图（4）（2.2m×2.5m 电缆隧道）　PZJ - 04 …… 359
图 6 - 76　平板型玻璃钢支架制造图（5）（2.5m×3.0m 电缆隧道）　PZJ - 05 …… 360
图 6 - 77　平板型玻璃钢支架制造图（6）（2.5m×3.0m 电缆隧道）　PZJ - 06 …… 361

图 6-78　平板型玻璃钢支架制造图（7）（2.5m×3.0m 电缆隧道）　PZJ-07 …… 362
图 6-79　平板型玻璃钢支架制造图（8）（2.5m×3.0m 电缆隧道）　PZJ-08 …… 363
图 6-80　平板型玻璃钢支架制造图（9）（1.2m×1.5m 电缆沟）　PZJ-09 …… 364
图 6-81　平板型玻璃钢支架制造图（10）（1.2m×1.5m 电缆沟）　PZJ-10 …… 365
图 6-82　平板型玻璃钢支架制造图（11）（1.2m×1.5m 电缆沟）　PZJ-11 …… 366
图 6-83　平板型玻璃钢支架制造图（12）（1.3m×1.4m 电缆沟）　PZJ-12 …… 367
图 6-84　平板型玻璃钢支架制造图（13）（1.3m×1.5m 电缆沟）　PZJ-13 …… 368
第三节　组合悬挂式玻璃钢支架 …… 369
图 6-85　CGXZ-500 组合悬挂式玻璃钢支架制作图（1）（110kV 电缆，三相品字形排列）　ZZJ-01 …… 370
图 6-86　CGXZ-500 组合悬挂式玻璃钢支架制作图（2）（220kV 电缆，三相品字形排列）　ZZJ-02 …… 370
图 6-87　CGXZ-700 组合悬挂式玻璃钢支架制作图（1）（110kV 电缆，三相水平排列）　ZZJ-03 …… 371
图 6-88　CGXZ-700 组合悬挂式玻璃钢支架制作图（2）（220kV 电缆，三相品字形排列）　ZZJ-04 …… 372
第四节　通信光缆安装 …… 373
图 6-89　光缆槽盒安装图（通信光缆）　QJ-01 …… 374
图 6-90　电缆吊钩制造图（通信电缆）　DG-01 …… 374
第五节　电缆沟盖板 …… 375
图 6 91　电缆沟盖板施工图（1）（0.8m×1.0m 电缆沟）　GP-01 …… 376
图 6-92　电缆沟盖板施工图（2）（1.0m×1.0m 电缆沟）　GP-02 …… 377
图 6-93　电缆沟盖板施工图（3）（1.1m×1.0m 电缆沟）　GP-03 …… 378
图 6-94　电缆沟盖板施工图（4）（1.2m×1.0m、1.2m×1.3m、1.2m×1.5m、1.2m×1.6m 电缆沟）　GP-04 …… 379
图 6-95　电缆沟盖板施工图（5）（1.3m×1.3m、1.3m×1.4m、1.3m×1.5m 电缆沟）　GP-05 …… 380
图 6-96　电缆沟盖板施工图（6）（1.5m×1.0m、1.5m×1.3m 电缆沟）　GP-06 …… 381
图 6-97　电缆沟盖板施工图（7）（1.6m×1.2m、1.6m×1.5m 电缆沟）　GP-07 …… 382
第六节　爬梯 …… 383
图 6-98　圆钢爬梯制造图　（工作井，圆钢固定爬梯）　PT-01 …… 384
图 6-99　圆管爬梯制造图　（工作井，圆管固定爬梯）　PT-02 …… 385
图 6-100　角钢爬梯制造图（1）　（工作井，角钢固定爬梯）　PT-03 …… 386

图 6-101　角钢爬梯制造图（2）　（工作井，角钢活动爬梯）　PT-04 …… 387

第七节　预埋件 …… 388

图 6-102　钢板预埋件施工图　（角钢电缆支架）　MJ-01 …… 389

图 6-103　角钢预埋件施工图　（角钢电缆支架）　MJ-02 …… 389

图 6-104　圆钢预埋件施工图　（通信电缆吊钩）　MJ-03 …… 390

图 6-105　燕尾螺栓预埋件施工图　（组合悬挂式玻璃钢支架）　MJ-04 …… 390

图 6-106　膨胀螺栓施工图　（组合悬挂式玻璃钢支架）　MJ-05 …… 391

图 6-107　槽型预埋件施工图　（承插式、平板型玻璃钢支架）　MJ-06 …… 391

第八节　钢筋笼子 …… 392

图 6-108　钢筋笼子制造图（1）　（电缆隧道积水井）　BZ-01 …… 393

图 6-109　钢筋笼子制造图（2）　（电缆沟积水井）　BZ-02 …… 394

第七章　电力电缆防火、防水及通风

图 7-1　电缆沟道阻火墙施工图　（电缆隧道及电缆沟）　FH-01 …… 397

图 7-2　电缆沟道防水施工图　（电缆隧道及电缆沟）　FS-01 …… 398

图 7-3　电缆沟积水井施工图　（电缆沟）　FS-02 …… 399

图 7-4　中埋式止水带变形缝施工图　（电缆隧道）　FS-03 …… 400

图 7-5　电缆隧道施工缝止水带施工图　（电缆隧道）　FS-04 …… 401

图 7-6　电缆隧道通风管施工图　（电缆隧道）　TF-01 …… 402

第八章　电力电缆接地及交叉互联

图 8-1　电缆金属护层接地施工图（1）　（35kV 及以上单芯电缆）　JD-01 …… 405

图 8-2　电缆金属护层接地施工图（2）　（35kV 及以上单芯电缆）　JD-02 …… 406

图 8-3　电缆金属护层交叉互联接地施工图　（35kV 及以上单芯电缆）　JD-03 …… 407

图 8-4　电缆沟道接地装置施工图　（电缆隧道及电缆沟）　JD-04 …… 408

图 8-5　电缆排管接地装置施工图　（电缆排管）　JD-05 …… 409

图 8-6　接地扁钢焊接施工图　（接地扁钢焊接）　JD-06 …… 410

附　录

附录一　电缆导管技术数据 …… 412
附录二　高强玻璃钢电缆支架技术数据 …… 414
附录三　电缆固定夹技术数据 …… 415
附录四　电力电缆技术数据 …… 417
附录五　电缆附件技术数据 …… 427
附录六　防水卷材技术数据 …… 431
附录七　常用型材技术数据 …… 432

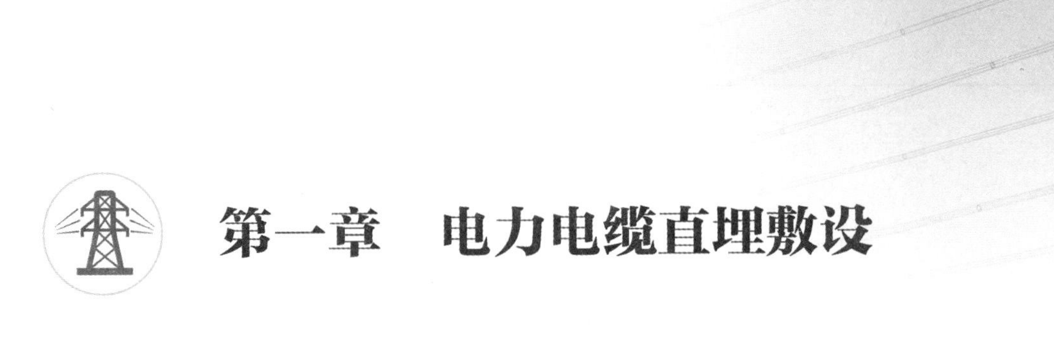

第一章　电力电缆直埋敷设

电力电缆直埋敷设是室外电缆敷设常用的一种安装方法，一般用于电力电缆数量较少、敷设距离较短、地面荷载较小的地段。

电缆直埋敷设的优点是：工程量小，施工简单，施工周期短，投资少，防火性能好，有利于散热；缺点是：抗外力破坏能力差，更换电缆难度较大。

电力电缆直埋敷设应注意以下几点：

（1）直埋敷设时，要求电缆的上下左右均需有一定厚度的砂层覆盖，这样不仅有良好地保护作用，还能透气、渗水、有利于电缆运行。电缆敷设后，电缆保护板上应铺以醒目的警示带，沿电缆路径的直线段每间隔50m左右，转弯处及接头处应铺设明显的电缆标志砖或埋设电缆标志桩。

（2）电缆与电缆之间的距离，要考虑到电缆的检修、故障、散热等影响，尤其是对平行敷设的控制电缆、通信电缆要考虑对它们的干扰影响控制在允许范围内。因此，电力电缆与其他弱电电缆平行敷设时，其间距应大于0.5m。电缆与其他地下管线及构筑物的最小距离应满足本章施工图的具体要求。

（3）直埋电缆与地下管道之间的距离应严格控制，以免影响地下管道的检修；更重要的要防止管道内所输送的有害物质的事故外溢，对电力电缆所受的影响或损伤；地下热力管道会使土壤温度升高而影响电缆的载流量。因此，应严格按规定的要求施工，有条件时适当加大其相对间距。

（4）直埋电缆与城市街道、公路、铁路交叉时，应将电力电缆敷设于保护管中或隧道内，以免因检修电缆而掘开路面，影响交通；每条电缆不管直径大小应有单独的保护管，且保护管的内径应大于电缆外径的1.5倍，保护管两端应出道路路基两边各2.5m，伸出排水沟0.5m；两端管口要进行封堵。

（5）电缆直埋时对地距离不应小于0.7m，若在机耕地下敷设电缆时，电缆对地距离不应小于1.0m。

施　工　图

第一节	电力电缆直埋敷设	ZM-01～04
第二节	电力电缆与电缆或其他构筑物平行敷设	ZM-05～18
第三节	电力电缆与电缆或其他构筑物交叉敷设	ZM-19～30
第四节	部件制作及施工	ZM-31～34

第一章

电力电缆直埋敷设

第一节　电力电缆直埋敷设

图 1 - 1　单根电力电缆直埋敷设施工图（10、35kV 三芯电缆）………… ZM - 01
图 1 - 2　两根电力电缆直埋敷设施工图（10、35kV 三芯电缆）………… ZM - 02
图 1 - 3　三根电力电缆直埋敷设施工图（1）（10、35kV 三芯电缆）………… ZM - 03
图 1 - 4　三根电力电缆直埋敷设施工图（2）（35kV 及以上单芯电缆）………… ZM - 04

每10m电缆沟所需材料表

序号	名称	型号及规格	单位	数量	图号	备注
1	粗砂		m^3	0.8		
2	混凝土盖板	1型	块	34	ZM–33	
3	土方		m^3	3.4		开挖并回填

每10m电缆沟所需材料表

序号	名称	型号及规格	单位	数量	图号	备注
1	粗砂		m^3	1.3		
2	混凝土盖板	2型	块	40	ZM–34	
3	土方		m^3	4.9		开挖并回填

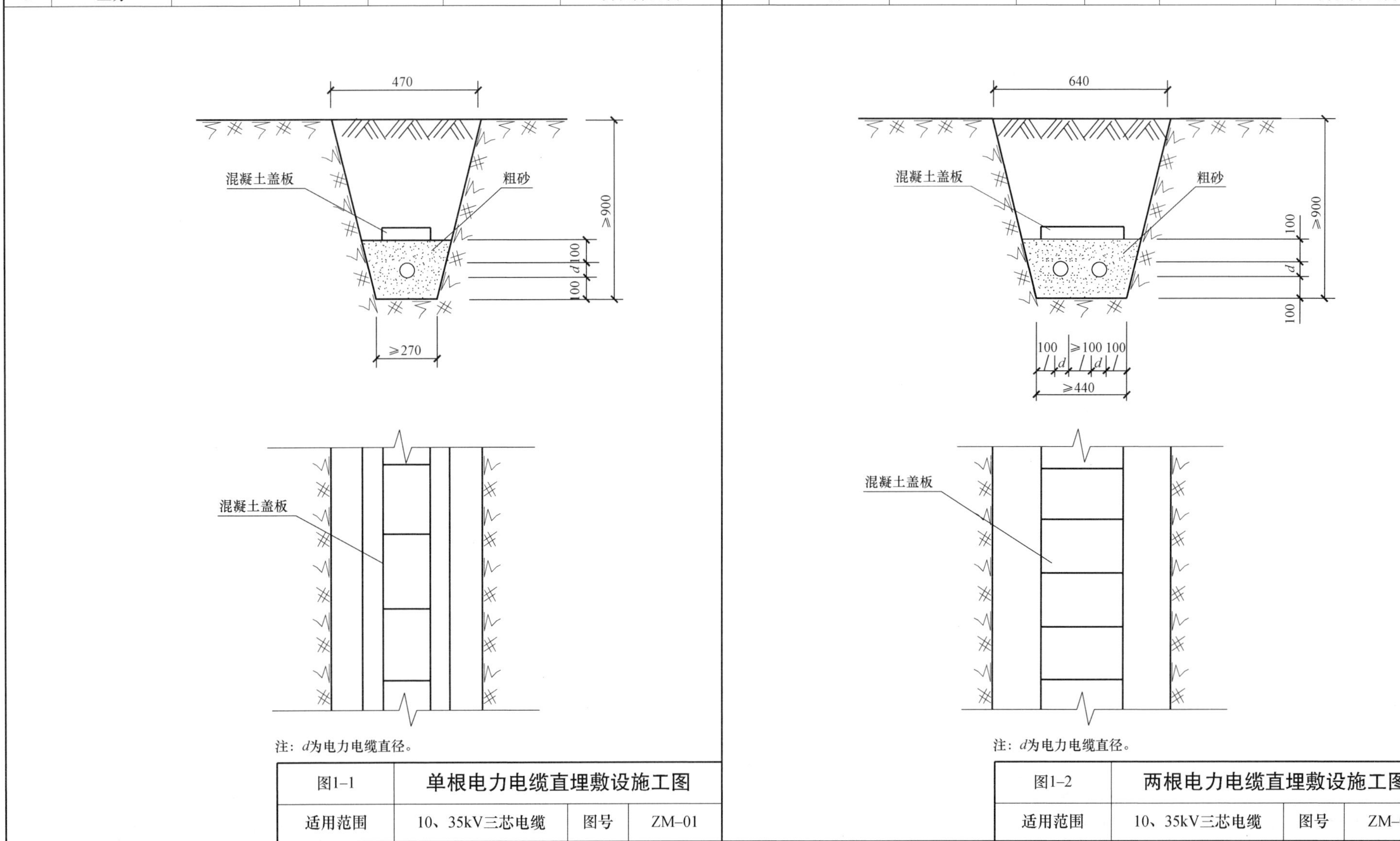

注：d为电力电缆直径。

图1–1	单根电力电缆直埋敷设施工图		
适用范围	10、35kV三芯电缆	图号	ZM–01

注：d为电力电缆直径。

图1–2	两根电力电缆直埋敷设施工图		
适用范围	10、35kV三芯电缆	图号	ZM–02

每10m电缆沟所需材料表

序号	名称	型号及规格	单位	数量	图号	备注
1	粗砂		m^3	1.7		
2	混凝土盖板	1型	块	100	ZM–33	
3	土方		m^3	6.4		开挖并回填

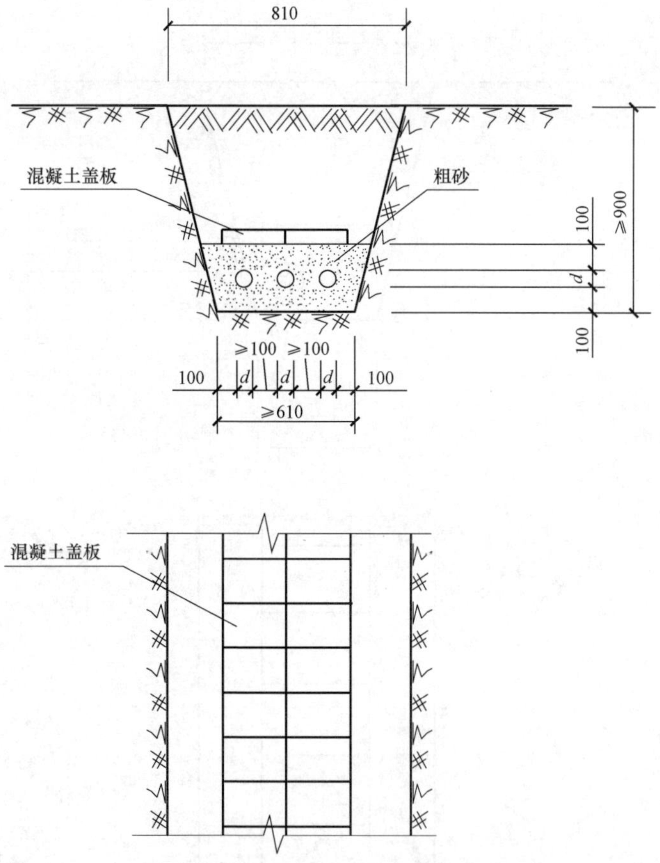

注：*d*为电力电缆直径。

图1–3	三根电力电缆直埋敷设施工图(1)		
适用范围	10、35kV三芯电缆	图号	ZM–03

每10m电缆沟所需材料表

序号	名称	型号及规格	单位	数量	图号	备注
1	粗砂		m^3	2.4		
2	混凝土盖板	1型	块	150	ZM–33	
3	土方		m^3	8.8		开挖并回填

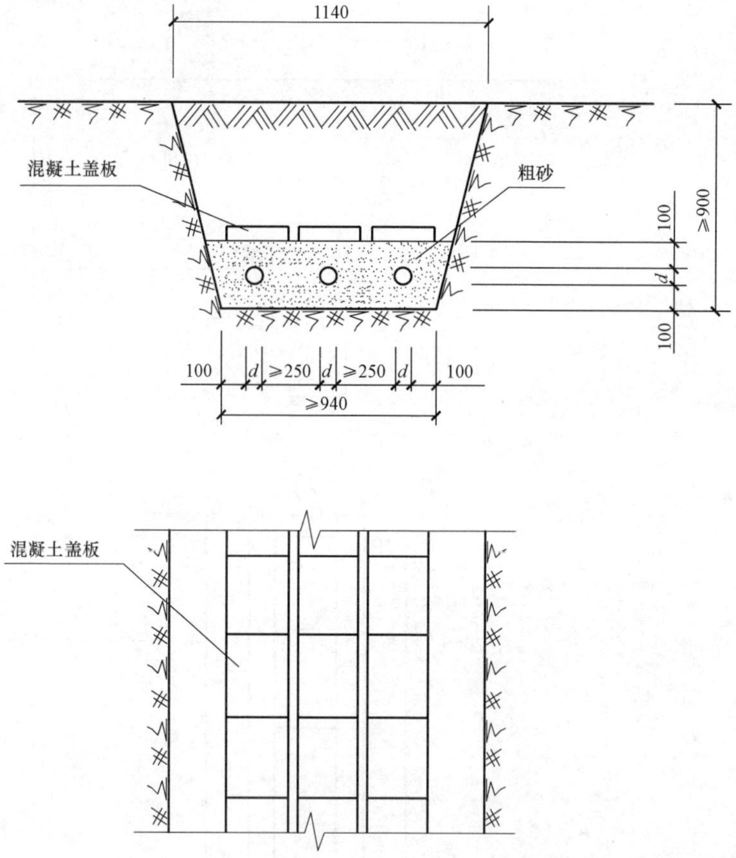

注：*d*为电力电缆直径。

图1–4	三根电力电缆直埋敷设施工图(2)		
适用范围	35kV及以上单芯电缆	图号	ZM–04

第一章

电力电缆直埋敷设

第二节　电力电缆与电缆或其他构筑物平行敷设

图 1-5　35kV 及以上电力电缆与中压电缆平行敷设施工图（35kV 及以上电力电缆）…… ZM-05
图 1-6　10kV 电力电缆与低压电缆平行敷设施工图（10kV 及以下电力电缆）…… ZM-06
图 1-7　电力电缆与通信电缆平行敷设施工图（各型电力电缆）…… ZM-07
图 1-8　电力电缆与输水管道平行敷设施工图（各型电力电缆）…… ZM-08
图 1-9　电力电缆穿管与输水管道平行敷设施工图（各型电力电缆）…… ZM-09
图 1-10　电力电缆与热力管道平行敷设施工图（各型电力电缆）…… ZM-10
图 1-11　电力电缆与热力沟平行敷设施工图（各型电力电缆）…… ZM-11
图 1-12　电力电缆与输油管道平行敷设施工图（各型电力电缆）…… ZM-12
图 1-13　电力电缆与易燃气管道平行敷设施工图（各型电力电缆）…… ZM-13
图 1-14　电力电缆与铁路平行敷设施工图（各型电力电缆）…… ZM-14
图 1-15　电力电缆与公路平行敷设施工图（各型电力电缆）…… ZM-15
图 1-16　电力电缆与建筑物平行敷设施工图（各型电力电缆）…… ZM-16
图 1-17　电力电缆与树木平行接近施工图（各型电力电缆）…… ZM-17
图 1-18　电力电缆与电力杆塔平行接近施工图（各型电力电缆）…… ZM-18

每10m电缆沟所需材料表

序号	名称	型号及规格	单位	数量	图号	备注
1	砂	粗砂	m^3	2.6		
2	混凝土盖板	1型	块	133	ZM–33	
3	土方		m^3	10.8		开挖并回填

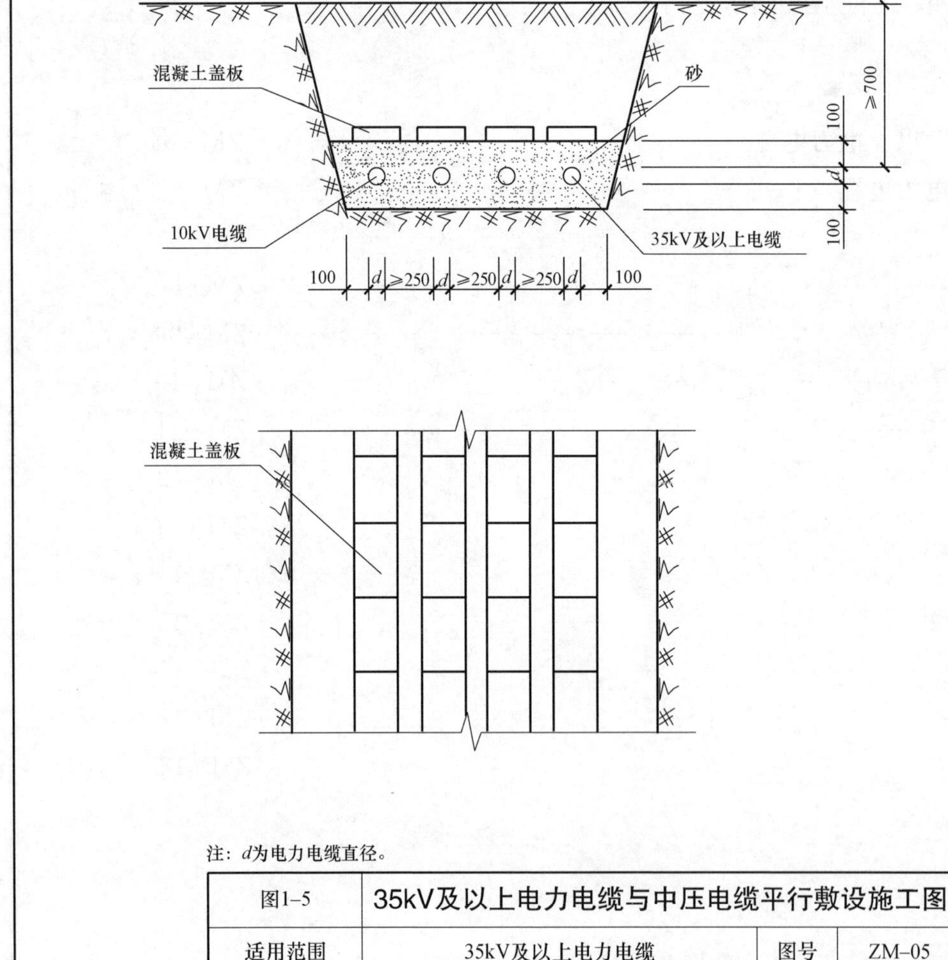

注：d为电力电缆直径。

图1–5	35kV及以上电力电缆与中压电缆平行敷设施工图		
适用范围	35kV及以上电力电缆	图号	ZM–05

每10m电缆沟所需材料表

序号	名称	型号及规格	单位	数量	图号	备注
1	砂	粗砂	m^3	2.4		
2	混凝土盖板	2型	块	75	ZM–34	
3	土方		m^3	8.8		开挖并回填

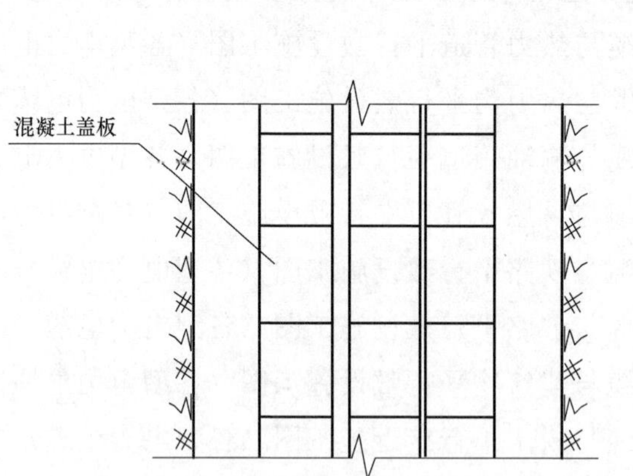

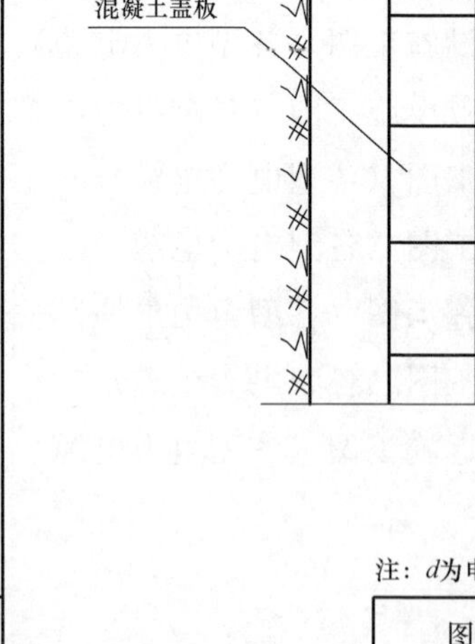

注：d为电力电缆直径。

图1–6	10kV电力电缆与低压电缆平行敷设施工图		
适用范围	10kV及以下电力电缆	图号	ZM–06

每10m电缆沟所需材料表

序号	名称	型号及规格	单位	数量	图号	备注
1	树脂玻璃钢电缆导管	CGCT－200×8	m	30		
2	树脂玻璃钢电缆导管	CGCT－150×6	m	20		
3	砂	粗砂	m^3	2.4		
4	混凝土盖板	2型	块	75	ZM–34	
5	土方		m^3	8.8		开挖并回填

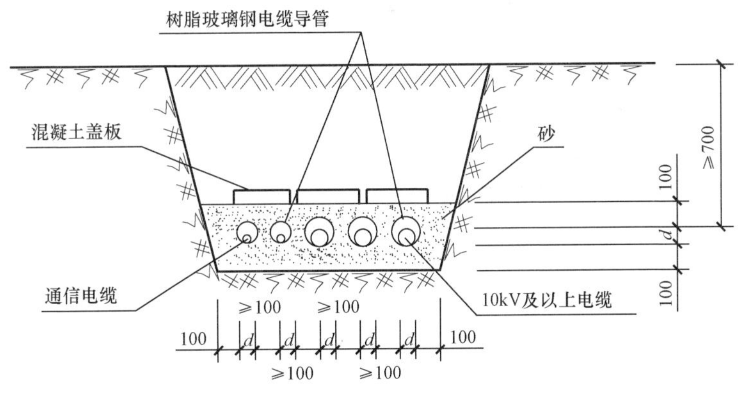

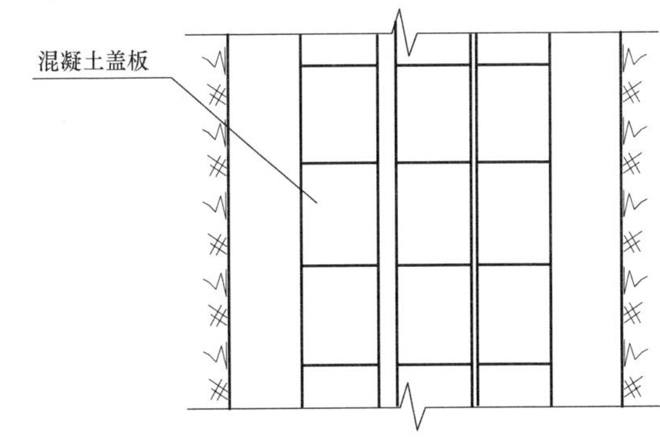

注：d为电力电缆直径。

图1–7	电力电缆与通信电缆平行敷设施工图		
适用范围	各型电力电缆	图号	ZM–07

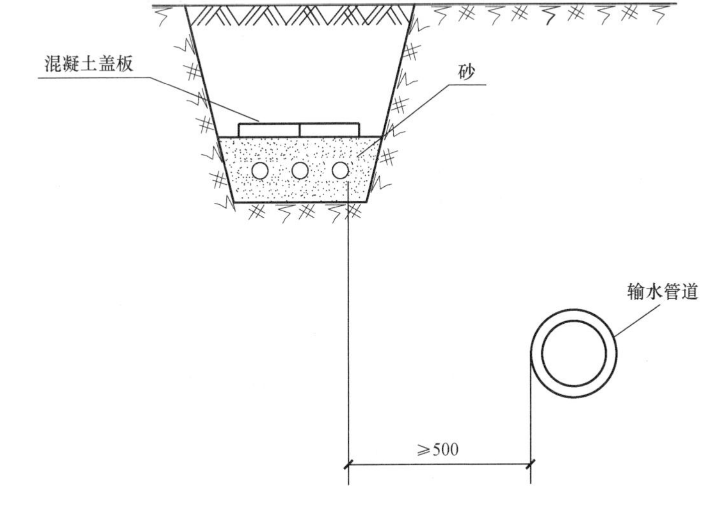

图1–8	电力电缆与输水管道平行敷设施工图		
适用范围	各型电力电缆	图号	ZM–08

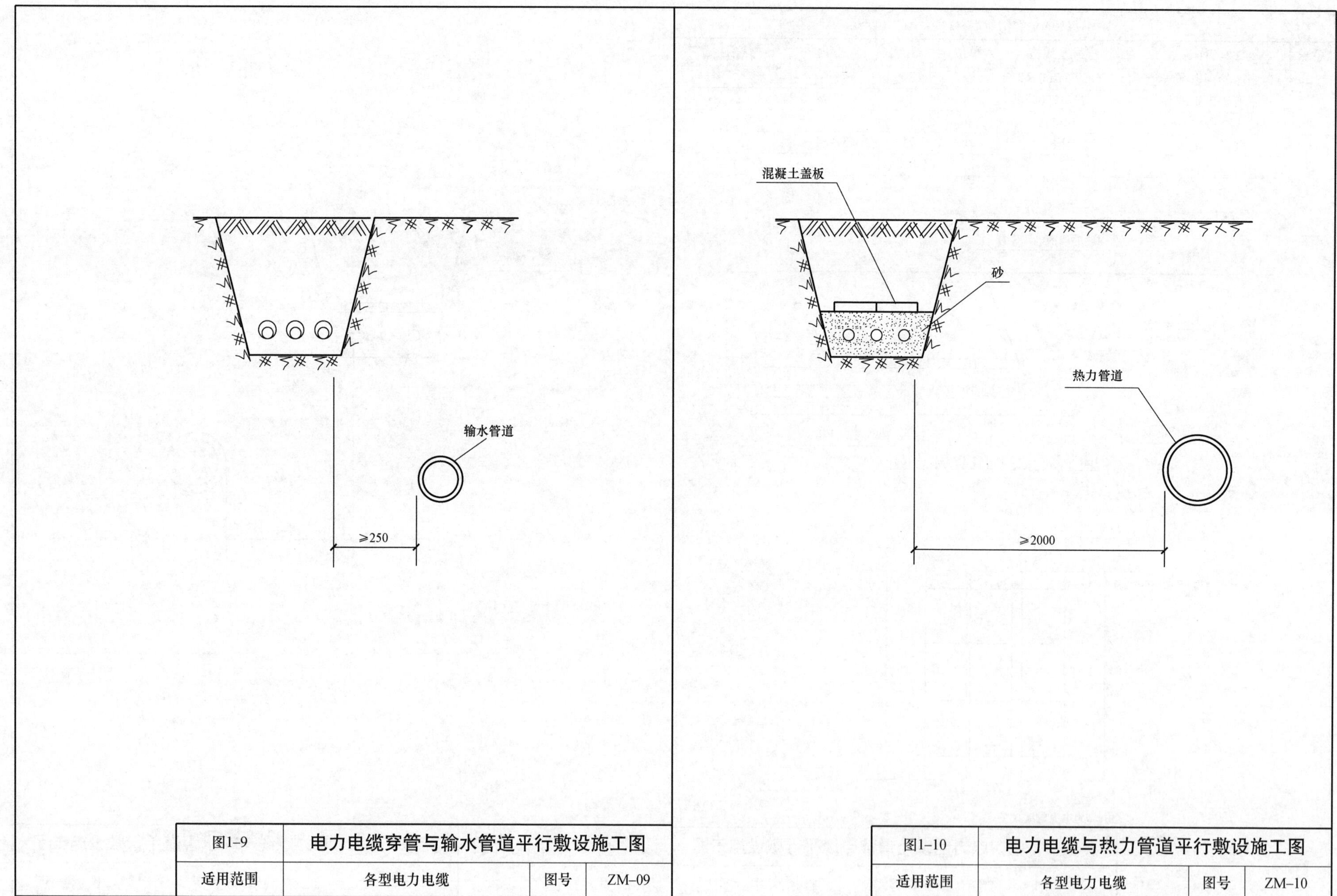

图1–9	电力电缆穿管与输水管道平行敷设施工图		
适用范围	各型电力电缆	图号	ZM–09

图1–10	电力电缆与热力管道平行敷设施工图		
适用范围	各型电力电缆	图号	ZM–10

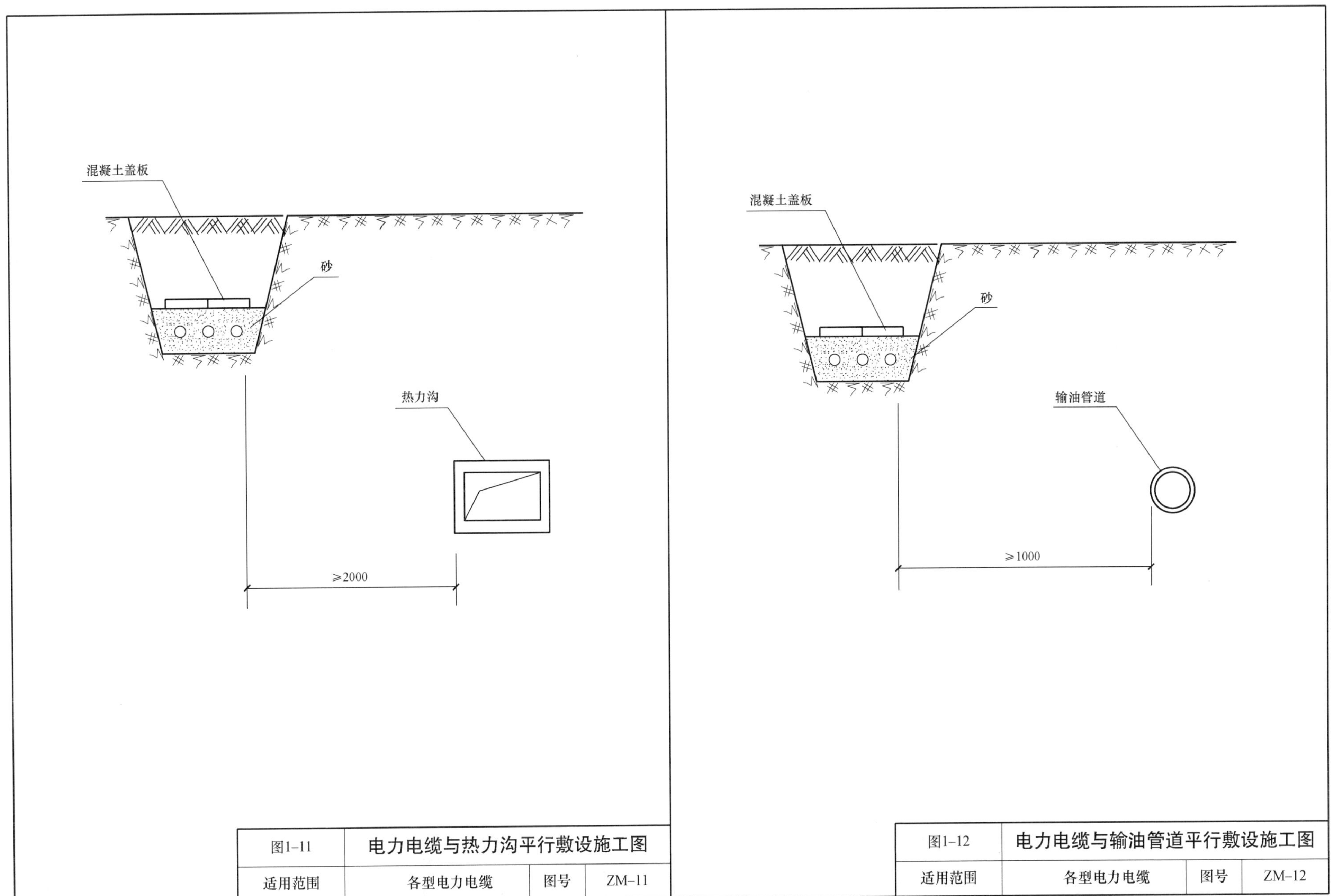

图1-11	电力电缆与热力沟平行敷设施工图		
适用范围	各型电力电缆	图号	ZM-11

图1-12	电力电缆与输油管道平行敷设施工图		
适用范围	各型电力电缆	图号	ZM-12

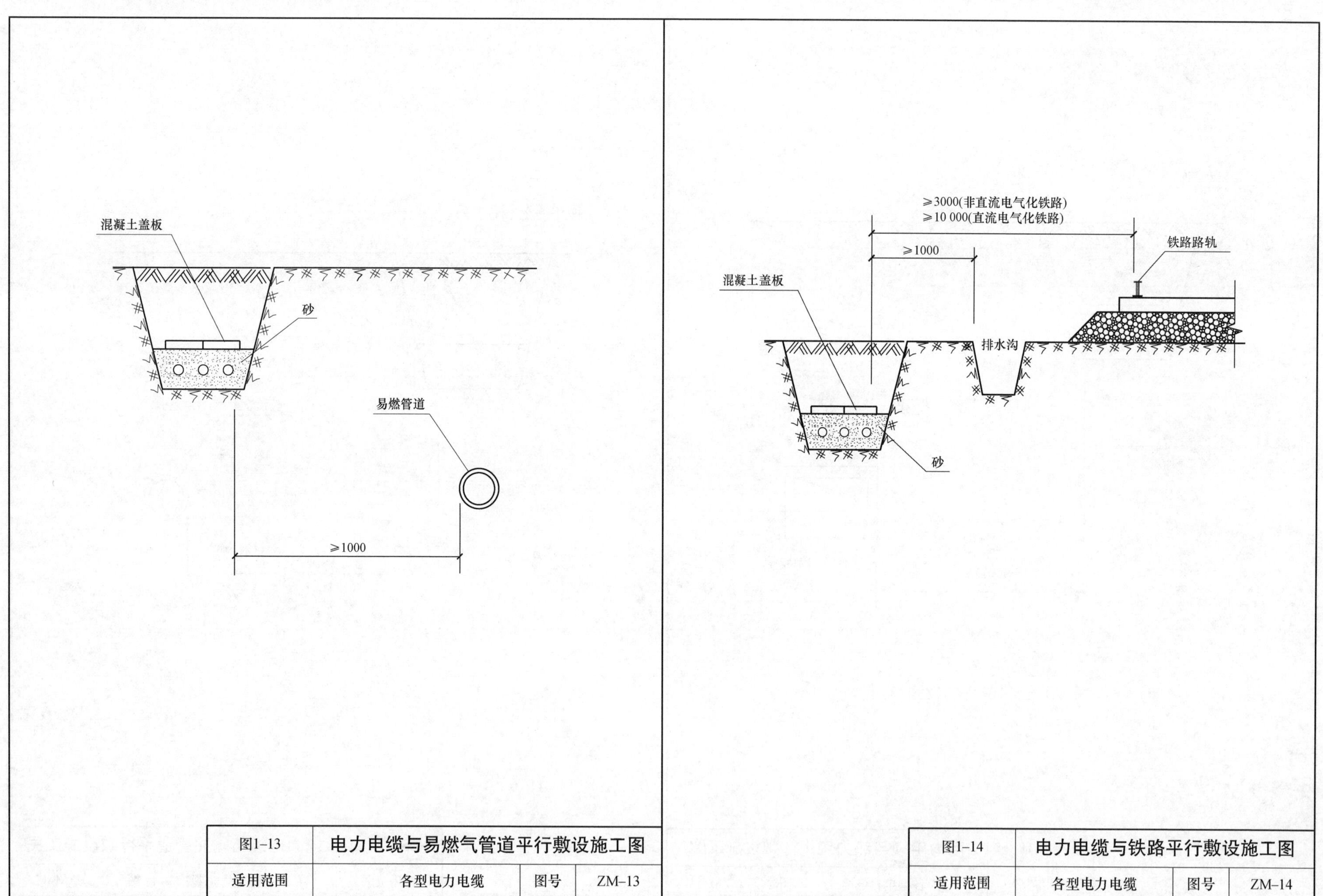

图1–13	电力电缆与易燃气管道平行敷设施工图		
适用范围	各型电力电缆	图号	ZM–13

图1–14	电力电缆与铁路平行敷设施工图		
适用范围	各型电力电缆	图号	ZM–14

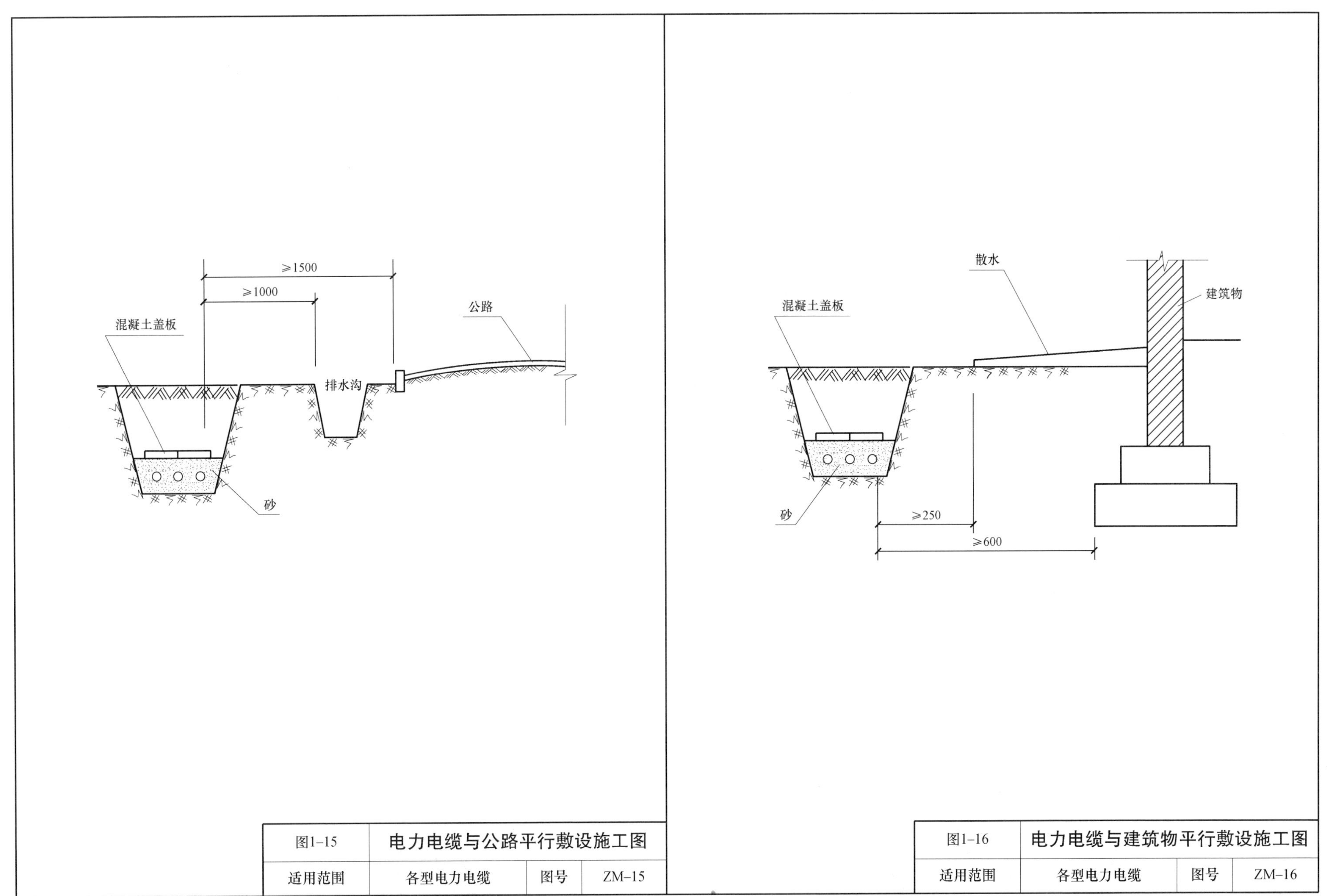

图1-15	电力电缆与公路平行敷设施工图		
适用范围	各型电力电缆	图号	ZM-15

图1-16	电力电缆与建筑物平行敷设施工图		
适用范围	各型电力电缆	图号	ZM-16

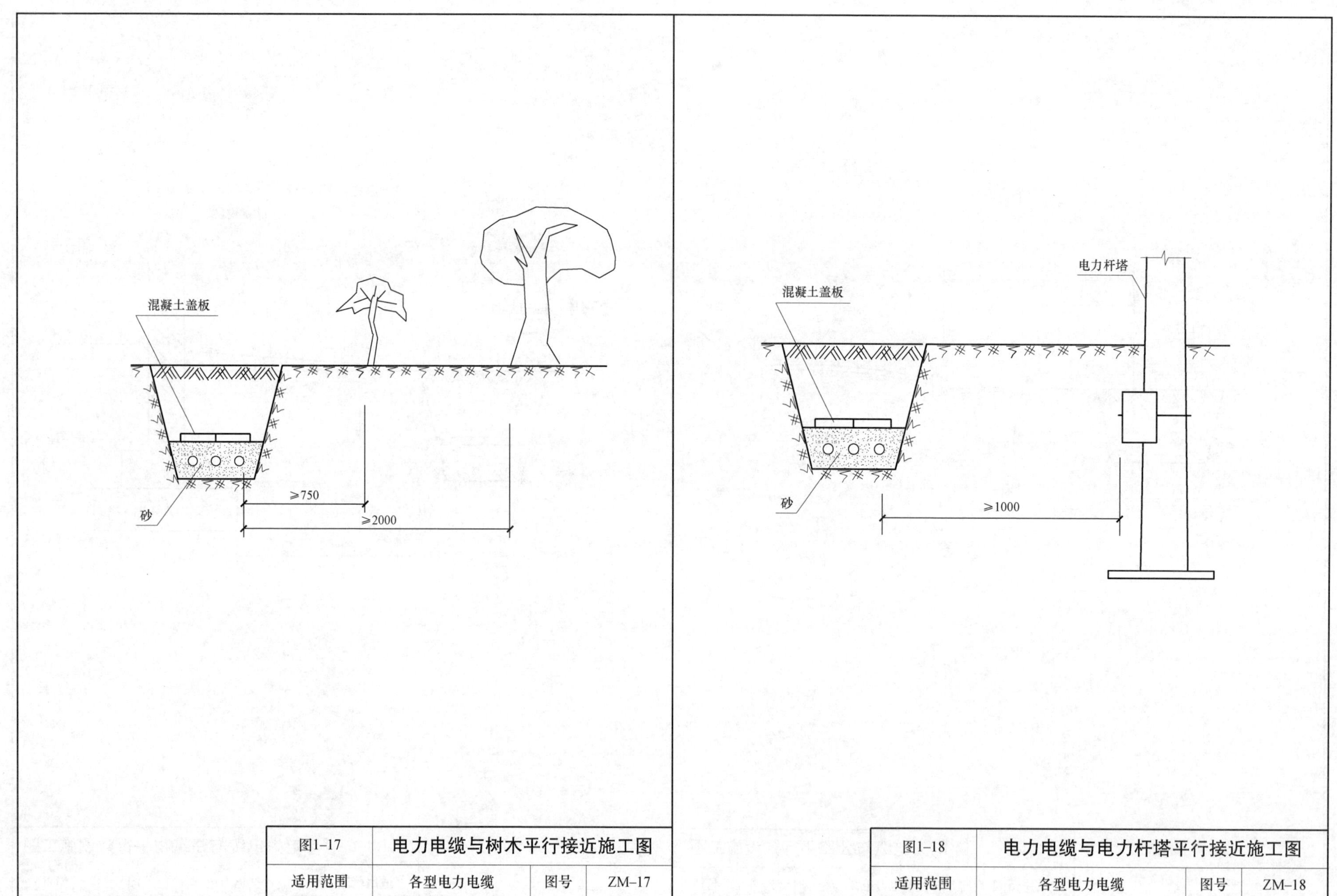

图1-17	电力电缆与树木平行接近施工图		
适用范围	各型电力电缆	图号	ZM-17

图1-18	电力电缆与电力杆塔平行接近施工图		
适用范围	各型电力电缆	图号	ZM-18

第一章

电力电缆直埋敷设

第三节　电力电缆与电缆或其他构筑物交叉敷设

图 1-19　电力电缆与通信电缆交叉敷设施工图（各型电力电缆）…… ZM-19
图 1-20　电力电缆穿管与通信电缆交叉敷设施工图（各型电力电缆）…… ZM-20
图 1-21　电力电缆与电力电缆交叉敷设施工图（各型电力电缆）…… ZM-21
图 1-22　电力电缆穿管与电力电缆交叉敷设施工图（各型电力电缆）…… ZM-22
图 1-23　电力电缆与管道交叉敷设施工图（各型电力电缆）…… ZM-23
图 1-24　电力电缆穿管与管道交叉敷设施工图（各型电力电缆）…… ZM-24
图 1-25　电力电缆与热力管道交叉敷设施工图（1）（各型电力电缆）…… ZM-25
图 1-26　电力电缆与热力管道交叉敷设施工图（2）（各型电力电缆）…… ZM-26
图 1-27　电力电缆与热力沟交叉敷设施工图（1）（各型电力电缆）…… ZM-27
图 1-28　电力电缆与热力沟交叉敷设施工图（2）（各型电力电缆）…… ZM-28
图 1-29　电力电缆与铁路交叉敷设施工图（各型电力电缆）…… ZM-29
图 1-30　电力电缆与公路交叉敷设施工图（各型电力电缆）…… ZM-30

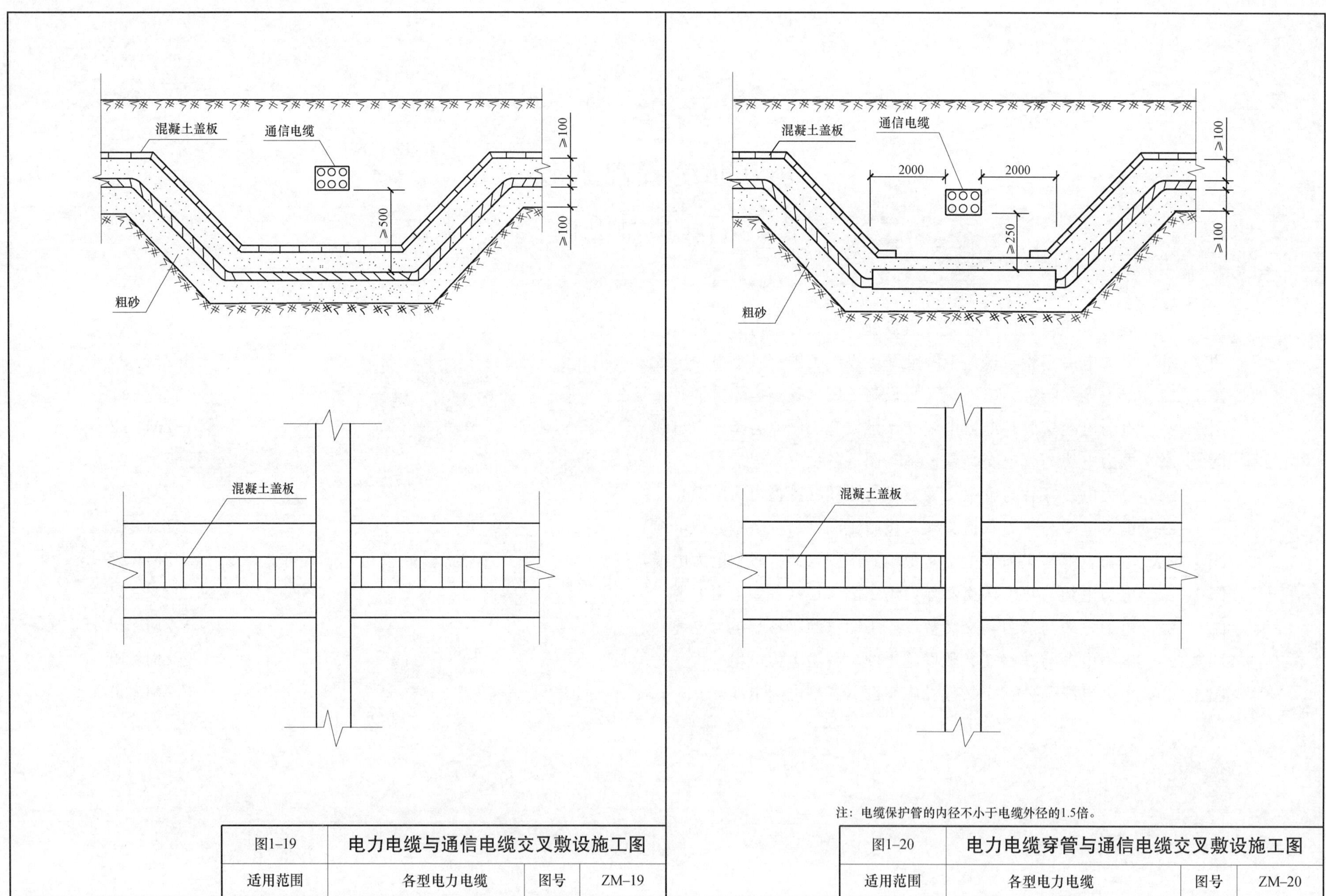

注：电缆保护管的内径不小于电缆外径的1.5倍。

图1–19	电力电缆与通信电缆交叉敷设施工图		
适用范围	各型电力电缆	图号	ZM–19

图1–20	电力电缆穿管与通信电缆交叉敷设施工图		
适用范围	各型电力电缆	图号	ZM–20

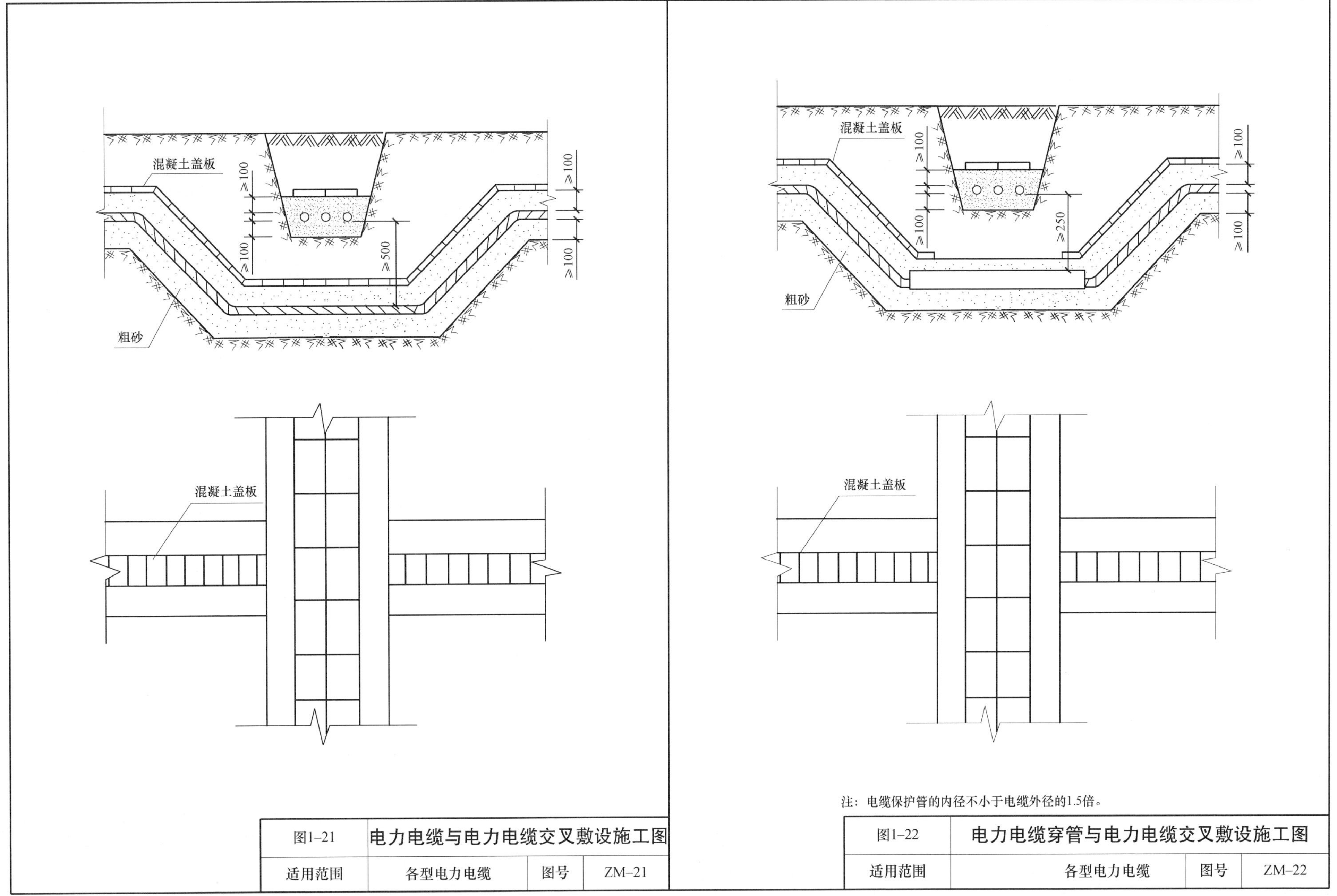

图1–21	电力电缆与电力电缆交叉敷设施工图		
适用范围	各型电力电缆	图号	ZM–21

注：电缆保护管的内径不小于电缆外径的1.5倍。

图1–22	电力电缆穿管与电力电缆交叉敷设施工图		
适用范围	各型电力电缆	图号	ZM–22

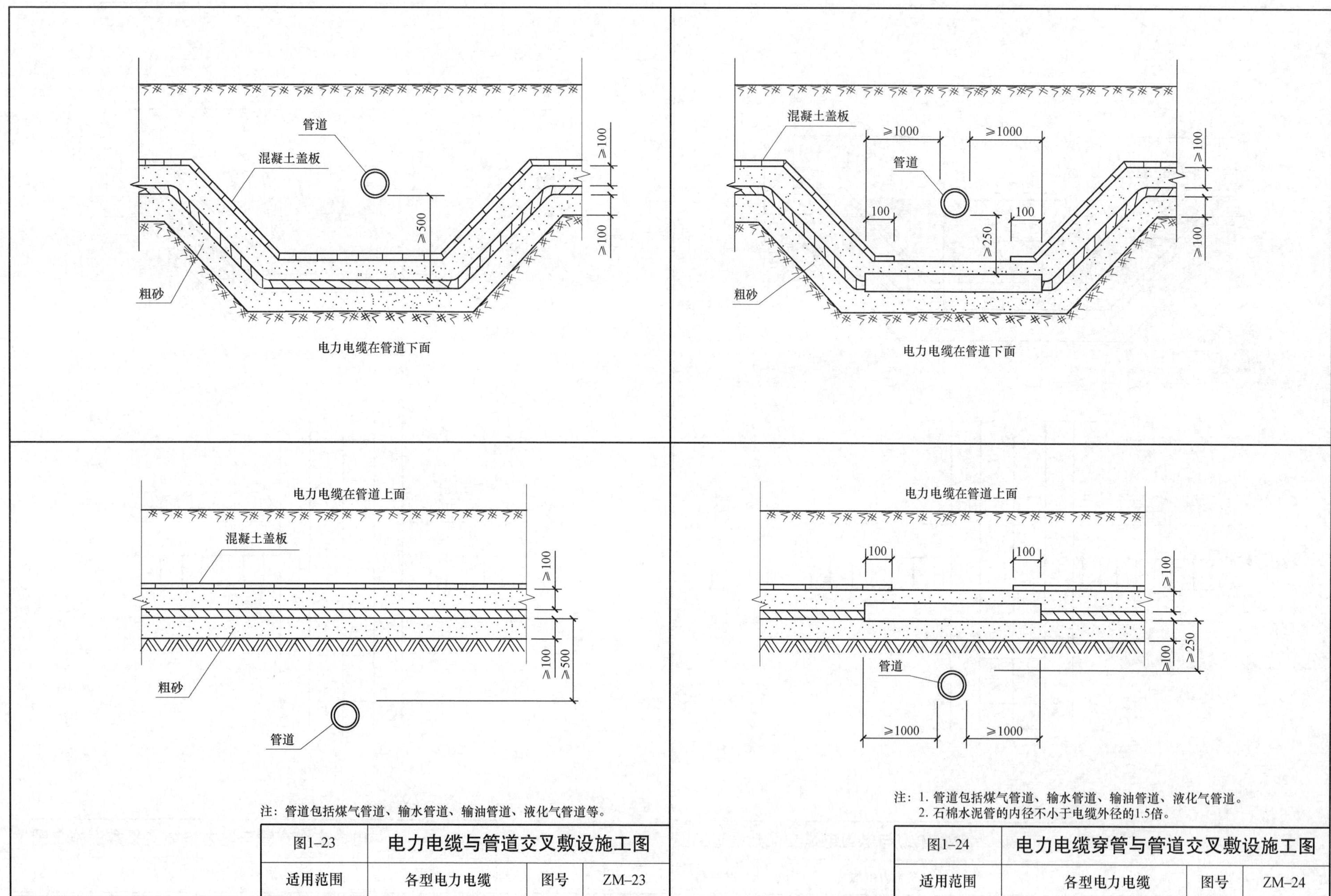

注：管道包括煤气管道、输水管道、输油管道、液化气管道等。

图1-23	电力电缆与管道交叉敷设施工图		
适用范围	各型电力电缆	图号	ZM-23

注：1. 管道包括煤气管道、输水管道、输油管道、液化气管道。
2. 石棉水泥管的内径不小于电缆外径的1.5倍。

图1-24	电力电缆穿管与管道交叉敷设施工图		
适用范围	各型电力电缆	图号	ZM-24

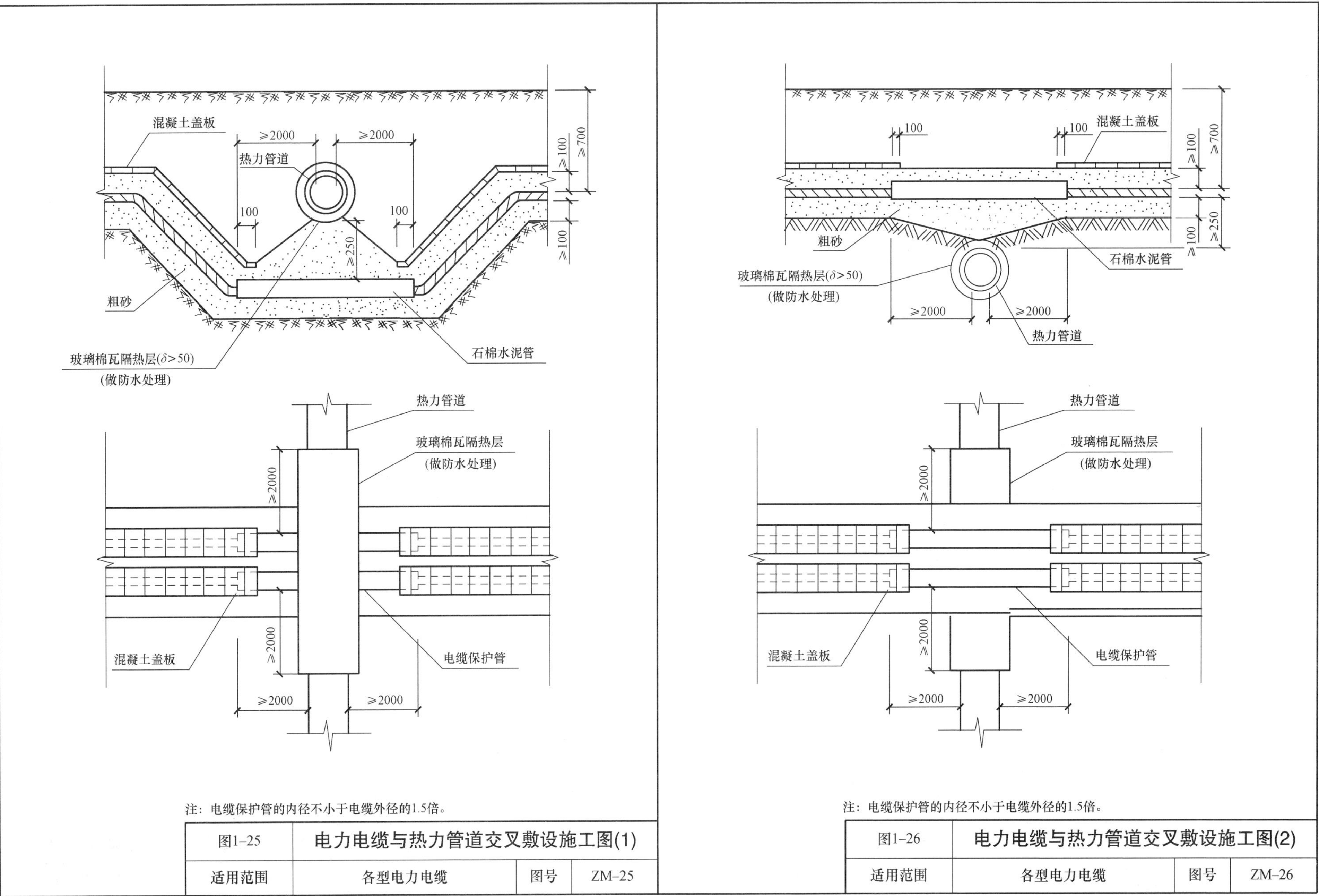

注：电缆保护管的内径不小于电缆外径的1.5倍。

图1-25	电力电缆与热力管道交叉敷设施工图(1)		
适用范围	各型电力电缆	图号	ZM-25

注：电缆保护管的内径不小于电缆外径的1.5倍。

图1-26	电力电缆与热力管道交叉敷设施工图(2)		
适用范围	各型电力电缆	图号	ZM-26

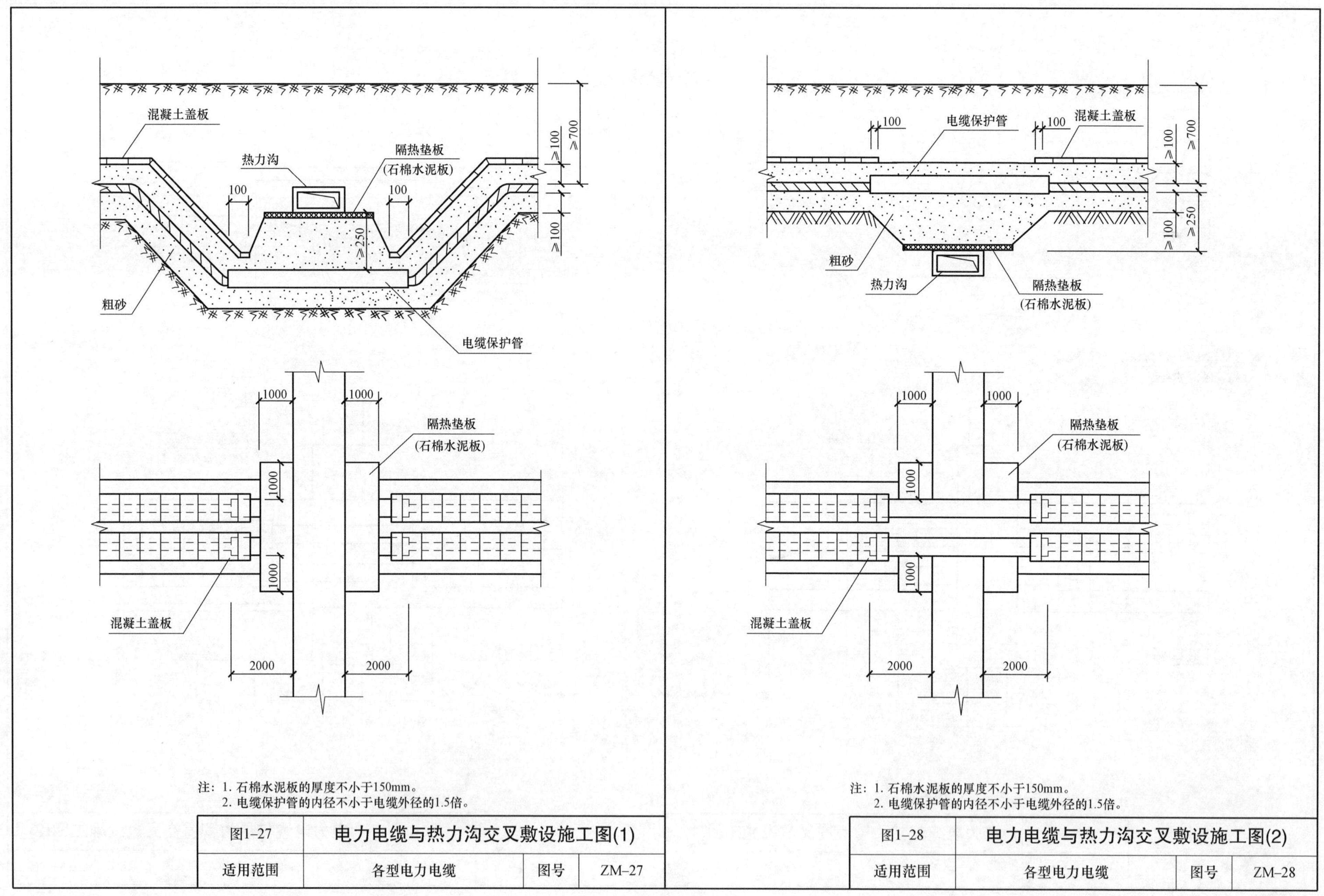

注：1. 石棉水泥板的厚度不小于150mm。
2. 电缆保护管的内径不小于电缆外径的1.5倍。

图1–27	电力电缆与热力沟交叉敷设施工图(1)		
适用范围	各型电力电缆	图号	ZM–27

注：1. 石棉水泥板的厚度不小于150mm。
2. 电缆保护管的内径不小于电缆外径的1.5倍。

图1–28	电力电缆与热力沟交叉敷设施工图(2)		
适用范围	各型电力电缆	图号	ZM–28

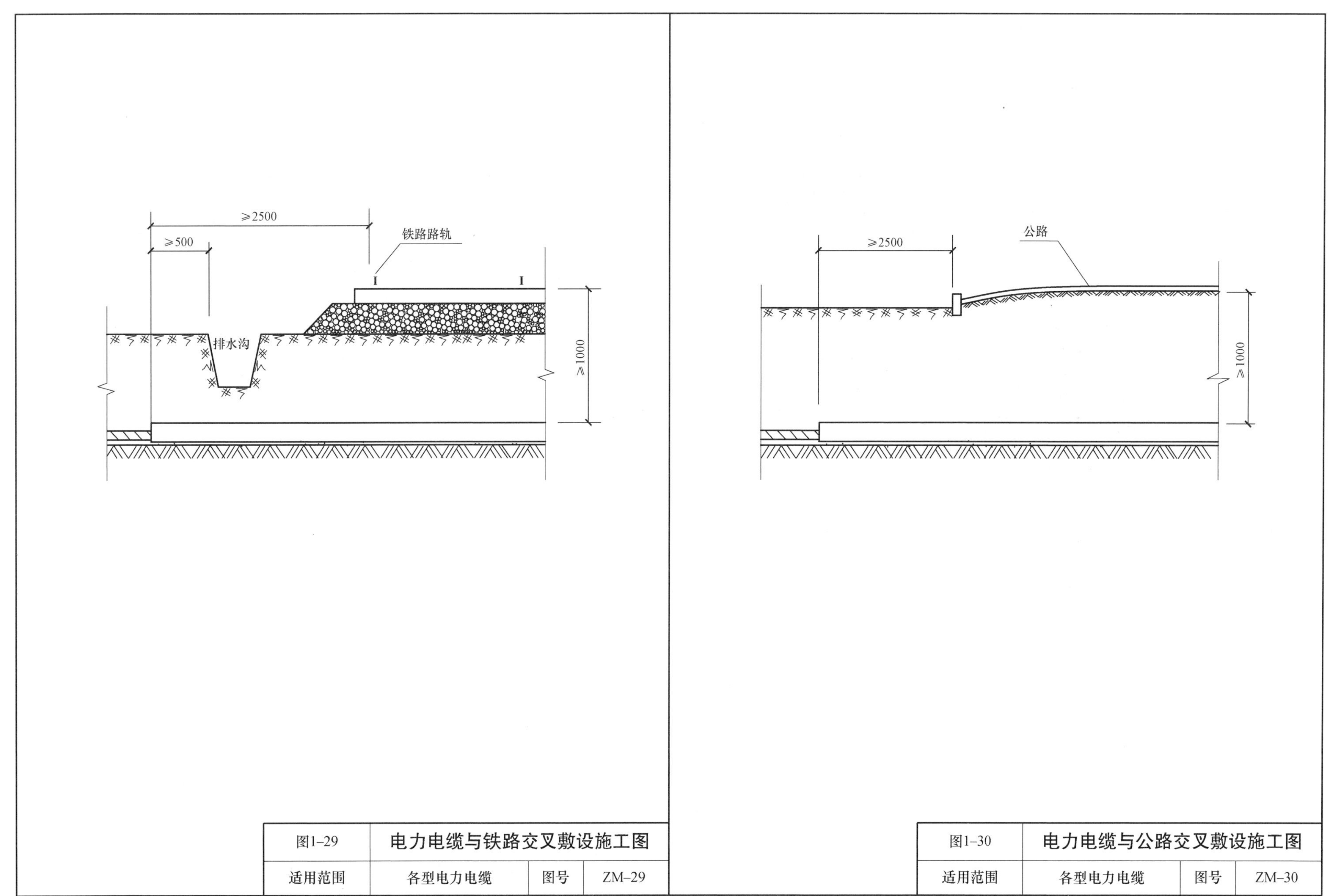

图1–29	电力电缆与铁路交叉敷设施工图		
适用范围	各型电力电缆	图号	ZM–29

图1–30	电力电缆与公路交叉敷设施工图		
适用范围	各型电力电缆	图号	ZM–30

第一章

电力电缆直埋敷设

第四节　部件制作及施工

图 1-31　电缆标示桩施工图（非人行道电力电缆直埋敷设）………… ZM-31
图 1-32　电缆标示砖施工图（人行道电力电缆直埋敷设）………… ZM-32
图 1-33　电缆直埋盖板施工图（1）（电力电缆直埋敷设）………… ZM-33
图 1-34　电缆直埋盖板施工图（2）（电力电缆直埋敷设）………… ZM-34

材 料 表

型号	序号	名称	规格	长度(mm)	单位	数量	质量(kg)		
							一件	小计	合计
	1	主筋	$\phi8$	735	根	4	0.29	1.2	1.4
	2	箍筋	$\phi4$	550	根	2	0.06	0.1	
	3	箍筋	$\phi4$	170	根	3	0.02	0.1	
	4	混凝土	C20		m^3	0.0106	总质量：25.4		

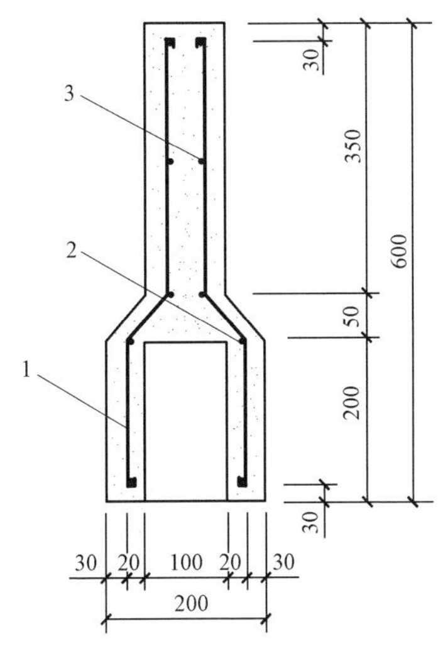

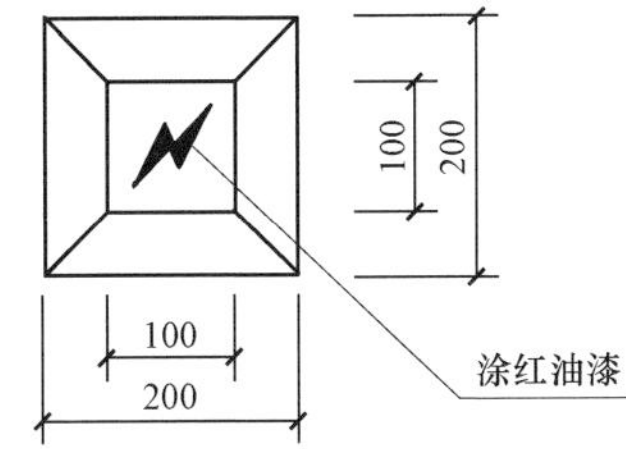

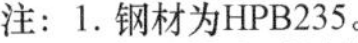

注：1. 钢材为HPB235。
2. 标示桩上面预制成凹形的电力短路符号，涂红油漆。

图1-31	电缆标示桩施工图		
适用范围	非人行道电力 电缆直埋敷设	图号	ZM-31

材 料 表

型号	序号	名称	混凝土标号	规格(mm)	单位	数量	质量(kg)
		标示砖	C40	300×300	m^3	0.0045	10.4

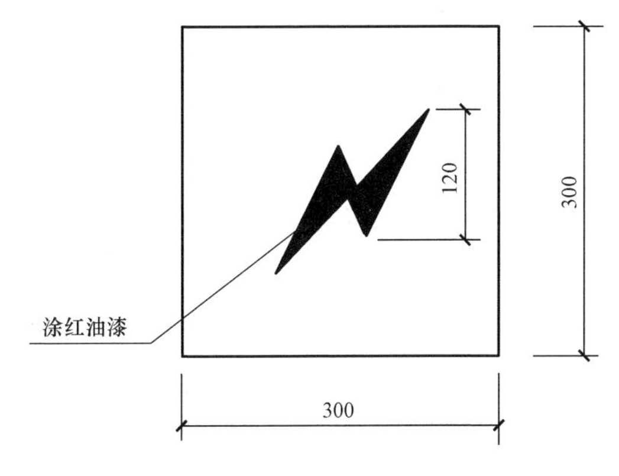

注：1. 标示砖上面预制成凹形的电力短路符号，涂红油漆。
2. 标示砖可用高标号混凝土预制。

图1-32	电缆标示砖施工图		
适用范围	人行道电力 电缆直埋敷设	图号	ZM-32

材料表

型号	序号	名称	规格	长度(mm)	单位	数量	质量(kg) 一件	小计	合计	备注
1型	1	主筋	$\phi6$	325	根	3	0.072	0.22	0.4	
	2	副筋	$\phi6$	200	根	4	0.044	0.18		
	3	混凝土	C20		m^3	0.006	总质量：14.4			

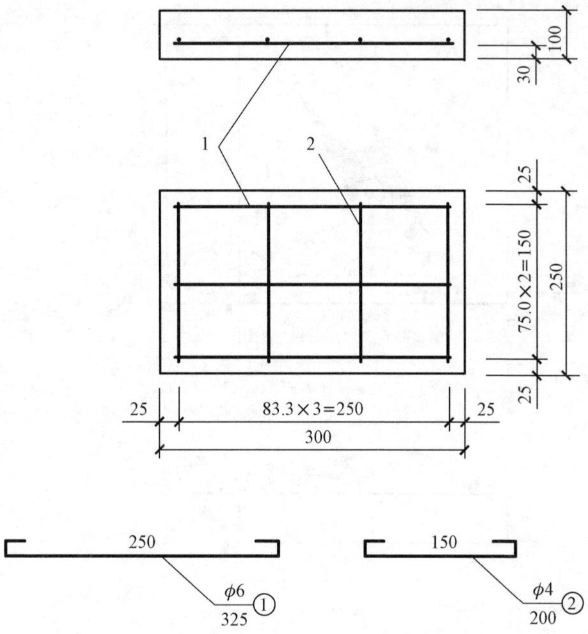

注：钢材为HPB235。

图1-33	电缆直埋盖板施工图(1)		
适用范围	电力电缆直埋敷设	图号	ZM-33

材料表

型号	序号	名称	规格	长度(mm)	单位	数量	质量(kg) 一件	小计	合计	备注
2型	1	主筋	$\phi8$	425	根	3	0.17	0.51	0.7	
	2	副筋	$\phi6$	250	根	4	0.06	0.22		
	3	混凝土	C20		m^3	0.01	总质量：24.0			

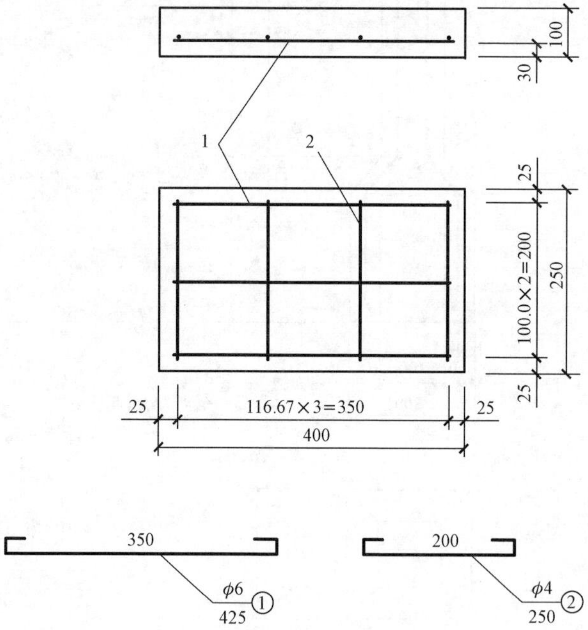

注：钢材为HPB235。

图1-34	电缆直埋盖板施工图(2)		
适用范围	电力电缆直埋敷设	图号	ZM-34

第二章　电力电缆排管敷设

电力电缆排管敷设，是近年来城市电力电缆的主要敷设方式之一，一般适用于交通比较繁忙、地下走廊比较拥挤的地段，当电缆回路较多，在城市道路下敷设，或电缆与公路、铁路交叉处时，实为一种较好的选择敷设方案。

电力电缆排管的优点是：能较好地保护电缆，不受外部机械损伤，占地面积小，能承受较大的荷载，运行可靠；缺点是：土建工程一次投资大，路径不易弯曲；散热条件差，影响电缆载流量；电缆故障后，更换电缆困难。

电力电缆排管敷设应注意以下几点：

（1）敷设的管道不能弯曲，路径转弯处必须设置工作井，以利于电缆施工和维护。

（2）排管中如要敷设35kV及以上的单芯电缆的路径较长时，必须考虑用于电缆金属护层接地及交叉互联的接头盒、接地箱、保护接地箱的安装位置，需在排管路径中根据要求建一个或几个有一定空间的工作井。为方便单芯电缆的交叉互联接地，每处电缆排管的长度不宜超过500m。

（3）排管的内壁直径不得小于电缆外径的1.5倍。排管施工完毕后，管内的杂物需清理干净。电缆敷设完毕后，保护管两端用黄麻或棉纱填堵密实，然后用沥青封堵，以免水和泥浆进入管内。

（4）在排管施工时，一定要预留适当数量的备用管孔，以防止增加敷设电缆时，重复开挖路面。

（5）排管敷设所采用的管材较多，有树脂玻璃钢电缆导管、MPP塑钢复合电缆导管、玻纤石英管、硬塑料管、石棉水泥管、钢管、混凝土管等。35kV以上的单芯电力电缆为避免构成磁闭合通道而产生涡流损耗，不能采用钢管。

施　工　图

第一节　ϕ175mm×8mm树脂玻璃钢电缆导管　PG-01～15

第二节　ϕ200mm×8mm树脂玻璃钢电缆导管　PG-16～30

第三节　ϕ210mm×10mmMPP塑钢复合电缆导管　PG-31～45

第四节　ϕ240mm×12mmMPP塑钢复合电缆导管　PG-46～60

第二章

电力电缆排管敷设

第一节 ϕ175mm×8mm 树脂玻璃钢电缆导管

图 2-1 3 孔电缆排管敷设施工图（ϕ175mm×8mm 电缆导管）…… PG-01
图 2-2 4 孔电缆排管敷设施工图（ϕ175mm×8mm 电缆导管）…… PG-02
图 2-3 6 孔电缆排管敷设施工图（ϕ175mm×8mm 电缆导管）…… PG-03
图 2-4 8 孔电缆排管敷设施工图（ϕ175mm×8mm 电缆导管）…… PG-04
图 2-5 9 孔电缆排管敷设施工图（ϕ175mm×8mm 电缆导管）…… PG-05
图 2-6 12 孔电缆排管敷设施工图（ϕ175mm×8mm 电缆导管）…… PG-06
图 2-7 15 孔电缆排管敷设施工图（ϕ175mm×8mm 电缆导管）…… PG-07
图 2-8 16 孔电缆排管敷设施工图（ϕ175mm×8mm 电缆导管）…… PG-08
图 2-9 20 孔电缆排管敷设施工图（ϕ175mm×8mm 电缆导管）…… PG-09
图 2-10 24 孔电缆排管敷设施工图（ϕ175mm×8mm 电缆导管）…… PG-10
图 2-11 28 孔电缆排管敷设施工图（ϕ175mm×8mm 电缆导管）…… PG-11
图 2-12 30 孔电缆排管敷设施工图（ϕ175mm×8mm 电缆导管）…… PG-12
图 2-13 32 孔电缆排管敷设施工图（ϕ175mm×8mm 电缆导管）…… PG-13
图 2-14 35 孔电缆排管敷设施工图（ϕ175mm×8mm 电缆导管）…… PG-14
图 2-15 36 孔电缆排管敷设施工图（ϕ175mm×8mm 电缆导管）…… PG-15

每12m排管所需材料表

序号	名称	规格	单位	数量	备注
1	树脂玻璃钢电缆导管	CGCT－175×8	根	6	每根长6m
2	管枕	MDG/CRG175	副	12	与电缆导管匹配
3	混凝土	C20	m^3	5.5	
4	接地扁钢	－50×5	m	24	
5	七孔梅花管	单孔直径35mm	m	12	用于敷设通信光缆

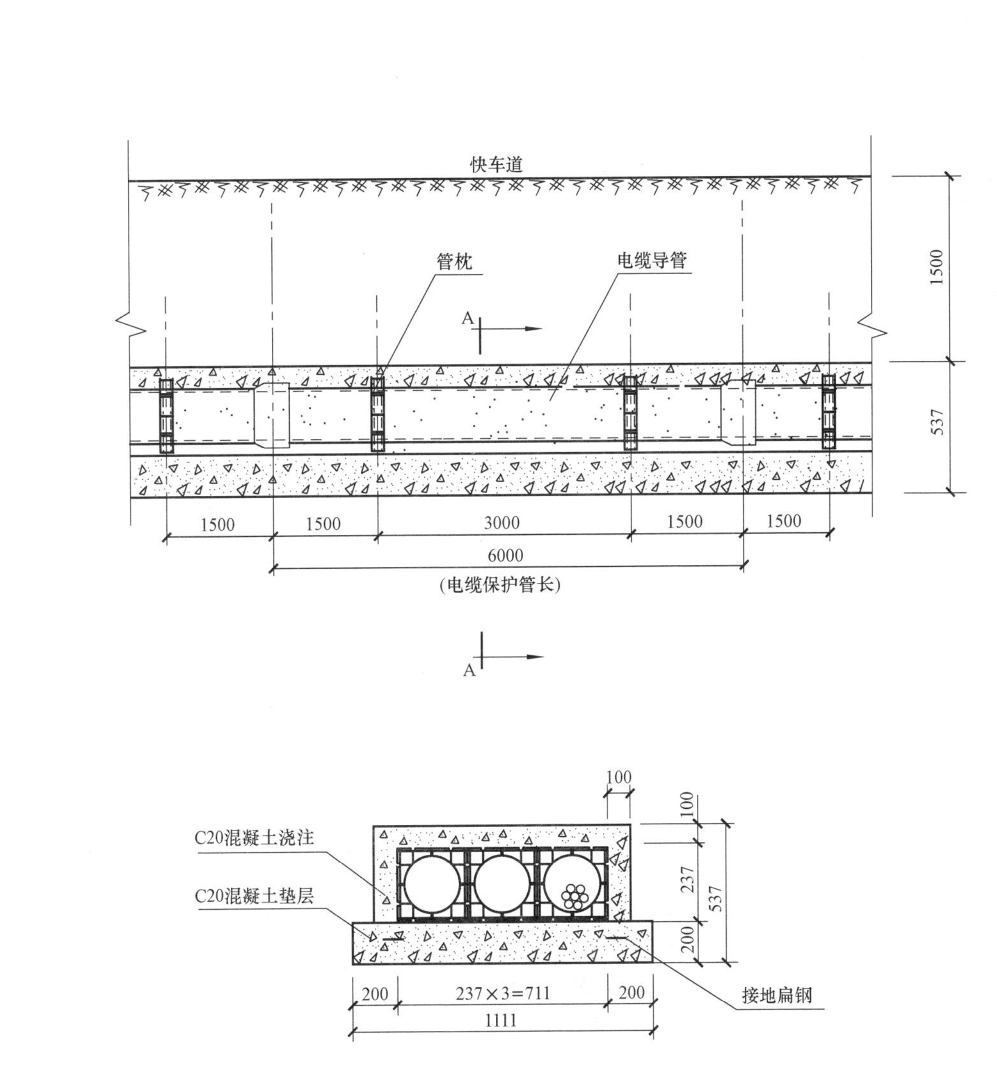

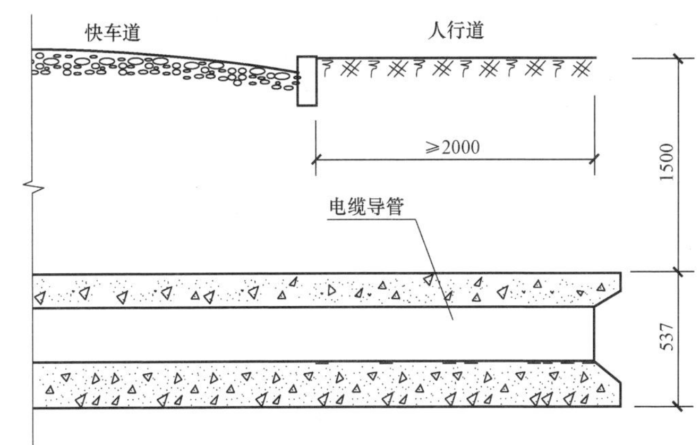

注：1．本图按树脂玻璃钢电缆导管设计，也可选用MPP电缆保护管，但管径与壁厚不变。
2．排管上面的覆土应用无杂质黄土回填，并自下而上分层夯实。
3．排管两侧各预埋一根－50×5镀锌扁钢做接地体，并与排管下面的接地装置焊接。
4．电缆导管每根长6m，两根之间用接头密封圈连接。
5．电缆导管ϕ175mm为内径尺寸。

图2-1	3孔电缆排管敷设施工图		
适用范围	ϕ175mm×8mm电缆导管	图号	PG-01

每12m排管所需材料表

序号	名称	规格	单位	数量	备注
1	MPP电缆导管	CGCT－175×8	根	8	每根长6m
2	管枕	MDG/CRG175	副	16	与电缆导管匹配
3	混凝土	C20	m³	5.4	
4	接地扁钢	－50×5	m	24	
5	七孔梅花管	单孔直孔35mm	m	12	用于敷设通信光缆

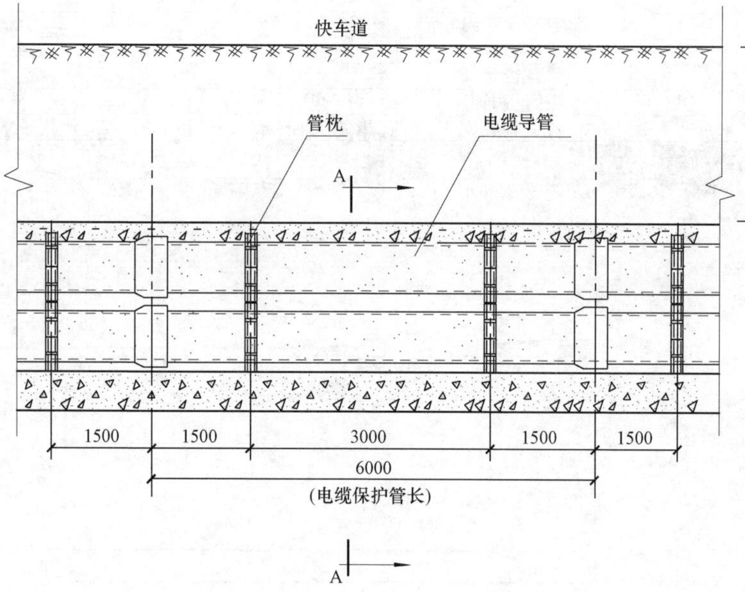

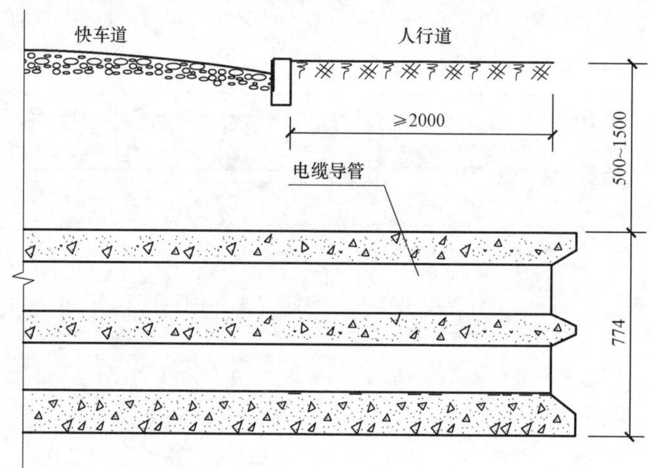

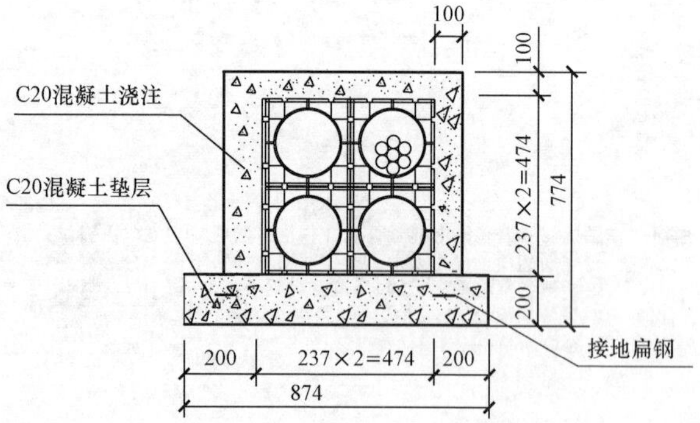

注：1．本图按树脂玻璃钢电缆导管设计，也可选用MPP电缆保护管，但管径与壁厚不变。
2．排管上面的覆土应用无杂质黄土回填，并自下而上分层夯实。
3．排管两侧各预埋一根－50×5镀锌扁钢做接地体，并与排管下面的接地装置焊接。
4．电缆导管每根长6m，两根之间用接头密封圈连接。
5．电缆导管ϕ175mm为内径尺寸。

图2–2	4孔电缆排管敷设施工图		
适用范围	ϕ175mm×8mm电缆导管	图号	PG–02

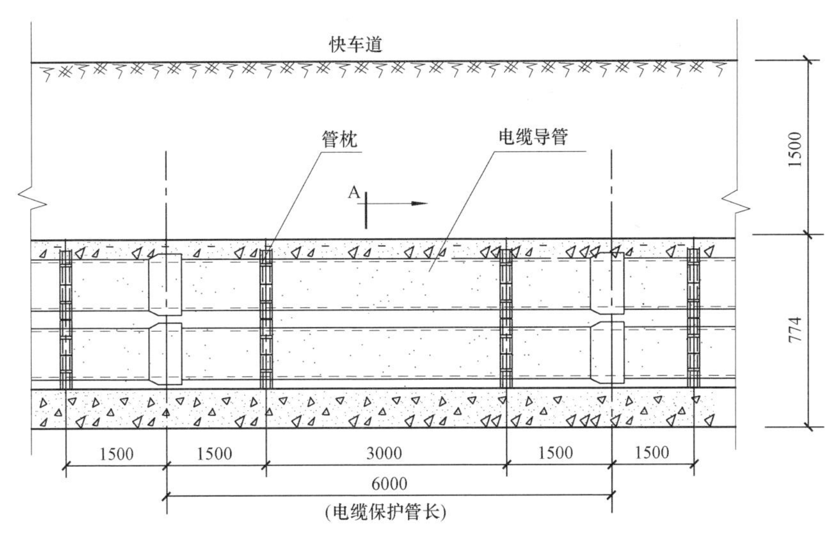

每12m排管所需材料表

序号	名称	规格	单位	数量	备注
1	树脂玻璃钢电缆导管	CGCT－175×8	根	12	每根长6m
2	管枕	MDG/CRG175	副	24	与电缆导管匹配
3	混凝土	C20	m^3	6.9	
4	接地扁钢	－50×5	m	24	
5	七孔梅花管	单孔直径35mm	m	12	用于敷设通信光缆

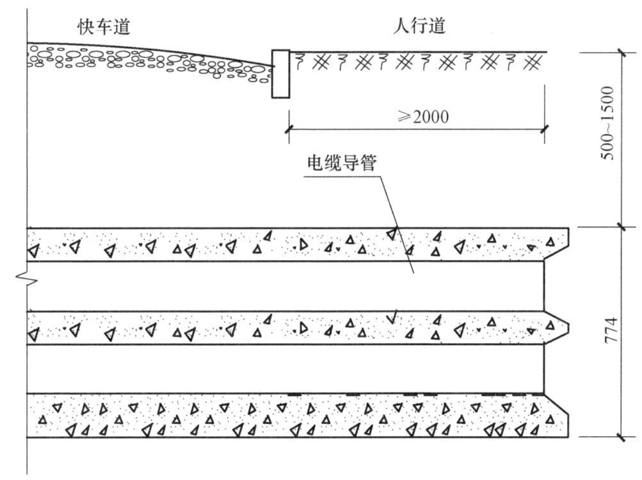

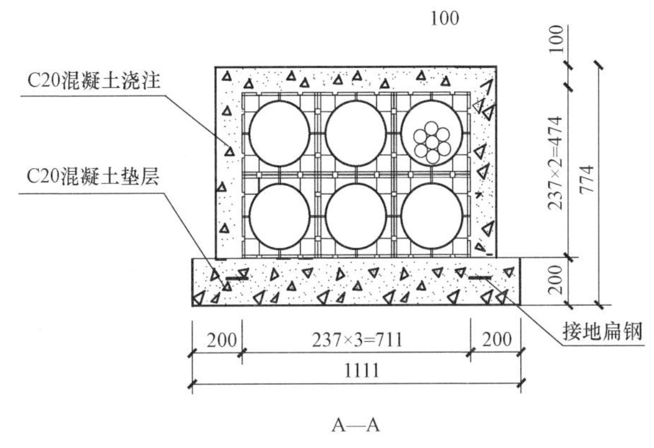

A—A

注：1. 本图按树脂玻璃钢电缆导管设计，也可选用MPP电缆保护管，但管径与壁厚不变。
2. 排管上面的覆土应用无杂质黄土回填，并自下而上分层夯实。
3. 排管两侧各预埋一根－50×5镀锌扁钢做接地体，并与排管下面的接地装置焊接。
4. 电缆导管每根长6m，两根之间用接头密封圈连接。
5. 电缆导管ϕ175mm为内径尺寸。

图2-3	6孔电缆排管敷设施工图		
适用范围	ϕ175mm×8mm电缆导管	图号	PG-03

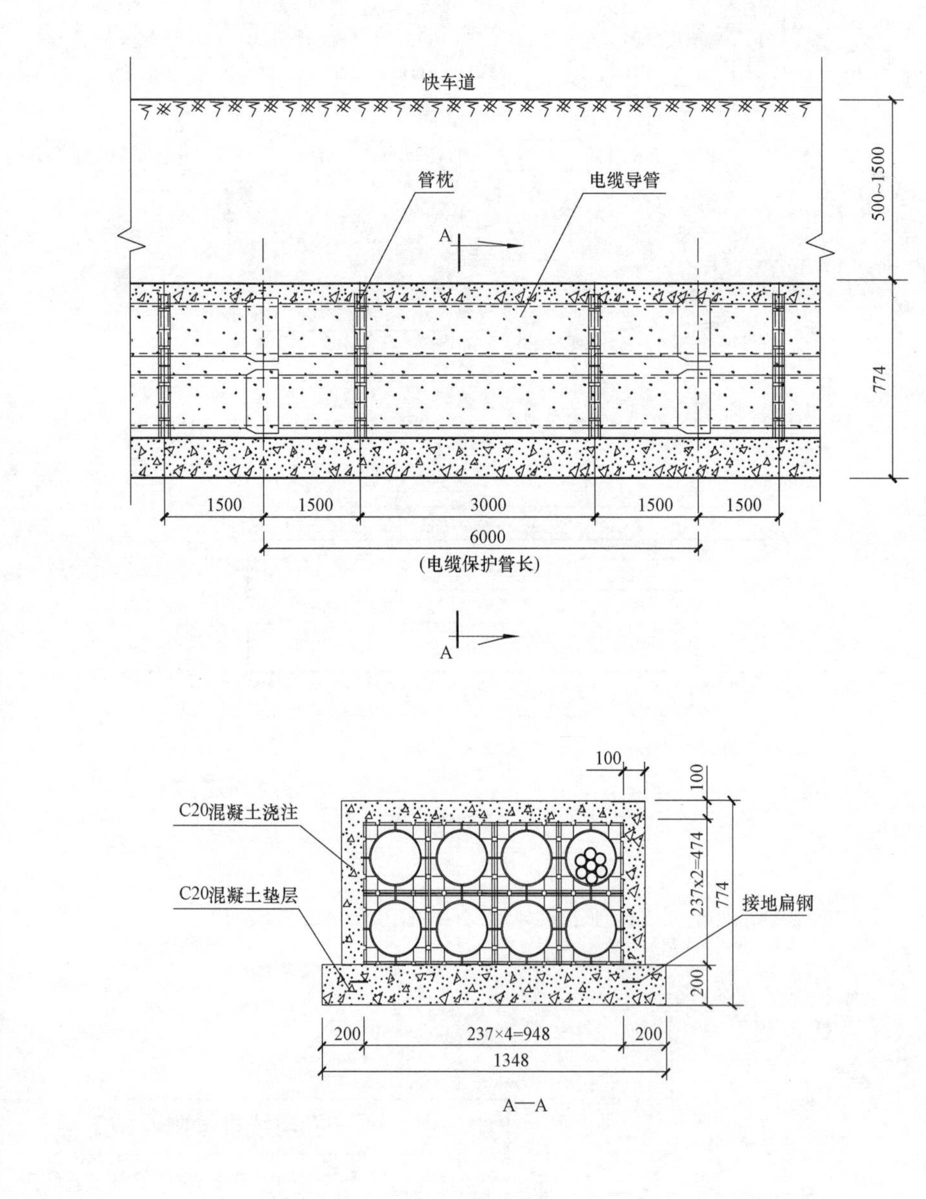

每12m排管所需材料表

序号	名称	规格	单位	数量	备注
1	树脂玻璃钢电缆导管	CGCT－175×8	根	16	每根长6m
2	管枕	MDG/CRG175	副	32	与电缆导管匹配
3	混凝土	C20	m^3	8.4	
4	接地扁钢	－50×5	m	24	
5	七孔梅花管	单孔直径35mm	m	12	用于敷设通信光缆

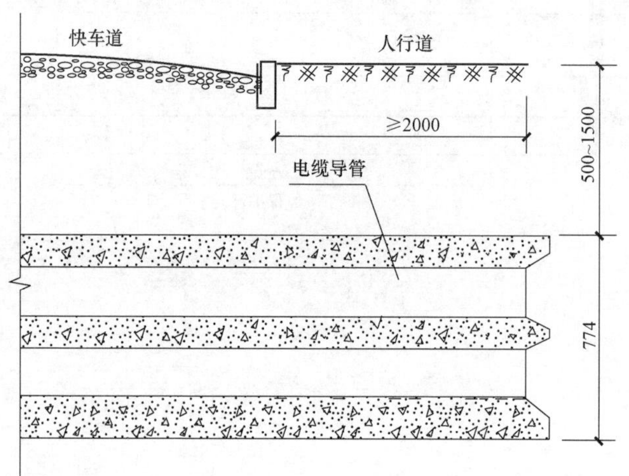

注：1. 本图按树脂玻璃钢电缆导管设计，也可选用MPP电缆保护管，但管径与壁厚不变。
2. 排管上面的覆土应用无杂质黄土回填，并自下而上分层夯实。
3. 排管两侧各预埋一根－50×5镀锌扁钢做接地体，并与排管下面的接地装置焊接。
4. 电缆导管每根长6m，两根之间用接头密封圈连接。
5. 电缆导管ϕ175mm为内径尺寸。

图2-4	8孔电缆排管敷设施工图		
适用范围	ϕ175mm×8mm电缆导管	图号	PG-04

每12m排管所需材料表

序号	名称	规格	单位	数量	备注
1	树脂玻璃钢电缆导管	CGCT−175×8	根	18	每根长6m
2	管枕	MDG/CRG175	副	36	与电缆导管匹配
3	混凝土	C20	m^3	8.5	
4	接地扁钢	−50×5	m	24	
5	七孔梅花管	单孔直径35mm	m	12	用于敷设通信光缆

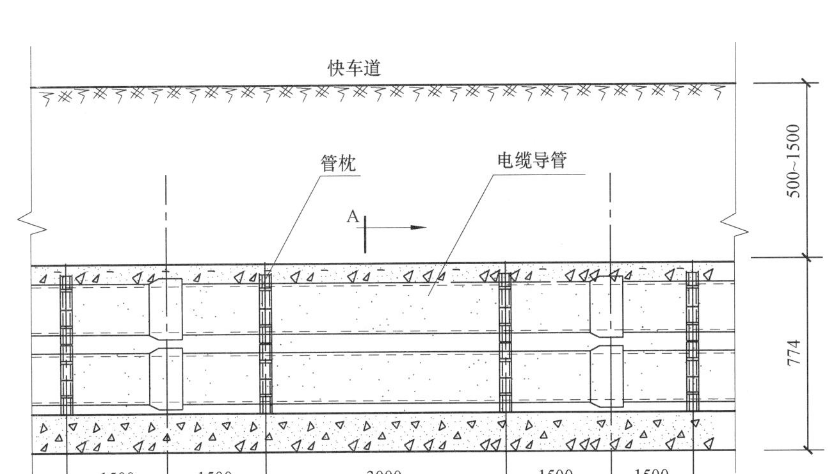

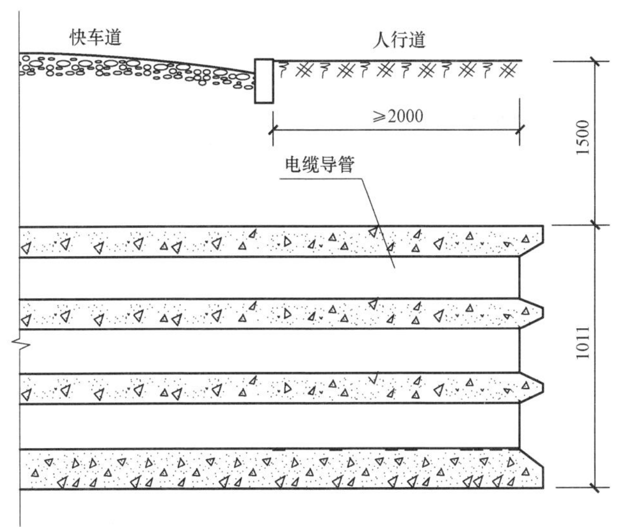

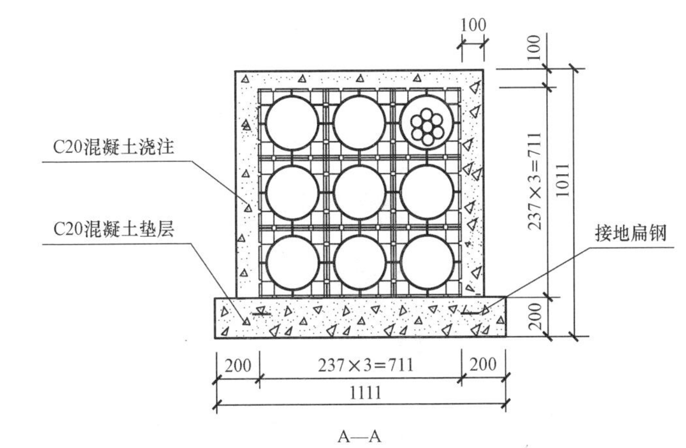

A—A

注：1. 本图按树脂玻璃钢电缆导管设计，也可选用MPP电缆保护管，但管径与壁厚不变。
2. 排管上面的覆土应用无杂质黄土回填，并自下而上分层夯实。
3. 排管两侧各预埋一根−50×5镀锌扁钢做接地体，并与排管下面的接地装置焊接。
4. 电缆导管每根长6m，两根之间用接头密封圈连接。
5. 电缆导管ϕ175mm为内径尺寸。

图2-5	9孔电缆排管敷设施工图		
适用范围	ϕ175mm×8mm电缆导管	图号	PG-05

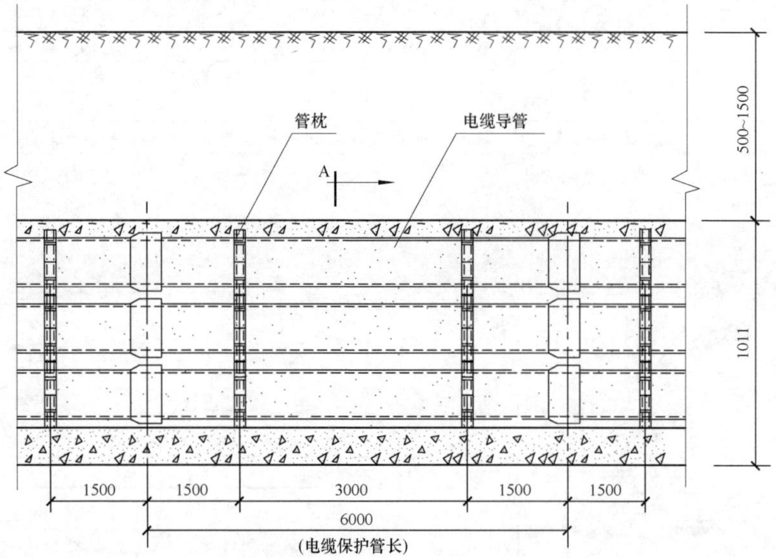

每12m排管所需材料表

序号	名称	规格	单位	数量	备注
1	树脂玻璃钢电缆导管	CGCT－175×8	根	24	每根长6m
2	管枕	MDG/CRG175	副	48	与电缆导管匹配
3	混凝土	C20	m^3	10.3	
4	接地扁钢	－50×5	m	24	
5	七孔梅花管	单孔直径35mm	m	12	用于敷设通信光缆

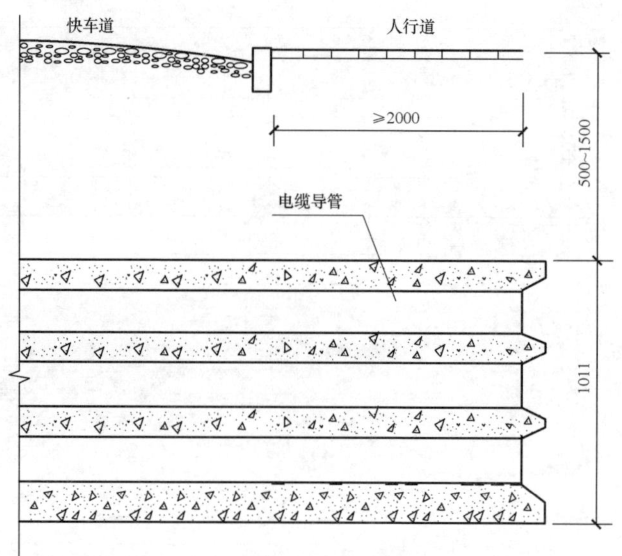

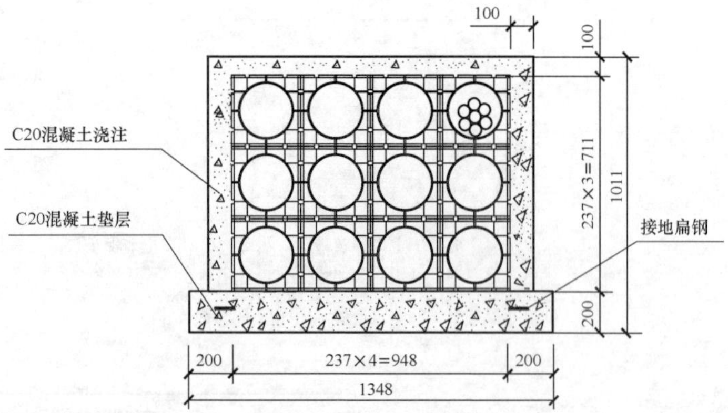

A—A

注：1．本图按树脂玻璃钢电缆导管设计，也可选用MPP电缆保护管，但管径与壁厚不变。
2．排管上面的覆土应用无杂质黄土回填，并自下而上分层夯实。
3．排管两侧各预埋一根－50×5镀锌扁钢做接地体，并与排管下面的接地装置焊接。
4．电缆导管每根长6m，两根之间用接头密封圈连接。
5．电缆导管φ175mm为内径尺寸。

图2-6	12孔电缆排管敷设施工图		
适用范围	φ175mm×8mm电缆导管	图号	PG-06

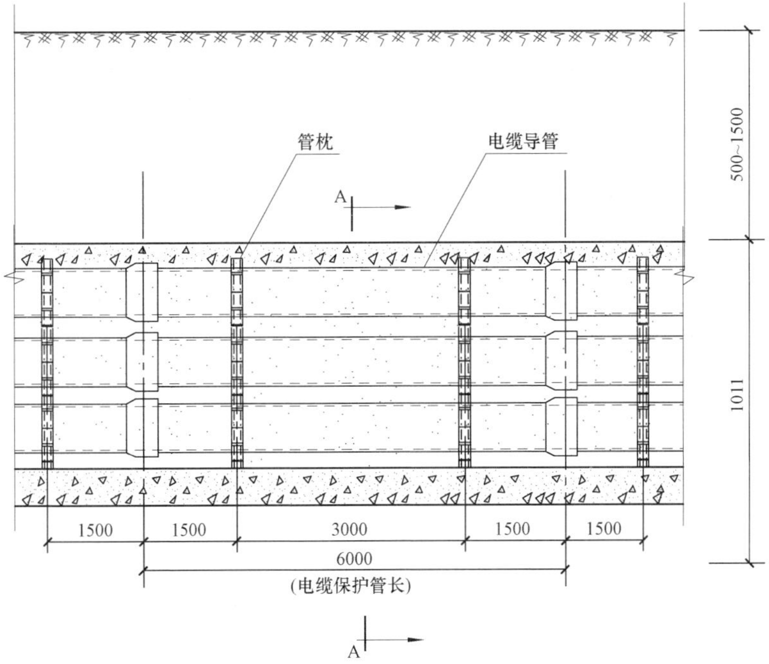

管枕
电缆导管
A
500~1500
1011
1500
1500
3000
1500
1500
6000
(电缆保护管长)
A

每12m排管所需材料表

序号	名称	规格	单位	数量	备注
1	树脂玻璃钢电缆导管	CGCT－175×8	根	30	每根长6m
2	管枕	MDG/CRG175	副	60	与电缆导管匹配
3	混凝土	C20	m^3	12.1	
4	接地扁钢	－50×5	m	24	
5	七孔梅花管	单孔直径35mm	m	12	用于敷设通信光缆

快车道
人行道
≥2000
500~1500
电缆导管
1011

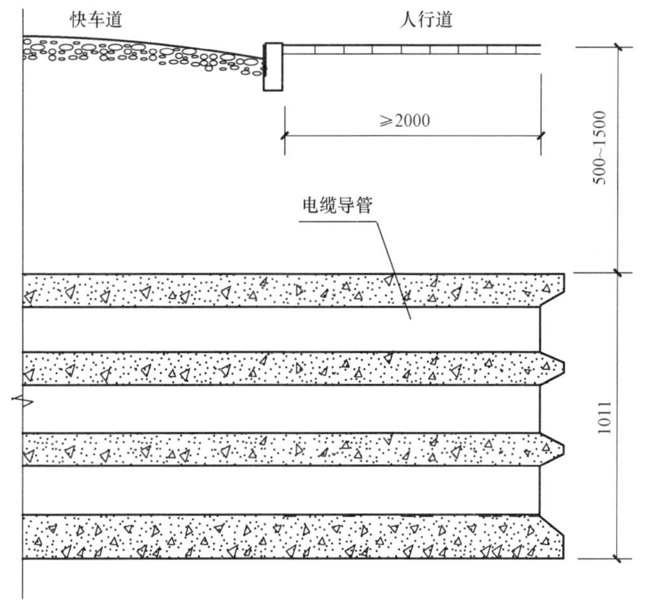

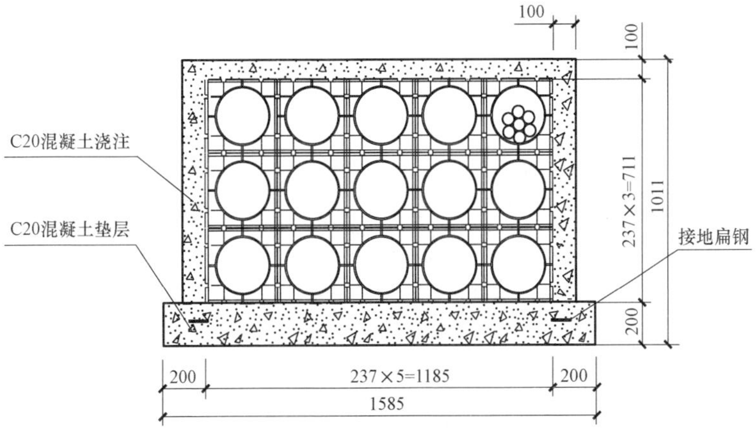

100
100
C20混凝土浇注
C20混凝土垫层
237×3=711
1011
接地扁钢
200
200
237×5=1185
200
1585

A—A

注：1．本图按树脂玻璃钢电缆导管设计，也可选用MPP电缆保护管，但管径与壁厚不变。
2．排管上面的覆土应用无杂质黄土回填，并自下而上分层夯实。
3．排管两侧各预埋一根－50×5镀锌扁钢做接地体，并与排管下面的接地装置焊接。
4．电缆导管每根长6m，两根之间用接头密封圈连接。
5．电缆导管ϕ175mm为内径尺寸。

图2-7	15孔电缆排管敷设施工图		
适用范围	ϕ175mm×8mm电缆导管	图号	PG-07

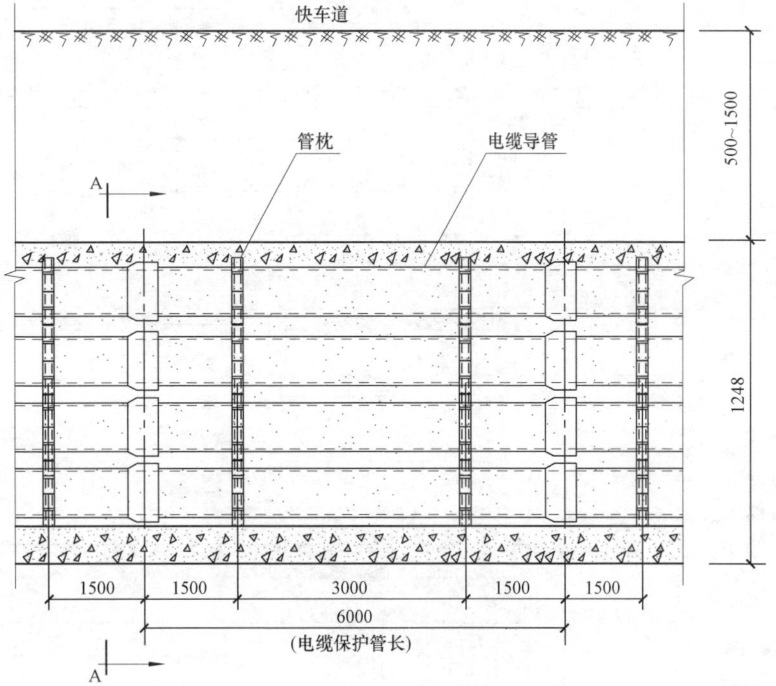

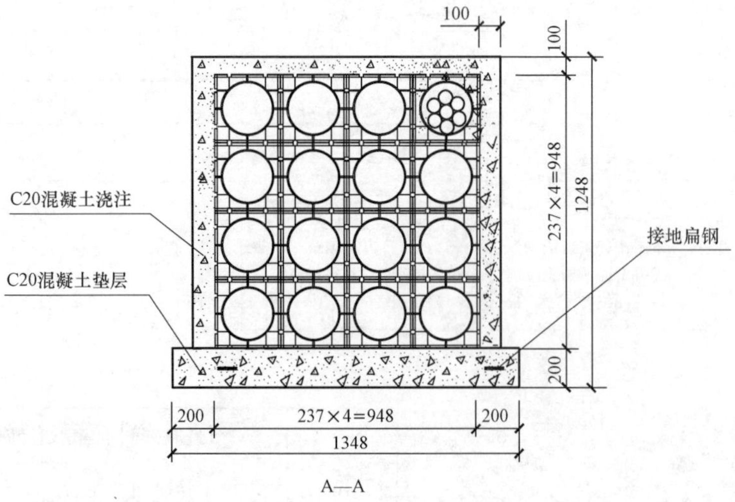

每12m排管所需材料表

序号	名称	规格	单位	数量	备注
1	树脂玻璃钢电缆导管	CGCT－175×8	根	32	每根长6m
2	管枕	MDG/CRG175	副	64	与电缆导管匹配
3	混凝土	C20	m^3	12.2	
4	接地扁钢	－50×5	m	24	
5	七孔梅花管	单孔直径35mm	m	12	用于敷设通信光缆

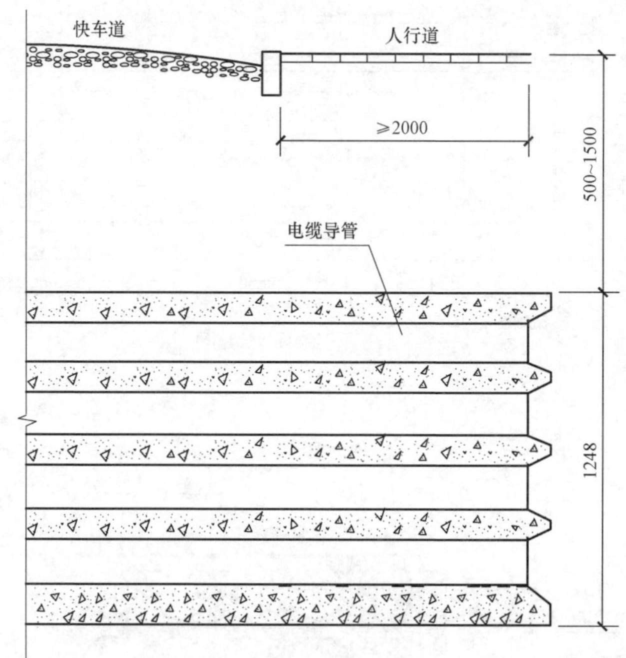

注：1．本图按树脂玻璃钢电缆导管设计，也可选用MPP电缆保护管，但管径与壁厚不变。
2．排管上面的覆土应用无杂质黄土回填，并自下而上分层夯实。
3．排管两侧各预埋一根－50×5镀锌扁钢做接地体，并与排管下面的接地装置焊接。
4．电缆导管每根长6m，两根之间用接头密封圈连接。
5．电缆导管ϕ175mm为内径尺寸。

图2-8	16孔电缆排管敷设施工图		
适用范围	ϕ175mm×8mm电缆导管	图号	PG-08

快车道

管枕　电缆导管

500~1500

1248

1500　1500　3000　1500　1500

6000

(电缆保护管长)

A　A

100　100

237×4=948　1248

C20混凝土浇注

C20混凝土垫层

接地扁钢

200

200　237×5=1185　200

1585

A—A

每12m排管所需材料表

序号	名称	规格	单位	数量	备注
1	树脂玻璃钢电缆导管	CGCT−175×8	根	40	每根长6m
2	管枕	MDG/CRG175	副	80	与电缆导管匹配
3	混凝土	C20	m^3	14.3	
4	接地扁钢	−50×5	m	24	
5	七孔梅花管	单孔直径35mm	m	12	用于敷设通信光缆

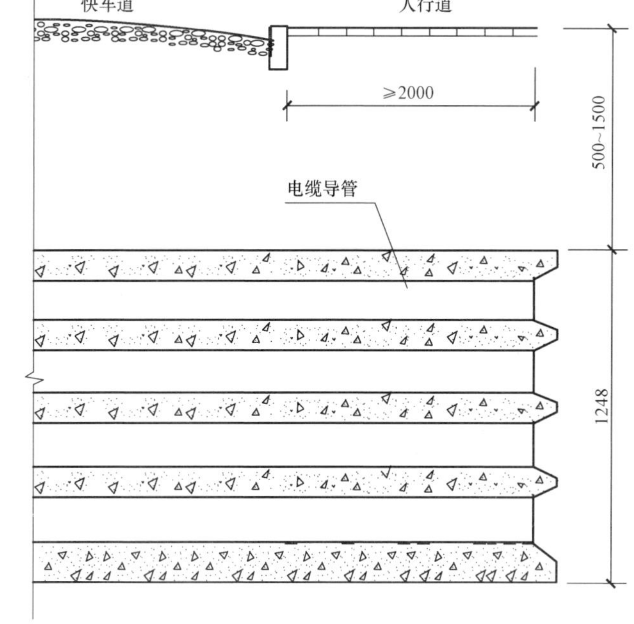

注：1．本图按树脂玻璃钢电缆导管设计，也可选用MPP电缆保护管，但管径与壁厚不变。
2．排管上面的覆土应用无杂质黄土回填，并自下而上分层夯实。
3．排管两侧各预埋一根−50×5镀锌扁钢做接地体，并与排管下面的接地装置焊接。
4．电缆导管每根长6m，两根之间用接头密封圈连接。
5．电缆导管ϕ175mm为内径尺寸。

图2-9	20孔电缆排管敷设施工图		
适用范围	ϕ175mm×8mm电缆导管	图号	PG-09

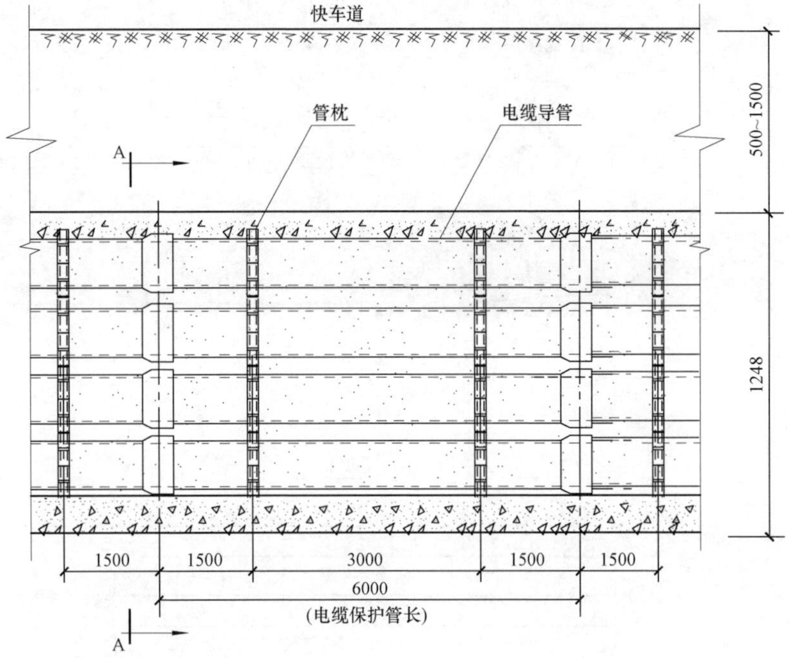

快车道
管枕
电缆导管
500~1500
1248
1500
1500
3000
1500
1500
6000
(电缆保护管长)
A
A

每12m排管所需材料表

序号	名称	规格	单位	数量	备注
1	树脂玻璃钢电缆导管	CGCT－175×8	根	48	每根长6m
2	管枕	MDG/CRG175	副	96	与电缆导管匹配
3	混凝土	C20	m^3	16.5	
4	接地扁钢	－50×5	m	24	
5	七孔梅花管	单孔直径35mm	m	12	用于敷设通信光缆

快车道
人行道
≥2000
500~1500
电缆导管
1248

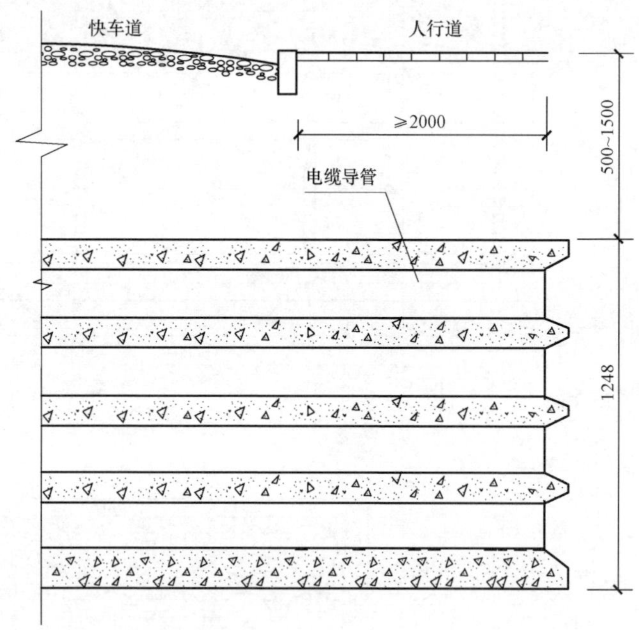

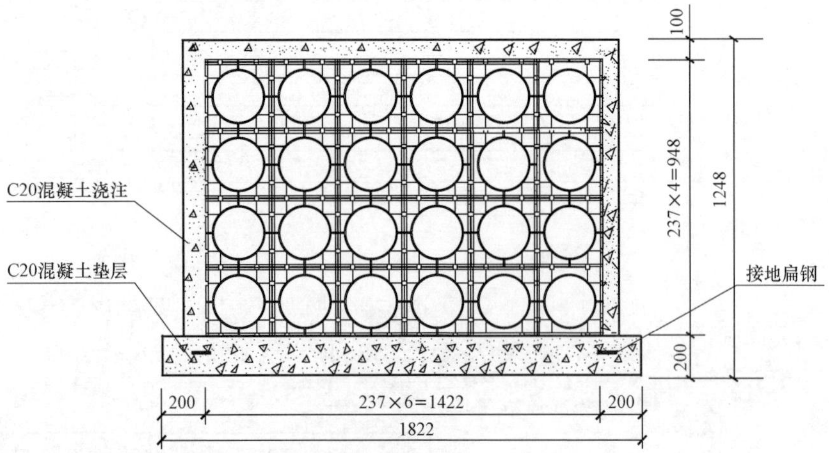

C20混凝土浇注
C20混凝土垫层
接地扁钢
100
237×4=948
1248
200
200
237×6=1422
200
1822

A—A

注：1．本图按树脂玻璃钢电缆导管设计，也可选用MPP电缆保护管，但管径与壁厚不变。
2．排管上面的覆土应用无杂质黄土回填，并自下而上分层夯实。
3．排管两侧各预埋一根－50×5镀锌扁钢做接地体，并与排管下面的接地装置焊接。
4．电缆导管每根长6m，两根之间用接头密封圈连接。
5．电缆导管φ175mm为内径尺寸。

图2–10	24孔电缆排管敷设施工图		
适用范围	φ175mm×8mm电缆导管	图号	PG–10

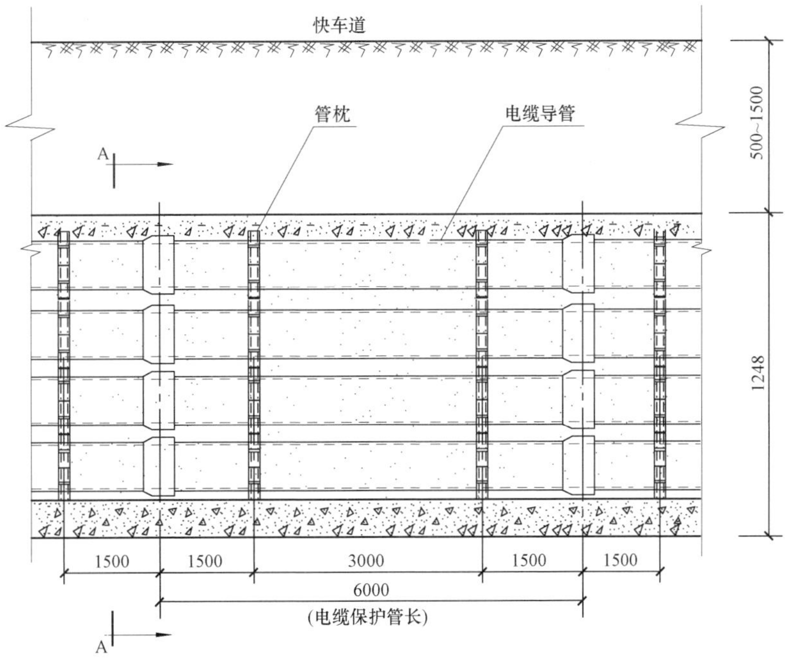

快车道
管枕
电缆导管
A
500~1500
1248
1500
1500
3000
1500
1500
6000
(电缆保护管长)
A

每12m排管所需材料表

序号	名称	规格	单位	数量	备注
1	树脂玻璃钢电缆导管	CGCT－175×8	根	56	每根长6m
2	管枕	MDG/CRG175	副	112	与电缆导管匹配
3	混凝土	C20	m^3	18.7	
4	接地扁钢	－50×5	m	24	
5	七孔梅花管	单孔直径35mm	m	12	用于敷设通信光缆

快车道
人行道
≥2000
电缆导管
500~1500
1248

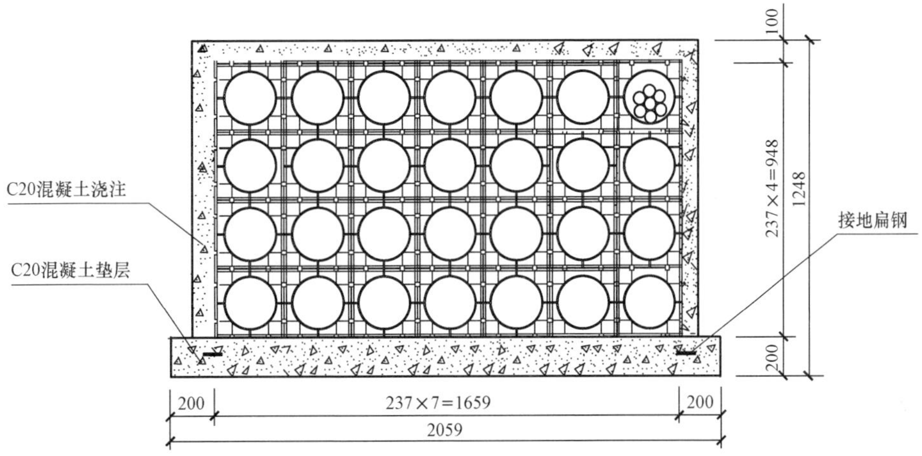

C20混凝土浇注
C20混凝土垫层
接地扁钢
100
237×4=948
1248
200
200
237×7=1659
200
2059

A—A

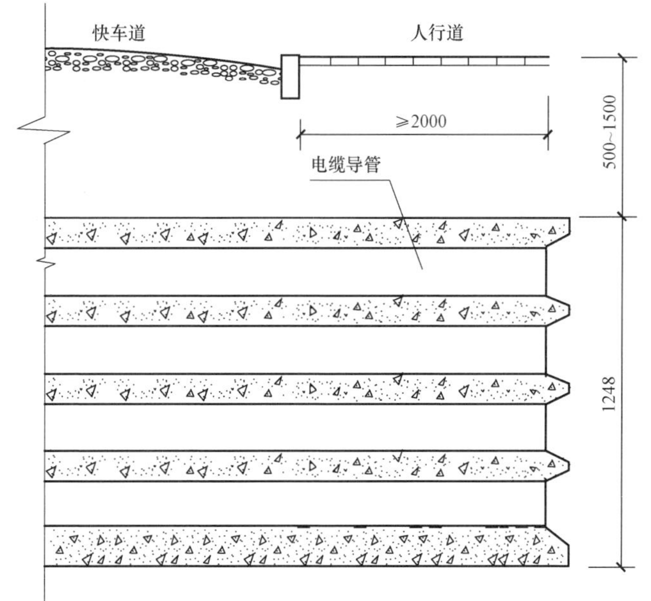

注：1. 本图按树脂玻璃钢电缆导管设计，也可选用MPP电缆保护管，但管径与壁厚不变。
2. 排管上面的覆土应用无杂质黄土回填，并自下而上分层夯实。
3. 排管两侧各预埋一根－50×5镀锌扁钢做接地体，并与排管下面的接地装置焊接。
4. 电缆导管每根长6m，两根之间用接头密封圈连接。
5. 电缆导管ϕ175mm为内径尺寸。

图2-11	28孔电缆排管敷设施工图		
适用范围	ϕ175mm×8mm电缆导管	图号	PG-11

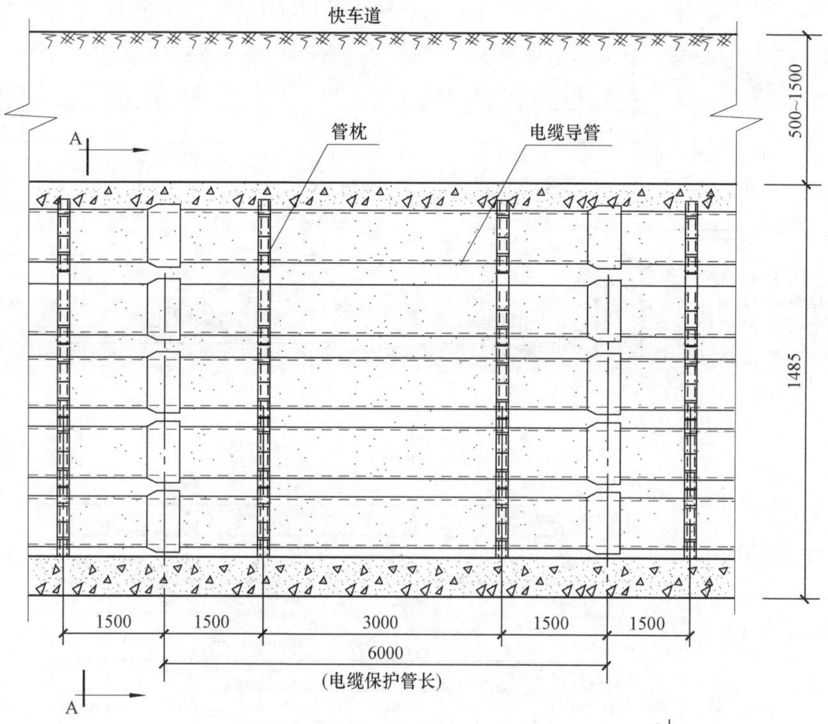

快车道
500~1500
A
管枕
电缆导管
1485
1500
1500
3000
1500
1500
6000
(电缆保护管长)
A

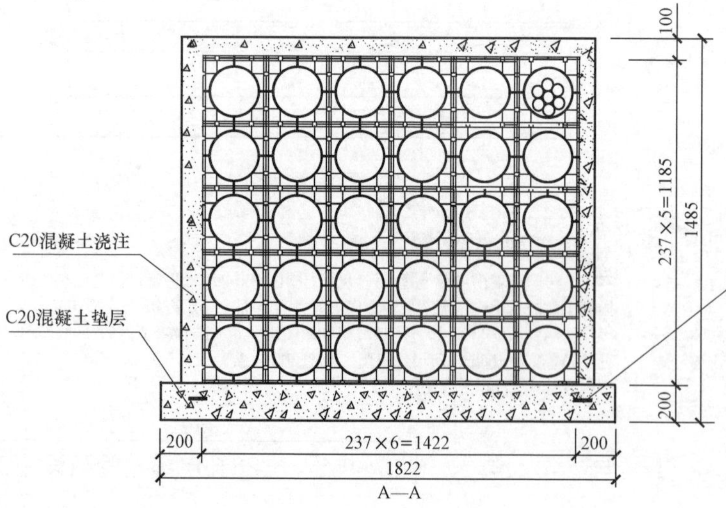

100
237×5=1185
1485
C20混凝土浇注
接地扁钢
C20混凝土垫层
200
200
237×6=1422
200
1822
A—A

每12m排管所需材料表

序号	名称	规格	单位	数量	备注
1	树脂玻璃钢电缆导管	CGCT－175×8	根	60	每根长6m
2	管枕	MDG/CRG175	副	120	与电缆导管匹配
3	混凝土	C20	m^3	19.1	
4	接地扁钢	－50×5	m	24	
5	七孔梅花管	单孔直径35mm	m	12	用于敷设通信光缆

快车道
人行道
≥2000
500~1500
电缆导管
1485

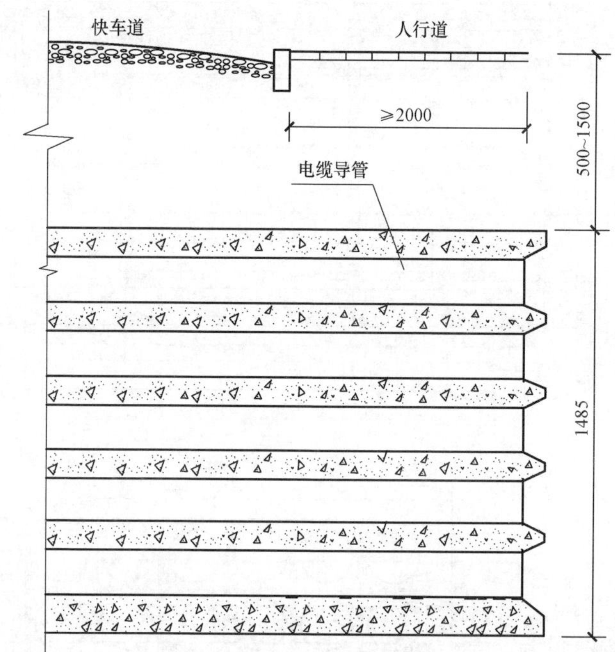

注：1．本图按树脂玻璃钢电缆导管设计，也可选用MPP电缆保护管，但管径与壁厚不变。
2．排管上面的覆土应用无杂质黄土回填，并自下而上分层夯实。
3．排管两侧各预埋一根－50×5镀锌扁钢做接地体，并与排管下面的接地装置焊接。
4．电缆导管每根长6m，两根之间用接头密封圈连接。
5．电缆导管ϕ175mm为内径尺寸。

图2-12	30孔电缆排管敷设施工图		
适用范围	ϕ175mm×8mm电缆导管	图号	PG–12

每12m排管所需材料表

序号	名称	规格	单位	数量	备注
1	树脂玻璃钢电缆导管	CGCT－175×8	根	64	每根长6m
2	管枕	MDG/CRG175	副	128	与电缆导管匹配
3	混凝土	C20	m^3	20.9	
4	接地扁钢	－50×5	m	24	
5	七孔梅花管	单孔直径35mm	m	12	用于敷设通信光缆

快车道
管枕
电缆导管
A
500~1500
1248
1500
1500
3000
1500
1500
6000
(电缆保护管长)
A

快车道
人行道
≥2000
电缆导管
500~1500
1248

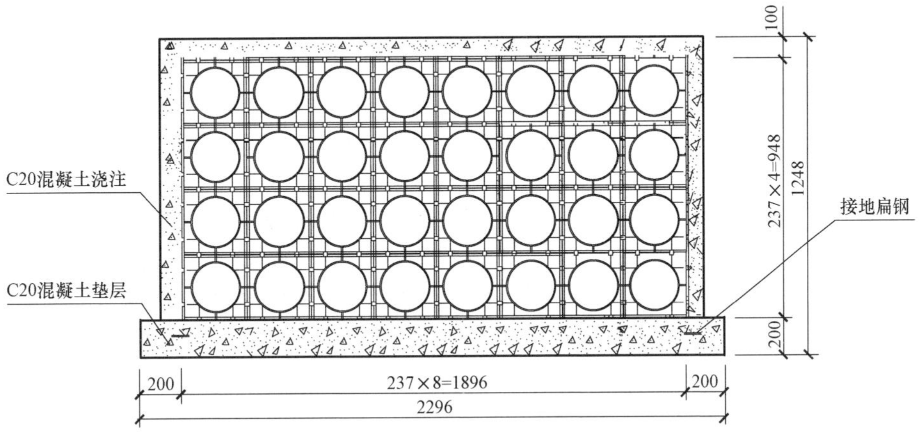

C20混凝土浇注
C20混凝土垫层
接地扁钢
100
237×4=948
1248
200
200
237×8=1896
200
2296

A—A

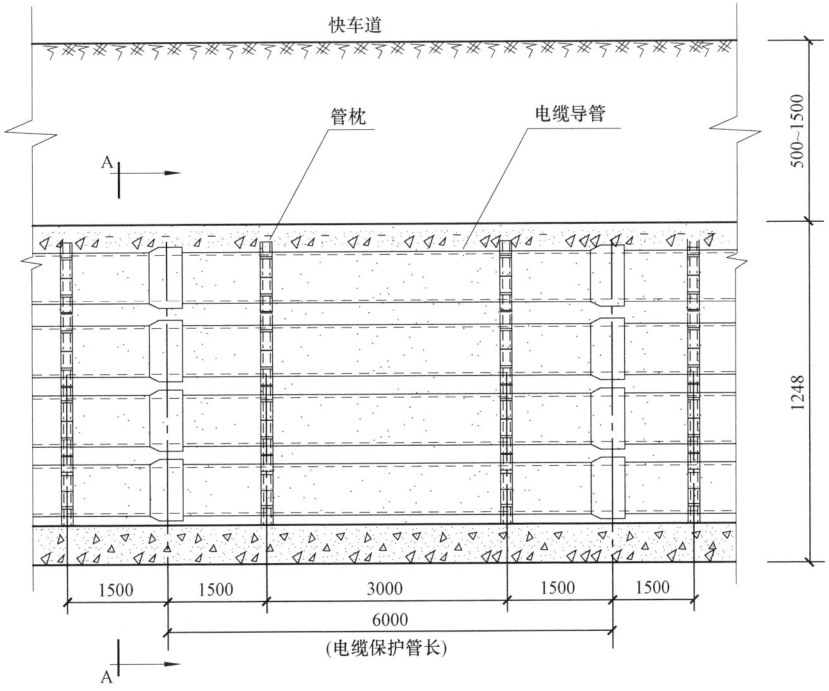

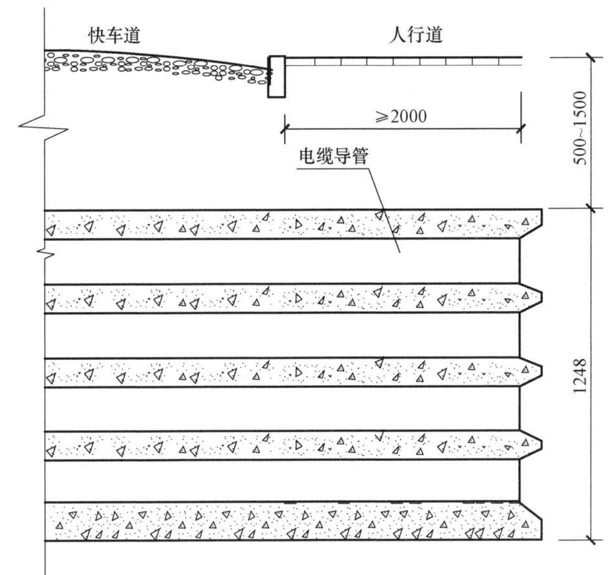

注：1．本图按树脂玻璃钢电缆导管设计，也可选用MPP电缆保护管，但管径与壁厚不变。
2．排管上面的覆土应用无杂质黄土回填，并自下而上分层夯实。
3．排管两侧各预埋一根－50×5镀锌扁钢做接地体，并与排管下面的接地装置焊接。
4．电缆导管每根长6m，两根之间用接头密封圈连接。
5．电缆导管ϕ175mm为内径尺寸。

图2–13	32孔电缆排管敷设施工图		
适用范围	ϕ175mm×8mm电缆导管	图号	PG–13

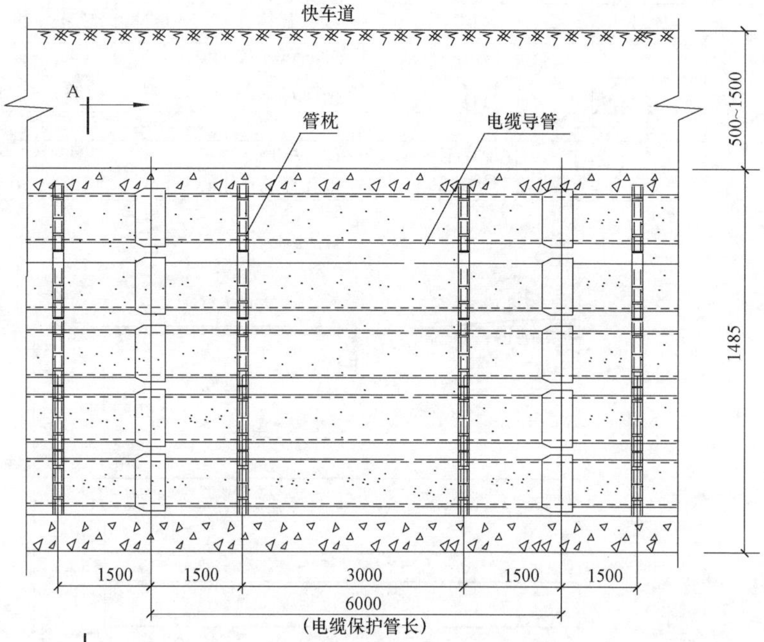

快车道
A
管枕
电缆导管
500~1500
1485
1500
1500
3000
1500
1500
6000
（电缆保护管长）
A

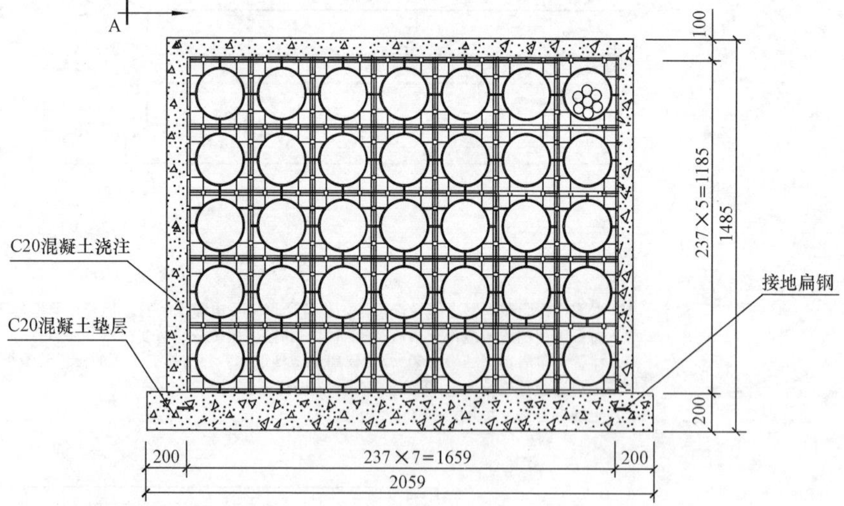

100
237×5=1185
1485
200
C20混凝土浇注
C20混凝土垫层
接地扁钢
200
237×7=1659
200
2059

A—A

每12m排管所需材料表

序号	名称	规格	单位	数量	备注
1	树脂玻璃钢电缆导管	CGCT－175×8	根	70	每根长6m
2	管枕	MDG/CRG175	副	140	与电缆导管匹配
3	混凝土	C20	m^3	21.6	
4	接地扁钢	－50×5	m	24	
5	七孔梅花管	单孔直径35mm	m	12	用于敷设通信光缆

快车道
人行道
≥2000
500~1500
电缆导管

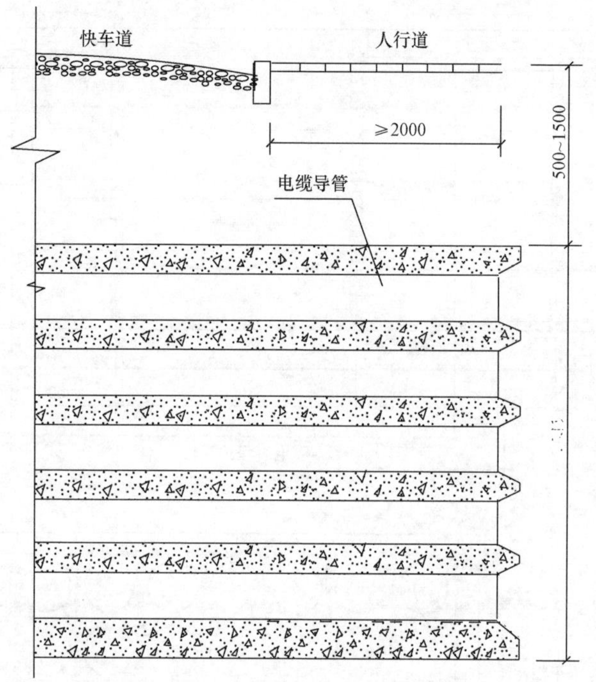

注：1. 本图按树脂玻璃钢电缆导管设计，也可选用MPP电缆保护管，但管径与壁厚不变。
2. 排管上面的覆土应用无杂质黄土回填，并自下而上分层夯实。
3. 排管两侧各预埋一根－50×5镀锌扁钢做接地体，并与排管下面的接地装置焊接。
4. 电缆导管每根长6m，两根之间用接头密封圈连接。
5. 电缆导管ϕ175mm为内径尺寸。

图2-14	35孔电缆排管敷设施工图		
适用范围	ϕ175mm×8mm电缆导管	图号	PG-14

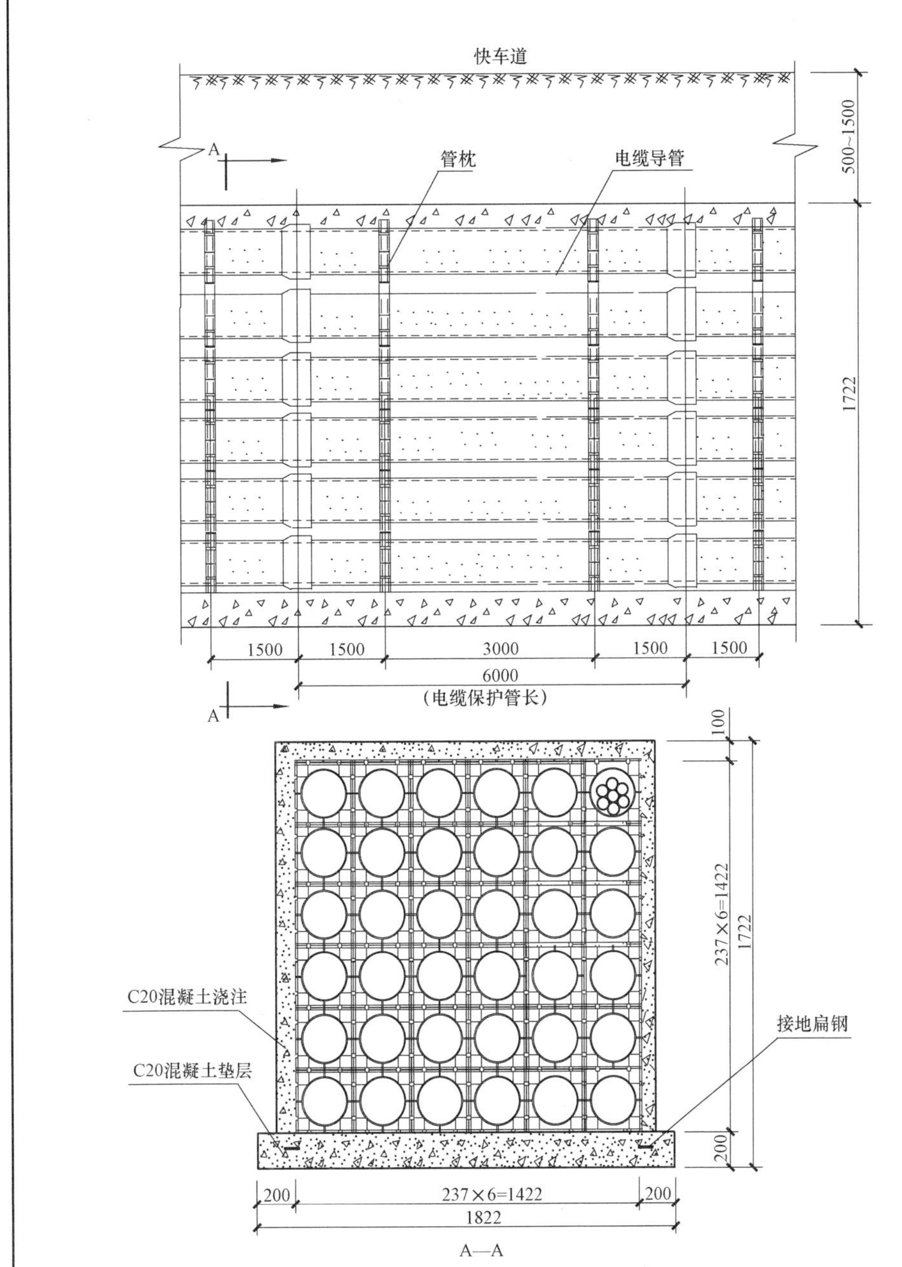

每12m排管所需材料表

序号	名称	规格	单位	数量	备注
1	树脂玻璃钢电缆导管	CGCT－175×8	根	72	每根长6m
2	管枕	MDG/CRG175	副	142	与电缆导管匹配
3	混凝土	C20	m^3	21.6	
4	接地扁钢	－50×5	m	24	
5	七孔梅花管	单孔直径35mm	m	12	用于敷设通信光缆

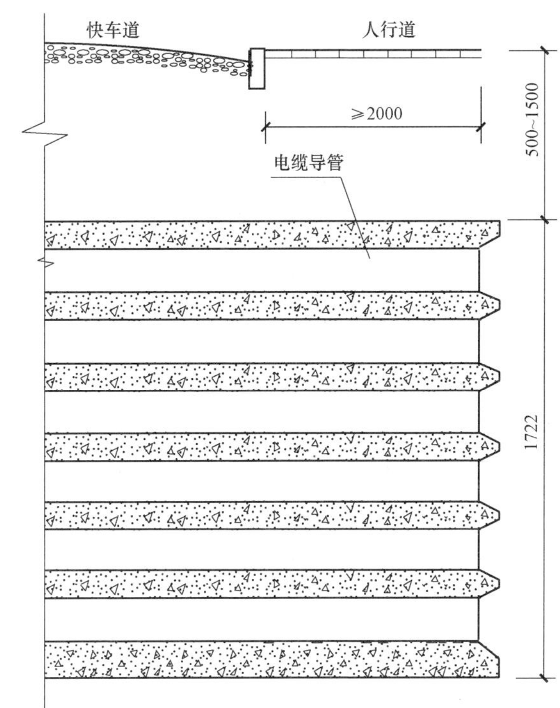

注：1．本图按树脂玻璃钢电缆导管设计，也可选用MPP电缆保护管，但管径与壁厚不变。
2．排管上面的覆土应用无杂质黄土回填，并自下而上分层夯实。
3．排管两侧各预埋一根－50×5镀锌扁钢做接地体，并与排管下面的接地装置焊接。
4．电缆导管每根长6m，两根之间用接头密封圈连接。
5．电缆导管ϕ175mm为内径尺寸。

图2–15	36孔电缆排管敷设施工图		
适用范围	ϕ175mm×8mm电缆导管	图号	PG–15

第二章

电力电缆排管敷设

第二节　ϕ200mm×8mm 树脂玻璃钢电缆导管

图 2-16　3 孔电缆排管敷设施工图（ϕ200mm×8mm 电缆导管）……PG-16
图 2-17　4 孔电缆排管敷设施工图（ϕ200mm×8mm 电缆导管）……PG-17
图 2-18　6 孔电缆排管敷设施工图（ϕ200mm×8mm 电缆导管）……PG-18
图 2-19　8 孔电缆排管敷设施工图（ϕ200mm×8mm 电缆导管）……PG-19
图 2-20　9 孔电缆排管敷设施工图（ϕ200mm×8mm 电缆导管）……PG-20
图 2-21　12 孔电缆排管敷设施工图（ϕ200mm×8mm 电缆导管）……PG-21
图 2-22　15 孔电缆排管敷设施工图（ϕ200mm×8mm 电缆导管）……PG-22
图 2-23　16 孔电缆排管敷设施工图（ϕ200mm×8mm 电缆导管）……PG-23
图 2-24　20 孔电缆排管敷设施工图（ϕ200mm×8mm 电缆导管）……PG-24
图 2-25　24 孔电缆排管敷设施工图（ϕ200mm×8mm 电缆导管）……PG-25
图 2-26　28 孔电缆排管敷设施工图（ϕ200mm×8mm 电缆导管）……PG-26
图 2-27　30 孔电缆排管敷设施工图（ϕ200mm×8mm 电缆导管）……PG-27
图 2-28　32 孔电缆排管敷设施工图（ϕ200mm×8mm 电缆导管）……PG-28
图 2-29　35 孔电缆排管敷设施工图（ϕ200mm×8mm 电缆导管）……PG-29
图 2-30　36 孔电缆排管敷设施工图（ϕ200mm×8mm 电缆导管）……PG-30

每12m排管所需材料表

序号	名称	规格	单位	数量	备注
1	树脂玻璃钢电缆导管	CGCT−200×8	根	6	每根长6m
2	管枕	MDG/CRG200	副	12	与电缆导管匹配
3	混凝土	C20	m^3	6.9	
4	接地扁钢	−50×5	m	24	
5	七孔梅花管	单孔直径35mm	m	12	用于敷设通信光缆

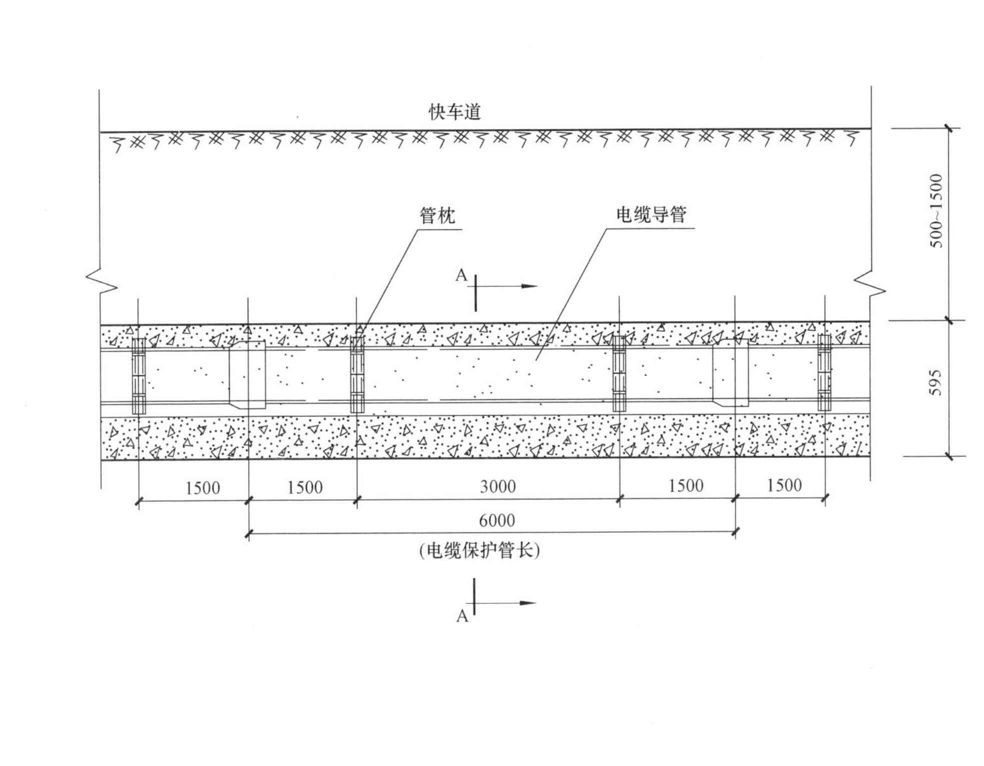

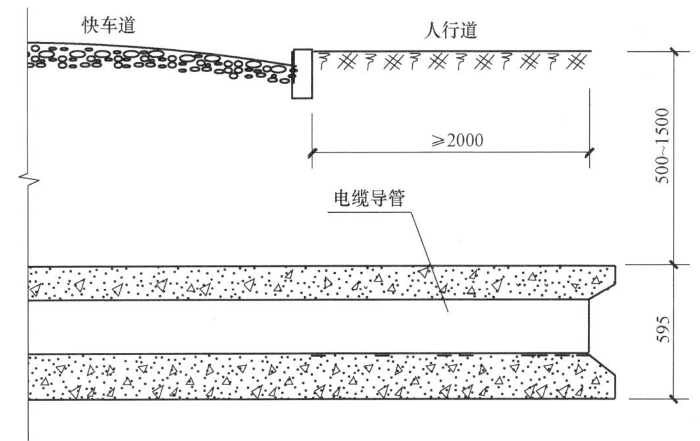

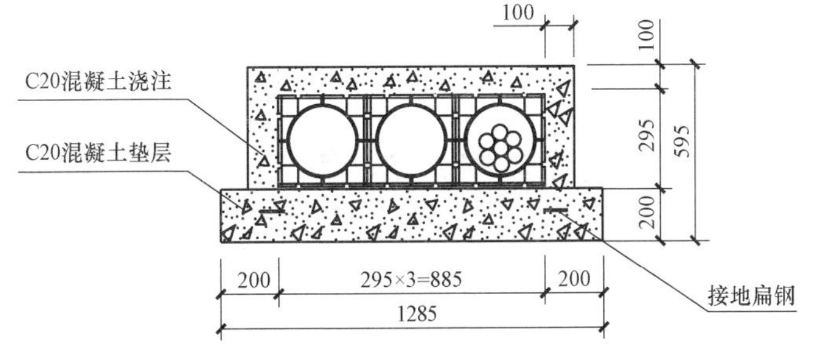

A—A

注：1. 本图按树脂玻璃钢电缆导管设计，也可选用MPP电缆保护管，但管径与壁厚不变。
2. 排管上面的覆土应用无杂质黄土回填，并自下而上分层夯实。
3. 排管两侧各预埋一根−50×5镀锌扁钢做接地体，并与排管下面的接地装置焊接。
4. 电缆导管每根长6m，两根之间用接头密封圈连接。
5. 电缆导管φ200mm为内径尺寸。

图2−16	3孔电缆排管敷设施工图		
适用范围	φ200mm×8mm电缆导管	图号	PG−16

每12m排管所需材料表

序号	名称	规格	单位	数量	备注
1	MPP电缆导管	MPP−200×8	根	8	每根长6m
2	管枕	MDG/CRG200	副	16	与电缆导管匹配
3	混凝土	C20	m^3	7.2	
4	接地扁钢	−50×5	m	24	
5	七孔梅花管	单孔直径35mm	m	12	用于敷设通信光缆

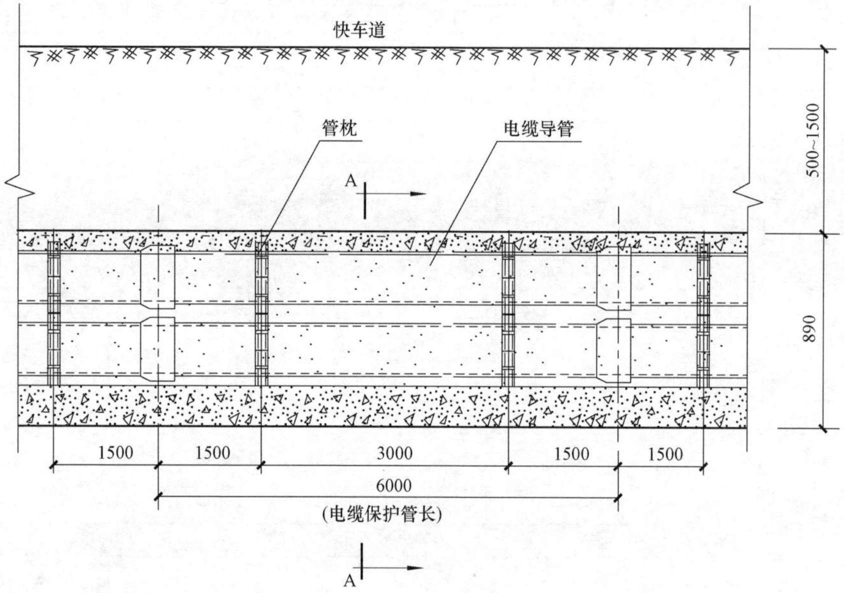

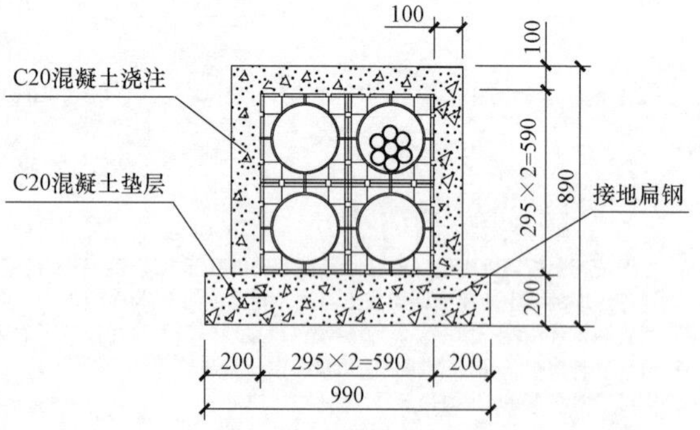

快车道
管枕
电缆导管
A
500~1500
890
1500
1500
3000
1500
1500
6000
(电缆保护管长)
A

快车道
人行道
≥2000
500~1500
电缆导管
890

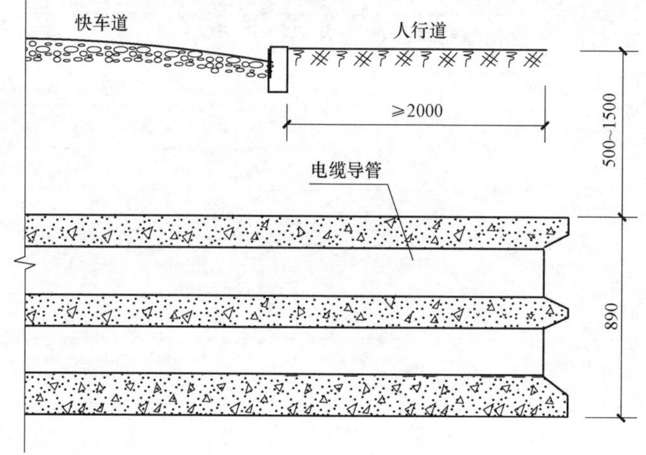

100
100
C20混凝土浇注
C20混凝土垫层
295×2=590
890
接地扁钢
200
200
295×2=590
200
990

A—A

注：1. 本图按树脂玻璃钢电缆导管设计，也可选用MPP电缆保护管，但管径与壁厚不变。
2. 排管上面的覆土应用无杂质黄土回填，并自下而上分层夯实。
3. 排管两侧各预埋一根−50×5镀锌扁钢做接地体，并与排管下面的接地装置焊接。
4. 电缆导管每根长6m，两根之间用接头密封圈连接。
5. 电缆导管ϕ200mm为内径尺寸。

图2−17	4孔电缆排管敷设施工图		
适用范围	ϕ200mm×8mm电缆导管	图号	PG−17

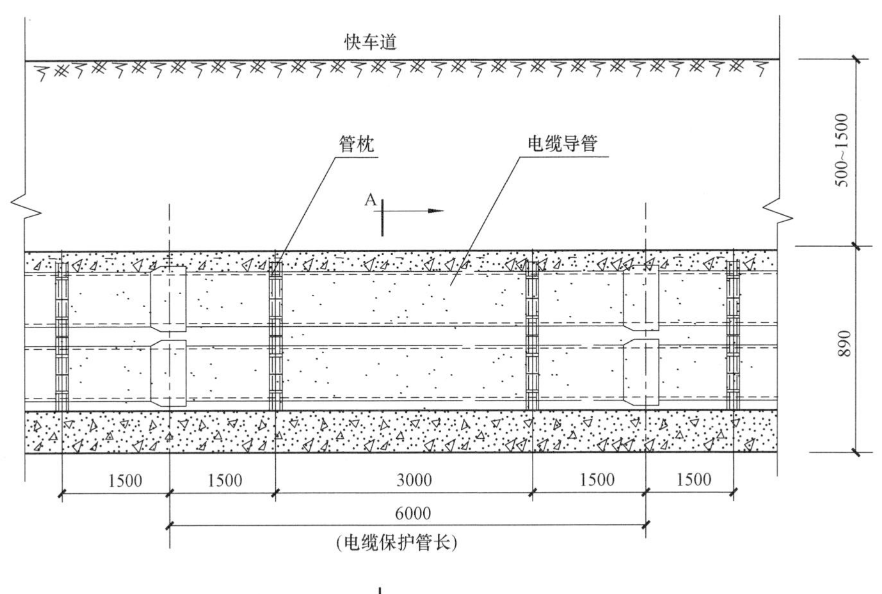

每12m排管所需材料表

序号	名称	规格	单位	数量	备注
1	树脂玻璃钢电缆导管	CGCT−200×8	根	12	每根长6m
2	管枕	MDG/CRG200	副	24	与电缆导管匹配
3	混凝土	C20	m^3	9.4	
4	接地扁钢	−50×5	m	24	
5	七孔梅花管	单孔直径35mm	m	12	用于敷设通信光缆

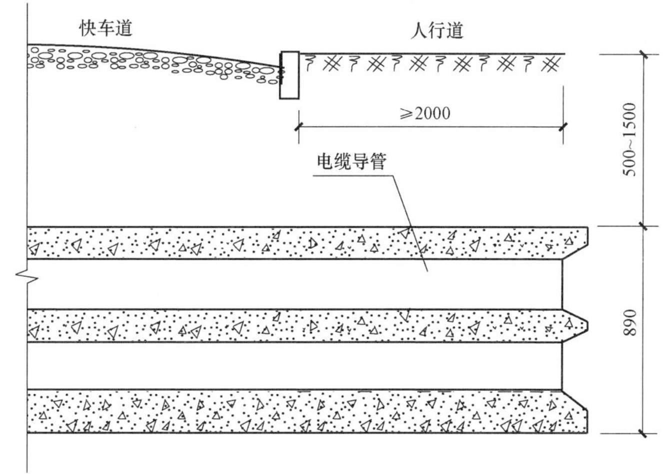

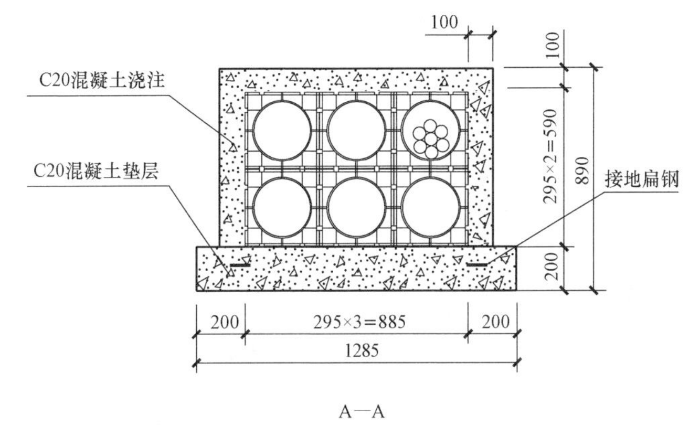

A—A

注：1. 本图按树脂玻璃钢电缆导管设计，也可选用MPP电缆保护管，但管径与壁厚不变。
2. 排管上面的覆土应用无杂质黄土回填，并自下而上分层夯实。
3. 排管两侧各预埋一根−50×5镀锌扁钢做接地体，并与排管下面的接地装置焊接。
4. 电缆导管每根长6m，两根之间用接头密封圈连接。
5. 电缆导管ϕ200mm为内径尺寸。

图2–18	6孔电缆排管敷设施工图		
适用范围	ϕ200mm×8mm电缆导管	图号	PG–18

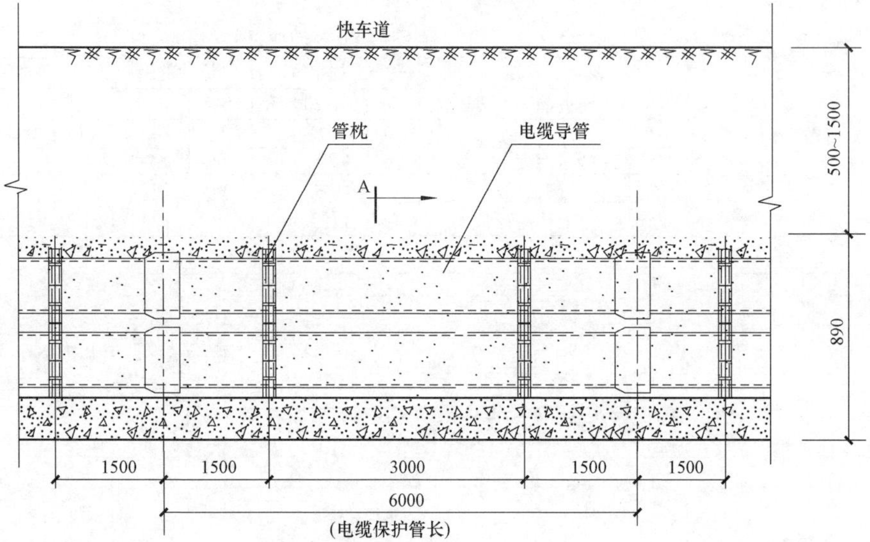

快车道

管枕 电缆导管

A—A

1500 1500 3000 1500 1500

6000

（电缆保护管长）

C20混凝土浇注

C20混凝土垫层

接地扁钢

A—A

每12m排管所需材料表

序号	名称	规格	单位	数量	备注
1	树脂玻璃钢电缆导管	CGCT－200×8	根	16	每根长6m
2	管枕	MDG/CRG200	副	32	与电缆导管匹配
3	混凝土	C20	m^3	11.7	
4	接地扁钢	－50×5	m	24	
5	七孔梅花管	单孔直径35mm	m	12	用于敷设通信光缆

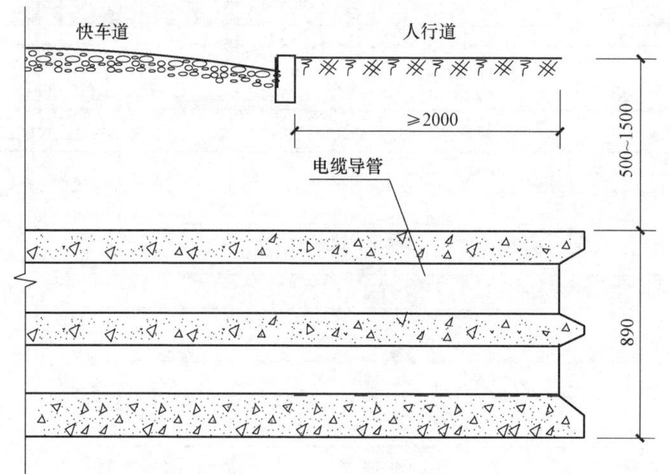

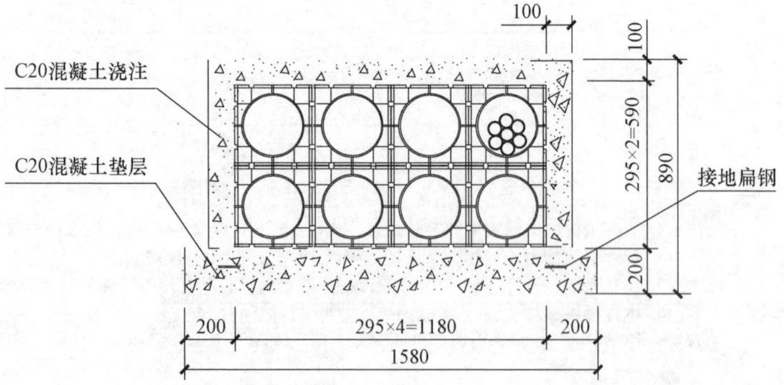

注：1. 本图按树脂玻璃钢电缆导管设计，也可选用MPP电缆保护管，但管径与壁厚不变。
2. 排管上面的覆土应用无杂质黄土回填，并自下而上分层夯实。
3. 排管两侧各预埋一根－50×5镀锌扁钢做接地体，并与排管下面的接地装置焊接。
4. 电缆导管每根长6m，两根之间用接头密封圈连接。
5. 电缆导管 ϕ200mm为内径尺寸。

图2-19	8孔电缆排管敷设施工图		
适用范围	ϕ200mm×8mm电缆导管	图号	PG-19

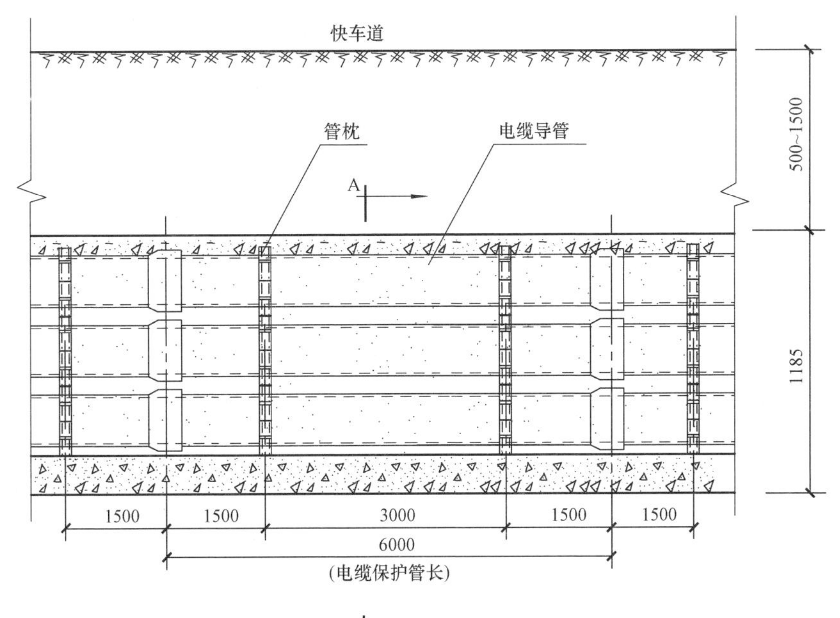

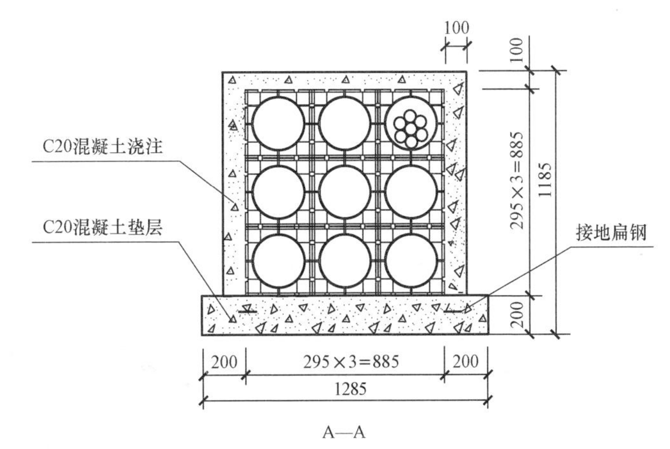

每12m排管所需材料表

序号	名称	规格	单位	数量	备注
1	树脂玻璃钢电缆导管	CGCT－200×8	根	18	每根长6m
2	管枕	MDG/CRG200	副	36	与电缆导管匹配
3	混凝土	C20	m^3	11.9	
4	接地扁钢	－50×5	m	24	
5	七孔梅花管	单孔直径35mm	m	12	用于敷设通信光缆

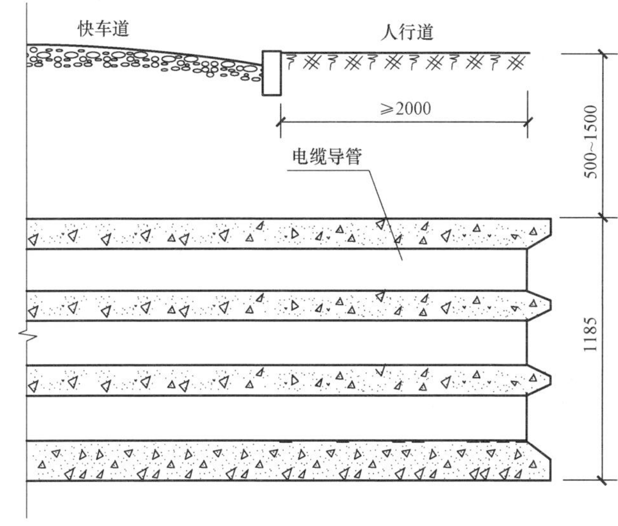

注：1. 本图按树脂玻璃钢电缆导管设计，也可选用MPP电缆保护管，但管径与壁厚不变。
2. 排管上面的覆土应用无杂质黄土回填，并自下而上分层夯实。
3. 排管两侧各预埋一根－50×5镀锌扁钢做接地体，并与排管下面的接地装置焊接。
4. 电缆导管每根长6m，两根之间用接头密封圈连接。
5. 电缆导管ϕ200mm为内径尺寸。

图2-20	9孔电缆排管敷设施工图		
适用范围	ϕ200mm×8mm电缆导管	图号	PG-20

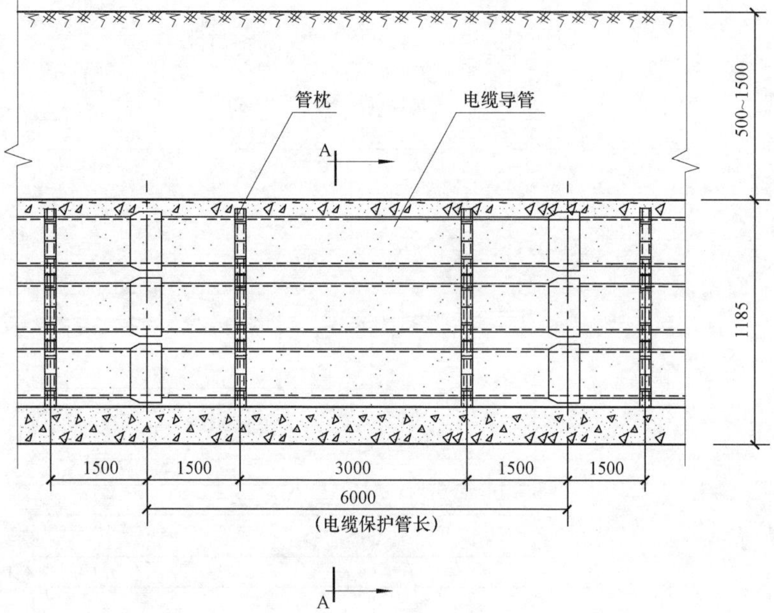

管枕
电缆导管
A
500~1500
1185
1500
1500
3000
1500
1500
6000
（电缆保护管长）
A

每12m排管所需材料表

序号	名称	规格	单位	数量	备注
1	树脂玻璃钢电缆导管	CGCT－200×8	根	24	每根长6m
2	管枕	MDG/CRG200	副	48	与电缆导管匹配
3	混凝土	C20	m^3	14.8	
4	接地扁钢	－50×5	m	24	
5	七孔梅花管	单孔直径35mm	m	12	用于敷设通信光缆

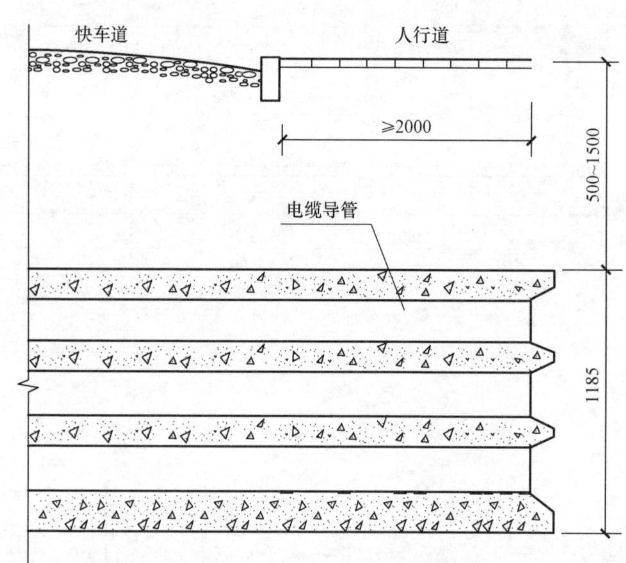

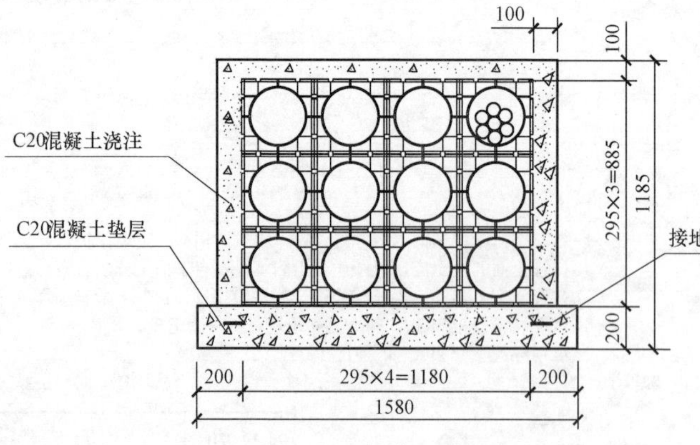

快车道
人行道
≥2000
500~1500
电缆导管
1185

100
100
C20混凝土浇注
C20混凝土垫层
295×3=885
1185
接地扁钢
200
200
295×4=1180
200
1580

A—A

注：1. 本图按树脂玻璃钢电缆导管设计，也可选用MPP电缆保护管，但管径与壁厚不变。
2. 排管上面的覆土应用无杂质黄土回填，并自下而上分层夯实。
3. 排管两侧各预埋一根－50×5镀锌扁钢做接地体，并与排管下面的接地装置焊接。
4. 电缆导管每根长6m，两根之间用接头密封圈连接。
5. 电缆导管ϕ200mm为内径尺寸。

图2-21	12孔电缆排管敷设施工图		
适用范围	ϕ200mm×8mm电缆导管	图号	PG－21

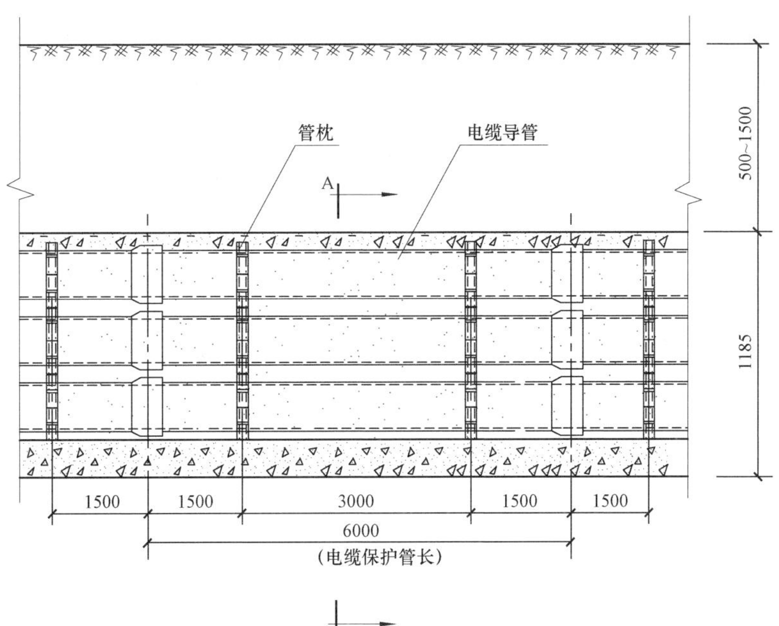

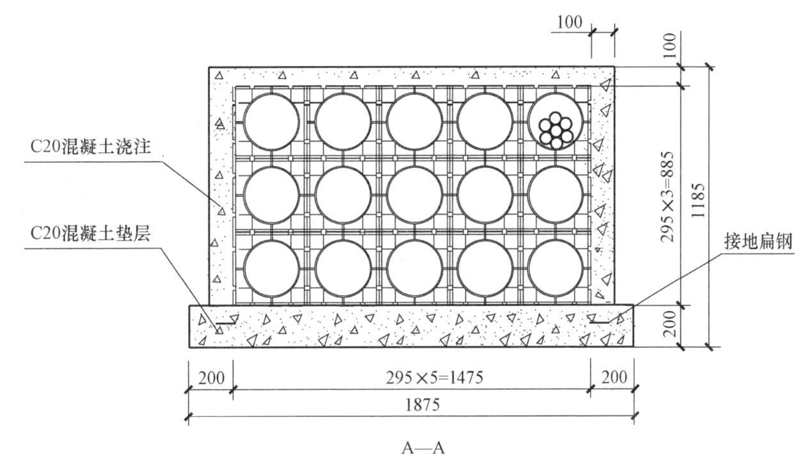

每12m排管所需材料表

序号	名称	规格	单位	数量	备注
1	树脂玻璃钢电缆导管	CGCT－200×8	根	30	每根长6m
2	管枕	MDG/CRG200	副	60	与电缆导管匹配
3	混凝土	C20	m^3	17.7	
4	接地扁钢	－50×5	m	24	
5	七孔梅花管	单孔直径35mm	m	12	用于敷设通信光缆

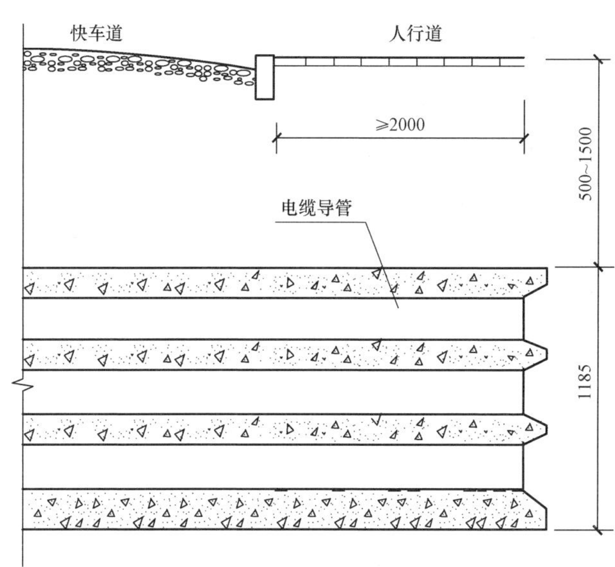

注：1. 本图按树脂玻璃钢电缆导管设计，也可选用MPP电缆保护管，但管径与壁厚不变。
2. 排管上面的覆土应用无杂质黄土回填，并自下而上分层夯实。
3. 排管两侧各预埋一根－50×5镀锌扁钢做接地体，并与排管下面的接地装置焊接。
4. 电缆导管每根长6m，两根之间用接头密封圈连接。
5. 电缆导管φ200mm为内径尺寸。

图2－22	15孔电缆排管敷设施工图		
适用范围	φ200mm×8mm电缆导管	图号	PG－22

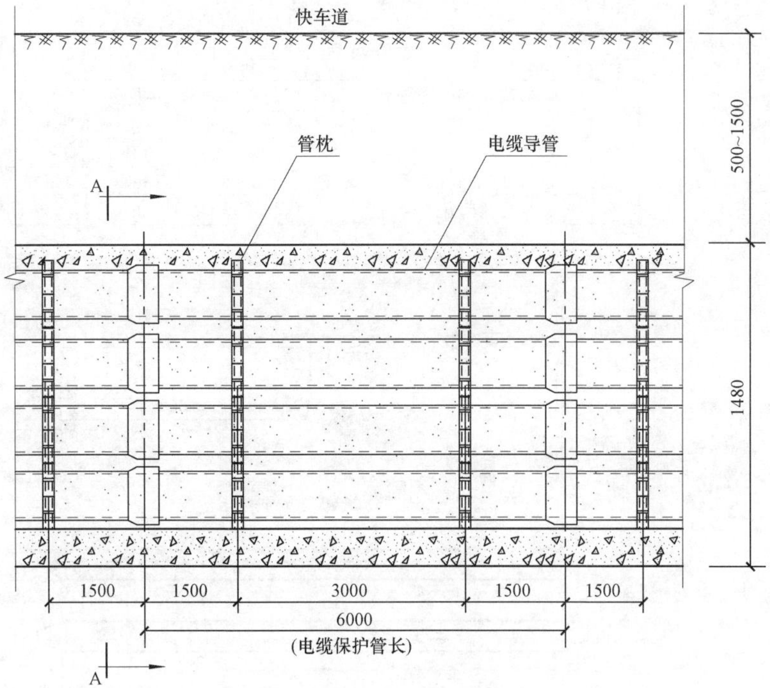

快车道
500~1500
管枕
电缆导管
A
1480
1500
1500
3000
1500
1500
6000
(电缆保护管长)
A

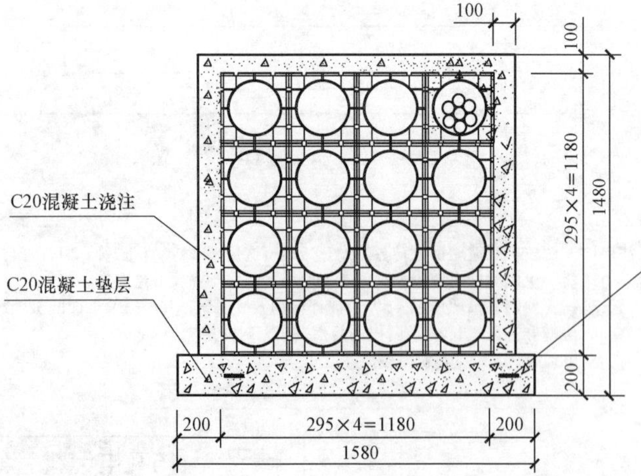

100
100
C20混凝土浇注
295×4=1180
1480
接地扁钢
C20混凝土垫层
200
200
295×4=1180
200
1580
A—A

每12m排管所需材料表

序号	名称	规格	单位	数量	备注
1	树脂玻璃钢电缆导管	CGCT−200×8	根	32	每根长6m
2	管枕	MDG/CRG200	副	64	与电缆导管匹配
3	混凝土	C20	m^3	12.2	
4	接地扁钢	−50×5	m	24	
5	七孔梅花管	单孔直径35mm	m	12	用于敷设通信光缆

快车道
人行道
≥2000
500~1500
电缆导管
1480

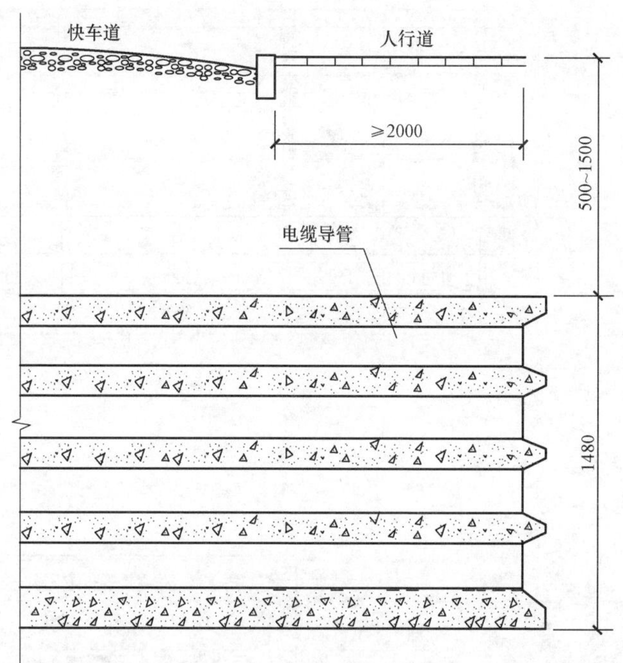

注：1. 本图按树脂玻璃钢电缆导管设计，也可选用MPP电缆保护管，但管径与壁厚不变。
2. 排管上面的覆土应用无杂质黄土回填，并自下而上分层夯实。
3. 排管两侧各预埋一根－50×5镀锌扁钢做接地体，并与排管下面的接地装置焊接。
4. 电缆导管每根长6m，两根之间用接头密封圈连接。
5. 电缆导管ϕ200mm为内径尺寸。

图2−23	16孔电缆排管敷设施工图		
适用范围	ϕ200mm×8mm电缆导管	图号	PG−23

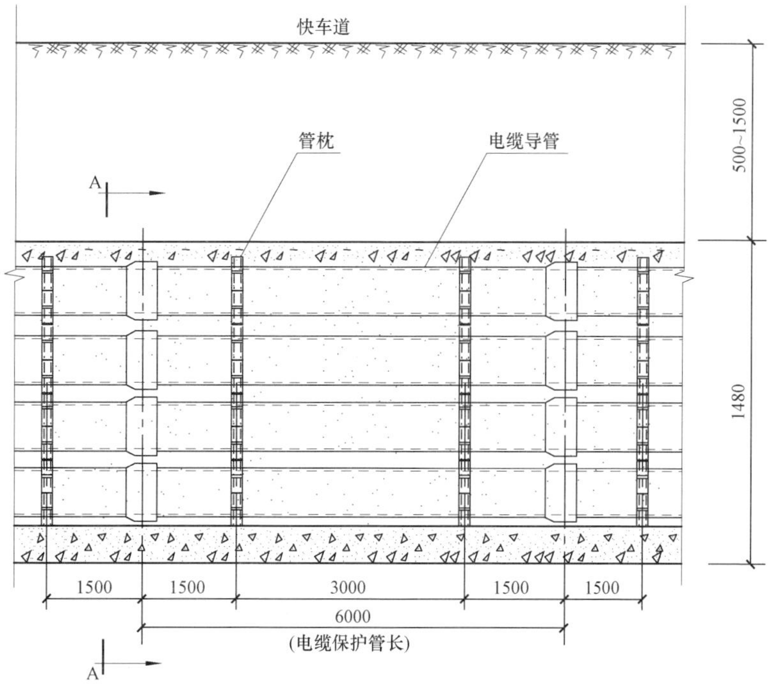

快车道
500~1500
管枕
电缆导管
A
1480
1500
1500
3000
1500
1500
6000
(电缆保护管长)
A

100
100
295×4=1180
1480
200
C20混凝土浇注
C20混凝土垫层
接地扁钢
200
295×5=1475
200
1875
A—A

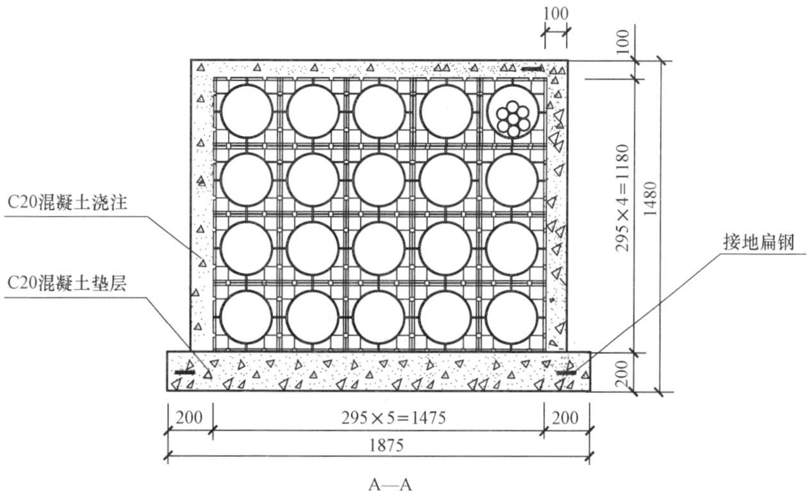

每12m排管所需材料表

序号	名称	规格	单位	数量	备注
1	树脂玻璃钢电缆导管	CGCT－200×8	根	40	每根长6m
2	管枕	MDG/CRG200	副	80	与电缆导管匹配
3	混凝土	C20	m^3	21.4	
4	接地扁钢	－50×5	m	24	
5	七孔梅花管	单孔直径35mm	m	12	用于敷设通信光缆

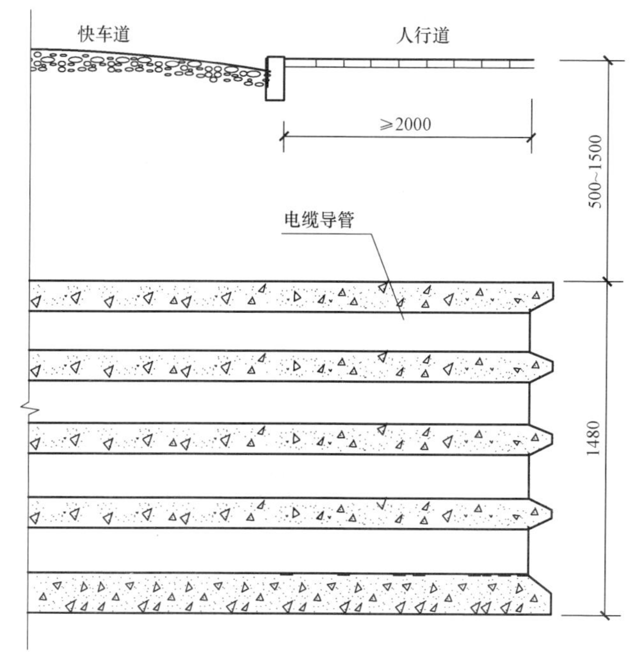

快车道
人行道
≥2000
500~1500
电缆导管
1480

注：1. 本图按树脂玻璃钢电缆导管设计，也可选用MPP电缆保护管，但管径与壁厚不变。
2. 排管上面的覆土应用无杂质黄土回填，并自下而上分层夯实。
3. 排管两侧各预埋一根－50×5镀锌扁钢做接地体，并与排管下面的接地装置焊接。
4. 电缆导管每根长6m，两根之间用接头密封圈连接。
5. 电缆导管ϕ200mm为内径尺寸。

图2－24	20孔电缆排管敷设施工图		
适用范围	ϕ200mm×8mm电缆导管	图号	PG－24

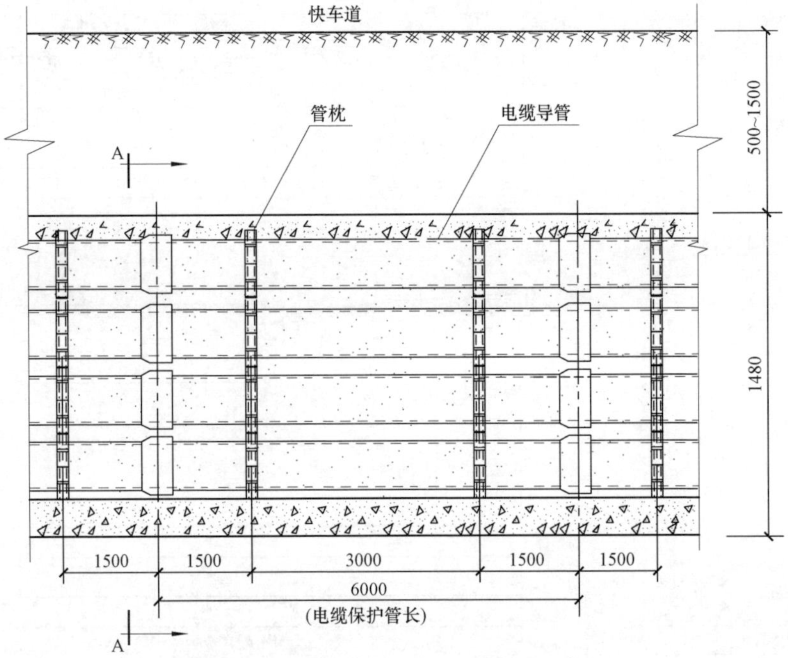

每12m排管所需材料表

序号	名称	规格	单位	数量	备注
1	树脂玻璃钢电缆导管	CGCT−200×8	根	48	每根长6m
2	管枕	MDG/CRG200	副	96	与电缆导管匹配
3	混凝土	C20	m^3	24.9	
4	接地扁钢	−50×5	m	24	
5	七孔梅花管	单孔直径35mm	m	12	用于敷设通信光缆

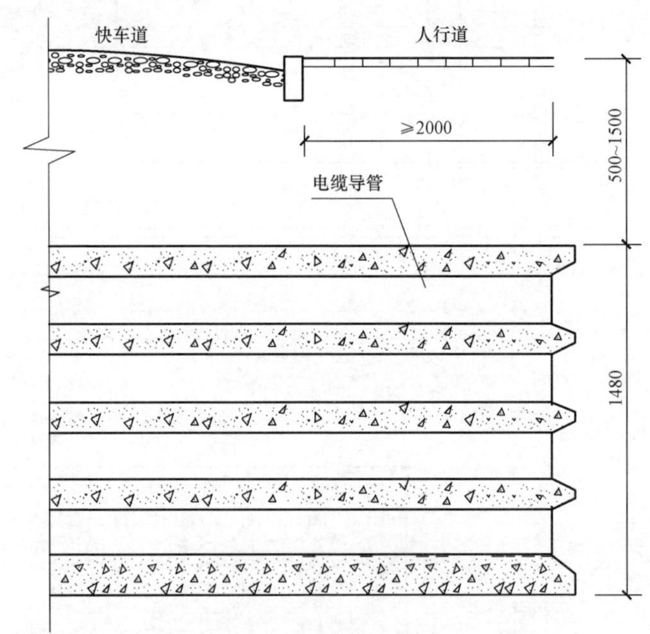

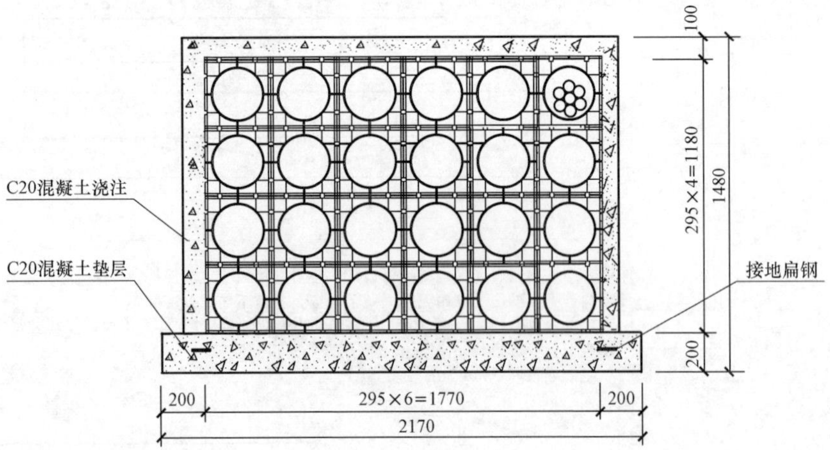

A—A

注：1. 本图按树脂玻璃钢电缆导管设计，也可选用MPP电缆保护管，但管径与壁厚不变。
2. 排管上面的覆土应用无杂质黄土回填，并自下而上分层夯实。
3. 排管两侧各预埋一根−50×5镀锌扁钢做接地体，并与排管下面的接地装置焊接。
4. 电缆导管每根长6m，两根之间用接头密封圈连接。
5. 电缆导管φ200mm为内径尺寸。

图2−25	24孔电缆排管敷设施工图		
适用范围	φ200mm×8mm电缆导管	图号	PG−25

每12m排管所需材料表

序号	名称	规格	单位	数量	备注
1	树脂玻璃钢电缆导管	CGCT−200×8	根	56	每根长6m
2	管枕	MDG/CRG200	副	112	与电缆导管匹配
3	混凝土	C20	m^3	28.4	
4	接地扁钢	−50×5	m	24	
5	七孔梅花管	单孔直径35mm	m	12	用于敷设通信光缆

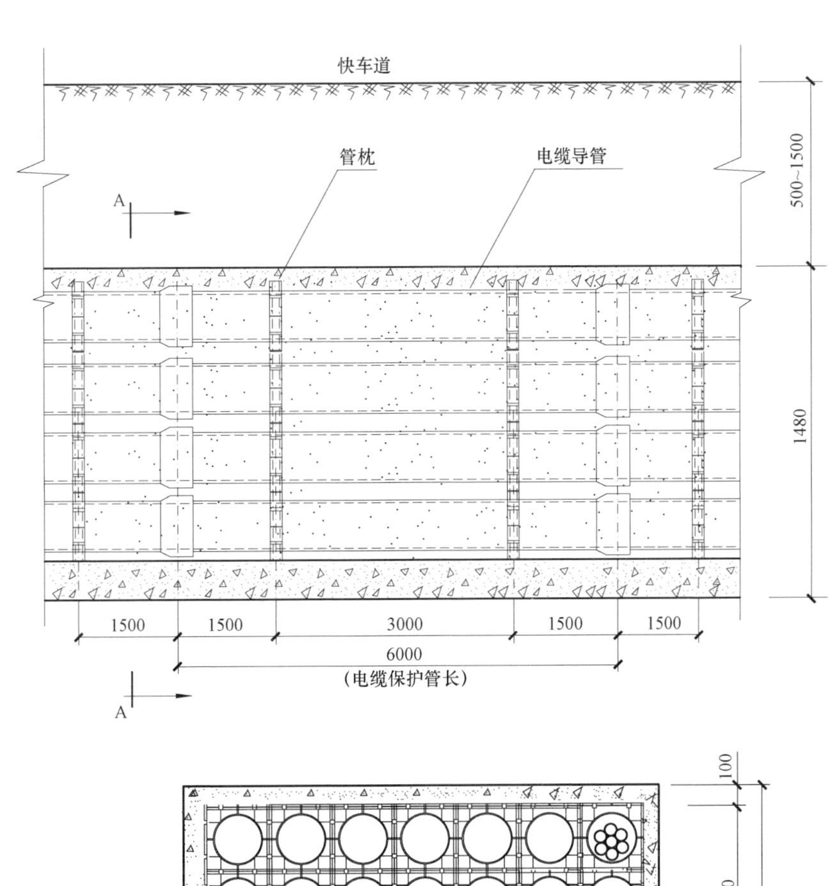

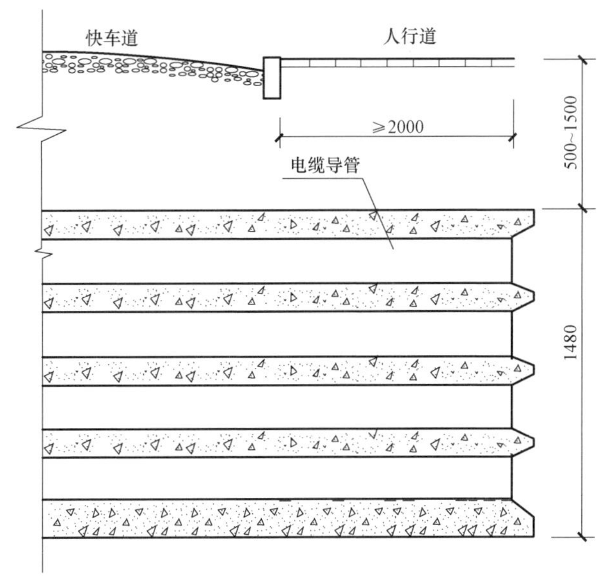

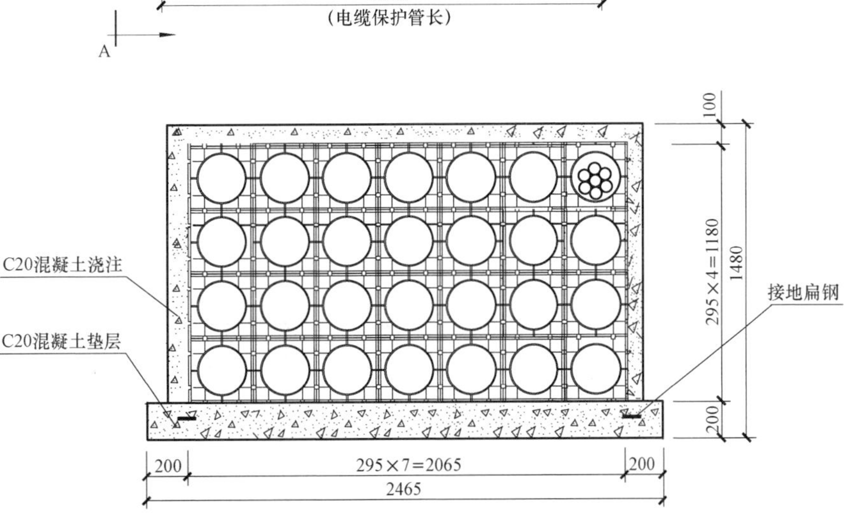

A—A

注：1. 本图按树脂玻璃钢电缆导管设计，也可选用MPP电缆保护管，但管径与壁厚不变。
2. 排管上面的覆土应用无杂质黄土回填，并自下而上分层夯实。
3. 排管两侧各预埋一根−50×5镀锌扁钢做接地体，并与排管下面的接地装置焊接。
4. 电缆导管每根长6m，两根之间用接头密封圈连接。
5. 电缆导管ϕ200mm为内径尺寸。

图2−26	28孔电缆排管敷设施工图		
适用范围	ϕ200mm×8mm电缆导管	图号	PG−26

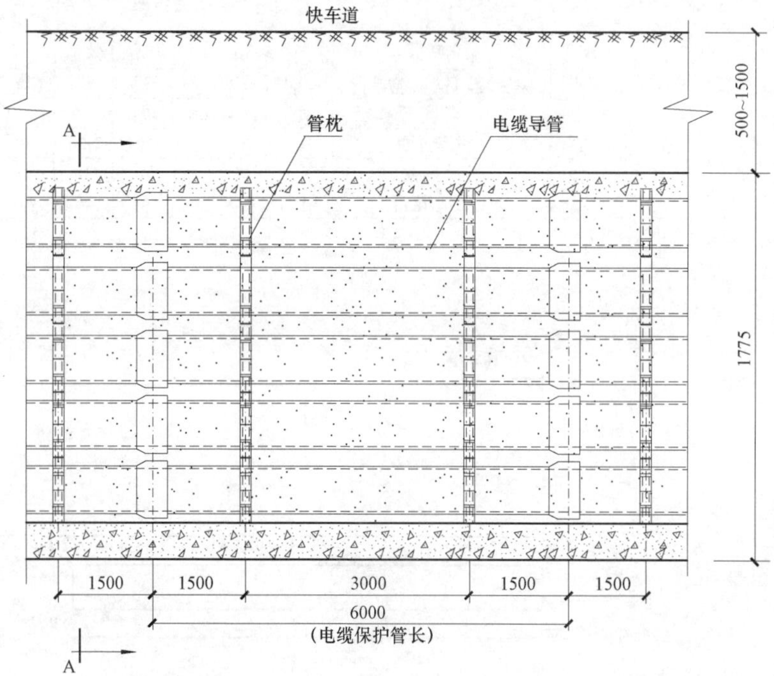

快车道
管枕
电缆导管
A
A
500~1500
1775
1500
1500
3000
1500
1500
6000
(电缆保护管长)

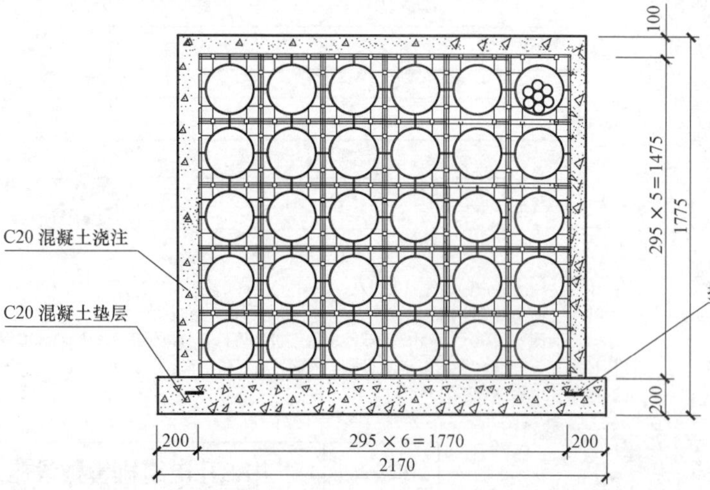

C20 混凝土浇注
C20 混凝土垫层
接地扁钢
100
295 × 5 = 1475
1775
200
200
295 × 6 = 1770
200
2170

A—A

每12m排管所需材料表

序号	名称	规格	单位	数量	备注
1	树脂玻璃钢电缆导管	CGCT−200×8	根	60	每根长6m
2	管枕	MDG/CRG200	副	120	与电缆导管匹配
3	混凝土	C20	m^3	29.3	
4	接地扁钢	−50×5	m	24	
5	七孔梅花管	单孔直径35mm	m	12	用于敷设通信光缆

快车道
人行道
≥2000
500~1500
电缆导管
1775

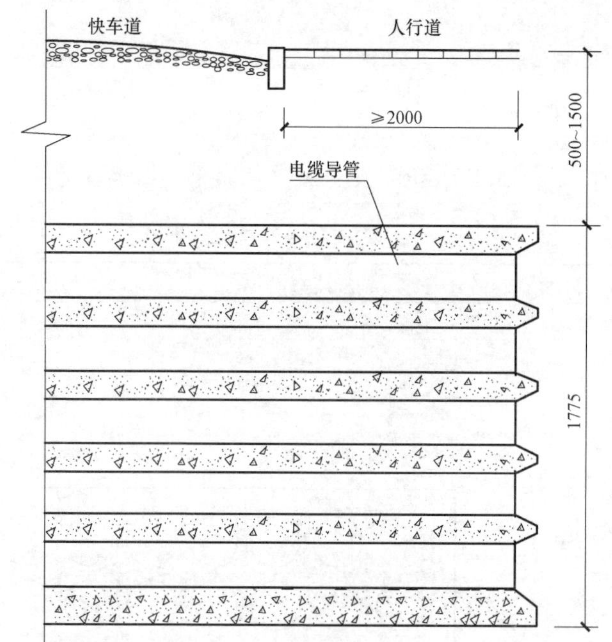

注：1. 本图按树脂玻璃钢电缆导管设计，也可选用MPP电缆保护管，但管径与壁厚不变。
2. 排管上面的覆土应用无杂质黄土回填，并自下而上分层夯实。
3. 排管两侧各预埋一根−50×5 镀锌扁钢做接地体，并与排管下面的接地装置焊接。
4. 电缆导管每根长6m，两根之间用接头密封圈连接。
5. 电缆导管ϕ200mm为内径尺寸。

图2−27	30孔电缆排管敷设施工图		
适用范围	ϕ200mm×8mm电缆导管	图号	PG−27

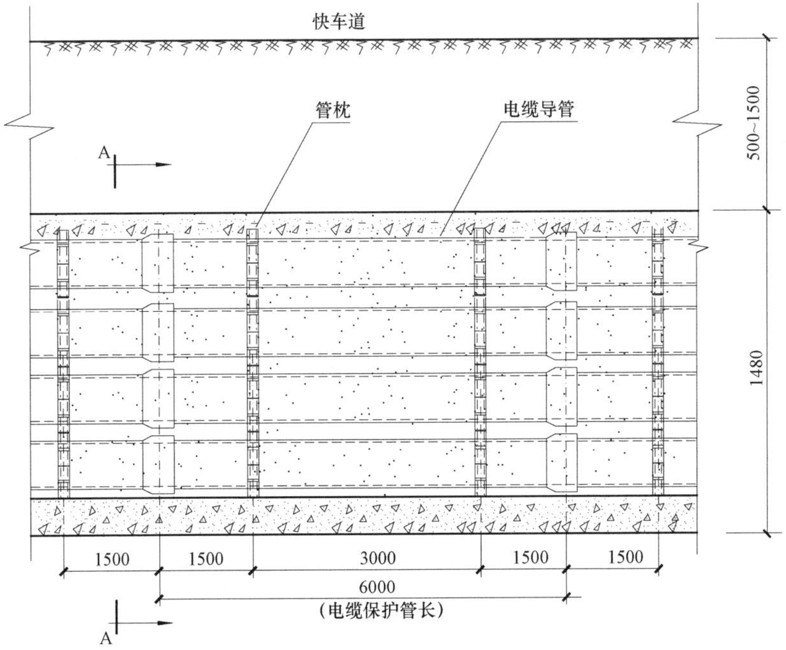

快车道
管枕
电缆导管
A
500~1500
1480
1500
1500
3000
1500
1500
6000
(电缆保护管长)
A

每12m排管所需材料表

序号	名称	规格	单位	数量	备注
1	树脂玻璃钢电缆导管	CGCT−200×8	根	64	每根长6m
2	管枕	MDG/CRG200	副	128	与电缆导管匹配
3	混凝土	C20	m^3	31.9	
4	接地扁钢	−50×5	m	24	
5	七孔梅花管	单孔直径35mm	m	12	用于敷设通信光缆

快车道
人行道
≥2000
电缆导管
500~1500
1480

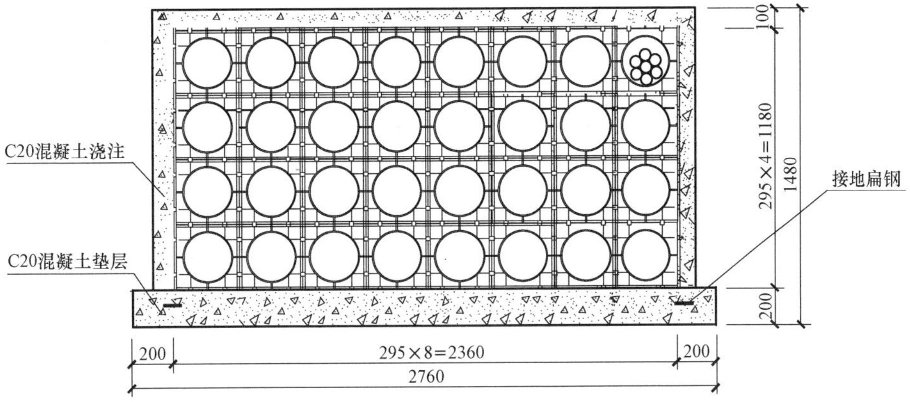

C20混凝土浇注
C20混凝土垫层
接地扁钢
100
295×4=1180
1480
200
200
295×8=2360
200
2760

A—A

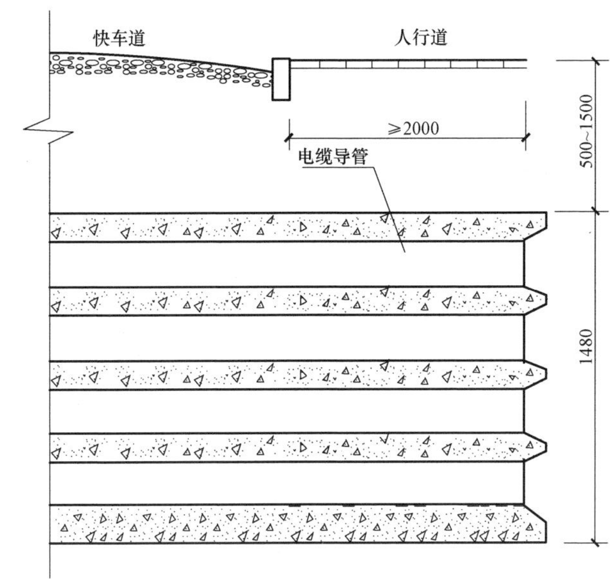

注：1. 本图按树脂玻璃钢电缆导管设计，也可选用MPP电缆保护管，但管径与壁厚不变。
2. 排管上面的覆土应用无杂质黄土回填，并自下而上分层夯实。
3. 排管两侧各预埋一根−50×5镀锌扁钢做接地体，并与排管下面的接地装置焊接。
4. 电缆导管每根长6m，两根之间用接头密封圈连接。
5. 电缆导管ϕ200mm为内径尺寸。

图2−28	32孔电缆排管敷设施工图		
适用范围	ϕ200mm×8mm电缆导管	图号	PG−28

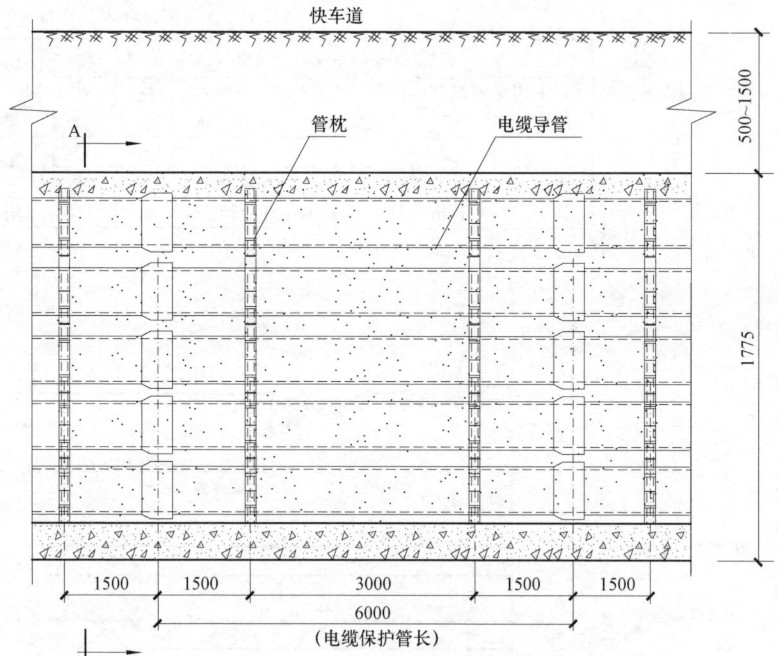

快车道
管枕
电缆导管
500~1500
1775
1500
1500
3000
1500
1500
6000
（电缆保护管长）
A
A

每12m排管所需材料表

序号	名称	规格	单位	数量	备注
1	树脂玻璃钢电缆导管	CGCT−200×8	根	70	每根长6m
2	管枕	MDG/CRG200	副	140	与电缆导管匹配
3	混凝土	C20	m^3	33.3	
4	接地扁钢	−50×5	m	24	
5	七孔梅花管	单孔直径35mm	m	12	用于敷设通信光缆

快车道
人行道
≥2000
500~1500
电缆导管
1775

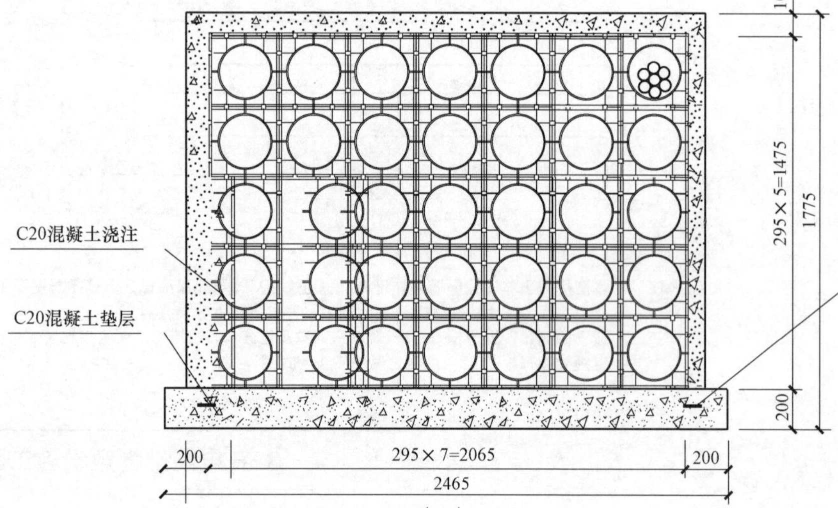

C20混凝土浇注
C20混凝土垫层
接地扁钢
100
295×5=1475
1775
200
200
295×7=2065
200
2465

A—A

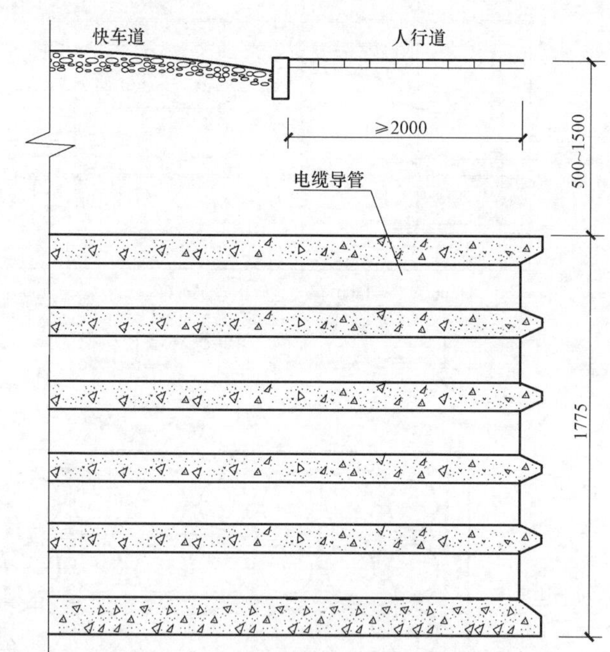

注：1. 本图按树脂玻璃钢电缆导管设计，也可选用MPP电缆保护管，但管径与壁厚不变。
2. 排管上面的覆土应用无杂质黄土回填，并自下而上分层夯实。
3. 排管两侧各预埋一根−50×5镀锌扁钢做接地体，并与排管下面的接地装置焊接。
4. 电缆导管每根长6m，两根之间用接头密封圈连接。
5. 电缆导管ϕ200mm为内径尺寸。

图2−29	35孔电缆排管敷设施工图		
适用范围	ϕ200mm×8mm电缆导管	图号	PG−29

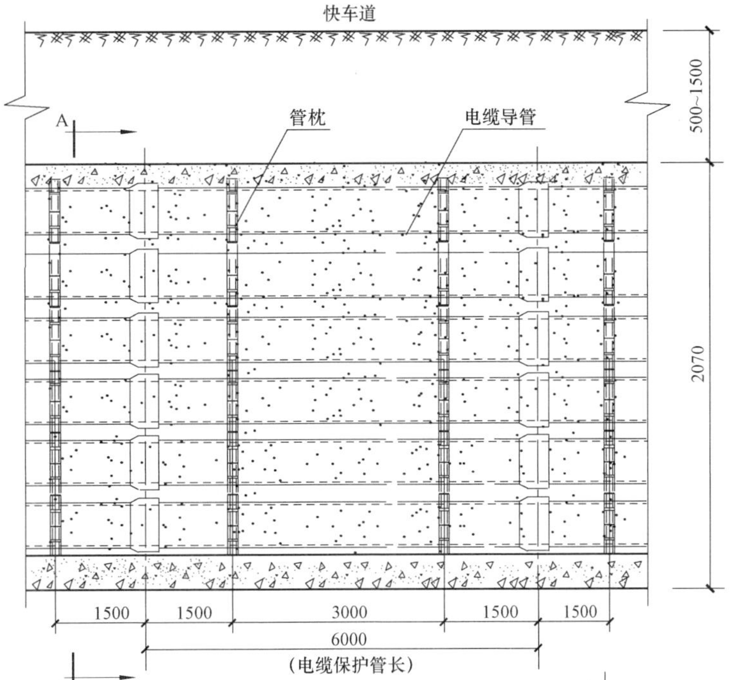

快车道
管枕
电缆导管
500~1500
2070
A
1500
1500
3000
1500
1500
6000
（电缆保护管长）

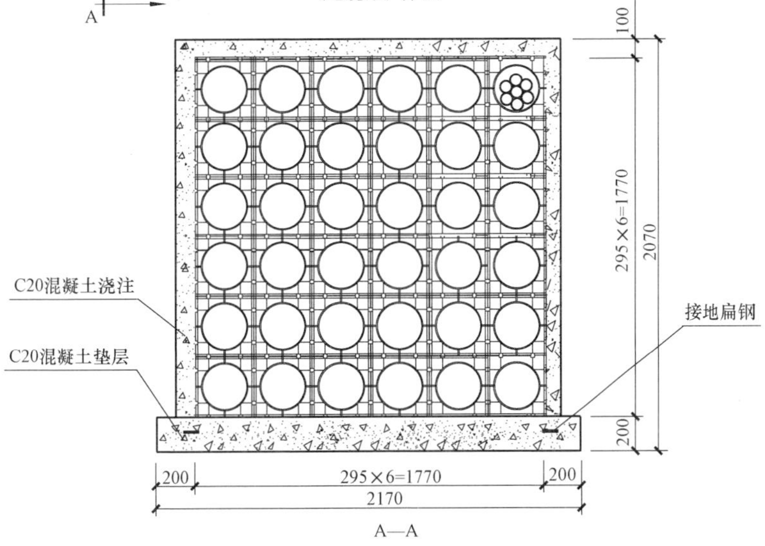

100
295×6=1770
2070
200
C20混凝土浇注
C20混凝土垫层
接地扁钢
200
295×6=1770
200
2170
A—A

每12m排管所需材料表

序号	名称	规格	单位	数量	备注
1	树脂玻璃钢电缆导管	CGCT−200×8	根	72	每根长6m
2	管枕	MDG/CRG200	副	144	与电缆导管匹配
3	混凝土	C20	m^3	33.6	
4	接地扁钢	−50×5	m	24	
5	七孔梅花管	单孔直径35mm	m	12	用于敷设通信光缆

快车道
人行道
≥2000
500~1500
电缆导管
2070

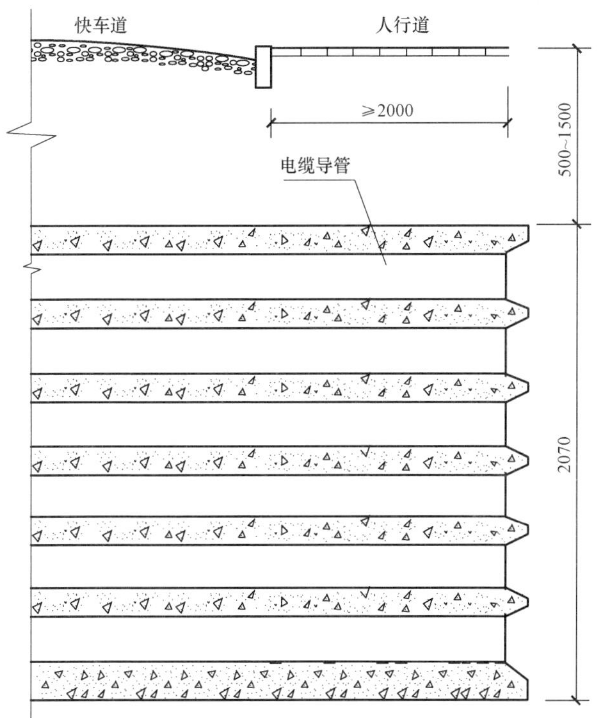

注：1. 本图按树脂玻璃钢电缆导管设计，也可选用MPP电缆保护管，但管径与壁厚不变。
2. 排管上面的覆土应用无杂质黄土回填，并自下而上分层夯实。
3. 排管两侧各预埋一根−50×5镀锌扁钢做接地体，并与排管下面的接地装置焊接。
4. 电缆导管每根长6m，两根之间用接头密封圈连接。
5. 电缆导管ϕ 200mm为内径尺寸。

图2−30	36孔电缆排管敷设施工图		
适用范围	ϕ200mm×8mm电缆导管	图号	PG−30

第二章

电力电缆排管敷设

第三节 ϕ210mm×10mmMPP塑钢复合电缆导管

图2-31 3孔电缆排管敷设施工图（ϕ210mm×10mm电缆导管） PG-31
图2-32 4孔电缆排管敷设施工图（ϕ210mm×10mm电缆导管） PG-32
图2-33 6孔电缆排管敷设施工图（ϕ210mm×10mm电缆导管） PG-33
图2-34 8孔电缆排管敷设施工图（ϕ210mm×10mm电缆导管） PG-34
图2-35 9孔电缆排管敷设施工图（ϕ210mm×10mm电缆导管） PG-35
图2-36 12孔电缆排管敷设施工图（ϕ210mm×10mm电缆导管） PG-36
图2-37 15孔电缆排管敷设施工图（ϕ210mm×10mm电缆导管） PG-37
图2-38 16孔电缆排管敷设施工图（ϕ210mm×10mm电缆导管） PG-38
图2-39 20孔电缆排管敷设施工图（ϕ210mm×10mm电缆导管） PG-39
图2-40 24孔电缆排管敷设施工图（ϕ210mm×10mm电缆导管） PG-40
图2-41 28孔电缆排管敷设施工图（ϕ210mm×10mm电缆导管） PG-41
图2-42 30孔电缆排管敷设施工图（ϕ210mm×10mm电缆导管） PG-42
图2-43 32孔电缆排管敷设施工图（ϕ210mm×10mm电缆导管） PG-43
图2-44 35孔电缆排管敷设施工图（ϕ210mm×10mm电缆导管） PG-44
图2-45 36孔电缆排管敷设施工图（ϕ210mm×10mm电缆导管） PG-45

每12m排管所需材料

序号	名称	规格	单位	数量	备注
1	MPP塑钢复合电缆导管	MPP-SG-210×10	根	6	每根长6m
2	管枕	MPP-SG-D-210/10-Z	副	12	型号与电缆导管匹配
3	混凝土	C20	m^3	7.0	
4	接地扁钢	-50×5	m	24	
5	七孔梅花管	单孔直径35mm	m	12	用于敷设通信光缆

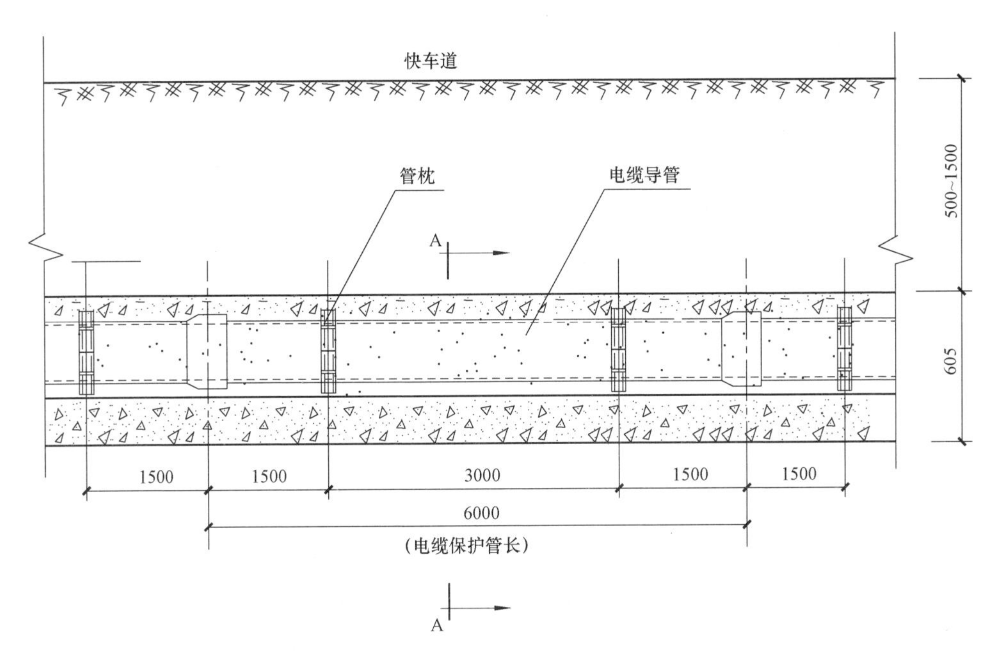

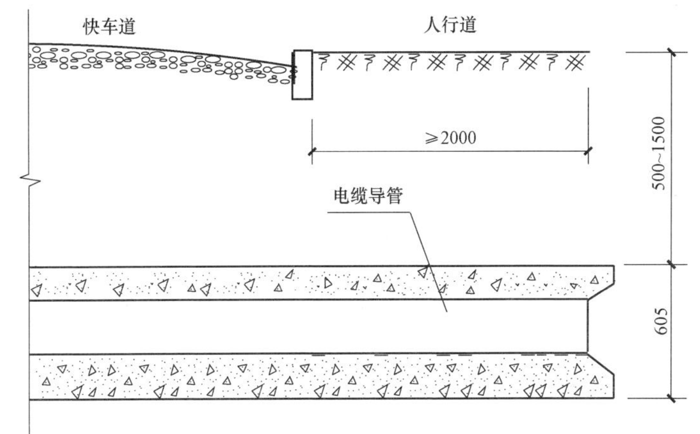

C20混凝土浇注
C20混凝土垫层
接地扁钢
100
100
305
605
200
200
305×3=915
200
1315

注：1. 本图按MPP塑钢复合电缆导管设计，生产厂家：山东省呈祥电工电气有限公司。
2. 排管上面的覆土应用无杂质黄土回填，并自下而上分层夯实。
3. 排管两侧各预埋一根-50×5镀锌扁钢做接地体，并与排管下面的接地装置焊接。
4. 电缆导管每根长6m，两根之间用接头密封圈连接。
5. 电缆导管ϕ210mm为内径尺寸。

图2-31	3孔电缆排管敷设施工图		
适用范围	ϕ210mm×10mm电缆导管	图号	PG-31

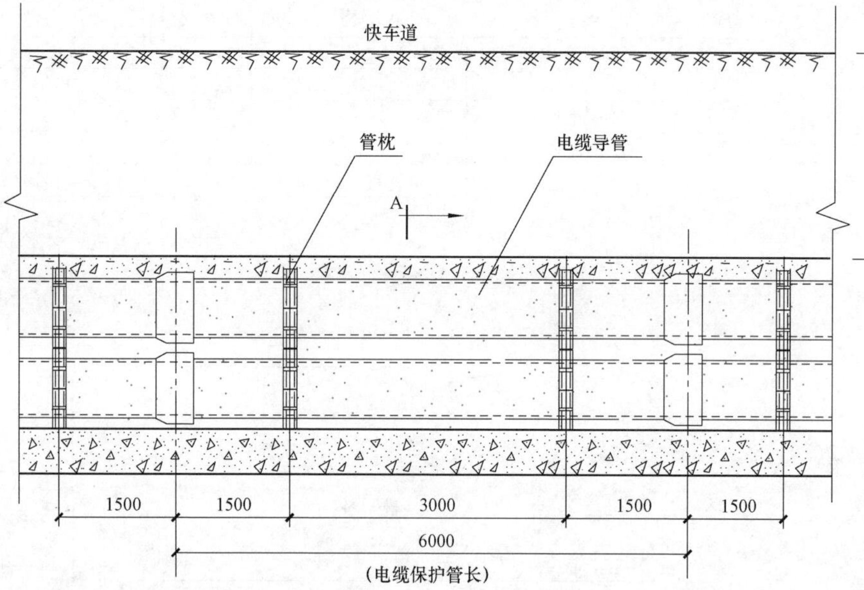

快车道
管枕
电缆导管
A
500~1500
910
1500
1500
3000
1500
1500
6000
（电缆保护管长）
A

每12m排管所需材料表

序号	名称	规格	单位	数量	备注
1	MPP塑钢复合电缆导管	MPP-SG-210×10	根	8	每根长6m
2	管枕	MPP-SG-D-210/10-Z	副	16	型号与电缆导管匹配
3	混凝土	C20	m³	7.2	
4	接地扁钢	-50×5	m	24	
5	七孔梅花管	单孔直径35mm	m	12	用于敷设通信光缆

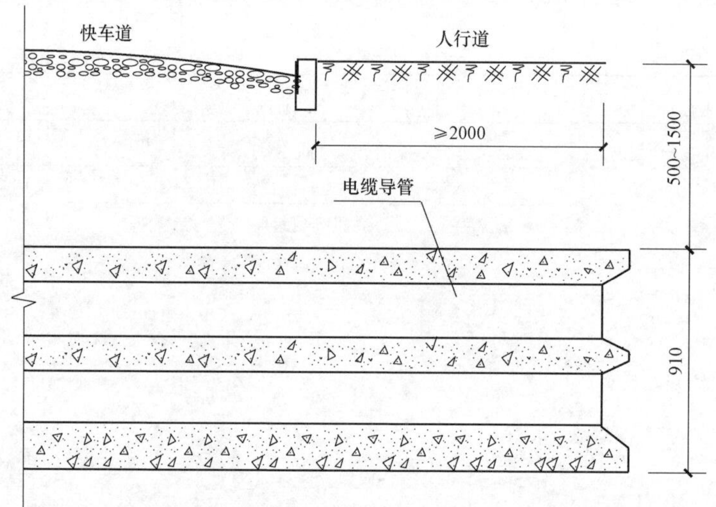

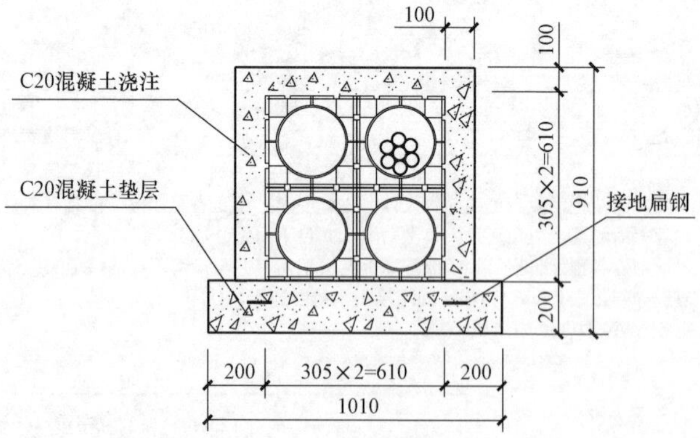

快车道
人行道
≥2000
500~1500
电缆导管
910

100
100
C20混凝土浇注
305×2=610
910
C20混凝土垫层
接地扁钢
200
200
305×2=610
200
1010

A—A

注：1. 本图按MPP塑钢复合电缆导管设计，生产厂家：山东省呈祥电工电气有限公司。
2. 排管上面的覆土应用无杂质黄土回填，并自下而上分层夯实。
3. 排管两侧各预埋一根-50×5镀锌扁钢做接地体，并与排管下面的接地装置焊接。
4. 电缆导管每根长6m，两根之间用接头密封圈连接。
5. 电缆导管ϕ210mm为内径尺寸。

图2-32	4孔电缆排管敷设施工图		
适用范围	ϕ210mm×10mm电缆导管	图号	PG-32

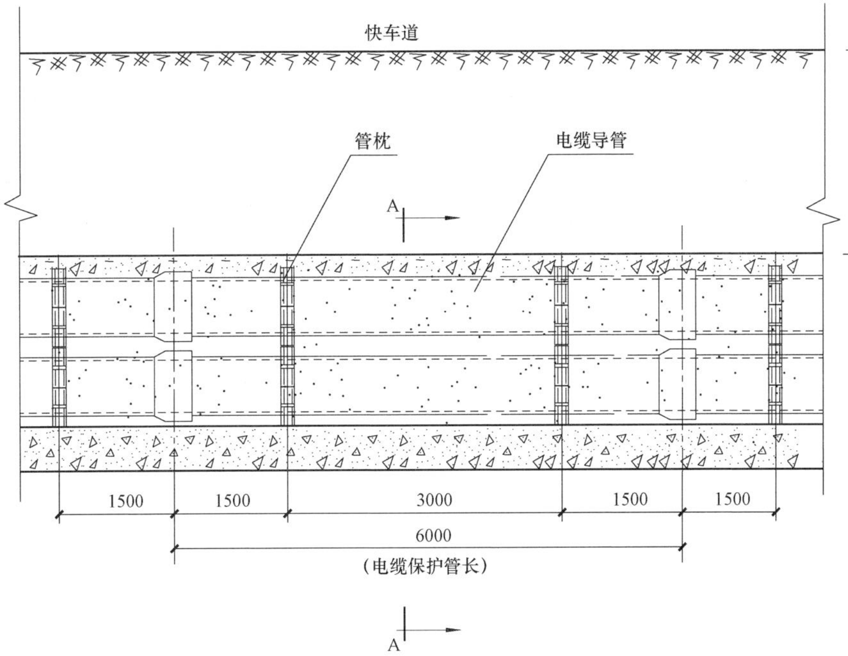

每12m排管所需材料表

序号	名称	规格	单位	数量	备注
1	MPP塑钢复合电缆导管	MPP-SG-210×10	根	12	每根长6m
2	管枕	MPP-SG-D-210/10-Z	副	24	型号与电缆导管匹配
3	混凝土	C20	m^3	9.5	
4	接地扁钢	-50×5	m	24	
5	七孔梅花管	单孔直径35mm	m	12	用于敷设通信光缆

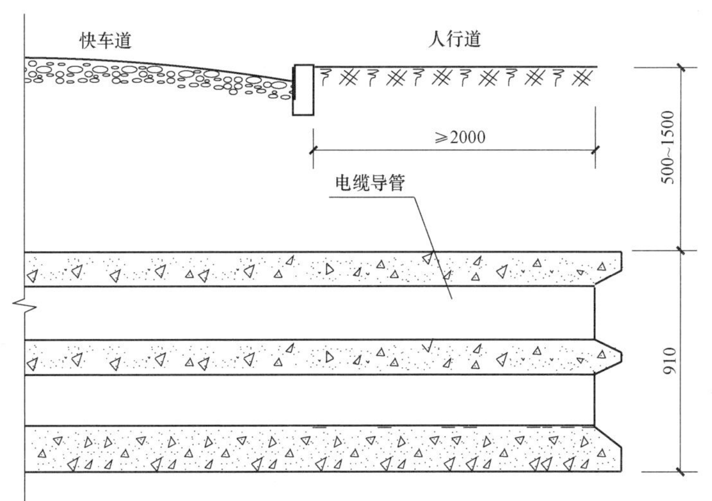

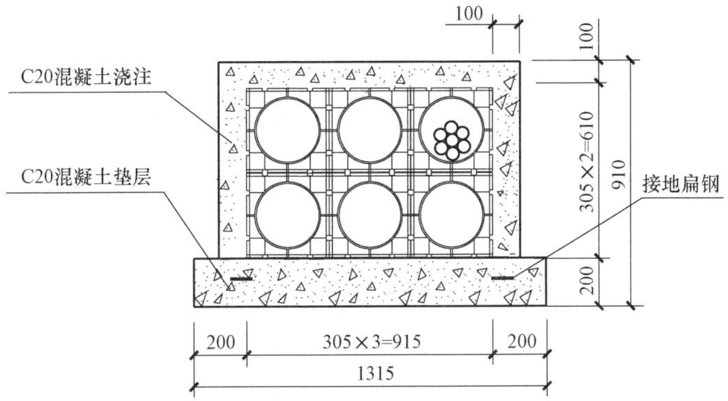

注：1. 本图按MPP塑钢复合电缆导管设计，生产厂家：山东省呈祥电工电气有限公司。
2. 排管上面的覆土应用无杂质黄土回填，并自下而上分层夯实。
3. 排管两侧各预埋一根-50×5镀锌扁钢做接地体，并与排管下面的接地装置焊接。
4. 电缆导管每根长6m，两根之间用接头密封圈连接。
5. 电缆导管ϕ210mm为内径尺寸。

图2-33	6孔电缆排管敷设施工图		
适用范围	ϕ210mm×10mm电缆导管	图号	PG-33

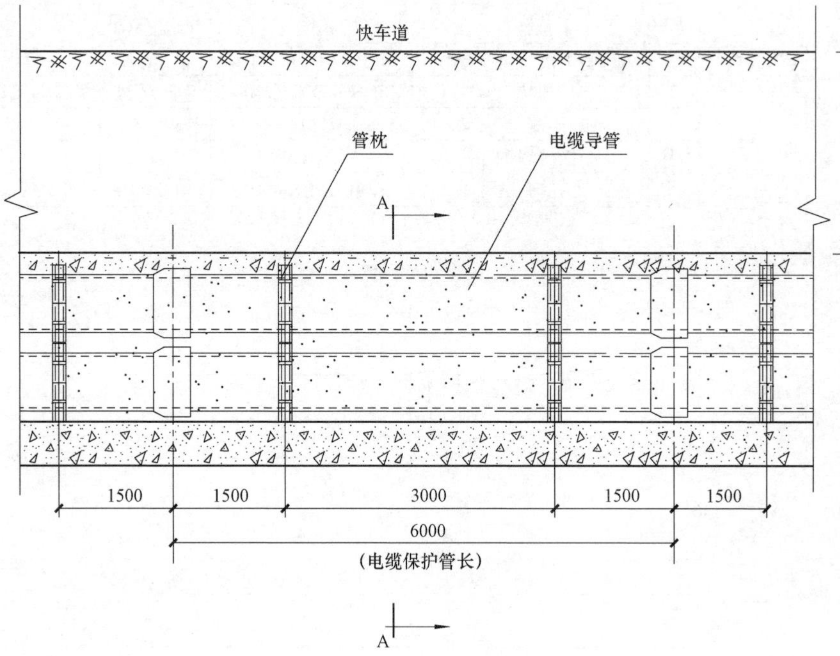

快车道

管枕 电缆导管

A—A

C20混凝土浇注

C20混凝土垫层

接地扁钢

每12m排管所需材料表

序号	名称	规格	单位	数量	备注
1	MPP塑钢复合电缆导管	MPP–SG–210×10	根	16	每根长6m
2	管枕	MPP–SG–D–210/10–Z	副	32	型号与电缆导管匹配
3	混凝土	C20	m^3	11.8	
4	接地扁钢	–50×5	m	24	
5	七孔梅花管	单孔直径35mm	m	12	用于敷设通信光缆

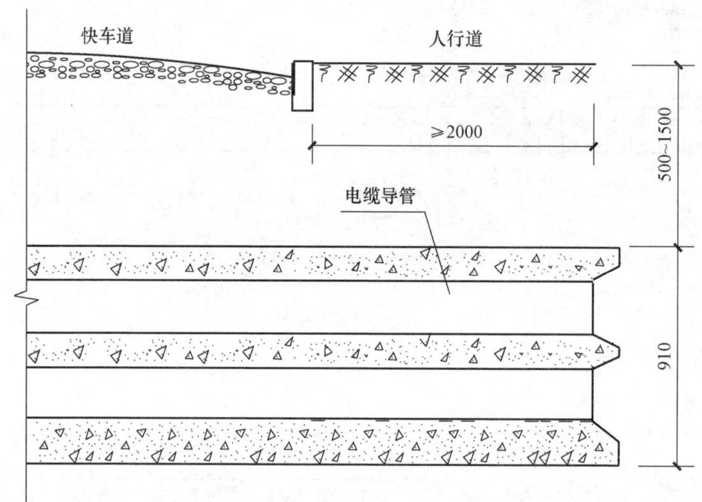

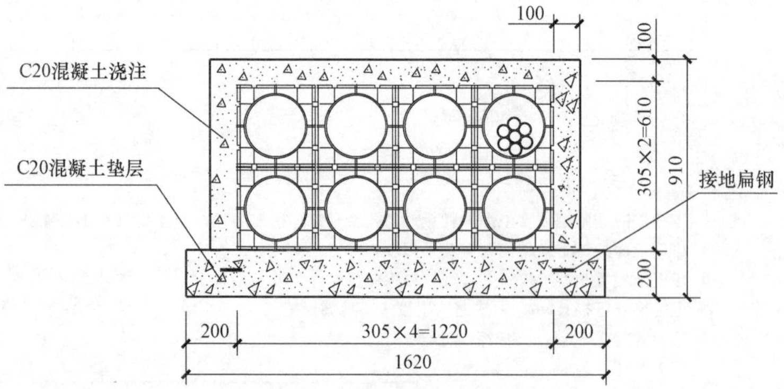

注：1. 本图按MPP塑钢复合电缆导管设计，生产厂家：山东省呈祥电工电气有限公司。
2. 排管上面的覆土应用无杂质黄土回填，并自下而上分层夯实。
3. 排管两侧各预埋一根–50×5镀锌扁钢做接地体，并与排管下面的接地装置焊接。
4. 电缆导管每根长6m，两根之间用接头密封圈连接。
5. 电缆导管ϕ210mm为内径尺寸。

图2–34	8孔电缆排管敷设施工图		
适用范围	ϕ210mm×10mm电缆导管	图号	PG–34

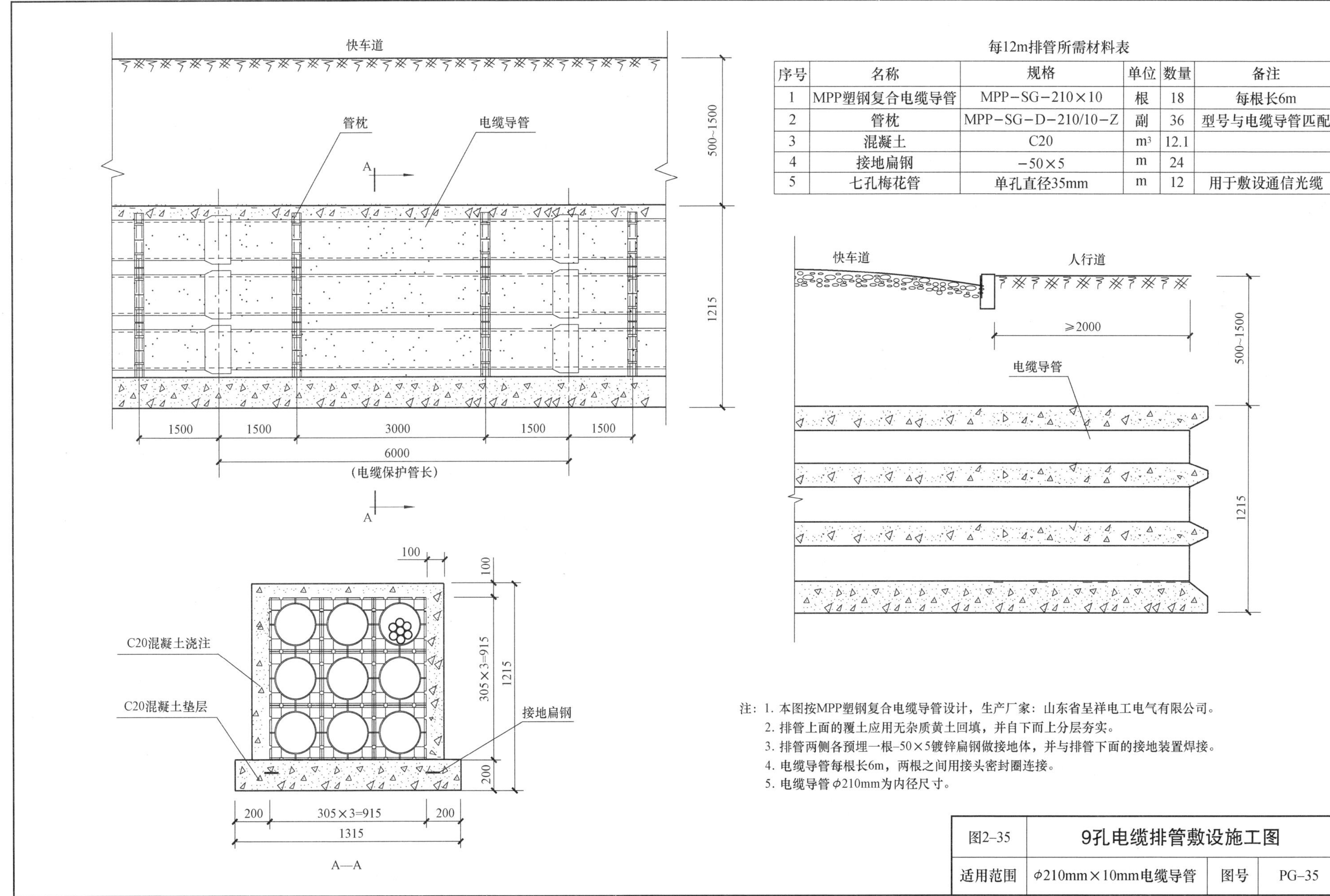

每12m排管所需材料表

序号	名称	规格	单位	数量	备注
1	MPP塑钢复合电缆导管	MPP−SG−210×10	根	18	每根长6m
2	管枕	MPP−SG−D−210/10−Z	副	36	型号与电缆导管匹配
3	混凝土	C20	m^3	12.1	
4	接地扁钢	−50×5	m	24	
5	七孔梅花管	单孔直径35mm	m	12	用于敷设通信光缆

注：1. 本图按MPP塑钢复合电缆导管设计，生产厂家：山东省呈祥电工电气有限公司。
2. 排管上面的覆土应用无杂质黄土回填，并自下而上分层夯实。
3. 排管两侧各预埋一根−50×5镀锌扁钢做接地体，并与排管下面的接地装置焊接。
4. 电缆导管每根长6m，两根之间用接头密封圈连接。
5. 电缆导管ϕ210mm为内径尺寸。

图2−35	9孔电缆排管敷设施工图		
适用范围	ϕ210mm×10mm电缆导管	图号	PG−35

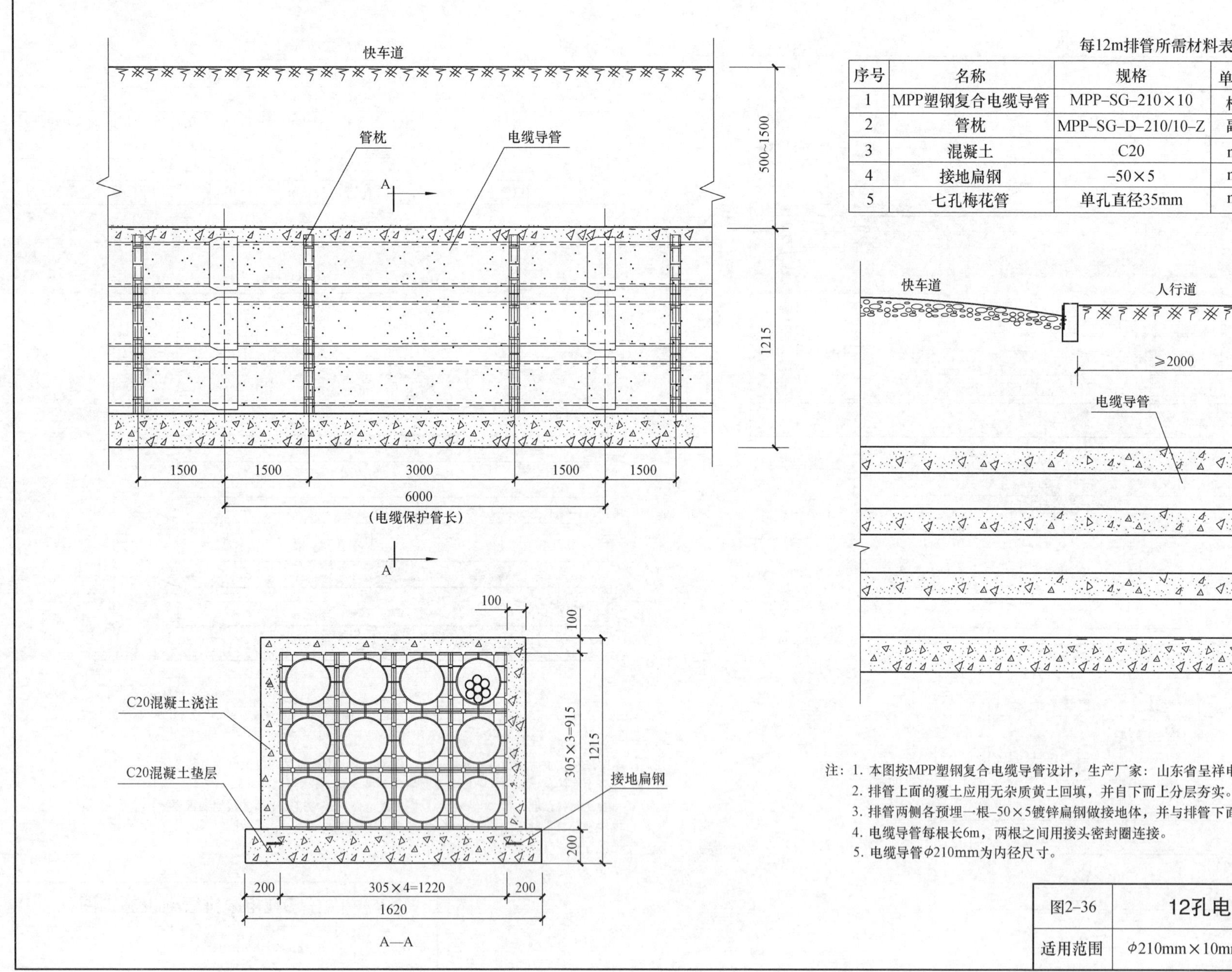

每12m排管所需材料表

序号	名称	规格	单位	数量	备注
1	MPP塑钢复合电缆导管	MPP–SG–210×10	根	24	每根长6m
2	管枕	MPP–SG–D–210/10–Z	副	48	型号与电缆导管匹配
3	混凝土	C20	m^3	14.9	
4	接地扁钢	–50×5	m	24	
5	七孔梅花管	单孔直径35mm	m	12	用于敷设通信光缆

注：1. 本图按MPP塑钢复合电缆导管设计，生产厂家：山东省呈祥电工电气有限公司。
2. 排管上面的覆土应用无杂质黄土回填，并自下而上分层夯实。
3. 排管两侧各预埋一根–50×5镀锌扁钢做接地体，并与排管下面的接地装置焊接。
4. 电缆导管每根长6m，两根之间用接头密封圈连接。
5. 电缆导管ϕ210mm为内径尺寸。

图2–36	12孔电缆排管敷设施工图		
适用范围	ϕ210mm×10mm电缆导管	图号	PG–36

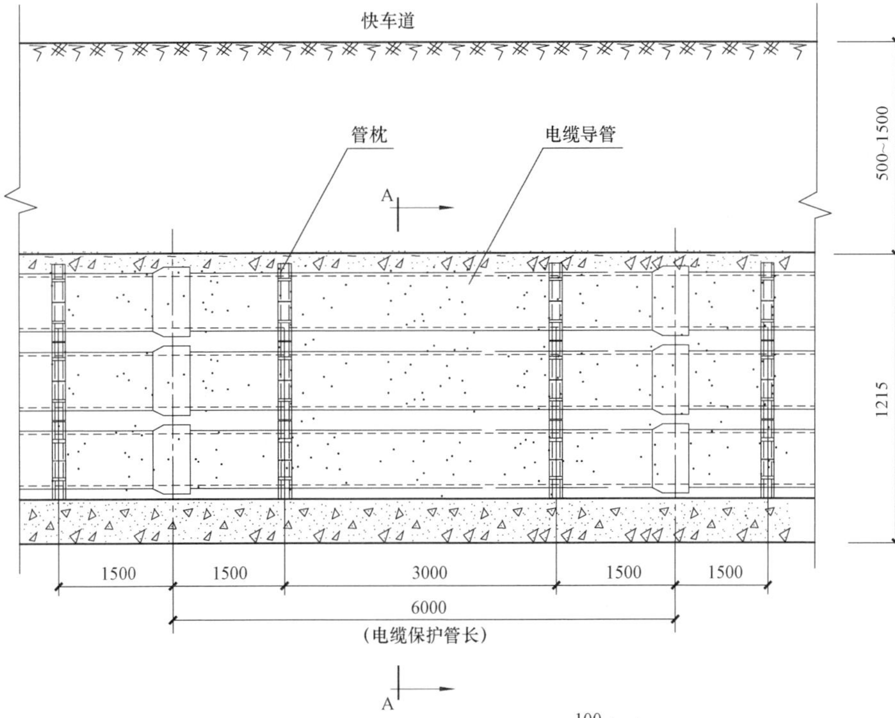

每12m排管所需材料表

序号	名称	规格	单位	数量	备注
1	MPP塑钢复合电缆导管	MPP–SG–210×10	根	30	每根长6m
2	管枕	MPP–SG–D–210/10–Z	副	60	型号与电缆导管匹配
3	混凝土	C20	m^3	17.7	
4	接地扁钢	–50×5	m	24	
5	七孔梅花管	单孔直径35mm	m	12	用于敷设通信光缆

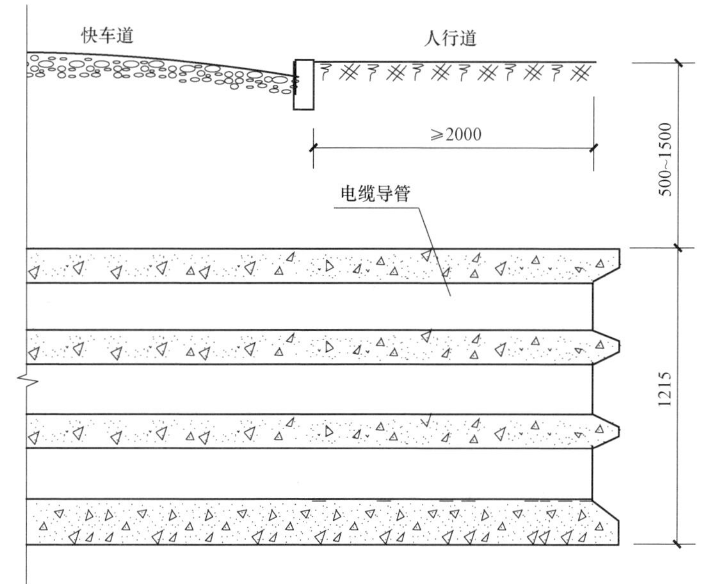

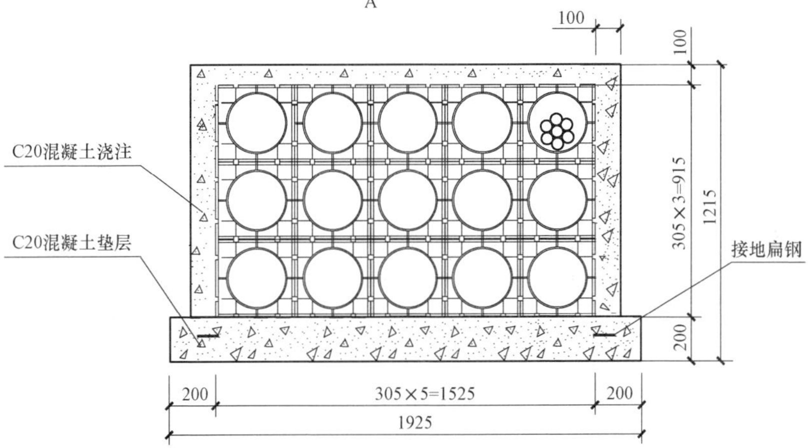

注：1. 本图按MPP塑钢复合电缆导管设计，生产厂家：山东省呈祥电工电气有限公司。
2. 排管上面的覆土应用无杂质黄土回填，并自下而上分层夯实。
3. 排管两侧各预埋一根–50×5镀锌扁钢做接地体，并与排管下面的接地装置焊接。
4. 电缆导管每根长6m，两根之间用接头密封圈连接。
5. 电缆导管ϕ210mm为内径尺寸。

图2–37	15孔电缆排管敷设施工图		
适用范围	ϕ210mm×10mm电缆导管	图号	PG–37

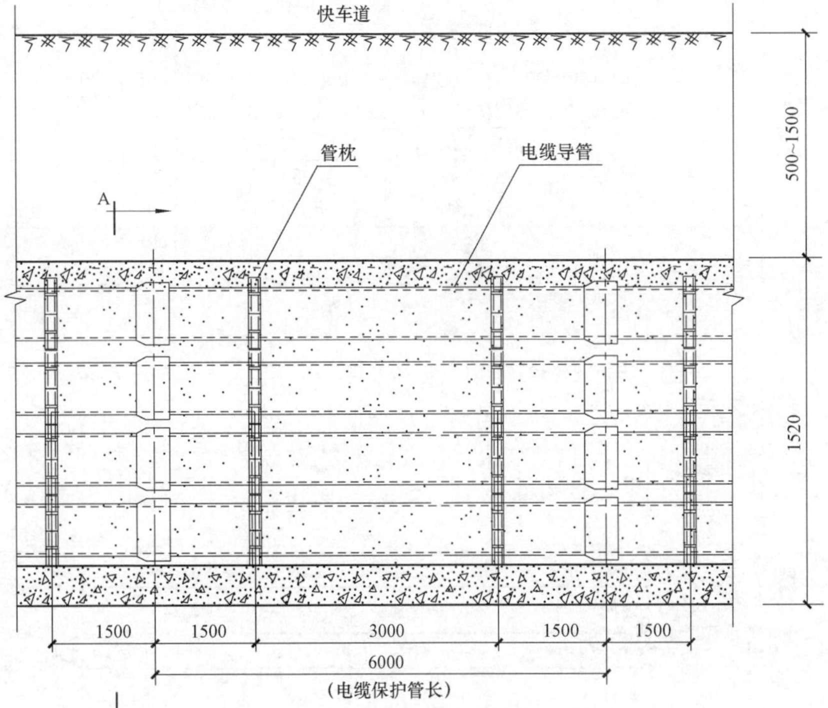

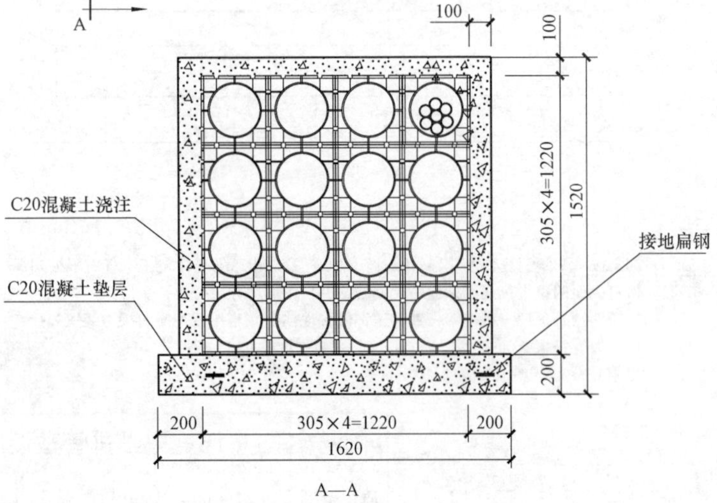

快车道
500~1500
管枕
电缆导管
A
1520
1500
1500
3000
1500
1500
6000
（电缆保护管长）
A

100
100
305×4=1220
1520
C20混凝土浇注
C20混凝土垫层
接地扁钢
200
200
305×4=1220
200
1620
A—A

每12m排管所需材料表

序号	名称	规格	单位	数量	备注
1	MPP塑钢复合电缆导管	MPP－SG－210×10	根	32	每根长6m
2	管枕	MPP－SG－D－210/10－Z	副	64	型号与电缆导管匹配
3	混凝土	C20	m^3	18.0	
4	接地扁钢	－50×5	m	24	
5	七孔梅花管	单孔直径35mm	m	12	用于敷设通信光缆

快车道
人行道
≥2000
500~1500
电缆导管
1520

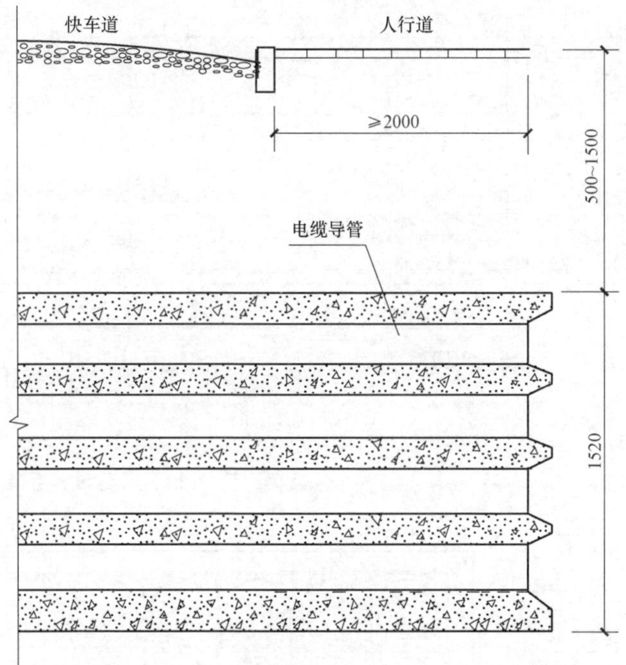

注：1. 本图按MPP塑钢复合电缆导管设计，生产厂家：山东省呈祥电工电气有限公司。
2. 排管上面的覆土应用无杂质黄土回填，并自下而上分层夯实。
3. 排管两侧各预埋一根-50×5镀锌扁钢做接地体，并与排管下面的接地装置焊接。
4. 电缆导管每根长6m，两根之间用接头密封圈连接。
5. 电缆导管ϕ210mm为内径尺寸。

图2-38	16孔电缆排管敷设施工图		
适用范围	ϕ210mm×10mm电缆导管	图号	PG-38

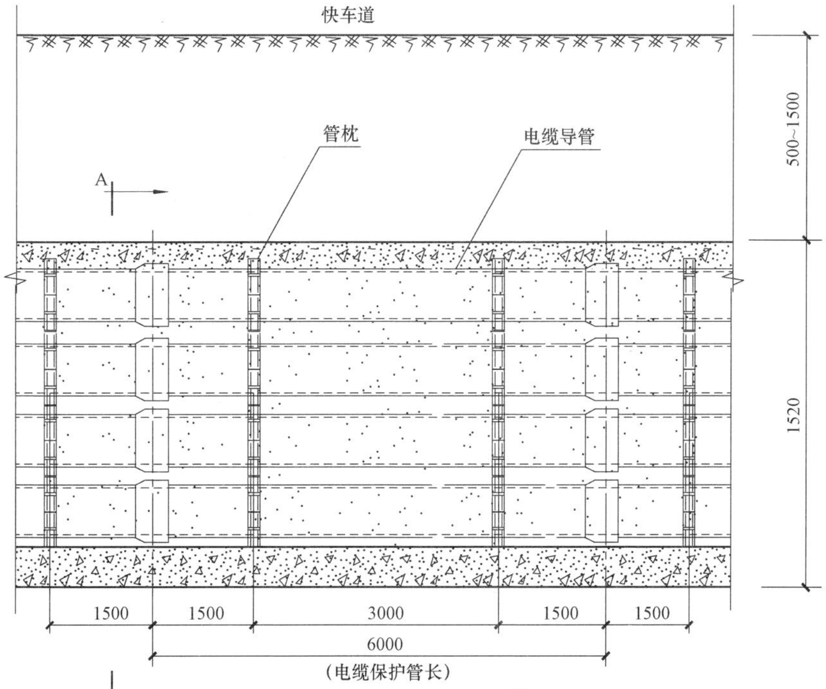

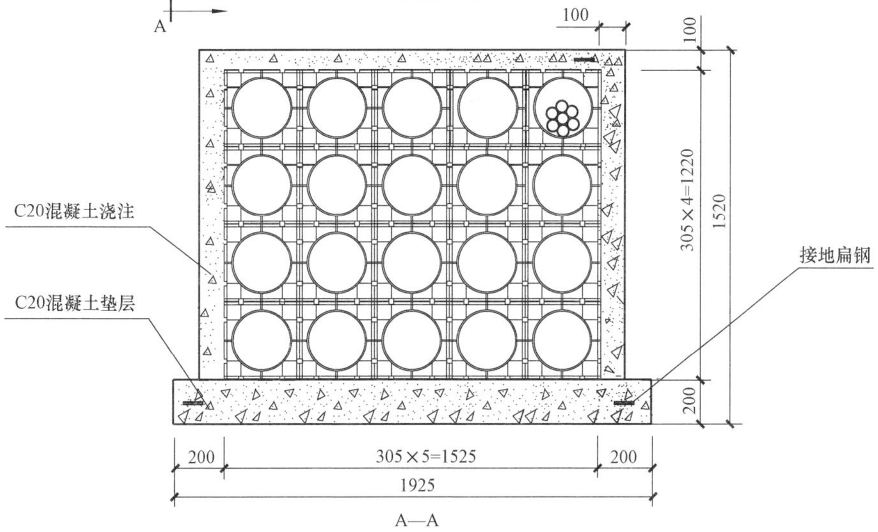

每12m排管所需材料表

序号	名称	规格	单位	数量	备注
1	MPP塑钢复合电缆导管	MPP−SG−210×10	根	40	每根长6m
2	管枕	MPP−SG−D−210/10−Z	副	80	型号与电缆导管匹配
3	混凝土	C20	m^3	21.5	
4	接地扁钢	−50×5	m	24	
5	七孔梅花管	单孔直径35mm	m	12	用于敷设通信光缆

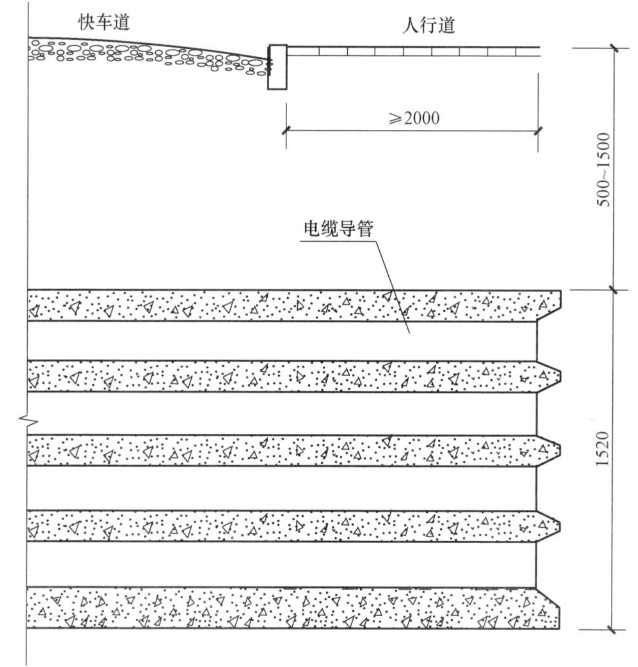

注：1. 本图按MPP塑钢复合电缆导管设计，生产厂家：山东省呈祥电工电气有限公司。
2. 排管上面的覆土应用无杂质黄土回填，并自下而上分层夯实。
3. 排管两侧各预埋一根-50×5镀锌扁钢做接地体，并与排管下面的接地装置焊接。
4. 电缆导管每根长6m，两根之间用接头密封圈连接。
5. 电缆导管ϕ210mm为内径尺寸。

图2−39	20孔电缆排管敷设施工图		
适用范围	ϕ210mm×10mm电缆导管	图号	PG−39

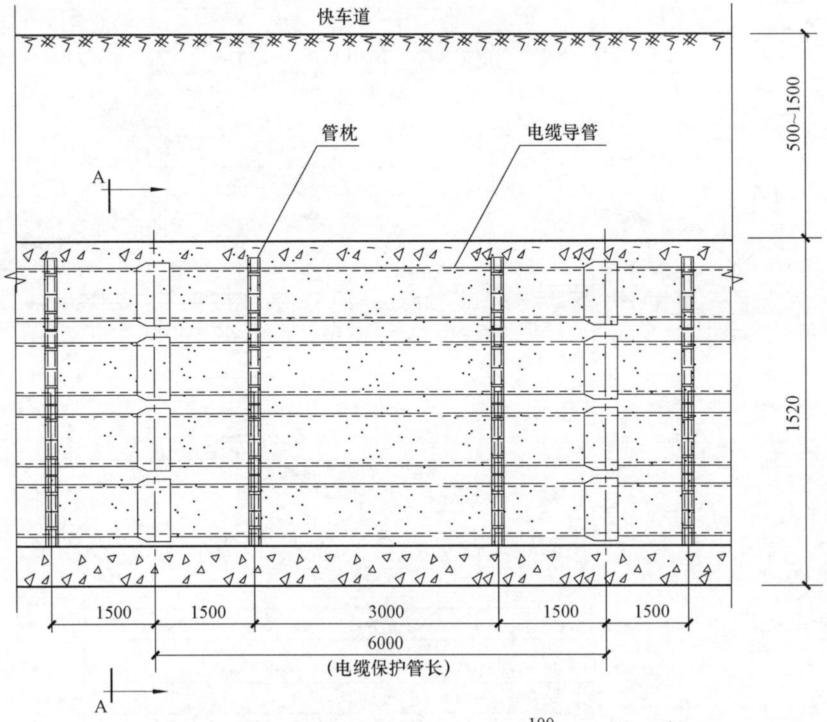

每12m排管所需材料表

序号	名称	规格	单位	数量	备注
1	MPP塑钢复合电缆导管	MPP−SG−210×10	根	48	每根长6m
2	管枕	MPP−SG−D−210/10−Z	副	96	型号与电缆导管匹配
3	混凝土	C20	m³	25.0	
4	接地扁钢	−50×5	m	24	
5	七孔梅花管	单孔直径35mm	m	12	用于敷设通信光缆

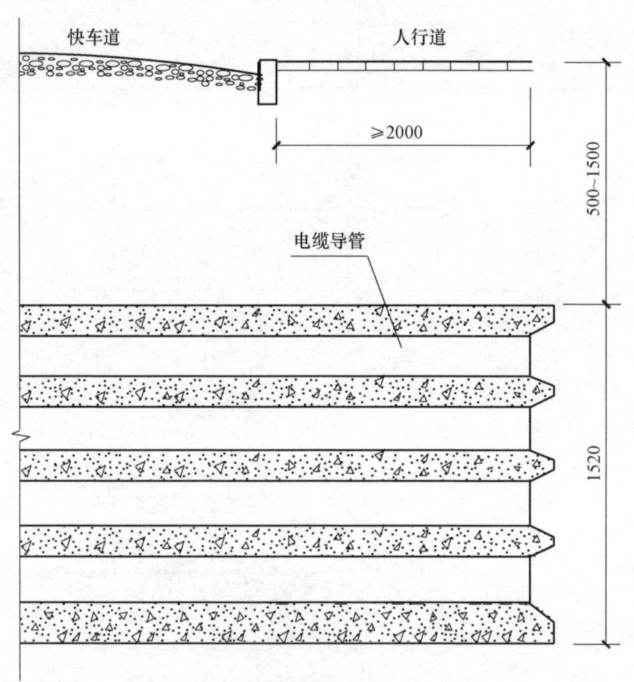

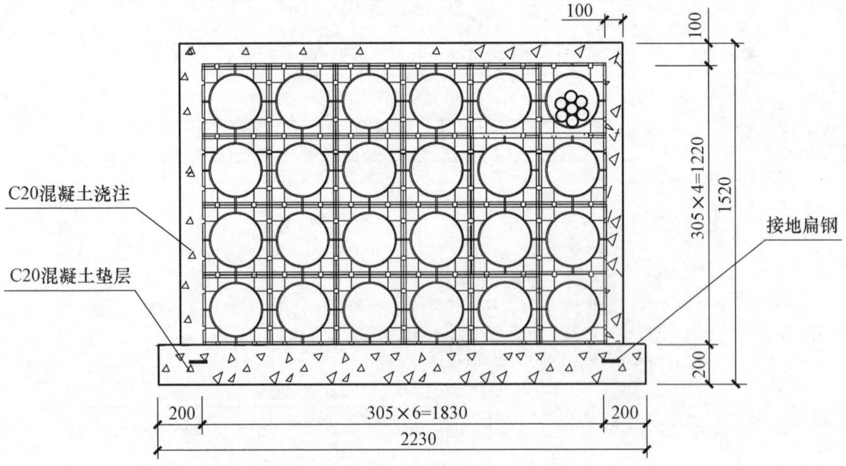

注：1. 本图按MPP塑钢复合电缆导管设计，生产厂家：山东省呈祥电工电气有限公司。
2. 排管上面的覆土应用无杂质黄土回填，并自下而上分层夯实。
3. 排管两侧各预埋一根-50×5镀锌扁钢做接地体，并与排管下面的接地装置焊接。
4. 电缆导管每根长6m，两根之间用接头密封圈连接。
5. 电缆导管ϕ210mm为内径尺寸。

图2-40	24孔电缆排管敷设施工图		
适用范围	ϕ210mm×10mm电缆导管	图号	PG-40

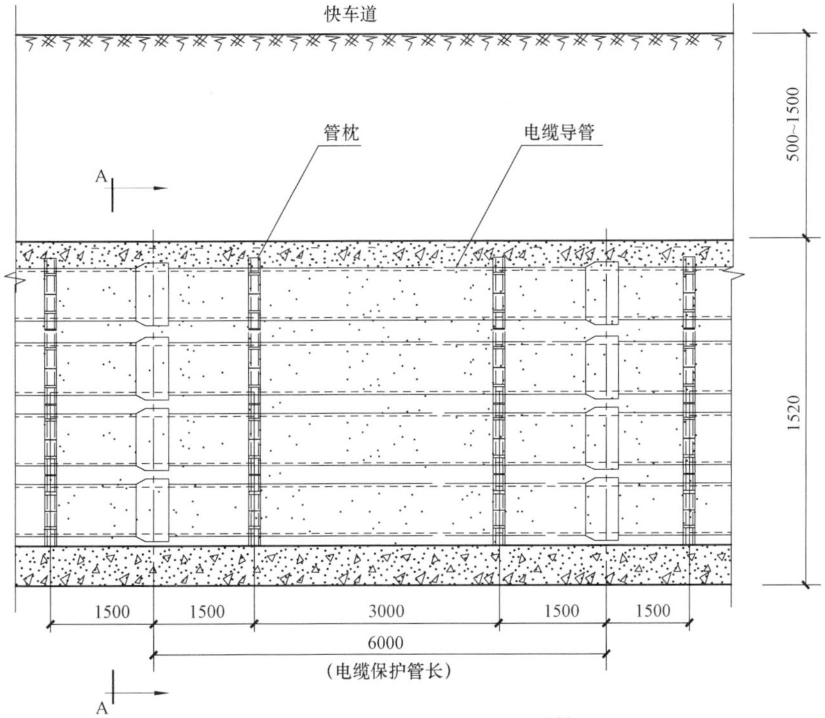

快车道
500~1500
管枕
电缆导管
A
1520
1500
1500
3000
1500
1500
6000
(电缆保护管长)
A

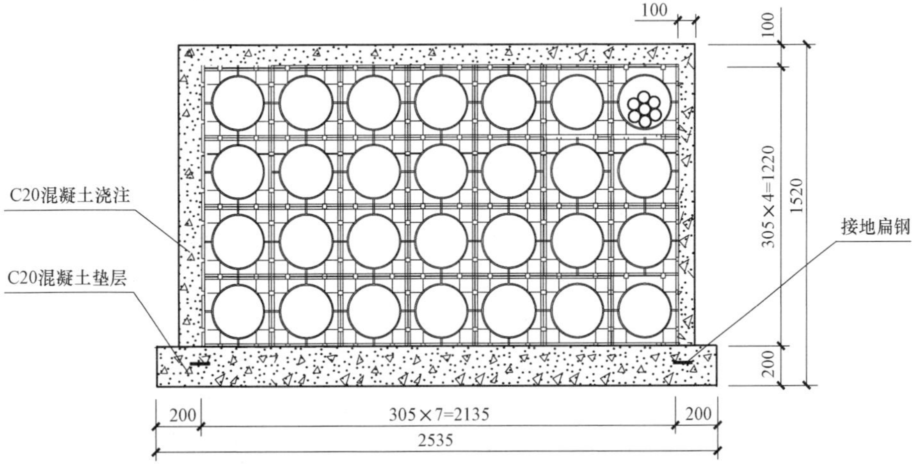

100
100
305×4=1220
1520
C20混凝土浇注
C20混凝土垫层
接地扁钢
200
200
305×7=2135
200
2535

A—A

每12m排管所需材料表

序号	名称	规格	单位	数量	备注
1	MPP塑钢复合电缆导管	MPP−SG−210×10	根	56	每根长6m
2	管枕	MPP−SG−D−210/10−Z	副	112	型号与电缆导管匹配
3	混凝土	C20	m^3	28.5	
4	接地扁钢	−50×5	m	24	
5	七孔梅花管	单孔直径35mm	m	12	用于敷设通信光缆

快车道
人行道
≥2000
500~1500
电缆导管
1520

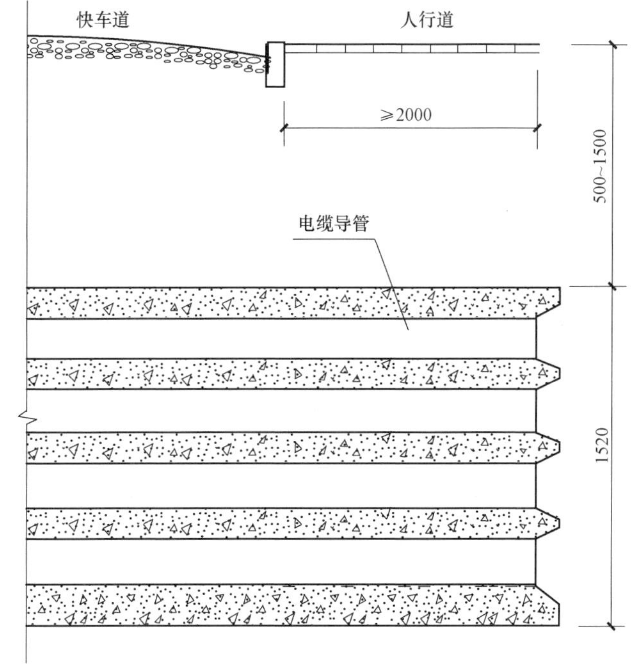

注：1. 本图按MPP塑钢复合电缆导管设计，生产厂家：山东省呈祥电工电气有限公司。
2. 排管上面的覆土应用无杂质黄土回填，并自下而上分层夯实。
3. 排管两侧各预埋一根−50×5镀锌扁钢做接地体，并与排管下面的接地装置焊接。
4. 电缆导管每根长6m，两根之间用接头密封圈连接。
5. 电缆导管ϕ210mm为内径尺寸。

图2-41	28孔电缆排管敷设施工图		
适用范围	ϕ210mm×10mm电缆导管	图号	PG-41

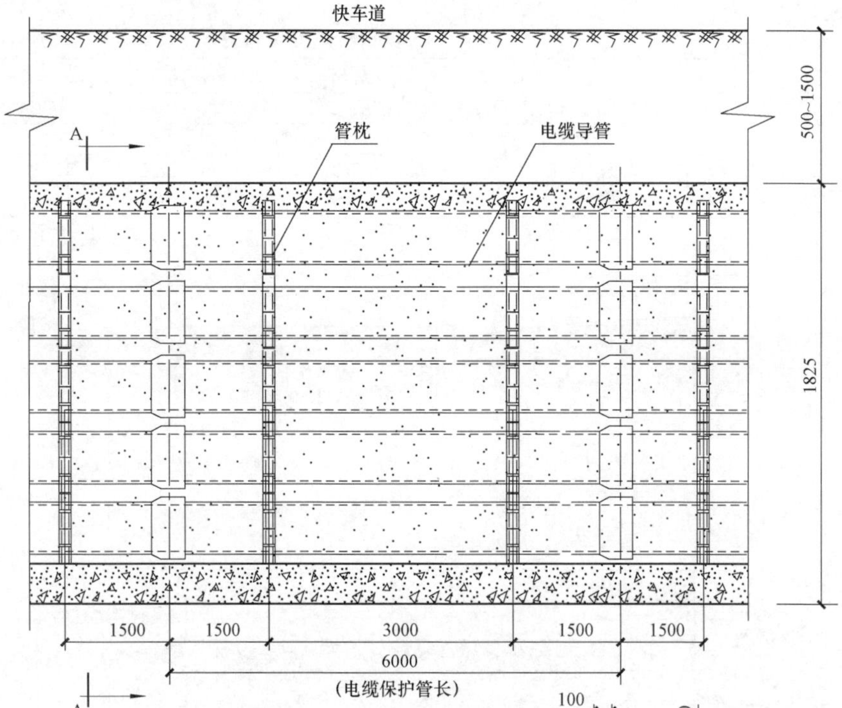

快车道
500~1500
A
管枕
电缆导管
1825
1500
1500
3000
1500
1500
6000
(电缆保护管长)
A

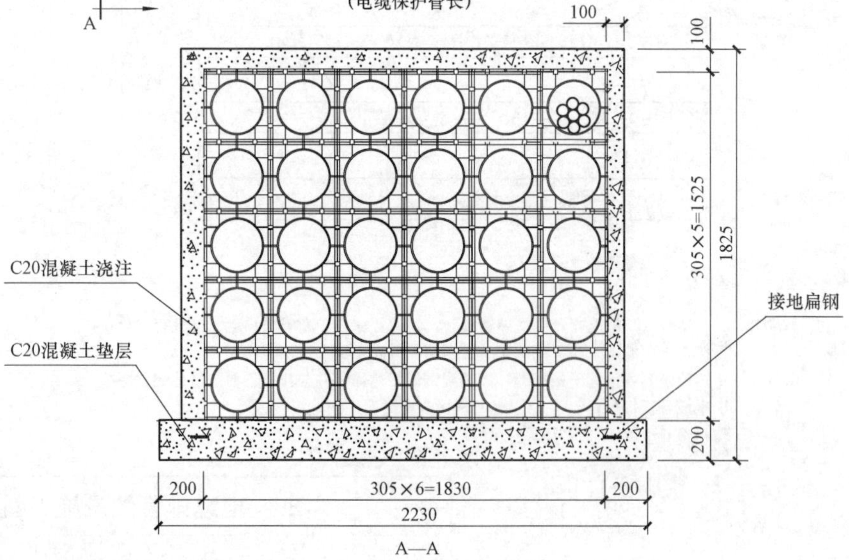

100
100
C20混凝土浇注
C20混凝土垫层
305×5=1525
1825
接地扁钢
200
200
305×6=1830
200
2230
A—A

每12m排管所需材料表

序号	名称	规格	单位	数量	备注
1	MPP塑钢复合电缆导管	MPP−SG−210×10	根	60	每根长6m
2	管枕	MPP−SG−D−210/10−Z	副	120	型号与电缆导管匹配
3	混凝土	C20	m^3	29.3	
4	接地扁钢	−50×5	m	24	
5	七孔梅花管	单孔直径35mm	m	12	用于敷设通信光缆

快车道
人行道
≥2000
500~1500
电缆导管
1825

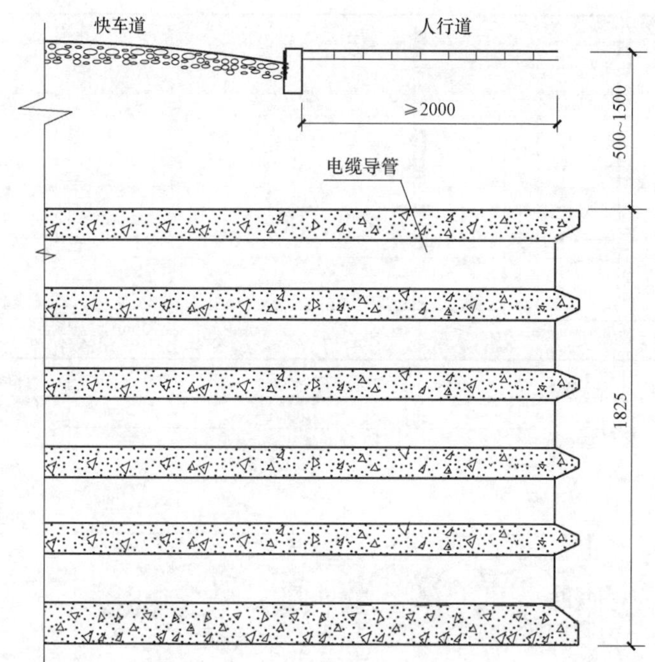

注：1．本图按MPP塑钢复合电缆导管设计，生产厂家：山东省呈祥电工电气有限公司。
2. 排管上面的覆土应用无杂质黄土回填，并自下而上分层夯实。
3. 排管两侧各预埋一根-50×5镀锌扁钢做接地体，并与排管下面的接地装置焊接。
4. 电缆导管每根长6m，两根之间用接头密封圈连接。
5. 电缆导管ϕ210mm为内径尺寸。

图2–42	30孔电缆排管敷设施工图		
适用范围	ϕ210mm×10mm电缆导管	图号	PG–42

每12m排管所需材料表

序号	名称	规格	单位	数量	备注
1	MPP塑钢复合电缆导管	MPP−SG−210×10	根	64	每根长6m
2	管枕	MPP−SG−D−210/10−Z	副	128	型号与电缆导管匹配
3	混凝土	C20	m^3	32.0	
4	接地扁钢	−50×5	m	24	
5	七孔梅花管	单孔直径35mm	m	12	用于敷设通信光缆

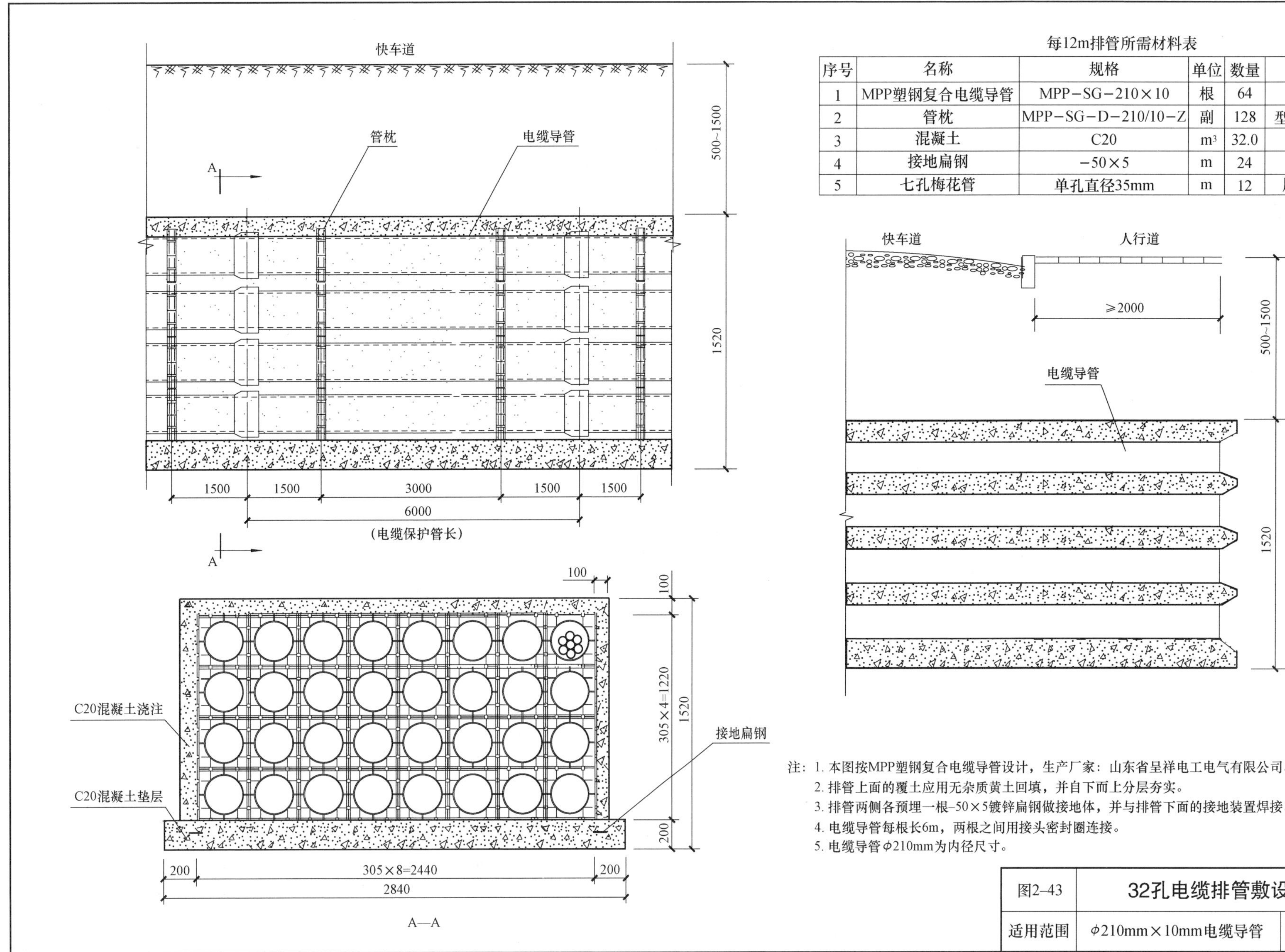

注：1. 本图按MPP塑钢复合电缆导管设计，生产厂家：山东省呈祥电工电气有限公司。
2. 排管上面的覆土应用无杂质黄土回填，并自下而上分层夯实。
3. 排管两侧各预埋一根−50×5镀锌扁钢做接地体，并与排管下面的接地装置焊接。
4. 电缆导管每根长6m，两根之间用接头密封圈连接。
5. 电缆导管φ210mm为内径尺寸。

图2−43	32孔电缆排管敷设施工图		
适用范围	φ210mm×10mm电缆导管	图号	PG−43

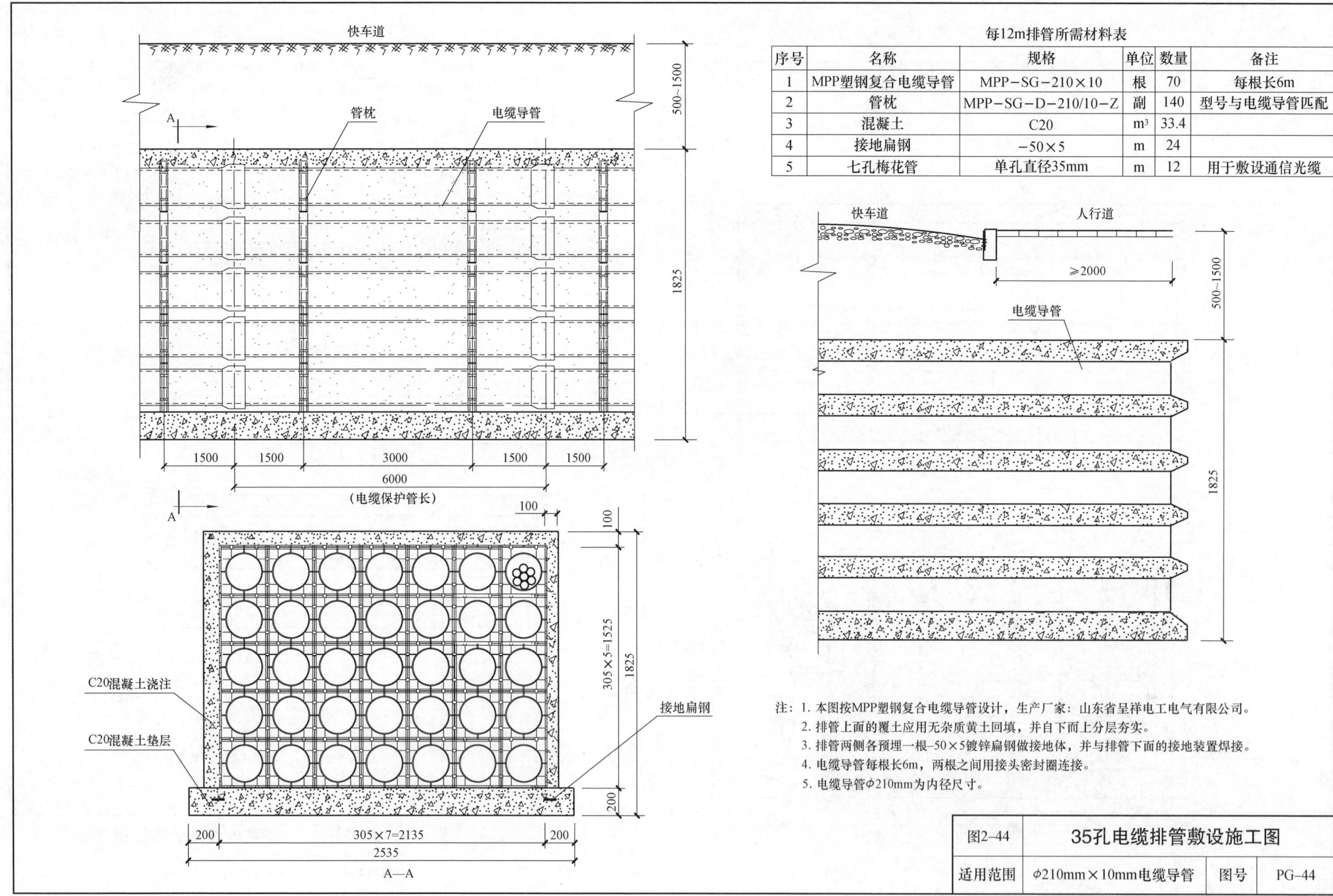

每12m排管所需材料表

序号	名称	规格	单位	数量	备注
1	MPP塑钢复合电缆导管	MPP-SG-210×10	根	70	每根长6m
2	管枕	MPP-SG-D-210/10-Z	副	140	型号与电缆导管匹配
3	混凝土	C20	m³	33.4	
4	接地扁钢	−50×5	m	24	
5	七孔梅花管	单孔直径35mm	m	12	用于敷设通信光缆

注：1. 本图按MPP塑钢复合电缆导管设计，生产厂家：山东省呈祥电工电气有限公司。
2. 排管上面的覆土应用无杂质黄土回填，并自下而上分层夯实。
3. 排管两侧各预埋一根−50×5镀锌扁钢做接地体，并与排管下面的接地装置焊接。
4. 电缆导管每根长6m，两根之间用接头密封圈连接。
5. 电缆导管ϕ210mm为内径尺寸。

图2-44	35孔电缆排管敷设施工图		
适用范围	ϕ210mm×10mm电缆导管	图号	PG-44

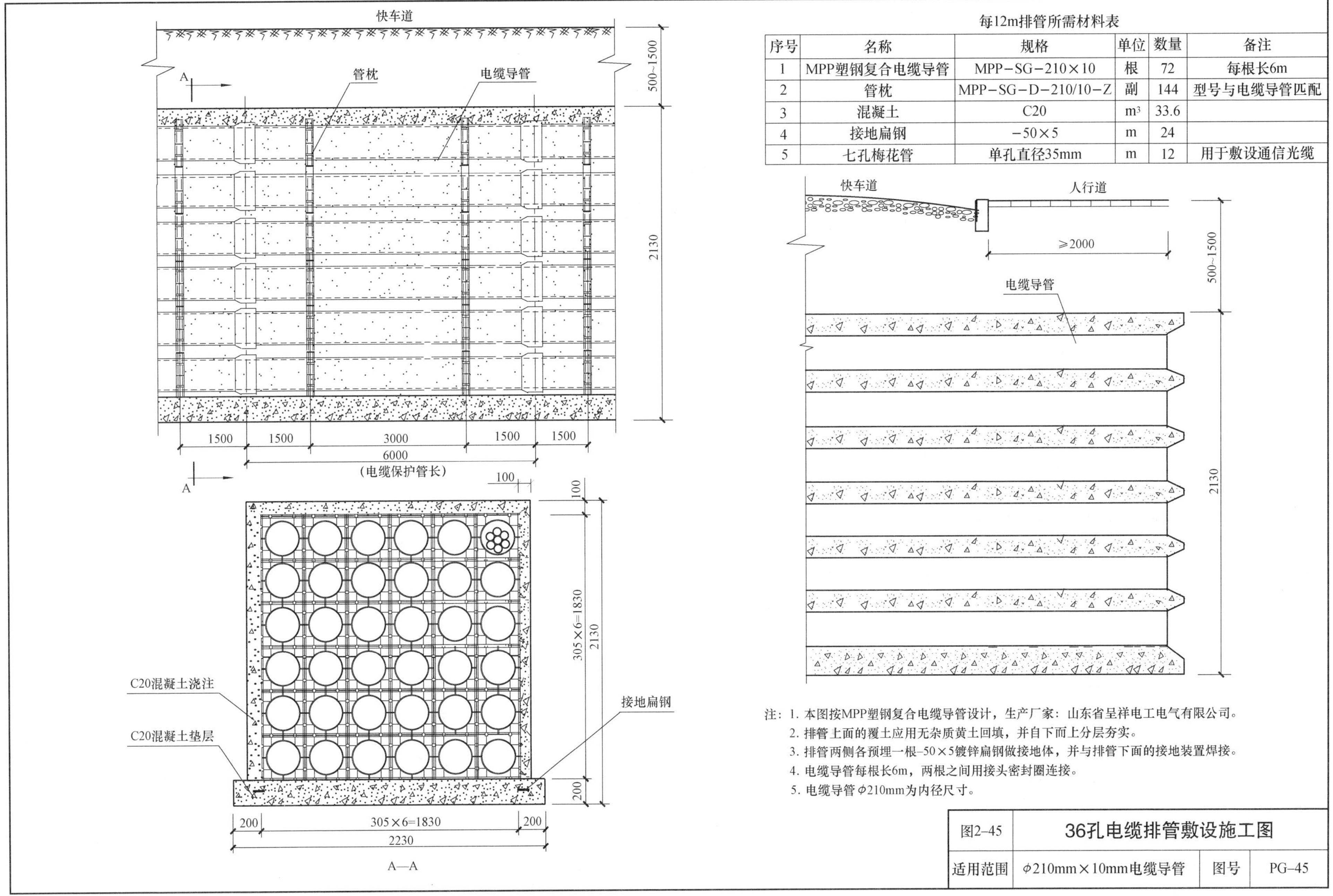

每12m排管所需材料表

序号	名称	规格	单位	数量	备注
1	MPP塑钢复合电缆导管	MPP-SG-210×10	根	72	每根长6m
2	管枕	MPP-SG-D-210/10-Z	副	144	型号与电缆导管匹配
3	混凝土	C20	m^3	33.6	
4	接地扁钢	-50×5	m	24	
5	七孔梅花管	单孔直径35mm	m	12	用于敷设通信光缆

注：1. 本图按MPP塑钢复合电缆导管设计，生产厂家：山东省呈祥电工电气有限公司。
2. 排管上面的覆土应用无杂质黄土回填，并自下而上分层夯实。
3. 排管两侧各预埋一根-50×5镀锌扁钢做接地体，并与排管下面的接地装置焊接。
4. 电缆导管每根长6m，两根之间用接头密封圈连接。
5. 电缆导管ϕ210mm为内径尺寸。

图2-45	36孔电缆排管敷设施工图		
适用范围	ϕ210mm×10mm电缆导管	图号	PG-45

第二章

电力电缆排管敷设

第四节　ϕ240mm×12mmMPP塑钢复合电缆导管

图2-46　3孔电缆排管敷设施工图（ϕ240mm×12mm电缆导管）…… PG-46
图2-47　4孔电缆排管敷设施工图（ϕ240mm×12mm电缆导管）…… PG-47
图2-48　6孔电缆排管敷设施工图（ϕ240mm×12mm电缆导管）…… PG-48
图2-49　8孔电缆排管敷设施工图（ϕ240mm×12mm电缆导管）…… PG-49
图2-50　9孔电缆排管敷设施工图（ϕ240mm×12mm电缆导管）…… PG-50
图2-51　12孔电缆排管敷设施工图（ϕ240mm×12mm电缆导管）…… PG-51
图2-52　15孔电缆排管敷设施工图（ϕ240mm×12mm电缆导管）…… PG-52
图2-53　16孔电缆排管敷设施工图（ϕ240mm×12mm电缆导管）…… PG-53
图2-54　20孔电缆排管敷设施工图（ϕ240mm×12mm电缆导管）…… PG-54
图2-55　24孔电缆排管敷设施工图（ϕ240mm×12mm电缆导管）…… PG-55
图2-56　28孔电缆排管敷设施工图（ϕ240mm×12mm电缆导管）…… PG-56
图2-57　30孔电缆排管敷设施工图（ϕ240mm×12mm电缆导管）…… PG-57
图2-58　32孔电缆排管敷设施工图（ϕ240mm×12mm电缆导管）…… PG-58
图2-59　35孔电缆排管敷设施工图（ϕ240mm×12mm电缆导管）…… PG-59
图2-60　36孔电缆排管敷设施工图（ϕ240mm×12mm电缆导管）…… PG-60

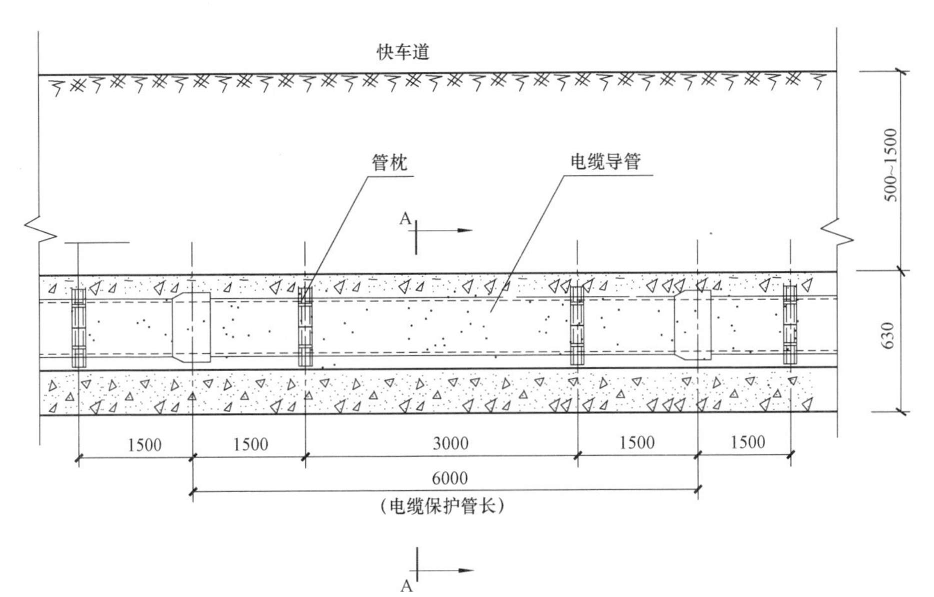

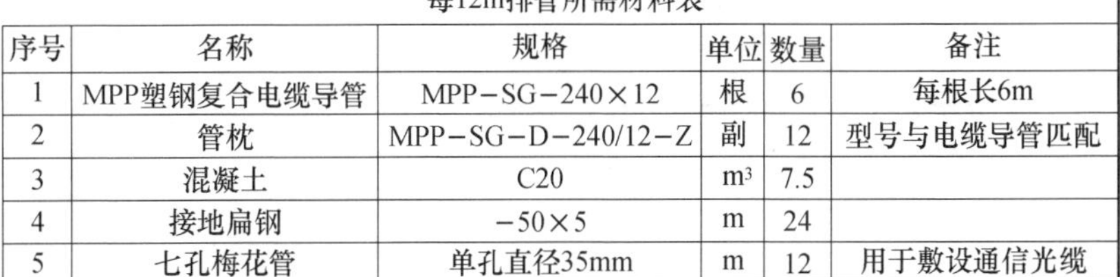

每12m排管所需材料表

序号	名称	规格	单位	数量	备注
1	MPP塑钢复合电缆导管	MPP－SG－240×12	根	6	每根长6m
2	管枕	MPP－SG－D－240/12－Z	副	12	型号与电缆导管匹配
3	混凝土	C20	m^3	7.5	
4	接地扁钢	－50×5	m	24	
5	七孔梅花管	单孔直径35mm	m	12	用于敷设通信光缆

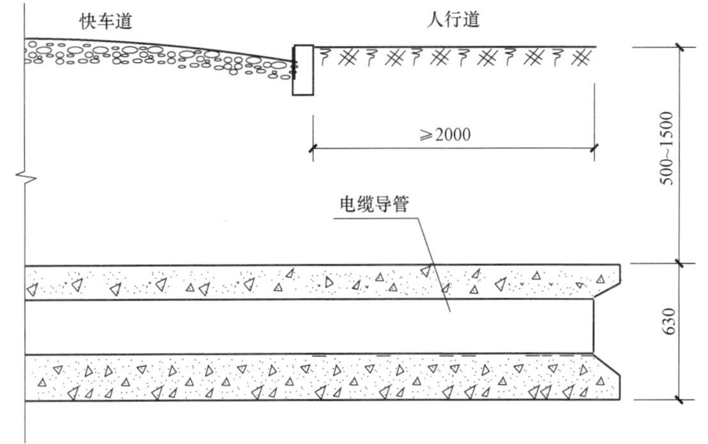

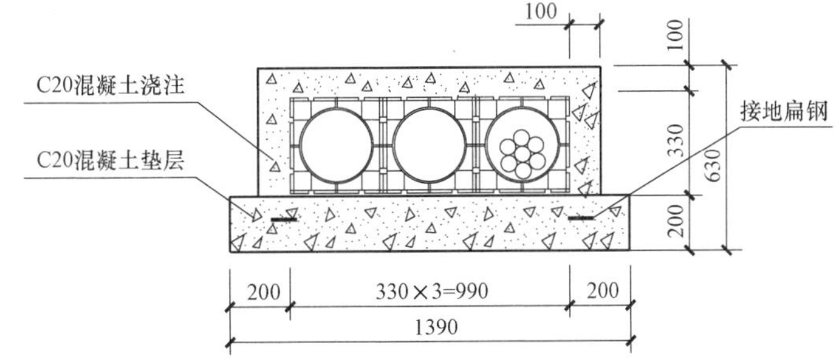

注：1. 本图按MPP塑钢复合电缆导管设计，生产厂家：山东省呈祥电工电气有限公司。
2. 排管上面的覆土应用无杂质黄土回填，并自下而上分层夯实。
3. 排管两侧各预埋一根-50×5镀锌扁钢做接地体，并与排管下面的接地装置焊接。
4. 电缆导管每根长6m，两根之间用接头密封圈连接。
5. 电缆导管ϕ240mm为内径尺寸。

图2-46	3孔电缆排管敷设施工图		
适用范围	ϕ240mm×12mm电缆导管	图号	PG-46

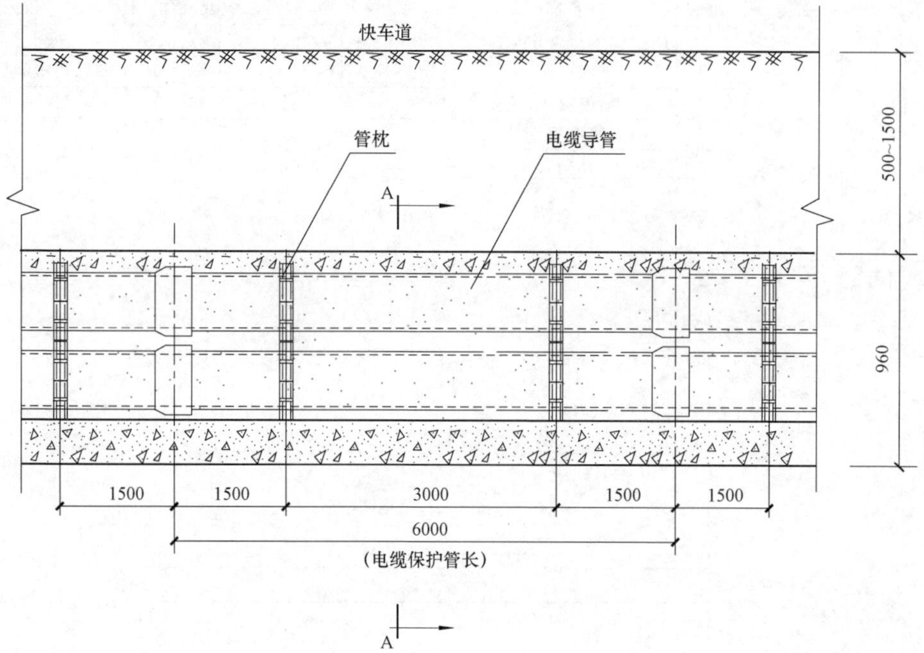

快车道
500~1500
管枕
电缆导管
A
960
1500
1500
3000
1500
1500
6000
（电缆保护管长）
A

每12m排管所需材料表

序号	名称	规格	单位	数量	备注
1	MPP塑钢复合电缆导管	MPP－SG－240×12	根	8	每根长6m
2	管枕	MPP－SG－D－240/12－Z	副	16	型号与电缆导管匹配
3	混凝土	C20	m^3	7.7	
4	接地扁钢	－50×5	m	24	
5	七孔梅花管	单孔直径35mm	m	12	用于敷设通信光缆

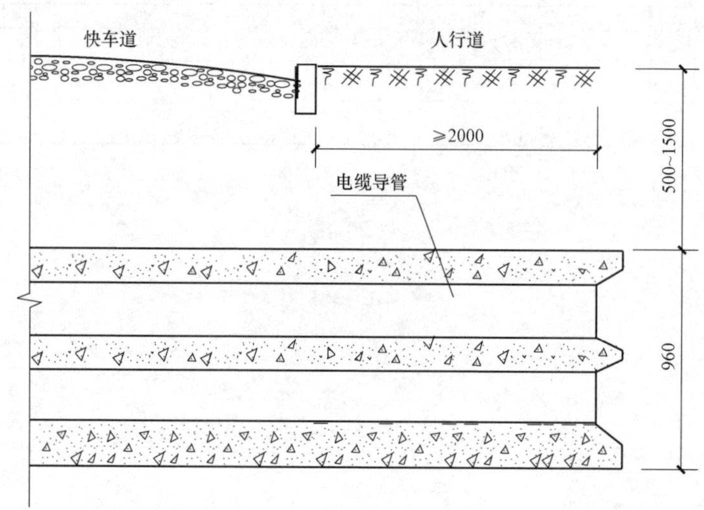

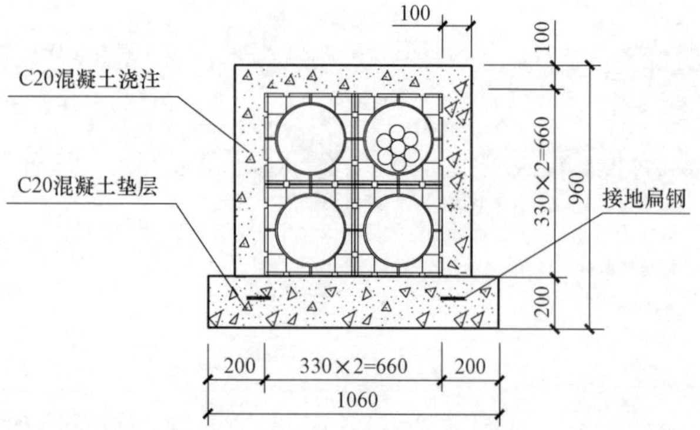

快车道
人行道
≥2000
500~1500
电缆导管
960

100
100
C20混凝土浇注
C20混凝土垫层
330×2=660
960
接地扁钢
200
200
330×2=660
200
1060

A—A

注：1. 本图按MPP塑钢复合电缆导管设计，生产厂家：山东省呈祥电工电气有限公司。
2. 排管上面的覆土应用无杂质黄土回填，并自下而上分层夯实。
3. 排管两侧各预埋一根-50×5镀锌扁钢做接地体，并与排管下面的接地装置焊接。
4. 电缆导管每根长6m，两根之间用接头密封圈连接。
5. 电缆导管ϕ240mm为内径尺寸。

图2-47	4孔电缆排管敷设施工图		
适用范围	ϕ240mm×12mm电缆导管	图号	PG-47

每12m排管所需材料表

序号	名称	规格	单位	数量	备注
1	MPP塑钢复合电缆导管	MPP－SG－240×12	根	12	每根长6m
2	管枕	MPP－SG－D－240/12－Z	副	24	型号与电缆导管匹配
3	混凝土	C20	m^3	10.2	
4	接地扁钢	－50×5	m	24	
5	七孔梅花管	单孔直径35mm	m	12	用于敷设通信光缆

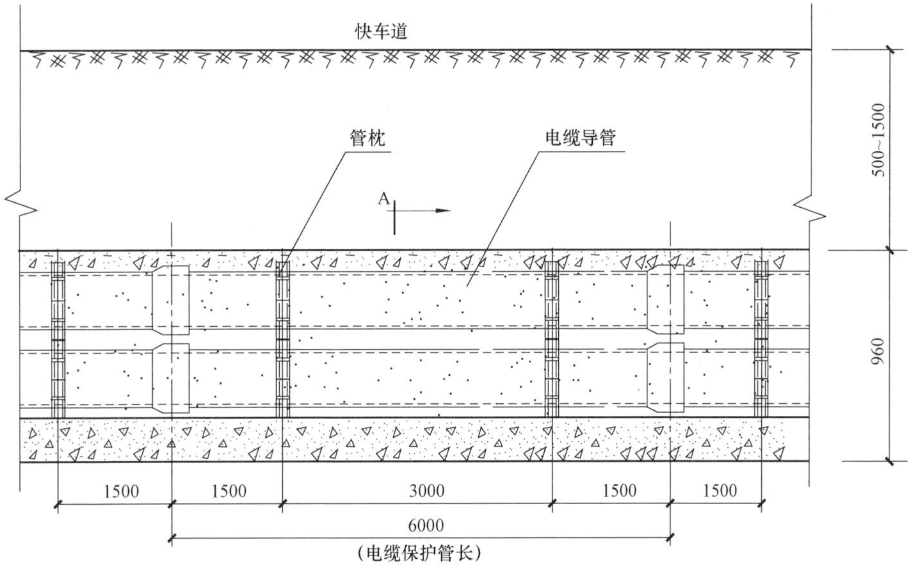

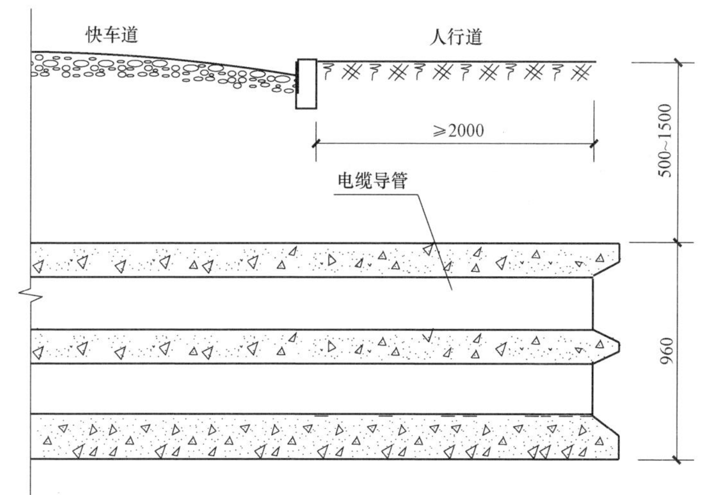

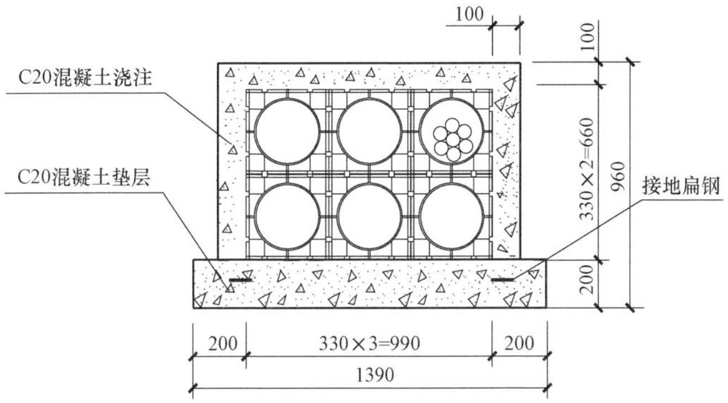

A—A

注：1. 本图按MPP塑钢复合电缆导管设计，生产厂家：山东省呈祥电工电气有限公司。
2. 排管上面的覆土应用无杂质黄土回填，并自下而上分层夯实。
3. 排管两侧各预埋一根-50×5镀锌扁钢做接地体，并与排管下面的接地装置焊接。
4. 电缆导管每根长6m，两根之间用接头密封圈连接。
5. 电缆导管ϕ240mm为内径尺寸。

图2-48	6孔电缆排管敷设施工图		
适用范围	ϕ240mm×12mm电缆导管	图号	PG-48

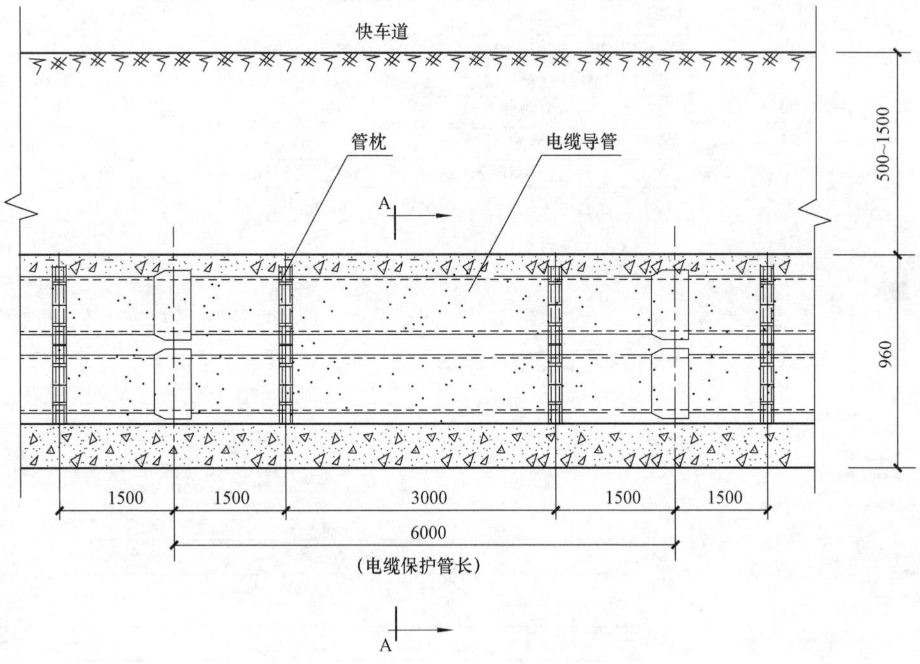

每12m排管所需材料表

序号	名称	规格	单位	数量	备注
1	MPP塑钢复合电缆导管	MPP－SG－240×12	根	16	每根长6m
2	管枕	MPP－SG－D－240/12－Z	副	32	型号与电缆导管匹配
3	混凝土	C20	m^3	12.7	
4	接地扁钢	－50×5	m	24	
5	七孔梅花管	单孔直径35mm	m	12	用于敷设通信光缆

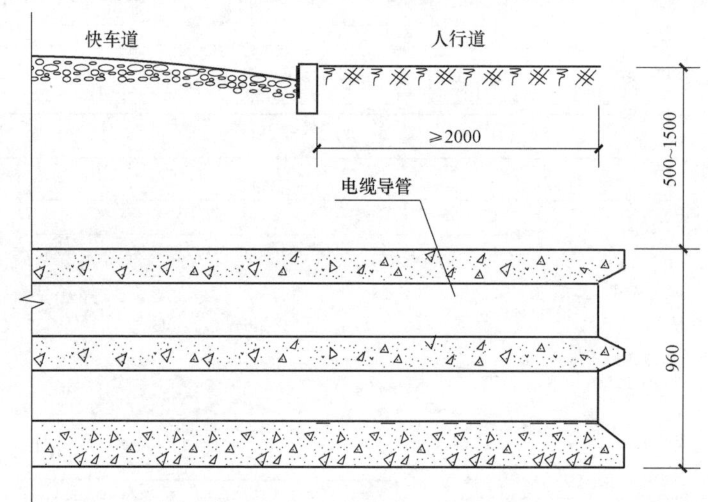

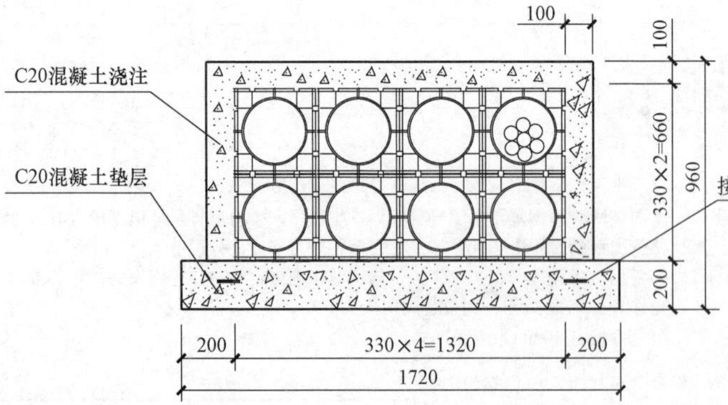

A—A

注：1. 本图按MPP塑钢复合电缆导管设计，生产厂家：山东省呈祥电工电气有限公司。
2. 排管上面的覆土应用无杂质黄土回填，并自下而上分层夯实。
3. 排管两侧各预埋一根-50×5镀锌扁钢做接地体，并与排管下面的接地装置焊接。
4. 电缆导管每根长6m，两根之间用接头密封圈连接。
5. 电缆导管ϕ240mm为内径尺寸。

图2-49	8孔电缆排管敷设施工图		
适用范围	ϕ240mm×12mm电缆导管	图号	PG-49

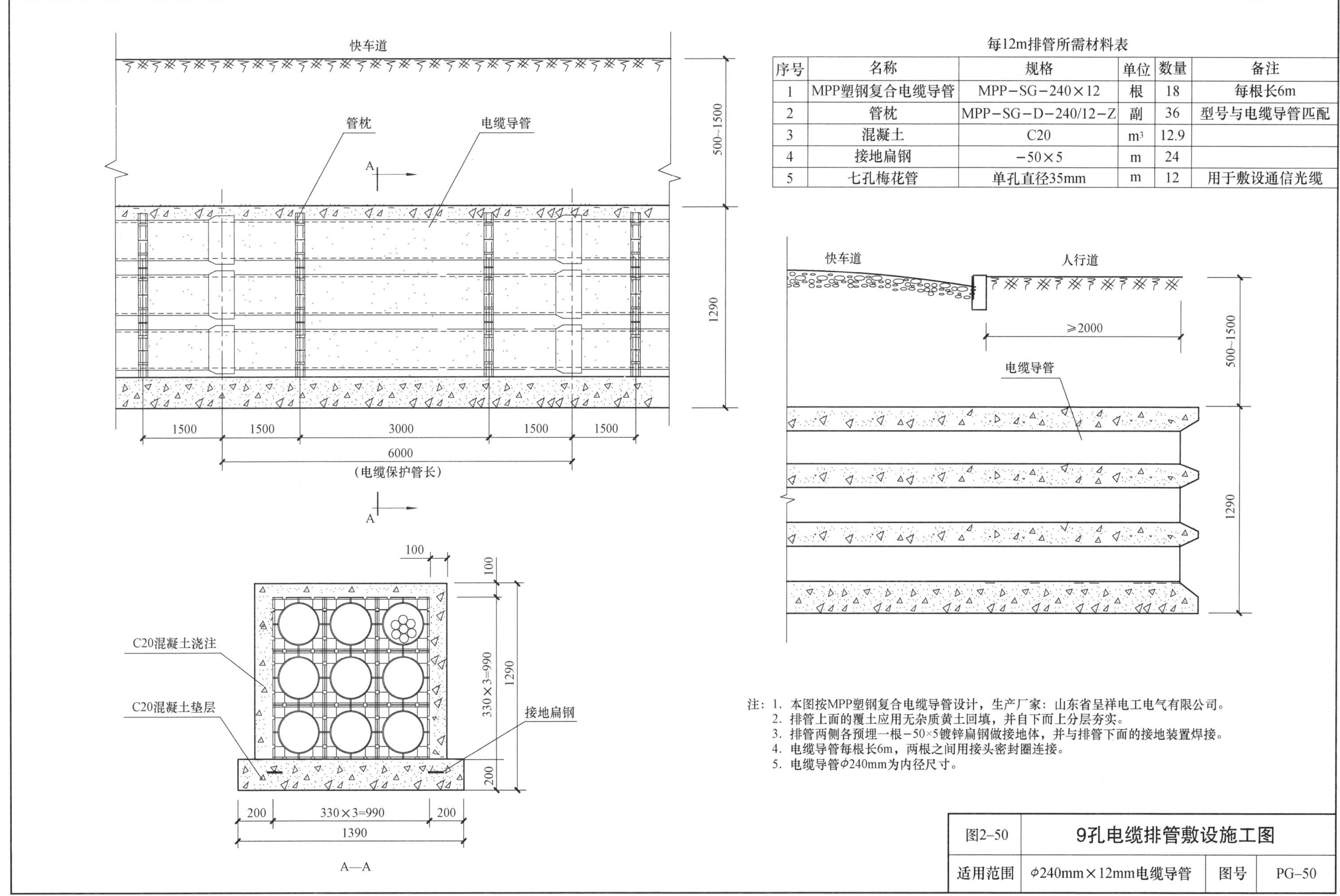

每12m排管所需材料表

序号	名称	规格	单位	数量	备注
1	MPP塑钢复合电缆导管	MPP－SG－240×12	根	18	每根长6m
2	管枕	MPP－SG－D－240/12－Z	副	36	型号与电缆导管匹配
3	混凝土	C20	m^3	12.9	
4	接地扁钢	－50×5	m	24	
5	七孔梅花管	单孔直径35mm	m	12	用于敷设通信光缆

注：1. 本图按MPP塑钢复合电缆导管设计，生产厂家：山东省呈祥电工电气有限公司。
2. 排管上面的覆土应用无杂质黄土回填，并自下而上分层夯实。
3. 排管两侧各预埋一根－50×5镀锌扁钢做接地体，并与排管下面的接地装置焊接。
4. 电缆导管每根长6m，两根之间用接头密封圈连接。
5. 电缆导管ϕ240mm为内径尺寸。

图2–50	9孔电缆排管敷设施工图		
适用范围	ϕ240mm×12mm电缆导管	图号	PG–50

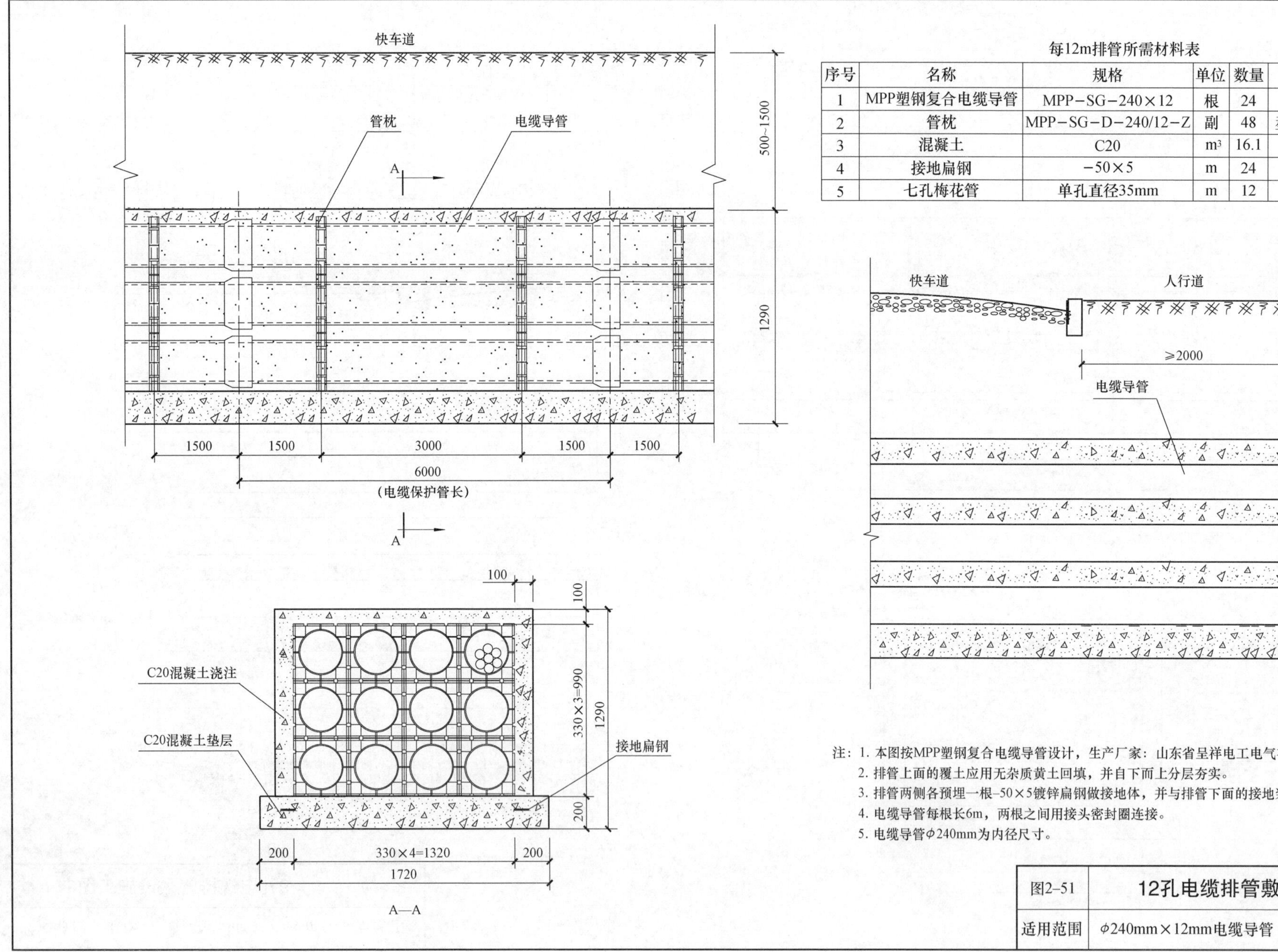

每12m排管所需材料表

序号	名称	规格	单位	数量	备注
1	MPP塑钢复合电缆导管	MPP−SG−240×12	根	24	每根长6m
2	管枕	MPP−SG−D−240/12−Z	副	48	型号与电缆导管匹配
3	混凝土	C20	m^3	16.1	
4	接地扁钢	−50×5	m	24	
5	七孔梅花管	单孔直径35mm	m	12	用于敷设通信光缆

注：1. 本图按MPP塑钢复合电缆导管设计，生产厂家：山东省呈祥电工电气有限公司。
2. 排管上面的覆土应用无杂质黄土回填，并自下而上分层夯实。
3. 排管两侧各预埋一根−50×5镀锌扁钢做接地体，并与排管下面的接地装置焊接。
4. 电缆导管每根长6m，两根之间用接头密封圈连接。
5. 电缆导管ϕ240mm为内径尺寸。

图2−51	12孔电缆排管敷设施工图		
适用范围	ϕ240mm×12mm电缆导管	图号	PG−51

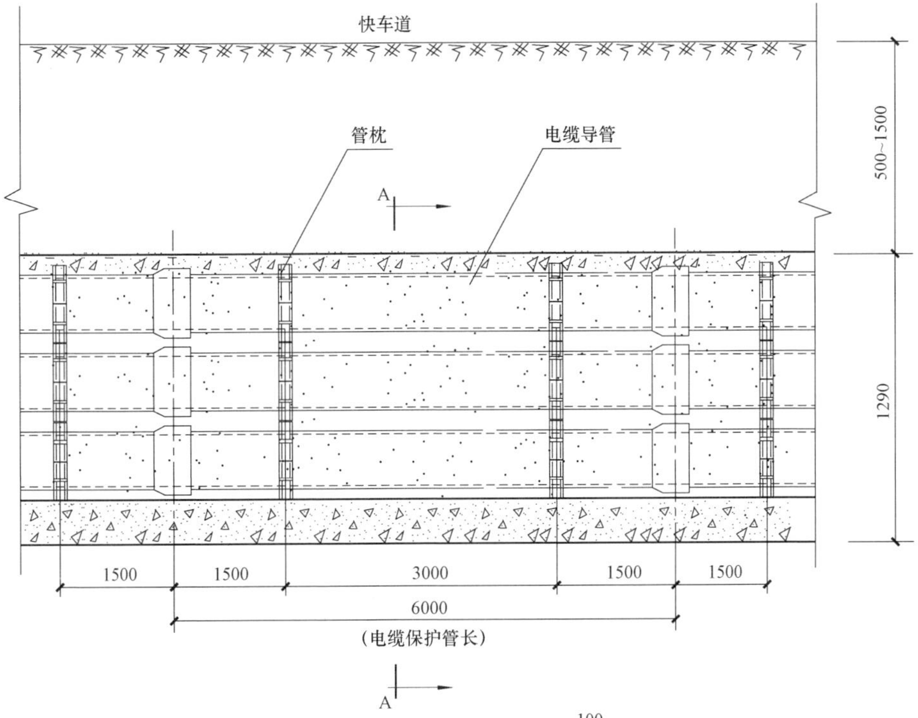

每12m排管所需材料表

序号	名称	规格	单位	数量	备注
1	MPP塑钢复合电缆导管	MPP−SG−240×12	根	30	每根长6m
2	管枕	MPP−SG−D−240/12−Z	副	60	型号与电缆导管匹配
3	混凝土	C20	m^3	19.2	
4	接地扁钢	−50×5	m	24	
5	七孔梅花管	单孔直径35mm	m	12	用于敷设通信光缆

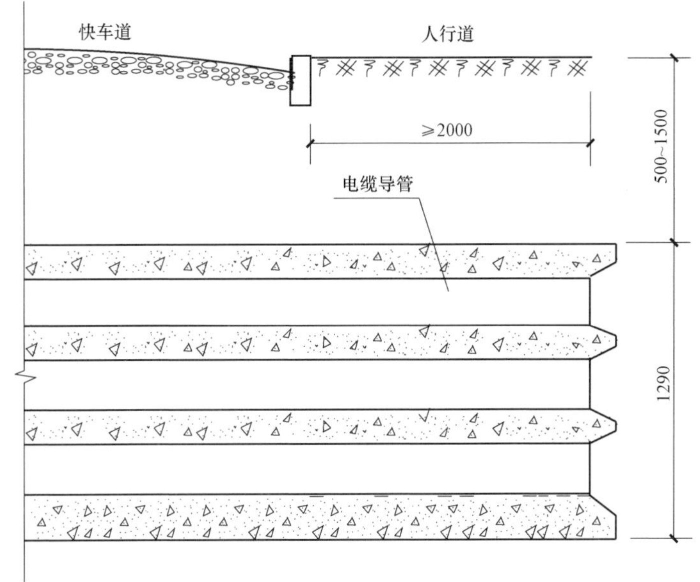

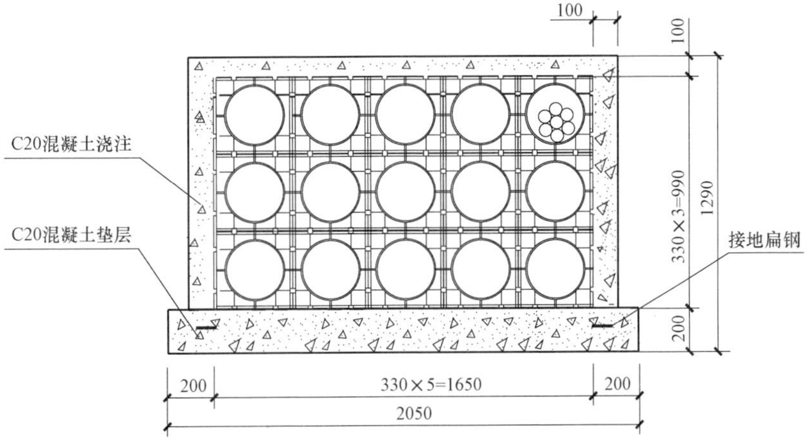

注：1. 本图按MPP塑钢复合电缆导管设计，生产厂家：山东省呈祥电工电气有限公司。
2. 排管上面的覆土应用无杂质黄土回填，并自下而上分层夯实。
3. 排管两侧各预埋一根-50×5镀锌扁钢做接地体，并与排管下面的接地装置焊接。
4. 电缆导管每根长6m，两根之间用接头密封圈连接。
5. 电缆导管ϕ240mm为内径尺寸。

图2−52	15孔电缆排管敷设施工图		
适用范围	ϕ240mm×12mm电缆导管	图号	PG−52

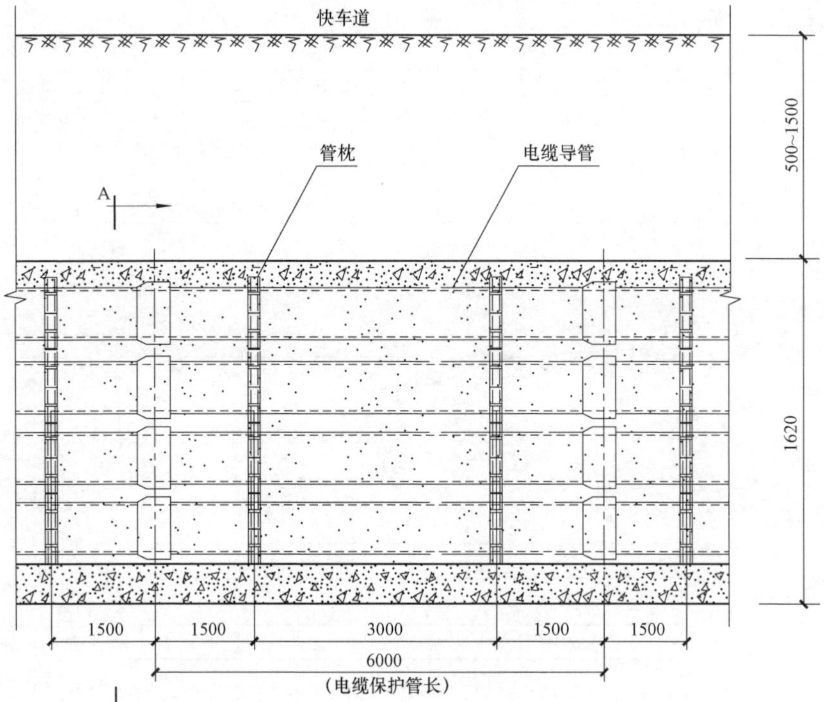

快车道
管枕
电缆导管
A
500~1500
1620
1500
1500
3000
1500
1500
6000
（电缆保护管长）
A

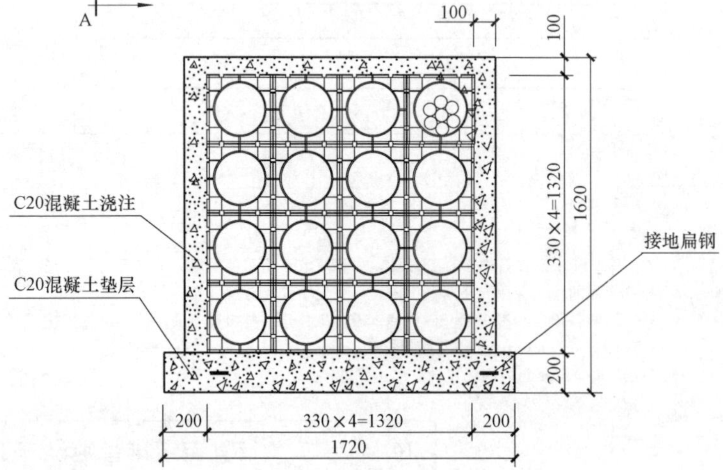

100
100
330×4=1320
1620
C20混凝土浇注
C20混凝土垫层
接地扁钢
200
200
330×4=1320
200
1720

A—A

每12m排管所需材料表

序号	名称	规格	单位	数量	备注
1	MPP塑钢复合电缆导管	MPP−SG−240×12	根	32	每根长6m
2	管枕	MPP−SG−D−240/12−Z	副	64	型号与电缆导管匹配
3	混凝土	C20	m^3	19.4	
4	接地扁钢	−50×5	m	24	
5	七孔梅花管	单孔直径35mm	m	12	用于敷设通信光缆

快车道
人行道
≥2000
500~1500
电缆导管
1620

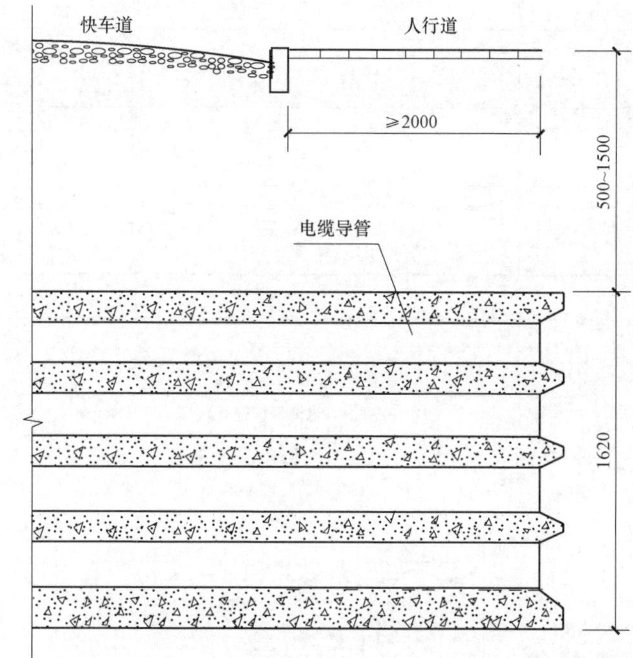

注：1. 本图按MPP塑钢复合电缆导管设计，生产厂家：山东省呈祥电工电气有限公司。
2. 排管上面的覆土应用无杂质黄土回填，并自下而上分层夯实。
3. 排管两侧各预埋一根−50×5镀锌扁钢做接地体，并与排管下面的接地装置焊接。
4. 电缆导管每根长6m，两根之间用接头密封圈连接。
5. 电缆导管ϕ240mm为内径尺寸。

图2−53	16孔电缆排管敷设施工图		
适用范围	ϕ240mm×12mm电缆导管	图号	PG−53

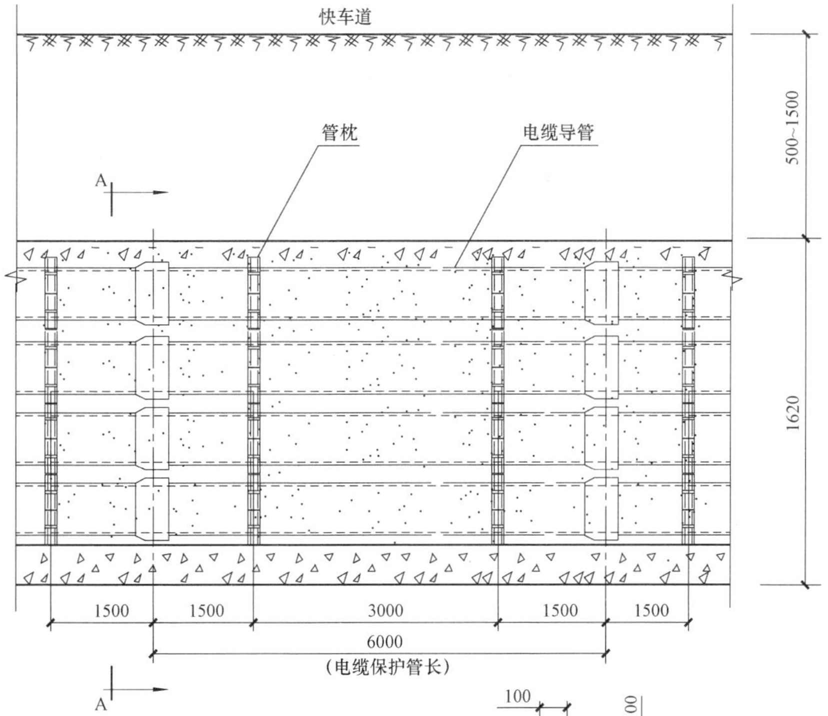

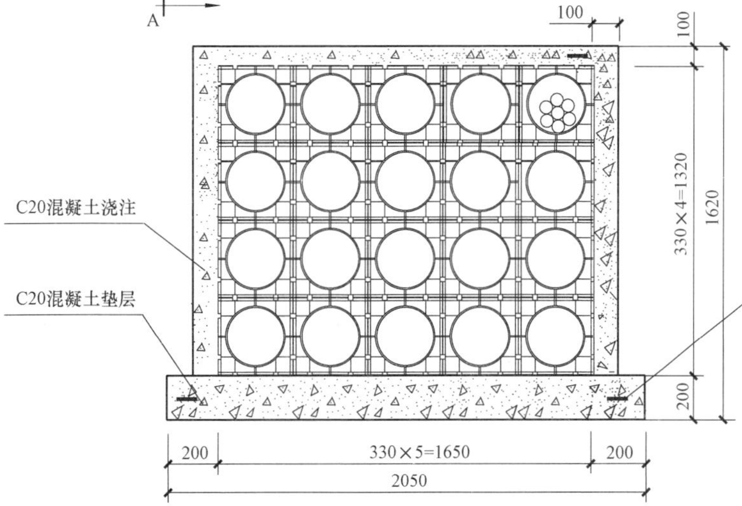

快车道
管枕
电缆导管
A
500~1500
1620
1500
1500
3000
1500
1500
6000
（电缆保护管长）
A

100
100
C20混凝土浇注
C20混凝土垫层
330×4=1320
1620
接地扁钢
200
200
330×5=1650
200
2050

A—A

每12m排管所需材料表

序号	名称	规格	单位	数量	备注
1	MPP塑钢复合电缆导管	MPP−SG−240×12	根	40	每根长6m
2	管枕	MPP−SG−D−240/12−Z	副	80	型号与电缆导管匹配
3	混凝土	C20	m^3	23.2	
4	接地扁钢	−50×5	m	24	
5	七孔梅花管	单孔直径35mm	m	12	用于敷设通信光缆

快车道
人行道
≥2000
500~1500
电缆导管
1620

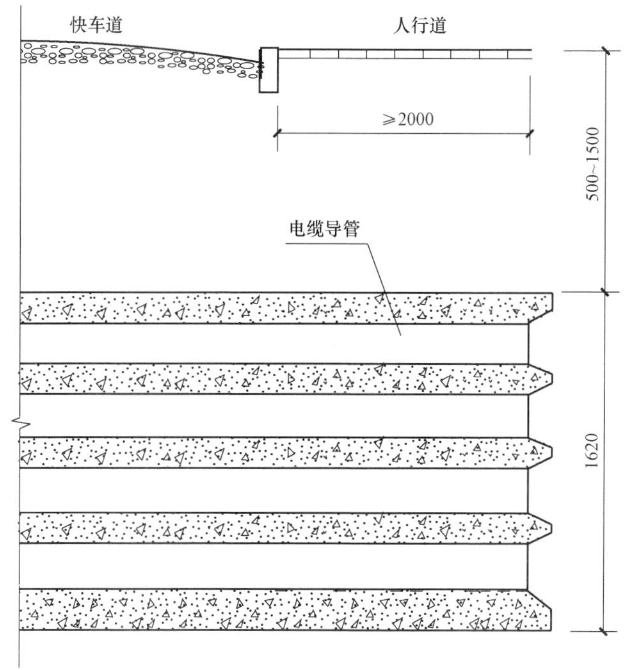

注：1. 本图按MPP塑钢复合电缆导管设计，生产厂家：山东省呈祥电工电气有限公司。
2. 排管上面的覆土应用无杂质黄土回填，并自下而上分层夯实。
3. 排管两侧各预埋一根−50×5镀锌扁钢做接地体，并与排管下面的接地装置焊接。
4. 电缆导管每根长6m，两根之间用接头密封圈连接。
5. 电缆导管φ240mm为内径尺寸。

图2−54	20孔电缆排管敷设施工图		
适用范围	φ240mm×12mm电缆导管	图号	PG−54

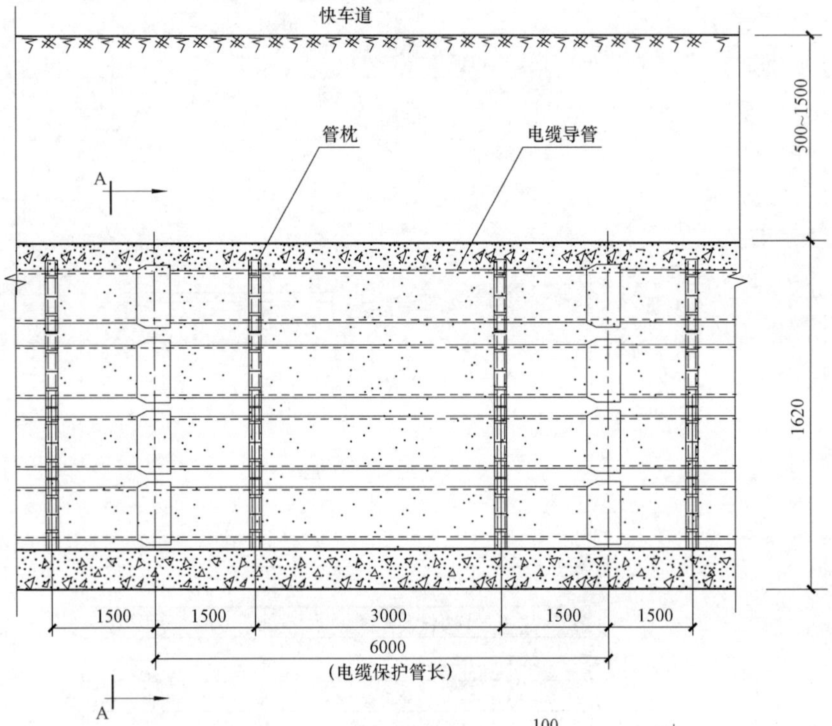

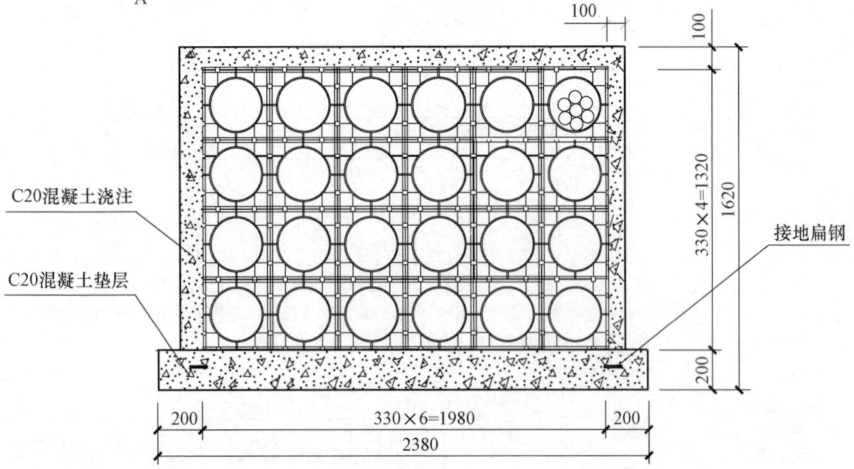

每12m排管所需材料表

序号	名称	规格	单位	数量	备注
1	MPP塑钢复合电缆导管	MPP－SG－240×12	根	48	每根长6m
2	管枕	MPP－SG－D－240/12－Z	副	96	型号与电缆导管匹配
3	混凝土	C20	m^3	27.0	
4	接地扁钢	－50×5	m	24	
5	七孔梅花管	单孔直径35mm	m	12	用于敷设通信光缆

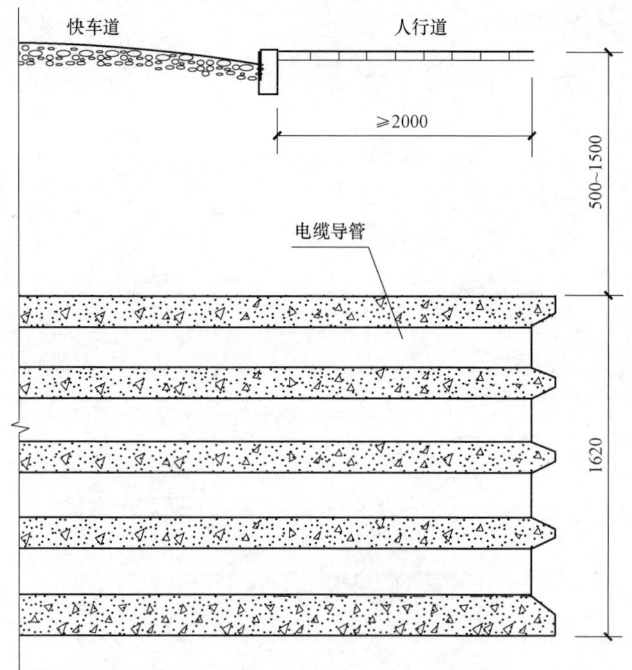

注：1. 本图按MPP塑钢复合电缆导管设计，生产厂家：山东省星祥电工电气有限公司。
2. 排管上面的覆土应用无杂质黄土回填，并自下而上分层夯实。
3. 排管两侧各预埋一根–50×5镀锌扁钢做接地体，并与排管下面的接地装置焊接。
4. 电缆导管每根长6m，两根之间用接头密封圈连接。
5. 电缆导管φ240mm为内径尺寸。

图2–55	24孔电缆排管敷设施工图		
适用范围	φ240mm×12mm电缆导管	图号	PG–55

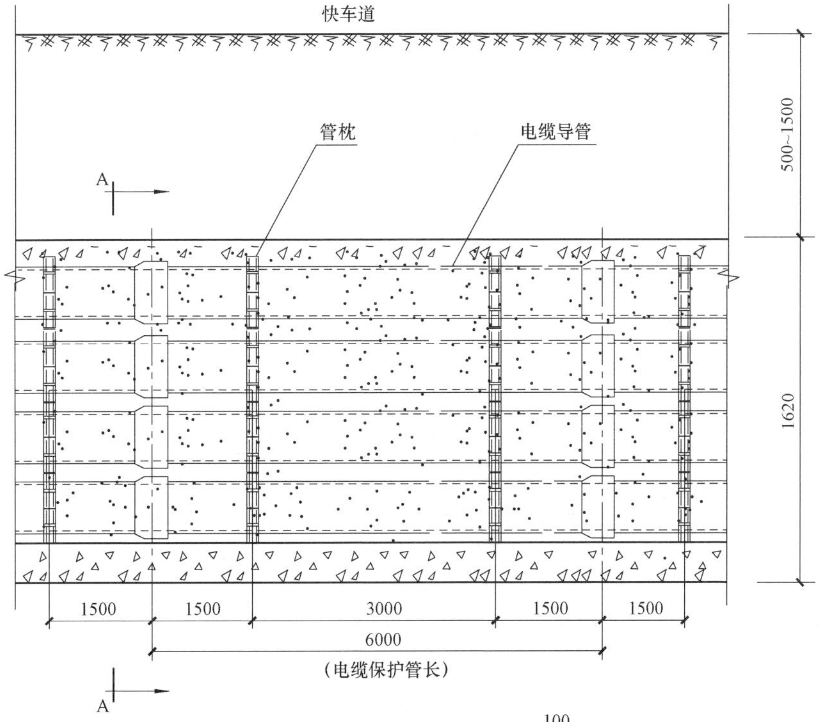

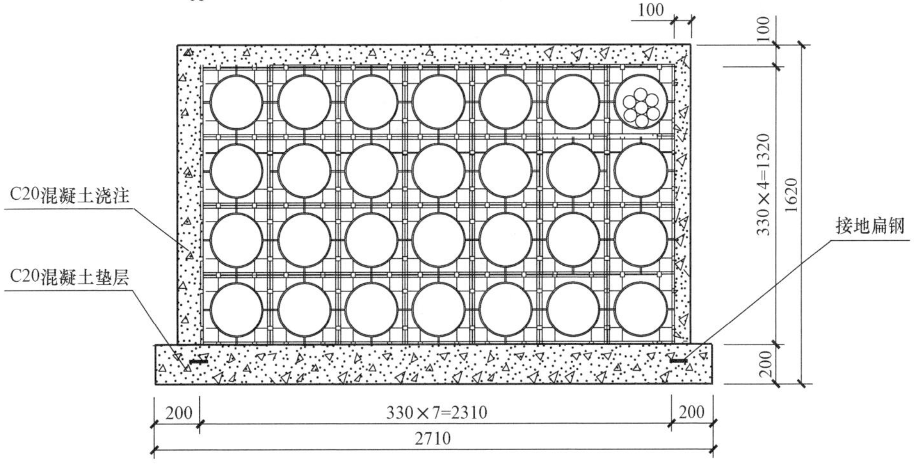

每12m排管所需材料表

序号	名称	规格	单位	数量	备注
1	MPP塑钢复合电缆导管	MPP－SG－240×12	根	56	每根长6m
2	管枕	MPP－SG－D－240/12－Z	副	112	型号与电缆导管匹配
3	混凝土	C20	m^3	30.7	
4	接地扁钢	－50×5	m	24	
5	七孔梅花管	单孔直径35mm	m	12	用于敷设通信光缆

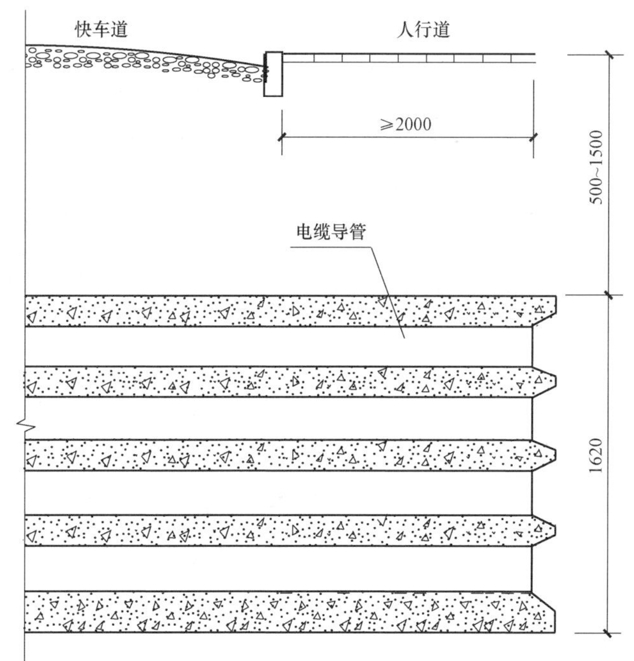

注：1. 本图按MPP塑钢复合电缆导管设计，生产厂家：山东省呈祥电工电气有限公司。
2. 排管上面的覆土应用无杂质黄土回填，并自下而上分层夯实。
3. 排管两侧各预埋一根–50×5镀锌扁钢做接地体，并与排管下面的接地装置焊接。
4. 电缆导管每根长6m，两根之间用接头密封圈连接。
5. 电缆导管φ240mm为内径尺寸。

图2–56	28孔电缆排管敷设施工图		
适用范围	φ240mm×12mm电缆导管	图号	PG–56

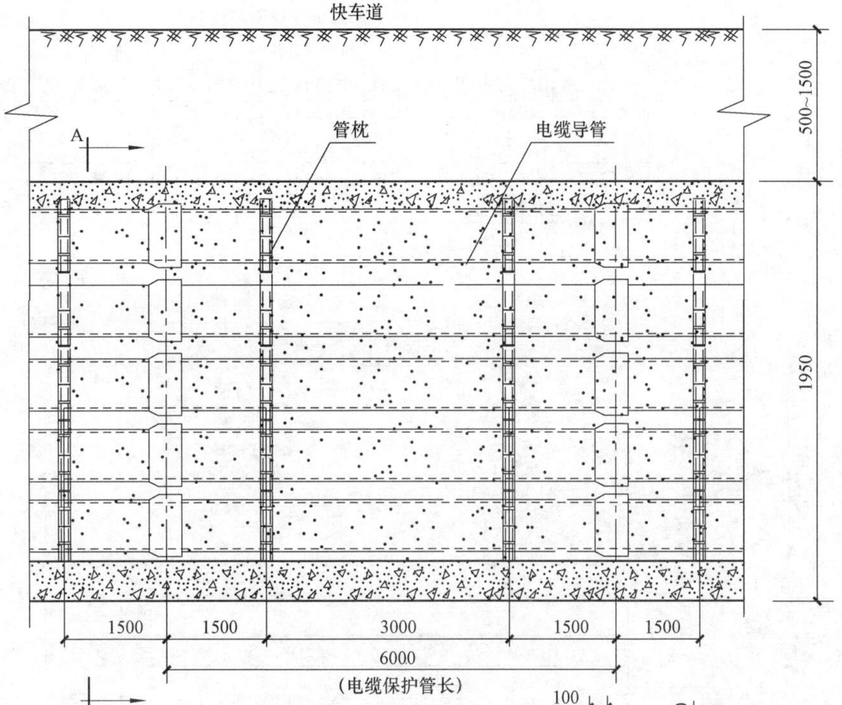

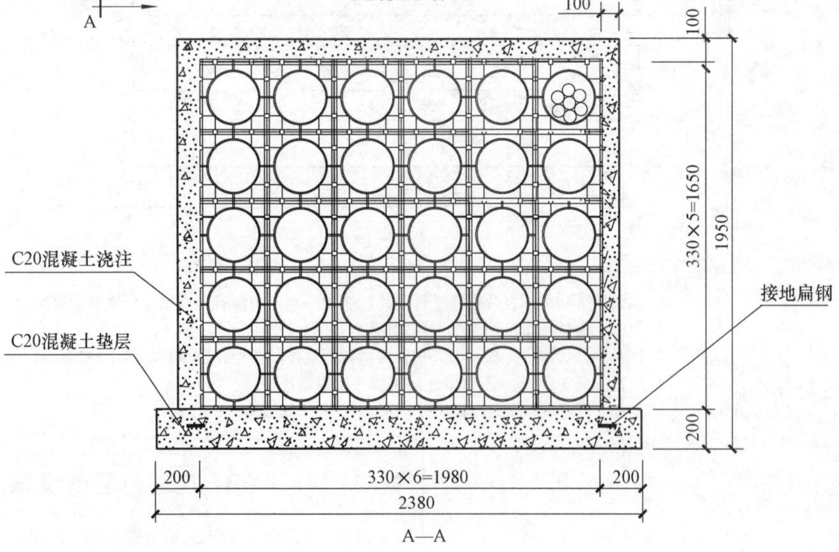

每12m排管所需材料表

序号	名称	规格	单位	数量	备注
1	MPP塑钢复合电缆导管	MPP−SG−240×12	根	60	每根长6m
2	管枕	MPP−SG−D−240/12−Z	副	120	型号与电缆导管匹配
3	混凝土	C20	m^3	31.6	
4	接地扁钢	−50×5	m	24	
5	七孔梅花管	单孔直径35mm	m	12	用于敷设通信光缆

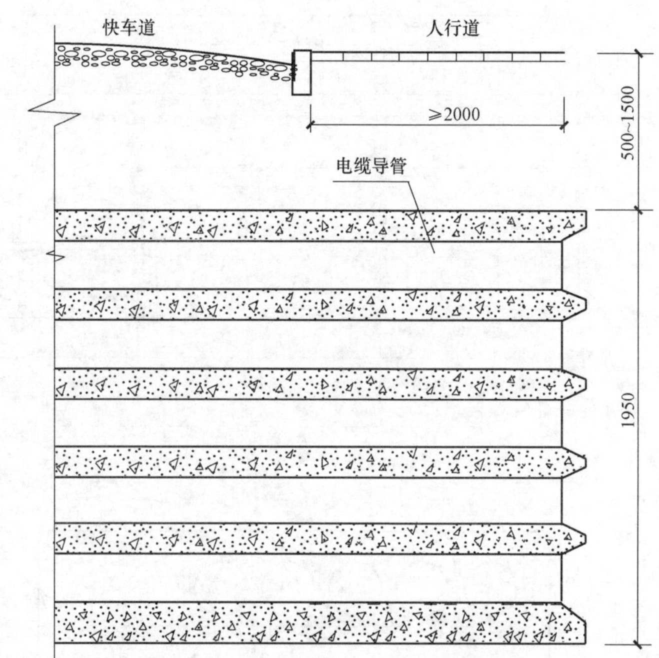

注：1. 本图按MPP塑钢复合电缆导管设计，生产厂家：山东省呈祥电工电气有限公司。
2. 排管上面的覆土应用无杂质黄土回填，并自下而上分层夯实。
3. 排管两侧各预埋一根−50×5镀锌扁钢做接地体，并与排管下面的接地装置焊接。
4. 电缆导管每根长6m，两根之间用接头密封圈连接。
5. 电缆导管ϕ240mm为内径尺寸。

图2−57	30孔电缆排管敷设施工图		
适用范围	ϕ240mm×12mm电缆导管	图号	PG−57

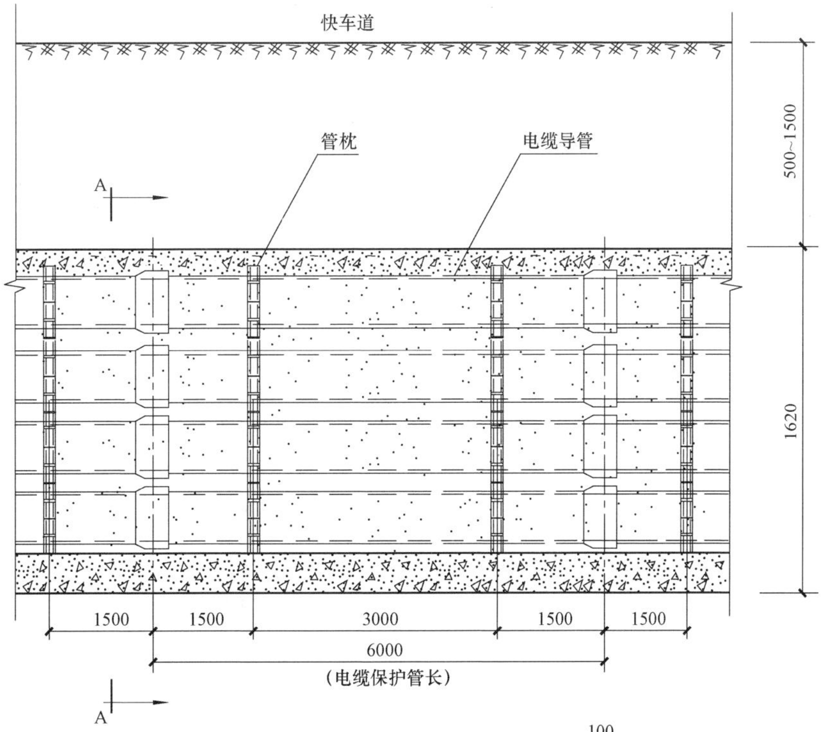

快车道
管枕
电缆导管
A
500~1500
1620
1500
1500
3000
1500
1500
6000
（电缆保护管长）
A

每12m排管所需材料表

序号	名称	规格	单位	数量	备注
1	MPP塑钢复合电缆导管	MPP-SG-240×12	根	64	每根长6m
2	管枕	MPP-SG-D-240/12-Z	副	128	型号与电缆导管匹配
3	混凝土	C20	m^3	34.5	
4	接地扁钢	-50×5	m	24	
5	七孔梅花管	单孔直径35mm	m	12	用于敷设通信光缆

快车道
人行道
≥2000
500~1500
电缆导管
1620

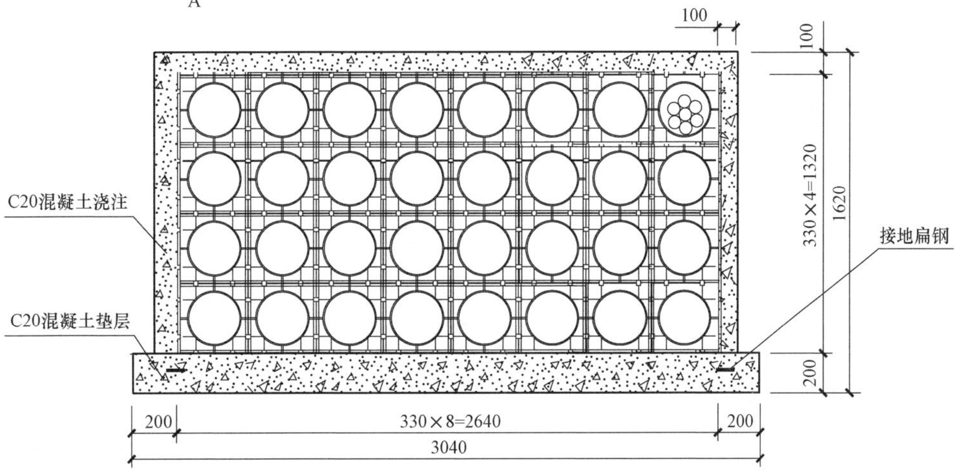

100
100
330×4=1320
1620
200
C20混凝土浇注
C20混凝土垫层
接地扁钢
200
330×8=2640
200
3040

A—A

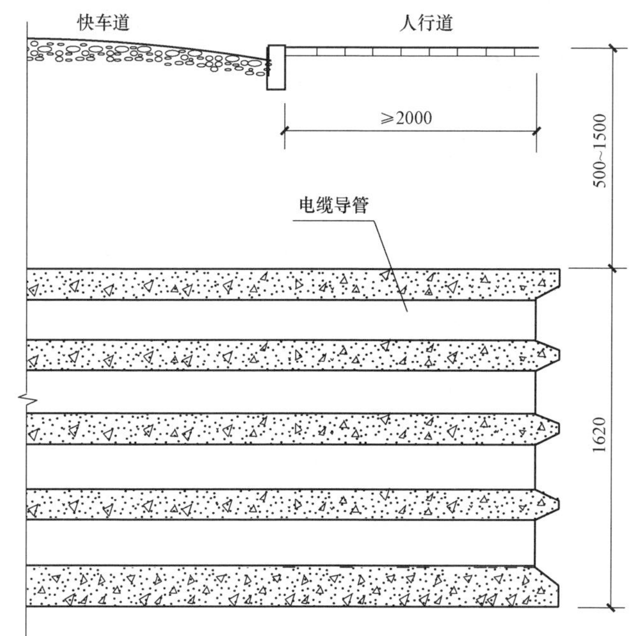

注：1. 本图按MPP塑钢复合电缆导管设计，生产厂家：山东省呈祥电工电气有限公司。
2. 排管上面的覆土应用无杂质黄土回填，并自下而上分层夯实。
3. 排管两侧各预埋一根-50×5镀锌扁钢做接地体，并与排管下面的接地装置焊接。
4. 电缆导管每根长6m，两根之间用接头密封圈连接。
5. 电缆导管ϕ240mm为内径尺寸。

图2-58	32孔电缆排管敷设施工图		
适用范围	ϕ240mm×12mm电缆导管	图号	PG-58

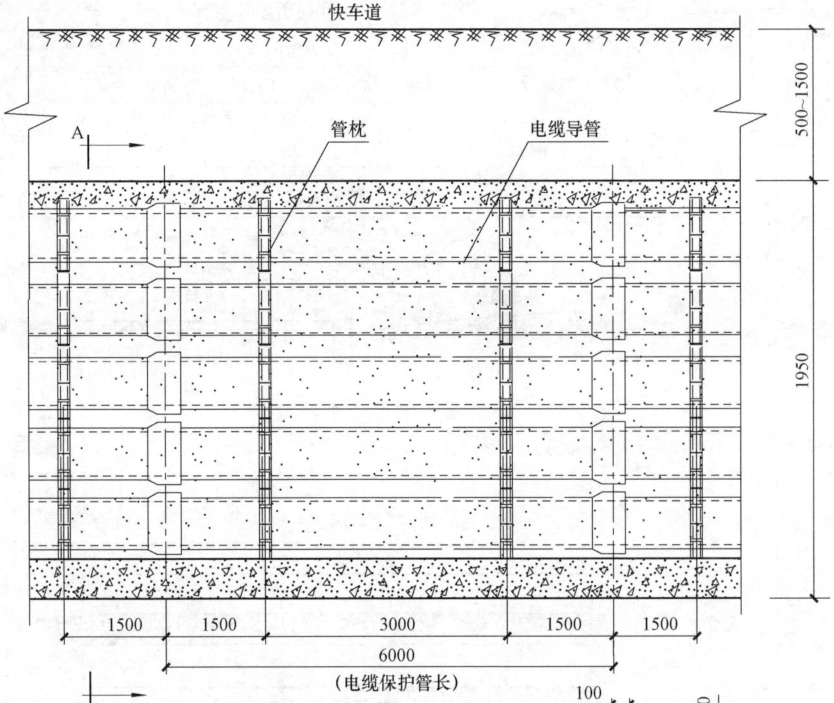

快车道
500~1500
A
管枕
电缆导管
1950
1500
1500
3000
1500
1500
6000
（电缆保护管长）
A

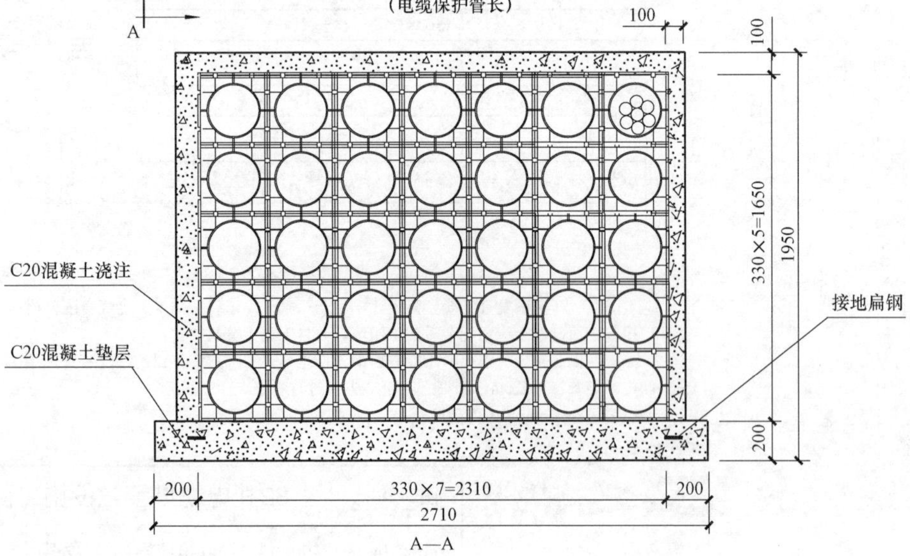

100
100
C20混凝土浇注
C20混凝土垫层
330×5=1650
1950
接地扁钢
200
200
330×7=2310
200
2710
A—A

每12m排管所需材料表

序号	名称	规格	单位	数量	备注
1	MPP塑钢复合电缆导管	MPP–SG–240×12	根	70	每根长6m
2	管枕	MPP–SG–D–240/12–Z	副	140	型号与电缆导管匹配
3	混凝土	C20	m^3	36.1	
4	接地扁钢	–50×5	m	24	
5	七孔梅花管	单孔直径35mm	m	12	用于敷设通信光缆

快车道
人行道
≥2000
500~1500
电缆导管
1950

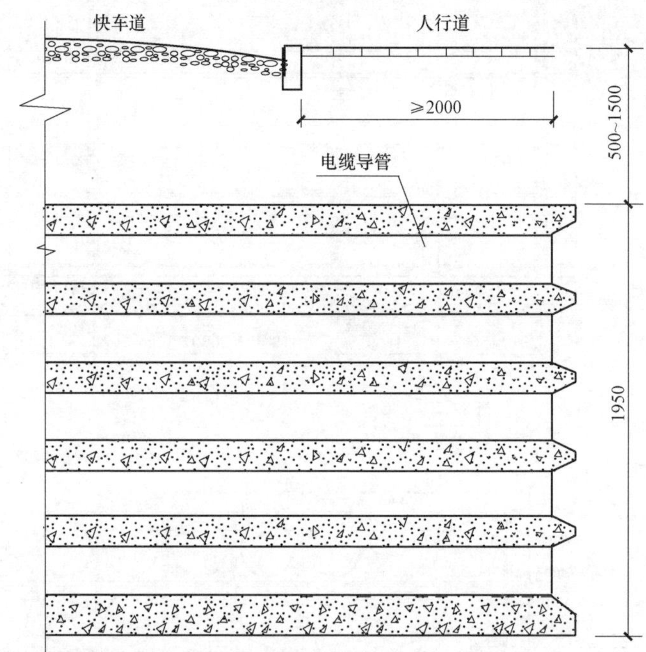

注：1. 本图按MPP塑钢复合电缆导管设计，生产厂家：山东省呈祥电工电气有限公司。
2. 排管上面的覆土应用无杂质黄土回填，并自下而上分层夯实。
3. 排管两侧各预埋一根–50×5镀锌扁钢做接地体，并与排管下面的接地装置焊接。
4. 电缆导管每根长6m，两根之间用接头密封圈连接。
5. 电缆导管ϕ240mm为内径尺寸。

图2–59	35孔电缆排管敷设施工图		
适用范围	ϕ240mm×12mm电缆导管	图号	PG–59

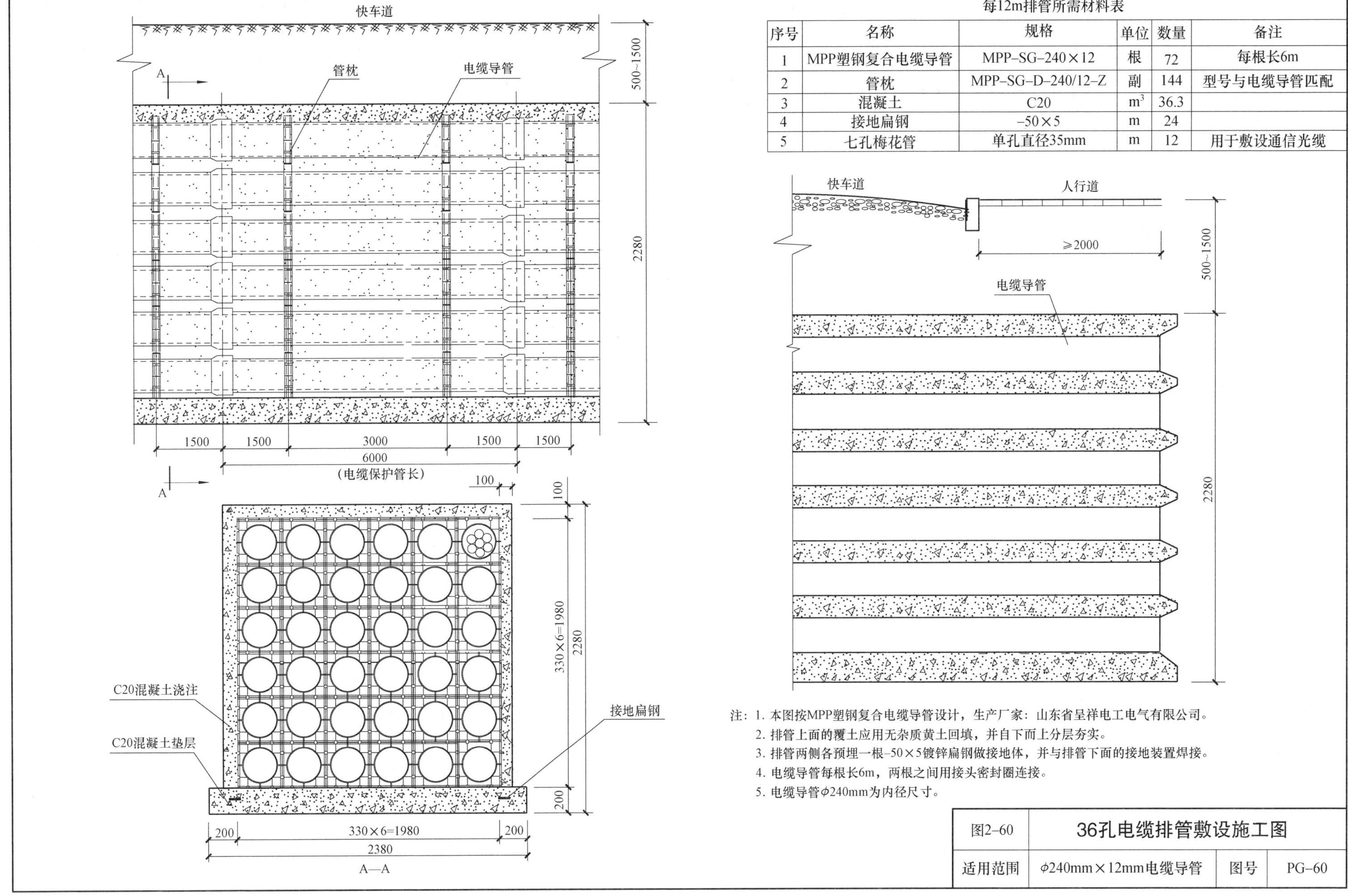

每12m排管所需材料表

序号	名称	规格	单位	数量	备注
1	MPP塑钢复合电缆导管	MPP-SG-240×12	根	72	每根长6m
2	管枕	MPP-SG-D-240/12-Z	副	144	型号与电缆导管匹配
3	混凝土	C20	m^3	36.3	
4	接地扁钢	-50×5	m	24	
5	七孔梅花管	单孔直径35mm	m	12	用于敷设通信光缆

注：1. 本图按MPP塑钢复合电缆导管设计，生产厂家：山东省呈祥电工电气有限公司。
2. 排管上面的覆土应用无杂质黄土回填，并自下而上分层夯实。
3. 排管两侧各预埋一根-50×5镀锌扁钢做接地体，并与排管下面的接地装置焊接。
4. 电缆导管每根长6m，两根之间用接头密封圈连接。
5. 电缆导管ϕ240mm为内径尺寸。

图2-60	36孔电缆排管敷设施工图		
适用范围	ϕ240mm×12mm电缆导管	图号	PG-60

第三章　电力电缆隧道敷设

电力电缆隧道是能容纳较多电力电缆的地下土建设施，适用于电缆线路高度集中的地区，如大型发电厂或变电站，进出线电缆较多的地段或并列敷设回路较多城市道路下面，电缆隧道是城市电力设施高标准规划和进一步发展的方向。

电力电缆隧道敷设的优点是：能可靠地消除外力破坏，对电力电缆的安全运行十分有利，方便维护、检修和更换电缆，能容纳大量各种电压等级的电缆；缺点是：隧道工程量大，施工难度大，投资大，工期较长，附属设施多。

是否选用电缆隧道作为电力电缆通道，需要进行综合经济技术比较。

本章电缆隧道的有7种规格，即1.4m×1.9m、1.5m×1.9m、1.6m×1.9m、1.8m×2.0m、2.0m×2.2m、2.2m×2.5m、2.5m×3.0m。另外还有46种混凝土浇制工作井及砖砌工作井和4种电缆裕沟。以上工作井中配置的爬梯分圆钢固定爬梯、圆管固定爬梯、角钢固定爬梯及角钢活动爬梯4种。电缆裕沟中配置的爬梯有角钢活动爬梯和圆管固定爬梯2种。

电力电缆隧道敷设应注意以下几点：

(1) 电缆隧道底面的坡度应按图纸0.3%的要求施工。

(2) 不同电压等级的电力电缆敷设时，高电压级电缆宜布置在隧道的下侧支架，双回路电缆应布置在隧道的两侧。

(3) 在隧道中每隔50m应设置沙子桶，在工作井口应设置灭火器。同时，隧道中最好还应设置火灾报警系统和自动灭火设备。

(4) 通信光缆在电缆隧道的支架上敷设时应穿在保护管内，然后放置在光缆槽盒内。

(5) 35kV及以上的单芯电力电缆应在支架上用电缆夹具固定。

(6) 电缆隧道为防止地下水渗入，沟底及外壁周围必须按图纸要求用高分子防水卷材包封。

施　工　图

第一节	1.4m×1.9m电缆隧道	SD-01～05
第二节	1.5m×1.9m电缆隧道	SD-06～12
第三节	1.6m×1.9m电缆隧道	SD-13～17
第四节	1.8m×2.0m电缆隧道	SD-18～31
第五节	2.0m×2.2m电缆隧道	SD-32～45
第六节	2.2m×2.5m电缆隧道	SD-46～61
第七节	2.5m×3.0m电缆隧道	SD-62～78
第八节	混凝土浇制工作井	GJ-01～39
第九节	砖砌工作井	GJ-40～46
第十节	电缆裕沟	YG-01～04

第三章

电力电缆隧道敷设

第一节　1.4m×1.9m 电缆隧道

图 3-1　1.4m×1.9m 电缆隧道配筋施工图　（沟顶覆土 0.5～2.0m）…… SD-01
图 3-2　1.4m×1.9m 电缆隧道支架安装图（1）（角钢支架，10kV 电缆 6 根，110kV 电缆 2 回路）…… SD-02
图 3-3　1.4m×1.9m 电缆隧道支架安装图（2）（角钢支架，10kV 电缆 6 根，220kV 电缆 2 回路）…… SD-03
图 3-4　1.4m×1.9m 电缆隧道支架安装图（3）（角钢支架，10kV 电缆 9 根，110kV 电缆 2 回路）…… SD-04
图 3-5　1.4m×1.9m 电缆隧道支架安装图（4）（角钢支架，10kV 电缆 18 根）…… SD-05

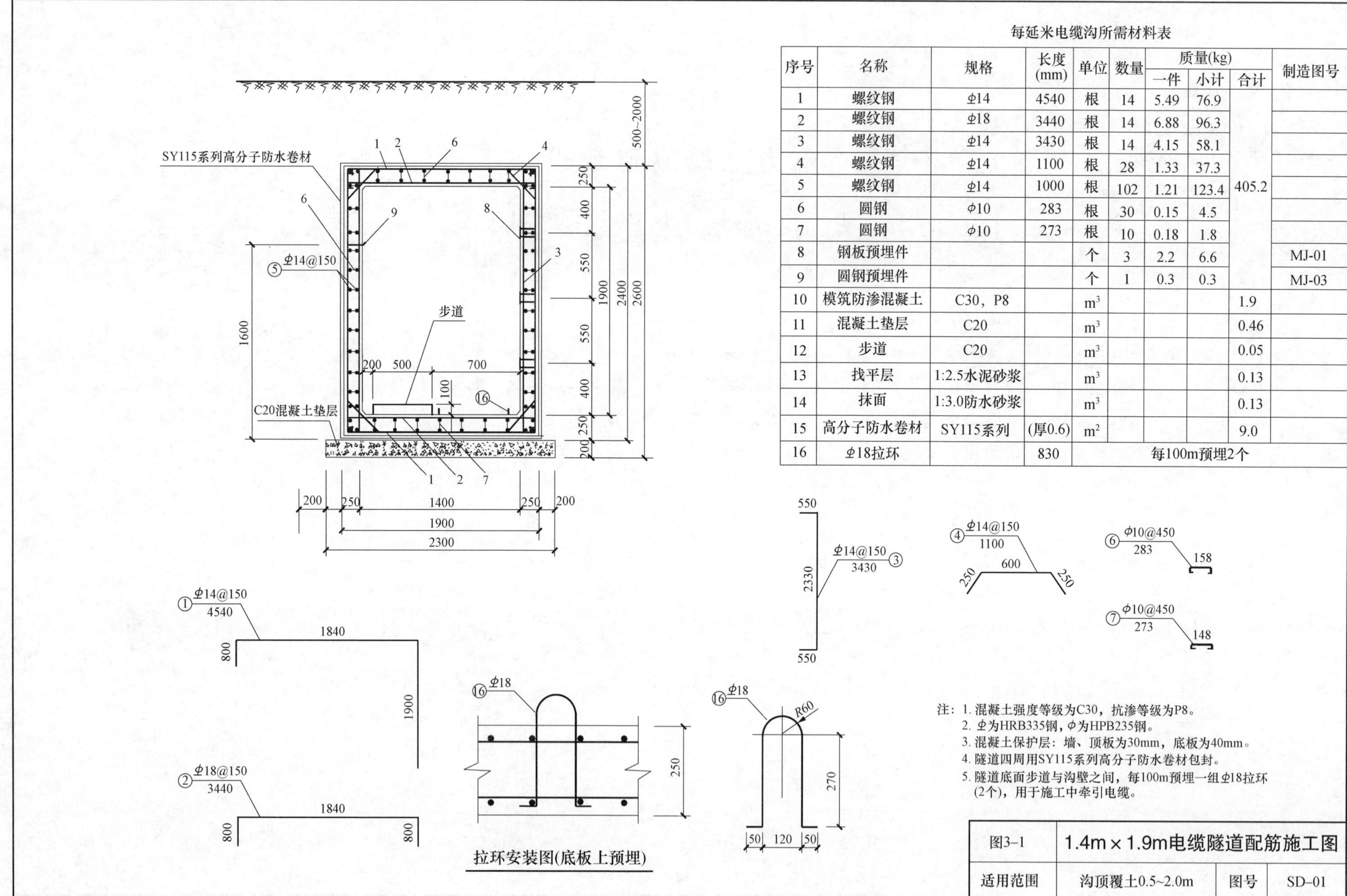

每延米电缆沟所需材料表

序号	名称	规格	长度(mm)	单位	数量	质量(kg) 一件	小计	合计	制造图号
1	螺纹钢	⌀14	4540	根	14	5.49	76.9		
2	螺纹钢	⌀18	3440	根	14	6.88	96.3		
3	螺纹钢	⌀14	3430	根	14	4.15	58.1		
4	螺纹钢	⌀14	1100	根	28	1.33	37.3		
5	螺纹钢	⌀14	1000	根	102	1.21	123.4	405.2	
6	圆钢	ϕ10	283	根	30	0.15	4.5		
7	圆钢	ϕ10	273	根	10	0.18	1.8		
8	钢板预埋件			个	3	2.2	6.6		MJ-01
9	圆钢预埋件			个	1	0.3	0.3		MJ-03
10	模筑防渗混凝土	C30，P8		m³				1.9	
11	混凝土垫层	C20		m³				0.46	
12	步道	C20		m³				0.05	
13	找平层	1:2.5水泥砂浆		m³				0.13	
14	抹面	1:3.0防水砂浆		m³				0.13	
15	高分子防水卷材	SY115系列	(厚0.6)	m²				9.0	
16	⌀18拉环		830	每100m预埋2个					

注：1. 混凝土强度等级为C30，抗渗等级为P8。
2. ⌀为HRB335钢，ϕ为HPB235钢。
3. 混凝土保护层：墙、顶板为30mm，底板为40mm。
4. 隧道四周用SY115系列高分子防水卷材包封。
5. 隧道底面步道与沟壁之间，每100m预埋一组⌀18拉环（2个），用于施工中牵引电缆。

图3-1	1.4m×1.9m电缆隧道配筋施工图		
适用范围	沟顶覆土0.5~2.0m	图号	SD-01

每10m电缆沟所需材料表

序号	名称	规格	单位	数量	质量(kg)			制造图号
					一件	小计	合计	
1	角钢支架	1号	个	10.0	27.8	278.0	317.2	ZJ－01
2	接地扁钢	－50×5	m	20	1.96	39.2		

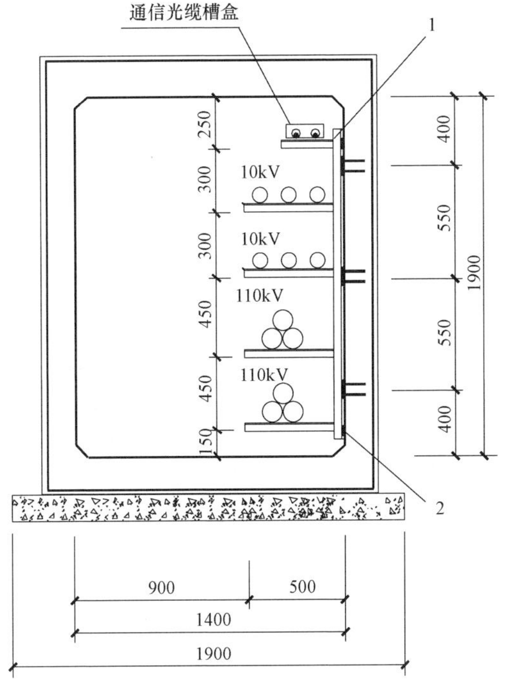

注：1. 电缆支架间距1.0m。
2. 隧道内接地扁钢每侧上、下焊两根，并从隧道顶部引出与接地装置连接。

图3-2	1.4m×1.9m电缆隧道支架安装图(1)		
适用范围	角钢支架， 10kV电缆6根，110kV电缆2回路	图号	SD-02

每10m电缆沟所需材料表

序号	名称	规格	单位	数量	质量(kg)			制造图号
					一件	小计	合计	
1	角钢支架	2号	个	10.0	26.4	264.0	311.2	ZJ－02
2	电缆吊钩	$\phi8$	个	20	0.4	8.0		DG－01
3	接地扁钢	－50×5	m	20	1.96	39.2		

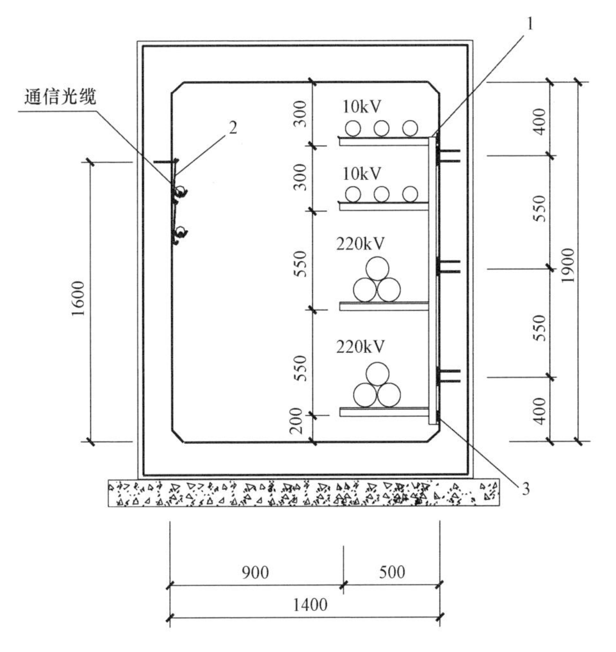

注：1. 电缆支架间距1.0m。
2. 隧道内接地扁钢每侧上、下焊两根，并从隧道顶部引出与接地装置连接。

图3-3	1.4m×1.9m电缆隧道支架安装图(2)		
适用范围	角钢支架， 10kV电缆6根，220kV电缆2回路	图号	SD-03

每10m电缆沟所需材料表

序号	名称	规格	单位	数量	质量(kg)			制造图号
					一件	小计	合计	
1	角钢支架	3号	个	10.0	31.2	312.0	359.2	ZJ－03
2	电缆吊钩	φ8	个	20	0.4	8.0		DG－01
3	接地扁钢	－50×5	m	20	1.96	39.2		

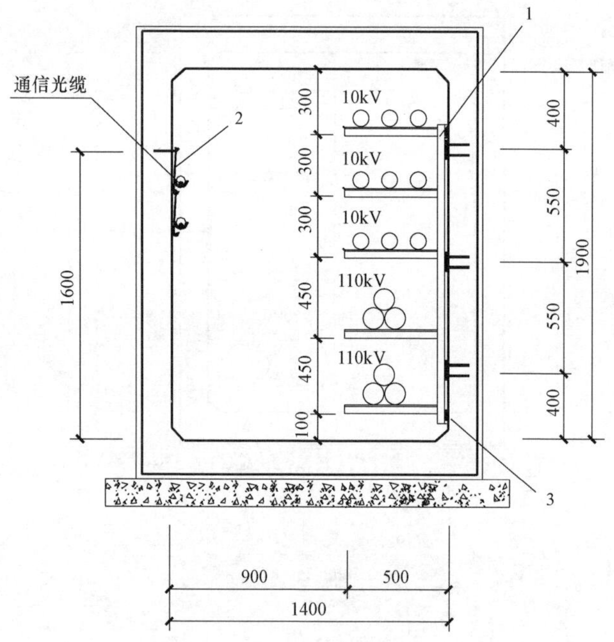

注：1. 电缆支架间距1.0m。
2. 隧道内接地扁钢每侧上、下焊两根，并从隧道顶部引出与接地装置连接。

图3–4	1.4m×1.9m电缆隧道支架安装图(3)		
适用范围	角钢支架， 10kV电缆9根，110kV电缆2回路	图号	SD–04

每10m电缆沟所需材料表

序号	名称	规格	单位	数量	质量（kg）			制造图号
					一件	小计	合计	
1	角钢支架	4号	个	10.0	35.5	355.0	402.2	ZJ－04
2	电缆吊钩	φ8	个	20	0.4	8.0		DG－01
3	接地扁钢	－50×5	m	20	1.96	39.2		

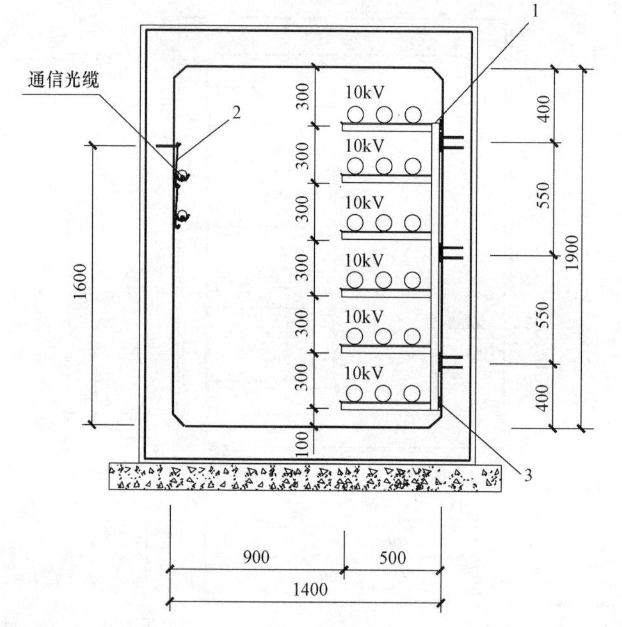

注：1. 电缆支架间距1.0m。
2. 隧道内接地扁钢每侧上、下焊两根，并从隧道顶部引出与接地装置连接。

图3–5	1.4m×1.9m电缆隧道支架安装图(4)		
适用范围	角钢支架， 10kV电缆18根	图号	SD–05

第三章

电力电缆隧道敷设

第二节　1.5m×1.9m 电缆隧道

图 3-6　1.5mm×1.9m 电缆隧道配筋施工图　（沟顶覆土 0.5～2.0m）……SD-06
图 3-7　1.5mm×1.9m 电缆隧道支架安装图（1）（角钢支架，10kV 电缆 8 根，110kV 电缆 2 回路）……SD-07
图 3-8　1.5mm×1.9m 电缆隧道支架安装图（2）（角钢支架，10kV 电缆 8 根，220kV 电缆 2 回路）……SD-08
图 3-9　1.5mm×1.9m 电缆隧道支架安装图（3）（角钢支架，10kV 电缆 12 根，110kV 电缆 2 回路）……SD-09
图 3-10　1.5mm×1.9m 电缆隧道支架安装图（4）（角钢支架，10kV 电缆 8 根，220kV 电缆 2 回路）……SD-10
图 3-11　1.5mm×1.9m 电缆隧道支架安装图（5）（角钢支架，10kV 电缆 24 根）……SD-11
图 3-12　1.5mm×1.9m 电缆隧道支架安装图（6）（角钢支架，10kV 电缆 20 根）……SD-12

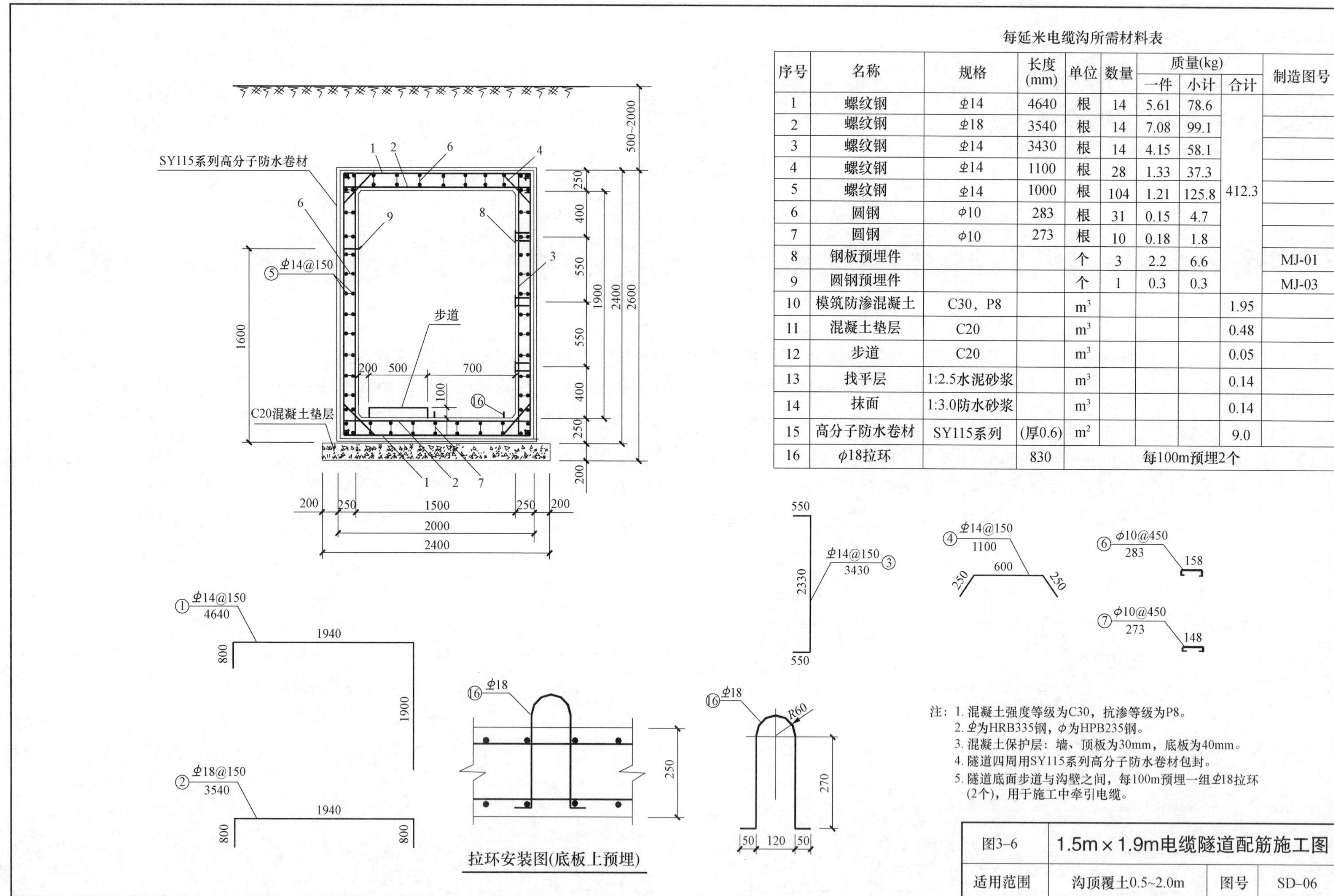

每延米电缆沟所需材料表

序号	名称	规格	长度(mm)	单位	数量	质量(kg) 一件	小计	合计	制造图号
1	螺纹钢	⌀14	4640	根	14	5.61	78.6	412.3	
2	螺纹钢	⌀18	3540	根	14	7.08	99.1		
3	螺纹钢	⌀14	3430	根	14	4.15	58.1		
4	螺纹钢	⌀14	1100	根	28	1.33	37.3		
5	螺纹钢	⌀14	1000	根	104	1.21	125.8		
6	圆钢	ϕ10	283	根	31	0.15	4.7		
7	圆钢	ϕ10	273	根	10	0.18	1.8		
8	钢板预埋件			个	3	2.2	6.6		MJ-01
9	圆钢预埋件			个	1	0.3	0.3		MJ-03
10	模筑防渗混凝土	C30，P8		m³				1.95	
11	混凝土垫层	C20		m³				0.48	
12	步道	C20		m³				0.05	
13	找平层	1:2.5水泥砂浆		m³				0.14	
14	抹面	1:3.0防水砂浆		m³				0.14	
15	高分子防水卷材	SY115系列	(厚0.6)	m²				9.0	
16	ϕ18拉环		830	每100m预埋2个					

注：1. 混凝土强度等级为C30，抗渗等级为P8。
2. ⌀为HRB335钢，ϕ为HPB235钢。
3. 混凝土保护层：墙、顶板为30mm，底板为40mm。
4. 隧道四周用SY115系列高分子防水卷材包封。
5. 隧道底面步道与沟壁之间，每100m预埋一组⌀18拉环（2个），用于施工中牵引电缆。

图3–6	1.5m×1.9m电缆隧道配筋施工图		
适用范围	沟顶覆土0.5~2.0m	图号	SD–06

每10m电缆沟所需材料表

序号	名称	规格	单位	数量	质量(kg)			制造图号
					一件	小计	合计	
1	角钢支架	5号	个	10	31.1	311.0	350.2	ZJ－05
2	接地扁钢	－50×5	m	20	1.96	39.2		

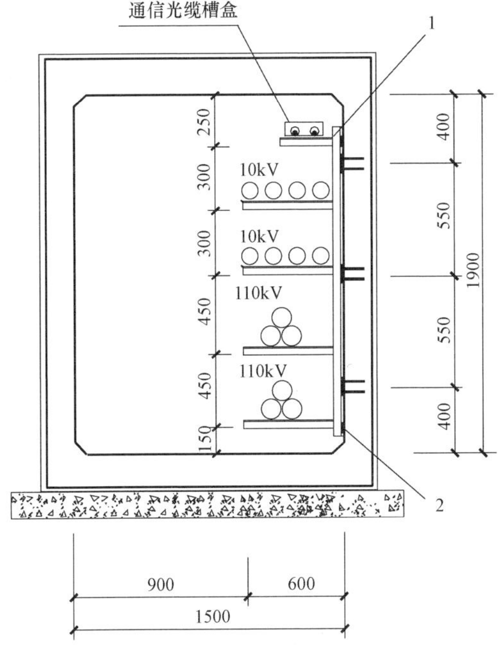

注：1. 电缆支架间距1.0m。
2. 隧道内接地扁钢每侧上、下焊两根，并从隧道顶部引出与接地装置连接。

图3-7	1.5m×1.9m电缆隧道支架安装图(1)		
适用范围	角钢支架， 10kV电缆8根，110kV电缆2回路	图号	SD-07

每10m电缆沟所需材料表

序号	名称	规格	单位	数量	质量(kg)			制造图号
					一件	小计	合计	
1	角钢支架	6号	个	10	29.4	294.0	341.2	ZJ－06
2	电缆吊钩	$\phi 8$	个	20	0.4	8.0		DG－01
3	接地扁钢	－50×5	m	20	1.96	39.2		

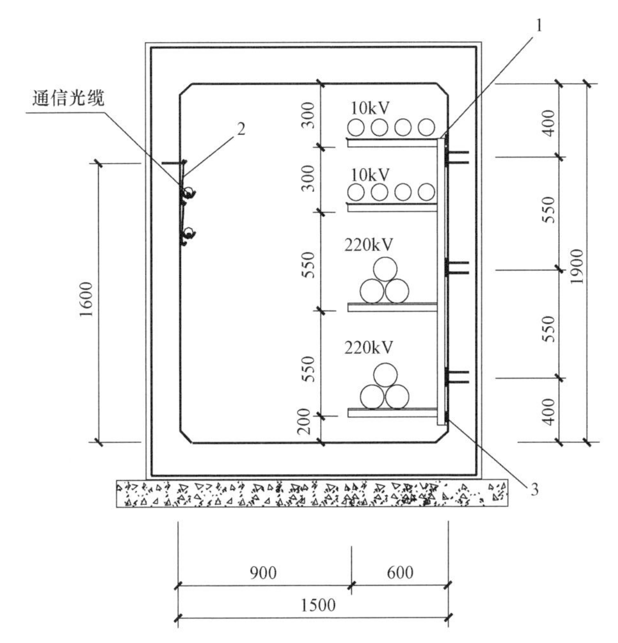

注：1. 电缆支架间距1.0m。
2. 隧道内接地扁钢每侧上、下焊两根，并从隧道顶部引出与接地装置连接。

图3-8	1.5m×1.9m电缆隧道支架安装图(2)		
适用范围	角钢支架， 10kV电缆8根，220kV电缆2回路	图号	SD-08

每10m电缆沟所需材料表

序号	名称	规格	单位	数量	质量(kg)			制造图号
					一件	小计	合计	
1	角钢支架	7号	个	10	34.8	348.0	395.2	ZJ－07
2	电缆吊钩	ϕ8	个	20	0.4	8.0		DG－01
3	接地扁钢	－50×5	m	20	1.96	39.2		

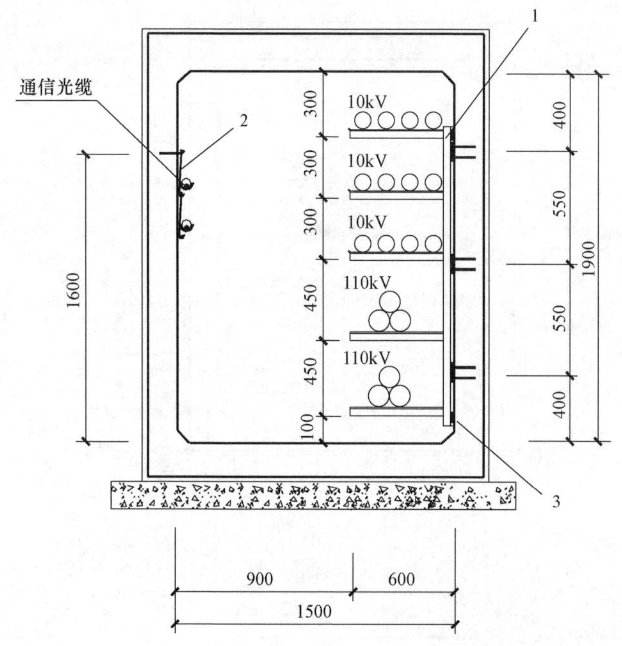

注：1. 电缆支架间距1.0m。
2. 隧道内接地扁钢每侧上、下焊两根，并从隧道顶部引出与接地装置连接。

图3-9	1.5m×1.9m电缆隧道支架安装图(3)		
适用范围	角钢支架， 10kV电缆12根，110kV电缆2回路	图号	SD-09

每10m电缆沟所需材料表

序号	名称	规格	单位	数量	质量(kg)			制造图号
					一件	小计	合计	
1	角钢支架	8号	个	10	32.6	326.0	365.2	ZJ－08
2	接地扁钢	－50×5	个	20	1.96	39.2		

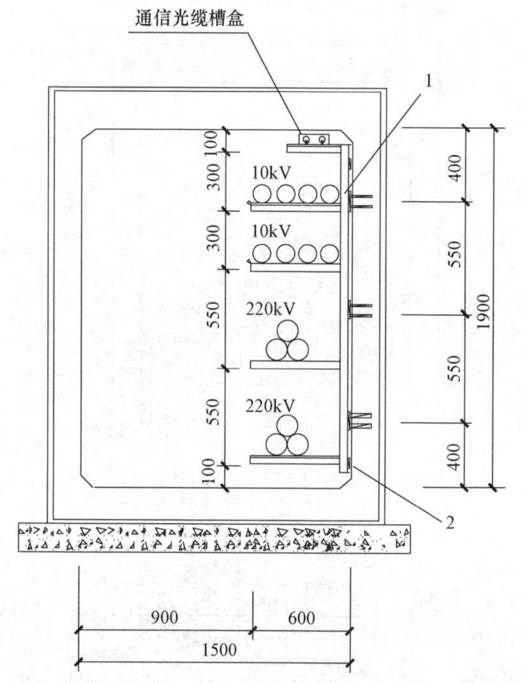

注：1. 电缆支架间距1.0m。
2. 隧道内接地扁钢每侧上、下焊两根，并从隧道顶部引出与接地装置连接。

图3-10	1.5m×1.9m电缆隧道支架安装图(4)		
适用范围	角钢支架， 10kV电缆8根，220kV电缆2回路	图号	SD-10

每10m电缆沟所需材料表

序号	名称	规格	单位	数量	质量(kg) 一件	小计	合计	制造图号
1	角钢支架	9号	个	10	40.0	400.0	447.2	ZJ−09
2	电缆吊钩	ϕ8	个	20	0.4	8.0		DG−01
3	接地扁钢	−50×5	m	20	1.96	39.2		

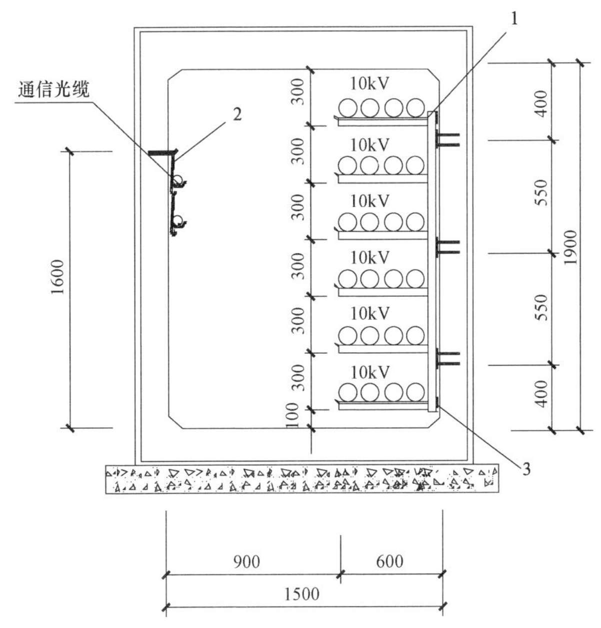

注：1. 电缆支架间距1.0m。
2. 隧道内接地扁钢每侧上、下焊两根，并从隧道顶部引出与接地装置连接。

图3–11	1.5m×1.9m电缆隧道支架安装图(5)		
适用范围	角钢支架，10kV电缆24根	图号	SD–11

每10m电缆沟所需材料表

序号	名称	规格	单位	数量	质量(kg) 一件	小计	合计	制造图号
1	角钢支架	10号	个	10	36.2	362.0	401.2	ZJ−10
2	接地扁钢	−50×5	m	20	1.96	39.2		

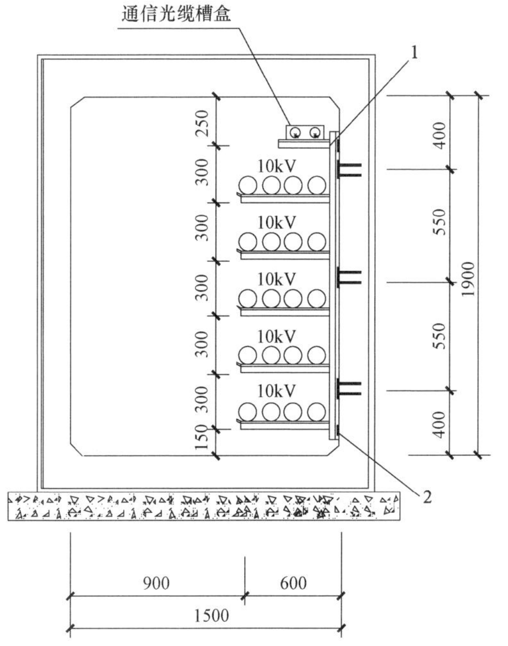

注：1. 电缆支架间距1.0m。
2. 隧道内接地扁钢每侧上、下焊两根，并从隧道顶部引出与接地装置连接。

图3–12	1.5m×1.9m电缆隧道支架安装图(6)		
适用范围	角钢支架，10kV电缆20根	图号	SD–12

第三章

电力电缆隧道敷设

第三节　1.6m×1.9m电缆隧道

图3-13　1.6m×1.9m电缆隧道配筋施工图　（沟顶覆土0.5～2.0m）……SD-13
图3-14　1.6m×1.9m电缆隧道支架安装图（1）（角钢支架，10kV电缆5根，35kV电缆2回路，110kV电缆2回路）……SD-14
图3-15　1.6m×1.9m电缆隧道支架安装图（2）（角钢支架，10kV电缆15根，110kV电缆2回路）……SD-15
图3-16　1.6m×1.9m电缆隧道支架安装图（3）（角钢支架，110kV电缆2回路，220kV电缆2回路）……SD-16
图3-17　1.6m×1.9m电缆隧道支架安装图（4）（角钢支架，10kV电缆30根）……SD-17

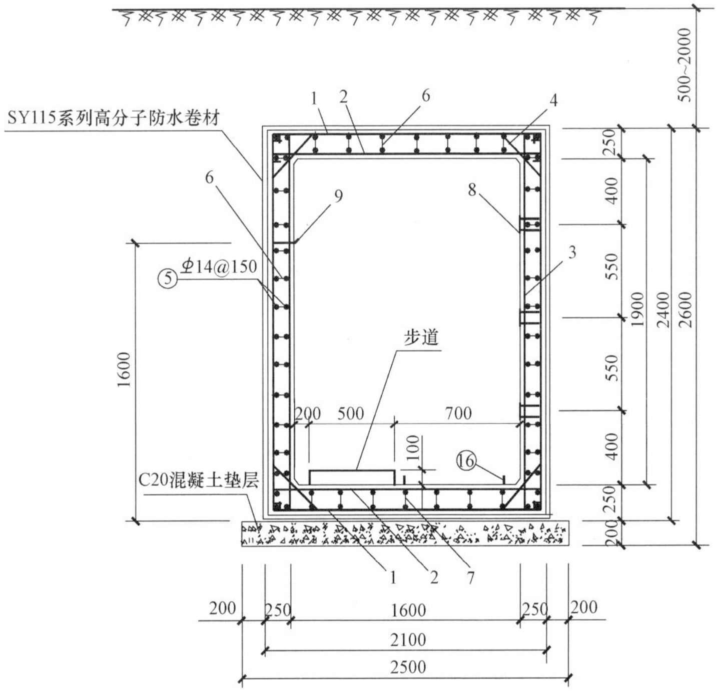

每延米电缆沟所需材料表

序号	名称	规格	长度(mm)	单位	数量	质量(kg) 一件	小计	合计	制造图号
1	螺纹钢	Φ14	4740	根	14	5.74	80.3	419.6	
2	螺纹钢	Φ18	3640	根	14	7.28	101.9		
3	螺纹钢	Φ14	3430	根	14	4.15	58.1		
4	螺纹钢	Φ14	1100	根	28	1.33	37.3		
5	螺纹钢	Φ14	1000	根	106	1.21	128.3		
6	圆钢	φ10	283	根	32	0.15	4.8		
7	圆钢	φ10	273	根	11	0.18	2.0		
8	钢板预埋件			个	3	2.2	6.6		MJ-01
9	圆钢预埋件			个	1	0.3	0.3		MJ-03
10	模筑防渗混凝土	C30，P8		m^3				2.0	
11	混凝土垫层	C20		m^3				0.5	
12	步道	C20		m^3				0.05	
13	找平层	1:2.5水泥砂浆		m^3				0.14	
14	抹面	1:3.0防水砂浆		m^3				0.14	
15	高分子防水卷材	SY115系列	(厚0.6)	m^2				9.4	
16	φ18拉环		830	每100m预埋2个					

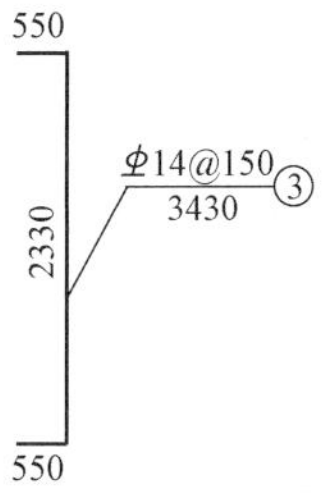

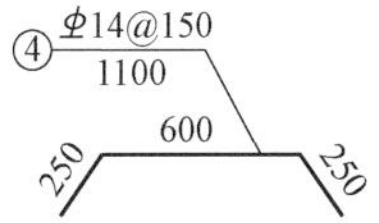

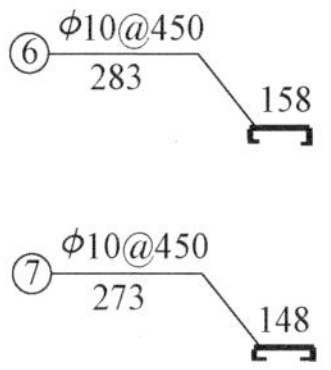

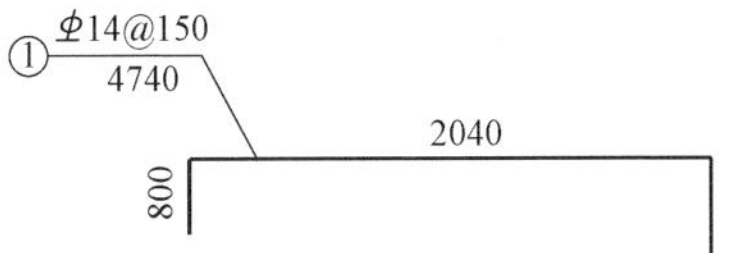

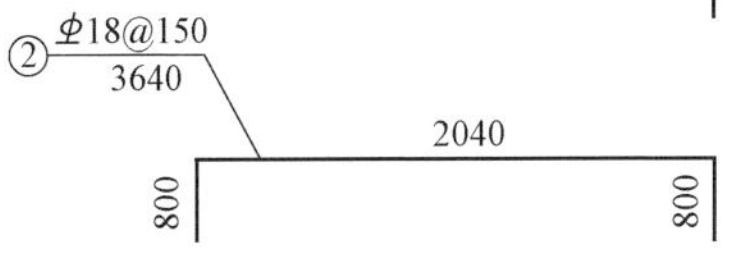

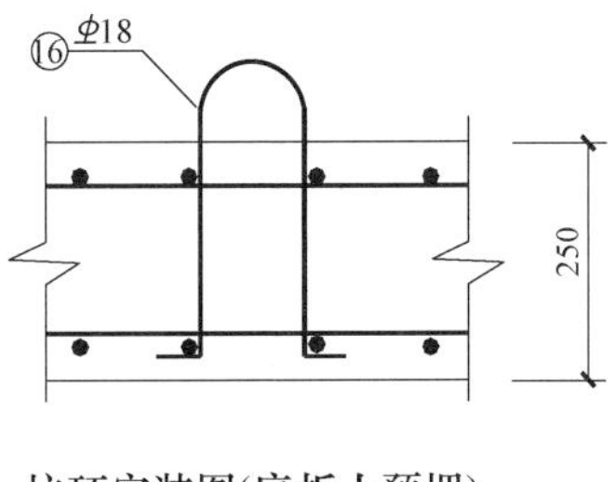

拉环安装图(底板上预埋)

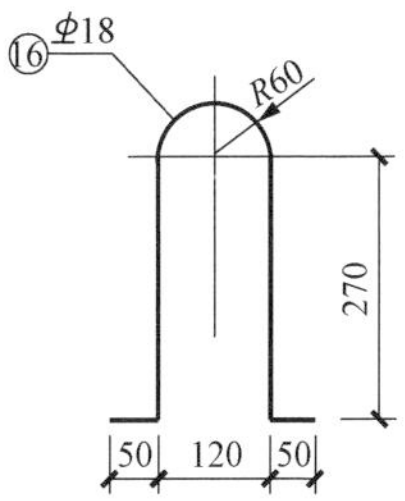

注：1. 混凝土强度等级为C30，抗渗等级为P8。
2. Φ为HRB335钢，φ为HPB235钢。
3. 混凝土保护层：墙、顶板为30mm，底板为40mm。
4. 隧道四周用SY115系列高分子防水卷材包封。
5. 隧道底面步道与沟壁之间，每100m预埋一组Φ18拉环(2个)，用于施工中牵引电缆。

图3–13	1.6m×1.9m电缆隧道配筋施工图		
适用范围	沟顶覆土0.5~2.0m	图号	SD–13

每10m电缆沟所需材料表

序号	名称	规格	单位	数量	质量(kg) 一件	小计	合计	制造图号
1	角钢支架	11号	个	10	41.7	417.0	464.2	ZJ－11
2	电缆吊钩	$\phi 8$	个	20	0.4	8.0		DG－01
3	接地扁钢	－50×5	m	20	1.96	39.2		

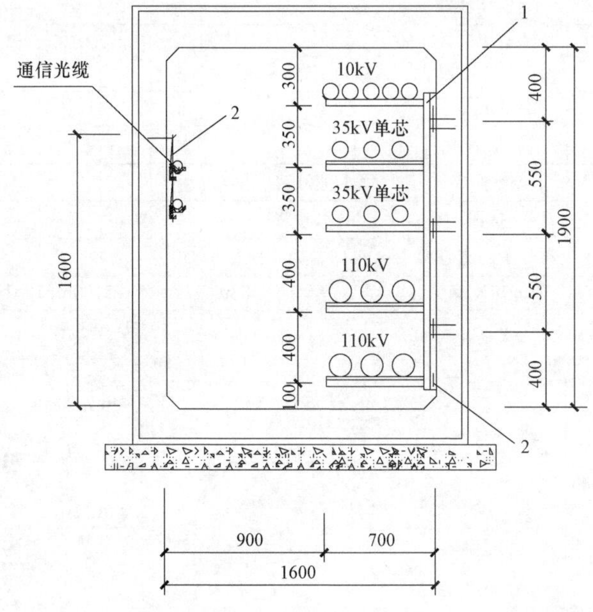

注：1. 电缆支架间距1.0m。
2. 隧道内接地扁钢每侧上、下焊两根，并从隧道顶部引出与接地装置连接。

图3-14	1.6m×1.9m电缆隧道支架安装图(1)		
适用范围	角钢支架，10kV电缆5根 35kV电缆2回路，110kV电缆2回路	图号	SD-14

每10m电缆沟所需材料表

序号	名称	规格	单位	数量	质量(kg) 一件	小计	合计	制造图号
1	角钢支架	12号	个	10	41.2	412.0	459.2	ZJ-12
2	电缆吊钩	$\phi 8$	个	20	0.4	8.0		DG-01
3	接地扁钢	－50×5	m	20	1.96	39.2		

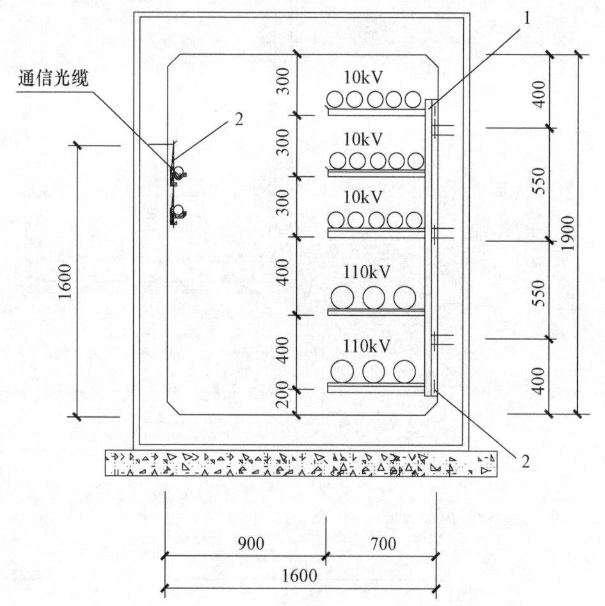

注：1. 电缆支架间距1.0m。
2. 隧道内接地扁钢每侧上、下焊两根，并从隧道顶部引出与接地装置连接。

图3-15	1.6m×1.9m电缆隧道支架安装图(2)		
适用范围	角钢支架， 10kV电缆15根，110kV电缆2回路	图号	SD-15

每10m电缆沟所需材料表

序号	名称	规格	单位	数量	质量(kg) 一件	小计	合计	制造图号
1	角钢支架	13号	个	10	34.4	344.0	383.2	ZJ－13
2	电缆吊钩	ϕ8	个	20	0.4	8.0		DG－01
3	接地扁钢	－50×5	m	20	1.96	39.2		

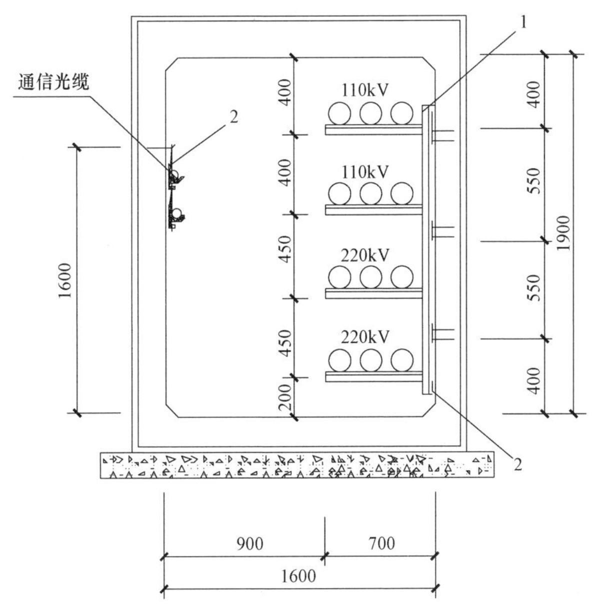

注：1. 电缆支架间距1.0m。
2. 隧道内接地扁钢每侧上、下焊两根，并从隧道顶部引出与接地装置连接。

图3-16	1.6m×1.9m电缆隧道支架安装图(3)		
适用范围	角钢支架，110kV电缆2回路，220kV电缆2回路	图号	SD-16

每10m电缆沟所需材料表

序号	名称	规格	单位	数量	质量(kg) 一件	小计	合计	制造图号
1	角钢支架	14号	个	10	48.0	480.0	527.2	ZJ-14
2	电缆吊钩	ϕ8	个	20	0.4	8.0		DG－01
3	接地扁钢	－50×5	m	20	1.96	39.2		

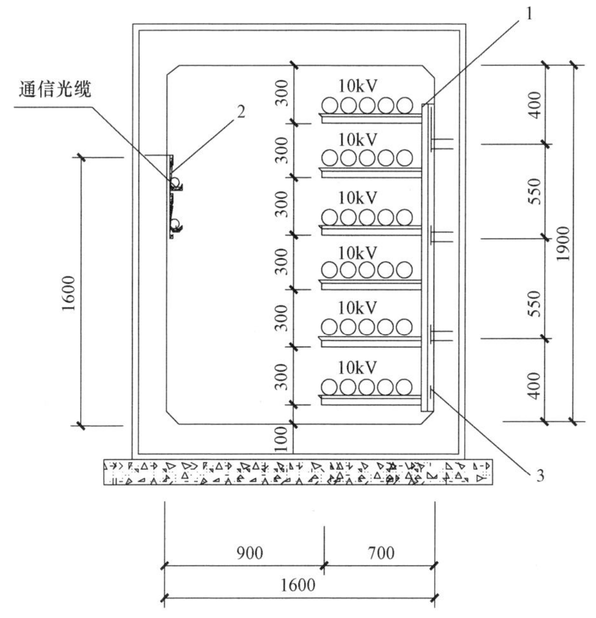

注：1. 电缆支架间距1.0m。
2. 隧道内接地扁钢每侧上、下焊两根，并从隧道顶部引出与接地装置连接。

图3-17	1.6m×1.9m电缆隧道支架安装图(4)		
适用范围	角钢支架，10kV电缆30根	图号	SD-17

第三章

电力电缆隧道敷设

第四节　1.8m×2.0m电缆隧道

图3-18　1.8m×2.0m电缆隧道配筋施工图（1）（沟顶覆土0.5～1.0m）……SD-18

图3-19　1.8m×2.0m电缆隧道配筋施工图（2）（沟顶覆土1.0～2.0m）……SD-19

图3-20　1.8m×2.0m电缆隧道支架安装图（1）（角钢支架，10kV电缆6根，110kV电缆6回路）……SD-20

图3-21　1.8m×2.0m电缆隧道支架安装图（2）（角钢支架，10kV电缆15根，110kV电缆4回路）……SD-21

图3-22　1.8m×2.0m电缆隧道支架安装图（3）（角钢支架，10kV电缆10根，35kV电缆2回路，220kV电缆2回路）……SD-22

图3-23　1.8m×2.0m电缆隧道支架安装图（4）（角钢支架，10kV电缆12根，35kV电缆2回路，110kV电缆2回路）……SD-23

图3-24　1.8m×2.0m电缆隧道支架安装图（5）（角钢支架，10kV电缆27根，110kV电缆2回路）……SD-24

图3-25　1.8m×2.0m电缆隧道支架安装图（6）（角钢支架，10kV电缆15根，110kV电缆2回路）……SD-25

图3-26　1.8m×2.0m电缆隧道支架安装图（7）（组合悬挂式玻璃钢支架，10kV电缆13根，110kV电缆4回路）……SD-26

图3-27　1.8m×2.0m电缆隧道支架安装图（8）（组合悬挂式玻璃钢支架，10kV电缆10根，110kV电缆2回路，220kV电缆2回路）……SD-27

图3-28　1.8m×2.0m电缆隧道支架安装图（9）（组合悬挂式玻璃钢支架，10kV电缆28根）……SD-28

图3-29　1.8m×2.0m电缆隧道支架安装图（10）（组合悬挂式、承插式玻璃钢支架，10kV电缆28根）……SD-29

图3-30　1.8m×2.0m电缆隧道支架安装图（11）（承插式玻璃钢支架，10kV电缆28根）……SD-30

图3-31　1.8m×2.0m电缆隧道支架安装图（12）（承插式、平板型玻璃钢支架，10kV电缆14根，110kV电缆2回路）……SD-31

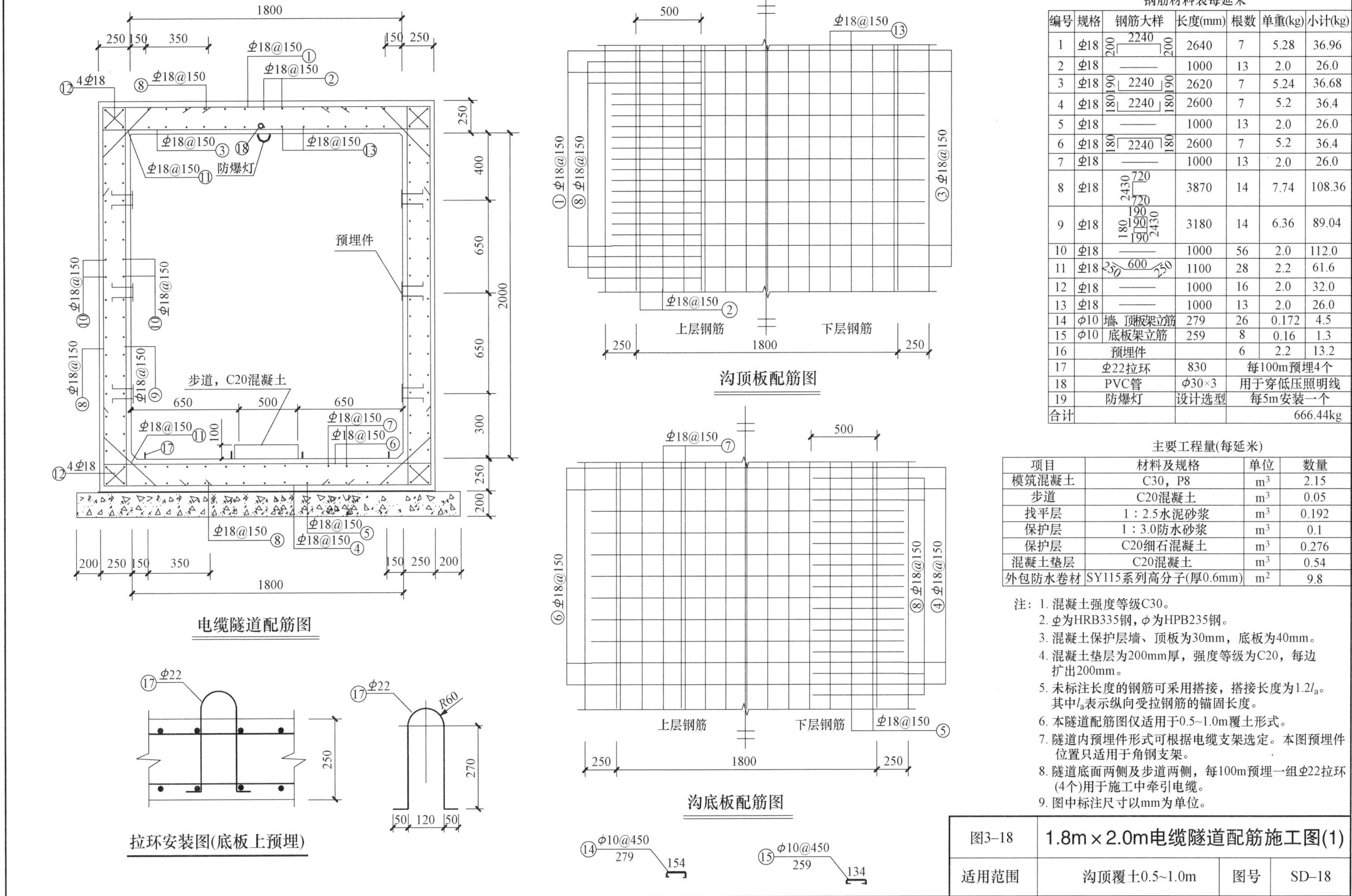

钢筋材料表每延米

编号	规格	钢筋大样	长度(mm)	根数	单重(kg)	小计(kg)
1	Φ18	200 2240 200	2640	7	5.28	36.96
2	Φ18	——	1000	13	2.0	26.0
3	Φ18	190 2240 190	2620	7	5.24	36.68
4	Φ18	180 2240 180	2600	7	5.2	36.4
5	Φ18	——	1000	13	2.0	26.0
6	Φ18	180 2240 180	2600	7	5.2	36.4
7	Φ18	——	1000	13	2.0	26.0
8	Φ18	720 2430 720	3870	14	7.74	108.36
9	Φ18	190 180 190 190 2430	3180	14	6.36	89.04
10	Φ18	——	1000	56	2.0	112.0
11	Φ18	250 600 250	1100	28	2.2	61.6
12	Φ18	——	1000	16	2.0	32.0
13	Φ18	——	1000	13	2.0	26.0
14	φ10	墙、顶板架立筋	279	26	0.172	4.5
15	φ10	底板架立筋	259	8	0.16	1.3
16	预埋件			6	2.2	13.2
17	Φ22拉环		830	每100m预埋4个		
18	PVC管		φ30×3	用于穿低压照明线		
19	防爆灯		设计选型	每5m安装一个		
合计				666.44kg		

主要工程量(每延米)

项目	材料及规格	单位	数量
模筑混凝土	C30，P8	m^3	2.15
步道	C20混凝土	m^3	0.05
找平层	1：2.5水泥砂浆	m^3	0.192
保护层	1：3.0防水砂浆	m^3	0.1
保护层	C20细石混凝土	m^3	0.276
混凝土垫层	C20混凝土	m^3	0.54
外包防水卷材	SY115系列高分子(厚0.6mm)	m^2	9.8

注：1. 混凝土强度等级C30。
2. Φ为HRB335钢，φ为HPB235钢。
3. 混凝土保护层墙、顶板为30mm，底板为40mm。
4. 混凝土垫层为200mm厚，强度等级为C20，每边扩出200mm。
5. 未标注长度的钢筋可采用搭接，搭接长度为$1.2l_a$。其中l_a表示纵向受拉钢筋的锚固长度。
6. 本隧道配筋图仅适用于0.5~1.0m覆土形式。
7. 隧道内预埋件形式可根据电缆支架选定。本图预埋件位置只适用于角钢支架。
8. 隧道底面两侧及步道两侧，每100m预埋一组Φ22拉环(4个)用于施工中牵引电缆。
9. 图中标注尺寸以mm为单位。

图3-18	1.8m×2.0m电缆隧道配筋施工图(1)		
适用范围	沟顶覆土0.5~1.0m	图号	SD-18

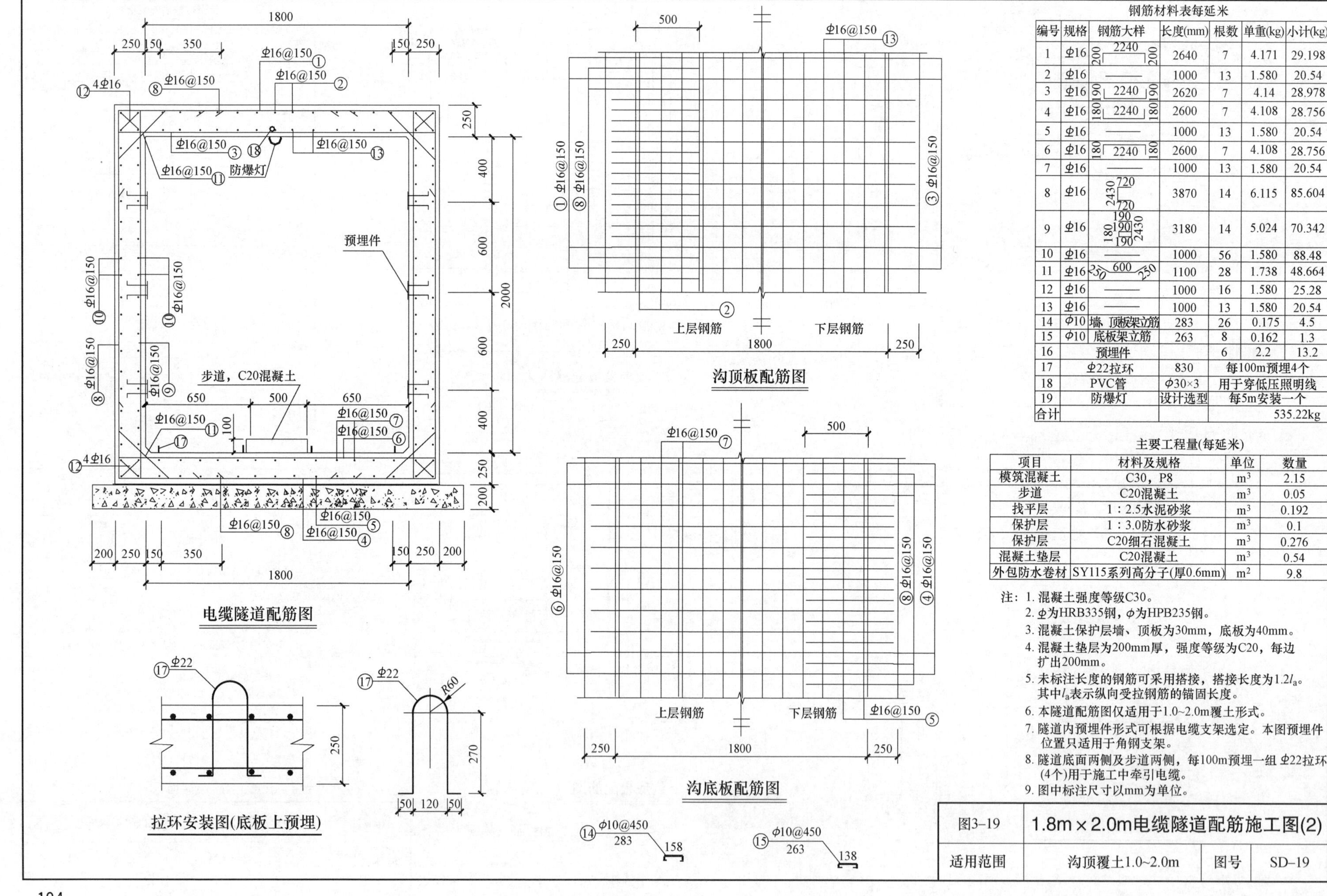

钢筋材料表每延米

编号	规格	钢筋大样	长度(mm)	根数	单重(kg)	小计(kg)
1	⌀16	200 2240 200	2640	7	4.171	29.198
2	⌀16	——	1000	13	1.580	20.54
3	⌀16	190 2240 190	2620	7	4.14	28.978
4	⌀16	180 2240 180	2600	7	4.108	28.756
5	⌀16	——	1000	13	1.580	20.54
6	⌀16	180 2240 180	2600	7	4.108	28.756
7	⌀16	——	1000	13	1.580	20.54
8	⌀16	720 2430 720	3870	14	6.115	85.604
9	⌀16	190 180 190 190 2430	3180	14	5.024	70.342
10	⌀16	——	1000	56	1.580	88.48
11	⌀16	250 600 250	1100	28	1.738	48.664
12	⌀16	——	1000	16	1.580	25.28
13	⌀16	——	1000	13	1.580	20.54
14	ϕ10	墙、顶板架立筋	283	26	0.175	4.5
15	ϕ10	底板架立筋	263	8	0.162	1.3
16	预埋件			6	2.2	13.2
17	⌀22拉环		830	每100m预埋4个		
18	PVC管		ϕ30×3	用于穿低压照明线		
19	防爆灯		设计选型	每5m安装一个		
合计						535.22kg

主要工程量(每延米)

项目	材料及规格	单位	数量
模筑混凝土	C30，P8	m^3	2.15
步道	C20混凝土	m^3	0.05
找平层	1：2.5水泥砂浆	m^3	0.192
保护层	1：3.0防水砂浆	m^3	0.1
保护层	C20细石混凝土	m^3	0.276
混凝土垫层	C20混凝土	m^3	0.54
外包防水卷材	SY115系列高分子(厚0.6mm)	m^2	9.8

注：1. 混凝土强度等级C30。
2. ⌀为HRB335钢，ϕ为HPB235钢。
3. 混凝土保护层墙、顶板为30mm，底板为40mm。
4. 混凝土垫层为200mm厚，强度等级为C20，每边扩出200mm。
5. 未标注长度的钢筋可采用搭接，搭接长度为$1.2l_a$。其中l_a表示纵向受拉钢筋的锚固长度。
6. 本隧道配筋图仅适用于1.0~2.0m覆土形式。
7. 隧道内预埋件形式可根据电缆支架选定。本图预埋件位置只适用于角钢支架。
8. 隧道底面两侧及步道两侧，每100m预埋一组 ⌀22拉环(4个)用于施工中牵引电缆。
9. 图中标注尺寸以mm为单位。

图3-19	1.8m×2.0m电缆隧道配筋施工图(2)		
适用范围	沟顶覆土1.0~2.0m	图号	SD-19

每10m电缆沟所需材料表

序号	名称	规格	单位	数量	质量(kg) 一件	小计	合计	制造图号
1	角钢支架	15号	个	20.0	22.5	450.0	528.4	ZJ－15
2	接地扁钢	－50×5	m	40	1.96	78.4		

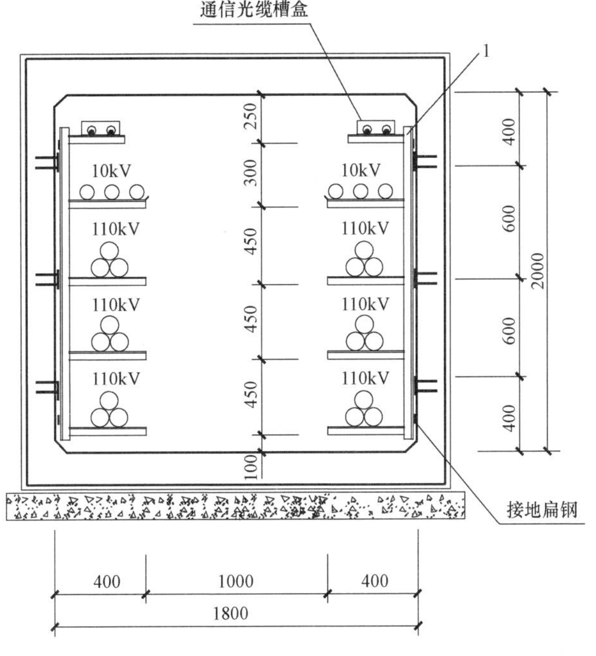

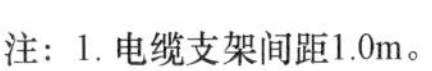
注：1. 电缆支架间距1.0m。
2. 隧道内接地扁钢每侧上、下焊两根，并从隧道顶部引出与接地装置连接。

图3–20	1.8m×2.0m电缆隧道支架安装图(1)		
适用范围	角钢支架，10kV电缆6根，110kV电缆6回路	图号	SD–20

每10m电缆沟所需材料表

序号	名称	规格	单位	数量	质量(kg) 一件	小计	合计	制造图号
1	角钢支架	16号	个	20.0	23.9	478.0	556.4	ZJ－16
2	接地扁钢	－50×5	m	40	1.96	78.4		

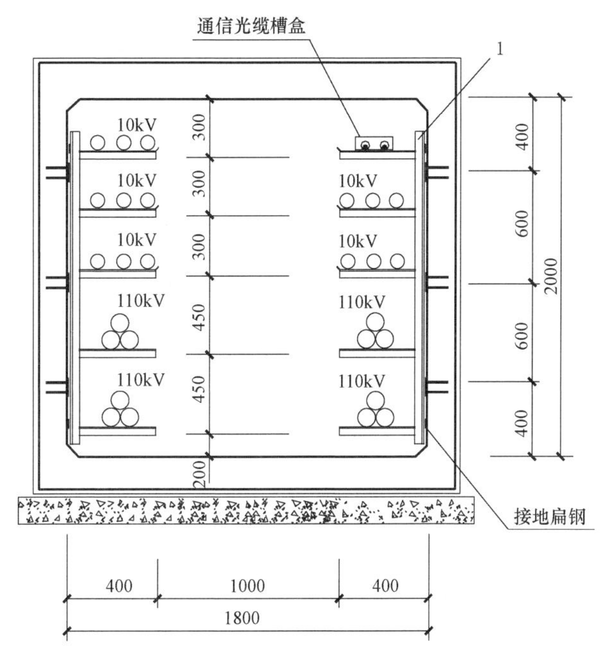

注：1. 电缆支架间距1.0m。
2. 隧道内接地扁钢每侧上、下焊两根，并从隧道顶部引出与接地装置连接。

图3–21	1.8m×2.0m电缆隧道支架安装图(2)		
适用范围	角钢支架，10kV电缆15根，110kV电缆4回路	图号	SD–21

每10m电缆沟所需材料表

序号	名称	规格	单位	数量	质量(kg) 一件	小计	合计	制造图号
1	角钢支架	17号	个	10.0	16.0	160.0	506.4	ZJ－17
2	角钢支架	18号	个	10.0	26.8	268.0		ZJ－18
3	接地扁钢	－50×5	m	40	1.96	78.4		

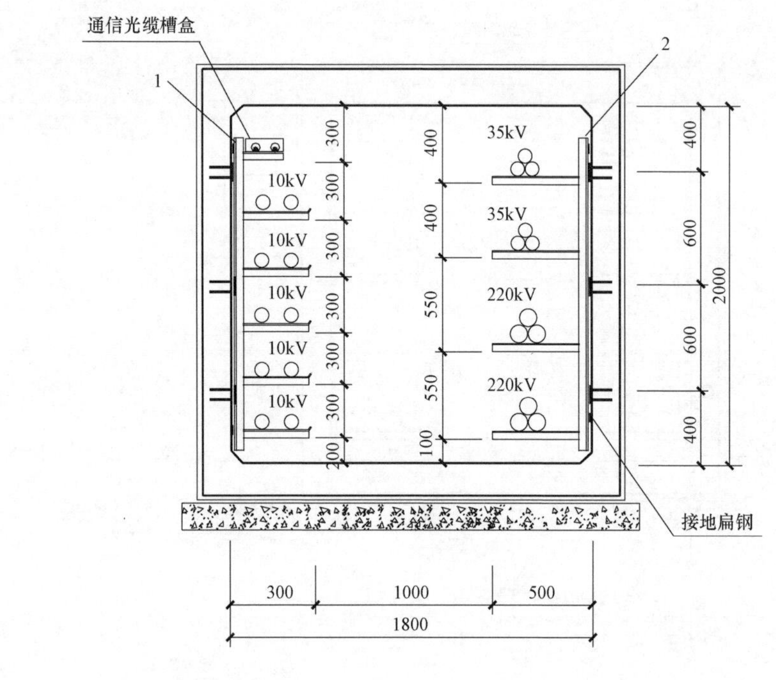

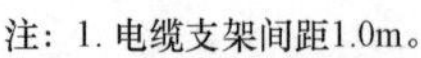

注：1. 电缆支架间距1.0m。
2. 隧道内接地扁钢每侧上、下焊两根，并从隧道顶部引出与接地装置连接。

图3-22	1.8m×2.0m电缆隧道支架安装图(3)		
适用范围	角钢支架，10kV电缆10根，35kV电缆2回路，220kV电缆2回路	图号	SD-22

每10m电缆沟所需材料表

序号	名称	规格	单位	数量	质量(kg) 一件	小计	合计	制造图号
1	角钢支架	19号	个	10.0	19.5	195.0	592.4	ZJ－19
2	角钢支架	20号	个	10.0	31.9	319.0		ZJ－20
3	接地扁钢	－50×5	m	40	1.96	78.4		

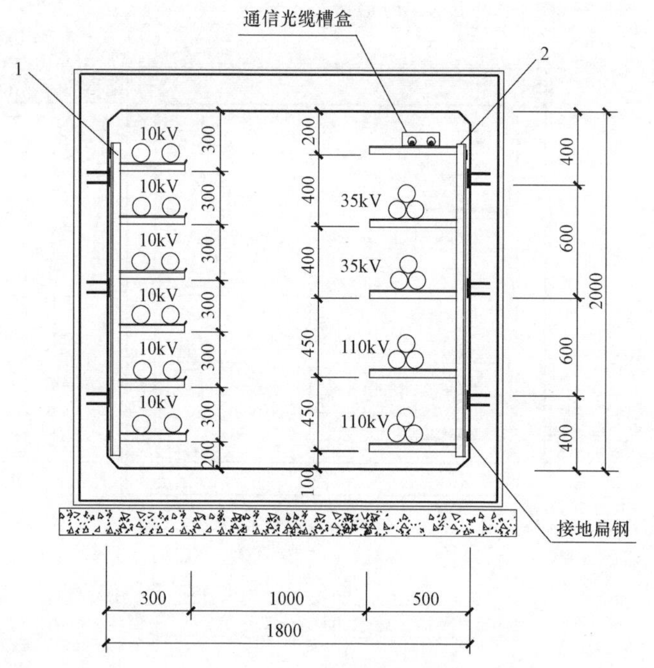

注：1. 电缆支架间距1.0m。
2. 隧道内接地扁钢每侧上、下焊两根，并从隧道顶部引出与接地装置连接。

图3-23	1.8m×2.0m电缆隧道支架安装图(4)		
适用范围	角钢支架，10kV电缆12根，35kV电缆2回路，110kV电缆2回路	图号	SD-23

每10m电缆沟所需材料表

序号	名称	规格	单位	数量	质量(kg)			制造图号
					一件	小计	合计	
1	角钢支架	21号	个	20	23.2	464.0	542.4	ZJ－21
2	接地扁钢	－50×5	m	40	1.96	78.4		

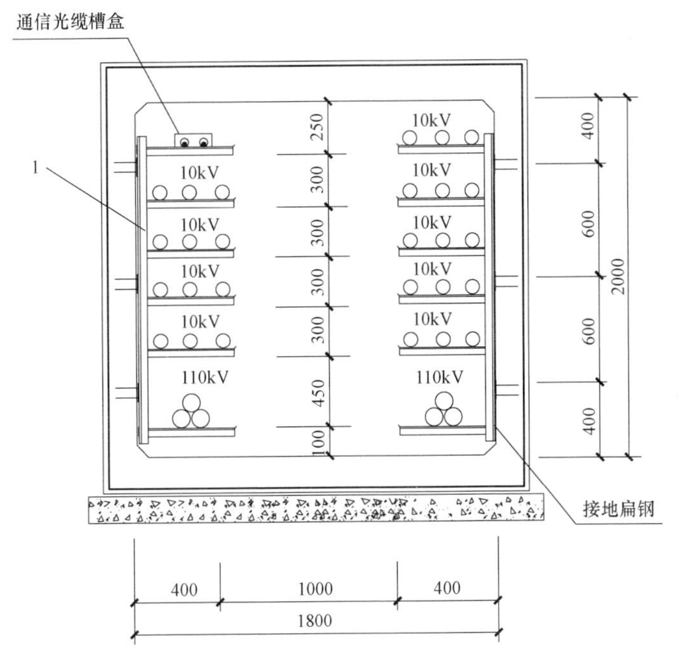

注：1. 电缆支架间距1.0m。
2. 隧道内接地扁钢每侧上、下焊两根，并从隧道顶部引出与接地装置连接。

图3–24	1.8m×2.0m电缆隧道支架安装图(5)		
适用范围	角钢支架， 10kV电缆27根，110kV电缆2回路	图号	SD–24

每10m电缆沟所需材料表

序号	名称	规格	单位	数量	质量(kg)			制造图号
					一件	小计	合计	
1	角钢支架	22号	个	10	19.0	190.0	582.4	ZJ－22
2	角钢支架	23号	个	10	21.4	214.0		ZJ－23
3	接地扁钢	－50×5	m	40	1.96	78.4		

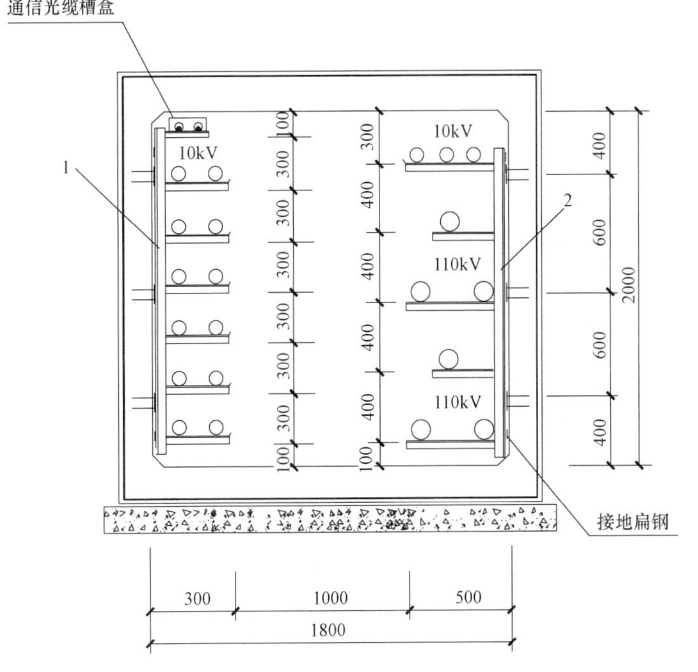

注：1. 电缆支架间距1.0m。
2. 隧道内接地扁钢每侧上、下焊两根，并从隧道顶部引出与接地装置连接。

图3–25	1.8m×2.0m电缆隧道支架安装图(6)		
适用范围	角钢支架， 10kV电缆15根，110kV电缆2回路	图号	SD–25

每10m电缆沟所需材料表

序号	名称	规格	单位	数量	质量(kg) 一件	小计	合计	制造图号
1	燕尾螺栓预埋件	M12×200	个	220	0.3	66.0	144.4	MJ－04(厂家提供)
2	组合悬挂式玻璃钢支架	CGXZ－300	个	60				厂家提供
3	组合悬挂式玻璃钢支架	CGXZ－500	个	50				厂家提供
4	接地扁钢	－50×5	m	40	1.96	78.4		

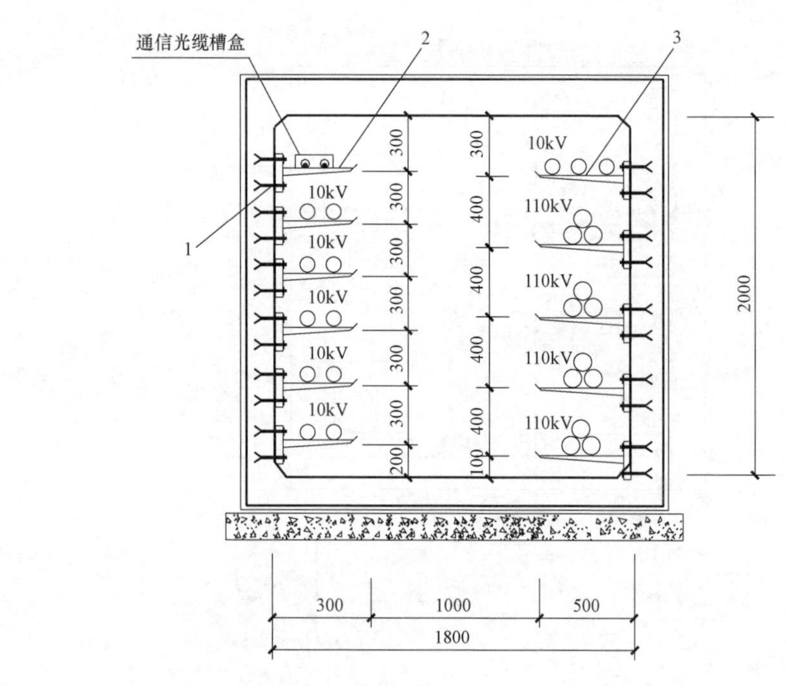

注：1. 电缆支架间距1.0m。
2. 沟道内支架上、下各装一根接地扁铁，每隔50m装一个角钢支架，并与接地扁钢焊接，从沟道顶部引出与接地装置连接。

图3-26	1.8m×2.0m电缆隧道支架安装图(7)		
适用范围	组合悬挂式玻璃钢支架，10kV电缆13根，110kV电缆4回路	图号	SD–26

每10m电缆沟所需材料表

序号	名称	规格	单位	数量	质量(kg) 一件	小计	合计	备注
1	燕尾螺栓预埋件	M12×200	个	200	0.3	60.0	138.4	MJ04(厂家提供)
2	组合悬挂式玻璃钢支架	CGXZ－300	个	60				厂家提供
3	组合悬挂式玻璃钢支架	CGXZ－500	个	40				厂家提供
4	接地扁钢	－50×5	m	40	1.96	78.4		

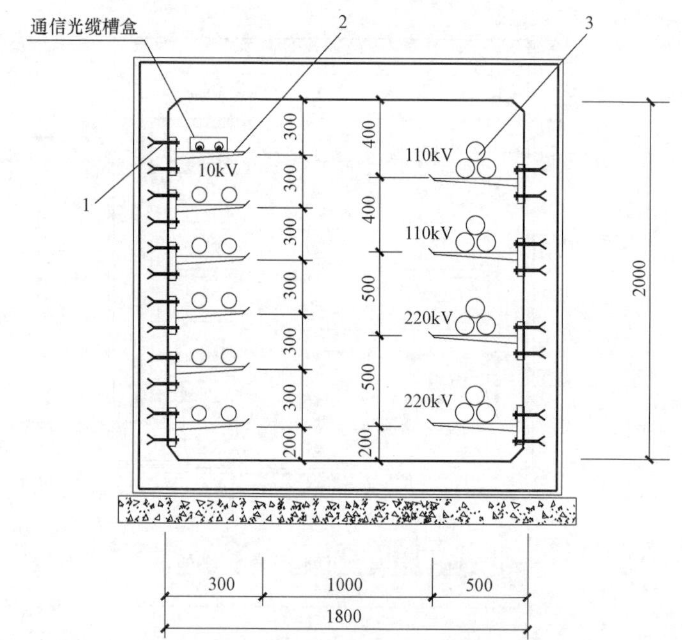

注：1. 电缆支架间距1.0m。
2. 沟道内支架上、下各装一根接地扁铁，每隔50m装一个角钢支架，并与接地扁钢焊接，从沟道顶部引出与接地装置连接。

图3-27	1.8m×2.0m电缆隧道支架安装图(8)		
适用范围	组合悬挂式玻璃钢支架，10kV电缆10根 110kV电缆2回路，220kV电缆2回路	图号	SD–27

每10m电缆沟所需材料表

序号	名称	规格	单位	数量	质量(kg)			制造图号
					一件	小计	合计	
1	燕尾螺栓预埋件	M12×200	个	240	0.3	72.0	150.4	MJ－04(厂家提供)
2	组合悬挂式玻璃钢支架	CGXZ－300	个	60				厂家提供
3	组合悬挂式玻璃钢支架	CGXZ－500	个	60				厂家提供
4	接地扁钢	－50×5	m	40	1.96	78.4		

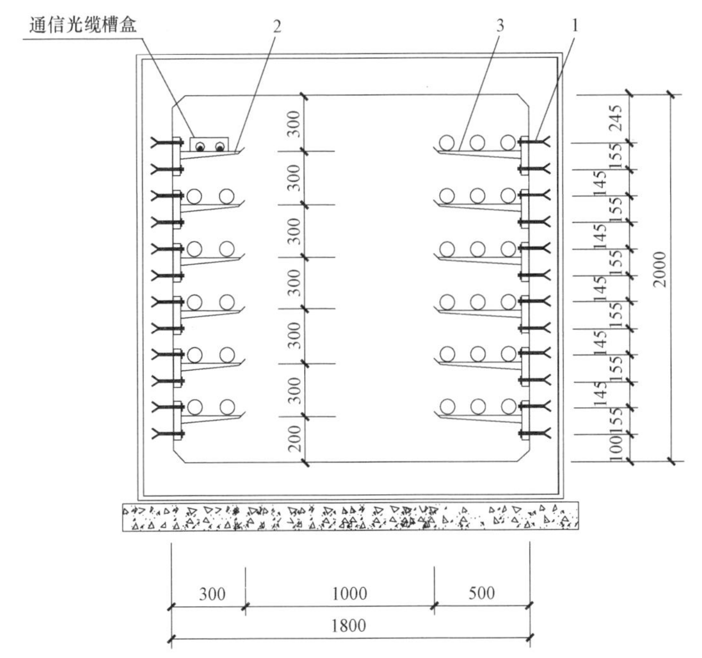

注：1. 电缆支架间距1.0m。
2. 沟道内支架上、下各装一根接地扁钢，每隔50m装一个角钢支架，并与接地扁钢焊接，从沟道顶部引出与接地装置连接。

图3-28	1.8m×2.0m电缆隧道支架安装图(9)		
适用范围	组合悬挂式玻璃钢支架，10kV电缆28根	图号	SD-28

每10m电缆沟所需材料表

序号	名称	规格	单位	数量	质量(kg)			备注
					一件	小计	合计	
1	燕尾螺栓预埋件	M12×200	个	120	0.3	36.0	114.4	MJ04(厂家提供)
2	槽型预埋件(承插式)	6槽	个	10				MJ06(厂家提供)
3	组合悬挂式玻璃钢支架	CGXZ－300	个	60				厂家提供
4	承插式玻璃支架	CGCZ－3/600	个	60				厂家提供
5	接地扁钢	－50×5	m	40	1.96	78.4		

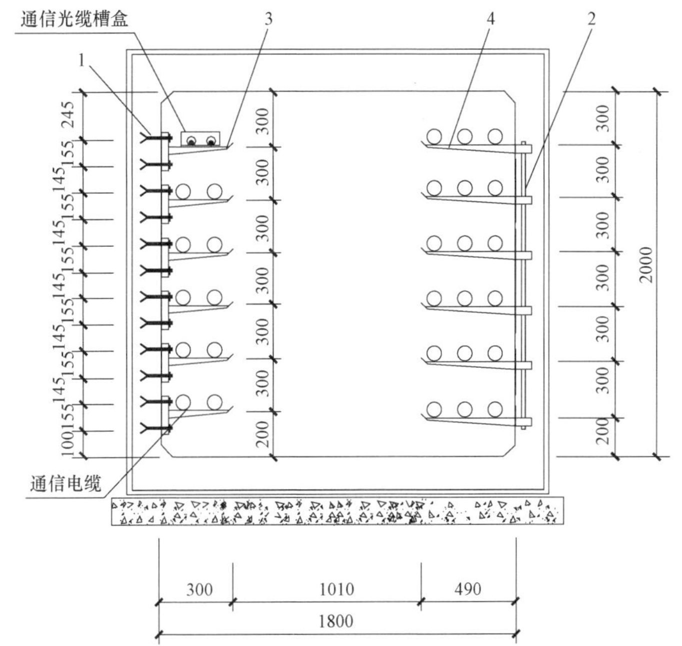

注：1. 电缆支架间距1.0m。
2. 槽型预埋件的口部，露出沟壁墙面，且与墙面相平。
3. 沟道内支架上、下各装一根接地扁钢，每隔50m装一个角钢支架，并与接地扁钢焊接，从沟道顶部引出与接地装置连接。

图3-29	1.8m×2.0m电缆隧道支架安装图(10)		
适用范围	组合悬挂式、承插式玻璃钢支架，10kV电缆28根	图号	SD-29

每10m电缆沟所需材料表

序号	名称	规格	单位	数量	质量(kg)			制造图号
					一件	小计	合计	
1	槽型预埋件(承插式)	6槽	个	20				MJ－06(厂家提供)
2	承插式玻璃钢支架	CGXZ－2/365	个	60			78.4	厂家提供
3	承插式玻璃钢支架	CGCZ－3/600	个	60				厂家提供
4	接地扁钢	－50×5	m	40	1.96	78.4		

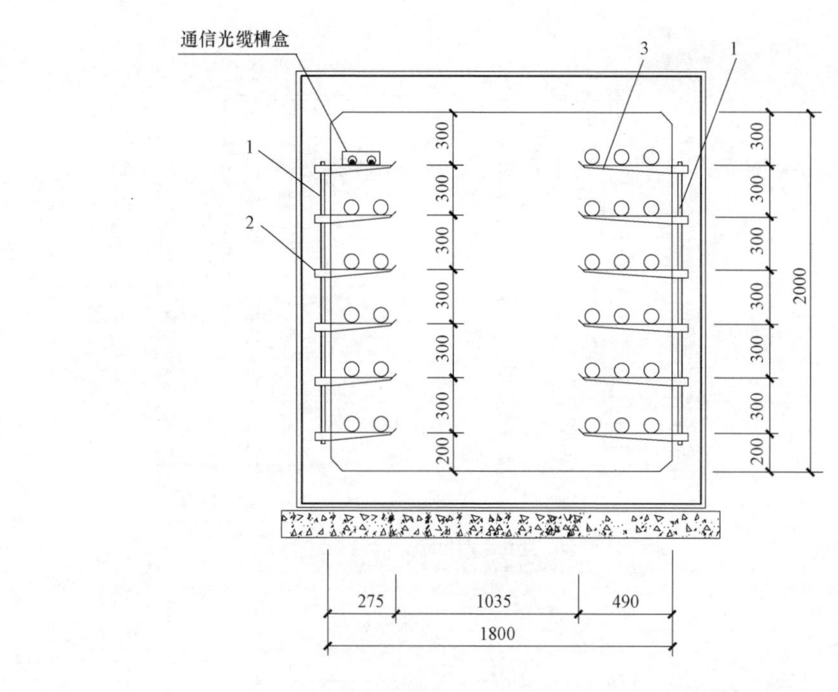

注：1. 电缆支架间距1.0m。
2. 槽型预埋件的口部，露出沟壁墙面，且与墙面相平。
3. 沟道内支架上、下各装一根接地扁钢，每隔50m装一个角钢支架，并与接地扁钢焊接，从沟道顶部引出与接地装置连接。

图3-30	1.8m×2.0m电缆隧道支架安装图(11)		
适用范围	承插式玻璃钢支架，10kV电缆28根	图号	SD-30

每10m电缆沟所需材料表

序号	名称	规格	单位	数量	质量(kg)			备注
					一件	小计	合计	
1	槽型预埋件(承插式)	7槽	个	10				MJ06(厂家提供)
2	承插式玻璃钢支架	CGCZ－2/365	个	70			78.4	厂家提供
3	平板型玻璃钢支架	1型	组	10				MJ01(厂家提供)
4	接地扁钢	－50×5	m	40	1.96	78.4		

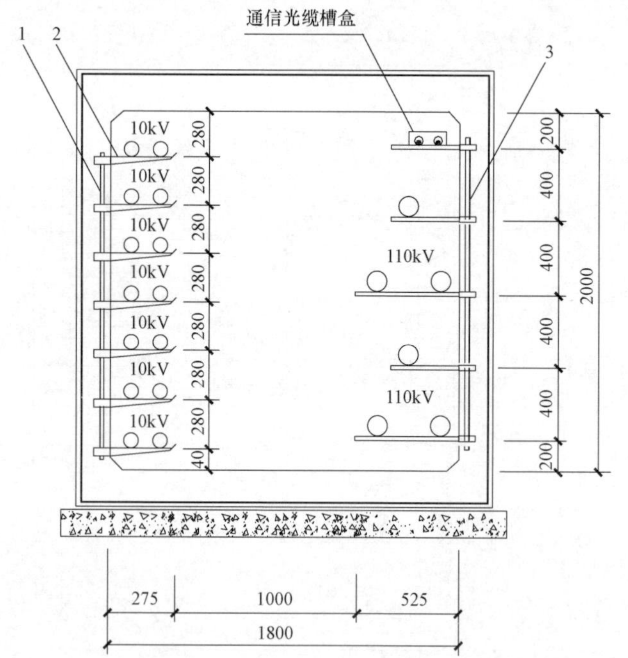

注：1. 电缆支架间距1.0m。
2. 槽型预埋件的口部，露出沟壁墙面，且与墙面相平。
3. 沟道内支架上、下各装一根接地扁钢，每隔50m装一个角钢支架，并与接地扁钢焊接，从沟道顶部引出与接地装置连接。

图3-31	1.8m×2.0m电缆隧道支架安装图(12)		
适用范围	承插式、平板型玻璃钢支架，10kV电缆14根，110kV电缆2回路	图号	SD-31

第三章

电力电缆隧道敷设

第五节 2.0m×2.2m电缆隧道

图 3-32 2.0m×2.2m 电缆隧道配筋施工图（1）（沟顶覆土 0.5～1.0m）……SD-32

图 3-33 2.0m×2.2m 电缆隧道配筋施工图（2）（沟顶覆土 1.0～2.0m）……SD-33

图 3-34 2.0m×2.2m 电缆隧道支架安装图（1）（角钢支架，10kV 电缆 9 根，110kV 电缆 3 回路，220kV 电缆 3 回路）……SD-34

图 3-35 2.0m×2.2m 电缆隧道支架安装图（2）（角钢支架，10kV 电缆 27 根，220kV 电缆 2 回路）……SD-35

图 3-36 2.0m×2.2m 电缆隧道支架安装图（3）（角钢支架，10kV 电缆 21 根，110kV 电缆 2 回路）……SD-36

图 3-37 2.0m×2.2m 电缆隧道支架安装图（4）（角钢支架，10kV 电缆 6 根，110kV 电缆 4 回路）……SD-37

图 3-38 2.0m×2.2m 电缆隧道支架安装图（5）（角钢支架，10kV 电缆 9 根，35kV 电缆 2 回路，110kV 电缆 2 回路）……SD-38

图 3-39 2.0m×2.2m 电缆隧道支架安装图（6）（角钢支架，10kV 电缆 3 根，110kV 电缆 2 回路，220kV 电缆 2 回路）……SD-39

图 3-40 2.0m×2.2m 电缆隧道支架安装图（7）（角钢支架，10kV 电缆 24 根，110kV 电缆 2 回路）……SD-40

图 3-41 2.0m×2.2m 电缆隧道支架安装图（8）（角钢支架，10kV 电缆 39 根）……SD-41

图 3-42 2.0m×2.2m 电缆隧道支架安装图（9）（角钢、组合悬挂式玻璃钢支架，10kV 电缆 24 根，110kV 电缆 2 回路）……SD-42

图 3-43 2.0m×2.2m 电缆隧道支架安装图（10）（承插式玻璃钢支架，10kV 电缆 39 根）……SD-43

图 3-44 2.0m×2.2m 电缆隧道支架安装图（11）（组合悬挂式玻璃钢支架，10kV 电缆 3 根，110kV 电缆 4 回路，220kV 电缆 4 回路）……SD-44

图 3-45 2.0m×2.2m 电缆隧道支架安装图（12）（组合悬挂式玻璃钢支架，10kV 电缆 21 根，110kV 电缆 2 回路，220kV 电缆 2 回路）……SD-45

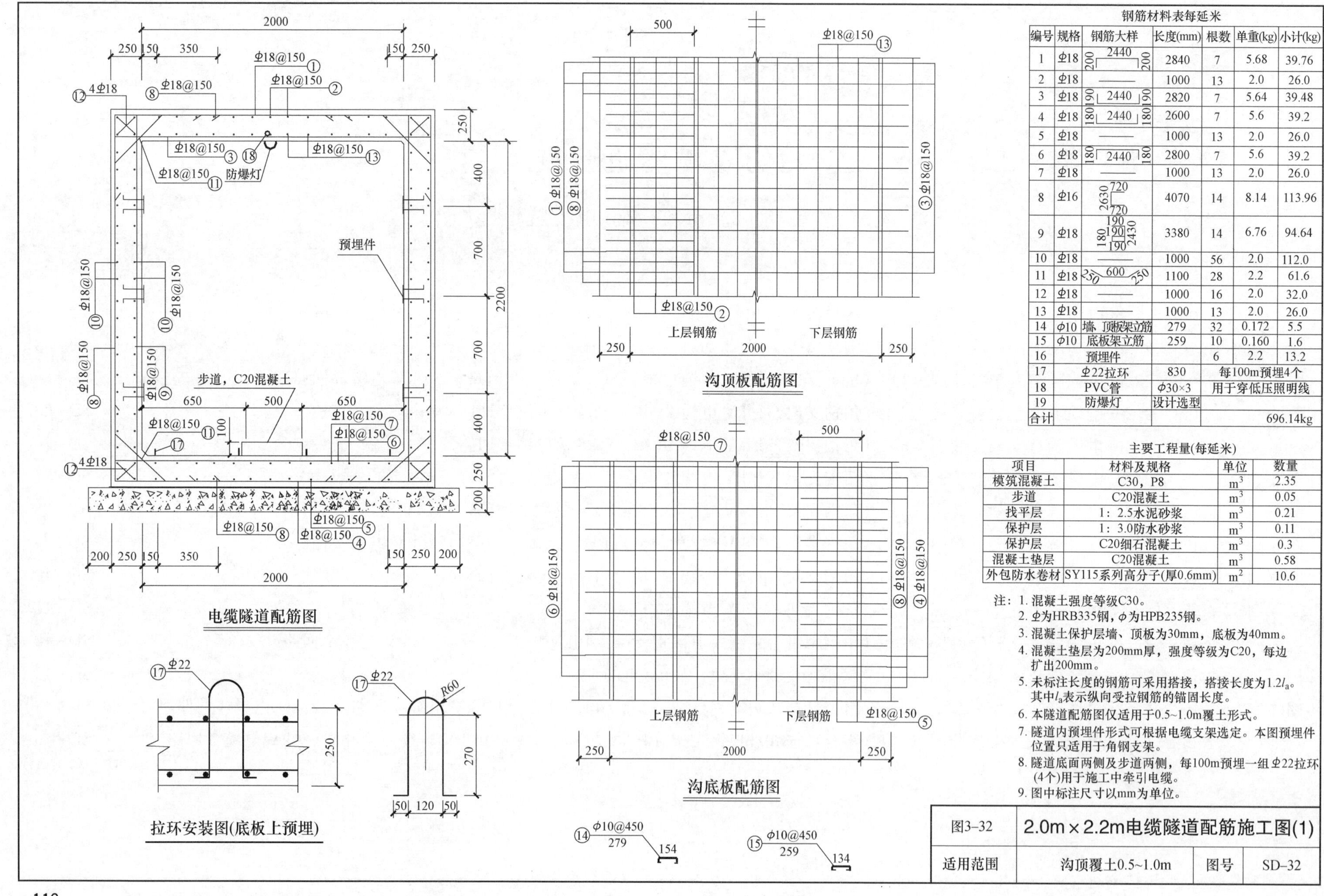

钢筋材料表每延米

编号	规格	钢筋大样	长度(mm)	根数	单重(kg)	小计(kg)
1	Φ18	200 2440 200	2840	7	5.68	39.76
2	Φ18	——	1000	13	2.0	26.0
3	Φ18	190 2440 190	2820	7	5.64	39.48
4	Φ18	180 2440 180	2600	7	5.6	39.2
5	Φ18	——	1000	13	2.0	26.0
6	Φ18	180 2440 180	2800	7	5.6	39.2
7	Φ18	——	1000	13	2.0	26.0
8	Φ16	720 2630 720	4070	14	8.14	113.96
9	Φ18	190 190 190 180 2430	3380	14	6.76	94.64
10	Φ18	——	1000	56	2.0	112.0
11	Φ18	250 600 250	1100	28	2.2	61.6
12	Φ18	——	1000	16	2.0	32.0
13	Φ18	——	1000	13	2.0	26.0
14	φ10	墙、顶板架立筋	279	32	0.172	5.5
15	φ10	底板架立筋	259	10	0.160	1.6
16	预埋件			6	2.2	13.2
17	Φ22拉环		830	每100m预埋4个		
18	PVC管		φ30×3	用于穿低压照明线		
19	防爆灯		设计选型			
合计				696.14kg		

主要工程量(每延米)

项目	材料及规格	单位	数量
模筑混凝土	C30，P8	m^3	2.35
步道	C20混凝土	m^3	0.05
找平层	1：2.5水泥砂浆	m^3	0.21
保护层	1：3.0防水砂浆	m^3	0.11
保护层	C20细石混凝土	m^3	0.3
混凝土垫层	C20混凝土	m^3	0.58
外包防水卷材	SY115系列高分子(厚0.6mm)	m^2	10.6

注：1. 混凝土强度等级C30。
2. Φ为HRB335钢，φ为HPB235钢。
3. 混凝土保护层墙、顶板为30mm，底板为40mm。
4. 混凝土垫层为200mm厚，强度等级为C20，每边扩出200mm。
5. 未标注长度的钢筋可采用搭接，搭接长度为$1.2l_a$。其中l_a表示纵向受拉钢筋的锚固长度。
6. 本隧道配筋图仅适用于0.5~1.0m覆土形式。
7. 隧道内预埋件形式可根据电缆支架选定。本图预埋件位置只适用于角钢支架。
8. 隧道底面两侧及步道两侧，每100m预埋一组Φ22拉环(4个)用于施工中牵引电缆。
9. 图中标注尺寸以mm为单位。

图3-32	2.0m×2.2m电缆隧道配筋施工图(1)		
适用范围	沟顶覆土0.5~1.0m	图号	SD-32

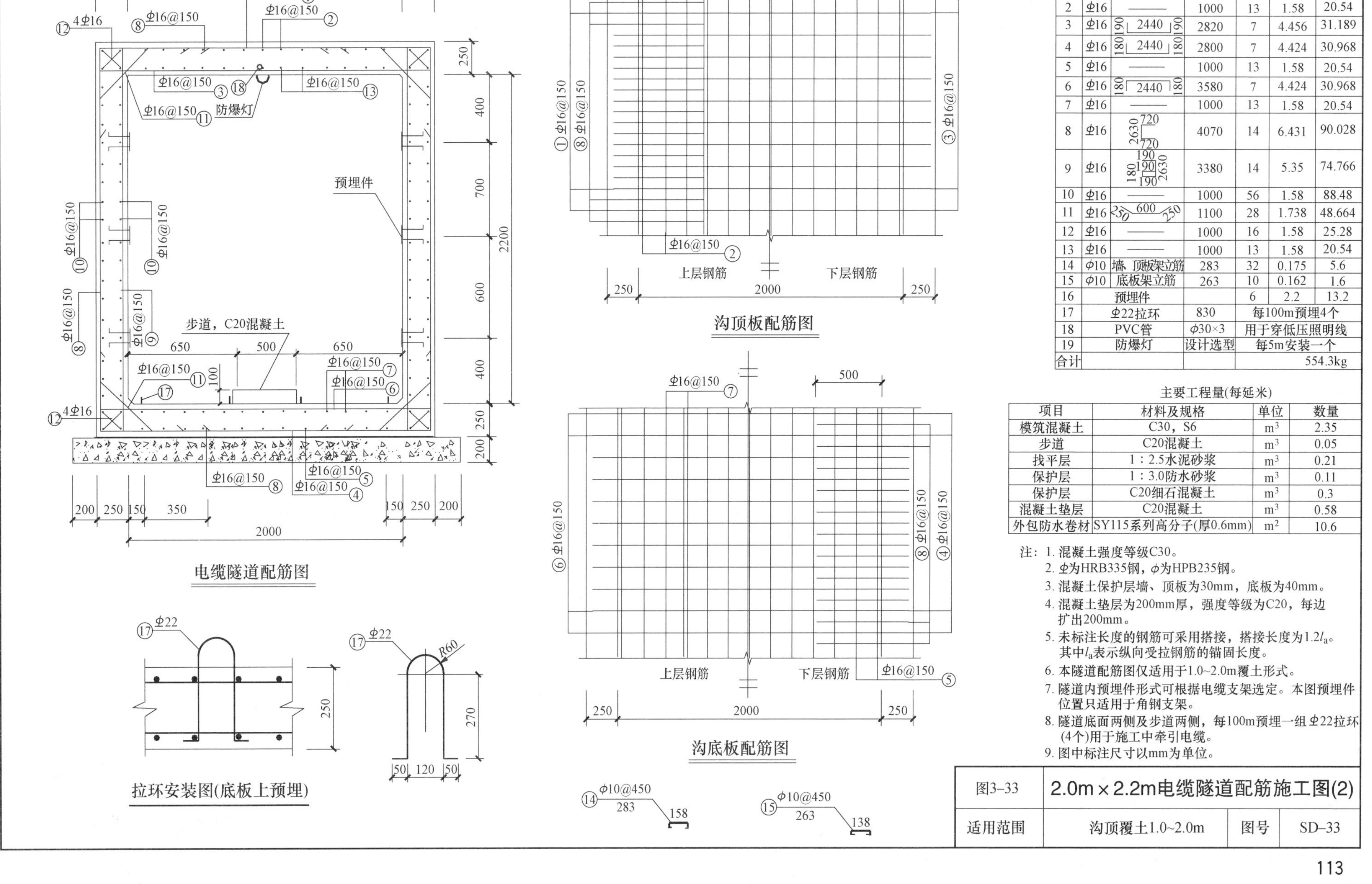

电缆隧道配筋图

沟顶板配筋图

沟底板配筋图

拉环安装图(底板上预埋)

钢筋材料表每延米

编号	规格	钢筋大样	长度(mm)	根数	单重(kg)	小计(kg)
1	Φ16	200 2440 200	2840	7	4.487	31.410
2	Φ16	——	1000	13	1.58	20.54
3	Φ16	190 2440 190	2820	7	4.456	31.189
4	Φ16	180 2440 180	2800	7	4.424	30.968
5	Φ16	——	1000	13	1.58	20.54
6	Φ16	180 2440 180	3580	7	4.424	30.968
7	Φ16	——	1000	13	1.58	20.54
8	Φ16	720 2630 720	4070	14	6.431	90.028
9	Φ16	190 190 190 180 2630	3380	14	5.35	74.766
10	Φ16	——	1000	56	1.58	88.48
11	Φ16	250 600 250	1100	28	1.738	48.664
12	Φ16	——	1000	16	1.58	25.28
13	Φ16	——	1000	13	1.58	20.54
14	ϕ10	墙、顶板架立筋	283	32	0.175	5.6
15	ϕ10	底板架立筋	263	10	0.162	1.6
16	预埋件			6	2.2	13.2
17	Φ22拉环		830	每100m预埋4个		
18	PVC管		ϕ30×3	用于穿低压照明线		
19	防爆灯		设计选型	每5m安装一个		
合计				554.3kg		

主要工程量(每延米)

项目	材料及规格	单位	数量
模筑混凝土	C30，S6	m^3	2.35
步道	C20混凝土	m^3	0.05
找平层	1：2.5水泥砂浆	m^3	0.21
保护层	1：3.0防水砂浆	m^3	0.11
保护层	C20细石混凝土	m^3	0.3
混凝土垫层	C20混凝土	m^3	0.58
外包防水卷材	SY115系列高分子(厚0.6mm)	m^2	10.6

注：1. 混凝土强度等级C30。
2. Φ为HRB335钢，ϕ为HPB235钢。
3. 混凝土保护层墙、顶板为30mm，底板为40mm。
4. 混凝土垫层为200mm厚，强度等级为C20，每边扩出200mm。
5. 未标注长度的钢筋可采用搭接，搭接长度为$1.2l_a$。其中l_a表示纵向受拉钢筋的锚固长度。
6. 本隧道配筋图仅适用于1.0~2.0m覆土形式。
7. 隧道内预埋件形式可根据电缆支架选定。本图预埋件位置只适用于角钢支架。
8. 隧道底面两侧及步道两侧，每100m预埋一组Φ22拉环(4个)用于施工中牵引电缆。
9. 图中标注尺寸以mm为单位。

图3-33	2.0m×2.2m电缆隧道配筋施工图(2)		
适用范围	沟顶覆土1.0~2.0m	图号	SD-33

每10m电缆沟所需材料表

序号	名称	规格	单位	数量	质量(kg) 一件	小计	合计	制造图号
1	角钢支架	24号	个	10	34.8	348.0	795.4	ZJ－24
2	角钢支架	25号	个	10	36.9	369.0		ZJ－25
3	接地扁钢	－50×5	m	40	1.96	78.4		

通信光缆槽盒
1
2
10kV
10kV
10kV
110kV
110kV
110kV
220kV
220kV
220kV
220kV
250 300 450 550 550 100
300 300 450 450 550 150
400 700 700 400 2200
接地扁钢
500 1000 500
2000

注：1. 电缆支架间距1.0m。
2. 隧道内接地扁钢每侧上、下焊两根，并从隧道顶部引出与接地装置连接。

图3-34	2.0m×2.2m电缆隧道支架安装图(1)		
适用范围	角钢支架，10kV电缆9根，110kV电缆3回路，220kV电缆3回路	图号	SD-34

每10m电缆沟所需材料表

序号	名称	规格	单位	数量	质量（kg）一件	小计	合计	制造图号
1	角钢支架	26号	个	20	41.3	826.0	904.4	ZJ－26
2	接地扁钢	－50×5	m	40	1.96	78.4		

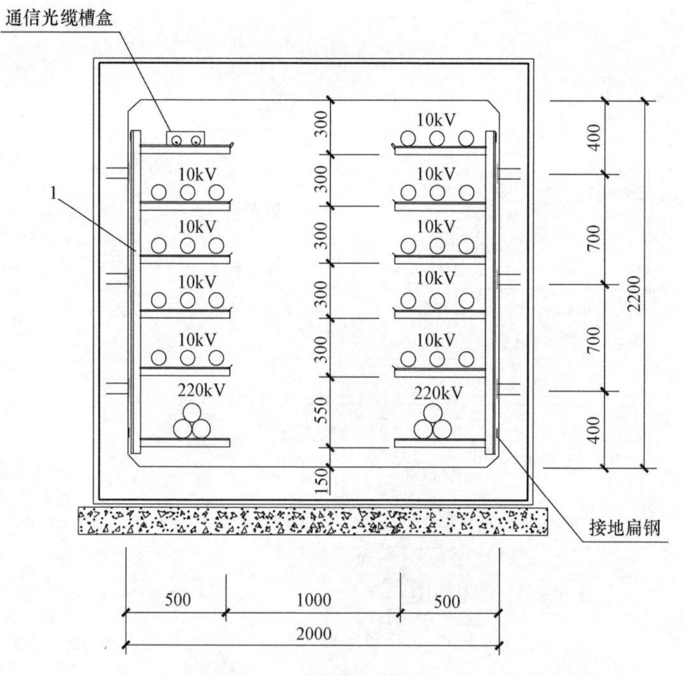

注：1. 电缆支架间距1.0m。
2. 隧道内接地扁钢每侧上、下焊两根，并从隧道顶部引出与接地装置连接。

图3-35	2.0m×2.2m电缆隧道支架安装图(2)		
适用范围	角钢支架，10kV电缆27根，220kV电缆2回路	图号	SD-35

每10m电缆沟所需材料表

序号	名称	规格	单位	数量	质量(kg) 一件	小计	合计	制造图号
1	角钢支架	27号	个	20	37.6	752.0	830.4	ZJ－27
2	接地扁钢	－50×5	m	40	1.96	78.4		

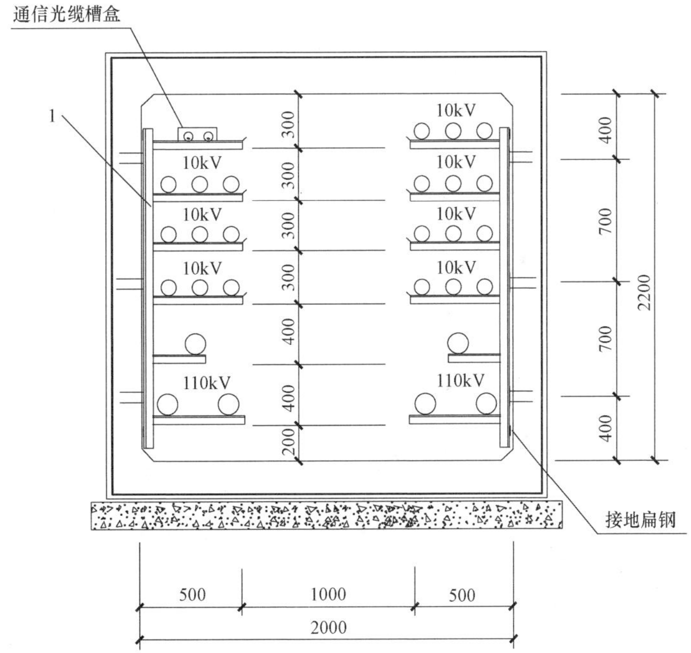

通信光缆槽盒
1
10kV
10kV
10kV
10kV
110kV
300 300 300 300 400 400 200
400 700 700 400 2200
接地扁钢
500 1000 500
2000

注：1. 电缆支架间距1.0m。
2. 隧道内接地扁钢每侧上、下焊两根，并从隧道顶部引出与接地装置连接。

图3-36	2.0m×2.2m电缆隧道支架安装图(3)		
适用范围	角钢支架， 10kV电缆21根，110kV电缆2回路	图号	SD-36

每10m电缆沟所需材料表

序号	名称	规格	单位	数量	质量(kg) 一件	小计	合计	制造图号
1	角钢支架	28号	个	20	34.2	684.0	762.4	ZJ－28
2	接地扁钢	－50×5	m	40	1.96	78.4		

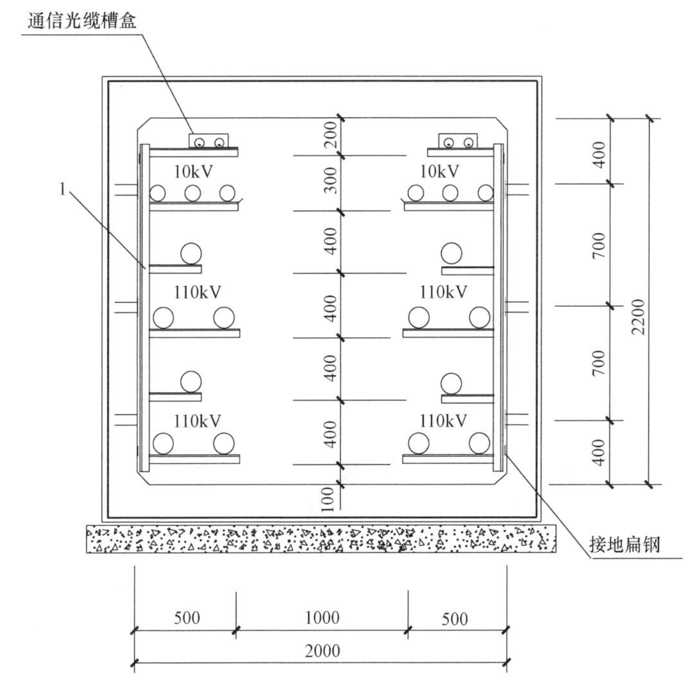

注：1. 电缆支架间距1.0m。
2. 隧道内接地扁钢每侧上、下焊两根，并从隧道顶部引出与接地装置连接。

图3-37	2.0m×2.2m电缆隧道支架安装图(4)		
适用范围	角钢支架， 10kV电缆6根，110kV电缆4回路	图号	SD-37

每10m电缆沟所需材料表

序号	名称	规格	单位	数量	质量(kg) 一件	小计	合计	制造图号
1	角钢支架	29号	个	20	34.9	698.0	776.4	ZJ－29
2	接地扁钢	－50×5	m	40	1.96	78.4		

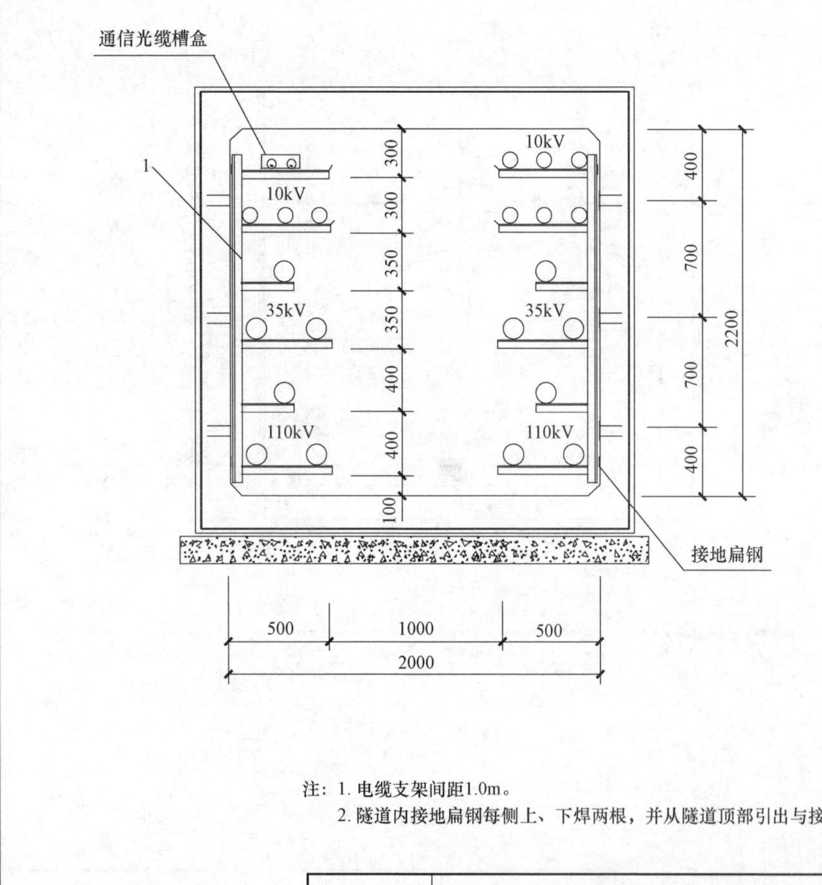

注：1. 电缆支架间距1.0m。
2. 隧道内接地扁钢每侧上、下焊两根，并从隧道顶部引出与接地装置连接。

图3-38	2.0m×2.2m电缆隧道支架安装图(5)		
适用范围	角钢支架，10kV电缆9根，35kV电缆2回路，110kV电缆2回路	图号	SD-38

每10m电缆沟所需材料表

序号	名称	规格	单位	数量	质量(kg) 一件	小计	合计	制造图号
1	角钢支架	30号	个	20	30.1	602.0	680.4	ZJ－30
2	接地扁钢	－50×5	m	40	1.96	78.4		

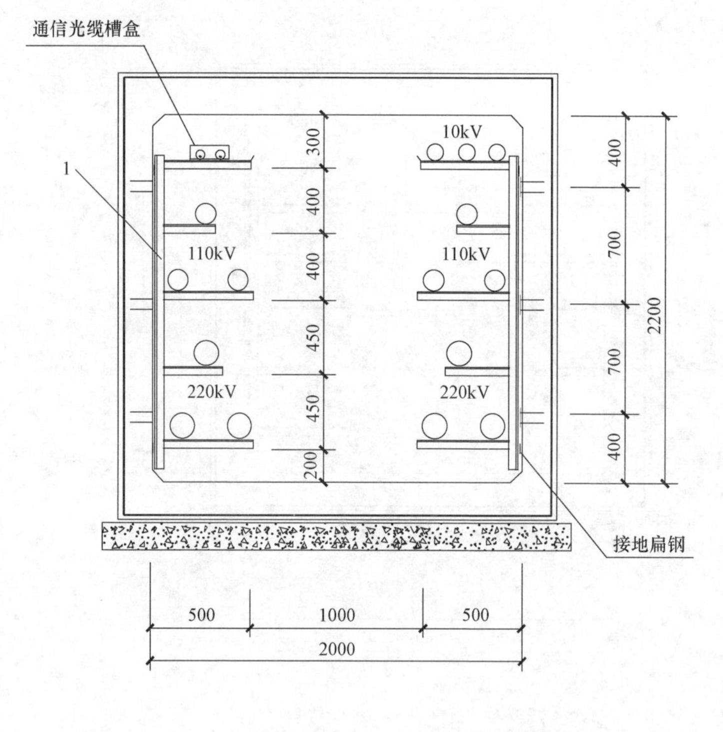

注：1. 电缆支架间距1.0m。
2. 隧道内接地扁钢每侧上、下焊两根，并从隧道顶部引出与接地装置连接。

图3-39	2.0m×2.2m电缆隧道支架安装图(6)		
适用范围	角钢支架，10kV电缆3根，110kV电缆2回路，220kV电缆2回路	图号	SD-39

每10m电缆沟所需材料表

序号	名称	规格	单位	数量	质量(kg) 一件	小计	合计	制造图号
1	角钢支架	31号	个	10	41.6	416.0	825.4	ZJ－31
2	角钢支架	32号	个	10	33.1	331.0		ZJ－32
3	接地扁钢	－50×5	m	40	1.96	78.4		

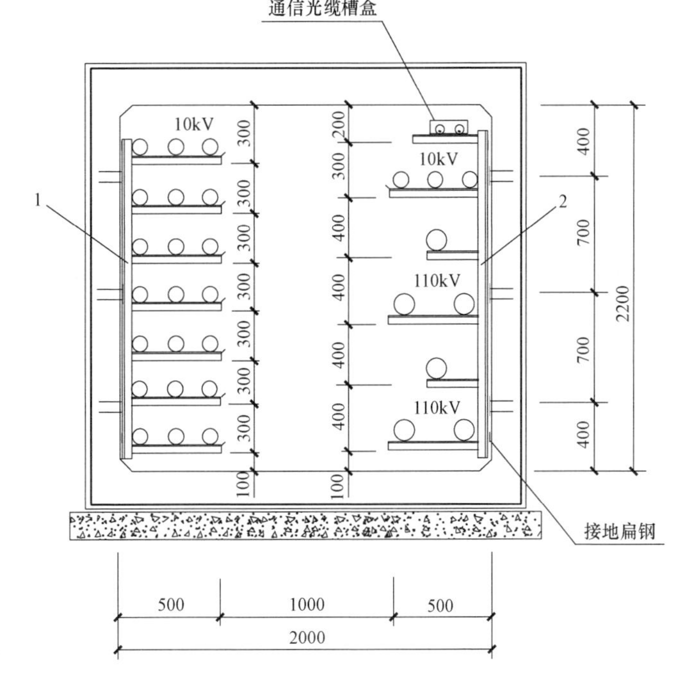

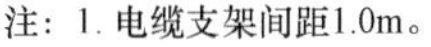

注：1. 电缆支架间距1.0m。
2. 隧道内接地扁钢每侧上、下焊两根，并从隧道顶部引出与接地装置连接。

图3-40	2.0m×2.2m电缆隧道支架安装图(7)		
适用范围	角钢支架，10kV电缆24根，110kV电缆2回路	图号	SD-40

每10m电缆沟所需材料表

序号	名称	规格	单位	数量	质量(kg) 一件	小计	合计	制造图号
1	角钢支架	31号	个	20	41.6	832.0	910.4	ZJ－31
2	接地扁钢	－50×5	m	40	1.96	78.4		

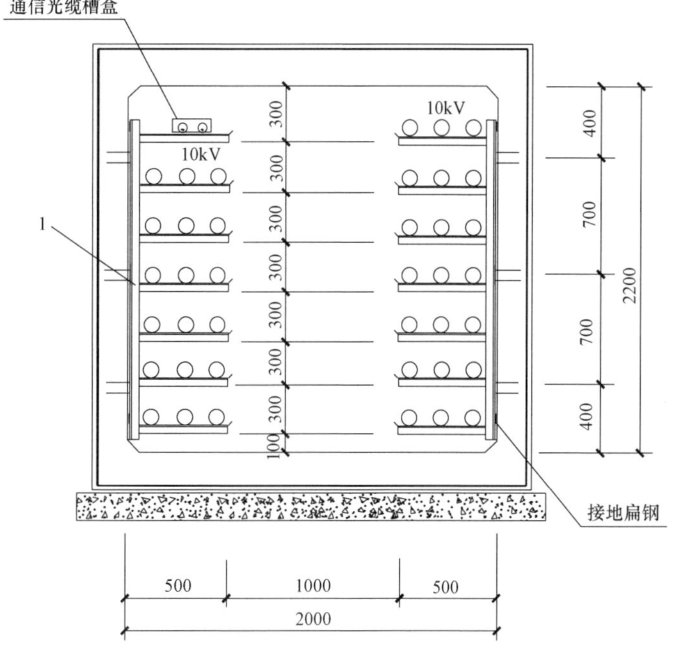

注：1. 电缆支架间距1.0m。
2. 隧道内接地扁钢每侧上、下焊两根，并从隧道顶部引出与接地装置连接。

图3-41	2.0m×2.2m电缆隧道支架安装图(8)		
适用范围	角钢支架，10kV电缆39根	图号	SD-41

每10m电缆沟所需材料表

序号	名称	规格	单位	数量	质量(kg)			备注
					一件	小计	合计	
1	角钢支架	32号	个	10	33.1	331.0	409.4	ZJ－32
2	燕尾螺栓预埋件	M12×200	个	140				MJ－04(厂家提供)
3	组合悬挂式玻璃钢支架	CGXZ－500	个	70				厂家提供
4	接地扁钢	－50×5	m	40	1.96	78.4		

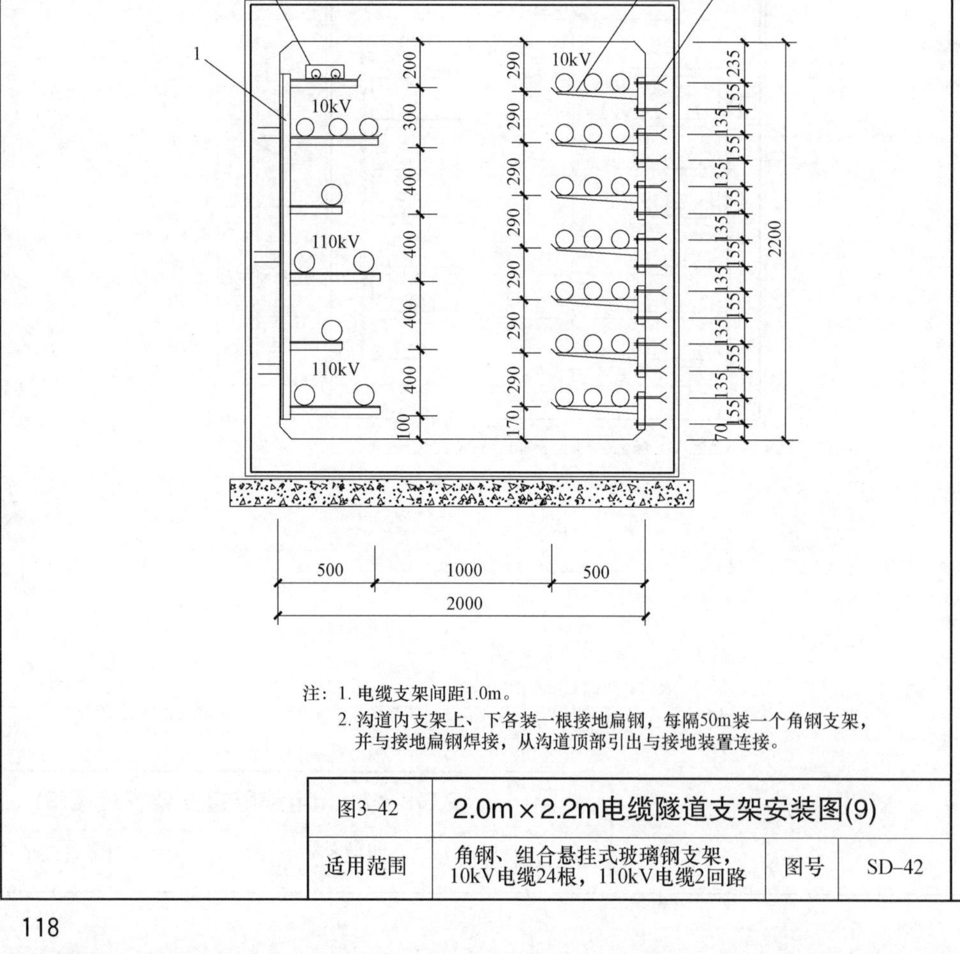

注：1. 电缆支架间距1.0m。
2. 沟道内支架上、下各装一根接地扁钢，每隔50m装一个角钢支架，并与接地扁钢焊接，从沟道顶部引出与接地装置连接。

图3-42	2.0m×2.2m电缆隧道支架安装图(9)		
适用范围	角钢、组合悬挂式玻璃钢支架，10kV电缆24根，110kV电缆2回路	图号	SD-42

每10m电缆沟所需材料表

序号	名称	规格	单位	数量	质量(kg)			备注
					一件	小计	合计	
1	槽型预埋件(承插式)	7槽	个	20			78.4	MJ－06(厂家提供)
2	承插式玻璃钢支架	CGCZ－3/600	个	140				厂家提供
3	接地扁钢	－50×5	m	40	1.96	78.4		

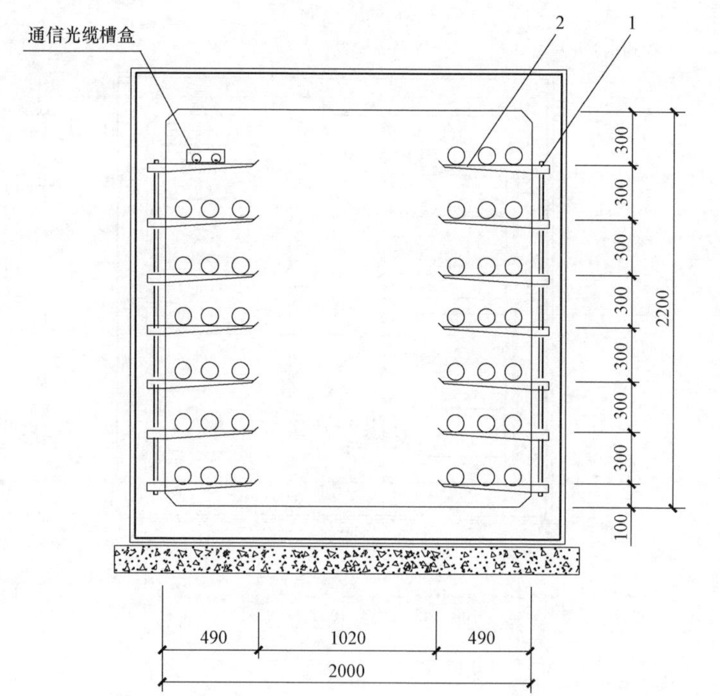

注：1. 电缆支架间距1.0m。
2. 槽型预埋件的口部，露出沟壁墙面，且与墙面相平。
3. 沟道内支架上、下各装一根接地扁钢，每隔50m装一个角钢支架，并与接地扁钢焊接，从沟道顶部引出与接地装置连接。

图3-43	2.0m×2.2m电缆隧道支架安装图(10)		
适用范围	承插式玻璃钢支架，10kV电缆39根	图号	SD-43

每10m电缆沟所需材料表

序号	名称	规格	单位	数量	质量(kg) 一件	小计	合计	备注
1	燕尾螺栓预埋件	M12×200	个	200	0.3	60.0	138.4	MJ－04(厂家提供)
2	组合悬挂式玻璃钢支架	CGXZ－500	个	100				厂家提供
3	接地扁钢	－50×5	m	40	1.96	78.4		

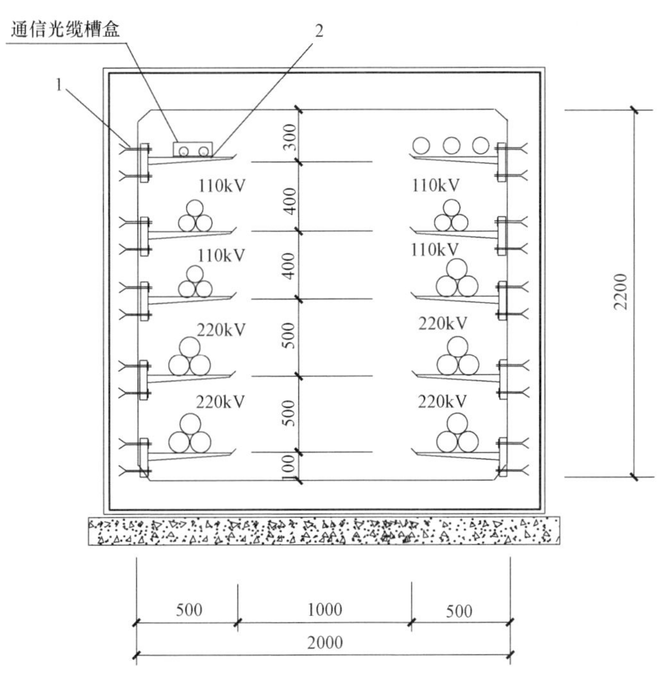

注：1. 电缆支架间距1.0m。
2. 沟道内支架上、下各装一根接地扁钢，每隔50m装一个角钢支架，并与接地扁钢焊接，从沟道顶部引出与接地装置连接。

图3–44	2.0m×2.2m电缆隧道支架安装图(11)		
适用范围	组合悬挂式玻璃钢支架，10kV电缆3根，110kV电缆4回路，220kV电缆4回路	图号	SD–44

每10m电缆沟所需材料表

序号	名称	规格	单位	数量	质量(kg) 一件	小计	合计	备注
1	燕尾螺栓预埋件	M12×200	个	240	0.3	72.0	150.4	MJ－04(厂家提供)
2	组合悬挂式玻璃钢支架	CGXZ－500	个	120				厂家提供
3	接地扁钢	－50×5	m	40	1.96	78.4		

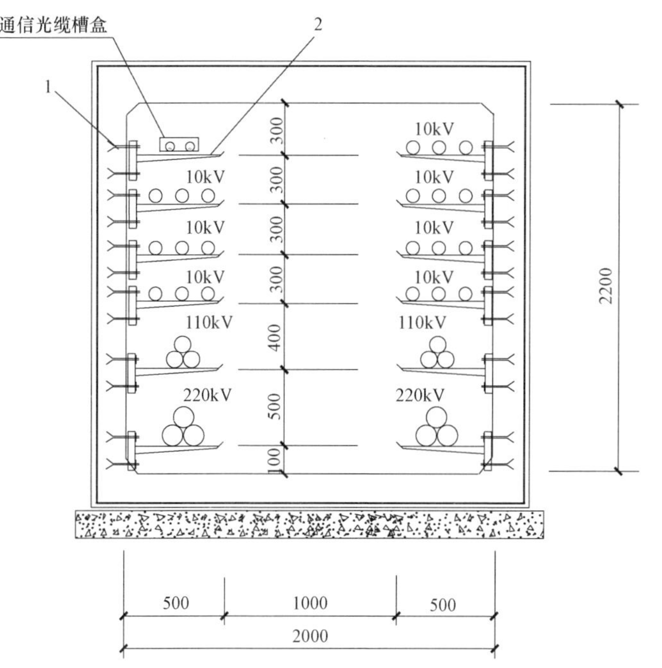

注：1. 电缆支架间距1.0m。
2. 沟道内支架上、下各装一根接地扁钢，每隔50m装一个角钢支架，并与接地扁钢焊接，从沟道顶部引出与接地装置连接。

图3–45	2.0m×2.2m电缆隧道支架安装图(12)		
适用范围	组合悬挂式玻璃钢支架，10kV电缆21根，110kV电缆2回路，220kV电缆2回路	图号	SD–45

第三章

电力电缆隧道敷设

第六节　2.2m×2.5m电缆隧道

图3-46　2.0m×2.5m电缆隧道配筋施工图（1）（沟顶覆土0.5～1.0m）……SD-46

图3-47　2.2m×2.5m电缆隧道配筋施工图（2）（沟顶覆土1.0～2.0m）……SD-47

图3-48　2.2m×2.5m电缆隧道支架安装图（1）（角钢支架，10kV电缆4根，110kV电缆4回路，220kV电缆4回路）……SD-48

图3-49　2.2m×2.5m电缆隧道支架安装图（2）（角钢支架，10kV电缆20根，110kV电缆4回路，220kV电缆2回路）……SD-49

图3-50　2.2m×2.5m电缆隧道支架安装图（3）（角钢支架，10kV电缆4根，110kV电缆2回路，220kV电缆6回路）……SD-50

图3-51　2.2m×2.5m电缆隧道支架安装图（4）（角钢支架，10kV电缆12根，110kV电缆8回路）……SD-51

图3-52　2.2m×2.5m电缆隧道支架安装图（5）（角钢支架，10kV电缆8根，110kV电缆5回路，220kV电缆3回路）……SD-52

图3-53　2.2m×2.5m电缆隧道支架安装图（6）（角钢支架，10kV电缆44根，220kV电缆2回路）……SD-53

图3-54　2.2m×2.5m电缆隧道支架安装图（7）（角钢支架，10kV电缆36根，110kV电缆2回路）……SD-54

图3-55　2.2m×2.5m电缆隧道支架安装图（8）（角钢支架，10kV电缆26根，110kV电缆4回路）……SD-55

图3-56　2.2m×2.5m电缆隧道支架安装图（9）（角钢支架，10kV电缆20根，35kV电缆2回路，110kV电缆2回路）……SD-56

图3-57　2.2m×2.5m电缆隧道支架安装图（10）（角钢支架，10kV电缆12根，110kV电缆2回路，220kV电缆2回路）……SD-57

图3-58　2.2m×2.5m电缆隧道支架安装图（11）（组合悬挂式玻璃钢支架，10kV电缆53根）……SD-58

图3-59　2.2m×2.5m电缆隧道支架安装图（12）（平板型玻璃钢支架，10kV电缆18根，110kV电缆4回路）……SD-59

图3-60　2.2m×2.5m电缆隧道支架安装图（13）（组合悬挂式、平板型玻璃钢支架，10kV电缆25根，110kV电缆6回路）……SD-60

图3-61　2.2m×2.5m电缆隧道支架安装图（14）（组合悬挂式、平板型玻璃钢支架，10kV电缆25根，110kV电缆6回路）……SD-61

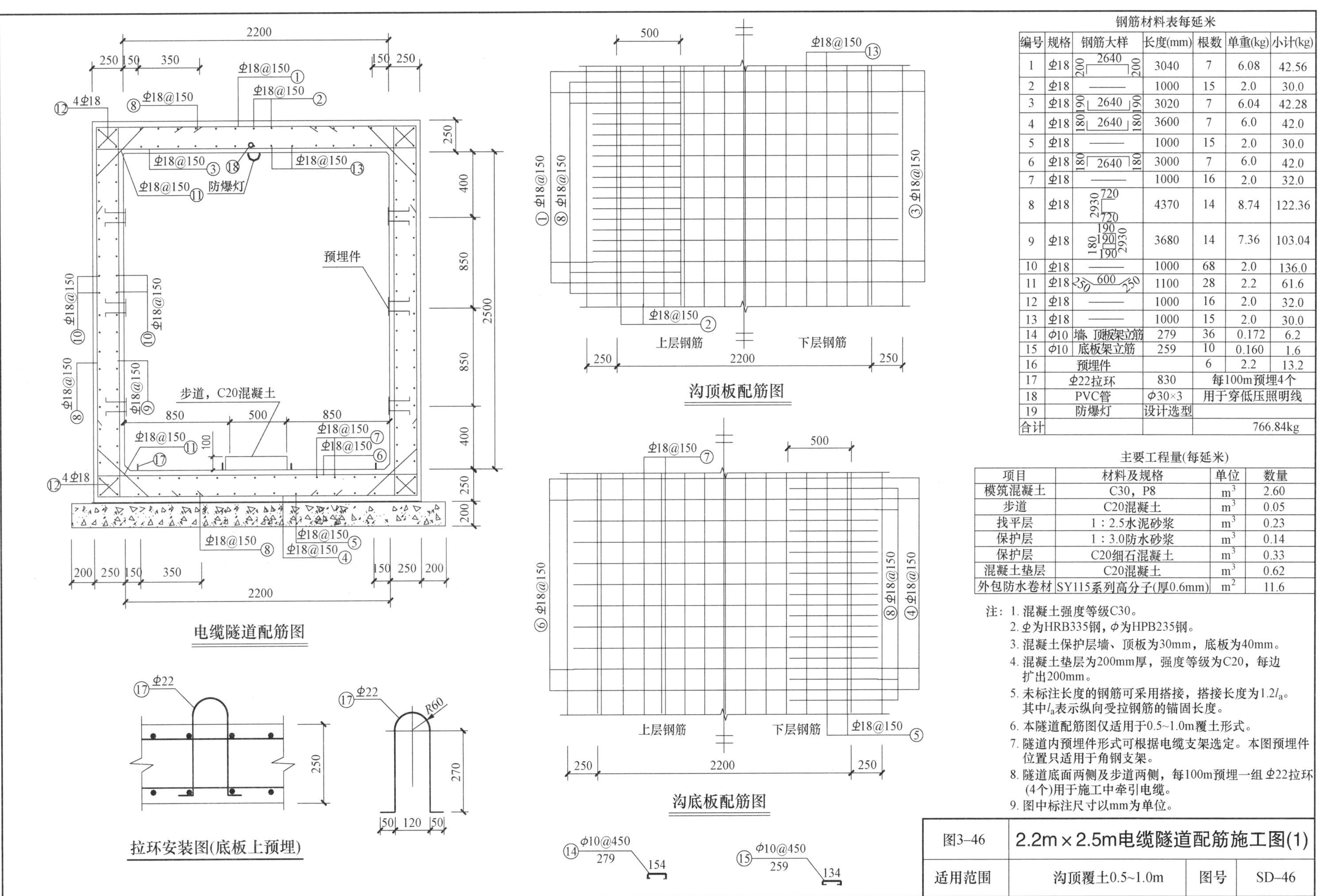

钢筋材料表每延米

编号	规格	钢筋大样	长度(mm)	根数	单重(kg)	小计(kg)
1	Φ18	200 2640 200	3040	7	6.08	42.56
2	Φ18	———	1000	15	2.0	30.0
3	Φ18	190 2640 190	3020	7	6.04	42.28
4	Φ18	180 2640 180	3600	7	6.0	42.0
5	Φ18	———	1000	15	2.0	30.0
6	Φ18	180 2640 180	3000	7	6.0	42.0
7	Φ18	———	1000	16	2.0	32.0
8	Φ18	720 2930 720	4370	14	8.74	122.36
9	Φ18	190 190 190 180 2930	3680	14	7.36	103.04
10	Φ18	———	1000	68	2.0	136.0
11	Φ18	250 600 250	1100	28	2.2	61.6
12	Φ18	———	1000	16	2.0	32.0
13	Φ18	———	1000	15	2.0	30.0
14	φ10	墙、顶板架立筋	279	36	0.172	6.2
15	φ10	底板架立筋	259	10	0.160	1.6
16	预埋件			6	2.2	13.2
17	Φ22拉环		830	每100m预埋4个		
18	PVC管		φ30×3	用于穿低压照明线		
19	防爆灯		设计选型			
合计				766.84kg		

主要工程量(每延米)

项目	材料及规格	单位	数量
模筑混凝土	C30，P8	m^3	2.60
步道	C20混凝土	m^3	0.05
找平层	1：2.5水泥砂浆	m^3	0.23
保护层	1：3.0防水砂浆	m^3	0.14
保护层	C20细石混凝土	m^3	0.33
混凝土垫层	C20混凝土	m^3	0.62
外包防水卷材	SY115系列高分子(厚0.6mm)	m^2	11.6

注：1. 混凝土强度等级C30。
2. Φ为HRB335钢，φ为HPB235钢。
3. 混凝土保护层墙、顶板为30mm，底板为40mm。
4. 混凝土垫层为200mm厚，强度等级为C20，每边扩出200mm。
5. 未标注长度的钢筋可采用搭接，搭接长度为$1.2l_a$。其中l_a表示纵向受拉钢筋的锚固长度。
6. 本隧道配筋图仅适用于0.5~1.0m覆土形式。
7. 隧道内预埋件形式可根据电缆支架选定。本图预埋件位置只适用于角钢支架。
8. 隧道底面两侧及步道两侧，每100m预埋一组Φ22拉环(4个)用于施工中牵引电缆。
9. 图中标注尺寸以mm为单位。

图3-46	2.2m×2.5m电缆隧道配筋施工图(1)		
适用范围	沟顶覆土0.5~1.0m	图号	SD-46

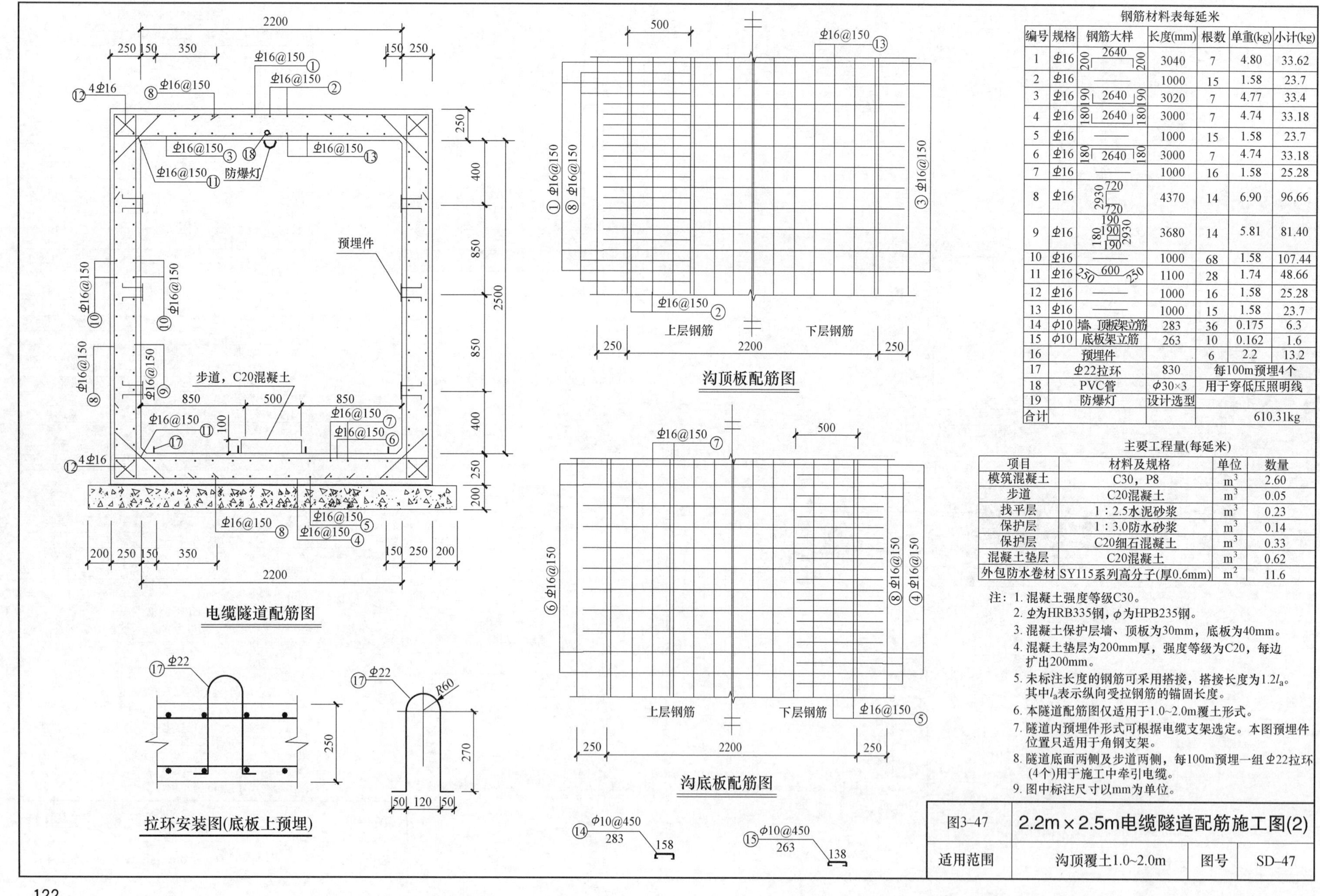

钢筋材料表每延米

编号	规格	钢筋大样	长度(mm)	根数	单重(kg)	小计(kg)
1	Φ16	200 2640 200	3040	7	4.80	33.62
2	Φ16	——	1000	15	1.58	23.7
3	Φ16	190 2640 190	3020	7	4.77	33.4
4	Φ16	180 2640 180	3000	7	4.74	33.18
5	Φ16	——	1000	15	1.58	23.7
6	Φ16	180 2640 180	3000	7	4.74	33.18
7	Φ16	——	1000	16	1.58	25.28
8	Φ16	720 2930 720	4370	14	6.90	96.66
9	Φ16	190 190 190 180 2930	3680	14	5.81	81.40
10	Φ16	——	1000	68	1.58	107.44
11	Φ16	250 600 250	1100	28	1.74	48.66
12	Φ16	——	1000	16	1.58	25.28
13	Φ16	——	1000	15	1.58	23.7
14	φ10	墙、顶板架立筋	283	36	0.175	6.3
15	φ10	底板架立筋	263	10	0.162	1.6
16	预埋件			6	2.2	13.2
17	Φ22拉环		830	每100m预埋4个		
18	PVC管		φ30×3	用于穿低压照明线		
19	防爆灯		设计选型			
合计				610.31kg		

主要工程量(每延米)

项目	材料及规格	单位	数量
模筑混凝土	C30，P8	m^3	2.60
步道	C20混凝土	m^3	0.05
找平层	1：2.5水泥砂浆	m^3	0.23
保护层	1：3.0防水砂浆	m^3	0.14
保护层	C20细石混凝土	m^3	0.33
混凝土垫层	C20混凝土	m^3	0.62
外包防水卷材	SY115系列高分子(厚0.6mm)	m^2	11.6

注：1. 混凝土强度等级C30。
2. Φ为HRB335钢，φ为HPB235钢。
3. 混凝土保护层墙、顶板为30mm，底板为40mm。
4. 混凝土垫层为200mm厚，强度等级为C20，每边扩出200mm。
5. 未标注长度的钢筋可采用搭接，搭接长度为$1.2l_a$。其中l_a表示纵向受拉钢筋的锚固长度。
6. 本隧道配筋图仅适用于1.0~2.0m覆土形式。
7. 隧道内预埋件形式可根据电缆支架选定。本图预埋件位置只适用于角钢支架。
8. 隧道底面两侧及步道两侧，每100m预埋一组Φ22拉环(4个)用于施工中牵引电缆。
9. 图中标注尺寸以mm为单位。

图3–47	2.2m×2.5m电缆隧道配筋施工图(2)		
适用范围	沟顶覆土1.0~2.0m	图号	SD–47

每10m电缆沟所需材料表

序号	名称	规格	单位	数量	质量(kg) 一件	小计	合计	制造图号
1	角钢支架	33号	个	20	42.9	858.0	936.4	ZJ-33
2	接地扁钢	−50×5	m	40	1.96	78.4		

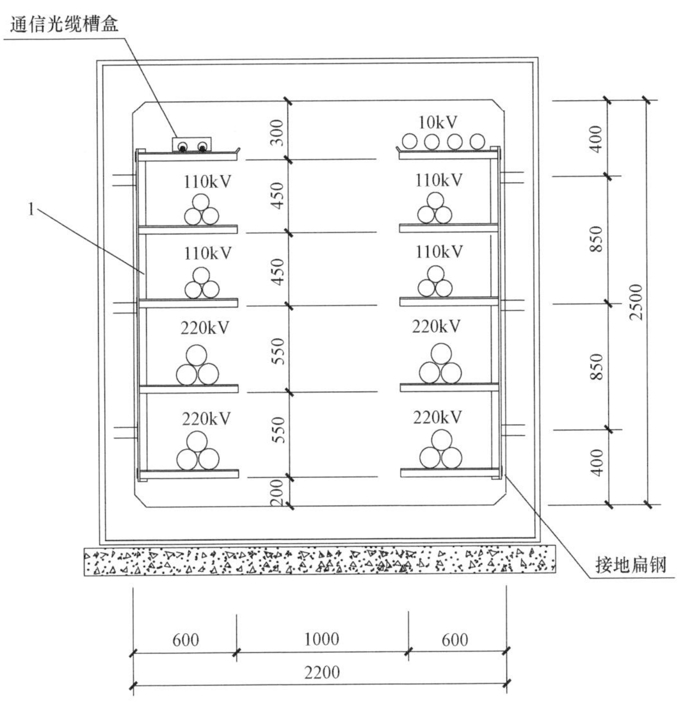

注：1. 电缆支架间距1.0m。
2. 隧道内接地扁钢每侧上、下焊两根，并从隧道顶部引出与接地装置连接。

图3-48	2.2m×2.5m电缆隧道支架安装图(1)		
适用范围	角钢支架，10kV电缆4根，110kV电缆4回路，220kV电缆4回路	图号	SD-48

每10m电缆沟所需材料表

序号	名称	规格	单位	数量	质量(kg) 一件	小计	合计	制造图号
1	角钢支架	34号	个	20	47.7	954.0	1032.4	ZJ−34
2	接地扁钢	−50×5	m	40	1.96	78.4		

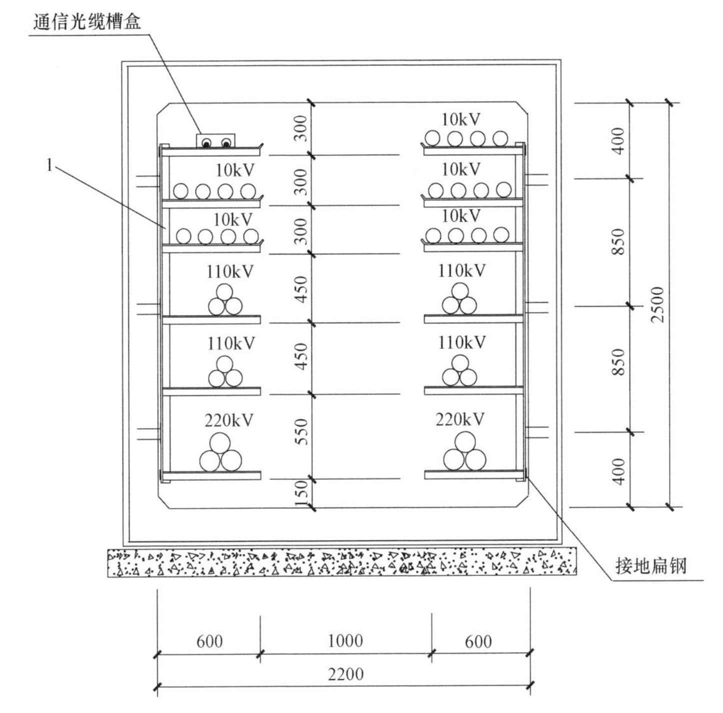

注：1. 电缆支架间距1.0m。
2. 隧道内接地扁钢每侧上、下焊两根，并从隧道顶部引出与接地装置连接。

图3-49	2.2m×2.5m电缆隧道支架安装图(2)		
适用范围	角钢支架，10kV电缆20根，110kV电缆4回路，220kV电缆2回路	图号	SD-49

每10m电缆沟所需材料表

序号	名称	规格	单位	数量	质量（kg）			制造图号
					一件	小计	合计	
1	角钢支架	35号	个	20	43.9	787.0	956.4	ZJ−35
2	接地扁钢	−50×5	m	40	1.96	78.4		

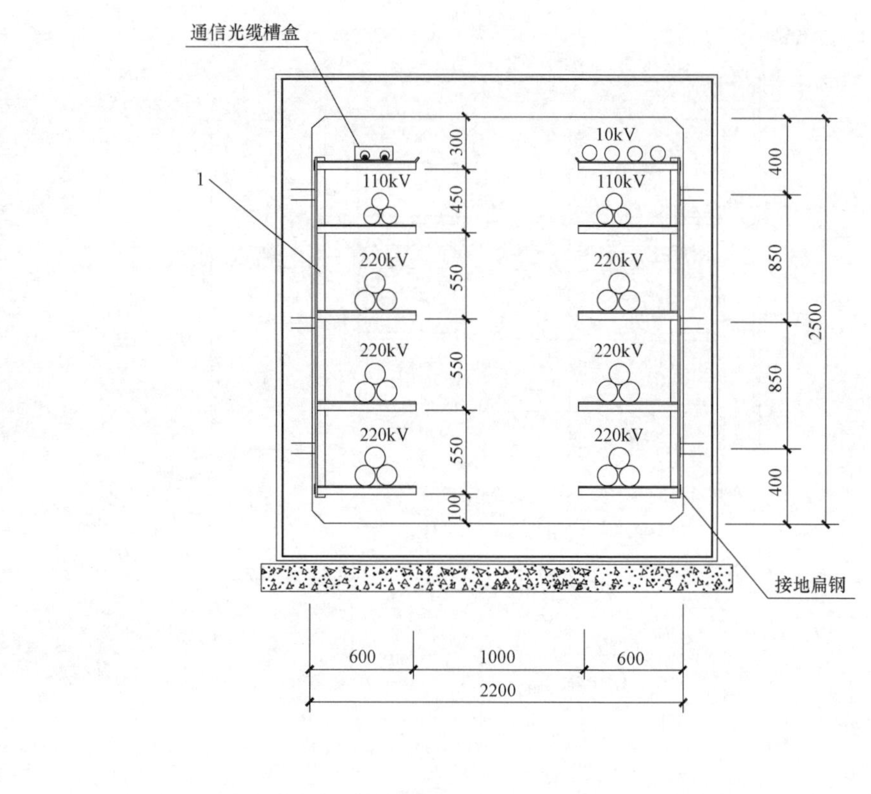

注：1. 电缆支架间距1.0m。
2. 隧道内接地扁钢每侧上、下焊两根，并从隧道顶部引出与接地装置连接。

图3−50	2.2m×2.5m电缆隧道支架安装图(3)		
适用范围	角钢支架，10kV电缆4根，110kV电缆2回路，220kV电缆6回路	图号	SD−50

每10m电缆沟所需材料表

序号	名称	规格	单位	数量	质量（kg）			制造图号
					一件	小计	合计	
1	角钢支架	36号	个	20	48.5	970.0	1048.4	ZJ−36
2	接地扁钢	−50×5	m	40	1.96	78.4		

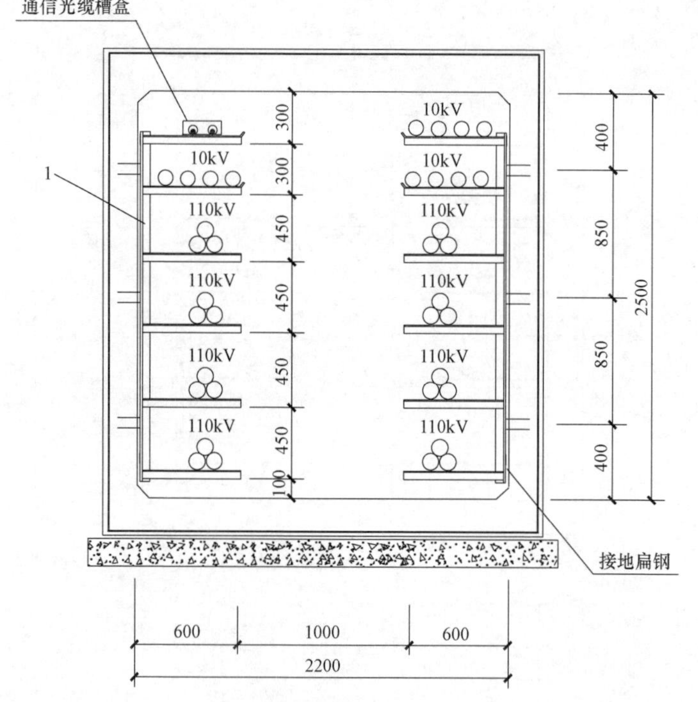

注：1. 电缆支架间距1.0m。
2. 隧道内接地扁钢每侧上、下焊两根，并从隧道顶部引出与接地装置连接。

图3−51	2.2m×2.5m电缆隧道支架安装图(4)		
适用范围	角钢支架，10kV电缆12根，110kV电缆8回路	图号	SD−51

每10m电缆沟所需材料表

序号	名称	规格	单位	数量	质量(kg)			制造图号
					一件	小计	合计	
1	角钢支架	35号	个	10	43.9	439.0	1002.4	ZJ－35
2	角钢支架	36号	个	10	48.5	485.0		ZJ－36
3	接地扁钢	－50×5	m	40	1.96	78.4		

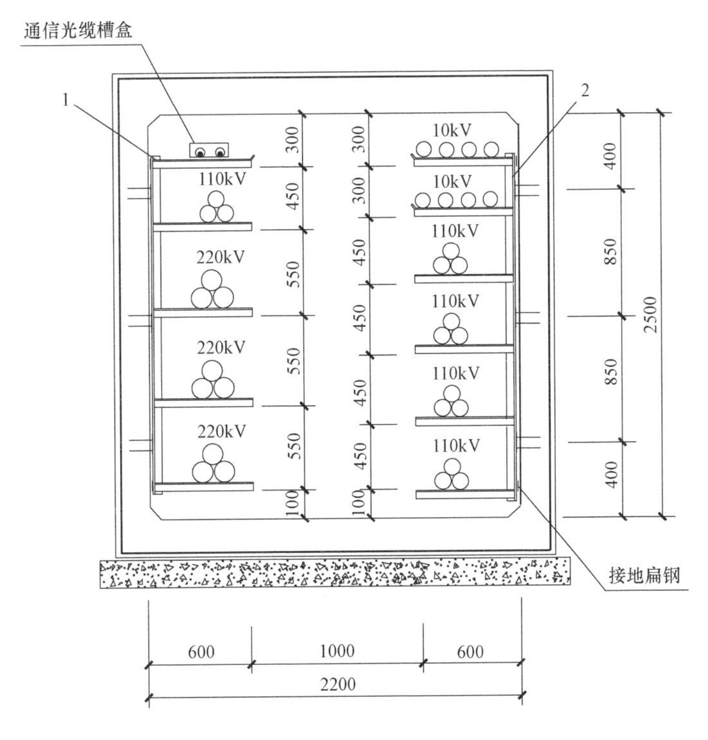

注：1. 电缆支架间距1.0m。
2. 隧道内接地扁钢每侧上、下焊两根，并从隧道顶部引出与接地装置连接。

图3-52	2.2m×2.5m电缆隧道支架安装图(5)		
适用范围	角钢支架，10kV电缆8根，110kV电缆5回路，220kV电缆3回路	图号	SD-52

每10m电缆沟所需材料表

序号	名称	规格	单位	数量	质量（kg）			制造图号
					一件	小计	合计	
1	角钢支架	37号	个	20	53.8	1076.0	1154.4	ZJ－37
2	接地扁钢	－50×5	m	40	1.96	78.4		

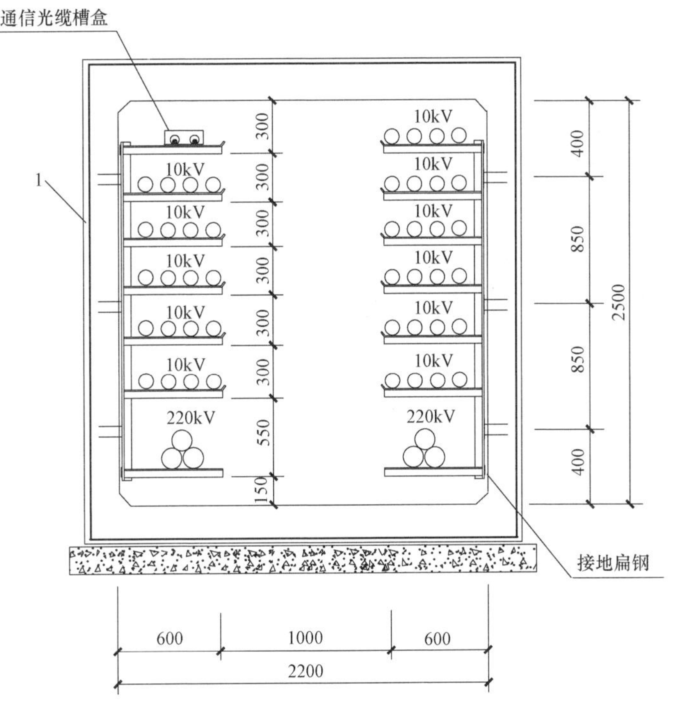

注：1. 电缆支架间距1.0m。
2. 隧道内接地扁钢每侧上、下焊两根，并从隧道顶部引出与接地装置连接。

图3-53	2.2m×2.5m电缆隧道支架安装图(6)		
适用范围	角钢支架，10kV电缆44根，220kV电缆2回路	图号	SD-53

每10m电缆沟所需材料表

序号	名称	规格	单位	数量	质量（kg）			制造图号
					一件	小计	合计	
1	角钢支架	38号	个	20	50.6	1012.0	1090.4	ZJ−38
2	接地扁钢	−50×5	m	40	1.96	78.4		

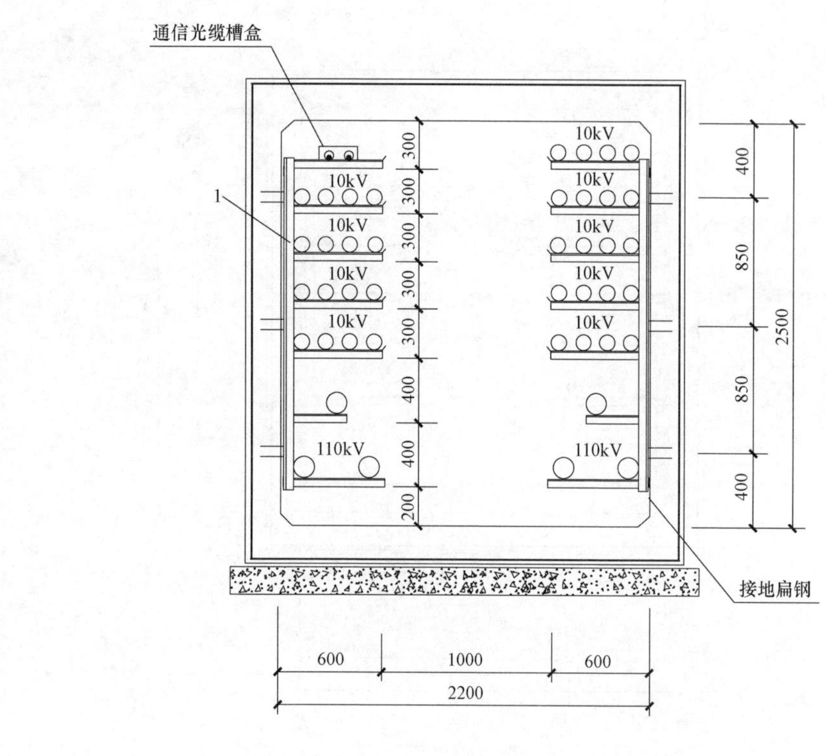

注：1. 电缆支架间距1.0m。
2. 隧道内接地扁钢每侧上、下焊两根，并从隧道顶部引出与接地装置连接。

图3−54	2.2m×2.5m电缆隧道支架安装图(7)		
适用范围	角钢支架， 10kV电缆36根，110kV电缆2回路	图号	SD−54

每10m电缆沟所需材料表

序号	名称	规格	单位	数量	质量（kg）			制造图号
					一件	小计	合计	
1	角钢支架	39号	个	10	57.1	571.0	1077.4	ZJ−39
2	角钢支架	40号	个	10	42.8	428.0		ZJ−40
3	接地扁钢	−50×5	m	40	1.96	78.4		

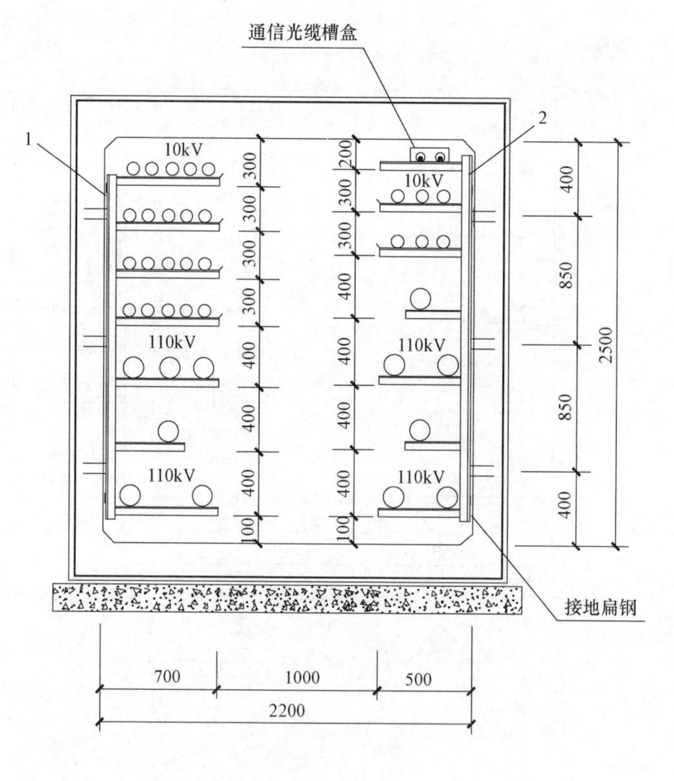

注：1. 电缆支架间距1.0m。
2. 隧道内接地扁钢每侧上、下焊两根，并从隧道顶部引出与接地装置连接。

图3−55	2.2m×2.5m电缆隧道支架安装图(8)		
适用范围	角钢支架， 10kV电缆26根，110kV电缆4回路	图号	SD−55

每10m电缆沟所需材料表

序号	名称	规格	单位	数量	质量(kg) 一件	小计	合计	制造图号
1	角钢支架	41号	个	20	49.4	988.0	1066.4	ZJ－41
2	接地扁钢	－50×5	m	40	1.96	78.4		

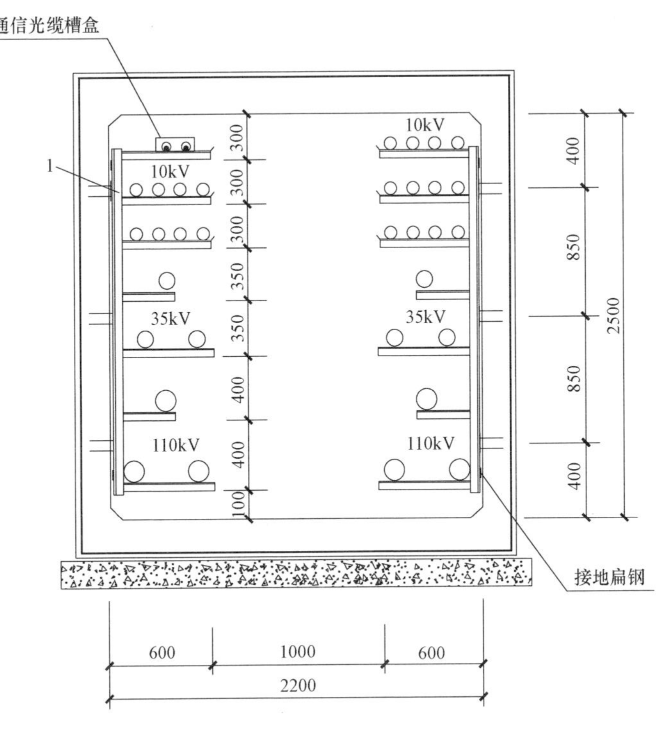

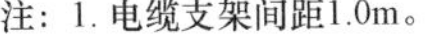

注：1. 电缆支架间距1.0m。
2. 隧道内接地扁钢每侧上、下焊两根，并从隧道顶部引出与接地装置连接。

图3-56	2.2m×2.5m电缆隧道支架安装图(9)		
适用范围	角钢支架，10kV电缆20根，35kV电缆2回路，110kV电缆2回路	图号	SD-56

每10m电缆沟所需材料表

序号	名称	规格	单位	数量	质量(kg) 一件	小计	合计	制造图号
1	角钢支架	42号	个	20	43.8	876.0	954.4	ZJ－42
2	接地扁钢	－50×5	m	40	1.96	78.4		

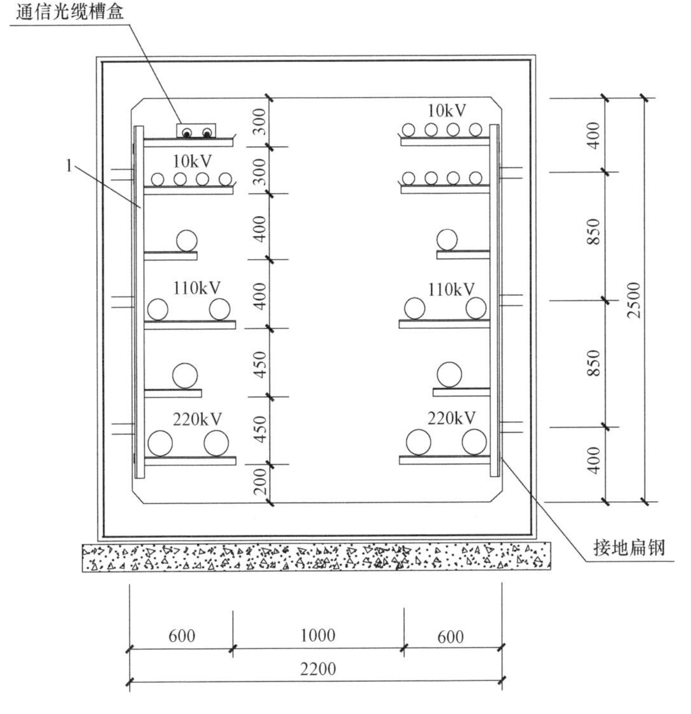

注：1. 电缆支架间距1.0m。
2. 隧道内接地扁钢每侧上、下焊两根，并从隧道顶部引出与接地装置连接。

图3-57	2.2m×2.5m电缆隧道支架安装图(10)		
适用范围	角钢支架，10kV电缆12根，110kV电缆2回路，220kV电缆2回路	图号	SD-57

每10m电缆沟所需材料表

序号	名称	规格	单位	数量	质量(kg) 一件	质量(kg) 小计	质量(kg) 合计	备注
1	燕尾螺栓预埋件	M12×200	个	320	0.3	96.0	174.4	MJ－04
2	组合悬挂式玻璃钢支架	CGXZ－500	个	80				
3	组合悬挂式玻璃钢支架	CGXZ－700	个	80				厂家提供
4	接地扁钢	－50×5	m	40	1.96	78.4		厂家提供

注：1. 电缆支架间距1.0m。
2. 沟道内支架上、下各装一根接地扁钢，每隔50m装一个角钢支架，并与接地扁钢焊接，从沟道顶部引出与接地装置连接。

图3-58	2.2m×2.5m电缆隧道支架安装图(11)		
适用范围	组合悬挂式玻璃钢支架，10kV电缆53根	图号	SD-58

每10m电缆沟所需材料表

序号	名称	规格	单位	数量	质量(kg) 一件	质量(kg) 小计	质量(kg) 合计	备注
1	平板型玻璃钢支架	2型	组	20				PZJ－02(厂家提供)
2	接地扁钢	－50×5	m	40	1.96	78.4	78.4	

注：1. 电缆支架间距1.0m。
2. 槽型预埋件的口部，露出沟壁墙面，且与墙面相平。
3. 沟道内支架上、下各装一根接地扁钢，每隔50m装一个角钢支架，并与接地扁钢焊接，从沟道顶部引出与接地装置连接。

图3-59	2.2m×2.5m电缆隧道支架安装图(12)		
适用范围	平板型玻璃钢支架，10kV电缆18根，110kV电缆4回路	图号	SD-59

每10m电缆沟所需材料表

序号	名称	规格	单位	数量	质量(kg)			备注
					一件	小计	合计	
1	平板型玻璃钢支架	3型	组	20				PZJ－03(厂家提供)
2	接地扁钢	－50×5	m	40	1.96	78.4	78.4	

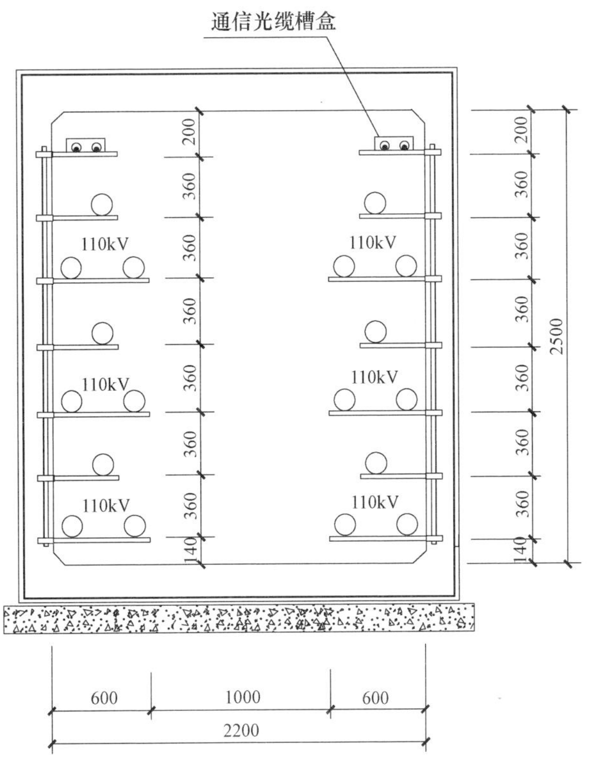

注：1. 电缆支架间距1.0m。
2. 槽型预埋件的口部，露出沟壁墙面，且与墙面相平。
3. 沟道内支架上、下各装一根接地扁钢，每隔50m装一个角钢支架，并与接地扁钢焊接，从沟道顶部引出与接地装置连接。

图3-60	2.2m×2.5m电缆隧道支架安装图(13)		
适用范围	组合悬挂式、平板型玻璃钢支架，10kV电缆25根，110kV电缆6回路	图号	SD-60

每10米电缆沟所需材料表

序号	名称	规格	单位	数量	质量(kg)			备注
					一件	小计	合计	
1	槽型预埋件(承插式)	8槽	个	10				MJ－06(厂家提供)
2	承插式玻璃钢支架	CGCZ－3/600	个	80				厂家提供
3	平板型玻璃钢支架	4型	组	10				PZJ－04(厂家提供)
4	接地扁钢	－50×5	m	40	1.96	78.4	78.4	

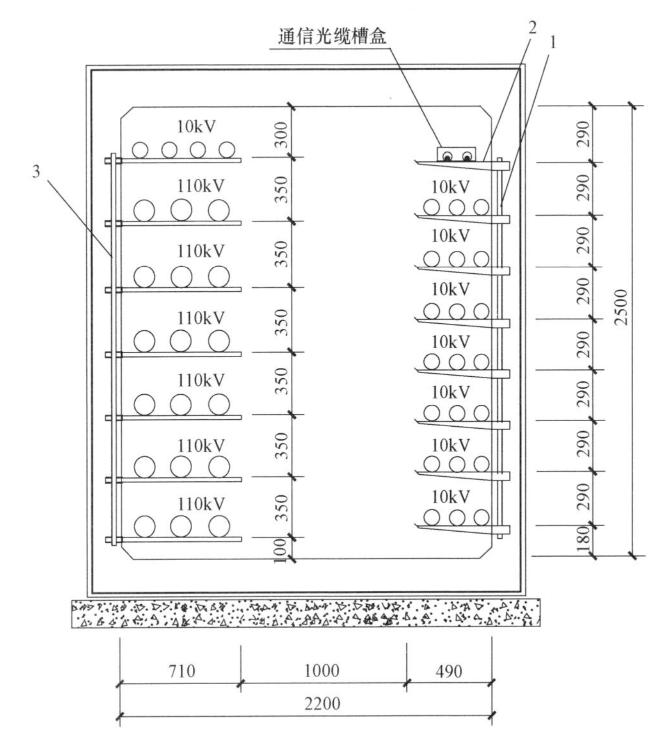

注：1. 电缆支架间距1.0m。
2. 槽型预埋件的口部，露出沟壁墙面，且与墙面相平。
3. 沟道内支架上、下各装一根接地扁钢，每隔50m装一个角钢支架，并与接地扁钢焊接，从沟道顶部引出与接地装置连接。

图3-61	2.2m×2.5m电缆隧道支架安装图(14)		
适用范围	组合悬挂式、平板型玻璃钢支架，10kV电缆25根，110kV电缆6回路	图号	SD-61

第三章

电力电缆隧道敷设

第七节　2.5m×3.0m 电缆隧道

图 3-62　2.5m×3.0m 电缆隧道配筋施工图　（沟顶覆土 0.5～2.0m）……SD-62

图 3-63　2.5m×3.0m 电缆隧道支架安装图（1）（角钢支架，10kV 电缆 35 根，110kV 电缆 4 回路）……SD-63

图 3-64　2.5m×3.0m 电缆隧道支架安装图（2）（角钢支架，10kV 电缆 35 根，110kV 电缆 2 回路，220kV 电缆 2 回路）……SD-64

图 3-65　2.5m×3.0m 电缆隧道支架安装图（3）（角钢支架，10kV 电缆 35 根，110kV 电缆 4 回路，220kV 电缆 2 回路）……SD-65

图 3-66　2.5m×3.0m 电缆隧道支架安装图（4）（角钢支架，10kV 电缆 15 根，110kV 电缆 2 回路，220kV 电缆 4 回路）……SD-66

图 3-67　2.5m×3.0m 电缆隧道支架安装图（5）（角钢支架，10kV 电缆 35 根，110kV 电缆 4 回路，220kV 电缆 4 回路）……SD-67

图 3-68　2.5m×3.0m 电缆隧道支架安装图（6）（组合悬挂式玻璃钢支架，10kV 电缆 35 根，110kV 电缆 4 回路，220kV 电缆 4 回路）……SD-68

图 3-69　2.5m×3.0m 电缆隧道支架安装图（7）（角钢支架，10kV 电缆 35 根，110kV 电缆 6 回路，220kV 电缆 2 回路）……SD-69

图 3-70　2.5m×3.0m 电缆隧道支架安装图（8）（组合悬挂式玻璃钢支架，10kV 电缆 35 根，110kV 电缆 6 回路，220kV 电缆 2 回路）……SD-70

图 3-71　2.5m×3.0m 电缆隧道支架安装图（9）（角钢支架，10kV 电缆 45 根，220kV 电缆 6 回路）……SD-71

图 3-72　2.5m×3.0m 电缆隧道支架安装图（10）（组合悬挂式玻璃钢支架，10kV 电缆 45 根，220kV 电缆 6 回路）……SD-72

图 3-73　2.5m×3.0m 电缆隧道支架安装图（11）（角钢支架，10kV 电缆 15 根，110kV 电缆 4 回路，220kV 电缆 6 回路）……SD-73

图 3-74　2.5m×3.0m 电缆隧道支架安装图（12）（组合悬挂式玻璃钢支架，10kV 电缆 15 根，110kV 电缆 4 回路，220kV 电缆 6 回路）……SD-74

图 3-75　2.5m×3.0m 电缆隧道支架安装图（13）（平板型玻璃钢支架，10kV 电缆 25 根，110kV 电缆 6 回路，220kV 电缆 4 回路）……SD-75

图 3-76　2.5m×3.0m 电缆隧道支架安装图（14）（平板型玻璃钢支架，10kV 电缆 25 根，110kV 电缆 10 回路）……SD-76

图 3-77　2.5m×3.0m 电缆隧道支架安装图（15）（平板型玻璃钢支架，10kV 电缆 25 根，110kV 电缆 8 回路，220kV 电缆 4 回路）……SD-77

图 3-78　2.5m×3.0m 电缆隧道支架安装图（16）（平板型玻璃钢支架，10kV 电缆 25 根，110kV 电缆 4 回路，220kV 电缆 6 回路）……SD-78

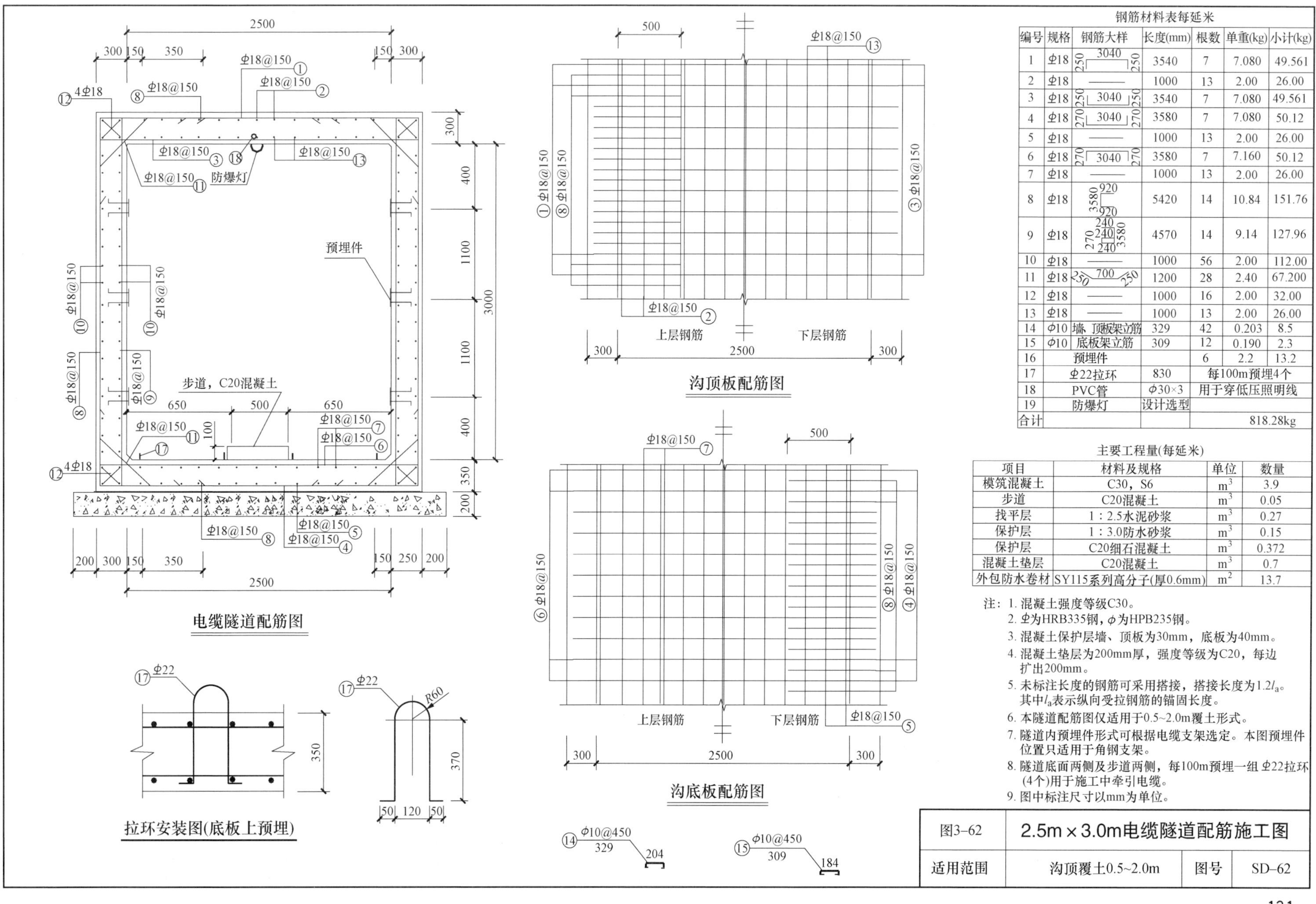

钢筋材料表每延米

编号	规格	钢筋大样	长度(mm)	根数	单重(kg)	小计(kg)
1	Φ18	250 3040 250	3540	7	7.080	49.561
2	Φ18	———	1000	13	2.00	26.00
3	Φ18	250 3040 250	3540	7	7.080	49.561
4	Φ18	270 3040 270	3580	7	7.080	50.12
5	Φ18	———	1000	13	2.00	26.00
6	Φ18	270 3040 270	3580	7	7.160	50.12
7	Φ18	———	1000	13	2.00	26.00
8	Φ18	920 3580 920	5420	14	10.84	151.76
9	Φ18	240 240 240 270 3580	4570	14	9.14	127.96
10	Φ18	———	1000	56	2.00	112.00
11	Φ18	250 700 250	1200	28	2.40	67.200
12	Φ18	———	1000	16	2.00	32.00
13	Φ18	———	1000	13	2.00	26.00
14	φ10	墙、顶板架立筋	329	42	0.203	8.5
15	φ10	底板架立筋	309	12	0.190	2.3
16	预埋件			6	2.2	13.2
17	Φ22拉环		830	每100m预埋4个		
18	PVC管		φ30×3	用于穿低压照明线		
19	防爆灯		设计选型			
合计				818.28kg		

主要工程量(每延米)

项目	材料及规格	单位	数量
模筑混凝土	C30，S6	m^3	3.9
步道	C20混凝土	m^3	0.05
找平层	1：2.5水泥砂浆	m^3	0.27
保护层	1：3.0防水砂浆	m^3	0.15
保护层	C20细石混凝土	m^3	0.372
混凝土垫层	C20混凝土	m^3	0.7
外包防水卷材	SY115系列高分子(厚0.6mm)	m^2	13.7

注：1. 混凝土强度等级C30。
2. Φ为HRB335钢，φ为HPB235钢。
3. 混凝土保护层墙、顶板为30mm，底板为40mm。
4. 混凝土垫层为200mm厚，强度等级为C20，每边扩出200mm。
5. 未标注长度的钢筋可采用搭接，搭接长度为1.2l_a。其中l_a表示纵向受拉钢筋的锚固长度。
6. 本隧道配筋图仅适用于0.5~2.0m覆土形式。
7. 隧道内预埋件形式可根据电缆支架选定。本图预埋件位置只适用于角钢支架。
8. 隧道底面两侧及步道两侧，每100m预埋一组Φ22拉环(4个)用于施工中牵引电缆。
9. 图中标注尺寸以mm为单位。

图3–62	2.5m×3.0m电缆隧道配筋施工图		
适用范围	沟顶覆土0.5~2.0m	图号	SD–62

每10m电缆沟所需材料表

序号	名称	规格	单位	数量	质量(kg)			制造图号
					一件	小计	合计	
1	角钢支架	43号	个	20	65.5	1310.0	1388.4	ZJ－43
2	接地扁钢	－50×5	m	40	1.96	78.4		

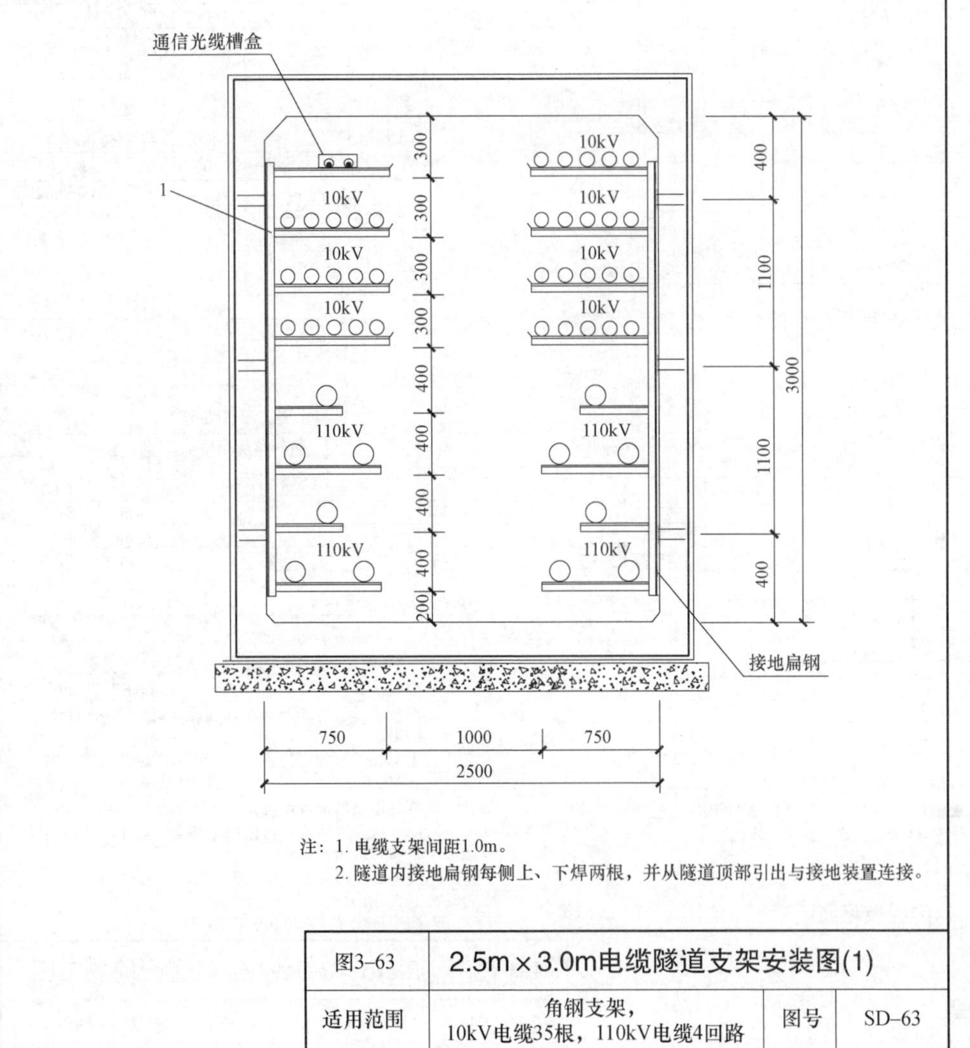

注：1. 电缆支架间距1.0m。
2. 隧道内接地扁钢每侧上、下焊两根，并从隧道顶部引出与接地装置连接。

图3-63	2.5m×3.0m电缆隧道支架安装图(1)		
适用范围	角钢支架，10kV电缆35根，110kV电缆4回路	图号	SD-63

每10m电缆沟所需材料表

序号	名称	规格	单位	数量	质量(kg)			制造图号
					一件	小计	合计	
1	角钢支架	44号	个	20	66.4	1328.0	1406.4	ZJ－44
2	接地扁钢	－50×5	m	40	1.96	78.4		

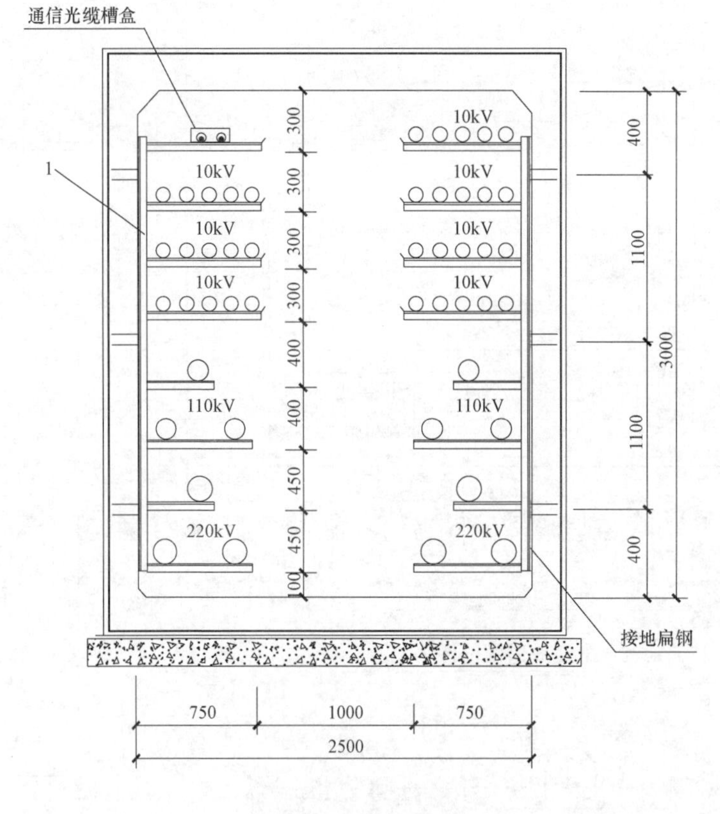

注：1. 电缆支架间距1.0m。
2. 隧道内接地扁钢每侧上、下焊两根，并从隧道顶部引出与接地装置连接。

图3-64	2.5m×3.0m电缆隧道支架安装图(2)		
适用范围	角钢支架，10kV电缆35根，110kV电缆2回路，220kV电缆2回路	图号	SD-64

每10m电缆沟所需材料表

序号	名称	规格	单位	数量	质量(kg)			制造图号
					一件	小计	合计	
1	角钢支架	45号	个	20	69.0	1380.0	1458.4	ZJ－45
2	接地扁钢	－50×5	m	40	1.96	78.4		

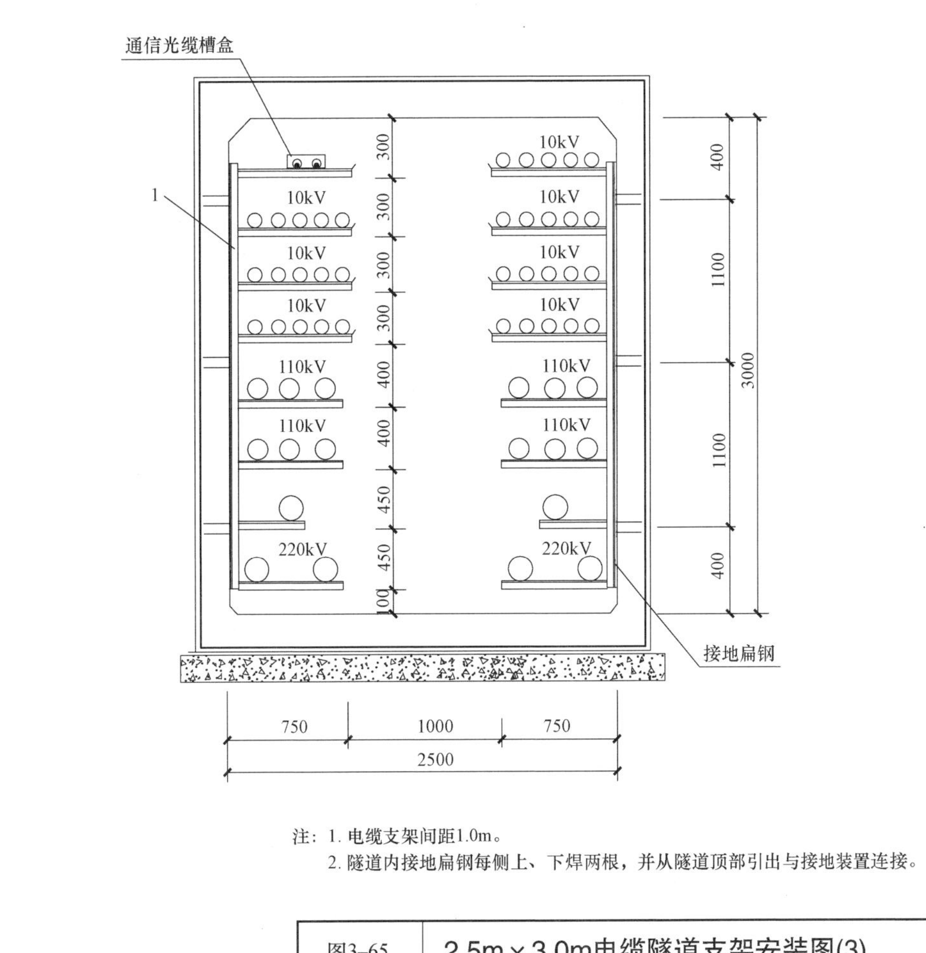

注：1. 电缆支架间距1.0m。
2. 隧道内接地扁钢每侧上、下焊两根，并从隧道顶部引出与接地装置连接。

图3-65	2.5m×3.0m电缆隧道支架安装图(3)		
适用范围	角钢支架，10kV电缆35根，110kV电缆4回路，220kV电缆2回路	图号	SD-65

每10m电缆沟所需材料表

序号	名称	规格	单位	数量	质量(kg)			制造图号
					一件	小计	合计	
1	角钢支架	46号	个	20	59.5	1190.0	1268.4	ZJ－46
2	接地扁钢	－50×5	m	40	1.96	78.4		

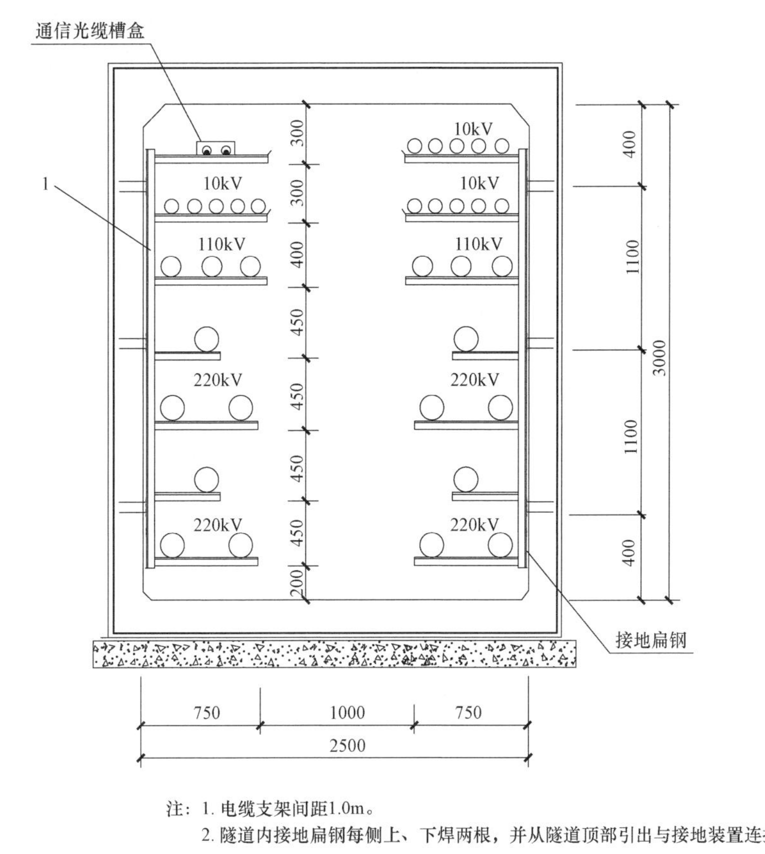

注：1. 电缆支架间距1.0m。
2. 隧道内接地扁钢每侧上、下焊两根，并从隧道顶部引出与接地装置连接。

图3-66	2.5m×3.0m电缆隧道支架安装图(4)		
适用范围	角钢支架，10kV电缆15根，110kV电缆2回路，220kV电缆4回路	图号	SD-66

每10m电缆沟所需材料表

序号	名称	规格	单位	数量	质量(kg) 一件	小计	合计	制造图号
1	角钢支架	47号	个	20	70.6	1412.0	1490.4	ZJ－47
2	接地扁钢	－50×5	m	40	1.96	78.4		

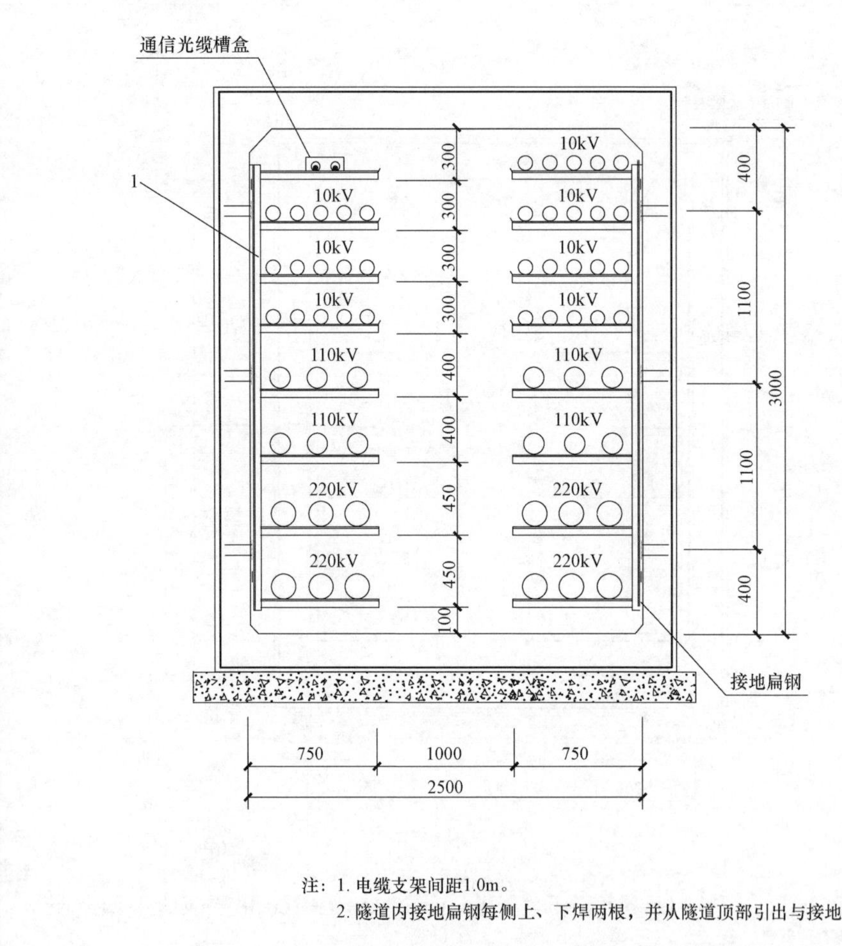

注：1. 电缆支架间距1.0m。
2. 隧道内接地扁钢每侧上、下焊两根，并从隧道顶部引出与接地装置连接。

图3-67	2.5m×3.0m电缆隧道支架安装图(5)		
适用范围	角钢支架，10kV电缆35根，110kV电缆4回路，220kV电缆4回路	图号	SD-67

每10m电缆沟所需材料表

序号	名称	规格	单位	数量	质量(kg) 一件	小计	合计	备注
1	燕尾螺栓预埋件	M12×200	个	320	0.3	96.0	174.4	MJ－04(厂家提供)
2	组合悬挂式玻璃钢支架	CGXZ－700	个	160				厂家提供
3	接地扁钢	－50×5	m	40	1.96	78.4		

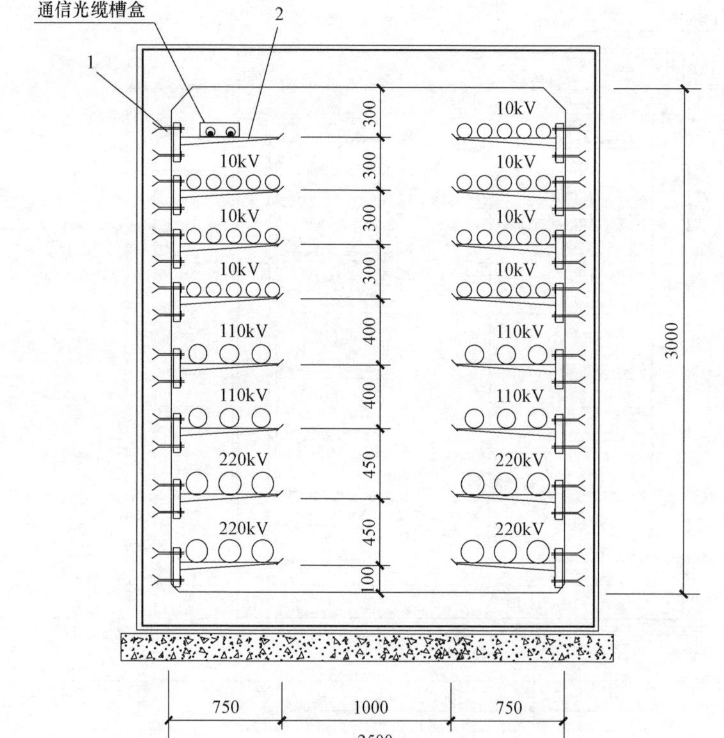

注：1. 电缆支架间距1.0m。
2. 隧道内接地扁钢每侧上、下焊两根，并从隧道顶部引出与接地装置连接。

图3-68	2.5m×3.0m电缆隧道支架安装图(6)		
适用范围	组合悬挂式玻璃钢支架，10kV电缆35根，110kV电缆4回路，220kV电缆4回路	图号	SD-68

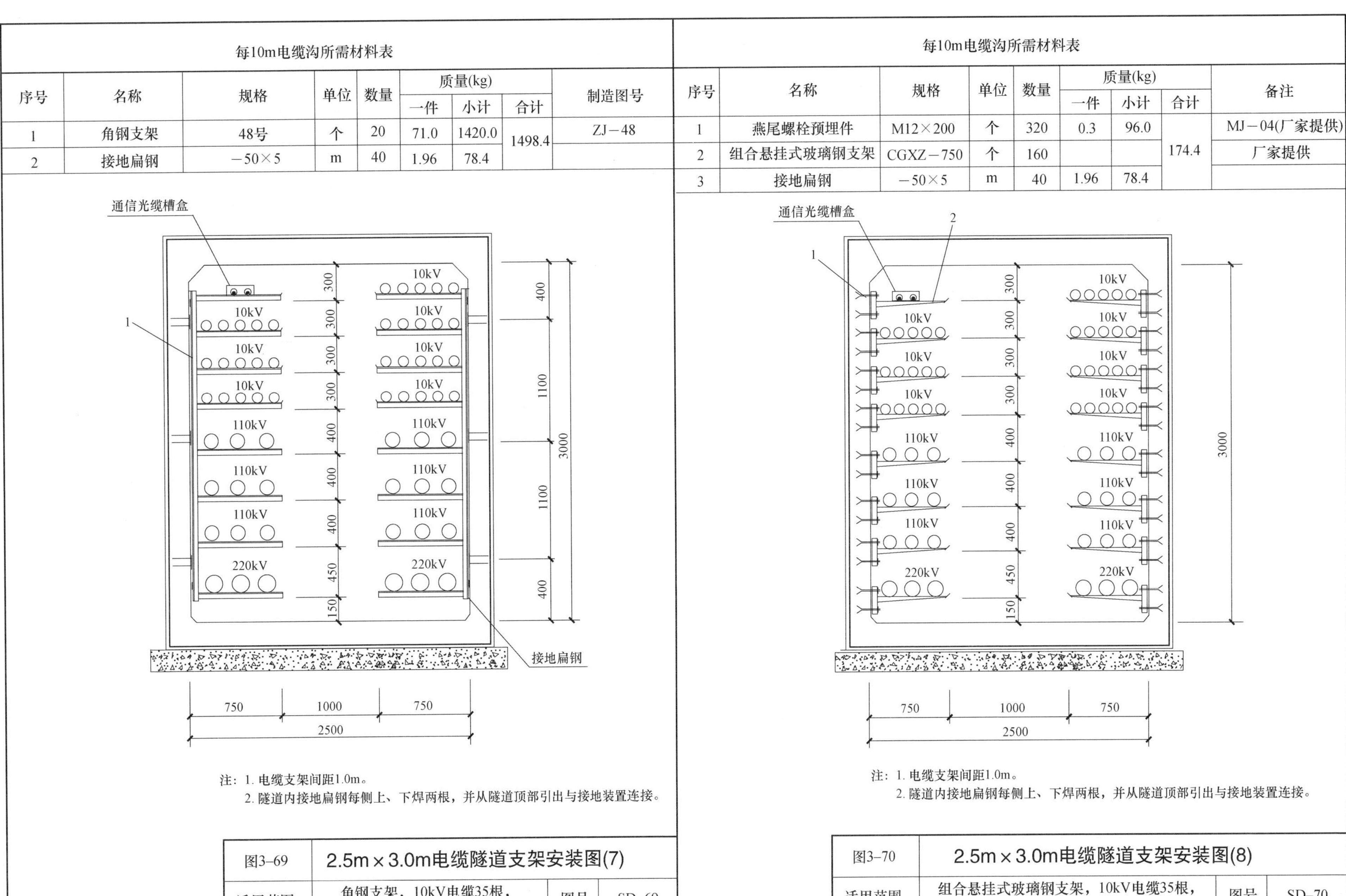

每10m电缆沟所需材料表

序号	名称	规格	单位	数量	质量(kg)			制造图号
					一件	小计	合计	
1	角钢支架	48号	个	20	71.0	1420.0	1498.4	ZJ－48
2	接地扁钢	－50×5	m	40	1.96	78.4		

注：1. 电缆支架间距1.0m。
2. 隧道内接地扁钢每侧上、下焊两根，并从隧道顶部引出与接地装置连接。

图3－69	2.5m×3.0m电缆隧道支架安装图(7)		
适用范围	角钢支架，10kV电缆35根，110kV电缆6回路，220kV电缆2回路	图号	SD－69

每10m电缆沟所需材料表

序号	名称	规格	单位	数量	质量(kg)			备注
					一件	小计	合计	
1	燕尾螺栓预埋件	M12×200	个	320	0.3	96.0	174.4	MJ－04(厂家提供)
2	组合悬挂式玻璃钢支架	CGXZ－750	个	160				厂家提供
3	接地扁钢	－50×5	m	40	1.96	78.4		

注：1. 电缆支架间距1.0m。
2. 隧道内接地扁钢每侧上、下焊两根，并从隧道顶部引出与接地装置连接。

图3－70	2.5m×3.0m电缆隧道支架安装图(8)		
适用范围	组合悬挂式玻璃钢支架，10kV电缆35根，110kV电缆6回路，220kV电缆2回路	图号	SD－70

每10m电缆沟所需材料表

序号	名称	规格	单位	数量	质量(kg) 一件	小计	合计	制造图号
1	角钢支架	49号	个	20	71.3	1426.0	1504.4	ZJ－49
2	接地扁钢	－50×5	m	40	1.96	78.4		

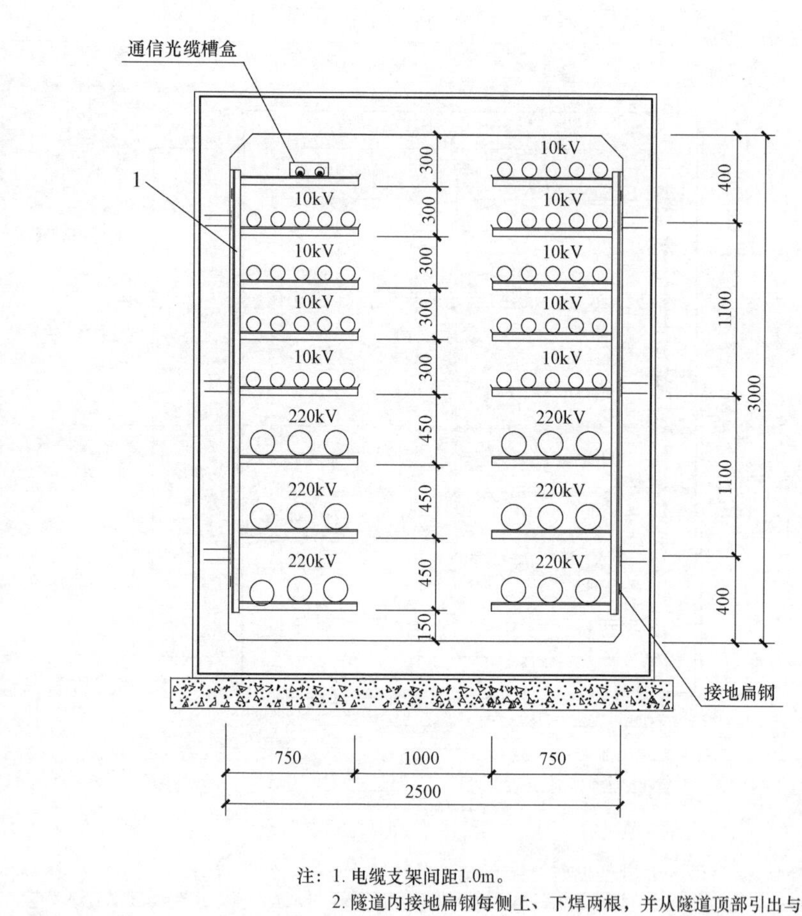

注：1. 电缆支架间距1.0m。
2. 隧道内接地扁钢每侧上、下焊两根，并从隧道顶部引出与接地装置连接。

图3－71	2.5m×3.0m电缆隧道支架安装图(9)		
适用范围	角钢支架，10kV电缆45根，220kV电缆6回路	图号	SD－71

每10m电缆沟所需材料表

序号	名称	规格	单位	数量	质量(kg) 一件	小计	合计	备注
1	燕尾螺栓预埋件	M12×200	个	320	0.3	96.0	174.4	MJ－04(厂家提供)
2	组合悬挂式玻璃钢支架	CGXZ－700	个	160				厂家提供
3	接地扁钢	－50×5	m	40	1.96	78.4		

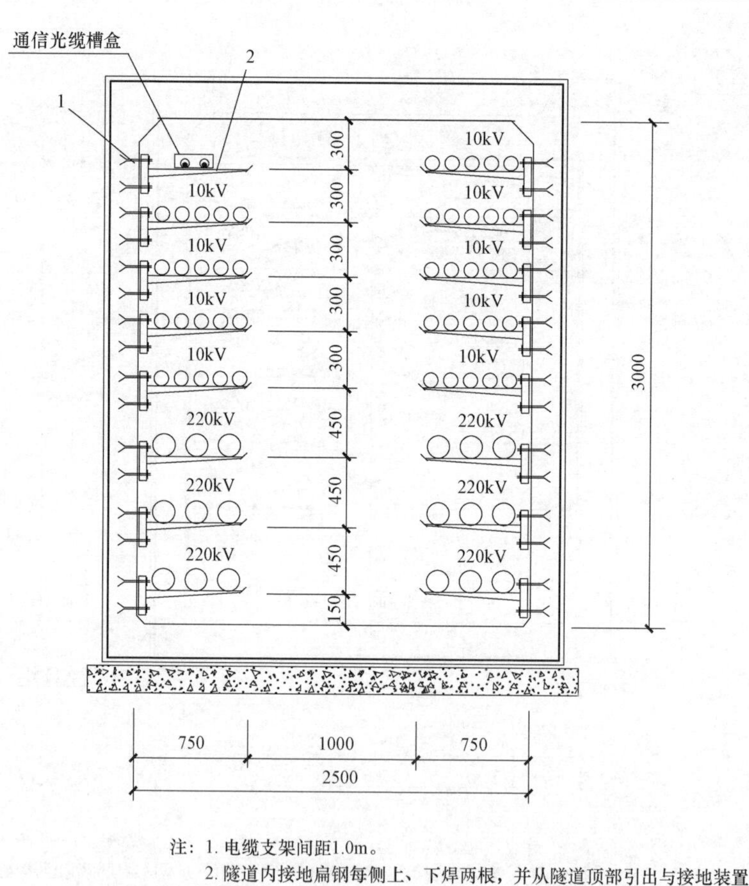

注：1. 电缆支架间距1.0m。
2. 隧道内接地扁钢每侧上、下焊两根，并从隧道顶部引出与接地装置连接。

图3－72	2.5m×3.0m电缆隧道支架安装图(10)		
适用范围	组合悬挂式玻璃钢支架，10kV电缆45根，220kV电缆6回路	图号	SD－72

每10m电缆沟所需材料表

序号	名称	规格	单位	数量	质量(kg) 一件	小计	合计	制造图号
1	角钢支架	50号	个	20	64.1	1282.0	1360.4	ZJ-50
2	接地扁钢	−50×5	m	40	1.96	78.4		

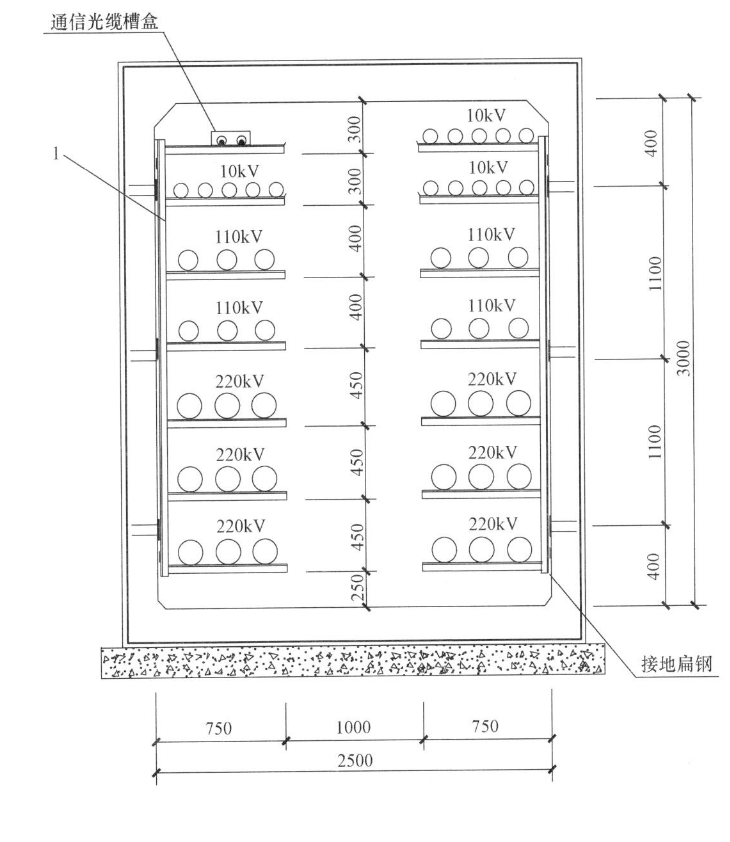

注：1. 电缆支架间距1.0m。
2. 隧道内接地扁钢每侧上、下焊两根，并从隧道顶部引出与接地装置连接。

图3－73	2.5m×3.0m电缆隧道支架安装图(11)		
适用范围	角钢支架，10kV电缆15根，110kV电缆4回路，220kV电缆6回路	图号	SD－73

每10m电缆沟所需材料表

序号	名称	规格	单位	数量	质量(kg) 一件	小计	合计	备注
1	燕尾螺栓预埋件	M12×200	个	280	0.3	84.0	162.4	MJ－04(厂家提供)
2	组合悬挂式玻璃钢支架	CGXZ－700	个	140				厂家提供
3	接地扁钢	−50×5	m	40	1.96	78.4		

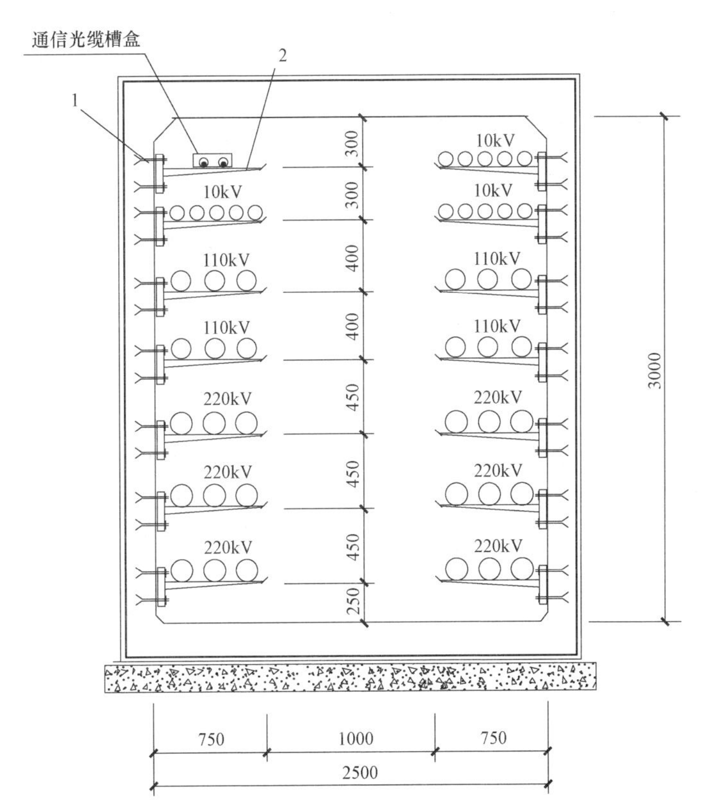

注：1. 电缆支架间距1.0m。
2. 沟道内支架上、下各装一根接地扁钢，每隔50m装一个角钢支架，并与接地扁钢焊接，从沟道顶部引出与接地装置连接。

图3－74	2.5m×3.0m电缆隧道支架安装图(12)		
适用范围	组合悬挂式玻璃钢支架，10kV电缆15根，110kV电缆4回路，220kV电缆6回路	图号	SD－74

每10m电缆沟所需材料表

序号	名称	规格	单位	数量	质量(kg) 一件	小计	合计	备注
1	平板型玻璃钢支架	5型	组	20			78.4	PZJ－05(厂家提供)
2	接地扁钢	－50×5	m	40	1.96	78.4		

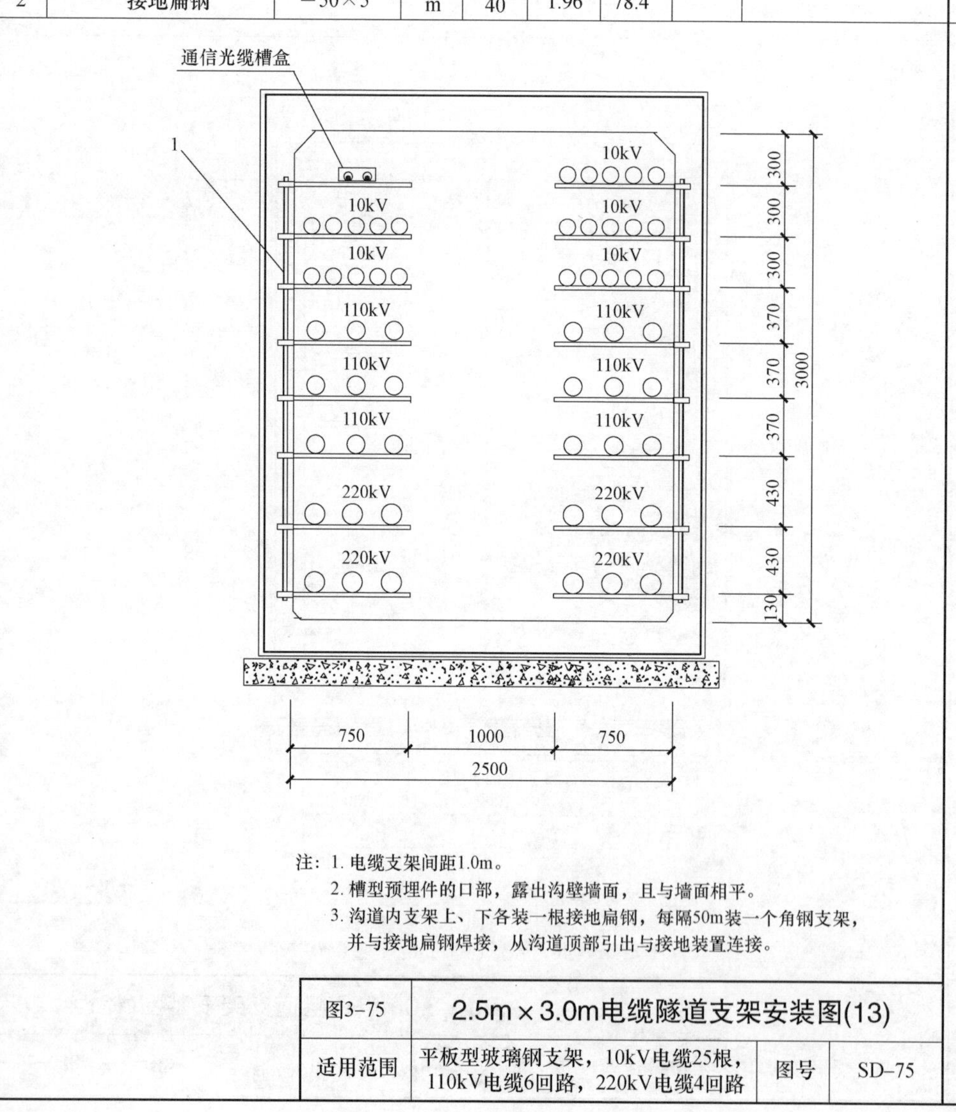

注：1. 电缆支架间距1.0m。
2. 槽型预埋件的口部，露出沟壁墙面，且与墙面相平。
3. 沟道内支架上、下各装一根接地扁钢，每隔50m装一个角钢支架，并与接地扁钢焊接，从沟道顶部引出与接地装置连接。

图3-75	2.5m×3.0m电缆隧道支架安装图(13)		
适用范围	平板型玻璃钢支架，10kV电缆25根，110kV电缆6回路，220kV电缆4回路	图号	SD-75

每10m电缆沟所需材料表

序号	名称	规格	单位	数量	质量(kg) 一件	小计	合计	备注
1	平板型玻璃钢支架	6型	组	20			78.4	PZJ－06(厂家提供)
2	接地扁钢	－50×5	m	40	1.96	78.4		

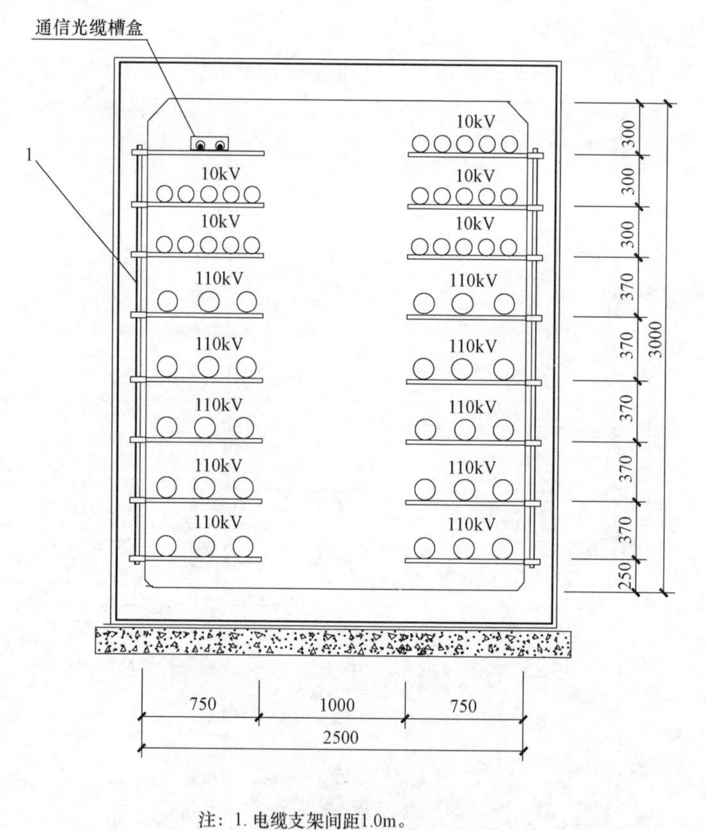

注：1. 电缆支架间距1.0m。
2. 槽型预埋件的口部，露出沟壁墙面，且与墙面相平。
3. 沟道内支架上、下各装一根接地扁钢，每隔50m装一个角钢支架，并与接地扁钢焊接，从沟道顶部引出与接地装置连接。

图3-76	2.5m×3.0m电缆隧道支架安装图(14)		
适用范围	平板型玻璃钢支架，10kV电缆25根，110kV电缆10回路	图号	SD-76

每10m电缆沟所需材料表

序号	名称	规格	单位	数量	质量(kg)			备注
					一件	小计	合计	
1	平板型玻璃钢支架	7型	组	20			78.4	PZJ－07(厂家提供)
2	接地扁钢	－50×5	m	40	1.96	78.4		

注：1. 电缆支架间距1.0m。
2. 槽型预埋件的口部，露出沟壁墙面，且与墙面相平。
3. 沟道内支架上、下各装一根接地扁钢，每隔50m装一个角钢支架，并与接地扁钢焊接，从沟道顶部引出与接地装置连接。

图3-77	2.5m×3.0m电缆隧道支架安装图(15)		
适用范围	平板型玻璃钢支架，10kV电缆15根，110kV电缆8回路，220kV电缆4回路	图号	SD-77

每10m电缆沟所需材料表

序号	名称	规格	单位	数量	质量(kg)			备注
					一件	小计	合计	
1	平板型玻璃钢支架	8型	组	20			78.4	PZJ－08(厂家提供)
2	接地扁钢	－50×5	m	40	1.96	78.4		

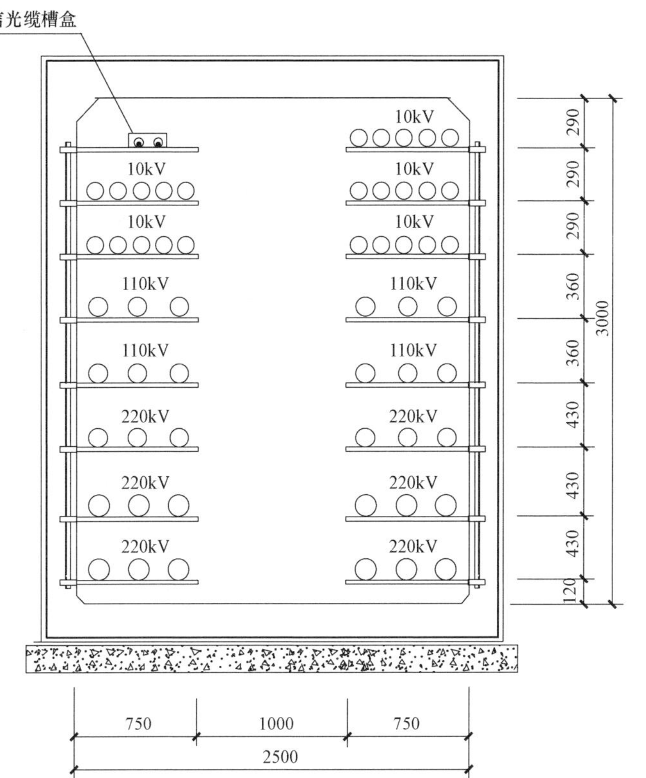

注：1. 电缆支架间距1.0m。
2. 槽型预埋件的口部，露出沟壁墙面，且与墙面相平。
3. 沟道内支架上、下各装一根接地扁钢，每隔50m装一个角钢支架，并与接地扁钢焊接，从沟道顶部引出与接地装置连接。

图3-78	2.5m×3.0m电缆隧道支架安装图(16)		
适用范围	平板型玻璃钢支架，10kV电缆25根，110kV电缆4回路，220kV电缆6回路	图号	SD-78

第三章

电力电缆隧道敷设

第八节　混凝土浇制工作井

一、活动爬梯

图 3-79　直通型工作井施工图（1）（二端隧道，角钢活动爬梯）…… GJ-01
图 3-80　直通型工作井施工图（2）（一端隧道，一端排管，角钢活动爬梯）…… GJ-02
图 3-81　直通型工作井施工图（3）（二端隧道，角钢活动爬梯）…… GJ-03
图 3-82　直通型工作井施工图（4）（20m 工作井，二端排管，角钢活动爬梯）…… GJ-04
图 3-83　三通型工作井施工图（1）（三端隧道，角钢活动爬梯）…… GJ-05
图 3-84　三通型工作井施工图（2）（二对端隧道，一侧排管，角钢活动爬梯）…… GJ-06
图 3-85　三通型工作井施工图（3）（二对端排管，一侧隧道，角钢活动爬梯）…… GJ-07
图 3-86　三通型工作井施工图（4）（三端排管，角钢活动爬梯）…… GJ-08
图 3-87　四通型工作井施工图（1）（四端隧道，角钢活动爬梯）…… GJ-09
图 3-88　四通型工作井施工图（2）（三端隧道，一侧排管，角钢活动爬梯）…… GJ-10
图 3-89　四通型工作井施工图（3）（二对端隧道，二端排管，角钢活动爬梯）…… GJ-11
图 3-90　四通型工作井施工图（4）（一端隧道，三端排管，角钢活动爬梯）…… GJ-12
图 3-91　四通型工作井施工图（5）（四端排管，角钢活动爬梯）…… GJ-13

二、圆管固定爬梯

图 3-92　直通型工作井施工图（1）（二端隧道，圆管固定爬梯）…… GJ-14
图 3-93　直通型工作井施工图（2）（一端隧道，一端排管，圆管固定爬梯）…… GJ-15

图 3-94　直通型工作井施工图（3）（二端排管，圆管固定爬梯）……GJ-16
图 3-95　直通型工作井施工图（4）（20m 工作井，二端排管，圆管固定爬梯）……GJ-17
图 3-96　三通型工作井施工图（1）（三端隧道，圆管固定爬梯）……GJ-18
图 3-97　三通型工作井施工图（2）（二对端隧道，一侧排管，圆管固定爬梯）……GJ-19
图 3-98　三通型工作井施工图（3）（二对端排管，一侧隧道，圆管固定爬梯）……GJ-20
图 3-99　三通型工作井施工图（4）（三端排管，圆管固定爬梯）……GJ-21
图 3-100　四通型工作井施工图（1）（四端隧道，圆管固定爬梯）……GJ-22
图 3-101　四通型工作井施工图（2）（三端隧道，一侧排管，圆管固定爬梯）……GJ-23
图 3-102　四通型工作井施工图（3）（二对端隧道，二端排管，圆管固定爬梯）……GJ-24
图 3-103　四通型工作井施工图（4）（一端隧道，三端排管，圆管固定爬梯）……GJ-25
图 3-104　四通型工作井施工图（5）（四端排管，圆管固定爬梯）……GJ-26

三、角钢固定爬梯

图 3-105　直通型工作井施工图（1）（二端隧道，角钢固定爬梯）……GJ-27
图 3-106　直通型工作井施工图（2）（一端隧道，一端排管，角钢固定爬梯）……GJ-28
图 3-107　直通型工作井施工图（3）（二端排管，角钢固定爬梯）……GJ-29
图 3-108　直通型工作井施工图（4）（20m 工作井，二端排管，角钢固定爬梯）……GJ-30
图 3-109　三通型工作井施工图（1）（三端隧道，角钢固定爬梯）……GJ-31
图 3-110　三通型工作井施工图（2）（二对端隧道，一侧排管，角钢固定爬梯）……GJ-32
图 3-111　三通型工作井施工图（3）（二对端排管，一侧隧道，角钢固定爬梯）……GJ-33
图 3-112　三通型工作井施工图（4）（三端排管，角钢固定爬梯）……GJ-34
图 3-113　四通型工作井施工图（1）（四端隧道，角钢固定爬梯）……GJ-35
图 3-114　四通型工作井施工图（2）（三端隧道，一侧排管，角钢固定爬梯）……GJ-36
图 3-115　四通型工作井施工图（3）（二对端隧道，二侧排管，角钢固定爬梯）……GJ-37
图 3-116　四通型工作井施工图（4）（一端隧道，三侧排管，角钢固定爬梯）……GJ-38
图 3-117　四通型工作井施工图（5）（四端排管，角钢固定爬梯）……GJ-39

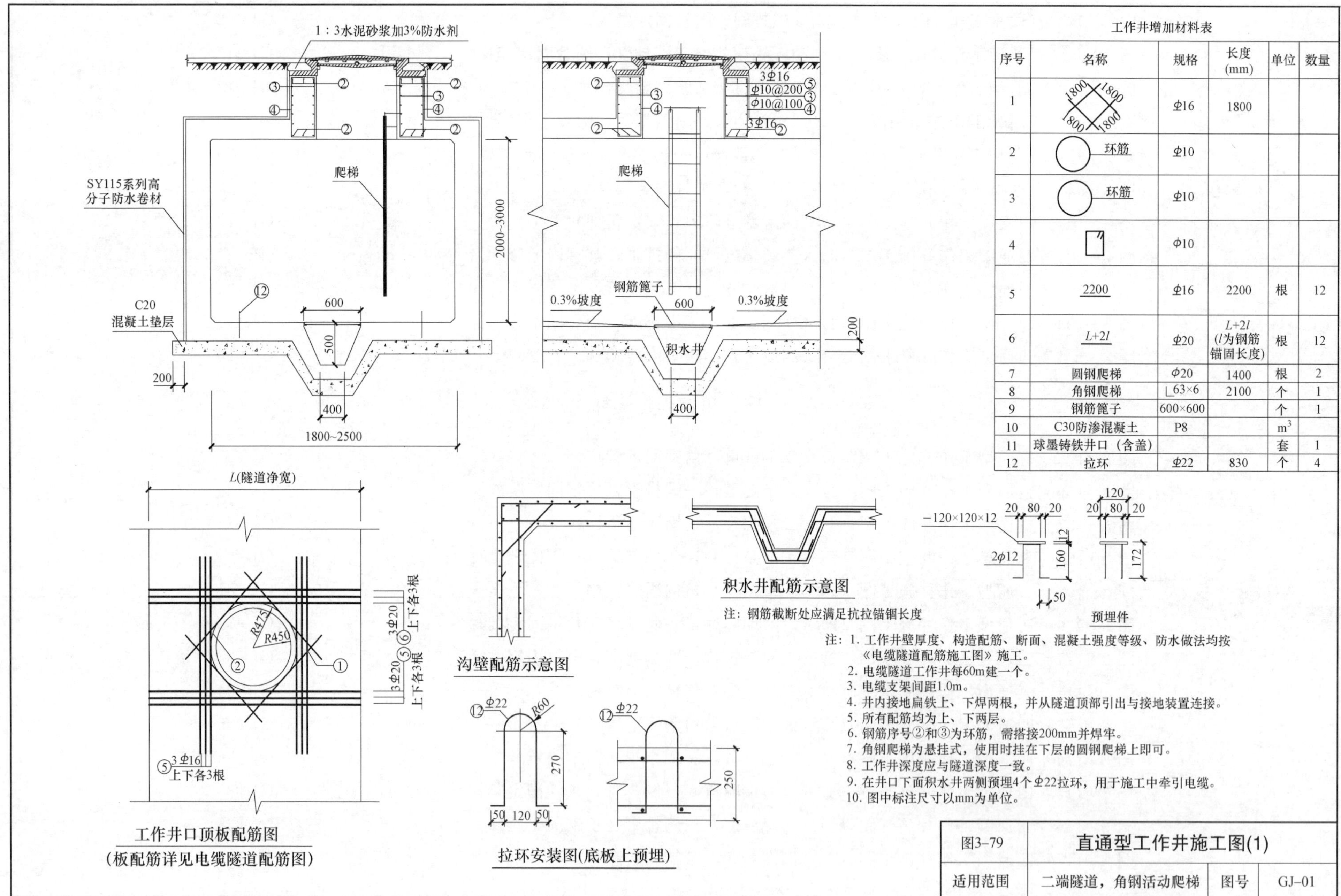

工作井增加材料表

序号	名称	规格	长度(mm)	单位	数量
1	1800 1800 1800 1800	Φ16	1800		
2	环筋	Φ10			
3	环筋	Φ10			
4		Φ10			
5	2200	Φ16	2200	根	12
6	L+2l	Φ20	L+2l (l为钢筋锚固长度)	根	12
7	圆钢爬梯	Φ20	1400	根	2
8	角钢爬梯	∟63×6	2100	个	1
9	钢筋篦子	600×600		个	1
10	C30防渗混凝土	P8		m^3	
11	球墨铸铁井口（含盖）			套	1
12	拉环	Φ22	830	个	4

注：1. 工作井壁厚度、构造配筋、断面、混凝土强度等级、防水做法均按《电缆隧道配筋施工图》施工。
2. 电缆隧道工作井每60m建一个。
3. 电缆支架间距1.0m。
4. 井内接地扁铁上、下焊两根，并从隧道顶部引出与接地装置连接。
5. 所有配筋均为上、下两层。
6. 钢筋序号②和③为环筋，需搭接200mm并焊牢。
7. 角钢爬梯为悬挂式，使用时挂在下层的圆钢爬梯上即可。
8. 工作井深度应与隧道深度一致。
9. 在井口下面积水井两侧预埋4个Φ22拉环，用于施工中牵引电缆。
10. 图中标注尺寸以mm为单位。

图3-79	直通型工作井施工图(1)		
适用范围	二端隧道，角钢活动爬梯	图号	GJ-01

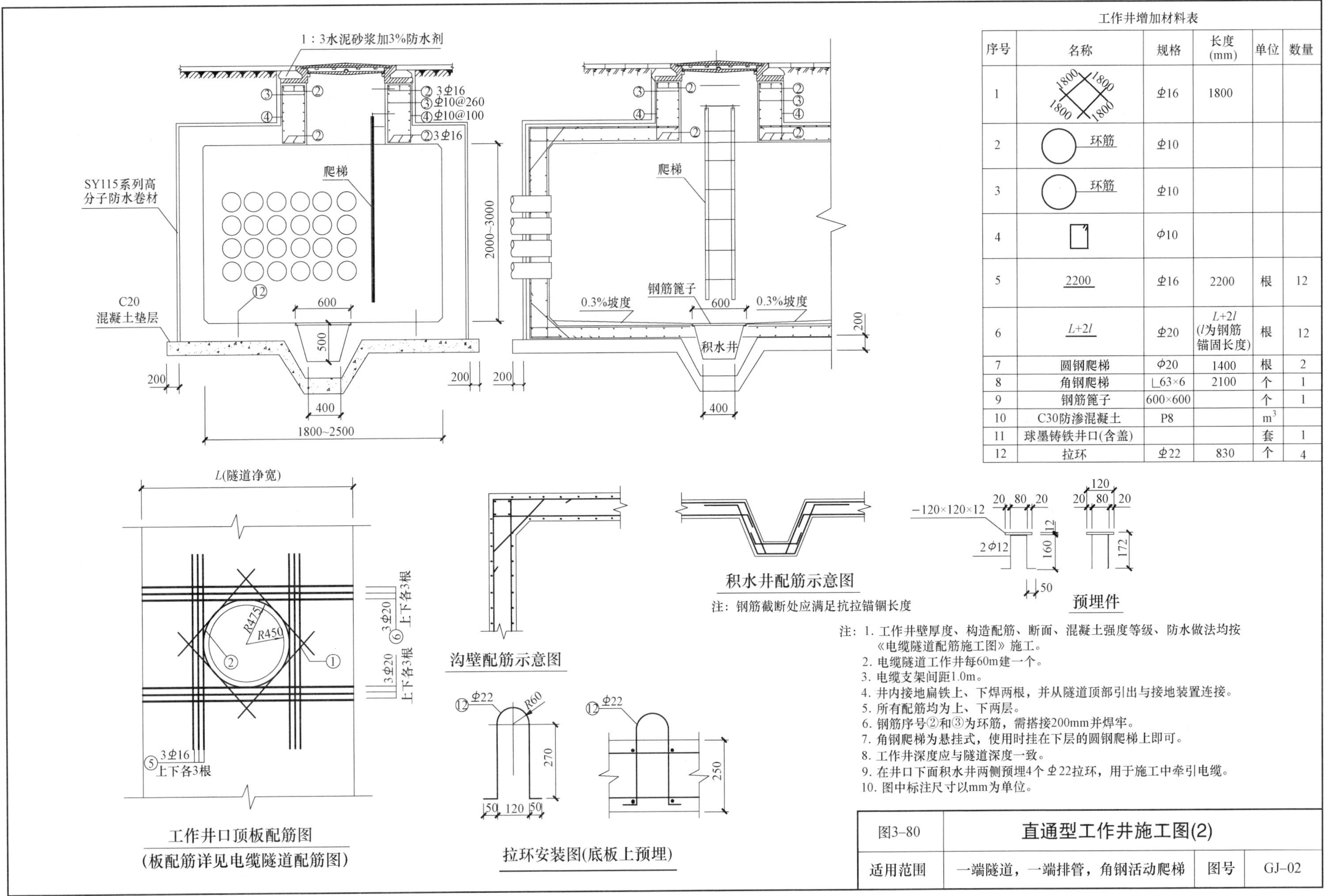

工作井增加材料表

序号	名称	规格	长度(mm)	单位	数量
1	1800 1800 1800 1800	Φ16	1800		
2	环筋	Φ10			
3	环筋	Φ10			
4		Φ10			
5	2200	Φ16	2200	根	12
6	L+2l	Φ20	L+2l (l为钢筋锚固长度)	根	12
7	圆钢爬梯	Φ20	1400	根	2
8	角钢爬梯	∟63×6	2100	个	1
9	钢筋篦子	600×600		个	1
10	C30防渗混凝土	P8		m^3	
11	球墨铸铁井口(含盖)			套	1
12	拉环	Φ22	830	个	4

注：1. 工作井壁厚度、构造配筋、断面、混凝土强度等级、防水做法均按《电缆隧道配筋施工图》施工。
2. 电缆隧道工作井每60m建一个。
3. 电缆支架间距1.0m。
4. 井内接地扁铁上、下焊两根，并从隧道顶部引出与接地装置连接。
5. 所有配筋均为上、下两层。
6. 钢筋序号②和③为环筋，需搭接200mm并焊牢。
7. 角钢爬梯为悬挂式，使用时挂在下层的圆钢爬梯上即可。
8. 工作井深度应与隧道深度一致。
9. 在井口下面积水井两侧预埋4个Φ22拉环，用于施工中牵引电缆。
10. 图中标注尺寸以mm为单位。

图3-80	直通型工作井施工图(2)		
适用范围	一端隧道，一端排管，角钢活动爬梯	图号	GJ-02

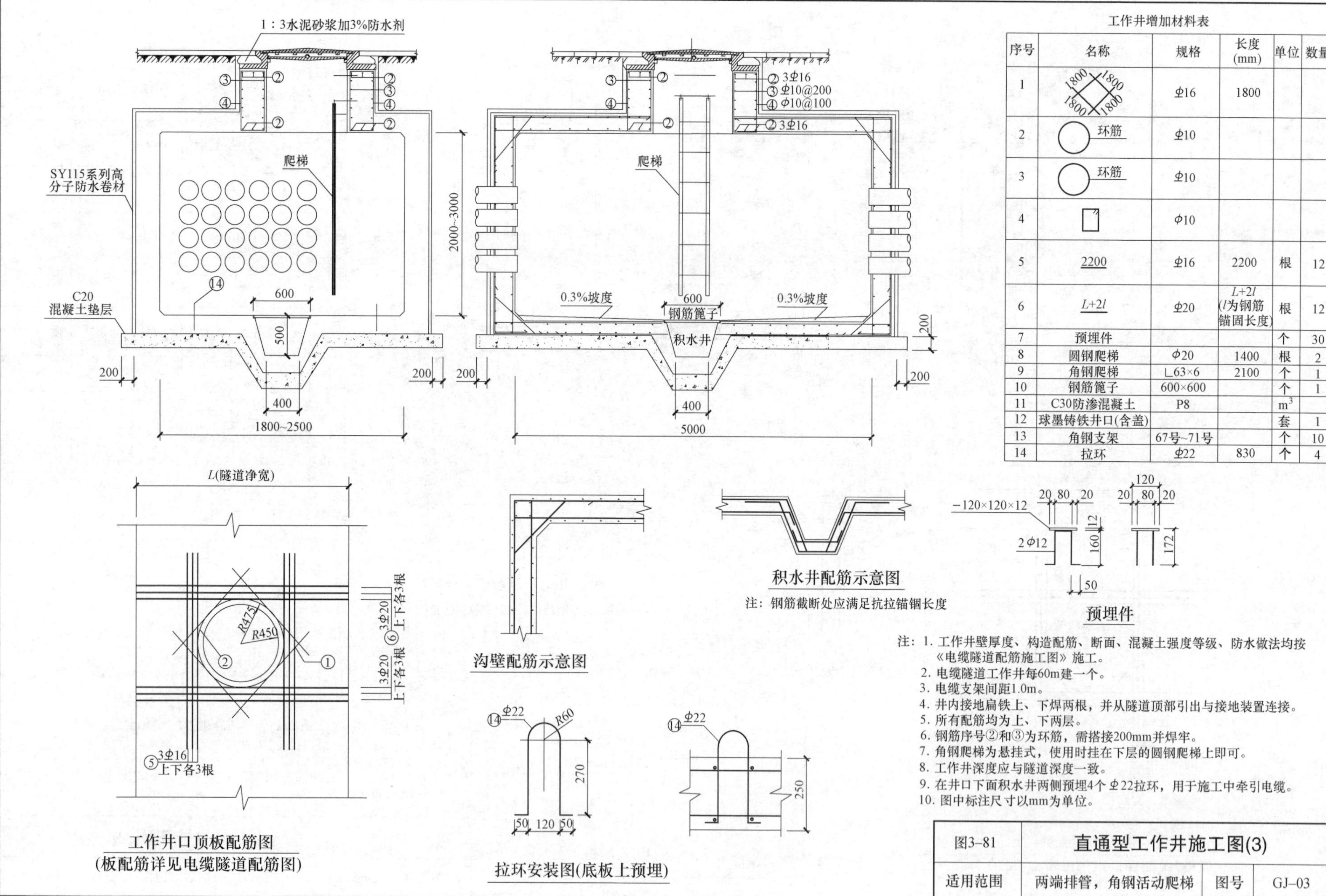

工作井增加材料表

序号	名称	规格	长度(mm)	单位	数量
1	1800 1800 1800 1800	Φ16	1800		
2	环筋	Φ10			
3	环筋	Φ10			
4		Φ10			
5	2200	Φ16	2200	根	12
6	L+2l	Φ20	L+2l (l为钢筋锚固长度)	根	12
7	预埋件			个	30
8	圆钢爬梯	Φ20	1400	根	2
9	角钢爬梯	∟63×6	2100	个	1
10	钢筋篦子	600×600		个	1
11	C30防渗混凝土	P8		m^3	
12	球墨铸铁井口(含盖)			套	1
13	角钢支架	67号~71号		个	10
14	拉环	Φ22	830	个	4

注：1. 工作井壁厚度、构造配筋、断面、混凝土强度等级、防水做法均按《电缆隧道配筋施工图》施工。
2. 电缆隧道工作井每60m建一个。
3. 电缆支架间距1.0m。
4. 井内接地扁铁上、下焊两根，并从隧道顶部引出与接地装置连接。
5. 所有配筋均为上、下两层。
6. 钢筋序号②和③为环筋，需搭接200mm并焊牢。
7. 角钢爬梯为悬挂式，使用时挂在下层的圆钢爬梯上即可。
8. 工作井深度应与隧道深度一致。
9. 在井口下面积水井两侧预埋4个Φ22拉环，用于施工中牵引电缆。
10. 图中标注尺寸以mm为单位。

图3-81	直通型工作井施工图(3)		
适用范围	两端排管，角钢活动爬梯	图号	GJ-03

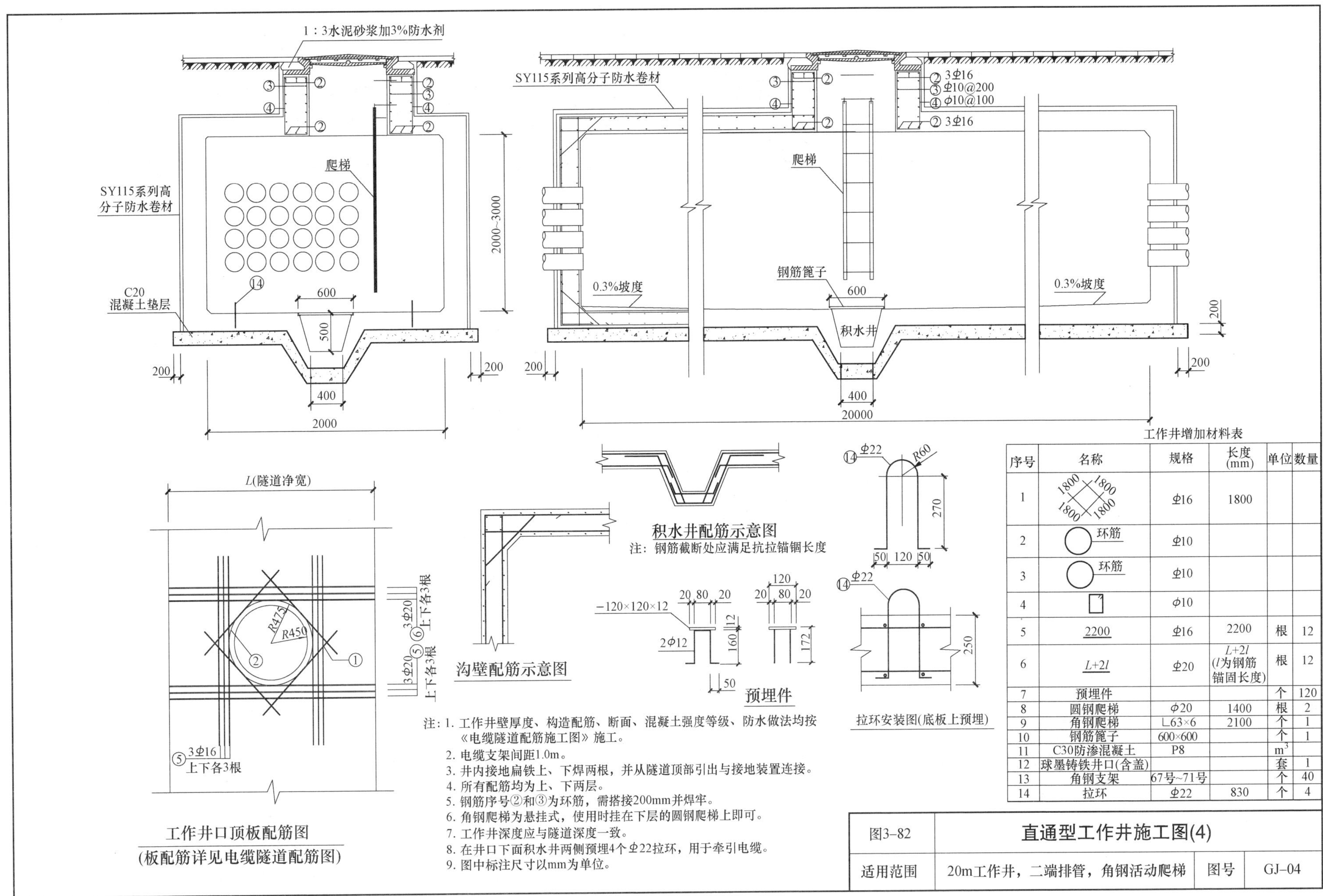

工作井增加材料表

序号	名称	规格	长度(mm)	单位	数量
1	1800 1800 1800 1800	Φ16	1800		
2	环筋	Φ10			
3	环筋	Φ10			
4		φ10			
5	2200	Φ16	2200	根	12
6	L+2l	Φ20	L+2l (l为钢筋锚固长度)	根	12
7	预埋件			个	120
8	圆钢爬梯	φ20	1400	根	2
9	角钢爬梯	∟63×6	2100	个	1
10	钢筋篦子	600×600		个	1
11	C30防渗混凝土	P8		m^3	
12	球墨铸铁井口(含盖)			套	1
13	角钢支架	67号~71号		个	40
14	拉环	Φ22	830	个	4

注：1. 工作井壁厚度、构造配筋、断面、混凝土强度等级、防水做法均按《电缆隧道配筋施工图》施工。
2. 电缆支架间距1.0m。
3. 井内接地扁铁上、下焊两根，并从隧道顶部引出与接地装置连接。
4. 所有配筋均为上、下两层。
5. 钢筋序号②和③为环筋，需搭接200mm并焊牢。
6. 角钢爬梯为悬挂式，使用时挂在下层的圆钢爬梯上即可。
7. 工作井深度应与隧道深度一致。
8. 在井口下面积水井两侧预埋4个Φ22拉环，用于牵引电缆。
9. 图中标注尺寸以mm为单位。

图3-82	直通型工作井施工图(4)		
适用范围	20m工作井，二端排管，角钢活动爬梯	图号	GJ-04

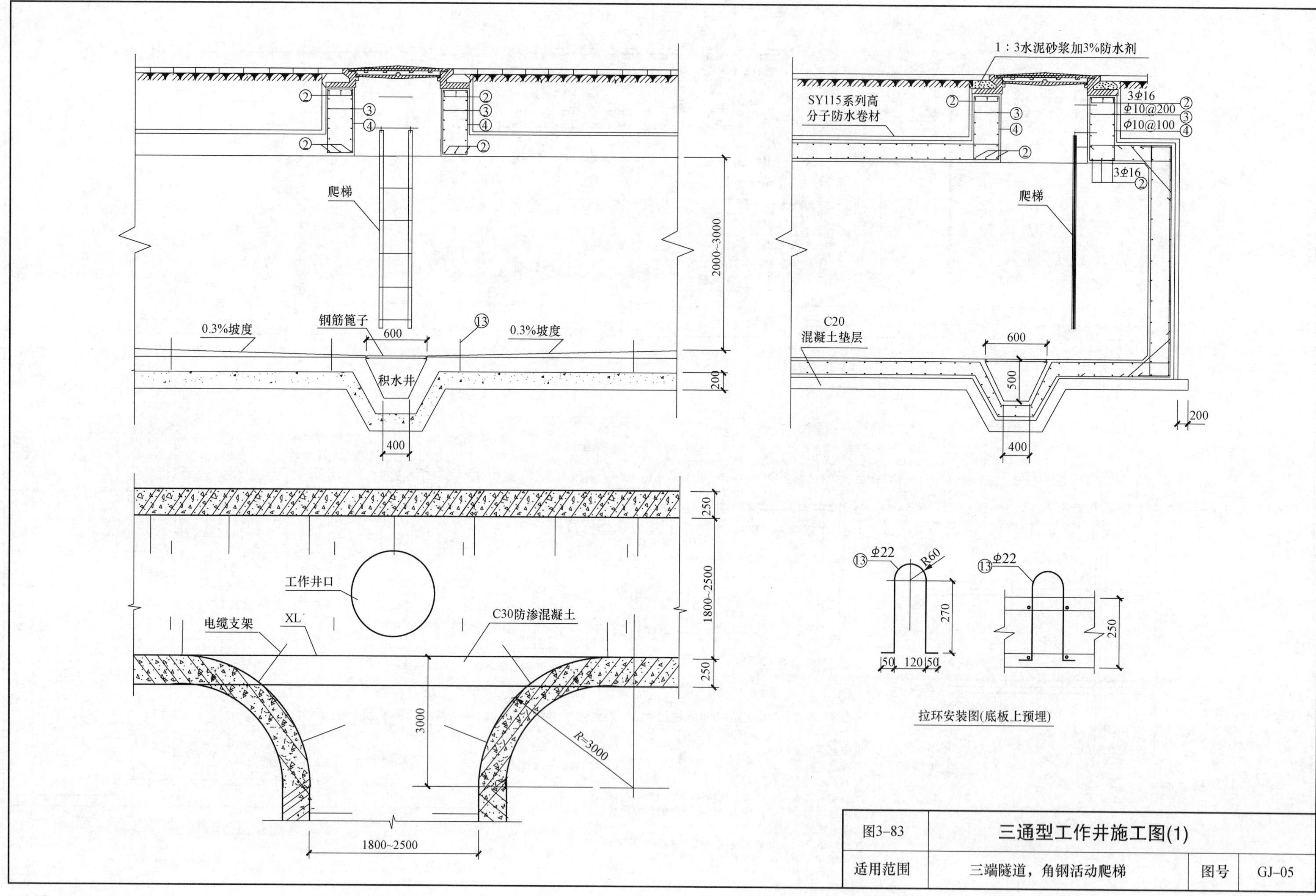

图3–83	三通型工作井施工图(1)		
适用范围	三端隧道，角钢活动爬梯	图号	GJ–05

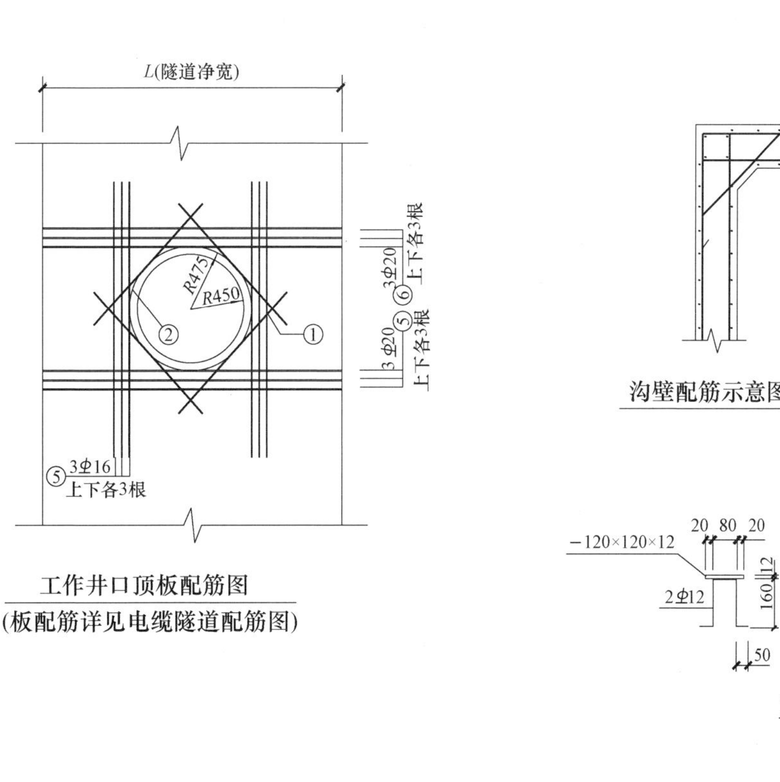

工作井口顶板配筋图
(板配筋详见电缆隧道配筋图)

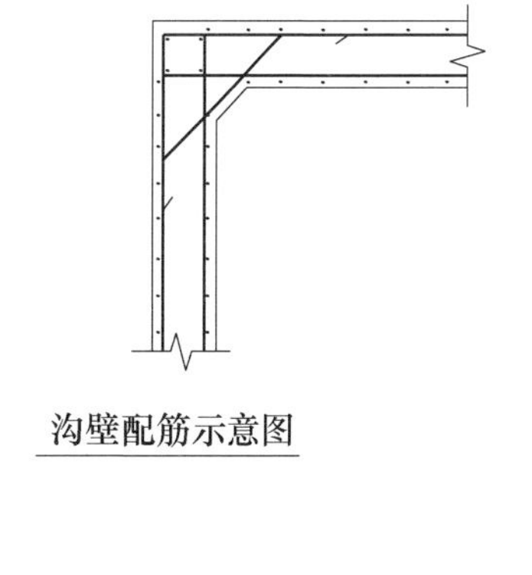
沟壁配筋示意图

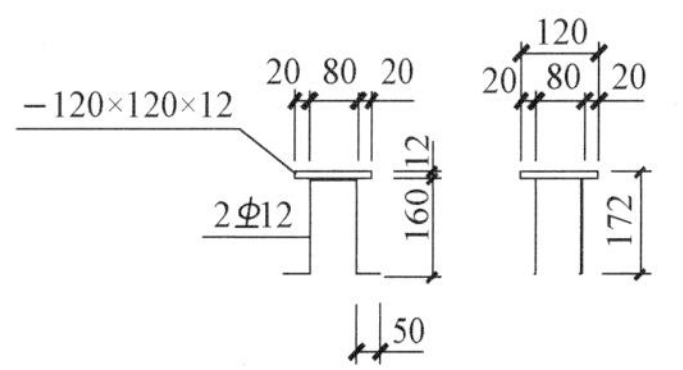

预埋件

工作井增加材料表

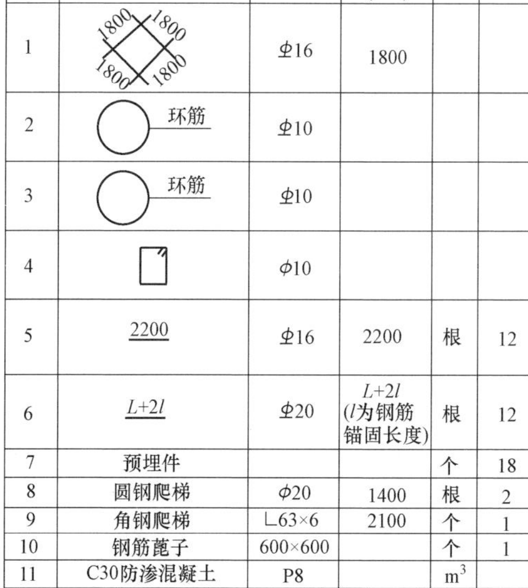

序号	名称	规格	长度(mm)	单位	数量
1	1800 1800 1800 1800	Φ16	1800		
2	环筋	Φ10			
3	环筋	Φ10			
4		Φ10			
5	2200	Φ16	2200	根	12
6	L+2l	Φ20	L+2l (l为钢筋锚固长度)	根	12
7	预埋件			个	18
8	圆钢爬梯	Φ20	1400	根	2
9	角钢爬梯	∟63×6	2100	个	1
10	钢筋蓖子	600×600		个	1
11	C30防渗混凝土	P8		m^3	
12	球墨铸铁井口(含盖)			套	1
13	拉环	Φ22	830	个	8

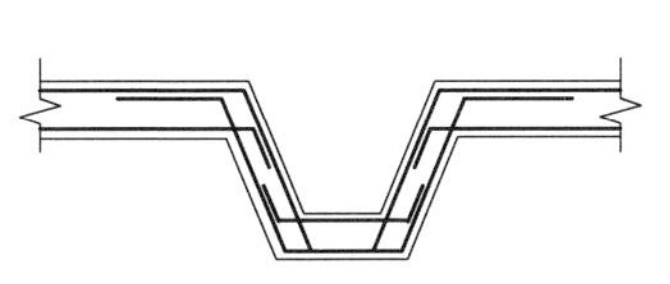
积水井配筋示意图

注：钢筋截断处应满足抗拉锚锢长度。

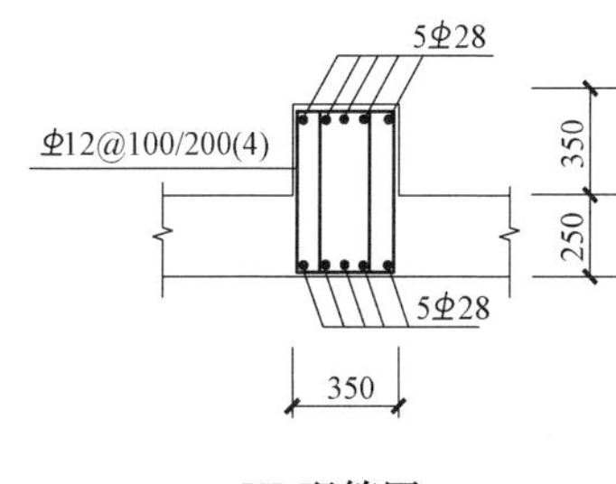

XL配筋图

注：1. 工作井壁厚度、构造配筋、断面、混凝土强度等级、防水做法均按《电缆隧道配筋施工图》施工。
2. 电缆支架间距1.0m。
3. 井内接地扁铁上、下焊两根，并从隧道顶部引出与接地装置连接。
4. 所有配筋均为上、下两层。
5. 钢筋序号②和③为环筋，需搭接200mm并焊牢。
6. 角钢爬梯为悬挂式，使用时挂在下层的圆钢爬梯上即可。
7. 工作井深度应与隧道深度一致。
8. 在井口下面积水井两侧预埋4个Φ22拉环，用于牵引电缆。
9. 图中标注尺寸以mm为单位。

图3-83	三通型工作井施工图(1)		
适用范围	三端隧道，角钢活动爬梯	图号	GJ-05

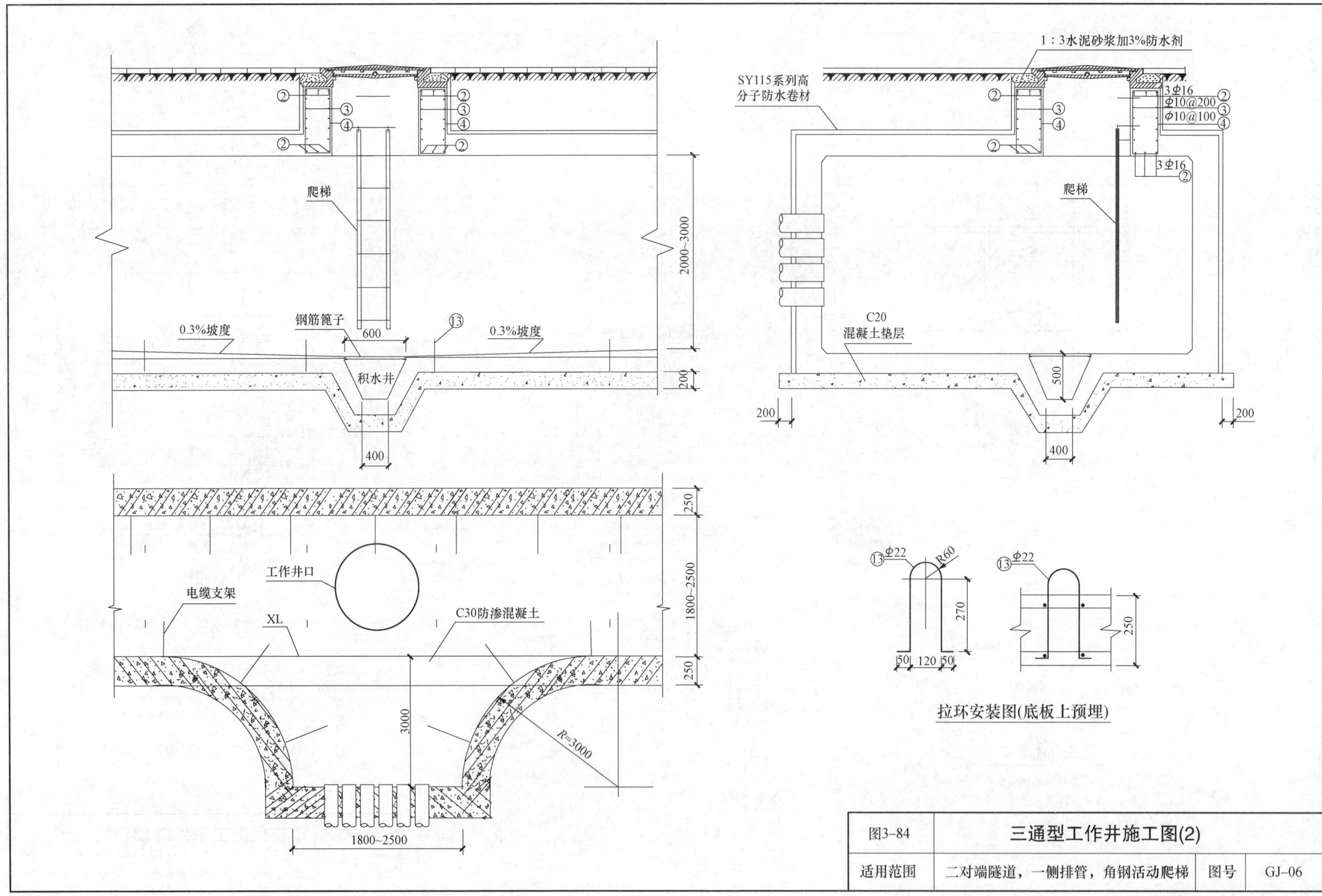

图3-84	三通型工作井施工图(2)		
适用范围	二对端隧道，一侧排管，角钢活动爬梯	图号	GJ-06

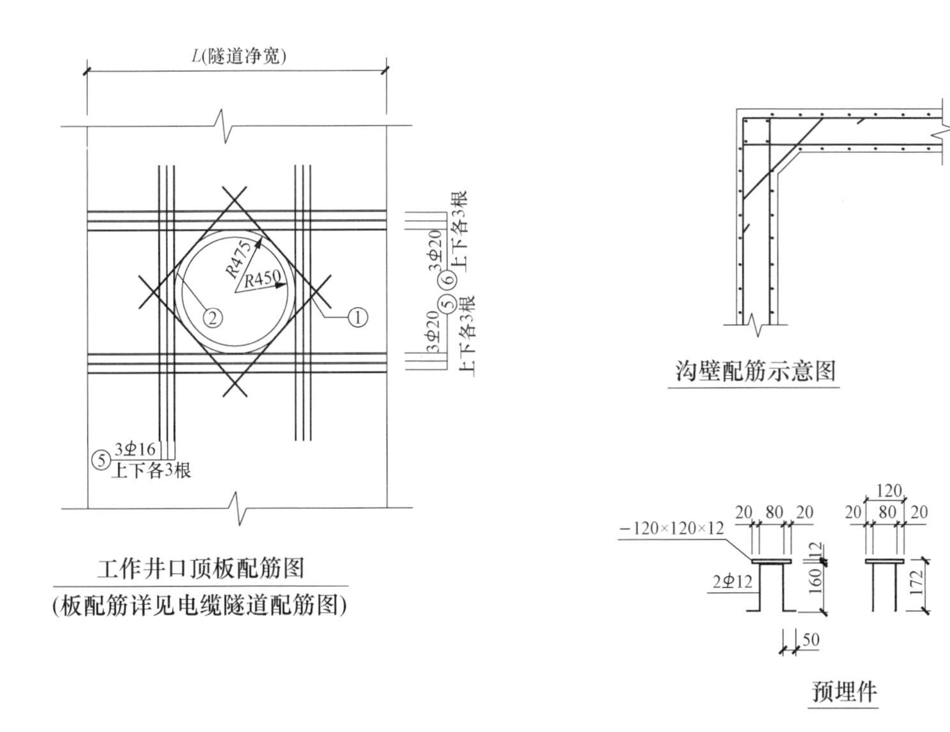

工作井口顶板配筋图
(板配筋详见电缆隧道配筋图)

沟壁配筋示意图

预埋件

工作井增加材料表

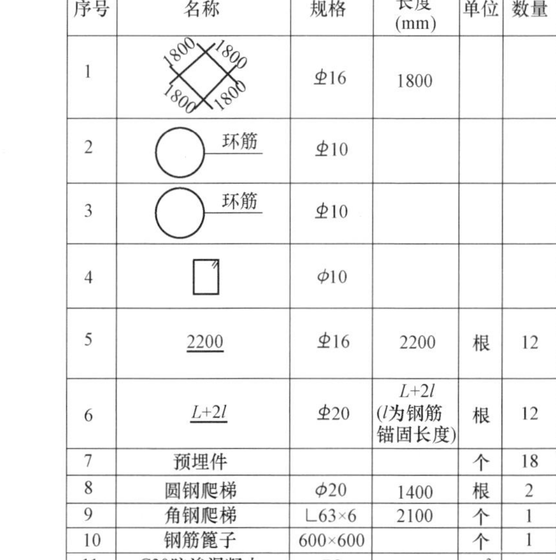

序号	名称	规格	长度(mm)	单位	数量
1	1800 1800 1800 1800	Φ16	1800		
2	环筋	Φ10			
3	环筋	Φ10			
4		Φ10			
5	2200	Φ16	2200	根	12
6	$L+2l$	Φ20	$L+2l$ (l为钢筋锚固长度)	根	12
7	预埋件			个	18
8	圆钢爬梯	Φ20	1400	根	2
9	角钢爬梯	∟63×6	2100	个	1
10	钢筋篦子	600×600		个	1
11	C30防渗混凝土	P8		m^3	
12	球墨铸铁井口(含盖)			套	1
13	拉环	Φ22	830	个	8

积水井配筋示意图

注：钢筋截断处应满足抗拉锚锢长度

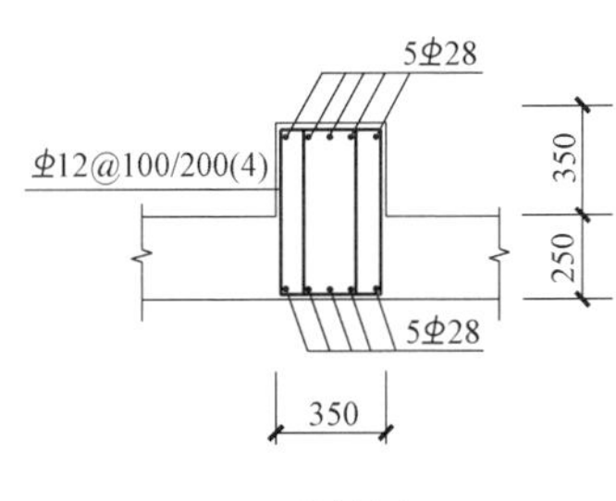

XL配筋图

注：1. 工作井壁厚度、构造配筋、断面、混凝土强度等级、防水做法均按《电缆隧道配筋施工图》施工。
2. 工作井沟壁的排管数量及位置应与排管施工图一致。
3. 电缆支架间距1.0m。
4. 井内接地扁铁上、下焊两根，并从隧道顶部引出与接地装置连接。
5. 所有配筋均为上、下两层。
6. 钢筋序号②和③为环筋，需搭接200mm并焊牢。
7. 角钢爬梯为悬挂式，使用时挂在下层的圆钢爬梯上即可。
8. 工作井深度应与隧道深度一致。
9. 在井口下面积水井两侧预埋8个Φ 22拉环，用于施工中牵引电缆。
10. 图中标注尺寸以mm为单位。

图3-84	三通型工作井施工图(2)		
适用范围	二对端隧道，一侧排管，角钢活动爬梯	图号	GJ-06

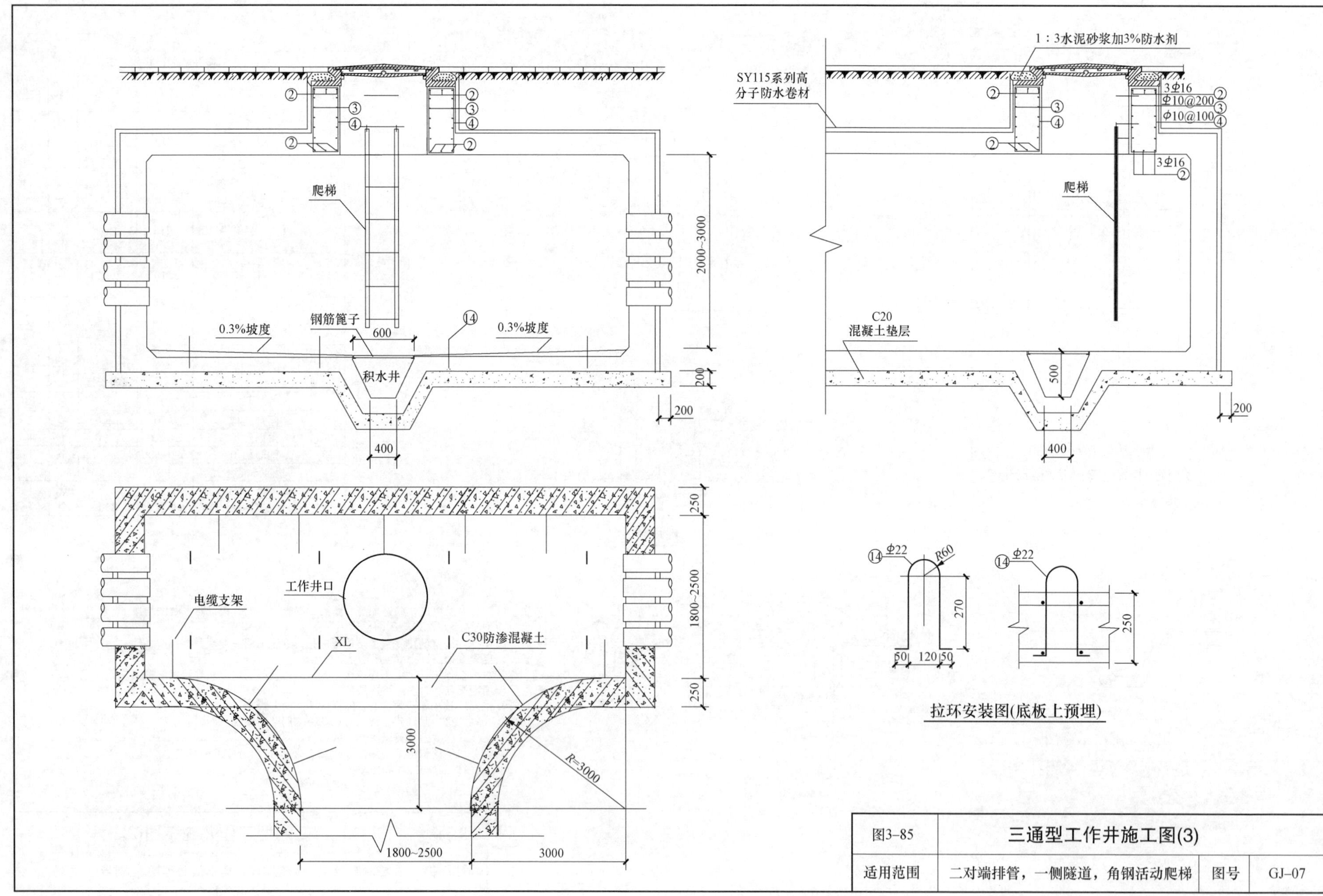

图3-85	三通型工作井施工图(3)		
适用范围	二对端排管，一侧隧道，角钢活动爬梯	图号	GJ-07

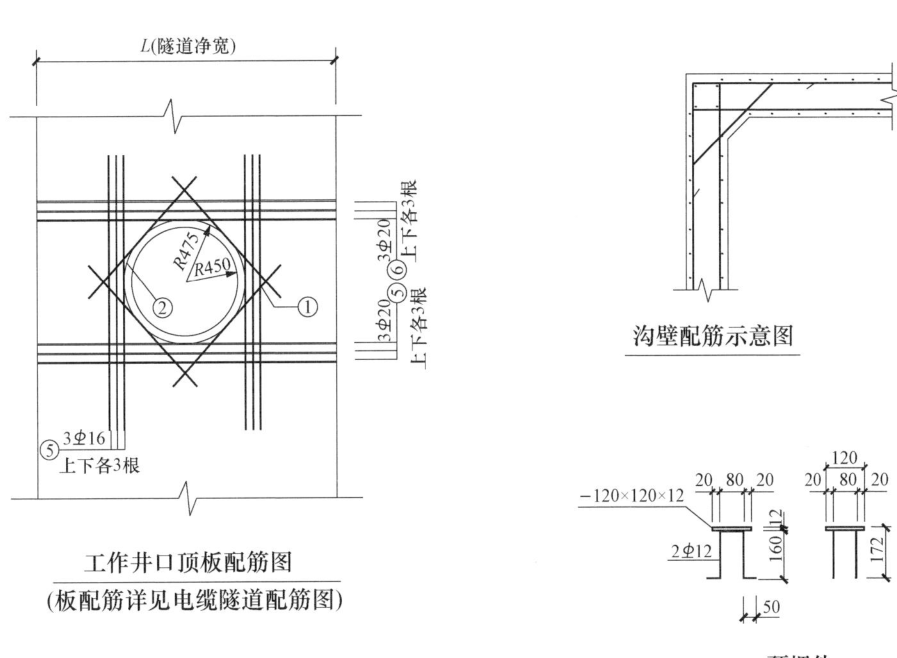

工作井口顶板配筋图
(板配筋详见电缆隧道配筋图)

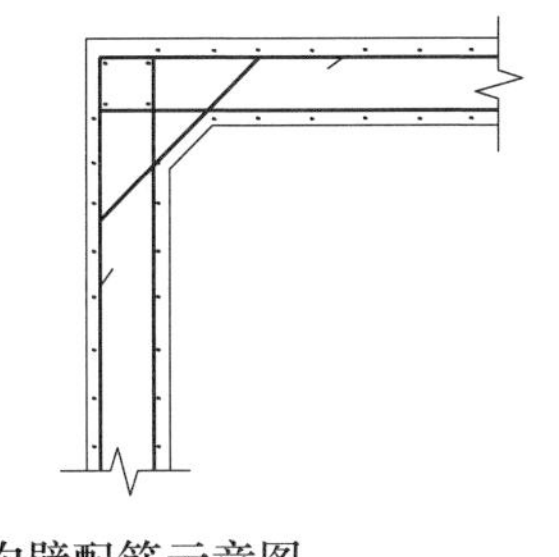

沟壁配筋示意图

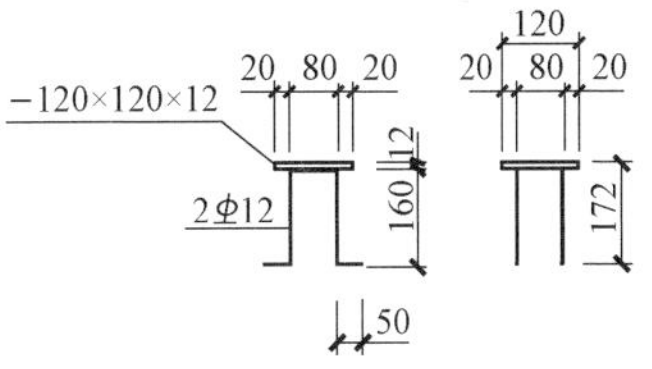

预埋件

工作井增加材料表

序号	名称	规格	长度(mm)	单位	数量
1	1800 1800 1800 1800	⌀16	1800		
2	环筋	⌀10			
3	环筋	⌀10			
4		⌀10			
5	2200	⌀16	2200	根	12
6	L+2l	⌀20	L+2l (l为钢筋锚固长度)	根	12
7	预埋件			个	36
8	圆钢爬梯	⌀20	1400	根	2
9	角钢爬梯	∟63×6	2100	个	1
10	钢筋篦子	600×600		个	1
11	C30防渗混凝土	P8		m^3	
12	球墨铸铁井口(含盖)			套	1
13	角钢支架	67号~71号		个	12
14	拉环	⌀22	830	个	8

积水井配筋示意图

注：钢筋截断处应满足抗拉锚锢长度

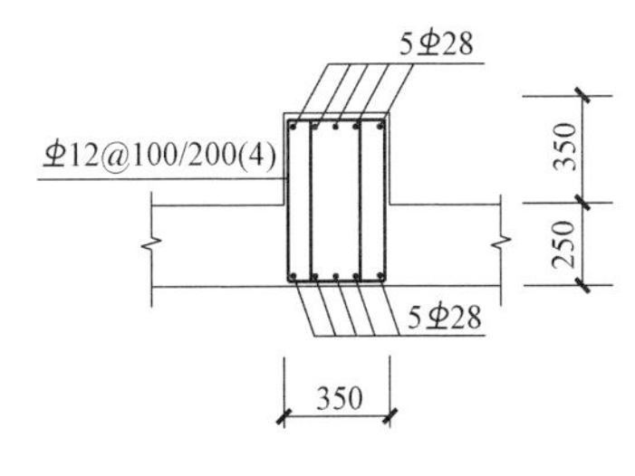

XL配筋图

注：1. 工作井壁厚度、构造配筋、断面、混凝土强度等级、防水做法均按《电缆隧道配筋施工图》施工。
2. 工作井沟壁的排管数量及位置应与排管施工图一致。
3. 电缆支架间距1.0m。
4. 井内接地扁铁上、下焊两根，并从隧道顶部引出与接地装置连接。
5. 所有配筋均为上、下两层。
6. 钢筋序号②和③为环筋，需搭接200mm并焊牢。
7. 角钢爬梯为悬挂式，使用时挂在下层的圆钢爬梯上即可。
8. 工作井深度应与隧道深度一致。
9. 在井口下面积水井两侧预埋8个⌀22拉环，用于施工中牵引电缆。
10. 图中标注尺寸以mm为单位。

图3-85	三通型工作井施工图(3)		
适用范围	二对端排管，一侧隧道，角钢活动爬梯	图号	GJ-07

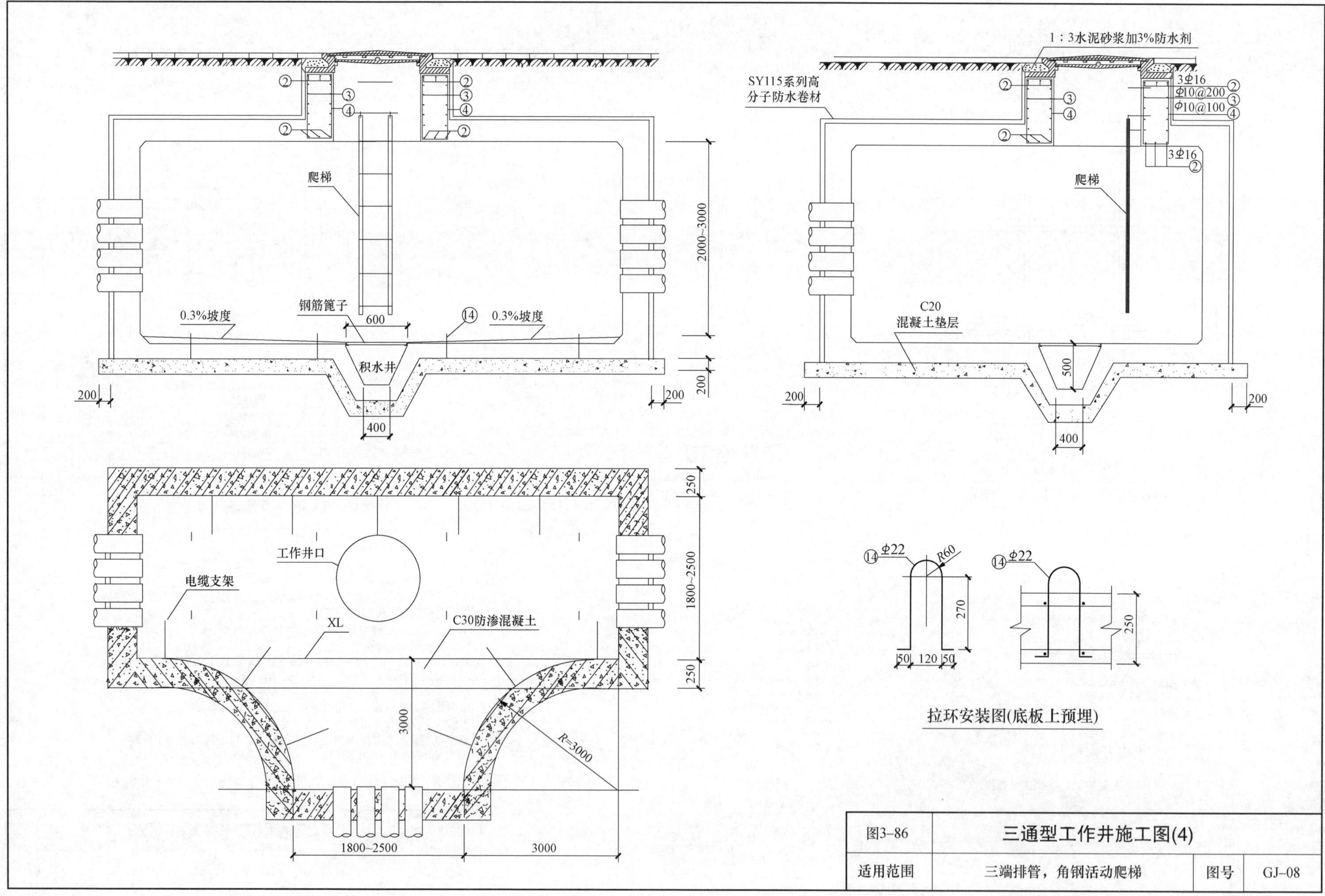

图3-86	三通型工作井施工图(4)		
适用范围	三端排管，角钢活动爬梯	图号	GJ-08

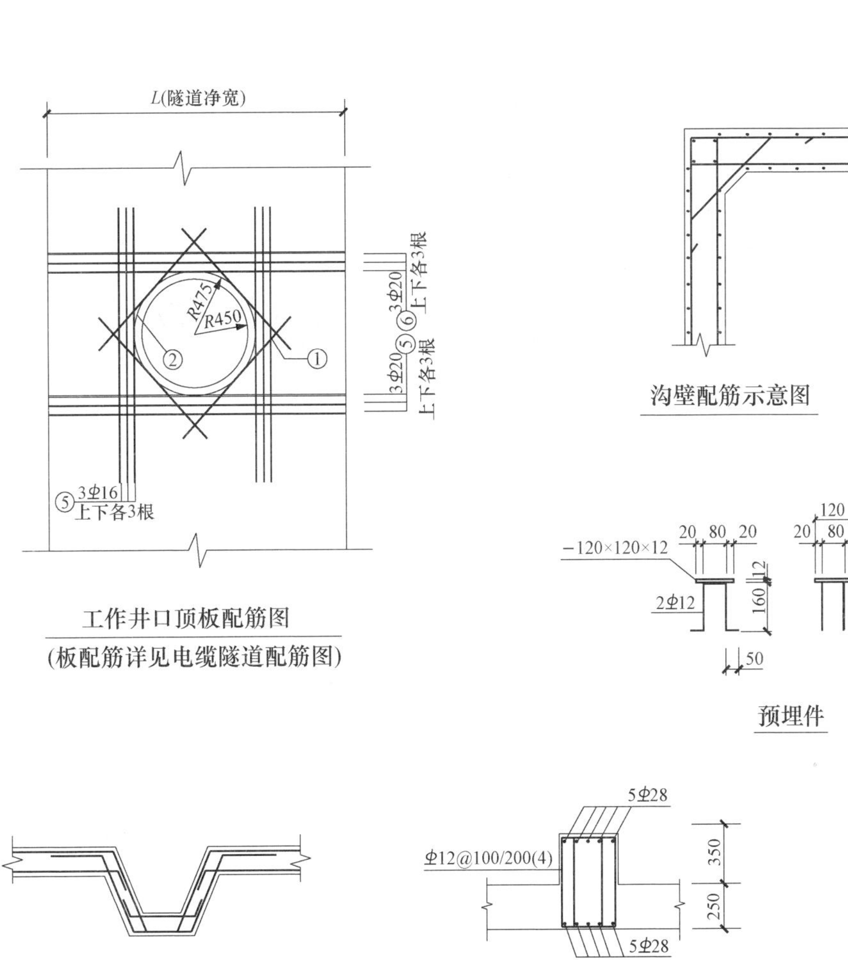

工作井口顶板配筋图
(板配筋详见电缆隧道配筋图)

沟壁配筋示意图

预埋件

积水井配筋示意图

XL配筋图

工作井增加材料表

序号	名称	规格	长度(mm)	单位	数量
1	1800 1800 1800 1800	Φ16	1800		
2	环筋	Φ10			
3	环筋	Φ10			
4		Φ10			
5	2200	Φ16	2200	根	12
6	$L+2l$	Φ20	$L+2l$ (l为钢筋锚固长度)	根	12
7	预埋件			个	36
8	圆钢爬梯	Φ20	1400	根	2
9	角钢爬梯	∟63×6	2100	个	1
10	钢筋篦子	600×600		个	1
11	C30防渗混凝土	P8		m^3	
12	球墨铸铁井口(含盖)			套	1
13	角钢支架	67号~71号		个	12
14	拉环	Φ22	830	个	8

注：1. 工作井壁厚度、构造配筋、断面、混凝土强度等级、防水做法均按《电缆隧道配筋施工图》施工。
2. 工作井沟壁的排管数量及位置应与排管施工图一致。
3. 电缆支架间距1.0m。
4. 井内接地扁铁上、下焊两根，并从隧道顶部引出与接地装置连接。
5. 所有配筋均为上、下两层。
6. 钢筋序号②和③为环筋，需搭接200mm并焊牢。
7. 角钢爬梯为悬挂式，使用时挂在下层的圆钢爬梯上即可。
8. 工作井深度应与隧道深度一致。
9. 在井口下面积水井两侧预埋8个Φ22拉环，用于施工中牵引电缆。
10. 图中标注尺寸以mm为单位。

图3-86	三通型工作井施工图(4)		
适用范围	三端排管，角钢活动爬梯	图号	GJ-08

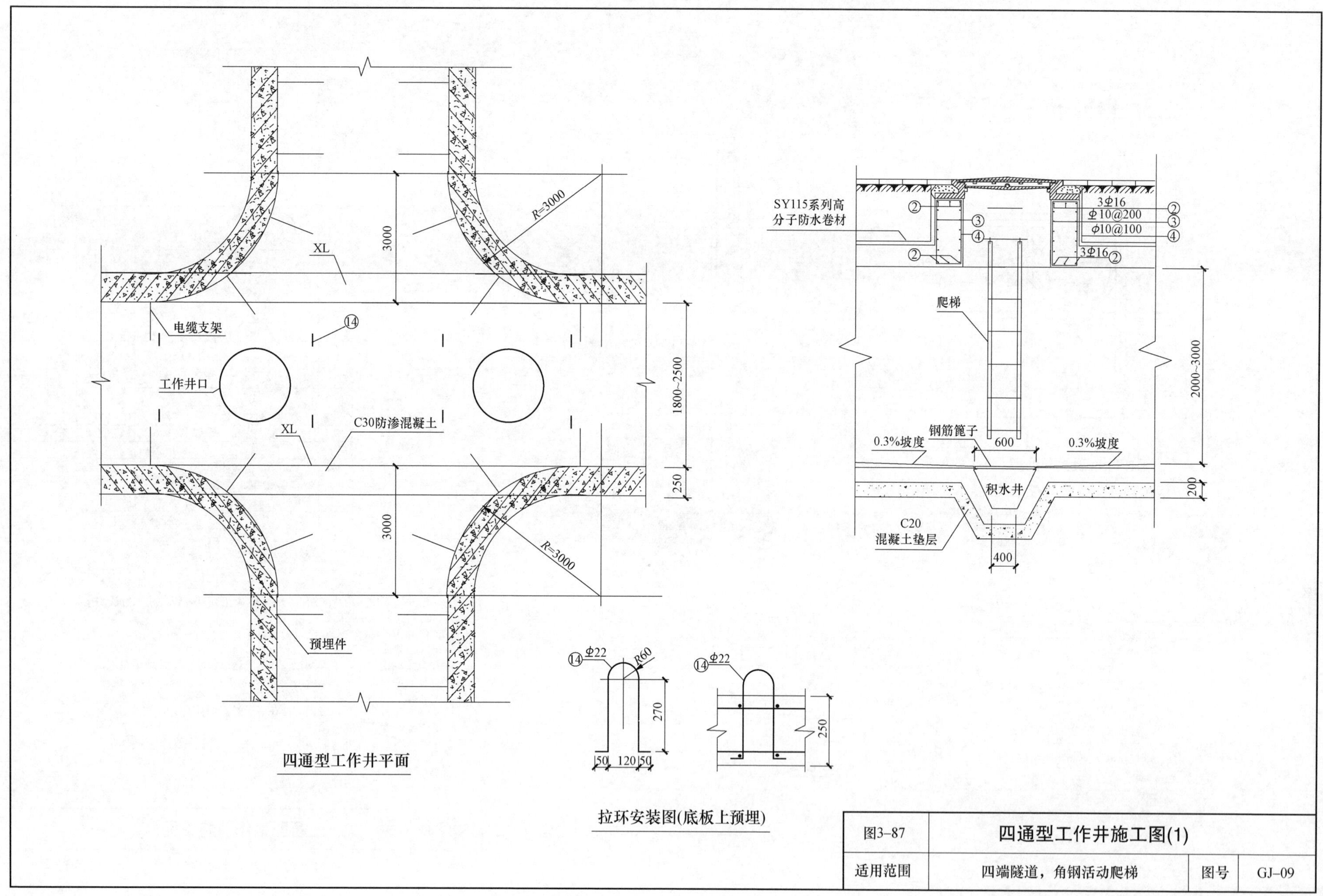

四通型工作井平面

拉环安装图(底板上预埋)

图3–87	四通型工作井施工图(1)		
适用范围	四端隧道，角钢活动爬梯	图号	GJ–09

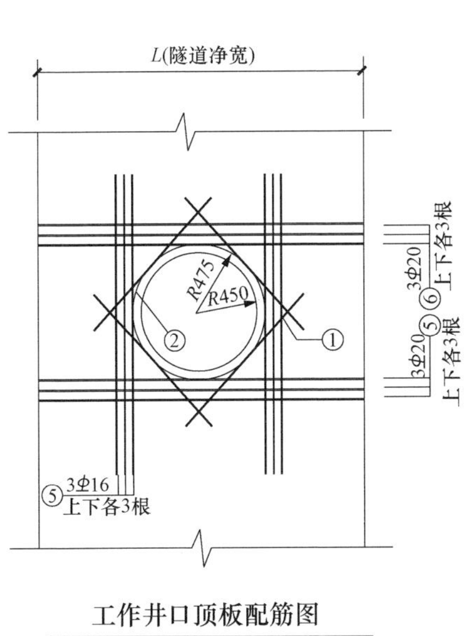

工作井口顶板配筋图
(板配筋详见电缆隧道配筋图)

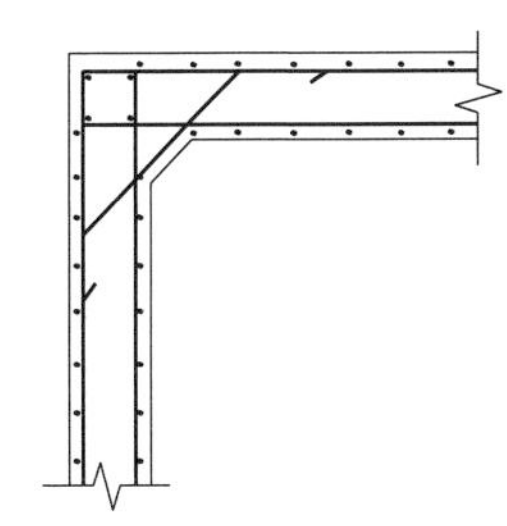

沟壁配筋示意图

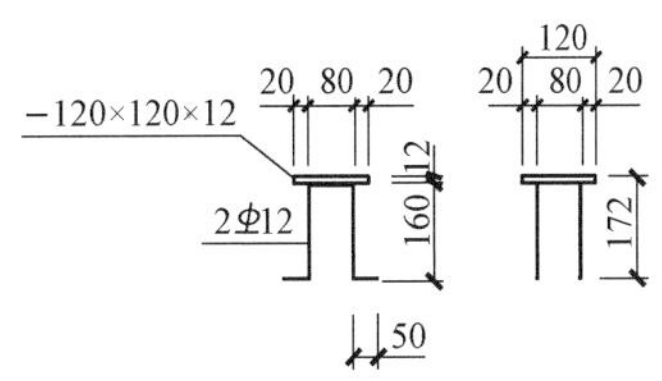

预埋件

工作井增加材料表

序号	名称	规格	长度(mm)	单位	数量
1	1800 1800 1800 1800	Φ16	1800		
2	环筋	Φ10			
3	环筋	Φ10			
4		Φ10			
5	2200	Φ16	2200	根	12
6	L+2l	Φ20	L+2l (l为钢筋锚固长度)	根	12
7	预埋件			个	36
8	圆钢爬梯	Φ20	1400	根	2
9	角钢爬梯	∟63×6	2100	个	2
10	钢筋篦子	600×600		个	2
11	C30防渗混凝土	P8		m^3	
12	球墨铸铁井口(含盖)			套	2
13	角钢支架	67号~71号		个	12
14	拉环	Φ22	830	个	8

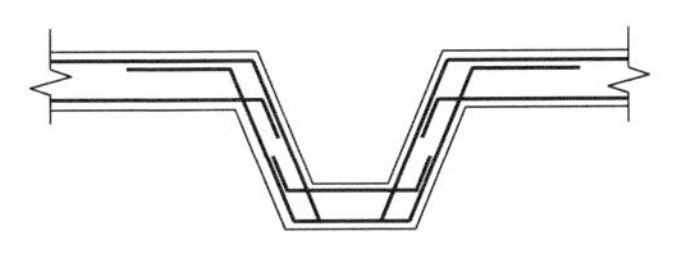

积水井配筋示意图

注：钢筋截断处应满足抗拉锚铟长度

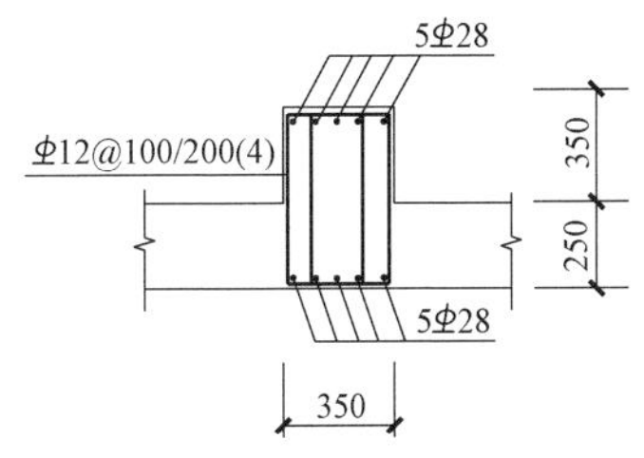

XL配筋图

注：1. 工作井壁厚度、构造配筋、断面、混凝土强度等级、防水做法均按《电缆隧道配筋施工图》施工。
2. 电缆支架间距1.0m。
3. 井内接地扁铁上、下焊两根，并从隧道顶部引出与接地装置连接。
4. 所有配筋均为上、下两层。
5. 钢筋序号②和③为环筋，需搭接200mm并焊牢。
6. 角钢爬梯为悬挂式，使用时挂在下层的圆钢爬梯上即可。
7. 工作井深度应与隧道深度一致，为方便电缆敷设在适当位置可设计2个工作井口。
8. 在井口下面积水井两侧预埋8个Φ22拉环，用于施工中牵引电缆。
9. 图中标注尺寸以mm为单位。

图3-87	四通型工作井施工图(1)		
适用范围	四端隧道，角钢活动爬梯	图号	GJ-09

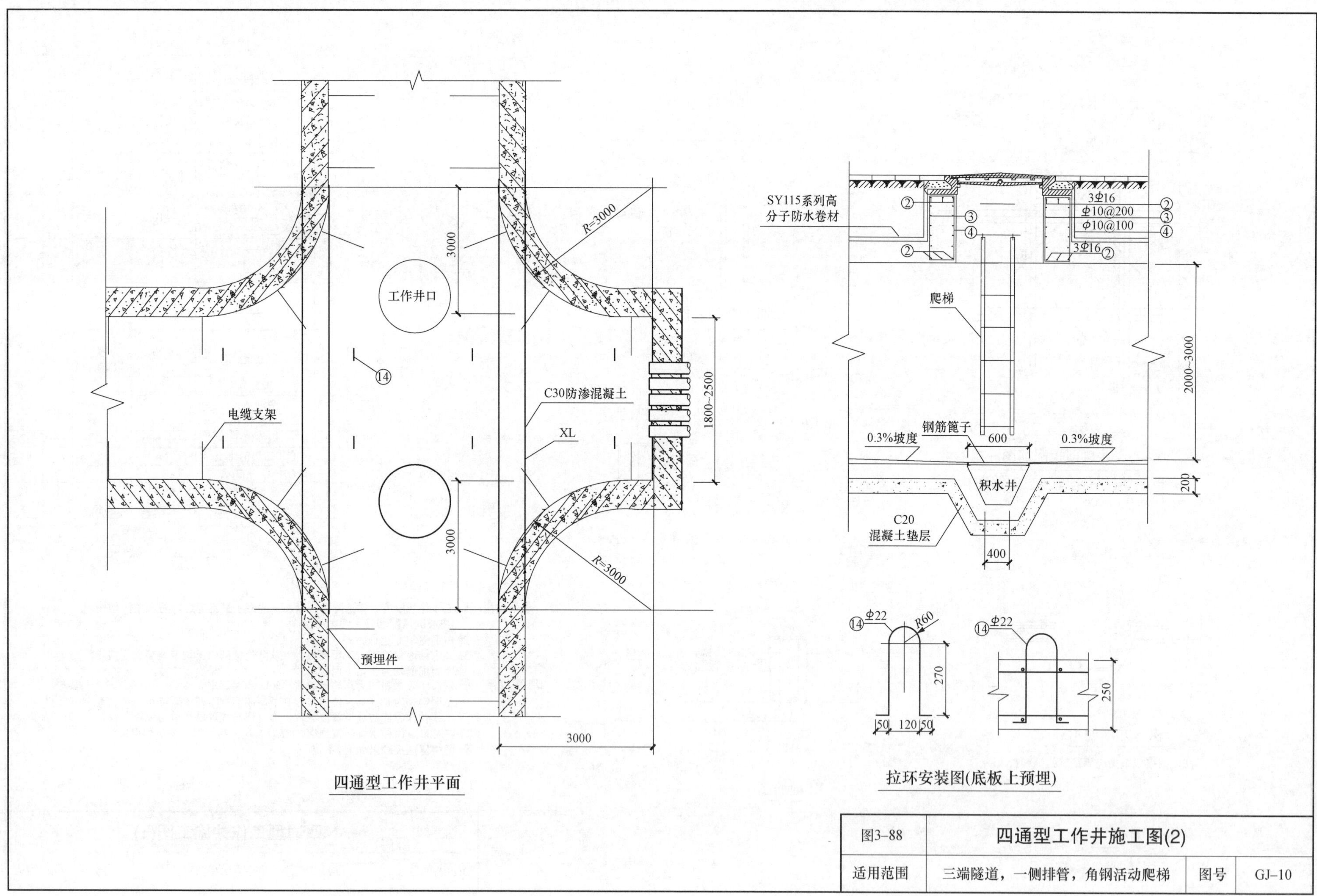

图3-88	四通型工作井施工图(2)		
适用范围	三端隧道，一侧排管，角钢活动爬梯	图号	GJ-10

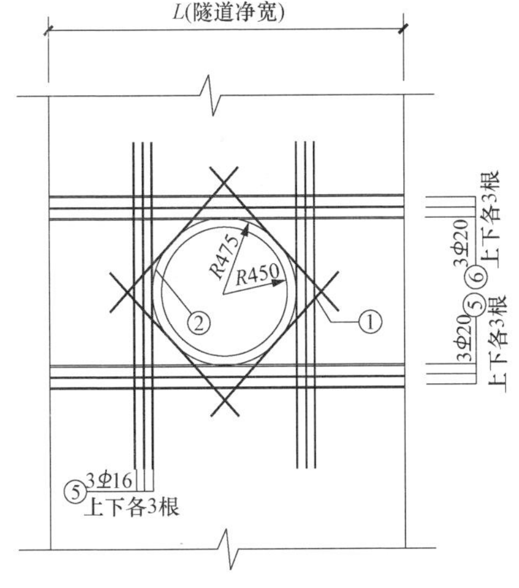

工作井口顶板配筋图
(板配筋详见电缆隧道配筋图)

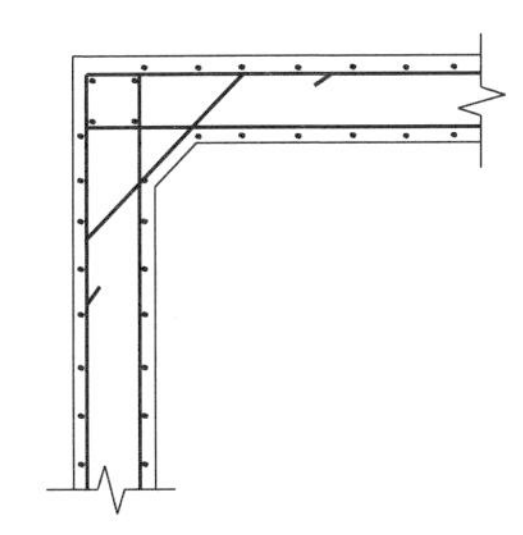

沟壁配筋示意图

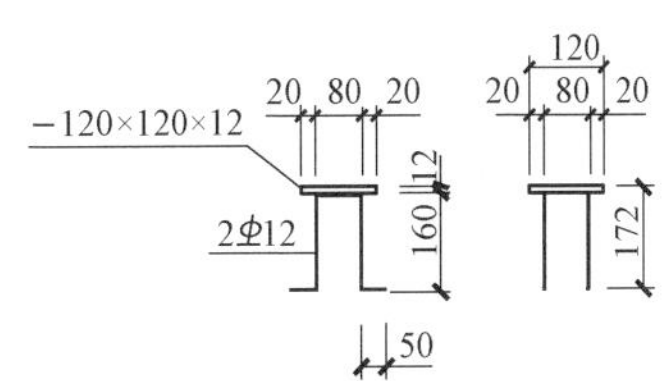

预埋件

工作井增加材料表

序号	名称	规格	长度(mm)	单位	数量
1	1800 1800 1800 1800	Φ16	1800		
2	环筋	Φ10			
3	环筋	Φ10			
4		Φ10			
5	2200	Φ16	2200	根	12
6	L+2l	Φ20	L+2l (l为钢筋锚固长度)	根	12
7	预埋件			个	36
8	圆钢爬梯	Φ20	1400	根	2
9	角钢爬梯	∟63×6	2100	个	2
10	钢筋篦子	600×600		个	2
11	C30防渗混凝土	P8		m^3	
12	球墨铸铁井口(含盖)			套	2
13	角钢支架	67号~71号		个	12
14	拉环	Φ22	830	个	8

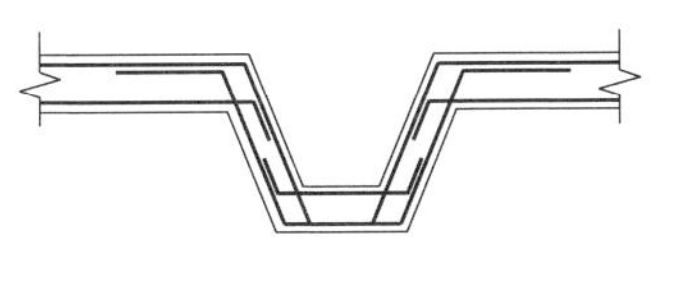

积水井配筋示意图

注：钢筋截断处应满足抗拉锚锢长度

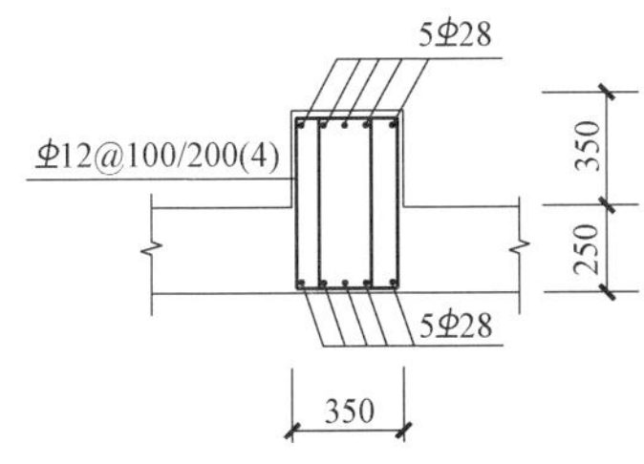

XL配筋图

注：1. 工作井壁厚度、构造配筋、断面、混凝土强度等级、防水做法均按《电缆隧道配筋施工图》施工。
2. 工作井沟壁的排管数量及位置应与排管施工图一致。
3. 电缆支架间距1.0m。
4. 井内接地扁铁上、下焊两根，并从隧道顶部引出与接地装置连接。
5. 所有配筋均为上、下两层。
6. 钢筋序号②和③为环筋，需搭接200mm并焊牢。
7. 角钢爬梯为悬挂式，使用时挂在下层的圆钢爬梯上即可。
8. 工作井深度应与隧道深度一致，为方便电缆敷设在适当位置可设计2个工作井口。
9. 在井口下面积水井两侧预埋8个Φ22拉环，用于施工中牵引电缆。
10. 图中标注尺寸以mm为单位。

图3-88	四通型工作井施工图(2)		
适用范围	三端隧道，一侧排管，角钢活动爬梯	图号	GJ-10

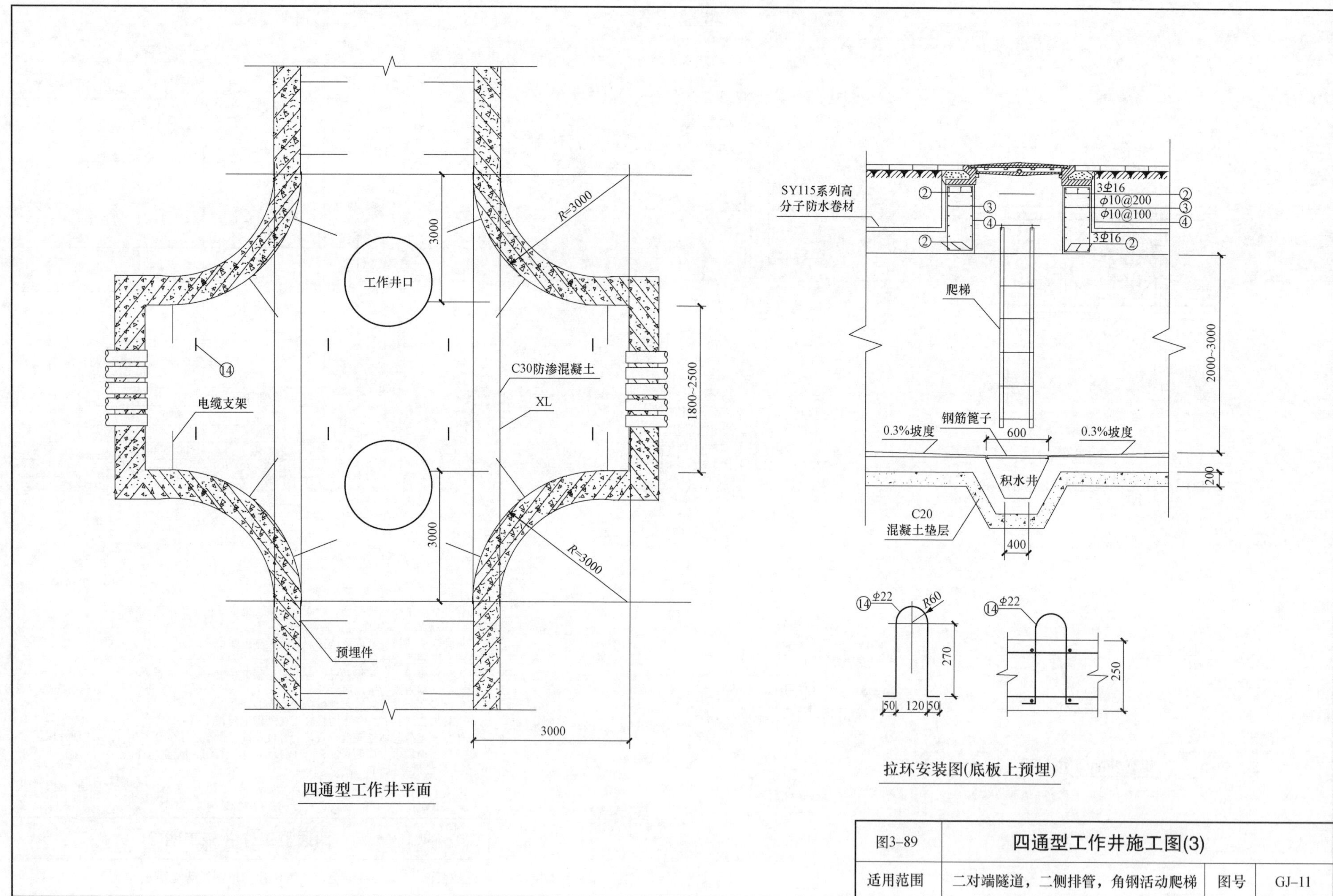

图3-89	四通型工作井施工图(3)		
适用范围	二对端隧道，二侧排管，角钢活动爬梯	图号	GJ-11

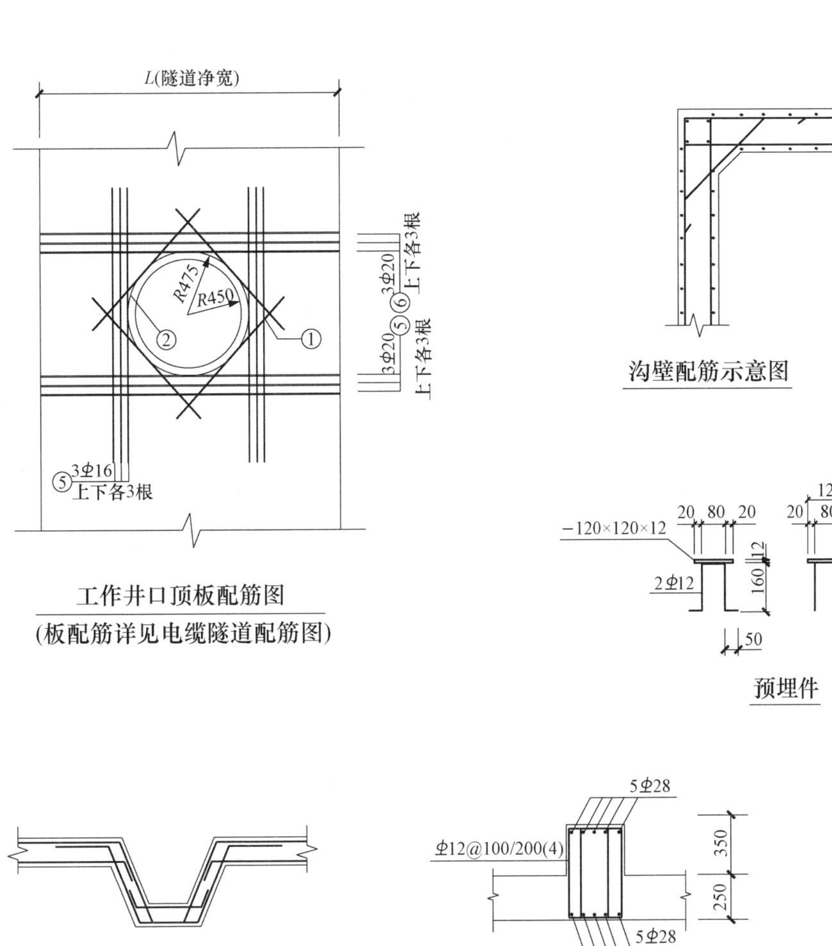

工作井口顶板配筋图

(板配筋详见电缆隧道配筋图)

沟壁配筋示意图

预埋件

积水井配筋示意图

注：钢筋截断处应满足抗拉锚锢长度

XL配筋图

工作井增加材料表

序号	名称	规格	长度(mm)	单位	数量
1	1800 1800 1800 1800	Φ16	1800		
2	环筋	Φ10			
3	环筋	Φ10			
4		Φ10			
5	2200	Φ16	2200	根	12
6	L+2l	Φ20	L+2l (l为钢筋锚固长度)	根	12
7	预埋件			个	36
8	圆钢爬梯	Φ20	1400	根	2
9	角钢爬梯	∟63×6	2100	个	2
10	钢筋篦子	600×600		个	2
11	C30防渗混凝土	P8		m^3	
12	球墨铸铁井口(含盖)			套	2
13	角钢支架	67号~71号		个	12
14	拉环	Φ22	830	个	8

注：1. 工作井壁厚度、构造配筋、断面、混凝土强度等级、防水做法均按《电缆隧道配筋施工图》施工。
2. 工作井沟壁的排管数量及位置应与排管施工图一致。
3. 电缆支架间距1.0m。
4. 井内接地扁铁上、下焊两根，并从隧道顶部引出与接地装置连接。
5. 所有配筋均为上、下两层。
6. 钢筋序号②和③为环筋，需搭接200mm并焊牢。
7. 角钢爬梯为悬挂式，使用时挂在下层的圆钢爬梯上即可。
8. 工作井深度应与隧道深度一致，为方便电缆敷设在适当位置可设计2个工作井口。
9. 在井口下面积水井两侧预埋4个Φ 22拉环，用于施工中牵引电缆。
10. 图中标注尺寸以mm为单位。

图3-89	四通型工作井施工图(3)		
适用范围	二对端隧道，二侧排管，角钢活动爬梯	图号	GJ-11

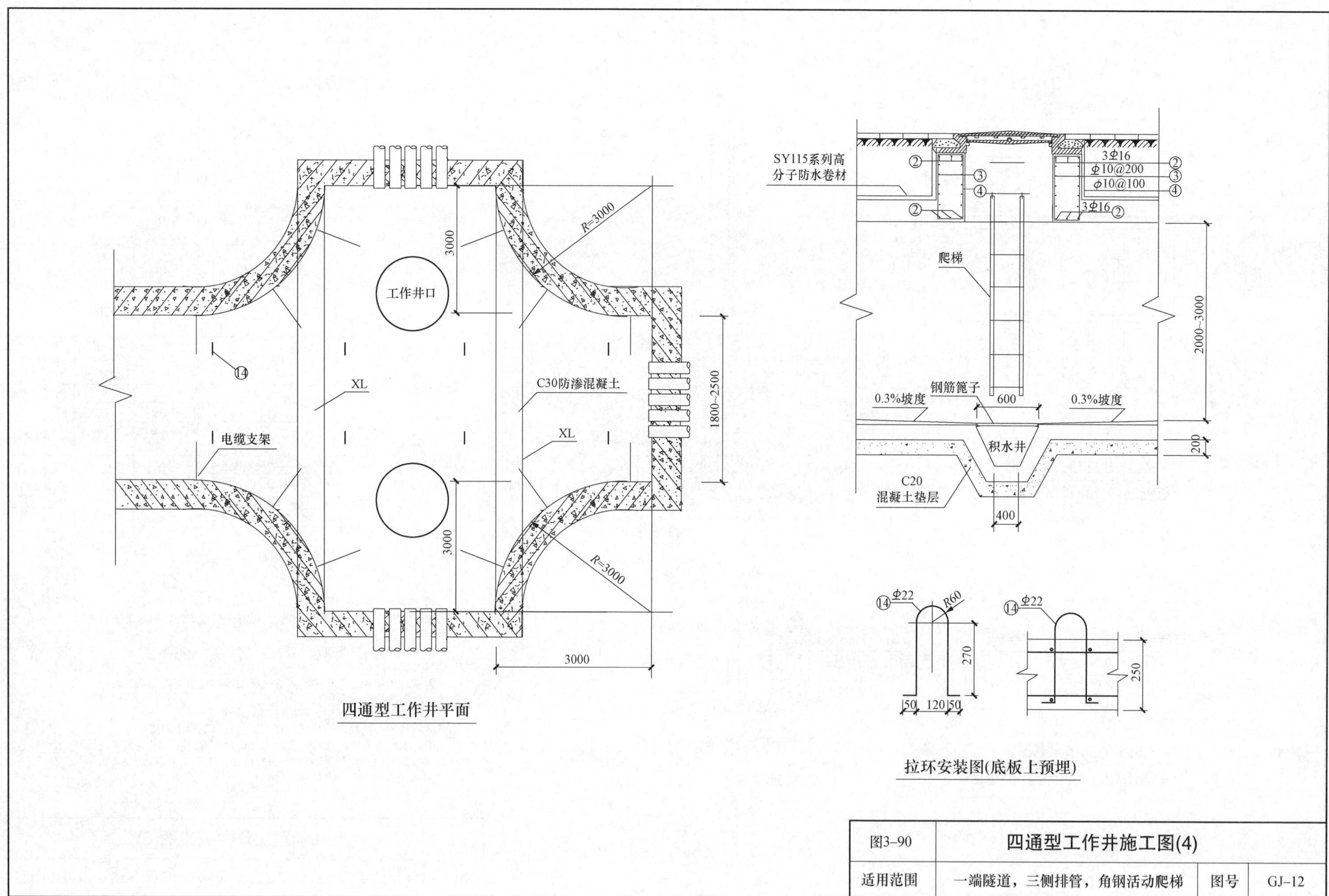

图3–90	四通型工作井施工图(4)		
适用范围	一端隧道，三侧排管，角钢活动爬梯	图号	GJ–12

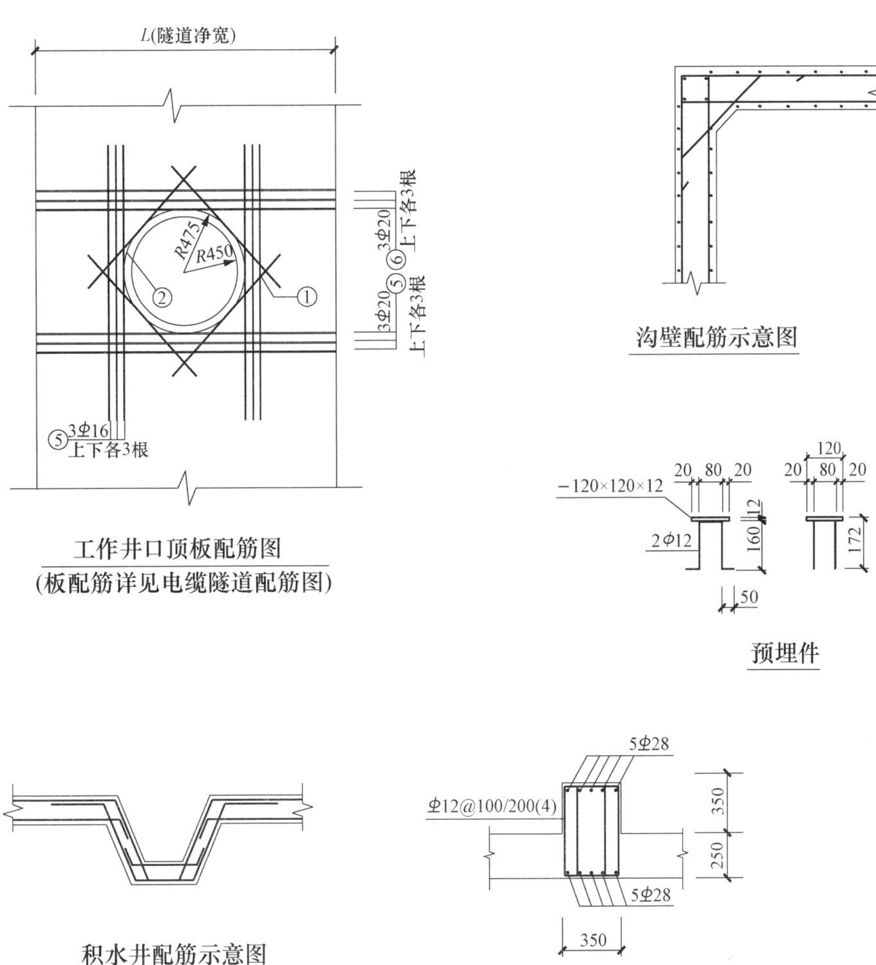

工作井增加材料表

序号	名称	规格	长度(mm)	单位	数量
1	1800 1800 1800 1800	Φ16	1800		
2	环筋	Φ10			
3	环筋	Φ10			
4		Φ10			
5	2200	Φ16	2200	根	12
6	L+2l	Φ20	L+2l (l为钢筋锚固长度)	根	12
7	预埋件			个	36
8	圆钢爬梯	Φ20	1400	根	2
9	角钢爬梯	∟63×6	2100	个	1
10	钢筋篦子	600×600		个	1
11	C30防渗混凝土	P8		m^3	
12	球墨铸铁井口(含盖)			套	1
13	角钢支架	67号~71号		个	12
14	拉环	Φ22	830	个	8

注：1. 工作井壁厚度、构造配筋、断面、混凝土强度等级、防水做法均按《电缆隧道配筋施工图》施工。
2. 工作井沟壁的排管数量及位置应与排管施工图一致。
3. 电缆支架间距1.0m。
4. 井内接地扁铁上、下焊两根，并从隧道顶部引出与接地装置连接。
5. 所有配筋均为上、下两层。
6. 钢筋序号②和③为环筋，需搭接200mm并焊牢。
7. 角钢爬梯为悬挂式，使用时挂在下层的圆钢爬梯上即可。
8. 工作井深度应与隧道深度一致，为方便电缆敷设在适当位置可设计2个工作井口。
9. 在井口下面积水井两侧预埋8个Φ22拉环，用于施工中牵引电缆。
10. 图中标注尺寸以mm为单位。

图3–90	四通型工作井施工图(4)		
适用范围	一端隧道，三侧排管，角钢活动爬梯	图号	GJ–12

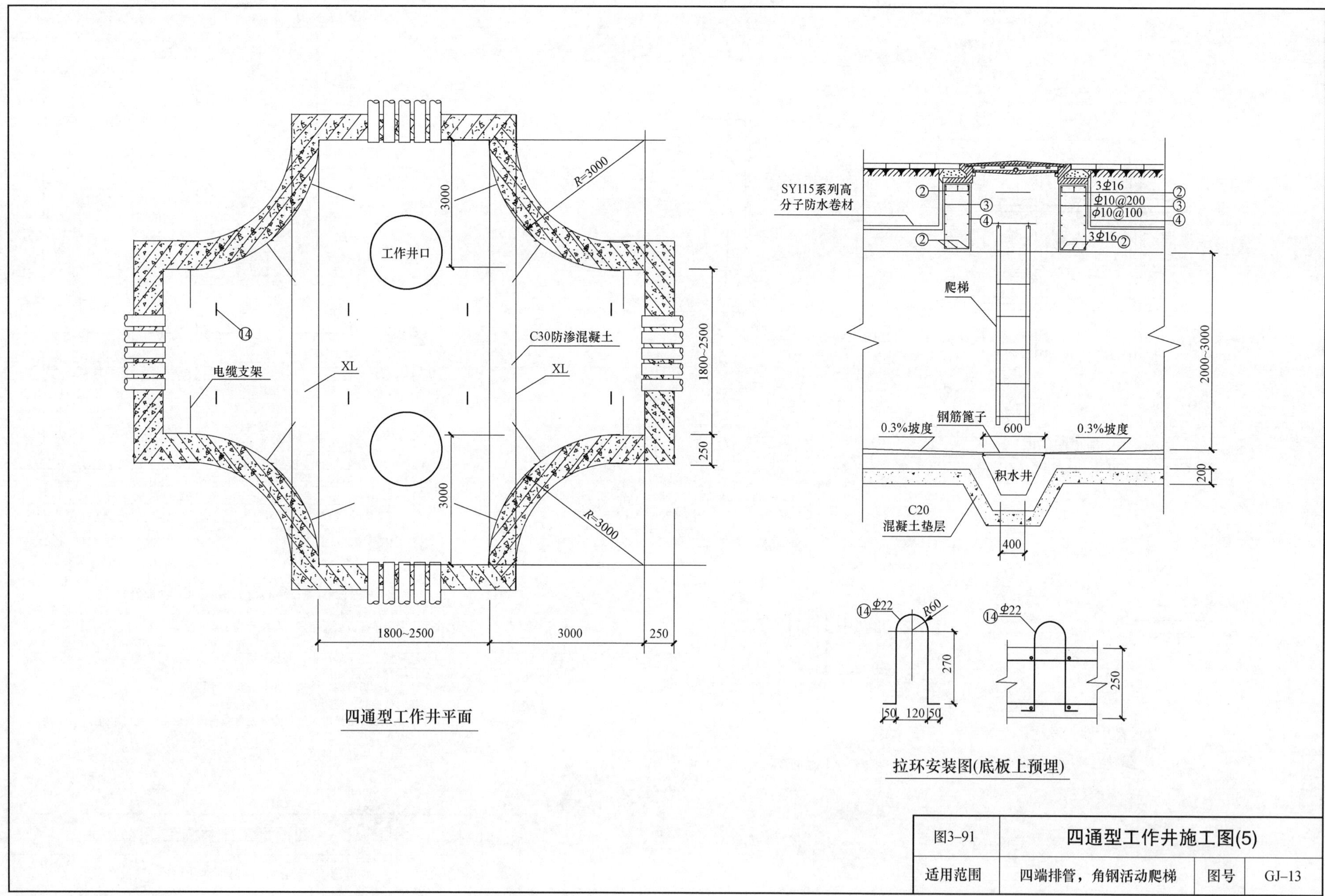

图3-91	四通型工作井施工图(5)		
适用范围	四端排管，角钢活动爬梯	图号	GJ-13

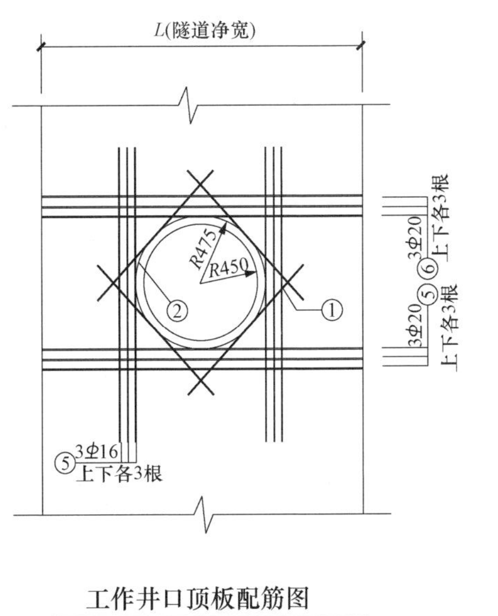

工作井口顶板配筋图
(板配筋详见电缆隧道配筋图)

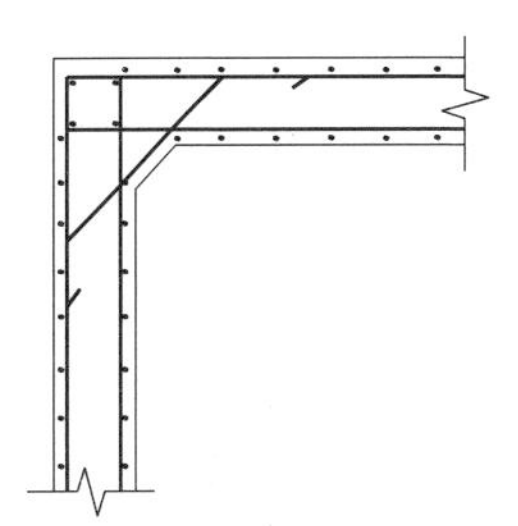

沟壁配筋示意图

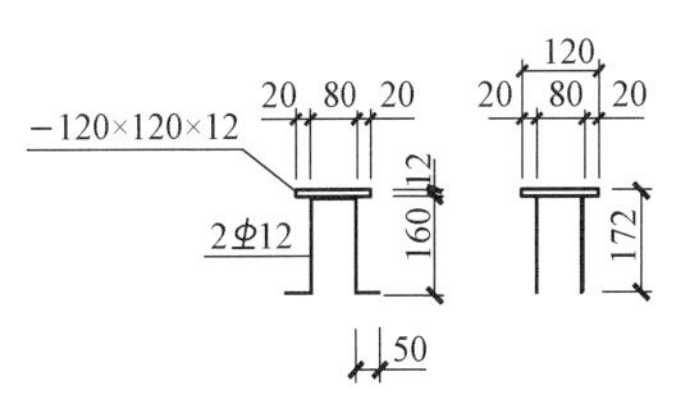

预埋件

工作井增加材料表

序号	名称	规格	长度(mm)	单位	数量
1	1800 1800 1800 1800	Φ16	1800		
2	环筋	Φ10			
3	环筋	Φ10			
4		φ10			
5	2200	Φ16	2200	根	12
6	L+2l	Φ20	L+2l (l为钢筋锚固长度)	根	12
7	预埋件			个	36
8	圆钢爬梯	φ20	1400	根	2
9	角钢爬梯	∟63×6	2100	个	2
10	钢筋篦子	600×600		个	2
11	C30防渗混凝土	P8		m^3	
12	球墨铸铁井口(含盖)			套	2
13	角钢支架	67号~71号		个	12
14	拉环	Φ22	830	个	8

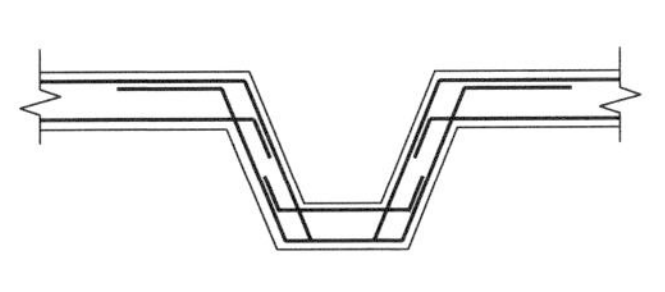

积水井配筋示意图

注：钢筋截断处应满足抗拉锚锢长度

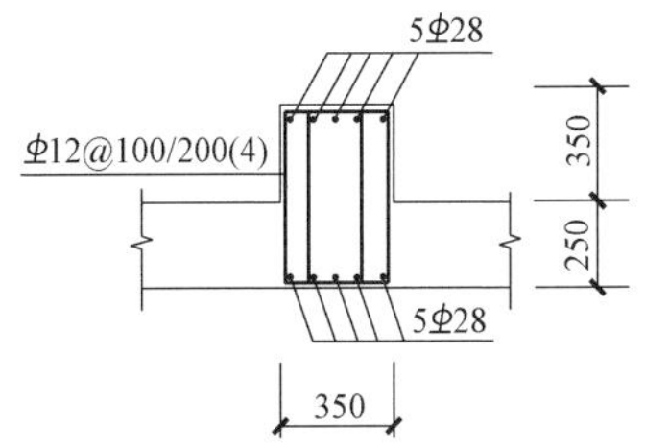

XL配筋图

注：1. 工作井壁厚度、构造配筋、断面、混凝土强度等级、防水做法均按《电缆隧道配筋施工图》施工。
2. 工作井沟壁的排管数量及位置应与排管施工图一致。
3. 电缆支架间距1.0m。
4. 井内接地扁铁上、下焊两根，并从隧道顶部引出与接地装置连接。
5. 所有配筋均为上、下两层。
6. 钢筋序号②和③为环筋，需搭接200mm并焊牢。
7. 角钢爬梯为悬挂式，使用时挂在下层的圆钢爬梯上即可。
8. 工作井深度应与隧道深度一致，为方便电缆敷设在适当位置可设计2个工作井口。
9. 在井口下面积水井两侧预埋8个Φ22拉环，用于施工中牵引电缆。
10. 图中标注尺寸以mm为单位。

图3–91	四通型工作井施工图(5)		
适用范围	四端排管，角钢活动爬梯	图号	GJ–13

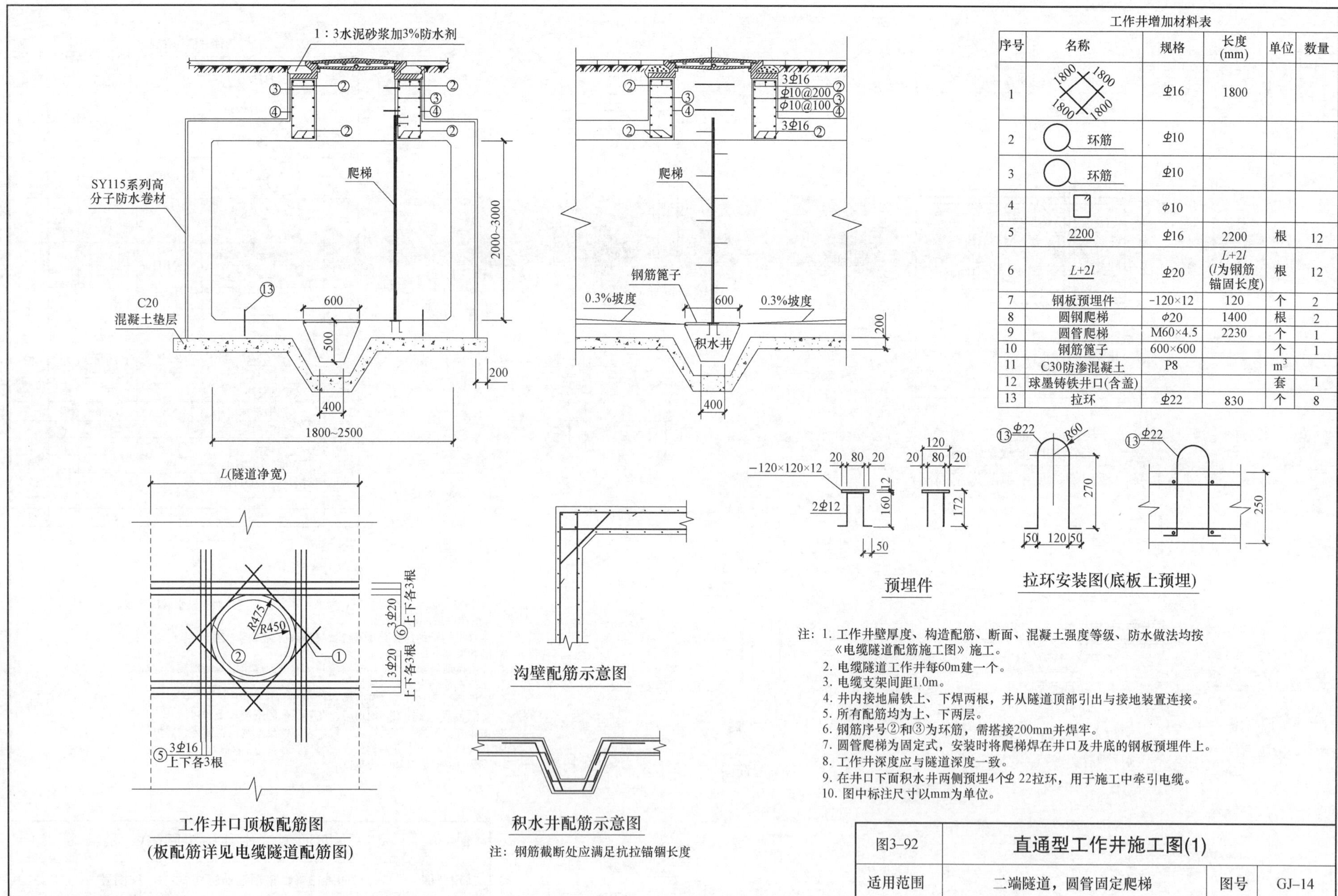

工作井增加材料表

序号	名称	规格	长度(mm)	单位	数量
1	1800 1800 1800 1800	Φ16	1800		
2	环筋	Φ10			
3	环筋	Φ10			
4		Φ10			
5	2200	Φ16	2200	根	12
6	L+2l	Φ20	L+2l (l为钢筋锚固长度)	根	12
7	钢板预埋件	−120×12	120	个	2
8	圆钢爬梯	Φ20	1400	根	2
9	圆管爬梯	M60×4.5	2230	个	1
10	钢筋篦子	600×600		个	1
11	C30防渗混凝土	P8		m³	
12	球墨铸铁井口(含盖)			套	1
13	拉环	Φ22	830	个	8

注：1. 工作井壁厚度、构造配筋、断面、混凝土强度等级、防水做法均按《电缆隧道配筋施工图》施工。
2. 电缆隧道工作井每60m建一个。
3. 电缆支架间距1.0m。
4. 井内接地扁铁上、下焊两根，并从隧道顶部引出与接地装置连接。
5. 所有配筋均为上、下两层。
6. 钢筋序号②和③为环筋，需搭接200mm并焊牢。
7. 圆管爬梯为固定式，安装时将爬梯焊在井口及井底的钢板预埋件上。
8. 工作井深度应与隧道深度一致。
9. 在井口下面积水井两侧预埋4个Φ 22拉环，用于施工中牵引电缆。
10. 图中标注尺寸以mm为单位。

图3-92	直通型工作井施工图(1)		
适用范围	二端隧道，圆管固定爬梯	图号	GJ-14

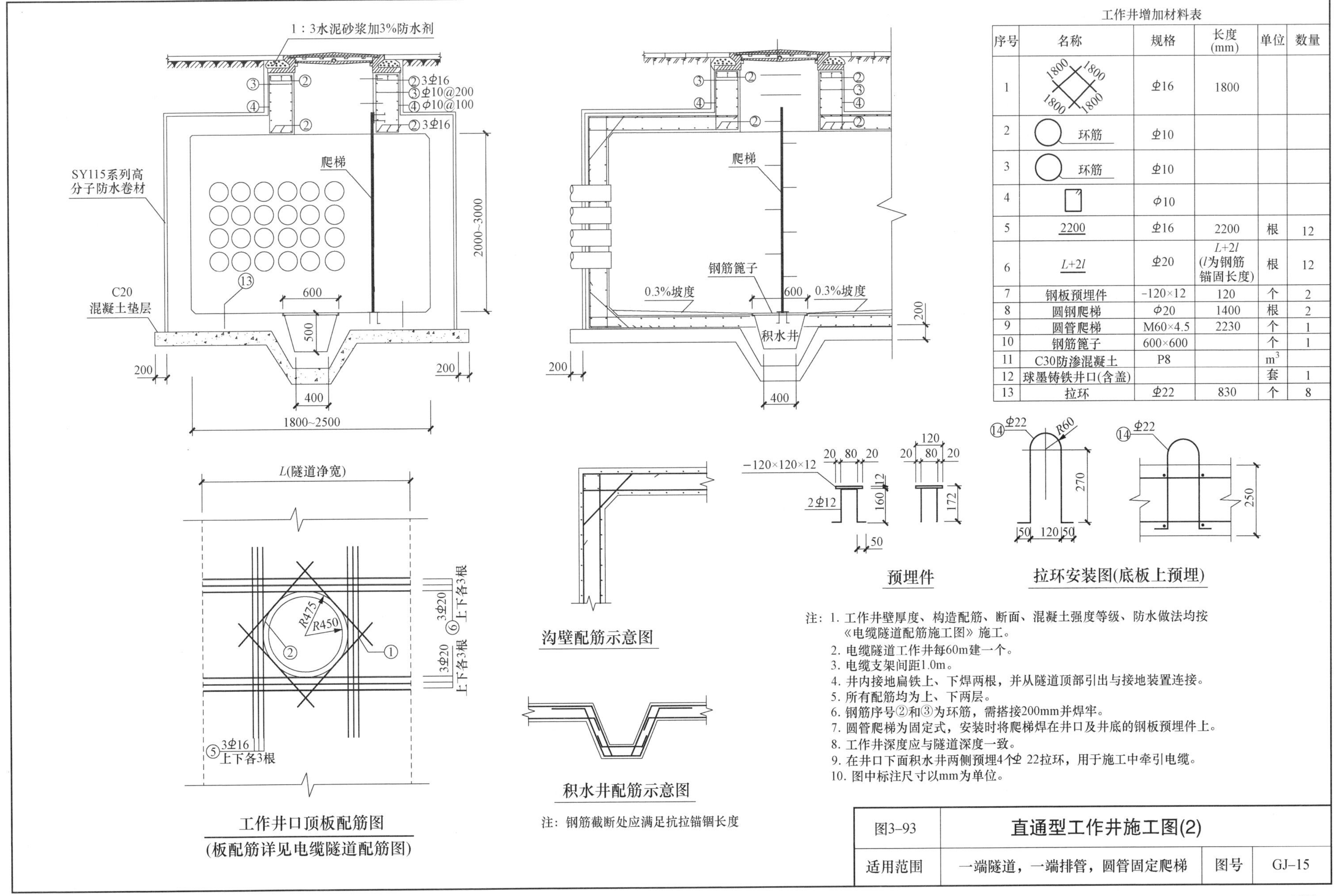

工作井增加材料表

序号	名称	规格	长度(mm)	单位	数量
1		Φ16	1800		
2	环筋	Φ10			
3	环筋	Φ10			
4		Φ10			
5	2200	Φ16	2200	根	12
6	L+2l	Φ20	L+2l (l为钢筋锚固长度)	根	12
7	钢板预埋件	−120×12	120	个	2
8	圆钢爬梯	Φ20	1400	根	2
9	圆管爬梯	M60×4.5	2230	个	1
10	钢筋篦子	600×600		个	1
11	C30防渗混凝土	P8		m^3	
12	球墨铸铁井口(含盖)			套	1
13	拉环	Φ22	830	个	8

注：1. 工作井壁厚度、构造配筋、断面、混凝土强度等级、防水做法均按《电缆隧道配筋施工图》施工。
2. 电缆隧道工作井每60m建一个。
3. 电缆支架间距1.0m。
4. 井内接地扁铁上、下焊两根，并从隧道顶部引出与接地装置连接。
5. 所有配筋均为上、下两层。
6. 钢筋序号②和③为环筋，需搭接200mm并焊牢。
7. 圆管爬梯为固定式，安装时将爬梯焊在井口及井底的钢板预埋件上。
8. 工作井深度应与隧道深度一致。
9. 在井口下面积水井两侧预埋4个Φ 22拉环，用于施工中牵引电缆。
10. 图中标注尺寸以mm为单位。

图3–93	直通型工作井施工图(2)		
适用范围	一端隧道，一端排管，圆管固定爬梯	图号	GJ–15

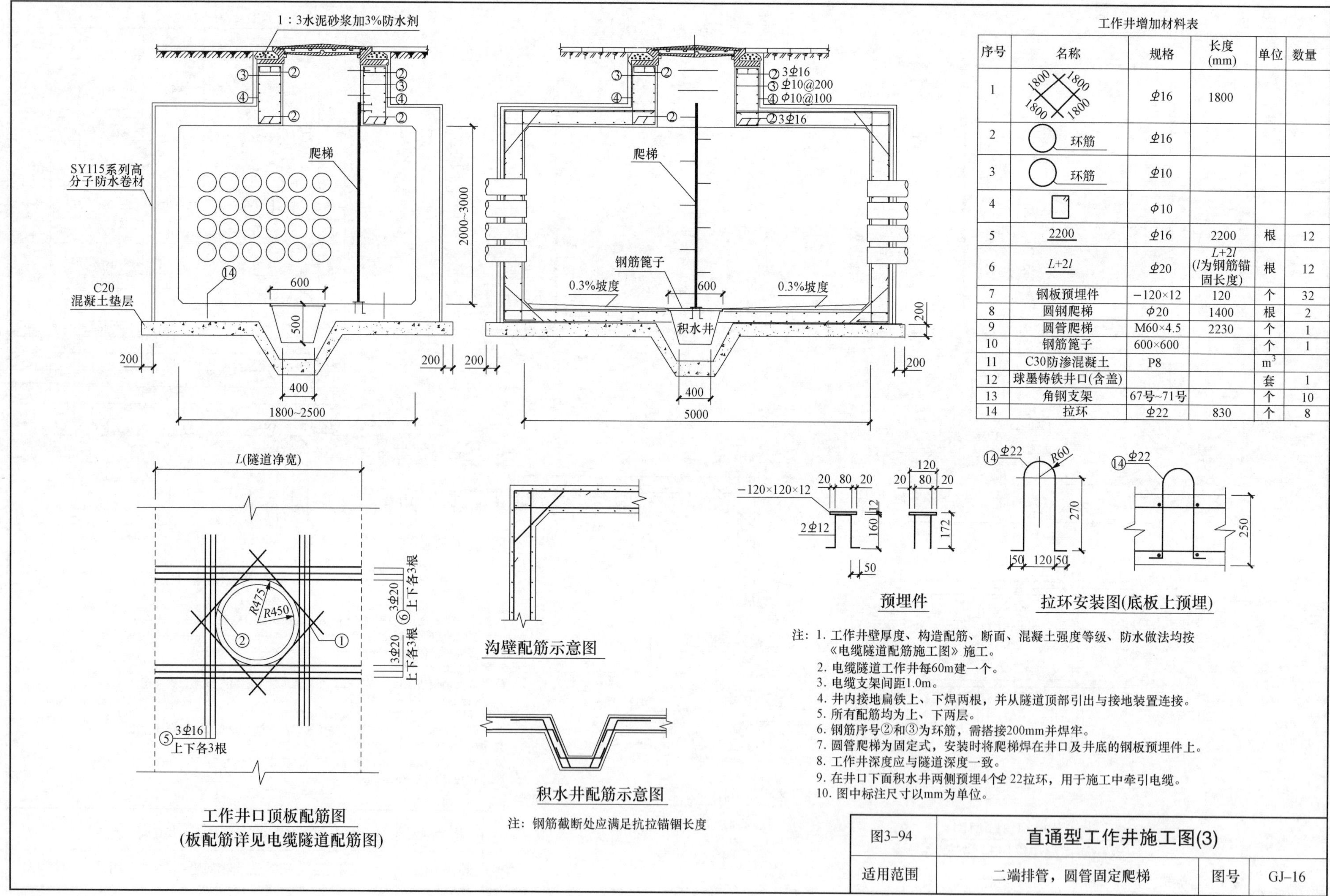

工作井增加材料表

序号	名称	规格	长度(mm)	单位	数量
1	1800 1800 1800 1800	Φ16	1800		
2	环筋	Φ16			
3	环筋	Φ10			
4		Φ10			
5	2200	Φ16	2200	根	12
6	L+2l	Φ20	L+2l (l为钢筋锚固长度)	根	12
7	钢板预埋件	−120×12	120	个	32
8	圆钢爬梯	Φ20	1400	根	2
9	圆管爬梯	M60×4.5	2230	个	1
10	钢筋篦子	600×600		个	1
11	C30防渗混凝土	P8		m^3	
12	球墨铸铁井口(含盖)			套	1
13	角钢支架	67号~71号		个	10
14	拉环	Φ22	830	个	8

注：1. 工作井壁厚度、构造配筋、断面、混凝土强度等级、防水做法均按《电缆隧道配筋施工图》施工。
2. 电缆隧道工作井每60m建一个。
3. 电缆支架间距1.0m。
4. 井内接地扁铁上、下焊两根，并从隧道顶部引出与接地装置连接。
5. 所有配筋均为上、下两层。
6. 钢筋序号②和③为环筋，需搭接200mm并焊牢。
7. 圆管爬梯为固定式，安装时将爬梯焊在井口及井底的钢板预埋件上。
8. 工作井深度应与隧道深度一致。
9. 在井口下面积水井两侧预埋4个Φ22拉环，用于施工中牵引电缆。
10. 图中标注尺寸以mm为单位。

图3–94	直通型工作井施工图(3)		
适用范围	二端排管，圆管固定爬梯	图号	GJ–16

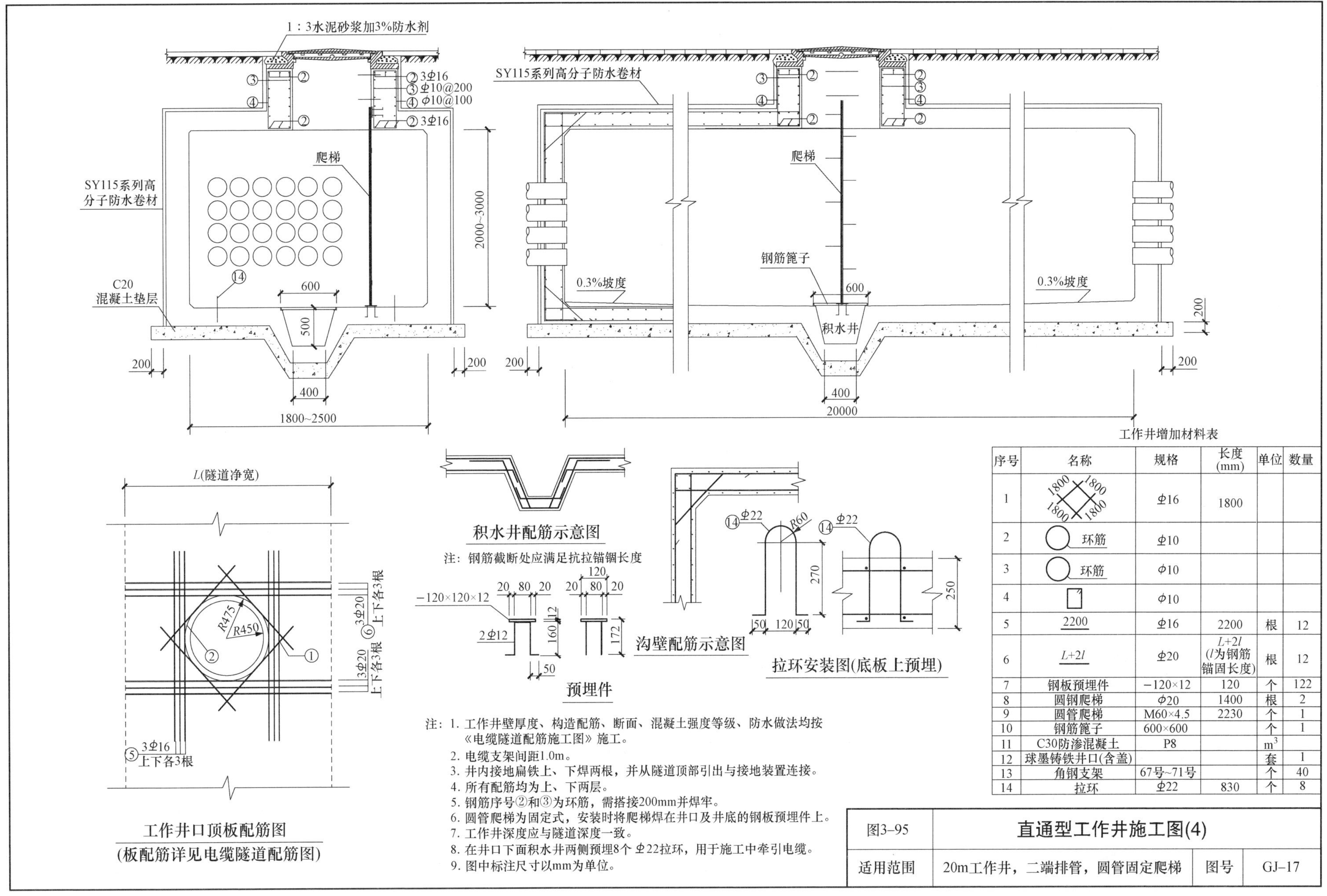

工作井增加材料表

序号	名称	规格	长度(mm)	单位	数量
1	1800 1800 1800 1800	Φ16	1800		
2	环筋	Φ10			
3	环筋	Φ10			
4		Φ10			
5	2200	Φ16	2200	根	12
6	L+2l	Φ20	L+2l (l为钢筋锚固长度)	根	12
7	钢板预埋件	−120×12	120	个	122
8	圆钢爬梯	Φ20	1400	根	2
9	圆管爬梯	M60×4.5	2230	个	1
10	钢筋篦子	600×600		个	1
11	C30防渗混凝土	P8		m^3	
12	球墨铸铁井口(含盖)			套	1
13	角钢支架	67号~71号		个	40
14	拉环	Φ22	830	个	8

注：1. 工作井壁厚度、构造配筋、断面、混凝土强度等级、防水做法均按《电缆隧道配筋施工图》施工。
2. 电缆支架间距1.0m。
3. 井内接地扁铁上、下焊两根，并从隧道顶部引出与接地装置连接。
4. 所有配筋均为上、下两层。
5. 钢筋序号②和③为环筋，需搭接200mm并焊牢。
6. 圆管爬梯为固定式，安装时将爬梯焊在井口及井底的钢板预埋件上。
7. 工作井深度应与隧道深度一致。
8. 在井口下面积水井两侧预埋8个Φ22拉环，用于施工中牵引电缆。
9. 图中标注尺寸以mm为单位。

图3-95	直通型工作井施工图(4)		
适用范围	20m工作井，二端排管，圆管固定爬梯	图号	GJ-17

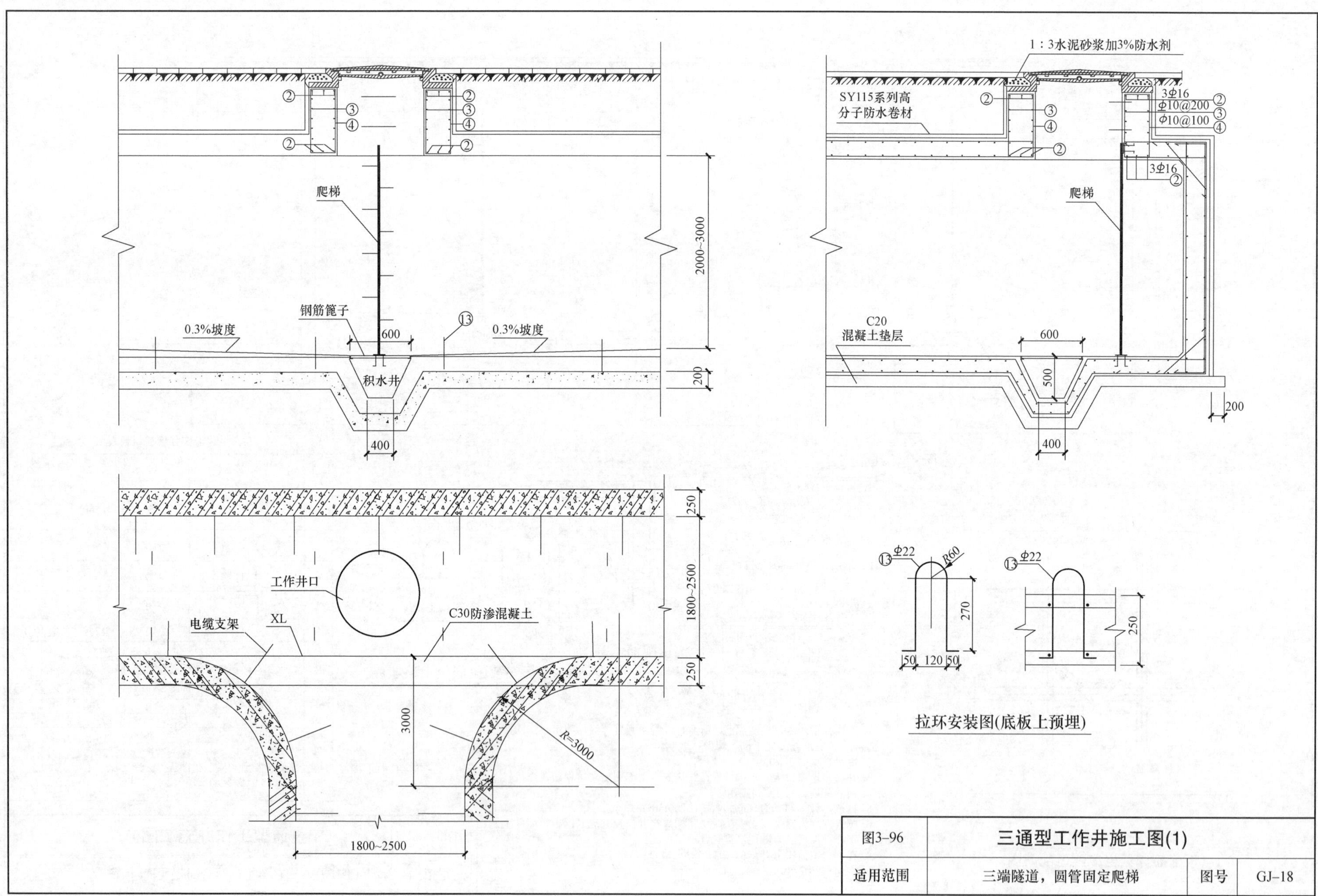

图3-96	三通型工作井施工图(1)		
适用范围	三端隧道，圆管固定爬梯	图号	GJ-18

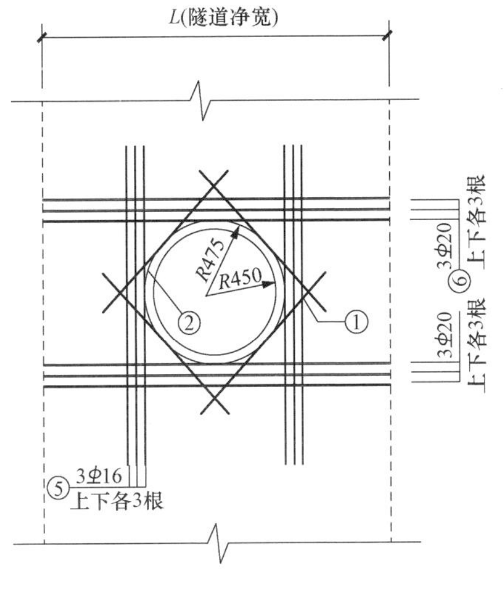

人孔井口顶板配筋图
(板配筋详见电缆隧道配筋图)

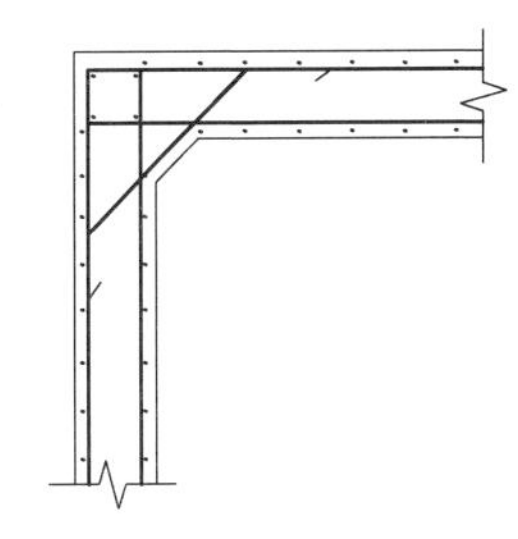

沟壁配筋示意图

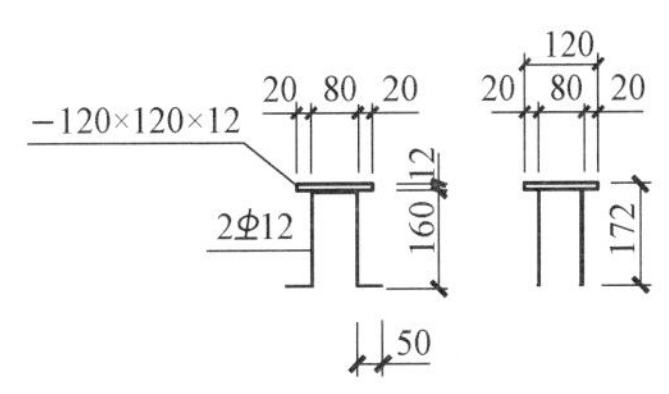

预埋件

工作井增加材料表

序号	名称	规格	长度(mm)	单位	数量
1	1800 1800 1800 1800	Φ16	1800		
2	环筋	Φ10			
3	环筋	Φ10			
4		φ10			
5	2200	Φ16	2200	根	12
6	L+2l	Φ20	L+2l (l为钢筋锚固长度)	根	12
7	钢板预埋件	−120×12	120	个	20
8	圆钢爬梯	φ20	1400	根	2
9	圆管爬梯	M60×4.5	2230	个	1
10	钢筋篦子	600×600		个	1
11	C30防渗混凝土	P8		m^3	
12	球墨铸铁井口(含盖)			套	1
13	拉环	Φ22	830	个	8

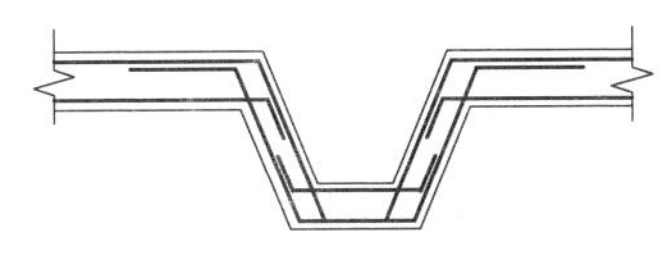

积水井配筋示意图

注：钢筋截断处应满足抗拉锚锢长度

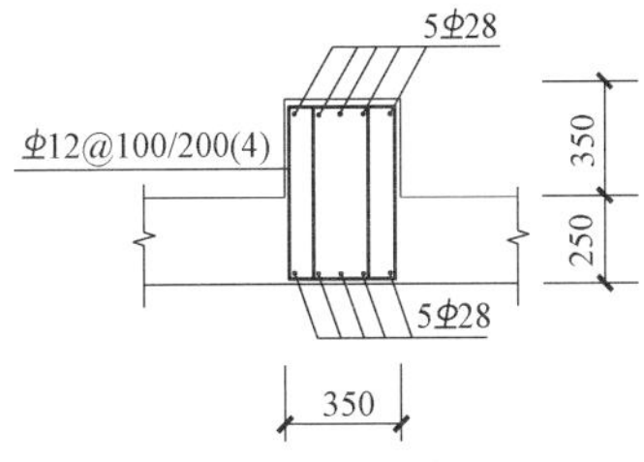

XL配筋图

注：1. 工作井壁厚度、构造配筋、断面、混凝土强度等级、防水做法均按《电缆隧道配筋施工图》施工。
2. 电缆支架间距1.0m。
3. 井内接地扁铁上、下焊两根，并从隧道顶部引出与接地装置连接。
4. 所有配筋均为上、下两层。
5. 钢筋序号②和③为环筋，需搭接200mm并焊牢。
6. 圆管爬梯为固定式，安装时将爬梯焊在井口及井底的钢板预埋件上。
7. 工作井深度应与隧道深度一致。
8. 在井口下面积水井两侧预埋8个Φ 22拉环，用于施工中牵引电缆。
9. 图中标注尺寸以mm为单位。

图3–96	三通型工作井施工图(1)		
适用范围	三端隧道，圆管固定爬梯	图号	GJ–18

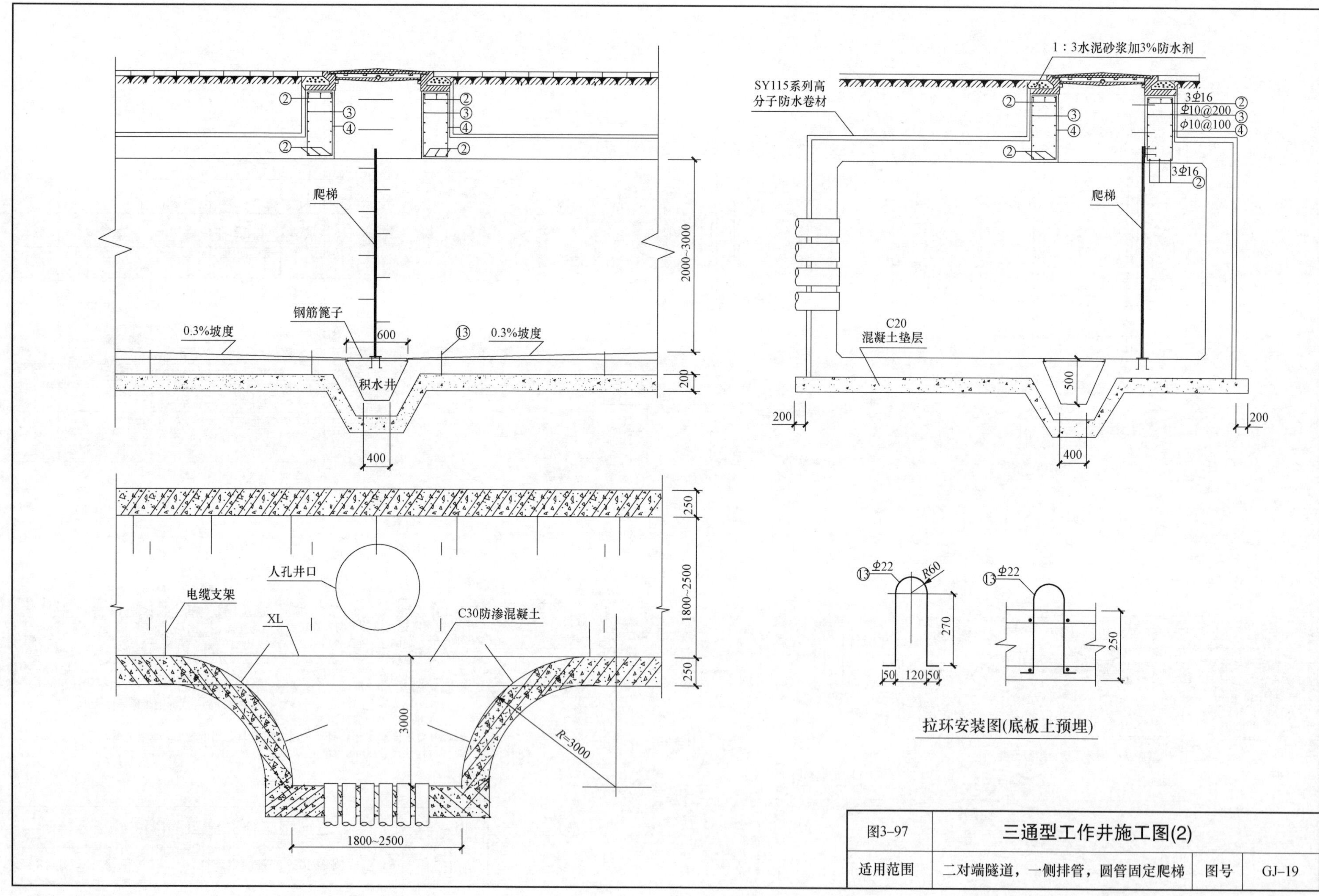

图3-97	三通型工作井施工图(2)		
适用范围	二对端隧道，一侧排管，圆管固定爬梯	图号	GJ-19

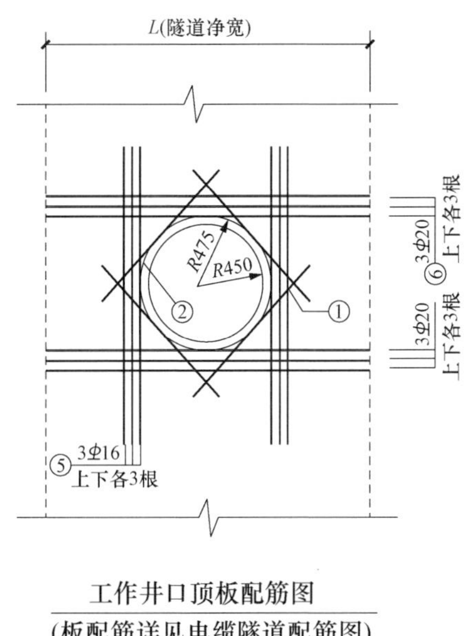

工作井口顶板配筋图
(板配筋详见电缆隧道配筋图)

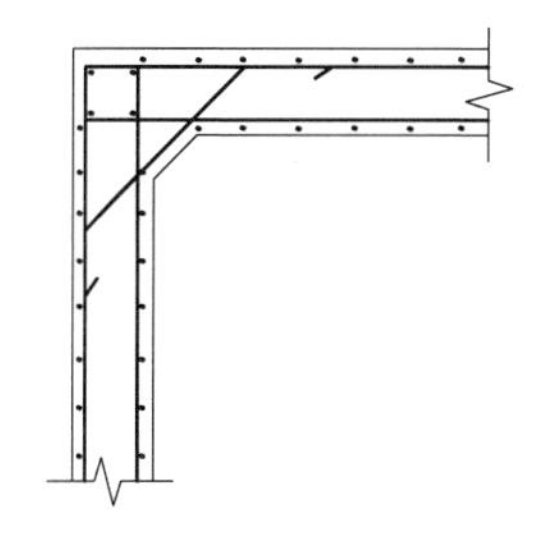

沟壁配筋示意图

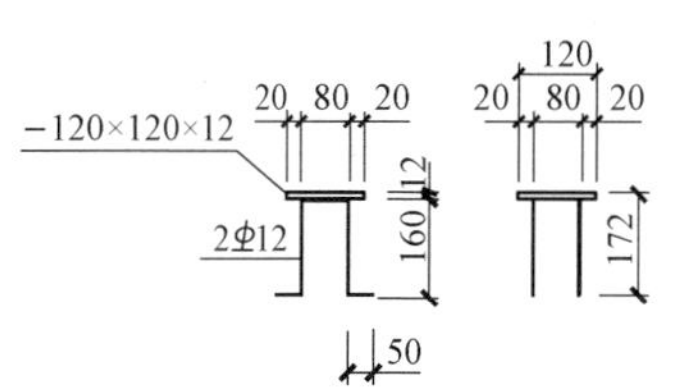

预埋件

工作井增加材料表

序号	名称	规格	长度(mm)	单位	数量
1	1800 1800 1800 1800	Φ16	1800		
2	环筋	Φ10			
3	环筋	Φ10			
4		Φ10			
5	2200	Φ16	2200	根	12
6	L+2l	Φ20	L+2l (l为钢筋锚固长度)	根	12
7	钢板预埋件	−120×12	120	个	20
8	圆钢爬梯	Φ20	1400	根	2
9	圆管爬梯	M60×4.5	2230	个	1
10	钢筋篦子	600×600		个	1
11	C30防渗混凝土	P8		m^3	
12	球墨铸铁井口(含盖)			套	1
13	拉环	Φ22	830	个	8

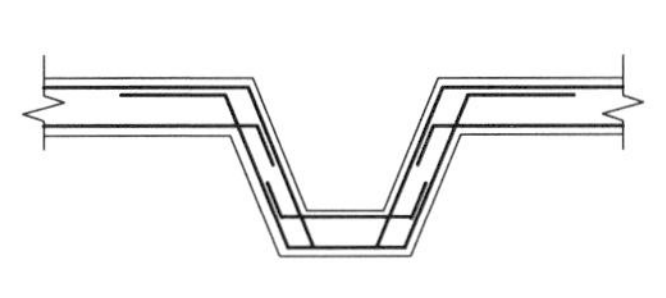

积水井配筋示意图

注：钢筋截断处应满足抗拉锚锢长度

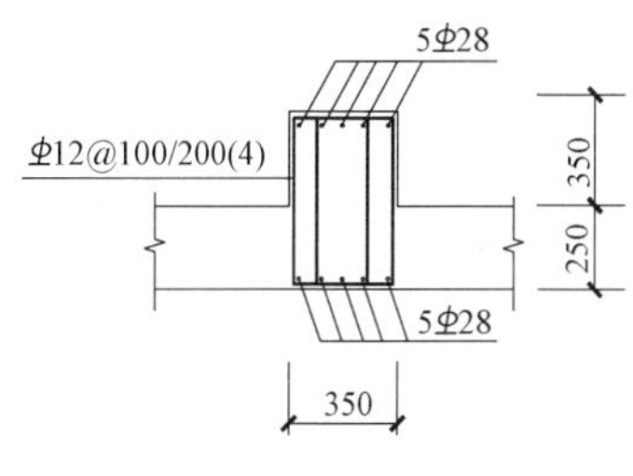

XL配筋图

注：1. 工作井壁厚度、构造配筋、断面、混凝土强度等级、防水做法均按《电缆隧道配筋施工图》施工。
2. 工作井沟壁的排管数量及位置应与排管施工图一致。
3. 电缆支架间距1.0m。
4. 井内接地扁铁上、下焊两根，并从隧道顶部引出与接地装置连接。
5. 所有配筋均为上、下两层。
6. 钢筋序号②和③为环筋，需搭接200mm并焊牢。
7. 圆管爬梯为固定式，安装时将爬梯焊在井口及井底的钢板预埋件上。
8. 工作井深度应与隧道深度一致。
9. 在井口下面积水井两侧预埋8个Φ 22拉环，用于施工中牵引电缆。
10. 图中标注尺寸以mm为单位。

图3–97	三通型工作井施工图(2)		
适用范围	二对端隧道，一侧排管，圆管固定爬梯	图号	GJ–19

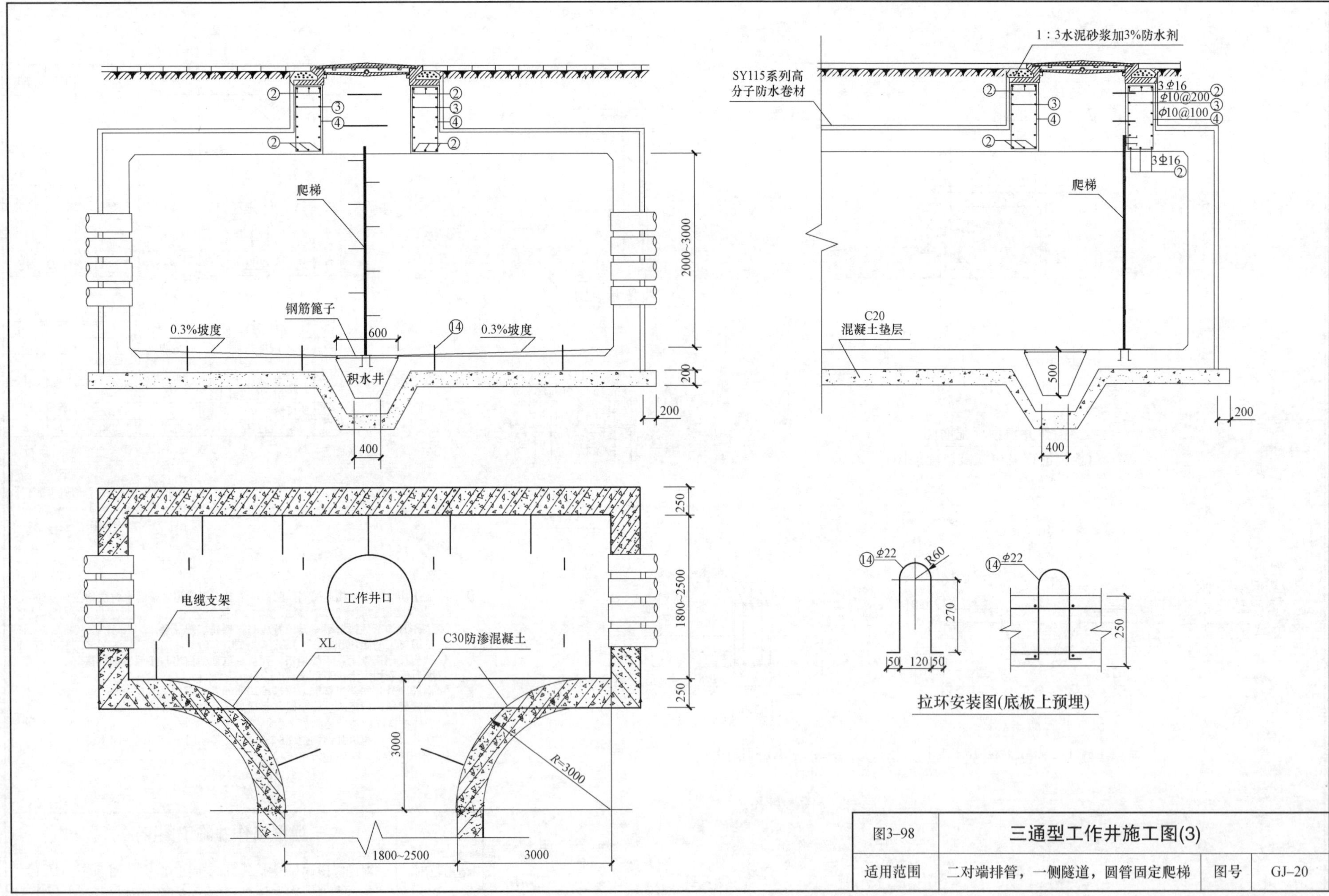

图3–98	三通型工作井施工图(3)		
适用范围	二对端排管，一侧隧道，圆管固定爬梯	图号	GJ–20

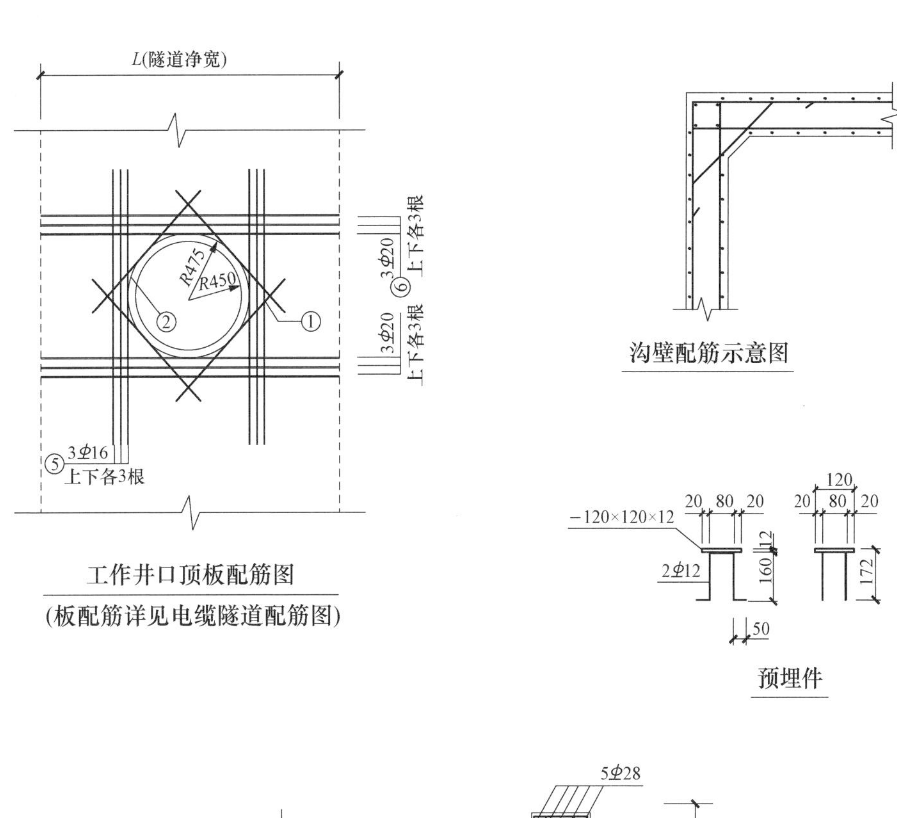

工作井口顶板配筋图
(板配筋详见电缆隧道配筋图)

沟壁配筋示意图

预埋件

工作井增加材料表

序号	名称	规格	长度(mm)	单位	数量
1	1800 1800 1800 1800	⌀16	1800		
2	环筋	⌀10			
3	环筋	⌀10			
4		⌀10			
5	2200	⌀16	2200	根	12
6	L+2l	⌀20	L+2l (l为钢筋锚固长度)	根	12
7	钢板预埋件	−120×12	120	个	38
8	圆钢爬梯	⌀20	1400	根	2
9	圆管爬梯	M60×4.5	2230	个	1
10	钢筋篦子	600×600		个	1
11	C30防渗混凝土	P8		m^3	
12	球墨铸铁井口(含盖)			套	1
13	角钢支架	67号~71号		个	12
14	拉环	⌀22	830	个	8

5⌀28
⌀12@100/200(4)
350
250
5⌀28
350

积水井配筋示意图

注：钢筋截断处应满足抗拉锚锢长度

XL配筋图

注：1. 工作井壁厚度、构造配筋、断面、混凝土强度等级、防水做法均按《电缆隧道配筋施工图》施工。
2. 工作井沟壁的排管数量及位置应与排管施工图一致。
3. 电缆支架间距1.0m。
4. 井内接地扁铁上、下焊两根，并从隧道顶部引出与接地装置连接。
5. 所有配筋均为上、下两层。
6. 钢筋序号②和③为环筋，需搭接200mm并焊牢。
7. 圆管爬梯为固定式，安装时将爬梯焊在井口及井底的钢板预埋件上。
8. 工作井深度应与隧道深度一致。
9. 在井口下面积水井两侧预埋8个⌀22拉环，用于施工中牵引电缆。
10. 图中标注尺寸以mm为单位。

图3–98	三通型工作井施工图(3)		
适用范围	二对端排管，一侧隧道，圆管固定爬梯	图号	GJ–20

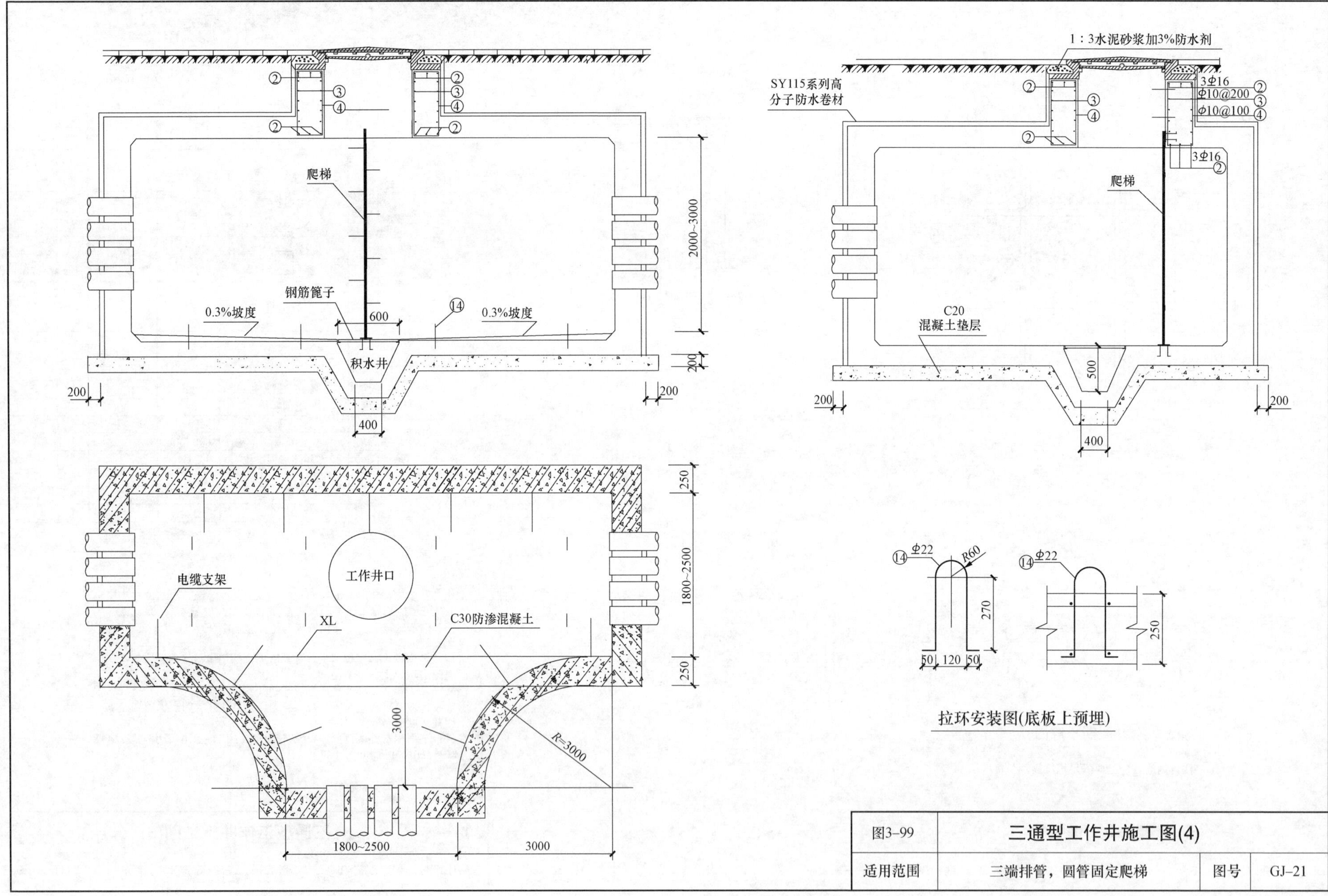

图3-99	三通型工作井施工图(4)		
适用范围	三端排管，圆管固定爬梯	图号	GJ-21

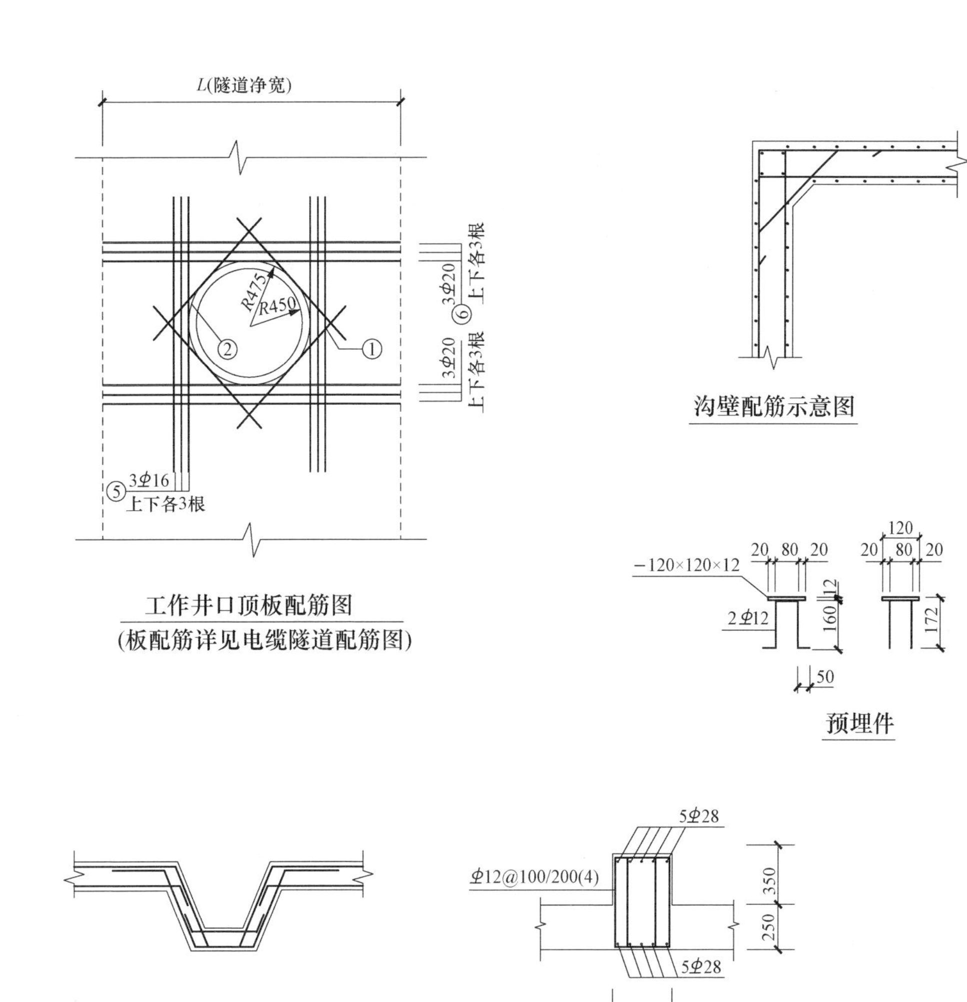

积水井配筋示意图

注：钢筋截断处应满足抗拉锚锢长度

XL配筋图

工作井增加材料表

序号	名称	规格	长度(mm)	单位	数量
1	1800 1800 1800 1800	Φ16	1800		
2	环筋	Φ10			
3	环筋	Φ10			
4		Φ10			
5	2200	Φ16	2200	根	12
6	L+2l	Φ20	L+2l (l为钢筋锚固长度)	根	12
7	钢板预埋件	-120×12	120	个	38
8	圆钢爬梯	Φ20	1400	根	2
9	圆管爬梯	M60×4.5	2230	个	1
10	钢筋篦子	600×600		个	1
11	C30防渗混凝土	P8		m^3	
12	球墨铸铁井口(含盖)			套	1
13	角钢支架	67号~71号		个	12
14	拉环	Φ22	830	个	8

注：1. 工作井壁厚度、构造配筋、断面、混凝土强度等级、防水做法均按《电缆隧道配筋施工图》施工。
2. 工作井沟壁的排管数量及位置应与排管施工图一致。
3. 电缆支架间距1.0m。
4. 井内接地扁铁上、下焊两根，并从隧道顶部引出与接地装置连接。
5. 所有配筋均为上、下两层。
6. 钢筋序号②和③为环筋，需搭接200mm并焊牢。
7. 圆管爬梯为固定式，安装时将爬梯焊在井口及井底的钢板预埋件上。
8. 工作井深度应与隧道深度一致。
9. 在井口下面积水井两侧预埋8个Φ 22拉环，用于施工中牵引电缆。
10. 图中标注尺寸以mm为单位。

图3–99	三通型工作井施工图(4)		
适用范围	三端排管，圆管固定爬梯	图号	GJ–21

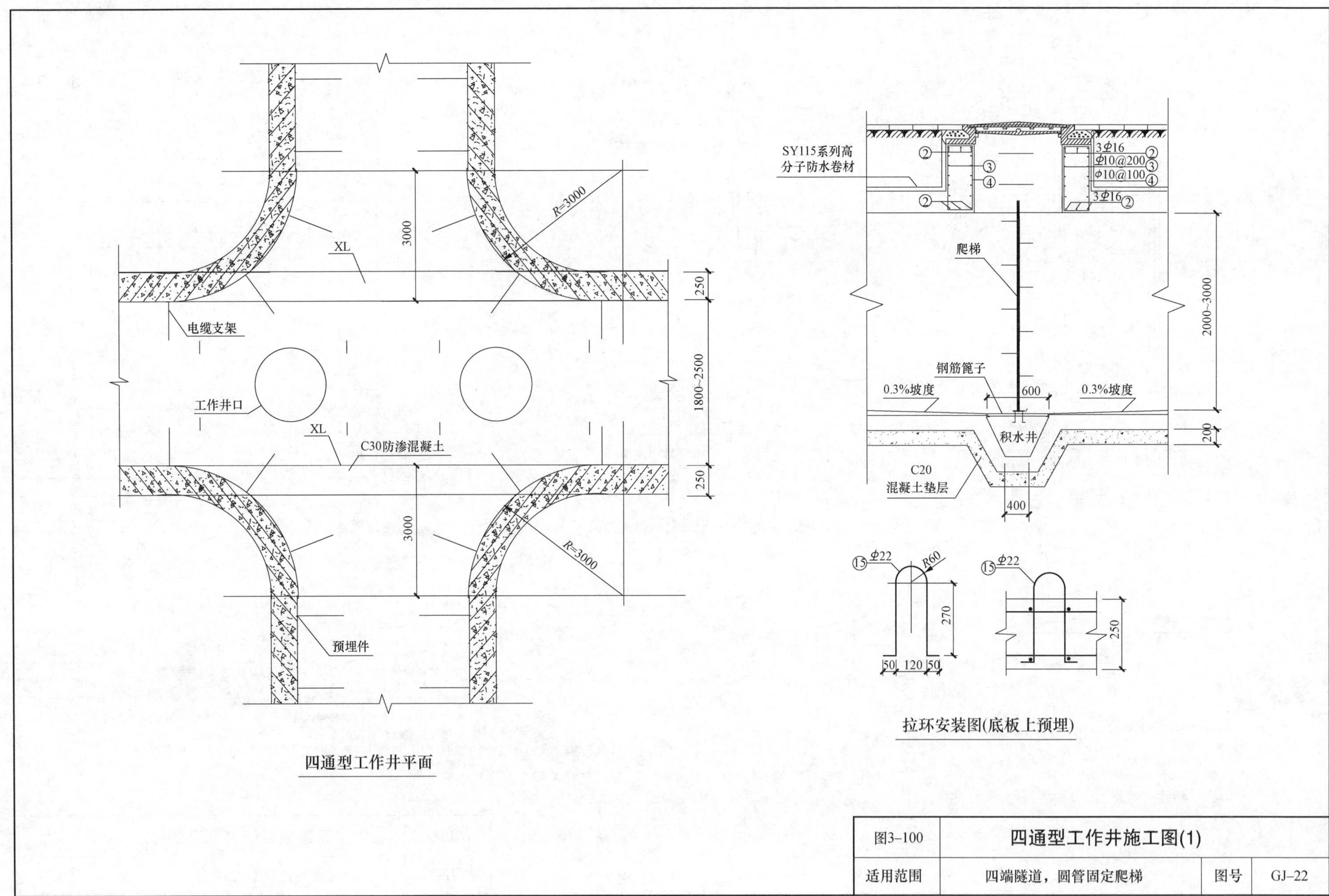

图3-100	四通型工作井施工图(1)		
适用范围	四端隧道，圆管固定爬梯	图号	GJ-22

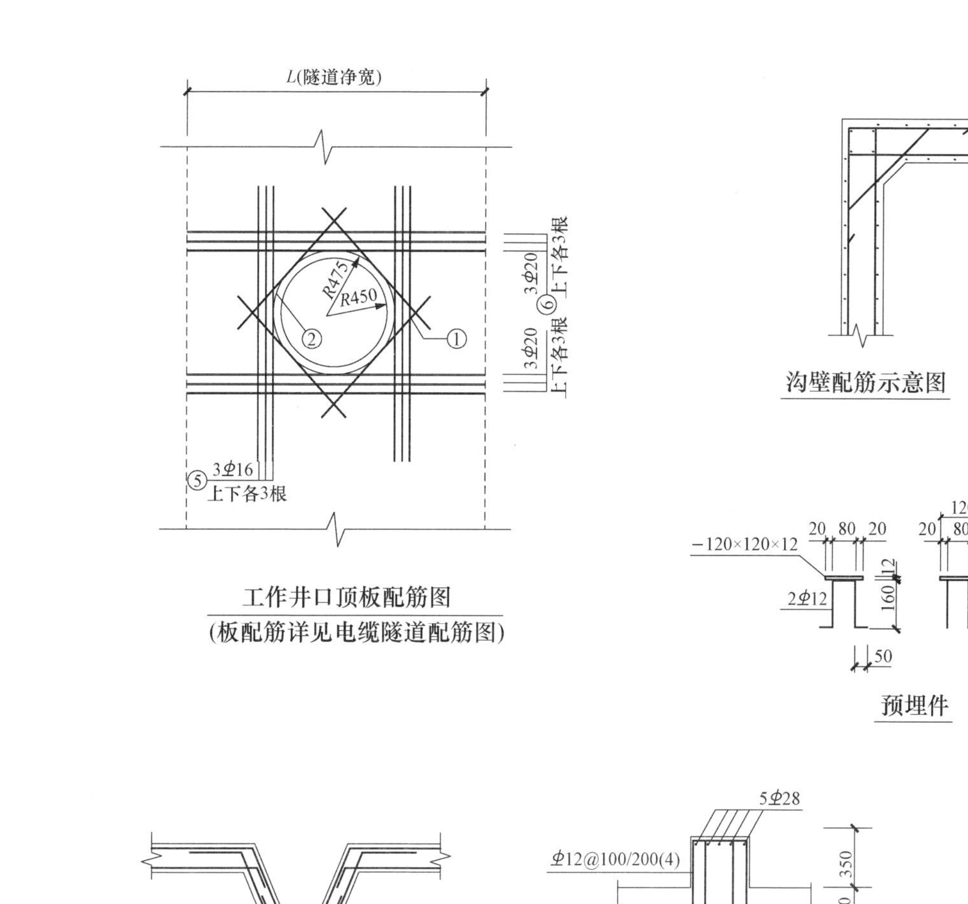

工作井口顶板配筋图
(板配筋详见电缆隧道配筋图)

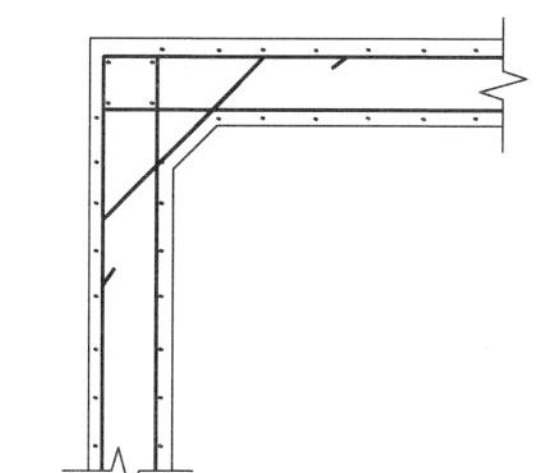

沟壁配筋示意图

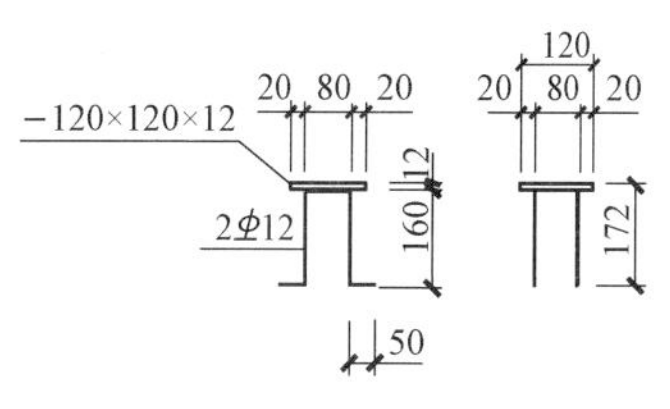

预埋件

积水井配筋示意图

注：钢筋截断处应满足抗拉锚锢长度

XL配筋图

工作井增加材料表

序号	名称	规格	长度(mm)	单位	数量
1	1800 1800 1800 1800	Φ16	1800		
2	环筋	Φ10			
3	环筋	Φ10			
4		Φ10			
5	2200	Φ16	2200	根	12
6	L+2l	Φ20	L+2l (l为钢筋锚固长度)	根	12
7	角钢预埋件	∟50×5	340	个	38
8	钢板预埋件	−120×12	120	个	2
9	圆钢爬梯	Φ20	1400	根	2
10	圆管爬梯	M60×4.5	2230	个	2
11	钢筋笼子	600×600		个	2
12	C30防渗混凝土	P8		m^3	
13	球墨铸铁井口(含盖)			套	2
14	角钢支架	67号~71号		个	12
15	拉环	Φ22	830	个	8

注：1. 工作井壁厚度、构造配筋、断面、混凝土强度等级、防水做法均按《电缆隧道配筋施工图》施工。
2. 电缆支架间距1.0m。
3. 井内接地扁铁上、下焊两根，并从隧道顶部引出与接地装置连接。
4. 所有配筋均为上、下两层。
5. 钢筋序号②和③为环筋，需搭接200mm并焊牢。
6. 圆管爬梯为固定式，安装时将爬梯焊在井口及井底的钢板预埋件上。
7. 工作井深度应与隧道深度一致，为方便电缆敷设在适当位置可设计2个工作井口。
8. 在井口下面积水井两侧预埋8个Φ22拉环，用于施工中牵引电缆。
9. 图中标注尺寸以mm为单位。

图3-100	四通型工作井施工图(1)		
适用范围	四端隧道，圆管固定爬梯	图号	GJ-22

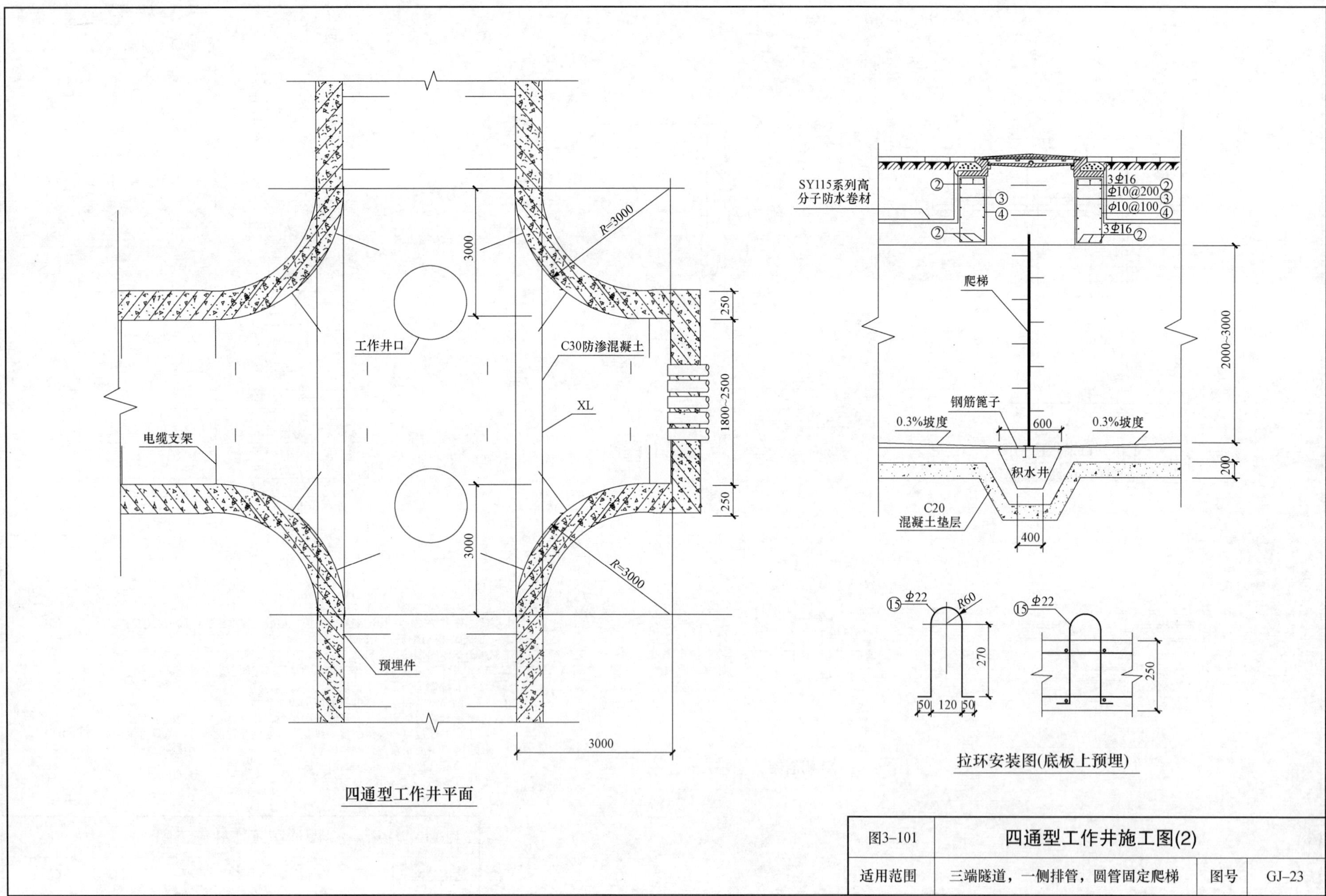

四通型工作井平面

拉环安装图(底板上预埋)

图3-101	四通型工作井施工图(2)		
适用范围	三端隧道，一侧排管，圆管固定爬梯	图号	GJ-23

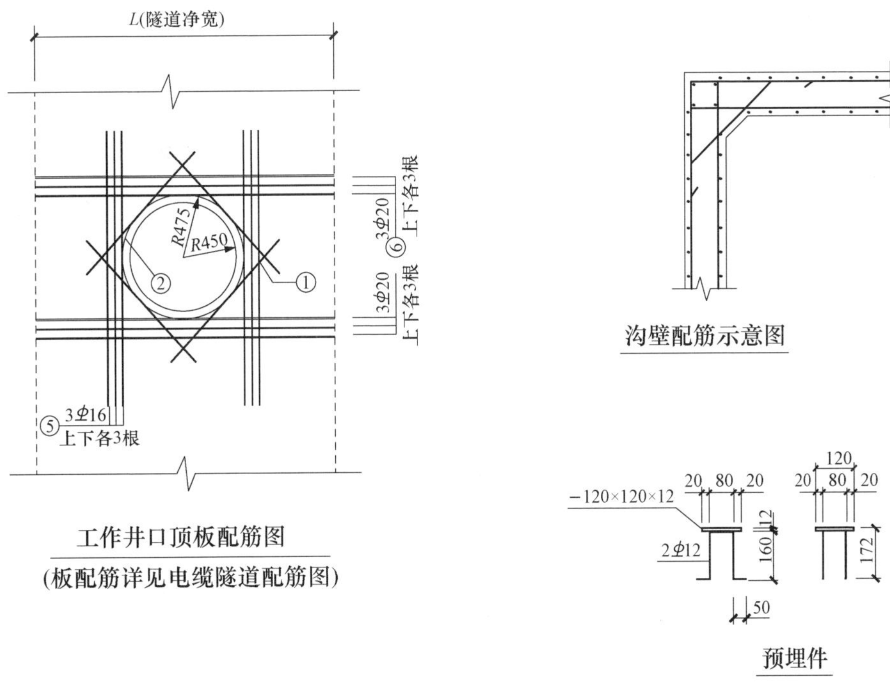

工作井口顶板配筋图

(板配筋详见电缆隧道配筋图)

沟壁配筋示意图

预埋件

工作井增加材料表

序号	名称	规格	长度(mm)	单位	数量
1	1800 1800 1800 1800	Φ16	1800		
2	环筋	Φ10			
3	环筋	Φ10			
4		Φ10			
5	2200	Φ16	2200	根	12
6	L+2l	Φ20	L+2l (l为钢筋锚固长度)	根	12
7	角钢预埋件	∟50×5	340	个	38
8	钢板预埋件	−120×12	120	个	2
9	圆钢爬梯	Φ20	1400	根	2
10	圆管爬梯	M60×4.5	2230	个	2
11	钢筋篦子	600×600		个	2
12	C30防渗混凝土	P8		m^3	
13	球墨铸铁井口(含盖)			套	2
14	角钢支架	67号~71号		个	12
15	拉环	Φ22	830	个	8

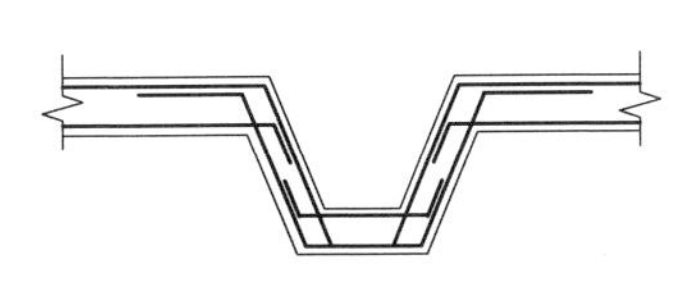

积水井配筋示意图

注：钢筋截断处应满足抗拉锚锢长度

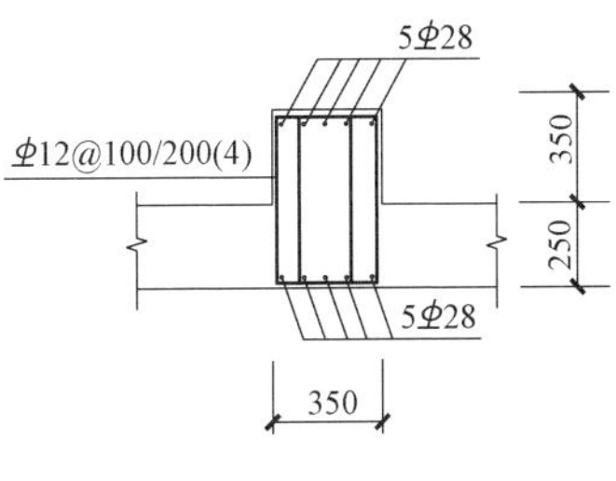

XL配筋图

注：1. 工作井壁厚度、构造配筋、断面、混凝土强度等级、防水做法均按《电缆隧道配筋施工图》施工。
2. 工作井沟壁的排管数量及位置应与排管施工图一致。
3. 电缆支架间距1.0m。
4. 井内接地扁铁上、下焊两根，并从隧道顶部引出与接地装置连接。
5. 所有配筋均为上、下两层。
6. 钢筋序号②和③为环筋，需搭接200mm并焊牢。
7. 圆管爬梯为固定式，安装时将爬梯焊在井口及井底的钢板预埋件上。
8. 工作井深度应与隧道深度一致，为方便电缆敷设在适当位置可设计2个工作井口。
9. 在井口下面积水井两侧预埋8个Φ 22拉环，用于施工中牵引电缆。
10. 图中标注尺寸以mm为单位。

图3–101	四通型工作井施工图(2)		
适用范围	三端隧道，一侧排管，圆管固定爬梯	图号	GJ–23

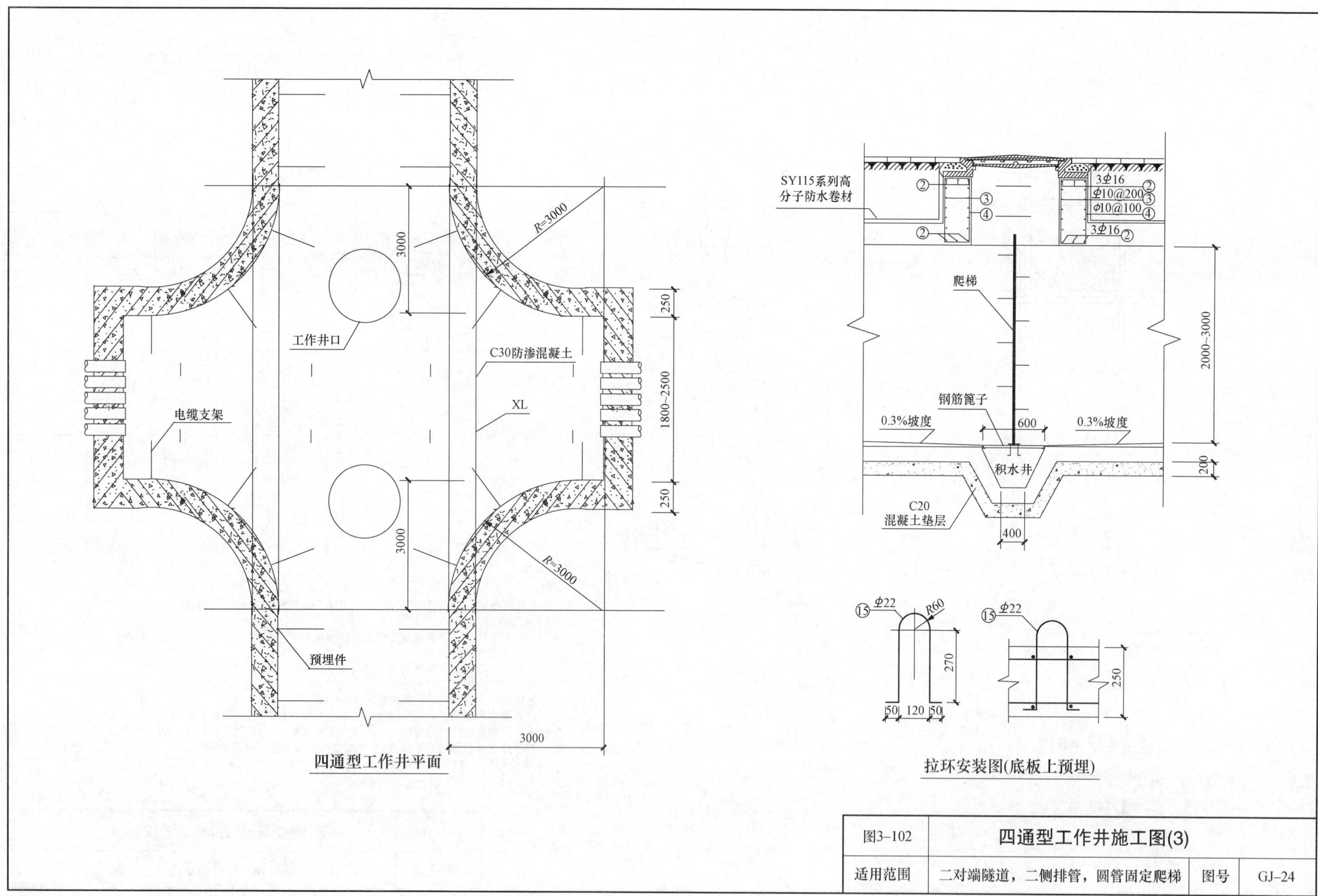

四通型工作井平面

拉环安装图(底板上预埋)

图3–102	四通型工作井施工图(3)		
适用范围	二对端隧道，二侧排管，圆管固定爬梯	图号	GJ–24

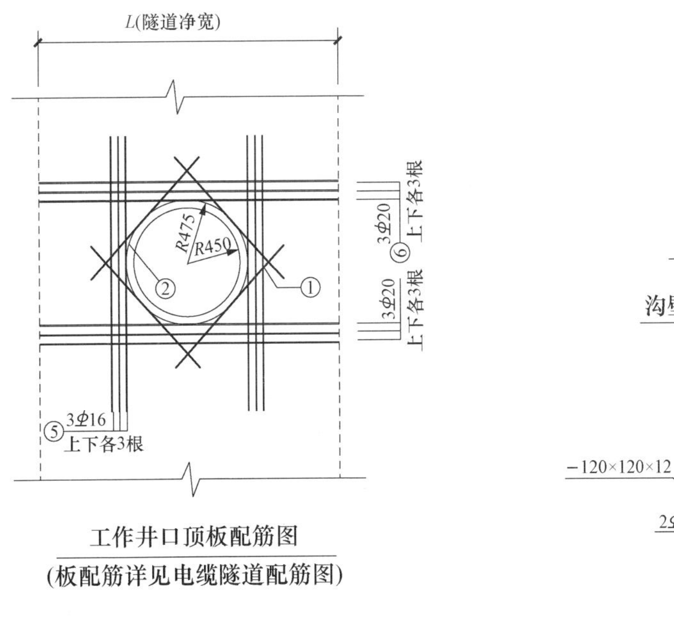

工作井口顶板配筋图
(板配筋详见电缆隧道配筋图)

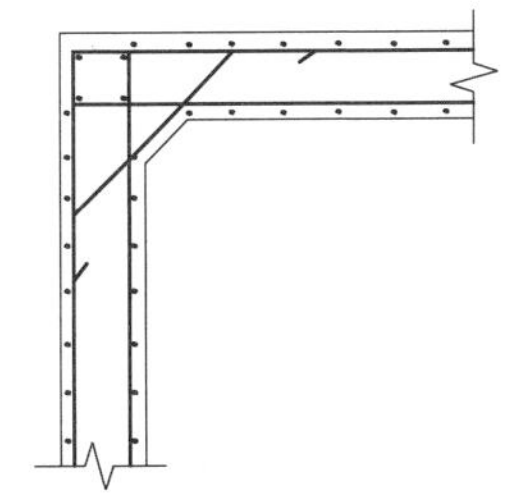

沟壁配筋示意图

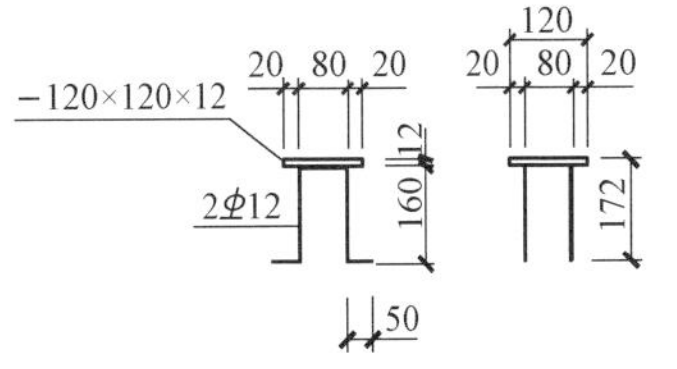

预埋件

工作井增加材料表

序号	名称	规格	长度(mm)	单位	数量
1	1800 1800 1800 1800	Φ16	1800		
2	环筋	Φ10			
3	环筋	Φ10			
4		Φ10			
5	2200	Φ16	2200	根	12
6	L+2l	Φ20	L+2l (l为钢筋锚固长度)	根	12
7	钢板预埋件	−120×12	120	个	38
8	圆钢爬梯	Φ20	1400	根	2
9	圆管爬梯	M60×4.5	2230	个	2
10	钢筋篦子	600×600		个	2
11	C30防渗混凝土	P8		m^3	
12	球墨铸铁井口(含盖)			套	2
13	角钢支架	67号~71号		个	12
14	拉环	Φ22	830	个	8

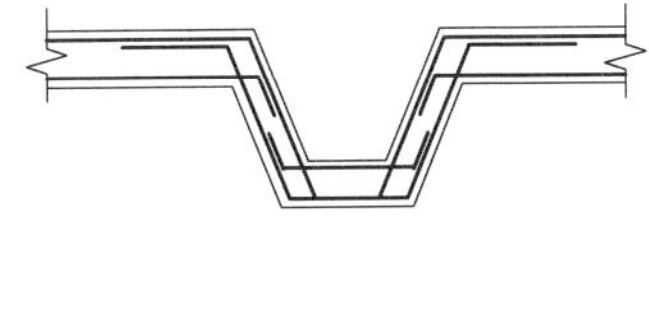

积水井配筋示意图

注：钢筋截断处应满足抗拉锚铟长度

5Φ28
Φ12@100/200(4)
350
250
5Φ28
350

XL配筋图

注：1. 工作井壁厚度、构造配筋、断面、混凝土强度等级、防水做法均按《电缆隧道配筋施工图》施工。
2. 工作井沟壁的排管数量及位置应与排管施工图一致。
3. 电缆支架间距1.0m。
4. 井内接地扁铁上、下焊两根，并从隧道顶部引出与接地装置连接。
5. 所有配筋均为上、下两层。
6. 钢筋序号②和③为环筋，需搭接200mm并焊牢。
7. 圆管爬梯为固定式，安装时将爬梯焊在井口及井底的钢板预埋件上。
8. 工作井深度应与隧道深度一致，为方便电缆敷设在适当位置可设计2个工作井口。
9. 在井口下面积水井两侧预埋8个Φ 22拉环，用于施工中牵引电缆。
10. 图中标注尺寸以mm为单位。

图3–102	四通型工作井施工图(3)		
适用范围	二对端隧道，二侧排管，圆管固定爬梯	图号	GJ–24

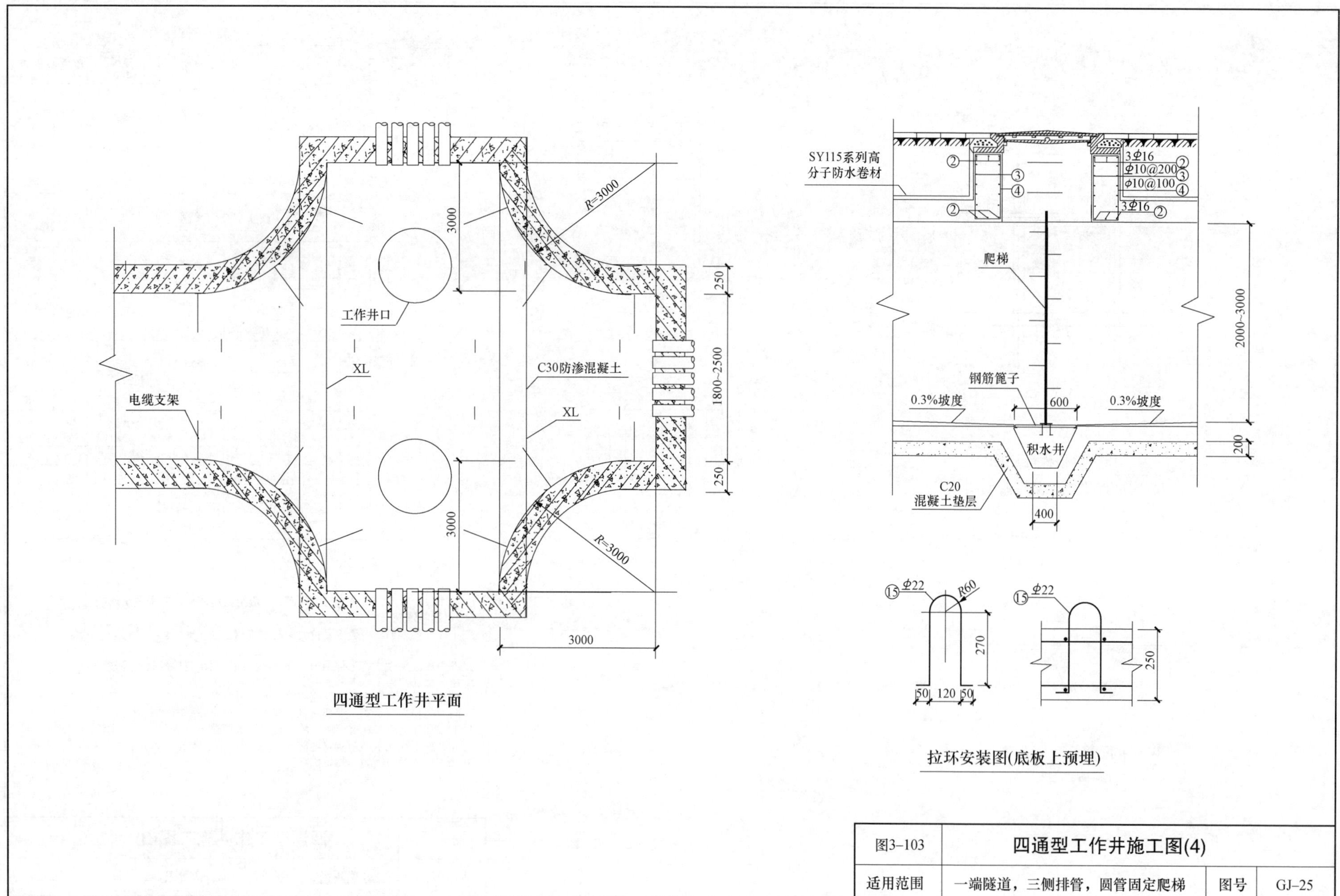

图3-103	四通型工作井施工图(4)		
适用范围	一端隧道，三侧排管，圆管固定爬梯	图号	GJ-25

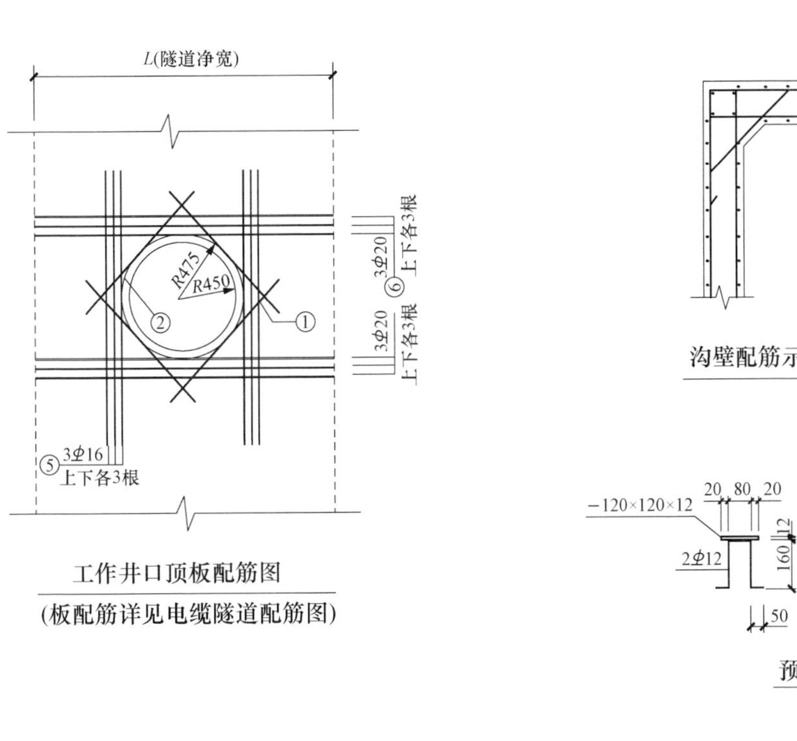

工作井口顶板配筋图
(板配筋详见电缆隧道配筋图)

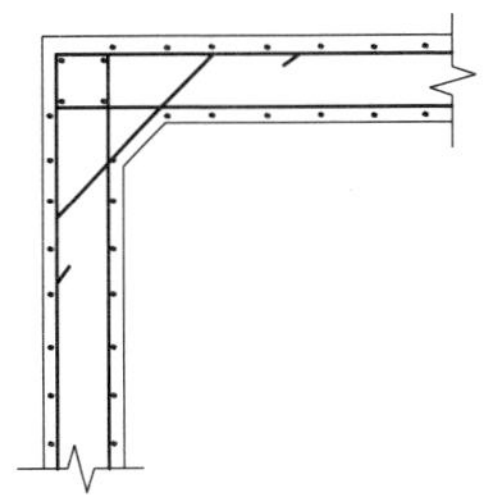

沟壁配筋示意图

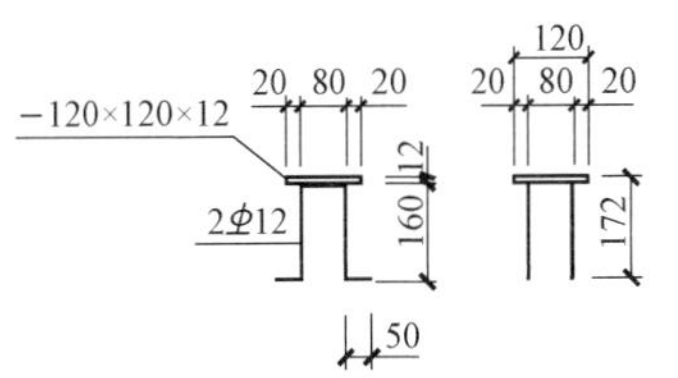

预埋件

工作井增加材料表

序号	名称	规格	长度(mm)	单位	数量
1	1800 1800 1800 1800	Φ16	1800		
2	环筋	Φ10			
3	环筋	Φ10			
4		Φ10			
5	2200	Φ16	2200	根	12
6	L+2l	Φ20	L+2l (l钢筋锚固长度)	根	12
7	钢板预埋件	−120×12	120	个	38
8	圆钢爬梯	Φ20	1400	根	2
9	圆管爬梯	M60×4.5	2230	个	2
10	钢筋篦子	600×600		个	2
11	C30防渗混凝土	P8		m^3	
12	球墨铸铁井口(含盖)			套	2
13	角钢支架	67号~71号		个	12
14	拉环	Φ22	830	个	8

积水井配筋示意图

注：钢筋截断处应满足抗拉锚锢长度

5Φ28
Φ12@100/200(4)
350
250
5Φ28
350

XL配筋图

注：1. 工作井壁厚度、构造配筋、断面、混凝土强度等级、防水做法均按《电缆隧道配筋施工图》施工。
2. 工作井沟壁的排管数量及位置应与排管施工图一致。
3. 电缆支架间距1.0m。
4. 井内接地扁铁上、下焊两根，并从隧道顶部引出与接地装置连接。
5. 所有配筋均为上、下两层。
6. 钢筋序号②和③为环筋，需搭接200mm并焊牢。
7. 圆管爬梯为固定式，安装时将爬梯焊在井口及井底的钢板预埋件上。
8. 工作井深度应与隧道深度一致，为方便电缆敷设在适当位置可设计2个工作井口。
9. 在井口下面积水井两侧预埋8个Φ22拉环，用于施工中牵引电缆。
10. 图中标注尺寸以mm为单位。

图3–103	四通型工作井施工图(4)		
适用范围	一端隧道，三侧排管，圆管固定爬梯	图号	GJ–25

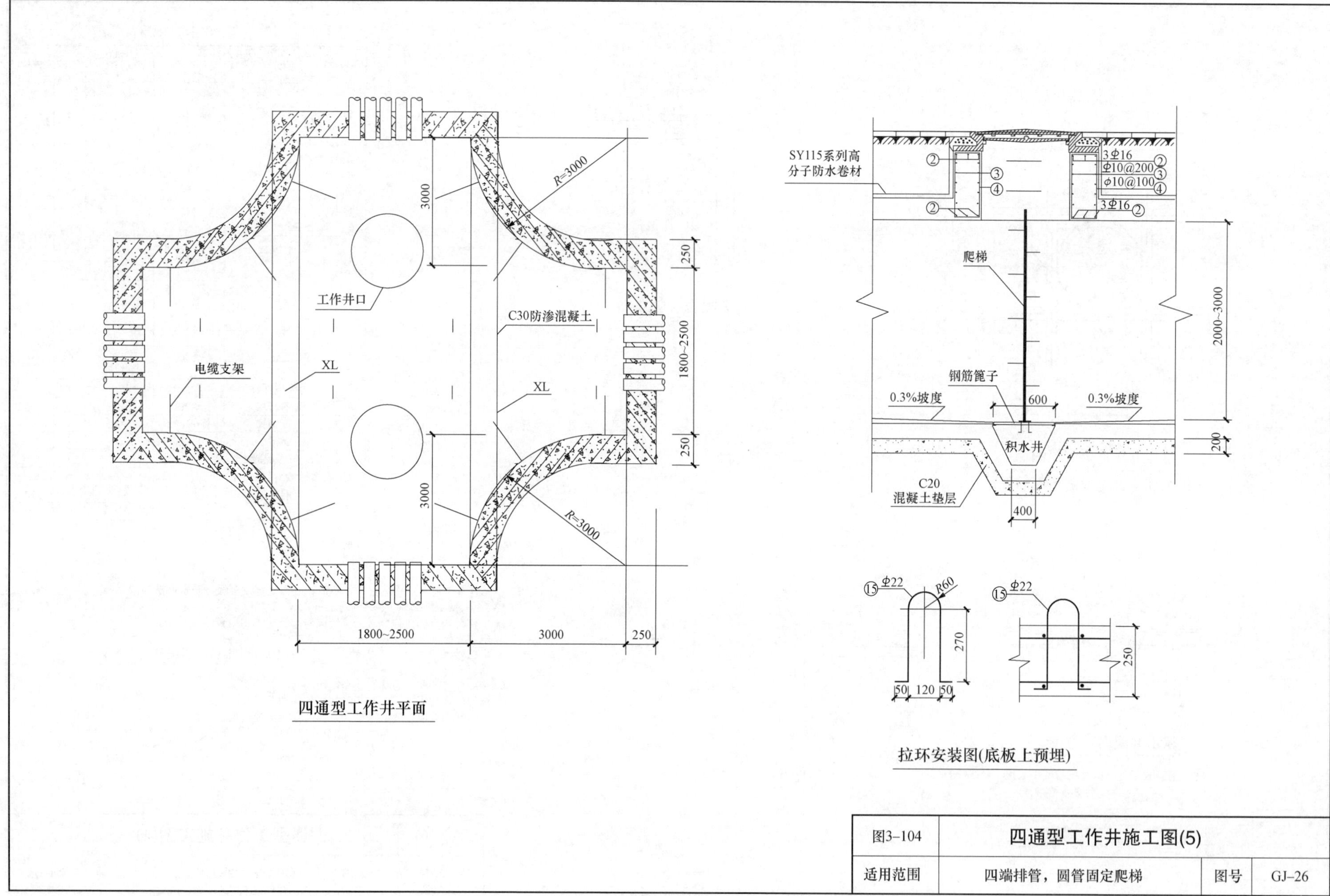

图3–104	四通型工作井施工图(5)		
适用范围	四端排管，圆管固定爬梯	图号	GJ–26

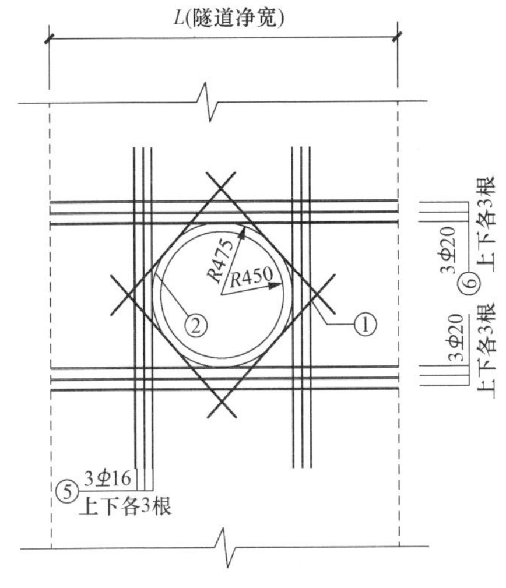

工作井口顶板配筋图
(板配筋详见电缆隧道配筋图)

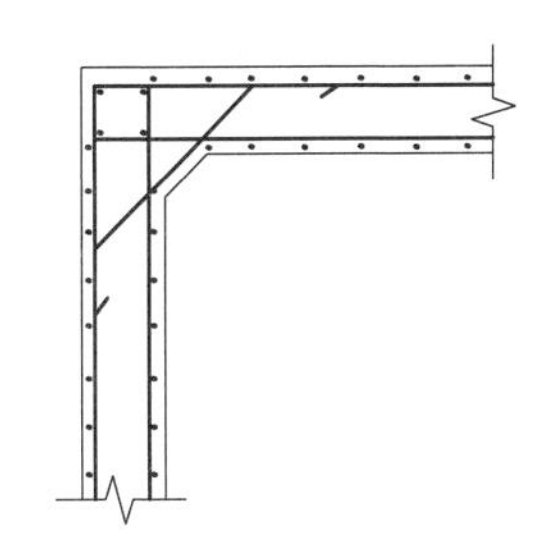
沟壁配筋示意图

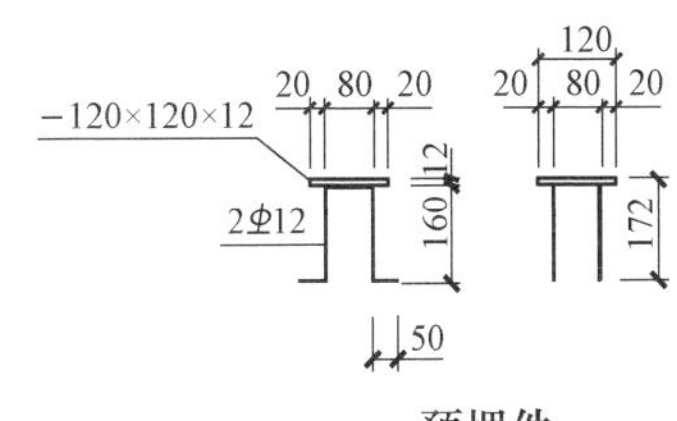

预埋件

积水井配筋示意图

注：钢筋截断处应满足抗拉锚锢长度

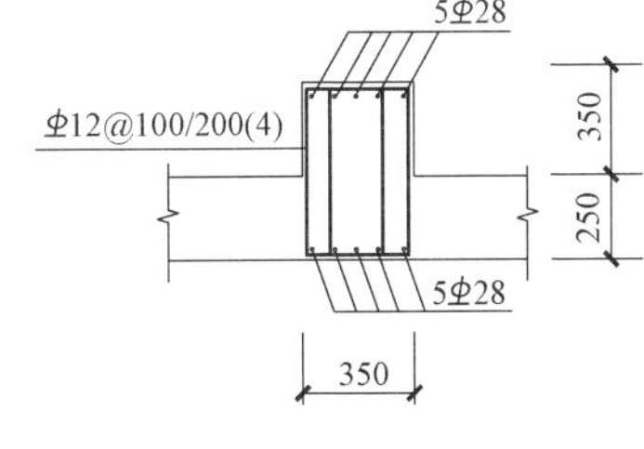

XL配筋图

工作井增加材料表

序号	名称	规格	长度(mm)	单位	数量
1	1800 1800 1800 1800	Φ16	1800		
2	环筋	Φ10			
3	环筋	Φ10			
4		ϕ10			
5	2200	Φ16	2200	根	12
6	$L+2l$	Φ20	$L+2l$ (l为钢筋锚固长度)	根	12
7	钢板预埋件	-120×12	120	个	38
8	圆钢爬梯	ϕ20	1400	根	2
9	圆管爬梯	M60×4.5	2230	个	2
10	钢筋篦子	600×600		个	2
11	C30防渗混凝土	P8		m^3	
12	球墨铸铁井口(含盖)			套	2
13	角钢支架	67号~71号		个	12
14	拉环	Φ22	830	个	8

注：1. 工作井壁厚度、构造配筋、断面、混凝土强度等级、防水做法均按《电缆隧道配筋施工图》施工。
2. 工作井沟壁的排管数量及位置应与排管施工图一致。
3. 电缆支架间距1.0m。
4. 井内接地扁铁上、下焊两根，并从隧道顶部引出与接地装置连接。
5. 所有配筋均为上、下两层。
6. 钢筋序号②和③为环筋，需搭接200mm并焊牢。
7. 圆管爬梯为固定式，安装时将爬梯焊在井口及井底的钢板预埋件上。
8. 工作井深度应与隧道深度一致，为方便电缆敷设在适当位置可设计2个工作井口。
9. 在井口下面积水井两侧预埋8个Φ22拉环，用于施工中牵引电缆。
10. 图中标注尺寸以mm为单位。

图3-104	四通型工作井施工图(5)		
适用范围	四端排管，圆管固定爬梯	图号	GJ-26

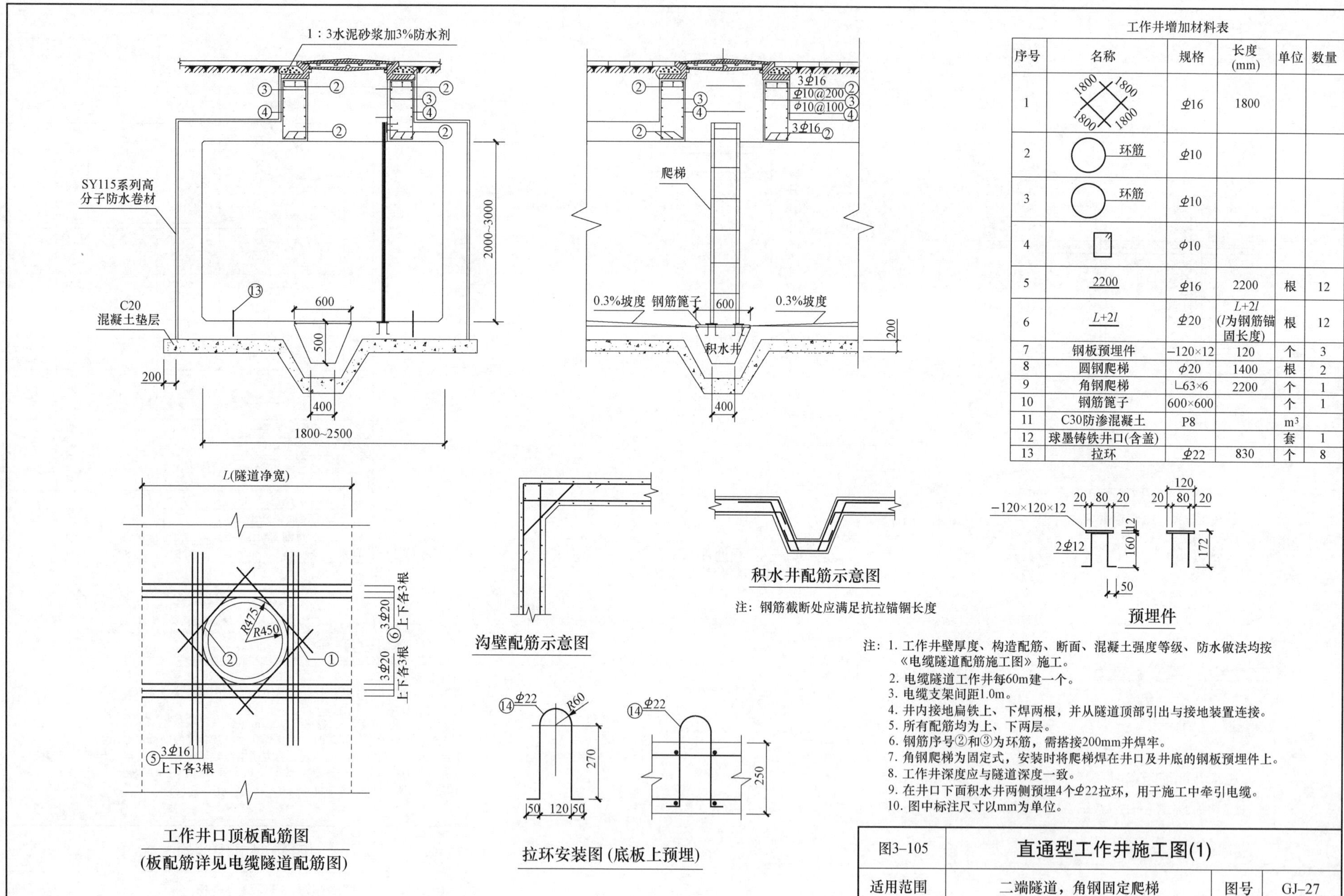

工作井增加材料表

序号	名称	规格	长度(mm)	单位	数量
1	1800 1800 1800 1800	Φ16	1800		
2	环筋	Φ10			
3	环筋	Φ10			
4		Φ10			
5	2200	Φ16	2200	根	12
6	L+2l	Φ20	L+2l (l为钢筋锚固长度)	根	12
7	钢板预埋件	−120×12	120	个	3
8	圆钢爬梯	Φ20	1400	根	2
9	角钢爬梯	∟63×6	2200	个	1
10	钢筋篦子	600×600		个	1
11	C30防渗混凝土	P8		m³	
12	球墨铸铁井口(含盖)			套	1
13	拉环	Φ22	830	个	8

工作井口顶板配筋图

(板配筋详见电缆隧道配筋图)

拉环安装图（底板上预埋）

注：1. 工作井壁厚度、构造配筋、断面、混凝土强度等级、防水做法均按《电缆隧道配筋施工图》施工。
2. 电缆隧道工作井每60m建一个。
3. 电缆支架间距1.0m。
4. 井内接地扁铁上、下焊两根，并从隧道顶部引出与接地装置连接。
5. 所有配筋均为上、下两层。
6. 钢筋序号②和③为环筋，需搭接200mm并焊牢。
7. 角钢爬梯为固定式，安装时将爬梯焊在井口及井底的钢板预埋件上。
8. 工作井深度应与隧道深度一致。
9. 在井口下面积水井两侧预埋4个Φ22拉环，用于施工中牵引电缆。
10. 图中标注尺寸以mm为单位。

图3-105	直通型工作井施工图(1)		
适用范围	二端隧道，角钢固定爬梯	图号	GJ-27

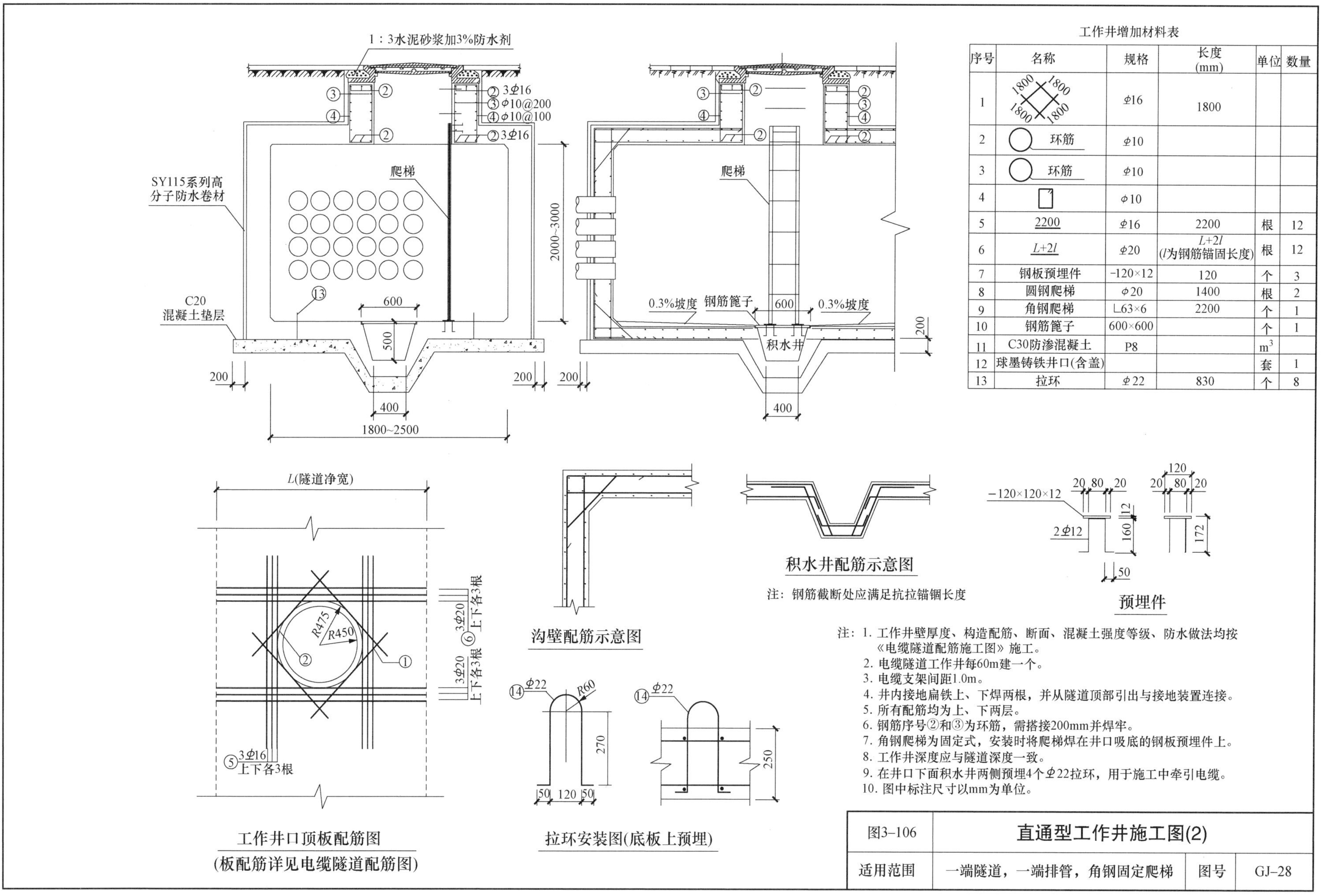

工作井增加材料表

序号	名称	规格	长度(mm)	单位	数量
1	1800 1800 1800 1800	Φ16	1800		
2	环筋	Φ10			
3	环筋	Φ10			
4		Φ10			
5	2200	Φ16	2200	根	12
6	$L+2l$	Φ20	$L+2l$ (l为钢筋锚固长度)	根	12
7	钢板预埋件	-120×12	120	个	3
8	圆钢爬梯	Φ20	1400	根	2
9	角钢爬梯	∟63×6	2200	个	1
10	钢筋篦子	600×600		个	1
11	C30防渗混凝土	P8		m^3	
12	球墨铸铁井口(含盖)			套	1
13	拉环	Φ22	830	个	8

注：1. 工作井壁厚度、构造配筋、断面、混凝土强度等级、防水做法均按《电缆隧道配筋施工图》施工。
2. 电缆隧道工作井每60m建一个。
3. 电缆支架间距1.0m。
4. 井内接地扁铁上、下焊两根，并从隧道顶部引出与接地装置连接。
5. 所有配筋均为上、下两层。
6. 钢筋序号②和③为环筋，需搭接200mm并焊牢。
7. 角钢爬梯为固定式，安装时将爬梯焊在井口吸底的钢板预埋件上。
8. 工作井深度应与隧道深度一致。
9. 在井口下面积水井两侧预埋4个Φ22拉环，用于施工中牵引电缆。
10. 图中标注尺寸以mm为单位。

图3-106	直通型工作井施工图(2)		
适用范围	一端隧道，一端排管，角钢固定爬梯	图号	GJ-28

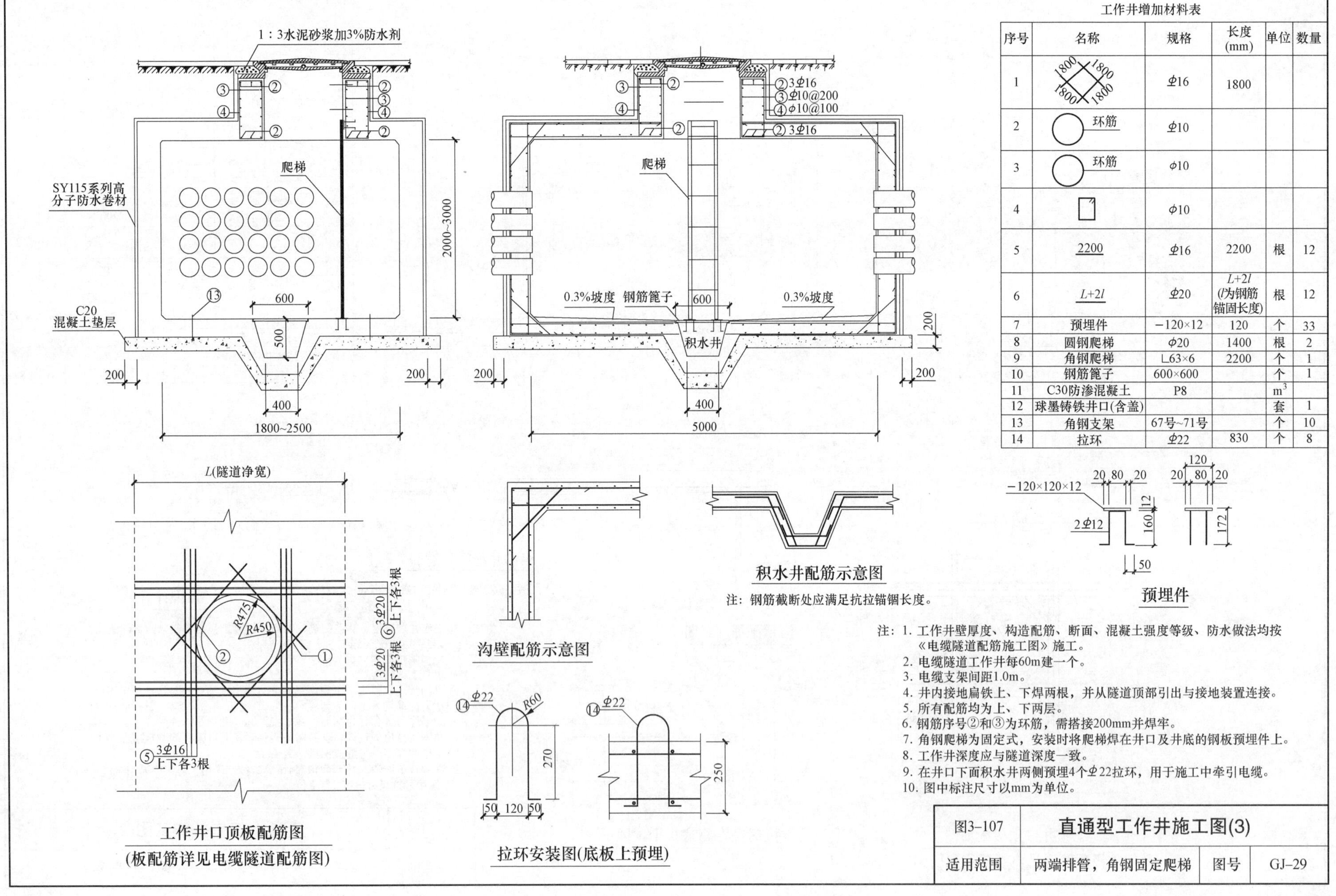

工作井增加材料表

序号	名称	规格	长度(mm)	单位	数量
1	1800 1800 1800 1800	Φ16	1800		
2	环筋	Φ10			
3	环筋	φ10			
4		φ10			
5	2200	Φ16	2200	根	12
6	$L+2l$	Φ20	$L+2l$ (l为钢筋锚固长度)	根	12
7	预埋件	−120×12	120	个	33
8	圆钢爬梯	Φ20	1400	根	2
9	角钢爬梯	∟63×6	2200	个	1
10	钢筋笼子	600×600		个	1
11	C30防渗混凝土	P8		m^3	
12	球墨铸铁井口(含盖)			套	1
13	角钢支架	67号~71号		个	10
14	拉环	Φ22	830	个	8

注：1. 工作井壁厚度、构造配筋、断面、混凝土强度等级、防水做法均按《电缆隧道配筋施工图》施工。
2. 电缆隧道工作井每60m建一个。
3. 电缆支架间距1.0m。
4. 井内接地扁铁上、下焊两根，并从隧道顶部引出与接地装置连接。
5. 所有配筋均为上、下两层。
6. 钢筋序号②和③为环筋，需搭接200mm并焊牢。
7. 角钢爬梯为固定式，安装时将爬梯焊在井口及井底的钢板预埋件上。
8. 工作井深度应与隧道深度一致。
9. 在井口下面积水井两侧预埋4个Φ22拉环，用于施工中牵引电缆。
10. 图中标注尺寸以mm为单位。

图3-107	直通型工作井施工图(3)		
适用范围	两端排管，角钢固定爬梯	图号	GJ-29

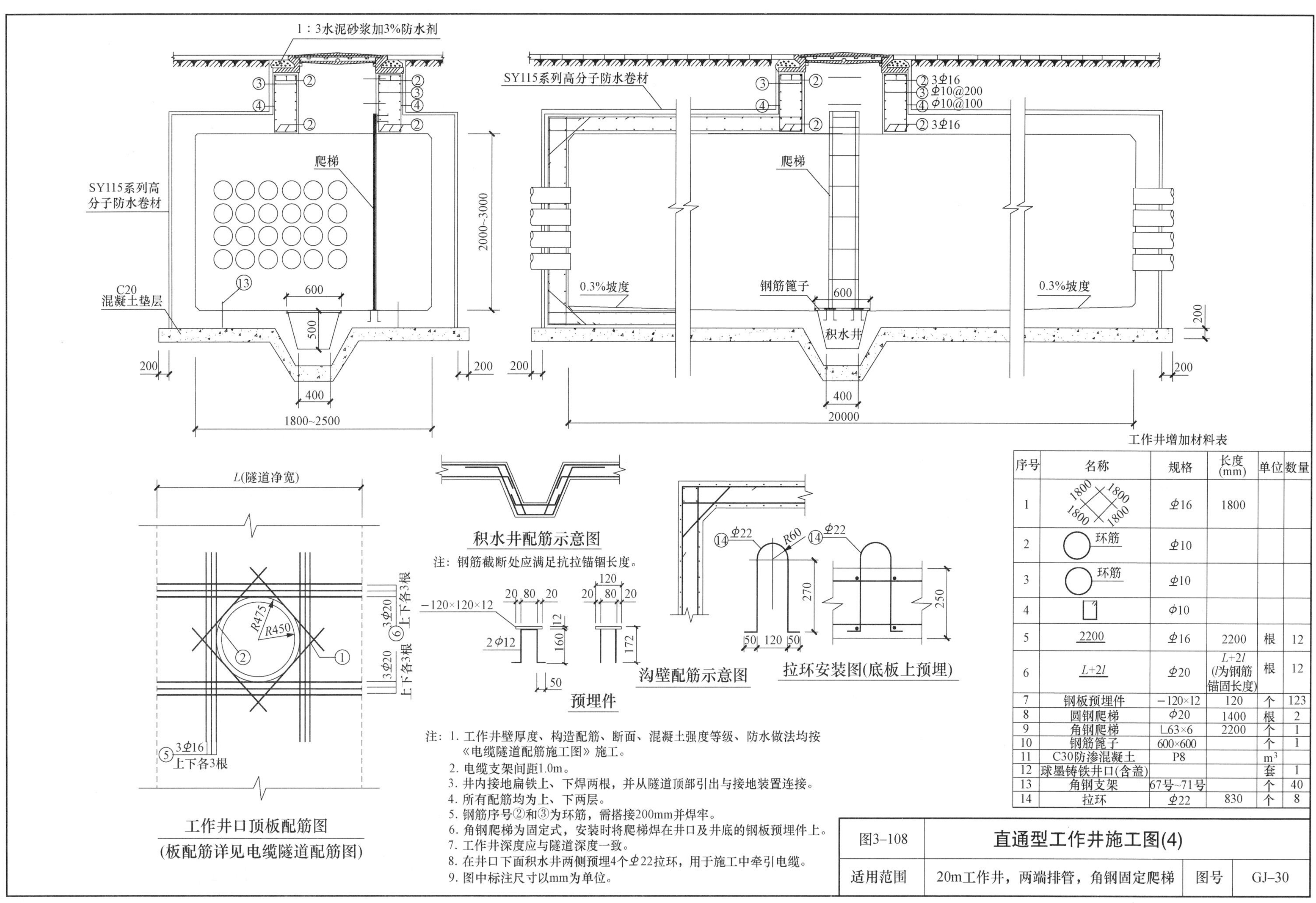

工作井增加材料表

序号	名称	规格	长度(mm)	单位	数量
1	(1800×1800 菱形)	⌀16	1800		
2	环筋	⌀10			
3	环筋	⌀10			
4	(箍筋)	⌀10			
5	2200	⌀16	2200	根	12
6	$L+2l$	⌀20	$L+2l$ (l为钢筋锚固长度)	根	12
7	钢板预埋件	−120×12	120	个	123
8	圆钢爬梯	⌀20	1400	根	2
9	角钢爬梯	∟63×6	2200	个	1
10	钢筋篦子	600×600		个	1
11	C30防渗混凝土	P8		m^3	
12	球墨铸铁井口(含盖)			套	1
13	角钢支架	67号~71号		个	40
14	拉环	⌀22	830	个	8

注：1. 工作井壁厚度、构造配筋、断面、混凝土强度等级、防水做法均按《电缆隧道配筋施工图》施工。
2. 电缆支架间距1.0m。
3. 井内接地扁铁上、下焊两根，并从隧道顶部引出与接地装置连接。
4. 所有配筋均为上、下两层。
5. 钢筋序号②和③为环筋，需搭接200mm并焊牢。
6. 角钢爬梯为固定式，安装时将爬梯焊在井口及井底的钢板预埋件上。
7. 工作井深度应与隧道深度一致。
8. 在井口下面积水井两侧预埋4个⌀22拉环，用于施工中牵引电缆。
9. 图中标注尺寸以mm为单位。

图3-108	直通型工作井施工图(4)		
适用范围	20m工作井，两端排管，角钢固定爬梯	图号	GJ-30

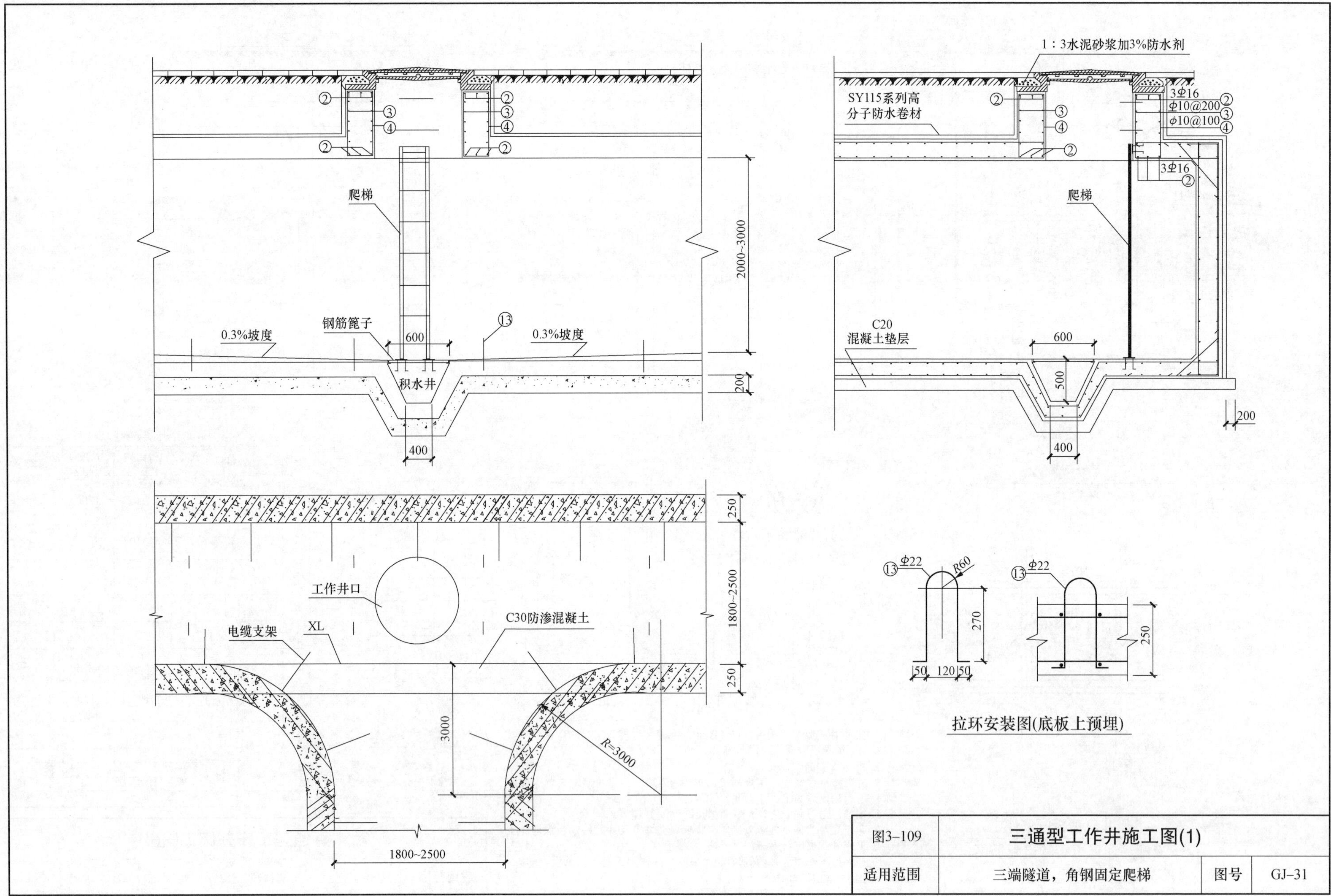

图3-109	三通型工作井施工图(1)		
适用范围	三端隧道，角钢固定爬梯	图号	GJ-31

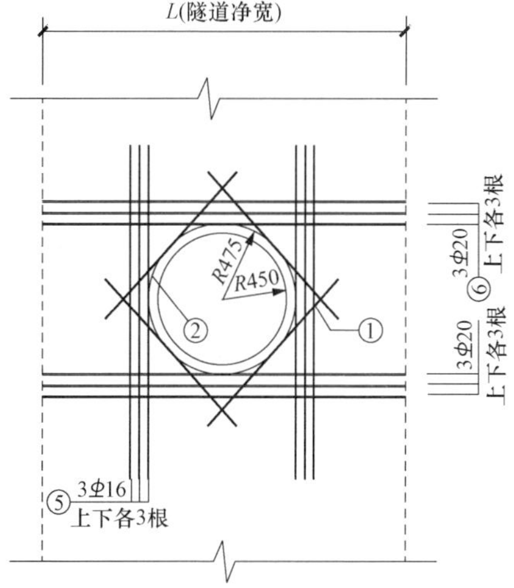

人孔井口顶板配筋图
(板配筋详见电缆隧道配筋图)

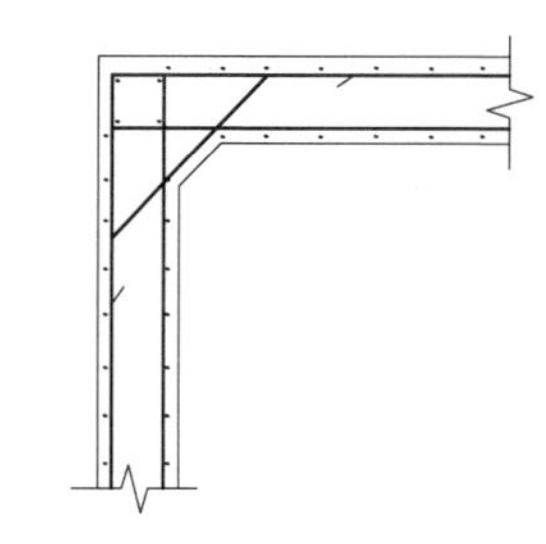

沟壁配筋示意图

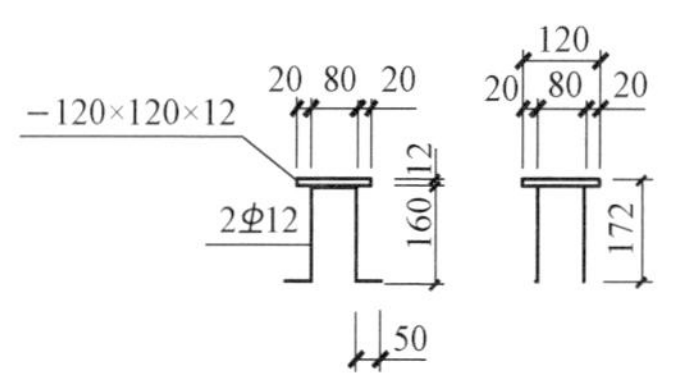

预埋件

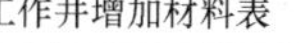

工作井增加材料表

序号	名称	规格	长度(mm)	单位	数量
1	1800 1800 1800 1800	Φ16	1800		
2	环筋	Φ10			
3	环筋	Φ10			
4		Φ10			
5	2200	Φ16	2200	根	12
6	L+2l	Φ20	L+2l (l为钢筋锚固长度)	根	12
7	预埋件			个	21
8	圆钢爬梯	Φ20	1400	根	2
9	角钢爬梯	∟63×6	2200	个	1
10	钢筋篦子	600×600		个	1
11	C30防渗混凝土	P8		m^3	
12	球墨铸铁井口(含盖)			套	1
13	拉环	Φ22	830	个	8

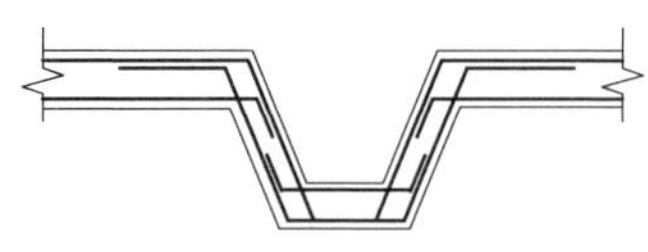

积水井配筋示意图

注：钢筋截断处应满足抗拉锚锢长度

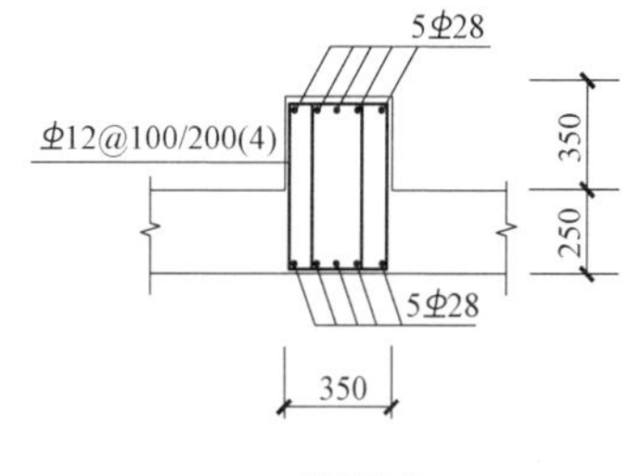

XL配筋图

注：1. 工作井壁厚度、构造配筋、断面、混凝土强度等级、防水做法均按《电缆隧道配筋施工图》施工。
2. 电缆支架间距1.0m。
3. 井内接地扁铁上、下焊两根，并从隧道顶部引出与接地装置连接。
4. 所有配筋均为上、下两层。
5. 钢筋序号②和③为环筋，需搭接200mm并焊牢。
6. 角钢爬梯为固定式，安装时将爬梯焊在井口及井底的钢板预埋件上。
7. 工作井深度应与隧道深度一致。
8. 在井口下面积水井两侧预埋8个Φ22拉环，用于施工中牵引电缆。
9. 图中标注尺寸以mm为单位。

图3-109	三通型工作井施工图(1)		
适用范围	三端隧道，角钢固定爬梯	图号	GJ-31

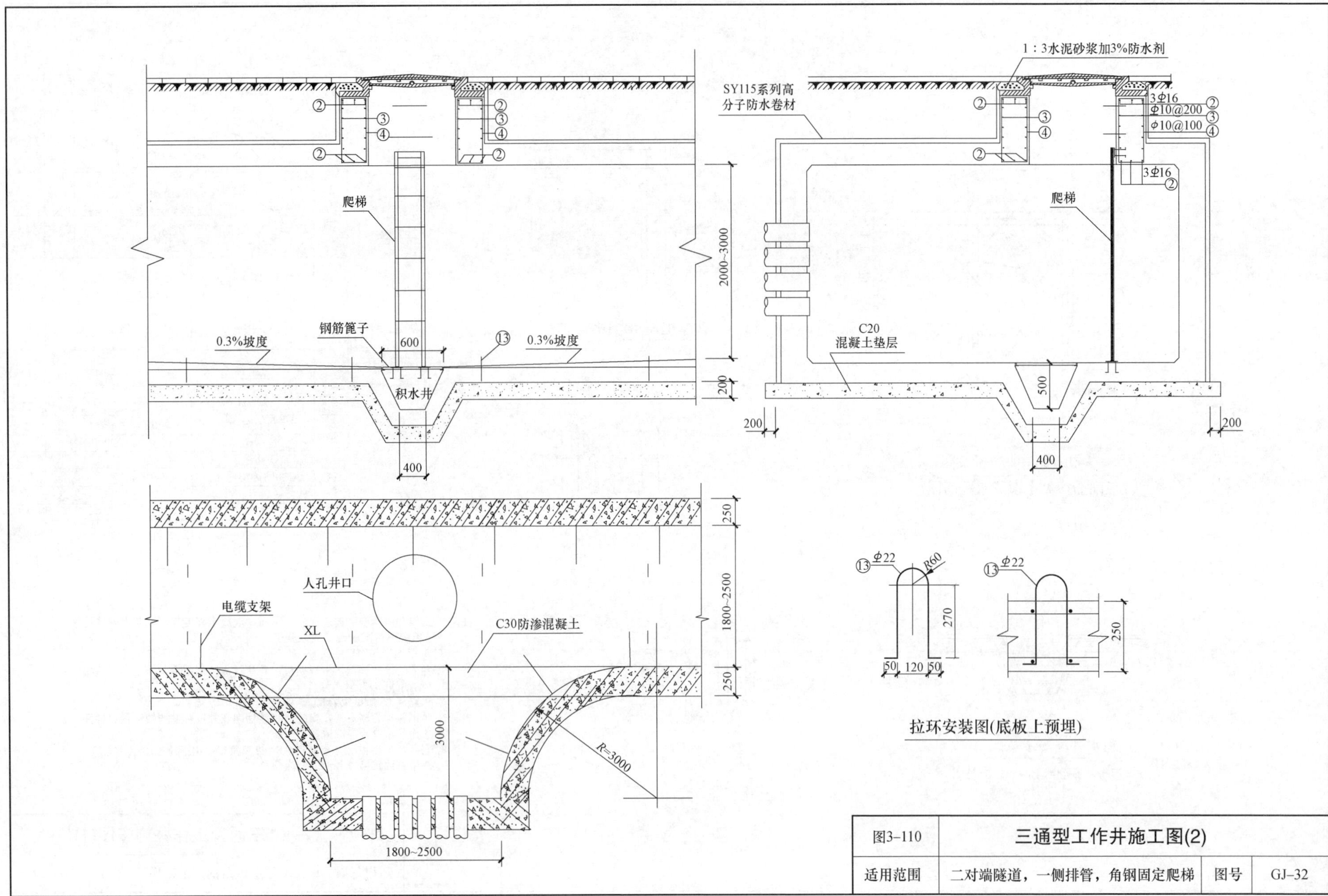

图3-110	三通型工作井施工图(2)		
适用范围	二对端隧道，一侧排管，角钢固定爬梯	图号	GJ-32

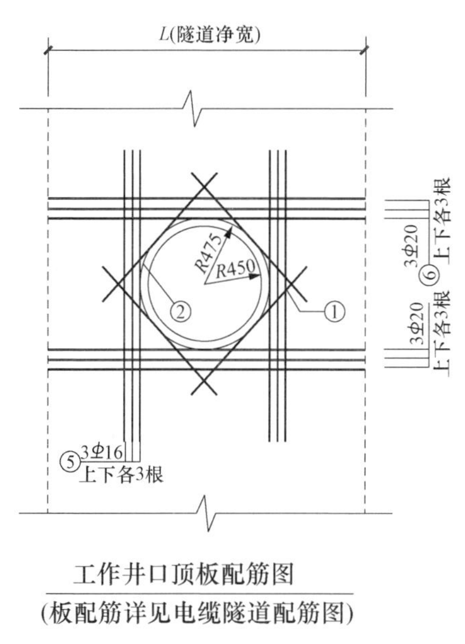

工作井口顶板配筋图
(板配筋详见电缆隧道配筋图)

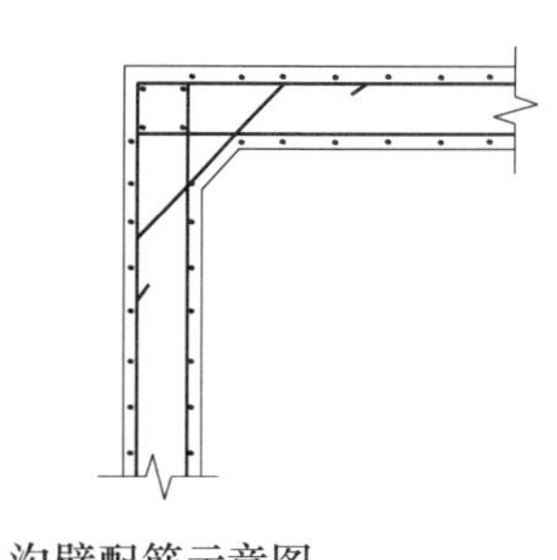

沟壁配筋示意图

−120×120×12　2Φ12　20 80 20　120　12　160　172　50

预埋件

工作井增加材料表

序号	名称	规格	长度(mm)	单位	数量
1	1800 1800 1800 1800	Φ16	1800		
2	环筋	Φ10			
3	环筋	Φ10			
4		Φ10			
5	2200	Φ16	2200	根	12
6	L+2l	Φ20	L+2l (l为钢筋锚固长度)	根	12
7	预埋件			个	21
8	圆钢爬梯	Φ20	1400	根	2
9	角钢爬梯	∟63×6	2200	个	1
10	钢筋笼子	600×600		个	1
11	C30防渗混凝土	P8		m³	
12	球墨铸铁井口(含盖)			套	1
13	拉环	Φ22	830	个	8

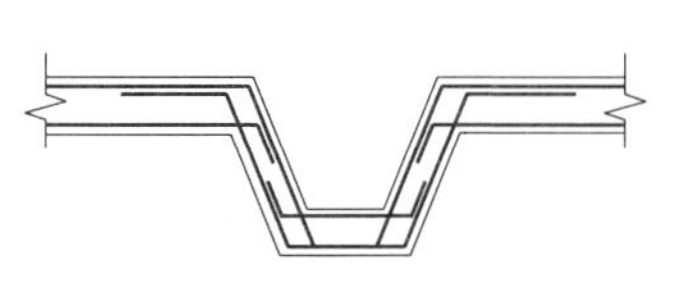

积水井配筋示意图

注：钢筋截断处应满足抗拉锚锢长度

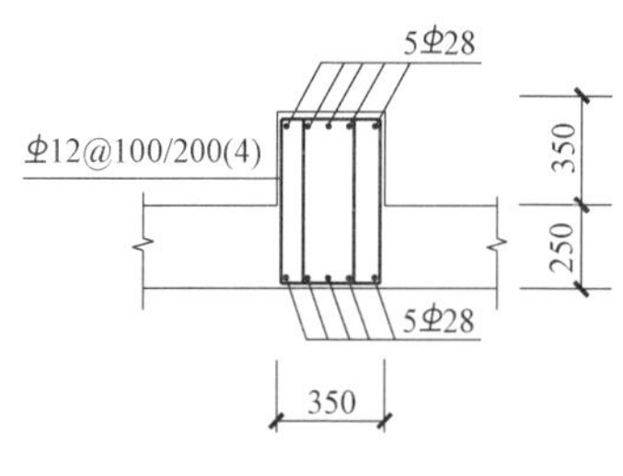

XL配筋图

注：1. 工作井壁厚度、构造配筋、断面、混凝土强度等级、防水做法均按《电缆隧道配筋施工图》施工。
2. 工作井沟壁的排管数量及位置应与排管施工图一致。
3. 电缆支架间距1.0m。
4. 井内接地扁铁上、下焊两根，并从隧道顶部引出与接地装置连接。
5. 所有配筋均为上、下两层。
6. 钢筋序号②和③为环筋，需搭接200mm并焊牢。
7. 角钢爬梯为固定式，安装时将爬梯焊在井口及井底的钢板预埋件上。
8. 工作井深度应与隧道深度一致。
9. 在井口下面积水井两侧预埋8个Φ 22拉环，用于施工中牵引电缆。
10. 图中标注尺寸以mm为单位。

图3–110	三通型工作井施工图(2)		
适用范围	二对端隧道，一侧排管，角钢固定爬梯	图号	GJ–32

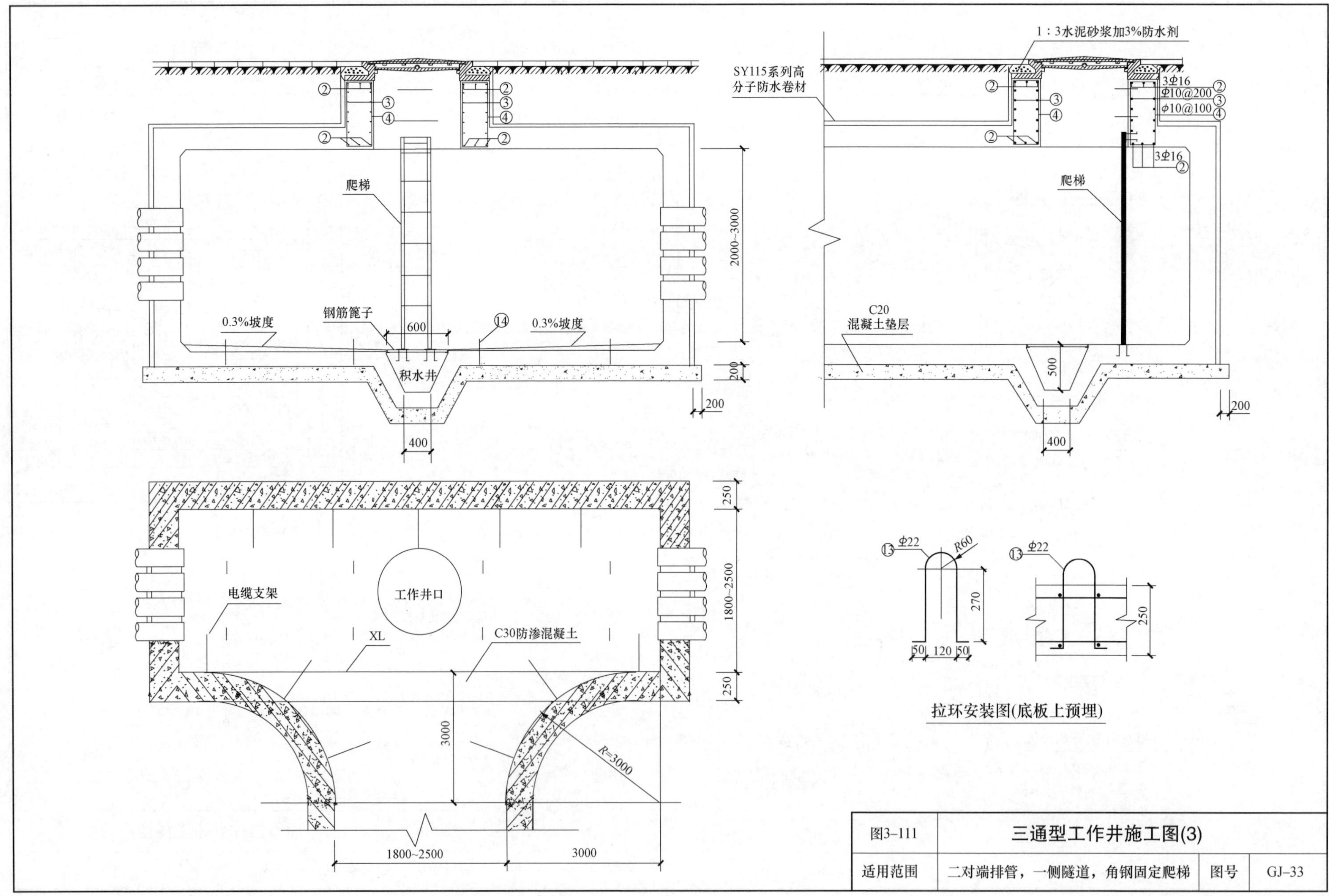

1：3水泥砂浆加3%防水剂
SY115系列高
分子防水卷材
3Φ16
Φ10@200
Φ10@100
爬梯
2000~3000
0.3%坡度
钢筋篦子
600
14
积水井
200
400
C20
混凝土垫层
500
250
1800~2500
电缆支架
工作井口
XL
C30防渗混凝土
3000
R=3000
13
Φ22
R60
270
50
120
250
拉环安装图(底板上预埋)
图3-111
三通型工作井施工图(3)
适用范围
二对端排管，一侧隧道，角钢固定爬梯
图号
GJ-33

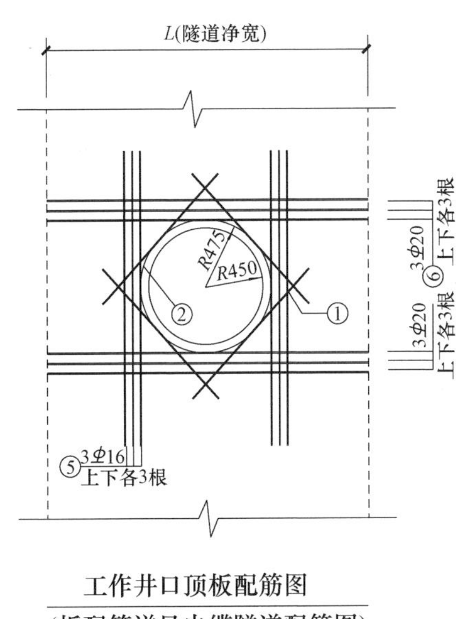

工作井口顶板配筋图
(板配筋详见电缆隧道配筋图)

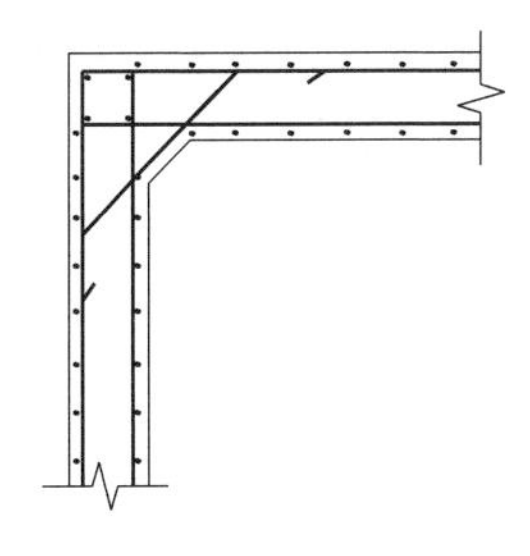

沟壁配筋示意图

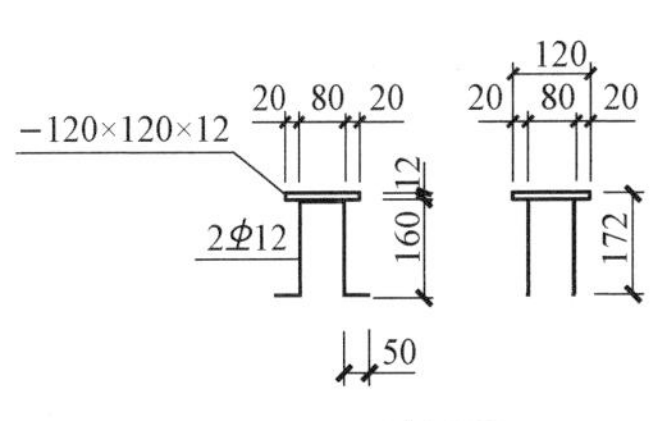

预埋件

工作井增加材料表

序号	名称	规格	长度(mm)	单位	数量
1	1800 1800 1800 1800	Φ16	1800		
2	环筋	Φ10			
3	环筋	Φ10			
4		φ10			
5	2200	Φ16	2200	根	12
6	L+2l	Φ20	L+2l (l为钢筋锚固长度)	根	12
7	预埋件			个	39
8	圆钢爬梯	φ20	1400	根	2
9	角钢爬梯	∟63×6	2200	个	1
10	钢筋篦子	600×600		个	1
11	C30防渗混凝土	P8		m^3	
12	球墨铸铁井口(含盖)			套	1
13	角钢支架	67号~71号		个	12
14	拉环	Φ22	830	个	8

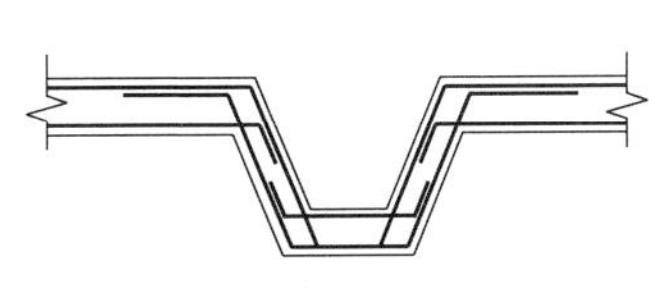

积水井配筋示意图

注：钢筋截断处应满足抗拉锚锢长度

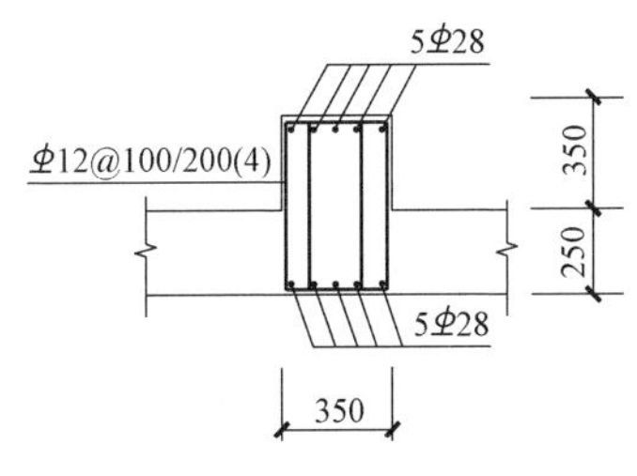

XL配筋图

注：1. 工作井壁厚度、构造配筋、断面、混凝土强度等级、防水做法均按《电缆隧道配筋施工图》施工。
2. 工作井沟壁的排管数量及位置应与排管施工图一致。
3. 电缆支架间距1.0m。
4. 井内接地扁铁上、下焊两根，并从隧道顶部引出与接地装置连接。
5. 所有配筋均为上、下两层。
6. 钢筋序号②和③为环筋，需搭接200mm并焊牢。
7. 角钢爬梯为固定式，安装时将爬梯焊在井口及井底的钢板预埋件上。
8. 工作井深度应与隧道深度一致。
9. 在井口下面积水井两侧预埋8个Φ22拉环，用于施工中牵引电缆。
10. 图中标注尺寸以mm为单位。

图3−111	三通型工作井施工图(3)		
适用范围	二对端排管，一侧隧道，角钢固定爬梯	图号	GJ−33

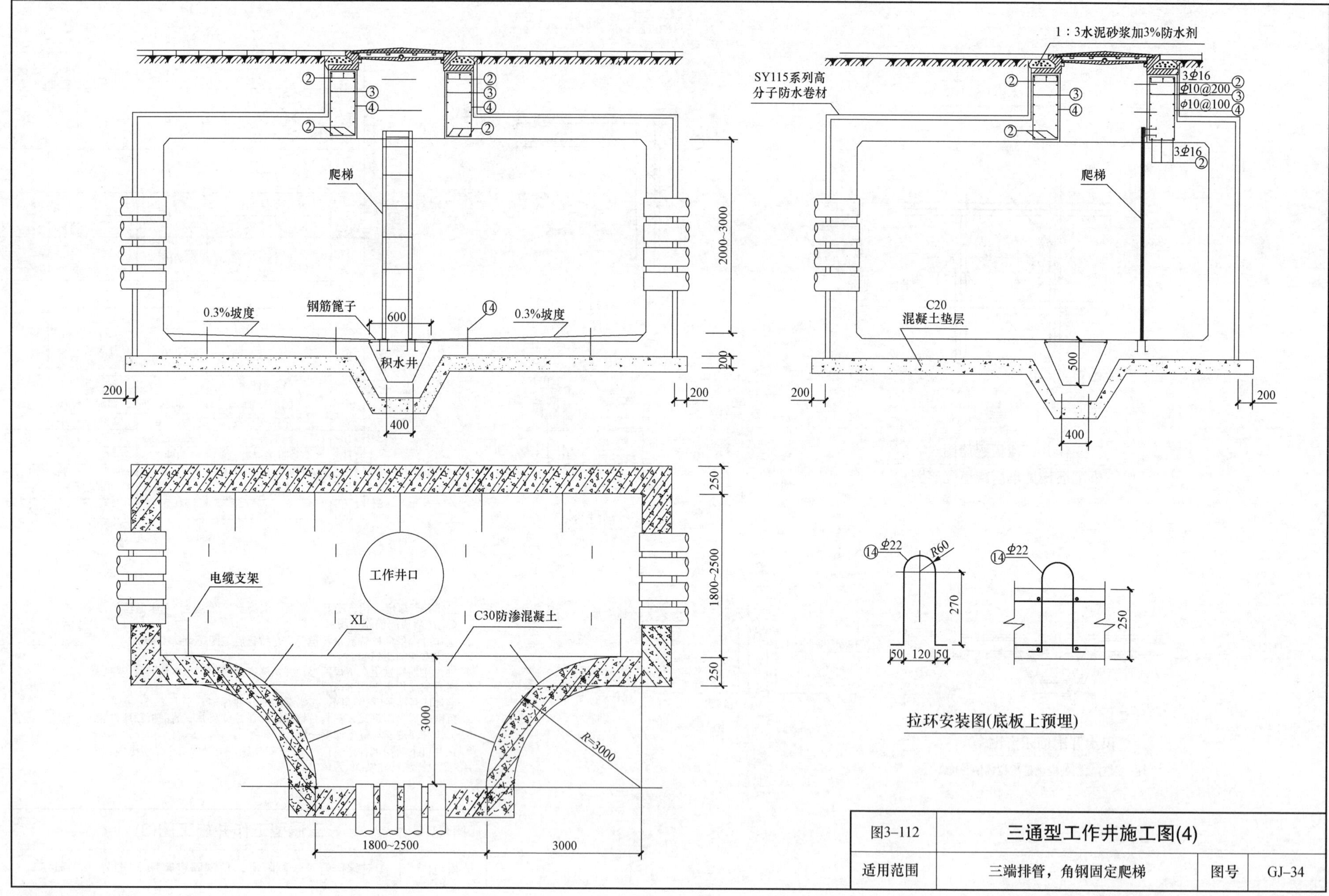

图3-112	三通型工作井施工图(4)		
适用范围	三端排管，角钢固定爬梯	图号	GJ-34

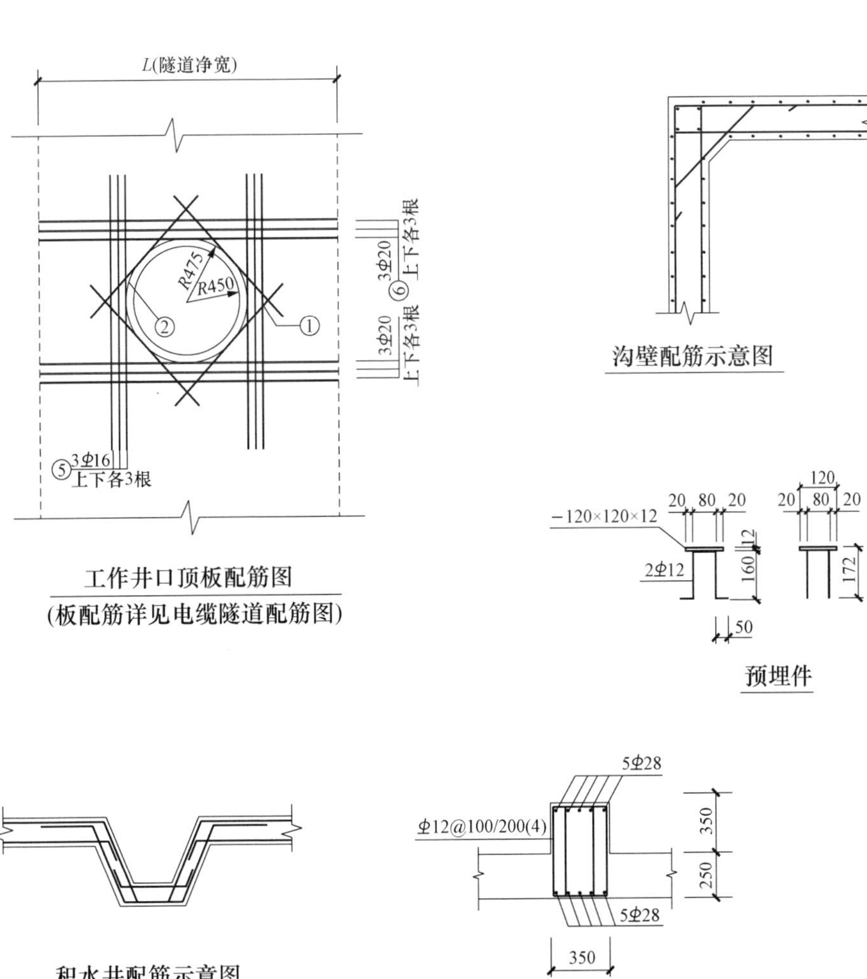

工作井口顶板配筋图

(板配筋详见电缆隧道配筋图)

沟壁配筋示意图

预埋件

积水井配筋示意图

注：钢筋截断处应满足抗拉锚锢长度

XL配筋图

工作井增加材料表

序号	名称	规格	长度(mm)	单位	数量
1	1800 1800 1800 1800	Φ16	1800		
2	环筋	Φ10			
3	环筋	Φ10			
4		Φ10			
5	2200	Φ16	2200	根	12
6	L+2l	Φ20	L+2l (l为钢筋锚固长度)	根	12
7	预埋件			个	39
8	圆钢爬梯	Φ20	1400	根	2
9	角钢爬梯	∟63×6	2200	个	1
10	钢筋篦子	600×600		个	1
11	C30防渗混凝土	P8		m^3	
12	球墨铸铁井口(含盖)			套	1
13	角钢支架	67号~71号		个	12
14	拉环	Φ22	830	个	8

注：1. 工作井壁厚度、构造配筋、断面、混凝土强度等级、防水做法均按《电缆隧道配筋施工图》施工。
2. 工作井沟壁的排管数量及位置应与排管施工图一致。
3. 电缆支架间距1.0m。
4. 井内接地扁铁上、下焊两根，并从隧道顶部引出与接地装置连接。
5. 所有配筋均为上、下两层。
6. 钢筋序号②和③为环筋，需搭接200mm并焊牢。
7. 角钢爬梯为固定式，安装时将爬梯焊在井口及井底的钢板预埋件上。
8. 工作井深度应与隧道深度一致。
9. 在井口下面积水井两侧预埋8个Φ 22拉环，用于施工中牵引电缆。
10. 图中标注尺寸以mm为单位。

图3-112	三通型工作井施工图(4)		
适用范围	三端排管，角钢固定爬梯	图号	GJ-34

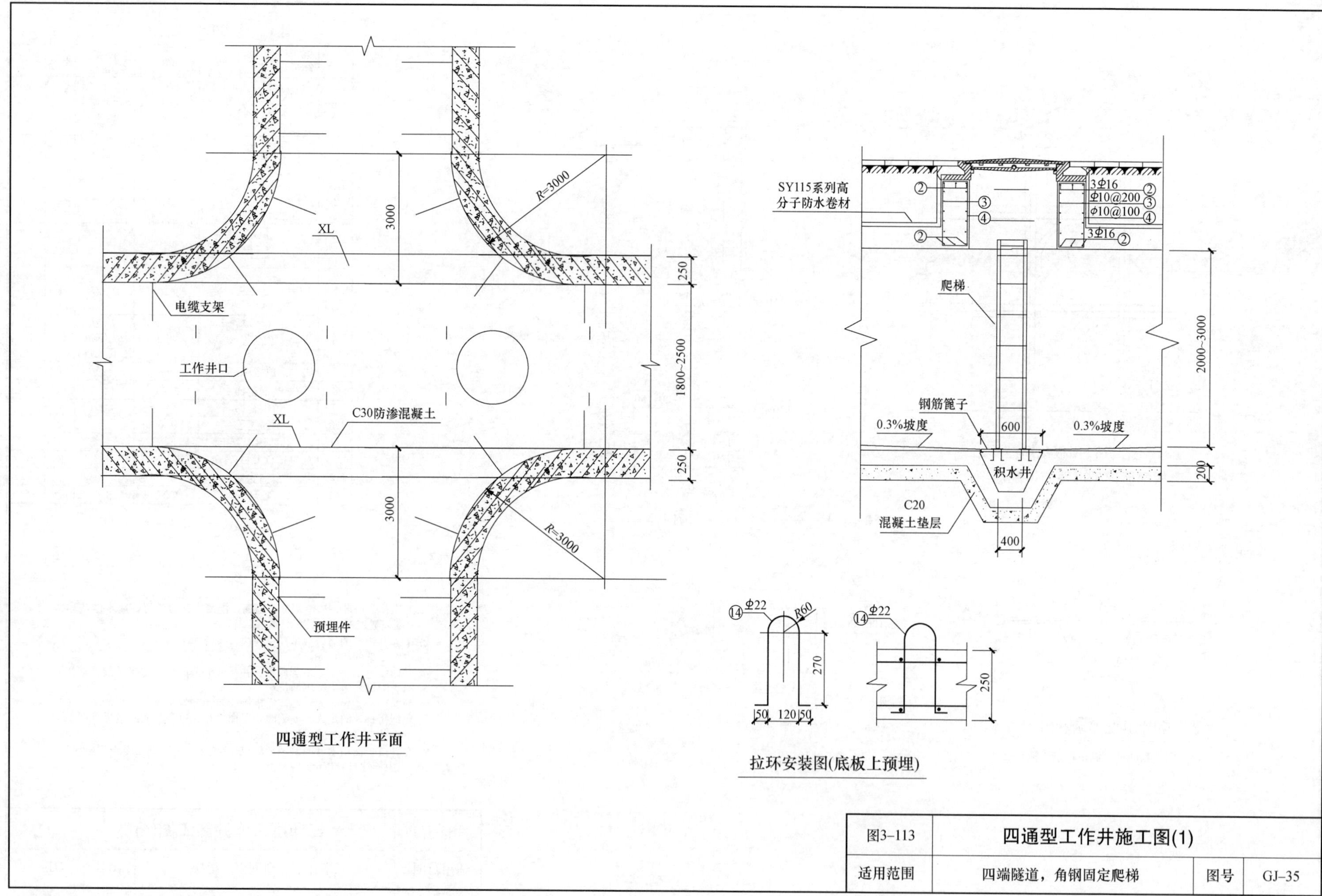

图3-113	四通型工作井施工图(1)		
适用范围	四端隧道，角钢固定爬梯	图号	GJ-35

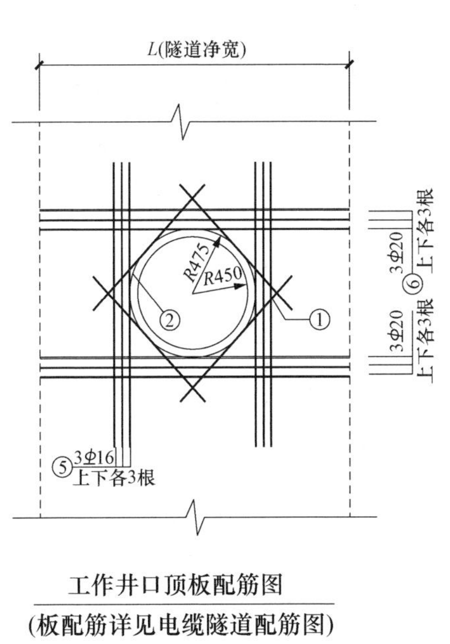

工作井口顶板配筋图
(板配筋详见电缆隧道配筋图)

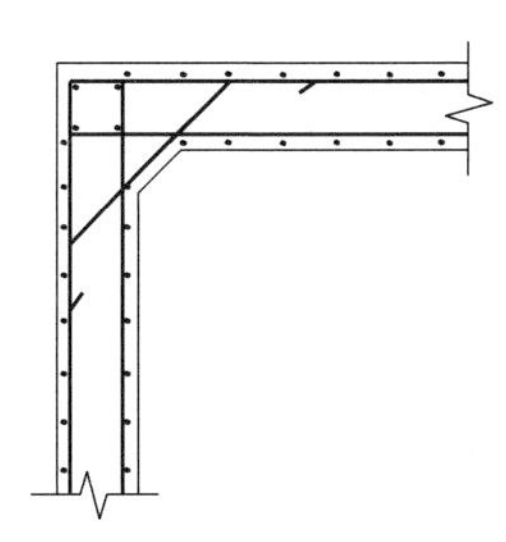

沟壁配筋示意图

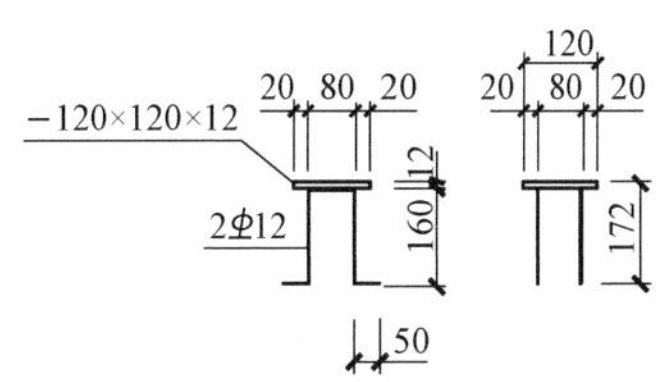

预埋件

工作井增加材料表

序号	名称	规格	长度(mm)	单位	数量
1	1800 1800 1800 1800	Φ16	1800		
2	环筋	Φ10			
3	环筋	Φ10			
4		Φ10			
5	2200	Φ16	2200	根	12
6	$L+2l$	Φ20	$L+2l$ (l为钢筋锚固长度)	根	12
7	预埋件			个	39
8	圆钢爬梯	Φ20	1400	根	2
9	角钢爬梯	∟63×6	2200	个	2
10	钢筋篦子	600×600		个	2
11	C30防渗混凝土	P8		m^3	
12	球墨铸铁井口(含盖)			套	2
13	角钢支架	67号~71号		个	12
14	拉环	Φ22	830	个	8

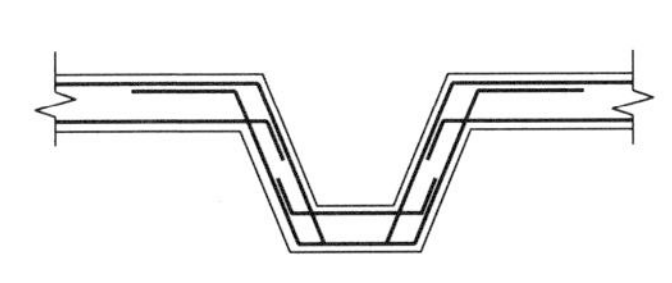

积水井配筋示意图

注：钢筋截断处应满足抗拉锚锢长度

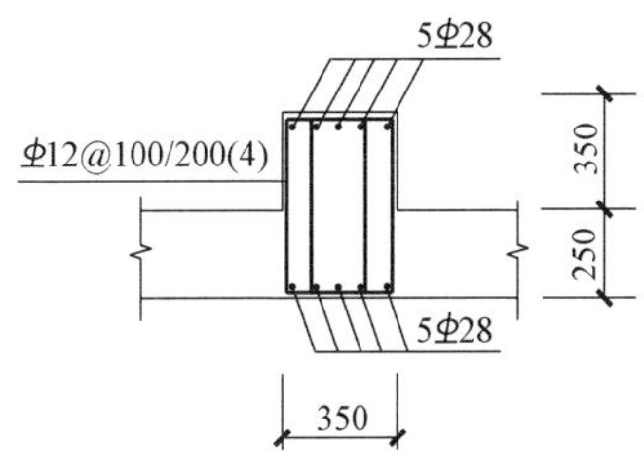

XL配筋图

注：1. 工作井壁厚度、构造配筋、断面、混凝土强度等级、防水做法均按《电缆隧道配筋施工图》施工。
2. 电缆支架间距1.0m。
3. 井内接地扁铁上、下焊两根，并从隧道顶部引出与接地装置连接。
4. 所有配筋均为上、下两层。
5. 钢筋序号②和③为环筋，需搭接200mm并焊牢。
6. 角钢爬梯为固定式，安装时将爬梯焊在井口及井底的钢板预埋件上。
7. 工作井深度应与隧道深度一致，为方便电缆敷设在适当位置可设计2个工作井口。
8. 在井口下面积水井两侧预埋8个Φ22拉环，用于施工中牵引电缆。
9. 图中标注尺寸以mm为单位。

图3−113	四通型工作井施工图(1)		
适用范围	四端隧道，角钢固定爬梯	图号	GJ−35

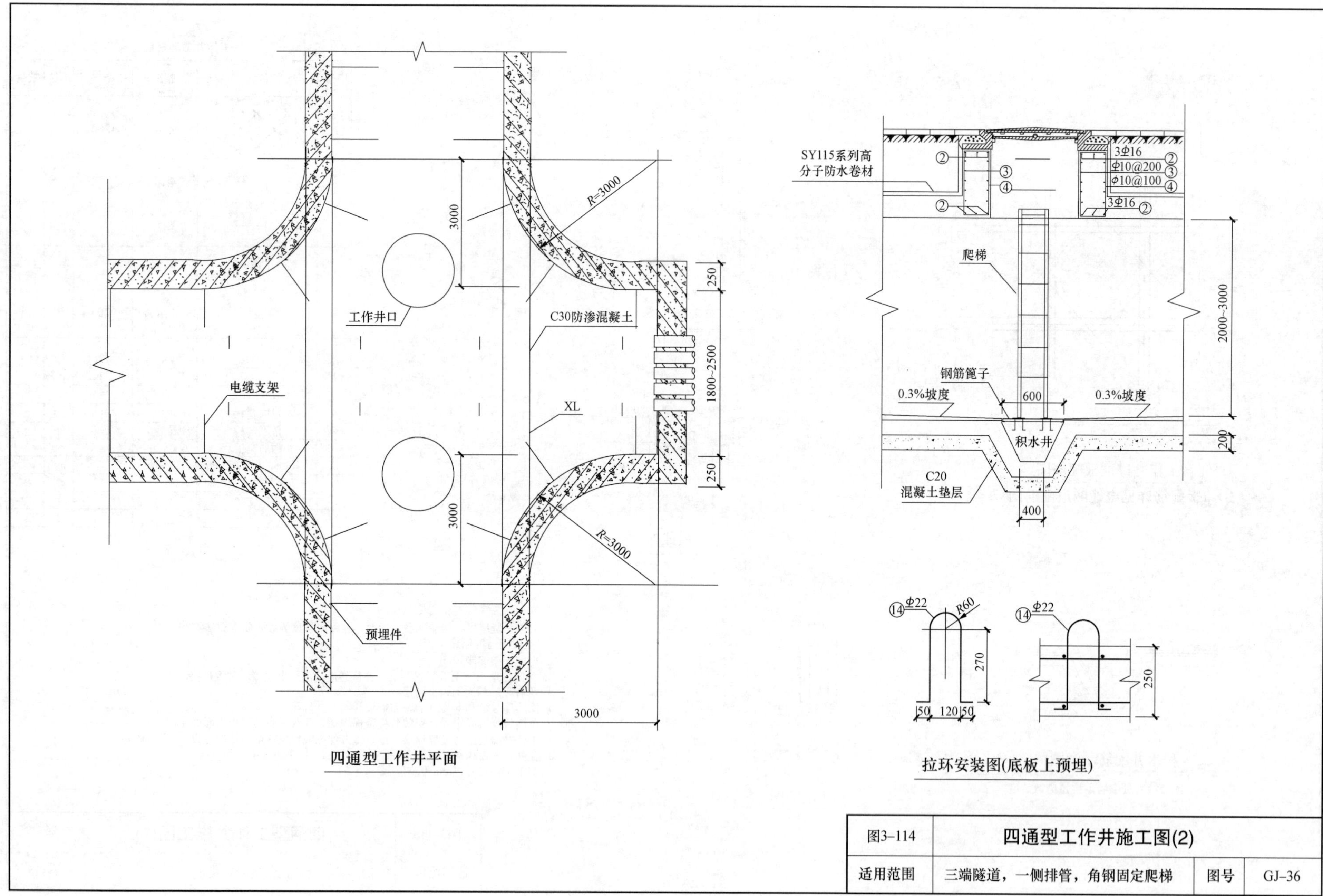

图3-114	四通型工作井施工图(2)		
适用范围	三端隧道，一侧排管，角钢固定爬梯	图号	GJ-36

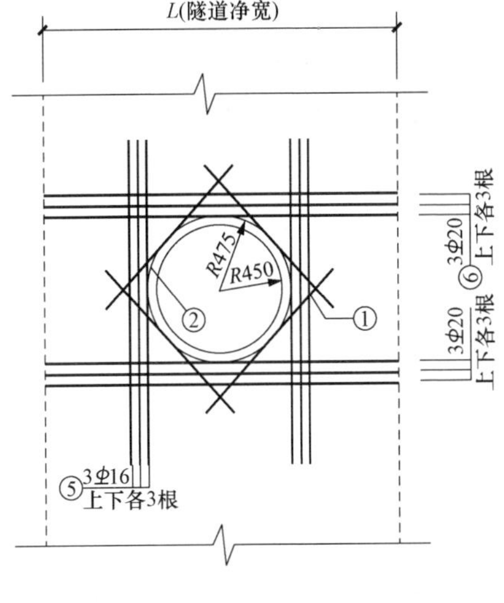

工作井口顶板配筋图
(板配筋详见电缆隧道配筋图)

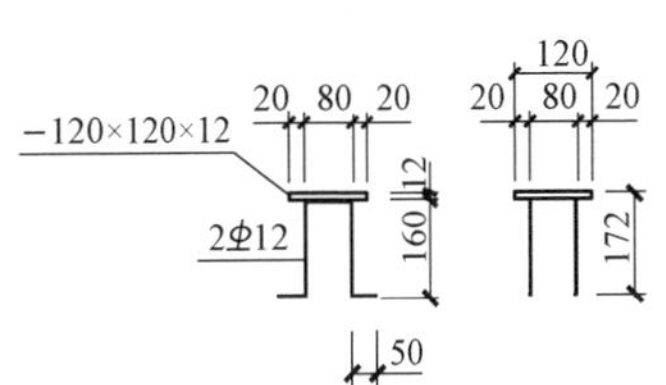

沟壁配筋示意图

−120×120×12
2Φ12
20 80 20
120
20 80 20
12
160
172
50

预埋件

工作井增加材料表

序号	名称	规格	长度(mm)	单位	数量
1	1800 1800 1800 1800	Φ16	1800		
2	环筋	Φ10			
3	环筋	Φ10			
4		φ10			
5	2200	Φ16	2200	根	12
6	L+2l	Φ20	L+2l (l为钢筋锚固长度)	根	12
7	预埋件			个	39
8	圆钢爬梯	φ20	1400	根	2
9	角钢爬梯	∟63×6	2200	个	2
10	钢筋篦子	600×600		个	2
11	C30防渗混凝土	P8		m^3	
12	球墨铸铁井口(含盖)			套	2
13	角钢支架	67号~71号		个	12
14	拉环	Φ22	830	个	8

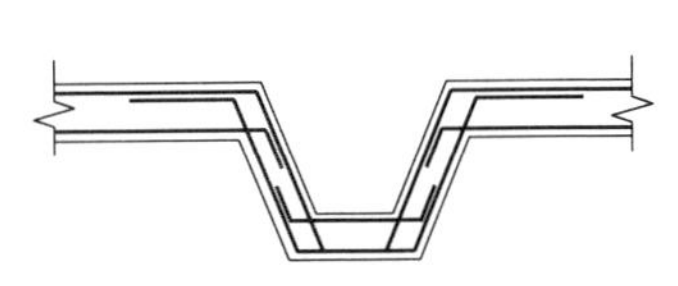

积水井配筋示意图

注：钢筋截断处应满足抗拉锚锢长度

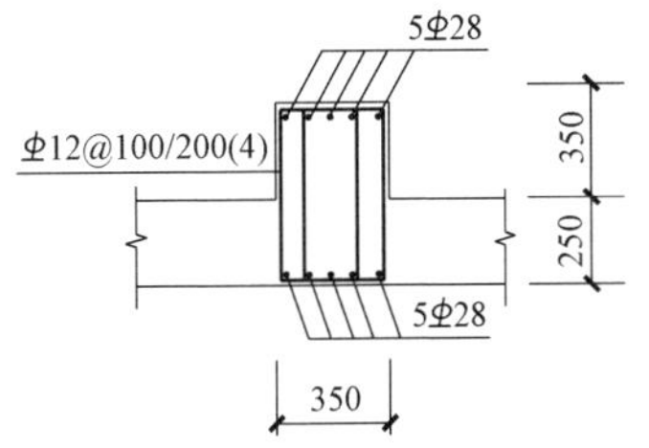

XL配筋图

注：1. 工作井壁厚度、构造配筋、断面、混凝土强度等级、防水做法均按《电缆隧道配筋施工图》施工。
2. 工作井沟壁的排管数量及位置应与排管施工图一致。
3. 电缆支架间距1.0m。
4. 井内接地扁铁上、下焊两根，并从隧道顶部引出与接地装置连接。
5. 所有配筋均为上、下两层。
6. 钢筋序号②和③为环筋，需搭接200mm并焊牢。
7. 角钢爬梯为固定式，安装时将爬梯焊在井口及井底的钢板预埋件上。
8. 工作井深度应与隧道深度一致，为方便电缆敷设在适当位置可设计2个工作井口。
9. 在井口下面积水井两侧预埋8个Φ22拉环，用于施工中牵引电缆。
10. 图中标注尺寸以mm为单位。

图3–114	四通型工作井施工图(2)		
适用范围	三端隧道，一侧排管，角钢固定爬梯	图号	GJ–36

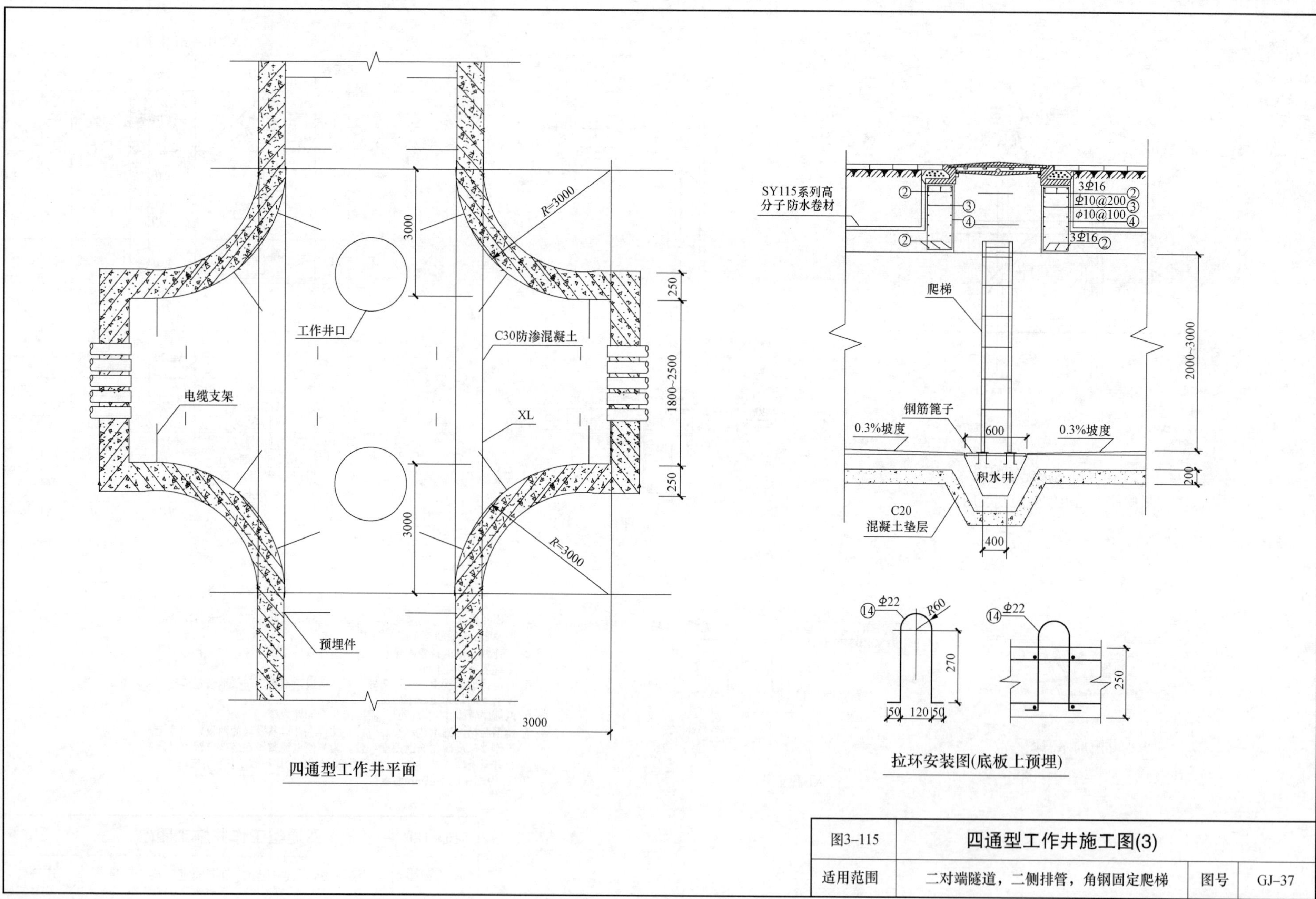

四通型工作井平面

拉环安装图(底板上预埋)

图3–115	四通型工作井施工图(3)		
适用范围	二对端隧道，二侧排管，角钢固定爬梯	图号	GJ–37

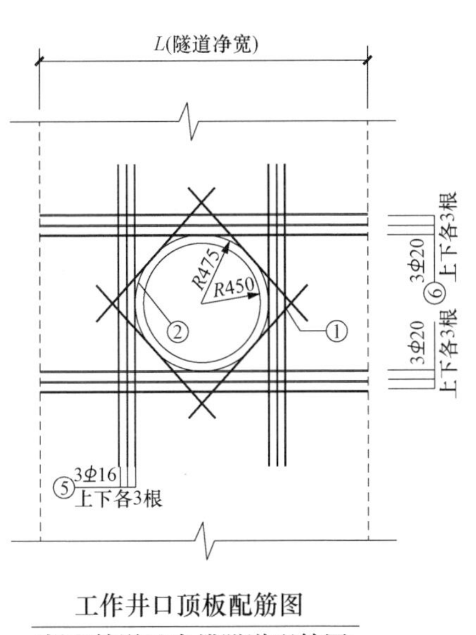

工作井口顶板配筋图

(板配筋详见电缆隧道配筋图)

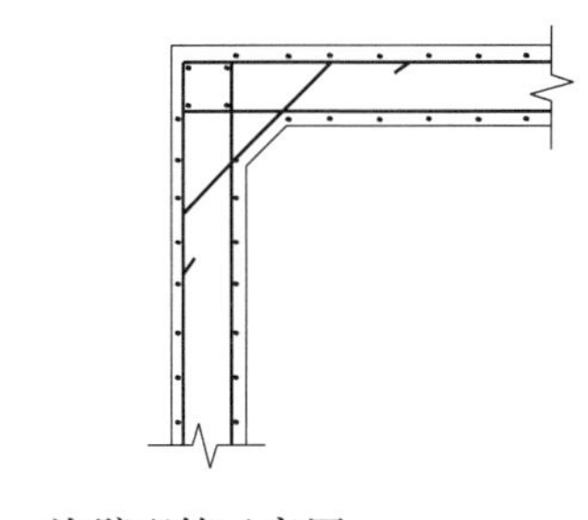

沟壁配筋示意图

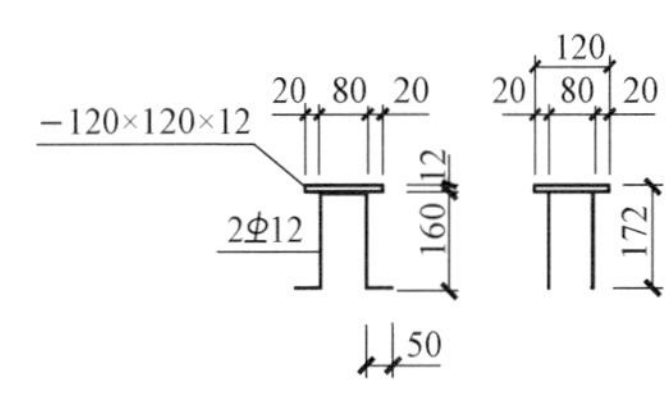

预埋件

工作井增加材料表

序号	名称	规格	长度(mm)	单位	数量
1	1800 1800 1800 1800	Φ16	1800		
2	环筋	Φ10			
3	环筋	Φ10			
4		Φ10			
5	2200	Φ16	2200	根	12
6	*L*+2*l*	Φ20	*L*+2*l* (*l*为钢筋锚固长度)	根	12
7	预埋件			个	39
8	圆钢爬梯	Φ20	1400	根	2
9	角钢爬梯	∟63×6	2200	个	2
10	钢筋篦子	600×600		个	2
11	C30防渗混凝土	P8		m^3	
12	球墨铸铁井口(含盖)			套	2
13	角钢支架	67号~71号		个	12
14	拉环	Φ22	830	个	8

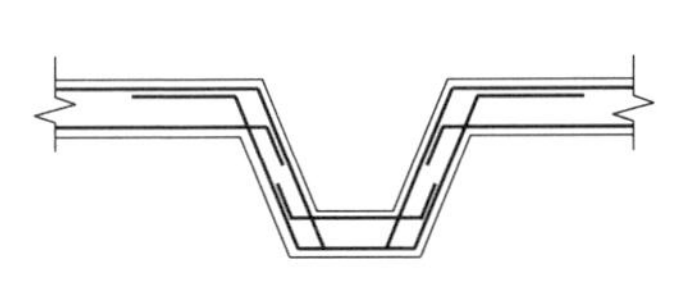

积水井配筋示意图

注：钢筋截断处应满足抗拉锚铟长度

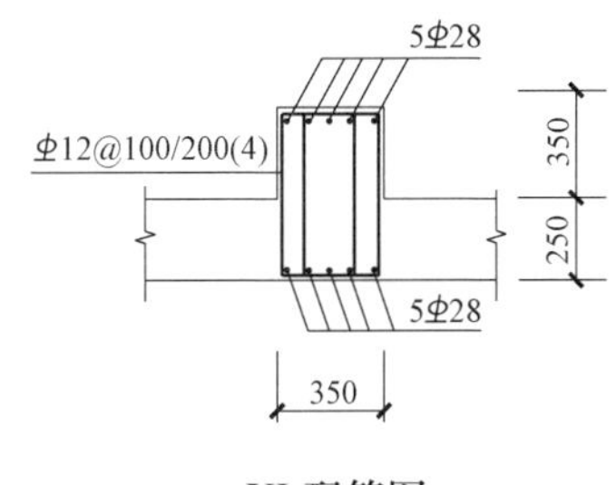

XL配筋图

注：1. 工作井壁厚度、构造配筋、断面、混凝土强度等级、防水做法均按《电缆隧道配筋施工图》施工。
2. 工作井沟壁的排管数量及位置应与排管施工图一致。
3. 电缆支架间距1.0m。
4. 井内接地扁铁上、下焊两根，并从隧道顶部引出与接地装置连接。
5. 所有配筋均为上、下两层。
6. 钢筋序号②和③为环筋，需搭接200mm并焊牢。
7. 角钢爬梯为固定式，安装时将爬梯焊在井口及井底的钢板预埋件上。
8. 工作井深度应与隧道深度一致，为方便电缆敷设在适当位置可设计2个工作井口。
9. 在井口下面积水井两侧预埋8个Φ 22拉环，用于施工中牵引电缆。
10. 图中标注尺寸以mm为单位。

图3–115	四通型工作井施工图(3)		
适用范围	二对端隧道，二侧排管，角钢固定爬梯	图号	GJ–37

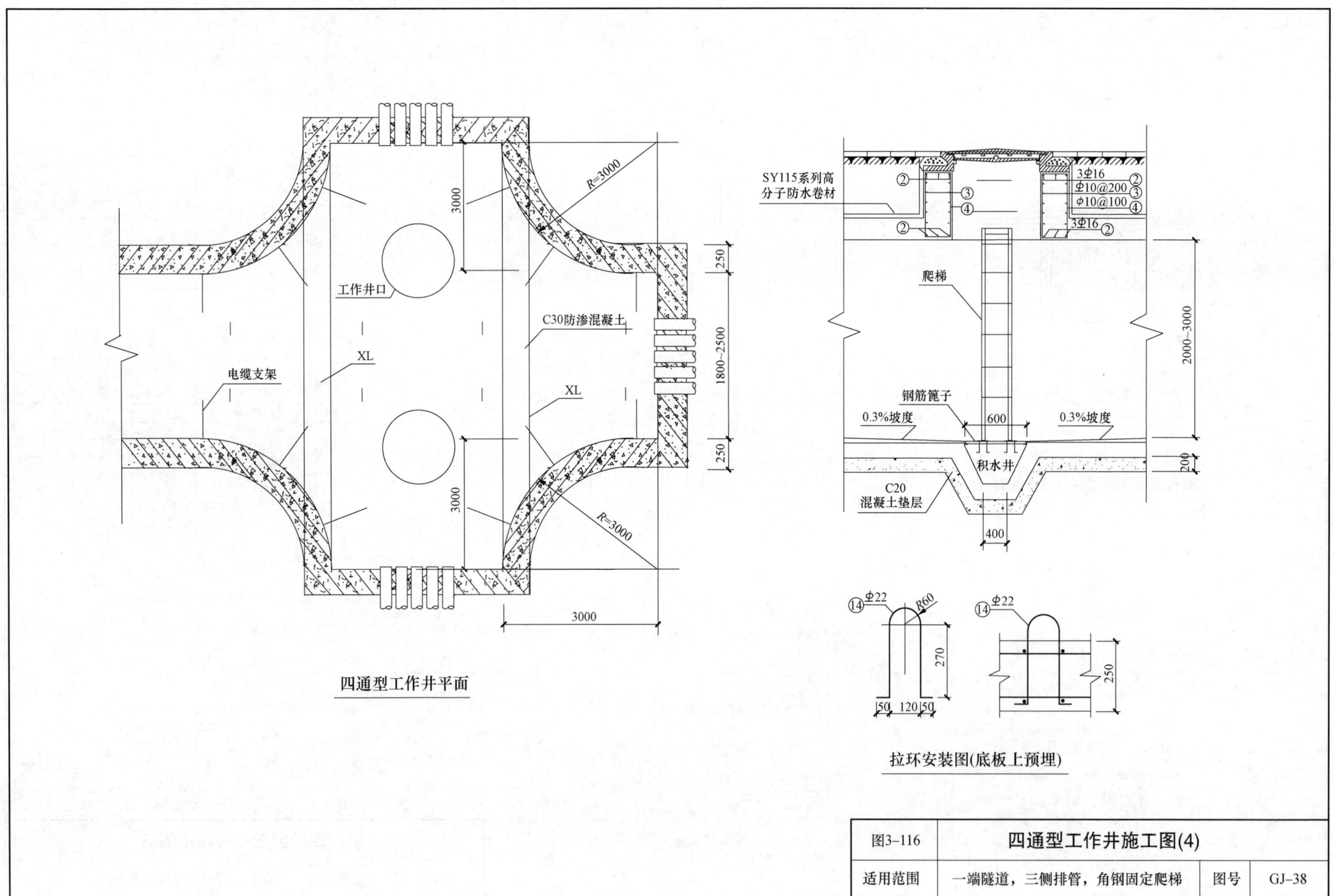

图3-116	四通型工作井施工图(4)		
适用范围	一端隧道，三侧排管，角钢固定爬梯	图号	GJ-38

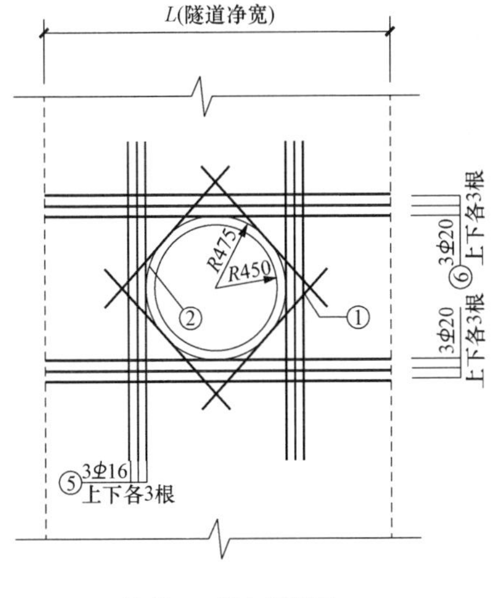

工作井口顶板配筋图
(板配筋详见电缆隧道配筋图)

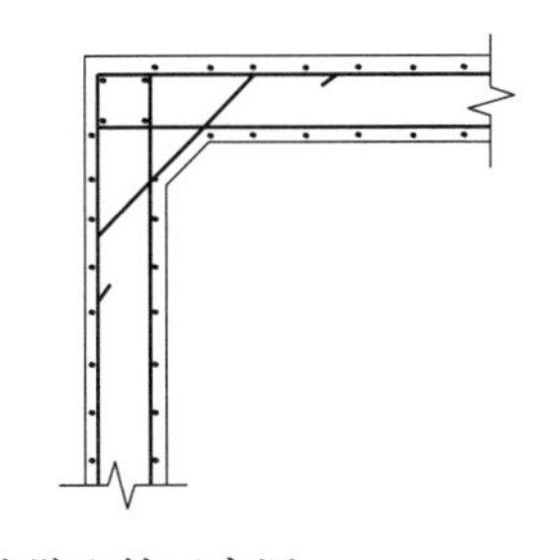

沟壁配筋示意图

−120×120×12
2⌀12
20 80 20
12
160
50
120
20 80 20
172

预埋件

工作井增加材料表

序号	名称	规格	长度(mm)	单位	数量
1	1800 1800 1800 1800	⌀16	1800		
2	环筋	⌀10			
3	环筋	⌀10			
4		⌀10			
5	2200	⌀16	2200	根	12
6	$L+2l$	⌀20	$L+2l$ (l为钢筋锚固长度)	根	12
7	预埋件			个	39
8	圆钢爬梯	⌀20	1400	根	2
9	角钢爬梯	∟63×6	2200	个	2
10	钢筋笼子	600×600		个	2
11	C30防渗混凝土	P8		m^3	
12	球墨铸铁井口(含盖)			套	2
13	角钢支架	67号~71号		个	12
14	拉环	⌀22	830	个	8

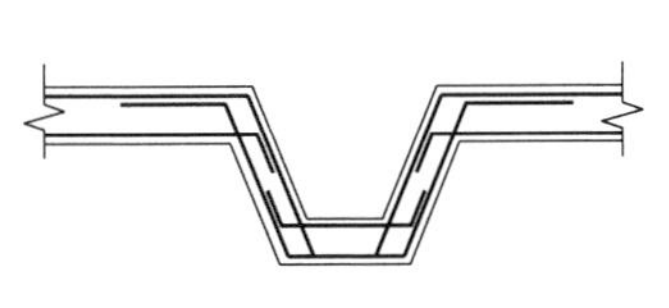

积水井配筋示意图

注：钢筋截断处应满足抗拉锚锢长度

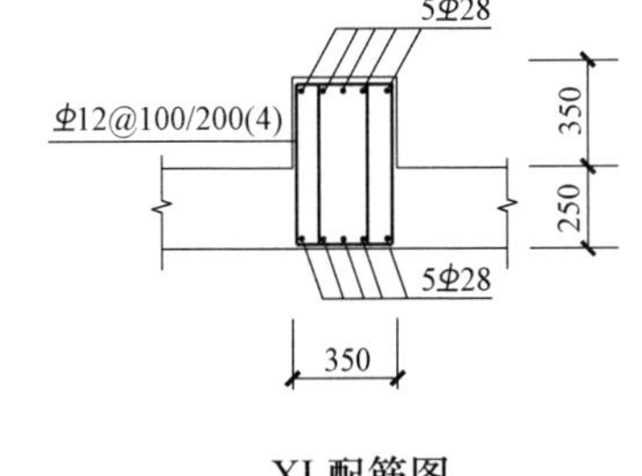

XL配筋图

注：1. 工作井壁厚度、构造配筋、断面、混凝土强度等级、防水做法均按《电缆隧道配筋施工图》施工。
2. 工作井沟壁的排管数量及位置应与排管施工图一致。
3. 电缆支架间距1.0m。
4. 井内接地扁铁上、下焊两根，并从隧道顶部引出与接地装置连接。
5. 所有配筋均为上、下两层。
6. 钢筋序号②和③为环筋，需搭接200mm并焊牢。
7. 角钢爬梯为固定式，安装时将爬梯焊在井口及井底的钢板预埋件上。
8. 工作井深度应与隧道深度一致，为方便电缆敷设在适当位置可设计2个工作井口。
9. 在井口下面积水井两侧预埋8个 ⌀22拉环，用于施工中牵引电缆。
10. 图中标注尺寸以mm为单位。

图3–116	四通型工作井施工图(4)		
适用范围	一端隧道，三侧排管，角钢固定爬梯	图号	GJ–38

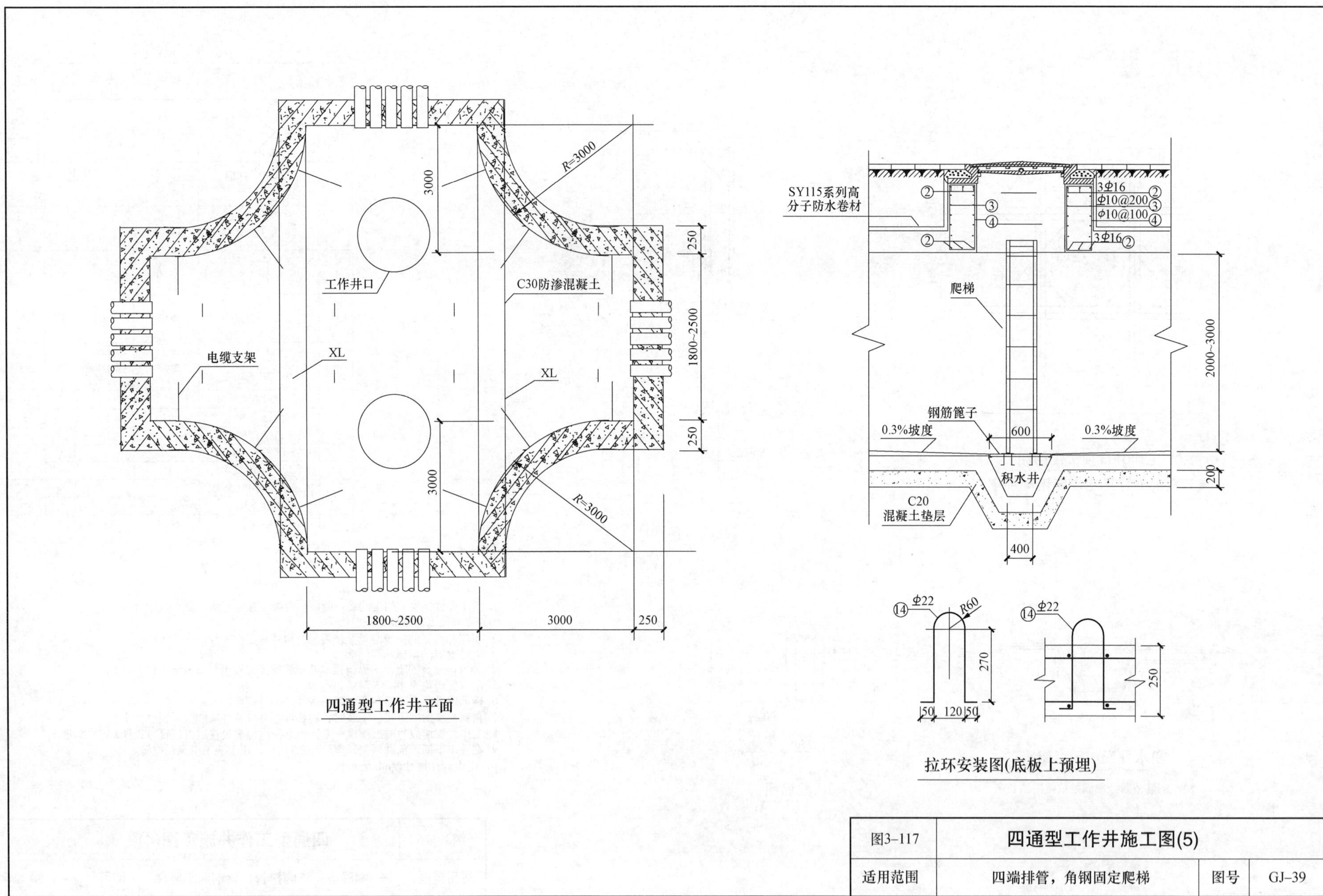

四通型工作井平面

拉环安装图(底板上预埋)

图3-117	四通型工作井施工图(5)		
适用范围	四端排管，角钢固定爬梯	图号	GJ-39

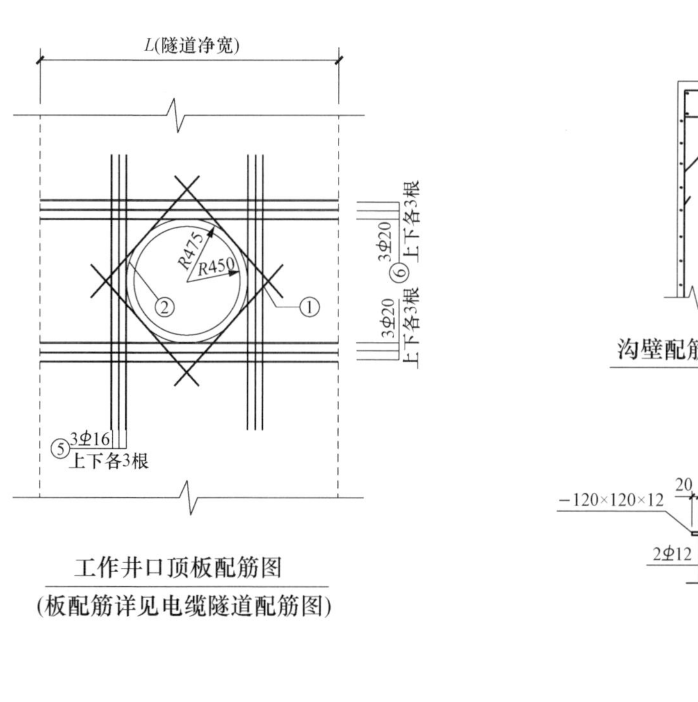

工作井口顶板配筋图
(板配筋详见电缆隧道配筋图)

沟壁配筋示意图

−120×120×12
20 80 20
2Φ12
160
12
50
120
20 80 20
172

预埋件

积水井配筋示意图

注：钢筋截断处应满足抗拉锚锢长度

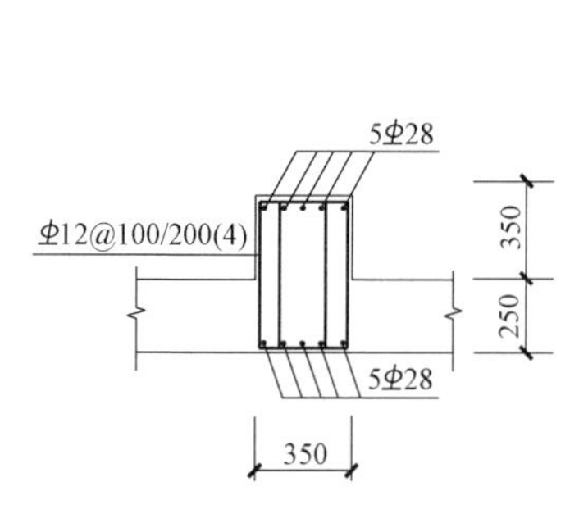

XL配筋图

工作井增加材料表

序号	名称	规格	长度(mm)	单位	数量
1	1800 1800 1800 1800	Φ16	1800		
2	环筋	Φ10			
3	环筋	Φ10			
4		ϕ10			
5	2200	Φ16	2200	根	12
6	L+2l	Φ20	L+2l (l为钢筋锚固长度)	根*	12
7	预埋件			个	39
8	圆钢爬梯	ϕ20	1400	根	2
9	角钢爬梯	∟63×6	2200	个	2
10	钢筋篦子	600×600		个	2
11	C30防渗混凝土	P8		m^3	
12	球墨铸铁井口(含盖)			套	2
13	角钢支架	67号~71号		个	12
14	拉环	Φ22	830	个	8

注：1. 工作井壁厚度、构造配筋、断面、混凝土强度等级、防水做法均按《电缆隧道配筋施工图》施工。
2. 工作井沟壁的排管数量及位置应与排管施工图一致。
3. 电缆支架间距1.0m。
4. 井内接地扁铁上、下焊两根，并从隧道顶部引出与接地装置连接。
5. 所有配筋均为上、下两层。
6. 钢筋序号②和③为环筋，需搭接200mm并焊牢。
7. 角钢爬梯为固定式，安装时将爬梯焊在井口及井底的钢板预埋件上。
8. 工作井深度应与隧道深度一致，为方便电缆敷设在适当位置可设计2个工作井口。
9. 在井口下面积水井两侧预埋8个Φ22拉环，用于施工中牵引电缆。
10. 图中标注尺寸以mm为单位。

图3-117	四通型工作井施工图(5)		
适用范围	四端排管，角钢固定爬梯	图号	GJ-39

第三章

电力电缆隧道敷设

第九节　砖砌工作井

图 3-118　砖砌直通型工作井施工图（1）（二端排管，井内壁长 3m，圆管固定爬梯）……GJ-40
图 3-119　砖砌直通型工作井施工图（2）（二端排管，井内壁长 5m，圆管固定爬梯）……GJ-41
图 3-120　砖砌直通型工作井施工图（3）（二端排管，井内壁长 10m，圆管固定爬梯）……GJ-42
图 3-121　砖砌直通型工作井施工图（4）（二端排管，井内壁长 20m，圆管固定爬梯）……GJ-43
图 3-122　砖砌三通型工作井施工图（三端排管，井内壁长 7m，圆管固定爬梯）……GJ-44
图 3-123　砖砌四通型工作井施工图（四端排管，井内壁长 7m，圆管固定爬梯）……GJ-45
图 3-124　砖砌转角型工作井施工图（二侧排管，井内壁长 4.5m，圆管固定爬梯）……GJ-46

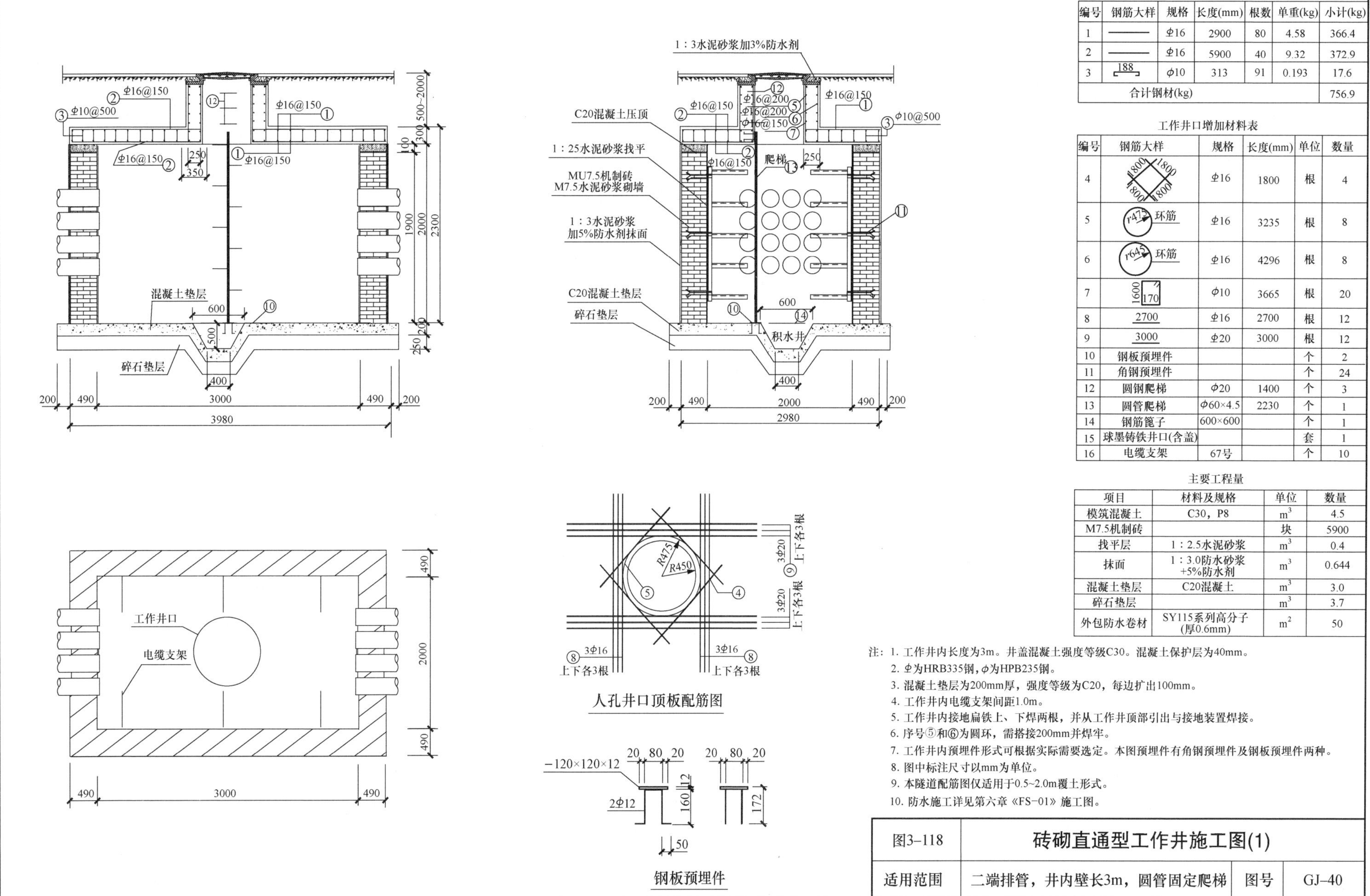

工作井盖板钢筋材料表

编号	钢筋大样	规格	长度(mm)	根数	单重(kg)	小计(kg)
1	——	Φ16	2900	80	4.58	366.4
2	——	Φ16	5900	40	9.32	372.9
3	188	φ10	313	91	0.193	17.6
合计钢材(kg)						756.9

工作井口增加材料表

编号	钢筋大样	规格	长度(mm)	单位	数量
4	1800	Φ16	1800	根	4
5	r475 环筋	Φ16	3235	根	8
6	r645 环筋	Φ16	4296	根	8
7	1600 170	φ10	3665	根	20
8	2700	Φ16	2700	根	12
9	3000	Φ20	3000	根	12
10	钢板预埋件			个	2
11	角钢预埋件			个	24
12	圆钢爬梯	Φ20	1400	个	3
13	圆管爬梯	Φ60×4.5	2230	个	1
14	钢篦子	600×600		个	1
15	球墨铸铁井口(含盖)			套	1
16	电缆支架	67号		个	10

主要工程量

项目	材料及规格	单位	数量
模筑混凝土	C30，P8	m^3	4.5
M7.5机制砖		块	5900
找平层	1：2.5水泥砂浆	m^3	0.4
抹面	1：3.0防水砂浆+5%防水剂	m^3	0.644
混凝土垫层	C20混凝土	m^3	3.0
碎石垫层		m^3	3.7
外包防水卷材	SY115系列高分子(厚0.6mm)	m^2	50

注：1. 工作井内长度为3m。井盖混凝土强度等级C30。混凝土保护层为40mm。
2. Φ为HRB335钢，φ为HPB235钢。
3. 混凝土垫层为200mm厚，强度等级为C20，每边扩出100mm。
4. 工作井内电缆支架间距1.0m。
5. 工作井内接地扁铁上、下焊两根，并从工作井顶部引出与接地装置焊接。
6. 序号⑤和⑥为圆环，需搭接200mm并焊牢。
7. 工作井内预埋件形式可根据实际需要选定。本图预埋件有角钢预埋件及钢板预埋件两种。
8. 图中标注尺寸以mm为单位。
9. 本隧道配筋图仅适用于0.5~2.0m覆土形式。
10. 防水施工详见第六章《FS-01》施工图。

图3-118	砖砌直通型工作井施工图(1)		
适用范围	二端排管，井内壁长3m，圆管固定爬梯	图号	GJ-40

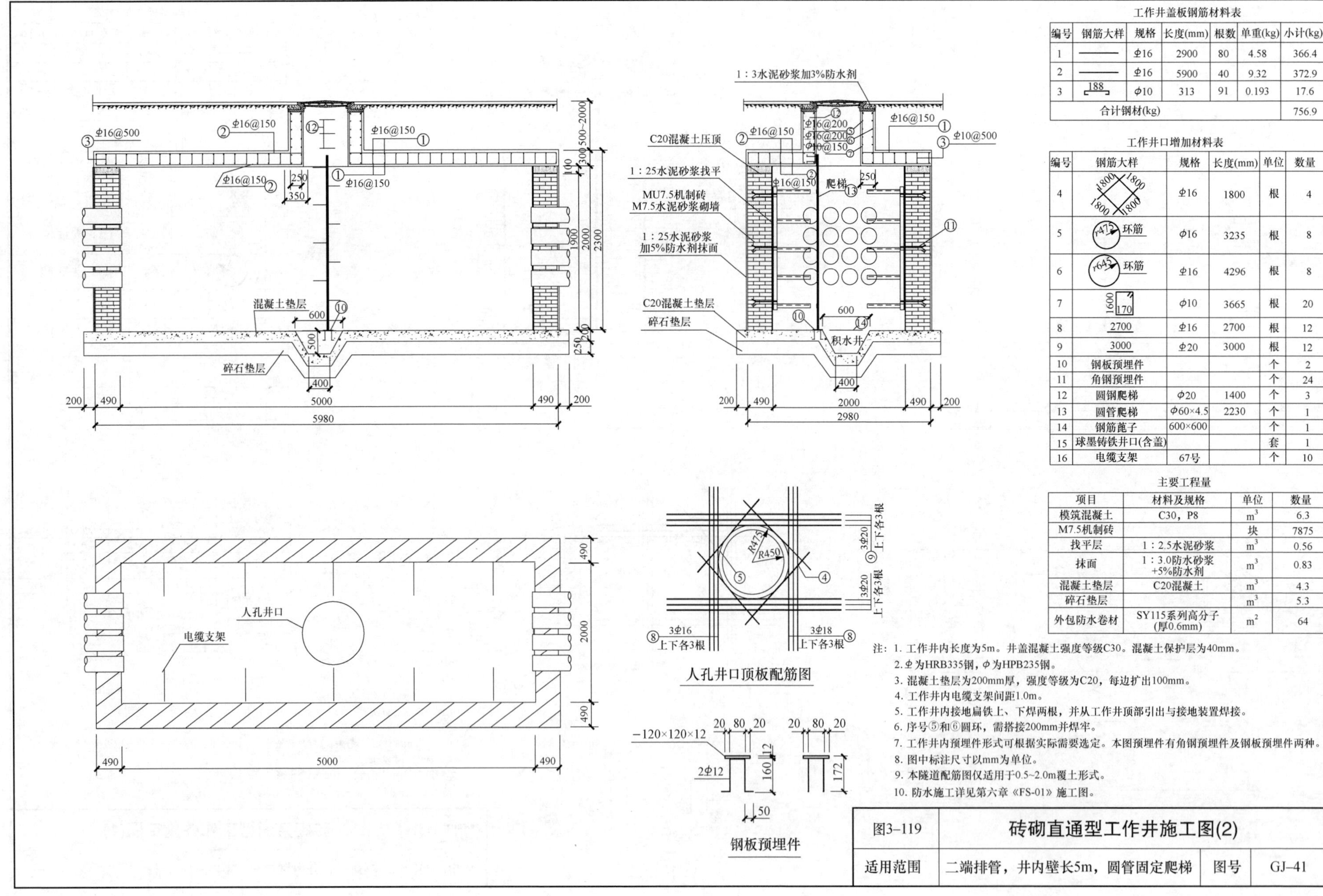

工作井盖板钢筋材料表

编号	钢筋大样	规格	长度(mm)	根数	单重(kg)	小计(kg)
1	——	Φ16	2900	80	4.58	366.4
2	——	Φ16	5900	40	9.32	372.9
3	188	φ10	313	91	0.193	17.6
合计钢材(kg)						756.9

工作井口增加材料表

编号	钢筋大样	规格	长度(mm)	单位	数量
4	1800 1800 1800 1800	Φ16	1800	根	4
5	r475 环筋	φ16	3235	根	8
6	r645 环筋	Φ16	4296	根	8
7	1600 170	φ10	3665	根	20
8	2700	Φ16	2700	根	12
9	3000	Φ20	3000	根	12
10	钢板预埋件			个	2
11	角钢预埋件			个	24
12	圆钢爬梯	φ20	1400	个	3
13	圆管爬梯	φ60×4.5	2230	个	1
14	钢筋蓖子	600×600		个	1
15	球墨铸铁井口(含盖)			套	1
16	电缆支架	67号		个	10

主要工程量

项目	材料及规格	单位	数量
模筑混凝土	C30，P8	m^3	6.3
M7.5机制砖		块	7875
找平层	1：2.5水泥砂浆	m^3	0.56
抹面	1：3.0防水砂浆+5%防水剂	m^3	0.83
混凝土垫层	C20混凝土	m^3	4.3
碎石垫层		m^3	5.3
外包防水卷材	SY115系列高分子(厚0.6mm)	m^2	64

注：1. 工作井内长度为5m。井盖混凝土强度等级C30。混凝土保护层为40mm。
2. Φ为HRB335钢，φ为HPB235钢。
3. 混凝土垫层为200mm厚，强度等级为C20，每边扩出100mm。
4. 工作井内电缆支架间距1.0m。
5. 工作井内接地扁铁上、下焊两根，并从工作井顶部引出与接地装置焊接。
6. 序号⑤和⑥圆环，需搭接200mm并焊牢。
7. 工作井内预埋件形式可根据实际需要选定。本图预埋件有角钢预埋件及钢板预埋件两种。
8. 图中标注尺寸以mm为单位。
9. 本隧道配筋图仅适用于0.5~2.0m覆土形式。
10. 防水施工详见第六章《FS-01》施工图。

图3–119	砖砌直通型工作井施工图(2)		
适用范围	二端排管，井内壁长5m，圆管固定爬梯	图号	GJ–41

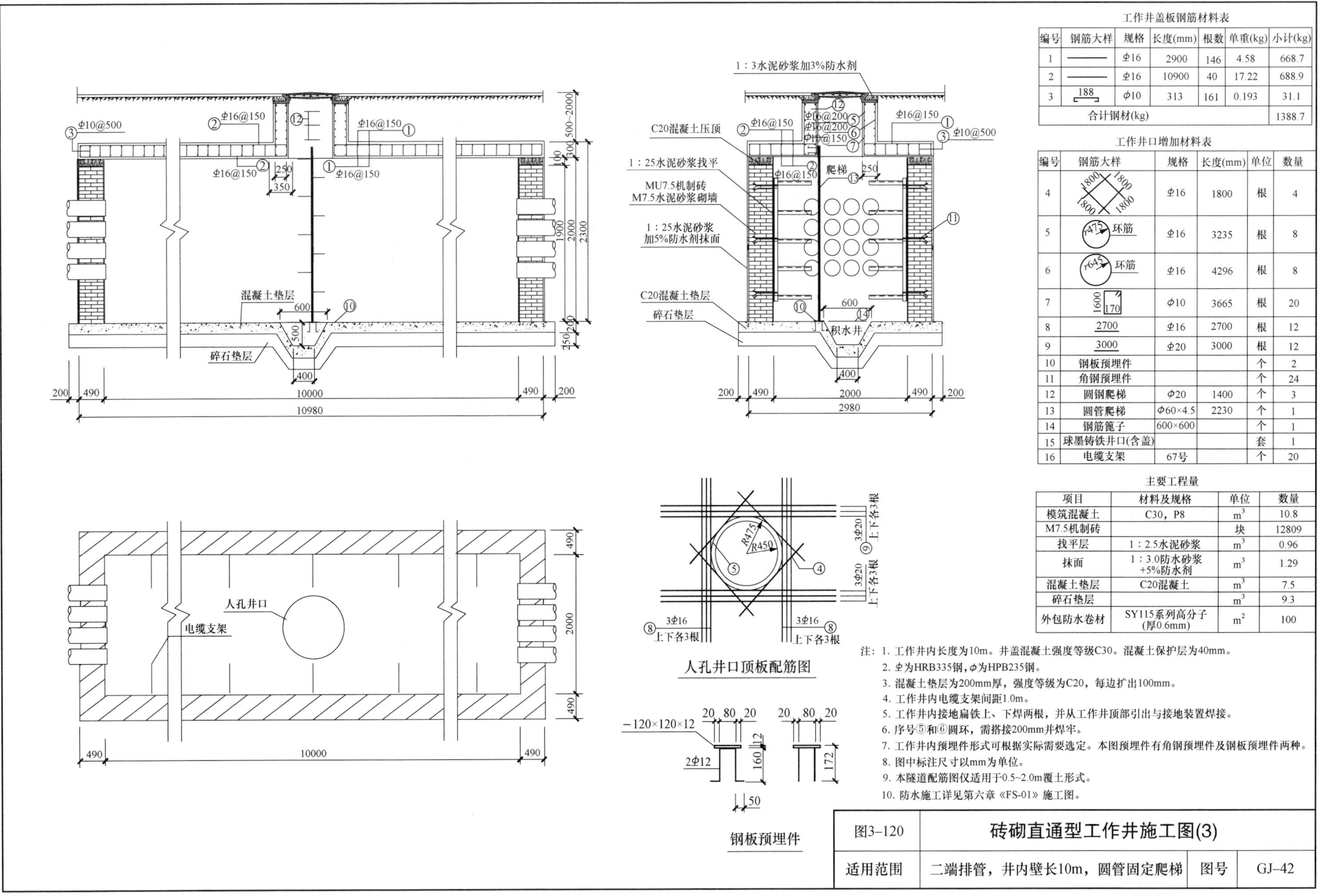

工作井盖板钢筋材料表

编号	钢筋大样	规格	长度(mm)	根数	单重(kg)	小计(kg)
1	——	Φ16	2900	146	4.58	668.7
2	——	Φ16	10900	40	17.22	688.9
3	188	φ10	313	161	0.193	31.1
合计钢材(kg)						1388.7

工作井口增加材料表

编号	钢筋大样	规格	长度(mm)	单位	数量
4	1800 1800 1800 1800	Φ16	1800	根	4
5	r475 环筋	Φ16	3235	根	8
6	r645 环筋	Φ16	4296	根	8
7	1600 170	φ10	3665	根	20
8	2700	Φ16	2700	根	12
9	3000	Φ20	3000	根	12
10	钢板预埋件			个	2
11	角钢预埋件			个	24
12	圆钢爬梯	φ20	1400	个	3
13	圆管爬梯	Φ60×4.5	2230	个	1
14	钢筋篦子	600×600		个	1
15	球墨铸铁井口(含盖)			套	1
16	电缆支架	67号		个	20

主要工程量

项目	材料及规格	单位	数量
模筑混凝土	C30，P8	m^3	10.8
M7.5机制砖		块	12809
找平层	1：2.5水泥砂浆	m^3	0.96
抹面	1：3.0防水砂浆+5%防水剂	m^3	1.29
混凝土垫层	C20混凝土	m^3	7.5
碎石垫层		m^3	9.3
外包防水卷材	SY115系列高分子(厚0.6mm)	m^2	100

注：1. 工作井内长度为10m。井盖混凝土强度等级C30。混凝土保护层为40mm。
2. Φ为HRB335钢，φ为HPB235钢。
3. 混凝土垫层为200mm厚，强度等级为C20，每边扩出100mm。
4. 工作井内电缆支架间距1.0m。
5. 工作井内接地扁铁上、下焊两根，并从工作井顶部引出与接地装置焊接。
6. 序号⑤和⑥圆环，需搭接200mm并焊牢。
7. 工作井内预埋件形式可根据实际需要选定。本图预埋件有角钢预埋件及钢板预埋件两种。
8. 图中标注尺寸以mm为单位。
9. 本隧道配筋图仅适用于0.5~2.0m覆土形式。
10. 防水施工详见第六章《FS-01》施工图。

图3-120	砖砌直通型工作井施工图(3)		
适用范围	二端排管，井内壁长10m，圆管固定爬梯	图号	GJ-42

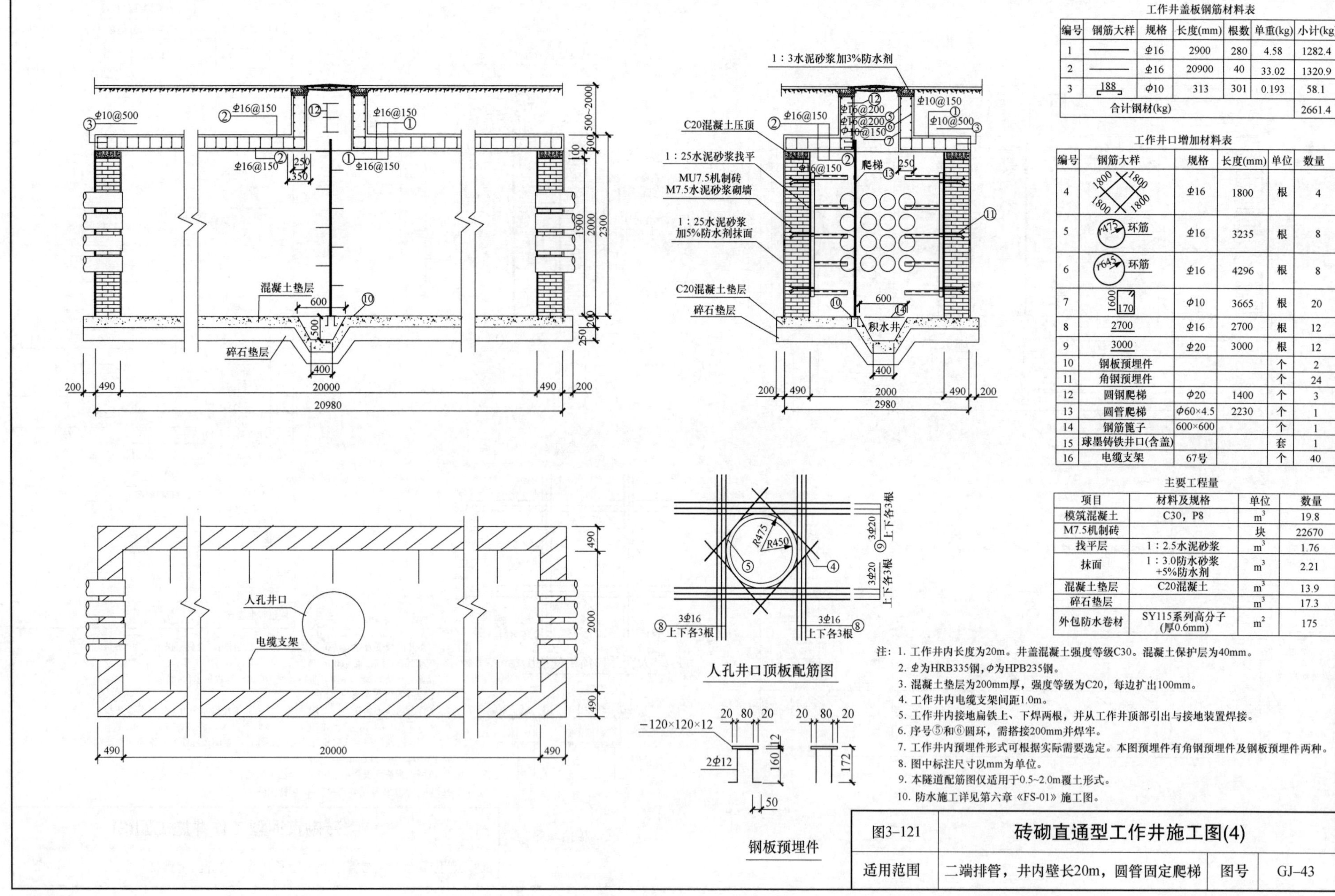

工作井盖板钢筋材料表

编号	钢筋大样	规格	长度(mm)	根数	单重(kg)	小计(kg)
1	——	Φ16	2900	280	4.58	1282.4
2	——	Φ16	20900	40	33.02	1320.9
3	188	Φ10	313	301	0.193	58.1
合计钢材(kg)						2661.4

工作井口增加材料表

编号	钢筋大样	规格	长度(mm)	单位	数量
4	1800 1800 1800 1800	Φ16	1800	根	4
5	r475 环筋	Φ16	3235	根	8
6	r645 环筋	Φ16	4296	根	8
7	1600 170	Φ10	3665	根	20
8	2700	Φ16	2700	根	12
9	3000	Φ20	3000	根	12
10	钢板预埋件			个	2
11	角钢预埋件			个	24
12	圆钢爬梯	Φ20	1400	个	3
13	圆管爬梯	Φ60×4.5	2230	个	1
14	钢筋篦子	600×600		个	1
15	球墨铸铁井口(含盖)			套	1
16	电缆支架	67号		个	40

主要工程量

项目	材料及规格	单位	数量
模筑混凝土	C30，P8	m^3	19.8
M7.5机制砖		块	22670
找平层	1：2.5水泥砂浆	m^3	1.76
抹面	1：3.0防水砂浆+5%防水剂	m^3	2.21
混凝土垫层	C20混凝土	m^3	13.9
碎石垫层		m^3	17.3
外包防水卷材	SY115系列高分子(厚0.6mm)	m^2	175

注：1. 工作井内长度为20m。井盖混凝土强度等级C30。混凝土保护层为40mm。
2. Φ为HRB335钢，φ为HPB235钢。
3. 混凝土垫层为200mm厚，强度等级为C20，每边扩出100mm。
4. 工作井内电缆支架间距1.0m。
5. 工作井内接地扁铁上、下焊两根，并从工作井顶部引出与接地装置焊接。
6. 序号⑤和⑥圆环，需搭接200mm并焊牢。
7. 工作井内预埋件形式可根据实际需要选定。本图预埋件有角钢预埋件及钢板预埋件两种。
8. 图中标注尺寸以mm为单位。
9. 本隧道配筋图仅适用于0.5~2.0m覆土形式。
10. 防水施工详见第六章《FS-01》施工图。

图3-121	砖砌直通型工作井施工图(4)		
适用范围	二端排管，井内壁长20m，圆管固定爬梯	图号	GJ-43

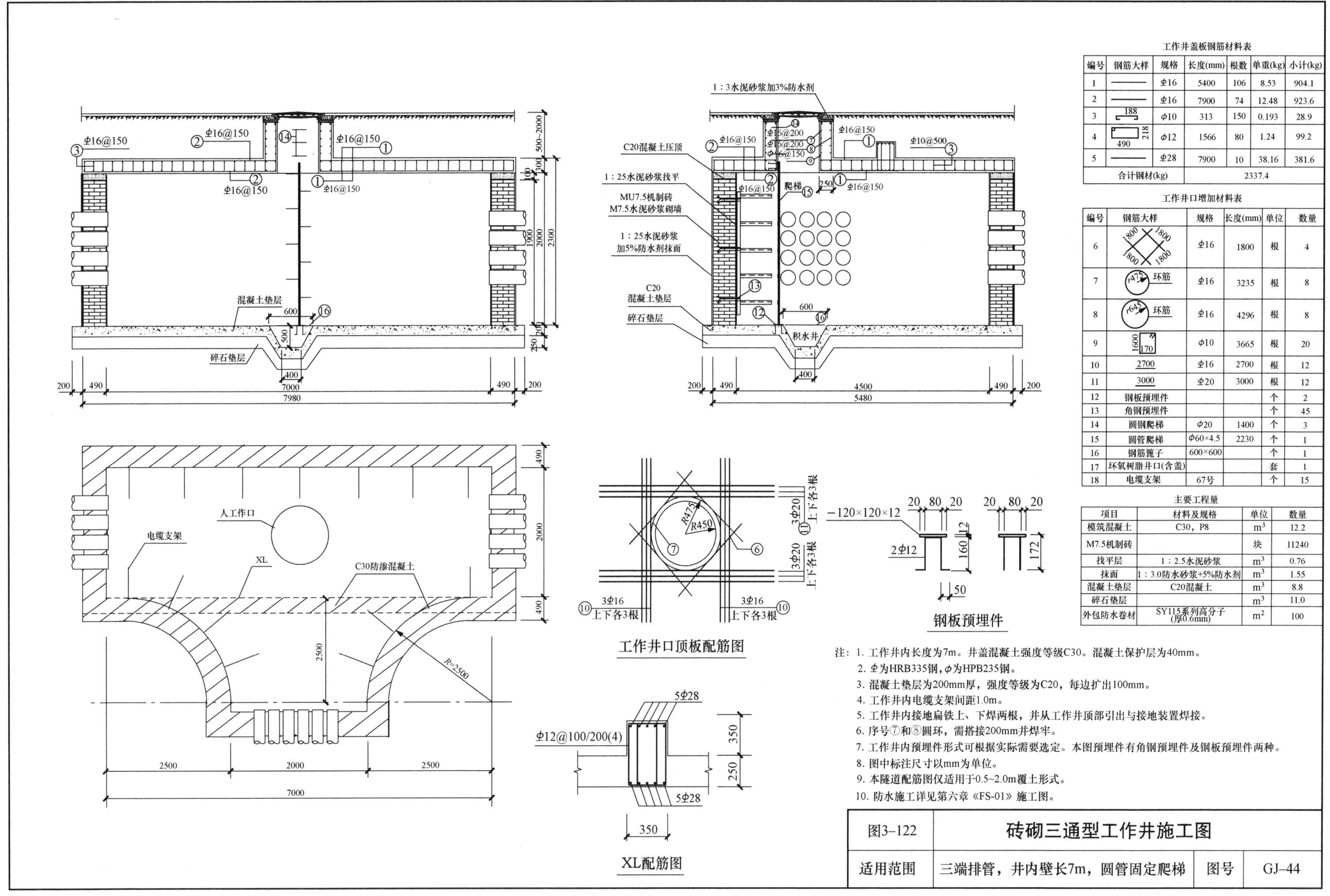

工作井盖板钢筋材料表

编号	钢筋大样	规格	长度(mm)	根数	单重(kg)	小计(kg)
1	——	Φ16	5400	106	8.53	904.1
2	——	Φ16	7900	74	12.48	923.6
3	188	ϕ10	313	150	0.193	28.9
4	490 218	ϕ12	1566	80	1.24	99.2
5	——	Φ28	7900	10	38.16	381.6
合计钢材(kg)			2337.4			

工作井口增加材料表

编号	钢筋大样	规格	长度(mm)	单位	数量
6	1800 1800 1800 1800	Φ16	1800	根	4
7	r475 环筋	Φ16	3235	根	8
8	r645 环筋	Φ16	4296	根	8
9	1600 170	ϕ10	3665	根	20
10	2700	Φ16	2700	根	12
11	3000	Φ20	3000	根	12
12	钢板预埋件			个	2
13	角钢预埋件			个	45
14	圆钢爬梯	ϕ20	1400	个	3
15	圆管爬梯	ϕ60×4.5	2230	个	1
16	钢筋篦子	600×600		个	1
17	环氧树脂井口(含盖)			套	1
18	电缆支架	67号		个	15

主要工程量

项目	材料及规格	单位	数量
模筑混凝土	C30，P8	m^3	12.2
M7.5机制砖		块	11240
找平层	1：2.5水泥砂浆	m^3	0.76
抹面	1：3.0防水砂浆+5%防水剂	m^3	1.55
混凝土垫层	C20混凝土	m^3	8.8
碎石垫层		m^3	11.0
外包防水卷材	SY115系列高分子(厚0.6mm)	m^2	100

注：1. 工作井内长度为7m。井盖混凝土强度等级C30。混凝土保护层为40mm。
2. Φ为HRB335钢，ϕ为HPB235钢。
3. 混凝土垫层为200mm厚，强度等级为C20，每边扩出100mm。
4. 工作井内电缆支架间距1.0m。
5. 工作井内接地扁铁上、下焊两根，并从工作井顶部引出与接地装置焊接。
6. 序号⑦和⑧圆环，需搭接200mm并焊牢。
7. 工作井内预埋件形式可根据实际需要选定。本图预埋件有角钢预埋件及钢板预埋件两种。
8. 图中标注尺寸以mm为单位。
9. 本隧道配筋图仅适用于0.5~2.0m覆土形式。
10. 防水施工详见第六章《FS-01》施工图。

图3-122	砖砌三通型工作井施工图		
适用范围	三端排管，井内壁长7m，圆管固定爬梯	图号	GJ-44

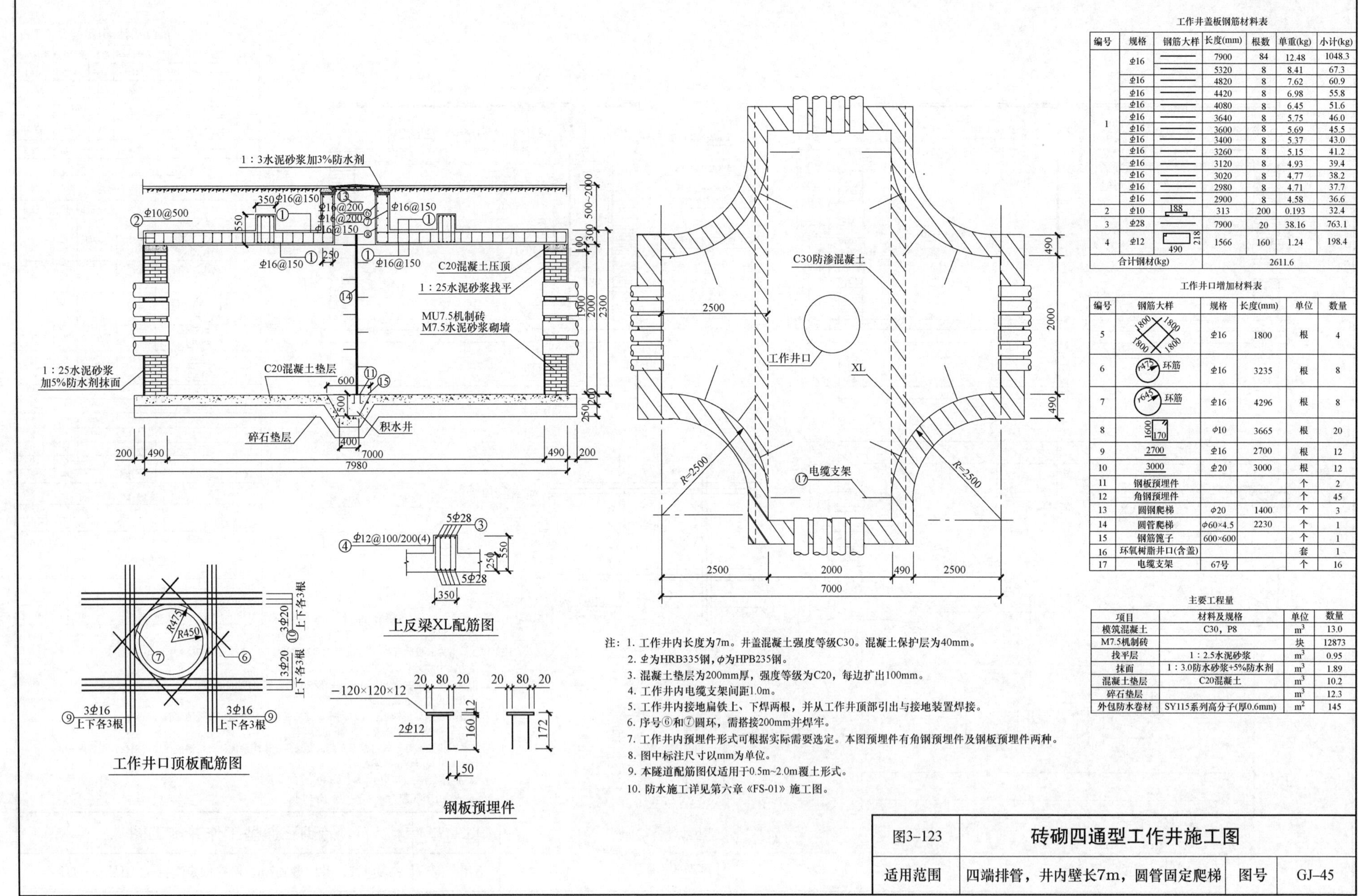

工作井盖板钢筋材料表

编号	规格	钢筋大样	长度(mm)	根数	单重(kg)	小计(kg)
1	Φ16	——	7900	84	12.48	1048.3
		——	5320	8	8.41	67.3
	Φ16	——	4820	8	7.62	60.9
	Φ16	——	4420	8	6.98	55.8
	Φ16	——	4080	8	6.45	51.6
	Φ16	——	3640	8	5.75	46.0
	Φ16	——	3600	8	5.69	45.5
	Φ16	——	3400	8	5.37	43.0
	Φ16	——	3260	8	5.15	41.2
	Φ16	——	3120	8	4.93	39.4
	Φ16	——	3020	8	4.77	38.2
	Φ16	——	2980	8	4.71	37.7
	Φ16	——	2900	8	4.58	36.6
2	Φ10	188	313	200	0.193	32.4
3	Φ28	——	7900	20	38.16	763.1
4	Φ12	490 218	1566	160	1.24	198.4
合计钢材(kg)			2611.6			

工作井口增加材料表

编号	钢筋大样	规格	长度(mm)	单位	数量
5	1800 1800 1800 1800	Φ16	1800	根	4
6	r475 环筋	Φ16	3235	根	8
7	r645 环筋	Φ16	4296	根	8
8	1600 170	φ10	3665	根	20
9	2700	Φ16	2700	根	12
10	3000	Φ20	3000	根	12
11	钢板预埋件			个	2
12	角钢预埋件			个	45
13	圆钢爬梯	φ20	1400	个	3
14	圆管爬梯	φ60×4.5	2230	个	1
15	钢筋篦子	600×600		个	1
16	环氧树脂井口(含盖)			套	1
17	电缆支架	67号		个	16

主要工程量

项目	材料及规格	单位	数量
模筑混凝土	C30，P8	m^3	13.0
M7.5机制砖		块	12873
找平层	1：2.5水泥砂浆	m^3	0.95
抹面	1：3.0防水砂浆+5%防水剂	m^3	1.89
混凝土垫层	C20混凝土	m^3	10.2
碎石垫层		m^3	12.3
外包防水卷材	SY115系列高分子(厚0.6mm)	m^2	145

注：1. 工作井内长度为7m。井盖混凝土强度等级C30。混凝土保护层为40mm。
2. Φ为HRB335钢，φ为HPB235钢。
3. 混凝土垫层为200mm厚，强度等级为C20，每边扩出100mm。
4. 工作井内电缆支架间距1.0m。
5. 工作井内接地扁铁上、下焊两根，并从工作井顶部引出与接地装置焊接。
6. 序号⑥和⑦圆环，需搭接200mm并焊牢。
7. 工作井内预埋件形式可根据实际需要选定。本图预埋件有角钢预埋件及钢板预埋件两种。
8. 图中标注尺寸以mm为单位。
9. 本隧道配筋图仅适用于0.5m~2.0m覆土形式。
10. 防水施工详见第六章《FS-01》施工图。

图3-123	砖砌四通型工作井施工图		
适用范围	四端排管，井内壁长7m，圆管固定爬梯	图号	GJ-45

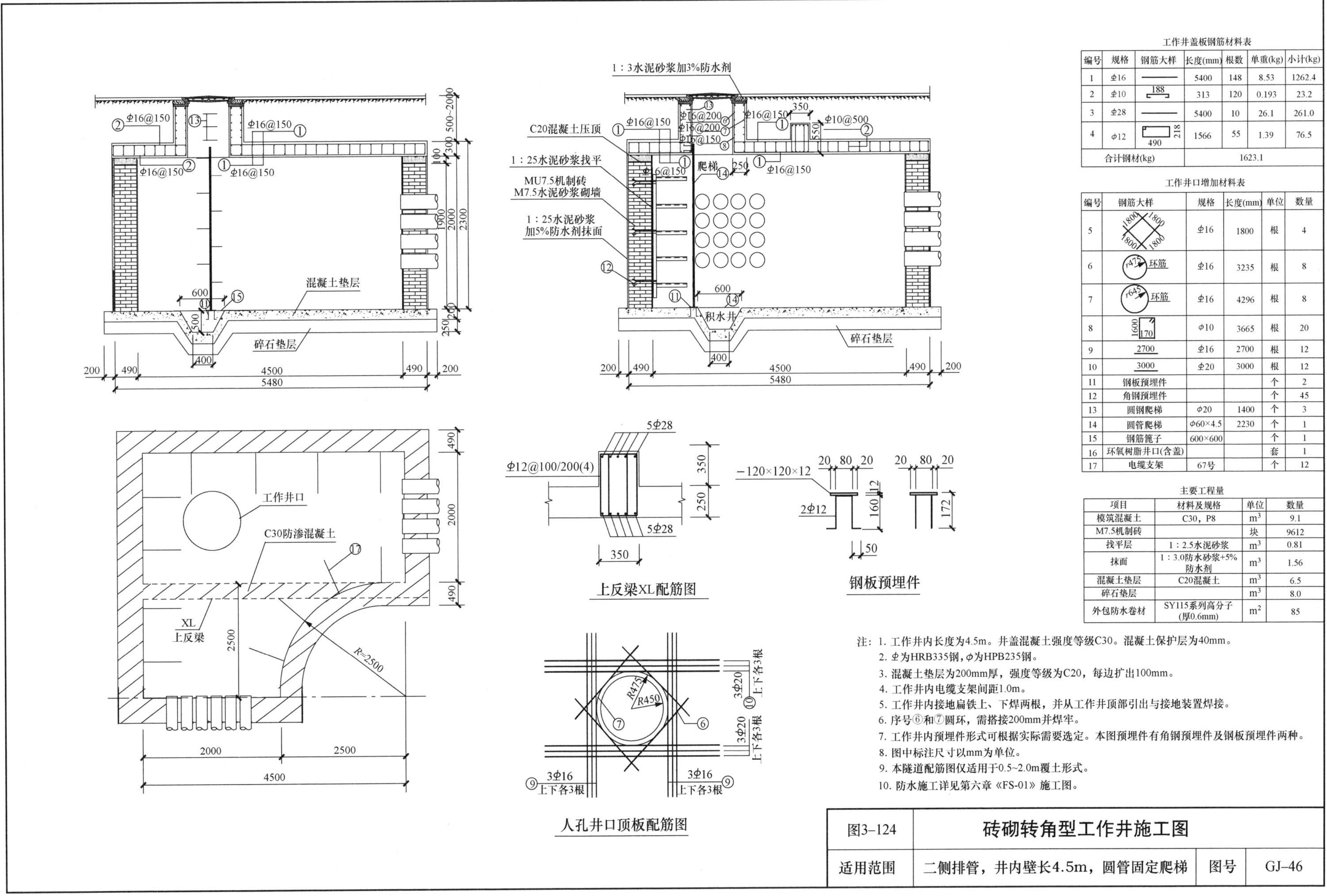

工作井盖板钢筋材料表

编号	规格	钢筋大样	长度(mm)	根数	单重(kg)	小计(kg)
1	Φ16	——	5400	148	8.53	1262.4
2	Φ10	188	313	120	0.193	23.2
3	Φ28	——	5400	10	26.1	261.0
4	φ12	490 218	1566	55	1.39	76.5
合计钢材(kg)			1623.1			

工作井口增加材料表

编号	钢筋大样	规格	长度(mm)	单位	数量
5	1800 1800 1800 1800	Φ16	1800	根	4
6	r475 环筋	Φ16	3235	根	8
7	r645 环筋	Φ16	4296	根	8
8	1600 170	φ10	3665	根	20
9	2700	Φ16	2700	根	12
10	3000	Φ20	3000	根	12
11	钢板预埋件			个	2
12	角钢预埋件			个	45
13	圆钢爬梯	φ20	1400	个	3
14	圆管爬梯	φ60×4.5	2230	个	1
15	钢筋篦子	600×600		个	1
16	环氧树脂井口(含盖)			套	1
17	电缆支架	67号		个	12

主要工程量

项目	材料及规格	单位	数量
模筑混凝土	C30，P8	m^3	9.1
M7.5机制砖		块	9612
找平层	1：2.5水泥砂浆	m^3	0.81
抹面	1：3.0防水砂浆+5%防水剂	m^3	1.56
混凝土垫层	C20混凝土	m^3	6.5
碎石垫层		m^3	8.0
外包防水卷材	SY115系列高分子(厚0.6mm)	m^2	85

注：1. 工作井内长度为4.5m。井盖混凝土强度等级C30。混凝土保护层为40mm。
2. Φ为HRB335钢，φ为HPB235钢。
3. 混凝土垫层为200mm厚，强度等级为C20，每边扩出100mm。
4. 工作井内电缆支架间距1.0m。
5. 工作井内接地扁铁上、下焊两根，并从工作井顶部引出与接地装置焊接。
6. 序号⑥和⑦圆环，需搭接200mm并焊牢。
7. 工作井内预埋件形式可根据实际需要选定。本图预埋件有角钢预埋件及钢板预埋件两种。
8. 图中标注尺寸以mm为单位。
9. 本隧道配筋图仅适用于0.5~2.0m覆土形式。
10. 防水施工详见第六章《FS-01》施工图。

图3-124	砖砌转角型工作井施工图		
适用范围	二侧排管，井内壁长4.5m，圆管固定爬梯	图号	GJ-46

第三章

电力电缆隧道敷设

第十节 电 缆 裕 沟

图 3-125 电缆裕沟施工图（1）（沟深不大于 2m，角钢活动爬梯） ………… YG-01
图 3-126 电缆裕沟施工图（2）（沟深不大于 3m，角钢活动爬梯） ………… YG-02
图 3-127 电缆裕沟施工图（3）（沟深不大于 2m，圆管固定爬梯） ………… YG-03
图 3-128 电缆裕沟施工图（4）（沟深不大于 3m，圆管固定爬梯） ………… YG-04

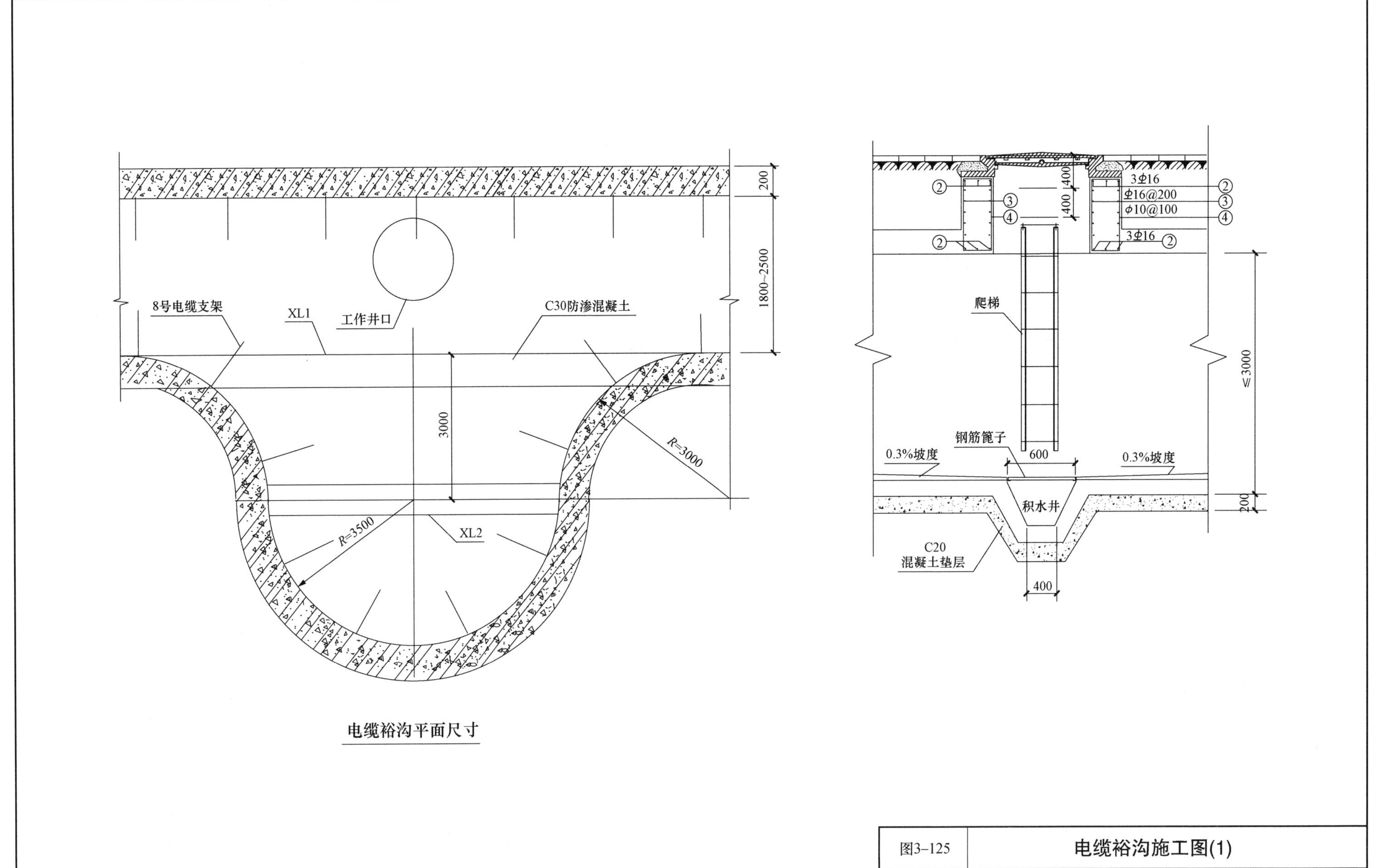

图3-125	电缆裕沟施工图(1)		
适用范围	沟深不大于2m，角钢活动爬梯	图号	YG-01

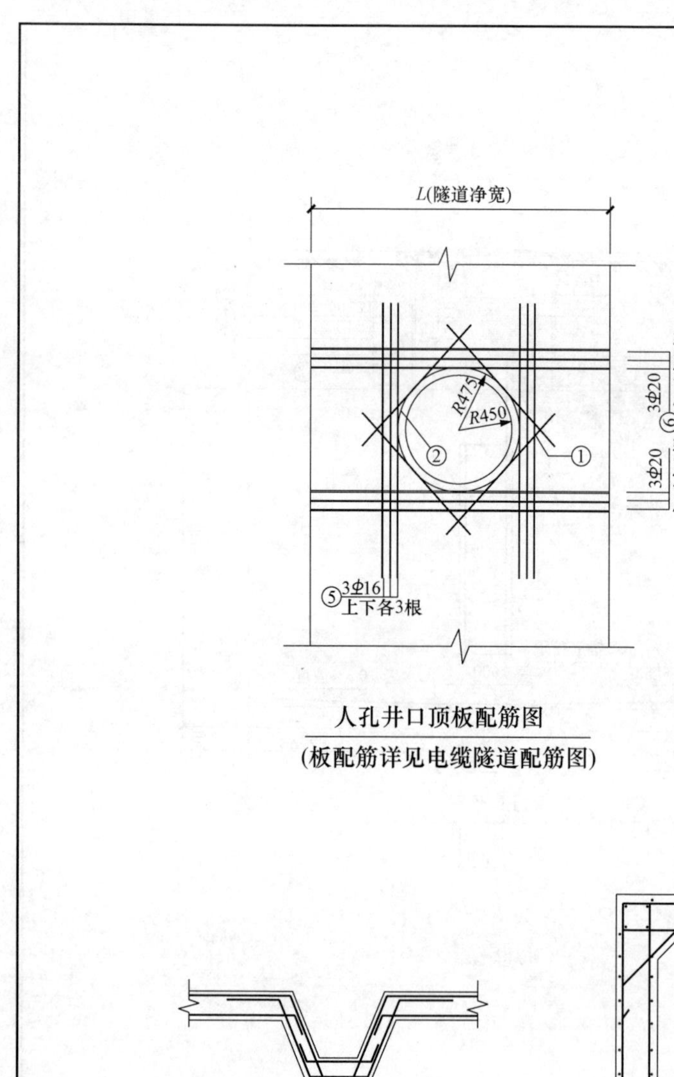

人孔井口顶板配筋图

(板配筋详见电缆隧道配筋图)

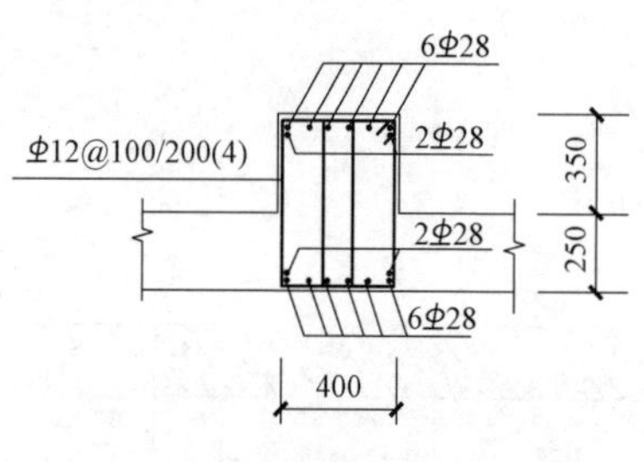

XL1配筋图

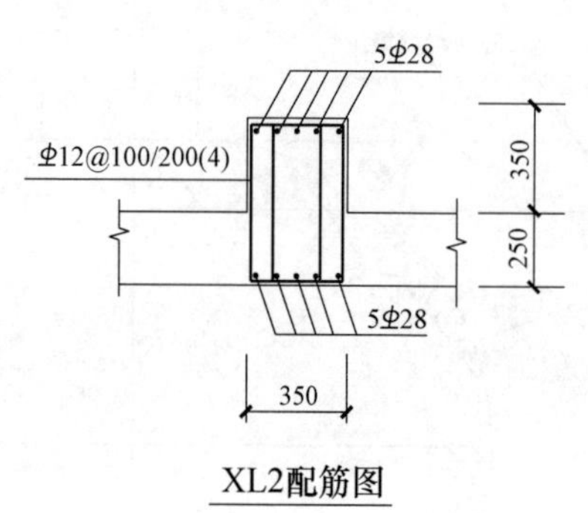

XL2配筋图

工作井增加材料表

序号	名称	规格	长度(mm)	单位	数量
1		Φ16	1800		
2	环筋	Φ16			
3	环筋	Φ16			
4		Φ10			
5	2200	Φ16	2200	根	12
6	L+2l	Φ20	L+2l (l为钢筋锚固长度)	根	12
7	预埋件			个	30
8	圆钢爬梯	Φ20	1400	根	2
9	圆管爬梯	M60×4.5	2100	个	1
10	钢筋篦子	600×600		个	1
11	C30防渗混凝土	P8		m^3	
12	球墨铸铁井口(含盖)			套	1
13	角钢支架	67~71号		个	10

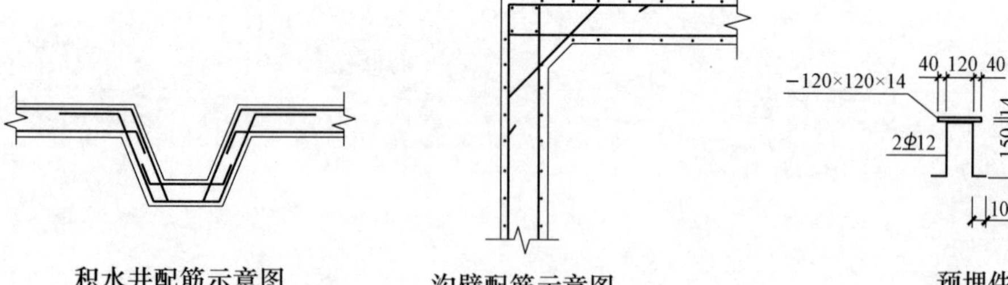

积水井配筋示意图　　沟壁配筋示意图

注：钢筋截断处应满足抗拉锚锢长度

−120×120×14　40 120 40　2Φ12　14　150　100

预埋件

注：1. 电缆裕沟壁厚、沟顶配筋、断面、混凝土强度等级、防水做法均按《电缆隧道配筋施工图》施工。
2. 电缆支架间距1.0m。
3. 裕沟内接地扁铁上、下焊两根，并从隧道顶部引出与接地装置连接。
4. 所有配筋均为上、下两层。
5. 钢筋序号②和③为环筋，需搭接200mm并焊牢。
6. 角钢爬梯为悬挂式，使用时挂在下层的圆钢爬梯上即可。
7. 图中标注尺寸以mm为单位。

图3–125	电缆裕沟施工图(1)		
适用范围	沟深不大于2m，角钢活动爬梯	图号	YG–01

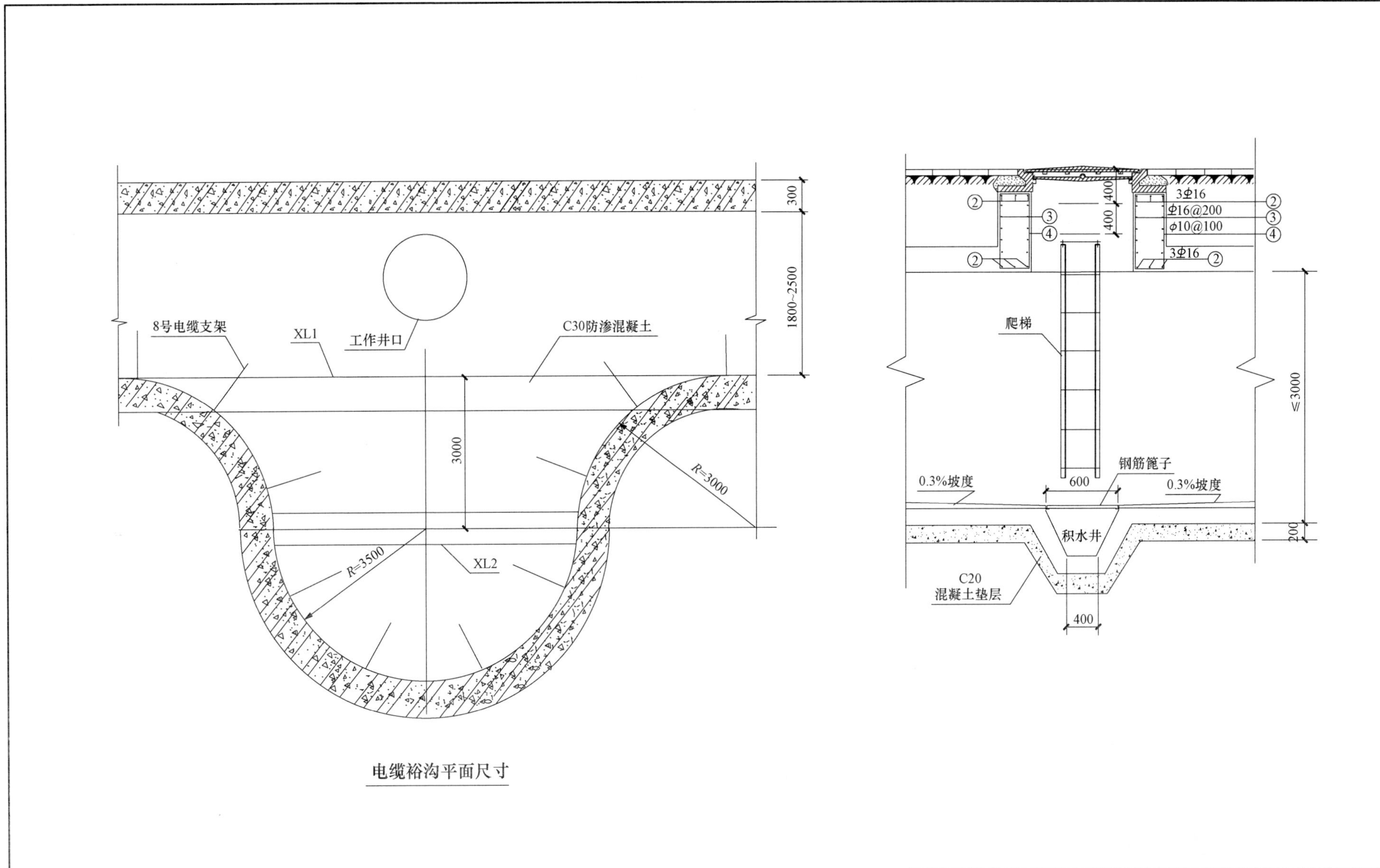

图3-126	电缆裕沟施工图(2)		
适用范围	沟深不大于3m，角钢活动爬梯	图号	YG-02

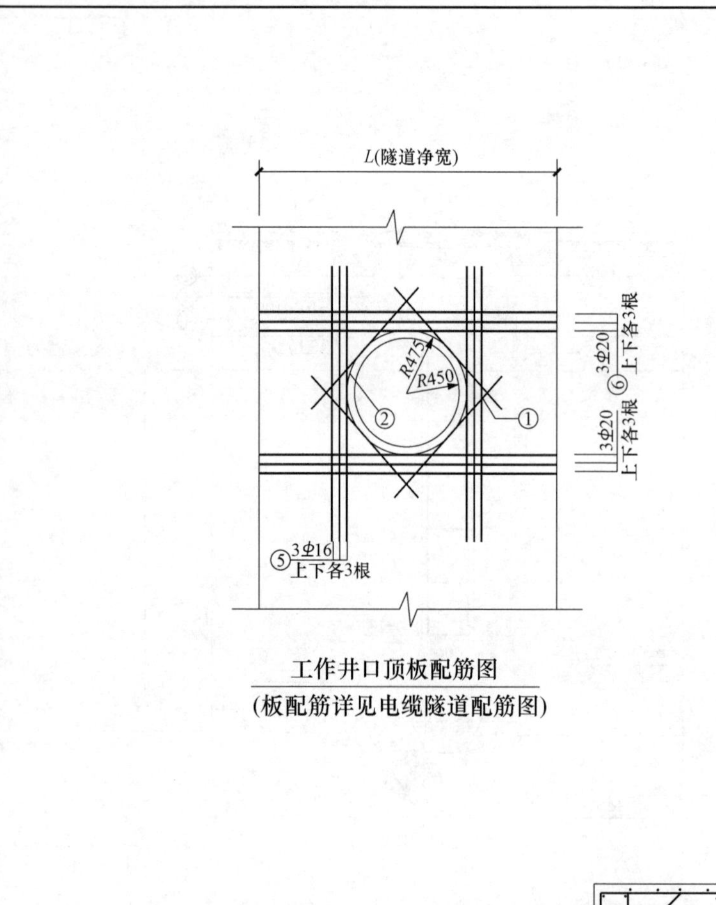

工作井口顶板配筋图
(板配筋详见电缆隧道配筋图)

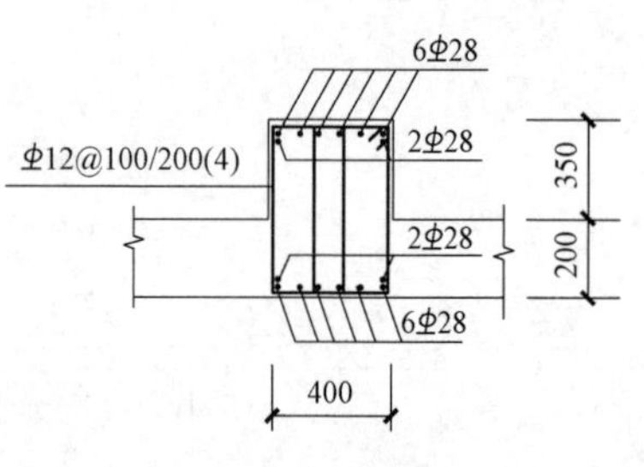

XL1配筋图

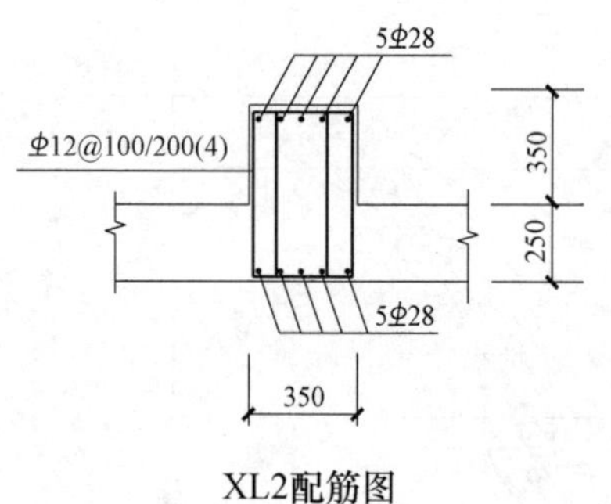

XL2配筋图

工作井增加材料表

序号	名称	规格	长度(mm)	单位	数量
1	1800 1800 1800 1800	Φ16	1800		
2	环筋	Φ16			
3	环筋	Φ16			
4		Φ10			
5	2200	Φ16	2200	根	12
6	$L+2l$	Φ20	$L+2l$ (l为钢筋锚固长度)	根	12
7	预埋件			个	30
8	圆钢爬梯	Φ20	1400	根	2
9	圆管爬梯	∟63×6	2100	个	1
10	钢筋篦子	600×600		个	1
11	C30防渗混凝土	P8		m^3	
12	球墨铸铁井口(含盖)			套	1
13	角钢支架	67~71号		个	10

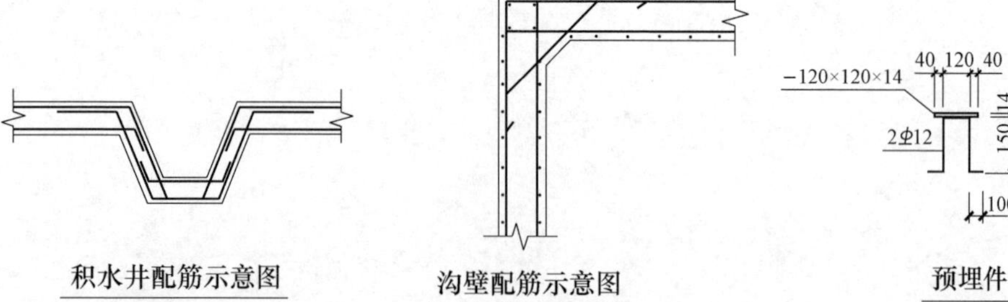

积水井配筋示意图　　沟壁配筋示意图　　预埋件

注：钢筋截断处应满足抗拉锚锢长度

注：1. 电缆裕沟壁厚、沟顶配筋、断面、混凝土强度等级、防水做法均按《电缆隧道配筋施工图》施工。
2. 电缆支架间距1.0m。
3. 裕沟内接地扁铁上、下焊两根，并从隧道顶部引出与接地装置连接。
4. 所有配筋均为上、下两层。
5. 钢筋序号②和③为环筋，需搭接200mm并焊牢。
6. 角钢爬梯为悬挂式，使用时挂在下层的圆钢爬梯上即可。
7. 图中标注尺寸以mm为单位。

图3-126	电缆裕沟施工图(2)		
适用范围	沟深不大于3m，角钢活动爬梯	图号	YG-02

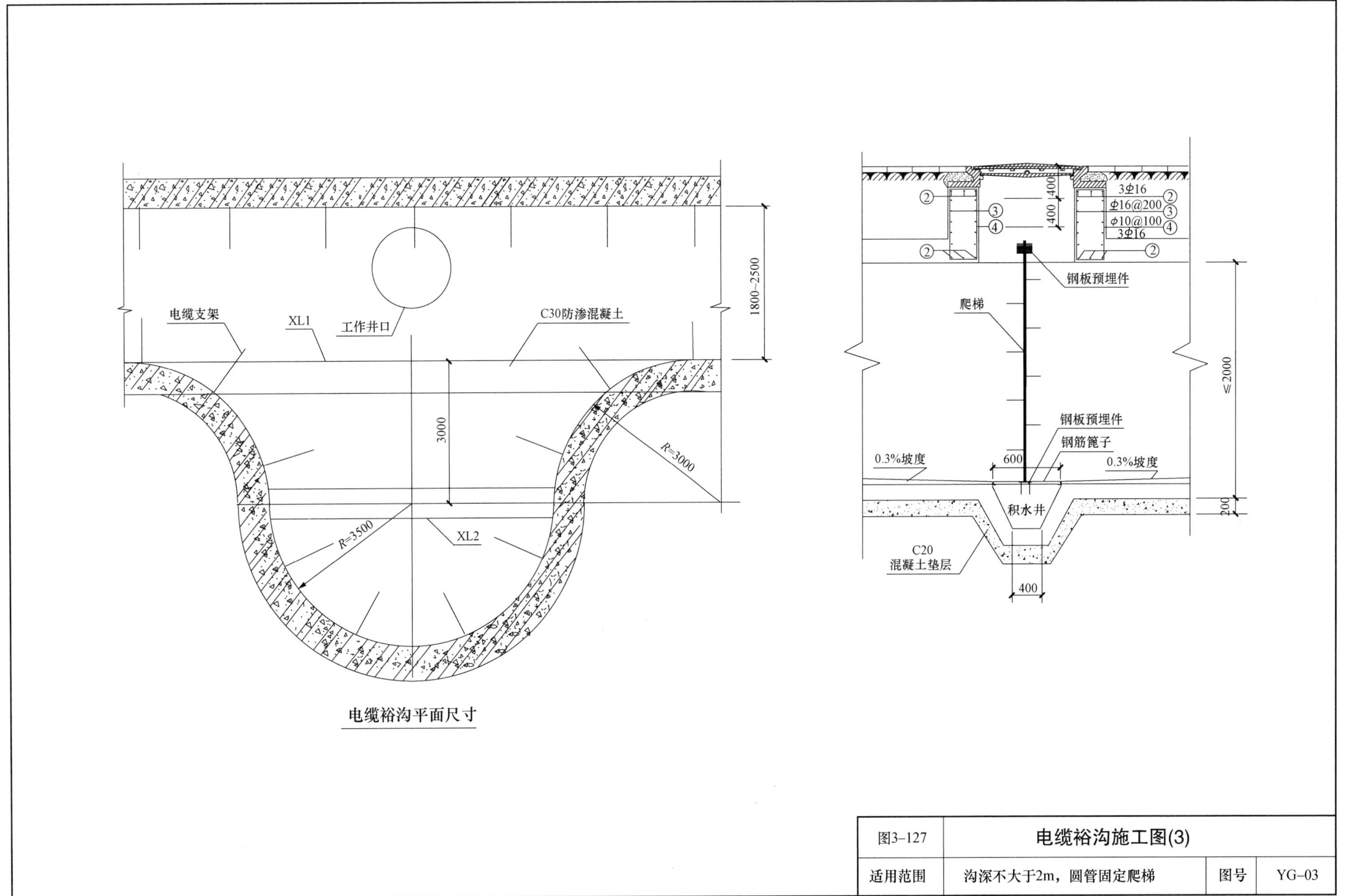

图3-127	电缆裕沟施工图(3)		
适用范围	沟深不大于2m，圆管固定爬梯	图号	YG-03

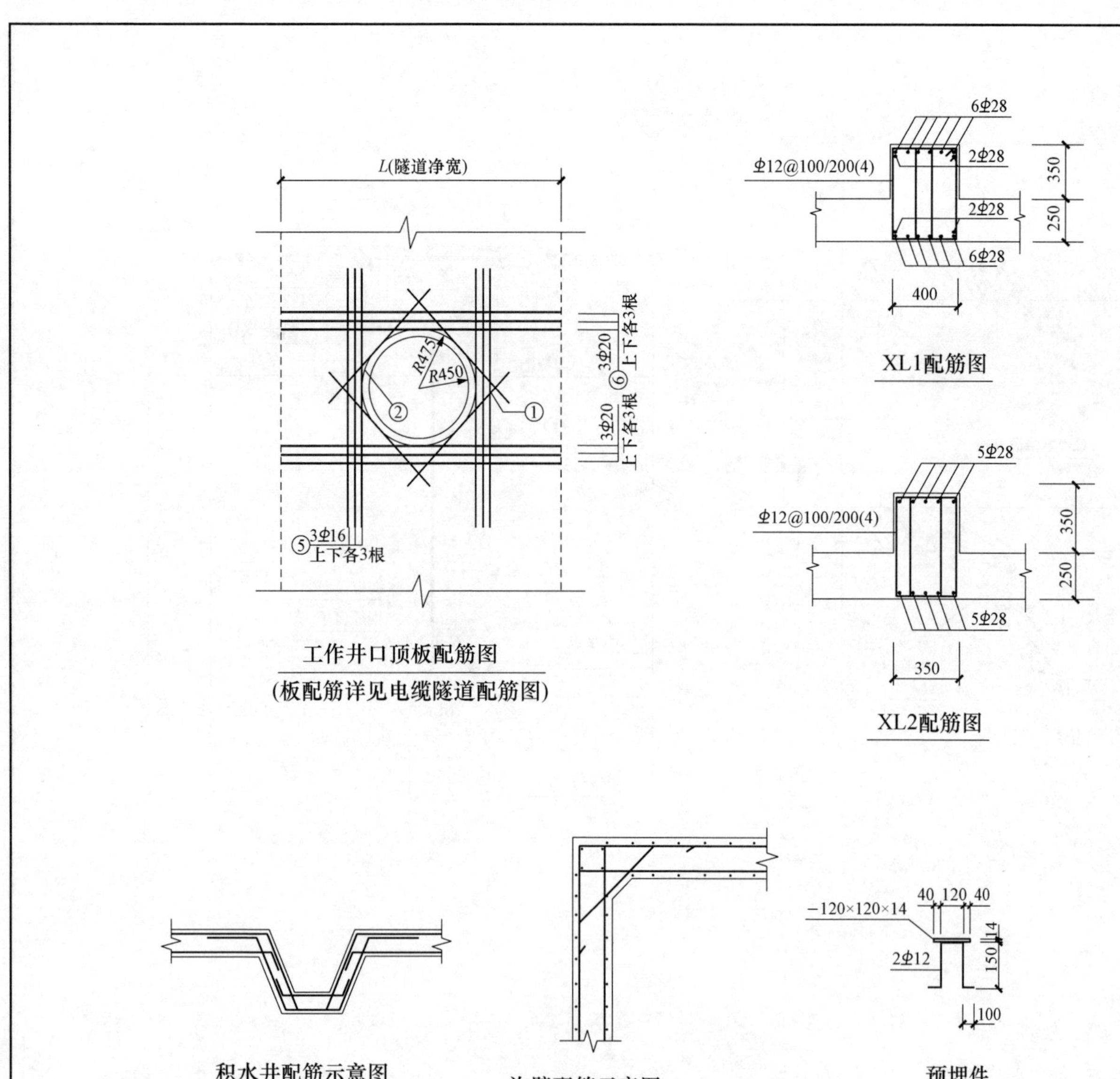

工作井口顶板配筋图

(板配筋详见电缆隧道配筋图)

XL1配筋图

XL2配筋图

积水井配筋示意图

沟壁配筋示意图

预埋件

注：钢筋截断处应满足抗拉锚铟长度

工作井增加材料表

序号	名称	规格	长度(mm)	单位	数量
1	1800 1800 1800 1800	Φ16	1800		
2	环筋	Φ16			
3	环筋	Φ16			
4		Φ10			
5	2200	Φ16	2200	根	12
6	L+2l	Φ20	L+2l (l为钢筋锚固长度)	根	12
7	钢板预埋件	−120×12	120	个	32
8	圆钢爬梯	Φ20	1400	根	2
9	圆管爬梯	M60×4.5	2230	个	1
10	钢筋篦子	600×600		个	1
11	C30防渗混凝土	P8		m^3	
12	球墨铸铁井口(含盖)			套	1
13	角钢支架	67~71号		个	10

注：1. 电缆裕沟壁厚、沟顶配筋、断面、混凝土强度等级、防水做法均按《电缆隧道配筋施工图》施工。
2. 电缆支架间距1.0m。
3. 裕沟内接地扁铁上、下焊两根，并从隧道顶部引出与接地装置连接。
4. 所有配筋均为上、下两层。
5. 钢筋序号②和③为环筋，需搭接200mm并焊牢。
6. 圆管爬梯为固定式，安装时将爬梯焊在井口及井底的钢板预埋件上。
7. 图中标注尺寸以mm为单位。

图3–127	电缆裕沟施工图(3)		
适用范围	沟深不大于2m，圆管固定爬梯	图号	YG–03

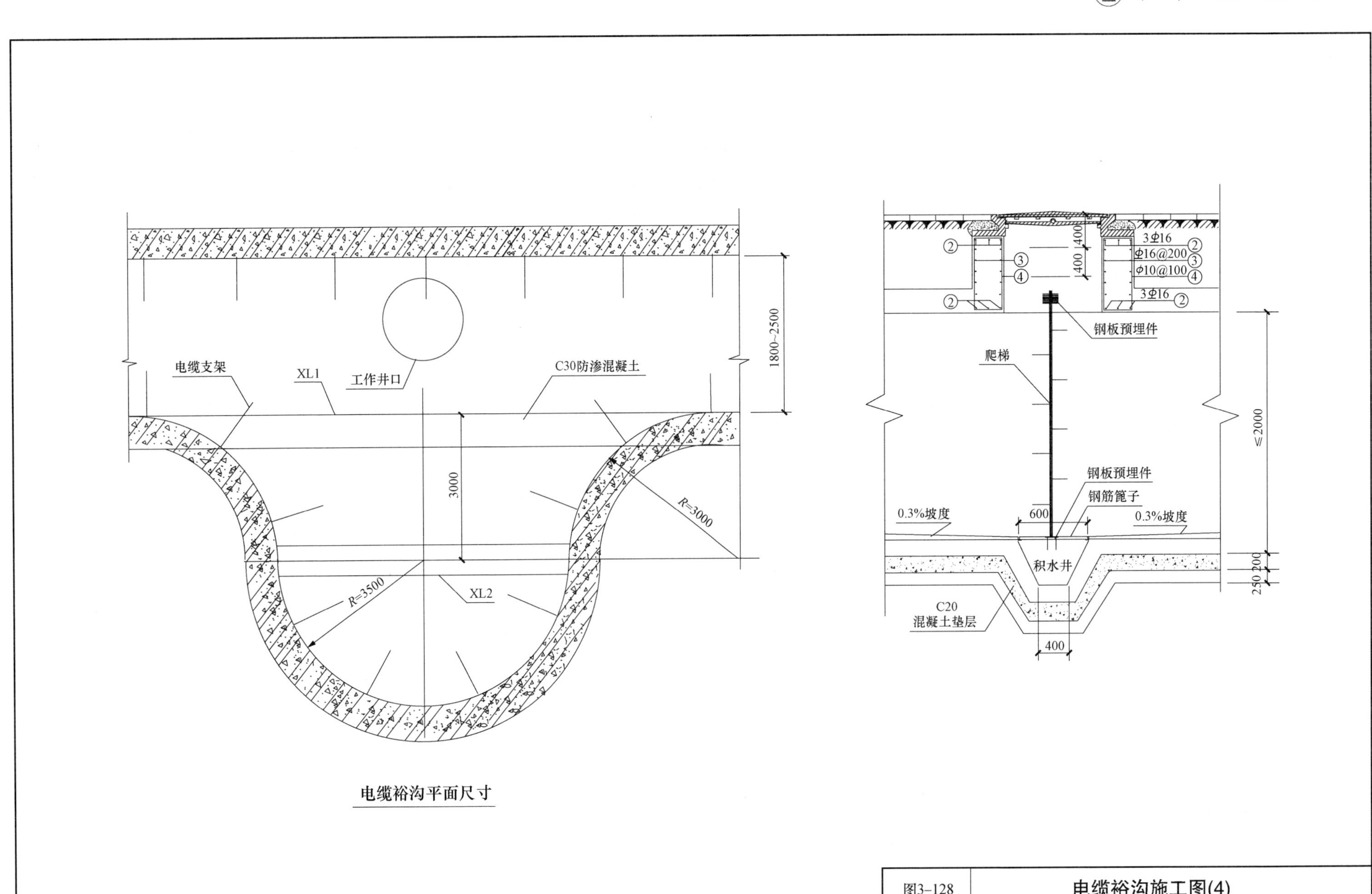

图3-128	电缆裕沟施工图(4)		
适用范围	沟深不大于3m，圆管固定爬梯	图号	YG-04

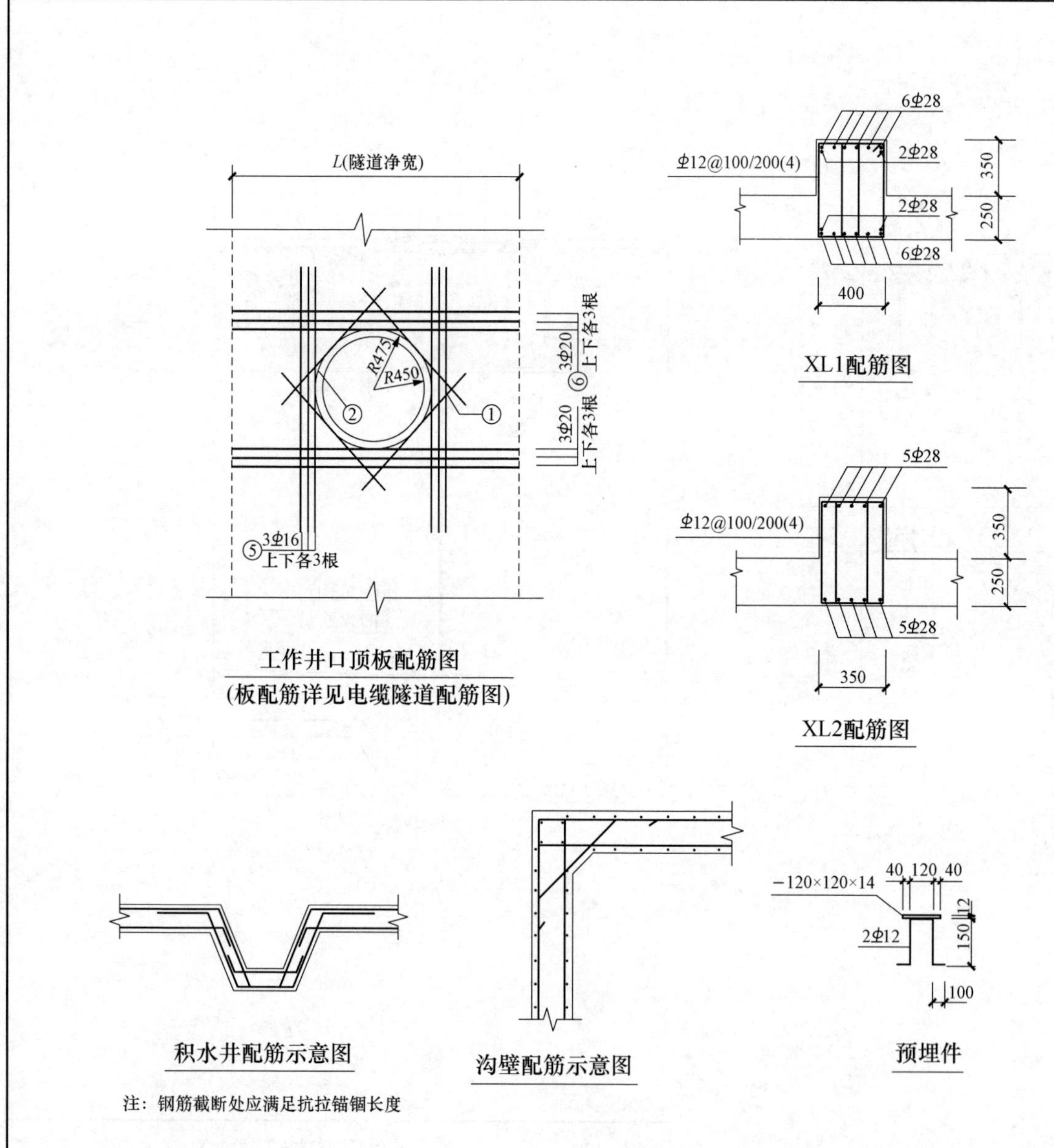

工作井口顶板配筋图
(板配筋详见电缆隧道配筋图)

XL1配筋图

XL2配筋图

积水井配筋示意图

沟壁配筋示意图

预埋件

注：钢筋截断处应满足抗拉锚锢长度

工作井增加材料表

序号	名称	规格	长度(mm)	单位	数量
1	1800 1800 1800 1800	Φ16	1800		
2	环筋	Φ16			
3	环筋	Φ16			
4		Φ10			
5	2200	Φ16	2200	根	12
6	L+2l	Φ20	L+2l (l为钢筋锚固长度)	根	12
7	钢板预埋件	−120×12	120	个	32
8	圆钢爬梯	Φ20	1400	根	2
9	圆管爬梯	M60×4.5	2230	个	1
10	钢筋篦子	600×600		个	1
11	C30防渗混凝土	P8		m^3	
12	球墨铸铁井口(含盖)			套	1
13	角钢支架	67~71号		个	10

注：1. 电缆裕沟壁厚、沟顶配筋、断面、混凝土强度等级、防水做法均按《电缆隧道配筋施工图》施工。
2. 电缆支架间距1.0m。
3. 裕沟内接地扁铁上、下焊两根，并从隧道顶部引出与接地装置连接。
4. 所有配筋均为上、下两层。
5. 钢筋序号②和③为环筋，需搭接200mm并焊牢。
6. 角钢爬梯为悬挂式，使用时挂在下层的圆钢爬梯上即可。
7. 图中标注尺寸以mm为单位。

图3−128	电缆裕沟施工图(4)		
适用范围	沟深不大于3m，圆管固定爬梯	图号	YG−04

第四章　电力电缆沟敷设

电缆沟敷设较为普遍，是多根电缆常用的一种敷设方法。多与电缆直埋、电缆排管配合使用。适用于变电站出线，路径弯曲且高程变化较大的地段。

电缆沟敷设的优点：土建工程能适应地面高程的变化，宜转弯，灵活多样，施工方便。缺点是：电缆沟内散热条件差，另外更换电缆时开挖土方及搬动盖板工作量大。沟内容易积水、积污，而且清除不方便。

电缆沟敷设应注意以下几点：

(1) 电缆沟内的电缆支架有角钢支架、组合悬挂式玻璃钢支架、承插式玻璃钢支架、平板型玻璃钢支架四种形式。各种支架所需的预埋件不相同，需要根据支架型式，选定所需的预埋件，在电缆沟砌制时可按图纸要求把预埋件埋置在沟壁内。

(2) 电缆沟内采用玻璃钢支架时，考虑电缆的接地需求，每隔 50m 可采用一组角钢支架，并与接地扁铁及接地装置焊接。

(3) 电缆沟内的角钢支架要求热镀锌防腐。

(4) 地下水位较高的地区，为防止地下水渗入电缆沟内，沟底及外壁周围必须按图纸要求用高分子防水卷材包封。

(5) 电缆沟内的电缆支架，均应有良好的接地，沟内所有电缆支持件应与沟内接地扁铁焊接，接地扁铁引入接地装置，其接地电阻不得大于 4Ω。

施　工　图

第一节　角钢支架电缆沟　LG-01～15

第二节　组合悬挂式玻璃钢支架电缆沟　LG-16～25

第三节　承插式玻璃钢支架电缆沟　LG-26～29

第四节　平板型玻璃钢支架电缆沟　LG-30～34

第四章

电力电缆沟敷设

第一节　角钢支架电缆沟

图4-1　0.8m×1.0m电缆沟施工图　　(6根三芯电缆) …… LG-01
图4-2　1.0m×1.0m电缆沟施工图　　(9根三芯电缆) …… LG-02
图4-3　1.2m×1.3m电缆沟施工图 (1) (12根三芯电缆) …… LG-03
图4-4　1.2m×1.3m电缆沟施工图 (2) (110kV电缆3回路) …… LG-04
图4-5　1.2m×1.5m电缆沟施工图 (1) (110kV电缆2回路) …… LG-05
图4-6　1.2m×1.5m电缆沟施工图 (2) (10kV电缆6根，110kV电缆2回路) …… LG-06
图4-7　1.2m×1.6m电缆沟施工图 (1) (15根三芯电缆) …… LG-07
图4-8　1.2m×1.6m电缆沟施工图 (2) (10kV电缆3根，110kV电缆3回路) …… LG-08
图4-9　1.6m×1.2m电缆沟施工图 (1) (18根三芯电缆) …… LG-09
图4-10　1.6m×1.2m电缆沟施工图 (2) (10kV电缆12根，110kV电缆2回路) …… LG-10
图4-11　1.6m×1.2m电缆沟施工图 (3) (18根三芯电缆) …… LG-11
图4-12　1.6m×1.5m电缆沟施工图 (1) (24根三芯电缆) …… LG-12
图4-13　1.6m×1.5m电缆沟施工图 (2) (110kV电缆18根，110kV电缆2回路) …… LG-13
图4-14　1.6m×1.5m电缆沟施工图 (3) (10kV电缆12根，35kV电缆2回路，110kV电缆2回路) …… LG-14
图4-15　1.6m×1.5m电缆沟施工图 (4) (24根三芯电缆) …… LG-15

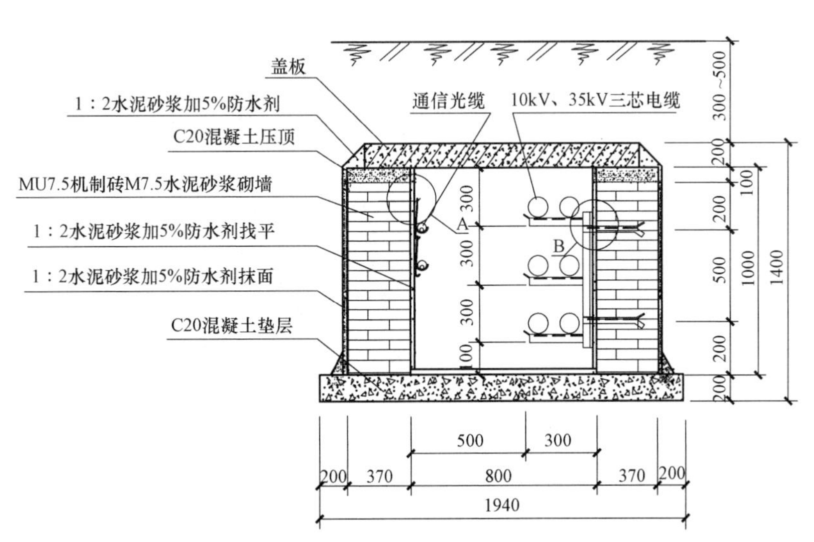

每10m电缆沟所需材料

型号	序号	名称	规格	单位	数量	备注
0.8m×1.0m	1	机制砖	MU7.5	块	3597	
	2	混凝土垫层	C20	m^3	3.88	
	3	混凝土压顶	C20	m^3	0.74	
	4	电缆沟盖板	GP−1	块	20	GP−01
	5	圆钢预埋件	ϕ10×500	根	10	MJ−03
	6	角钢预埋件	∟50×5×340	根	20	MJ−02
	7	电缆吊钩	ϕ8	个	20	DG−01
	8	角钢支架	51号	个	10	ZJ−51
	9	接地扁铁	−50×5	m	20	

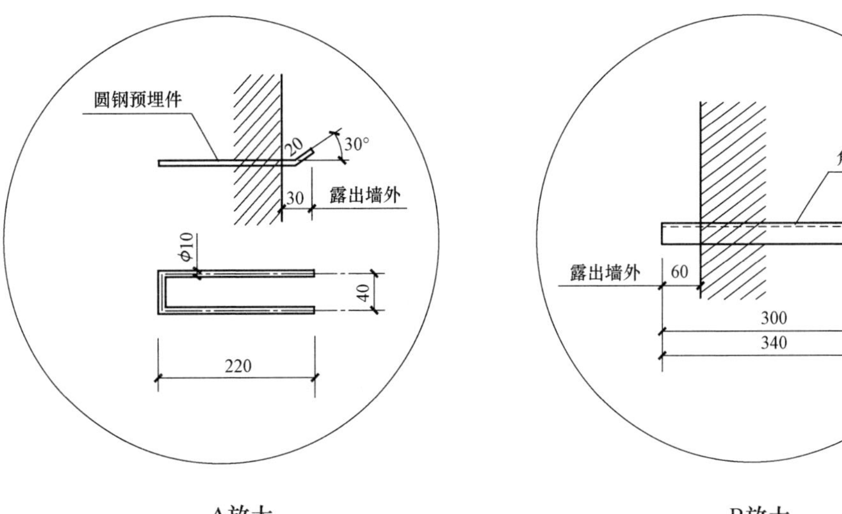

A放大　　B放大

注：1. 沟顶覆土0.3~0.5m。
2. 电缆支架间距1.0m。
3. 沟道内接地扁铁在支架上、下焊两根，并从隧道上部引出与接地装置连接。

图4−1	0.8mx1.0m 电缆沟施工图		
适用范围	角钢支架，6根三芯电缆	图号	LG−01

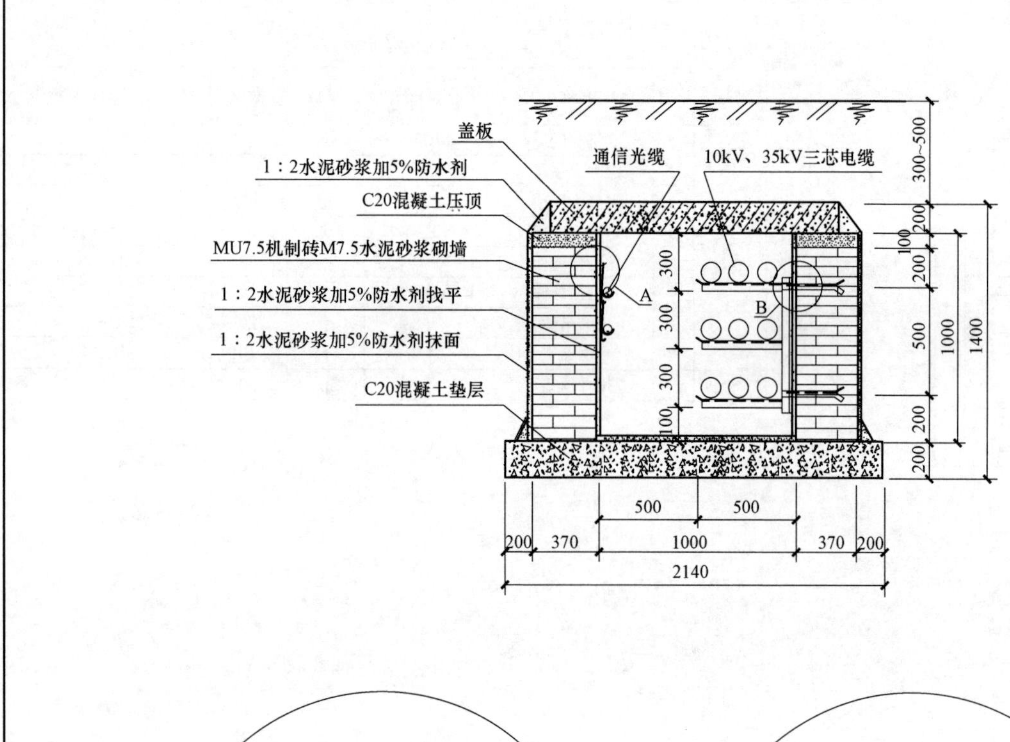

每10m电缆沟所需材料

型号	序号	名称	规格	单位	数量	备注
1.0m×1.0m	1	机制砖	MU7.5	块	3597	
	2	混凝土垫层	C20	m^3	4.28	
	3	混凝土压顶	C20	m^3	0.74	
	4	电缆沟盖板	GP−2	块	20	GP−02
	5	圆钢预埋件	ϕ10×500	根	10	MJ−03
	6	角钢预埋件	∟50×5×340	根	20	MJ−02
	7	电缆吊钩	ϕ8	个	20	DG−01
	8	角钢支架	52号	个	10	ZJ−52
	9	接地扁铁	−50×5	m	20	

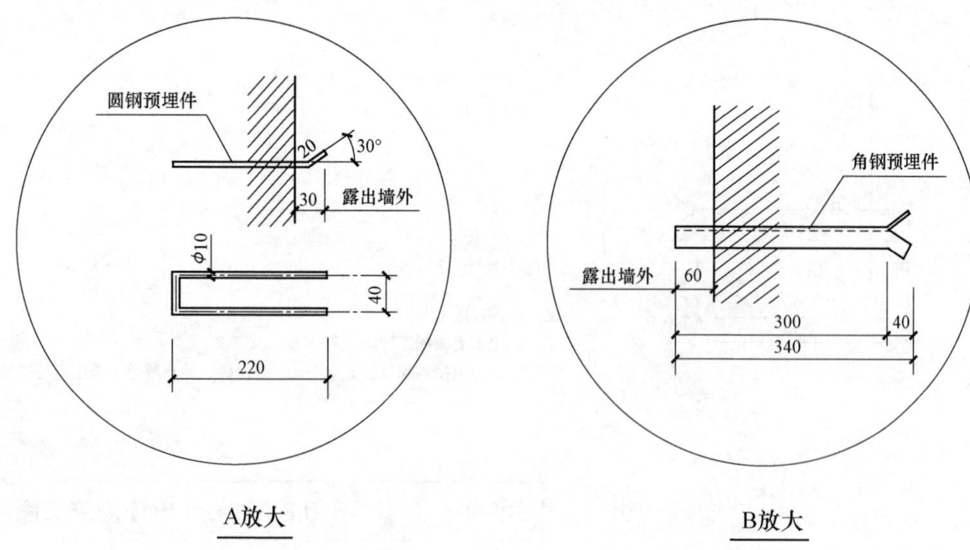

A放大

B放大

注：1. 沟顶覆土0.3~0.5m。
2. 电缆支架间距1.0m。
3. 沟道内接地扁铁在支架上、下焊两根，并从隧道上部引出与接地装置连接。

图4−2	1.0mx1.0m 电缆沟施工图		
适用范围	角钢支架，9根三芯电缆	图号	LG−02

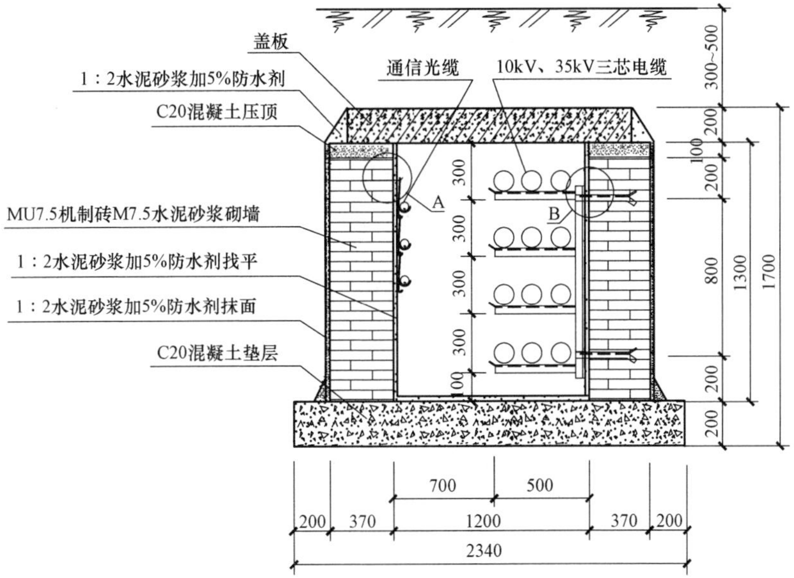

每10m电缆沟所需材料

型号	序号	名称	规格	单位	数量	备注
1.2m×1.3m	1	机制砖	MU7.5	块	4796	
	2	混凝土垫层	C20	m^3	4.68	
	3	混凝土压顶	C20	m^3	0.74	
	4	电缆沟盖板	GP−4	块	20	GP−04
	5	圆钢预埋件	ϕ10×500	根	10	MJ−03
	6	角钢预埋件	∟50×5×340	根	20	MJ−02
	7	电缆吊钩	ϕ8	个	30	DG−01
	8	角钢支架	53号	个	10	ZJ−53
	9	接地扁铁	−50×5	m	20	

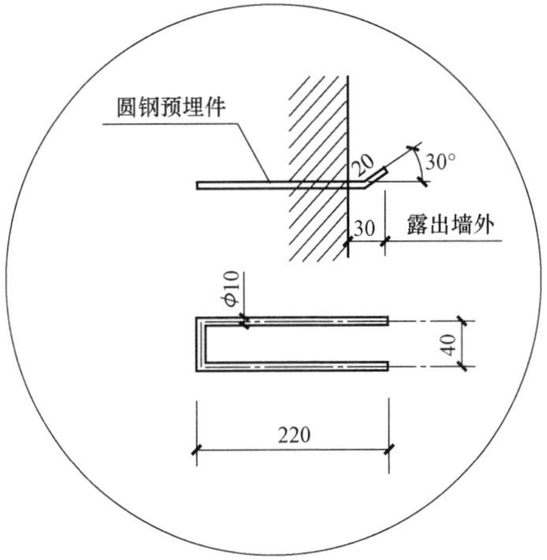

A放大

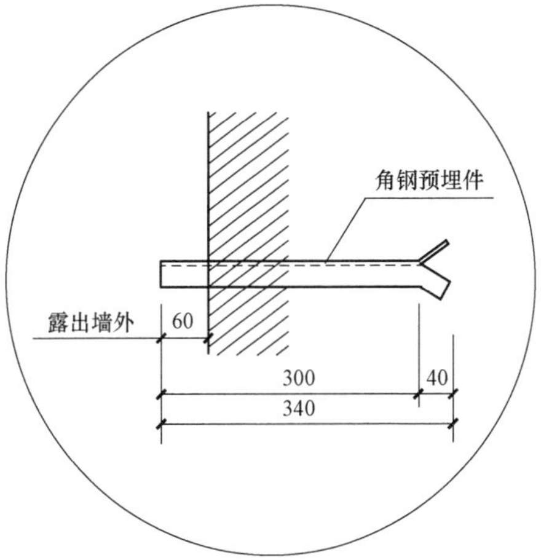

B放大

注：1. 沟顶覆土0.3~0.5m。
2. 电缆支架间距1.0m。
3. 沟道内接地扁铁在支架上、下焊两根，并从隧道上部引出与接地装置连接。

图4−3	1.2mx1.3m 电缆沟施工图(1)		
适用范围	角钢支架，12根三芯电缆	图号	LG−03

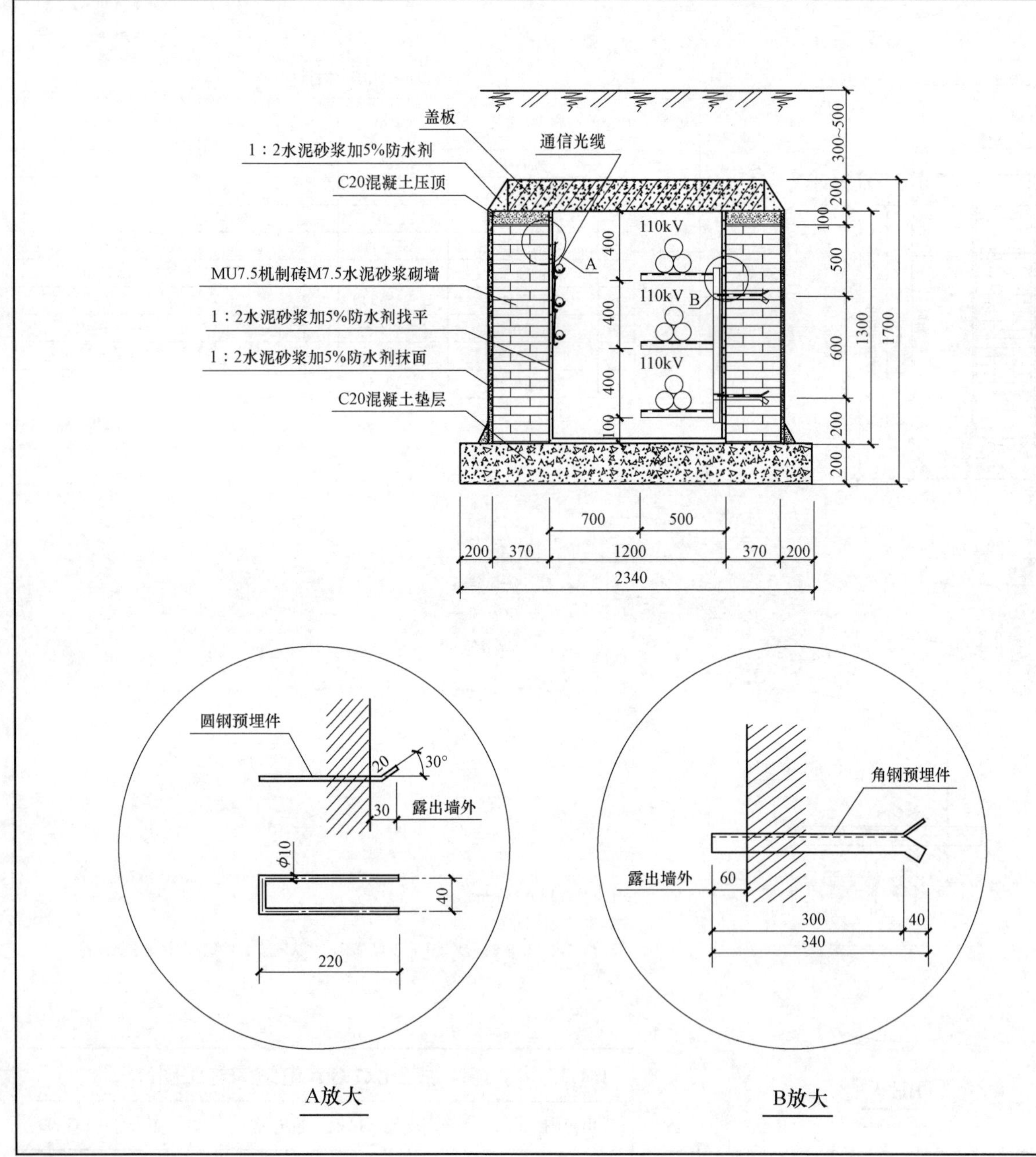

每10m电缆沟所需材料

型号	序号	名称	规格	单位	数量	备注
1.2m×1.3m	1	机制砖	MU7.5	块	4796	
	2	混凝土垫层	C20	m^3	4.68	
	3	混凝土压顶	C20	m^3	0.74	
	4	电缆沟盖板	GP−4	块	20	GP−04
	5	圆钢预埋件	ϕ10×500	根	10	MJ−03
	6	角钢预埋件	∟50×5×340	根	20	MJ−02
	7	电缆吊钩	ϕ8	个	30	DG−01
	8	角钢支架	54号	个	10	ZJ−54
	9	接地扁铁	−50×5	m	20	

注：1. 沟顶覆土0.3~0.5m。
2. 电缆支架间距1.0m。
3. 沟道内接地扁铁在支架上、下焊两根，并从隧道上部引出与接地装置连接。

图4−4	1.2mx1.3m 电缆沟施工图(2)		
适用范围	角钢支架，110kV电缆3回路	图号	LG−04

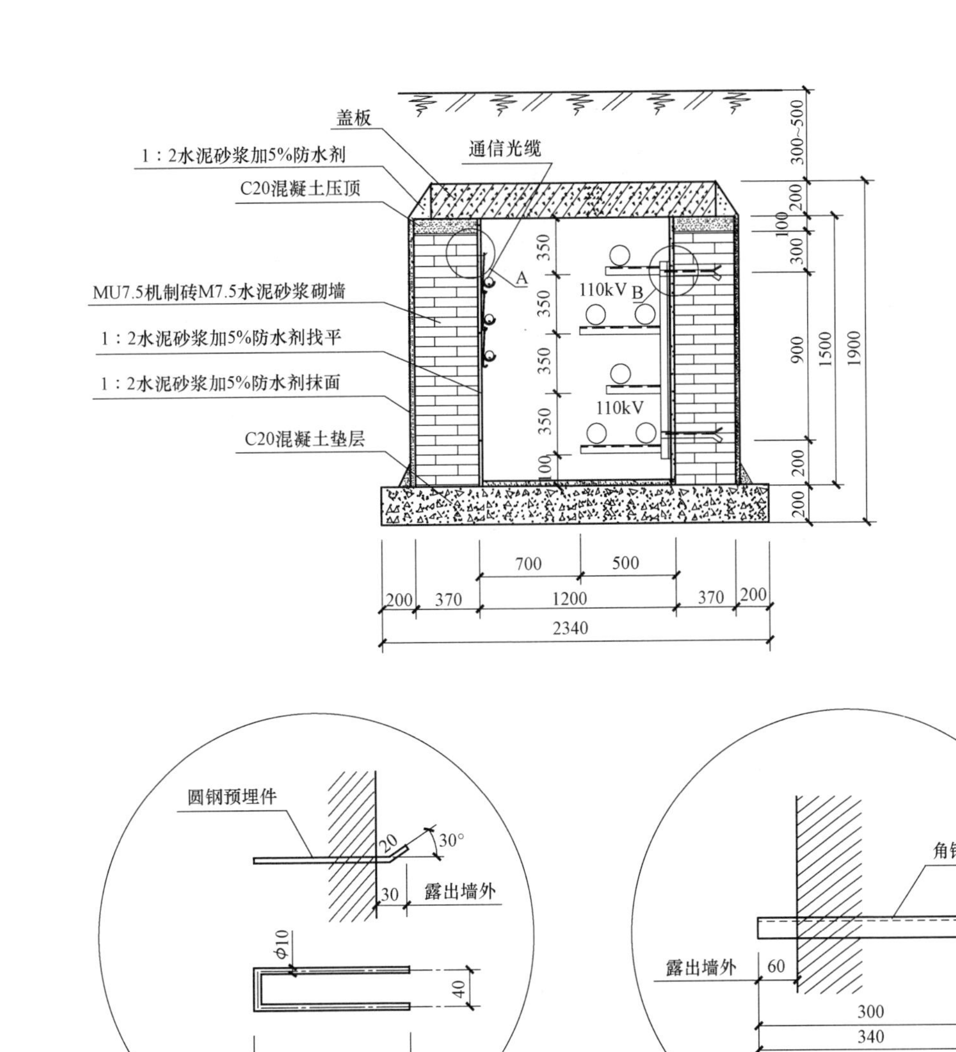

A放大

B放大

每10m电缆沟所需材料

型号	序号	名称	规格	单位	数量	备注
1.2m×1.5m	1	机制砖	MU7.5	块	5595	
	2	混凝土垫层	C20	m^3	4.68	
	3	混凝土压顶	C20	m^3	0.74	
	4	电缆沟盖板	GP－4	块	20	GP－04
	5	圆钢预埋件	ϕ10×500	根	10	MJ－03
	6	角钢预埋件	∟50×5×340	根	20	MJ－02
	7	电缆吊钩	ϕ8	个	30	DG－01
	8	角钢支架	55号	个	10	ZJ－55
	9	接地扁铁	－50×5	m	20	

注：1. 沟顶覆土0.3~0.5m。
2. 电缆支架间距1.0m。
3. 沟道内接地扁铁在支架上、下焊两根，并从隧道上部引出与接地装置连接。

图4-5	1.2mx1.5m 电缆沟施工图(1)		
适用范围	角钢支架，110kV电缆2回路	图号	LG-05

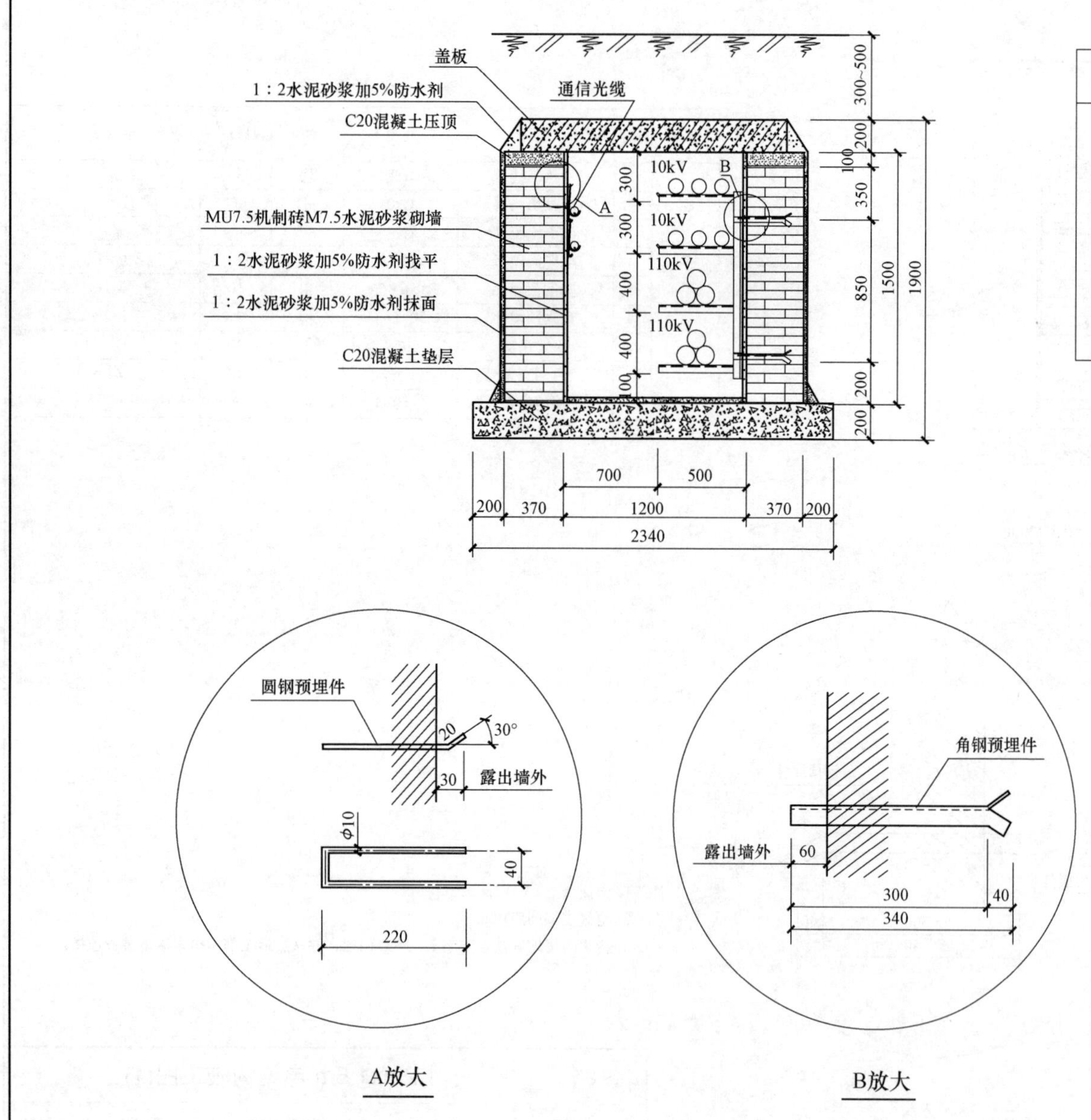

每10m电缆沟所需材料

型号	序号	名称	规格	单位	数量	备注
1.2m×1.5m	1	机制砖	MU7.5	块	5595	
	2	混凝土垫层	C20	m^3	4.68	
	3	混凝土压顶	C20	m^3	0.74	
	4	电缆沟盖板	GP−4	块	20	GP−04
	5	圆钢预埋件	ϕ10×500	根	10	MJ−03
	6	角钢预埋件	∟50×5×340	根	20	MJ−02
	7	电缆吊钩	ϕ8	个	30	DG−01
	8	角钢支架	56号	个	10	ZJ−56
	9	接地扁铁	−50×5	m	20	

注：1. 沟顶覆土0.3~0.5m。
2. 电缆支架间距1.0m。
3. 沟道内接地扁铁在支架上、下焊两根，并从隧道上部引出与接地装置连接。

图4-6	1.2mx1.5m 电缆沟施工图(2)		
适用范围	角钢支架，10kV电缆6根，110kV电缆2回路	图号	LG−06

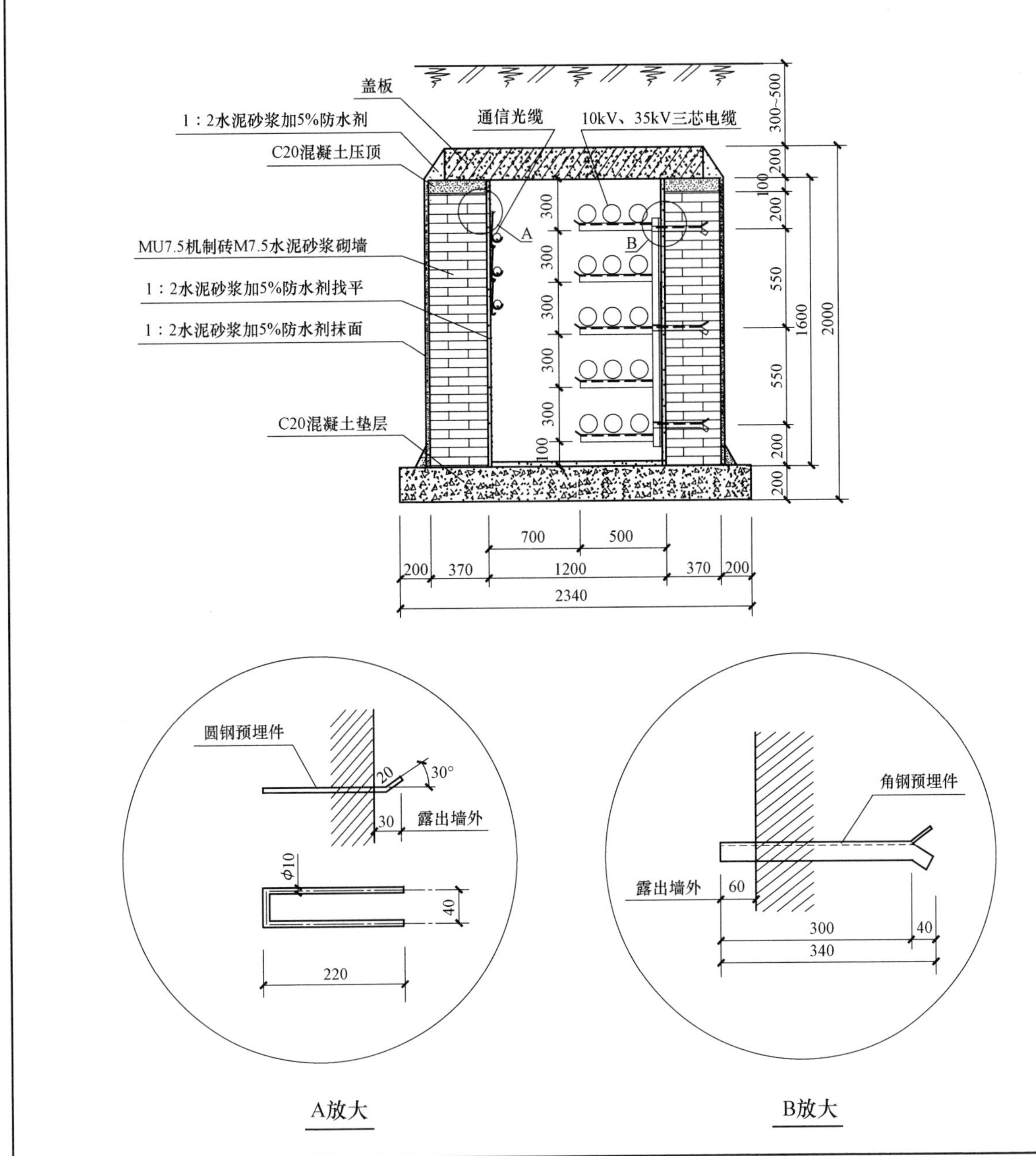

A放大

B放大

每10m电缆沟所需材料

型号	序号	名称	规格	单位	数量	备注
1.2m×1.6m	1	机制砖	MU7.5	块	5994	
	2	混凝土垫层	C20	m^3	4.68	
	3	混凝土压顶	C20	m^3	0.74	
	4	电缆沟盖板	GP－4	块	20	GP－04
	5	圆钢预埋件	ϕ10×500	根	10	MJ－03
	6	角钢预埋件	∟50×5×340	根	30	MJ－02
	7	电缆吊钩	ϕ8	个	30	DG－01
	8	角钢支架	57号	个	10	ZJ－57
	9	接地扁铁	－50×5	m	20	

注：1. 沟顶覆土0.3~0.5m。
2. 电缆支架间距1.0m。
3. 沟道内接地扁铁在支架上、下焊两根，并从隧道上部引出与接地装置连接。

图4–7	1.2mx1.6m 电缆沟施工图(1)		
适用范围	角钢支架，15根三芯电缆	图号	LG–07

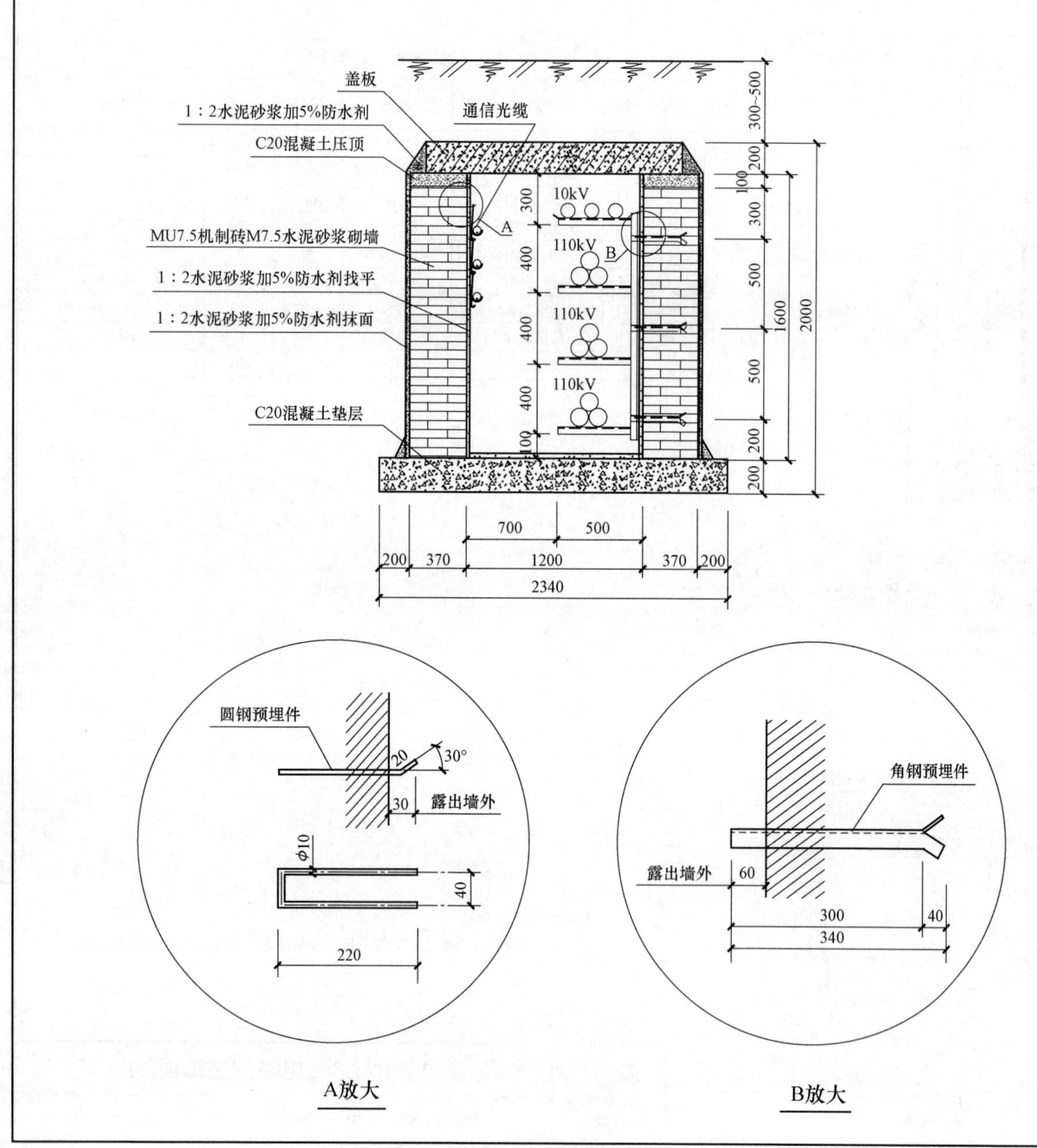

每10m电缆沟所需材料

型号	序号	名称	规格	单位	数量	备注
1.2m×1.6m	1	机制砖	MU7.5	块	5994	
	2	混凝土垫层	C20	m^3	4.68	
	3	混凝土压顶	C20	m^3	0.74	
	4	电缆沟盖板	GP−4	块	20	GP−04
	5	圆钢预埋件	φ10×500	根	10	MJ−03
	6	角钢预埋件	∟50×5×340	根	30	MJ−02
	7	电缆吊钩	φ8	个	30	DG−01
	8	角钢支架	58号	个	10	ZJ−58
	9	接地扁铁	−50×5	m	20	

注：1. 沟顶覆土0.3~0.5m。
2. 电缆支架间距1.0m。
3. 沟道内接地扁铁在支架上、下焊两根，并从隧道上部引出与接地装置连接。

图4−8	1.2mx1.6m 电缆沟施工图(2)		
适用范围	角钢支架，10kV电缆3根，110kV电缆3回路	图号	LG−08

每10m电缆沟所需材料

型号	序号	名称	规格	单位	数量	备注
1.6m×1.2m	1	机制砖	MU7.5	块	4396	
	2	混凝土垫层	C20	m^3	5.48	
	3	混凝土压顶	C20	m^3	0.74	
	4	电缆沟盖板	GP−7	块	20	GP−07
	5	角钢预埋件	∟50×5×340	根	40	MJ−02
	6	角钢支架	59号	个	20	ZJ−59
	7	接地扁铁	−50×5	m	40	

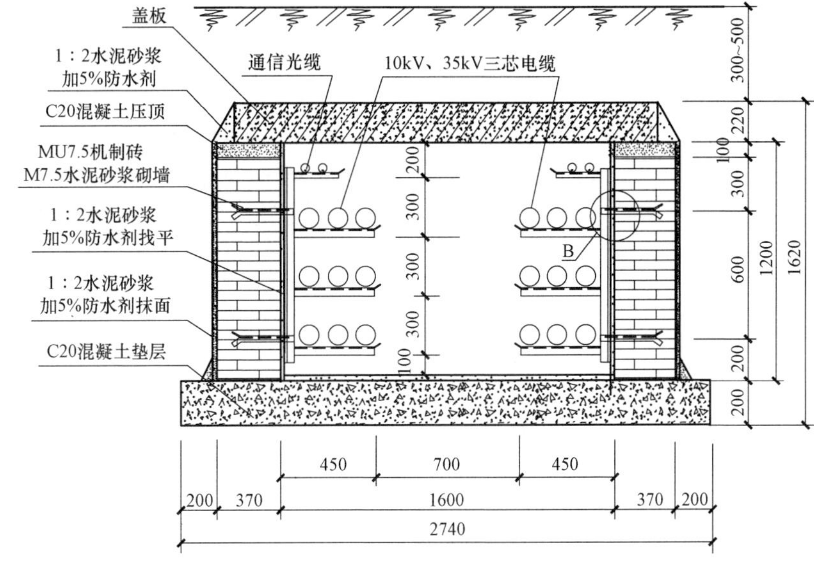

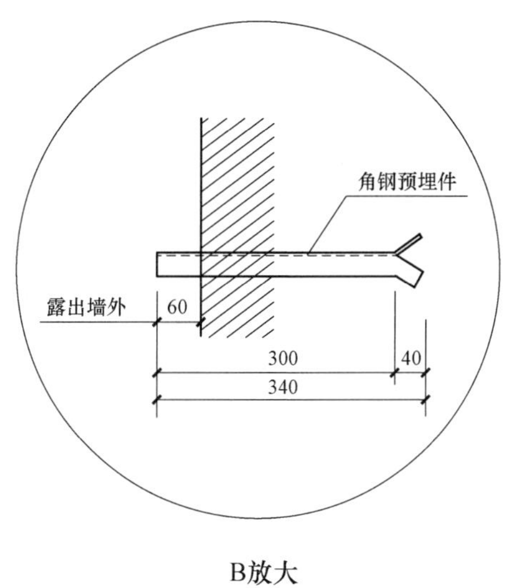

B放大

注：1. 沟顶覆土0.3~0.5m。
2. 电缆支架间距1.0m。
3. 沟道内接地扁铁在支架上、下焊两根，并从隧道上部引出与接地装置连接。

图4−9	1.6mx1.2m 电缆沟施工图(1)		
适用范围	角钢支架，18根三芯电缆	图号	LG−09

每10m电缆沟所需材料

型号	序号	名称	规格	单位	数量	备注
1.6m×1.2m	1	机制砖	MU7.5	块	4396	
	2	混凝土垫层	C20	m^3	5.48	
	3	混凝土压顶	C20	m^3	0.74	
	4	电缆沟盖板	GP−7	块	20	GP−07
	5	角钢预埋件	∟50×5×340	根	40	MJ−02
	6	角钢支架	60号	个	20	ZJ−60
	7	接地扁铁	−50×5	m	40	

盖板
1：2水泥砂浆
加5%防水剂
通信光缆
C20混凝土压顶
MU7.5机制砖
M7.5水泥砂浆砌墙
1：2水泥砂浆
加5%防水剂找平
1：2水泥砂浆
加5%防水剂抹面
C20混凝土垫层
10kV 10kV
10kV 10kV B
110kV 110kV
300~500 220 100 300 600 1200 1620 200 200
100 300 300 400 100
450 700 450
200 370 1600 370 200
2740

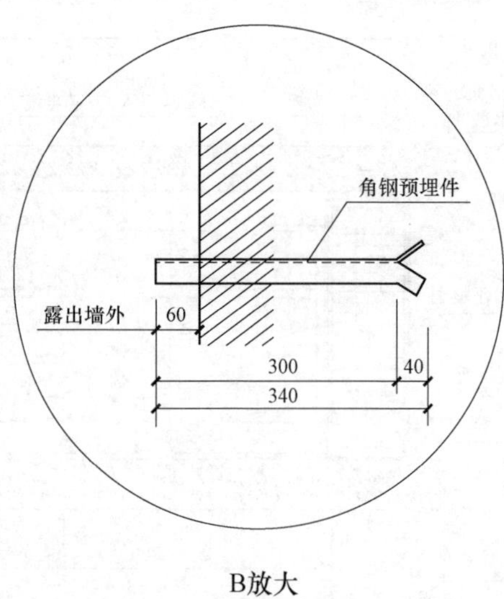

B放大

注：1. 沟顶覆土0.3~0.5m。
2. 电缆支架间距1.0m。
3. 沟道内接地扁铁在支架上、下焊两根，并从隧道上部引出与接地装置连接。

图4−10	1.6mx1.2m 电缆沟施工图(2)		
适用范围	角钢支架，10kV电缆12根，110kV电缆2回路	图号	LG−10

每10m电缆沟所需材料

型号	序号	名称	规格	单位	数量	备注
1.6m×1.2m	1	机制砖	MU7.5	块	4396	
	2	混凝土垫层	C20	m^3	5.48	
	3	混凝土压顶	C20	m^3	0.74	
	4	电缆沟盖板	GP−7	块	20	GP−07
	5	角钢预埋件	∟50×5×340	根	40	MJ−02
	6	角钢支架	61号	个	20	ZJ−61
	7	接地扁铁	−50×5	m	40	

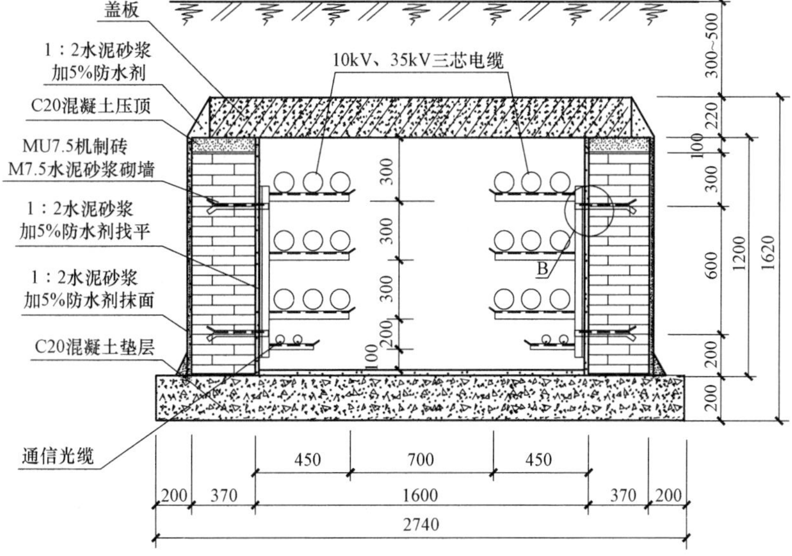

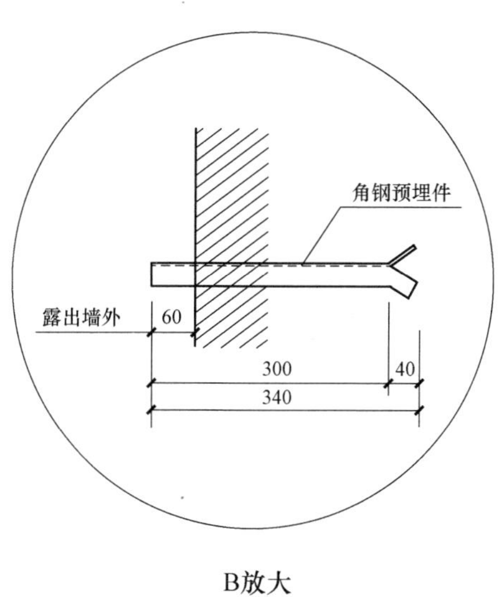

B放大

注：1. 沟顶覆土0.3~0.5m。
2. 电缆支架间距1.0m。
3. 沟道内接地扁铁在支架上、下焊两根，并从隧道上部引出与接地装置连接。

图4−11	1.6mx1.2m 电缆沟施工图(3)		
适用范围	角钢支架，18根三芯电缆	图号	LG−11

每10m电缆沟所需材料

型号	序号	名称	规格	单位	数量	备注
1.6m×1.5m	1	机制砖	MU7.5	块	5595	
	2	混凝土垫层	C20	m^3	5.48	
	3	混凝土压顶	C20	m^3	0.74	
	4	电缆沟盖板	GP−7	块	20	GP−07
	5	角钢预埋件	∟50×5×340	根	40	MJ−02
	6	角钢支架	62号	个	20	ZJ−62
	7	接地扁铁	−50×5	m	40	

盖板
1：2水泥砂浆加5%防水剂
C20混凝土压顶
通信光缆
10、35kV三芯电缆
MU7.5机制砖 M7.5水泥砂浆砌墙
1：2水泥砂浆加5%防水剂找平
1：2水泥砂浆加5%防水剂抹面
C20混凝土垫层
B
300~500 220 100 300 900 1500 1920 200 200
200 300 300 300 100
450 700 450
200 370 1600 370 200
2740

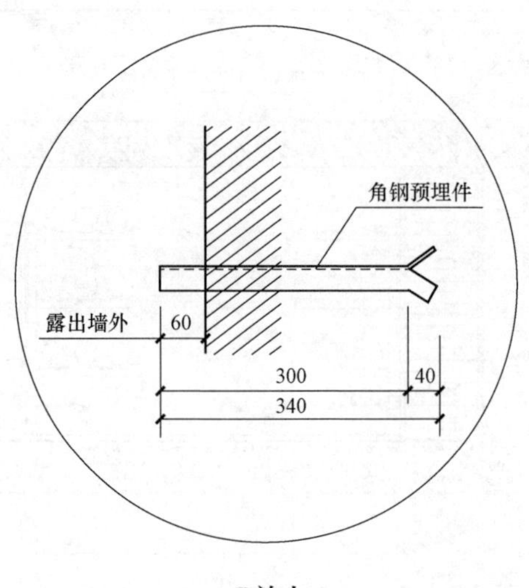

B放大

注：1. 沟顶覆土0.3~0.5m。
2. 电缆支架间距1.0m。
3. 沟道内接地扁铁在支架上、下焊两根，并从隧道上部引出与接地装置连接。

图4−12	1.6mx1.5m 电缆沟施工图(1)		
适用范围	角钢支架，24根三芯电缆	图号	LG−12

每10m电缆沟所需材料

型号	序号	名称	规格	单位	数量	备注
1.6m×1.5m	1	机制砖	MU7.5	块	5595	
	2	混凝土垫层	C20	m^3	5.48	
	3	混凝土压顶	C20	m^3	0.74	
	4	电缆沟盖板	GP−7	块	20	GP−07
	5	角钢预埋件	∟50×5×340	根	40	MJ−02
	6	角钢支架	63号	个	20	ZJ−63
	7	接地扁铁	−50×5	m	40	

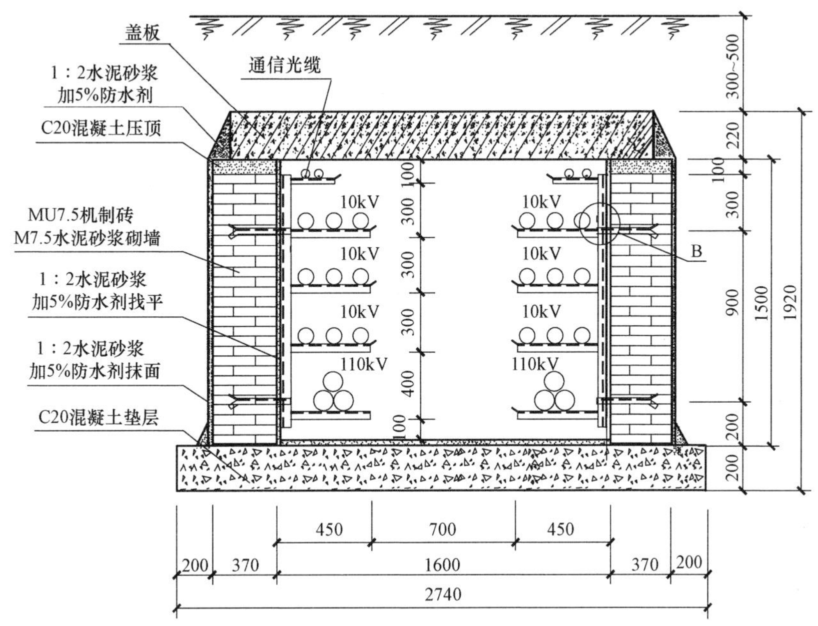

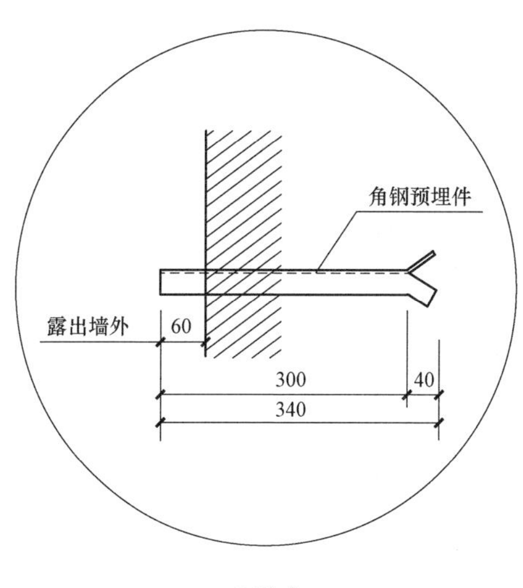

B放大

注：1. 沟顶覆土0.3~0.5m。
2. 电缆支架间距1.0m。
3. 沟道内接地扁铁在支架上、下焊两根，并从隧道上部引出与接地装置连接。

图4–13	1.6mx1.5m 电缆沟施工图(2)		
适用范围	角钢支架，110kV电缆18根，110kV电缆2回路	图号	LG–13

每10m电缆沟所需材料

型号	序号	名称	规格	单位	数量	备注
1.6m×1.5m	1	机制砖	MU7.5	块	5595	
	2	混凝土垫层	C20	m^3	5.48	
	3	混凝土压顶	C20	m^3	0.74	
	4	电缆沟盖板	GP−7	块	20	GP−07
	5	角钢预埋件	∟50×5×340	根	40	MJ−02
	6	角钢支架	64号	个	10	ZJ−64
	7	角钢支架	65号	个	10	ZJ−65
	8	接地扁铁	−50×5	m	40	

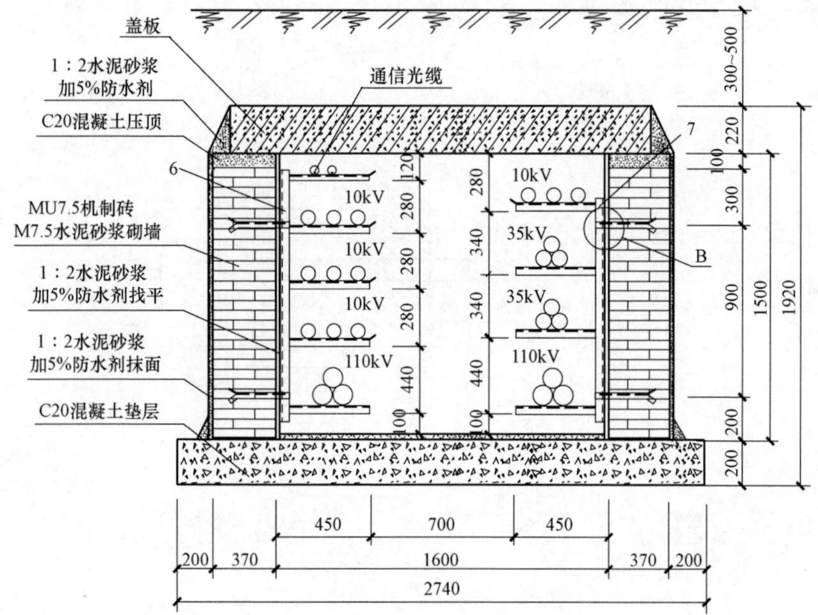

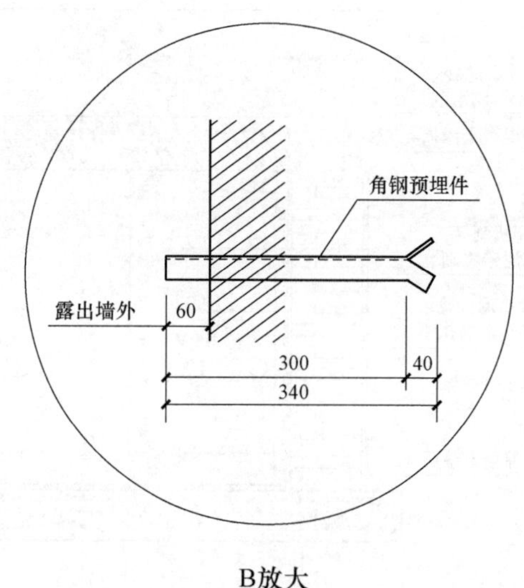

B放大

注：1. 沟顶覆土0.3~0.5m。
2. 电缆支架间距1.0m。
3. 沟道内接地扁铁在支架上、下焊两根，并从隧道上部引出与接地装置连接。

图4−14	1.6mx1.5m 电缆沟施工图(3)		
适用范围	角钢支架，10kV电缆12根， 35kV电缆2回路，110kV电缆2回路	图号	LG−14

每10m电缆沟所需材料

型号	序号	名称	规格	单位	数量	质量(kg) 一件	小计	合计	制造图号
1.6m×1.5m	1	机制砖	MU7.5	块	5595				
	2	混凝土垫层	C20	m^3	5.48				
	3	混凝土	C20	m^3	0.74				
	4	电缆沟盖板	GP−7	块	20				GP−07
	5	角钢预埋件	∟50×5×340	根	40	1.3	52.0	666.4	MJ−02
	6	角钢支架	66号	个	20	26.8	536.0		ZJ−60
	7	接地扁铁	−50×5	m	40	1.96	78.4		

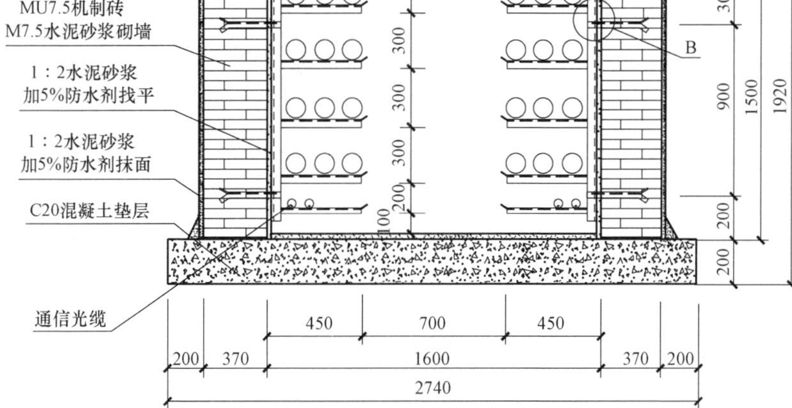

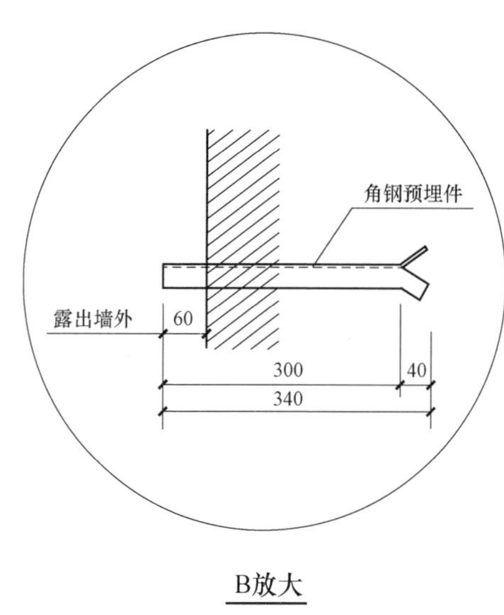

B放大

注：1. 沟顶覆土0.3~0.5m。
2. 电缆支架间距1.0m。
3. 沟道内接地扁铁在支架上、下焊两根，并从隧道上部引出与接地装置连接。

图4−15	1.6mx1.5m 电缆沟施工图(4)		
适用范围	角钢支架，24根三芯电缆	图号	LG−15

第四章

电力电缆沟敷设

第二节 组合悬挂式玻璃钢支架电缆沟

图 4-16 0.8m×1.0m 电缆沟施工图 （6 根三芯电缆） …… LG-16
图 4-17 1.0m×1.0m 电缆沟施工图（1） （110kV 电缆 2 回路） …… LG-17
图 4-18 1.0m×1.0m 电缆沟施工图（2） （9 根三芯电缆） …… LG-18
图 4-19 1.1m×1.0m 电缆沟施工图 （10kV 电缆 10 根） …… LG-19
图 4-20 1.2m×1.0m 电缆沟施工图 （12 根三芯电缆） …… LG-20
图 4-21 1.2m×1.3m 电缆沟施工图（1） （110kV 电缆 3 回路） …… LG-21
图 4-22 1.2m×1.3m 电缆沟施工图（2） （12 根三芯电缆） …… LG-22
图 4-23 1.3m×1.3m 电缆沟施工图 （10kV 电缆 14 根） …… LG-23
图 4-24 1.5m×1.0m 电缆沟施工图 （10kV 电缆 15 根） …… LG-24
图 4-25 1.5m×1.3m 电缆沟施工图 （10kV 电缆 18 根） …… LG-25

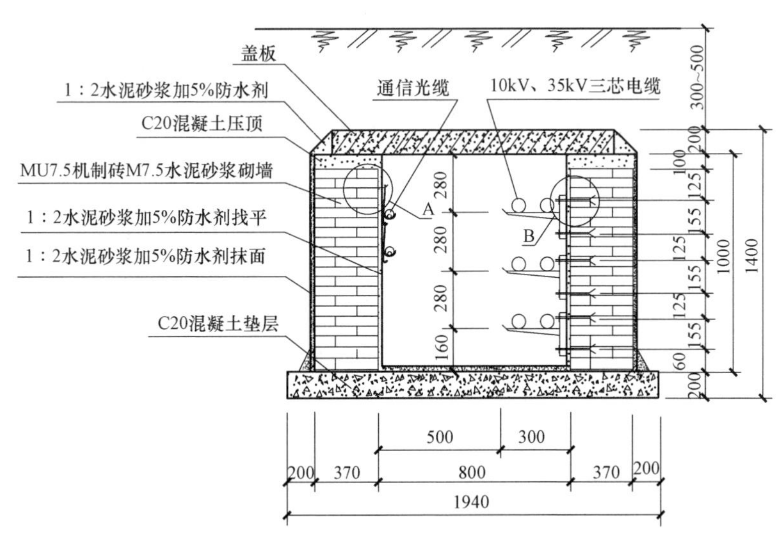

每10m电缆沟所需材料

型号	序号	名称	规格	单位	数量	备注
0.8m×1.0m	1	机制砖	MU7.5	块	3597	
	2	混凝土垫层	C20	m^3	3.88	
	3	混凝土压顶	C20	m^3	0.74	
	4	电缆沟盖板	GP－1	块	20	GP－01
	5	圆钢预埋件	ϕ10×500	根	10	MJ－03
	6	燕尾螺栓预埋件	M12×200	根	60	MJ－04 厂家提供
	7	电缆吊钩	ϕ8	个	20	DG－01
	8	组合悬挂式玻璃钢支架	CGXZ－300	套	30	厂家提供
	9	接地扁铁	－50×5	m	20	

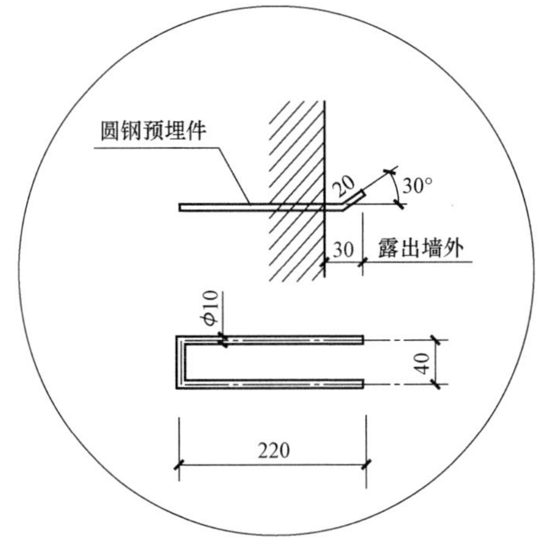

A放大

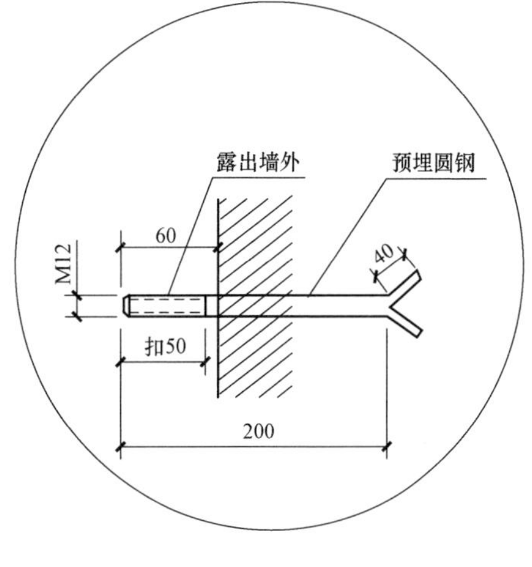

B放大

注：1. 沟顶覆土0.3~0.5m。
2. 电缆支架间距1.0m。
3. 沟道内支架上、下各装一根接地扁铁，每隔50m装一个角钢支架，并与接地扁铁焊接，从沟道上部引出与接地装置连接。
4. 用燕尾螺栓预埋件固定玻璃钢支架。

图4–16	0.8mx1.0m 电缆沟施工图		
适用范围	组合悬挂式玻璃钢支架，6根三芯电缆	图号	LG–16

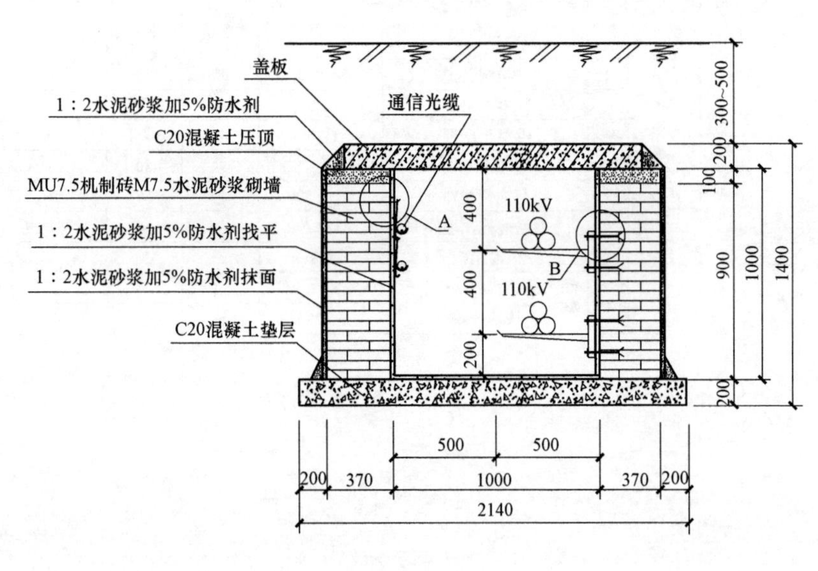

每10m电缆沟所需材料

型号	序号	名称	规格	单位	数量	备注
1.0m×1.0m	1	机制砖	MU7.5	块	3597	
	2	混凝土垫层	C20	m^3	4.28	
	3	混凝土压顶	C20	m^3	0.74	
	4	电缆沟盖板	GP−2	块	20	GP−02
	5	圆钢预埋件	ϕ10×500	根	10	MJ−03
	6	燕尾螺栓预埋件	M12×200	根	40	MJ−04 厂家提供
	7	电缆吊钩	ϕ8	个	20	DG−01
	8	组合悬挂式玻璃钢支架	CGXZ−500	套	20	厂家提供，按要求打孔
	9	接地扁铁	−50×5	m	20	

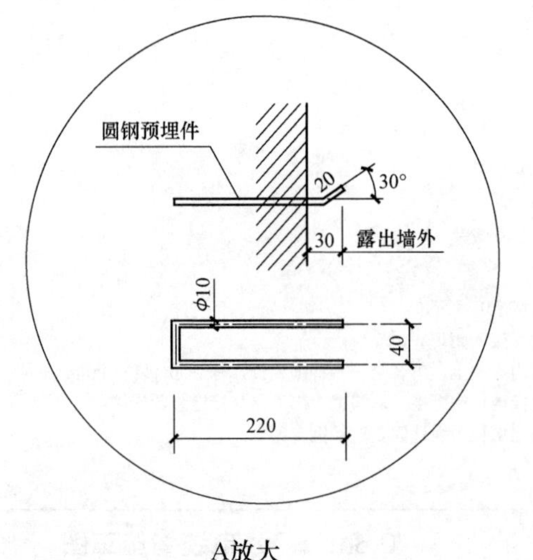

A放大

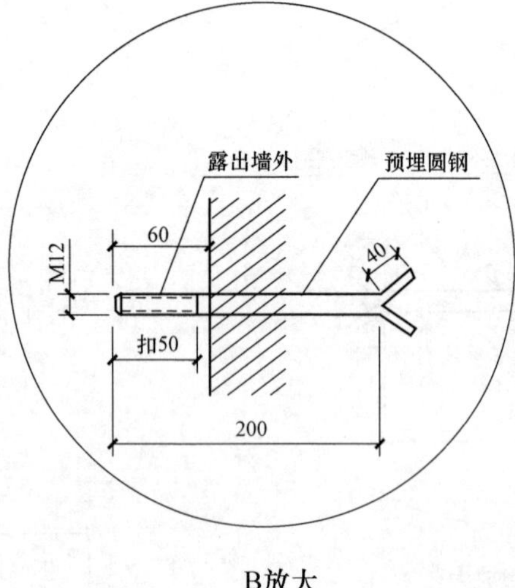

B放大

注：1. 沟顶覆土0.3~0.5m。
2. 电缆支架间距1.0m。
3. 沟道内支架上、下各装一根接地扁铁，每隔50m装一个角钢支架，并与接地扁铁焊接，从沟道上部引出与接地装置连接。
4. 用燕尾螺栓预埋件固定玻璃钢支架。

图4−17	1.0mx1.0m 电缆沟施工图(1)		
适用范围	组合悬挂式玻璃钢支架，110kV电缆2回路	图号	LG−17

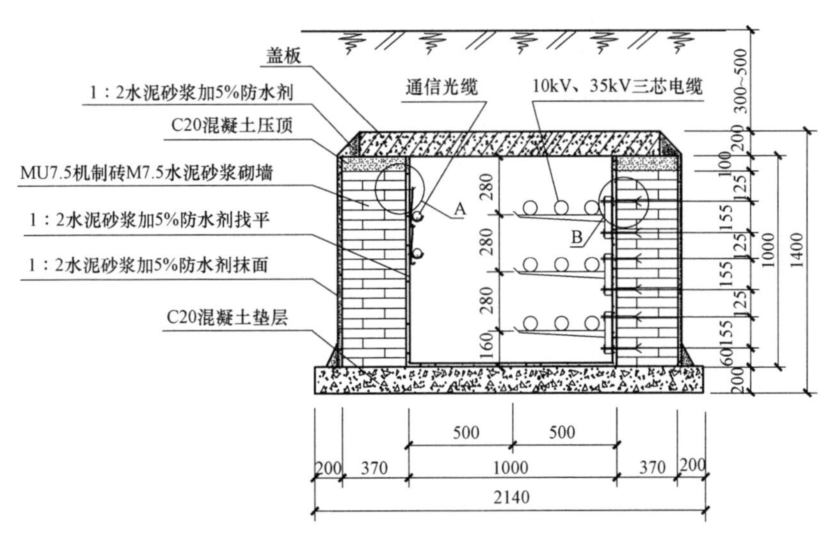

每10m电缆沟所需材料

型号	序号	名称	规格	单位	数量	备注
1.0m×1.0m	1	机制砖	MU7.5	块	3597	
	2	混凝土垫层	C20	m^3	4.28	
	3	混凝土压顶	C20	m^3	0.74	
	4	电缆沟盖板	GP−2	块	20	GP−02
	5	圆钢预埋件	ϕ10×500	根	10	MJ−03
	6	燕尾螺栓预埋件	M12×200	根	60	MJ−04 厂家提供
	7	电缆吊钩	ϕ8	个	20	DG−01
	8	组合悬挂式玻璃钢支架	CGXZ−500	套	30	厂家提供
	9	接地扁铁	−50×5	m	20	

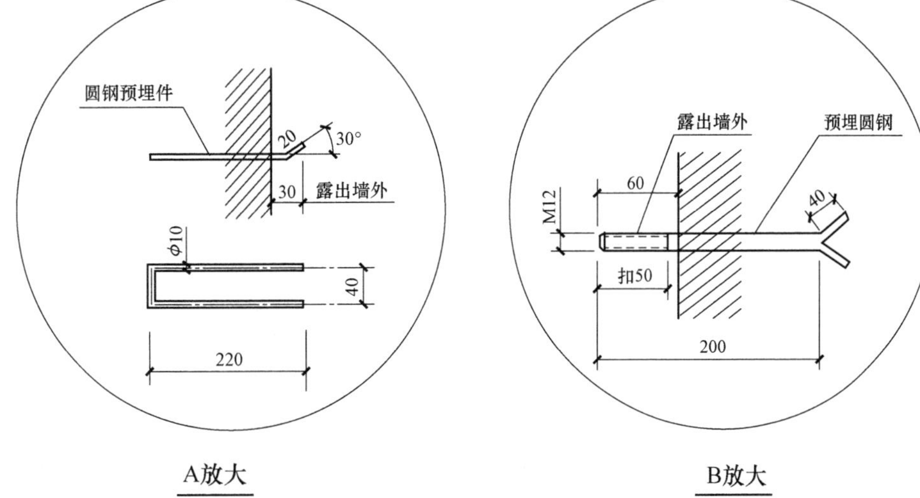

A放大　　B放大

注：1. 沟顶覆土0.3~0.5m。
2. 电缆支架间距1.0m。
3. 沟道内支架上、下各装一根接地扁铁，每隔50m装一个角钢支架，并与接地扁铁焊接，从沟道上部引出与接地装置连接。
4. 用燕尾螺栓预埋件固定玻璃钢支架。

图4−18	1.0mx1.0m 电缆沟施工图(2)		
适用范围	组合悬挂式玻璃钢支架，9根三芯电缆	图号	LG−18

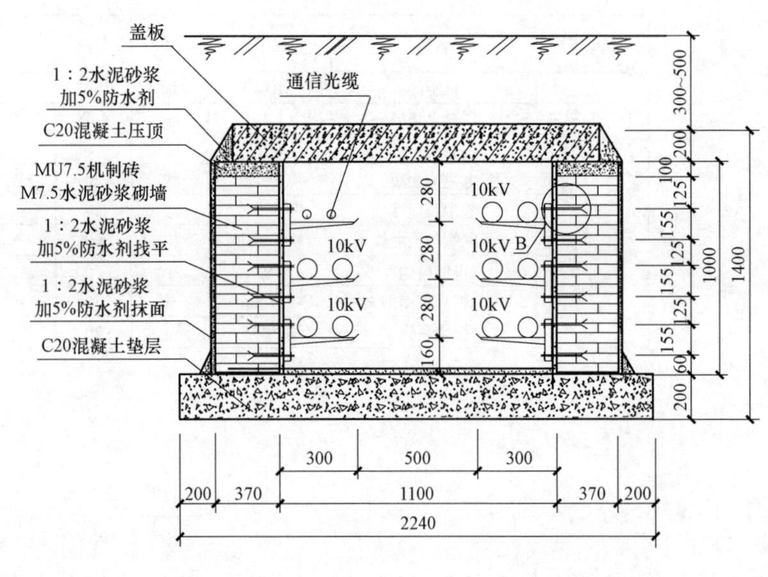

每10m电缆沟所需材料

型号	序号	名称	规格	单位	数量	备注
1.1m×1.0m	1	机制砖	MU7.5	块	3597	
	2	混凝土垫层	C20	m³	4.48	
	3	混凝土压顶	C20	m³	0.74	
	4	电缆沟盖板	GP−3	块	20	GP−03
	5	燕尾螺栓预埋件	M12×200	根	120	MJ−04 厂家提供
	6	组合悬挂式玻璃钢支架	CGXZ−300	套	60	厂家提供
	7	接地扁铁	−50×5	m	40	

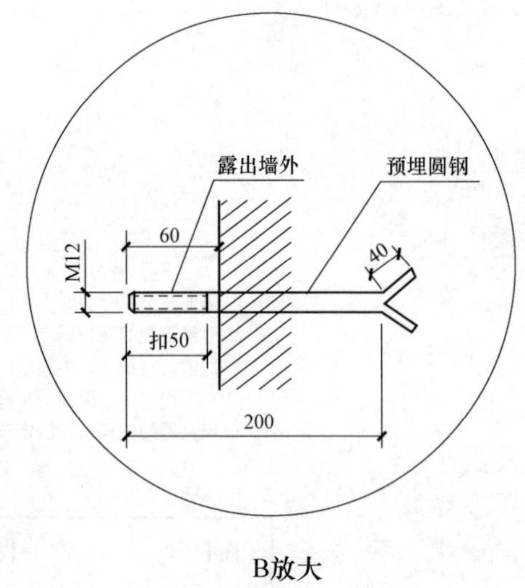

B放大

注：1. 沟顶覆土0.3~0.5m。
2. 电缆支架间距1.0m。
3. 沟道内支架上、下各装一根接地扁铁，每隔50m装一个角钢支架，并与接地扁铁焊接，从沟道上部引出与接地装置连接。
4. 用燕尾螺栓预埋件固定玻璃钢支架。

图4−19	1.1mx1.0m 电缆沟施工图		
适用范围	组合悬挂式玻璃钢支架，10kV电缆10根	图号	LG−19

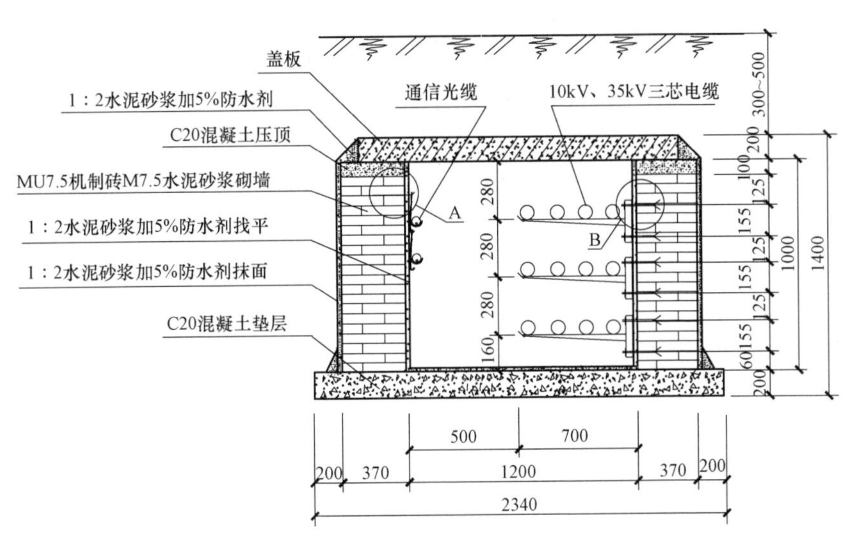

每10m电缆沟所需材料

型号	序号	名称	规格	单位	数量	备注
1.2m×1.0m	1	机制砖	MU7.5	块	3597	
	2	混凝土垫层	C20	m^3	4.68	
	3	混凝土压顶	C20	m^3	0.74	
	4	电缆沟盖板	GP－4	块	20	GP－04
	5	圆钢预埋件	ϕ10×500	根	10	MJ－03
	6	燕尾螺栓预埋件	M12×200	根	60	MJ－04 厂家提供
	7	电缆吊钩	ϕ8	个	20	DG－01
	8	组合悬挂式玻璃钢支架	CGXZ－700	套	30	厂家提供
	9	接地扁铁	－50×5	m	20	

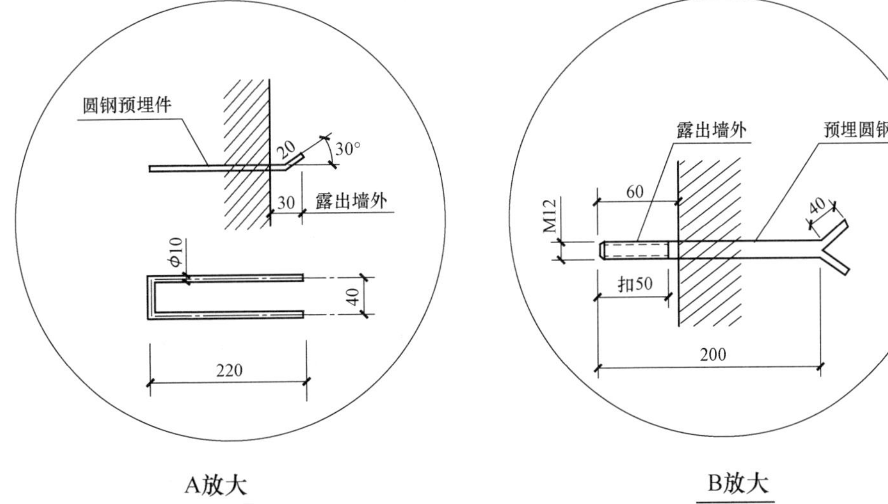

A放大　　B放大

注：1. 沟顶覆土0.3~0.5m。
2. 电缆支架间距1.0m。
3. 沟道内支架上、下各装一根接地扁铁，每隔50m装一个角钢支架，并与接地扁铁焊接，从沟道上部引出与接地装置连接。
4. 用燕尾螺栓预埋件固定玻璃钢支架。

图4-20	1.2mx1.0m 电缆沟施工图		
适用范围	组合悬挂式玻璃钢支架，12根三芯电缆	图号	LG-20

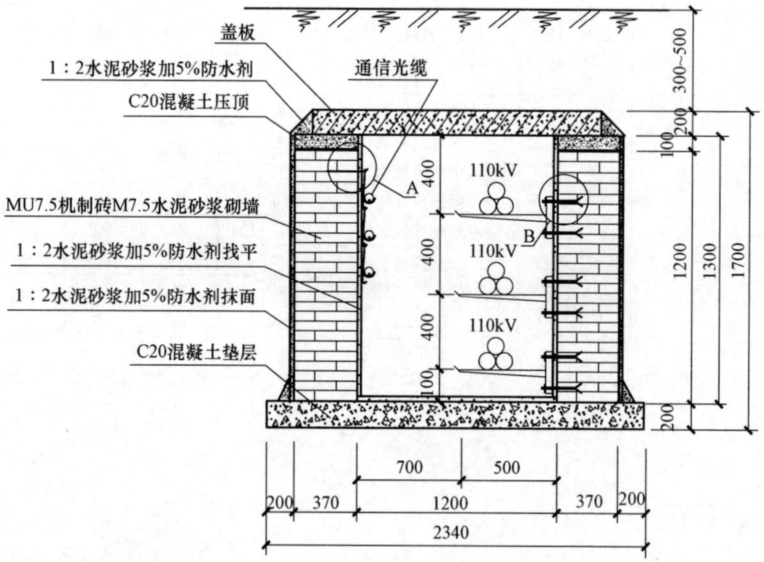

每10m电缆沟所需材料

型号	序号	名称	规格	单位	数量	备注
1.2m×1.3m	1	机制砖	MU7.5	块	4796	
	2	混凝土垫层	C20	m^3	4.68	
	3	混凝土压顶	C20	m^3	0.74	
	4	电缆沟盖板	GP−4	块	20	GP−04
	5	圆钢预埋件	ϕ10×500	根	10	MJ−03
	6	燕尾螺栓预埋件	M12×200	根	60	MJ−04 厂家提供
	7	电缆吊钩	ϕ8	个	30	DG−01
	8	组合悬挂式玻璃钢支架	CGXZ−500	套	30	厂家提供，按要求打孔
	9	接地扁铁	−50×5	m	20	

A放大

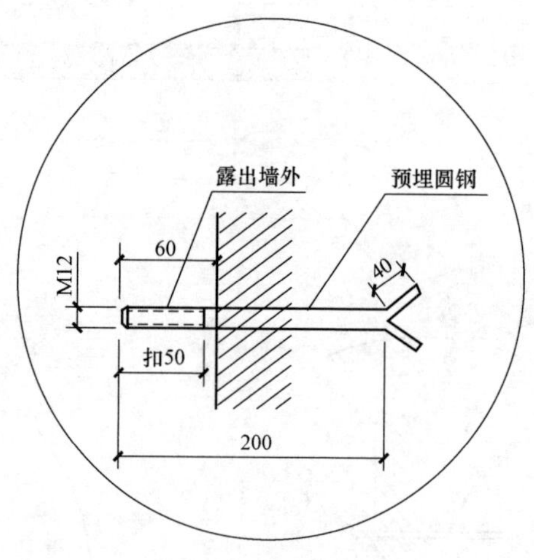

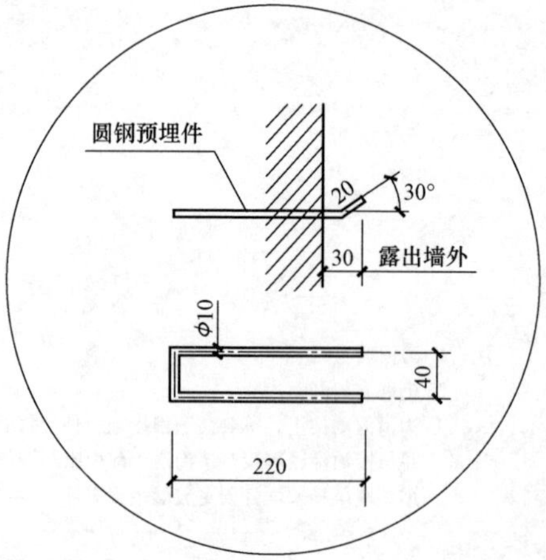

B放大

注：1. 沟顶覆土0.3~0.5m。
2. 电缆支架间距1.0m。
3. 沟道内支架上、下各装一根接地扁铁，每隔50m装一个角钢支架，并与接地扁铁焊接，从沟道上部引出与接地装置连接。
4. 用燕尾螺栓预埋件固定玻璃钢支架。

图4−21	1.2mx1.3m 电缆沟施工图(1)		
适用范围	组合悬挂式玻璃钢支架，110kV电缆3回路	图号	LG−21

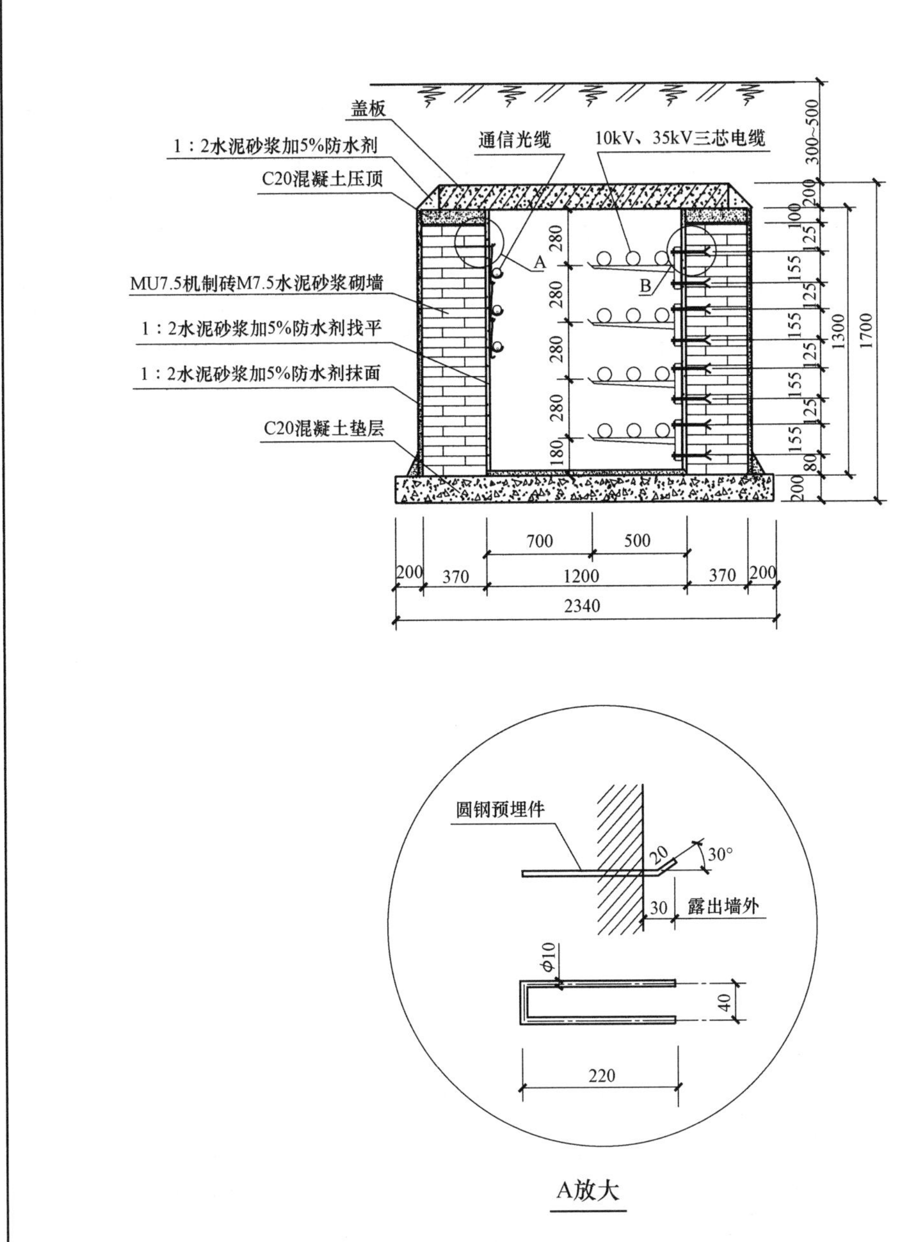

A放大

每10m电缆沟所需材料

型号	序号	名称	规格	单位	数量	备注
1.2m×1.3m	1	机制砖	MU7.5	块	4796	
	2	混凝土垫层	C20	m^3	4.68	
	3	混凝土压顶	C20	m^3	0.74	
	4	电缆沟盖板	GP－4	块	20	GP－04
	5	圆钢预埋件	ϕ10×500	根	10	MJ－03
	6	燕尾螺栓预埋件	M12×200	根	80	MJ－04 厂家提供
	7	电缆吊钩	ϕ8	个	30	DG－01
	8	组合悬挂式玻璃钢支架	CGXZ－500	套	40	厂家提供
	9	接地扁铁	－50×5	m	20	

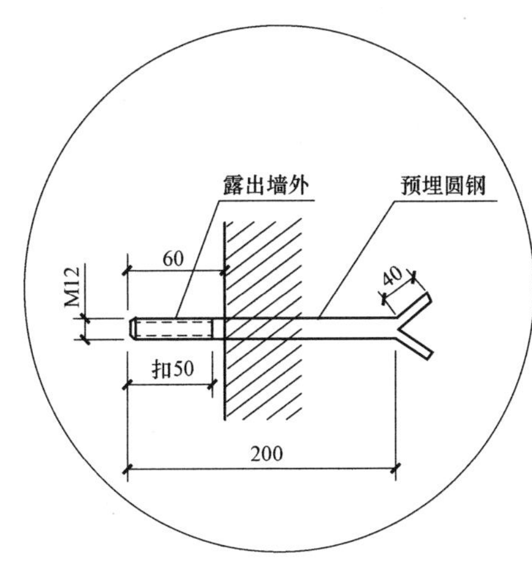

B放大

注：1. 沟顶覆土0.3~0.5m。
2. 电缆支架间距1.0m。
3. 沟道内支架上、下各装一根接地扁铁，每隔50m装一个角钢支架，并与接地扁铁焊接，从沟道上部引出与接地装置连接。
4. 用燕尾螺栓预埋件固定玻璃钢支架。

图4–22	1.2mx1.3m 电缆沟施工图(2)		
适用范围	组合悬挂式玻璃钢支架，12根三芯电缆	图号	LG–22

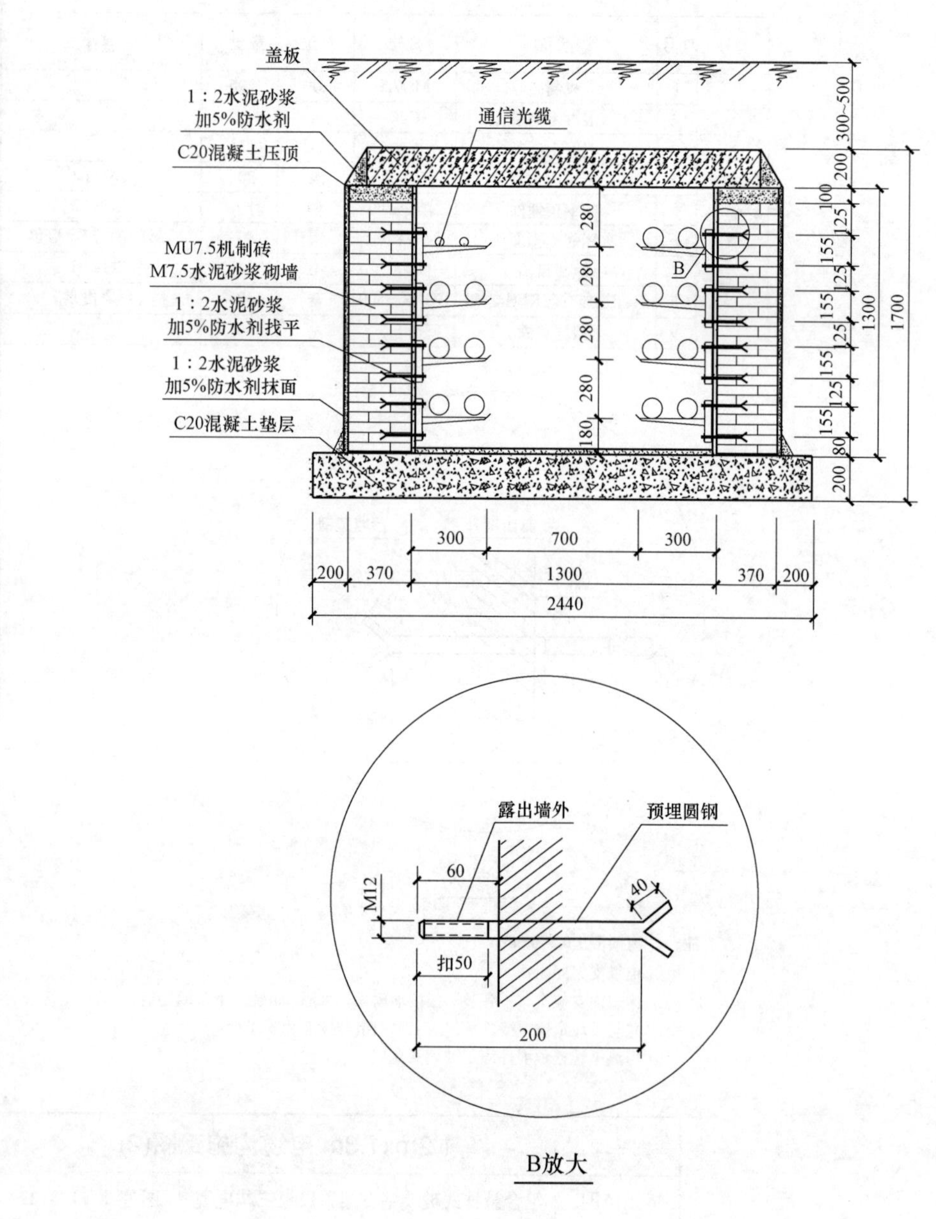

B放大

每10m电缆沟所需材料

型号	序号	名称	规格	单位	数量	备注
1.3m×1.3m	1	机制砖	MU7.5	块	4796	
	2	混凝土垫层	C20	m^3	4.88	
	3	混凝土压顶	C20	m^3	0.74	
	4	电缆沟盖板	GP－5	块	20	GP－05
	5	燕尾螺栓预埋件	M12×200	根	160	MJ－04 厂家提供
	6	组合悬挂式玻璃钢支架	CGXZ－300	套	80	厂家提供
	7	接地扁铁	－50×5	m	40	

注：1. 沟顶覆土0.3~0.5m。
2. 电缆支架间距1.0m。
3. 沟道内支架上、下各装一根接地扁铁，每隔50m装一个角钢支架，并与接地扁铁焊接，从沟道上部引出与接地装置连接。
4. 用燕尾螺栓预埋件固定玻璃钢支架。

图4-23	1.3mx1.3m 电缆沟施工图		
适用范围	组合悬挂式玻璃钢支架，10kV电缆14根	图号	LG-23

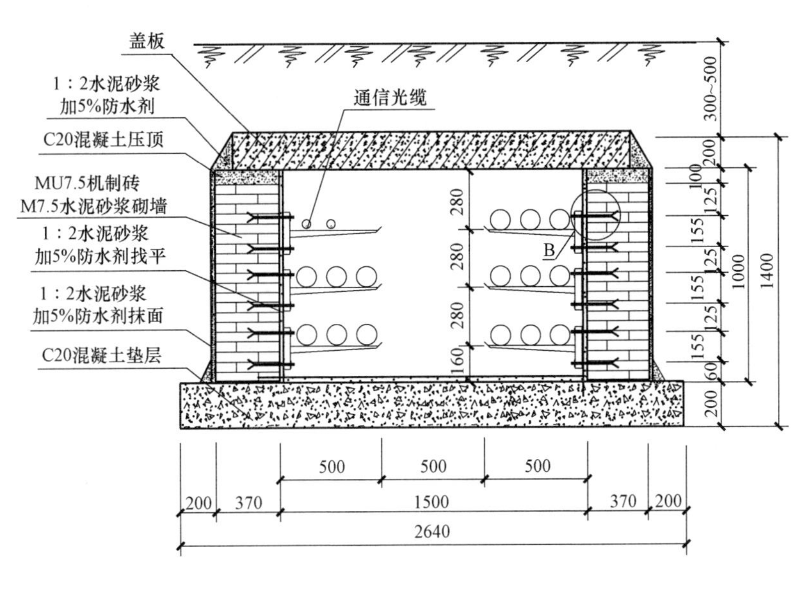

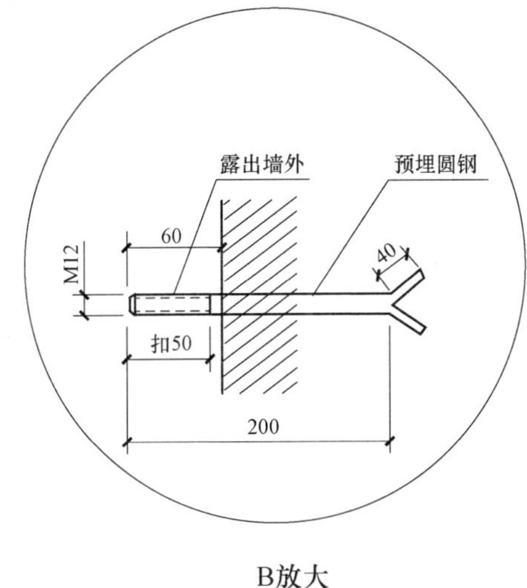

B放大

每10m电缆沟所需材料

型号	序号	名称	规格	单位	数量	备注
1.5m×1.0m	1	机制砖	MU7.5	块	3597	
	2	混凝土垫层	C20	m^3	5.28	
	3	混凝土压顶	C20	m^3	0.74	
	4	电缆沟盖板	GP−6	块	20	GP−06
	5	燕尾螺栓预埋件	M12×200	根	120	MJ−04 厂家提供
	6	组合悬挂式玻璃钢支架	CGXZ−500	套	60	厂家提供
	7	接地扁铁	−50×5	m	40	

注：1. 沟顶覆土0.3~0.5m。
2. 电缆支架间距1.0m。
3. 沟道内支架上、下各装一根接地扁铁，每隔50m装一个角钢支架，并与接地扁铁焊接，从沟道上部引出与接地装置连接。
4. 用燕尾螺栓预埋件固定玻璃钢支架。

图4−24	1.5mx1.0m 电缆沟施工图		
适用范围	组合悬挂式玻璃钢支架，10kV电缆15根	图号	LG−24

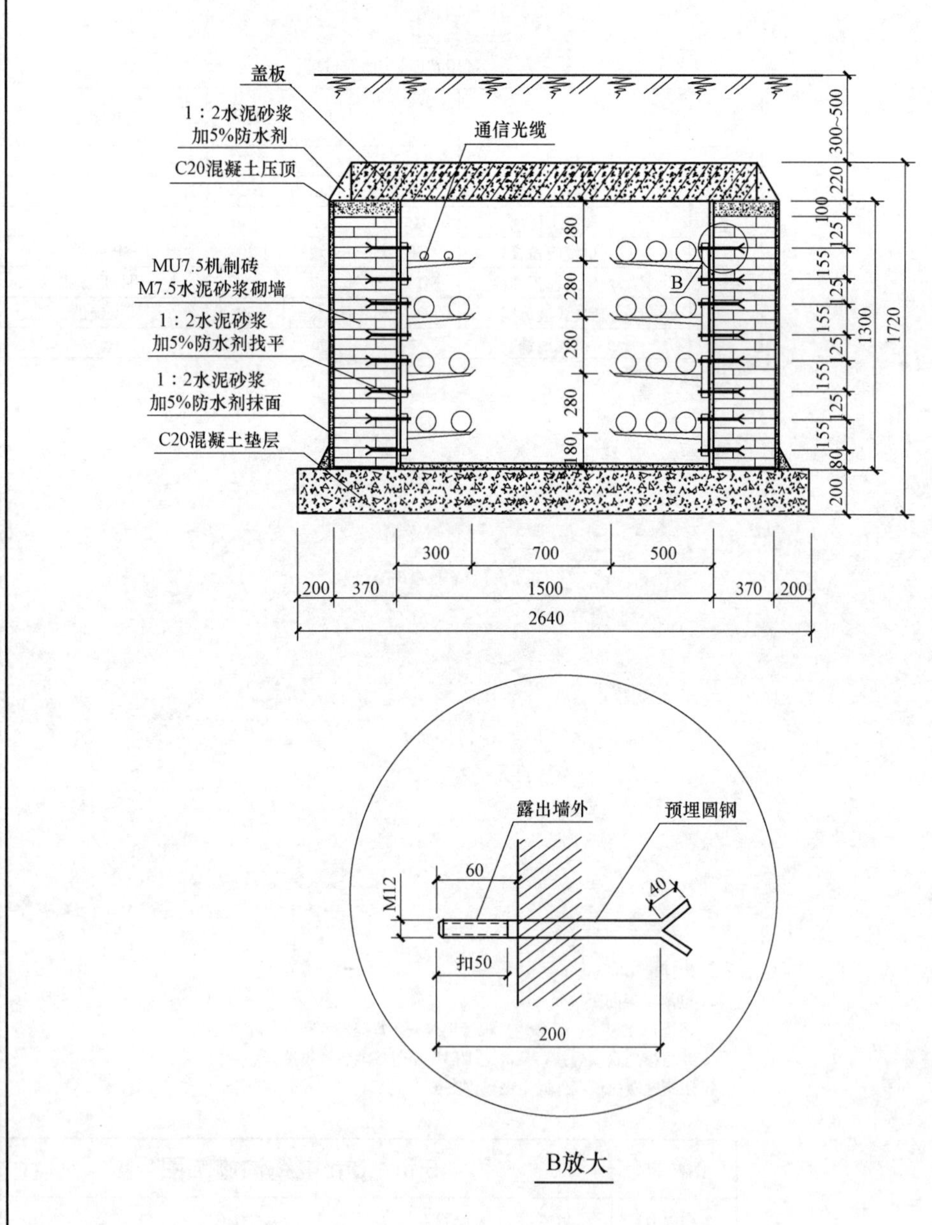

B放大

每10m电缆沟所需材料

型号	序号	名称	规格	单位	数量	备注
1.5m×1.3m	1	机制砖	MU7.5	块	4796	
	2	混凝土垫层	C20	m^3	5.28	
	3	混凝土压顶	C20	m^3	0.74	
	4	电缆沟盖板	GP−6	块	20	GP−06
	5	燕尾螺栓预埋件	M12×200	根	160	MJ−04 厂家提供
	6	组合悬挂式玻璃钢支架	CGXZ−300	套	40	厂家提供
	7	组合悬挂式玻璃钢支架	CGXZ−500	套	40	厂家提供
	8	接地扁铁	−50×5	m	40	

注：1. 沟顶覆土0.3~0.5m。
2. 电缆支架间距1.0m。
3. 沟道内支架上、下各装一根接地扁铁，每隔50m装一个角钢支架，并与接地扁铁焊接，从沟道上部引出与接地装置连接。
4. 用燕尾螺栓预埋件固定玻璃钢支架。

图4–25	1.5mx1.3m 电缆沟施工图		
适用范围	组合悬挂式玻璃钢支架，10kV电缆18根	图号	LG–25

第四章

电力电缆沟敷设

第三节　承插式玻璃钢支架电缆沟

图 4-26　0.8m×1.0m 电缆沟施工图　（6 根三芯电缆）…… LG-26

图 4-27　1.0m×1.0m 电缆沟施工图　（9 根三芯电缆）…… LG-27

图 4-28　1.2m×1.3m 电缆沟施工图　（12 根三芯电缆）…… LG-28

图 4-29　1.5m×1.3m 电缆沟施工图　（10kV 电缆 18 根）…… LG-29

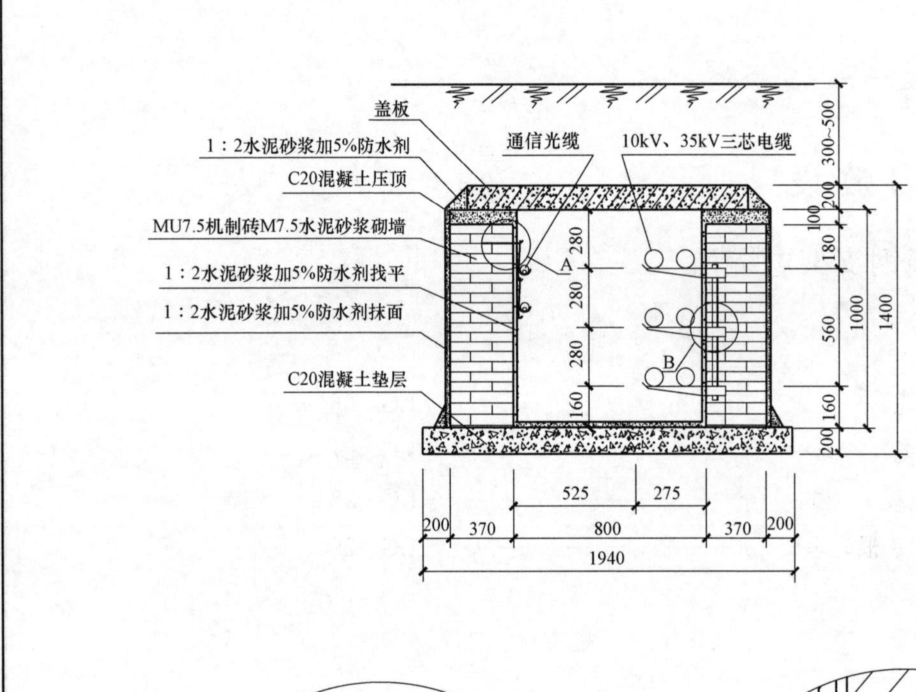

每10m电缆沟所需材料

型号	序号	名称	规格	单位	数量	备注
0.8m×1.0m	1	机制砖	MU7.5	块	3597	
	2	混凝土垫层	C20	m^3	3.88	
	3	混凝土压顶	C20	m^3	0.74	
	4	电缆沟盖板	GP−1	块	20	GP−01
	5	圆钢预埋件	ϕ10×500	根	10	MJ−03
	6	槽型预埋件	3槽	个	10	厂家提供
	7	电缆吊钩	ϕ8	个	20	DG−01
	8	承插式玻璃钢支架	CGXZ−2/365	个	30	厂家提供
	9	接地扁铁	−50×5	m	20	

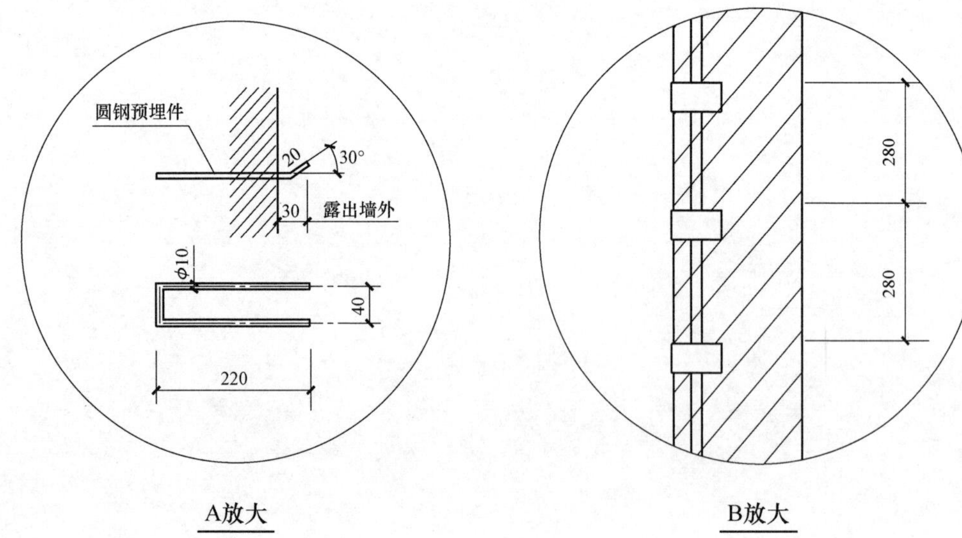

A放大　　B放大

注：1. 沟顶覆土0.3~0.5m。
2. 电缆支架间距1.0m。
3. 沟道内支架上、下各装一根接地扁铁，每隔50m装一个角钢支架，并与接地扁铁焊接，从沟道上部引出与接地装置连接。
4. 预埋件安装槽的口部，露出沟壁墙面，且与墙面相平。

图4−26	0.8mx1.0m 电缆沟施工图		
适用范围	承插式玻璃钢支架，6根三芯电缆	图号	LG−26

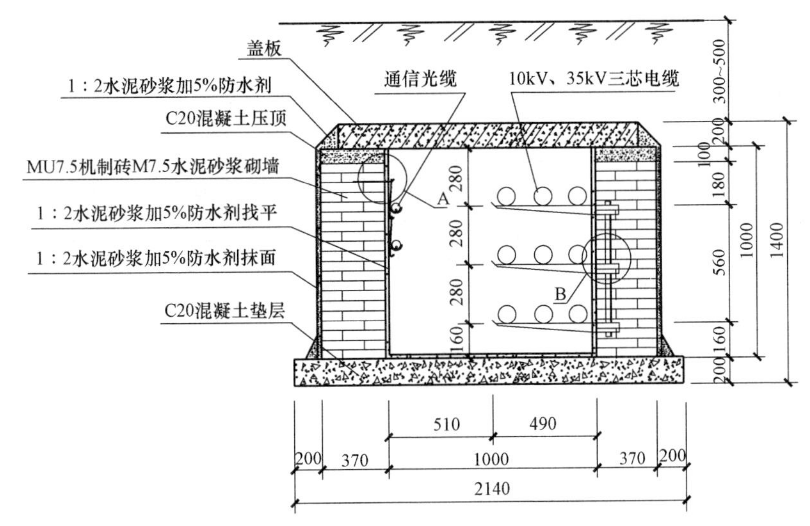

每10m电缆沟所需材料

型号	序号	名称	规格	单位	数量	备注
1.0m×1.0m	1	机制砖	MU7.5	块	3597	
	2	混凝土垫层	C20	m^3	4.28	
	3	混凝土压顶	C20	m^3	0.74	
	4	电缆沟盖板	GP−2	块	20	GP−02
	5	圆钢预埋件	ϕ10×500	根	10	MJ−03
	6	槽型预埋件	3槽	根	10	厂家提供
	7	电缆吊钩	ϕ8	个	20	DG−01
	8	承插式玻璃钢支架	CGXZ−3/600	个	30	厂家提供
	9	接地扁铁	−50×5	m	20	

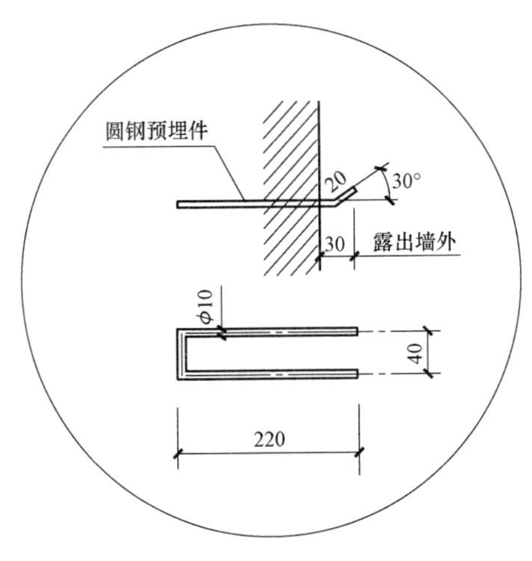

A放大

280
280

B放大

注：1. 沟顶覆土0.3~0.5m。
2. 电缆支架间距1.0m。
3. 沟道内支架上、下各装一根接地扁铁，每隔50m装一个角钢支架，并与接地扁铁焊接，从沟道上部引出与接地装置连接。
4. 预埋件安装槽的口部，露出沟壁墙面，且与墙面相平。

图4−27	1.0mx1.0m 电缆沟施工图		
适用范围	承插式玻璃钢支架，9根三芯电缆	图号	LG−27

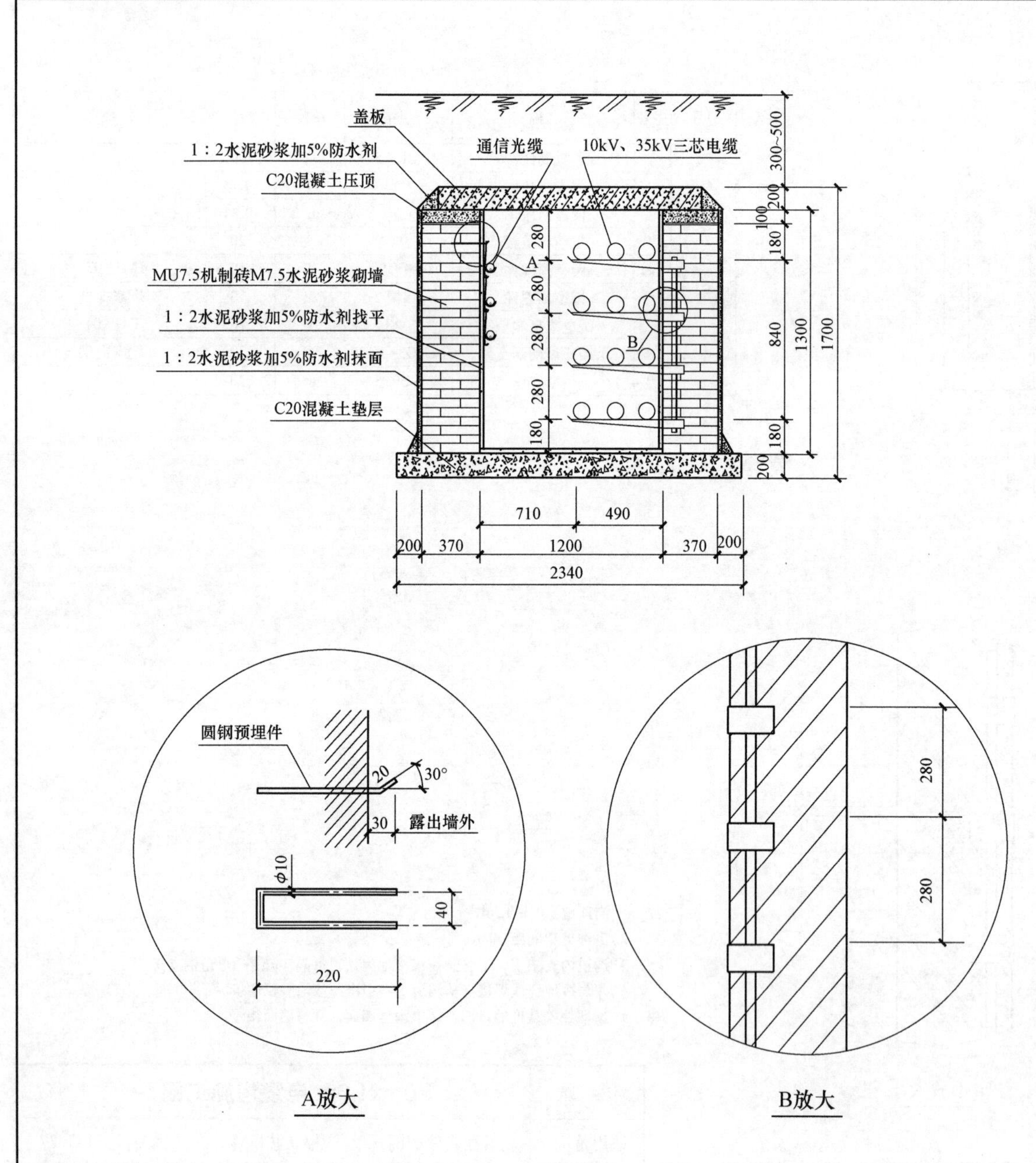

每10m电缆沟所需材料

型号	序号	名称	规格	单位	数量	备注
1.2m×1.3m	1	机制砖	MU7.5	块	4796	
	2	混凝土垫层	C20	m^3	4.68	
	3	混凝土压顶	C20	m^3	0.74	
	4	电缆沟盖板	GP−4	块	20	GP−04
	5	圆钢预埋件	ϕ10×500	根	10	MJ−03
	6	槽型预埋件	4槽	个	10	厂家提供
	7	电缆吊钩	ϕ8	个	30	DG−01
	8	承插式玻璃钢支架	CGXZ−3/600	个	40	厂家提供
	9	接地扁铁	−50×5	m	20	

注：1. 沟顶覆土0.3~0.5m。
2. 电缆支架间距1.0m。
3. 沟道内支架上、下各装一根接地扁铁，每隔50m装一个角钢支架，并与接地扁铁焊接，从沟道上部引出与接地装置连接。
4. 预埋件安装槽的口部，露出沟壁墙面，且与墙面相平。

图4−28	1.2mx1.3m 电缆沟施工图		
适用范围	承插式玻璃钢支架，12根三芯电缆	图号	LG−28

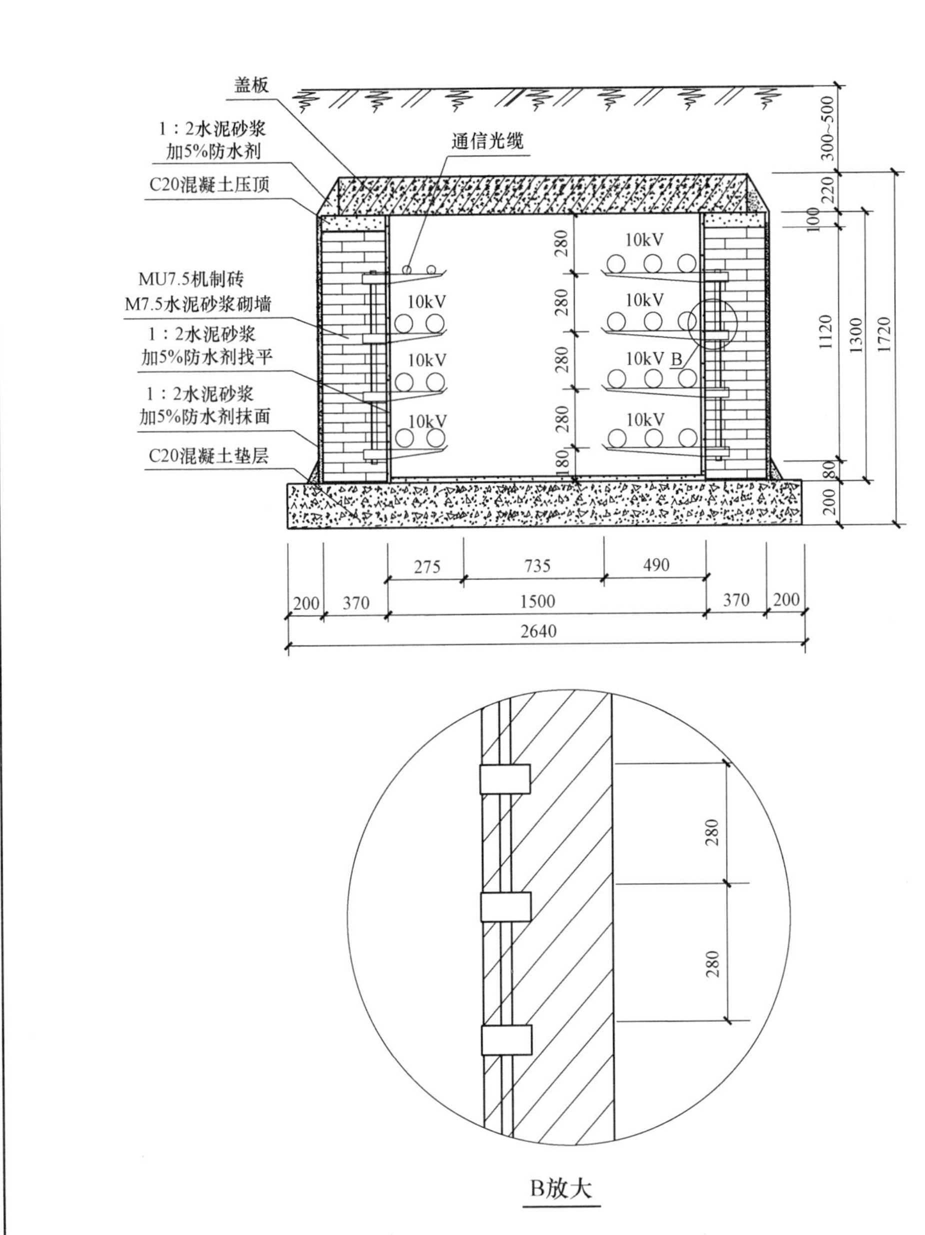

每10m电缆沟所需材料

型号	序号	名称	规格	单位	数量	备注
1.5m×1.3m	1	机制砖	MU7.5	块	4796	
	2	混凝土垫层	C20	m^3	5.28	
	3	混凝土压顶	C20	m^3	0.74	
	4	电缆沟盖板	GP−6	块	20	GP−06
	5	槽型预埋件	4槽	根	20	厂家提供
	6	承插式玻璃钢支架	CGCZ−2/365	个	40	厂家提供
	7	承插式玻璃钢支架	CGCZ−3/600	个	40	厂家提供
	8	接地扁铁	−50×5	m	20	

注：1. 沟顶覆土0.3~0.5m。
2. 电缆支架间距1.0m。
3. 沟道内支架上、下各装一根接地扁铁，每隔50m装一个角钢支架，并与接地扁铁焊接，从沟道上部引出与接地装置连接。
4. 预埋件安装槽的口部，露出沟壁墙面，且与墙面相平。

图4−29	1.5mx1.3m 电缆沟施工图		
适用范围	承插式玻璃钢支架，10kV电缆18根	图号	LG−29

第四章

电力电缆沟敷设

第四节　平板型玻璃钢支架电缆沟

图 4-30　1.2m×1.5m 电缆沟施工图（1）（10kV 电缆 6 根，110kV 电缆 2 回路）………… LG-30

图 4-31　1.2m×1.5m 电缆沟施工图（2）（10kV 电缆 6 根，110kV 电缆 2 回路）………… LG-31

图 4-32　1.2m×1.5m 电缆沟施工图（3）（110kV 电缆 2 回路）………… LG-32

图 4-33　1.3m×1.4m 电缆沟施工图　（10kV 电缆 6 根，35kV 电缆 2 回路）………… LG-33

图 4-34　1.3m×1.5m 电缆沟施工图　（35kV 电缆 4 回路）………… LG-34

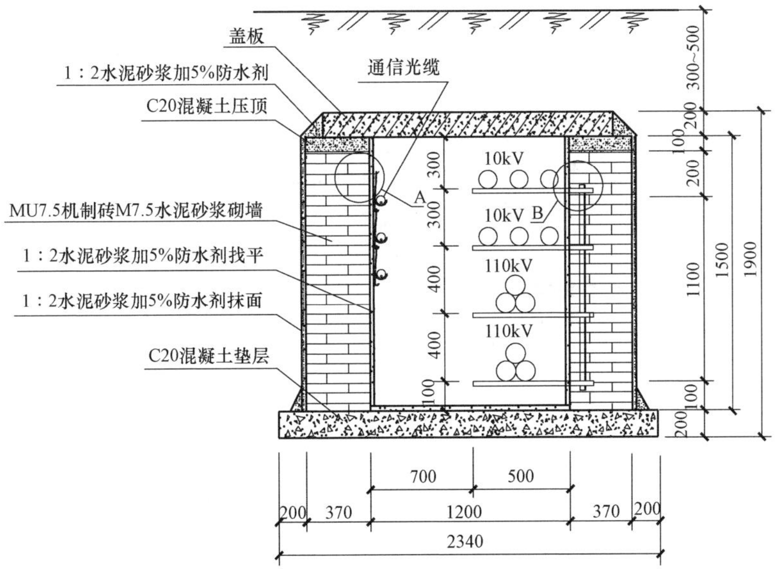

A放大

B放大

每10m电缆沟所需材料

型号	序号	名称	规格	单位	数量	备注
1.2m×1.5m	1	机制砖	MU7.5	块	5595	
	2	混凝土垫层	C20	m^3	4.68	
	3	混凝土压顶	C20	m^3	0.74	
	4	电缆沟盖板	GP-4	块	20	GP-04
	5	圆钢预埋件	ϕ10×500	根	10	MJ-03
	6	电缆吊钩	ϕ8	个	30	DG-01
	7	平板型玻璃钢支架	9型	组	10	PZJ-09（厂家提供，按要求打孔）
	8	接地扁铁	-50×5	m	20	

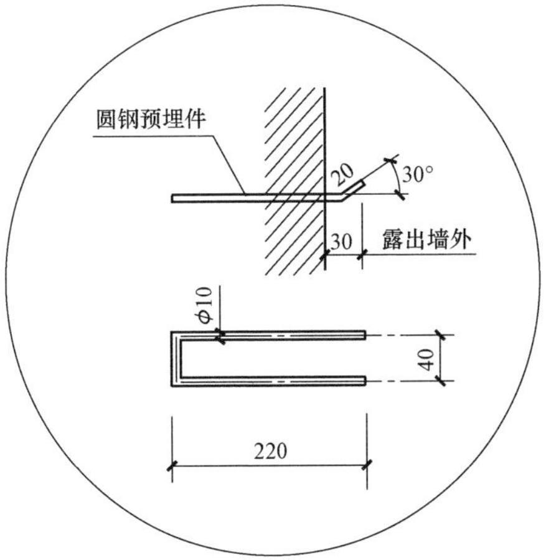

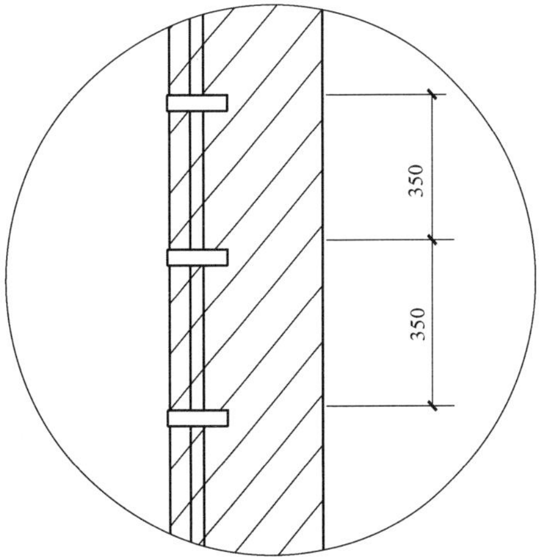

注：1. 沟顶覆土0.3~0.5m。
2. 电缆支架间距1.0m。
3. 沟道内支架上、下各装一根接地扁铁，每隔50m装一个角钢支架，并与接地扁铁焊接，从沟道上部引出与接地装置连接。
4. 预埋件插入槽的口部，露出沟壁墙面，且与墙面相平。

图4-30	1.2mx1.5m 电缆沟施工图(1)		
适用范围	平板型玻璃钢支架，10kV电缆6根，110kV电缆2回路	图号	LG-30

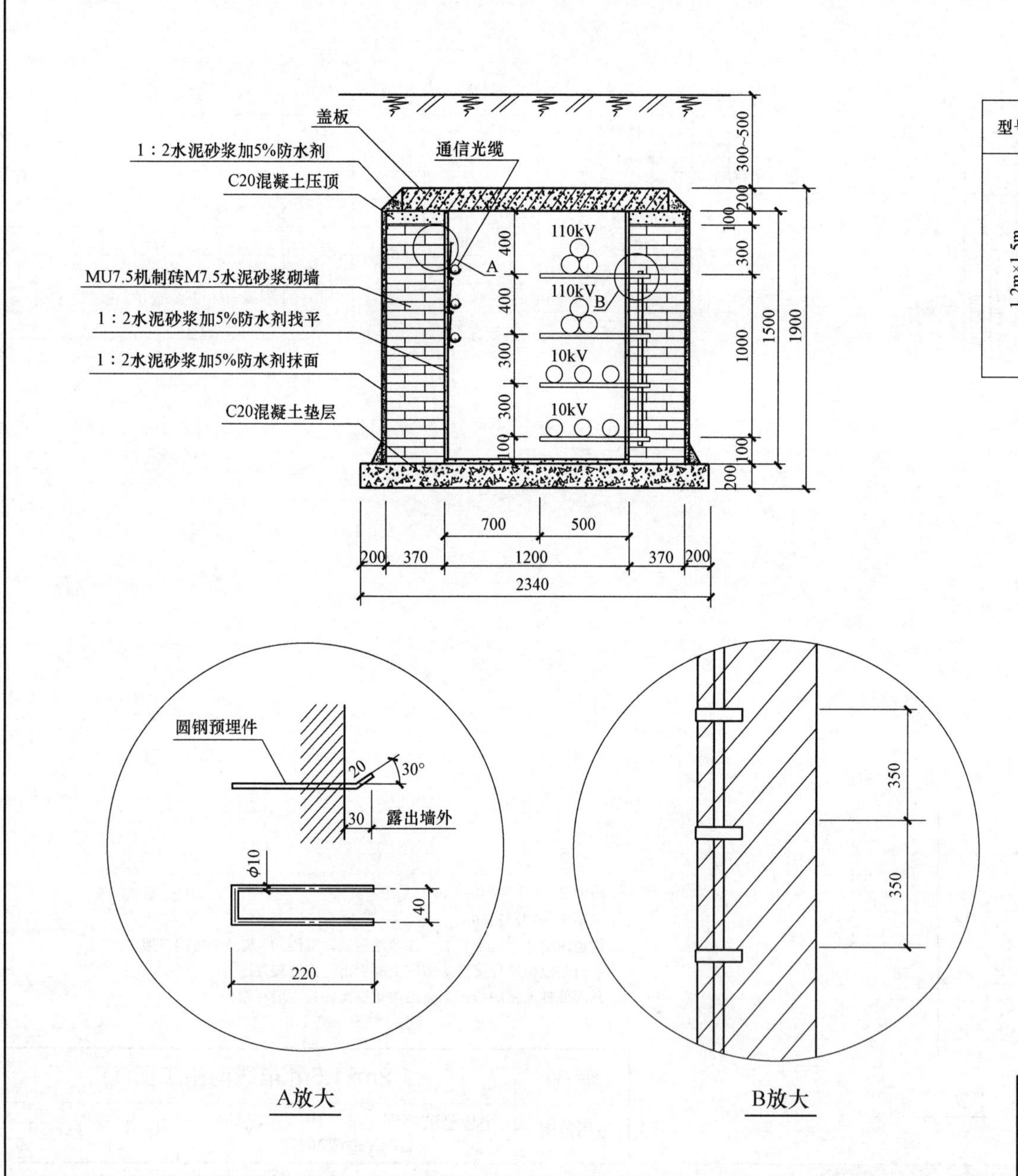

每10m电缆沟所需材料

型号	序号	名称	规格	单位	数量	备注
1.2m×1.5m	1	机制砖	MU7.5	块	5595	
	2	混凝土垫层	C20	m^3	4.68	
	3	混凝土压顶	C20	m^3	0.74	
	4	电缆沟盖板	GP−4	块	20	GP−04
	5	圆钢预埋件	φ10×500	根	10	MJ−03
	6	电缆吊钩	φ8	个	30	DG−01
	7	平板型玻璃钢支架	10型	组	10	PZJ−10（厂家提供，按要求打孔）
	8	接地扁铁	−50×5	m	20	

注：1. 沟顶覆土0.3~0.5m。
2. 电缆支架间距1.0m。
3. 沟道内支架上、下各装一根接地扁铁，每隔50m装一个角钢支架，并与接地扁铁焊接，从沟道上部引出与接地装置连接。
4. 预埋件插入槽的口部，露出沟壁墙面，且与墙面相平。

图4−31	1.2mx1.5m 电缆沟施工图(2)		
适用范围	平板型玻璃钢支架，10kV电缆6根，110kV电缆2回路	图号	LG−31

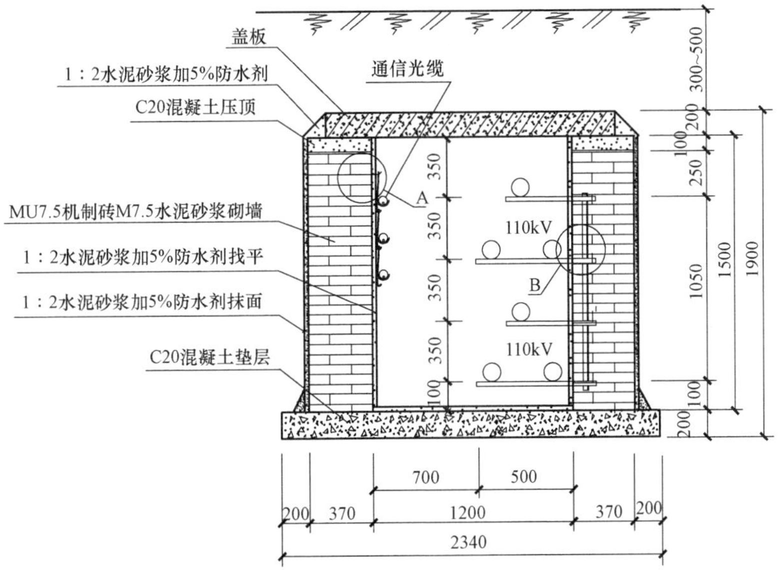

A放大

B放大

每10m电缆沟所需材料

型号	序号	名称	规格	单位	数量	备注
1.2m×1.5m	1	机制砖	MU7.5	块	5595	
	2	混凝土垫层	C20	m^3	4.68	
	3	混凝土压顶	C20	m^3	0.74	
	4	电缆沟盖板	GP−4	块	20	GP−04
	5	圆钢预埋件	Φ10×500	根	10	MJ−03
	6	电缆吊钩	Φ8	个	30	DG−01
	7	平板型玻璃钢支架	11型	组	10	PZJ−11（厂家提供）
	8	接地扁铁	−50×5	m	20	

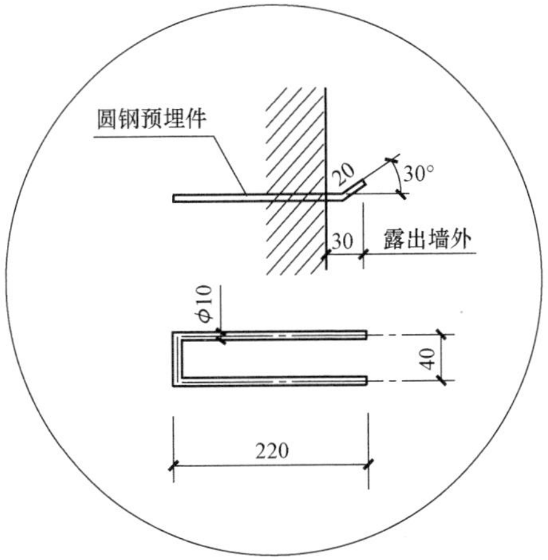

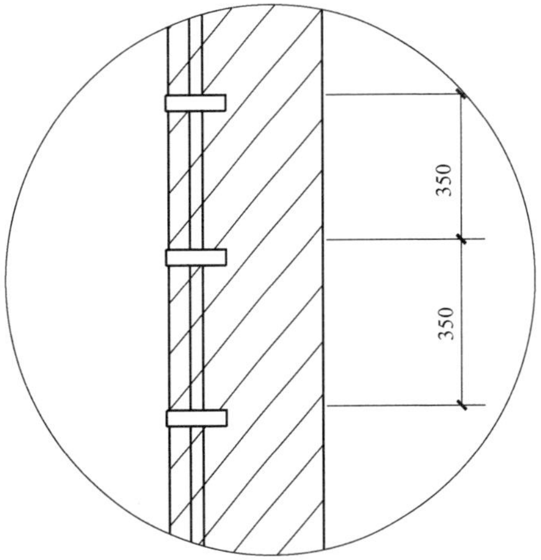

注：1. 沟顶覆土0.3~0.5m。
2. 电缆支架间距1.0m。
3. 沟道内支架上、下各装一根接地扁铁，每隔50m装一个角钢支架，并与接地扁铁焊接，从沟道上部引出与接地装置连接。
4. 预埋件插入槽的口部，露出沟壁墙面，且与墙面相平。

图4−32	1.2mx1.5m 电缆沟施工图(3)		
适用范围	平板型玻璃钢支架，110kV电缆2回路	图号	LG−32

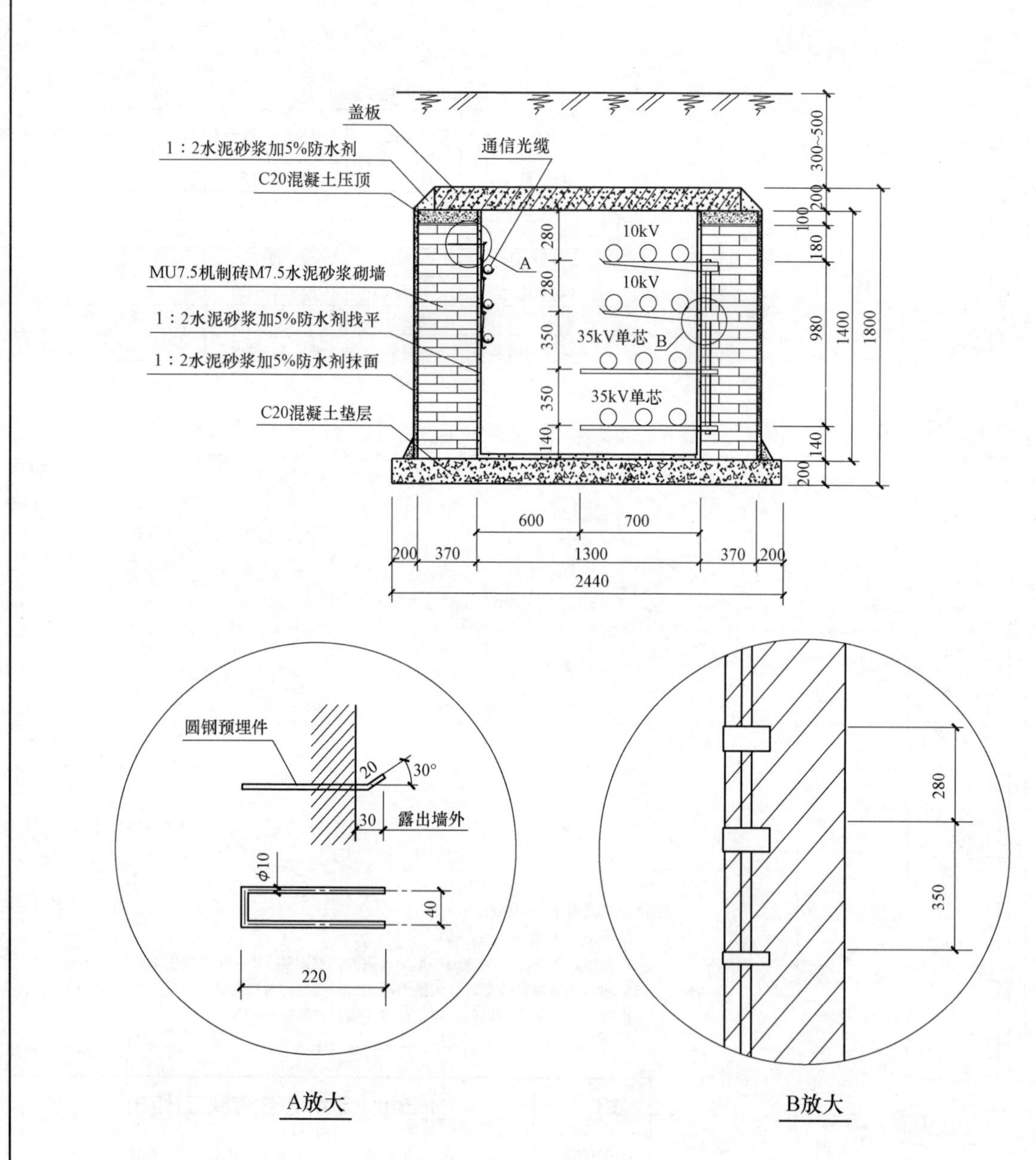

A放大

B放大

每10m电缆沟所需材料

型号	序号	名称	规格	单位	数量	备注
1.3m×1.4m	1	机制砖	MU7.5	块	5195	
	2	混凝土垫层	C20	m^3	4.88	
	3	混凝土压顶	C20	m^3	0.74	
	4	电缆沟盖板	GP−5	块	20	GP−05
	5	圆钢预埋件	ϕ10×500	根	10	MJ−03
	6	电缆吊钩	ϕ8	个	30	DG−01
	7	平板型玻璃钢支架	12型	组	10	PZJ−12（厂家提供）
	8	接地扁铁	−50×5	m	20	

注：1. 沟顶覆土0.3~0.5m。
2. 电缆支架间距1.0m。
3. 沟道内支架上、下各装一根接地扁铁，每隔50m装一个角钢支架，并与接地扁铁焊接，从沟道上部引出与接地装置连接。
4. 预埋件插入槽的口部，露出沟壁墙面，且与墙面相平。

图4−33	1.3mx1.4m 电缆沟施工图		
适用范围	平板型玻璃钢支架， 10kV电缆6根，35kV电缆2回路	图号	LG−33

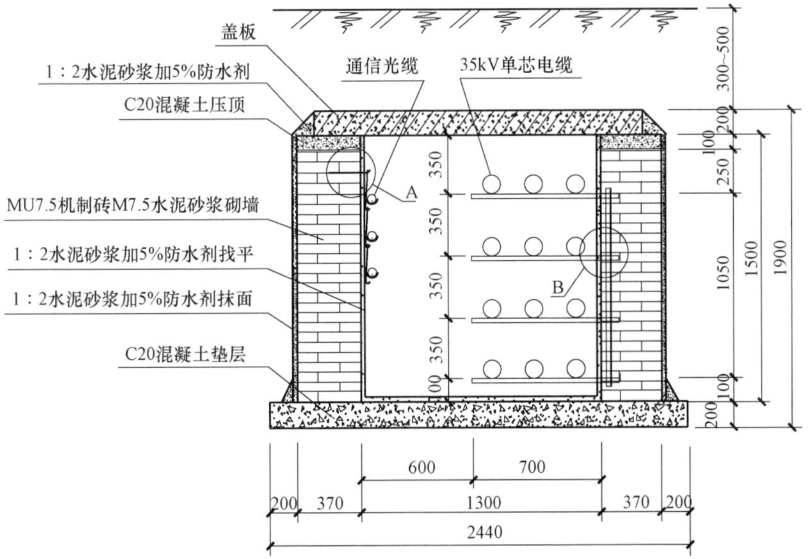

A放大

B放大

每10m电缆沟所需材料

型号	序号	名称	规格	单位	数量	备注
1.3m×1.5m	1	机制砖	MU7.5	块	5595	
	2	混凝土垫层	C20	m^3	4.88	
	3	混凝土压顶	C20	m^3	0.74	
	4	电缆沟盖板	GP－5	块	20	GP－05
	5	圆钢预埋件	φ10×500	根	10	MJ－03
	6	电缆吊钩		个	30	DG－01
	7	平板型玻璃钢支架	13型	组	10	PZJ－13（厂家提供）
	8	接地扁铁	－50×5	m	20	

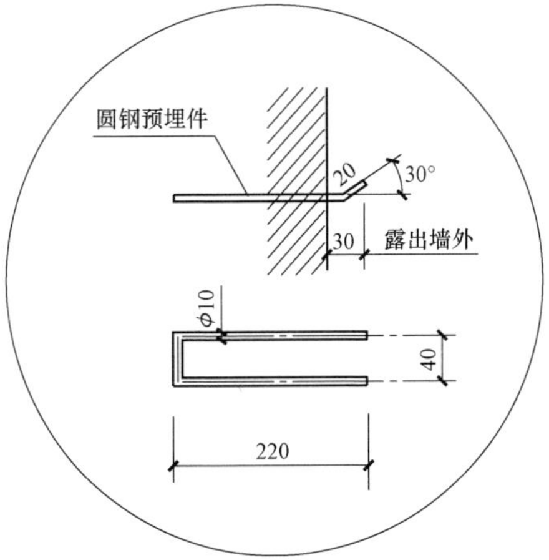

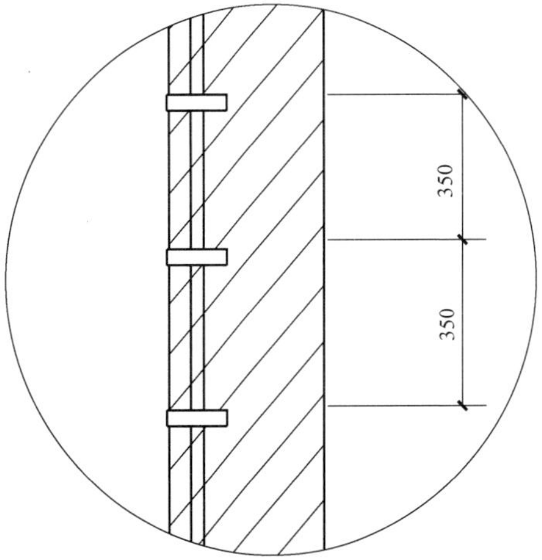

注：1. 沟顶覆土0.3~0.5m。
2. 电缆支架间距1.0m。
3. 沟道内支架上、下各装一根接地扁铁，每隔50m装一个角钢支架，并与接地扁铁焊接，从沟道上部引出与接地装置连接。
4. 预埋件插入槽的口部，露出沟壁墙面，且与墙面相平。

图4-34	1.3mx1.5m 电缆沟施工图		
适用范围	平板型玻璃钢支架，35kV电缆4回路	图号	LG-34

第五章　电力设施穿越构筑物施工图

本章主要介绍电缆排管及电缆隧道穿越道路、热力管道、雨水箱涵的技术要求，电缆排管及电缆隧道在不同高度交叉时的施工方法，电缆拖管穿越道路、铁路、河流的技术要求及电力电缆沿桥面敷设的施工工艺等。

施　工　图

(1) 电缆排管穿越雨水箱涵施工图　CY-01

(2) 电缆排管穿越热力管道施工图　CY-02

(3) 电缆排管穿越道路施工图　CY-03

(4) 电缆隧道穿越雨水箱涵施工图　CY-04

(5) 电缆隧道穿越热力管道施工图　CY-05

(6) 电缆隧道与电缆排管不同高度交叉施工图 (1)　CY-06

(7) 电缆隧道与电缆排管不同高度交叉施工图 (2)　CY-07

(8) 电缆排管与电缆排管不同高度交叉施工图 (1)　CY-08

(9) 电缆排管与电缆排管不同高度交叉施工图 (2)　CY-09

(10) 电缆拖管穿越铁路施工图　CY-10

(11) 电缆拖管穿越道路施工图　CY-11

(12) 电缆拖管穿越河道施工图　CY-12

(13) 电力电缆沿桥面敷设施工图 (1)　CY-13

(14) 电力电缆沿桥面敷设施工图 (2)　CY-14

第五章

电力设施穿越构筑物施工图

图 5-1　电缆排管穿越雨水箱涵施工图（各型电力电缆）…… CY-01
图 5-2　电缆排管穿越热力管道施工图（各型电力电缆）…… CY-02
图 5-3　电缆排管穿越道路施工图（各型电力电缆）…… CY-03
图 5-4　电缆隧道穿越雨水箱涵施工图（各型电力电缆）…… CY-04
图 5-5　电缆隧道穿越热力管道施工图（各型电力电缆）…… CY-05
图 5-6　电缆隧道与电缆排管不同高度交叉施工图（1）（各型电力电缆）…… CY-06
图 5-7　电缆隧道与电缆排管不同高度交叉施工图（2）（各型电力电缆）…… CY-07
图 5-8　电缆排管与电缆排管不同高度交叉施工图（1）（各型电力电缆）…… CY-08
图 5-9　电缆排管与电缆排管不同高度交叉施工图（2）（各型电力电缆）…… CY-09
图 5-10　电缆拖管穿越铁路施工图（各型电力电缆）…… CY-10
图 5-11　电缆拖管穿越道路施工图（各型电力电缆）…… CY-11
图 5-12　电缆拖管穿越河道施工图（各型电力电缆）…… CY-12
图 5-13　电力电缆沿桥面敷设施工图（1）（电缆隧道接桥面排管）…… CY-13
图 5-14　电力电缆沿桥面敷设施工图（2）（电缆排管接桥面排管）…… CY-14

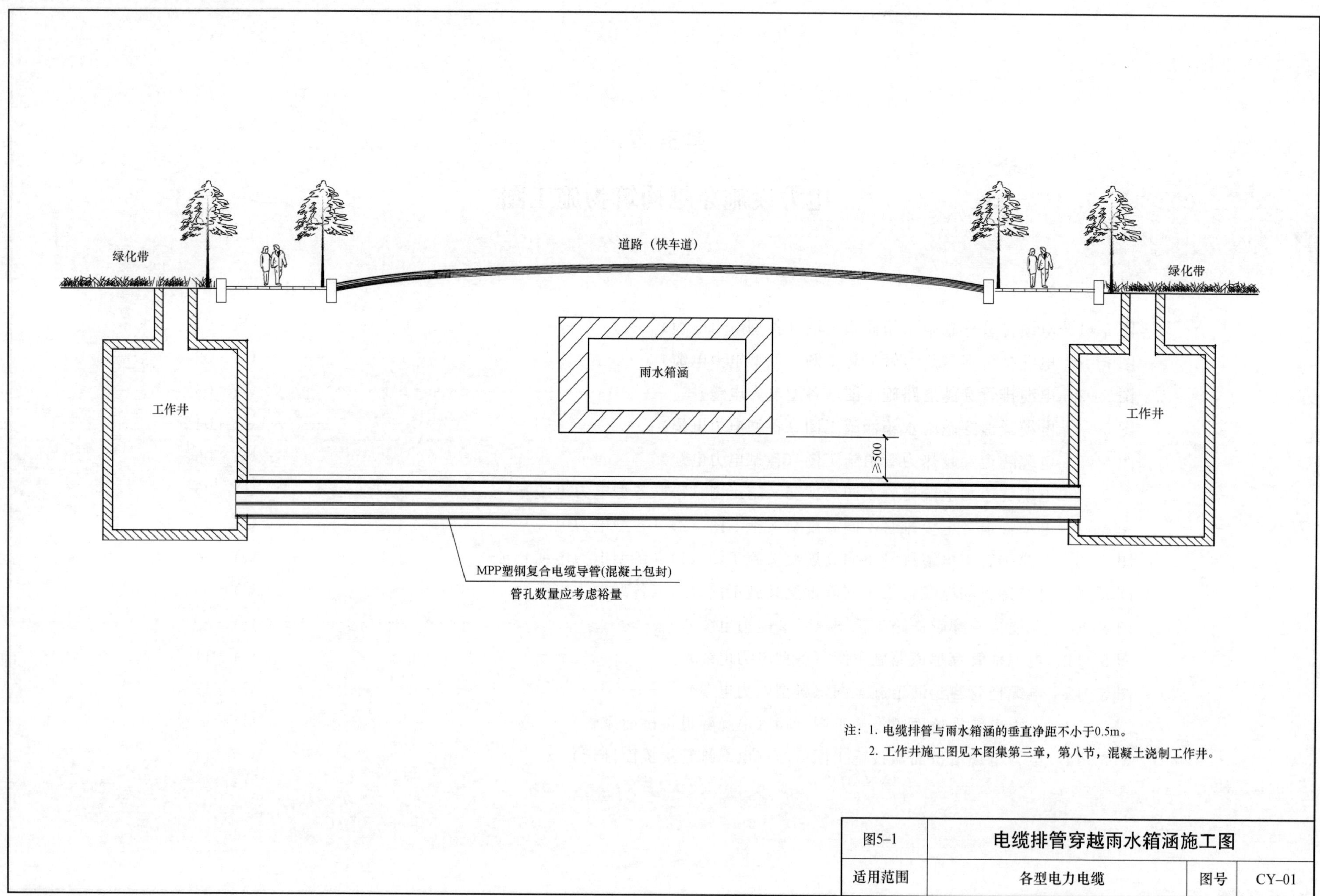

注：1. 电缆排管与雨水箱涵的垂直净距不小于0.5m。
2. 工作井施工图见本图集第三章，第八节，混凝土浇制工作井。

图5–1	电缆排管穿越雨水箱涵施工图		
适用范围	各型电力电缆	图号	CY–01

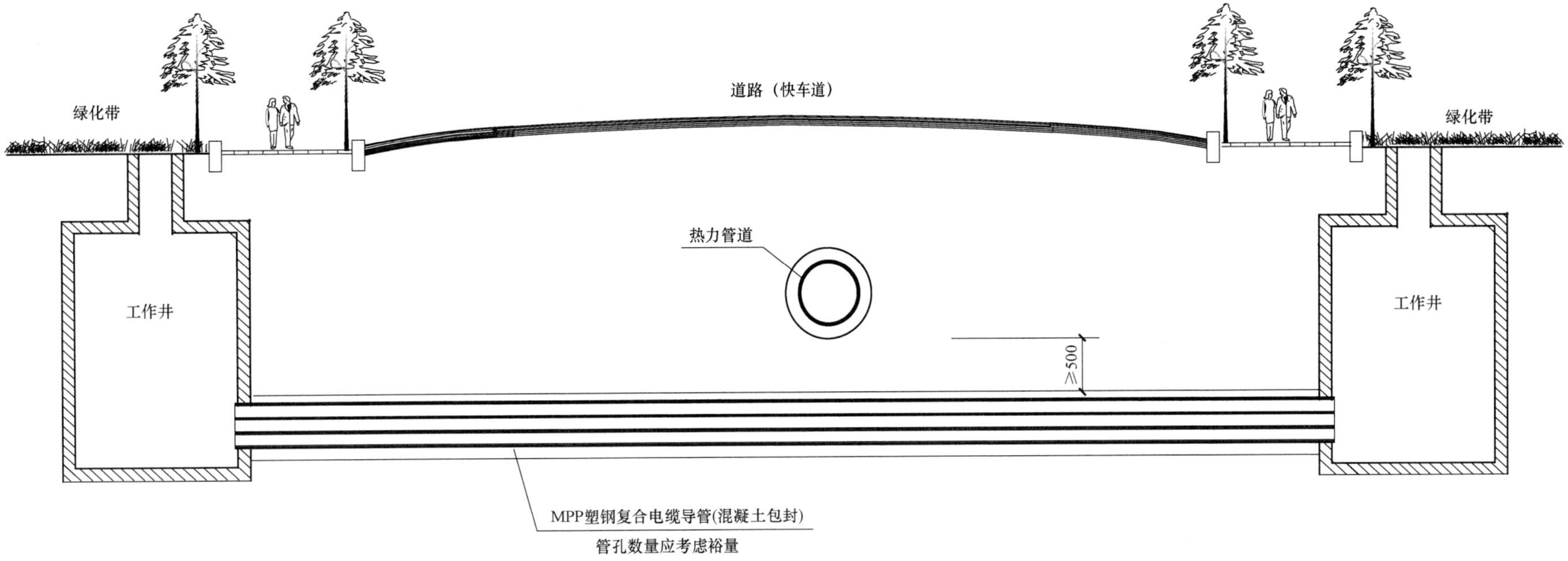

注：1. 电缆排管与热力管道的垂直净距不小于0.5m。
2. 工作井施工图见本图集第三章，第八节，混凝土浇制工作井。

图5-2	电缆排管穿越热力管道施工图		
适用范围	各型电力电缆	图号	CY-02

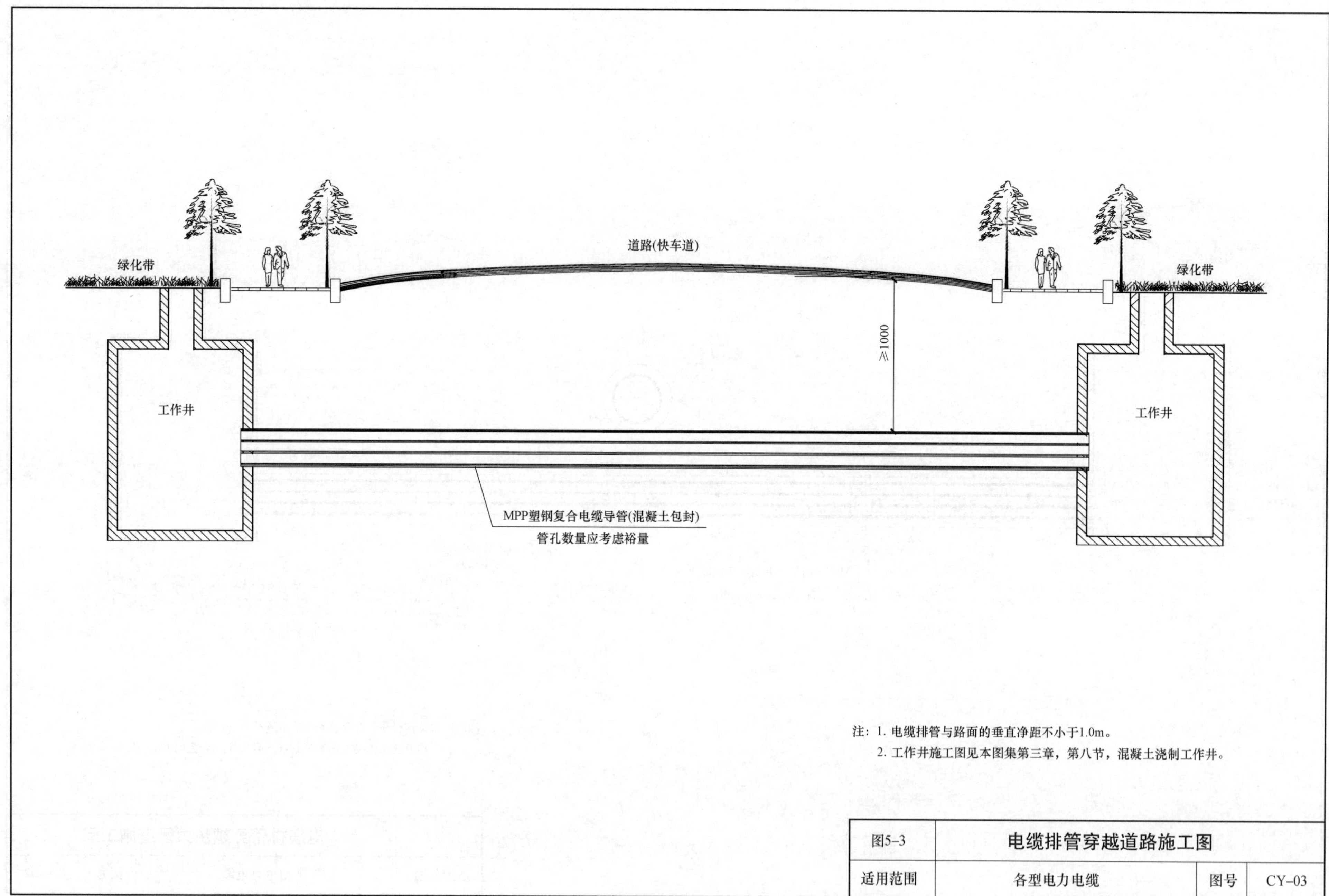

注：1. 电缆排管与路面的垂直净距不小于1.0m。
2. 工作井施工图见本图集第三章，第八节，混凝土浇制工作井。

图5–3	电缆排管穿越道路施工图		
适用范围	各型电力电缆	图号	CY–03

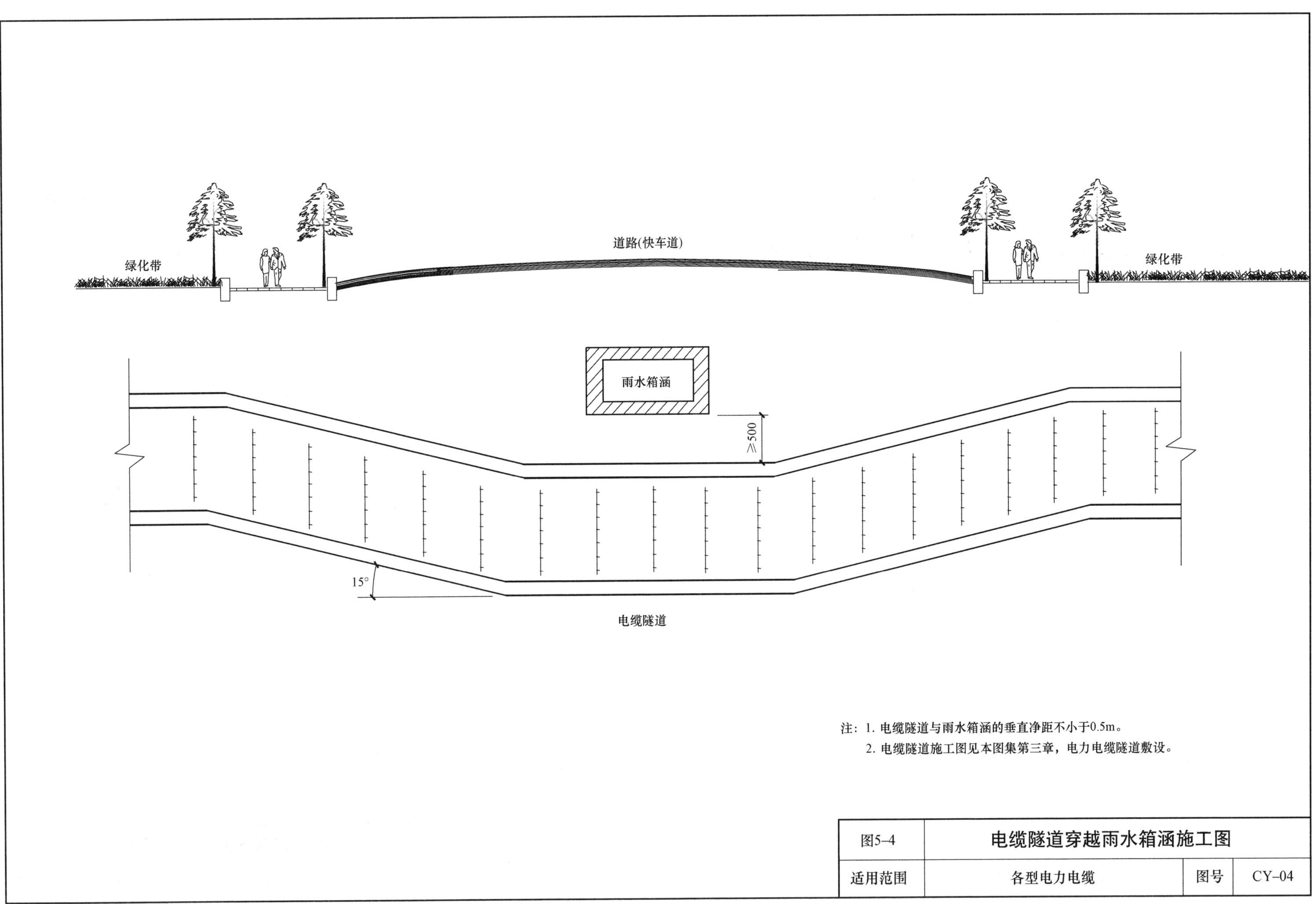

注：1. 电缆隧道与雨水箱涵的垂直净距不小于0.5m。
2. 电缆隧道施工图见本图集第三章，电力电缆隧道敷设。

图5–4	电缆隧道穿越雨水箱涵施工图		
适用范围	各型电力电缆	图号	CY–04

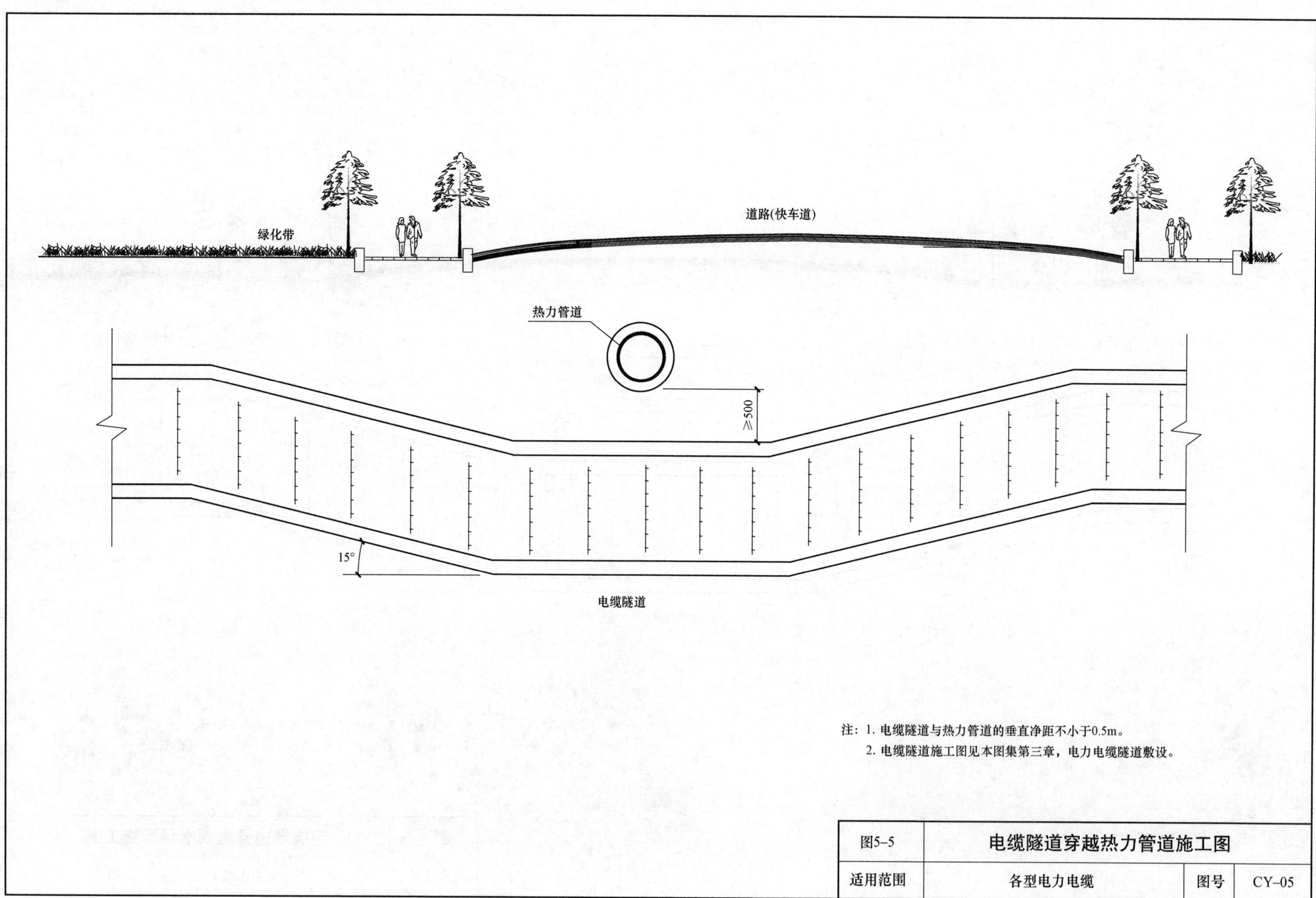

注：1. 电缆隧道与热力管道的垂直净距不小于0.5m。

2. 电缆隧道施工图见本图集第三章，电力电缆隧道敷设。

图5–5	电缆隧道穿越热力管道施工图		
适用范围	各型电力电缆	图号	CY–05

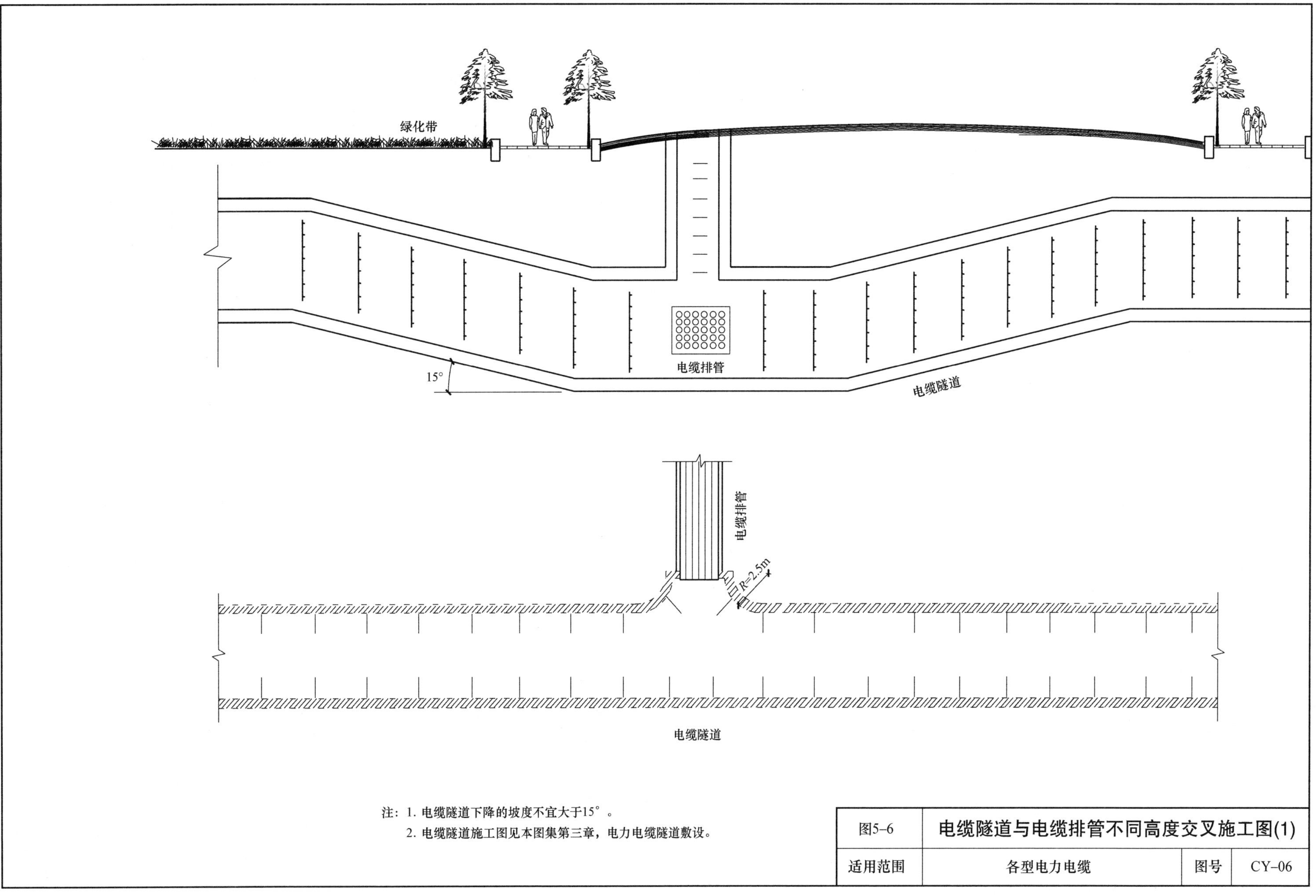

注：1. 电缆隧道下降的坡度不宜大于15°。
2. 电缆隧道施工图见本图集第三章，电力电缆隧道敷设。

图5-6	电缆隧道与电缆排管不同高度交叉施工图(1)		
适用范围	各型电力电缆	图号	CY-06

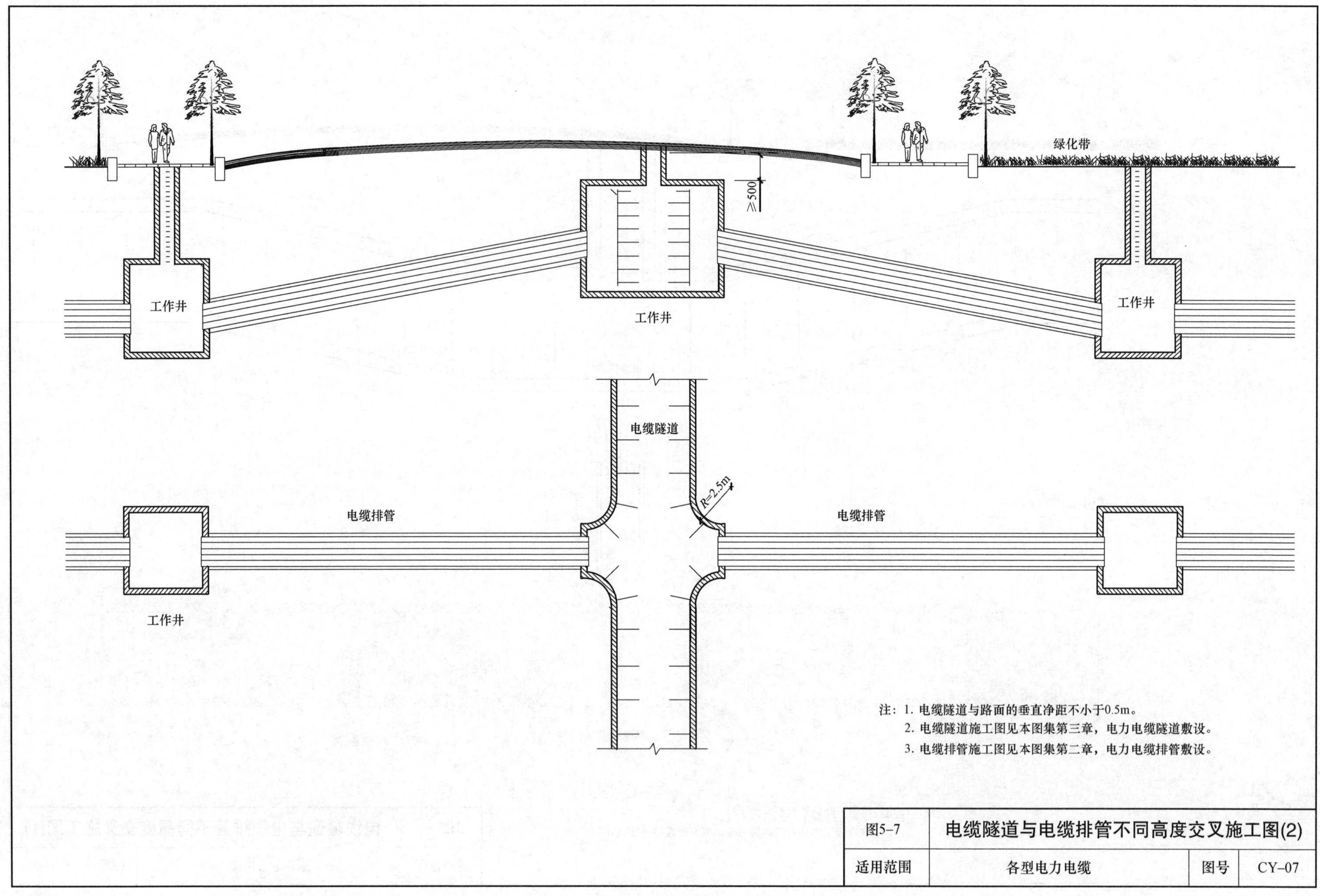

注：1. 电缆隧道与路面的垂直净距不小于0.5m。
2. 电缆隧道施工图见本图集第三章，电力电缆隧道敷设。
3. 电缆排管施工图见本图集第二章，电力电缆排管敷设。

图5–7	电缆隧道与电缆排管不同高度交叉施工图(2)		
适用范围	各型电力电缆	图号	CY–07

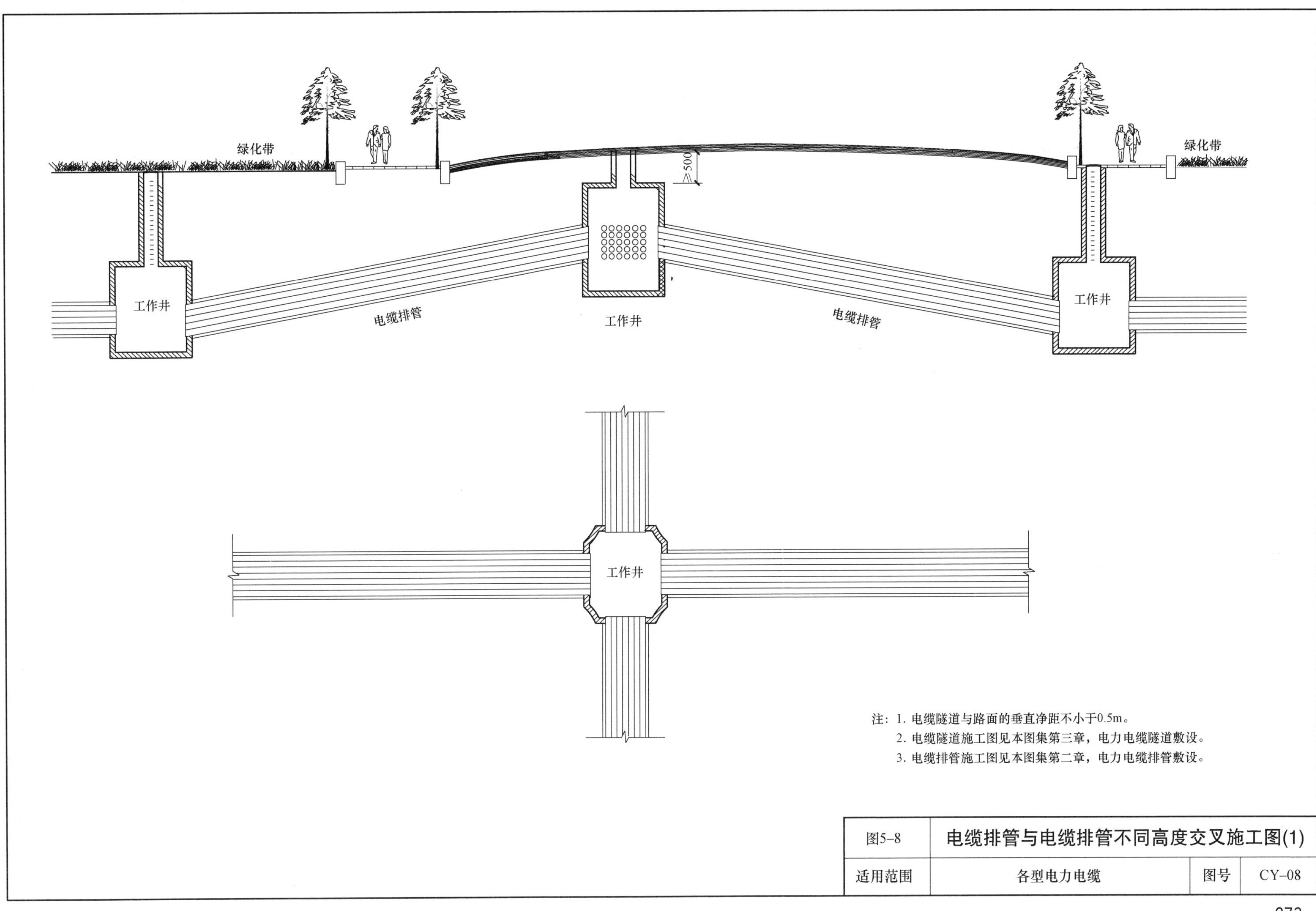

注：1. 电缆隧道与路面的垂直净距不小于0.5m。
2. 电缆隧道施工图见本图集第三章，电力电缆隧道敷设。
3. 电缆排管施工图见本图集第二章，电力电缆排管敷设。

图5-8	电缆排管与电缆排管不同高度交叉施工图(1)		
适用范围	各型电力电缆	图号	CY-08

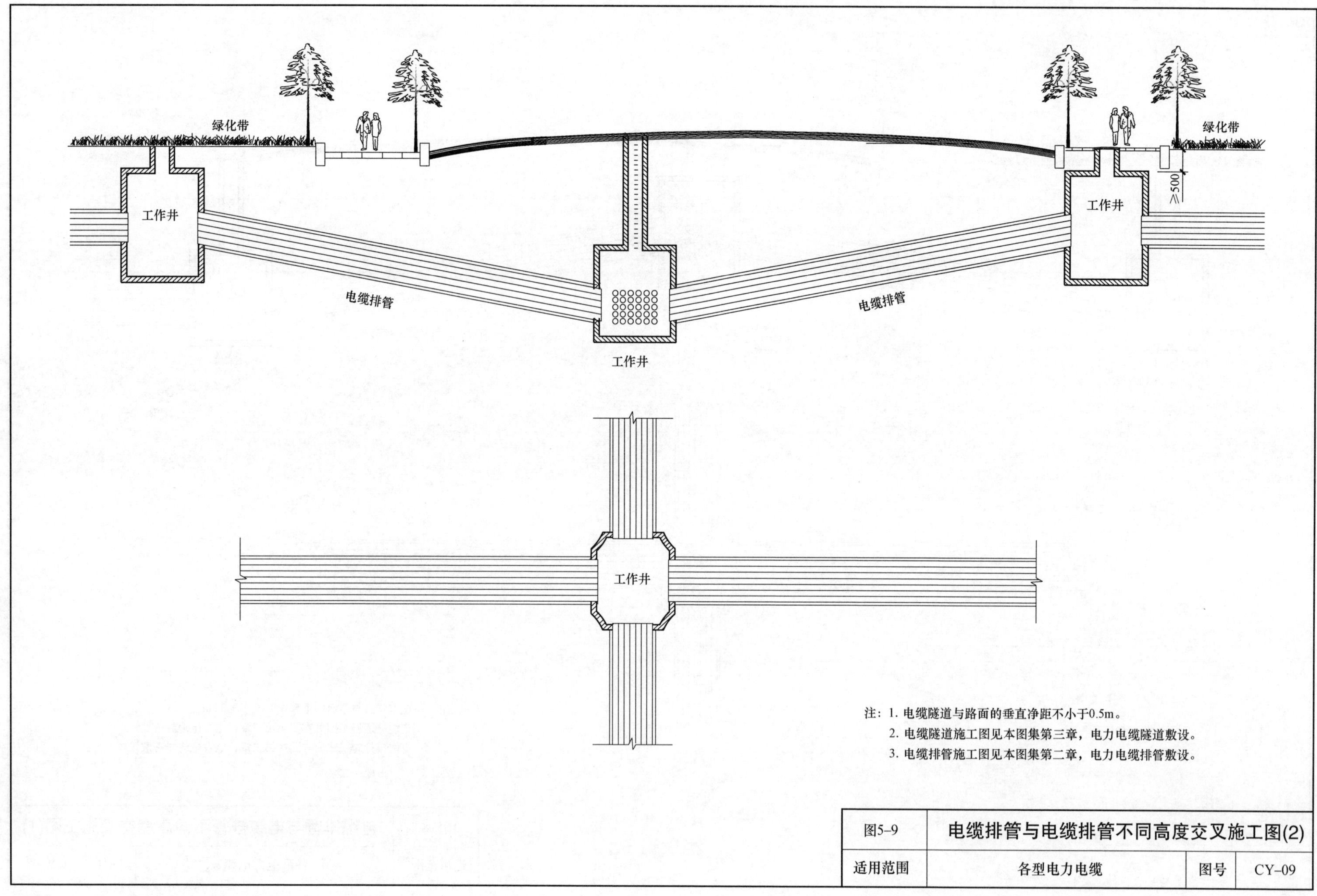

注：1. 电缆隧道与路面的垂直净距不小于0.5m。
2. 电缆隧道施工图见本图集第三章，电力电缆隧道敷设。
3. 电缆排管施工图见本图集第二章，电力电缆排管敷设。

图5-9	电缆排管与电缆排管不同高度交叉施工图(2)		
适用范围	各型电力电缆	图号	CY-09

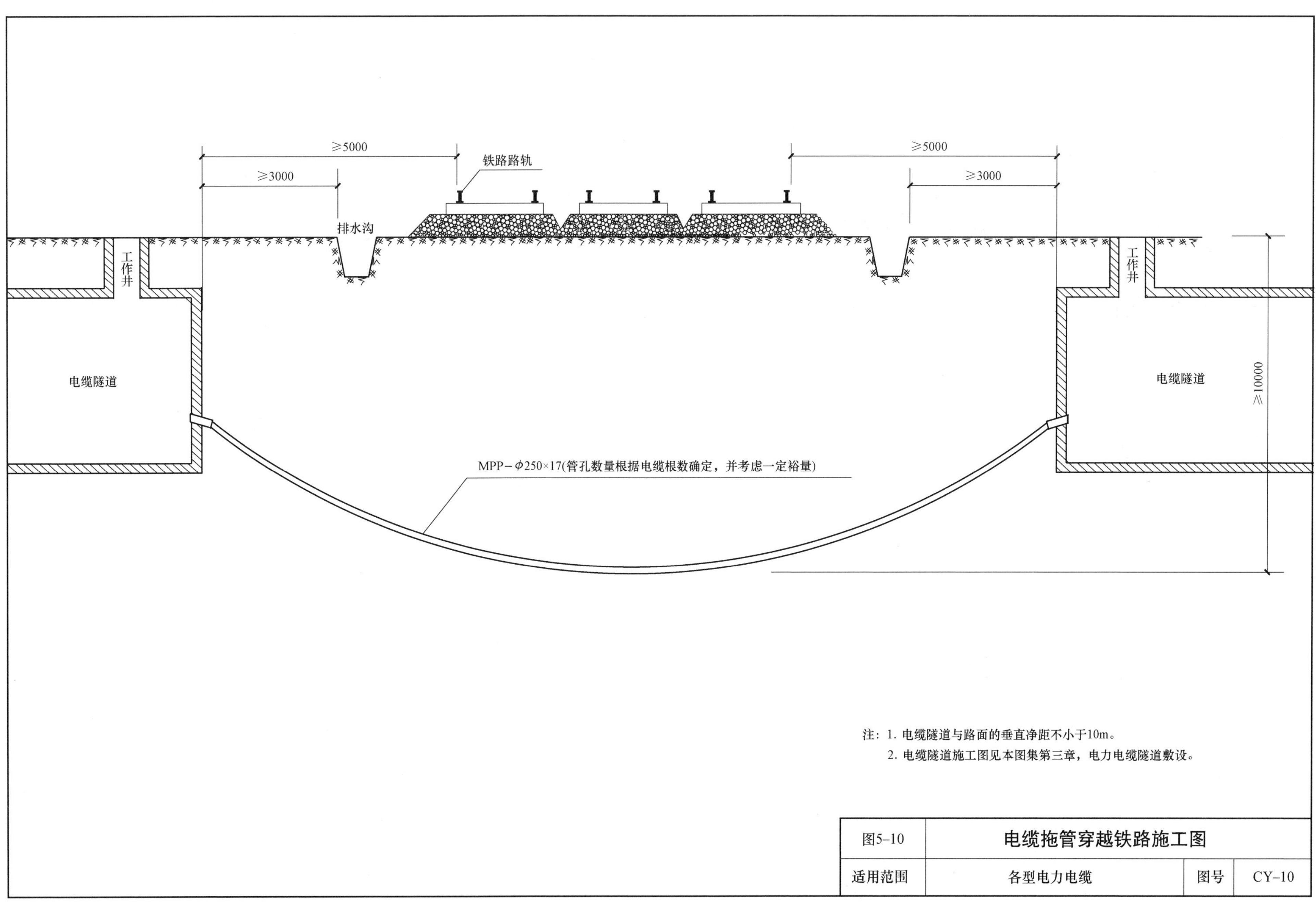

注：1. 电缆隧道与路面的垂直净距不小于10m。
2. 电缆隧道施工图见本图集第三章，电力电缆隧道敷设。

图5-10	电缆拖管穿越铁路施工图		
适用范围	各型电力电缆	图号	CY-10

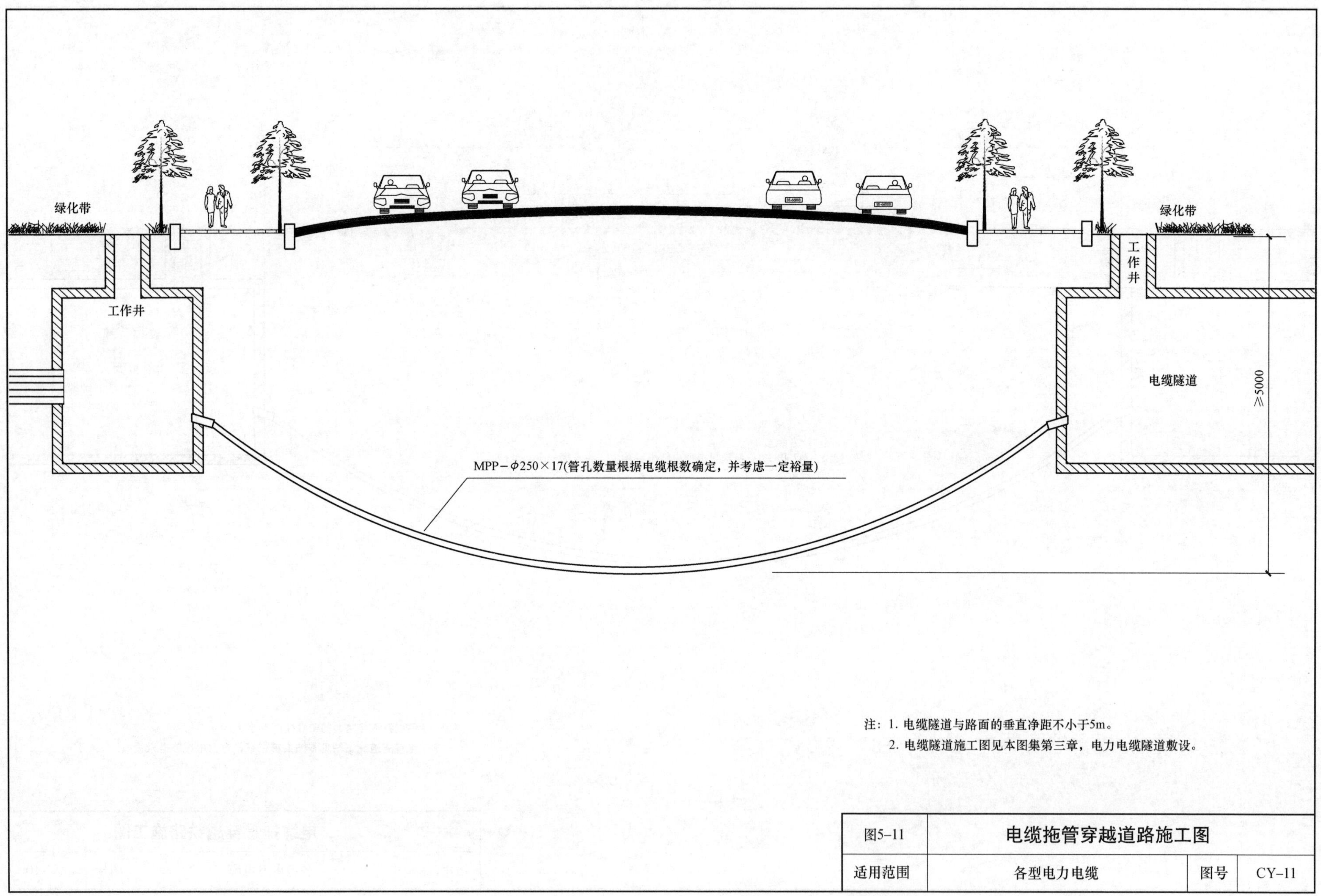

注：1. 电缆隧道与路面的垂直净距不小于5m。
2. 电缆隧道施工图见本图集第三章，电力电缆隧道敷设。

图5–11	电缆拖管穿越道路施工图		
适用范围	各型电力电缆	图号	CY–11

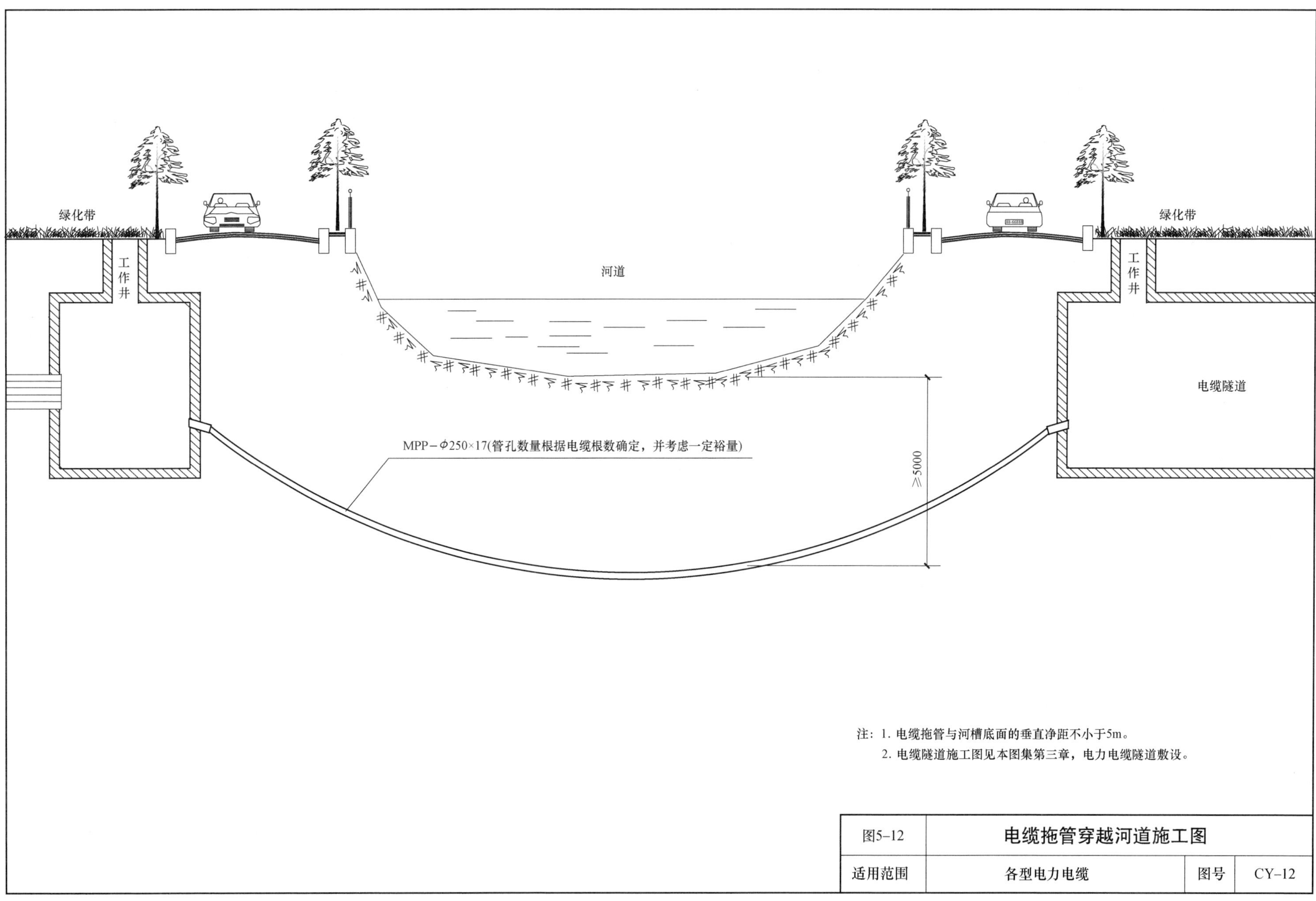

注：1. 电缆拖管与河槽底面的垂直净距不小于5m。
2. 电缆隧道施工图见本图集第三章，电力电缆隧道敷设。

图5–12	电缆拖管穿越河道施工图		
适用范围	各型电力电缆	图号	CY–12

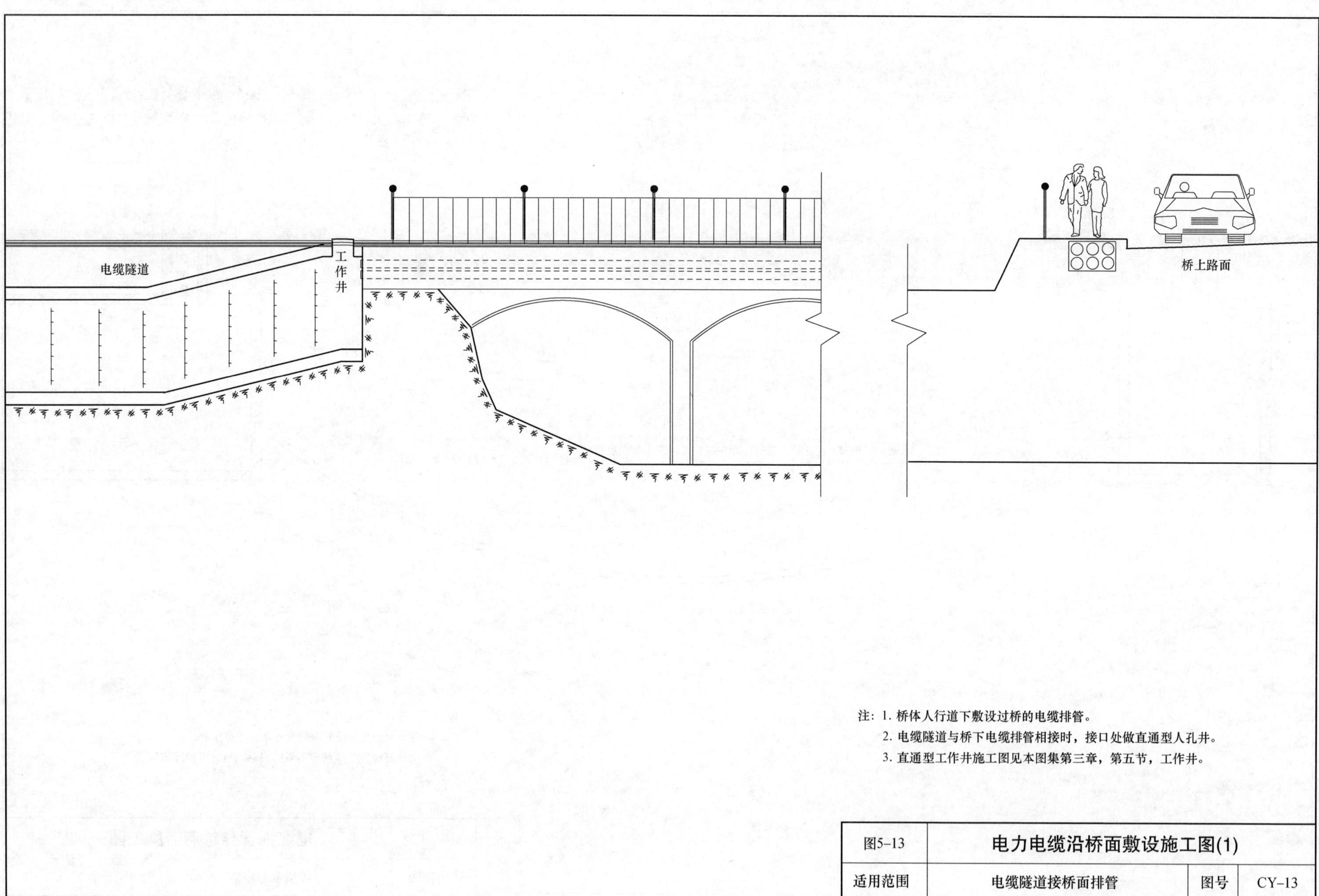

注：1. 桥体人行道下敷设过桥的电缆排管。
2. 电缆隧道与桥下电缆排管相接时，接口处做直通型人孔井。
3. 直通型工作井施工图见本图集第三章，第五节，工作井。

图5-13	电力电缆沿桥面敷设施工图(1)		
适用范围	电缆隧道接桥面排管	图号	CY-13

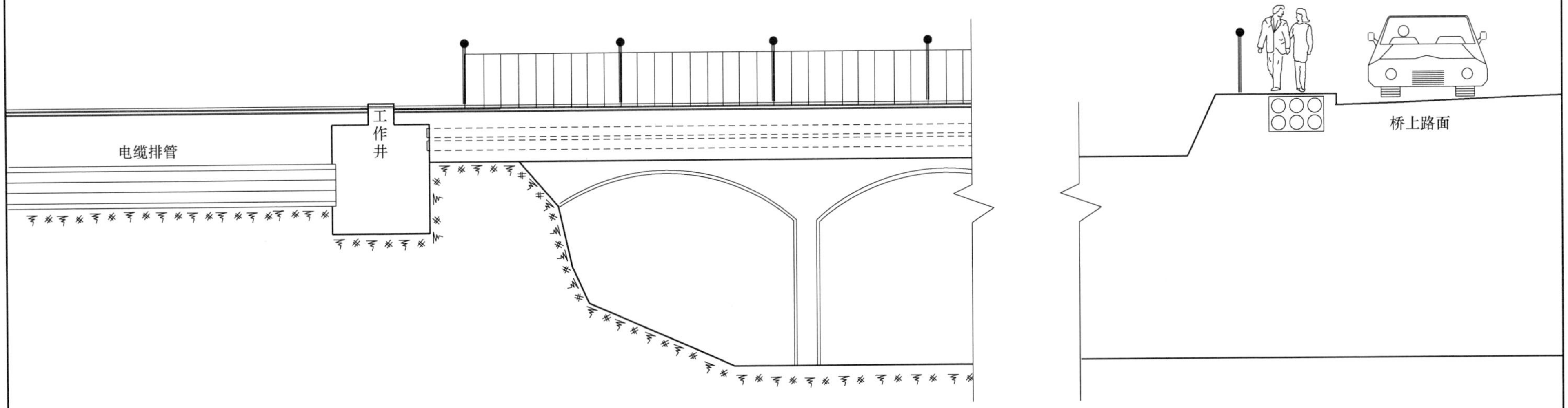

注：1. 桥体人行道下敷设过桥的电缆排管。

2. 电缆排管与桥下电缆排管相接时，接口处做直通型人孔井。

3. 直通型工作井施工图见本图集第三章，第五节，工作井。

图5–14	电力电缆沿桥面敷设施工图(2)		
适用范围	电缆排管接桥面排管	图号	CY–14

第六章　部件制作及施工

本章主要介绍电缆隧道及电缆沟所需的各种部件的制作及施工图，它包括角钢支架、平板型玻璃钢支架、电缆吊钩、电缆沟盖板、爬梯、预埋件、钢筋笼子等。

（1）平板型玻璃钢支架的形式，是根据通用设计的要求设计的，由山东省呈祥电工电气有限公司协助生产，主要用于敷设35kV及以上单芯电力电缆，为配合厂家生产，本通用图中备有各种形式的平板型玻璃钢支架制作图。

（2）电缆吊钩用于在电缆沟内，悬挂与电力电缆同沟敷设的通信电缆，每个吊钩挂一根电缆，吊钩的数量可根据通信电缆的数量安装。安装吊钩的预埋件参见本章第七节“圆钢预埋件施工图”。

（3）因电缆沟盖板经常翻动，考虑在施工和维修时有正反面搞错的可能性，盖板设计时均按双层配筋布置。为施工方便，盖板上配有起吊时用的挂钩。

（4）预埋件主要用于电缆支架的安装，包括钢板预埋件、圆钢预埋件、角钢预埋件、燕尾螺栓预埋件、膨胀螺栓、槽型预埋件六种形式的施工图。

（5）钢筋笼子配置于工作井内为积水井所用，适用于电缆隧道积水井和电缆沟积水井。

施　工　图

第一节	角钢支架	ZJ - 01～71
第二节	平板型玻璃钢支架	PZJ - 01～13
第三节	组合悬挂式玻璃钢支架	ZZJ - 01～04
第四节	通信光缆安装	QJ - 01、DG - 01
第五节	电缆沟盖板	GP - 01～07
第六节	爬梯	PT - 01～04
第七节	预埋件	MJ - 01～06
第八节	钢筋笼子	BZ - 01～02

第六章

部件制作及施工

第一节　角　钢　支　架

图 6-1　1 号角钢支架制造图（1.4m×1.9m 电缆隧道）…… ZJ-01
图 6-2　2 号角钢支架制造图（1.4m×1.9m 电缆隧道）…… ZJ-02
图 6-3　3 号角钢支架制造图（1.4m×1.9m 电缆隧道）…… ZJ-03
图 6-4　4 号角钢支架制造图（1.4m×1.9m 电缆隧道）…… ZJ-04
图 6-5　5 号角钢支架制造图（1.5m×1.9m 电缆隧道）…… ZJ-05
图 6-6　6 号角钢支架制造图（1.5m×1.9m 电缆隧道）…… ZJ-06
图 6-7　7 号角钢支架制造图（1.5m×1.9m 电缆隧道）…… ZJ-07
图 6-8　8 号角钢支架制造图（1.5m×1.9m 电缆隧道）…… ZJ-08
图 6-9　9 号角钢支架制造图（1.5m×1.9m 电缆隧道）…… ZJ-09
图 6-10　10 号角钢支架制造图（1.5m×1.9m 电缆隧道）…… ZJ-10
图 6-11　11 号角钢支架制造图（1.6m×1.9m 电缆隧道）…… ZJ-11
图 6-12　12 号角钢支架制造图（1.6m×1.9m 电缆隧道）…… ZJ-12
图 6-13　13 号角钢支架制造图（1.6m×1.9m 电缆隧道）…… ZJ-13
图 6-14　14 号角钢支架制造图（1.6m×1.9m 电缆隧道）…… ZJ-14
图 6-15　15 号角钢支架制造图（1.8m×2.0m 电缆隧道）…… ZJ-15
图 6-16　16 号角钢支架制造图（1.8m×2.0m 电缆隧道）…… ZJ-16
图 6-17　17 号角钢支架制造图（1.8m×2.0m 电缆隧道）…… ZJ-17
图 6-18　18 号角钢支架制造图（1.8m×2.0m 电缆隧道）…… ZJ-18

图 6-19　19 号角钢支架制造图（1.8m×2.0m 电缆隧道） ZJ-19
图 6-20　20 号角钢支架制造图（1.8m×2.0m 电缆隧道） ZJ-20
图 6-21　21 号角钢支架制造图（1.8m×2.0m 电缆隧道） ZJ-21
图 6-22　22 号角钢支架制造图（1.8m×2.0m 电缆隧道） ZJ-22
图 6-23　23 号角钢支架制造图（1.8m×2.0m 电缆隧道） ZJ-23
图 6-24　24 号角钢支架制造图（2.0m×2.2m 电缆隧道） ZJ-24
图 6-25　25 号角钢支架制造图（2.0m×2.2m 电缆隧道） ZJ-25
图 6-26　26 号角钢支架制造图（2.0m×2.2m 电缆隧道） ZJ-26
图 6-27　27 号角钢支架制造图（2.0m×2.2m 电缆隧道） ZJ-27
图 6-28　28 号角钢支架制造图（2.0m×2.2m 电缆隧道） ZJ-28
图 6-29　29 号角钢支架制造图（2.0m×2.2m 电缆隧道） ZJ-29
图 6-30　30 号角钢支架制造图（2.0m×2.2m 电缆隧道） ZJ-30
图 6-31　31 号角钢支架制造图（2.0m×2.2m 电缆隧道） ZJ-31
图 6-32　32 号角钢支架制造图（2.0m×2.2m 电缆隧道） ZJ-32
图 6-33　33 号角钢支架制造图（2.2m×2.5m 电缆隧道） ZJ-33
图 6-34　34 号角钢支架制造图（2.2m×2.5m 电缆隧道） ZJ-34
图 6-35　35 号角钢支架制造图（2.2m×2.5m 电缆隧道） ZJ-35
图 6-36　36 号角钢支架制造图（2.2m×2.5m 电缆隧道） ZJ-36
图 6-37　37 号角钢支架制造图（2.2m×2.5m 电缆隧道） ZJ-37
图 6-38　38 号角钢支架制造图（2.2m×2.5m 电缆隧道） ZJ-38
图 6-39　39 号角钢支架制造图（2.2m×2.5m 电缆隧道） ZJ-39
图 6-40　40 号角钢支架制造图（2.2m×2.5m 电缆隧道） ZJ-40
图 6-41　41 号角钢支架制造图（2.2m×2.5m 电缆隧道） ZJ-41
图 6-42　42 号角钢支架制造图（2.2m×2.5m 电缆隧道） ZJ-42
图 6-43　43 号角钢支架制造图（2.5m×3.0m 电缆隧道） ZJ-43
图 6-44　44 号角钢支架制造图（2.5m×3.0m 电缆隧道） ZJ-44
图 6-45　45 号角钢支架制造图（2.5m×3.0m 电缆隧道） ZJ-45

图 6-46　46 号角钢支架制造图（2.5m×3.0m 电缆隧道）……ZJ-46
图 6-47　47 号角钢支架制造图（2.5m×3.0m 电缆隧道）……ZJ-47
图 6-48　48 号角钢支架制造图（2.5m×3.0m 电缆隧道）……ZJ-48
图 6-49　49 号角钢支架制造图（2.5m×3.0m 电缆隧道）……ZJ-49
图 6-50　50 号角钢支架制造图（2.5m×3.0m 电缆隧道）……ZJ-50
图 6-51　51 号角钢支架制造图（0.8m×1.0m 电缆沟）……ZJ-51
图 6-52　52 号角钢支架制造图（1.0m×1.0m 电缆沟）……ZJ-52
图 6-53　53 号角钢支架制造图（1.2m×1.3m 电缆沟）……ZJ-53
图 6-54　54 号角钢支架制造图（1.2m×1.3m 电缆沟）……ZJ-54
图 6-55　55 号角钢支架制造图（1.2m×1.5m 电缆沟）……ZJ-55
图 6-56　56 号角钢支架制造图（1.2m×1.5m 电缆沟）……ZJ-56
图 6-57　57 号角钢支架制造图（1.2m×1.6m 电缆沟）……ZJ-57
图 6-58　58 号角钢支架制造图（1.2m×1.6m 电缆沟）……ZJ-58
图 6-59　59 号角钢支架制造图（1.6m×1.2m 电缆沟）……ZJ-59
图 6-60　60 号角钢支架制造图（1.6m×1.2m 电缆沟）……ZJ-60
图 6-61　61 号角钢支架制造图（1.6m×1.2m 电缆沟）……ZJ-61
图 6-62　62 号角钢支架制造图（1.6m×1.5m 电缆沟）……ZJ-62
图 6-63　63 号角钢支架制造图（1.6m×1.5m 电缆沟）……ZJ-63
图 6-64　64 号角钢支架制造图（1.6m×1.5m 电缆沟）……ZJ-64
图 6-65　65 号角钢支架制造图（1.6m×1.5m 电缆沟）……ZJ-65
图 6-66　66 号角钢支架制造图（1.6m×1.5m 电缆沟）……ZJ-66
图 6-67　67 号角钢支架制造图（工作井或电缆裕沟）……ZJ-67
图 6-68　68 号角钢支架制造图（工作井或电缆裕沟）……ZJ-68
图 6-69　69 号角钢支架制造图（工作井或电缆裕沟）……ZJ-69
图 6-70　70 号角钢支架制造图（工作井或电缆裕沟）……ZJ-70
图 6-71　71 号角钢支架制造图（工作井或电缆裕沟）……ZJ-71

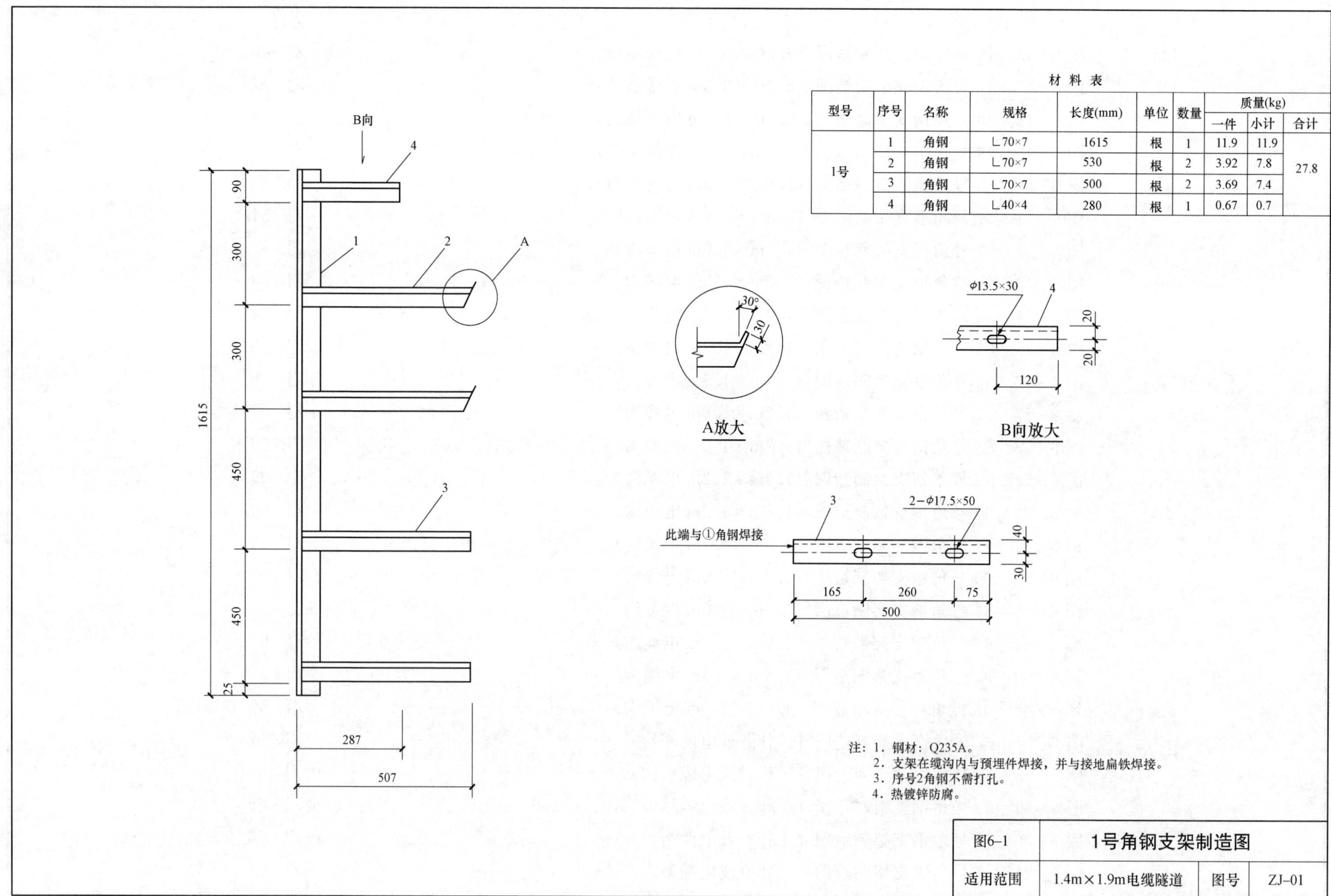

材 料 表

型号	序号	名称	规格	长度(mm)	单位	数量	质量(kg) 一件	小计	合计
1号	1	角钢	∟70×7	1615	根	1	11.9	11.9	27.8
	2	角钢	∟70×7	530	根	2	3.92	7.8	
	3	角钢	∟70×7	500	根	2	3.69	7.4	
	4	角钢	∟40×4	280	根	1	0.67	0.7	

注：1. 钢材：Q235A。
2. 支架在缆沟内与预埋件焊接，并与接地扁铁焊接。
3. 序号2角钢不需打孔。
4. 热镀锌防腐。

图6–1	1号角钢支架制造图		
适用范围	1.4m×1.9m电缆隧道	图号	ZJ–01

材料表

型号	序号	名称	规格	长度(mm)	单位	数量	质量(kg) 一件	小计	合计
2号	1	角钢	∟70×7	1515	根	1	11.2	11.2	26.4
	2	角钢	∟70×7	530	根	2	3.92	7.8	
	3	角钢	∟70×7	500	根	2	3.69	7.4	

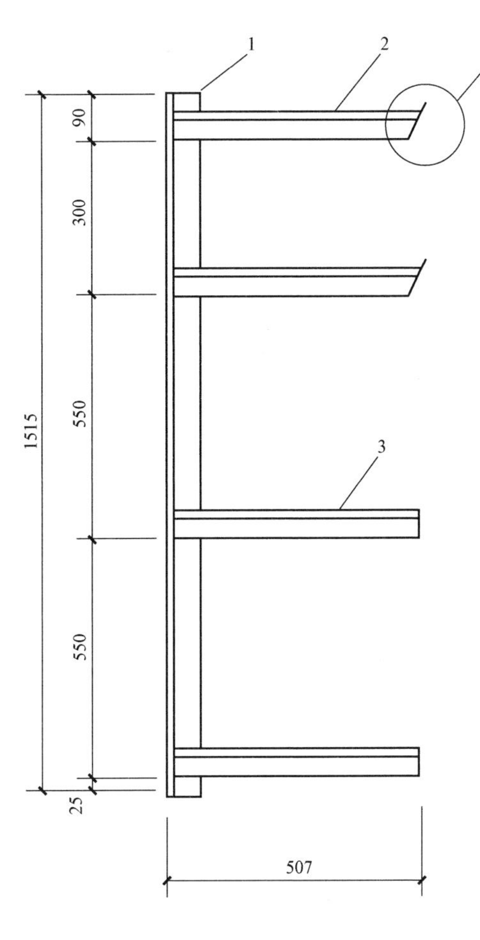

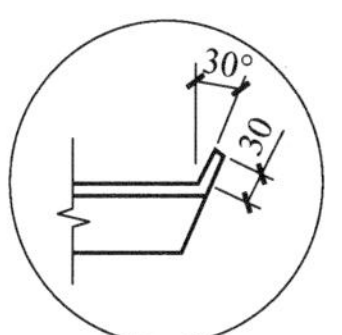

A放大

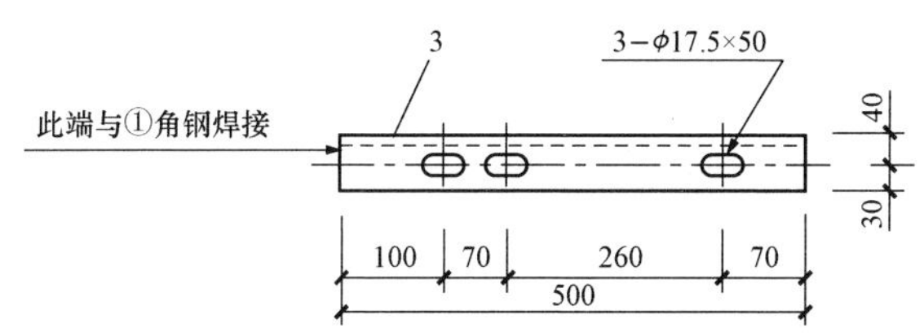

注：1．钢材：Q235A。
2．支架在缆沟内与预埋件焊接，并与接地扁铁焊接。
3．序号2角钢不需打孔。
4．热镀锌防腐。

图6–2	2号角钢支架制造图		
适用范围	1.4m×1.9m电缆隧道	图号	ZJ–02

材料表

型号	序号	名称	规格	长度(mm)	单位	数量	质量(kg)		
							一件	小计	合计
3号	1	角钢	∟70×7	1615	根	1	12.0	12.0	31.2
	2	角钢	∟70×7	530	根	3	3.92	11.8	
	3	角钢	∟70×7	500	根	2	3.69	7.4	

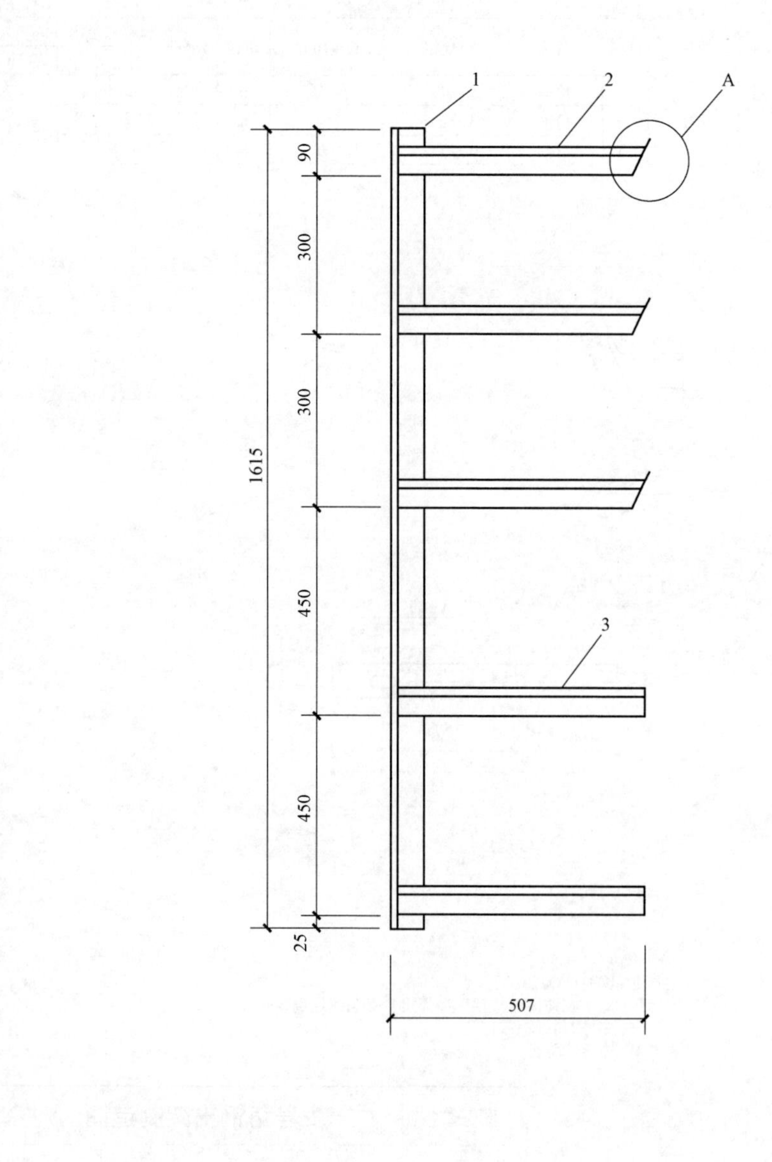

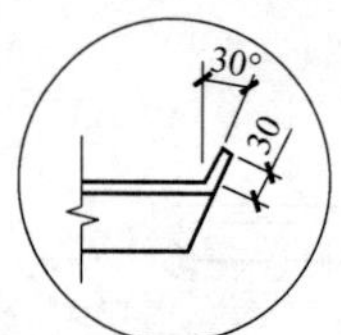

A放大

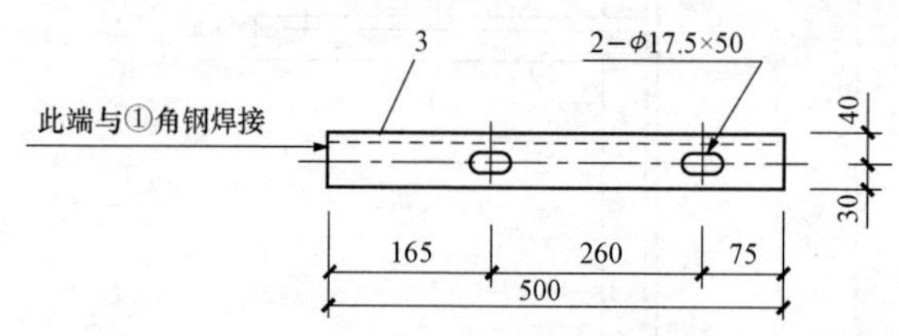

注：1．钢材：Q235A。
2．支架在缆沟内与预埋件焊接，并与接地扁铁焊接。
3．序号2角钢不需打孔。
4．热镀锌防腐。

图6–3	3号角钢支架制造图		
适用范围	1.4m×1.9m电缆隧道	图号	ZJ–03

材料表

型号	序号	名称	规格	长度(mm)	单位	数量	质量(kg)		
							一件	小计	合计
4号	1	角钢	∟70×7	1615	根	1	12.0	12.0	35.5
	2	角钢	∟70×7	530	根	6	3.92	23.5	

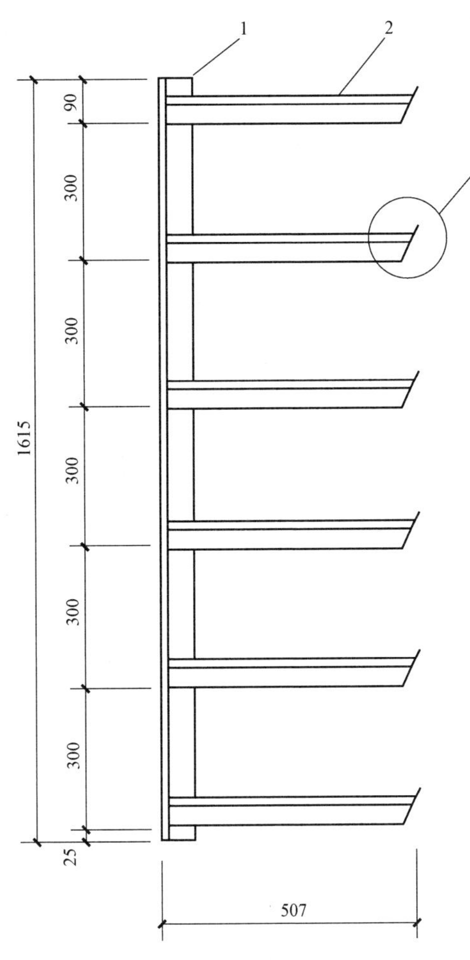

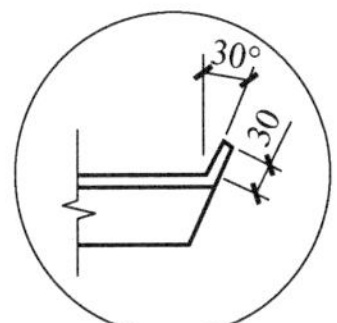

A放大

注：1．钢材：Q235A。
2．支架在缆沟内与预埋件焊接，并与接地扁铁焊接。
3．热镀锌防腐。

图6-4	4号角钢支架制造图		
适用范围	1.4m×1.9m电缆隧道	图号	ZJ-04

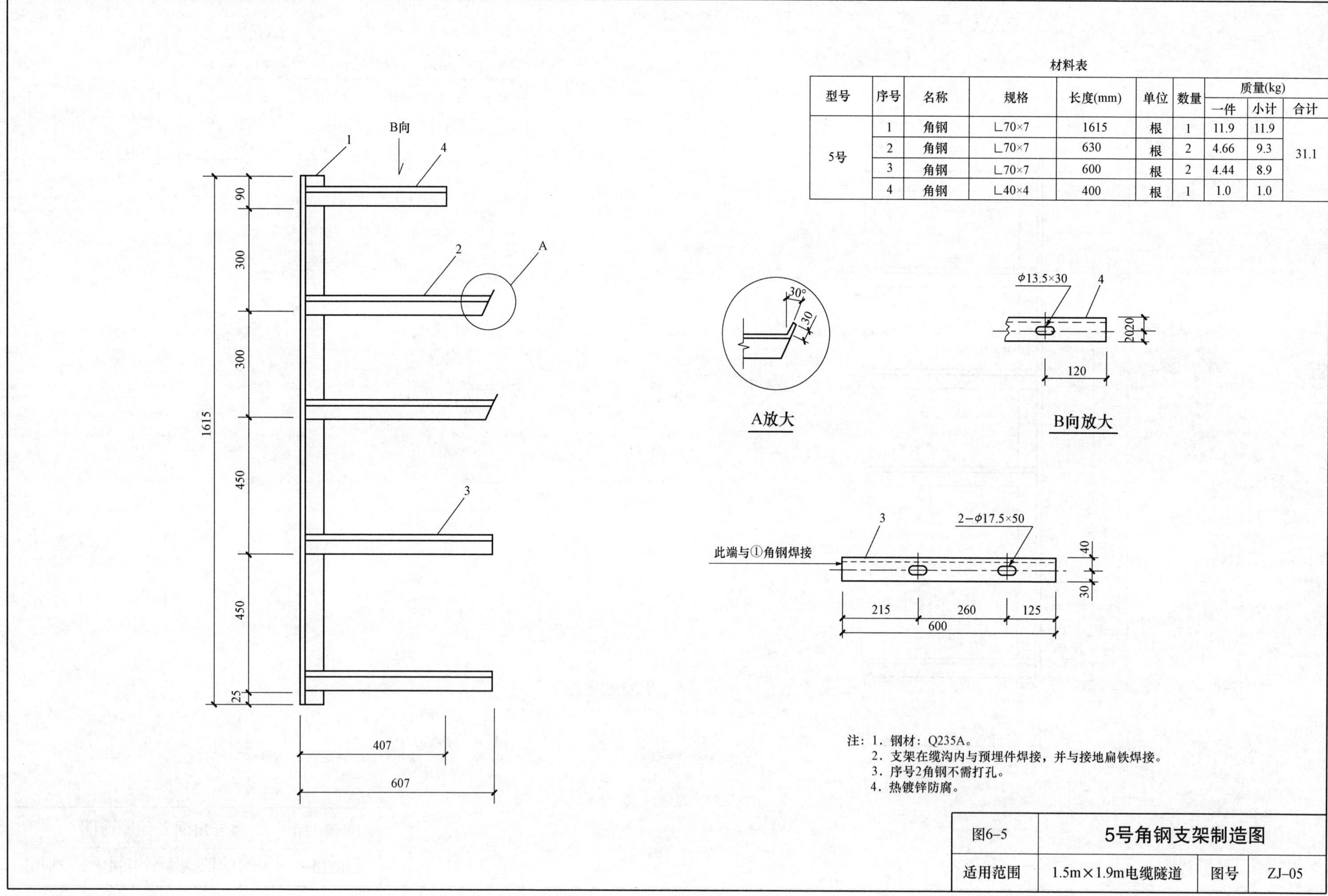

材料表

型号	序号	名称	规格	长度(mm)	单位	数量	质量(kg)		
							一件	小计	合计
5号	1	角钢	∟70×7	1615	根	1	11.9	11.9	31.1
	2	角钢	∟70×7	630	根	2	4.66	9.3	
	3	角钢	∟70×7	600	根	2	4.44	8.9	
	4	角钢	∟40×4	400	根	1	1.0	1.0	

注：1. 钢材：Q235A。
2. 支架在缆沟内与预埋件焊接，并与接地扁铁焊接。
3. 序号2角钢不需打孔。
4. 热镀锌防腐。

图6–5	5号角钢支架制造图		
适用范围	1.5m×1.9m电缆隧道	图号	ZJ–05

材料表

型号	序号	名称	规格	长度(mm)	单位	数量	质量(kg) 一件	质量(kg) 小计	质量(kg) 合计
6号	1	角钢	∟70×7	1515	根	1	11.2	11.2	29.4
	2	角钢	∟70×7	630	根	3	4.66	9.3	
	3	角钢	∟70×7	600	根	2	4.44	8.9	

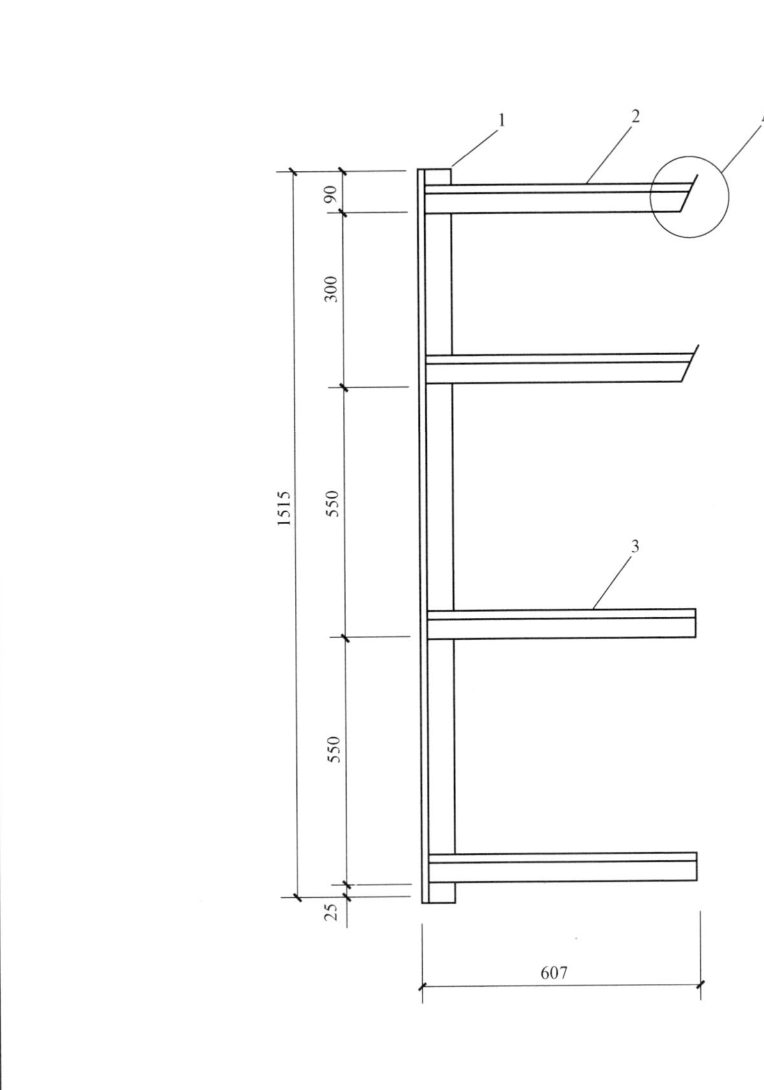

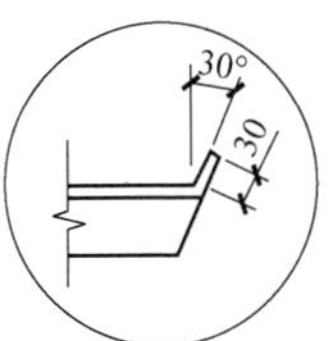

A放大

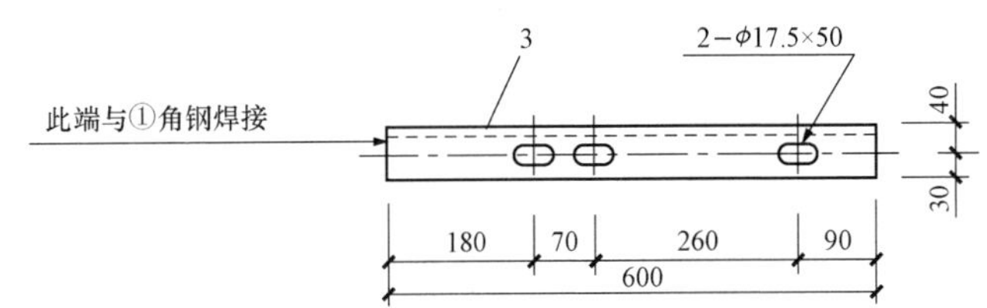

注：1．钢材：Q235A。
2．支架在缆沟内与预埋件焊接，并与接地扁铁焊接。
3．序号2角钢不需打孔。
4．热镀锌防腐。

图6–6	6号角钢支架制造图		
适用范围	1.5m×1.9m电缆隧道	图号	ZJ–06

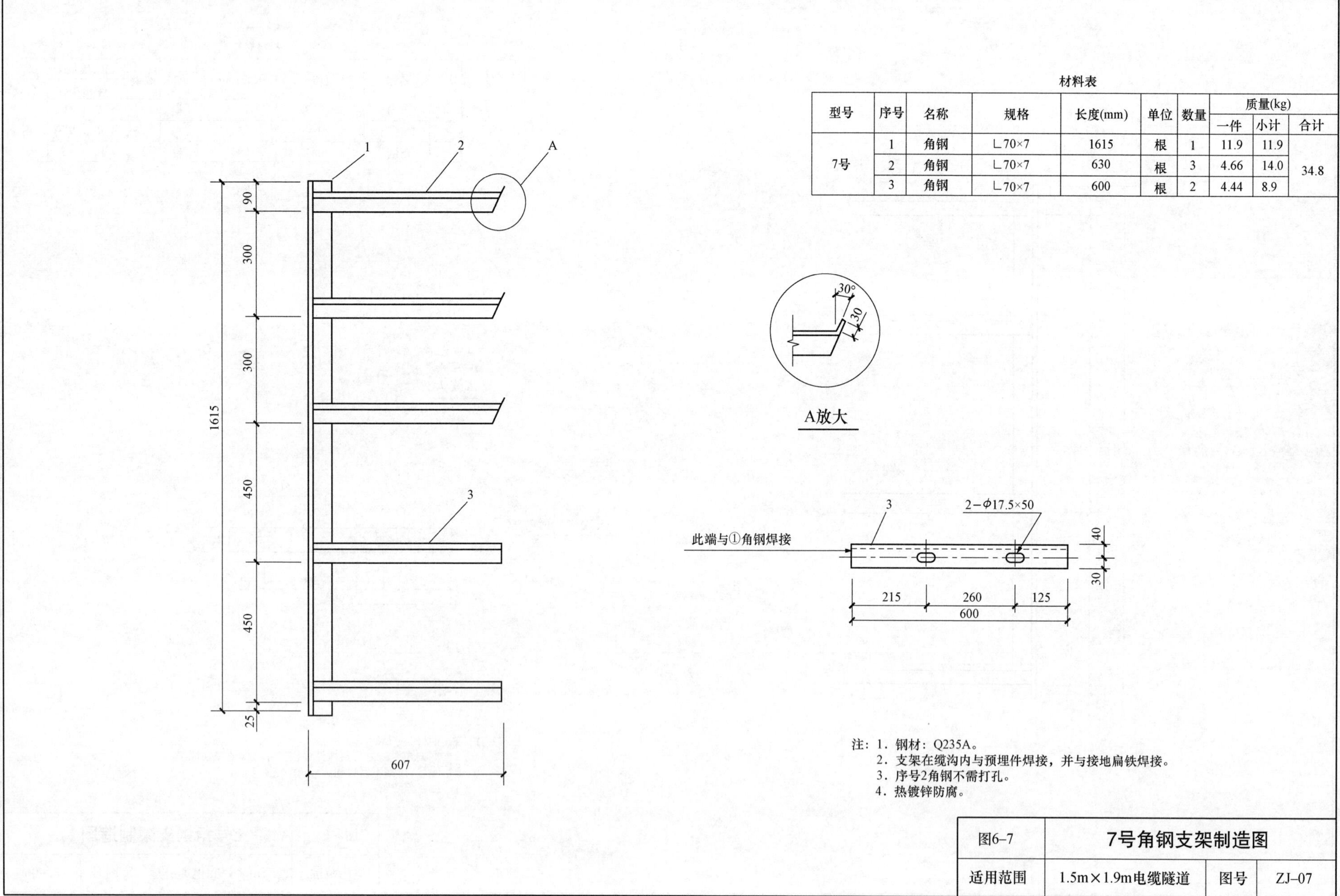

材料表

型号	序号	名称	规格	长度(mm)	单位	数量	质量(kg)		
							一件	小计	合计
7号	1	角钢	∟70×7	1615	根	1	11.9	11.9	34.8
	2	角钢	∟70×7	630	根	3	4.66	14.0	
	3	角钢	∟70×7	600	根	2	4.44	8.9	

注：1．钢材：Q235A。
2．支架在缆沟内与预埋件焊接，并与接地扁铁焊接。
3．序号2角钢不需打孔。
4．热镀锌防腐。

图6–7	7号角钢支架制造图		
适用范围	1.5m×1.9m电缆隧道	图号	ZJ–07

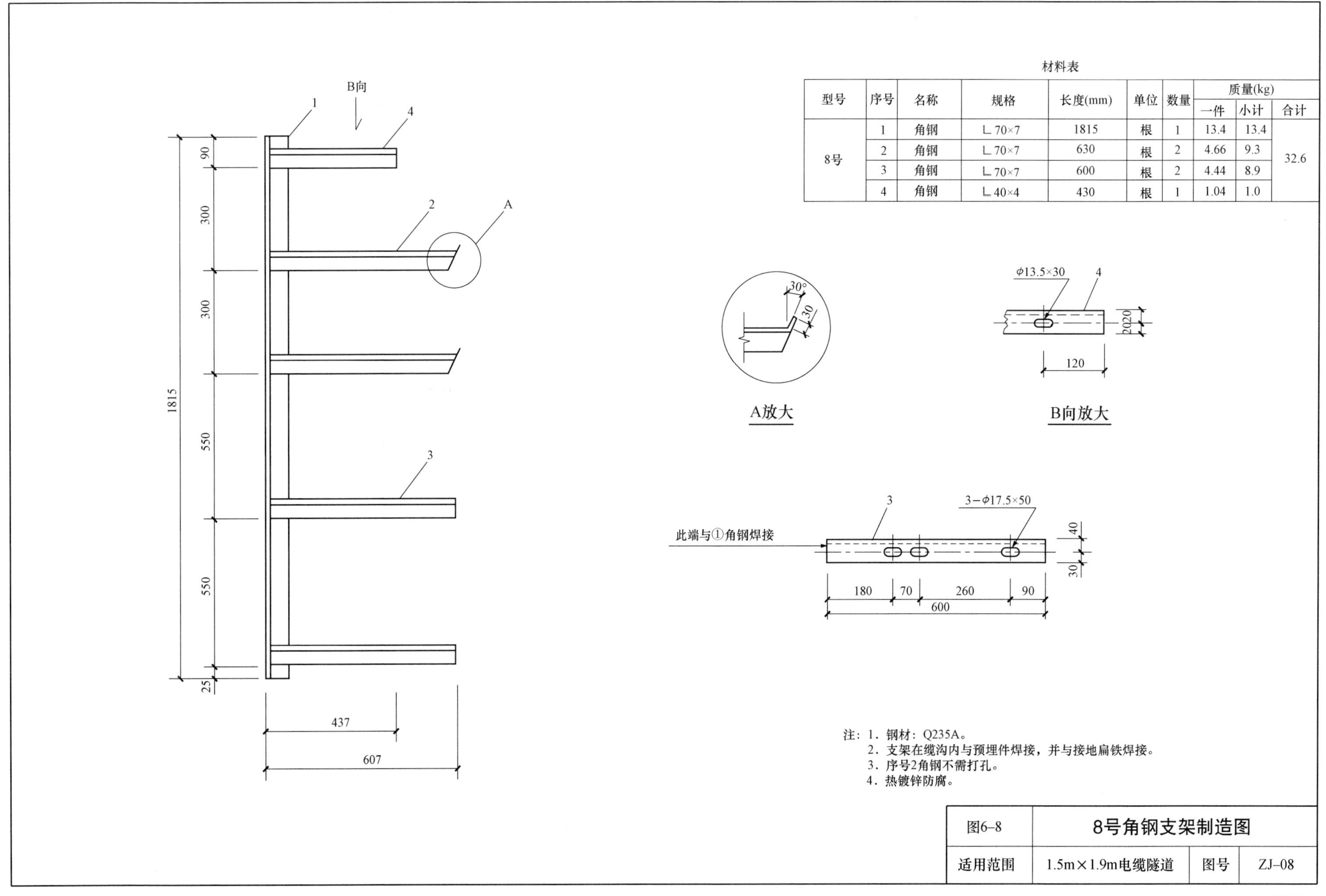

材料表

型号	序号	名称	规格	长度(mm)	单位	数量	质量(kg) 一件	质量(kg) 小计	质量(kg) 合计
8号	1	角钢	∟70×7	1815	根	1	13.4	13.4	32.6
	2	角钢	∟70×7	630	根	2	4.66	9.3	
	3	角钢	∟70×7	600	根	2	4.44	8.9	
	4	角钢	∟40×4	430	根	1	1.04	1.0	

注：1．钢材：Q235A。
2．支架在缆沟内与预埋件焊接，并与接地扁铁焊接。
3．序号2角钢不需打孔。
4．热镀锌防腐。

图6-8	8号角钢支架制造图		
适用范围	1.5m×1.9m电缆隧道	图号	ZJ-08

材料表

型号	序号	名称	规格	长度(mm)	单位	数量	质量(kg)		
							一件	小计	合计
9号	1	角钢	∟70×7	1615	根	1	12.0	12.0	40.0
	2	角钢	∟70×7	630	根	6	4.66	28.0	

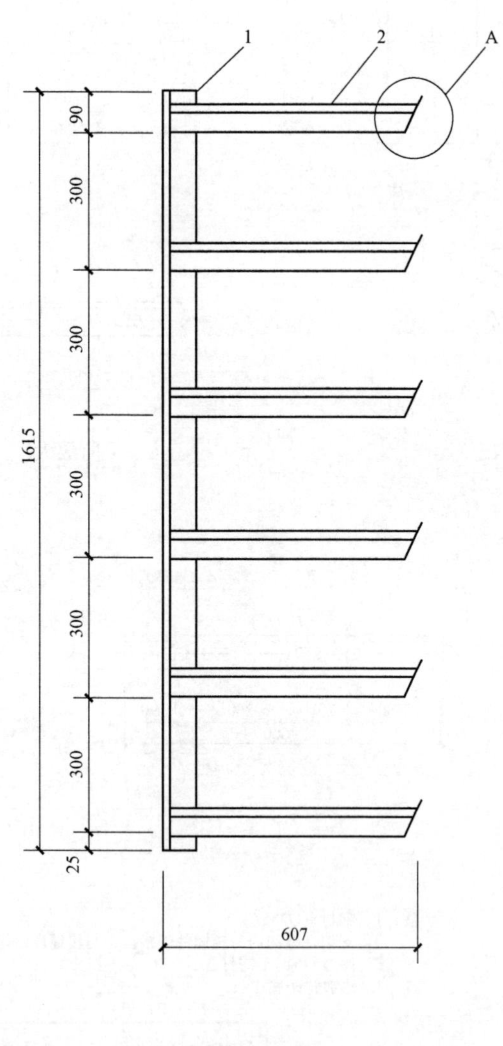

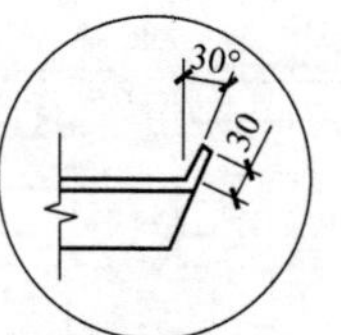

A放大

注：1. 钢材：Q235A。
2. 支架在缆沟内与预埋件焊接，并与接地扁铁焊接。
3. 热镀锌防腐。

图6–9	9号角钢支架制造图		
适用范围	1.5m×1.9m电缆隧道	图号	ZJ–09

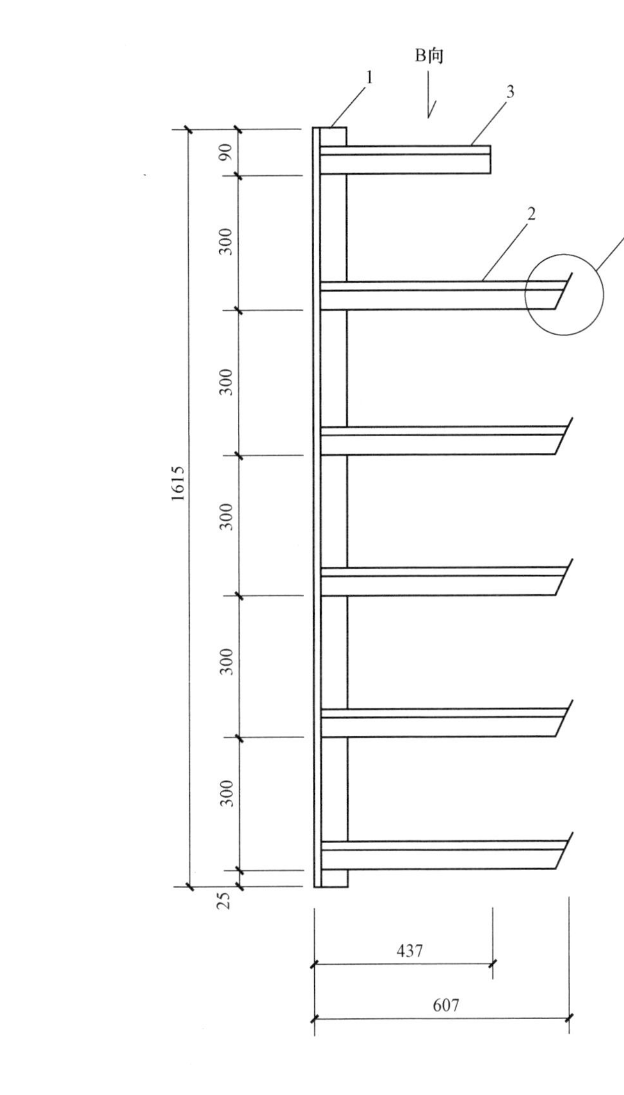

材料表

型号	序号	名称	规格	长度(mm)	单位	数量	质量(kg)		
							一件	小计	合计
10号	1	角钢	∟70×7	1615	根	1	11.9	11.9	36.2
	2	角钢	∟70×7	630	根	5	4.66	23.3	
	3	角钢	∟40×4	430	根	1	1.04	1.0	

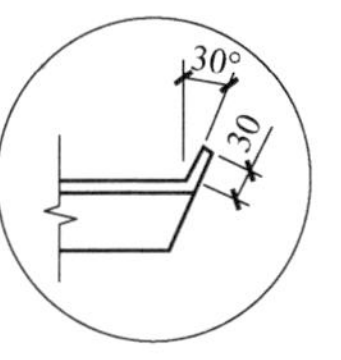

A放大

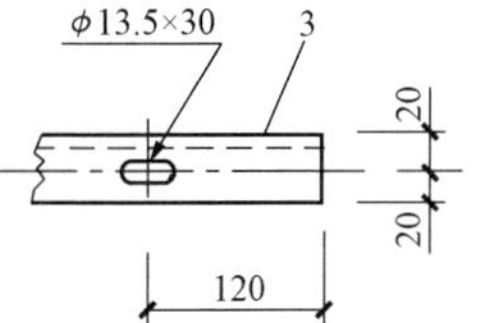

B向放大

注：1．钢材：Q235A。
2．支架在缆沟内与预埋件焊接，并与接地扁铁焊接。
3．热镀锌防腐。

图6–10	10号角钢支架制造图		
适用范围	1.5m×1.9m电缆隧道	图号	ZJ–10

材料表

型号	序号	名称	规格	长度(mm)	单位	数量	质量(kg) 一件	小计	合计
11号	1	角钢	∟80×8	1615	根	1	15.6	15.6	41.7
	2	角钢	∟70×7	700	根	4	5.17	20.7	
	3	角钢	∟70×7	730	根	1	5.39	5.4	

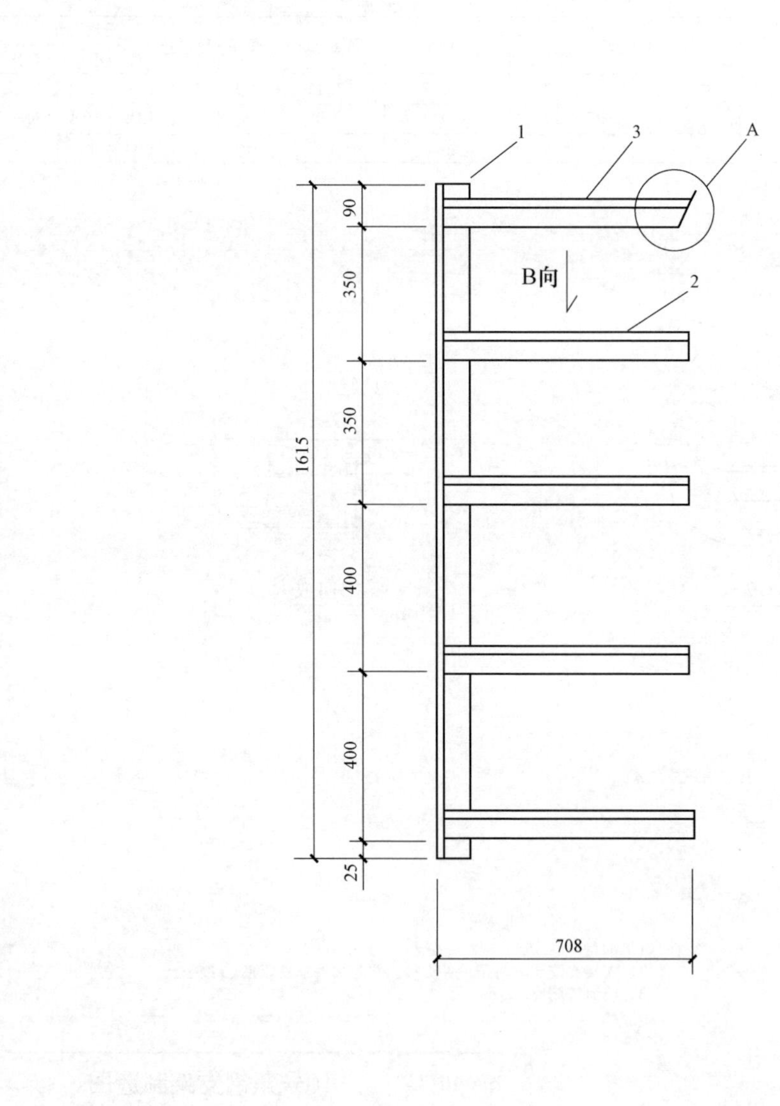

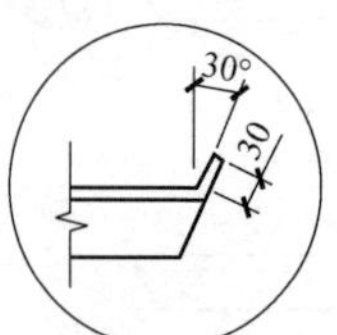

A放大

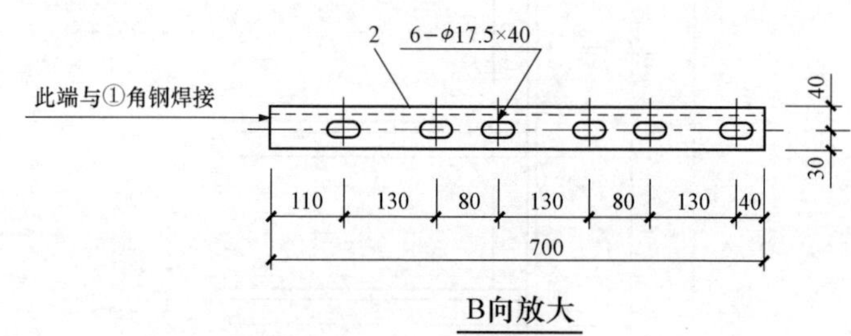

B向放大

注：1．钢材：Q235A。
2．支架在缆沟内与预埋件焊接，并与接地扁铁焊接。
3．序号3角钢不需打孔。
4．热镀锌防腐。

图6-11	11号角钢支架制造图		
适用范围	1.6m×1.9m电缆隧道	图号	ZJ-11

材料表

型号	序号	名称	规格	长度(mm)	单位	数量	质量(kg)		
							一件	小计	合计
12号	1	角钢	∟80×8	1515	根	1	14.6	14.6	41.2
	2	角钢	∟70×7	700	根	2	5.18	10.4	
	3	角钢	∟70×7	730	根	3	5.39	16.2	

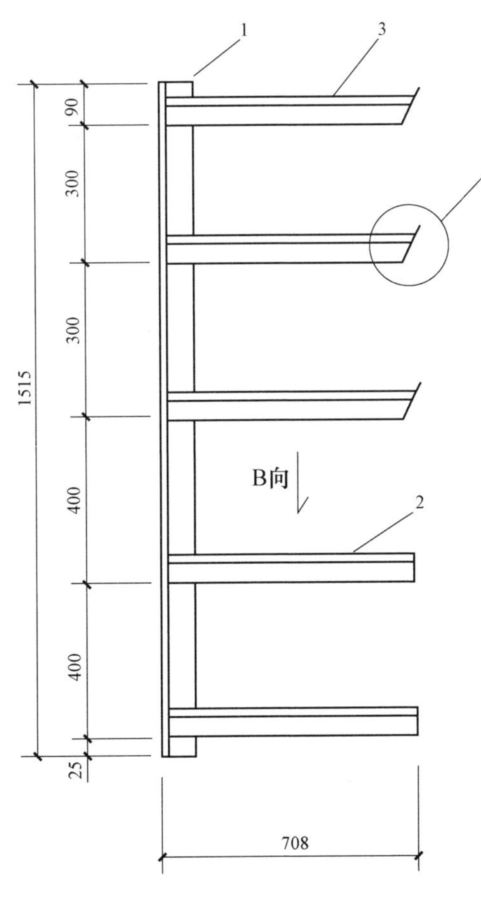

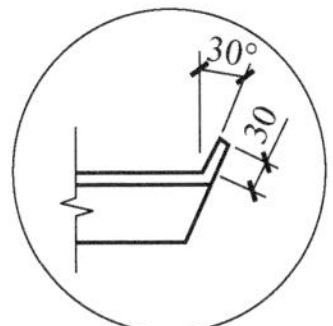

A放大

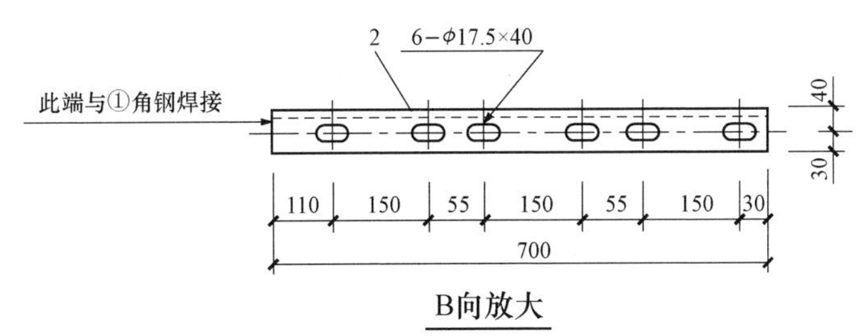

B向放大

注：1．钢材：Q235A。
2．支架在缆沟内与预埋件焊接，并与接地扁铁焊接。
3．序号3角钢不需打孔。
4．热镀锌防腐。

图6–12	12号角钢支架制造图		
适用范围	1.6m×1.9m电缆隧道	图号	ZJ–12

材料表

型号	序号	名称	规格	长度(mm)	单位	数量	质量(kg)		
							一件	小计	合计
13号	1	角钢	∟80×8	1415	根	1	13.66	13.7	34.4
	2	角钢	∟70×7	700	根	4	5.18	20.7	

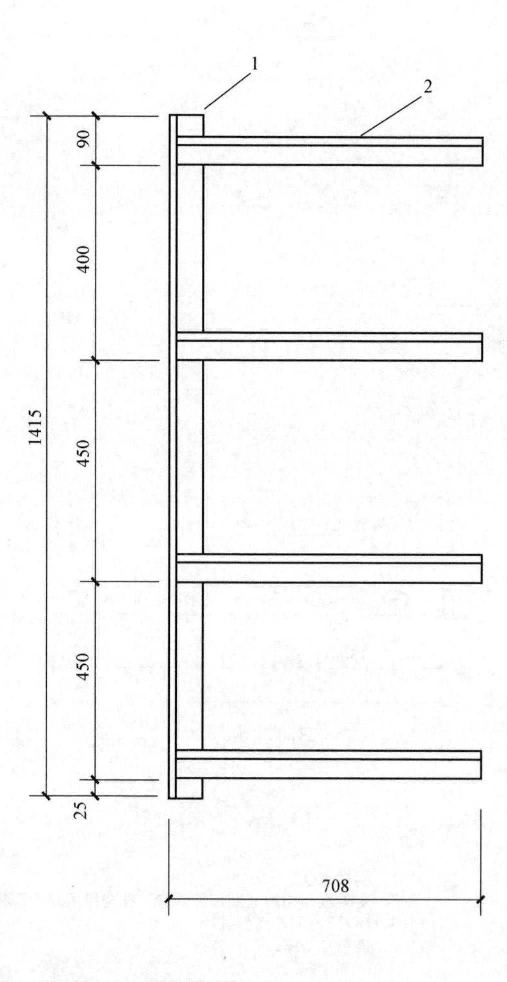

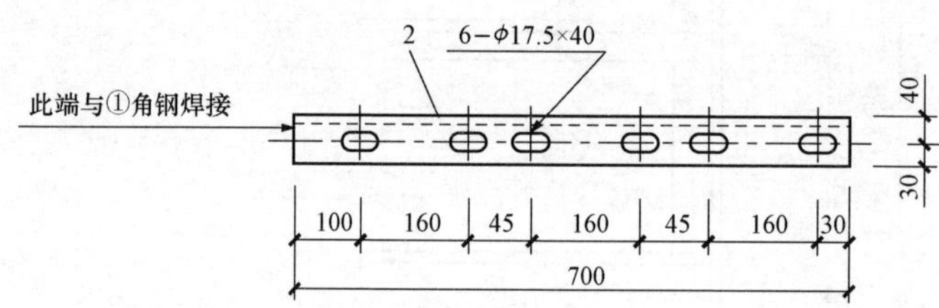

注：1．钢材：Q235A。
2．支架在缆沟内与预埋件焊接，并与接地扁铁焊接。
3．热镀锌防腐。

图6–13	13号角钢支架制造图		
适用范围	1.6m×1.9m电缆隧道	图号	ZJ–13

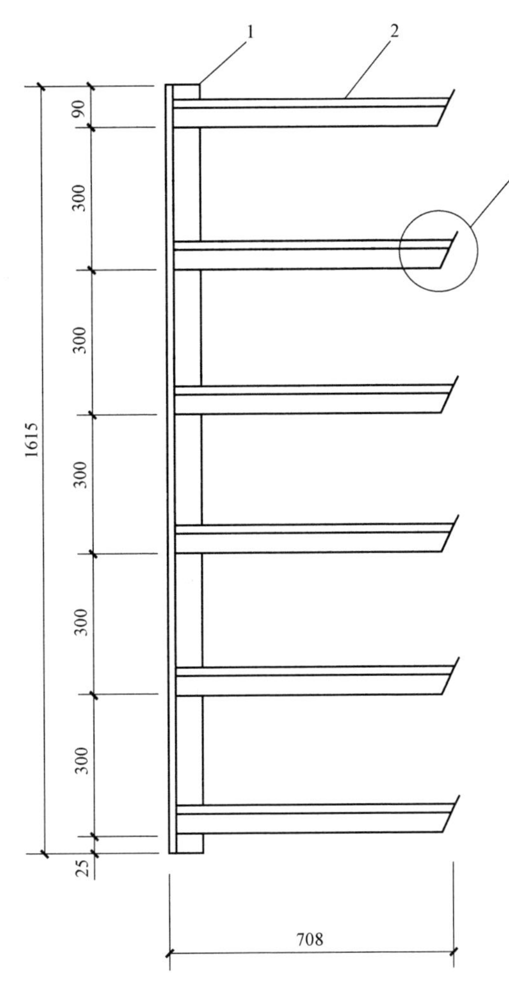

材料表

型号	序号	名称	规格	长度(mm)	单位	数量	质量(kg) 一件	小计	合计
14号	1	角钢	∟80×8	1615	根	1	15.6	15.6	48.0
	2	角钢	∟70×7	730	根	6	5.4	32.4	

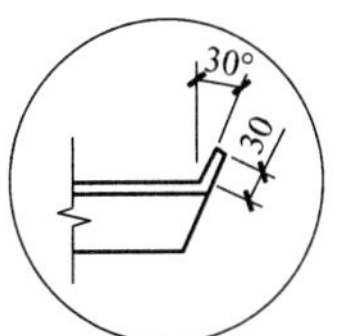

A放大

注：1. 钢材：Q235A。
2. 支架在缆沟内与预埋件焊接，并与接地扁铁焊接。
3. 热镀锌防腐。

图6–14	14号角钢支架制造图		
适用范围	1.6m×1.9m电缆隧道	图号	ZJ–14

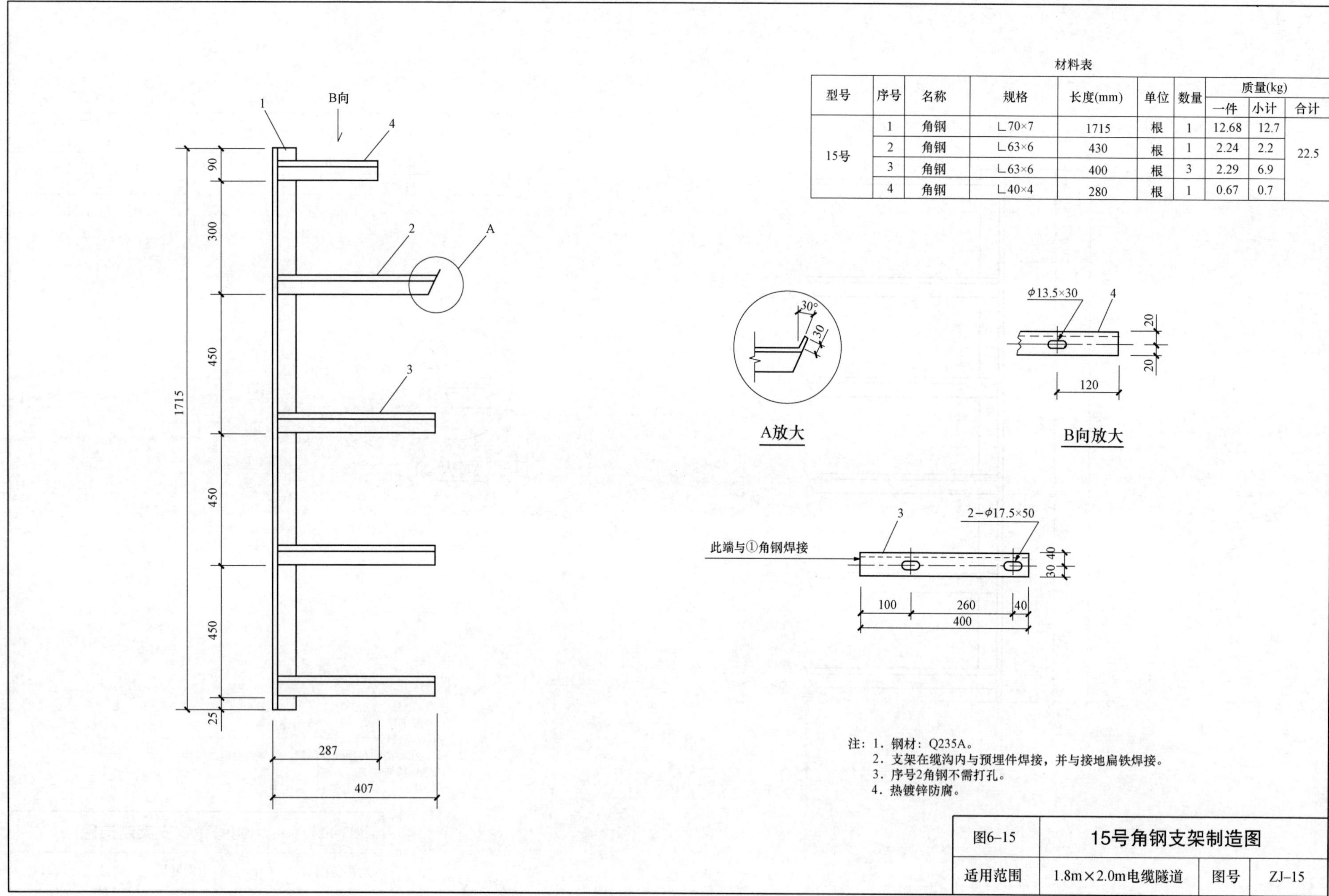

材料表

型号	序号	名称	规格	长度(mm)	单位	数量	质量(kg)		
							一件	小计	合计
15号	1	角钢	∟70×7	1715	根	1	12.68	12.7	22.5
	2	角钢	∟63×6	430	根	1	2.24	2.2	
	3	角钢	∟63×6	400	根	3	2.29	6.9	
	4	角钢	∟40×4	280	根	1	0.67	0.7	

注：1．钢材：Q235A。
2．支架在缆沟内与预埋件焊接，并与接地扁铁焊接。
3．序号2角钢不需打孔。
4．热镀锌防腐。

图6–15	15号角钢支架制造图		
适用范围	1.8m×2.0m电缆隧道	图号	ZJ–15

B向

A放大

B向放大

φ13.5×30

2−φ17.5×40

此端与①角钢焊接

材料表

型号	序号	名称	规格	长度(mm)	单位	数量	质量(kg) 一件	小计	合计
16号	1	角钢	∟70×7	1615	根	1	11.9	11.9	23.9
	2	角钢	∟63×6	430	根	2	2.46	4.9	
	3	角钢	∟63×6	400	根	2	2.29	4.6	
	4	角钢	∟63×6	430	根	1	2.46	2.5	

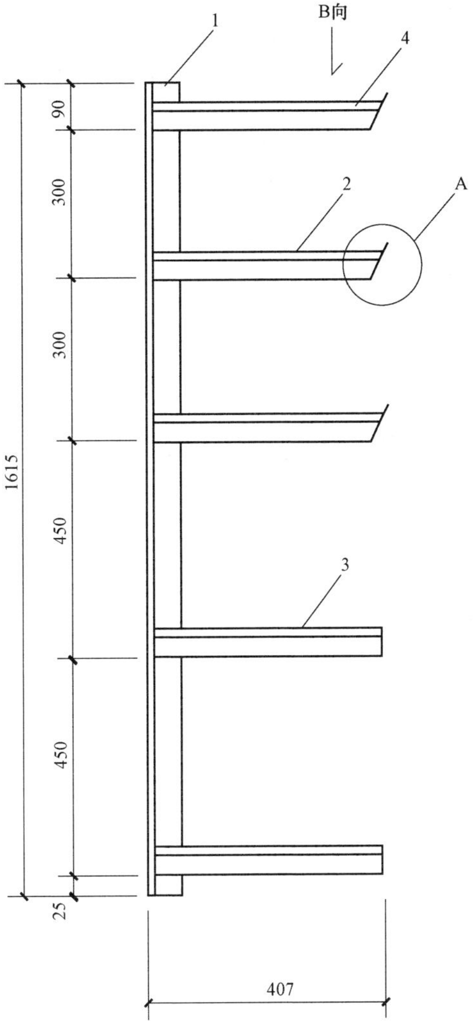

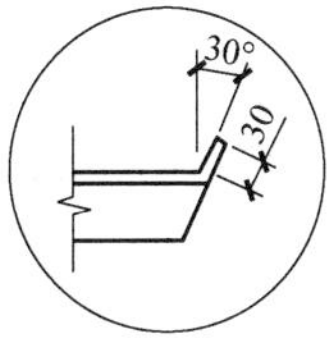

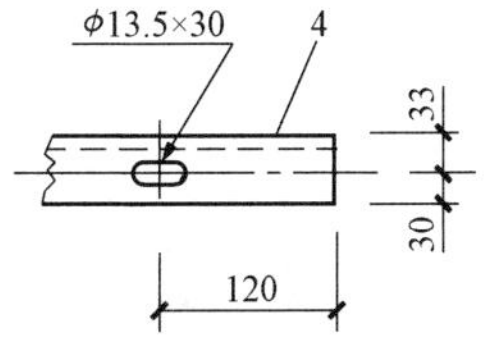

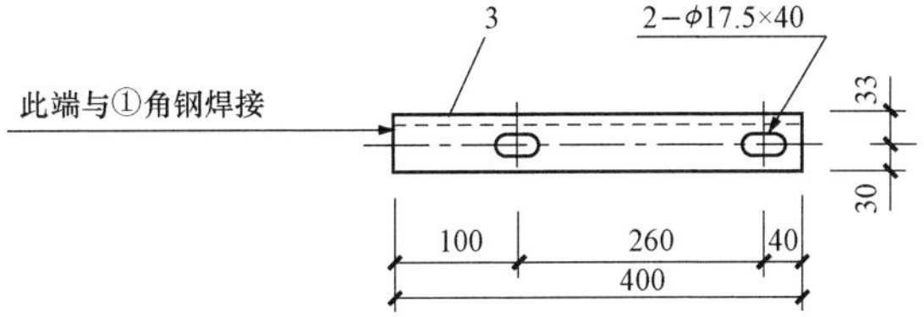

注：1．钢材：Q235A。
2．支架在缆沟内与预埋件焊接，并与接地扁铁焊接。
3．序号2角钢不需打孔。
4．热镀锌防腐。

图6-16	16号角钢支架制造图		
适用范围	1.8m×2.0m电缆隧道	图号	ZJ-16

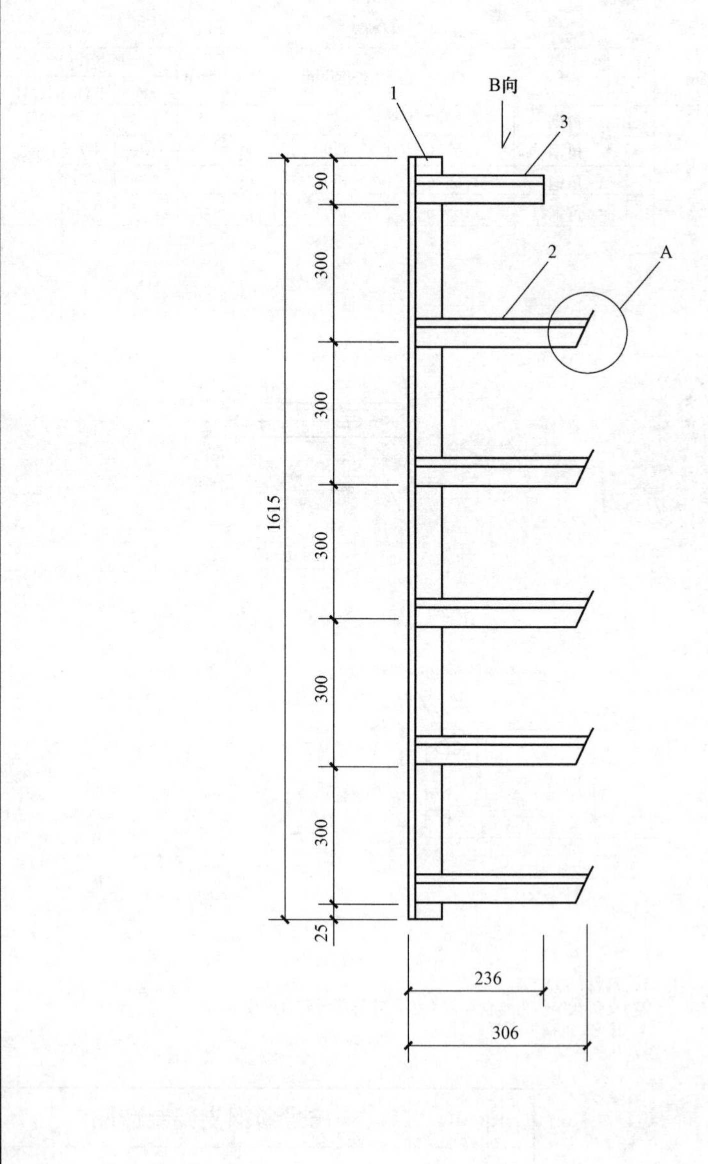

材料表

型号	序号	名称	规格	长度(mm)	单位	数量	质量(kg)		
							一件	小计	合计
17号	1	角钢	∟63×6	1615	根	1	9.23	9.2	16.0
	2	角钢	∟50×5	330	根	5	1.24	6.2	
	3	角钢	∟40×4	230	根	1	0.56	0.6	

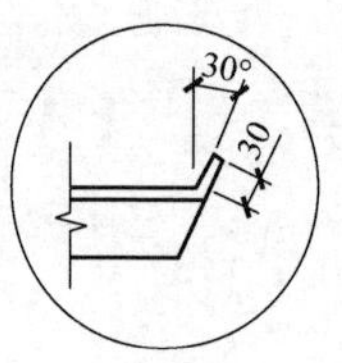

A放大

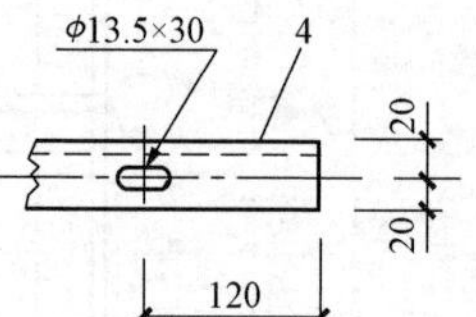

B向放大

注：1．钢材：Q235A。
2．支架在缆沟内与预埋件焊接，并与接地扁铁焊接。
3．热镀锌防腐。

图6–17	17号角钢支架制造图		
适用范围	1.8m×2.0m电缆隧道	图号	ZJ–17

材料表

型号	序号	名称	规格	长度(mm)	单位	数量	质量(kg)		
							一件	小计	合计
18号	1	角钢	∟70×7	1615	根	1	12.0	12.0	26.8
	2	角钢	∟70×7	500	根	2	3.70	7.4	
	3	角钢	∟70×7	500	根	2	3.70	7.4	

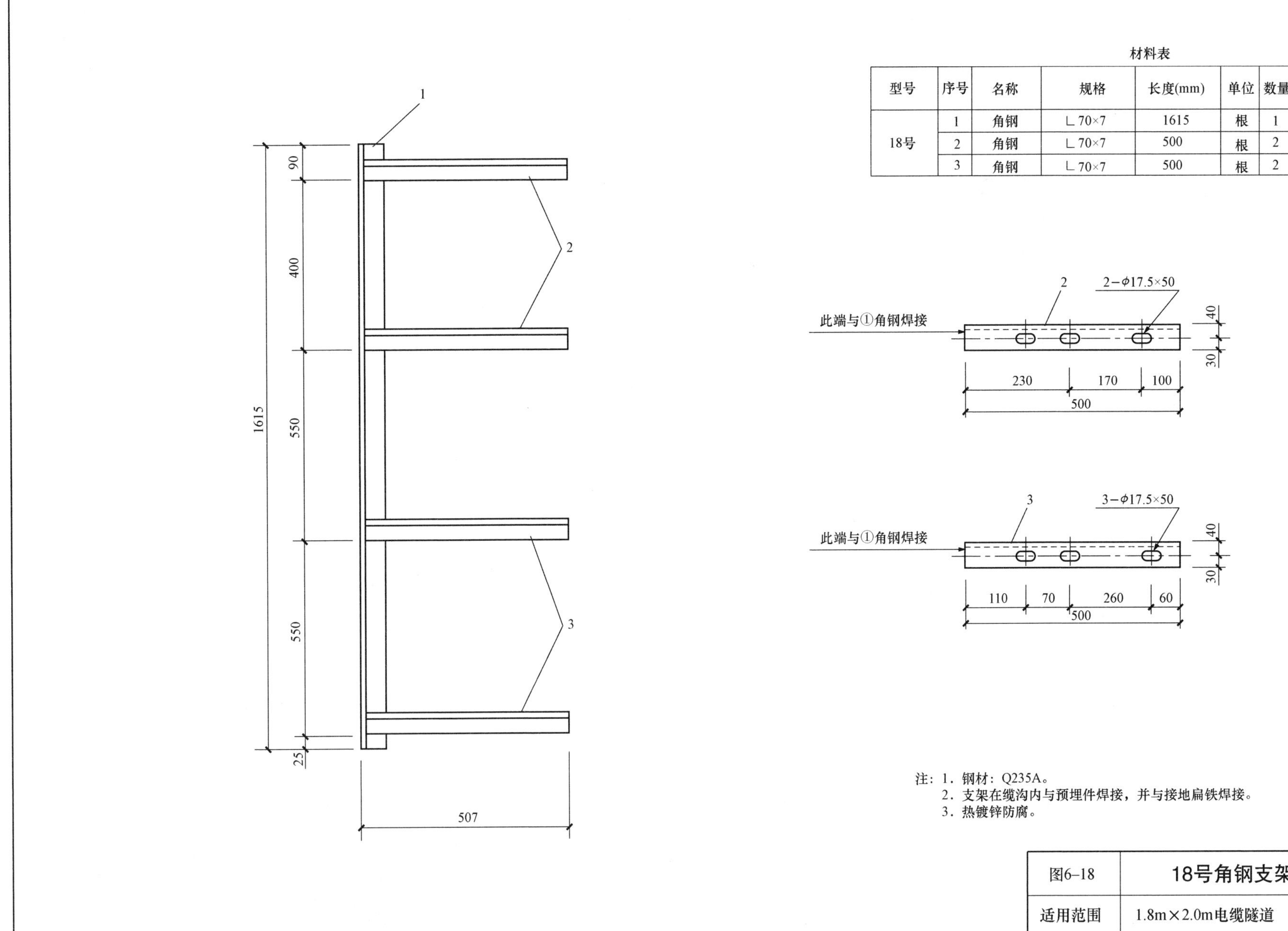

注：1．钢材：Q235A。
2．支架在缆沟内与预埋件焊接，并与接地扁铁焊接。
3．热镀锌防腐。

图6−18	18号角钢支架制造图		
适用范围	1.8m×2.0m电缆隧道	图号	ZJ−18

材料表

型号	序号	名称	规格	长度(mm)	单位	数量	质量(kg)		
							一件	小计	合计
19号	1	角钢	∟63×6	1615	根	1	12.0	12.0	19.5
	2	角钢	∟50×5	330	根	6	1.24	7.5	

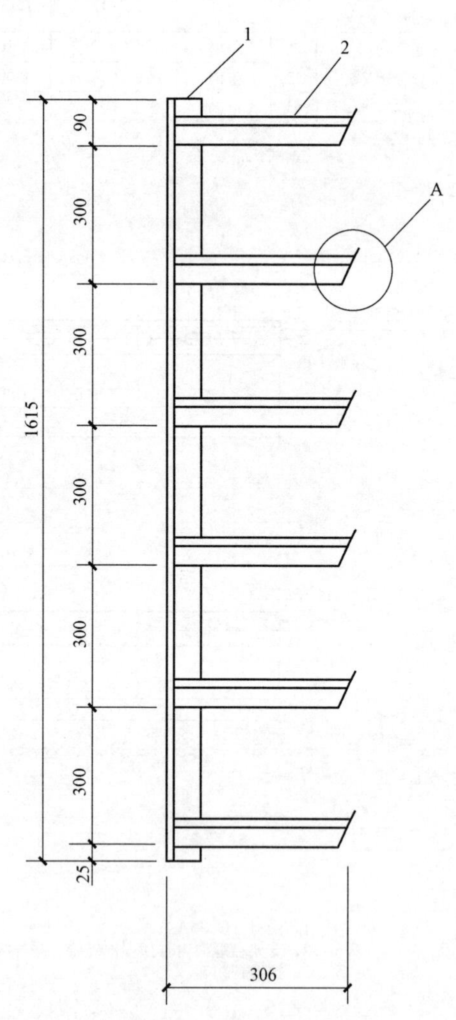

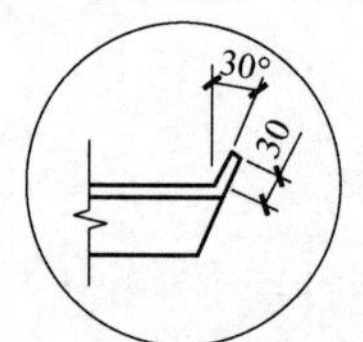

A放大

注：1．钢材：Q235A。
2．支架在缆沟内与预埋件焊接，并与接地扁铁焊接。
3．热镀锌防腐。

图6–19	19号角钢支架制造图		
适用范围	1.8m×2.0m电缆隧道	图号	ZJ–19

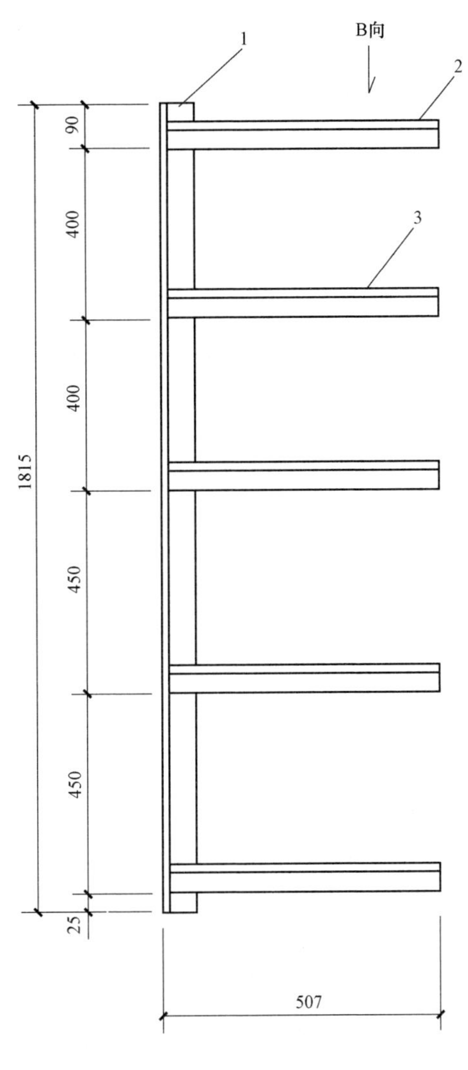

材料表

型号	序号	名称	规格	长度(mm)	单位	数量	质量(kg)		
							一件	小计	合计
20号	1	角钢	∟70×7	1815	根	1	13.43	13.4	31.9
	2	角钢	∟70×7	500	根	1	3.70	3.7	
	3	角钢	∟70×7	500	根	4	3.70	14.8	

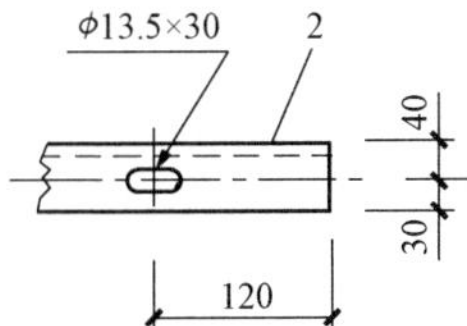

B向放大

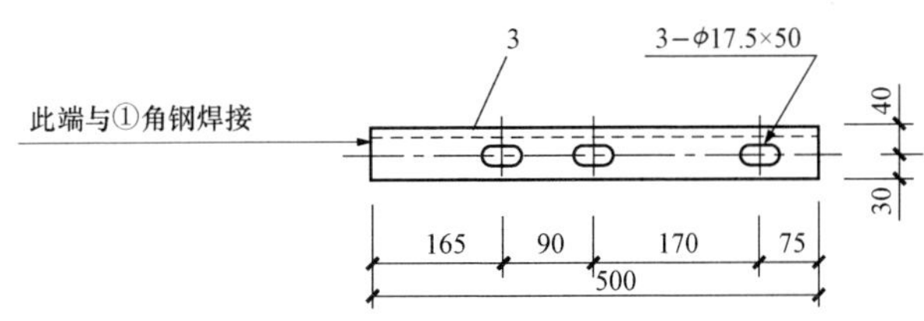

注：1．钢材：Q235A。
2．支架在缆沟内与预埋件焊接，并与接地扁铁焊接。
3．热镀锌防腐。

图6–20	20号角钢支架制造图		
适用范围	1.8m×2.0m电缆隧道	图号	ZJ–20

材料表

型号	序号	名称	规格	长度(mm)	单位	数量	质量(kg)		
							一件	小计	合计
21号	1	角钢	∟63×6	1765	根	1	10.1	10.1	23.2
	2	角钢	∟63×6	400	根	1	2.29	2.3	
	3	角钢	∟63×6	430	根	4	2.46	9.8	
	4	角钢	∟40×4	430	根	1	1.04	1.0	

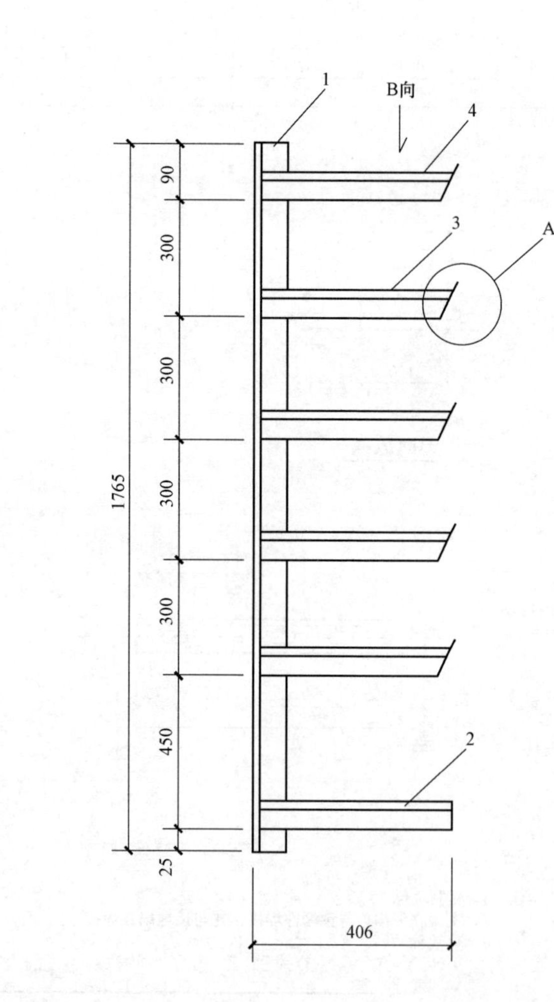

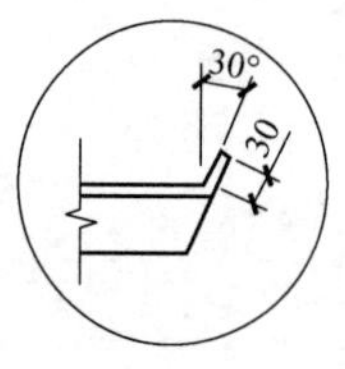

A放大

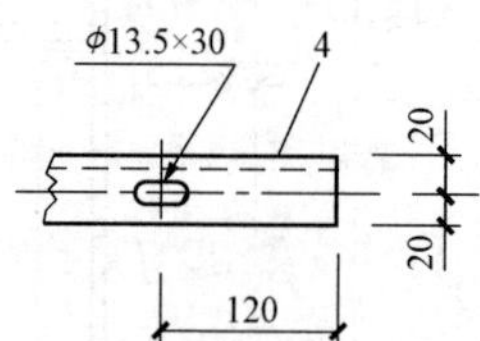

B向放大

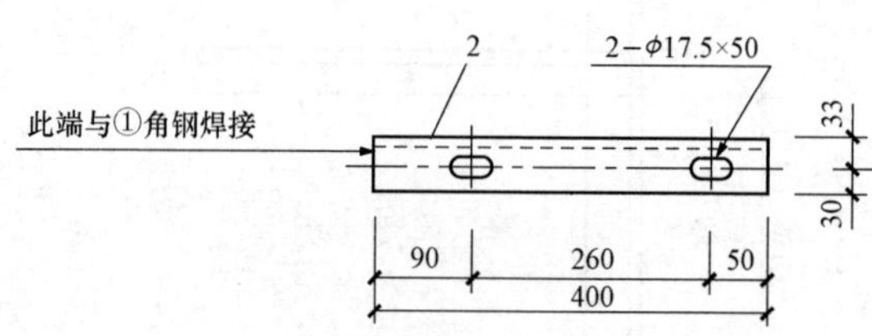

注：1. 钢材：Q235A。
2. 支架在缆沟内与预埋件焊接，并与接地扁铁焊接。
3. 序号3角钢不需打孔。
4. 热镀锌防腐。

图6−21	21号角钢支架制造图		
适用范围	1.8m×2.0m电缆隧道	图号	ZJ−21

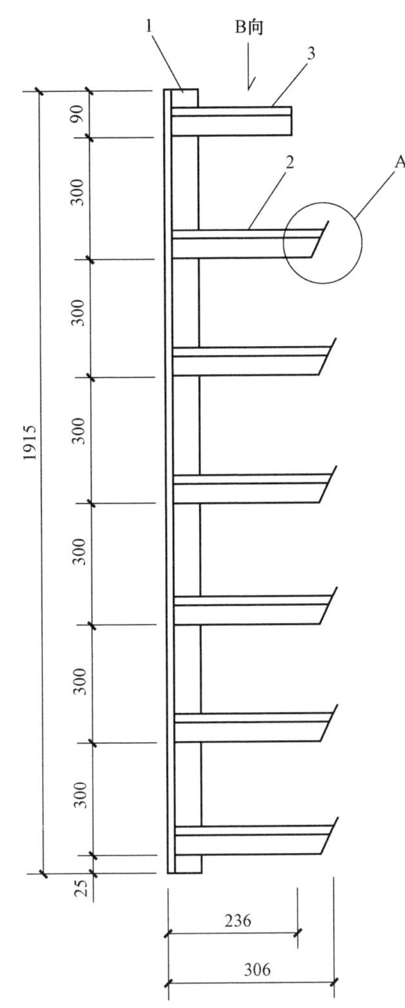

材料表

型号	序号	名称	规格	长度(mm)	单位	数量	质量(kg) 一件	质量(kg) 小计	质量(kg) 合计
22号	1	角钢	∟63×6	1915	根	1	10.96	11.0	19.0
	2	角钢	∟50×5	330	根	6	1.24	7.4	
	3	角钢	∟40×4	230	根	1	0.56	0.6	

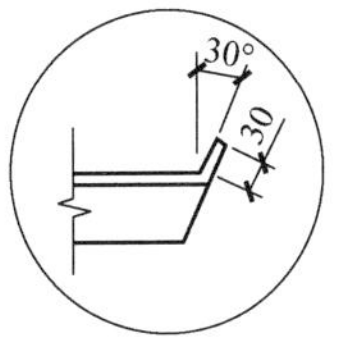

A放大

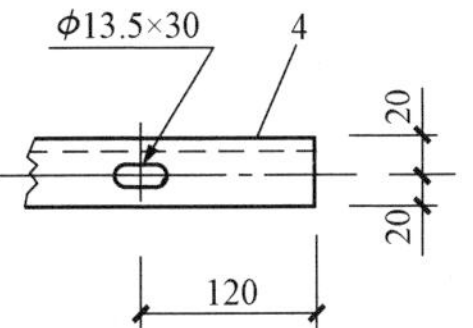

B向放大

注：1．钢材：Q235A。
2．支架在缆沟内与预埋件焊接，并与接地扁铁焊接。
3．热镀锌防腐。

图6–22	22号角钢支架制造图		
适用范围	1.8m×2.0m电缆隧道	图号	ZJ–22

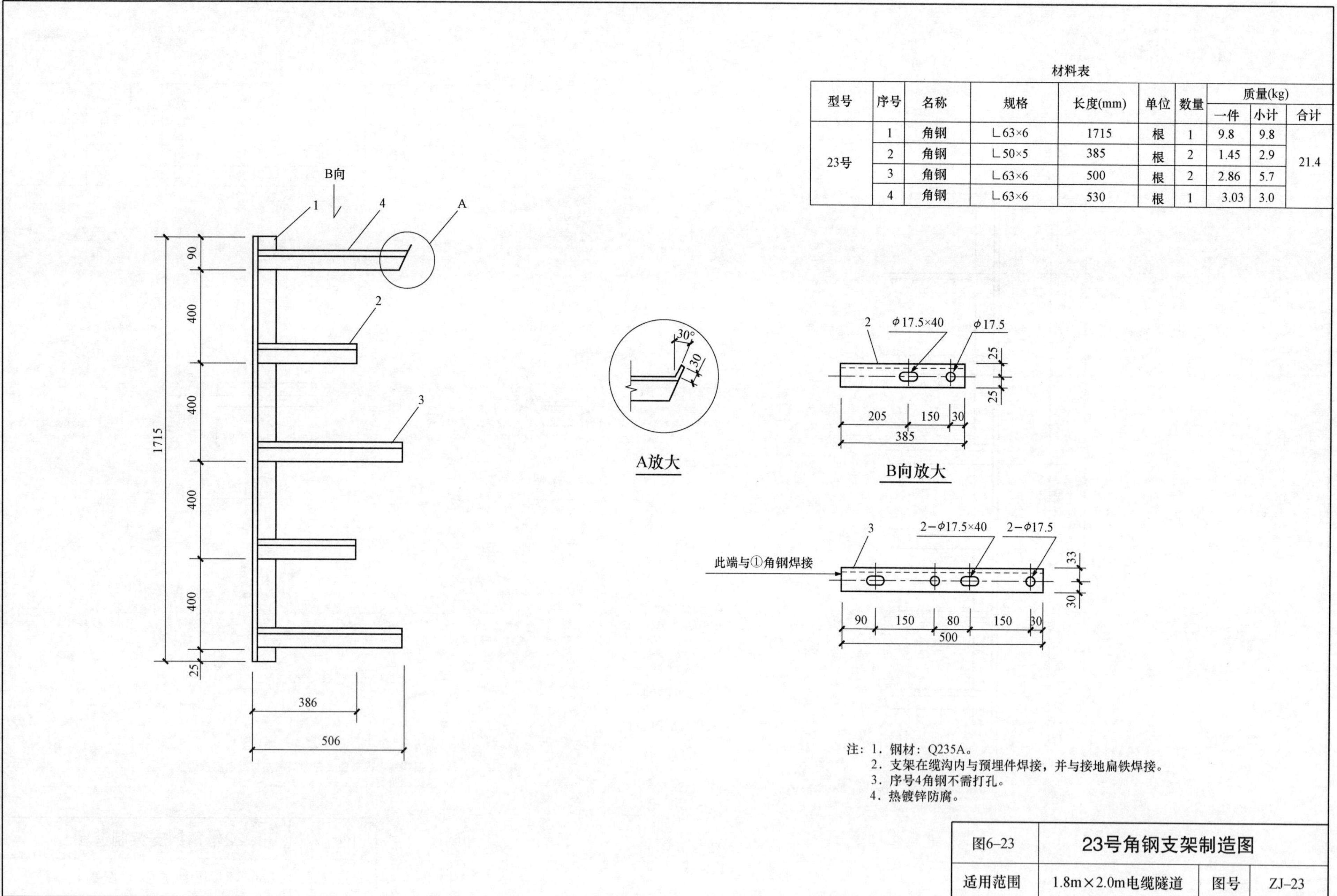

材料表

型号	序号	名称	规格	长度(mm)	单位	数量	质量(kg)		
							一件	小计	合计
23号	1	角钢	∟63×6	1715	根	1	9.8	9.8	21.4
	2	角钢	∟50×5	385	根	2	1.45	2.9	
	3	角钢	∟63×6	500	根	2	2.86	5.7	
	4	角钢	∟63×6	530	根	1	3.03	3.0	

注：1．钢材：Q235A。
2．支架在缆沟内与预埋件焊接，并与接地扁铁焊接。
3．序号4角钢不需打孔。
4．热镀锌防腐。

图6–23	23号角钢支架制造图		
适用范围	1.8m×2.0m电缆隧道	图号	ZJ–23

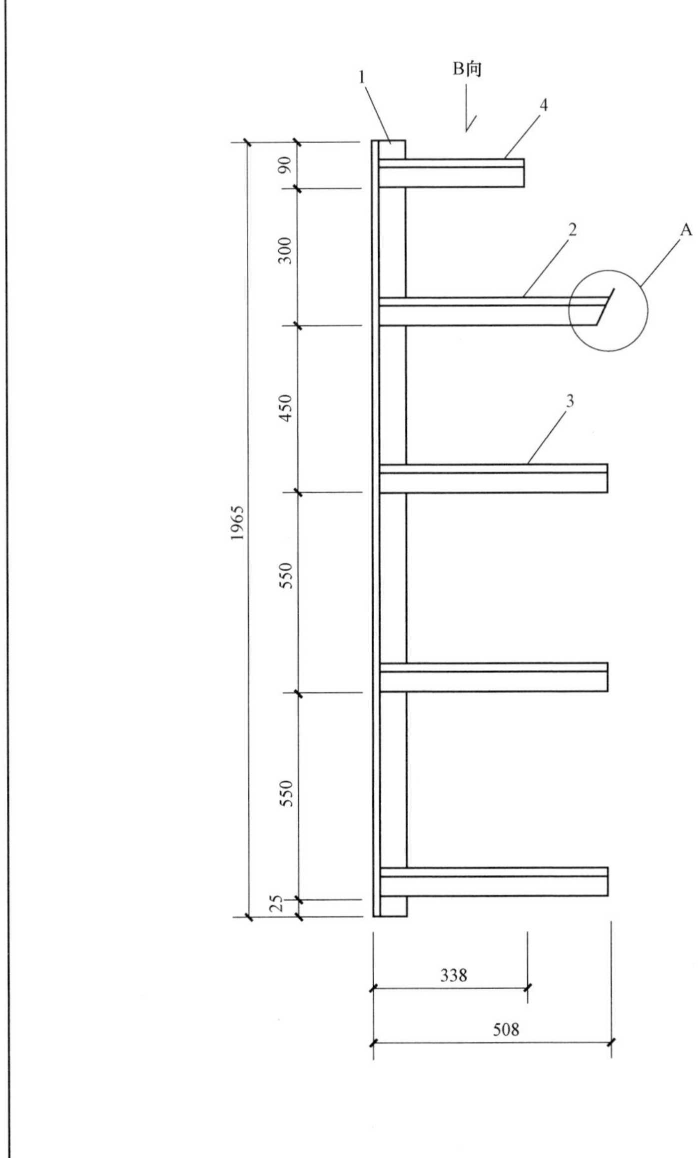

材料表

型号	序号	名称	规格	长度(mm)	单位	数量	质量(kg)		
							一件	小计	合计
24号	1	角钢	∟80×8	1965	根	1	19.0	19.0	34.8
	2	角钢	∟70×7	530	根	1	3.92	3.9	
	3	角钢	∟70×7	500	根	3	3.70	11.1	
	4	角钢	∟40×4	330	根	1	0.80	0.8	

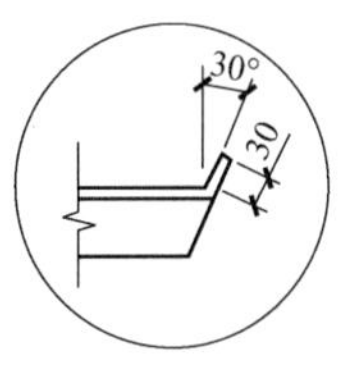

A放大

B向放大

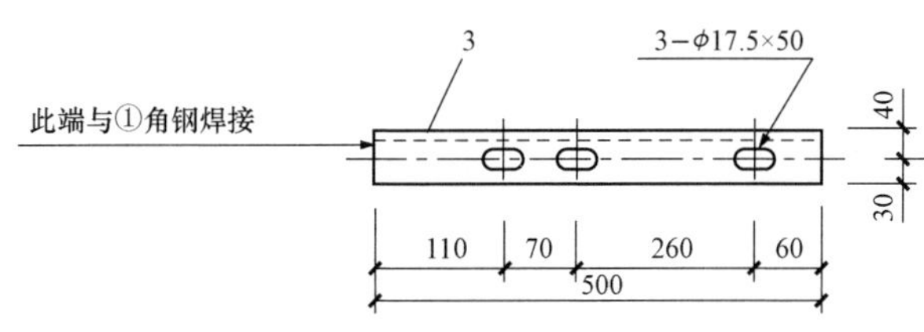

注：1. 钢材：Q235A。
2. 支架在缆沟内与预埋件焊接，并与接地扁铁焊接。
3. 序号2角钢不需打孔。
4. 热镀锌防腐。

图6−24	24号角钢支架制造图		
适用范围	2.0m×2.2m电缆隧道	图号	ZJ−24

材料表

型号	序号	名称	规格	长度(mm)	单位	数量	质量(kg) 一件	小计	合计
25号	1	角钢	∟80×8	1865	根	1	18.0	18.0	36.9
	2	角钢	∟70×7	530	根	2	3.92	7.8	
	3	角钢	∟70×7	500	根	3	3.7	11.1	

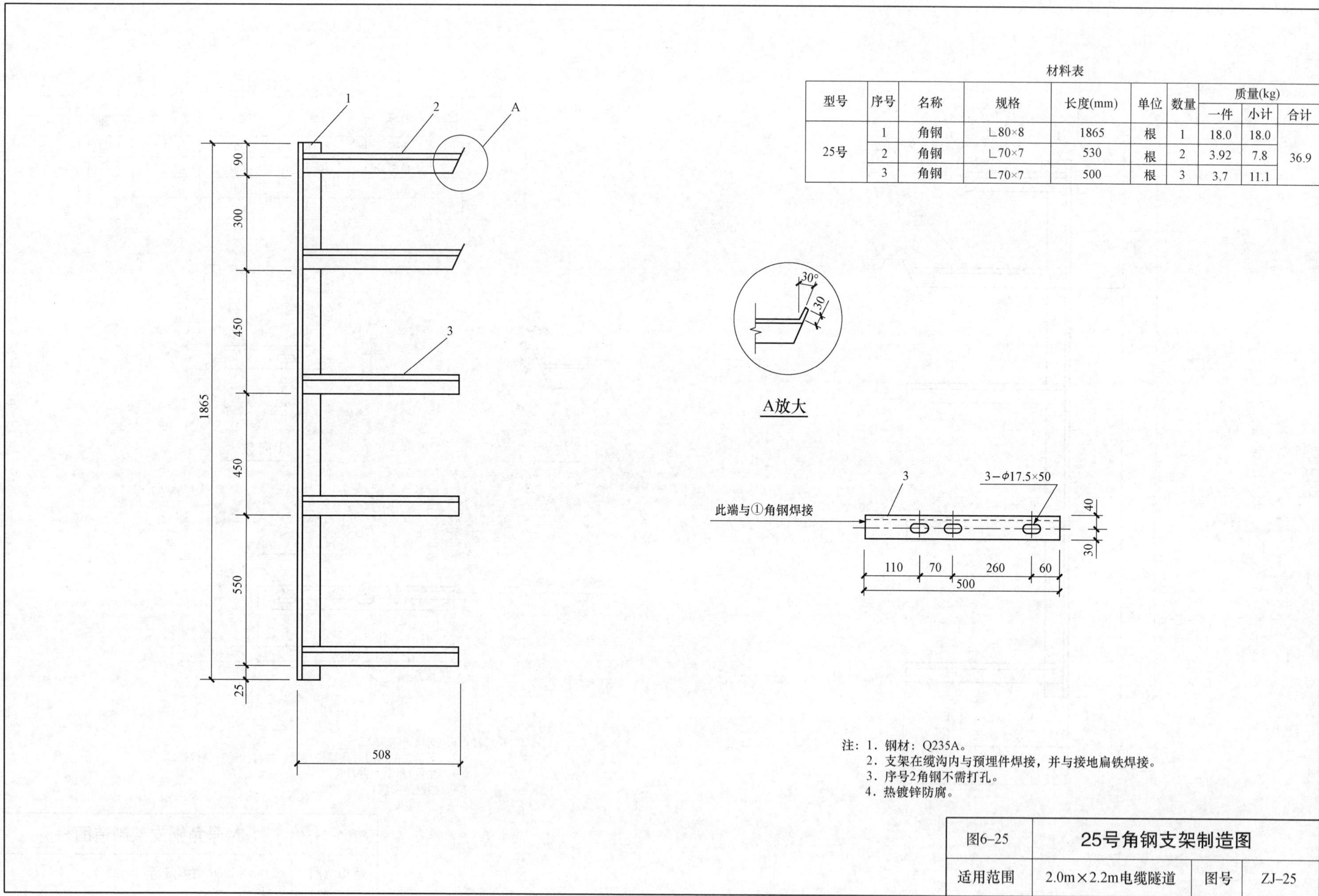

注：1．钢材：Q235A。
2．支架在缆沟内与预埋件焊接，并与接地扁铁焊接。
3．序号2角钢不需打孔。
4．热镀锌防腐。

图6–25	25号角钢支架制造图		
适用范围	2.0m×2.2m电缆隧道	图号	ZJ–25

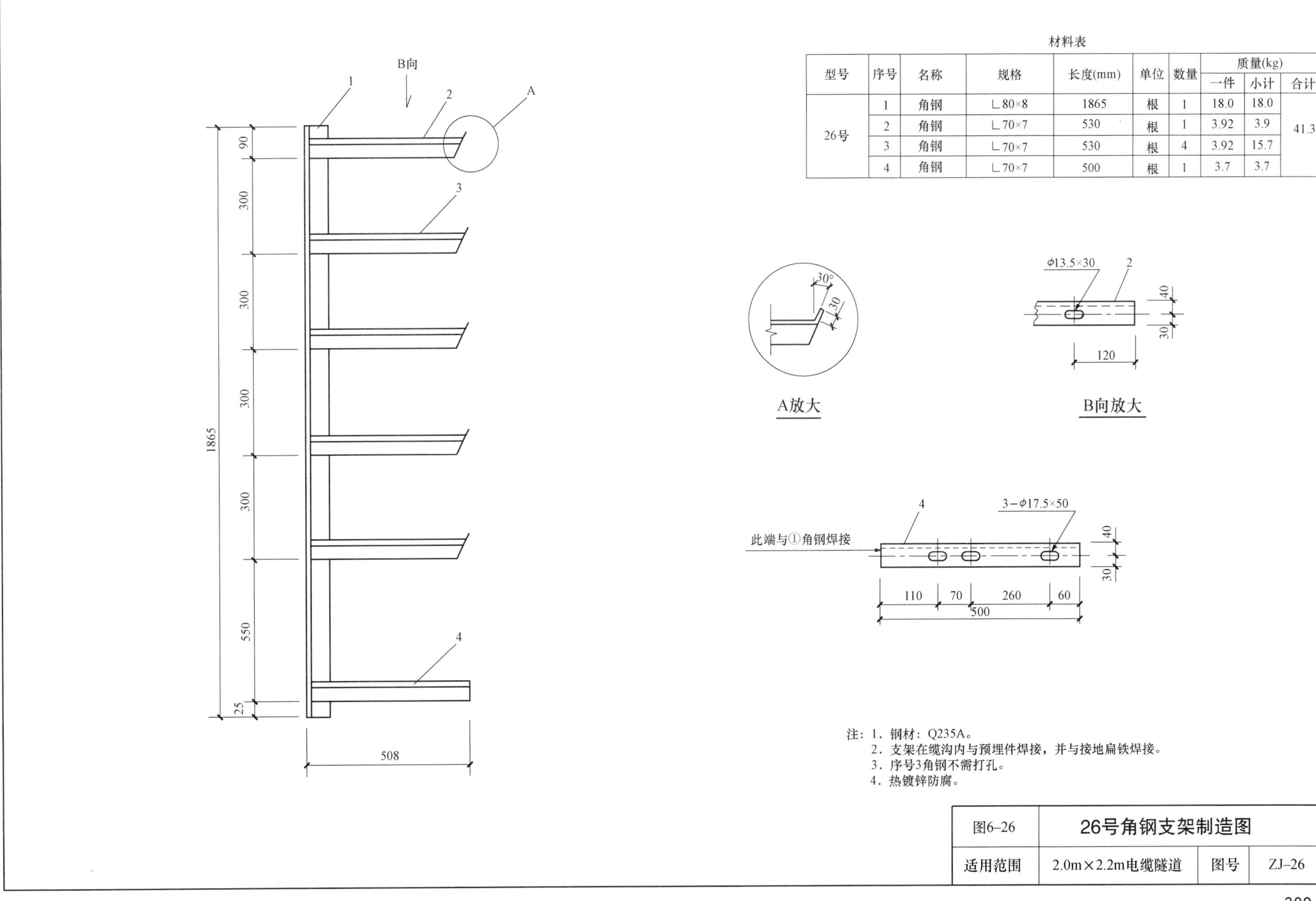

材料表

型号	序号	名称	规格	长度(mm)	单位	数量	质量(kg) 一件	小计	合计
26号	1	角钢	∟80×8	1865	根	1	18.0	18.0	41.3
	2	角钢	∟70×7	530	根	1	3.92	3.9	
	3	角钢	∟70×7	530	根	4	3.92	15.7	
	4	角钢	∟70×7	500	根	1	3.7	3.7	

注：1．钢材：Q235A。
2．支架在缆沟内与预埋件焊接，并与接地扁铁焊接。
3．序号3角钢不需打孔。
4．热镀锌防腐。

图6-26	26号角钢支架制造图		
适用范围	2.0m×2.2m电缆隧道	图号	ZJ-26

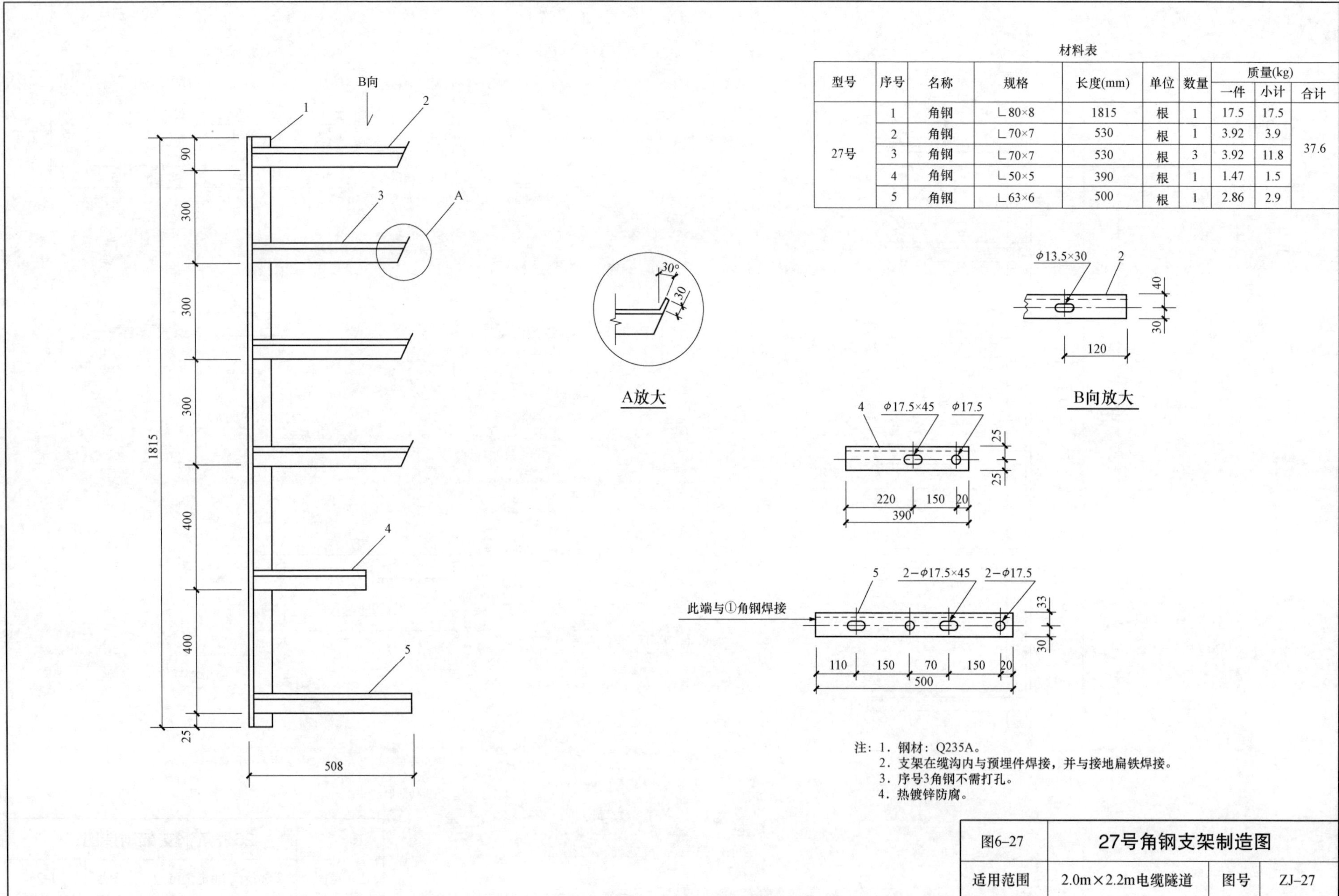

材料表

型号	序号	名称	规格	长度(mm)	单位	数量	质量(kg) 一件	小计	合计
27号	1	角钢	∟80×8	1815	根	1	17.5	17.5	37.6
	2	角钢	∟70×7	530	根	1	3.92	3.9	
	3	角钢	∟70×7	530	根	3	3.92	11.8	
	4	角钢	∟50×5	390	根	1	1.47	1.5	
	5	角钢	∟63×6	500	根	1	2.86	2.9	

注：1．钢材：Q235A。
2．支架在缆沟内与预埋件焊接，并与接地扁铁焊接。
3．序号3角钢不需打孔。
4．热镀锌防腐。

图6–27	27号角钢支架制造图		
适用范围	2.0m×2.2m电缆隧道	图号	ZJ–27

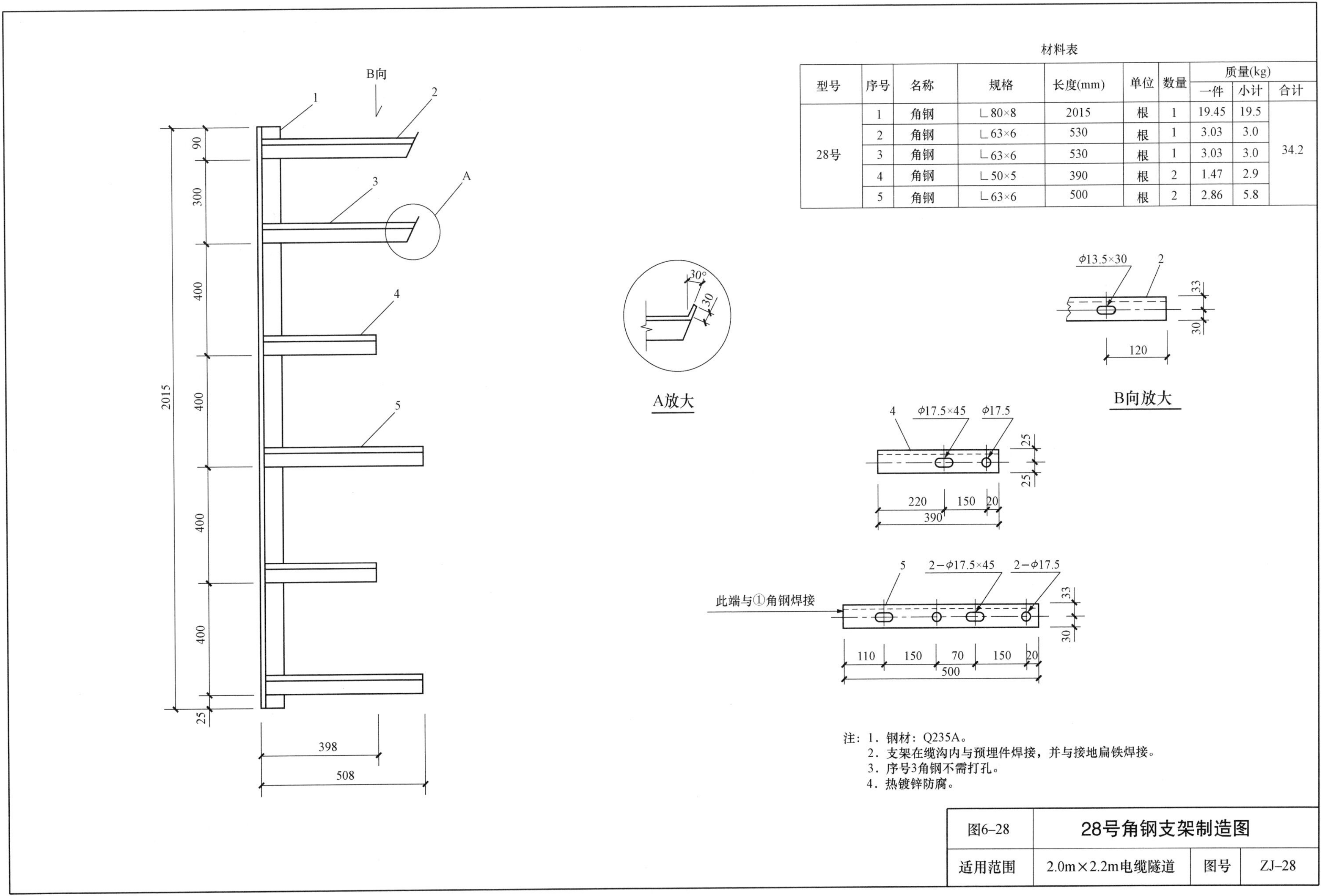

材料表

型号	序号	名称	规格	长度(mm)	单位	数量	质量(kg) 一件	小计	合计
28号	1	角钢	∟80×8	2015	根	1	19.45	19.5	34.2
	2	角钢	∟63×6	530	根	1	3.03	3.0	
	3	角钢	∟63×6	530	根	1	3.03	3.0	
	4	角钢	∟50×5	390	根	2	1.47	2.9	
	5	角钢	∟63×6	500	根	2	2.86	5.8	

注：1．钢材：Q235A。
2．支架在缆沟内与预埋件焊接，并与接地扁铁焊接。
3．序号3角钢不需打孔。
4．热镀锌防腐。

图6–28	28号角钢支架制造图		
适用范围	2.0m×2.2m电缆隧道	图号	ZJ–28

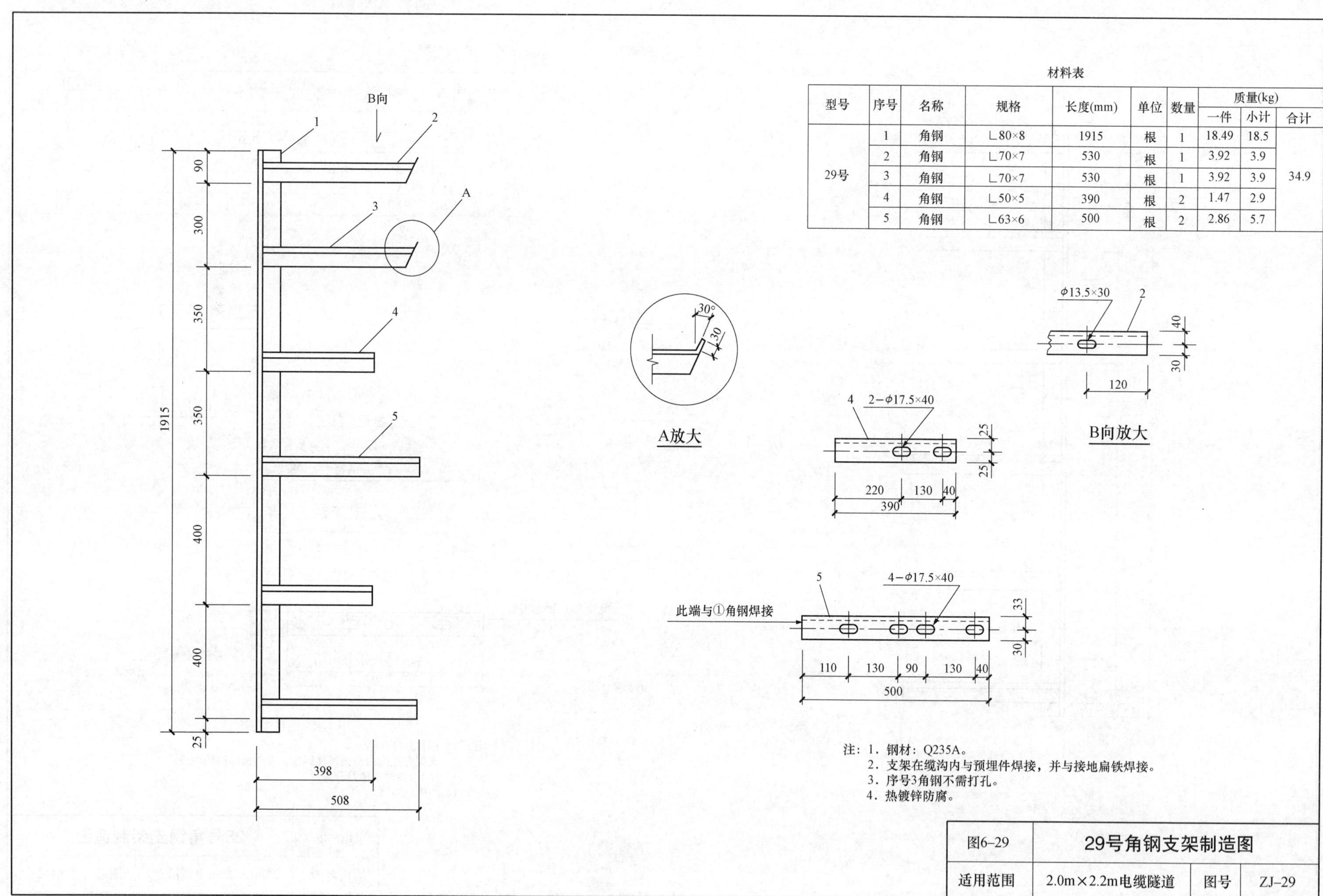

材料表

型号	序号	名称	规格	长度(mm)	单位	数量	质量(kg)		
							一件	小计	合计
29号	1	角钢	∟80×8	1915	根	1	18.49	18.5	34.9
	2	角钢	∟70×7	530	根	1	3.92	3.9	
	3	角钢	∟70×7	530	根	1	3.92	3.9	
	4	角钢	∟50×5	390	根	2	1.47	2.9	
	5	角钢	∟63×6	500	根	2	2.86	5.7	

注：1．钢材：Q235A。
2．支架在缆沟内与预埋件焊接，并与接地扁铁焊接。
3．序号3角钢不需打孔。
4．热镀锌防腐。

图6-29	29号角钢支架制造图		
适用范围	2.0m×2.2m电缆隧道	图号	ZJ-29

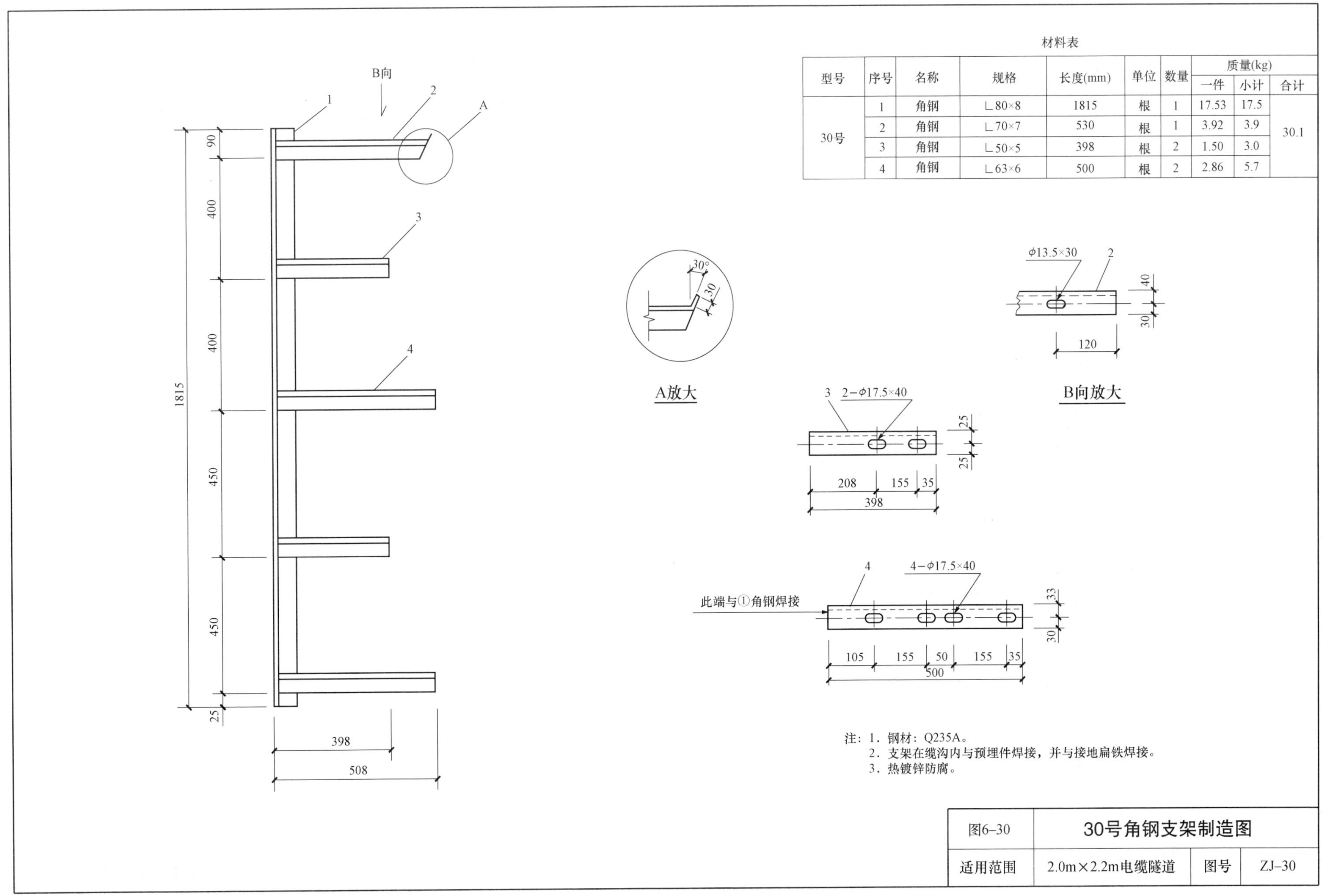

材料表

型号	序号	名称	规格	长度(mm)	单位	数量	质量(kg)		
							一件	小计	合计
30号	1	角钢	∟80×8	1815	根	1	17.53	17.5	30.1
	2	角钢	∟70×7	530	根	1	3.92	3.9	
	3	角钢	∟50×5	398	根	2	1.50	3.0	
	4	角钢	∟63×6	500	根	2	2.86	5.7	

注：1．钢材：Q235A。
2．支架在缆沟内与预埋件焊接，并与接地扁铁焊接。
3．热镀锌防腐。

图6-30	30号角钢支架制造图		
适用范围	2.0m×2.2m电缆隧道	图号	ZJ-30

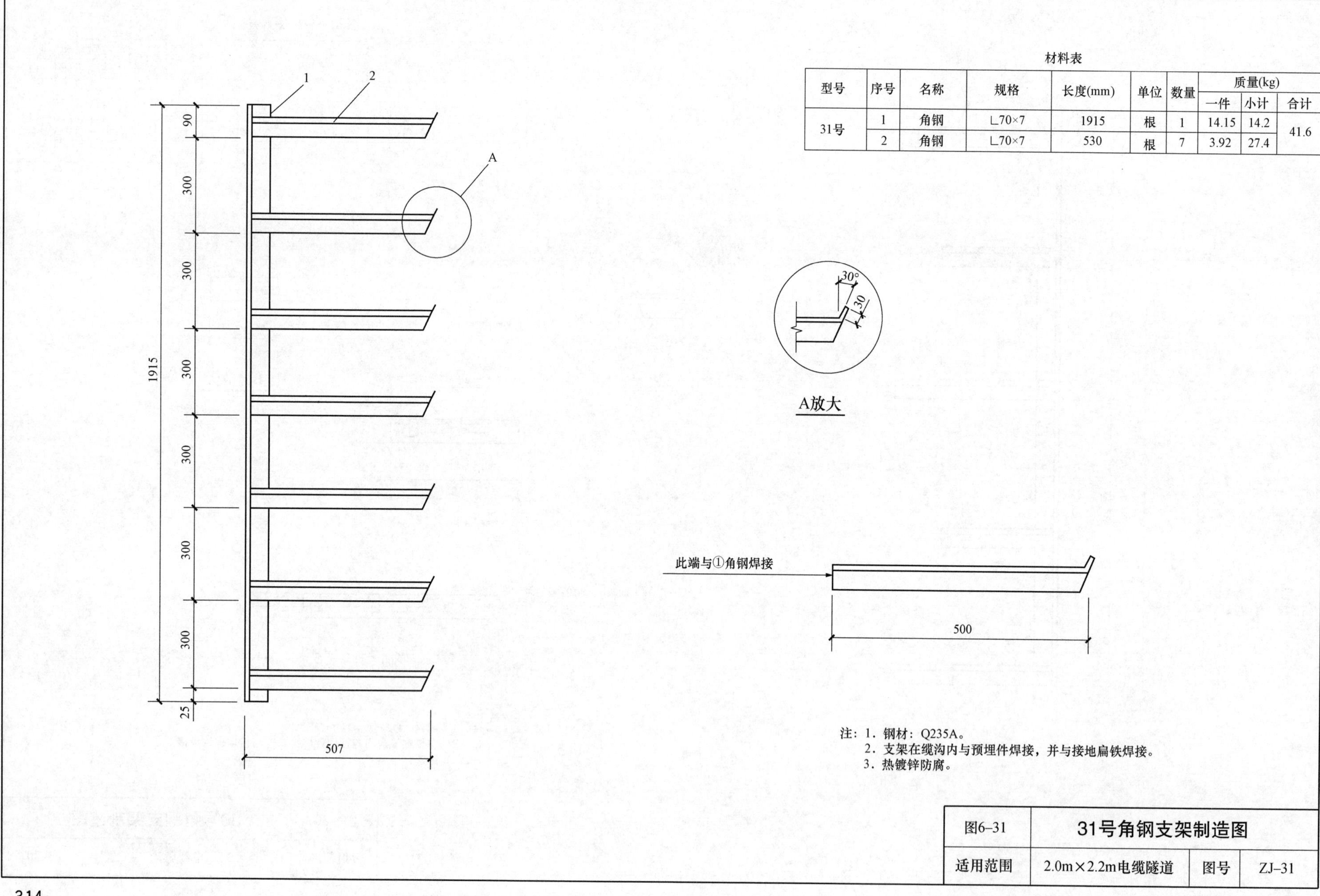

材料表

型号	序号	名称	规格	长度(mm)	单位	数量	质量(kg)		
							一件	小计	合计
31号	1	角钢	∟70×7	1915	根	1	14.15	14.2	41.6
	2	角钢	∟70×7	530	根	7	3.92	27.4	

注：1．钢材：Q235A。
2．支架在缆沟内与预埋件焊接，并与接地扁铁焊接。
3．热镀锌防腐。

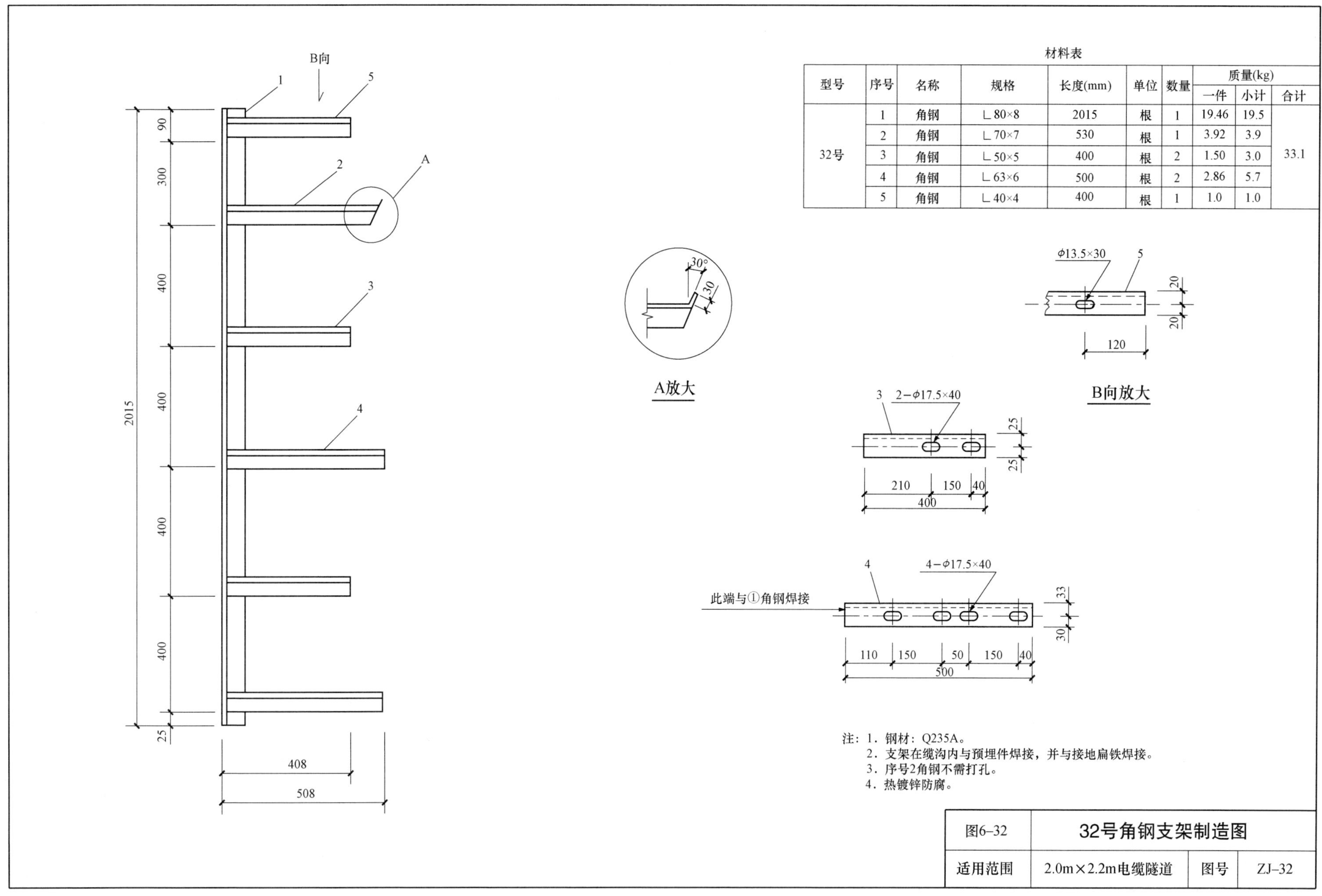

材料表

型号	序号	名称	规格	长度(mm)	单位	数量	质量(kg)		
							一件	小计	合计
32号	1	角钢	∟80×8	2015	根	1	19.46	19.5	33.1
	2	角钢	∟70×7	530	根	1	3.92	3.9	
	3	角钢	∟50×5	400	根	2	1.50	3.0	
	4	角钢	∟63×6	500	根	2	2.86	5.7	
	5	角钢	∟40×4	400	根	1	1.0	1.0	

注：1．钢材：Q235A。
2．支架在缆沟内与预埋件焊接，并与接地扁铁焊接。
3．序号2角钢不需打孔。
4．热镀锌防腐。

图6−32	32号角钢支架制造图		
适用范围	2.0m×2.2m电缆隧道	图号	ZJ−32

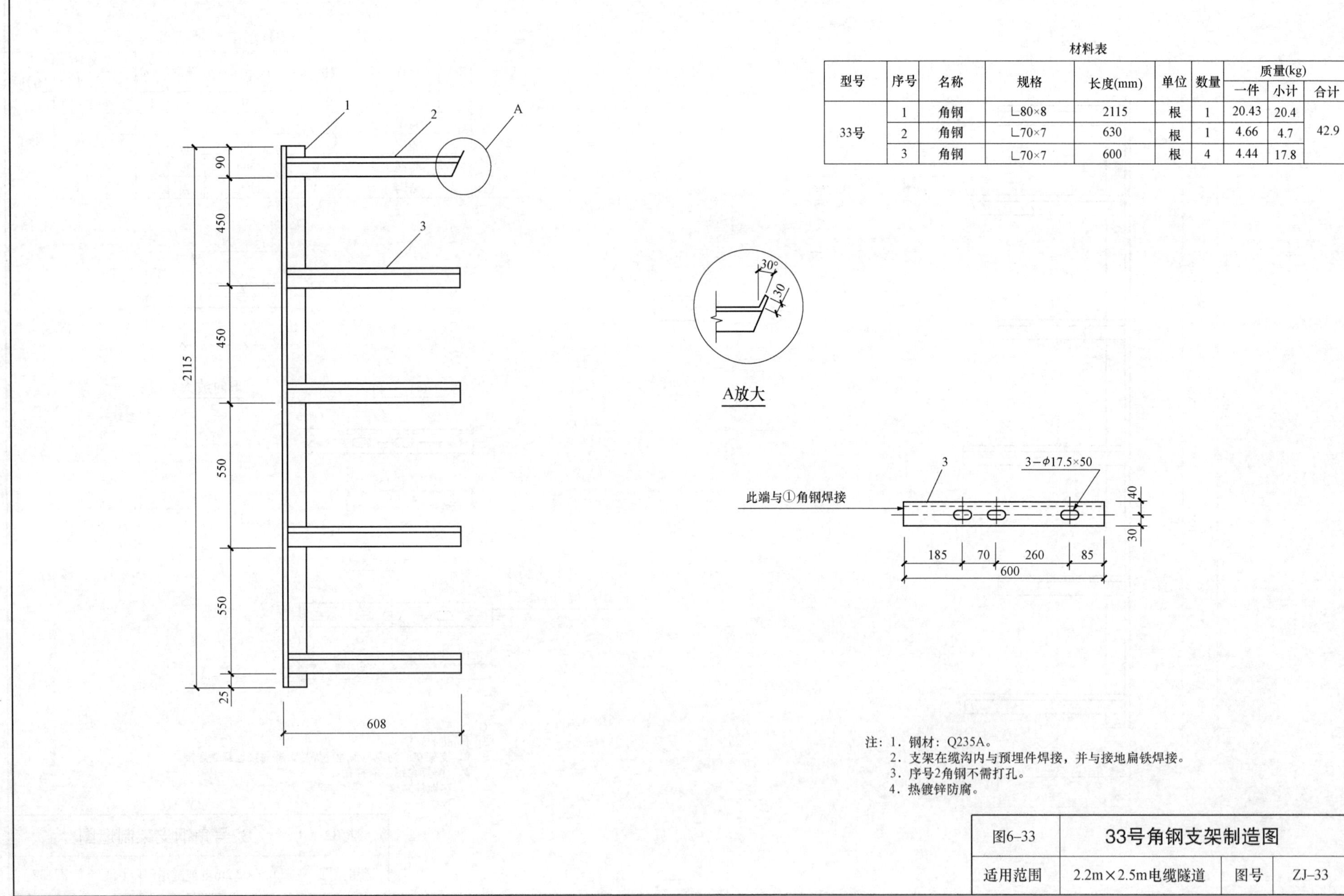

材料表

型号	序号	名称	规格	长度(mm)	单位	数量	质量(kg) 一件	小计	合计
33号	1	角钢	∟80×8	2115	根	1	20.43	20.4	42.9
	2	角钢	∟70×7	630	根	1	4.66	4.7	
	3	角钢	∟70×7	600	根	4	4.44	17.8	

注：1．钢材：Q235A。
2．支架在缆沟内与预埋件焊接，并与接地扁铁焊接。
3．序号2角钢不需打孔。
4．热镀锌防腐。

图6−33	33号角钢支架制造图		
适用范围	2.2m×2.5m电缆隧道	图号	ZJ−33

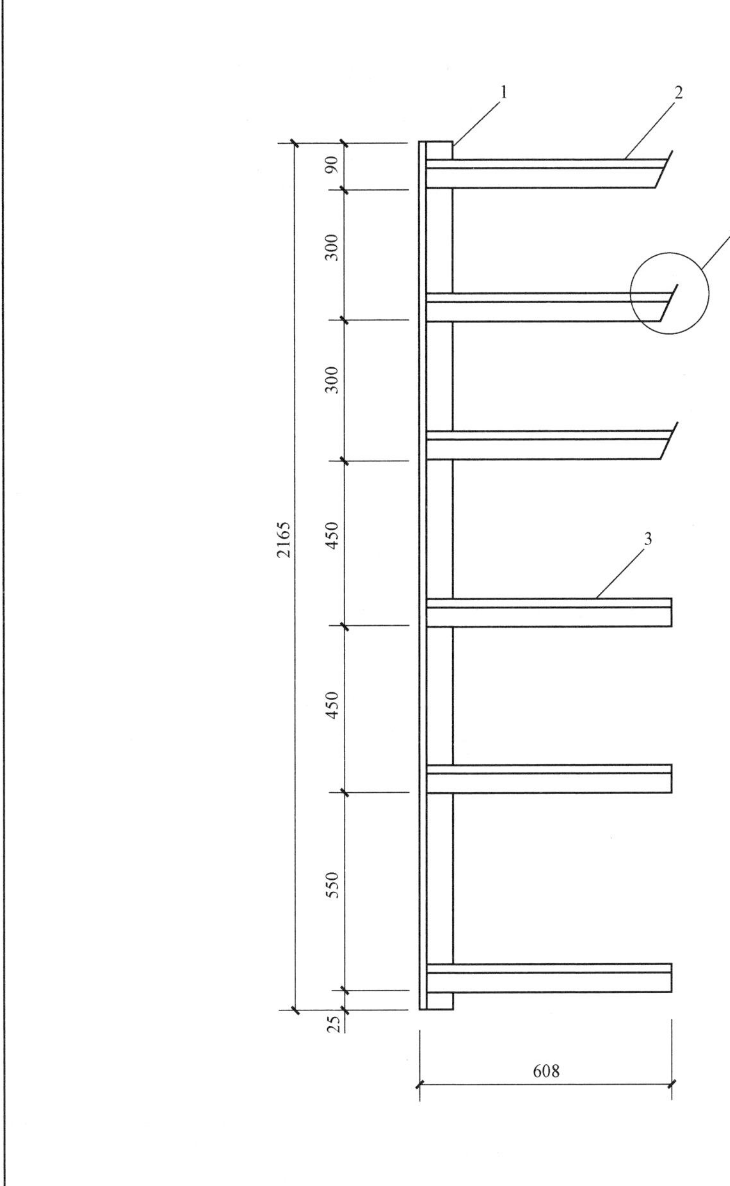

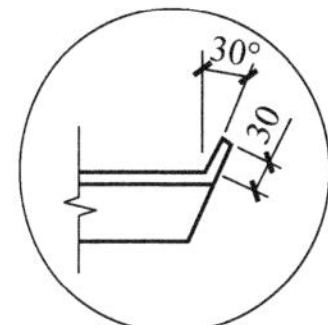

A放大

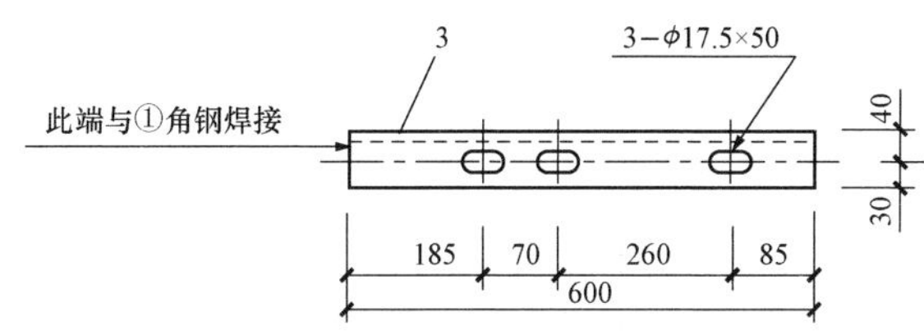

材料表

型号	序号	名称	规格	长度(mm)	单位	数量	质量(kg)		
							一件	小计	合计
34号	1	角钢	∟80×8	2165	根	1	20.43	20.4	47.7
	2	角钢	∟70×7	630	根	3	4.66	14.0	
	3	角钢	∟70×7	600	根	3	4.44	13.3	

注：1．钢材：Q235A。
2．支架在缆沟内与预埋件焊接，并与接地扁铁焊接。
3．序号2角钢不需打孔。
4．热镀锌防腐。

图6−34	34号角钢支架制造图		
适用范围	2.2m×2.5m电缆隧道	图号	ZJ−34

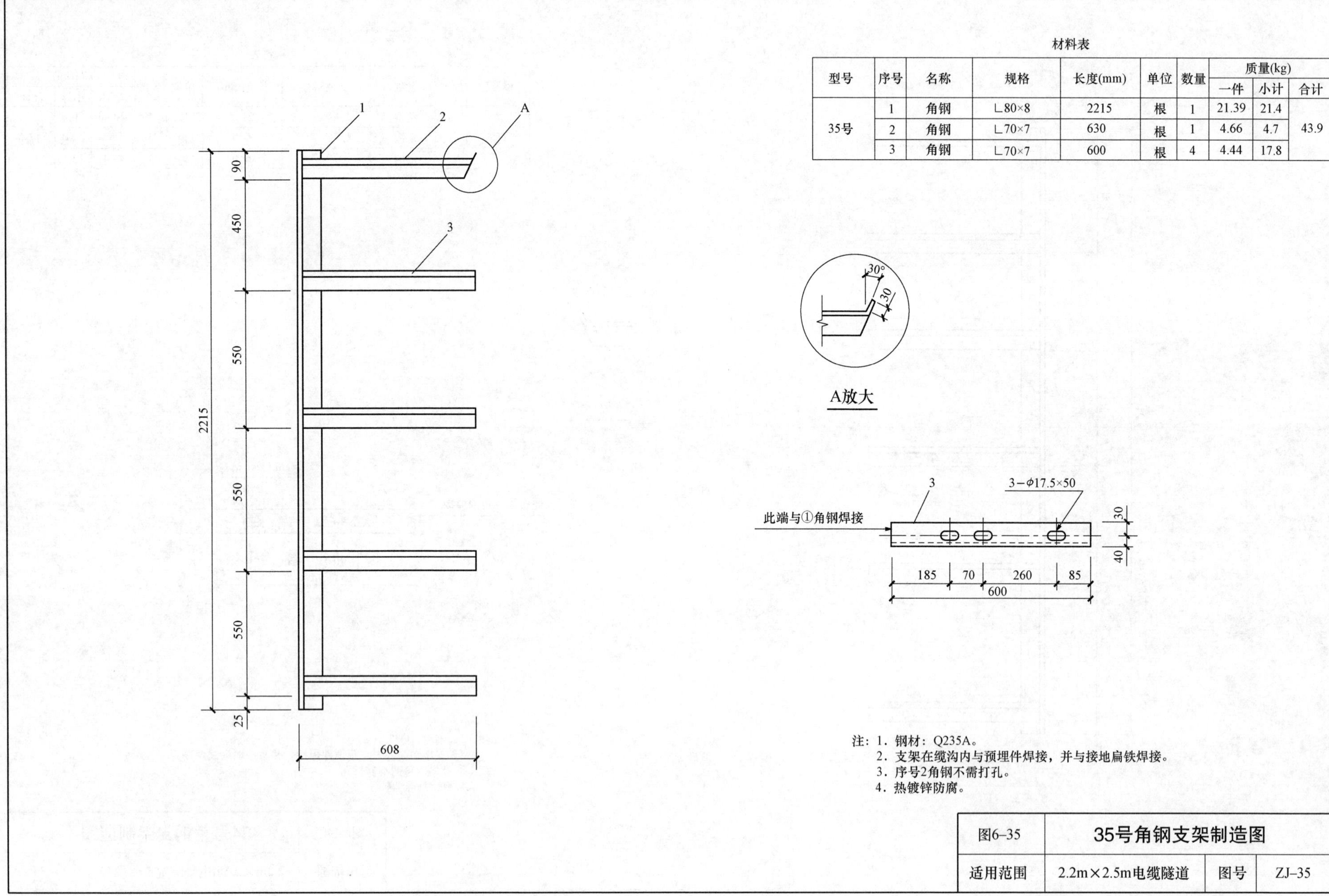

材料表

型号	序号	名称	规格	长度(mm)	单位	数量	质量(kg) 一件	小计	合计
35号	1	角钢	∟80×8	2215	根	1	21.39	21.4	43.9
	2	角钢	∟70×7	630	根	1	4.66	4.7	
	3	角钢	∟70×7	600	根	4	4.44	17.8	

注：1．钢材：Q235A。
2．支架在缆沟内与预埋件焊接，并与接地扁铁焊接。
3．序号2角钢不需打孔。
4．热镀锌防腐。

图6-35	35号角钢支架制造图		
适用范围	2.2m×2.5m电缆隧道	图号	ZJ-35

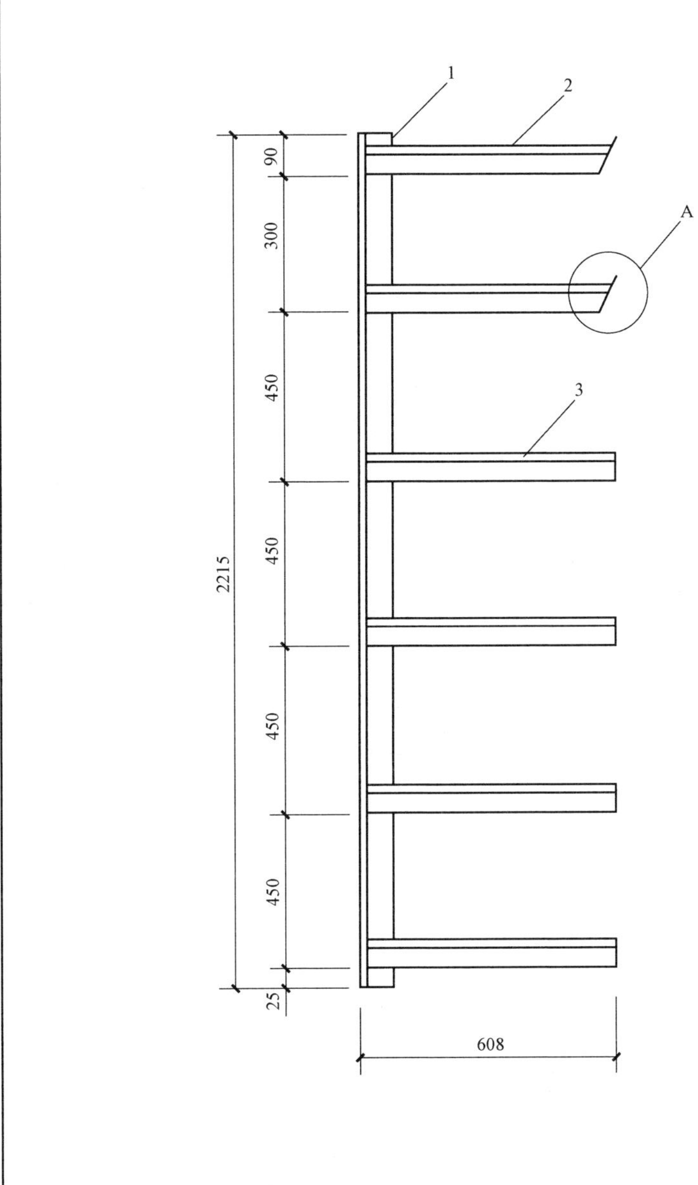

材料表

型号	序号	名称	规格	长度(mm)	单位	数量	质量(kg)		
							一件	小计	合计
36号	1	角钢	∟80×8	2215	根	1	21.39	21.4	48.5
	2	角钢	∟70×7	630	根	2	4.66	9.3	
	3	角钢	∟70×7	600	根	4	4.44	17.8	

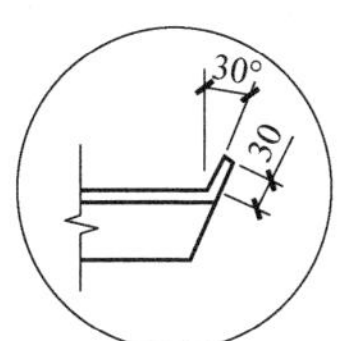

A放大

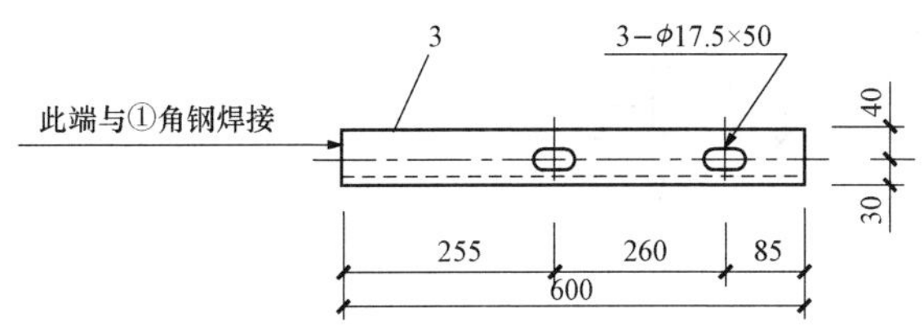

注：1．钢材：Q235A。
2．支架在缆沟内与预埋件焊接，并与接地扁铁焊接。
3．序号2角钢不需打孔。
4．热镀锌防腐。

图6–36	36号角钢支架制造图		
适用范围	2.2m×2.5m电缆隧道	图号	ZJ–36

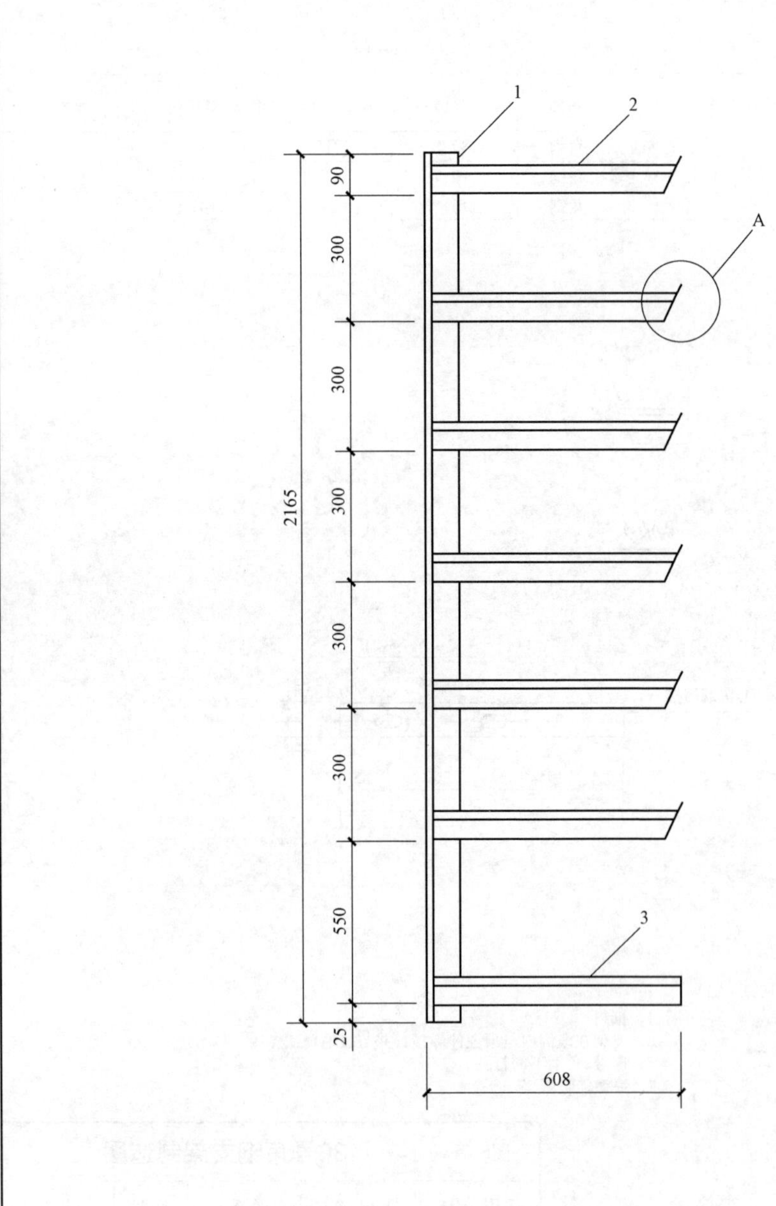

材料表

型号	序号	名称	规格	长度(mm)	单位	数量	质量(kg)		
							一件	小计	合计
37号	1	角钢	∟80×8	2165	根	1	21.39	21.4	53.8
	2	角钢	∟70×7	630	根	6	4.66	28.0	
	3	角钢	∟70×7	600	根	1	4.44	4.4	

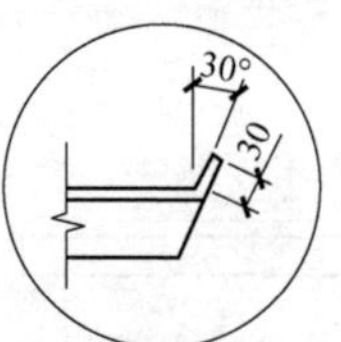

A放大

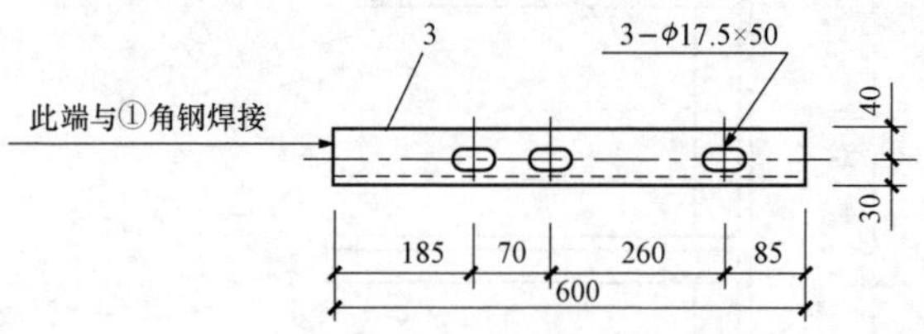

注：1．钢材：Q235A。
2．支架在缆沟内与预埋件焊接，并与接地扁铁焊接。
3．序号2角钢不需打孔。
4．热镀锌防腐。

图6–37	37号角钢支架制造图		
适用范围	2.2m×2.5m电缆隧道	图号	ZJ–37

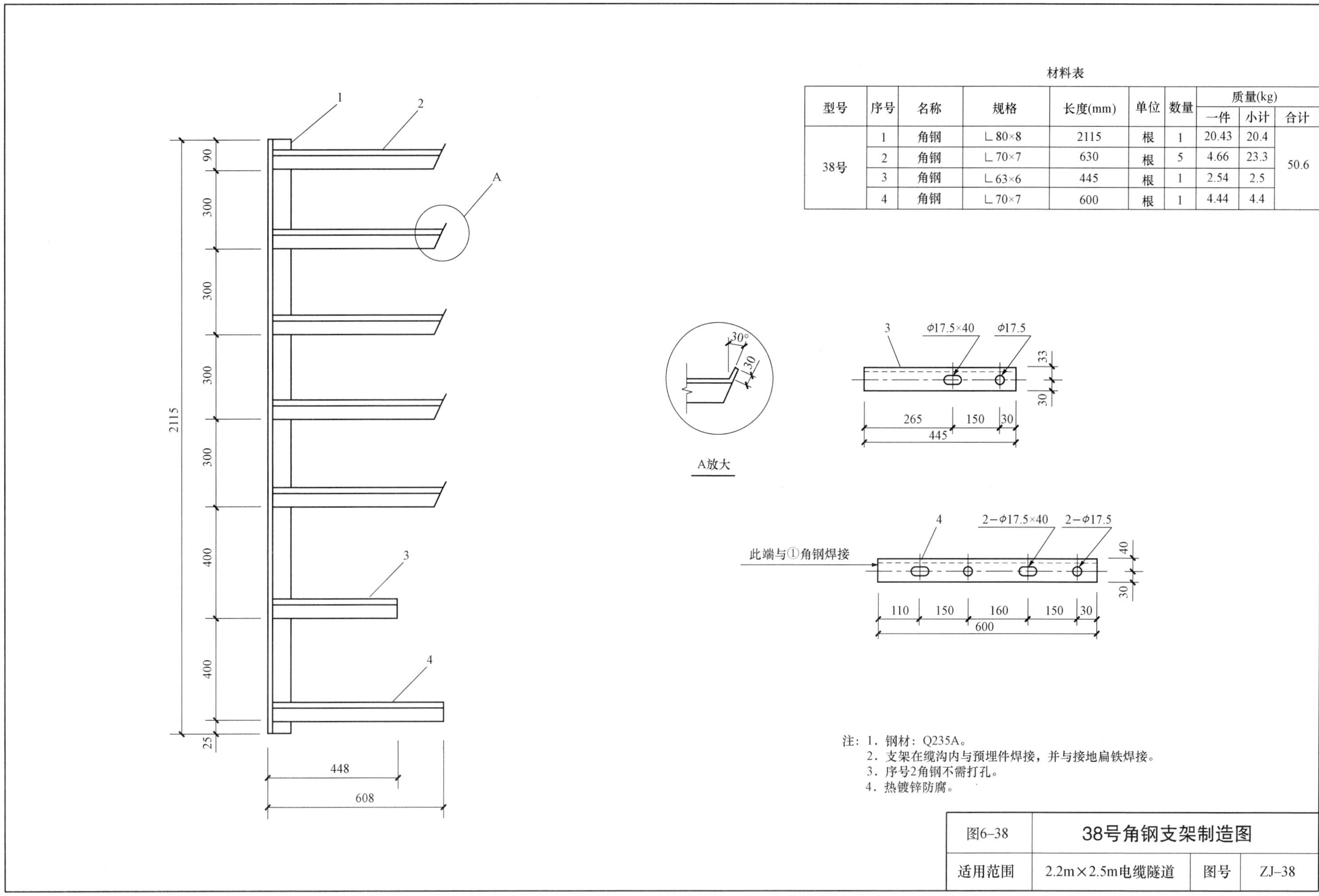

材料表

型号	序号	名称	规格	长度(mm)	单位	数量	质量(kg)		
							一件	小计	合计
38号	1	角钢	∟80×8	2115	根	1	20.43	20.4	50.6
	2	角钢	∟70×7	630	根	5	4.66	23.3	
	3	角钢	∟63×6	445	根	1	2.54	2.5	
	4	角钢	∟70×7	600	根	1	4.44	4.4	

注：1．钢材：Q235A。
2．支架在缆沟内与预埋件焊接，并与接地扁铁焊接。
3．序号2角钢不需打孔。
4．热镀锌防腐。

图6−38	38号角钢支架制造图		
适用范围	2.2m×2.5m电缆隧道	图号	ZJ−38

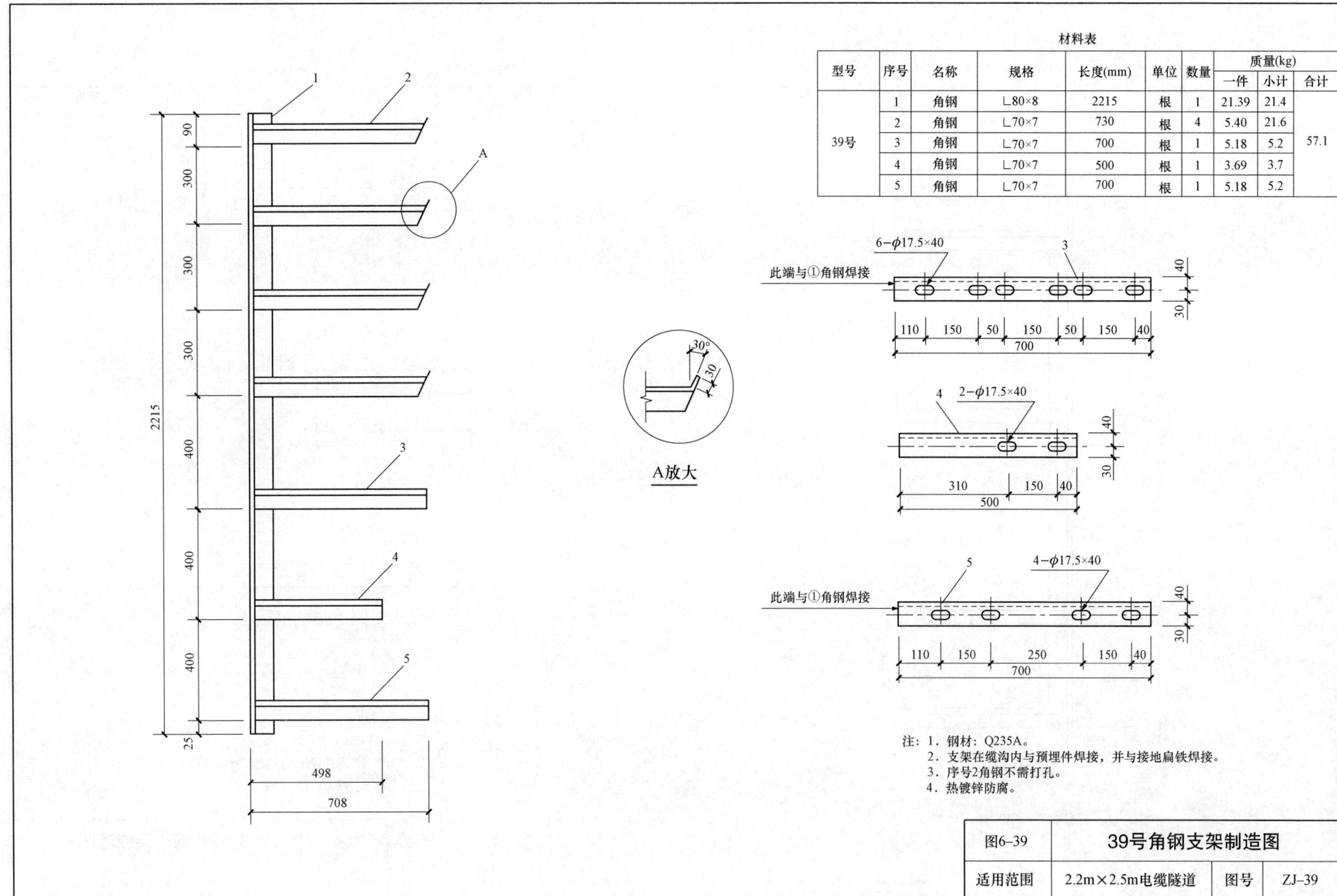

材料表

型号	序号	名称	规格	长度(mm)	单位	数量	质量(kg)		
							一件	小计	合计
39号	1	角钢	∟80×8	2215	根	1	21.39	21.4	57.1
	2	角钢	∟70×7	730	根	4	5.40	21.6	
	3	角钢	∟70×7	700	根	1	5.18	5.2	
	4	角钢	∟70×7	500	根	1	3.69	3.7	
	5	角钢	∟70×7	700	根	1	5.18	5.2	

注：1．钢材：Q235A。
2．支架在缆沟内与预埋件焊接，并与接地扁铁焊接。
3．序号2角钢不需打孔。
4．热镀锌防腐。

图6−39	39号角钢支架制造图		
适用范围	2.2m×2.5m电缆隧道	图号	ZJ−39

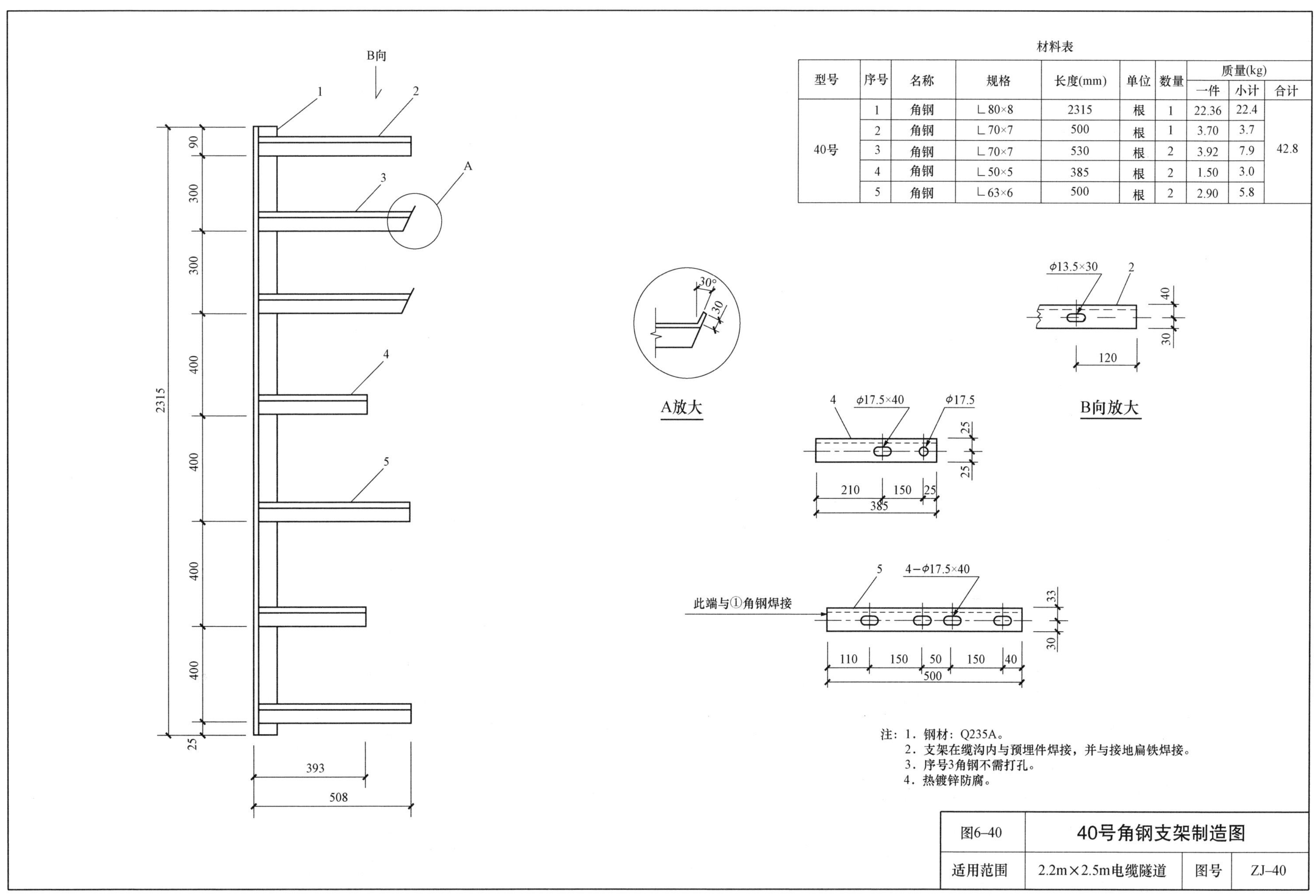

材料表

型号	序号	名称	规格	长度(mm)	单位	数量	质量(kg) 一件	小计	合计
40号	1	角钢	∟80×8	2315	根	1	22.36	22.4	42.8
	2	角钢	∟70×7	500	根	1	3.70	3.7	
	3	角钢	∟70×7	530	根	2	3.92	7.9	
	4	角钢	∟50×5	385	根	2	1.50	3.0	
	5	角钢	∟63×6	500	根	2	2.90	5.8	

注：1．钢材：Q235A。
2．支架在缆沟内与预埋件焊接，并与接地扁铁焊接。
3．序号3角钢不需打孔。
4．热镀锌防腐。

图6−40	40号角钢支架制造图		
适用范围	2.2m×2.5m电缆隧道	图号	ZJ−40

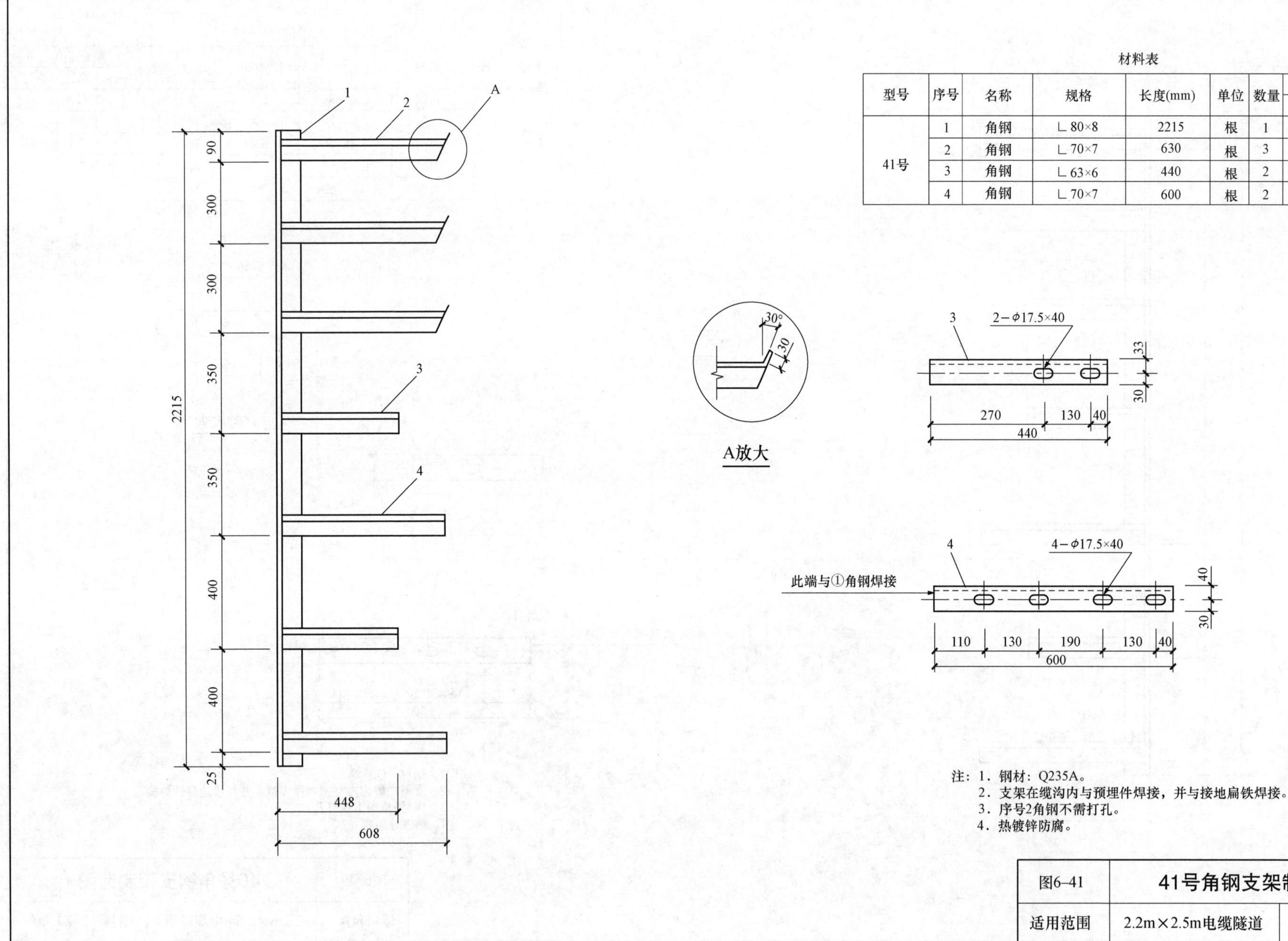

材料表

型号	序号	名称	规格	长度(mm)	单位	数量	质量(kg) 一件	质量(kg) 小计	质量(kg) 合计
41号	1	角钢	∟80×8	2215	根	1	21.39	21.4	49.4
	2	角钢	∟70×7	630	根	3	4.66	14.0	
	3	角钢	∟63×6	440	根	2	2.51	5.1	
	4	角钢	∟70×7	600	根	2	4.43	8.9	

注：1．钢材：Q235A。
2．支架在缆沟内与预埋件焊接，并与接地扁铁焊接。
3．序号2角钢不需打孔。
4．热镀锌防腐。

图6–41	41号角钢支架制造图		
适用范围	2.2m×2.5m电缆隧道	图号	ZJ–41

材料表

型号	序号	名称	规格	长度(mm)	单位	数量	质量(kg)		
							一件	小计	合计
42号	1	角钢	∟80×8	2115	根	1	20.43	20.4	43.8
	2	角钢	∟70×7	630	根	2	4.66	9.3	
	3	角钢	∟63×6	455	根	2	2.60	5.2	
	4	角钢	∟70×7	600	根	2	4.43	8.9	

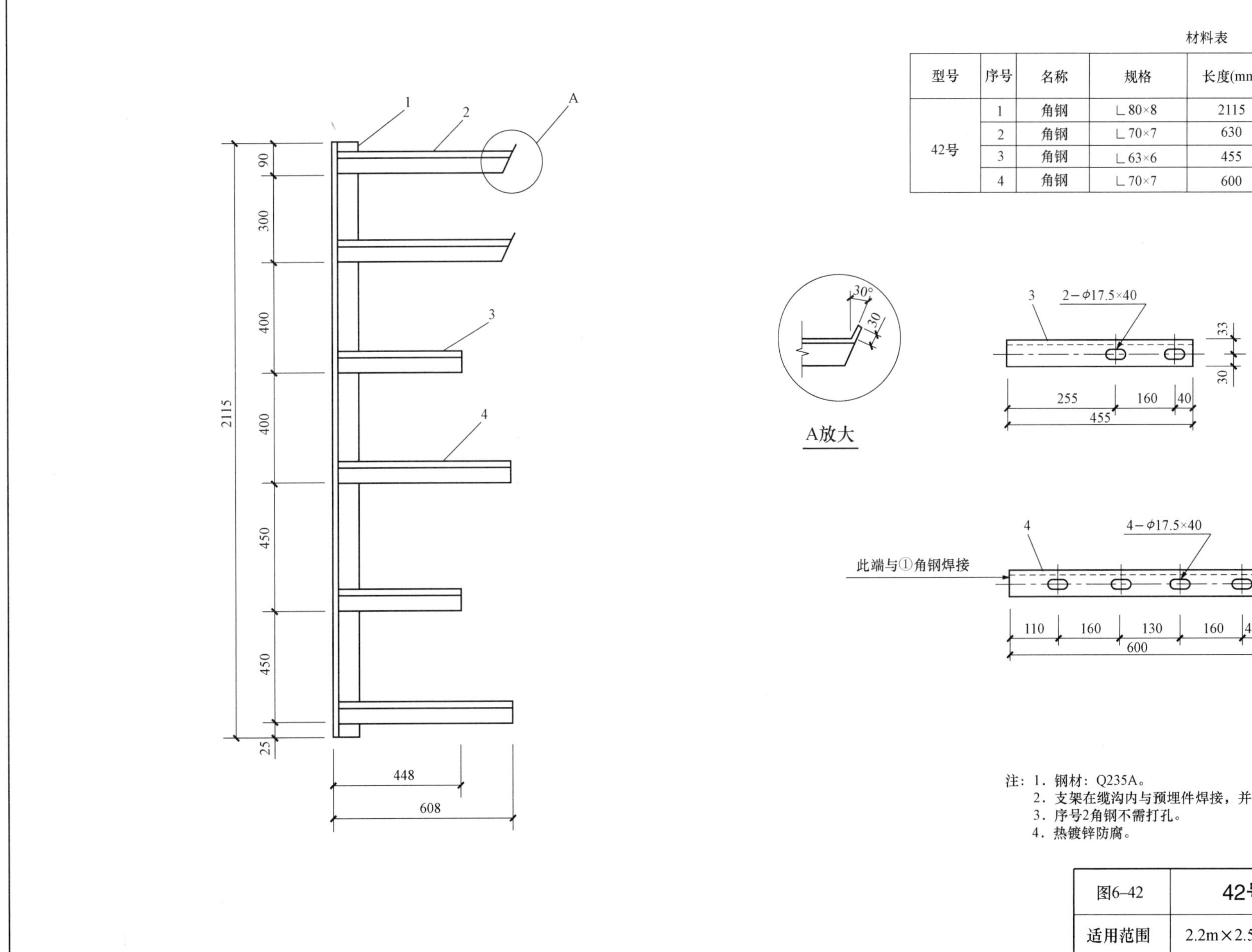

注：1．钢材：Q235A。
2．支架在缆沟内与预埋件焊接，并与接地扁铁焊接。
3．序号2角钢不需打孔。
4．热镀锌防腐。

图6–42	42号角钢支架制造图		
适用范围	2.2m×2.5m电缆隧道	图号	ZJ–42

材料表

型号	序号	名称	规格	长度(mm)	单位	数量	质量(kg) 一件	小计	合计
43号	1	角钢	∟80×8	2615	根	1	25.26	25.3	65.5
	2	角钢	∟70×7	780	根	4	5.77	23.1	
	3	角钢	∟63×6	525	根	2	2.99	6.0	
	4	角钢	∟70×7	750	根	2	5.55	11.1	

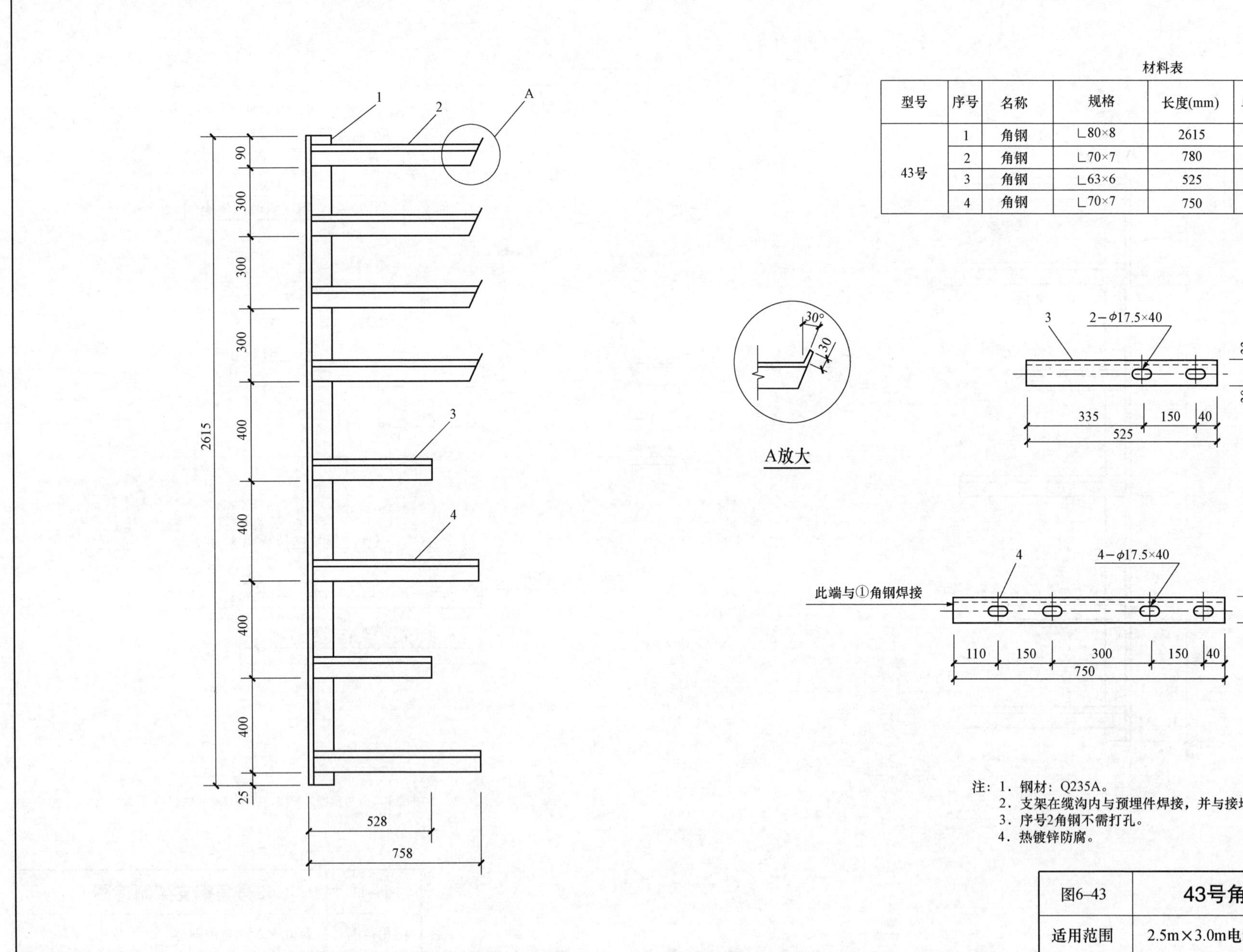

注：1．钢材：Q235A。
2．支架在缆沟内与预埋件焊接，并与接地扁铁焊接。
3．序号2角钢不需打孔。
4．热镀锌防腐。

图6–43	43号角钢支架制造图		
适用范围	2.5m×3.0m电缆隧道	图号	ZJ–43

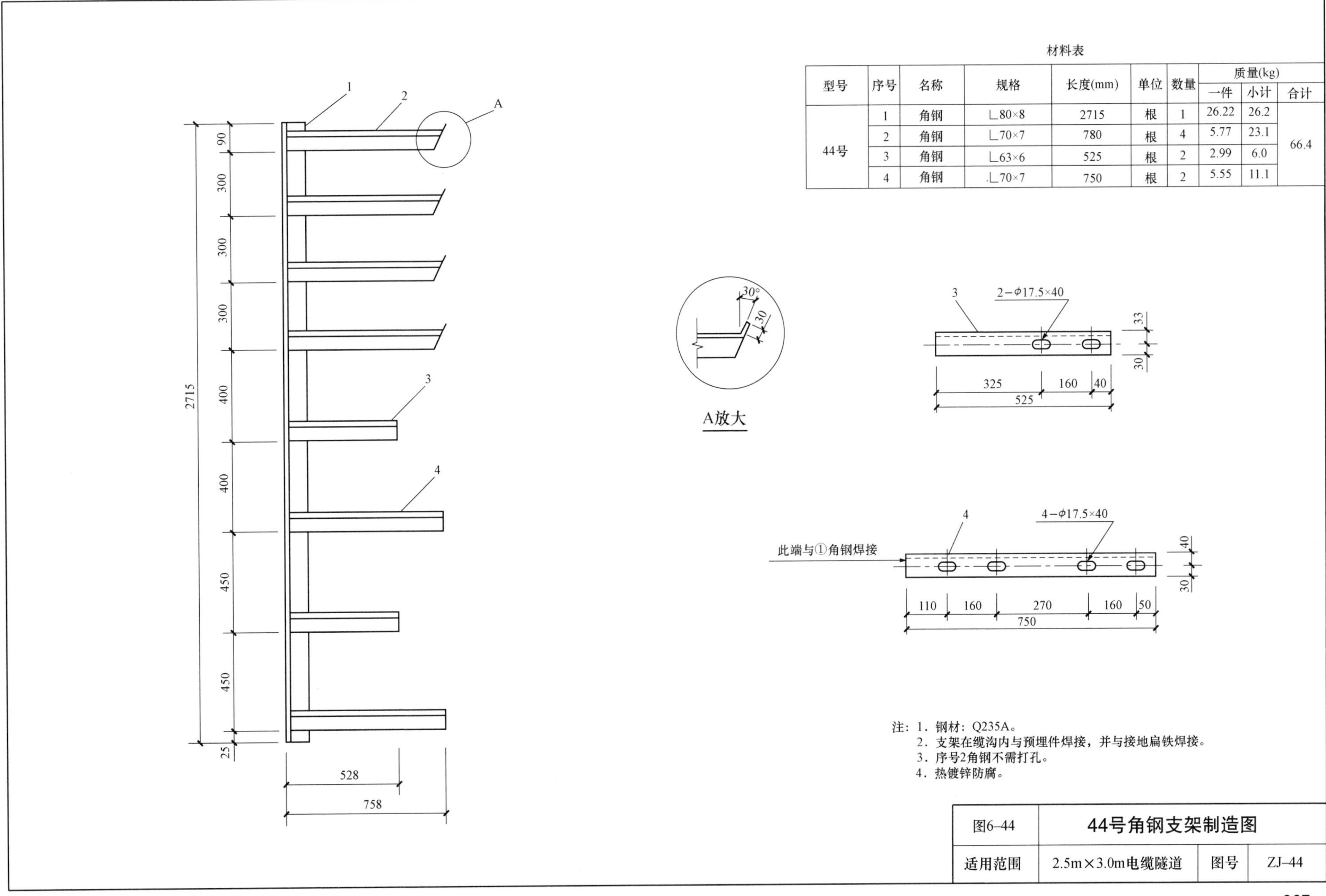

材料表

型号	序号	名称	规格	长度(mm)	单位	数量	质量(kg)		
							一件	小计	合计
44号	1	角钢	∟80×8	2715	根	1	26.22	26.2	66.4
	2	角钢	∟70×7	780	根	4	5.77	23.1	
	3	角钢	∟63×6	525	根	2	2.99	6.0	
	4	角钢	∟70×7	750	根	2	5.55	11.1	

注：1．钢材：Q235A。
2．支架在缆沟内与预埋件焊接，并与接地扁铁焊接。
3．序号2角钢不需打孔。
4．热镀锌防腐。

图6–44	44号角钢支架制造图		
适用范围	2.5m×3.0m电缆隧道	图号	ZJ–44

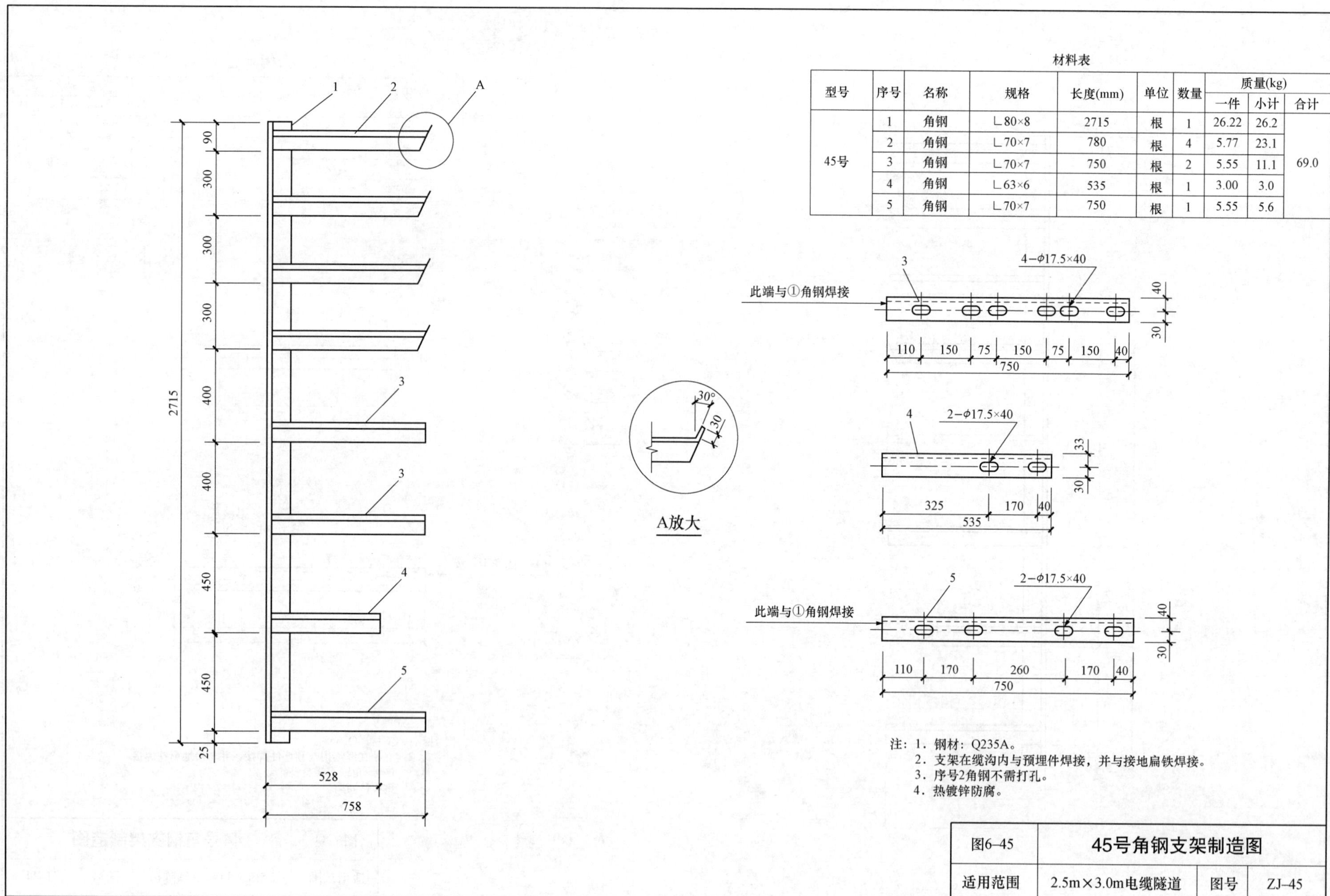

材料表

型号	序号	名称	规格	长度(mm)	单位	数量	质量(kg) 一件	小计	合计
45号	1	角钢	∟80×8	2715	根	1	26.22	26.2	69.0
	2	角钢	∟70×7	780	根	4	5.77	23.1	
	3	角钢	∟70×7	750	根	2	5.55	11.1	
	4	角钢	∟63×6	535	根	1	3.00	3.0	
	5	角钢	∟70×7	750	根	1	5.55	5.6	

注：1．钢材：Q235A。
2．支架在缆沟内与预埋件焊接，并与接地扁铁焊接。
3．序号2角钢不需打孔。
4．热镀锌防腐。

图6–45	45号角钢支架制造图		
适用范围	2.5m×3.0m电缆隧道	图号	ZJ–45

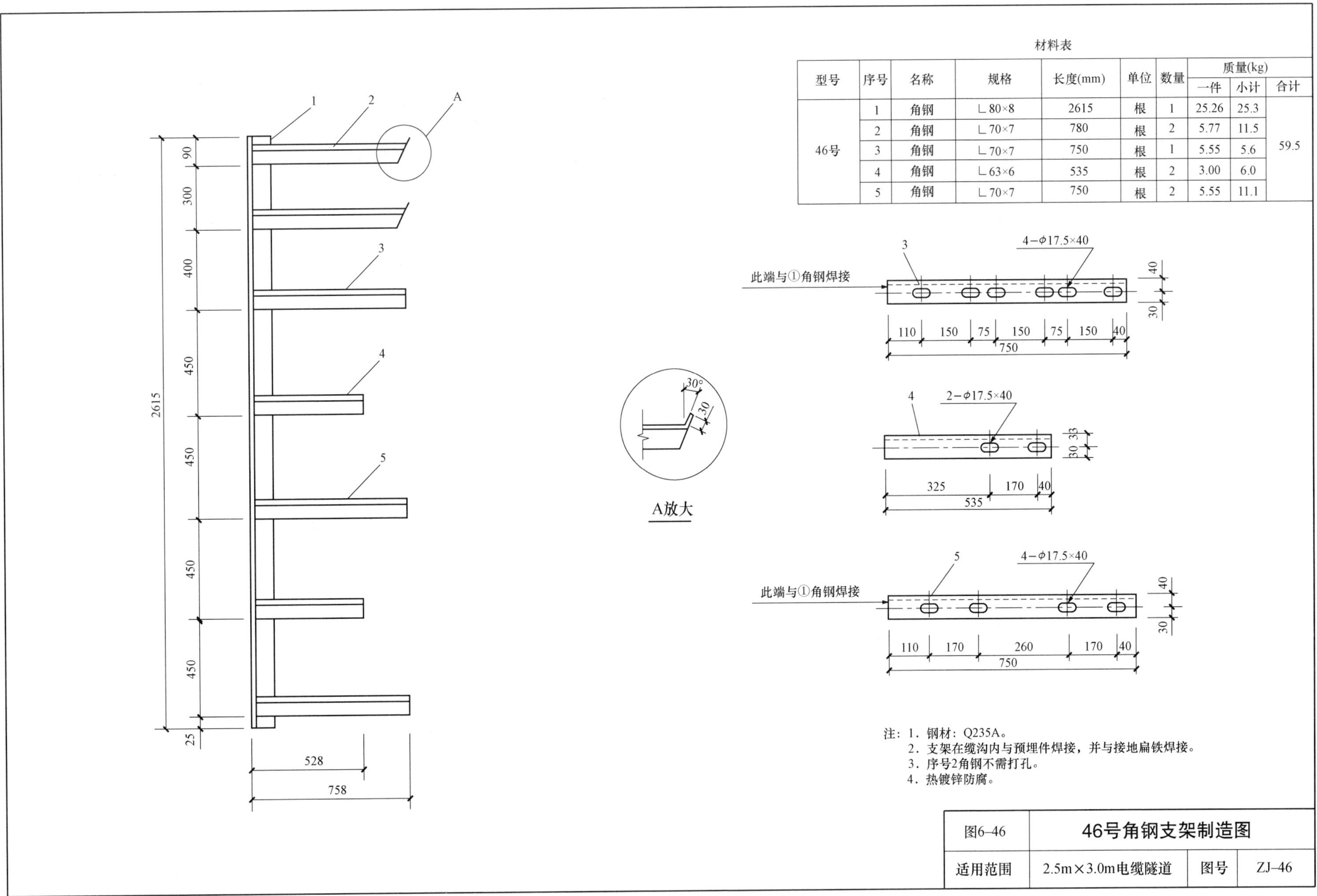

材料表

型号	序号	名称	规格	长度(mm)	单位	数量	质量(kg) 一件	质量(kg) 小计	质量(kg) 合计
46号	1	角钢	∟80×8	2615	根	1	25.26	25.3	59.5
	2	角钢	∟70×7	780	根	2	5.77	11.5	
	3	角钢	∟70×7	750	根	1	5.55	5.6	
	4	角钢	∟63×6	535	根	2	3.00	6.0	
	5	角钢	∟70×7	750	根	2	5.55	11.1	

注：1．钢材：Q235A。
2．支架在缆沟内与预埋件焊接，并与接地扁铁焊接。
3．序号2角钢不需打孔。
4．热镀锌防腐。

图6–46	46号角钢支架制造图		
适用范围	2.5m×3.0m电缆隧道	图号	ZJ–46

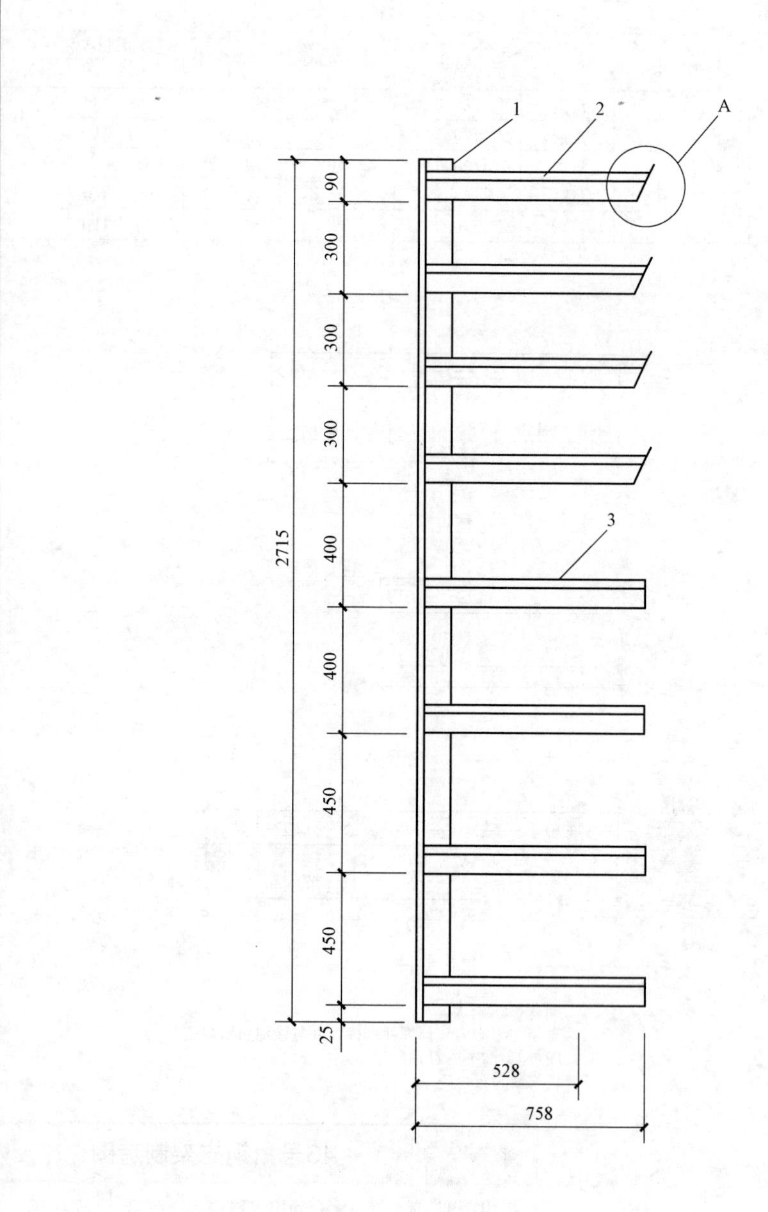

材料表

型号	序号	名称	规格	长度(mm)	单位	数量	质量(kg) 一件	小计	合计
47号	1	角钢	∟80×8	2715	根	1	25.26	25.3	70.6
	2	角钢	∟70×7	780	根	4	5.77	23.1	
	3	角钢	∟70×7	750	根	4	5.55	22.2	

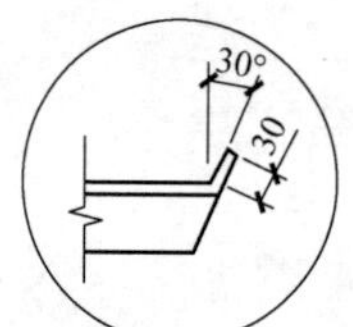

A放大

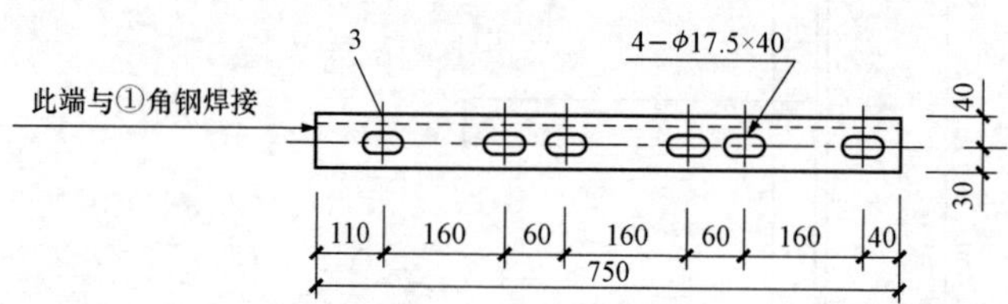

注：1．钢材：Q235A。
2．支架在缆沟内与预埋件焊接，并与接地扁铁焊接。
3．序号2角钢不需打孔。
4．热镀锌防腐。

图6–47	47号角钢支架制造图		
适用范围	2.5m×3.0m电缆隧道	图号	ZJ–47

材料表

型号	序号	名称	规格	长度(mm)	单位	数量	质量(kg)		
							一件	小计	合计
48号	1	角钢	∟80×8	2665	根	1	25.74	25.7	71.0
	2	角钢	∟70×7	780	根	4	5.77	23.1	
	3	角钢	∟70×7	750	根	4	5.55	22.2	

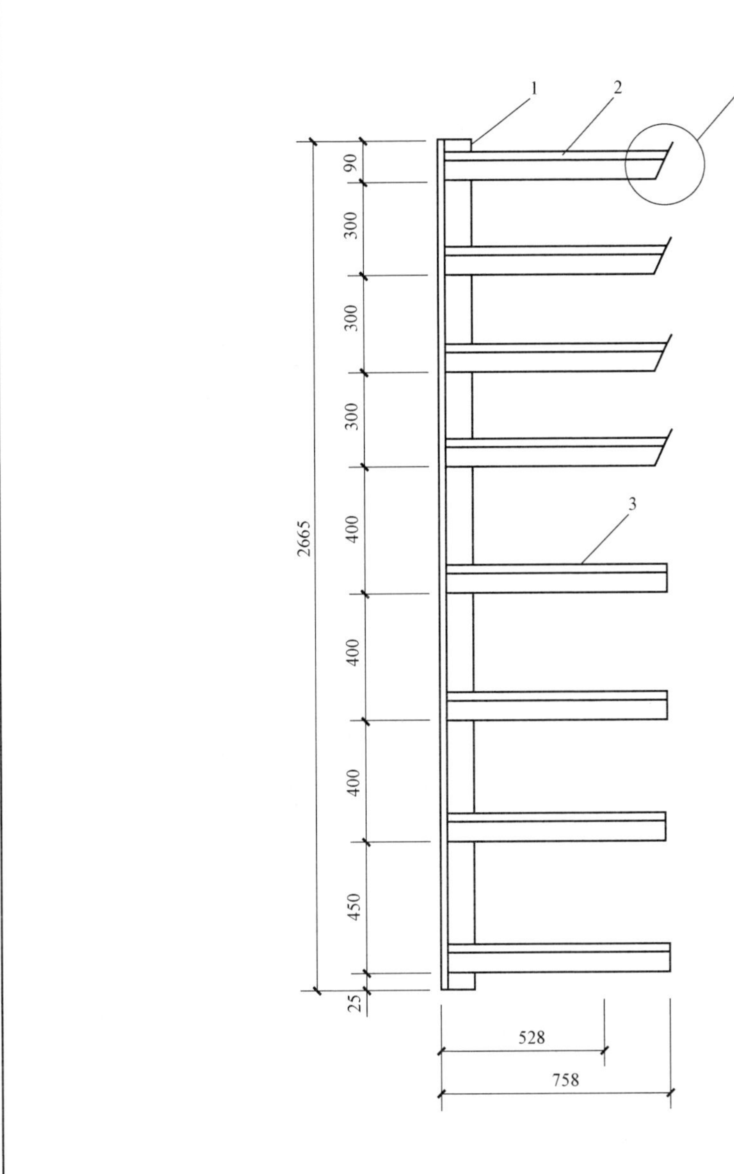

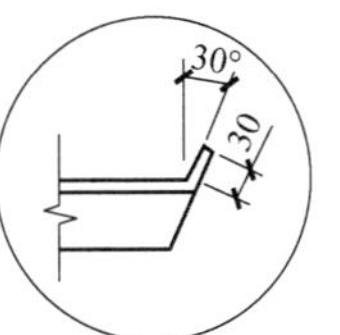

A放大

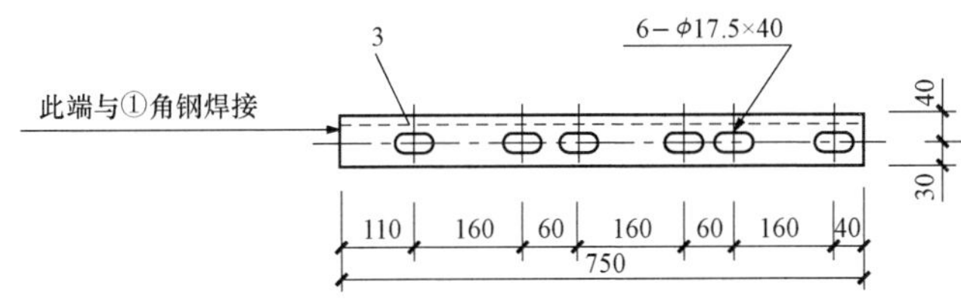

注：1．钢材：Q235A。
2．支架在缆沟内与预埋件焊接，并与接地扁铁焊接。
3．序号2角钢不需打孔。
4．热镀锌防腐。

图6-48	48号角钢支架制造图		
适用范围	2.5m×3.0m电缆隧道	图号	ZJ-48

材料表

型号	序号	名称	规格	长度(mm)	单位	数量	质量(kg) 一件	小计	合计
49号	1	角钢	∟80×8	2665	根	1	25.74	25.7	71.3
	2	角钢	∟70×7	780	根	5	5.77	28.9	
	3	角钢	∟70×7	750	根	3	5.55	16.7	

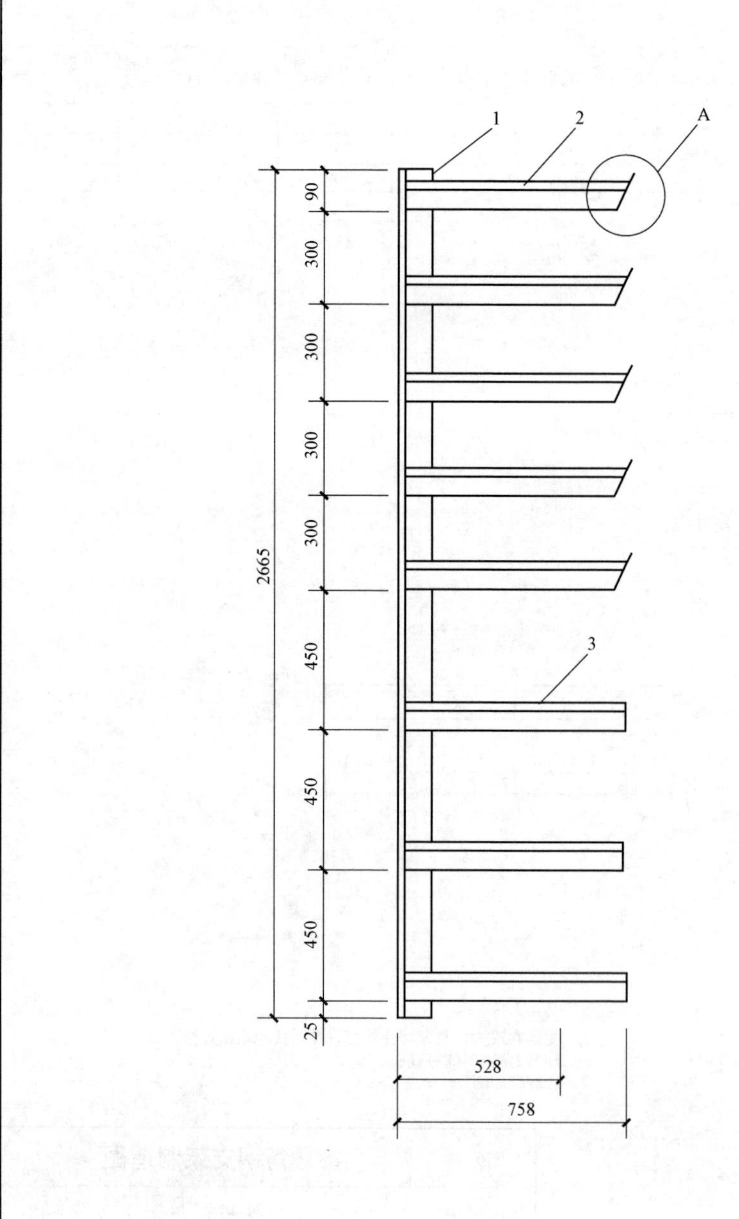

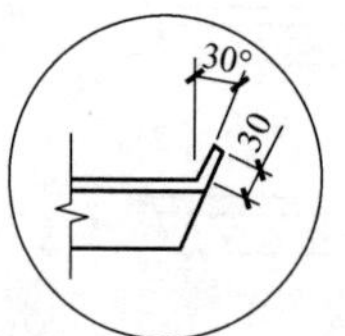

A放大

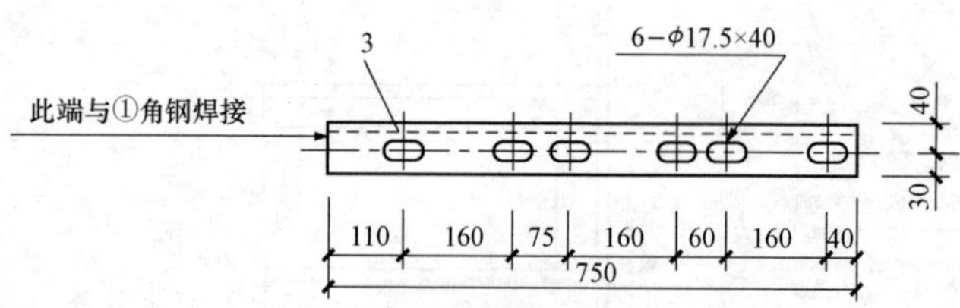

注：1．钢材：Q235A。
2．支架在缆沟内与预埋件焊接，并与接地扁铁焊接。
3．序号2角钢不需打孔。
4．热镀锌防腐。

图6–49	49号角钢支架制造图		
适用范围	2.5m×3.0m电缆隧道	图号	ZJ–49

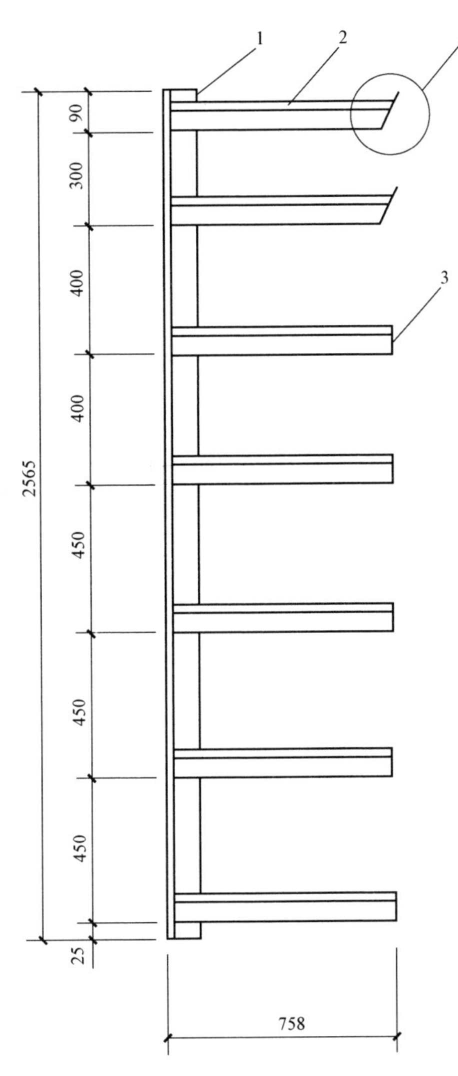

材料表

型号	序号	名称	规格	长度(mm)	单位	数量	质量(kg)		
							一件	小计	合计
50号	1	角钢	∟80×8	2565	根	1	24.78	24.8	64.1
	2	角钢	∟70×7	780	根	2	5.77	11.5	
	3	角钢	∟70×7	750	根	5	5.55	27.6	

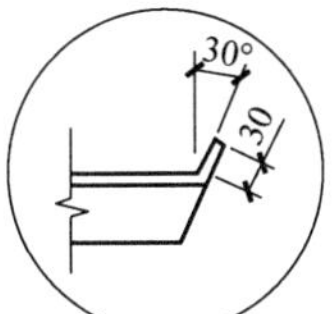

A放大

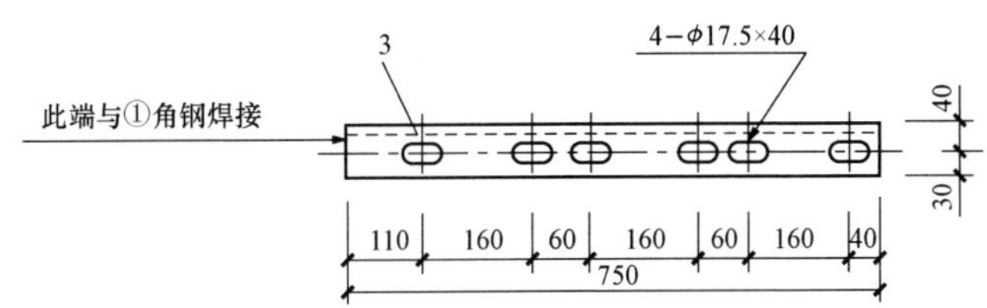

注：1．钢材：Q235A。
2．支架在缆沟内与预埋件焊接，并与接地扁铁焊接。
3．序号2角钢不需打孔。
4．热镀锌防腐。

图6–50	50号角钢支架制造图		
适用范围	2.5m×3.0m电缆隧道	图号	ZJ–50

材料表

型号	序号	名称	规格	长度(mm)	单位	数量	质量(kg) 一件	小计	合计
51号	1	角钢	∟50×5	715	根	1	2.69	2.7	6.4
	2	角钢	∟50×5	330	根	3	1.24	3.7	

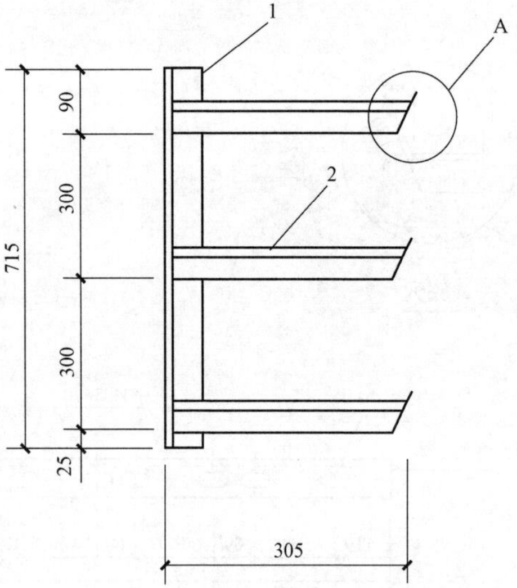

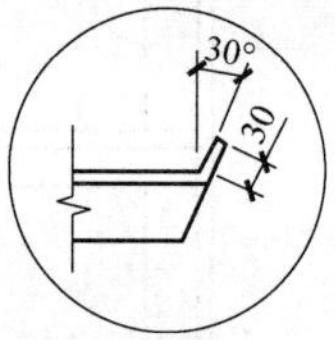

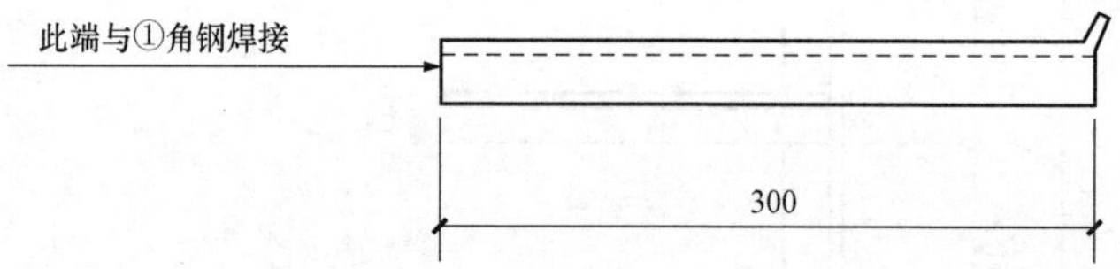

注：1．钢材：Q235A。
2．支架在缆沟内与预埋件焊接，并与接地扁铁焊接。
3．热镀锌防腐。

图6–51	51号角钢支架制造图		
适用范围	0.8m×1.0m电缆沟	图号	ZJ–51

材料表

型号	序号	名称	规格	长度(mm)	单位	数量	质量(kg)		
							一件	小计	合计
52号	1	角钢	∟63×6	715	根	1	4.09	4.1	13.2
	2	角钢	∟63×6	530	根	3	3.03	9.1	

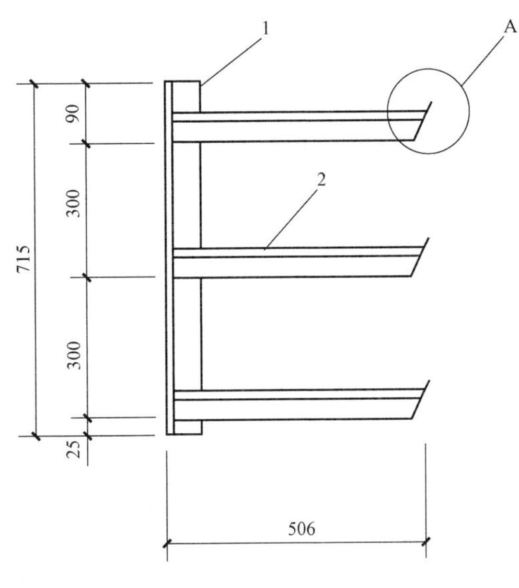

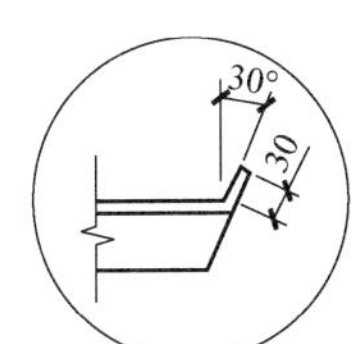

A放大

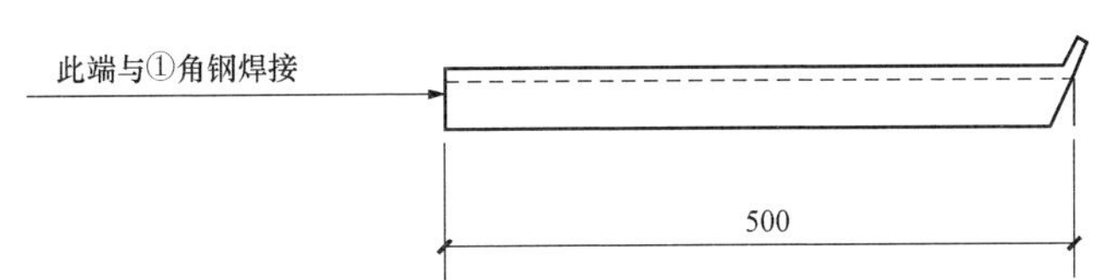

注：1. 钢材：Q235A。
2. 支架在缆沟内与预埋件焊接，并与接地扁铁焊接。
3. 热镀锌防腐。

图6–52	52号角钢支架制造图		
适用范围	1.0m×1.0m电缆沟	图号	ZJ–52

材料表

型号	序号	名称	规格	长度(mm)	单位	数量	质量(kg) 一件	小计	合计
53号	1	角钢	∟63×6	1015	根	1	5.81	5.8	17.9
	2	角钢	∟63×6	530	根	4	3.03	12.1	

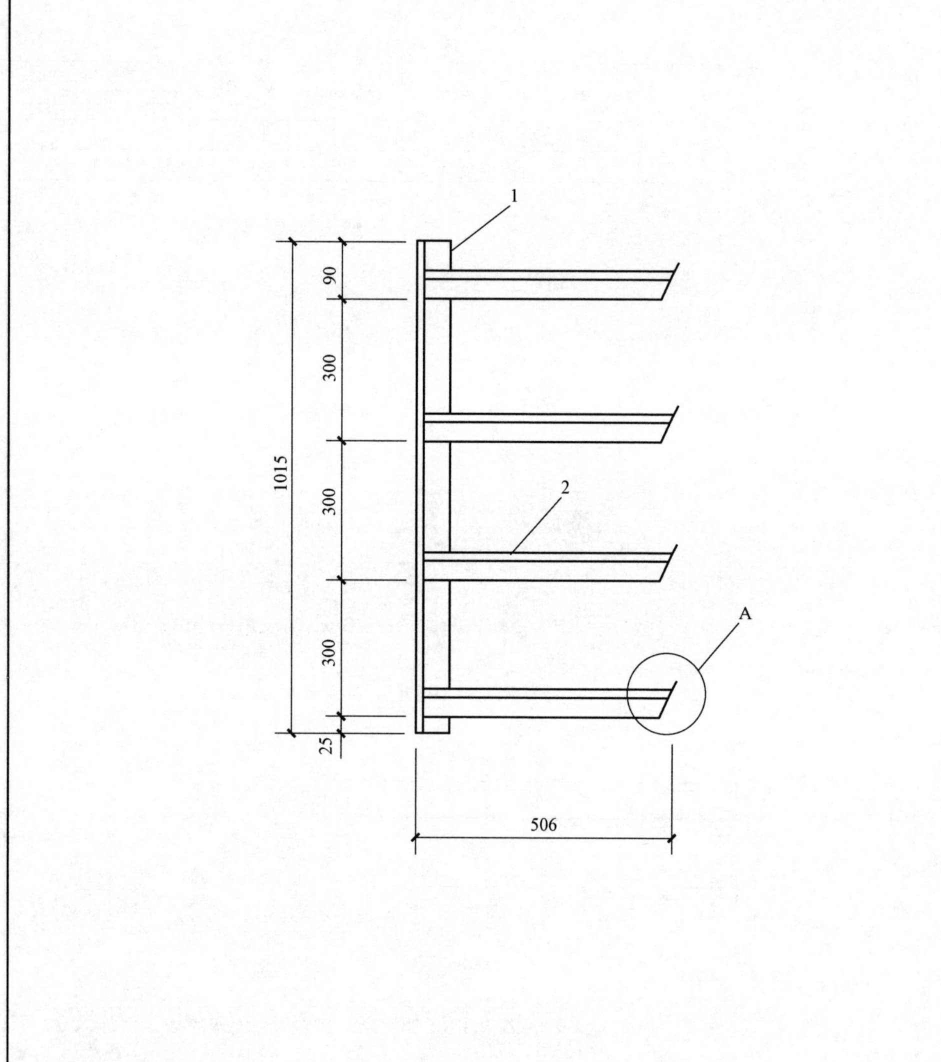

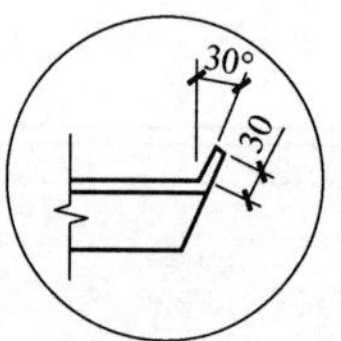

A放大

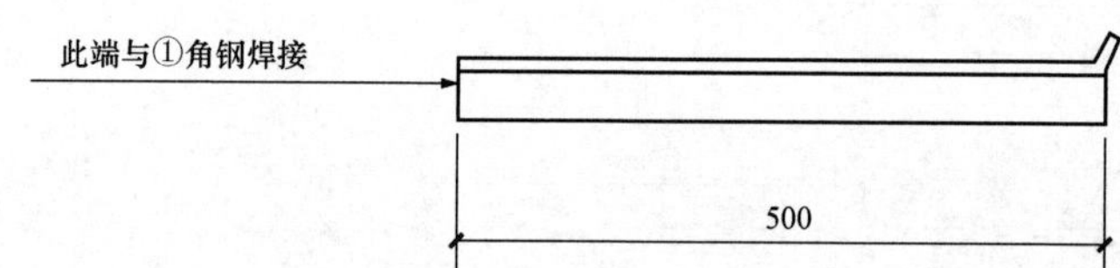

注：1．钢材：Q235A。
2．支架在缆沟内与预埋件焊接，并与接地扁铁焊接。
3．热镀锌防腐。

图6–53	53号角钢支架制造图		
适用范围	1.2m×1.3m电缆沟	图号	ZJ–53

材料表

型号	序号	名称	规格	长度(mm)	单位	数量	质量(kg) 一件	小计	合计
54号	1	角钢	∟70×7	915	根	1	6.76	6.8	17.9
	2	角钢	∟70×7	500	根	3	3.70	11.1	

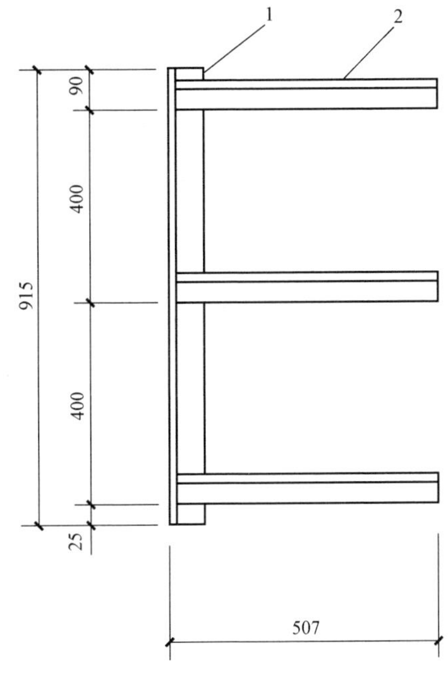

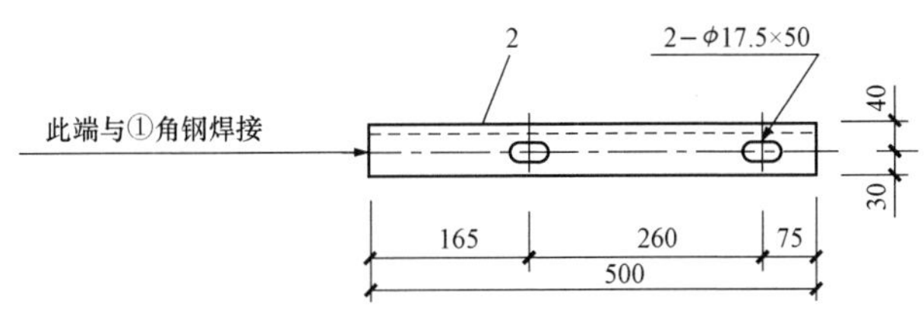

注：1．钢材：Q235A。
2．支架在缆沟内与预埋件焊接，并与接地扁铁焊接。
3．热镀锌防腐。

图6–54	54号角钢支架制造图		
适用范围	1.2m×1.3m电缆沟	图号	ZJ–54

材料表

型号	序号	名称	规格	长度(mm)	单位	数量	质量(kg)		
							一件	小计	合计
55号	1	角钢	∟63×6	1165	根	1	6.66	6.7	15.3
	2	角钢	∟50×5	380	根	2	1.43	2.9	
	3	角钢	∟63×6	500	根	2	2.86	5.7	

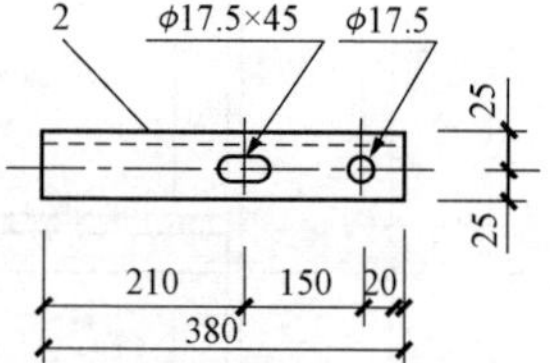

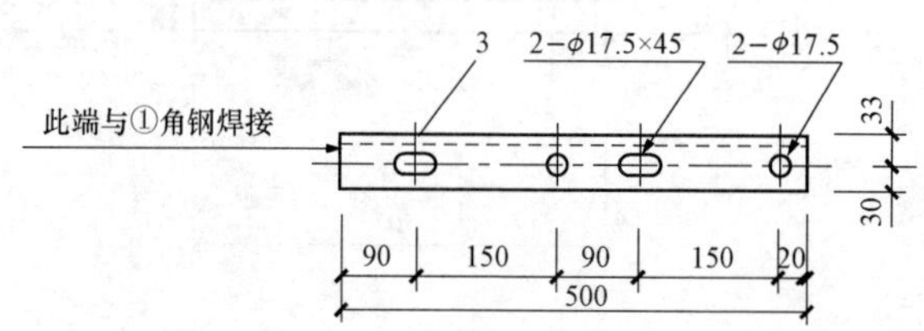

注：1．钢材：Q235A。
2．支架在缆沟内与预埋件焊接，并与接地扁铁焊接。
3．热镀锌防腐。

图6–55	55号角钢支架制造图		
适用范围	1.2m×1.5m电缆沟	图号	ZJ–55

材料表

型号	序号	名称	规格	长度(mm)	单位	数量	质量(kg) 一件	小计	合计
56号	1	角钢	∟70×7	1215	根	1	8.98	9.0	24.2
	2	角钢	∟70×7	530	根	2	3.91	7.8	
	3	角钢	∟70×7	500	根	2	3.70	7.4	

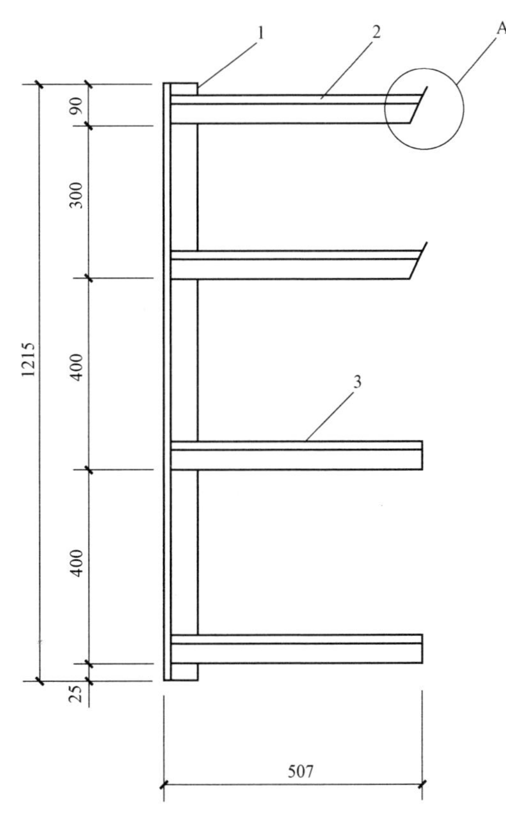

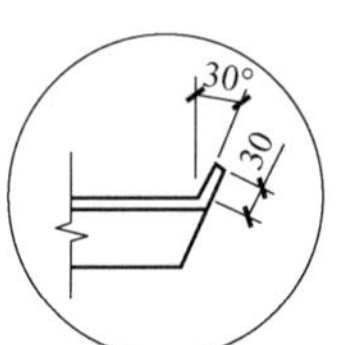

A放大

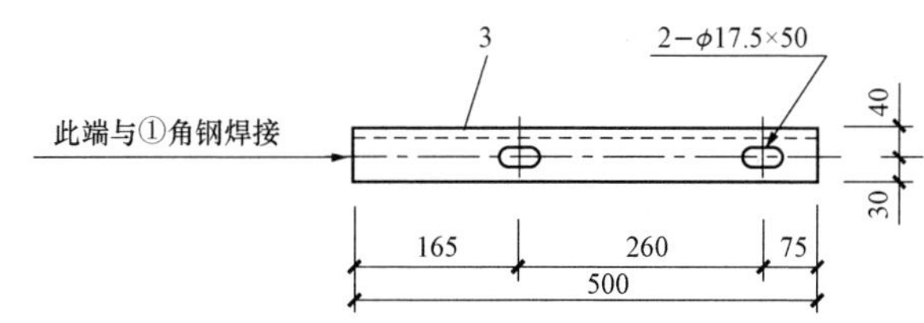

注：1．钢材：Q235A。
2．支架在缆沟内与预埋件焊接，并与接地扁铁焊接。
3．序号2角钢不需打孔。
4．热镀锌防腐。

图6–56	56号角钢支架制造图		
适用范围	1.2m×1.5m电缆沟	图号	ZJ–56

材料表

型号	序号	名称	规格	长度(mm)	单位	数量	质量(kg)		
							一件	小计	合计
57号	1	角钢	∟63×6	1315	根	1	7.52	7.5	22.7
	2	角钢	∟63×6	530	根	5	3.03	15.2	

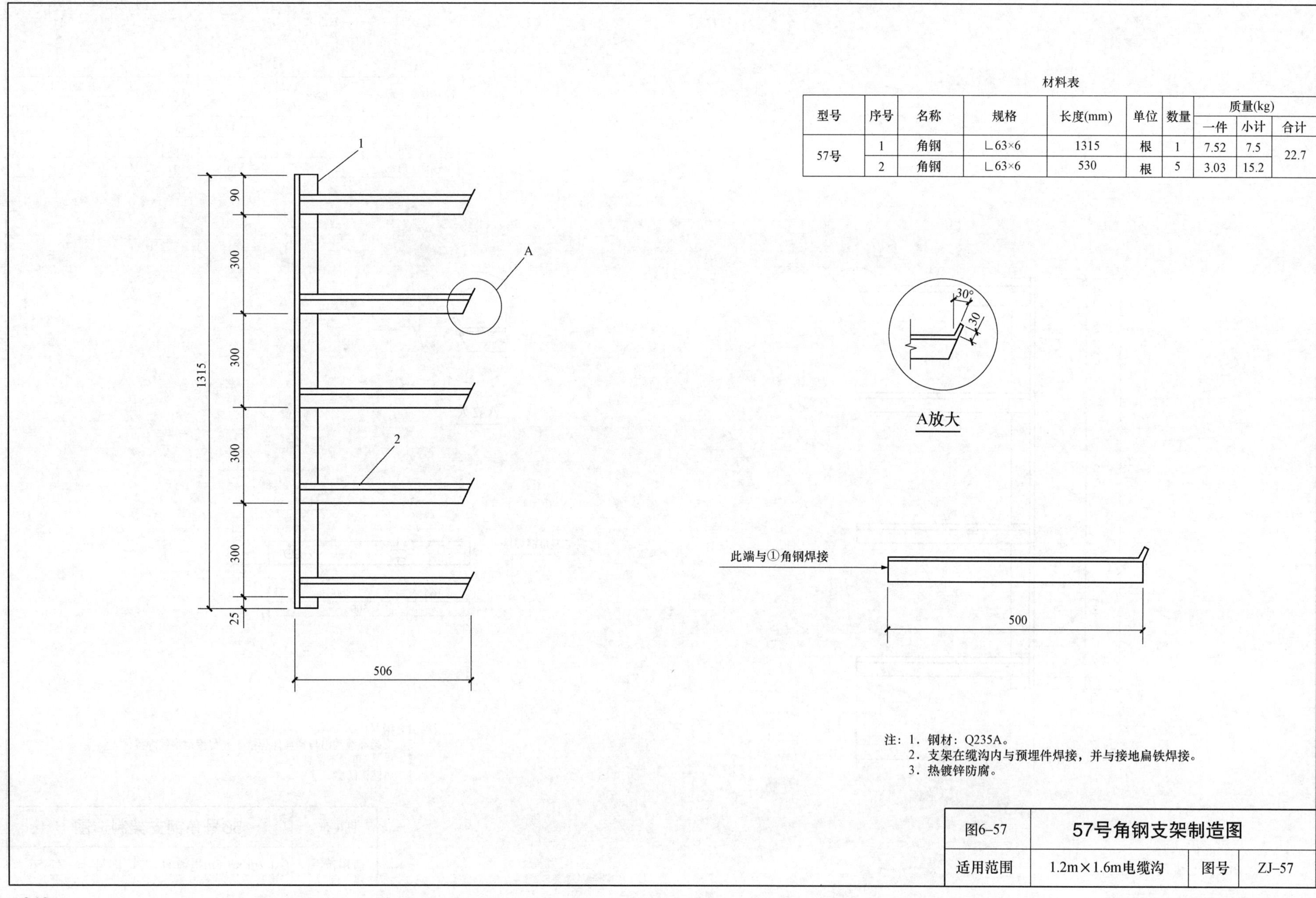

注：1．钢材：Q235A。
2．支架在缆沟内与预埋件焊接，并与接地扁铁焊接。
3．热镀锌防腐。

图6–57	57号角钢支架制造图		
适用范围	1.2m×1.6m电缆沟	图号	ZJ–57

材料表

型号	序号	名称	规格	长度(mm)	单位	数量	质量(kg)		
							一件	小计	合计
58号	1	角钢	∟70×7	1315	根	1	8.98	9.0	24.0
	2	角钢	∟70×7	530	根	1	3.91	3.9	
	3	角钢	∟70×7	500	根	3	3.70	11.1	

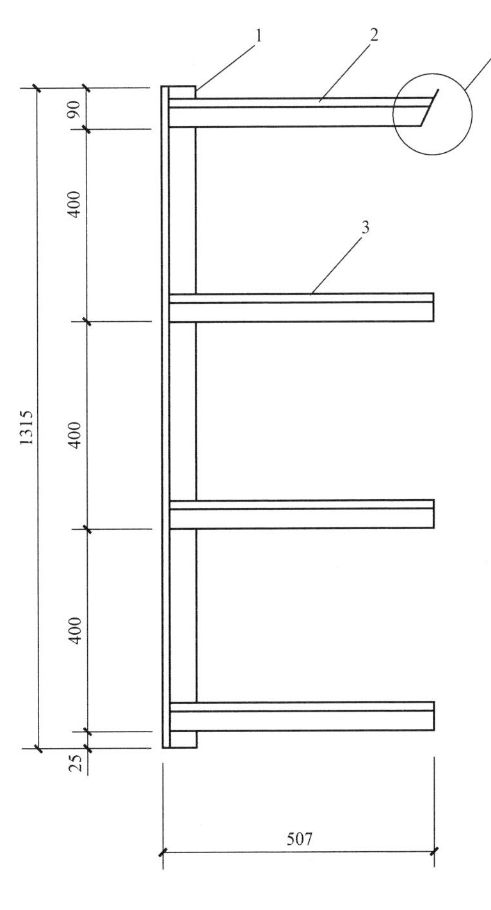

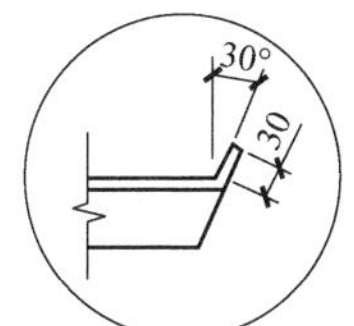

A放大

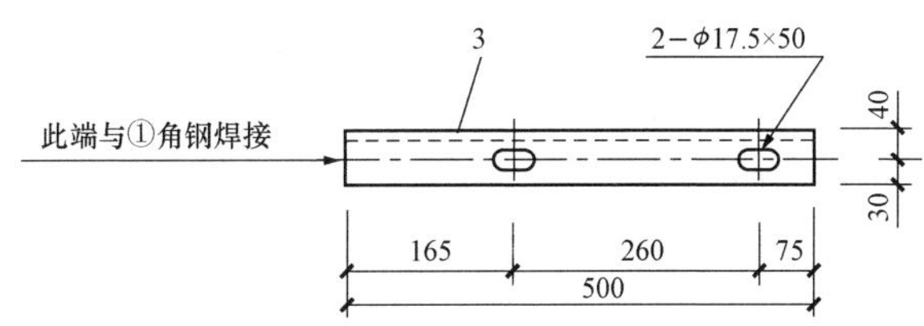

注：1．钢材：Q235A。
2．支架在缆沟内与预埋件焊接，并与接地扁铁焊接。
3．序号2角钢不需打孔。
4．热镀锌防腐。

图6–58	58号角钢支架制造图		
适用范围	1.2m×1.6m电缆沟	图号	ZJ–58

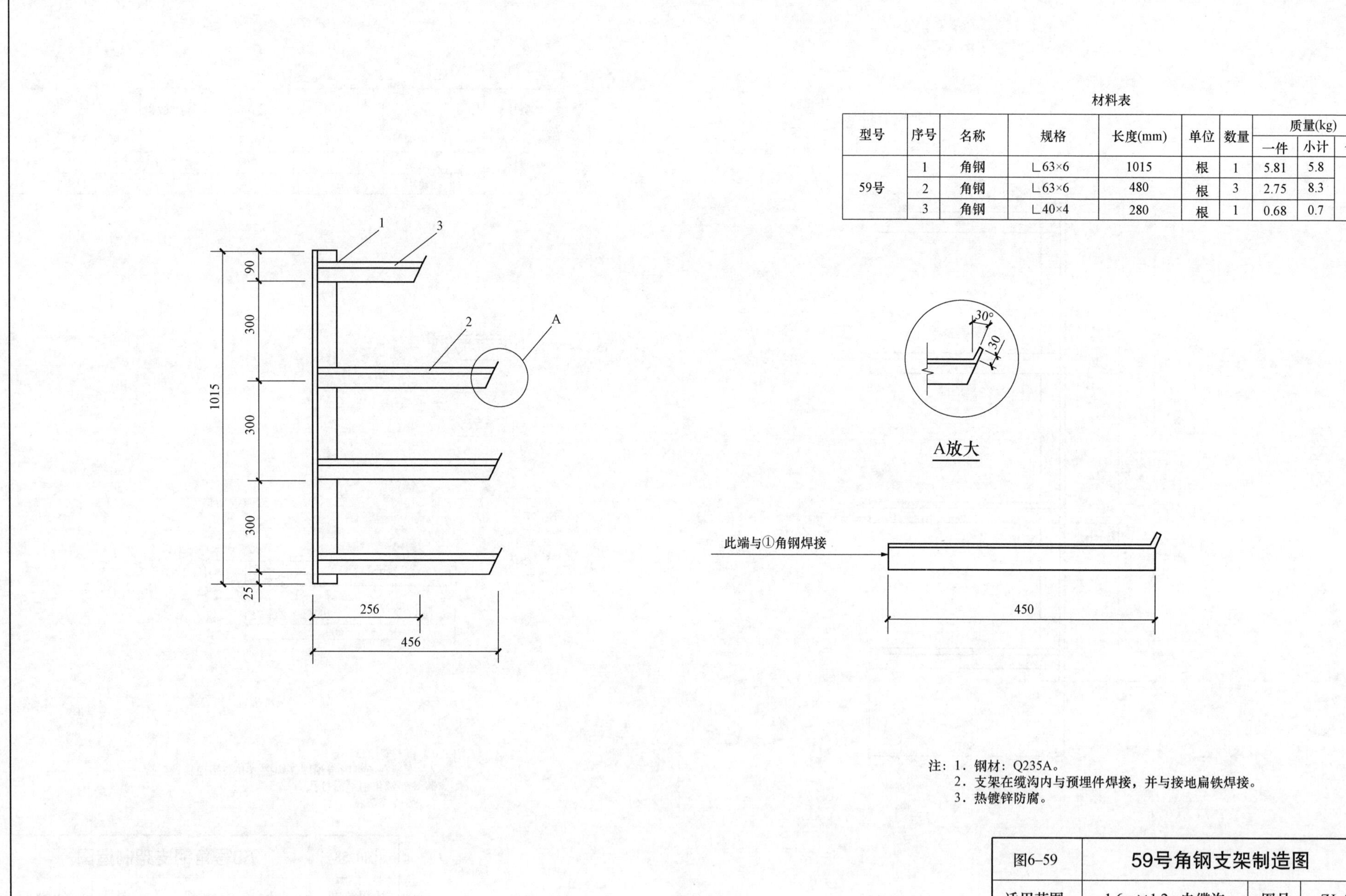

材料表

型号	序号	名称	规格	长度(mm)	单位	数量	质量(kg)		
							一件	小计	合计
59号	1	角钢	∟63×6	1015	根	1	5.81	5.8	14.8
	2	角钢	∟63×6	480	根	3	2.75	8.3	
	3	角钢	∟40×4	280	根	1	0.68	0.7	

注：1．钢材：Q235A。
2．支架在缆沟内与预埋件焊接，并与接地扁铁焊接。
3．热镀锌防腐。

图6–59	59号角钢支架制造图		
适用范围	1.6m×1.2m电缆沟	图号	ZJ–59

材料表

型号	序号	名称	规格	长度(mm)	单位	数量	质量(kg)		
							一件	小计	合计
60号	1	角钢	∟63×6	1115	根	1	6.37	6.4	15.2
	2	角钢	∟63×6	480	根	2	2.75	5.5	
	3	角钢	∟63×6	450	根	1	2.57	2.6	
	4	角钢	∟40×4	280	根	1	0.68	0.7	

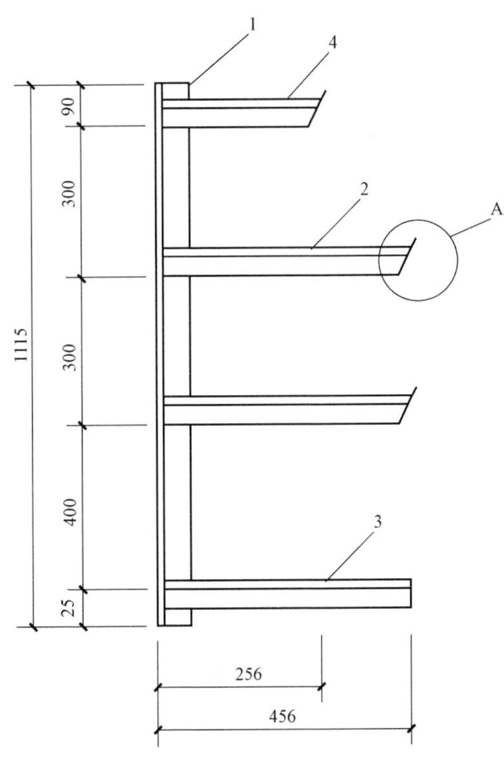

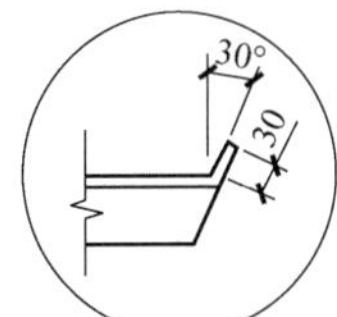

A放大

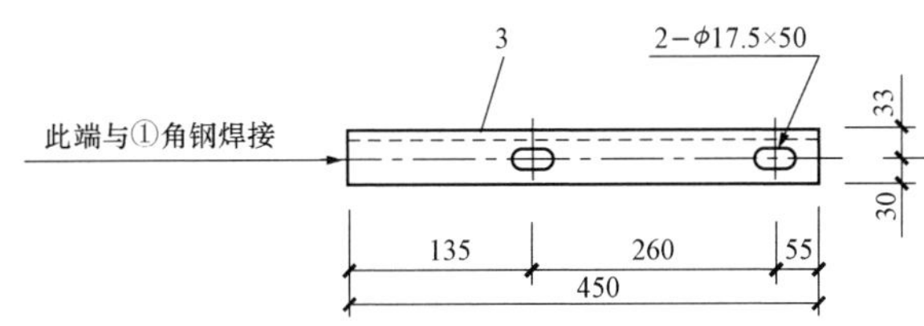

注：1．钢材：Q235A。
2．支架在缆沟内与预埋件焊接，并与接地扁铁焊接。
3．序号2、4角钢不需打孔。
4．热镀锌防腐。

图6–60	60号角钢支架制造图		
适用范围	1.6m×1.2m电缆沟	图号	ZJ–60

材料表

型号	序号	名称	规格	长度(mm)	单位	数量	质量(kg)		
							一件	小计	合计
61号	1	角钢	∟63×6	915	根	1	5.23	5.2	14.2
	2	角钢	∟63×6	480	根	3	2.75	8.3	
	3	角钢	∟40×4	280	根	1	0.68	0.7	

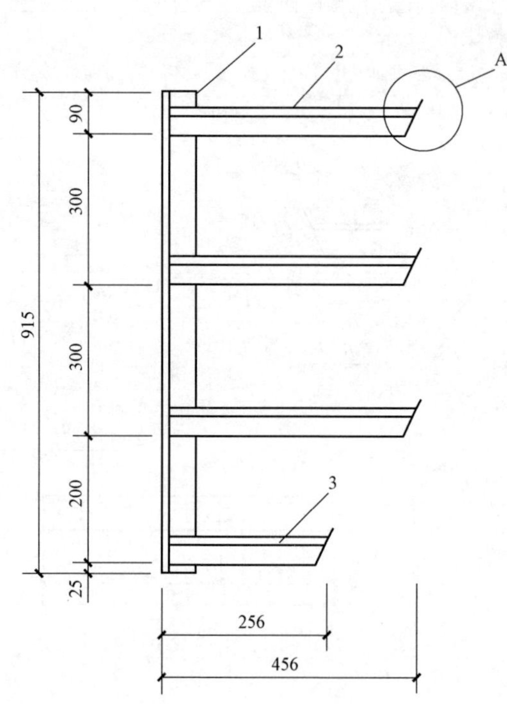

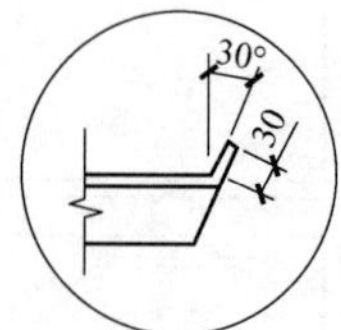

A放大

注：1. 钢材：Q235A。
2. 支架在缆沟内与预埋件焊接，并与接地扁铁焊接。
3. 序号2、3角钢不需打孔。
4. 热镀锌防腐。

图6-61	61号角钢支架制造图		
适用范围	1.6m×1.2m电缆沟	图号	ZJ-61

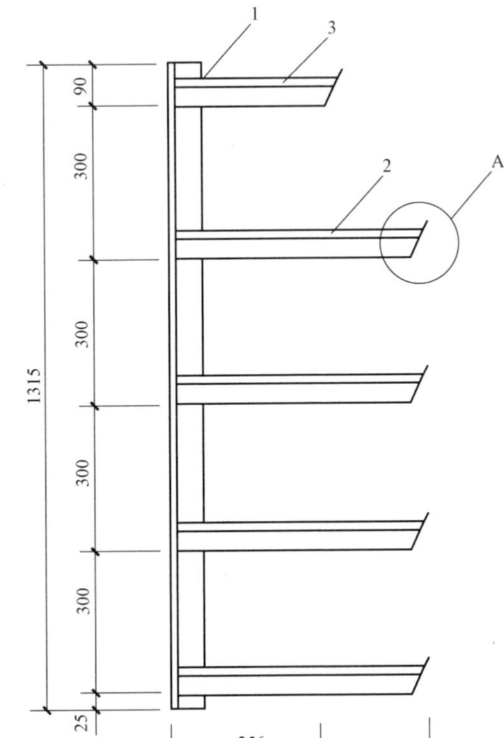

材料表

型号	序号	名称	规格	长度(mm)	单位	数量	质量(kg)		
							一件	小计	合计
62号	1	角钢	∟63×6	1315	根	1	7.52	7.5	19.2
	2	角钢	∟63×6	480	根	4	2.75	11.0	
	3	角钢	∟40×4	280	根	1	0.68	0.7	

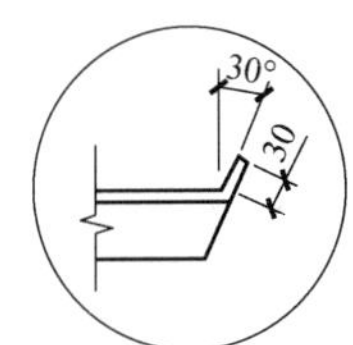

A放大

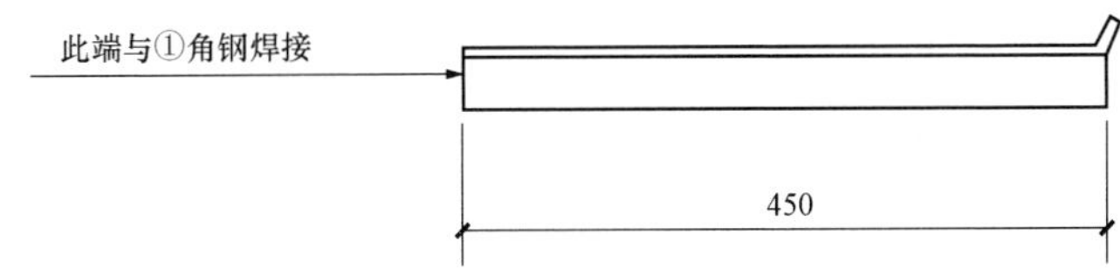

注：1．钢材：Q235A。
2．支架在缆沟内与预埋件焊接，并与接地扁铁焊接。
3．热镀锌防腐。

图6–62	62号角钢支架制造图		
适用范围	1.6m×1.5m电缆沟	图号	ZJ–62

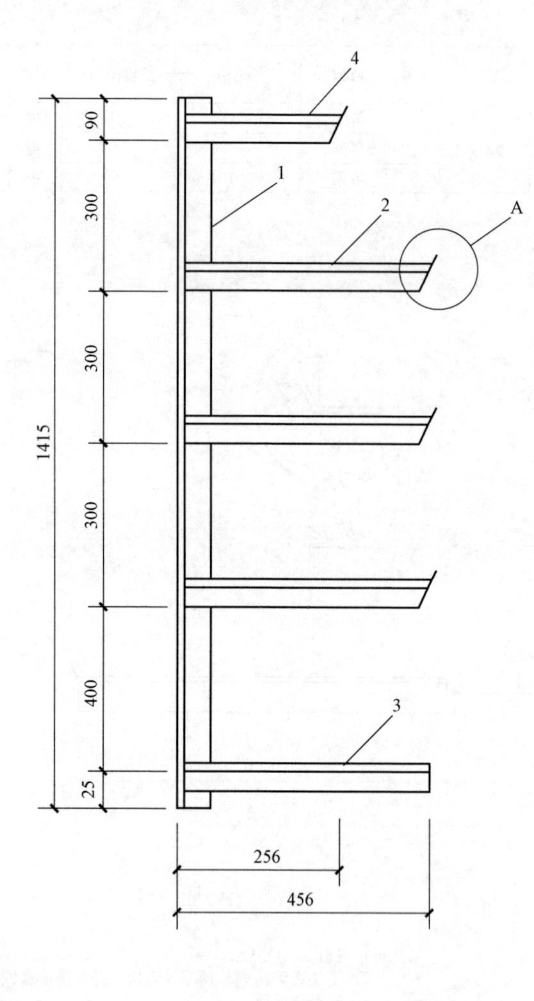

材料表

型号	序号	名称	规格	长度(mm)	单位	数量	质量(kg)		
							一件	小计	合计
63号	1	角钢	∟63×6	1415	根	1	8.09	8.1	19.6
	2	角钢	∟63×6	480	根	3	2.75	8.2	
	3	角钢	∟63×6	450	根	1	2.57	2.6	
	4	角钢	∟40×4	280	根	1	0.68	0.7	

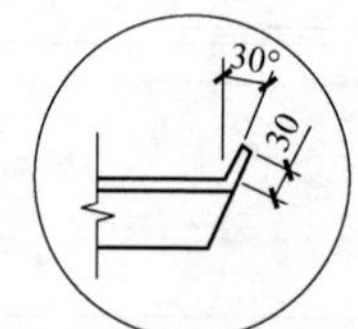

A放大

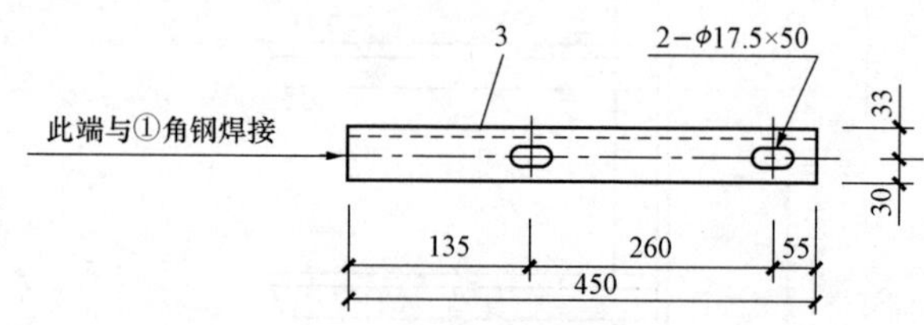

注：1．钢材：Q235A。
2．支架在缆沟内与预埋件焊接，并与接地扁铁焊接。
3．序号2、4角钢不需打孔。
4．热镀锌防腐。

图6–63	63号角钢支架制造图		
适用范围	1.6m×1.5m电缆沟	图号	ZJ–63

材料表

型号	序号	名称	规格	长度(mm)	单位	数量	质量(kg)		
							一件	小计	合计
64号	1	角钢	∟63×6	1395	根	1	7.89	8.0	21.6
	2	角钢	∟63×6	480	根	4	2.75	1.10	
	3	角钢	∟63×6	450	根	1	2.57	2.6	

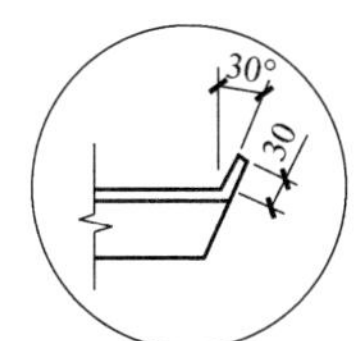

A放大

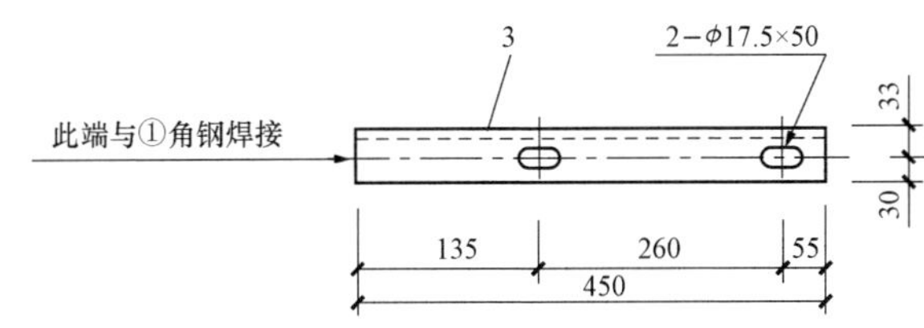

注：1．钢材：Q235A。
2．支架在缆沟内与预埋件焊接，并与接地扁铁焊接。
3．序号2角钢不需打孔。
4．热镀锌防腐。

图6-64	64号角钢支架制造图		
适用范围	1.6m×1.5m电缆沟	图号	ZJ-64

材料表

型号	序号	名称	规格	长度(mm)	单位	数量	质量(kg) 一件	小计	合计
65号	1	角钢	∟70×7	1235	根	1	7.06	7.1	20.7
	2	角钢	∟70×7	480	根	1	3.55	3.6	
	3	角钢	∟70×7	450	根	3	3.33	10.0	

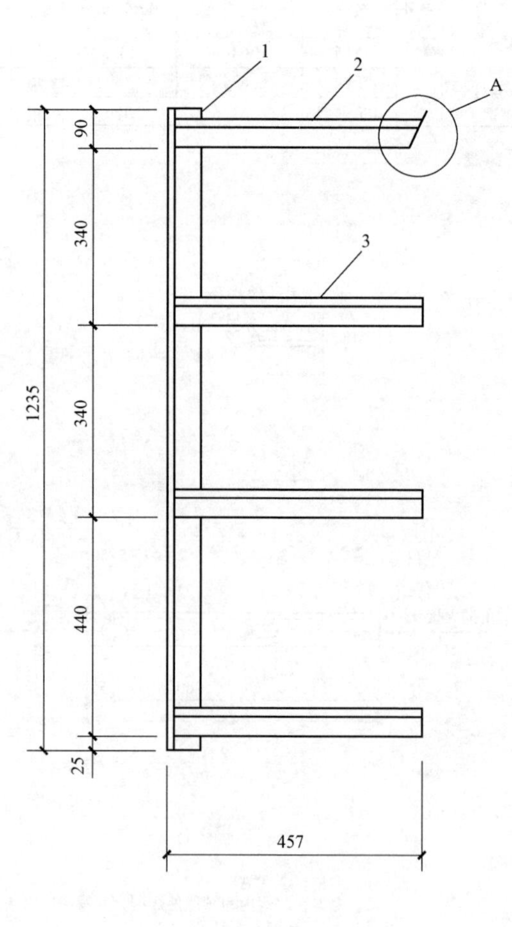

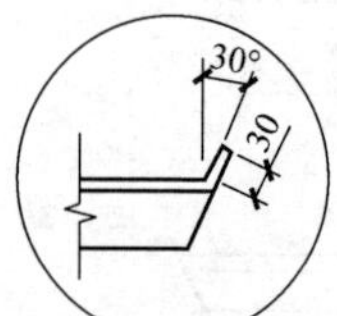

A放大

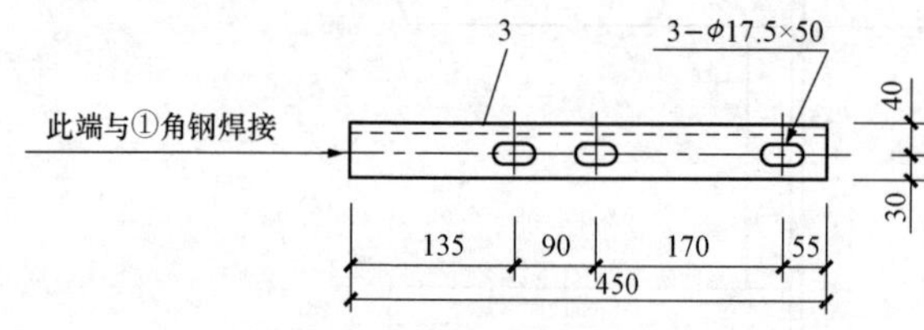

注：1．钢材：Q235A。
2．支架在缆沟内与预埋件焊接，并与接地扁铁焊接。
3．序号2角钢不需打孔。
4．热镀锌防腐。

图6−65	65号角钢支架制造图		
适用范围	1.6m×1.5m电缆沟	图号	ZJ−65

材料表

型号	序号	名称	规格	长度(mm)	单位	数量	质量(kg)		
							一件	小计	合计
66号	1	角钢	∟70×7	1215	根	1	8.99	9.0	26.8
	2	角钢	∟70×7	450	根	5	3.55	17.8	

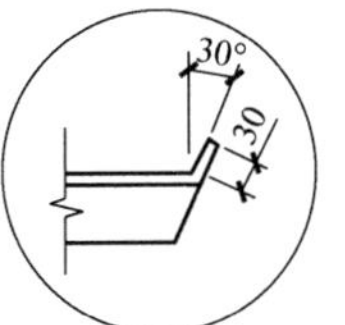

A放大

注：1．钢材：Q235A。
　　2．支架在缆沟内与预埋件焊接，并与接地扁铁焊接。
　　3．热镀锌防腐。

图6–66	66号角钢支架制造图		
适用范围	1.6m×1.5m电缆沟	图号	ZJ–66

材料表

型号	序号	名称	规格	长度(mm)	单位	数量	质量(kg)		
							一件	小计	合计
67号	1	角钢	∟70×7	1595	根	1	11.8	11.8	31.4
	2	角钢	∟70×7	530	根	5	3.92	19.6	

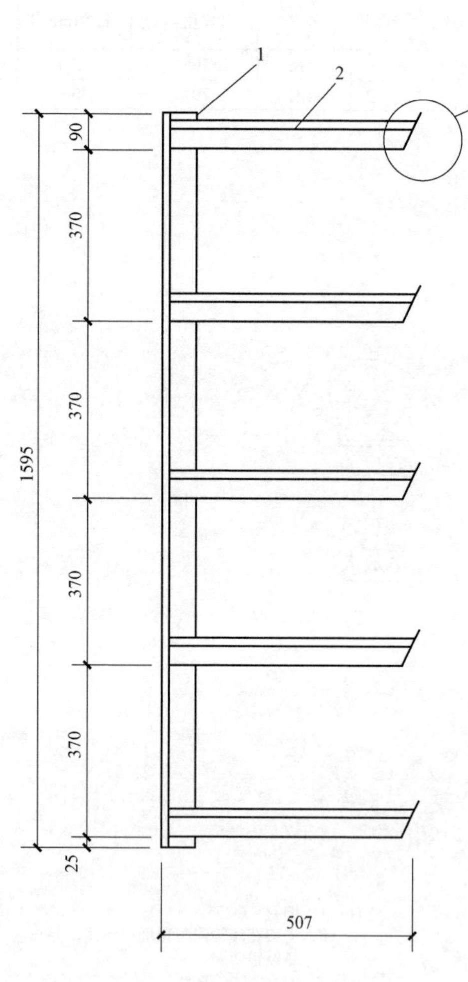

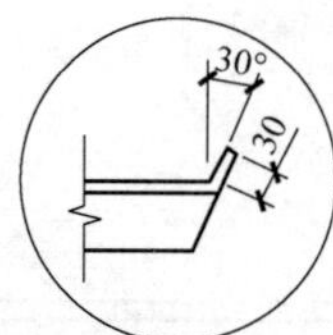

A放大

注：1. 钢材：Q235A。
2. 支架在人孔井或电缆裕沟内与预埋件焊接，并与接地扁铁及接地装置焊接。
3. 热镀锌防腐。

图6–67	67号角钢支架制造图		
适用范围	工作井或电缆裕沟	图号	ZJ–67

材料表

型号	序号	名称	规格	长度(mm)	单位	数量	质量(kg) 一件	小计	合计
68号	1	角钢	∟70×7	1920	根	1	14.20	14.2	43.5
	2	角钢	∟70×7	730	根	2	5.40	10.8	
	3	角钢	∟70×7	730	根	3	5.40	16.2	
	4	角钢	∟40×4	330	根	1	0.79	0.8	
	5	扁钢	−70×6	150	块	5	0.25	1.3	

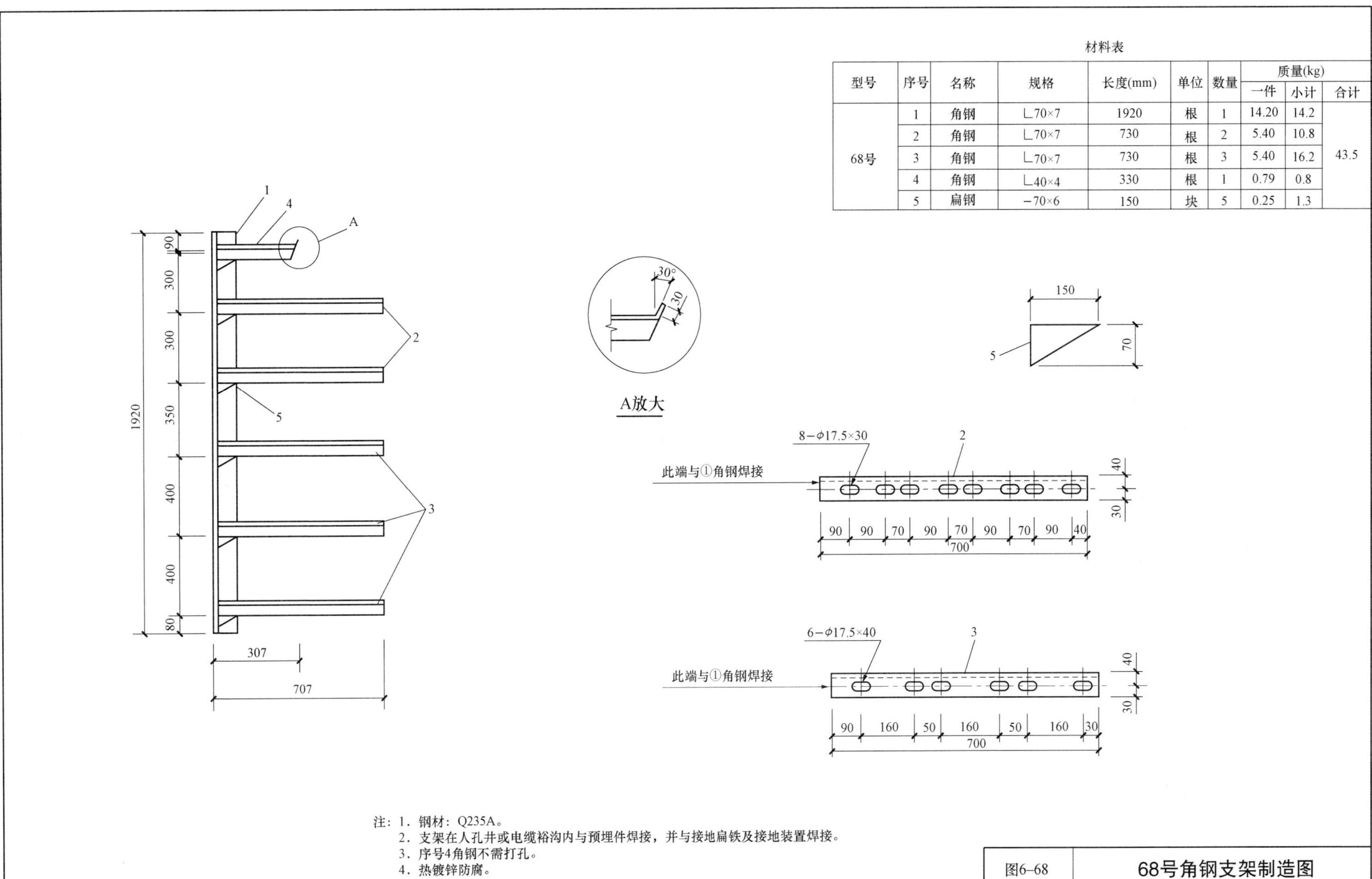

注：1．钢材：Q235A。
2．支架在人孔井或电缆裕沟内与预埋件焊接，并与接地扁铁及接地装置焊接。
3．序号4角钢不需打孔。
4．热镀锌防腐。

图6−68	68号角钢支架制造图		
适用范围	工作井或电缆裕沟	图号	ZJ−68

材料表

型号	序号	名称	规格	长度(mm)	单位	数量	质量(kg)		
							一件	小计	合计
69号	1	角钢	∟70×7	2220	根	1	16.42	16.4	51.1
	2	角钢	∟70×7	730	根	6	5.40	32.4	
	3	角钢	∟40×4	330	根	1	0.79	0.8	
	4	扁钢	−70×6	150	块	6	0.25	1.5	

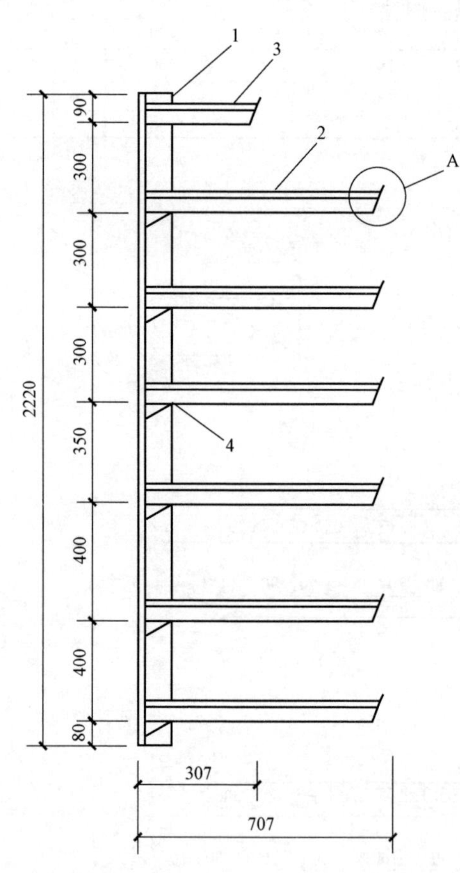

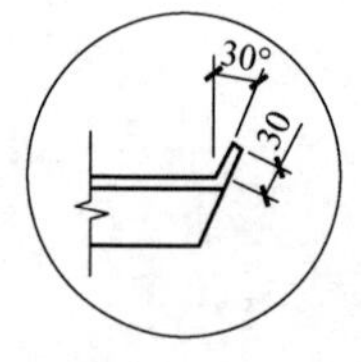

A放大

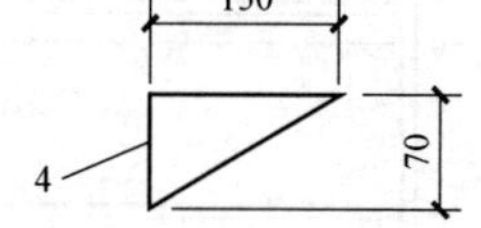

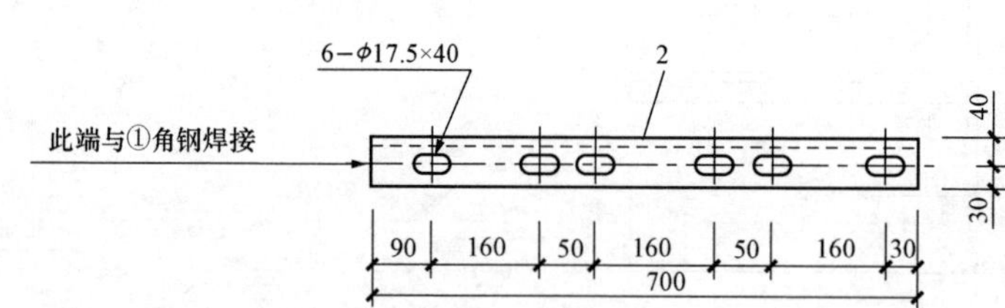

注：1．钢材：Q235A。
2．支架在人孔井或电缆裕沟内与预埋件焊接，并与接地扁铁及接地装置焊接。
3．序号3角钢不需打孔。
4．热镀锌防腐。

图6–69	69号角钢支架制造图		
适用范围	工作井或电缆裕沟	图号	ZJ–69

材料表

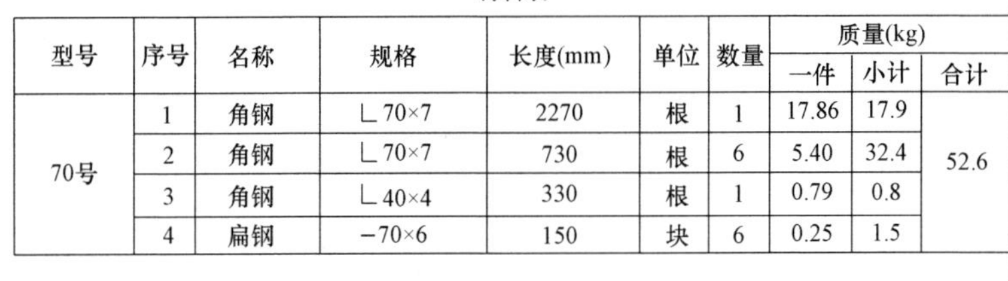

型号	序号	名称	规格	长度(mm)	单位	数量	质量(kg)		
							一件	小计	合计
70号	1	角钢	∟70×7	2270	根	1	17.86	17.9	52.6
	2	角钢	∟70×7	730	根	6	5.40	32.4	
	3	角钢	∟40×4	330	根	1	0.79	0.8	
	4	扁钢	−70×6	150	块	6	0.25	1.5	

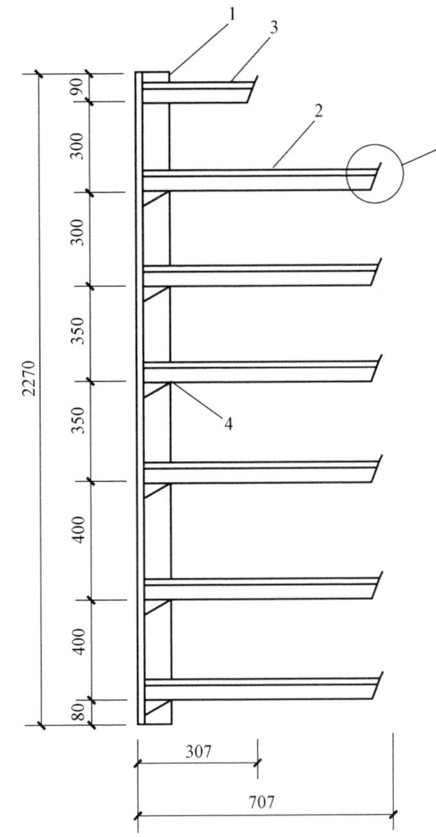

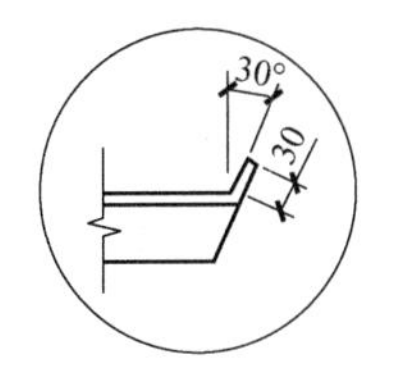

A放大

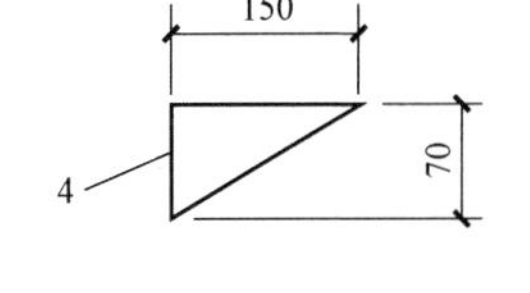

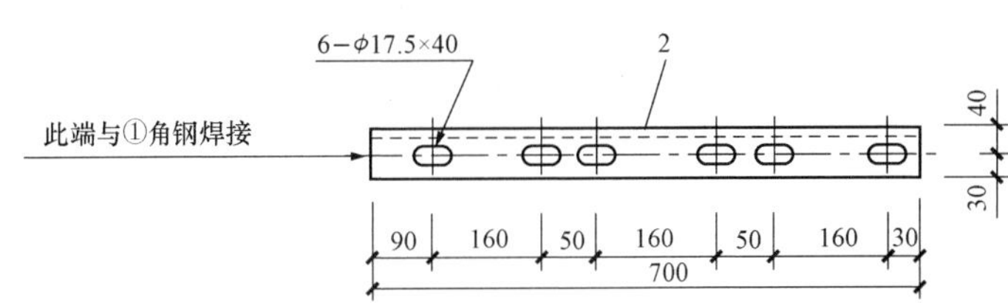

注：1．钢材：Q235A。
2．支架在人孔井或电缆裕沟内与预埋件焊接，并与接地扁铁及接地装置焊接。
3．序号3角钢不需打孔。
4．热镀锌防腐。

图6–70	70号角钢支架制造图		
适用范围	工作井或电缆裕沟	图号	ZJ–70

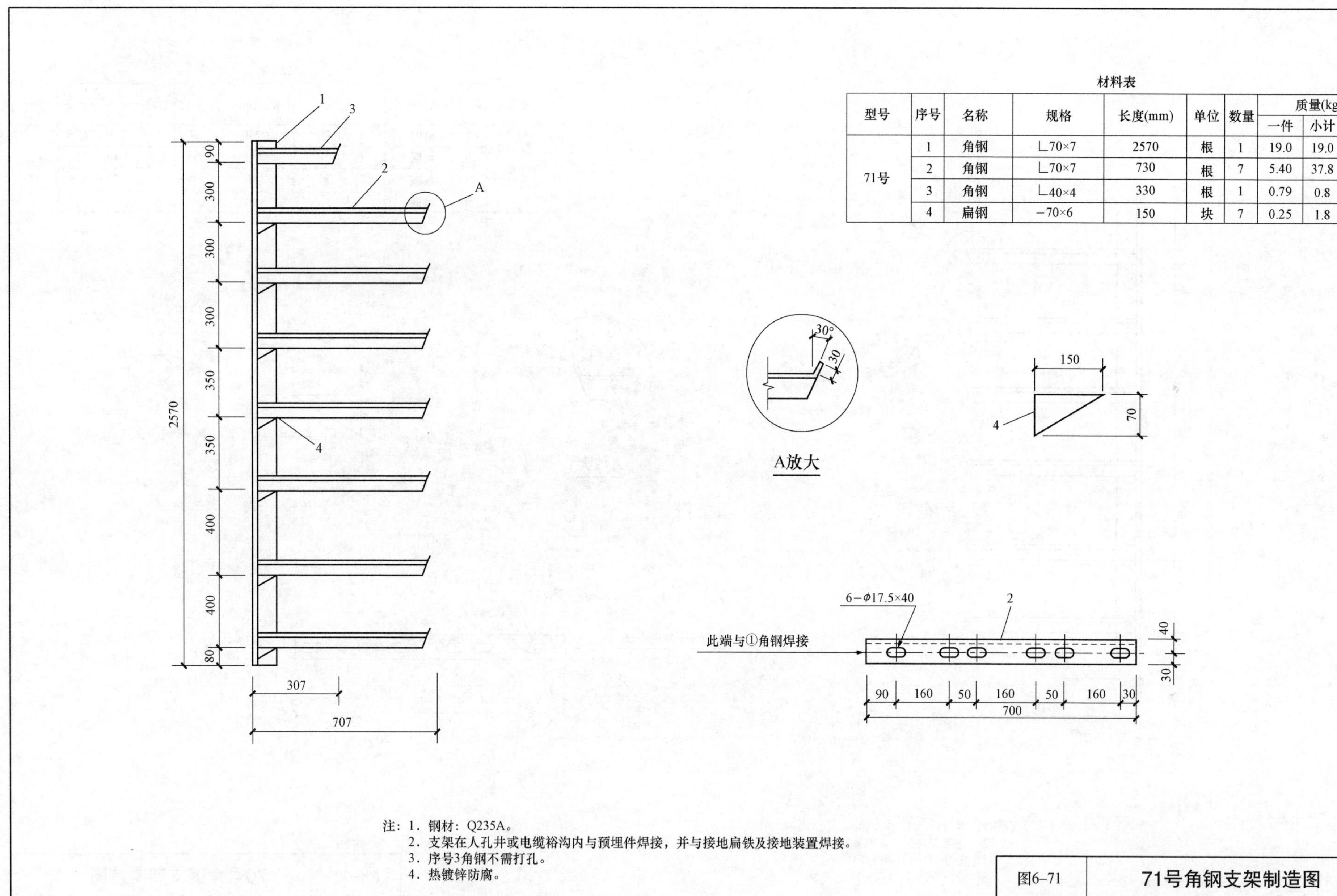

材料表

型号	序号	名称	规格	长度(mm)	单位	数量	质量(kg)		
							一件	小计	合计
71号	1	角钢	∟70×7	2570	根	1	19.0	19.0	59.4
	2	角钢	∟70×7	730	根	7	5.40	37.8	
	3	角钢	∟40×4	330	根	1	0.79	0.8	
	4	扁钢	−70×6	150	块	7	0.25	1.8	

注：1．钢材：Q235A。
2．支架在人孔井或电缆裕沟内与预埋件焊接，并与接地扁铁及接地装置焊接。
3．序号3角钢不需打孔。
4．热镀锌防腐。

图6−71	71号角钢支架制造图		
适用范围	工作井或电缆裕沟	图号	ZJ−71

第六章

部件制作及施工

第二节　平板型玻璃钢支架

图 6-72　平板型玻璃钢支架制造图（1）（1.8m×2.0m 电缆隧道）…… PZJ-01

图 6-73　平板型玻璃钢支架制造图（2）（2.2m×2.5m 电缆隧道）…… PZJ-02

图 6-74　平板型玻璃钢支架制造图（3）（2.2m×2.5m 电缆隧道）…… PZJ-03

图 6-75　平板型玻璃钢支架制造图（4）（2.2m×2.5m 电缆隧道）…… PZJ-04

图 6-76　平板型玻璃钢支架制造图（5）（2.5m×3.0m 电缆隧道）…… PZJ-05

图 6-77　平板型玻璃钢支架制造图（6）（2.5m×3.0m 电缆隧道）…… PZJ-06

图 6-78　平板型玻璃钢支架制造图（7）（2.5m×3.0m 电缆隧道）…… PZJ-07

图 6-79　平板型玻璃钢支架制造图（8）（2.5m×3.0m 电缆隧道）…… PZJ-08

图 6-80　平板型玻璃钢支架制造图（9）（1.2m×1.5m 电缆沟）…… PZJ-09

图 6-81　平板型玻璃钢支架制造图（10）（1.2m×1.5m 电缆沟）…… PZJ-10

图 6-82　平板型玻璃钢支架制造图（11）（1.2m×1.5m 电缆沟）…… PZJ-11

图 6-83　平板型玻璃钢支架制造图（12）（1.3m×1.4m 电缆沟）…… PZJ-12

图 6-84　平板型玻璃钢支架制造图（13）（1.3m×1.5m 电缆沟）…… PZJ-13

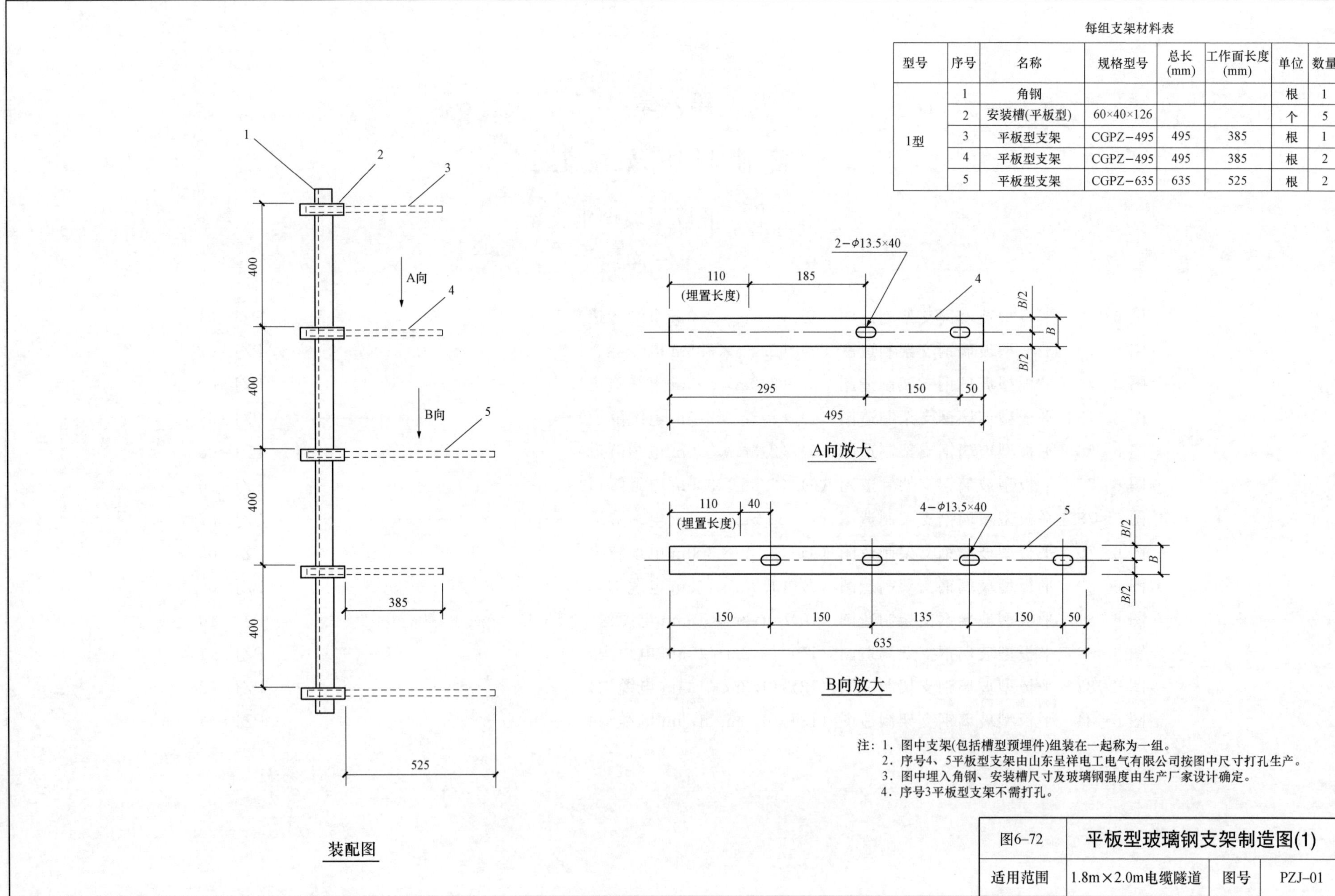

每组支架材料表

型号	序号	名称	规格型号	总长(mm)	工作面长度(mm)	单位	数量
1型	1	角钢				根	1
	2	安装槽(平板型)	60×40×126			个	5
	3	平板型支架	CGPZ−495	495	385	根	1
	4	平板型支架	CGPZ−495	495	385	根	2
	5	平板型支架	CGPZ−635	635	525	根	2

注：1．图中支架(包括槽型预埋件)组装在一起称为一组。
2．序号4、5平板型支架由山东呈祥电工电气有限公司按图中尺寸打孔生产。
3．图中埋入角钢、安装槽尺寸及玻璃钢强度由生产厂家设计确定。
4．序号3平板型支架不需打孔。

图6−72	平板型玻璃钢支架制造图(1)		
适用范围	1.8m×2.0m电缆隧道	图号	PZJ−01

每组支架材料表

型号	序号	名称	规格型号	总长(mm)	工作面长度(mm)	单位	数量
2型	1	角钢				根	1
	2	安装槽(承插式)	60×80×126			个	3
	3	安装槽(平板型)	60×40×126			个	5
	4	承插式支架	CGCZ-3/600	600	490	个	3
	5	平板型支架	CGPZ-535	535	425	根	1
	6	平板型支架	CGPZ-535	535	425	根	2
	7	平板型支架	CGPZ-710	710	600	根	2

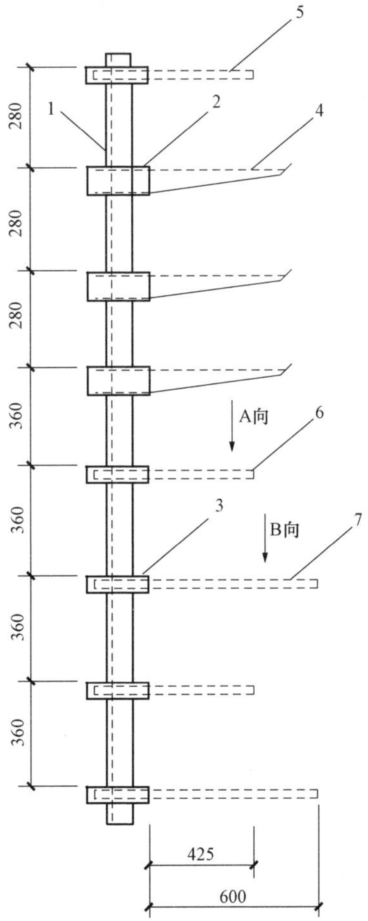

装配图

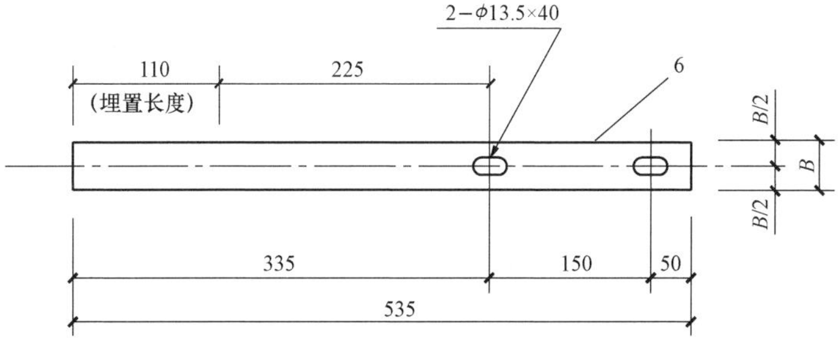

A向放大

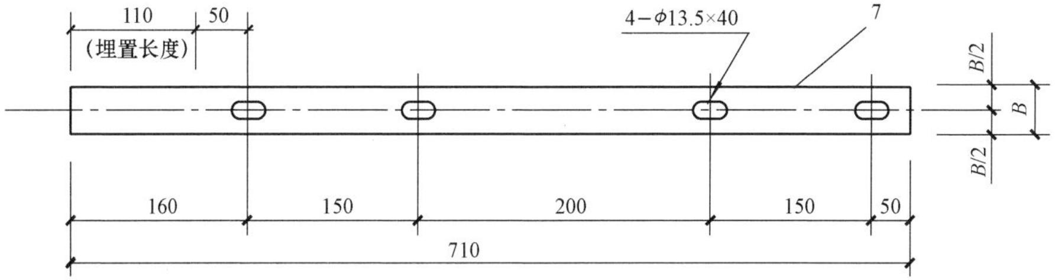

B向放大

注：1. 图中支架(包括槽型预埋件)组装在一起称为一组。
2. 序号6、7平板型支架由山东呈祥电工电气有限公司按图中尺寸打孔生产。
3. 图中埋入角钢、安装槽尺寸及玻璃钢强度由生产厂家设计确定。
4. 序号5平板型支架不需打孔。

图6-73	平板型玻璃钢支架制造图(2)		
适用范围	2.2m×2.5m电缆隧道	图号	PZJ-02

每组支架材料表

型号	序号	名称	规格型号	总长(mm)	工作面长度(mm)	单位	数量
3型	1	角钢				根	1
	2	安装槽(平板型)	60×40×126			个	7
	3	平板型支架	CGPZ−535	535	425	根	1
	4	平板型支架	CGPZ−535	535	425	根	3
	5	平板型支架	CGPZ−710	710	600	根	3

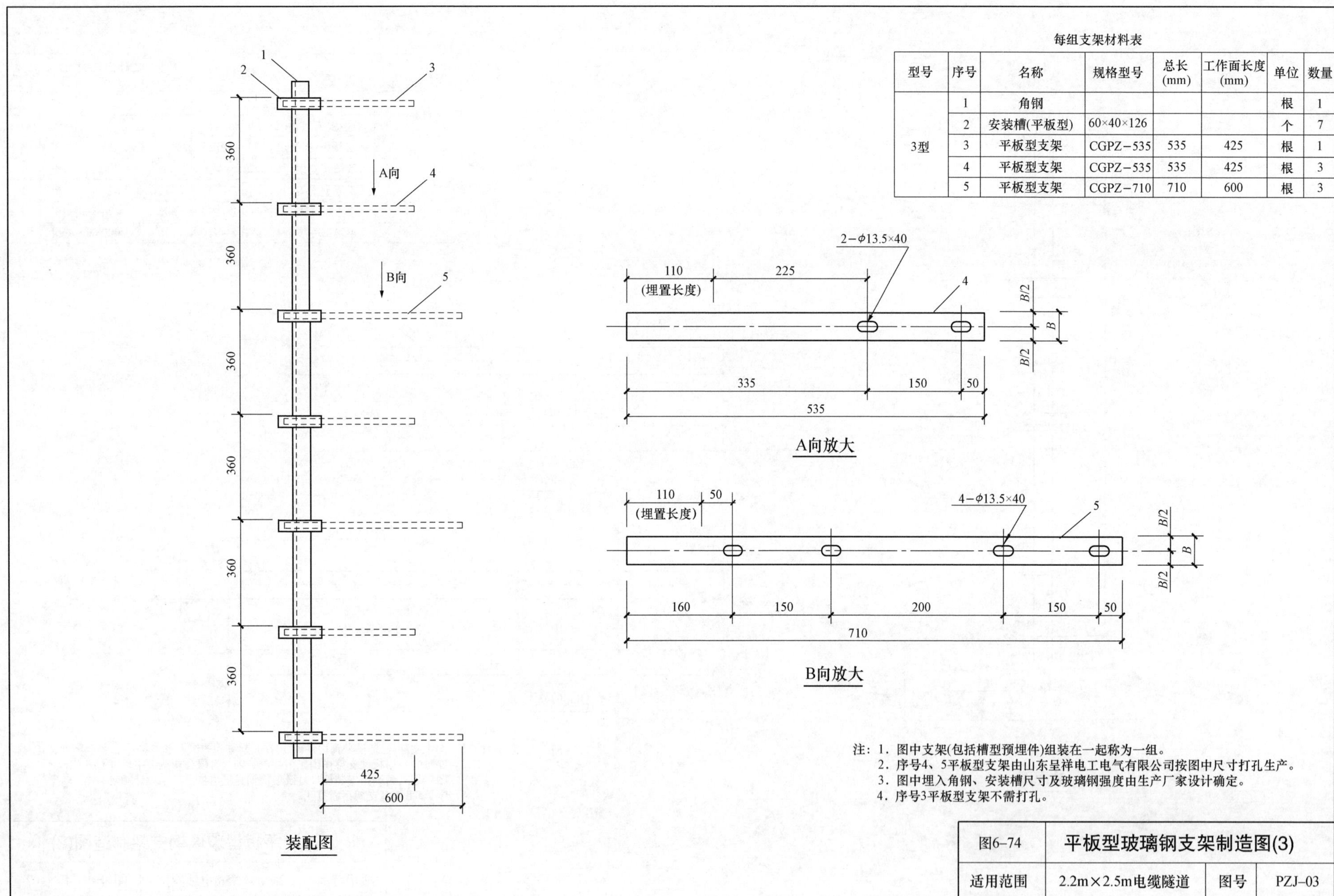

注：1. 图中支架(包括槽型预埋件)组装在一起称为一组。
2. 序号4、5平板型支架由山东呈祥电工电气有限公司按图中尺寸打孔生产。
3. 图中埋入角钢、安装槽尺寸及玻璃钢强度由生产厂家设计确定。
4. 序号3平板型支架不需打孔。

图6−74	平板型玻璃钢支架制造图(3)		
适用范围	2.2m×2.5m电缆隧道	图号	PZJ−03

每组支架材料表

型号	序号	名称	规格型号	总长(mm)	工作面长度(mm)	单位	数量
4型	1	角钢				根	1
	2	安装槽(平板型)	60×40×126			个	7
	3	平板型支架	CGPZ－820	820	710	根	1
	4	平板型支架	CGPZ－820	820	710	根	6

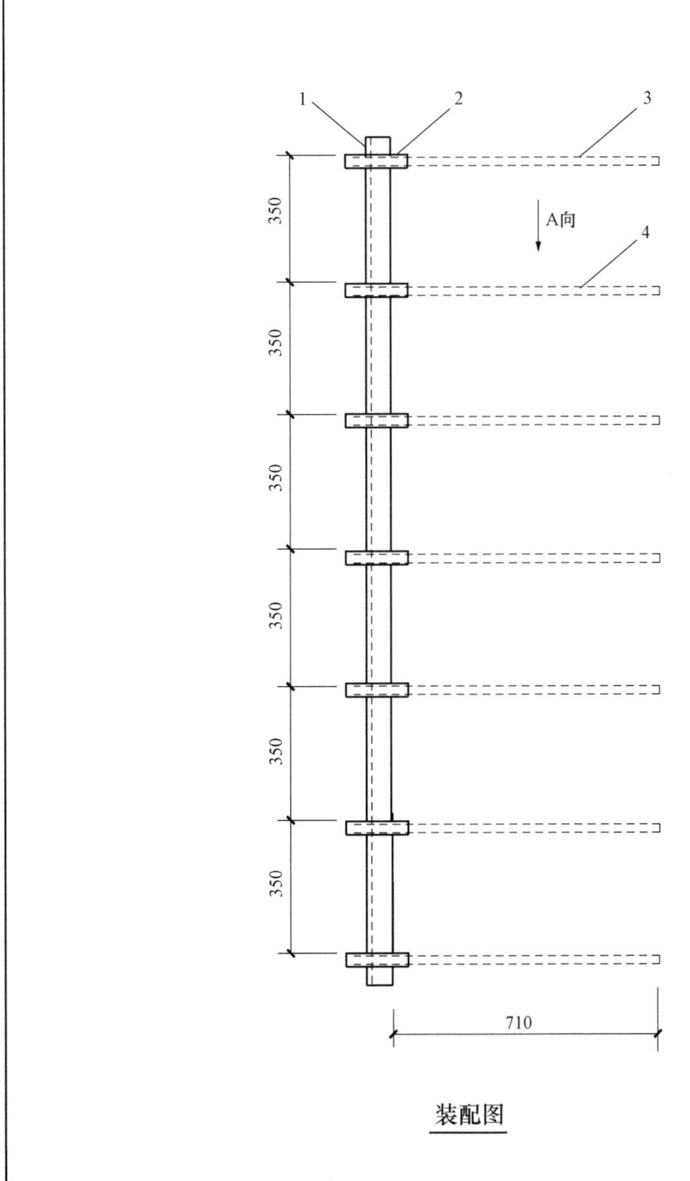

装配图

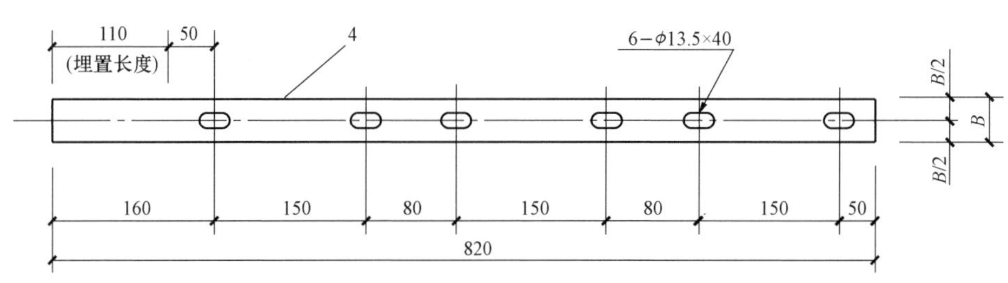

A向放大

注：1．图中支架(包括槽型预埋件)组装在一起称为一组。
2．该平板型支架由山东呈祥电工电气有限公司按图中尺寸打孔生产。
3．图中埋入角钢、安装槽尺寸及玻璃钢强度由生产厂家设计确定。
4．序号3平板型支架不需打孔。

图6-75	平板型玻璃钢支架制造图(4)		
适用范围	2.2m×2.5m电缆隧道	图号	PZJ-04

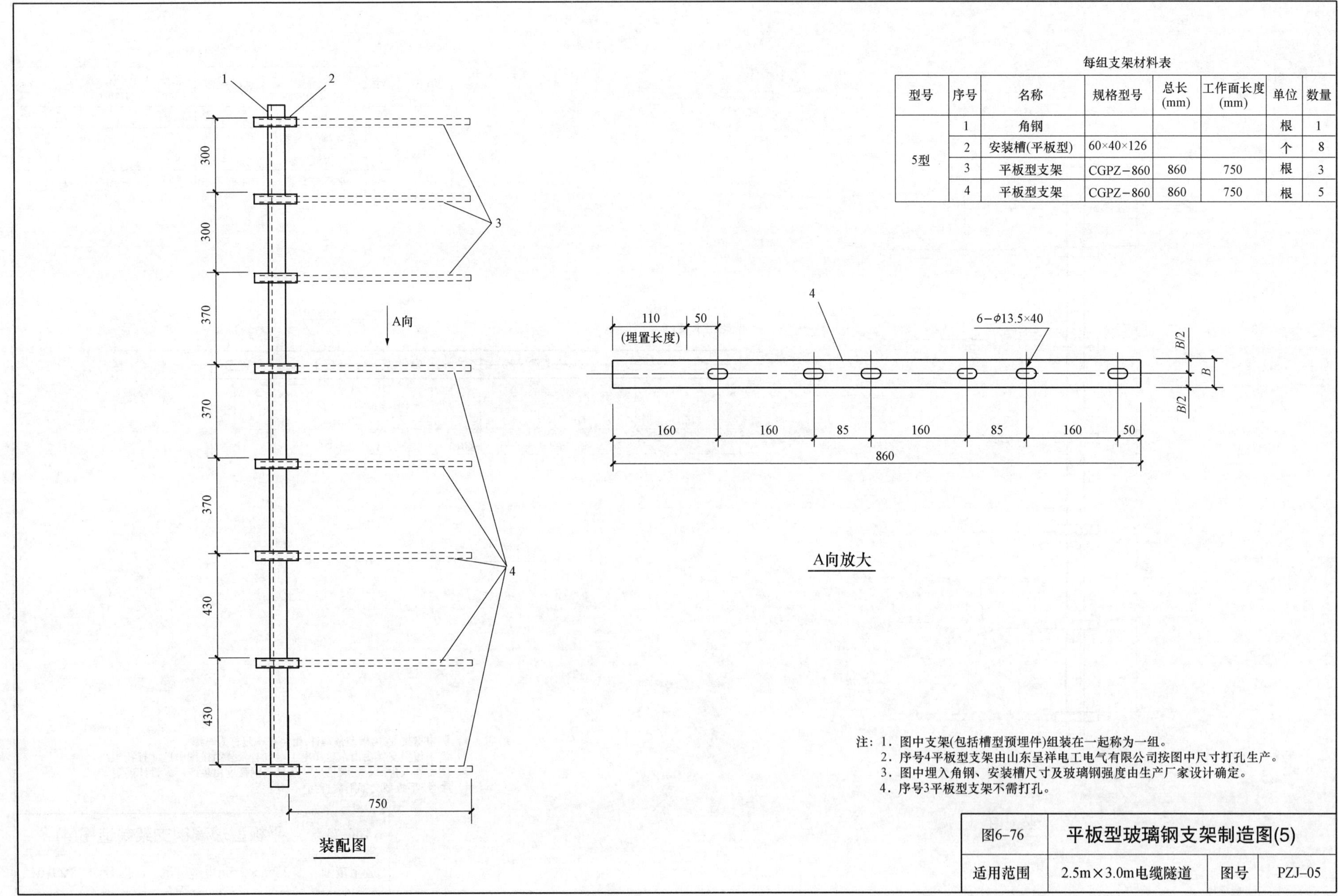

每组支架材料表

型号	序号	名称	规格型号	总长(mm)	工作面长度(mm)	单位	数量
5型	1	角钢				根	1
	2	安装槽(平板型)	60×40×126			个	8
	3	平板型支架	CGPZ−860	860	750	根	3
	4	平板型支架	CGPZ−860	860	750	根	5

注：1．图中支架(包括槽型预埋件)组装在一起称为一组。
2．序号4平板型支架由山东呈祥电工电气有限公司按图中尺寸打孔生产。
3．图中埋入角钢、安装槽尺寸及玻璃钢强度由生产厂家设计确定。
4．序号3平板型支架不需打孔。

图6−76	平板型玻璃钢支架制造图(5)		
适用范围	2.5m×3.0m电缆隧道	图号	PZJ−05

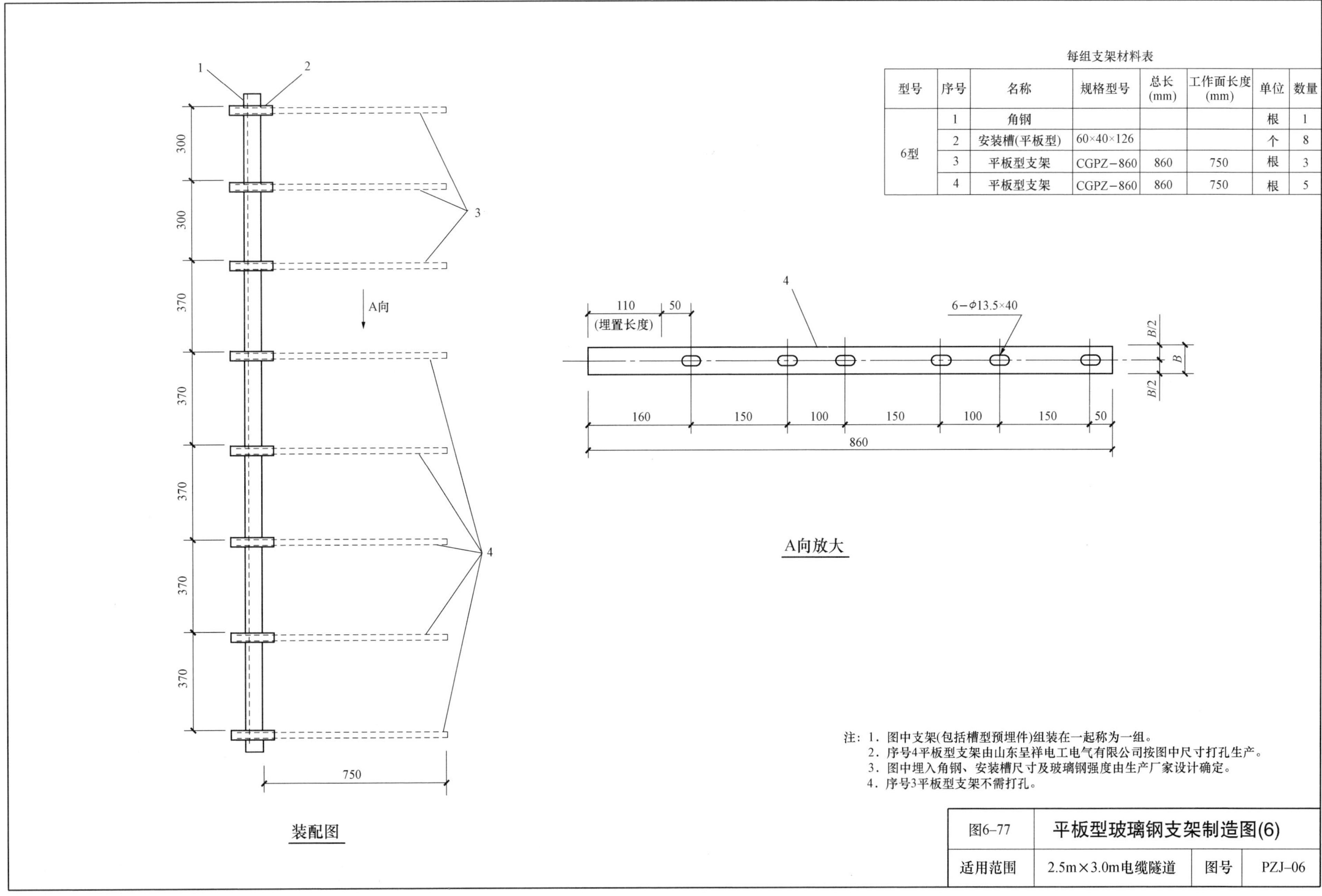

每组支架材料表

型号	序号	名称	规格型号	总长(mm)	工作面长度(mm)	单位	数量
6型	1	角钢				根	1
	2	安装槽(平板型)	60×40×126			个	8
	3	平板型支架	CGPZ－860	860	750	根	3
	4	平板型支架	CGPZ－860	860	750	根	5

注：1．图中支架(包括槽型预埋件)组装在一起称为一组。
2．序号4平板型支架由山东呈祥电工电气有限公司按图中尺寸打孔生产。
3．图中埋入角钢、安装槽尺寸及玻璃钢强度由生产厂家设计确定。
4．序号3平板型支架不需打孔。

图6–77	平板型玻璃钢支架制造图(6)		
适用范围	2.5m×3.0m电缆隧道	图号	PZJ–06

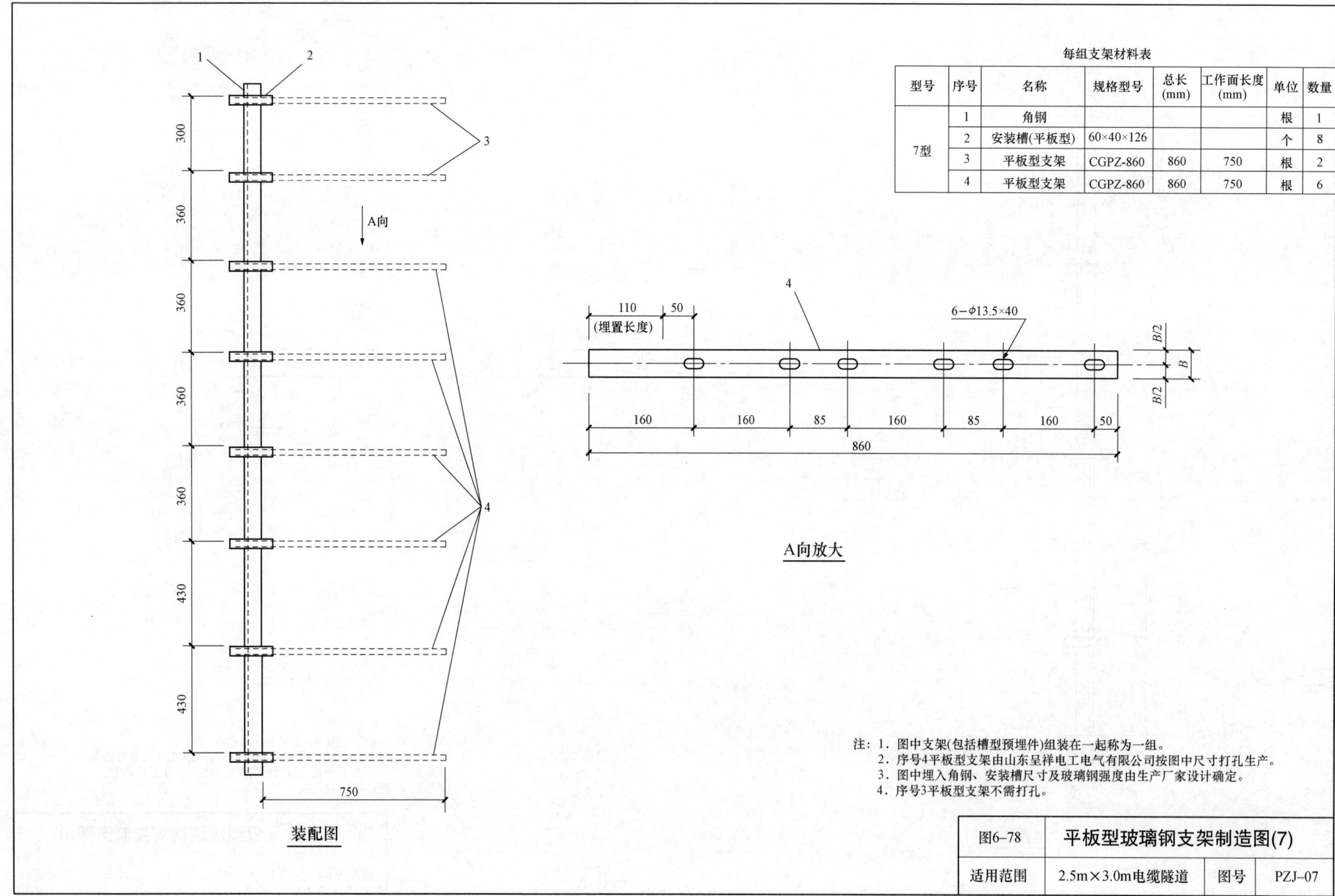

每组支架材料表

型号	序号	名称	规格型号	总长(mm)	工作面长度(mm)	单位	数量
7型	1	角钢				根	1
	2	安装槽(平板型)	60×40×126			个	8
	3	平板型支架	CGPZ-860	860	750	根	2
	4	平板型支架	CGPZ-860	860	750	根	6

注：1．图中支架(包括槽型预埋件)组装在一起称为一组。
2．序号4平板型支架由山东呈祥电工电气有限公司按图中尺寸打孔生产。
3．图中埋入角钢、安装槽尺寸及玻璃钢强度由生产厂家设计确定。
4．序号3平板型支架不需打孔。

图6-78	平板型玻璃钢支架制造图(7)		
适用范围	2.5m×3.0m电缆隧道	图号	PZJ-07

每组支架材料表

型号	序号	名称	规格型号	总长(mm)	工作面长度(mm)	单位	数量
8型	1	角钢				根	1
	2	安装槽(平板型)	60×40×126			个	8
	3	平板型支架	CGPZ－860	860	750	根	3
	4	平板型支架	CGPZ－860	860	750	根	5

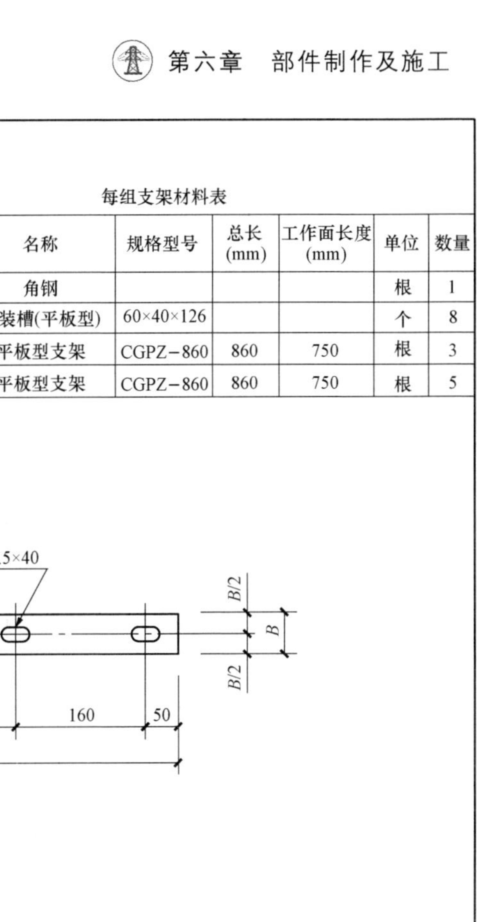

装配图

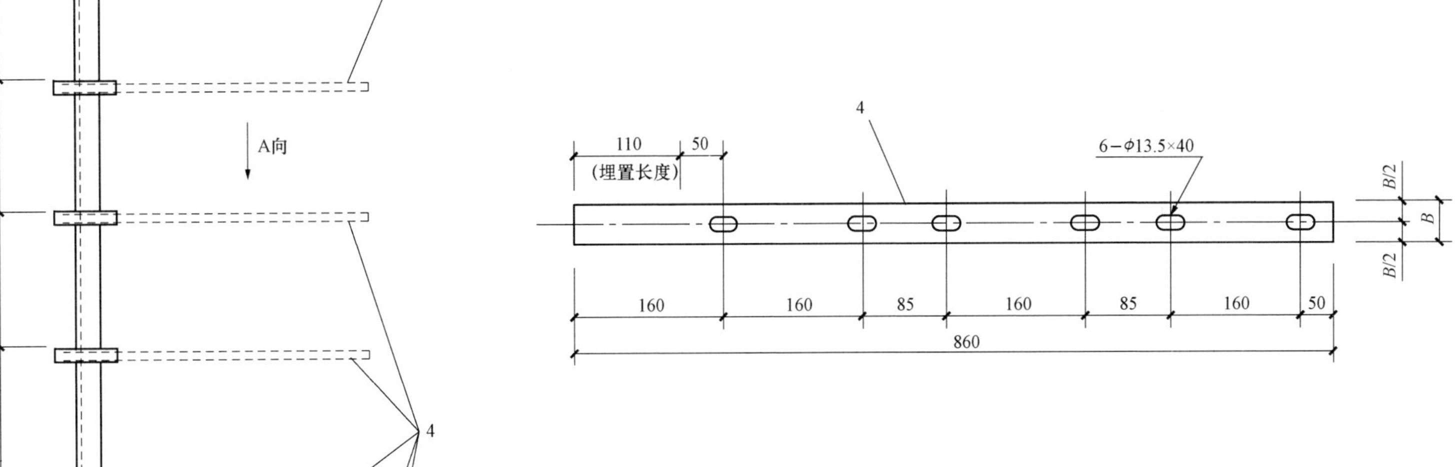

A向放大

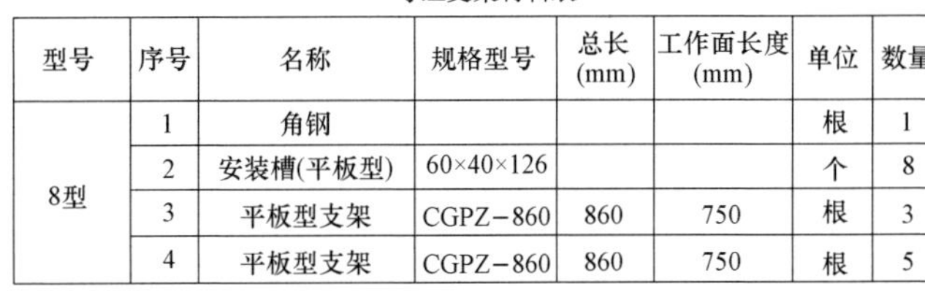

注：1．图中支架(包括槽型预埋件)组装在一起称为一组。
2．序号4平板型支架由山东呈祥电工电气有限公司按图中尺寸打孔生产。
3．图中埋入角钢、安装槽尺寸及玻璃钢强度由生产厂家设计确定。
4．序号3平板型支架不需打孔。

图6–79	平板型玻璃钢支架制造图(8)		
适用范围	2.5m×3.0m电缆隧道	图号	PZJ–08

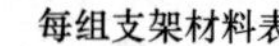
每组支架材料表

型号	序号	名称	规格型号	总长(mm)	工作面长度(mm)	单位	数量
9型	1	角钢				根	1
	2	安装槽(平板型)	60×40×126			个	4
	3	平板型支架	CGPZ−610	610	500	根	2
	4	平板型支架	CGPZ−610	610	500	根	2

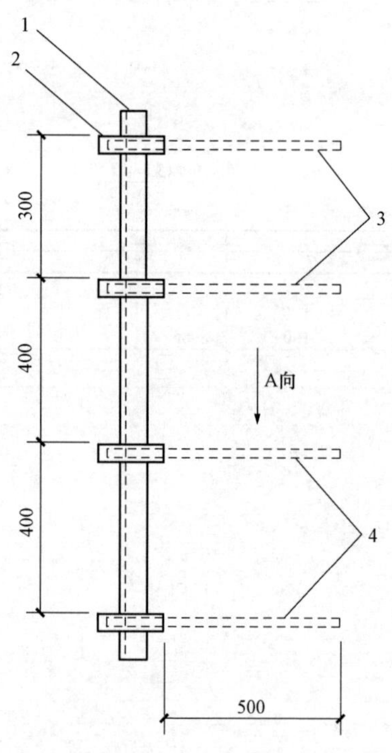

装配图

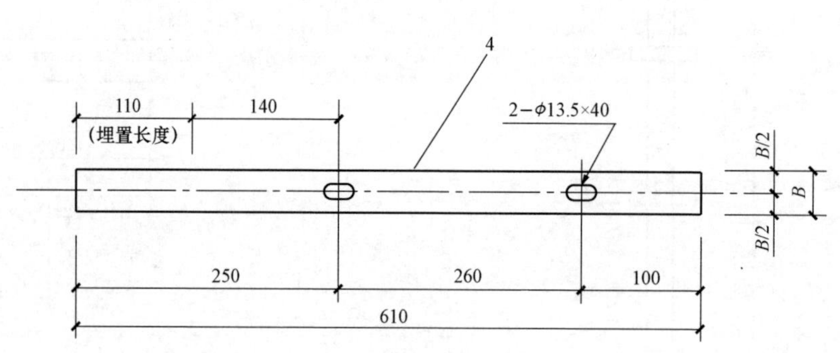

A向放大

注：1．图中支架(包括槽型预埋件)组装在一起称为一组。
2．序号4平板型支架由山东呈祥电工电气有限公司按图中尺寸打孔生产。
3．图中埋入角钢、安装槽尺寸及玻璃钢强度由生产厂家设计确定。
4．序号3平板型支架不需打孔。

图6–80	平板型玻璃钢支架制作图(9)		
适用范围	1.2m×1.5m电缆沟	图号	PZJ–09

每组支架材料表

型号	序号	名称	规格型号	总长(mm)	工作面长度(mm)	单位	数量
10型	1	角钢				根	1
	2	安装槽(平板型)	60×40×126			个	4
	3	平板型支架	CGPZ－610	610	500	根	2
	4	平板型支架	CGPZ－610	610	500	根	2

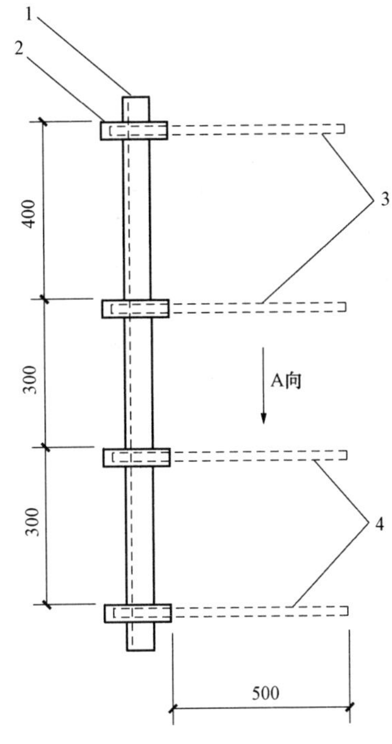

装配图

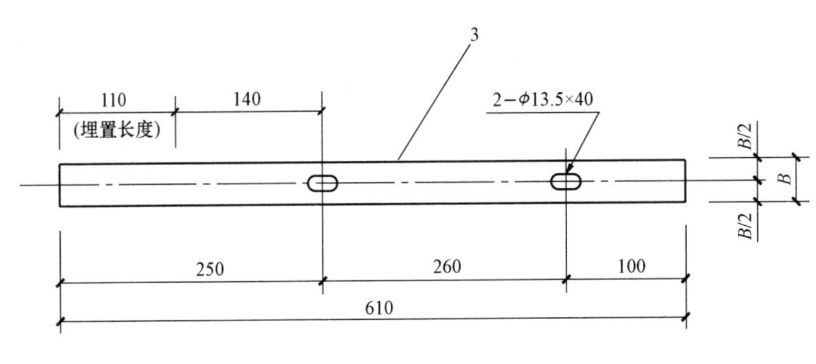

A向放大

注：1. 图中支架(包括槽型预埋件)组装在一起称为一组。
2. 序号3平板型支架由山东呈祥电工电气有限公司按图中尺寸打孔生产。
3. 图中埋入角钢、安装槽尺寸及玻璃钢强度由生产厂家设计确定。
4. 序号4平板型支架不需打孔。

图6-81	平板型玻璃钢支架制造图(10)		
适用范围	1.2m×1.5m电缆沟	图号	PZJ-10

每组支架材料表

型号	序号	名称	规格型号	总长(mm)	工作面长度(mm)	单位	数量
11型	1	角钢				根	1
	2	安装槽(平板型)	60×40×126			个	4
	3	平板型支架	CGPZ–485	485	375	根	2
	4	平板型支架	CGPZ–610	610	500	根	2

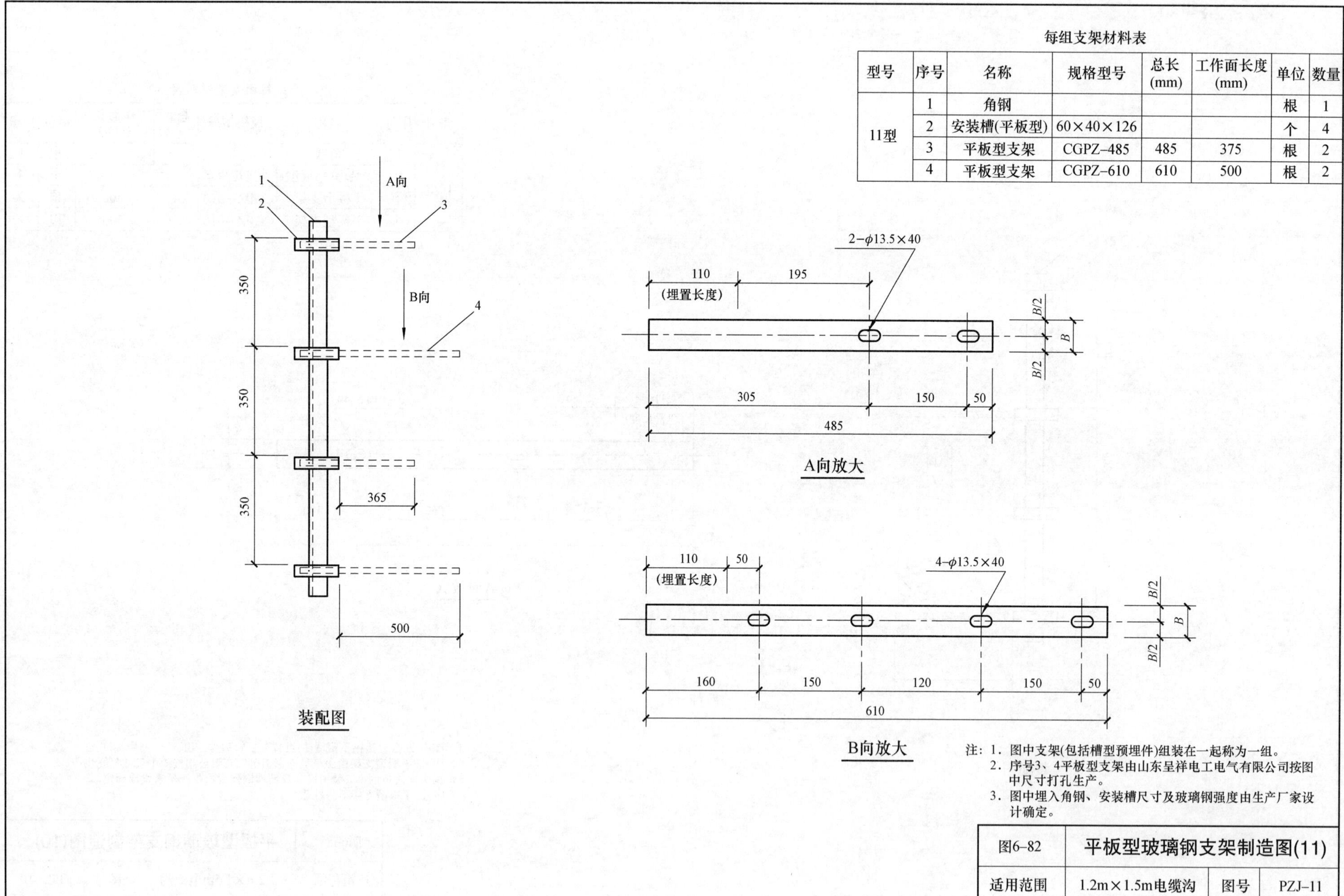

注：1．图中支架(包括槽型预埋件)组装在一起称为一组。
2．序号3、4平板型支架由山东呈祥电工电气有限公司按图中尺寸打孔生产。
3．图中埋入角钢、安装槽尺寸及玻璃钢强度由生产厂家设计确定。

图6–82	平板型玻璃钢支架制造图(11)		
适用范围	1.2m×1.5m电缆沟	图号	PZJ–11

每组支架材料表

型号	序号	名称	规格型号	总长(mm)	工作面长度(mm)	单位	数量
12型	1	角钢				根	1
	2	安装槽(承插式)	60×80×126			个	2
	3	安装槽(平板型)	60×40×126			个	2
	4	承插式支架	CGCZ–3/600	600	490	个	2
	5	平板型支架	CGPZ–810	810	700	根	2

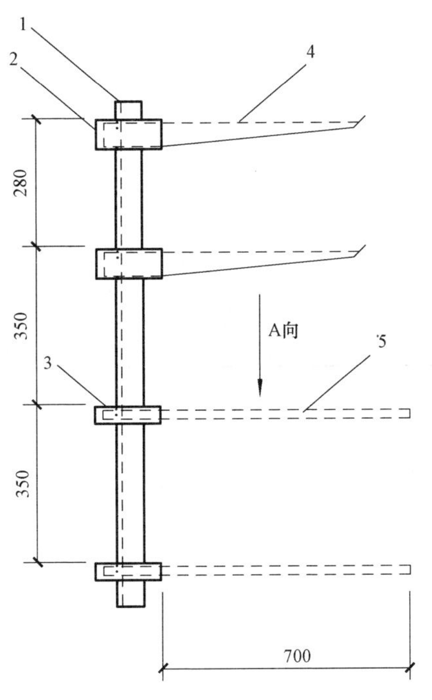

装配图

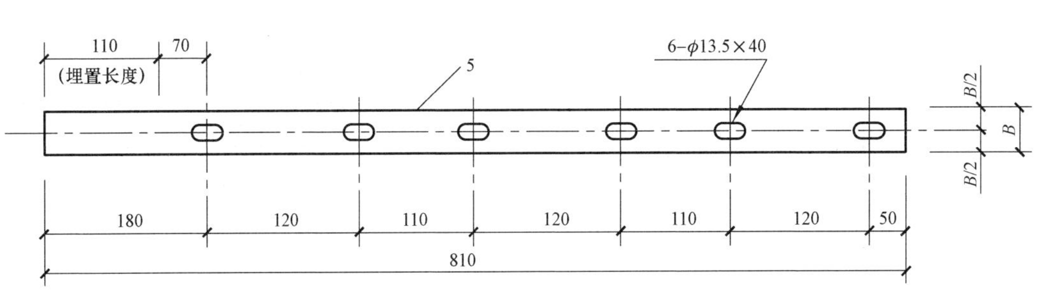

A向放大

注：1. 图中支架(包括槽型预埋件)组装在一起称为一组。
2. 序号5平板型支架由山东呈祥电工电气有限公司按图中尺寸打孔生产。
3. 图中埋入角钢、安装槽尺寸及玻璃钢强度由生产厂家设计确定。
4. 序号4承插式支架不需打孔。

图6–83	平板型玻璃钢支架制造图(12)		
适用范围	1.3m×1.4m电缆沟	图号	PZJ–12

每组支架材料表

型号	序号	名称	规格型号	总长 (mm)	工作面长度 (mm)	单位	数量
13型	1	角钢				根	1
	2	安装槽(平板型)	60×40×126			个	4
	3	平板型支架	CGPZ-810	810	700	根	4

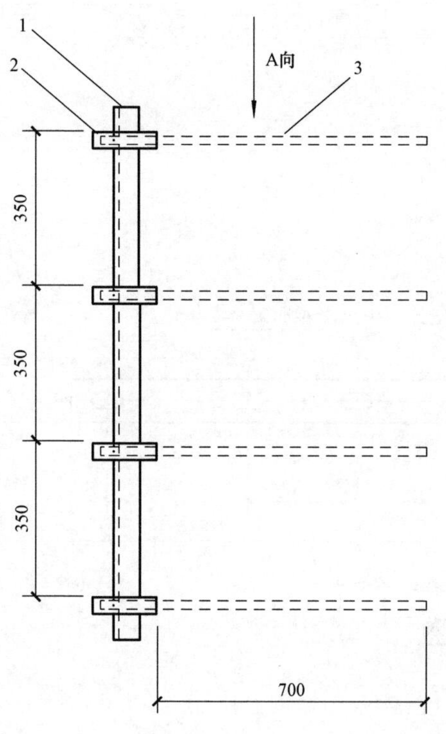

装配图

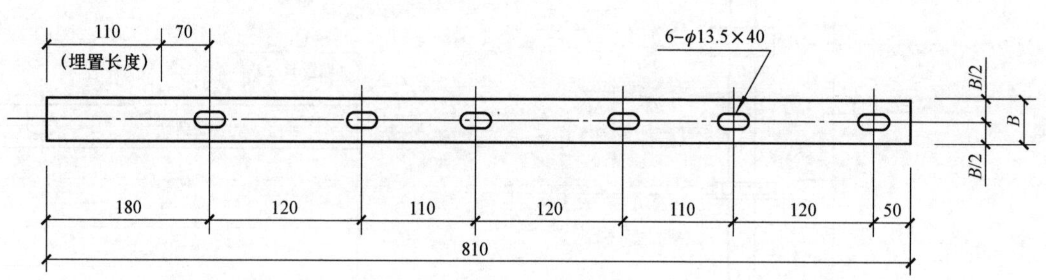

A向放大

注：1. 图中支架(包括槽型预埋件)组装在一起称为一组。
2. 该平板型支架由山东呈祥电工电气有限公司按图中尺寸打孔生产。
3. 图中埋入角钢、安装槽尺寸及玻璃钢强度由生产厂家设计确定。

图6-84	平板型玻璃钢支架制造图(13)		
适用范围	1.3m×1.5m电缆沟	图号	PZJ-13

第六章

部件制作及施工

第三节　组合悬挂式玻璃钢支架

图 6-85　CGXZ-500 组合悬挂式玻璃钢支架制作图（1）（110kV 电缆，三相品字形排列）……ZZJ-01
图 6-86　CGXZ-500 组合悬挂式玻璃钢支架制作图（2）（220kV 电缆，三相品字形排列）……ZZJ-02
图 6-87　CGXZ-700 组合悬挂式玻璃钢支架制作图（1）（110kV 电缆，三相水平排列）……ZZJ-03
图 6-88　CGXZ-700 组合悬挂式玻璃钢支架制作图（2）（220kV 电缆，三相品字形排列）……ZZJ-04

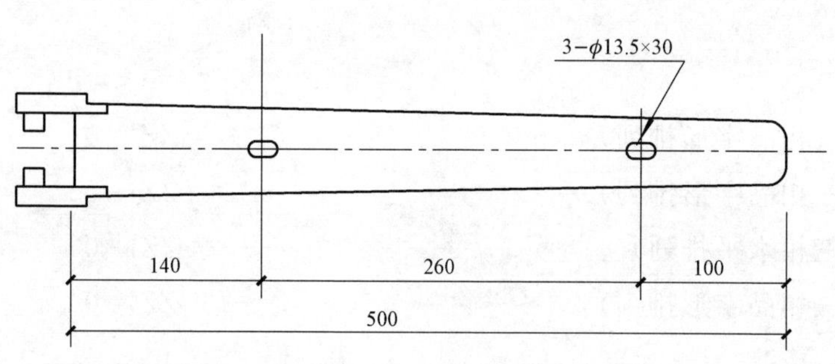

注：该玻璃钢支架由山东呈祥电工电气有限公司按图中尺寸打孔生产。

图6-85	CGXZ-500 组合悬挂式玻璃钢支架制作图(1)		
适用范围	110kV电缆， 三相品字形排列	图号	ZZJ-01

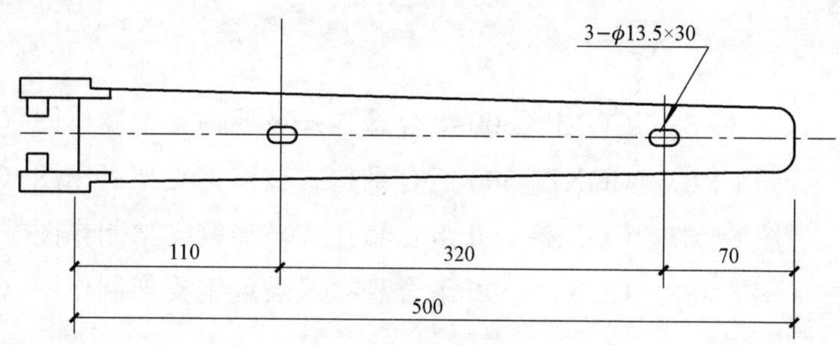

注：该玻璃钢支架由山东呈祥电工电气有限公司按图中尺寸打孔生产。

图6-86	CGXZ-500 组合悬挂式玻璃钢支架制作图(2)		
适用范围	220kV电缆， 三相品字形排列	图号	ZZJ-02

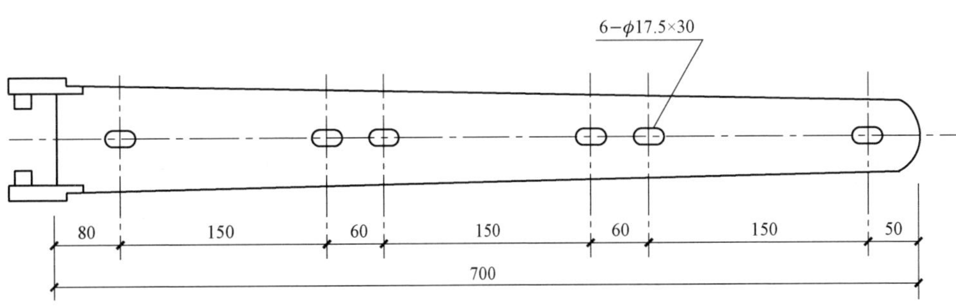

注：该玻璃钢支架由山东呈祥电工电气有限公司按图中尺寸打孔生产。

图6–87	CGXZ–700 组合悬挂式玻璃钢支架制作图(1)		
适用范围	110kV电缆，三相水平排列	图号	ZZJ–03

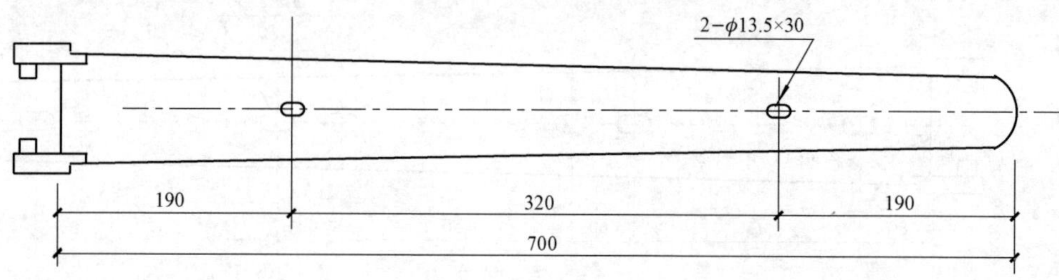

注：该玻璃钢支架由山东呈祥电工电气有限公司按图中尺寸打孔生产。

图6–88	CGXZ–700 组合悬挂式玻璃钢支架制作图(2)		
适用范围	220kV电缆，三相品字形排列	图号	ZZJ–04

第六章

部件制作及施工

第四节　通信光缆安装

通信光缆在电缆隧道敷设时，一般应安装在最上层支架上，也可以用电缆吊钩悬挂在沟壁上；在电缆排管里敷设时可直接穿在为通信光缆设置的梅花管中。

安装通信光缆应注意以下几点：

（1）通信光缆在电缆隧道的支架上敷设时应穿在保护管内，然后放置在电缆槽盒内。

（2）通信光缆悬挂在电缆吊钩上时，必须穿在保护管内。电缆吊钩可挂在沟壁的圆钢预埋件上，安装电缆吊钩的数量根据通信光缆的根数决定。

施　工　图

图 6-89　光缆槽盒安装图（通信光缆）……QJ-01
图 6-90　电缆吊钩制造图（通信电缆）……DG-01

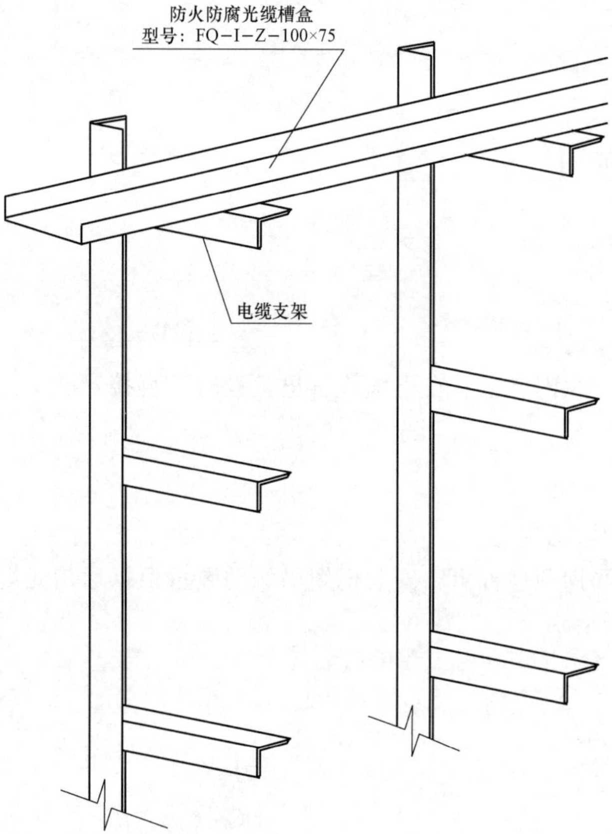

防火防腐光缆槽盒
型号：FQ-I-Z-100×75
电缆支架

图6-89	光缆槽盒安装图		
适用范围	通信光缆	图号	QJ-01

材 料 表

型号	序号	名称	规格	长度(mm)	单位	数量	质量(kg)		
							一件	小计	合计
		圆钢	$\phi 8$	930	根	1	0.37	0.4	0.4

40
r10
R25
R25
95
33
30
40
r10

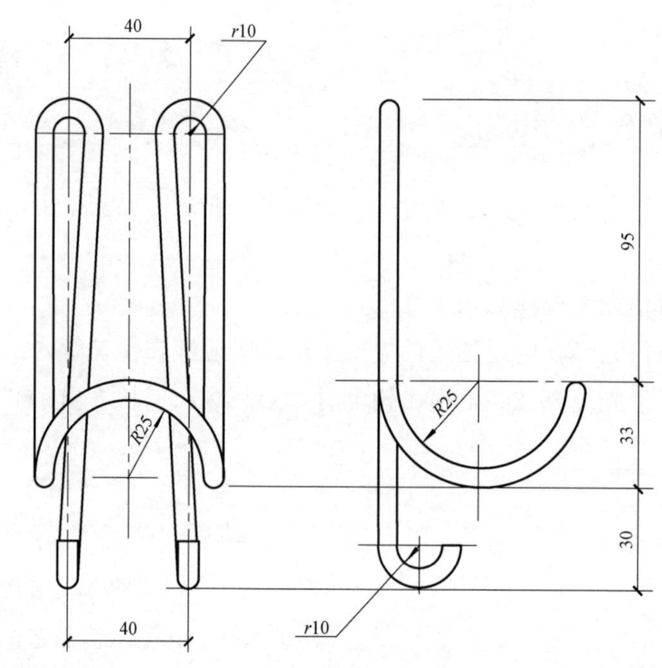

注：1．钢材为Q235B。
2．热镀锌防腐。

图6-90	电缆吊钩制造图		
适用范围	通信电缆	图号	DG-01

第六章

部件制作及施工

第五节　电缆沟盖板

图 6-91　电缆沟盖板施工图（1）（0.8m×1.0m 电缆沟） GP-01

图 6-92　电缆沟盖板施工图（2）（1.0m×1.0m 电缆沟） GP-02

图 6-93　电缆沟盖板施工图（3）（1.1m×1.0m 电缆沟） GP-03

图 6-94　电缆沟盖板施工图（4）（1.2m×1.0m、1.2m×1.3m、1.2m×1.5m、1.2m×1.6m 电缆沟） GP-04

图 6-95　电缆沟盖板施工图（5）（1.3m×1.3m、1.3m×1.4m、1.3m×1.5m 电缆沟） GP-05

图 6-96　电缆沟盖板施工图（6）（1.5m×1.0m、1.5m×1.3m 电缆沟） GP-06

图 6-97　电缆沟盖板施工图（7）（1.6m×1.2m、1.6m×1.5m 电缆沟） GP-07

材料表

型号	序号	名称	规格	长度(mm)	单位	数量	质量(kg)		
							一件	小计	合计
GP-1	1	主筋	ϕ14	1240	根	12	1.50	18.0	24.6
	2	箍筋	ϕ8	1148	根	12	0.45	5.4	
	3	吊钩	ϕ12	700	根	2	0.62	1.2	
	4	混凝土	C30		m^3	0.13	总质量：312.0		

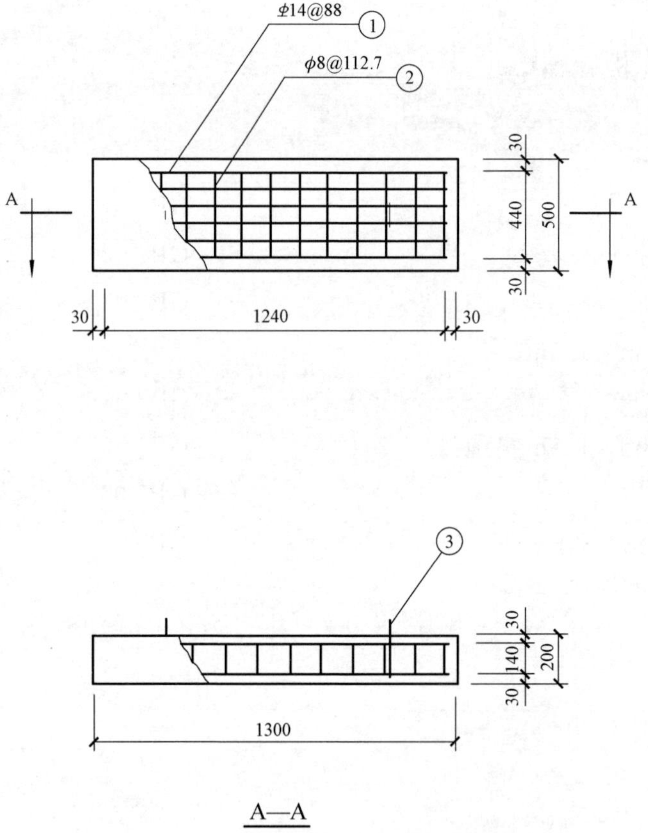

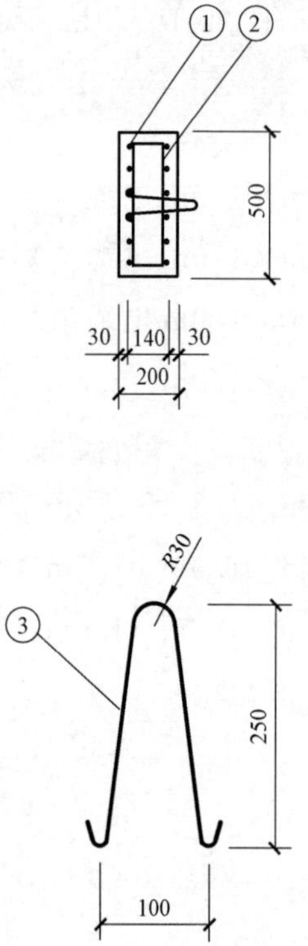

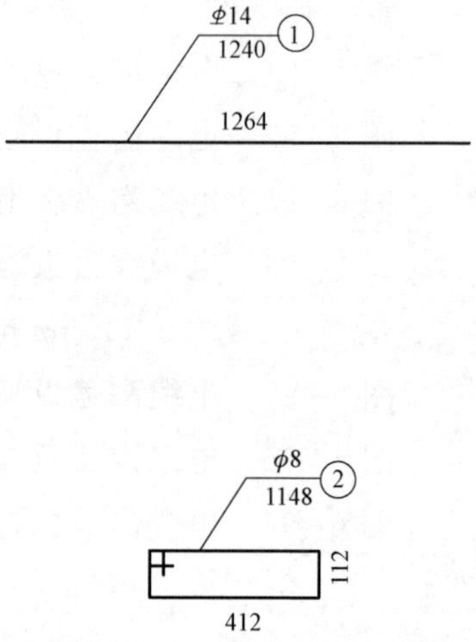

注：1．用于砖砌电缆沟，盖板净跨0.8m。
2．钢筋：ϕ为HPB235，ϕ为HRB335。

图6-91	电缆沟盖板施工图(1)		
适用范围	0.8m×1.0m电缆沟	图号	GP-01

材 料 表

型号	序号	名称	规格	长度(mm)	单位	数量	质量(kg)		
							一件	小计	合计
GP–2	1	主筋	Φ16	1440	根	12	2.27	27.3	35.3
	2	箍筋	ϕ8	1148	根	15	0.45	6.8	
	3	吊钩	ϕ12	700	根	2	0.62	1.2	
	4	混凝土	C30		m^3	0.15	总质量：360.0		

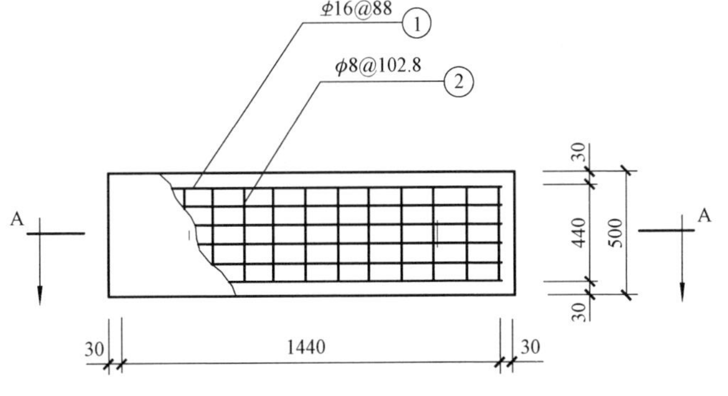

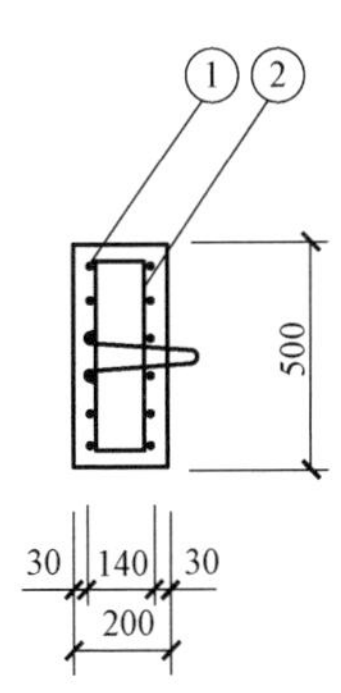

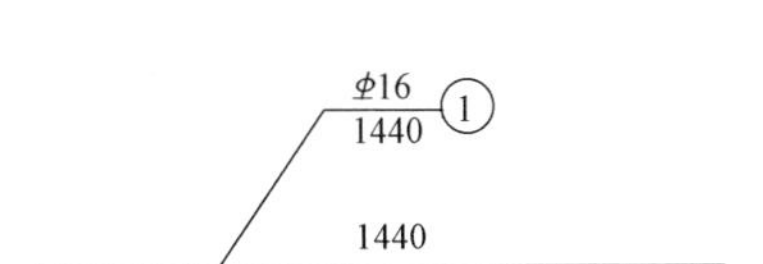

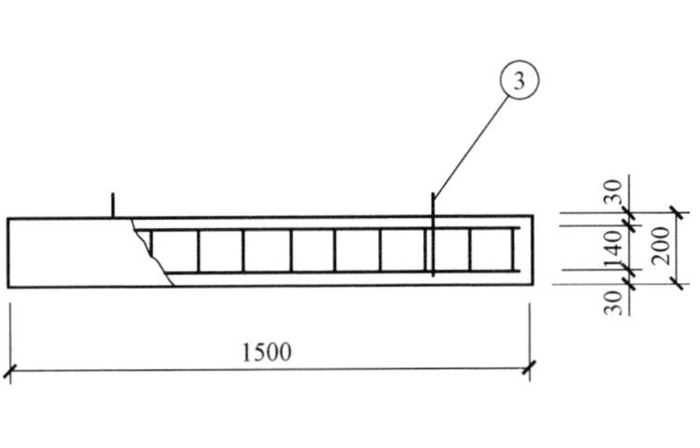

A—A

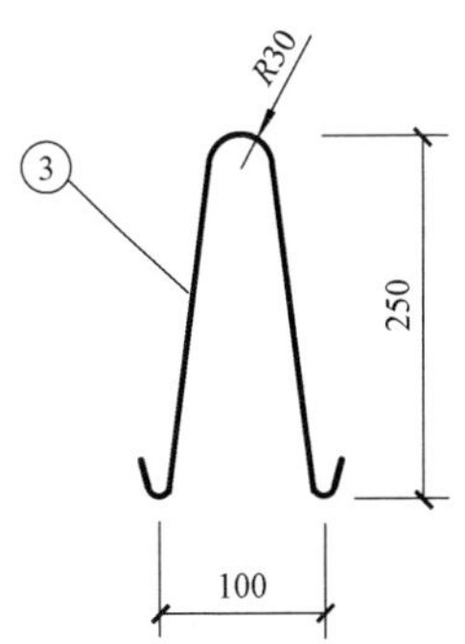

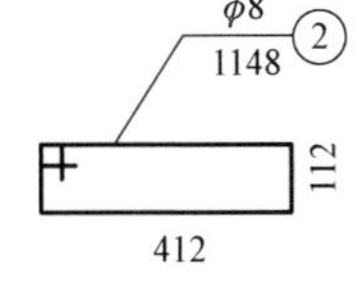

注：1. 用于砖砌电缆沟，盖板净跨1.0m。
2. 钢筋：ϕ为HPB235，Φ为HRB335。

图6–92	电缆沟盖板施工图(2)		
适用范围	1.0m×1.0m电缆沟	图号	GP–02

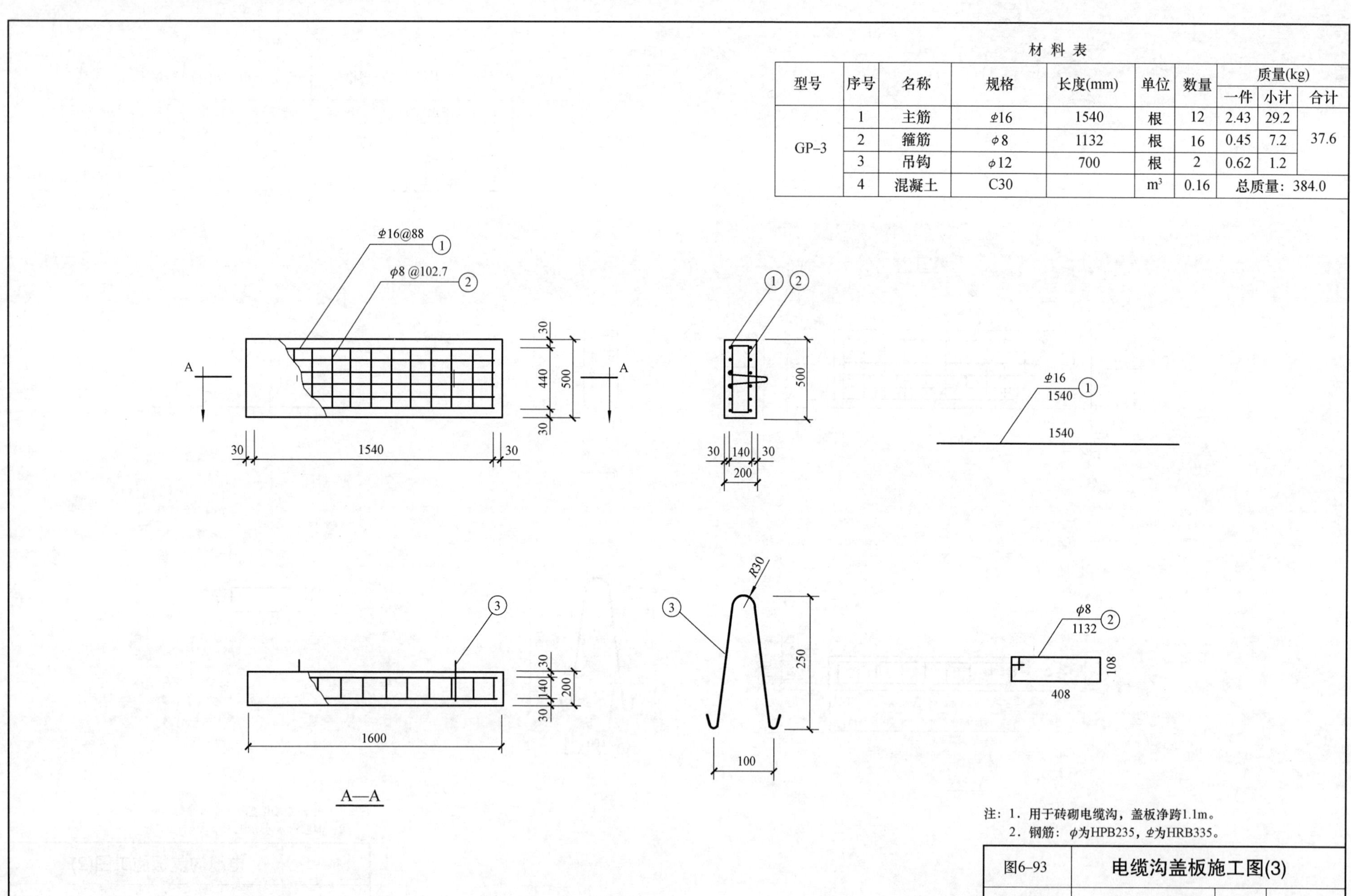

材料表

型号	序号	名称	规格	长度(mm)	单位	数量	质量(kg)		
							一件	小计	合计
GP–3	1	主筋	ϕ16	1540	根	12	2.43	29.2	37.6
	2	箍筋	φ8	1132	根	16	0.45	7.2	
	3	吊钩	φ12	700	根	2	0.62	1.2	
	4	混凝土	C30		m^3	0.16	总质量：384.0		

注：1．用于砖砌电缆沟，盖板净跨1.1m。
2．钢筋：φ为HPB235，ϕ为HRB335。

图6–93	电缆沟盖板施工图(3)		
适用范围	1.1m×1.0m电缆沟	图号	GP–03

材料表

型号	序号	名称	规格	长度(mm)	单位	数量	质量(kg) 一件	小计	合计
GP-4	1	主筋	Φ18	1640	根	12	3.28	39.4	48.1
	2	箍筋	φ8	1116	根	17	0.44	7.5	
	3	吊钩	φ12	700	根	2	0.62	1.2	
	4	混凝土	C30		m^3	0.17	总质量：408.0		

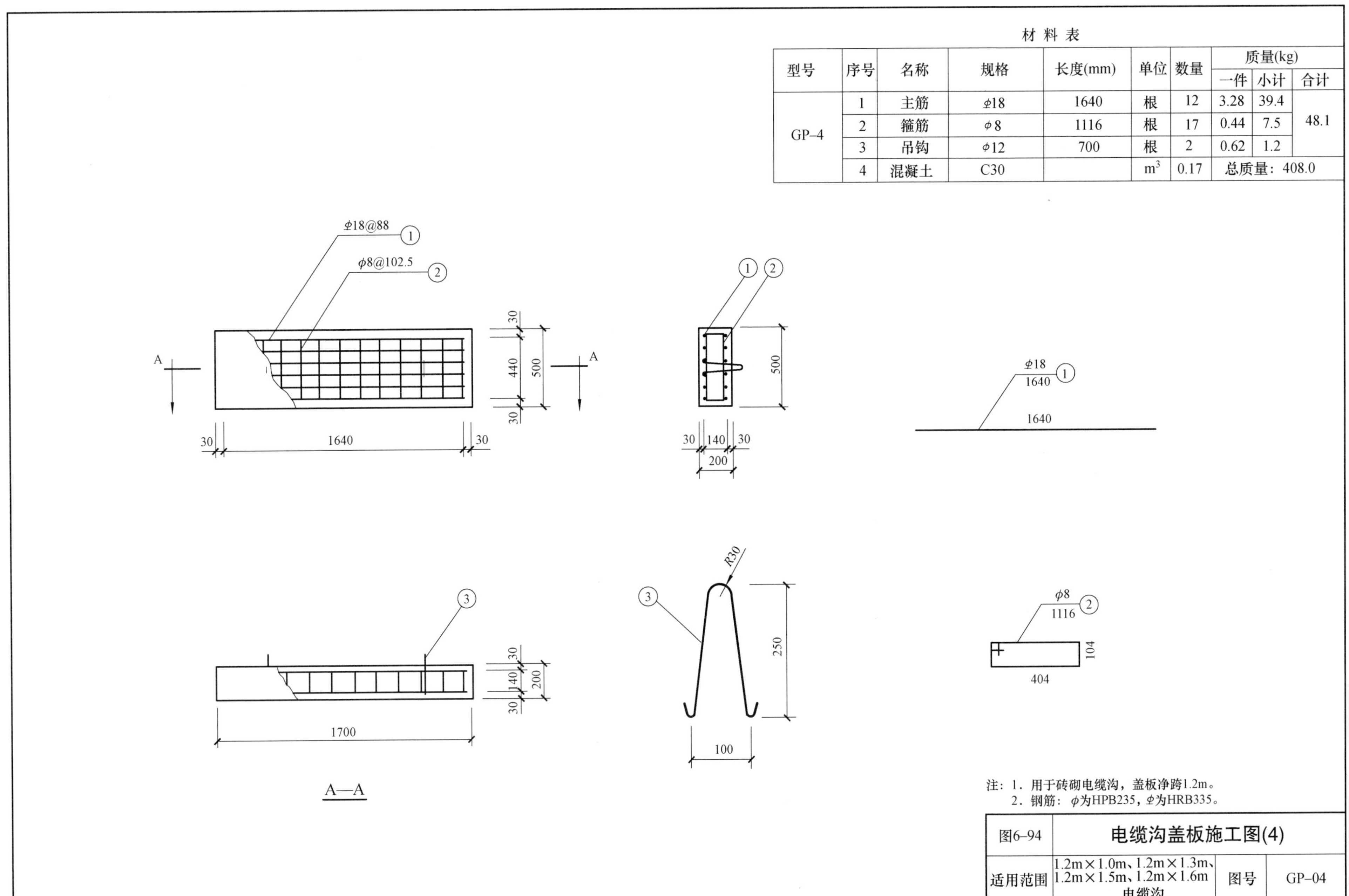

注：1．用于砖砌电缆沟，盖板净跨1.2m。
2．钢筋：φ为HPB235，Φ为HRB335。

图6–94	电缆沟盖板施工图(4)		
适用范围	1.2m×1.0m、1.2m×1.3m、1.2m×1.5m、1.2m×1.6m电缆沟	图号	GP–04

材料表

型号	序号	名称	规格	长度(mm)	单位	数量	质量(kg)		
							一件	小计	合计
GP–5	1	主筋	⌀18	1740	根	12	3.48	41.8	50.9
	2	箍筋	ϕ8	1116	根	18	0.44	7.9	
	3	吊钩	ϕ12	700	根	2	0.62	1.2	
	4	混凝土	C30		m^3	0.18	总质量：432.0		

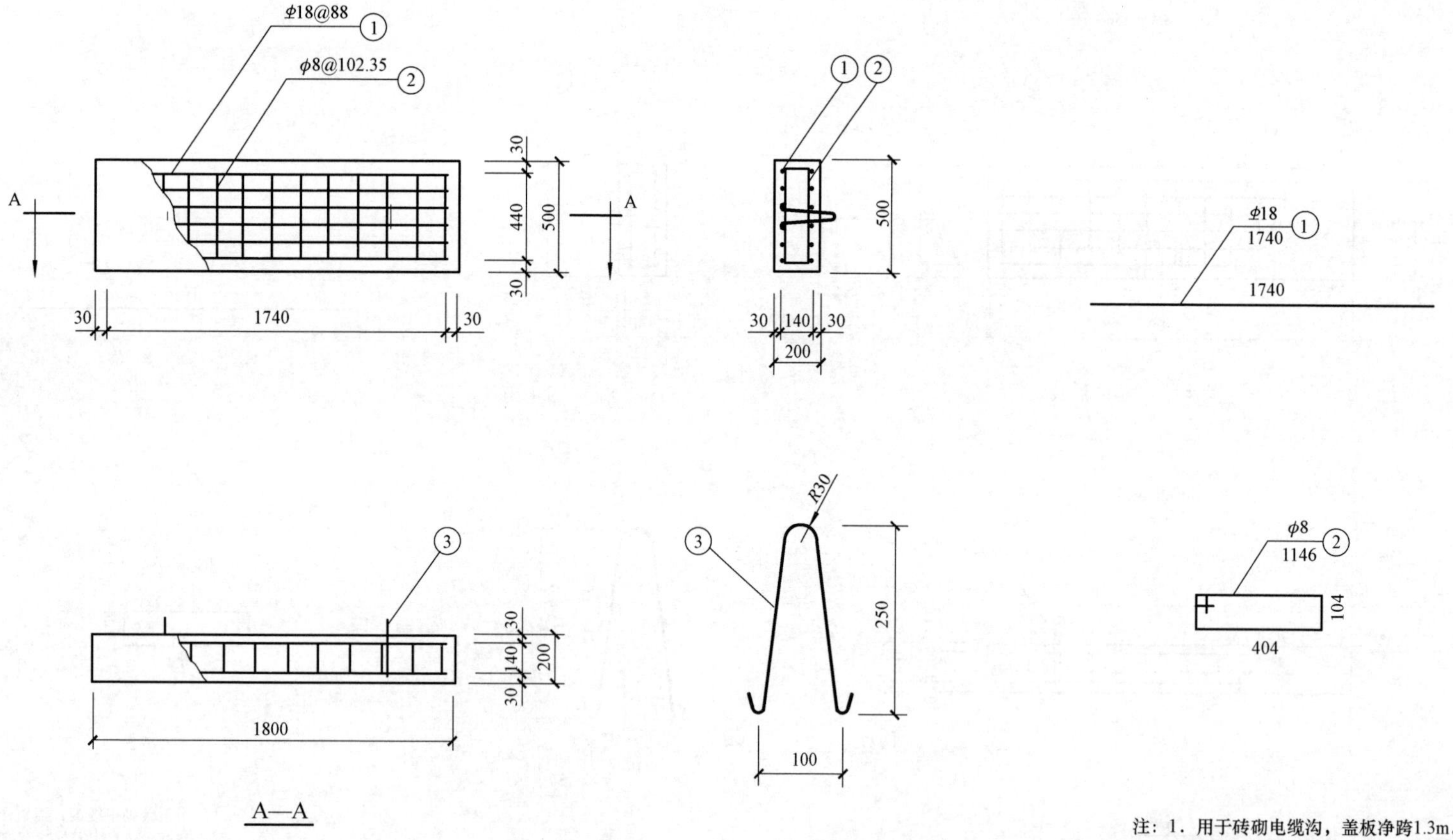

注：1．用于砖砌电缆沟，盖板净跨1.3m。
2．钢筋：ϕ为HPB235，⌀为HRB335。

图6–95	电缆沟盖板施工图(5)		
适用范围	1.3m×1.3m、 1.3m×1.4m、 1.3m×1.5m电缆沟	图号	GP–05

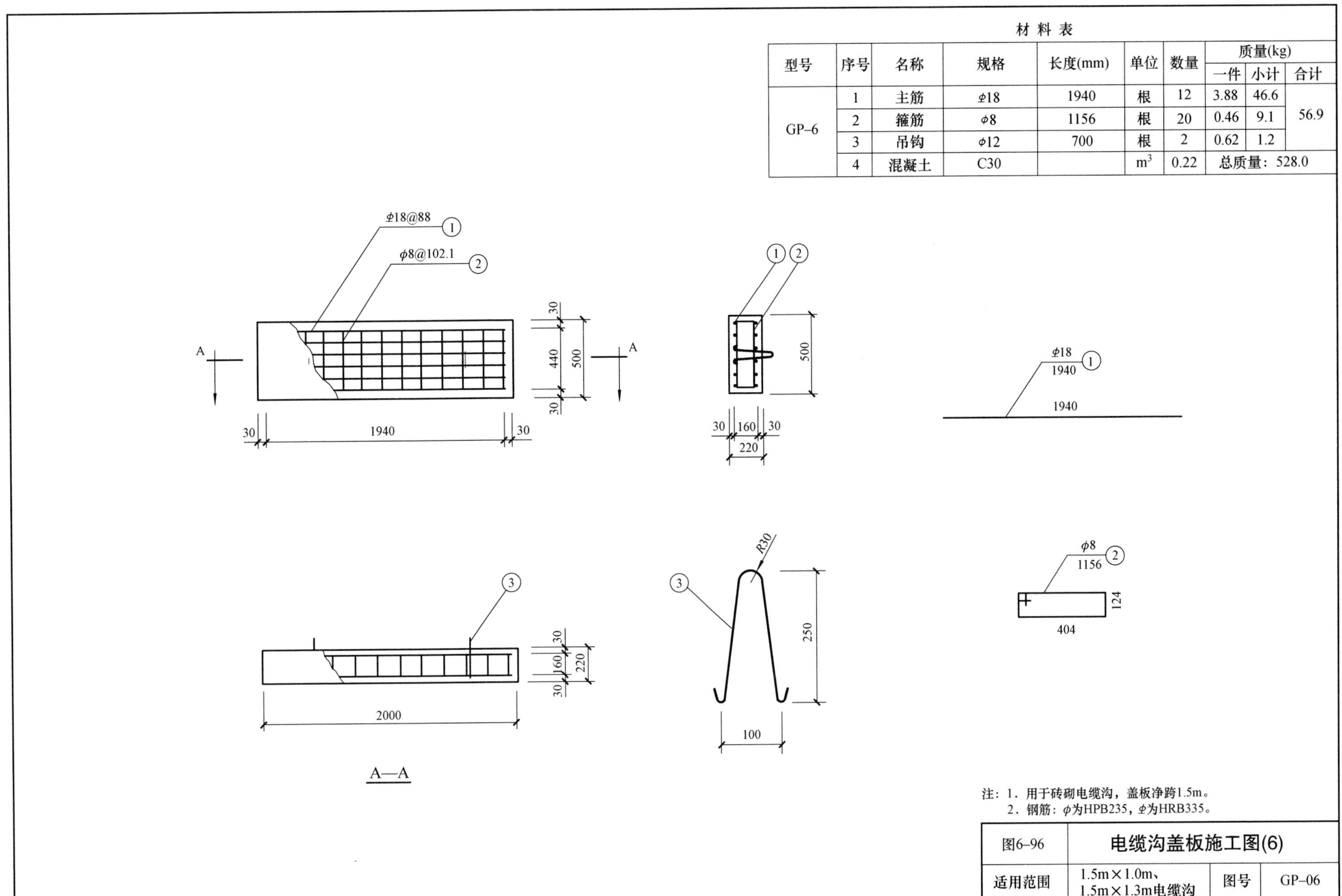

材料表

型号	序号	名称	规格	长度(mm)	单位	数量	质量(kg) 一件	小计	合计
GP–6	1	主筋	⌀18	1940	根	12	3.88	46.6	56.9
	2	箍筋	φ8	1156	根	20	0.46	9.1	
	3	吊钩	φ12	700	根	2	0.62	1.2	
	4	混凝土	C30		m^3	0.22	总质量：528.0		

注：1．用于砖砌电缆沟，盖板净跨1.5m。
2．钢筋：φ为HPB235，⌀为HRB335。

图6–96	电缆沟盖板施工图(6)		
适用范围	1.5m×1.0m、1.5m×1.3m电缆沟	图号	GP–06

材料表

型号	序号	名称	规格	长度(mm)	单位	数量	质量(kg) 一件	小计	合计
GP–7	1	主筋	⌀18	2040	根	12	4.08	49.0	59.8
	2	箍筋	ϕ8	1156	根	21	0.46	9.6	
	3	吊钩	ϕ12	700	根	2	0.62	1.2	
	4	混凝土	C30		m^3	0.231	总质量：554.4		

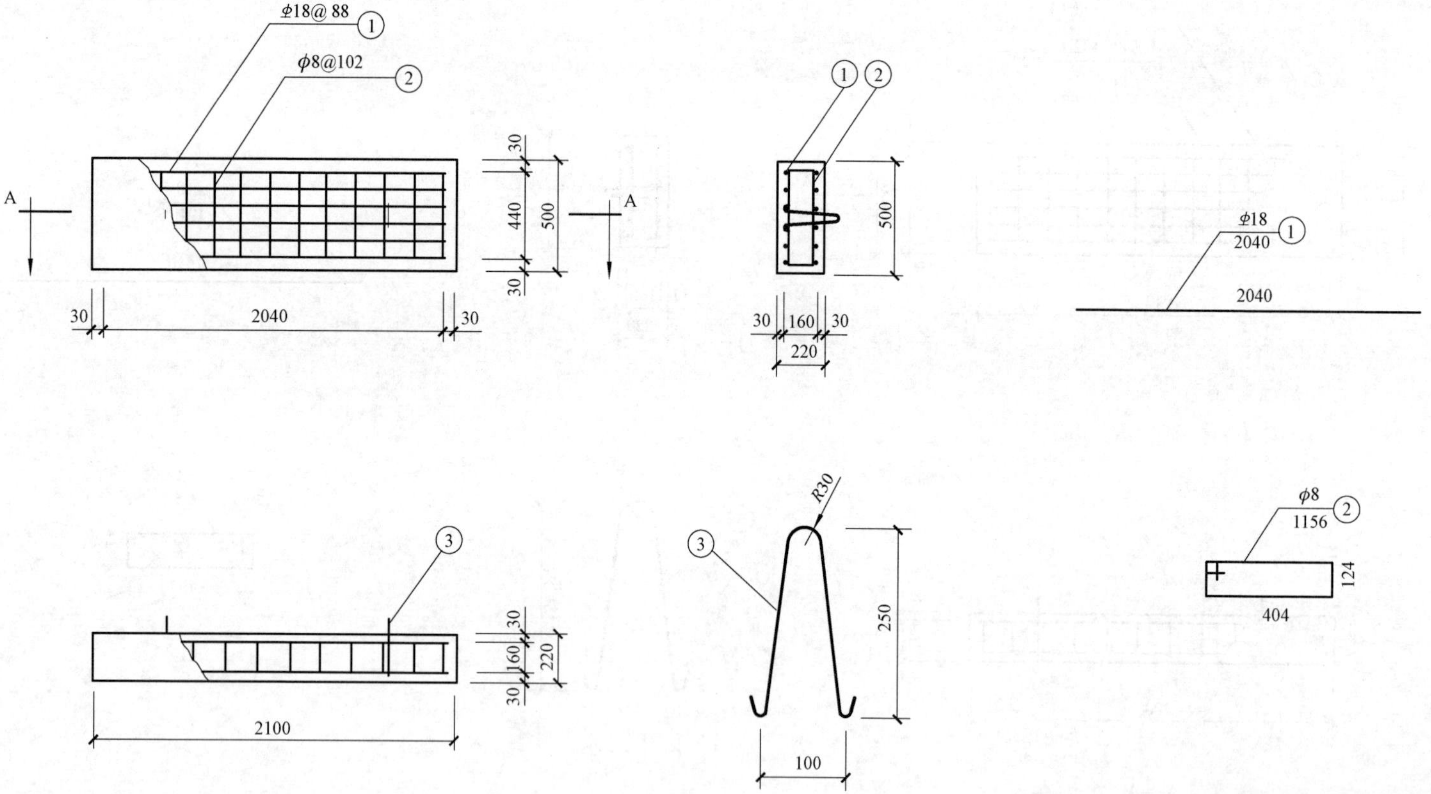

注：1.用于砖砌电缆沟，盖板净跨1.6m。
2.钢筋：ϕ为HPB235，⌀为HRB335。

图6–97	电缆沟盖板施工图(7)		
适用范围	1.6m×1.2m、 1.6m×1.5m电缆沟	图号	GP–07

第六章

部件制作及施工

第六节　爬　　梯

图 6-98　圆钢爬梯制造图　　　（工作井，圆钢固定爬梯）…… PT-01
图 6-99　圆管爬梯制造图　　　（工作井，圆管固定爬梯）…… PT-02
图 6-100　角钢爬梯制造图（1）（工作井，角钢固定爬梯）…… PT-03
图 6-101　角钢爬梯制造图（2）（工作井，角钢活动爬梯）…… PT-04

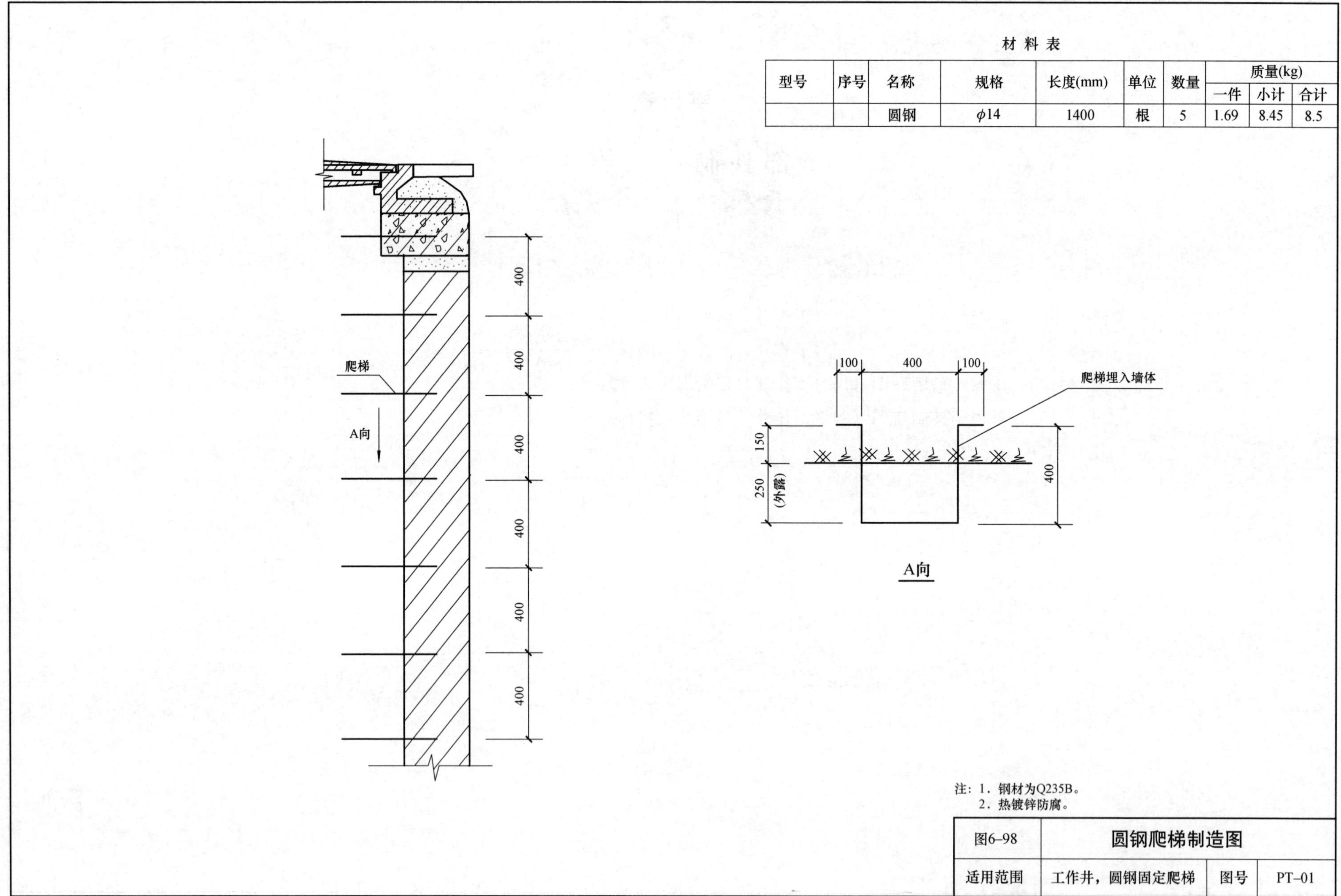

材料表

型号	序号	名称	规格	长度(mm)	单位	数量	质量(kg)		
							一件	小计	合计
		圆钢	ϕ14	1400	根	5	1.69	8.45	8.5

注：1．钢材为Q235B。
2．热镀锌防腐。

图6–98	圆钢爬梯制造图		
适用范围	工作井，圆钢固定爬梯	图号	PT–01

材料表

型号	序号	名称	规格	长度(mm)	单位	数量	质量(kg)		
							一件	小计	合计
	1	钢管	M60×4.5	2230	根	1	13.7	13.7	16.4
	2	脚钉	ϕ20	210	根	5	0.52	2.6	
	3	钢板	−10×10	10	块	1	0.08	0.1	

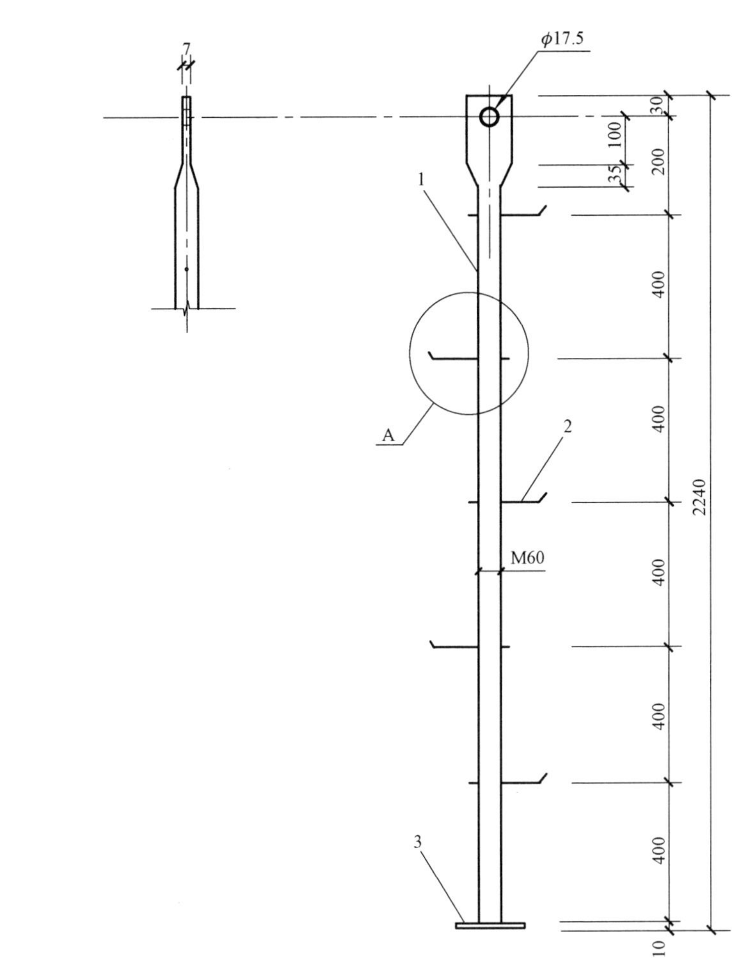

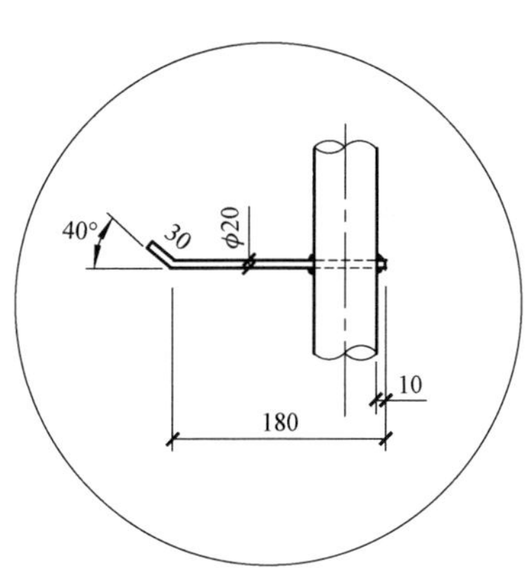

A放大

注：1．钢材为Q235B。
2．热镀锌防腐。
3．圆钢爬梯可用膨胀螺栓固定，也可与预埋件焊接。
4．爬梯长度应根据工作井深度决定。

图6–99	圆管爬梯制造图		
适用范围	工作井，圆管固定爬梯	图号	PT–02

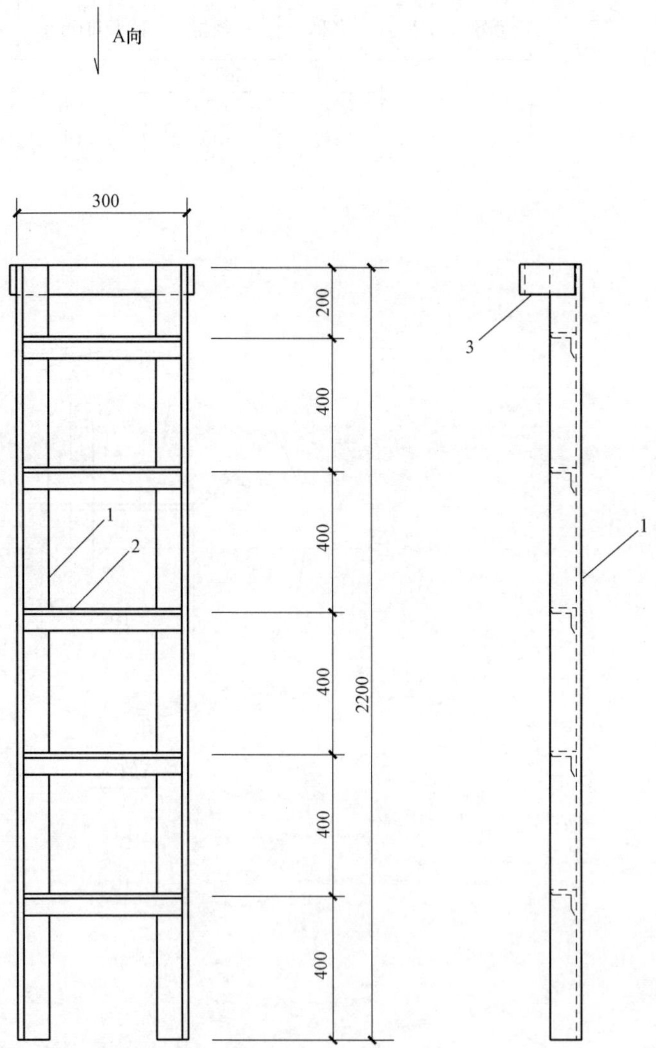

A向

材 料 表

型号	序号	名称	规格	长度(mm)	单位	数量	质量(kg)		
							一件	小计	合计
	1	角钢	∟60×8	2200	根	2	15.60	31.2	39.8
	2	角钢	∟50×6	282	根	5	1.26	6.3	
	3	钢板	−80×8	460	块	1	2.31	2.3	

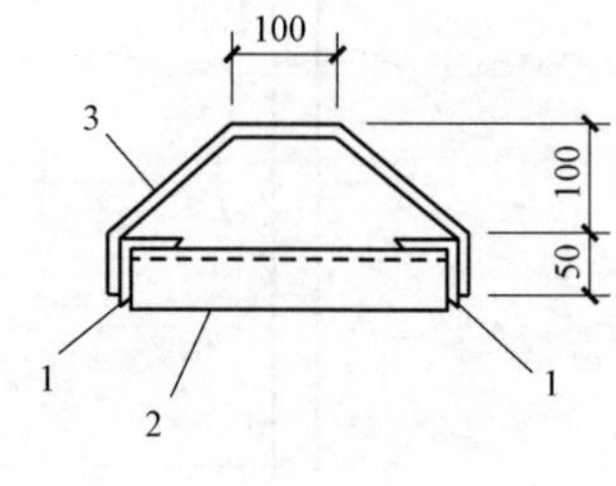

A向

注：1. 钢材为Q235B。
2. 热镀锌防腐。
3. 角钢爬梯中序号3钢板与井口下端和底部的预埋件焊在一起。
4. 角钢爬梯下边两角钢端头与井底的两个预埋件焊在一起。
5. 爬梯长度应根据工作井深度决定。

图6–100	角钢爬梯制造图(1)		
适用范围	工作井，角钢固定爬梯	图号	PT–03

材料表

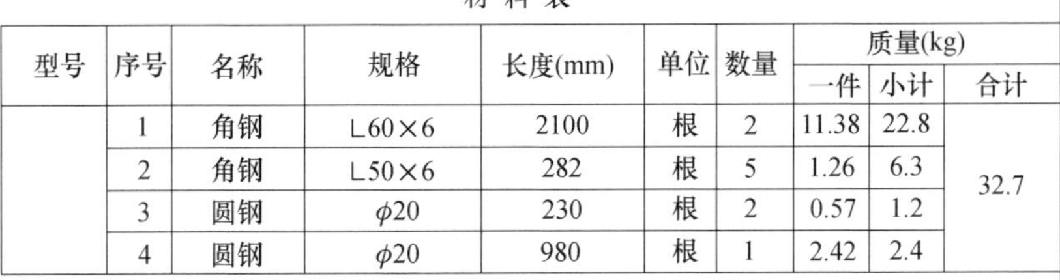

型号	序号	名称	规格	长度(mm)	单位	数量	质量(kg)		
							一件	小计	合计
	1	角钢	∟60×6	2100	根	2	11.38	22.8	32.7
	2	角钢	∟50×6	282	根	5	1.26	6.3	
	3	圆钢	ϕ20	230	根	2	0.57	1.2	
	4	圆钢	ϕ20	980	根	1	2.42	2.4	

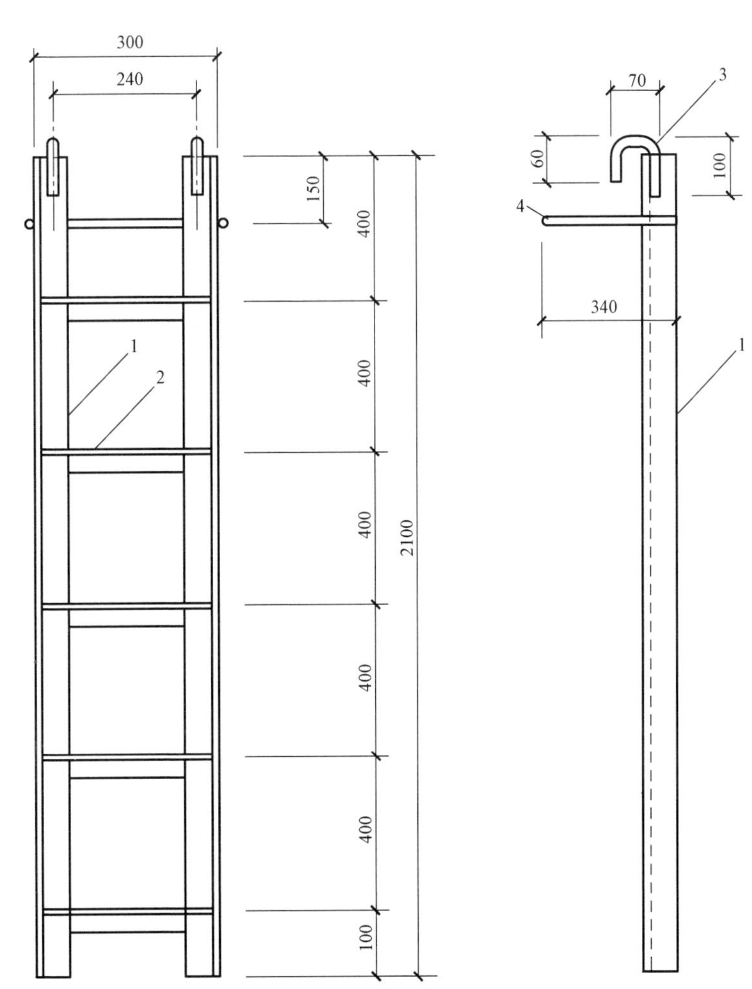

注：1．钢材为Q235B。
2．热镀锌防腐。
3．此角钢爬梯可挂在井口上端预埋的圆钢爬梯上。
4．爬梯长度应根据工作井深度决定。

图6–101	角钢爬梯制造图(2)		
适用范围	工作井，角钢活动爬梯	图号	PT–04

第六章

部件制作及施工

第七节 预　埋　件

图 6 - 102　钢板预埋件施工图（角钢电缆支架）……MJ - 01
图 6 - 103　角钢预埋件施工图（角钢电缆支架）……MJ - 02
图 6 - 104　圆钢预埋件施工图（通信电缆吊钩）……MJ - 03
图 6 - 105　燕尾螺栓预埋件施工图（组合悬挂式玻璃钢支架）……MJ - 04
图 6 - 106　膨胀螺栓施工图（组合悬挂式玻璃钢支架）……MJ - 05
图 6 - 107　槽型预埋件施工图（承插式、平板型玻璃钢支架）……MJ - 06

材 料 表

型号	序号	名称	规格	长度(mm)	单位	数量	质量(kg)		
							一件	小计	合计
	1	钢板	−120×12	120	块	1	1.36	1.4	2.2
	2	圆钢	φ12	460	根	2	0.41	0.8	

材 料 表

序号	名称	规格	长度(mm)	单位	数量	质量(kg)		
						一件	小计	合计
	角钢	∟50×5	340	根	1	1.28		1.3

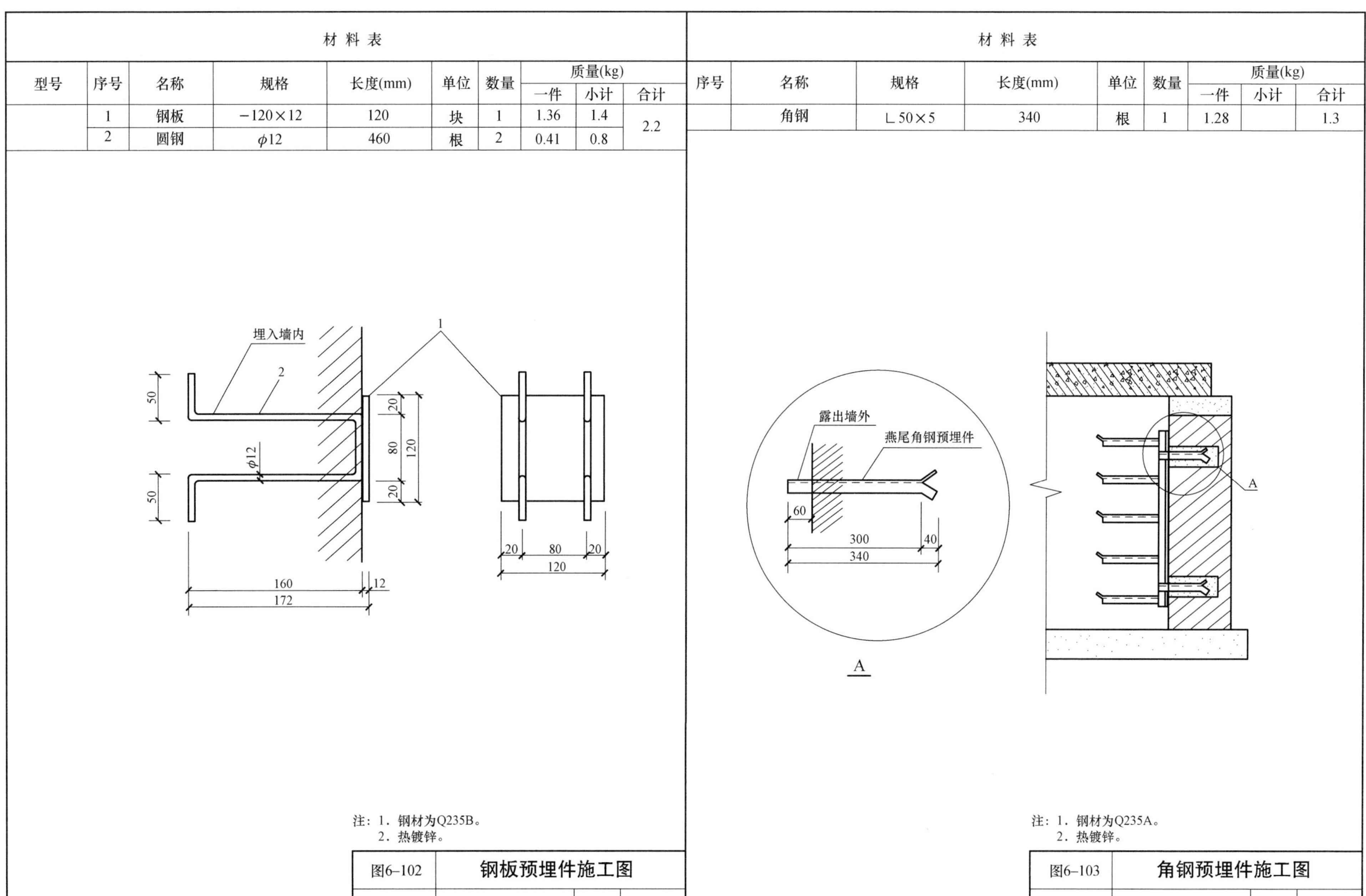

注：1．钢材为Q235B。
　　2．热镀锌。

图6–102	钢板预埋件施工图		
适用范围	角钢电缆支架	图号	MJ–01

注：1．钢材为Q235A。
　　2．热镀锌。

图6–103	角钢预埋件施工图		
适用范围	角钢电缆支架	图号	MJ–02

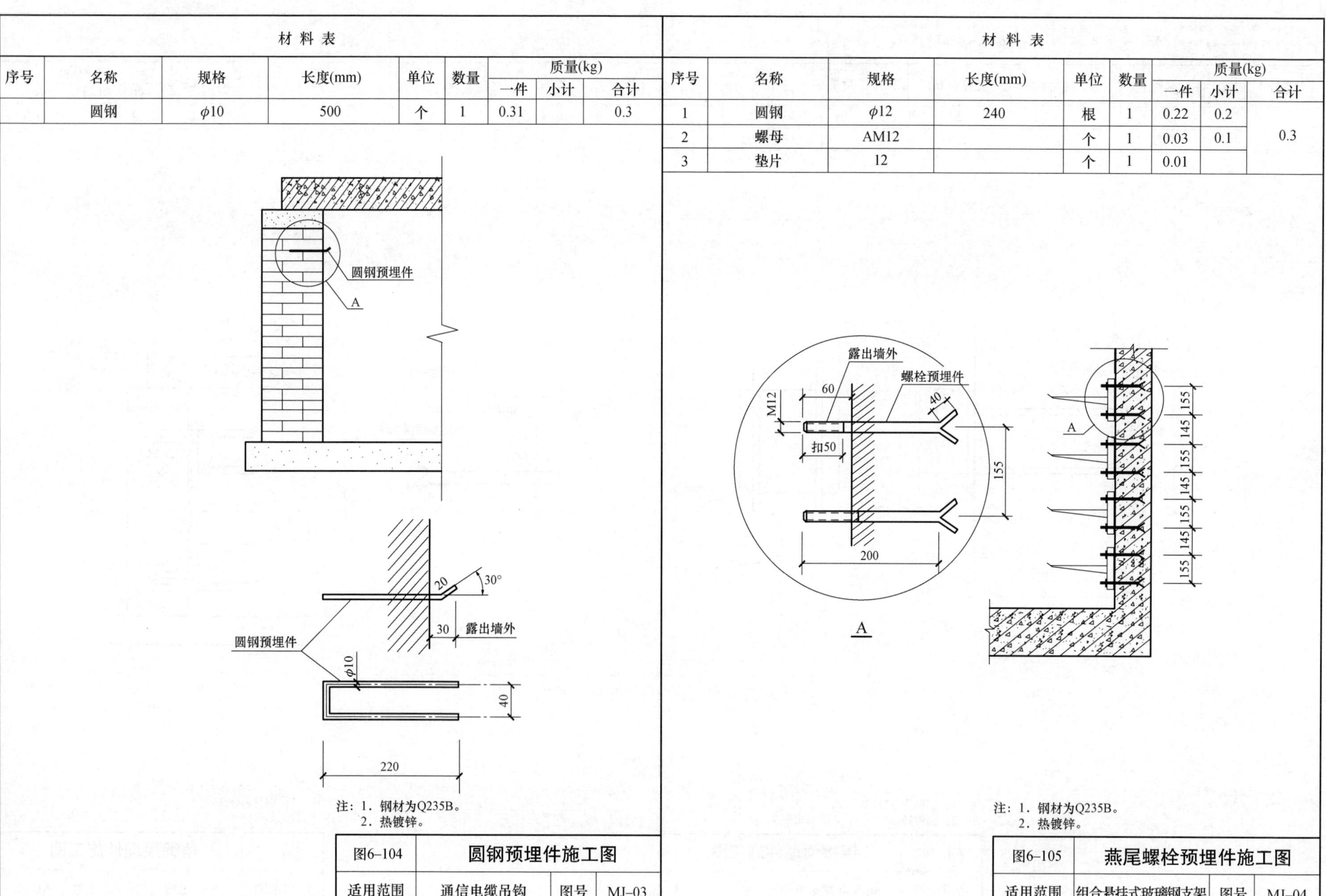

材 料 表

序号	名称	规格	长度(mm)	单位	数量	质量(kg) 一件	小计	合计
	圆钢	$\phi10$	500	个	1	0.31		0.3

注：1．钢材为Q235B。
2．热镀锌。

图6–104	圆钢预埋件施工图		
适用范围	通信电缆吊钩	图号	MJ–03

材 料 表

序号	名称	规格	长度(mm)	单位	数量	质量(kg) 一件	小计	合计
1	圆钢	$\phi12$	240	根	1	0.22	0.2	0.3
2	螺母	AM12		个	1	0.03	0.1	
3	垫片	12		个	1	0.01		

注：1．钢材为Q235B。
2．热镀锌。

图6–105	燕尾螺栓预埋件施工图		
适用范围	组合悬挂式玻璃钢支架	图号	MJ–04

材料表

序号	名称	规格	长度(mm)	单位	数量	质量(kg)		
						一件	小计	合计
	膨胀螺栓	M10	100	副	1	0.16		0.2

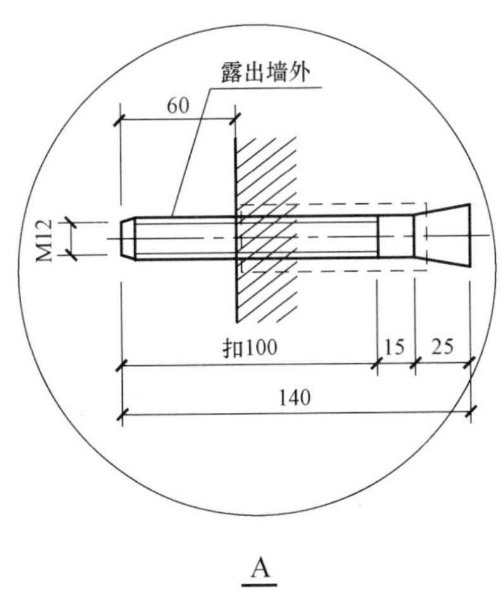

A

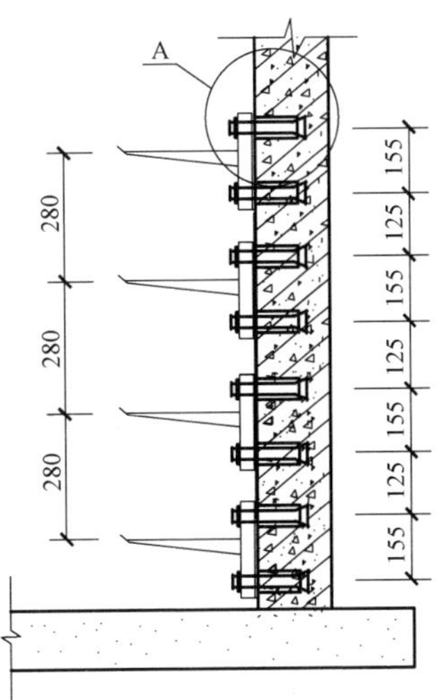

注：预埋件施工时应保证支架间距为280mm。

图6-106	膨胀螺栓施工图		
适用范围	组合悬挂式玻璃钢支架	图号	MJ-05

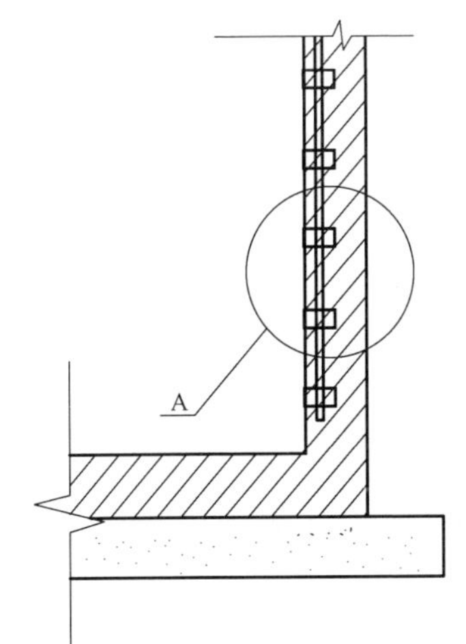

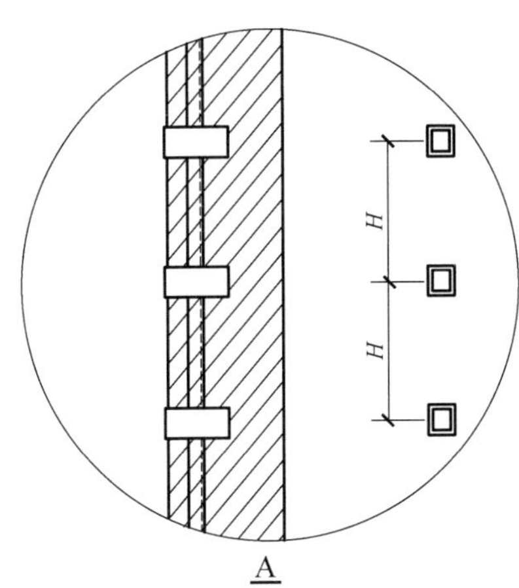

A

注：预埋件安装槽的间距H详见《电缆隧道支架安装图》及《电缆沟施工图》。

图6-107	槽型预埋件施工图		
适用范围	承插式、 平板型玻璃钢支架	图号	MJ-06

第六章

部件制作及施工

第八节　钢　筋　篦　子

图 6-108　钢筋篦子制造图（1）（电缆隧道积水井）……BZ-01
图 6-109　钢筋篦子制造图（2）（电缆沟积水井）……BZ-02

材 料 表

型号	序号	名称	规格	长度(mm)	单位	数量	质量(kg)		
							一件	小计	合计
600×600	1	角钢	∟50×5	600	根	4	2.26	9.1	15.6
	2	圆钢	ϕ16	588	根	7	0.93	6.5	

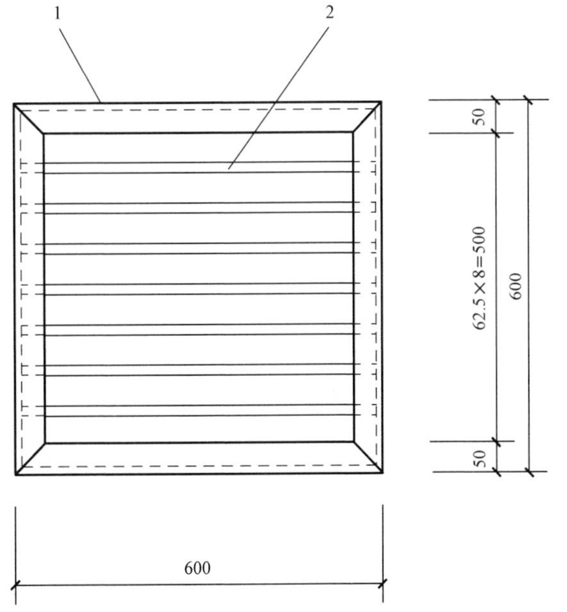

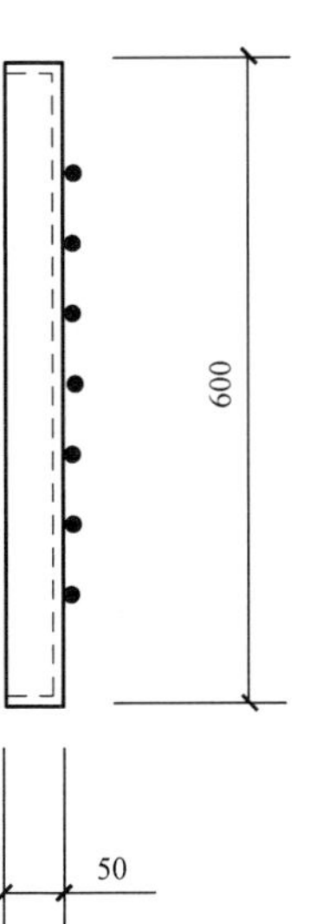

注：1. 钢材为Q235B。
2. 热镀锌。

图6-108	钢筋篦子制造图(1)		
适用范围	电缆隧道积水井	图号	BZ-01

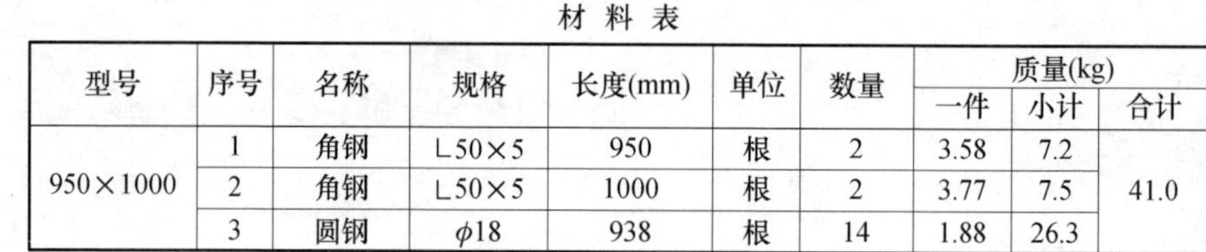

材料表

型号	序号	名称	规格	长度(mm)	单位	数量	质量(kg) 一件	质量(kg) 小计	质量(kg) 合计
950×1000	1	角钢	∟50×5	950	根	2	3.58	7.2	41.0
	2	角钢	∟50×5	1000	根	2	3.77	7.5	
	3	圆钢	ϕ18	938	根	14	1.88	26.3	

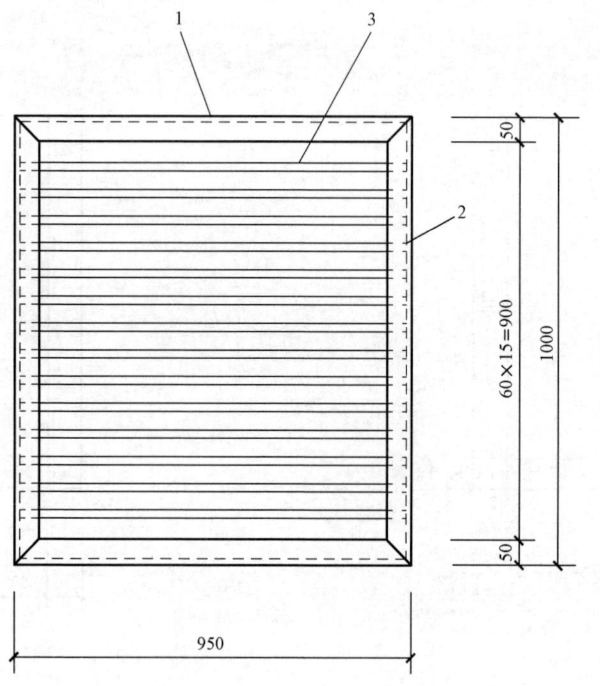

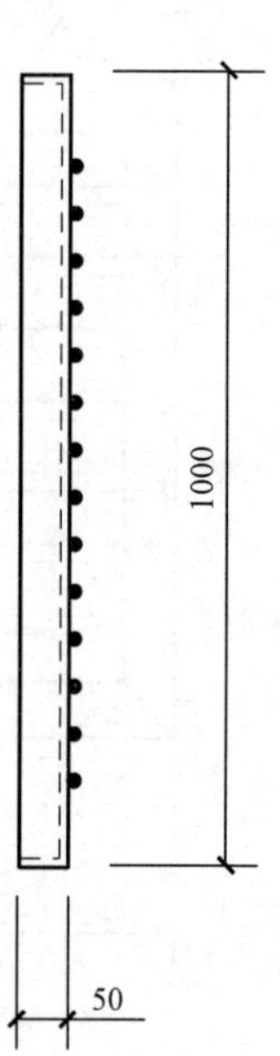

注：1．钢材为Q235B。
2．热镀锌。

图6-109	钢筋篦子制造图(2)		
适用范围	电缆沟积水井	图号	BZ-02

第七章　电力电缆防火、防水及通风

1. 电力电缆防火

敷设在电缆隧道和电缆沟内的电缆应满足防火的要求，例如可采用不延燃的外护套或裸钢带铠装的电缆，重要线路应选用阻燃外护套的电缆。对电缆可能波及火灾的电缆密集场所，应对相关范围的电缆实施阻燃防护，当电缆数量较多时，应在适当部位设置阻火墙，通常沟道内每隔 50m 设置一处，这样可有效地防止沟内火势蔓延。阻火墙的设置，可采用阻火包、矿棉块等软质材料及防火隔板等，不论用什么材料设置，应保证在增添或更换电缆时不致损伤其他电缆，而且便于操作。本章绘有《电缆沟道阻火墙施工图》。

电缆敷设完毕后，应及时清理沟中的杂物，以免引起火灾。

2. 电力电缆沟道防水

地下水位较高时，电缆隧道及电缆沟内经常积水，水的来路很多，如电缆沟道的墙壁施工时砂浆不饱满，可由两侧墙壁渗水；电缆沟底部垫层无防水措施，可从底部透水；进出电缆沟的管孔堵塞不严而漏水。电缆沟道进水，对电缆的安全运行有很大影响，若电缆浸泡在水中，水中的化学物质会使护层腐蚀，绝缘降低，甚至达零值，其使用寿命会大大降低，最终导致电缆击穿。

电缆进潮气和水的主要通道是从电缆附件进入，潮气或水一旦进入电缆附件，就会危及整个电缆系统。因此，在安装电缆附件时应十分注意防潮，对所有的密封零件必须认真安装。需要特别指出的是，中间接头的位置尽可能布置在干燥地点，直埋敷设的中间接头必须有防水外壳。

本章介绍的电缆沟道的防水措施有 1∶2 水泥砂浆加 5%防水剂抹面：电缆沟及隧道沟壁外用 SY115 系列高分子复合防水卷材包封。电缆隧道的变形缝、施工缝应按图纸设计要求放置止水带，做好防水措施。

电缆沟一旦进水必须及时排出。为此，电缆沟道的底面必须具有不小于 0.3%的坡度，电缆的工作井内应设置积水井，以便及时抽水排水。

3. 电力电缆通风

电缆隧道及电缆沟一般采用自然通风，对较长的电缆隧道本通用设计备有隧道通风管施工图，可因地制宜地选用。

施　工　图

(1) 电缆沟道阻火墙施工图	FH - 01
(2) 电缆沟道防水施工图	FS - 01
(3) 电缆沟积水井施工图	FS - 02
(4) 中埋式止水带变形缝施工图	FS - 03
(5) 电缆隧道施工缝止水带施工图	FS - 04
(6) 电缆隧道通风管施工图	TF - 01

第七章

电力电缆防火、防水及通风

图 7-1　电缆沟道阻火墙施工图（电缆隧道及电缆沟）……FH-01
图 7-2　电缆沟道防水施工图（电缆隧道及电缆沟）……FS-01
图 7-3　电缆沟积水井施工图（电缆沟）……FS-02
图 7-4　中埋式止水带变形缝施工图（电缆隧道）……FS-03
图 7-5　电缆隧道施工缝止水带施工图（电缆隧道）……FS-04
图 7-6　电缆隧道通风管施工图（电缆隧道）……TF-01

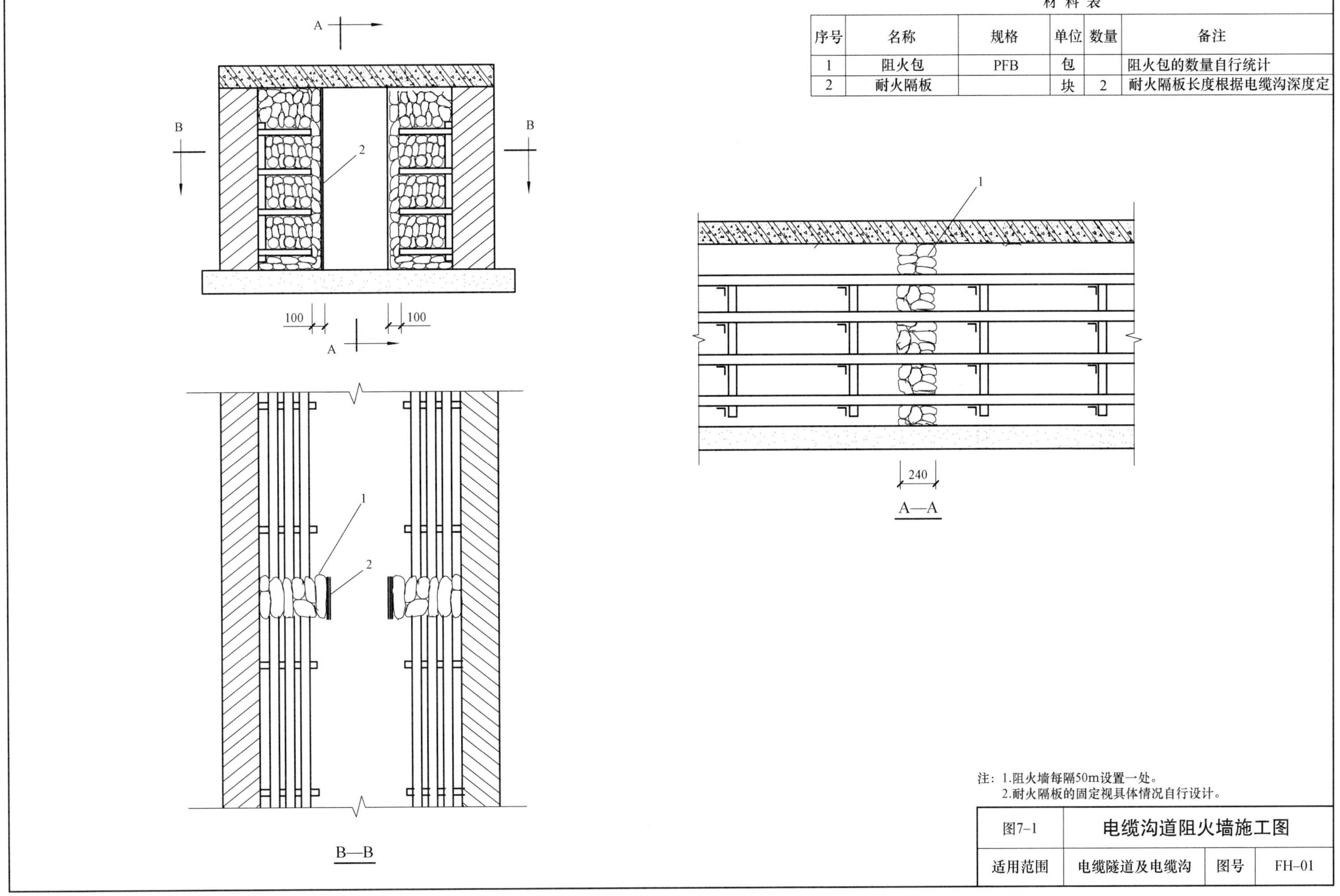
材料表

序号	名称	规格	单位	数量	备注
1	阻火包	PFB	包		阻火包的数量自行统计
2	耐火隔板		块	2	耐火隔板长度根据电缆沟深度定

A
B
2
100
100
1
240
A—A
B—B

注：1.阻火墙每隔50m设置一处。
2.耐火隔板的固定视具体情况自行设计。

图7-1	电缆沟道阻火墙施工图		
适用范围	电缆隧道及电缆沟	图号	FH-01

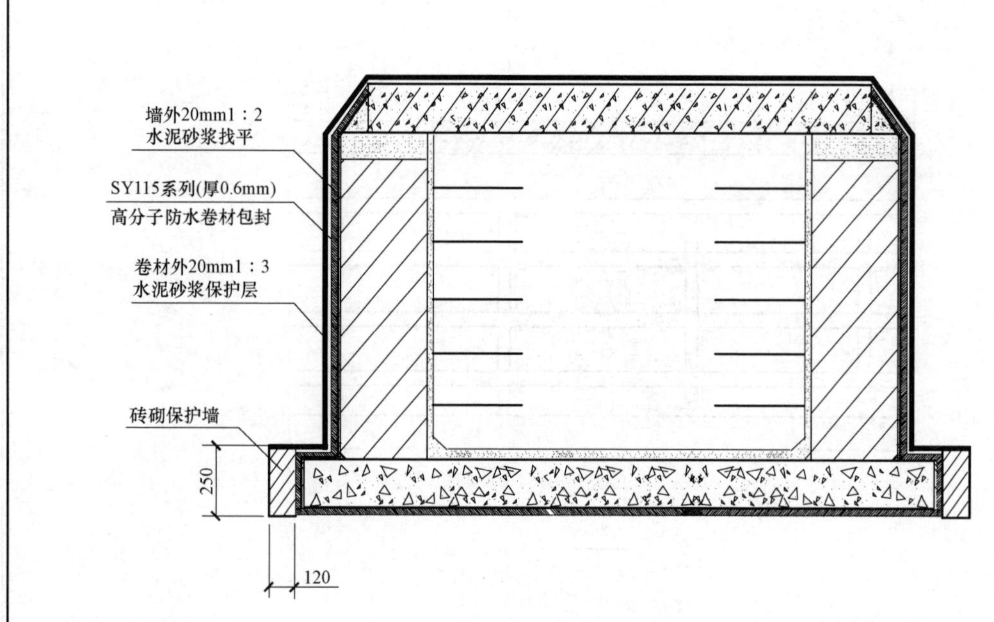

砖砌电缆沟防水施工图

墙外20mm1：2
水泥砂浆找平

SY115系列(厚0.6mm)
高分子防水卷材包封

卷材外20mm1：3
水泥砂浆保护层

砖砌保护墙

B+100

B

120

电缆隧道防水施工图

注：1.电缆沟及电缆隧道墙外20mm1：2水泥砂浆找平后，用高分子防水卷材包封一遍，外抹20mm厚1：3水泥砂浆保护层。
2.电缆沟包封的SY115系列高分子防水卷材，从垫层底部包封到砖沟外壁的两侧。
3.电缆隧道包封的SY115系列高分子防水卷材，从垫层上部绕电缆隧道外壁四周全部包封。

图7-2	电缆沟道防水施工图		
适用范围	电缆隧道及电缆沟	图号	FS-01

材 料 表

序号	名称	规格	单位	数量	质量(kg)			制造图号
					一件	小计	合计	
1	机制砖	75号	块	794				
2	钢筋篦子	950×1000	个	1	41.0	41.0	41.0	BZ–02
3	混凝土	C20	m^3	0.52				

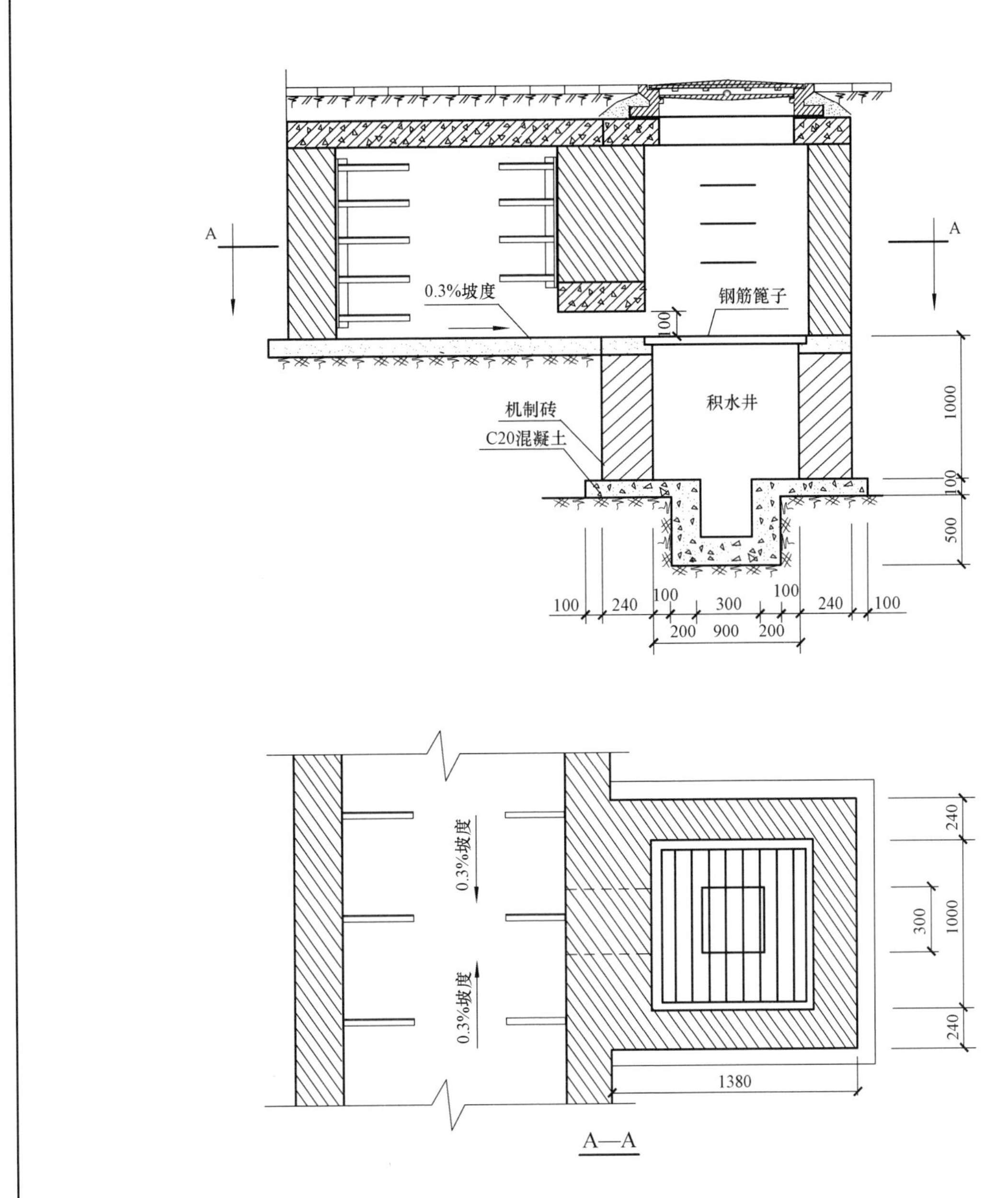

注：1．本图适用于地下水位较高的地区。
2．积水井应每隔50m分段设置。

图7–3	电缆沟积水井施工图		
适用范围	电缆沟	图号	FS–02

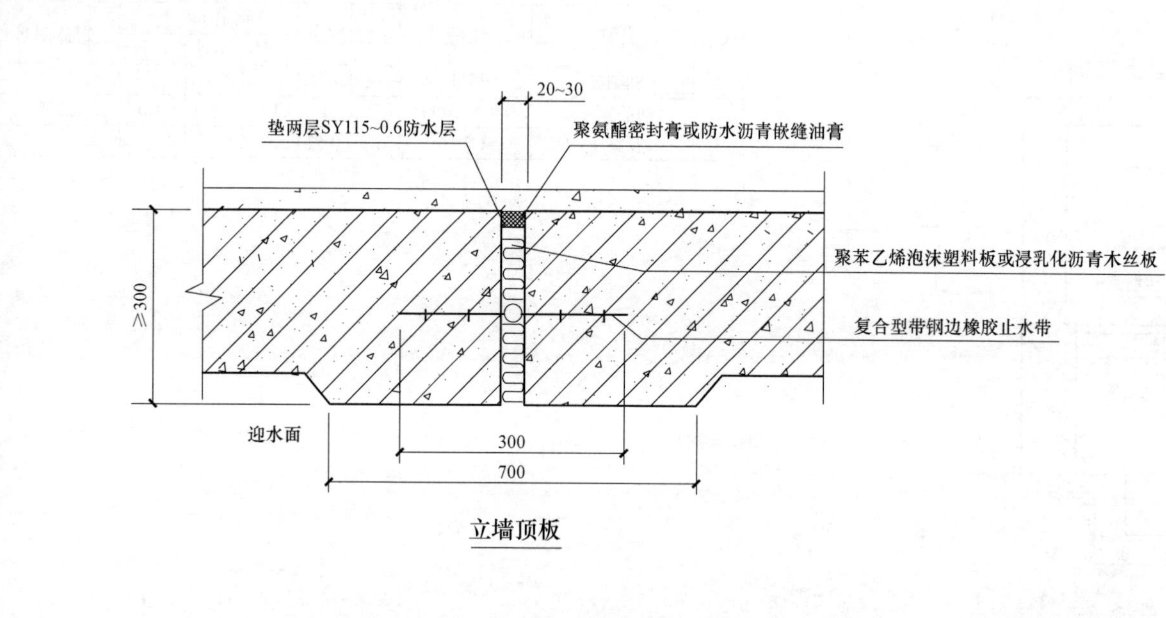

立墙顶板

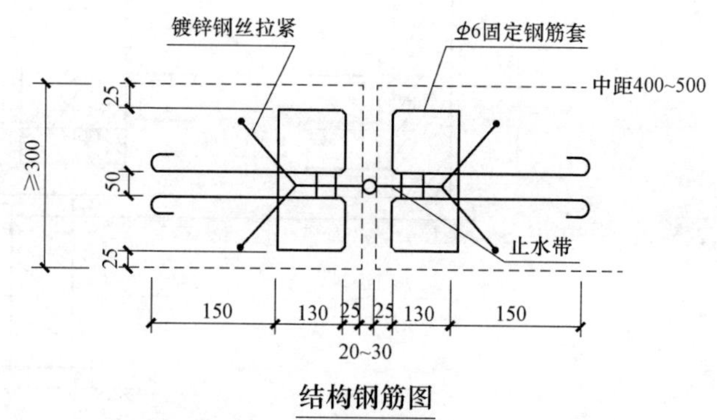

结构钢筋图

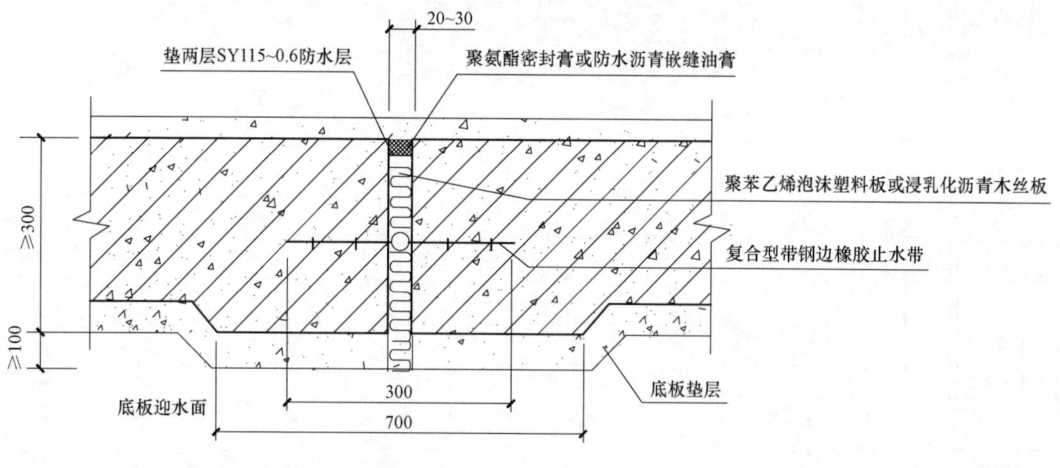

底板

注：1. 金属止水袋必须埋设准确，使止水带中心线与变形缝及结构厚度中心线重合。
2. 变形缝的止水带在转弯处的转角半径R应做成>200的圆弧形。
3. 止水带的接茬不得甩在转角处，且应留在较高部位。
4. 止水带在浇筑混凝土前，必须妥善固定于专用的钢筋套中，并在止水带的边缘处用镀锌丝绑牢，以防止位移，见结构钢筋图。
5. 选用止水带的空心圆环直径应与变形缝宽度相同。
6. 接缝口防水层按三层防水考虑，防水材料选用SY115系列多层高分子复合防水卷材。规格为43.5mm×1150mm×0.6mm三层。

图7–4	中埋式止水带变形缝施工图		
适用范围	电缆隧道	图号	FS–03

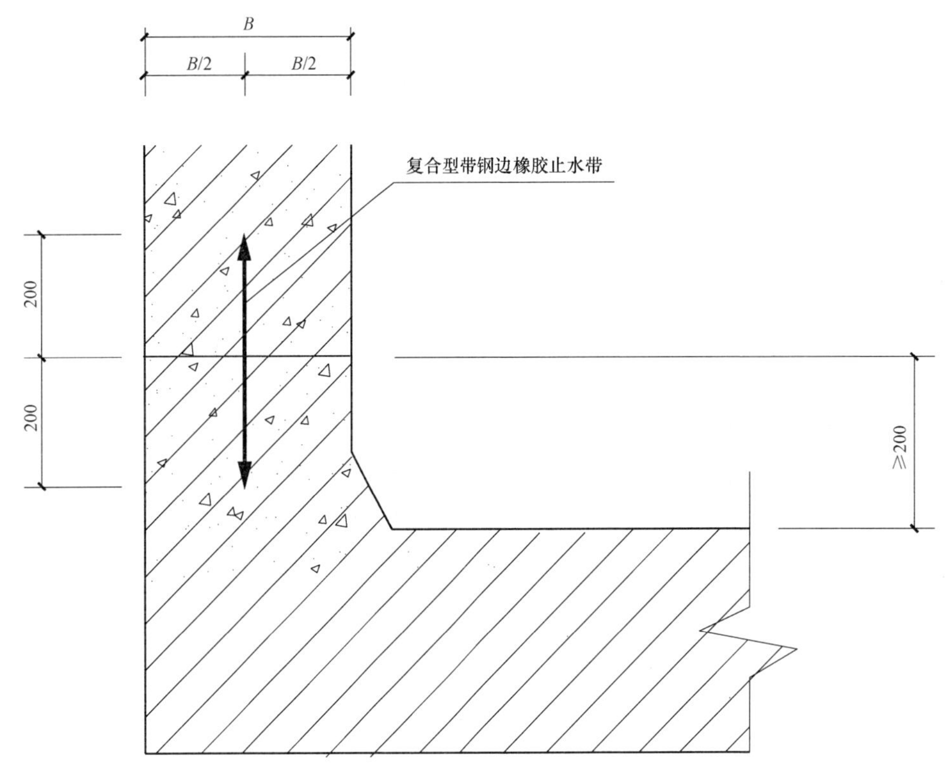

注：B为墙厚，具体尺寸见第三章《电力电缆隧道敷设》施工图。

图7-5	电缆隧道施工缝止水带施工图		
适用范围	电缆隧道	图号	FS-04

材料表

序号	名称	规格	长度(mm)	单位	数量	质量(kg)		
						一件	小计	合计
	钢管	ϕ200×8	3500	个	1			140.0

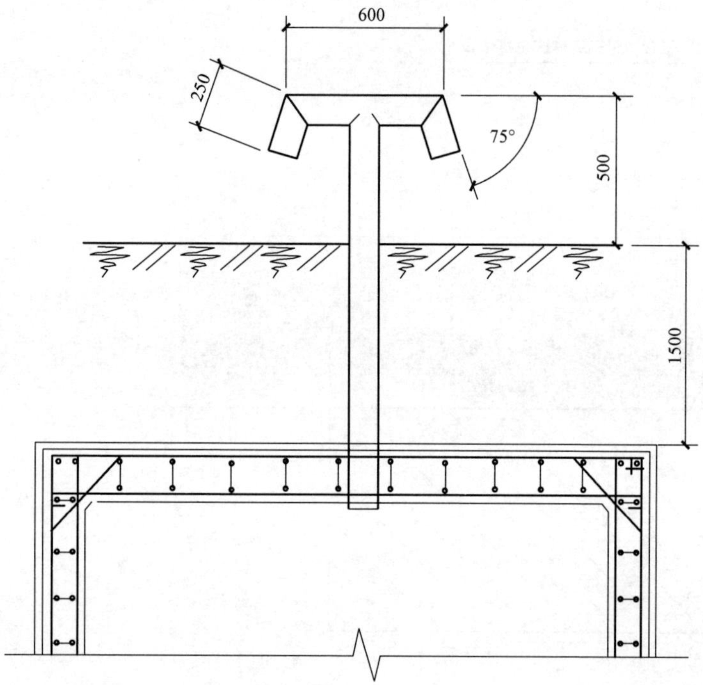

注：1. 钢材：Q235A。

2. 通风管焊好后，整体热镀锌防腐。

3. 隧道施工时，将通风管与隧道顶板主筋焊牢，并浇制在隧道顶板里。

图7–6	电缆隧道通风管施工图		
适用范围	电缆隧道	图号	TF–01

第八章　电力电缆接地及交叉互联

电力电缆的金属护套和铠装、电缆支架和电缆附件的支架必须可靠接地。

电缆线路与架空线路相连的一端应装设避雷器，并进行接地。

35kV及以下的三芯电力电缆的金属护层一般采用两终端及接头处实施直接接地。

35kV及以上的单芯电力电缆的金属护层接地根据电缆设计规范的要求，电力电缆金属护层上任一点非直接接地处的正常感应电压不得大于50V，可分以下三种情况进行接地。

（1）线路较短时，电缆金属护层可一端直接接地，两端经保护接地。

（2）线路较长时，电缆中间部位的金属护层可直接接地，两端的金属护层采用保护接地。

（3）线路很长时，可将线路分成适当的多个单元，且每个单元的三段电缆长度尽可能均等，电缆的金属护层采用交叉互联接地。

（4）以上各种情况的工频接地电阻值不得大于4Ω。

施　工　图

（1）电缆金属护层接地施工图（1）　JD-01

（2）电缆金属护层接地施工图（2）　JD-02

（3）电缆金属护层交叉互联接地施工图　JD-03

（4）电缆沟道接地装置施工图　JD-04

（5）电缆排管接地装置施工图　JD-05

（6）接地扁钢焊接施工图　JD-06

第八章

电力电缆接地及交叉互联

图 8-1　电缆金属护层接地施工图（1）　（35kV 及以上单芯电缆）……JD-01
图 8-2　电缆金属护层接地施工图（2）　（35kV 及以上单芯电缆）……JD-02
图 8-3　电缆金属护层交叉互联接地施工图　（35kV 及以上单芯电缆）……JD-03
图 8-4　电缆沟道接地装置施工图　（电缆隧道及电缆沟）……JD-04
图 8-5　电缆排管接地装置施工图　（电缆排管）……JD-05
图 8-6　接地扁钢焊接施工图　（接地扁钢焊接）……JD-06

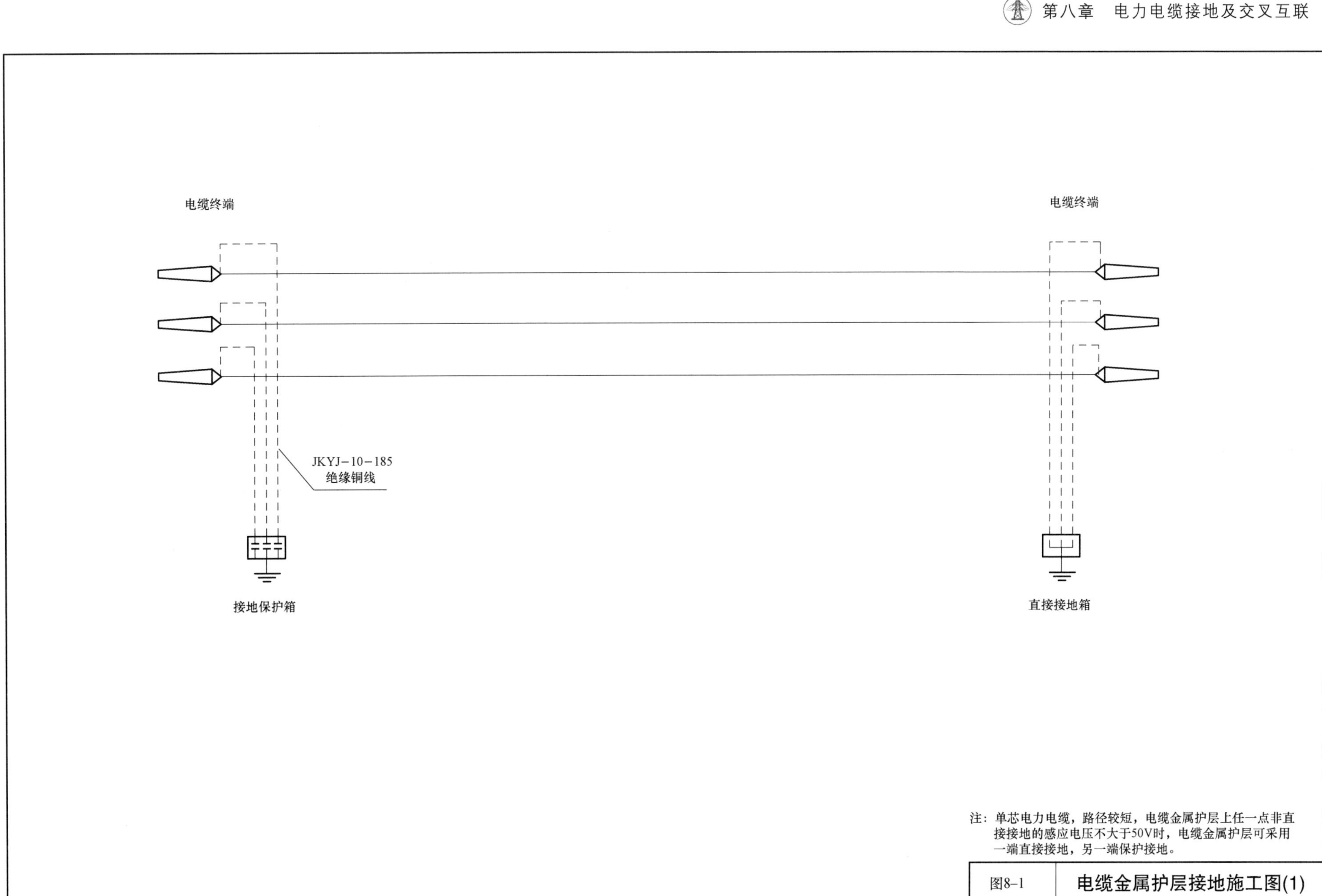

注：单芯电力电缆，路径较短，电缆金属护层上任一点非直接接地的感应电压不大于50V时，电缆金属护层可采用一端直接接地，另一端保护接地。

图8-1	电缆金属护层接地施工图(1)		
适用范围	35kV及以上单芯电缆	图号	JD-01

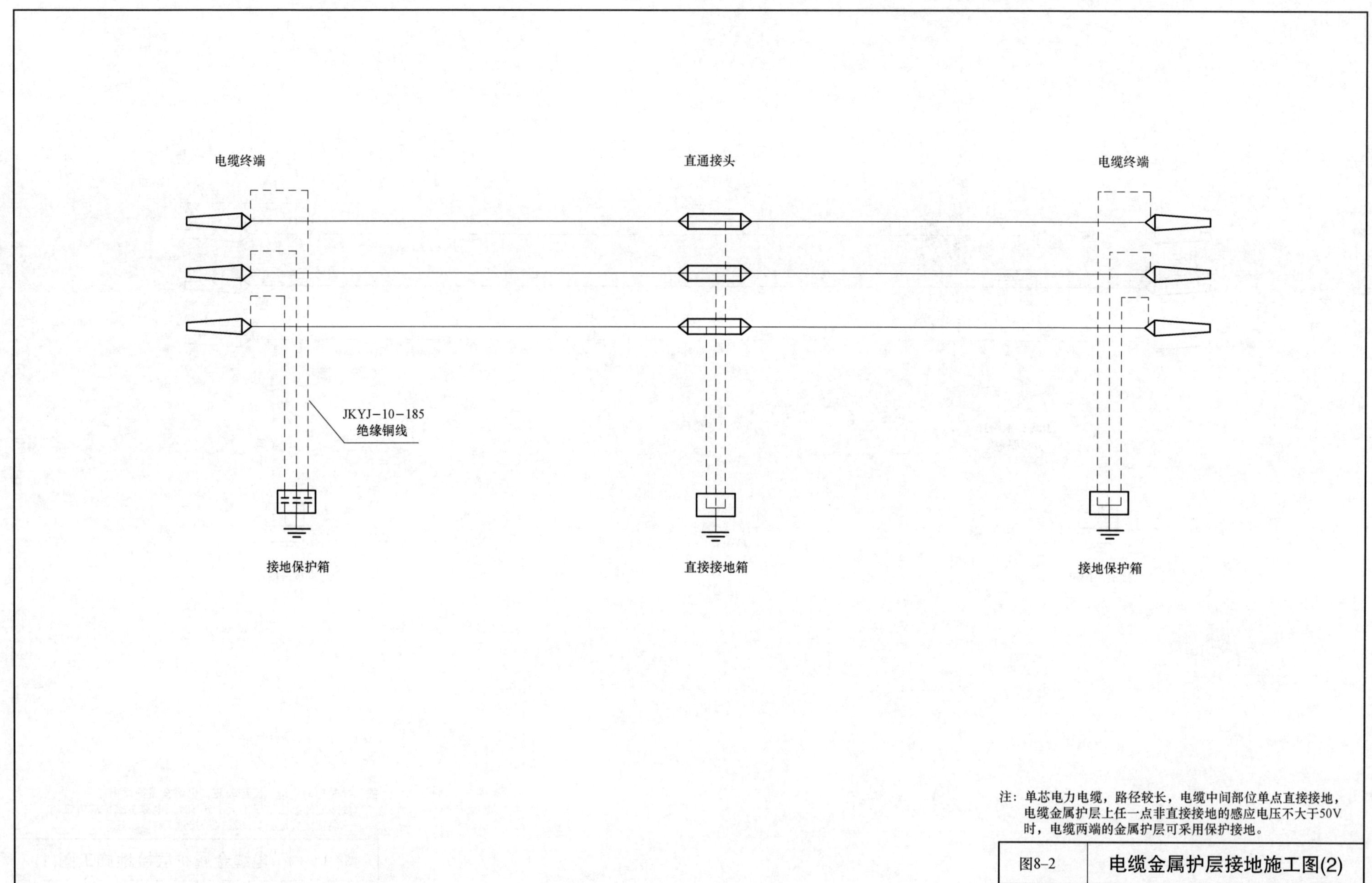

图8–2	电缆金属护层接地施工图(2)		
适用范围	35kV及以上单芯电缆	图号	JD–02

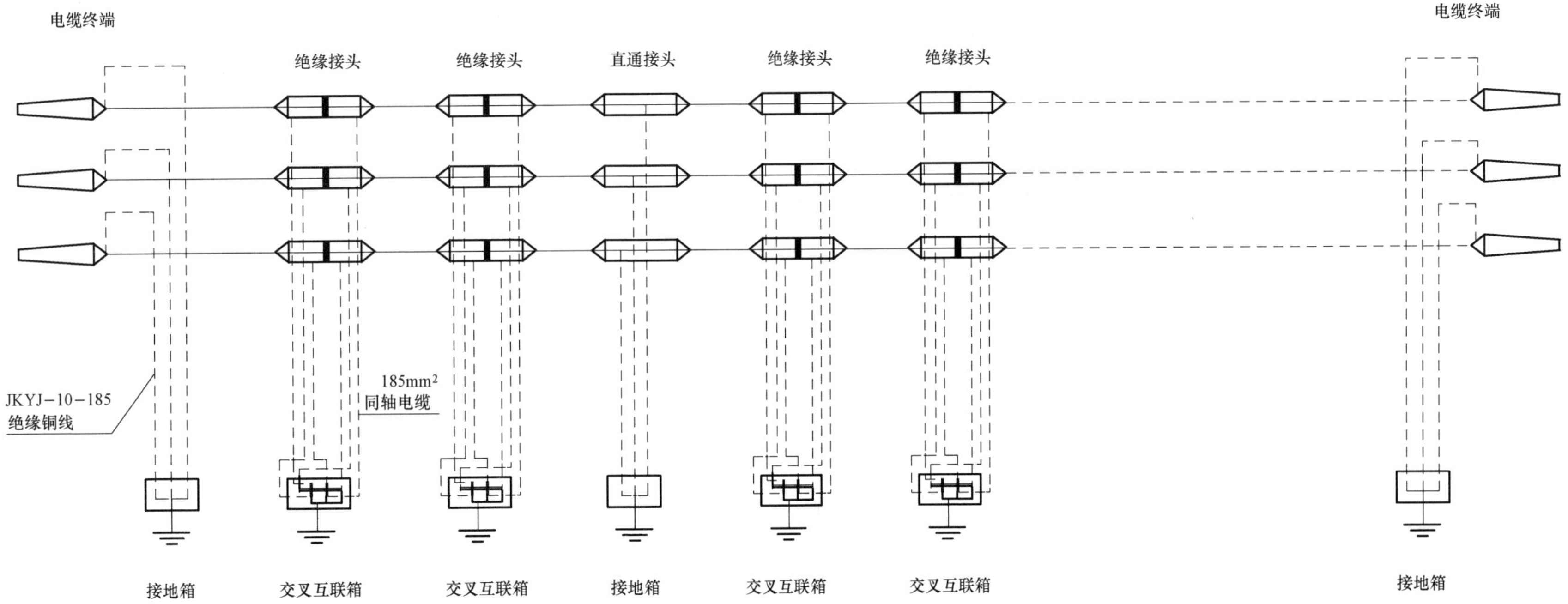

注：单芯电力电缆，路径很长，可分成几个适当的单元，且每个单元的三段电缆长度尽可能均等，电缆金属护层上任一点非直接接地的感应电压不大于50V时，该电缆的金属护层应采用交叉互联接地。

图8-3	电缆金属护层交叉互联接地施工图		
适用范围	35kV及以上单芯电缆	图号	JD-03

每组接地装置所需材料

型号	序号	名称	规格	长度(mm)	单位	数量	质量(kg)			备注
							一件	小计	合计	
	1	扁钢	−50×5	15100	根	1	29.6	29.6	73.5	
	2	角钢	L50×5	2000	根	4	7.54	30.2		
	3	接地扁钢	−50×5	3500	根	2	6.86	13.7		

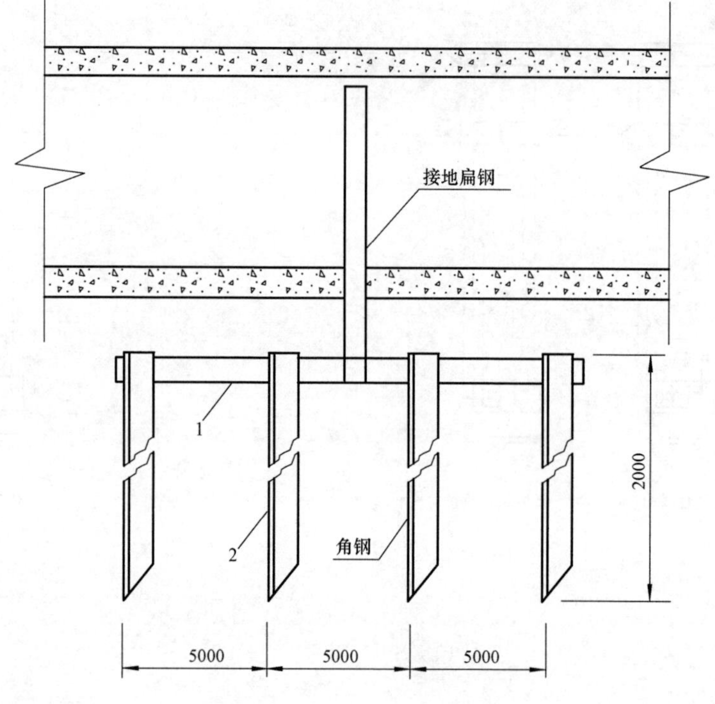

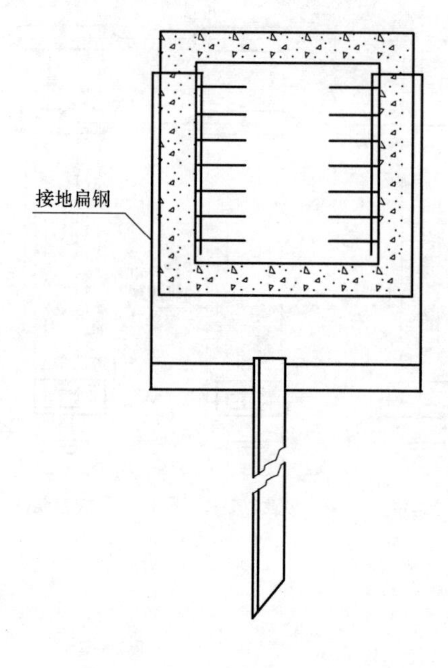

注：1. 钢材为Q235B。
2. 在电缆隧道下面，隧道两端及中间各敷设一组接地装置。
3. 若电缆隧道外包防水材料时，序号3连接扁铁要从隧道顶部引出，再翻下与接地装置连接，以防隧道漏水。
4. 接地装置中的铁部件需热镀锌防腐，各连接点需焊牢。
5. 接地电阻值不应大于4Ω。

图8-4	电缆沟道接地装置施工图		
适用范围	电缆隧道及电缆沟	图号	JD–04

每组接地装置所需材料

型号	序号	名称	规格	长度(mm)	单位	数量	质量(kg)			备注
							一件	小计	合计	
	1	扁钢	－50×5	15100	根	1	29.6	29.6	73.5	
	2	角钢	L50×5	2000	根	4	7.54	30.2		
	3	接地扁钢	－50×5	3500	根	2	6.86	13.7		

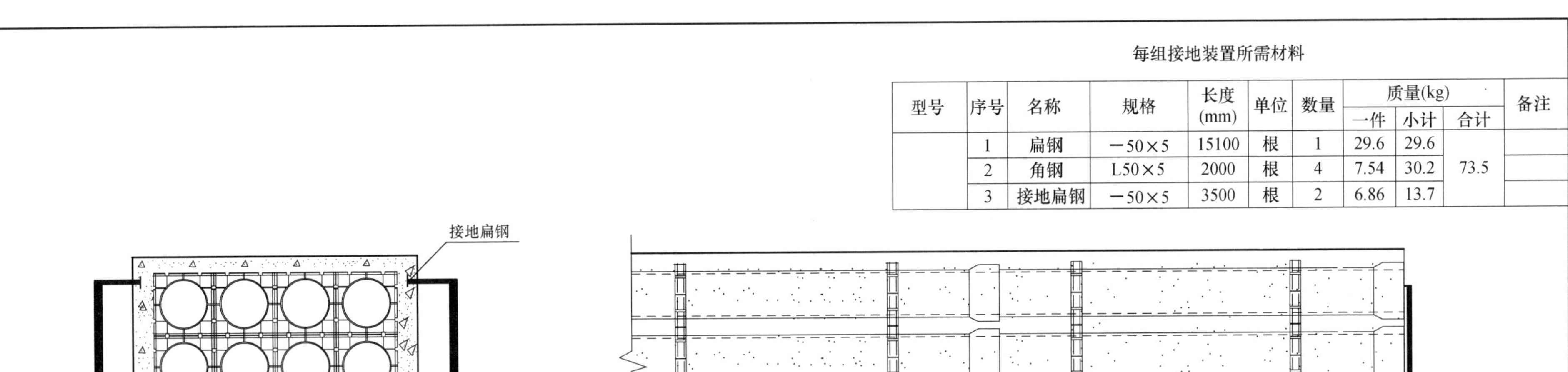

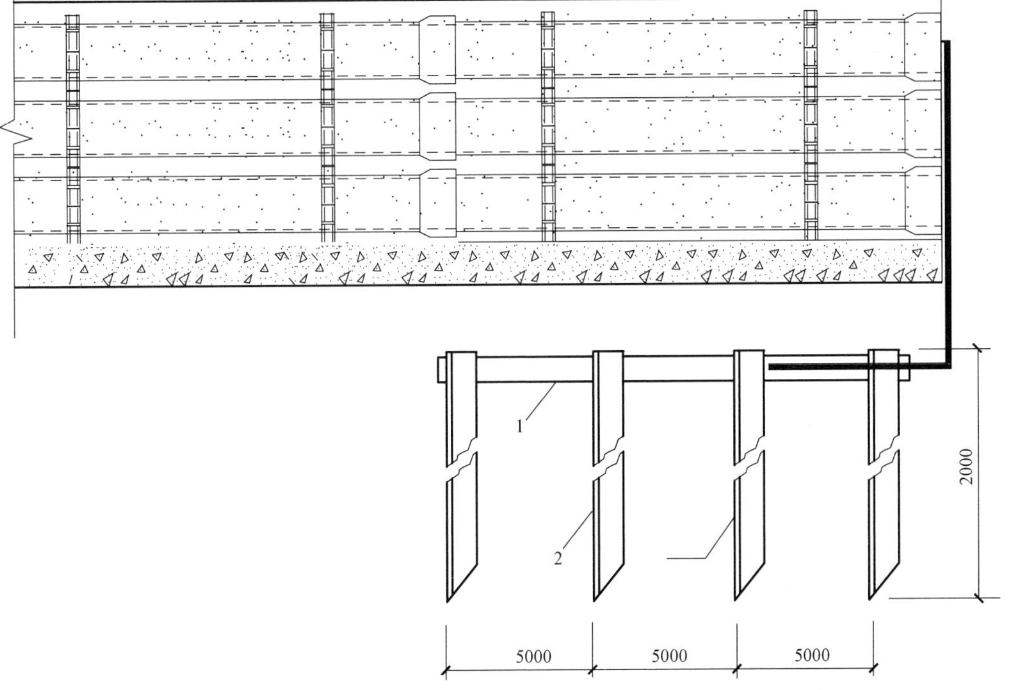

注：1．钢材为Q235B。
2．在电缆排管下面，排管两端各敷设一组接地装置。
3．将混凝土垫层中预埋的两根接地扁铁与接地装置连接。
4．接地装置中的铁部件需热镀锌防腐，各连接点需焊牢。
5．接地电阻值不应大于4Ω。

图8–5	电缆排管接地装置施工图		
适用范围	电缆排管	图号	JD–05

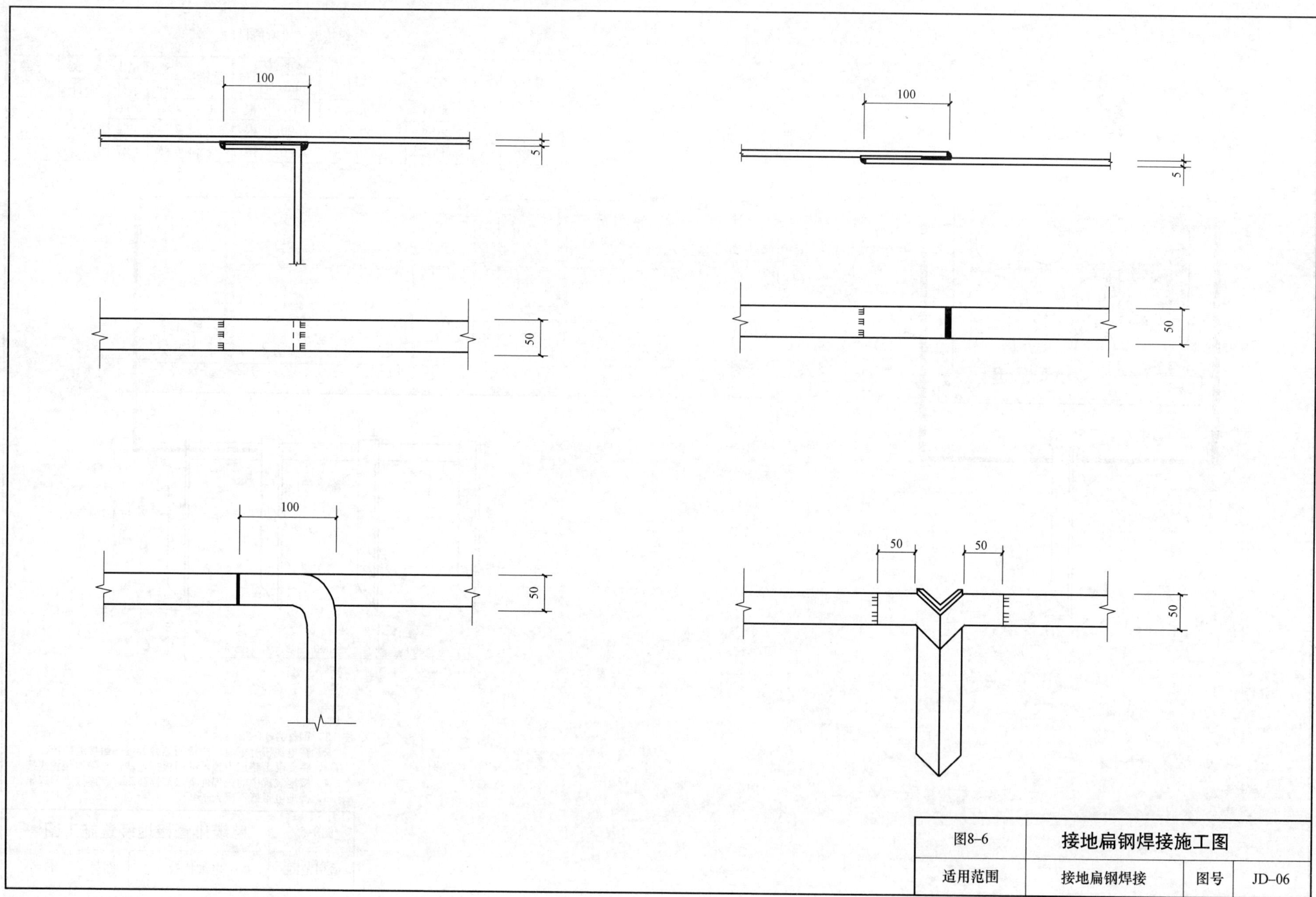
100
5
50
100
5
50
100
50
50
50
50
图8-6
接地扁钢焊接施工图
适用范围
接地扁钢焊接
图号
JD-06

附　录

附录一　电缆导管技术数据
附录二　高强玻璃钢电缆支架技术数据
附录三　电缆固定夹技术数据
附录四　电力电缆技术数据
附录五　电缆附件技术数据
附录六　防水卷材技术数据
附录七　常用型材技术数据

附录一　电缆导管技术数据

附表 1-1　　CGCT 电缆导管外形尺寸（mm）

型号规格	D	D_1	D_2	D_3	T	T_1	S	L
CGCT-60/3	60	66	74	80	3	3	80	6000
CGCT-60/5	60	70	78	88	5	5	80	6000
CGCT-80/3	80	86	92	98	3	3	80	6000
CGCT-80/4	80	88	96	104	4	4	80	6000
CGCT-80/5	80	90	98	108	5	5	80	6000
CGCT-100/3	100	106	114	120	3	3	80	6000
CGCT-100/4	100	108	116	124	4	4	80	6000
CGCT-100/5	100	110	118	128	5	5	80	6000
CGCT-100/6	100	112	120	132	6	6	80	6000
CGCT-100/8	100	116	124	140	8	8	80	6000
CGCT-100/10	100	120	128	148	10	10	80	6000
CGCT-125/3	125	131	139	145	3	3	100	6000
CGCT-125/4	125	133	141	149	4	4	100	6000
CGCT-125/5	125	135	143	153	5	5	100	6000
CGCT-125/6	125	137	145	157	6	6	100	6000
CGCT-125/8	125	141	149	165	8	8	100	6000
CGCT-150/3	150	156	164	170	3	3	100	6000
CGCT-150/4	150	158	166	174	4	4	100	6000
CGCT-150/5	150	160	168	178	5	5	100	6000
CGCT-150/6	150	162	174	186	6	6	100	6000
CGCT-150/8	150	166	174	190	8	8	100	6000
CGCT-150/8.5	150	167	175	192	8.5	8.5	100	6000
CGCT-150/10	150	170	178	198	10	10	100	6000
CGCT-175/3	175	181	189	195	3	3	100	6000
CGCT-175/4	175	183	191	199	4	4	100	6000
CGCT-175/5	175	185	193	203	5	5	100	6000
CGCT-175/6	175	187	195	207	6	6	100	6000
CGCT-175/8	175	191	199	215	8	8	100	6000
CGCT-175/10	175	195	203	223	10	10	100	6000
CGCT-200/3	200	206	214	220	3	3	100	6000
CGCT-200/4	200	208	216	224	4	4	100	6000
CGCT-200/5	200	210	218	228	5	5	100	6000
CGCT-200/6	200	212	220	232	6	6	100	6000
CGCT-200/8	200	216	224	240	8	8	100	6000
CGCT-200/10	200	220	228	248	10	10	100	6000
CGCT-250/5	250	260	297	307	5	5	300	6000
CGCT-250/8	250	266	303	313	8	8	300	6000
CGCT-300/8	300	316	347	357	5	5	350	12 000
CGCT-300/10	300	320	347	363	8	8	350	12 000

注　生产厂为山东省呈祥电工电气有限公司。

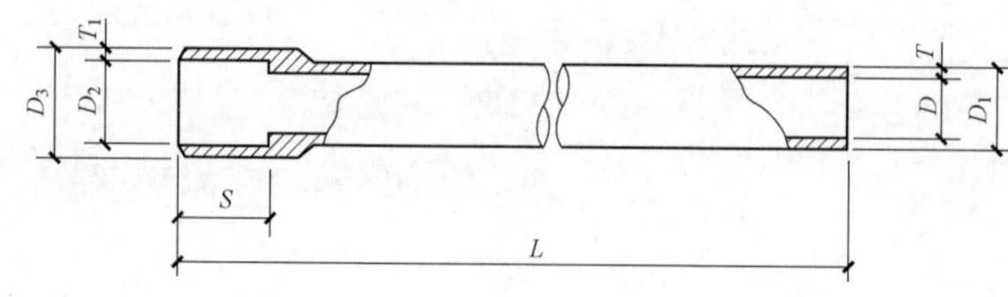

附表 1 - 2　　MPP - SG - D 塑钢复合电缆导管外形尺寸

型号规格	D	D_1	D_2	T	T_1	T_2	L_1
MPP - SG - D 110/6	110	122	130	6	3	3	100
MPP - SG - D 110/8	110	126	134	8	3	5	100
MPP - SG - D 110/10	110	130	138	10	3	7	100
MPP - SG - D 110/12	110	134	142	12	3	9	100
MPP - SG - D 160/6	160	172	180	6	3	3	100
MPP - SG - D 160/8	160	176	184	8	3	5	100
MPP - SG - D 160/10	160	180	188	10	3	7	100
MPP - SG - D 160/12	160	184	192	12	3	9	100
MPP - SG - D 185/7	185	199	207	7	3.5	3.5	100
MPP - SG - D 185/8	185	201	209	8	3.5	4.5	100
MPP - SG - D 185/10	185	205	213	10	3.5	6.5	100
MPP - SG - D 185/12	185	209	217	12	3.5	8.5	100
MPP - SG - D 210/8	210	226	234	8	4	4	120
MPP - SG - D 210/10	210	230	238	10	4	6	120
MPP - SG - D 210/12	210	234	242	12	4	8	120
MPP - SG - D 210/15	210	240	248	15	4	11	120
MPP - SG - D 240/8	240	256	264	8	4	4	120
MPP - SG - D 240/10	240	260	268	10	4	6	120
MPP - SG - D 240/12	240	264	272	12	4	8	120
MPP - SG - D 240/15	240	270	278	15	4	11	120

注　生产厂为山东省呈祥电工电气有限公司。

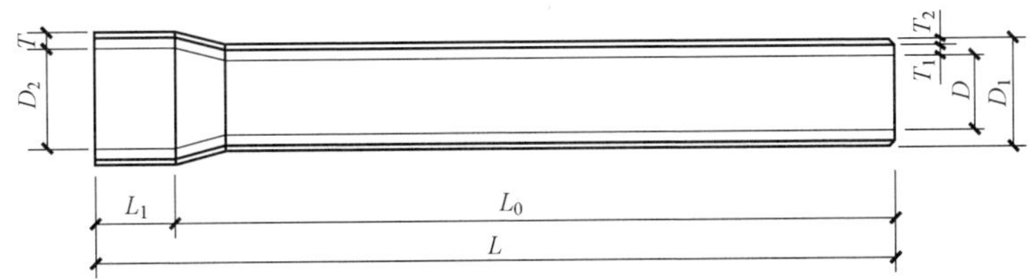

附表 1 - 3　　电缆管管枕尺寸

型号规格	宽度 A(mm)	高度 B(mm)	型号规格	宽度 A(mm)	高度 B(mm)
CGCT - 125/5 - Z	192	186	CGCT - 175/6 - Z	236	236
CGCT - 125/10 - Z	192	186	CGCT - 175/10 - Z	244	272

续表

型号规格	宽度 A(mm)	高度 B(mm)	型号规格	宽度 A(mm)	高度 B(mm)
CGCT - 150/6 - Z	211	219	CGCT - 200/6 - Z	272	272
CGCT - 150/10 - Z	219	236	CGCT - 200/10 - Z	280	280

注　1. 管枕型号与电缆导管相配套，厚度 6mm 以下的电缆管选用型号为 CGCT - ××/6 - Z 的管枕，厚度 6～10mm 的电缆管选用型号为 CGCT - ××/10 - Z 的管枕。

2. 生产厂为山东省呈祥电工电气有限公司。

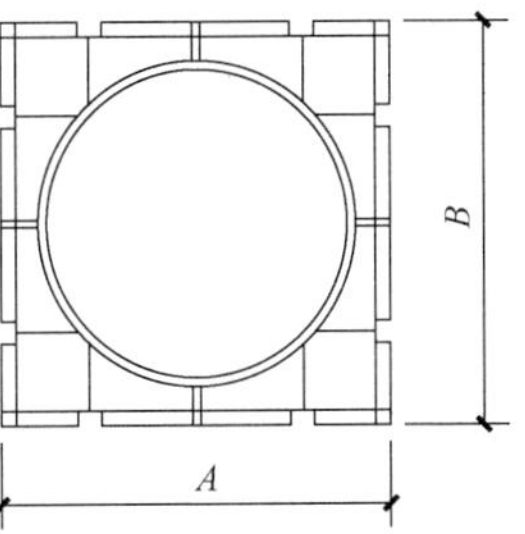

附表 1 - 4　　MPP - SG - D 电缆管管枕尺寸

管枕型号	宽度 L（mm）	高度 L（mm）	内孔直径 ϕ（mm）
MPP - SG - D1 - 10/10 - Z	192	186	146
MPP - SG - D - 110/12 - Z	236	236	163
MPP - SG - D - 160/12 - Z	236	236	187
MPP - SG - D - 185/12 - Z	280	280	220
MPP - SG - D - 210/12 - Z	305	305	245
MPP - SG - D - 240/12 - Z	330	330	272

注　生产厂为山东省呈祥电工电气有限公司。

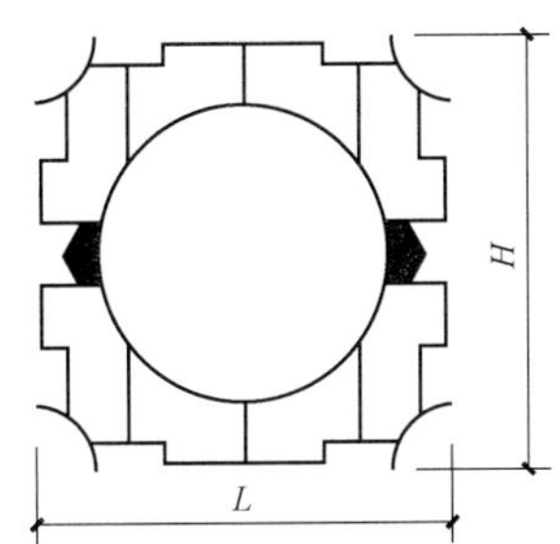

附录二　高强玻璃钢电缆支架技术数据

附表 2-1　　高强度玻璃钢电缆支架

支架形式	规格型号	总长度（mm）	埋置长度（mm）	工作面长度（mm）	预埋件尺寸（宽×高×长，mm）	敷设电缆根数	最大荷载（N）
承插式玻璃钢支架	CGCZ-2/365	365	90	275	49×51×116	2	1000
	CGCZ-3/505	505	90	415	49×51×116	3	1000
	CGCZ-3/600	600	110	490	60×80×126	3	3000
	CGCZ-4/600	600	110	490	60×80×126	4	3000
组合悬挂式玻璃钢支架	CGXZ-300	300	—	300	60×80×126		
	CGXZ-500	500	—	500	M12×200 燕尾螺栓或 M12×140 膨胀螺栓		2000
	CGXZ-700	700	—	700			
平板型玻璃钢支架（1型）（每组）	CGCZ-2/365	365	90	275	49×51×116		1000
	CGCZ-3/505	505	90	415	49×51×116		1000
	CGPZ-425	425	110	315	60×40×126		3000
	CGPZ-525	525	110	415	60×40×126		3000
平板型玻璃钢支架（2型）（每组）	CGCZ-2/365	365	90	275	49×51×116		1000
	CGPZ-415	415	110	305	60×40×126		3000
	CGPZ-510	510	110	400	60×40×126		3000
平板型玻璃钢支架（3型）（每组）	CGCZ-2/365	365	90	275	49×51×116		1000
	CGCZ-3/600	600	90	490	60×80×126		3000
	CGPZ-465	465	110	355	60×40×126		3000
	CGPZ-600	600	110	490	60×40×126		3000
平板型玻璃钢支架（4型）（每组）	CGCZ-2/365	365	90	275	49×51×116		1000
	CGCZ-3/600	600	90	490	60×80×126		3000
	CGPZ-465	465	110	355	60×40×126		3000
	CGPZ-600	600	110	490	60×40×126		3000

续表

支架形式	规格型号	总长度（mm）	埋置长度（mm）	工作面长度（mm）	预埋件尺寸（宽×高×长，mm）	敷设电缆根数	最大荷载（N）
平板型玻璃钢支架（5型）（每组）	CGCZ-2/365	365	90	275	49×51×116		1000
	CGCZ-3/600	600	90	490	60×80×126		1000
	CGPZ-520	520	110	410	60×40×126		3000
	CGPZ-710	710	110	600	60×40×126		3000
平板型玻璃钢支架（6型）（每组）	CGCZ-2/365	365	90	275	49×51×116		1000
	CGCZ-3/600	600	90	490	60×80×126		3000
	CGPZ-710	710	110	600	60×40×126		3000
平板型玻璃钢支架（7型）（每组）	CGCZ-2/365	365	90	275	49×51×116		1000
	CGPZ-520	520	110	410	60×40×126		3000
	CGPZ-710	710	110	600	60×40×126		3000
平板型玻璃钢支架（8型）（每组）	CGPZ-470	470	110	360	60×40×126		3000
	CGPZ-610	610	110	500	60×40×126		3000
平板型玻璃钢支架（9型）（每组）	CGCZ-3/600	600	110	490	60×80×126		3000
	CGPZ-710	710	110	600	60×40×126		3000
平板型玻璃钢支架（9型）（每组）	CGPZ-710	710	110	600	60×40×126		3000

注　生产厂为山东省呈祥电工电气有限公司。

附录三　电缆固定夹技术数据

附表 3-1　　单相电缆固定夹（玻璃钢抱箍）尺寸表

型号规格	适用电缆外径(mm)	L_1	L_2	L_3	L_4	M
BG-60	$\phi60\sim\phi70$	144	174	100	48	$M12\times120$
BG-80	$\phi70\sim\phi90$	144	174	110	48	$M12\times120$
BG-90	$\phi90\sim\phi100$	144	174	120	48	$M12\times120$
BG-100	$\phi100\sim\phi110$	144	174	130	48	$M12\times120$
BG-110	$\phi110\sim\phi120$	154	190	130	48	$M12\times140$
BG-120	$\phi120\sim\phi140$	174	214	148	48	$M12\times160$
BG-150	$\phi140\sim\phi160$	215	252	174	48	$M12\times180$

注　生产厂为山东省呈祥电工电气有限公司。

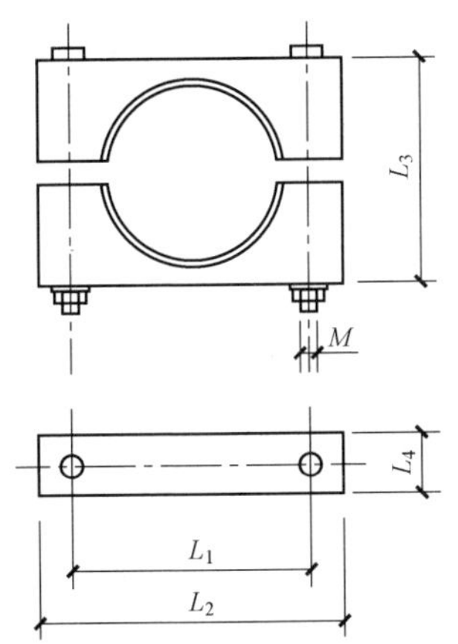

附表 3-2　　三相电缆固定夹（玻璃钢抱箍）尺寸表

型号规格	适用电缆外径(mm)	L_1	L_2	L_3	L_4	M
BGS-55	$\phi55\sim\phi70$	180	220	168	80	$M10\times90$
BGS-70	$\phi70\sim\phi85$	210	250	196	80	$M10\times100$
BGS-85	$\phi85\sim\phi100$	240	280	225	80	$M10\times115$
BGS-100	$\phi100\sim\phi115$	275	315	255	80	$M12\times125$
BGS-110	$\phi115\sim\phi130$	305	345	283	80	$M12\times135$
BGS-130	$\phi130\sim\phi145$	335	375	318	80	$M12\times160$

注　生产厂为山东省呈祥电工电气有限公司。

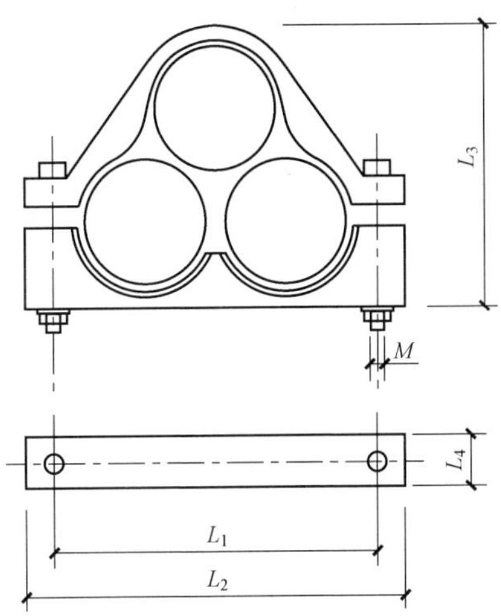

附表 3-3　　单相电缆固定夹尺寸表

型号规格	适用电缆外径 (mm)	L_1	L_2	L_3	L_4	M
JGW-1	$\phi75\sim\phi84$	120	150	114	80	$M12$
JGW-2	$\phi85\sim\phi94$	130	160	124	80	$M14$
JGW-3	$\phi95\sim\phi104$	140	175	138	80	$M14$
JGW-4	$\phi105\sim\phi114$	150	185	150	80	$M14$
JGW-5	$\phi114\sim\phi124$	160	195	160	90	$M14$
JGW-6	$\phi124\sim\phi134$	175	215	175	90	$M16$
JGW-7	$\phi134\sim\phi146$	190	230	195	100	$M16$

注　生产厂为山东呈祥电工电气有限公司。

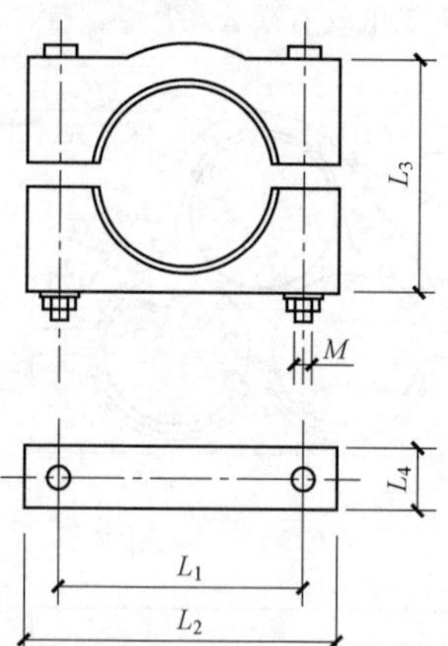

附表 3-4　　三相电缆固定夹尺寸表

型号规格	适用电缆外径 (mm)	L_1	L_2	L_3	L_4	M
JGP-1	$\phi45\sim\phi55$	150	180	65	135	$M12$
JGP-2	$\phi55\sim\phi68$	186	214	70	156	$M12$
JGP-3	$\phi68\sim\phi80$	224	264	75	186	$M14$
JGP-4	$\phi80\sim\phi90$	245	278	80	205	$M14$
JGP-5	$\phi90\sim\phi100$	280	322	100	235	$M16$
JGP-6	$\phi100\sim\phi114$	290	332	100	252	$M16$

注　生产厂为山东呈祥电工电气有限公司。

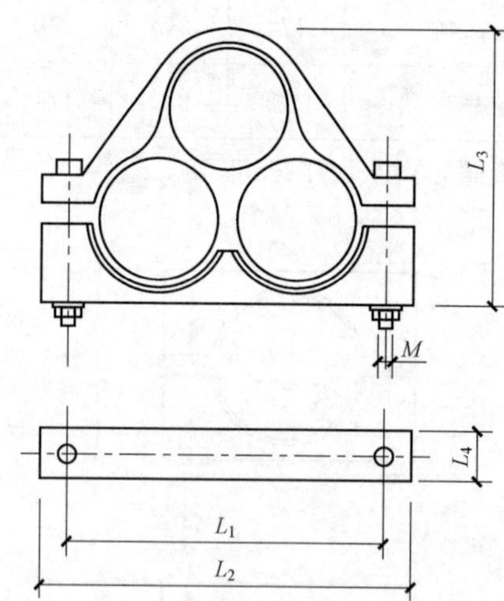

附录四　电力电缆技术数据

附表 4-1　**8.7/10、8.7/15kV 三芯交联聚乙烯绝缘电力电缆**

导体标称截面 (mm²)	绝缘标称厚度 (mm)	三芯											
		YJV、YJLV、ZR-YJV、ZR-YJLV			YJV22、YJLV22、ZR-YJV22、ZR-YJLV22			YJV32、YJLV32、ZR-YJV32、ZR-YJLV32			YJV42、YJLV42、ZR-YJV42、ZR-YJLV42		
		电缆近似外径 (mm)	电缆近似质量 (kg/km)		电缆近似外径 (mm)	电缆近似质量 (kg/km)		电缆近似外径 (mm)	电缆近似质量 (kg/km)		电缆近似外径 (mm)	电缆近似质量 (kg/km)	
			铜 Cu	铝 Al		铜 Cu	铝 Al		铜 Cu	铝 Al		铜 Cu	铝 Al
25	4.5	50	2537	2072	53	3500	3035	60	6058	5593	59	6775	6287
35	4.5	53	2985	2334	55	3980	3329	63	6661	6010	62	7296	6641
50	4.5	55	3529	2598	58	4679	3748	66	7456	6525	64	8122	7186
70	4.5	58	4197	2895	61	5410	4107	69	8376	7074	68	9247	7936
95	4.5	63	5230	3462	66	6567	4799	73	9657	7890	72	10 500	8722
120	4.5	66	6120	3888	70	7541	5308	76	10 834	8602	75	11 624	9378
150	4.5	70	7207	4416	73	8674	5883	81	12 160	9369	79	13 024	10 216
185	4.5	74	8378	4935	77	9991	6547	85	13 661	10 219	84	14 758	11 295
240	4.5	79	10 177	5712	84	12 887	8421	91	15 992	11 527	89	16 951	12 459
300	4.5	84	12 159	6577	89	14 974	9392	96	18 262	12 680	94	19 436	13 820

注　生产厂为山东鲁能泰山电缆股份有限公司（山东电缆厂）。

附表 4-2　　26/35kV 三芯交联聚乙烯绝缘电力电缆

导体标称截面 (mm²)	绝缘标称厚度 (mm)	三芯											
		YJV、YJLV、ZR-YJV、ZR-YJLV			YJV22、YJLV22、ZR-YJV22、ZR-YJLV22			YJV32、YJLV32、ZR-YJV32、ZR-YJLV32			YJV42、YJLV42、ZR-YJV42、ZR-YJLV42		
		电缆近似外径 (mm)	电缆近似质量 (kg/km)		电缆近似外径 (mm)	电缆近似质量 (kg/km)		电缆近似外径 (mm)	电缆近似质量 (kg/km)		电缆近似外径 (mm)	电缆近似质量 (kg/km)	
			铜 Cu	铝 Al		铜 Cu	铝 Al		铜 Cu	铝 Al		铜 Cu	铝 Al
50	10.5	84	6000	5078	92	9491	8569	91.6	10 024	9088	94.9	13 058	12 122
70	10.5	88	6960	5643	96	10 614	9298	95.5	11 186	9876	98.9	14 350	13 040
95	10.5	92	7661	6150	100	11 788	9987	99.7	12 537	10 759	103.0	15 842	14 064
120	10.5	95	9203	6958	103	13 216	10 791	102.9	13 698	11 452	106.4	17 156	14 910
150	10.5	98	10 349	7535	107	14 512	11 698	100.8	15 120	12 312	110.1	18 057	15 849
185	10.5	102	11 612	8181	111	15 981	12 550	110.4	16 620	13 158	113.7	20 276	16 814
240	10.5	107	13 594	9117	116	18 219	13 742	115.3	18 871	14 379	118.4	22 641	18 149
300	10.5	112	15 757	10 134	121	20 703	15 080	120.1	21 222	15 606	123.2	25 158	19 542

注　生产厂为山东鲁能泰山电缆股份有限公司（山东电缆厂）。

附表 4-3　　21/35kV 单芯交联聚乙烯绝缘电力电缆

导体标称截面 (mm²)	绝缘标称厚度 (mm)	单芯								
		YJV、YJLV、ZR-YJV、ZR-YJLV			YJV32、YJLV32、ZR-YJV32、ZR-YJLV32			YJV42、YJLV42、ZR-YJV42、ZR-YJLV42		
		电缆近似外径 (mm)	电缆近似质量 (kg/km)		电缆近似外径 (mm)	电缆近似质量 (kg/km)		电缆近似外径 (mm)	电缆近似质量 (kg/km)	
			铜 Cu	铝 Al		铜 Cu	铝 Al		铜 Cu	铝 Al
50	9.3	37	1609	1360	47	3779	3469	50	5414	5104
70	9.3	38	1850	1417	48	4112	3679	52	5414	5416
95	9.3	40	2193	1605	50	4523	3935	54	6317	5729
120	9.3	42	2498	1756	52	4944	4202	55	6734	5991
150	9.3	44	2839	1910	54	5510	4581	57	7248	6320
185	9.3	45	3248	2102	56	6634	5489	59	7782	6637
240	9.3	48	3881	2395	60	7447	5961	61	8604	7119
300	9.3	50	4529	2672	63	8308	6451	63	9473	7616
400	9.3	53	5570	3094	65	9512	7036	67	10 840	8365
500	9.3	55	6690	3595	68	10 756	7661	73	12 679	9584
630	9.3	64	8480	4581	74	13 126	9226	77	14 339	10 439
800	9.3	67	10 220	5265	79	15 248	10 288	81	16 495	11 535
1000	9.3	74	12 420	6100	84	17 872	11 392	87	19 188	12 732
1200	9.3	77	14 451	6883	88	20 129	12 474	91	21 565	13 869

注　生产厂为山东鲁能泰山电缆股份有限公司（山东电缆厂）。

附表 4-4　YJLW02、YJLW02-Z/YJLW03、YJLW03-Z 型铜芯 64/110kV 交联聚乙烯绝缘皱纹铝护套电力电缆结构尺寸及电气性能

导体			绝缘标称厚度(mm)	绝缘外径(mm)	铝护套厚度(mm)	护套标称厚度(mm)	电缆外径(mm)	电缆近似质量(kg/km)		20℃导体电阻(Ω/km)	电缆电容(μF/km)	弯曲半径(mm)
标称截面(mm^2)	形状	直径(mm)						YJLW02	YJLW03			
240	圆形紧压	18.4	19.0	58.4	2.0	4.0	91.6	7844	7327	0.0754	0.130	1600
300		20.6	18.5	59.6	2.0	4.0	92.6	8464	7941	0.0601	0.140	1600
400		23.8	17.5	61.2	2.0	4.0	94.6	9530	8995	0.0470	0.167	1600
500		26.6	17.0	64.1	2.0	4.5	98.6	10 939	10 307	0.0366	0.182	1700
630		30.0	16.5	66.5	2.0	4.5	100.6	12 086	11 441	0.0283	0.201	1700
800	分割导体	34.8	16.0	71.5	2.0	4.5	105.6	14 685	14 006	0.0221	0.224	1800
1000		38.8	16.0	75.5	2.0	5.0	111.6	17 181	16 394	0.0176	0.252	1900
1200		42.0	16.0	79.0	2.0	5.0	115.6	19 403	18 586	0.0151	0.268	2000
1400		45.2	16.0	82.2	2.0	5.0	118.6	21 261	20 423	0.0129	0.282	2000
1600		48.0	16.0	85.0	2.0	5.0	121.6	23 719	22 858	0.0113	0.295	2100
1800		50.8	16.0	87.5	2.0	5.0	123.6	25 813	24 937	0.0101	0.306	2100
2000		54.0	16.0	91.0	2.0	5.0	127.6	28 035	27 130	0.0090	0.322	2200
2200		57.4	16.0	94.0	2.0	5.0	130.0	30 209	29 215	0.0083	0.335	2200
2500		61.2	16.0	98.0	2.0	5.0	134.0	33 367	32 065	0.0073	0.350	2200

注　生产厂为青岛电缆厂。

附表 4-5　YJLW02、YJLW02-Z/YJLW03、YJLW03-Z型铝芯64/110kV交联聚乙烯绝缘皱纹铝护套电力电缆结构尺寸及电气性能

导体			绝缘标称厚度(mm)	绝缘外径(mm)	铝护套厚度(mm)	护套标称厚度(mm)	电缆外径(mm)	电缆近似质量(kg/km)		20℃导体电阻(Ω/km)	电缆电容(μF/km)	弯曲半径(mm)
标称截面(mm^2)	形状	直径(mm)						YJLW02	YJLW03			
240	圆形紧压	18.4	19.0	58.4	2.0	4.0	91.6	6368	5850	0.1250	0.130	1600
300		20.6	18.5	59.6	2.0	4.0	92.6	6619	6096	0.1000	0.140	1600
400		23.8	17.5	61.2	2.0	4.0	94.6	7064	6529	0.0778	0.167	1600
500		26.6	17.0	64.1	2.0	4.5	98.6	7908	7276	0.0605	0.182	1700
630		30.0	16.5	66.5	2.0	4.5	100.6	8388	7743	0.0469	0.201	1700
800	分割导体	34.8	16.0	71.5	2.0	4.5	105.6	9510	8831	0.0367	0.224	1800
1000		38.8	16.0	75.5	2.0	5.0	111.6	10 713	9926	0.0291	0.252	1900
1200		42.0	16.0	79.0	2.0	5.0	115.6	11 641	10 824	0.0247	0.268	2000
1400		45.2	16.0	82.2	2.0	5.0	118.6	12 206	11 367	0.0212	0.282	2000
1600		48.0	16.0	85.0	2.0	5.0	121.6	13 369	12 508	0.0186	0.295	2100
1800		50.8	16.0	87.5	2.0	5.0	123.6	14 169	13 294	0.0165	0.306	2100
2000		54.0	16.0	91.0	2.0	5.0	127.6	15 097	14 192	0.0149	0.322	2200
2200		57.4	16.0	94.0	2.0	5.0	130.0	16 023	15 030	0.0135	0.335	2200
2500		61.2	16.0	98.0	2.0	5.0	134.0	17 247	15 945	0.0119	0.350	2200

注　生产厂为青岛电缆厂。

附表 4-6　**YJLW02、YJLW03、YJLW03-Z型铜芯交联聚乙烯绝缘皱纹铝护套电力电缆**

额定电压 (kV)	线芯标称截面 (mm^2)	线芯外径 (mm)	内屏蔽厚度 (mm)	绝缘厚度 (mm)	外屏蔽厚度 (mm)	铝包厚度 (mm)	外护套厚度 (mm)	电线外径 (mm)	电线近似质量 (kg/km)		电容 (pF/m)	电感		绝缘损耗 (W/m)	导体直流电阻 DC (20℃≤) (Ω/km)	
									(Cu)	(Al)		平行敷设 (mH/km)	品型敷设 (mH/km)		(Cu)	(Al)
110	240	18.5	1.0	19.0	1.0	2.0	3.5	79.2	6887	5401	132	0.739	0.481	0.168	0.0754	0.125
	300	20.8	1.0	18.5	1.0	2.0	3.6	80.6	7531	5674	144	0.717	0.461	0.183	0.0601	0.100
	400	23.6	1.0	17.5	1.0	2.0	3.6	81.4	8441	5965	161	0.692	0.438	0.204	0.0470	0.0778
	500	26.9	1.0	17.5	1.0	2.0	3.7	85.5	9740	6645	177	0.681	0.421	0.224	0.0366	0.0605
	630	30.3	1.0	16.5	1.0	2.0	3.8	87.0	10 959	7060	199	0.657	0.401	0.253	0.0283	0.0469
220	240	18.5	1.5	25.0	1.0	2.0	4.0	93.1	8772	7287	116	0.894	0.513	0.586	0.0754	0.125
	300	20.8	1.5	25.0	1.0	2.0	4.1	95.6	9606	7749	123	0.871	0.495	0.622	0.0601	0.100
	400	23.6	1.5	25.0	1.0	2.0	4.2	98.6	10 863	8387	131	0.846	0.476	0.666	0.0470	0.0778
	500	26.9	1.5	25.0	1.0	2.0	4.3	102.6	12 269	9174	143	0.819	0.458	0.724	0.0366	0.0605
	630	30.3	1.5	25.0	1.0	2.0	4.4	106.3	13 881	9981	153	0.796	0.441	0.775	0.0283	0.0469

注　生产厂为青岛电缆厂。

附表 4-7 YJLW02、YJLW02-Z/YJLW03、YJLW03-Z型铜芯127/220kV交联聚乙烯绝缘皱纹铝护套电力电缆结构尺寸及电气性能

导体			绝缘标称厚度(mm)	绝缘外径(mm)	铝护套厚度(mm)	护套标称厚度(mm)	电缆外径(mm)	电缆近似质量(kg/km)		20℃导体电阻(Ω/km)	电缆电容(μF/km)	弯曲半径(mm)
标称截面(mm^2)	形状	直径(mm)						YJLW02	YJLW03			
400	圆形紧压	23.8	27	80.2	2.4	5.0	115.6	12 801	11 985	0.0470	0.114	2000
500		26.6	27	84.0	2.4	5.0	120.6	14 279	13 426	0.0366	0.124	2100
630		30.0	26	85.5	2.4	5.0	121.6	15 327	14 466	0.0283	0.136	2100
800	分割导体	34.8	25	85.5	2.5	5.0	125.6	17 897	17 007	0.0221	0.156	2200
1000		38.8	24	91.5	2.5	5.0	127.6	19 894	18 989	0.0176	0.172	2200
1200		42.0	24	95.0	2.5	5.0	131.6	22 196	21 262	0.0151	0.182	2300
1400		45.2	24	98.2	2.6	5.0	134.6	24 444	23 487	0.0129	0.190	2300
1600		48.0	24	101.0	2.6	5.0	137.6	26 650	25 672	0.0113	0.198	2400
1800		50.8	24	103.5	2.6	5.0	139.6	28 802	27 808	0.0101	0.205	2400
2000		54.0	24	107.0	2.7	5.0	143.6	31 106	30 082	0.0090	0.215	2500
2200		57.4	24	109.0	2.7	5.0	146.0	34 015	32 978	0.0083	0.223	2500

注 生产厂为青岛电缆厂。

附表 4-8　YJLW02、YJLW02-Z/YJLW03、YJLW03-Z型铝芯127/220kV交联聚乙烯绝缘皱纹铝护套电力电缆结构尺寸及电气性能

导体			绝缘标称厚度(mm)	绝缘外径(mm)	铝护套厚度(mm)	护套标称厚度(mm)	电缆外径(mm)	电缆近似质量(kg/km)		20℃导体电阻(Ω/km)	电缆电容(μF/km)	弯曲半径(mm)
标称截面(mm^2)	形状	直径(mm)						YJLW02	YJLW03			
400	圆形紧压	23.8	27	80.2	2.4	5.0	115.6	10 336	9519	0.0778	0.114	2000
500	圆形紧压	26.6	27	84.0	2.4	5.0	120.6	11 248	10 395	0.0605	0.124	2100
630	圆形紧压	30.0	26.0	85.5	2.4	5.0	121.6	11 629	10 769	0.0469	0.136	2100
800	分割导体	34.8	25	85.5	2.5	5.0	125.6	12 722	11 832	0.0367	0.156	2200
1000	分割导体	38.8	24	91.5	2.5	5.0	127.6	13 425	12 520	0.0291	0.172	2200
1200	分割导体	42.0	24	95.0	2.5	5.0	131.6	14 434	13 500	0.0247	0.182	2300
1400	分割导体	45.2	24	98.2	2.6	5.0	134.6	15 388	14 431	0.0212	0.190	2300
1600	分割导体	48.0	24	101.0	2.6	5.0	137.6	16 301	15 322	0.0186	0.198	2400
1800	分割导体	50.8	24	103.5	2.6	5.0	139.6	17 159	16 165	0.0165	0.205	2400
2000	分割导体	54.0	24	107.0	2.7	5.0	143.6	18 168	17 145	0.0149	0.215	2500
2200	分割导体	57.4	24	109.0	2.7	5.0	146.0	19 830	18 793	0.0135	0.223	2500
2500	分割导体	61.2	24	114.0	2.7	5.0	150.0	21 185	20 118	0.0119	0.234	2500

注　生产厂为青岛电缆厂。

附表 4-9　　铝芯交联聚乙烯绝缘电缆最高长期工作温度下载流量　　(A)

导体截面（mm^2）	电压等级（kV）											
	66				110				220			
	○ ○○		○○○		○ ○○		○○○		○ ○○		○○○	
	空气中	直埋	空气中	直埋	空气中	直埋	空气中	直埋	空气中	直埋	空气中	直埋
95	275	255	290	265	—	—	—	—	—	—	—	—
120	315	295	335	305	—	—	—	—	—	—	—	—
150	360	325	380	340	—	—	—	—	—	—	—	—
185	415	365	430	385	—	—	—	—	—	—	—	—
240	485	425	510	445	460	420	505	435	—	—	—	—
300	555	480	585	505	550	475	580	495	—	—	—	—
400	650	550	680	575	640	540	660	570	625	530	645	550
500	750	625	795	660	740	620	790	650	730	605	775	625
630	875	715	925	755	860	705	920	745	835	690	905	735
800	1000	805	1065	850	985	795	1105	850	970	780	1090	835
1000	1130	895	1220	955	1115	885	1205	940	1100	870	1190	925
1200	1240	965	1340	1030	1215	955	1315	1015	1200	939	1305	1005
1400	1335	1025	1455	1105	1305	1015	1425	1085	1290	1005	1400	1065
1600	1420	1080	1555	1170	1390	1070	1520	1150	1370	1035	1505	1130
1800	1490	1120	1645	1220	1450	1110	1605	1190	1420	1090	1590	1180
2000	1565	1165	1745	1275	1530	1155	1695	1250	1500	1130	1665	1215
2200	1640	1210	1840	1330	1605	1200	1785	1330	1580	1175	1740	1255
2500	1750	1270	1970	1410	1710	1260	1910	1445	1695	1235	1840	1310

注　载流量计算假定条件：①导体最高工作温度 90℃，短路时最高温度 250℃；②单回路，相间距为电缆直径＋70mm；③空气中环境温度为＋35℃；④直埋土壤热阻 1.0km/W；⑤埋地深度 1000mm；⑥护套接地方式：单点接地或者交叉互联。

附表 4-10　　铜芯交联聚乙烯绝缘电缆最高长期工作温度下载流量　　（A）

导体截面（mm²）	电压等级（kV）											
	66				110				220			
	○ ○○		○○○		○ ○○		○○○		○ ○○		○○○	
	空气中	直埋	空气中	直埋	空气中	直埋	空气中	直埋	空气中	直埋	空气中	直埋
95	355	325	375	340	—	—	—	—	—	—	—	—
120	405	370	430	390	—	—	—	—	—	—	—	—
150	465	415	485	435	—	—	—	—	—	—	—	—
185	530	470	555	490	—	—	—	—	—	—	—	—
240	625	545	650	570	615	535	650	555	—	—	—	—
300	715	615	750	645	710	605	745	635	—	—	—	—
400	820	695	865	735	810	685	860	720	805	670	850	680
500	950	790	1010	835	935	780	1000	825	920	750	985	775
630	1090	890	1170	950	1075	860	1155	935	965	850	1130	880
800	1330	1060	1435	1120	1295	1035	1395	1090	1280	985	1385	1010
1000	1515	1185	1640	1250	1470	1150	1585	1225	1455	1080	1560	1130
1200	1650	1275	1800	1360	1600	1235	1730	1320	1585	1140	1710	1215
1400	1780	1360	1955	1460	1735	1325	1890	1415	1730	1205	1880	1290
1600	1930	1445	2135	1560	1860	1405	2025	1505	1845	1260	2005	1350
1800	2050	1505	2260	1640	1965	1470	2150	1575	1950	1290	2130	1425
2000	2160	1565	2415	1725	2075	1535	2280	1655	2050	1310	2265	1450
2200	2260	1625	2560	1810	2180	1620	2415	1740	2165	1350	2400	1500
2500	2380	1700	2720	1910	2320	1680	2580	1820	2305	1410	2530	1580

注　载流量计算假定条件：①导体最高工作温度 90℃，短路时最高温度 250℃；②单回路，相间距为电缆直径＋70mm；③空气中环境温度为＋35℃；④直埋土壤热阻 1.0km/W；⑤埋地深度 1000mm；⑥护套接地方式：单点接地或者交叉互联。

附录五　电缆附件技术数据

附表 5-1　　8.7/10kV 三芯冷缩电缆终端

户内		户外	
型号	适用截面（三芯）(mm^2)	型号	适用截面（三芯）(mm^2)
NLS3305	50	WLS3305	50
NLS3306	70	WLS3306	70
NLS3307	95	WLS3307	95
NLS3308	120	WLS3308	120
NLS3309	150	WLS3309	150
NLS3310	185	WLS3310	185
NLS3311	240	WLS3311	240
NLS3312	300	WLS3312	300
NLS3313	400	WLS3313	400
NLS3314	500	WLS3314	500
NLS3315	630	WLS3315	630
NLS3316	800	WLS3316	800

注　生产厂为长沙电缆附件有限公司。

附表 5-2　　26/35kV 三芯冷缩电缆终端

户内		户外	
型号	适用截面（三芯）(mm^2)	型号	适用截面（三芯）(mm^2)
NLS5304	35	WLS5304	35
NLS5305	50	WLS5305	50
NLS5306	70	WLS5306	70
NLS5307	95	WLS5307	95
NLS5308	120	WLS5308	120
NLS5309	150	WLS5309	150
NLS5310	185	WLS5310	185

续表

户内		户外	
型号	适用截面（三芯）(mm^2)	型号	适用截面（三芯）(mm^2)
NLS5311	240	WLS5311	240
NLS5312	300	WLS5312	300
NLS5313	400	WLS5313	400
NLS5314	500	WLS5314	500
NLS5315	630	WLS5315	630
NLS5316	800	WLS5316	800

注　生产厂为长沙电缆附件有限公司。

附表 5-3　　26/35kV 单芯冷缩电缆终端

户内		户外	
型号	适用截面（三芯）(mm^2)	型号	适用截面（三芯）(mm^2)
NLS5105	50	WLS5105	50
NLS5106	70	WLS5106	70
NLS5107	95	WLS5107	95
NLS5108	120	WLS5108	120
NLS5109	150	WLS5109	150
NLS5110	185	WLS5110	185
NLS5111	240	WLS5111	240
NLS5112	300	WLS5112	300
NLS5113	400	WLS5113	400
NLS5114	500	WLS5114	500
NLS5115	630	WLS5115	630
NLS5116	800	WLS5116	800

注　生产厂为长沙电缆附件有限公司。

附表 5-4　　8.7/10kV 冷缩接头

三芯		三芯	
型号	适用截面（三芯）(mm²)	型号	适用截面（三芯）(mm²)
JLS3304	35	JLS3311	240
JLS3305	50	JLS3312	300
JLS3306	70	JLS3313	400
JLS3307	95	JLS3314	500
JLS3308	120	JLS3315	630
JLS3309	150	JLS3316	800
JLS3310	185		

注　生产厂为长沙电缆附件有限公司。

附表 5-5　　26/35kV 冷缩接头

三芯		单芯	
型号	适用截面（三芯）(mm²)	型号	适用截面（三芯）(mm²)
JLS5304	35	JLS5104	35
JLS5305	50	JLS5105	50
JLS5306	70	JLS5106	70
JLS5307	95	JLS5107	95
JLS5308	120	JLS5108	120
JLS5309	150	JLS5109	150
JLS5310	185	JLS5110	185
JLS5311	240	JLS5111	240
JLS5312	300	JLS5112	300
JLS5313	400	JLS5113	400
JLS5314	500	JLS5114	500
JLS5315	630	JLS5115	630
JLS5316	800	JLS5116	800

注　生产厂为长沙电缆附件有限公司。

附表 5-6　　64/110kV 全干式六氟化硫开关终端（长型）

型号	最高运行电压 (kV)	允许短路电流 (kA)	套入长度 (mm)	最大绝缘外径 (mm)	质量 (kg)	适用电缆截面 (mm²)
3MTG123D/T	170	100	757	78	80	240～1200

注　生产厂为 3M 中国有限公司。

附表 5-7　　64/110kV 全干式六氟化硫开关终端（短型）

型号	最高运行电压 (kV)	允许短路电流 (kA)	套入长度 (mm)	最大绝缘外径 (mm)	质量 (kg)	适用电缆截面 (mm²)
3MTG123D/S	170	100	470	78	80	240～1200

注　生产厂为 3M 中国有限公司。

附表 5-8　　64/110kV 合成绝缘电缆户外终端

型号	最高运行电压 (kV)	允许短路电流 (kA)	安装高度 (mm)	最大绝缘外径 (mm)	质量 (kg)	安装孔距 (mm)	适用电缆截面 (mm²)
3MTS123	145	100	1460	86	105	4 孔 ϕ17.5 (345×345)	240～1200

注　生产厂为 3M 中国有限公司。

附表 5-9　　64/110kV 瓷套式电缆户外终端

型号	最高运行电压 (kV)	允许短路电流 (kA)	安装高度 (mm)	最大绝缘外径 (mm)	质量 (kg)	安装孔距 (mm)	适用电缆截面 (mm²)
3MTP123	126	100	1370	86	180	4 孔 ϕ17.5 (345×345)	240～1200

注　生产厂为 3M 中国有限公司。

附表 5-10　64/110kV 硅橡胶全预制干式户外终端

型号	最高运行电压 (kV)	爬电距离 (mm)	安装高度 (mm)	质量 (kg)	适用电缆截面 (mm^2)
GCAYJZWG4	145	3910	1800	26	240～1600

注　生产厂为广东熙安电缆附件有限公司。

附表 5-11　64/110kV 复合套管型干式户外终端

型号	最高运行电压 (kV)	爬电距离 (mm)	安装高度 (mm)	质量 (kg)	安装孔距 (mm)	适用电缆截面 (mm^2)
YJZWCG4	145	4500	1970	110	4 孔 4-M20 (345×345)	240～1600

注　生产厂为广东熙安电缆附件有限公司。

附表 5-12　64/110kV 瓷套管型干式户外终端

型号	最高运行电压 (kV)	爬电距离 (mm)	安装高度 (mm)	质量 (kg)	安装孔距 (mm)	适用电缆截面 (mm^2)
YJZWCG4	145	4500	1970	110	4 孔 4-M20 (345×345)	240～1600

注　生产厂为广东熙安电缆附件有限公司。

附表 5-13　127/220kV 复合套管型户外终端

型号	最高运行电压 (kV)	爬电距离 (mm)	安装高度 (mm)	质量 (kg)	适用电缆截面 (mm^2)
GCAYJZWF4	252	7824	3100	230	400～2500

注　生产厂为广东熙安电缆附件有限公司。

附表 5-14　127/220kV 瓷套管型户外终端

型号	最高运行电压 (kV)	爬电距离 (mm)	安装高度 (mm)	质量 (kg)	适用电缆截面 (mm^2)
GCAYJZWC4	252	7812	3100	680	400～2500

注　生产厂为广东熙安电缆附件有限公司。

附表 5-15　110kV 干式全预制户外终端

型号	爬电距离（mm）	安装高度（mm）	质量（kg）	适用电缆截面（mm^2）
YJZW13 型	3150	1560	15	185～1600
YJZW14 型	3906	2500	20	185～1600

注　生产厂为长沙电缆附件有限公司。

附表 5-16　110kV 复合套管终端

型号	环境污秽等级	安装高度 (mm)	质量 (kg)	安装孔距 (mm)	适用电缆截面 (mm^2)
YJZWCF4 型	四级	1920	130	4 孔 4-ϕ25 (318×318)	185～1600

注　生产厂为长沙电缆附件有限公司。

附表 5-17　220kV 复合套管终端

型号	环境污秽等级	安装高度 (mm)	质量 (kg)	安装孔距 (mm)	适用电缆截面 (mm^2)
YJZWCF4 型	四级	3395	780	4 孔 4-ϕ25 (318×318)	185～1600

注　生产厂为长沙电缆附件有限公司。

附表 5-18　110kV 干式绝缘 GIS 终端（长型）

型号	安装高度 (mm)	质量 (kg)	顶部安装尺寸 (mm)	适用电缆截面 (mm^2)
YJZGG 型	757	90	4 孔 4—M10（57×57）	185～1600

注　生产厂为长沙电缆附件有限公司。

附表 5-19　110kV 干式绝缘 GIS 终端（插拔式）

型号	安装高度 (mm)	质量 (kg)	顶部安装尺寸 (mm)	适用电缆截面 (mm^2)
YJZGGD 型	470	70	4 孔 4—M10（57×57）	185～1600

注　生产厂为长沙电缆附件有限公司。

附表 5-20　220kV 干式绝缘 GIS 终端（长型）

型号	安装高度（mm）	质量（kg）	顶部安装尺寸（mm）	适用电缆截面（mm^2）
YJZGG 型	960	240	4 孔 4-M12（78×78）	185～1600

注　生产厂为长沙电缆附件有限公司。

附表 5-21　220kV 干式绝缘 GIS 终端（插拔式）

型号	安装高度（mm）	质量（kg）	顶部安装尺寸（mm）	适用电缆截面（mm^2）
YJZGGD 型	620	190	4 孔 4-M12（78×78）	185～1600

注　生产厂为长沙电缆附件有限公司。

附表 5-22　64/110kV 直通接头、绝缘接头

型号	适用截面（mm^2）
直通接头 YJJT1 型	185～1600
绝缘接头 YJJJ1 型	185～1600

注　生产厂为长沙电缆附件有限公司。

附表 5-23　树脂型接地箱、接地保护箱（铸造铝合金外壳）

型号	外形尺寸（长×宽×高，mm）	安装孔尺寸（长×宽，mm）	适用截面（mm^2）	质量（kg）
接地箱 ZJD-D	385×230×222	345×95-ϕ12	50～240	18
接地保护箱 ZJDB-D	385×230×222	345×95-ϕ12	50～240	19.8

注　生产厂为长沙电缆附件有限公司。

附表 5-24　树脂型接地箱、接地保护箱（不锈钢外壳）

型号	外形尺寸（长×宽×高，mm）	安装孔尺寸（长×宽，mm）	适用截面（mm^2）	质量（kg）
接地箱 ZJD-1	290×185×108	260×130-ϕ12	50～240	8.8
接地保护箱 ZJDB-1	290×185×108	260×130-ϕ12	50～240	8.8

注　生产厂为长沙电缆附件有限公司。

附表 5-25　树脂型交叉互联护箱（不锈钢外壳）

型号	外形尺寸（长×宽×高，mm）	安装孔尺寸（长×宽，mm）	适用截面（mm^2）	质量（kg）
交叉互联箱 FCD-H	418×230×170	290×150-ϕ12	50～240	15

注　生产厂为长沙电缆附件有限公司。

附录六　防水卷材技术数据

附表 6-1　松岩牌 SY115 系列高分子防水卷材主要技术指标

卷材规格	250（g/m^2）		0.5mm	
检测项目	产品指标	检测结果	产品指标	检测结果
抗拉强度	≥9MPa	9.6MPa	≥9MPa	9.4MPa
延伸率	≥45%	51%	≥45%	52%
不透水性	0.2MPa，90min 不透水	合格	0.3MPa，90min 不透水	合格
低温弯折性	−20℃无裂纹	−20℃无裂纹	−20℃无裂纹	−20℃无裂纹
耐老化保留系数（168h）	抗拉强度：≥0.80 伸长率：≥0.70	0.86 0.76	抗拉强度：≥0.80 伸长率：≥0.70	0.91 0.79
饱和 $Ca(OH)_2$（15d）	无变化	无变化	无变化	无变化
1% H_2SO_4（15d）	无变化	无变化	无变化	无变化
剥离强度	≥7N/25mm	≥8N/25mm	≥7N/25mm	≥8N/25mm
卷材规格	0.6mm		0.7mm	
检测项目	产品指标	检测结果	产品指标	检测结果
抗拉强度	≥9MPa	11MPa	≥9MPa	11MPa
延伸率	≥45%	59%	≥45%	67%
不透水性	0.3MPa，90min 不透水	合格	0.3MPa，90min 不透水	合格
低温弯折性	−20℃无裂纹	−20℃无裂纹	−20℃无裂纹	−20℃无裂纹
耐老化保留系数（168h）	抗拉强度：≥0.80 伸长率：≥0.70	0.91 0.83	抗拉强度：≥0.80 伸长率：≥0.70	0.85 0.76
饱和 Ca（$OH)_2$（15d）	无变化	无变化	无变化	无变化
1% H_2SO_4（15 天）	≥7N/25mm	≥8N/25mm	≥7N/25mm	≥8N/25mm

续表

地下防水材料用量					
	序号	材料名称	规格、型号	单位	用量
保护层：20mm 厚度 1：3 水泥砂浆	1	SY115 系列防水卷材	400g/m^2	m^2	1.25
	2	黏结剂用水泥	425#	kg	3.50
	3	保护层用水泥	425#	kg	8.30
	4	高效胶粉	SY-JF	kg	0.0625
	5	密封胶料	SY-MFL	kg	0.15
	6	细砂		m^3	0.02

说明： 上表为地下一道防水设防材料的用量，不包括附加层和盖条；二道防水设防材料用量增加 1、2、4 项材料的 1 倍；三道防水设防材料用量增加 1、2、4 项材料的 2 倍。

规　格　尺　寸				
规格	幅宽（m）	长度（m）	面积（m^2）	单卷净重（kg）
250g/m^2	1.15	100	115	28.75
0.5mm	1.15	100	115	34.50
0.6 mm	1.15	73.9	85	34
0.7 mm	1.15	60.9	70	35
1.2 mm	1.15	43.4	50	34.5
1.5 mm	1.15	34.7	40	32

注　生产厂为山东秦皇岛市松岩建材有限公司。

附表 6-2　聚氯乙烯 PVC 防水卷材主要技术指标

项目	P 型			S 型	
	优等品	一等品	合格品	一等品	合格品
拉伸强度（不小于，MPa）	15.0	10.0	7.0	5.0	2.0
断裂伸长率（不小于，%）	250	200	150	200	120
热处理尺寸变化率（不大于，%）	2.0	2.0	3.0	5.0	7.0
低温弯折性	−20℃，无裂纹				
抗渗透性	不透水				

注　规格为长 10m×宽 1m×厚 1.2～4mm。

附录七　常用型材技术数据

附表 7-1　　热轧圆钢技术数据

直径 (mm)	质量 (kg/m)	直径 (mm)	质量 (kg/m)	直径 (mm)	质量 (kg/m)	直径 (mm)	质量 (kg/m)
5	0.154	13	1.04	23	3.26	38	8.90
5.5	0.187	14	1.21	24	3.55	40	9.87
6	0.222	15	1.39	25	3.85	42	10.87
6.5	0.260	16	1.58	26	4.17	45	12.48
7	0.302	17	1.78	27	4.49	48	14.21
8	0.395	18	2.00	28	4.83	50	15.42
9	0.499	19	2.23	30	5.55	55	18.65
10	0.617	20	2.47	32	6.31	60	22.19
11	0.746	21	2.72	35	7.55	65	26.05
12	0.888	22	2.98	36	7.99	70	30.21

附表 7-2　　热轧扁圆钢技术数据

宽度 (mm)	厚　度 (mm)											
	3	4	5	6	7	8	9	10	11	12	14	16
	理　论　质　量 (kg/m)											
10	0.24	0.31	0.39	0.47	0.55	0.63	—	—	—	—	—	—
12	0.28	0.38	0.47	0.57	0.66	0.75	—	—	—	—	—	—
14	0.33	0.44	0.55	0.66	0.77	0.88	—	—	—	—	—	—
16	0.38	0.50	0.63	0.75	0.88	1.00	1.15	1.26	—	—	—	—
18	0.42	0.57	0.71	0.85	0.99	1.13	1.27	1.41	—	—	—	—
20	0.47	0.63	0.79	0.94	1.10	1.26	1.41	1.57	1.73	1.88	—	—

续表

宽度 (mm)	厚　度 (mm)											
	3	4	5	6	7	8	9	10	11	12	14	16
	理　论　质　量 (kg/m)											
22	0.52	0.69	0.86	1.04	1.21	1.38	1.55	1.73	1.90	2.07	—	—
25	0.59	0.79	0.98	1.18	1.37	1.57	1.77	1.96	2.16	2.36	2.75	3.14
28	0.66	0.88	1.10	1.32	1.54	1.76	1.98	2.20	2.42	2.64	3.08	3.53
30	0.71	0.94	1.18	1.41	1.65	1.88	2.12	2.36	2.59	2.83	3.36	3.77
32	0.75	1.01	1.25	1.50	1.76	2.01	2.26	2.54	2.76	3.01	3.51	4.02
36	0.85	1.13	1.41	1.69	1.97	2.26	2.51	2.82	3.11	3.39	2.95	4.52
40	0.94	1.26	1.57	1.88	2.20	2.51	2.83	3.14	3.45	3.77	4.40	5.02
45	1.06	1.41	1.77	2.12	2.47	2.83	3.18	3.53	3.89	4.24	4.95	5.65
50	1.18	1.57	1.96	2.36	2.75	3.14	3.53	3.93	4.32	4.71	5.50	6.28
56	1.32	1.76	2.20	2.64	3.08	3.52	3.95	4.39	4.83	5.27	6.15	7.03
60	1.41	1.88	2.36	2.83	3.30	3.77	4.24	4.71	5.18	5.65	6.59	7.54
63	1.48	1.98	2.47	2.97	3.46	3.95	4.45	4.94	5.44	5.93	6.92	7.91
65	1.53	2.04	2.55	3.06	3.57	4.08	4.59	5.10	5.61	6.12	7.14	8.16
70	1.65	2.20	2.75	3.30	3.85	4.40	4.95	5.50	6.04	6.59	7.69	8.79
75	1.77	2.36	2.94	3.53	4.12	4.71	5.30	5.89	6.48	7.07	8.24	9.42
80	1.88	2.51	3.14	3.77	4.40	5.02	5.65	6.28	6.91	7.54	8.79	10.05
85	2.00	2.67	3.34	4.00	4.67	5.34	6.01	6.67	7.34	8.01	9.34	10.68
90	2.12	2.83	3.53	4.24	4.95	5.65	6.36	7.07	7.77	8.48	9.89	11.30
95	2.24	2.98	3.73	4.47	5.22	5.97	6.71	7.46	8.20	8.95	10.44	11.93
100	2.36	3.14	3.93	4.71	5.50	6.28	7.07	7.85	8.64	9.42	10.99	12.56

附表 7-3　　热轧等边角钢技术数据

钢号	尺寸（mm）		质量
	b	d	(kg/m)
2	20	3	0.889
		4	1.145
2.5	25	3	1.124
		4	1.459
3	30	3	1.373
		4	1.786
3.6	36	3	1.656
		4	2.163
		5	2.654
4	40	3	1.852
		4	2.422
		5	2.976
4.5	45	3	2.088
		4	2.736
		5	3.369
		6	3.985
5	50	3	2.332
		4	3.059
		5	3.770
		6	4.465
5.6	56	3	2.624
		4	3.446
		5	4.251
		8	6.568
6	60	5	4.57
		6	5.42
		8	7.09
6.3	63	4	3.907
		5	4.822
		6	5.721
		8	7.469
		10	9.151
6.5	65	6	5.93
		8	7.75
7	70	4	4.372
		5	5.397
		6	6.406
		7	7.398
		8	8.373
7.5	75	5	5.818
		6	6.905
		7	7.976
		8	9.030
		10	11.089
8	80	5	6.211
		6	7.376
		7	8.525
		8	9.658
		10	11.874
9	90	6	8.350
		7	9.656
		8	10.946
		10	13.476
		12	15.940
10	100	6	9.366
		7	10.830
		8	12.276
		10	15.120
		12	17.898
		14	20.611
		16	23.257

注　b—边宽；d—边厚。

附表 7-4　　热轧不等边角钢技术数据

钢号	尺寸（mm）			质量
	B	b	d	(kg/m)
2.5/1.6	25	16	3	0.912
			4	1.176
3.2/2	32	20	3	1.171
			4	1.522
4/2.5	40	25	3	1.484
			4	1.936
4.5/2.8	45	28	3	1.687
			4	2.203
4.5/3	45	30	4	2.26
			6	3.28
5/3.2	50	32	3	1.908
			4	2.494
5.6/3.6	56	36	3	2.153
			4	2.818
			5	3.466
6/4	60	40	5	3.79
			6	4.47
			8	5.84
6.3/4	63	40	4	3.185
			5	3.920
			6	4.638
			7	5.339
7/4.5	70	45	4	3.570
			5	4.403
			6	5.218
			7	6.011
(7.5/5)	75	50	5	4.808
			6	5.699
			8	7.431
			10	9.098
8/5	80	50	5	5.005
			6	5.935
			7	6.848
			8	7.745
9/5.6	90	56	5	5.661
			6	6.717
			7	7.756
			8	8.779
10/6.3	100	63	6	7.550
			7	8.722
			8	9.878
			10	12.142
10/8	100	80	6	8.350
			7	9.656
			8	10.946
			10	13.476

注　B—长边宽度；b—短边宽度；d—边厚。

附表 7-5　　热轧普通槽钢技术数据

钢号	尺寸（mm）			质量	钢号	尺寸（mm）			质量
	h	b	d	(kg/m)		h	b	d	(kg/m)
5	50	37	4.5	5.44	20a	200	73	7.0	22.63
6.3	63	40	4.8	6.63	20	200	75	9.0	25.77
8	80	43	5.0	8.04	22a	220	77	7.0	24.99
10	100	48	5.3	10.00	22	220	79	9.0	28.45
12.6	126	53	5.5	12.37	25a	250	78	7.0	27.47
14a	140	58	6.0	14.53	25b	250	80	9.0	31.39
14b	140	60	8.0	16.73	25c	250	82	11.0	35.32
16a	160	63	6.5	17.23	28a	280	82	7.5	31.42
16	160	65	8.5	19.74	28b	280	84	9.5	35.81
					28c	280	86	11.5	40.21
18a	180	68	7.0	20.17	32a	320	88	8.0	38.22
18	180	70	9.0	22.99	32b	320	90	10.0	43.25
					32c	320	92	12.0	48.28

注　h—高度；b—腿宽；d—腰厚。

附表 7-6　　热轧普通工字钢技术数据

钢号	尺寸（mm）			质量	钢号	尺寸（mm）			质量
	h	b	d	(kg/m)		h	b	d	(kg/m)
10	100	68	4.5	11.2	25a	250	116	8	38.1
12.6	126	74	5	14.2	25b	250	118	10	42
14	140	80	5.5	16.9	28a	280	122	8.5	43.4
16	160	88	6	20.5	28b	280	124	10.5	47.9
					32a	320	130	9.5	52.7
18	180	94	6.5	24.1	32b	320	132	11.5	57.7
20a	200	100	7	27.9	32c	320	134	13.5	62.8
20b	200	102	9	31.1	36a	360	136	10	50.9
22a	220	110	7.5	33	36b	360	138	12	65.6
22b	220	112	9.5	36.4	36c	360	140	14	71.2

注　h—高度；b—腿宽；d—腰厚。